제 2 판

SECOND EDITION

A First Course in

COMPLEX ANALYSIS WITH APPLICATIONS

복소 해석학과 활용

Dennis G. Zill, Patrick D. Shanahan 지음
허 민 옮김

KyoWooSa 教友社

2nd ed.

A First Course in COMPLEX ANALYSIS WITH APPLICATIONS

by Dennis G. Zill and Patrick D. Shanahan

Jones and Bartlett Publishers 40 Tall Pine Drive Sudbury, MA01776

978-443-5000 info@jbpub.com www.jbpub.com

지은이 머리말

Preface

철학 이 책의 초판은 질(Dennis G. Zill)과 고 컬렌(Michael R. Cullen)의 〈〈공학 수학 제3판(Advanced Engineering Mathematics, Third edition, Jones and Barlett Publishers, 2006)〉〉 제 17~20 장의 내용을 바탕으로 썼다. 이 제 2 판은 초판의 내용을 확대하고 개정했는데, 한 학기 과목을 위한 교과서로 사용할 수 있다. 이 책의 목적은 복소 해석학을 배운 적인 없는 학부 학생들에게 이 분야의 기본적인 원리와 활용을 소개하는 것이다. 문체는 직설적이고 〈〈공학 수학〉〉의 실질적인 형식을 반영하고 있다.

〈〈공학 수학〉〉의 내용을 뽑아서 독립적인 교과서를 만든 이유는, 학부 복소 해석학 과목을 위해 우리 학과에서 수년 동안 사용했던 일련의 교과서들이 불만족스러웠기 때문이다. 우리의 경험에 따르면, 학부생이 접근 가능하다고 주장하는 책들이 실제로는 수강생들에게 너무 높은 수준으로 쓰인 경우가 흔했다. 우리의 3학년 수준의 수강생은 일부 수학 전공자와 물리학 전공자가 있지만, 주로 전기 공학과 컴퓨터 과학 전공자로 이루어져 있다. 우리 대학에서 이공계 학과를 전공하는 학생들은 증명 방법, 선형 대수학, 추상 대수학, 고등 미적분, 초등 실 해석학 등 이론적인 수학 과목을 필수적으로 수강하지 않아도 된다. 학부 복소 해석학 수강을 위한 선수 과정은 세 학기 동안의 미분 적분학뿐이다. 그러므로 대부분의 경우에 이 책을 사용하는 학생이 알고 있다고 가정한 것은 미분 적분학이 전부이다. 그렇지만 미분 방정식에 관한 일부 지식은 활용을 다룬 절을 이해하는 데 도움이 될 것이다. 이 책에서 우리가 고수한 원칙은 적절한 수준을 유지하는 것이었으며, 초보 과정에서 필요하다고 느낀 내용만 집중적으로 다루었다. 많은 개념을 전통적인 정의/정리/증명의 체제가 아닌 비형식적이고 개념적인 방식으로 제시했다. 이렇게 이 책의 특성을 부여하는 것이, 비록 이 책이 복소 변수 함수의 미분 적분학을 다루지만, 미분 적분학의 연속으로 적절하다고 우리는 생각했다. 그렇지만 위의 말을 오해하지 말기 바란다. '요리책'의 형식을 따르려고 이론을 저버리지는 않았다. 주요한 결과들의 증명을 제시했으며, 많은 표준적인 용어를 일관되게 사용했다. 사실, 각 익힘 문제에는 학생의 증명을 요구하는 문제가 많이 있다. 수학을 전공하는 학생뿐만 아니라 모든 학생이 증명을 시도함으로써 수학적으로 성숙하고 수학적인 통찰력을 얻을 수 있기를 고대하고 있다. 그런데 대단히 많은 학생이 증명을 시작하는 방법을 모르고 있다는 사실도 알고 있다. 이에 따라 일부 '증명' 문제에서는 출발 단계부터 그 다음 단계들을 안내하거나, 진행하는 방법을 알려주는 적절한 귀띔을 제공했다.

제 2 판의 변화 먼저 제 2 판에서 바뀌지 않은 사항을 열거하면 다음과 같다.

- 원래의 기본적인 철학과 장의 개수 및 각 장에서 절의 순서는 초판과 똑같다. 우리는 의도적으로 이 책에서 장의 개수를 일곱으로 유지했다. 두 가지 이유가 있는데, 대부분의 내용을 한 학기에 충실히 다룰 수 있도록 적절한 분량을 제공하고, 동시에 비용을 최소화하는 것이다.

제 2 판의 주요한 목적은 초판의 장점을 더욱 강화하는 것이다. 이를 위해 다음과 같이 했다.

- 익힘 문제에 새로운 문제를 많이 추가했는데, 특히 개념적인 문제를 다수 추가했다. 또 기존의 일부 문제를 개선했다. 일부 효과가 적은 문제는 폐기했다.

- 본문의 일부와 많은 보기를 다시 썼는데, 논의하는 주제를 명확히 하거나 확대하기 위함이다. 어떤 경우에는 오히려 '침묵이 금'이라는 태도를 취하면 오히려 설명이 더 명쾌해질 수 있음을 발견했다.

- 초판의 오탈자를 수정했다.

- 그림과 정리 및 정의의 번호를 바꾸었다. 소수점이 두 개인 번호 체계를 도입했다. 예를 들어 '그림 1.2.3'에서 각 숫자의 뜻은 다음과 같다.

장 번호 ↴ ↱ 절 번호
1.2.3 ← 그 절의 셋째 그림

이런 방식의 번호가 그림과 정리 및 정의를 찾고 그 뒤의 장과 절에서 인용할 때 더 쉽다고 생각했다.

이 책의 특징

초판의 특징 중 많은 것을 유지했다. 각 장의 첫 쪽은 그 장에서 다룰 내용의 목차와 그것을 간단하게 설명하는 도입문(들어가기)으로 이루어져 있다. 또, 한 장에서 각 절은 그 절에서 다룰 세부적인 내용을 소개하는 설명으로 출발한다. 거의 모든 절은 **참고**(remark)라는 특별한 지적으로 끝나는데, 여기서는 실 해석학과 복소 해석학의 차이점을 학생들에게 알려주거나 (리만 구면이나 리만 곡면과 같은) 별도의 흥미로운 주제를 논의한다. 이런 별도의 주제는 그 절에서 공식적으로 다루지는 않았지만, 그 절의 주제와 관련이 있다. 하나의 주제를 논의하지만 긴 절은 몇 개의 작은 절로 나누었다. 이는 해당 주제를 여러 교시로 나누어 학습할 수 있도록 하기 위함이다. 과제 배정을 쉽게 하기 위해, 대응하는 익힘 문제도 같은 방식으로 나누었다. 이 책 전체의 이곳저곳에서 여백의 주석을 통해 추가적인 논평과 설명 및 주의 사항 등을 자유롭게 끼어 넣었다.

보기를 많이 제시했으며, 풀이와 관련된 세세한 사항을 모두 넣으려고 무척 애를 썼다. 복소 해석학의 활용 사항들은 흔히 책 끝의 하나의 장 속에 묶여 있어서, 수업 중에 그런 내용은 어느 것이라도 다루기가 어려운 경우가 많다. 복소 해석학은 응용 수학에서 강력한 도구이다. 이에 따라 복소 해석학의 이런 멋진 면을 다루기 쉽도록 각 장의 끝에 활용을 다루는 별개의 절을 두었다.

익힘 문제는 피라미드 형식으로 구성했는데, 적어도 두 개의 부분으로 이루어진다. 익힘 문제의 첫째 부분은 일상적인 연습 문제를 충분히 제공하고, 둘째 부분은 개념적인 서술형 문제와 기하 문제로 이루어져 있다. 많은 익힘 문제에서는 공학 도구를 이용하는 문제로 이루어진 셋째 부분이 있다. 모든 컴퓨터 대수 체계(computer algebra system)의 기본 연산 모드는 복소 해석학이기 때문에, 소프트웨어의 그런 형태를 강조했다. 본문에서는 *Mathematica*®의 사용 방법을 논의했지만, 문제는 본질적으로 일반적이다.

각 장은 끝에는 쪽지 시험용 복습 문제가 있다. 전통적으로 복습 문제에서는 앞에 나온 문제와 같은 유형을 다시 제시하는데, 그보다는 이런 형식이 개념적으로 좀 더 흥미로울 것이라고 생각했다.

선택된 홀수 번째 문제에 대한 답을 책의 뒤쪽에 실었다. 개념적인 문제는 수업에서 논의 주제로 이용할 수 있기 때문에, 그런 문제의 답은 싣지 않기로 했다.

감사의 말씀

이 책을 교재로 사용한 로욜라 메리마운트 대학(Loyola Marymount University, LMU)의 동료들과 시간을 내어 우리와 접촉한 교수들에게, 격려와 비판의 말 및 수정 사항과 사려 깊은 제안을 준 점에 대해 고마움을 표하고 싶다. 이 책의 초판과 제 2 판 모두를 위해 유익한 제안을 많이 해준 동료 카드자비(Lily Khadjavi)에게는 특별한 감사의 말을 전한다. 이 책의 원고와 인쇄본으로 배운 LMU 학생들이 알려준 귀중한 정보에도 고마움을 표하고 싶다. 마지막으로, 이 책의 초판을 검토해 준 다음 교수들에게 같은 감사의 말을 전한다.

Nicolae H. Pavel, Ohio University
Marcos Jardim, University of Pennsylvania
Ilia A. Binder, Harvard University

그리고 제 2 판을 검토한 다음 교수들에게 역시 감사드린다.

Joyati Debnath, Winona State University
Rich Mikula, William Paterson University of New Jersey
Jim Vance, Wright State University
Chris Masters, Doane College
George J. Miel, University of Nevada, Las Vegas
Jeffrey Lawson, Western Carolina University
Javad Namazi, Fairleigh Dickinson University
Irl Bivens, Davidson College

끝으로, 끊임없이 친절하게 격려해준 편집자 앤더슨(Tim Anderson) 및 또 다른 작업을 잘 해준 제작부서의 직원들에게 감사드린다.

마지막 부탁 수학 책을 편집하려면, 이렇게 크지 않은 규모의 책이라도, 수천 개의 단어와 기호를 조작해야 한다. 경험에 따르면, 오탈자를 포함한 작은 오류는 저술 작업의 불가피한 부산물로 보인다. 이 책에 있는 오류에 대해 미리 사과드리며, 그런 오류를 발견하면 우리에게 알려주기를 부탁한다. 이메일 주소 tanderson@jbpub.com으로 편집자에게 직접 보내면 된다.

데니스 질 패트릭 섀너한
Dennis G. Zill Patrick D. Shanahan

옮긴이 머리말

Preface

이 《복소 해석학과 활용》은 데니스 질(Dennis G. Zill)과 패트릭 섀너한(Patrick D. Shanahan)의 《*A First Course in Complex Analysis with Applications*》 제2판을 빠짐없이 번역한 책이다.

지은이가 머리말에서 밝혔듯이, 이 책은 지은이 질이 집필에 참여한 《공학 수학》 중 복소 해석학 내용을 바탕으로 학부 수준의 수학과 및 이공계 학과 전공 학생을 위한 교과서로 발전시킨 것이다. 수학적 지식이 미분 적분학 정도에 불과한 이공계 학생을 대상으로 책을 편집했기 때문에, 누구나 알기 쉽게 이 책을 학습할 수 있다. 그리고 복소 해석학의 쓸모를 강조하기 위해 이 과목의 활용 주제를 관련된 내용과 함께 제시했기 때문에, 이 과목을 더욱 의미 있게 학습하도록 했다. 그러면서도 초판에 비해 익힘 문제뿐만 아니라 개념적인 문제를 다수 추가해서 이론적인 면을 강화했기 때문에, 수학과와 이공계 모든 학과의 전공 교과서로 매우 적절해 보인다.

옮긴이는 이 책에서도 수학 용어의 선택에 유의했는데, 《대학수학회 용어집》 등을 참고하면서 우리 토박이 용어가 있는 경우에는 적극적으로 이를 반영했다. 그리고 긴 용어의 경우에는 한글맞춤법에 따라 그리고 이해를 돕기 위해 가능한 한 단어별로 띄어 썼다.

이 책의 번역을 추천해주고 출판을 맡아준 교우사 오판근 사장과 관계자 여러분께 깊이 감사드린다.

옮긴이

차 례

Contents

제 3 장 해석 함수 ··· 141

제 4 장 초등 함수 ··· 175

제 5 장 복소 평면에서의 적분 ··· 235

CHAPTER 1

복소수와 복소 평면

개 요

들어가기 고등학교 수학에서 복소수의 존재와 몇 가지 성질에 대해 배운다. 그렇지만 대학 미분 적분학과 일부 해석학 과목에서도 거의 틀림없이 복소수를 제대로 접해보지 못했을 것이다. 이 책에서는 바로 복소수 및 변수가 복소수인 복소 변수 함수의 미적분에 대해서 배운다.

먼저 복소수의 산술과 대수학을 깊이 있게 조사하겠다.

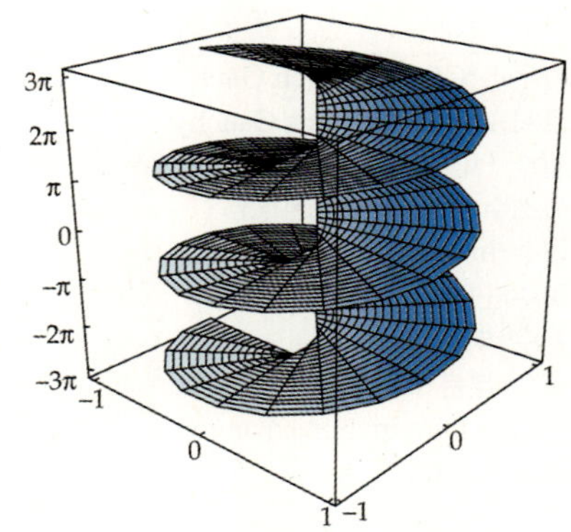

arg(z)의 리만 곡면. 96쪽을 보자.

1.1 복소수와 그 성질

복소수를 '발명'한 사람은 없지만, 16세기에 이런 수의 용도에 대한 논쟁은 있었다. 거듭제곱근을 포함한 공식을 이용해서 다항 방정식을 푸는 과정에서 초기의 수학 호사가들은 양의 정수 이외의 다른 종류의 수가 존재한다는 사실을 받아들여야만 했다. 공식에 따라 셈하면 이차 방정식 $x^2+2x+2=0$의 '해' $-1+\sqrt{-1}$과 삼차 방정식 $x^3=6x+4$의 '해' $\sqrt[3]{2+\sqrt{-2}}+\sqrt[3]{2-\sqrt{-2}}$을 얻는데, 이는 뛰어난 수학자들도 대경실색하게 만들었다. 왜냐하면 당시에는 누구나 제곱하면 음수가 되는 $\sqrt{-1}$ 또는 $\sqrt{-2}$와 같은 수가 존재할 수가 없다고 생각하고 있었기 때문이다. 그런 '수'는 상상 속에서만 존재하거나, 한 학자의 생각대로 '복잡한 신비주의가 애지중지하는 상상의 소산'이다. 그렇지만 세월이 흘러도 이런 '상상의 수'는 사라지지 않았는데, 일단의 수학자들이 이에 끈질기게 집착했고 일부 실용적인 면이 있었기 때문이다. 한 유명한 수학자는 말했다. "그것들이 우리의 상상 속에만 존재하더라도 …… 그것들을 셈에 이용하는 것을 …… 막을 수는 없다." 게다가, 수학자들은 어느 것이고 버리기를 싫어한다. 어쨌든 음수도 처음에는 '허구'라는 낙인이 찍혔었다는 기억이 여전히 생생했다. '수'의 개념은 여러 세기를 거치면서 진화했다. 수의 집합은 처음에 양의 정수로부터 출발해서 점차로 유리수와 음수 및 무리수를 포함시켰다. 그런데 가우스가 이른바 허수 또는 (당시에 불리기 시작한 대로) 복소수를 실수 체계의 확장으로 다룸으로써 논리적이고 일관된 초석 위에 올린 18세기에 수 개념은 엄청난 진화 과정을 겪었다.

첫째 절의 목표는 복소수에 관한 기초적인 정의와 산술을 조사하는 것이다.

인명, 용어

가우스 Carl Friedrich Gauss
코시 Augustin Louis Cauchy
실수 (체계) real number (system)
복소수 complex number
허수 imaginary number
허수 단위 imaginary unit
실수 부분 real part
허수 부분 imaginary part
순허수 pure imaginary number
같다 equal

허수 단위 가우스와 프랑스 수학자 코시의 매우 영향력 있는 연구를 통해 복소수가 상당한 지위를 얻었지만, 불행한 이름 '허수'가 수세기 동안 사용되고 있다. 기호 i는 원래 난처하게 만드는 기호 $\sqrt{-1}$을 숨기기 위해 사용됐다. 지금은 i를 허수 단위라 하고 $i^2=-1$라는 성질을 만족시키는 것으로 정의한다. 허수 단위를 이용해서, 한 쌍의 실수로 일반적인 복소수를 생성한다.

정의 1.1.1 복소수

복소수는 $z=a+ib$ 꼴의 수이다. 여기서 a와 b는 실수이고 i는 허수 단위이다.

주의: $z=4-9i$의 허수 부분은 $-9i$가 ➡ 아니라 -9이다.

용어 표기법 $a+ib$와 $a+bi$가 모두 허용된다. $z=a+ib$에서 실수 a를 z의 실수 부분, 실수 b를 z의 허수 부분이라 한다. 복소수 z의 실수 부분과 허수 부분을 간략하게 각각 $\text{Re}(z)$와 $\text{Im}(z)$로 나타낸다. 예를 들어 $z=4-9i$이면 $\text{Re}(z)=4$이고 $\text{Im}(z)=-9$이다. 허수 단위의 실수 배를 순허수라 한다. 예를 들면, $z=6i$는 순허수이다. 실수 부분과 허수 부분이 각각 서로 같은 두 복소수를 서로 같다고 한다. 이 단순한 개념이 종종 유용하기 때문에, 마지막 문장을 다음과 같은 정의로 정리한다.

정의 1.1.2 상등

두 복소수 $z_1 = a_1 + ib_1$과 $z_2 = a_2 + ib_2$는 $a_1 = a_2$이고 $b_1 = b_2$일 때 서로 같다.

용어
상등 equality
산술 연산 arithmetic operation
덧셈 addition
뺄셈 subtraction
곱셈 multiplication
나눗셈 division
교환 법칙 commutative law
결합 법칙 associative law
분배 법칙 distributive law

기호 $\text{Re}(z)$와 $\text{Im}(z)$를 이용하면, 정의 1.1.2는 $\text{Re}(z_1) = \text{Re}(z_2)$이고 $\text{Im}(z_1) = \text{Im}(z_2)$일 때 $z_1 = z_2$임을 뜻한다.

복소수 전체의 집합은 통상 기호 $\mathbb{C}$로 나타낸다. 임의의 실수 a는 $z = a + 0i$로 쓸 수 있기 때문에, 실수 전체의 집합 $\mathbb{R}$은 $\mathbb{C}$의 부분 집합이다.

산술 연산 복소수끼리 더하고 빼고 곱하고 나눌 수 있다. 두 복소수 $z_1 = a_1 + ib_1$과 $z_2 = a_2 + ib_2$의 이런 연산을 다음과 같이 정의한다.

덧셈: $z_1 + z_2 = (a_1 + ib_1) + (a_2 + ib_2) = (a_1 + a_2) + i(b_1 + b_2)$

뺄셈: $z_1 - z_2 = (a_1 + ib_1) - (a_2 + ib_2) = (a_1 - a_2) + i(b_1 - b_2)$

곱셈: $z_1 \cdot z_2 = (a_1 + ib_1)(a_2 + ib_2) = (a_1a_2 - b_1b_2) + i(b_1a_2 + a_1b_2)$

나눗셈: $\dfrac{z_1}{z_2} = \dfrac{a_1 + ib_1}{a_2 + ib_2} = \dfrac{a_1a_2 + b_1b_2}{a_2^2 + b_2^2} + i\dfrac{b_1a_2 - a_1b_2}{a_2^2 + ib_2^2}$

(단, $a_2 \neq 0$ 또는 $b_2 \neq 0$)

친숙한 교환·결합·분배 법칙이 복소수에 대해서도 성립한다.

교환 법칙: $z_1 + z_2 = z_2 + z_1, \quad z_1z_2 = z_2z_1$

결합 법칙: $(z_1 + z_2) + z_3 = z_1 + (z_2 + z_3), \quad (z_1z_2)z_3 = z_1(z_2z_3)$

분배 법칙: $z_1(z_2 + z_3) = z_1z_2 + z_1z_3$

이런 법칙이 성립하기 때문에 덧셈과 뺄셈 및 곱셈의 정의를 기억할 필요가 없다.

덧셈, 뺄셈, 곱셈

(i) 두 복소수를 더하려면(빼려면), 실수와 허수 부분끼리 각각 더한다(뺀다).

(ii) 두 복소수를 곱하려면, 분배 법칙과 $i^2 = -1$이라는 사실을 이용한다.

나눗셈의 정의는 더욱 상세하게 설명할 필요가 있는데, 이 연산은 잠시 뒤에 좀 더 자세하게 논의하겠다.

보기 1 덧셈과 곱셈

$z_1 = 2 + 4i$ 이고 $z_2 = -3 + 8i$ 일 때, (a) $z_1 + z_2$와 (b) z_1z_2를 찾아라.

풀이 (a) 실수와 허수 부분끼리 각각 더하면 두 복소수 z_1과 z_2의 합은 다음과 같다.

$$z_1 + z_2 = (2+4i) + (-3+8i) = (2-3) + (4+8)i = -1+12i$$

(b) 분배 법칙과 $i^2 = -1$에 의해 z_1과 z_2의 곱은 다음과 같다.

$$\begin{aligned} z_1 z_2 &= (2+4i)(-3+8i) = (2+4i)(-3) + (2+4i)(8i) \\ &= -6-12i+16i+32i^2 \\ &= (-6-32) + (16-12)i = -38+4i \end{aligned}$$

❑

용어
영 zero
단위원 unity
덧셈에 관한 항등원 additive identity
곱셈에 관한 항등원 multiplicative identity
켤레 복소수 complex conjugate
unity는 '단위원'으로, unit circle은 '단위 원'으로 타나내겠다.

영과 단위원 복소수 체계에서 영은 수 $0+0i$이고 단위원은 $1+0i$이다. 영과 단위원은 각각 0과 1로 나타낸다. 영은 복소수 체계에서 덧셈에 관한 항등원인데, 임의의 복소수 $z = a+ib$에 대해 $z+0 = z$이기 때문이다. 이를 확인하기 위해서, 덧셈의 정의를 이용하면 다음을 얻는다.

$$z + 0 = (a+ib) + (0+0i) = a+0+i(b+0) = a+ib = z$$

마찬가지로, 단위원은 복소수 체계에서 곱셈에 관한 항등원인데, 임의의 복소수 z에 대해 $z \cdot 1 = z \cdot (1+0i) = z$이기 때문이다.

켤레 복소수 복소수 z에 대해 이것의 허수 부분의 부호를 바꾸어 얻은 수를 z의 켤레 복소수 또는 간단히 켤레라 하고, 기호 $\bar{z}$로 나타낸다. 곧, $z = a+ib$의 켤레는 $\bar{z} = a-ib$이다. 예를 들어 $z = 6+3i$이면 $\bar{z} = 6-3i$이고, $z = -5-i$이면 $\bar{z} = -5+i$이다. z가 실수이면, 이를테면 $z = 7$이면, $\bar{z} = 7$이다. 복소수의 덧셈과 뺄셈의 정의에 의해, 두 복소수의 합과 차의 켤레는 각각 다음과 같이 켤레의 합과 차와 같다.

$$\overline{z_1 + z_2} = \bar{z}_1 + \bar{z}_2, \qquad \overline{z_1 - z_2} = \bar{z}_1 - \bar{z}_2 \tag{1}$$

게다가, 다음과 같은 세 가지 추가적인 성질이 성립한다.

$$\overline{z_1 z_2} = \bar{z}_1\, \bar{z}_2, \qquad \overline{\left(\frac{z_1}{z_2}\right)} = \frac{\bar{z}_1}{\bar{z}_2}, \qquad \bar{\bar{z}} = z \tag{2}$$

물론, 유한 개의 복소수의 합(곱)의 켤레는 켤레의 합(곱)과 같다.

덧셈과 곱셈의 정의에 따라 복소수 z와 그 켤레 $\bar{z}$의 합과 곱은 다음과 같이 모두 실수이다.

$$z + \bar{z} = (a+ib) + (a-ib) = 2a, \tag{3}$$

$$z\bar{z} = (a+ib)(a-ib) = a^2 - i^2b^2 = a^2 + b^2 \tag{4}$$

복소수 z와 그 켤레 $\bar{z}$의 차는 다음과 같이 순허수이다.

$$z - \bar{z} = (a+ib) - (a-ib) = 2ib \tag{5}$$

$a = \mathrm{Re}(z)$이고 $b = \mathrm{Im}(z)$이므로, (3)과 (5)로부터 다음과 같은 유용한 공식을 얻는다.

$$\mathrm{Re}(z) = \frac{z+\bar{z}}{2}, \qquad \mathrm{Im}(z) = \frac{z-\bar{z}}{2i} \tag{6}$$

그런데 (4)는 이 논의에서 매우 중요한데, 다음과 같이 나눗셈을 실질적인 방식으로 시행할 수 있게 해주기 때문이다.

나눗셈

z_1을 z_2로 나눌 때는 $\frac{z_1}{z_2}$의 분모와 분자에 z_2의 켤레를 곱한다. 곧 다음과 같이 한다.

$$\frac{z_1}{z_2} = \frac{z_1}{z_2} \cdot \frac{\bar{z}_2}{\bar{z}_2} = \frac{z_1\bar{z}_2}{z_2\bar{z}_2} \tag{7}$$

그리고 $z_2\bar{z}_2$가 z_2의 실수와 허수 부분의 제곱의 합이라는 사실을 이용한다.

(7)에 제시된 과정을 다음 보기가 예시한다.

보기 2 나눗셈

$z_1 = 2-3i$ 이고 $z_2 = 4+6i$ 일 때, $\frac{z_1}{z_2}$를 찾아라.

풀이 분모 $z_2 = 4+6i$ 의 켤레 $\bar{z}_2 = 4-6i$ 를 분모와 분자에 곱하고 (4)를 사용하면 다음을 얻는다.

$$\frac{z_1}{z_2} = \frac{2-3i}{4+6i} = \frac{2-3i}{4+6i} \cdot \frac{4-6i}{4-6i} = \frac{8-12i-12i+18i^2}{4^2+6^2} = \frac{-10-24i}{52}$$

$a+bi$ 꼴의 답을 원하기 때문에, 마지막 식에서 분자 $-10-24i$ 의 실수와 허수 부분을 각각 52로 나누고 약분하면 다음을 얻는다.

$$\frac{z_1}{z_2} = -\frac{10}{52} - \frac{24}{52}i = -\frac{5}{26} - \frac{6}{13}i$$ ❑

역원 복소수 체계에서 모든 수 z의 덧셈에 관한 역원, 곧 반수가 유일하게 존재한다. 실수 체계에서와 같이, $z = a+ib$의 덧셈에 관한 역원은 음의 z인 $-z$인데, $-z = -a-ib$이다. 임의의 복소수 z에 대해 $z+(-z) = 0$이다. 마찬가지로, 영이 아닌 모든 복소수 z의 곱셈에 관한 역원이 존재한다. 기호로 나타내면, $z \neq 0$에 대해 영이 아닌 유일한 복소수 z^{-1}이 존재해서 $zz^{-1} = 1$이 성립한다. 곱셈에 관한 역원 z^{-1}은 역수 $\frac{1}{z}$과 같다.

용어
덧셈에 관한 역원, 반수 additive inverse
곱셈에 관한 역원 multiplicative inverse
역수 reciprocal

보기 3 역수

$z=2-3i$ 의 역수를 찾아라.

풀이 나눗셈의 정의에 의해 다음을 얻는다.

$$\frac{1}{z}=\frac{1}{2-3i}=\frac{1}{2-3i}\cdot\frac{2+3i}{2+3i}=\frac{2+3i}{4+9}=\frac{2+3i}{13}$$

답은 $a+bi$ 꼴로 나타내야 한다. ➡

곧, $$\frac{1}{z}=z^{-1}=\frac{2}{13}+\frac{3}{13}i$$

다음과 같은 곱셈으로 이를 확인해야 한다.

$$zz^{-1}=(2-3i)\left(\frac{2}{13}+\frac{3}{13}i\right)=1$$ ❑

용어
순서 order

참고 실 해석학과의 비교

(i) 실수 체계 $\mathbb{R}$의 많은 성질이 복소수 체계 $\mathbb{C}$에서 성립한다. 그러나 정말로 주목할 만한 차이점도 몇 가지 있다. 예를 들면, 실수 체계에서 순서의 개념은 복소수 체계에 적용할 수 없다. 바꿔 말하면, 허수 부분이 0이 아닌 두 복소수 $z_1=a_1+ib_1$과 $z_2=a_2+ib_2$를 부등호를 이용해서 비교할 수 없다. 두 수 z_1과 z_2가 모두 실수인 특별한 경우를 제외하면, $\mathbb{C}$에서 $z_1<z_2$ 또는 $z_2\geq z_1$과 같은 명제는 전혀 의미가 없다. 익힘 문제 1.1의 문제 55를 보라. 따라서 $z_1=\alpha z_2$, $\alpha>0$과 같은 명제는 부등식 $\alpha>0$으로부터 묵시적으로 문자 α가 실수를 나타내는 것으로 이해해야 한다.

(ii) $e^x=-2$ 또는 $\sin x=5$와 같은 식은, x가 실 변수인 실 해석학에서는 불가능한 것으로 간주하지만, 문자 x를 복소 변수로 해석하는 복소 해석학에서는 완벽하게 정확하고 정상적이다. 4.1절의 보기 3과 4.3절의 보기 2를 보라.

이 책의 나머지에서도 실 해석학과 복소 해석학 사이의 또 다른 차이점을 계속해서 지적할 것이다.

1.1 익힘 문제

1. i 의 다음 거듭제곱의 값을 찾아라.
   (a) i^8 (b) i^{11}
   (c) i^{42} (d) i^{105}

2. 다음 수를 $a+ib$ 꼴로 나타내라.
   (a) $2i^3-3i^2+5i$ (b) $3i^5-i^4+7i^3-10i^2-9$
   (c) $\frac{5}{i}+\frac{2}{i^3}-\frac{20}{i^{18}}$ (d) $2i^6+\left(\frac{2}{-i}\right)^3+5i^{-5}-12i$

문제 3~20에서는 주어진 수를 $a+ib$ 꼴로 나타내라.

3. $(5-9i)+(2-4i)$
4. $3(4-i)-3(5+2i)$
5. $i(5+7i)$
6. $i(4-i)+4i(1+2i)$
7. $(2-3i)(4+i)$
8. $\left(\frac{1}{2}-\frac{1}{4}i\right)\left(\frac{2}{3}+\frac{5}{3}i\right)$
9. $3i+\frac{1}{2-i}$
10. $\frac{i}{1+i}$
11. $\frac{2-4i}{3+5i}$
12. $\frac{10-5i}{6+2i}$
13. $\frac{(3-i)(2+3i)}{1+i}$
14. $\frac{(1+i)(1-2i)}{(2+i)(4-3i)}$
15. $\frac{(5-4i)-(3+7i)}{(4+2i)+(2-3i)}$
16. $\frac{(4+5i)+2i^3}{(2+i)^2}$
17. $i(1-i)(2-i)(2+6i)$
18. $(1+i)^2(1-i)^3$
19. $(3+6i)+(4-i)(3+5i)+\frac{1}{2-i}$
20. $(2+3i)\left(\frac{2-i}{1+2i}\right)^2$

문제 21~24에서는 다음 이항 정리[1]를 이용해서 주어진 수를 $a+ib$ 꼴로 나타내라.

$$(A+B)^n = A^n + \frac{n}{1!}A^{n-1}B + \frac{n(n-1)}{2!}A^{n-2}B^2 + \cdots + \frac{n(n-1)(n-2)\cdots(n-k+1)}{k!}A^{n-k}B^k + \cdots + B^n \quad (n=1,\ 2,\ 3,\ \cdots)$$

용어
이항 정리 binomial theorem

21. $(2+3i)^2$
22. $\left(1-\frac{1}{2}i\right)^3$
23. $(-2+2i)^5$
24. $(1+i)^8$

문제 25와 26에서는 $\text{Re}(z)$와 $\text{Im}(z)$를 찾아라.

25. $z=\left(\frac{i}{3-i}\right)\left(\frac{1}{2+3i}\right)$
26. $z=\frac{1}{(1+i)(1-2i)(1+3i)}$

문제 27~30에서 $z=x+iy$라 하고, 주어진 식을 x와 y로 나타내라.

27. $\text{Re}\left(\frac{1}{z}\right)$
28. $\text{Re}(z^2)$
29. $\text{Im}(2z+4\bar{z}-4i)$
30. $\text{Im}(\bar{z}^2+z^2)$

문제 31~34에서 $z=x+iy$라 하고, 주어진 식을 $\text{Re}(z)$와 $\text{Im}(z)$로 나타내라.

31. $\text{Re}(iz)$
32. $\text{Im}(iz)$
33. $\text{Im}((1+i)z)$
34. $\text{Re}(z^2)$

1) $(A+B)^2$, $(A+B)^3$ 등의 전개에서 계수들은 파스칼의 삼각형을 이용해서 얻을 수 있음을 상기하자.

문제 35와 36에서는 주어진 수가 주어진 방정식을 만족시킴을 보이고, 각 경우에 또 다른 해를 찾을 수 있는 이유를 설명하라.

35. $z^2+i=0$, $z_1=-\dfrac{\sqrt{2}}{2}+\dfrac{\sqrt{2}}{2}i$. 또 다른 해 z_2를 찾아라.

36. $z^4=-4$, $z_1=1+i$, $z_2=-1+i$. 두 개의 또 다른 해 z_3과 z_4를 찾아라.

문제 37~42에서는 정의 1.1.2를 이용해서 각 방정식을 $z=a+ib$에 대해 풀어라.

37. $2z=i(2+9i)$

38. $z-2\bar{z}+7-6i=0$

39. $z^2=i$

40. $\overline{z}^2=4z$

41. $z+2\bar{z}=\dfrac{2-i}{1+3i}$

42. $\dfrac{z}{1+\bar{z}}=3+4i$

문제 43과 44에서는 z_1과 z_2에 관한 연립 방정식을 풀어라.

43. $\begin{cases} iz_1-iz_2=2+10i \\ -z_1+(1-i)z_2=3-5i \end{cases}$

44. $\begin{cases} iz_1+(1+i)z_2=1+2i \\ (2-i)z_1+2iz_2=4i \end{cases}$

개념과 이해

45. 다음을 만족시키는 복소수 z의 특징은 무엇인가?

(a) $z=\bar{z}$　　(b) $(z)^2=(\bar{z})^2$

46. 문제 24를 푸는 다른 방법을 생각하자. 그리고 길게 셈하지 말고 $(1+i)^{5404}$의 값을 찾아라.

47. 음이 아닌 정수 n에 대해 i^n의 값은 1, i, -1, $-i$ 중 하나이다. 다음 네 가지 각 경우에 정수 지수 n을 음이 아닌 정수를 나타내는 문자 k로 표현하라.

(a) $i^n=1$　　(b) $i^n=i$

(b) $i^n=-1$　　(d) $i^n=-i$

48. 본문의 식 (7)에 제시된 과정에 대한 대안이 있다. 예를 들면, 몫 $(5+6i)/(1+i)$가 $a+bi$로 표현된다면, $5+6i=(1+i)(a+ib)$가 성립한다. 이 마지막 결과와 정의 1.1.2를 사용해서 주어진 몫을 찾아라. 이 방법을 이용해서 $3-4i$의 역수를 찾아라.

49. 잠시 복소수 체계에서 $\sqrt{1+i}$가 의미가 있다고 가정하자. 그렇다면 다음 등식의 정당성을 어떻게 밝힐 수 있는가?

$$\sqrt{1+i}=\sqrt{\frac{1}{2}+\frac{1}{2}\sqrt{2}}+i\sqrt{-\frac{1}{2}+\frac{1}{2}\sqrt{2}}$$

50. 두 복소수 z_1과 z_2에 대해 $z_1z_2=0$이 성립할 때, z_1 또는 z_2의 특징은 무엇인가?

51. 두 복소수의 곱 z_1z_2가 음이 아닌 실수일 때, 적당한 실수 k에 대해 $z_2=k\overline{z_1}$임을 보여라.

52. 길게 셈하지 말고 본문의 두 식 (2)와 (3)으로부터 $z_1\overline{z_2}+\overline{z_1}z_2=2\,\mathrm{Re}(z_1\overline{z_2})$가 즉시 유도되는 이유를 설명하라.

53. 수학자는 한 수학적 체계 안에서 어떤 '대상'이 유일하다는 사실을 증명하기를 좋아한다. 예를 들면, "복소수 체계 안에서 단위원은 유일하다."는 명제의 증명은 통상 두 개의 서로 다른 단위원 1_1과 1_2가 존재한다는 가정에서 출발한다. 그리고 이어서 이런 가정이 모순에 이름을 보인다. 두 개의 서로 다른 단위원이 존재한다고 가정할 때의 모순을 한 가지 들어라.

54. 문제 53에서 설명한 과정을 따라서 명제 "복소수 체계에서 영은 유일하다."를 증명하라.

55. 수 체계가 다음 두 가지 성질을 만족시키는 부분 집합 P를 포함할 때 순서 체계라고 한다.
첫째, 이 체계의 영이 아닌 수 x에 대해 x와 $-x$ 중의 하나가 P에 속한다.
둘째, x와 y가 P에 속하는 수이면, xy와 $x+y$는 모두 P에 속한다.
실수 체계에서 집합 P는 양수의 집합이다. 실수 체계에서 $x-y$가 P가 속할 때, x는 y보다 크다고 하고 기호 $x>y$로 나타낸다. 복소수 체계에는 이런 P와 같은 부분 집합이 없는 이유를 논의하라. [*귀띔*: i와 $-i$를 고려하자.]

용어
순서 체계 ordered system

1.2 복소 평면

복소수 $z=x+iy$는 실수의 순서쌍 (x, y)으로 유일하게 결정된다. 역으로, 순서쌍의 첫째와 둘째 성분은 각각 복소수의 실수와 허수 부분에 대응한다. 예를 들면, 순서쌍 $(2, -3)$은 복소수 $2-3i$와 대응한다. 역으로, $z=2-3i$는 순서쌍 $(2, -3)$을 결정한다. 수 7, i, $-5i$는 차례로 $(7, 0)$, $(0, 1)$, $(0, -5)$와 동치이다. 이런 방법으로 복소수 $z=x+iy$를 좌표 평면의 점 (x, y)와 대응시킬 수 있다.

복소 평면 복소수 $z=x+iy$와 좌표 평면의 유일한 점 (x, y) 사이의 대응 때문에, 용어 '복소수'와 '점'을 서로 바꾸어 사용할 수 있다. 그림 1.2.1에 예시한 좌표 평면을 복소 평면 또는 단순히 z평면이라 한다. 수평 또는 x축은, 이 축에 있는 점이 실수를 나타내기 때문에, 실수축이라 한다. 연직 또는 y축은, 이 축에 있는 점이 순허수를 나타내기 때문에 허수축이라 한다.

용어
순서쌍 ordered pair
복소 평면 complex plane
z평면 z-plane
실수축 real axis
허수축 imaginary axis
수평 horizontal
연직 vertical
위치 벡터 position vector
이 책에서는 vertical을 연직으로 나타낸다. 이는 수직선(number line)과 구별하고, 직선 또는 평면에 수직(perpendicular)이라는 표현과도 구분하기 위함이다.

벡터 실수의 순서쌍에 있는 수들을 벡터의 성분으로 해석할 수 있다는 사실을 다른 수학 과목에서 틀림없이 알아봤을 것이다. 이와 같이 복소수 $z=x+iy$를 이차원 위치 벡터, 곧 시점이 원점이고 종점이 (x, y)인 벡터로도 생각할 수 있다. 그림 1.2.2를 보라. 이런 벡터 표현은 벡터 z의 길이를 원점으로부터 점 (x, y)까지의 거리 $\sqrt{x^2+y^2}$로 정의할 수 있게 한다. 이런 길이에는 특별한 이름이 붙는다.

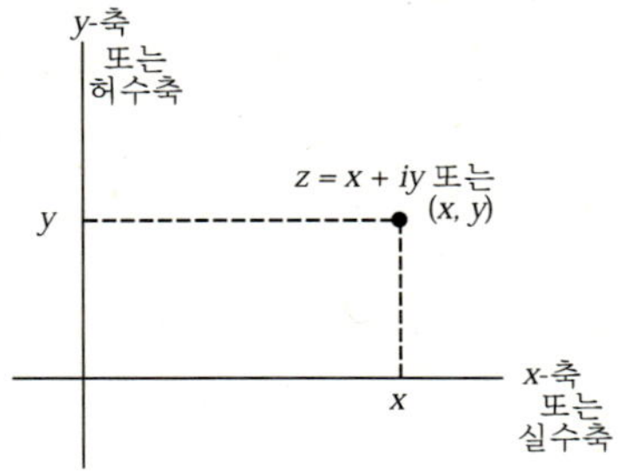

그림 1.2.1 복소 평면

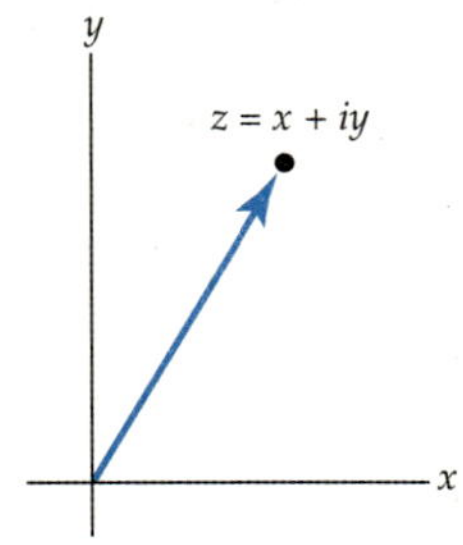

그림 1.2.2 위치 벡터로서의 z

용어
크기 modulus
절댓값 absolute value

정의 1.2.1 크기

복소수 $z = x + iy$ 의 **크기**는 다음과 같은 실수이다.

$$|z| = \sqrt{x^2 + y^2} \tag{1}$$

복소수 z 의 크기 $|z|$를 z 의 **절댓값**이라고도 한다. 이 책에서는 크기와 절댓값을 모두 사용하겠다.

보기 1 복소수의 크기

$z = 2 - 3i$ 이면, (1)로부터 이 수의 크기 $|z| = \sqrt{2^2 + (-3)^2} = \sqrt{13}$ 을 얻는다. $z = -9i$ 이면, (1)로부터 $|-9i| = \sqrt{(-9)^2} = 9$를 얻는다. ❑

성질 1.1절의 (4)에서 임의의 복소수 $z = x + iy$ 에 대해 곱 $z\bar{z}$ 가 실수임을 알아봤다. 특히, $z\bar{z}$ 는 z 의 실수와 허수 부분의 제곱의 합이다. 곧 $z\bar{z} = x^2 + y^2$ 이다. 그리고 (1)에서 $|z|^2 = x^2 + y^2$ 임을 알 수 있다. 이를 통해 얻은 다음 관계는 기억할 만하다.

$$|z|^2 = z\bar{z}, \qquad |z| = \sqrt{z\bar{z}} \tag{2}$$

복소수 z 의 크기에는 다음과 같은 성질도 있다.

$$|z_1 z_2| = |z_1||z_2|, \quad \left|\frac{z_1}{z_2}\right| = \frac{|z_1|}{|z_2|} \tag{3}$$

$z_1 = z_2 = z$ 일 때 (3)의 첫째 성질로부터 다음을 얻는다.

$$|z^2| = |z|^2 \tag{4}$$

성질 $|z_1 z_2| = |z_1||z_2|$는 (2)를 이용해서 증명할 수 있는데, 이는 익힘 문제로 남긴다. 익힘 문제 1.2의 문제 49를 보라.

거리 1.1절에서 정의한 두 복소수 $z_1 = x_1 + iy_1$과 $z_2 = x_2 + iy_2$의 덧셈은, 다음과 같이 순서쌍을 이용해서 나타내면, 벡터의 성분에 의한 덧셈과 같다.

$$(x_1,\ y_1)+(x_2,\ y_2)=(x_1+x_2,\ y_1+y_2)$$

합 z_1+z_2를 벡터로 해석하면 그림 1.2.3(a)에 평행 사변형의 주 대각선으로 나타낸 벡터인데, 시점은 원점이고 종점은 $(x_1+x_2,\ y_1+y_2)$이다. 차 z_2-z_1은 z_1의 종점에서 출발해서 z_2의 종점에서 끝나는 벡터 또는 시점이 원점이고 종점이 $(x_2-x_1,\ y_2-y_1)$인 위치 벡터로 나타낼 수 있다. 그림 1.2.3(b)를 보라. $z=z_2-z_1$의 경우에 (1)과 그림 1.2.3(b)로부터 복소 평면에서 두 점 $z_1=x_1+iy_1$과 $z_2=x_2+iy_2$ 사이의 거리는 원점과 점 $(x_2-x_1,\ y_2-y_1)$ 사이의 거리와 같다. 곧 $|z|=|z_2-z_1|=|(x_2-x_1)+i(y_2-y_1)|$ 또는 다음과 같다.

$$|z_2-z_1|=\sqrt{(x_2-x_1)^2+(y_2-y_1)^2} \tag{5}$$

$z_1=0$일 때, 크기 $|z_2|$는 원점과 점 z_2 사이의 거리임을 다시 확인할 수 있다.

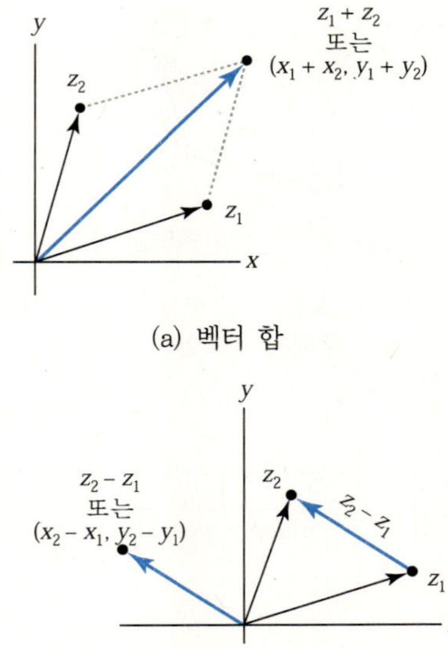

(b) 벡터 차

그림 1.2.3 벡터의 합과 차

보기 2 복소 평면에서 점들의 집합

복소 평면에서 $|z|=|z-i|$를 만족시키는 점 z의 집합을 설명하라.

풀이 주어진 등식을 거리 사이의 상등으로 해석할 수 있다. 점 z로부터 원점까지의 거리와 점 z로부터 점 i까지의 거리가 서로 같다. 그림 1.2.4로부터 기하학적으로 점 z의 집합이 수평선일 것으로 보인다. 이를 해석적으로 확인하기 위해서, (1)과 (5)를 사용해서 $|z|=|z-i|$를 다음과 같이 쓰자.

$$\sqrt{x^2+y^2}=\sqrt{x^2+(y-1)^2},$$

$$x^2+y^2=x^2+(y-1)^2,$$

$$x^2+y^2=x^2+y^2-2y+1$$

마지막 등식에서 $y=\frac{1}{2}$을 얻는다. 이 등식은 임의의 x에 대해 참이므로, $y=\frac{1}{2}$은 그림 1.2.4에 파랗게 나타낸 수평선의 방정식이다. 그러므로 $|z|=|z-i|$를 만족시키는 복소수는 $z=x+\frac{1}{2}i$로 나타낼 수 있다. ❑

용어
두 점 사이의 거리 distance between two points

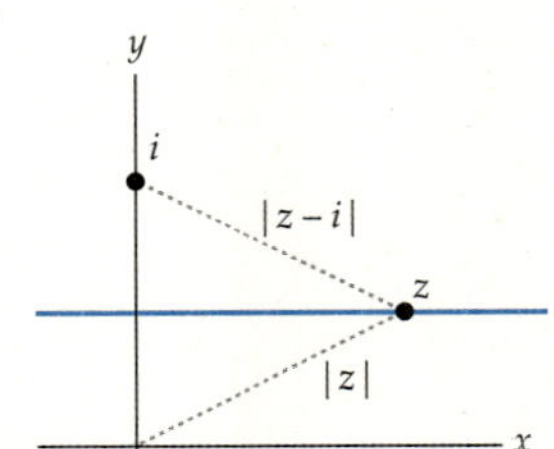

그림 1.2.4 수평선은 $|z|=|z-i|$를 만족시키는 점의 집합이다.

부등식 지난 절의 끝에 있는 참고에는 복소수 체계에서 순서 관계를 정의할 수 없다는 지적이 있다. 그렇지만 $|z|$은 실수이기 때문에, 두 복소수의 절댓값은 비교할 수 있다. 예를 들어 $z_1=3+4i$이고 $z_2=5-i$이면 $|z_1|=\sqrt{25}=5$이고 $|z_2|=\sqrt{26}$이므로, 결론적으로 $|z_1|<|z_2|$이다. (1)에 따라 마지막 부등식을 기하학적으로 간단하게 해석할 수 있다. 곧 점 $(3,\ 4)$는 점 $(5,\ -1)$보다 원점에 더 가깝다.

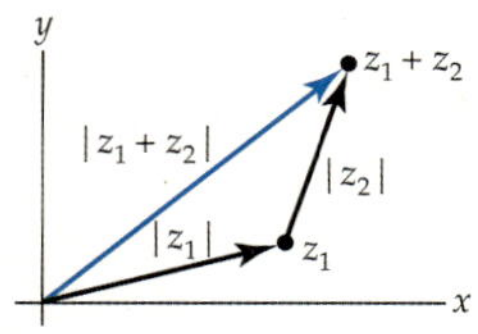

그림 1.2.5 변이 벡터인 삼각형

이 부등식은 1.1절에 있는 복소수의 성질을 이용해서 유도할 수 있다. 익힘 문제 1.2의 문제 50을 보라. ➡

용어
삼각 부등식 triangle inequality

이제, 그림 1.2.5와 같이 세 꼭짓점이 원점, z_1, z_1+z_2에 있는 삼각형을 생각하자. 기하학에서 배운 대로, 벡터 z_1+z_2에 대응하는 삼각형의 변의 길이는 나머지 두 변의 길이의 합보다 클 수 없다. 기호로 이 관찰 결과를 다음 부등식과 같이 나타낼 수 있다.

$$|z_1+z_2| \le |z_1|+|z_2| \tag{6}$$

(6)의 결과를 삼각 부등식이라 한다. 그런데 등식 $z_1=z_1+z_2+(-z_2)$와 (6)으로부터 다음을 얻는다.

$$|z_1|=|z_1+z_2+(-z_2)| \le |z_1+z_2|+|-z_2|$$

$|z_1|=|-z_2|$이므로(익힘 문제 1.2의 문제 47을 보라), 마지막 부등식을 $|z_1+z_2|$에 대해 풀면 다음과 같은 또 다른 중요한 부등식을 얻는다.

$$|z_1|-|z_2| \le |z_1+z_2| \tag{7}$$

$z_1+z_2=z_2+z_1$이므로, (7)을 $|z_1+z_2|=|z_2+z_1| \ge |z_2|-|z_1|=-(|z_1|-|z_2|)$와 같이 쓸 수 있다. 그러므로 마지막 결과와 합치면 다음을 얻는다.

$$||z_1|-|z_2|| \le |z_1+z_2| \tag{8}$$

또, (6)에서 z_2를 $-z_2$로 바꾸면 $|z_1+(-z_2)| \le |z_1|+|(-z_2)|=|z_1|+|z_2|$를 얻는다. 이 결과는 다음과 같다.

$$|z_1-z_2| \le |z_1|+|z_2| \tag{9}$$

(8)에서 z_2를 $-z_2$로 바꾸면 다음을 얻는다.

$$||z_1|-|z_2|| \le |z_1-z_2| \tag{10}$$

마지막으로, 삼각 부등식 (6)은 다음과 같이 임의의 유한 개의 복소수의 합으로 확장된다.

$$|z_1+z_2+z_3+\cdots+z_n| \le |z_1|+|z_2|+|z_3|+\cdots+|z_n| \tag{11}$$

부등식 (6), (8), (10)은 제5, 6장에서 알아볼 적분에서 중요하게 이용된다.

용어
상계 upper bound 하계 lower bound

보기 3 상계

$|z|=2$일 때 $\left|\dfrac{-1}{z^4+3z^2+2}\right|$의 상계를 찾아라.

풀이 (3)의 둘째 결과에 의해, 몫의 절댓값은 절댓값의 몫이다. $|-1|=1$이므로, 다음을 만족시키는 양의 실수 M을 찾아야 한다.

$$\frac{1}{|z^4+3z^2+2|} \le M$$

이를 위해서는 분모를 가능한 한 작게 해야 한다. $z^4+3z^2+2=(z^2+1)\cdot(z^2+2)$이므로, (3)의 첫째 결과와 (8)을 사용해서 다음과 같이 쓸 수 있다.

$$|z^4+3z^2+2|=|z^2+1|\cdot|z^2+2|\geq ||z^2|-1|\cdot||z^2|-2| \qquad (12)$$

$|z|=2$를 대입하면, (12)는 다음과 같이 된다.

$$\begin{aligned}|z^4+3z^2+2| \geq ||z^2|-1|\cdot||z^2|-2| &= ||z|^2-1|\cdot||z|^2-2| \\ &= |4-1|\cdot|4-2| \\ &= 6\end{aligned}$$

그러므로 $|z|=2$일 때, 다음을 얻는다.

$$\left|\frac{-1}{z^4+3z^2+2}\right|=\frac{1}{|z^4+3z^2+2|}\leq\frac{1}{6}$$ ❑

참고

삼각 부등식 $|z_1+z_2|\leq|z_1|+|z_2|$는 벡터 z_1+z_2의 길이가 개별적인 벡터 z_1과 z_2의 길이의 합을 초과할 수 없다는 사실을 지적함을 알아봤다. 그런데 (3)에 제시한 결과는 흥미롭다. 곱 z_1z_2와 몫 z_1/z_2 $(z_2\neq0)$은 복소수이고, 이에 따라 복소 평면의 벡터이다. 등식 $|z_1z_2|=|z_1||z_2|$와 $|z_1/z_2|=|z_1|/|z_2|$은 벡터 z_1z_2와 z_1/z_2의 길이는 개별적인 벡터 z_1과 z_2의 길이의 곱과 몫과 각각 서로 같다는 사실을 지적한다.

1.2 익힘 문제

문제 1~4에서는 z_1과 z_2를 벡터로 해석하자. 벡터로서 z_1과 z_2 및 지시하는 합과 차를 그림으로 나타내라.

1. $z_1=4+2i$, $z_2=-2+5i$; z_1+z_2, z_1-z_2
2. $z_1=1-i$, $z_2=1+i$; z_1+z_2, z_1-z_2
3. $z_1=5+4i$, $z_2=-3i$; $3z_1+5z_2$, z_1-2z_2
4. $z_1=4-3i$, $z_2=-2+3i$; $2z_1+4z_2$, z_1-z_2
5. $z_1=5-2i$와 $z_2=-1-i$에 대하여 z_1+z_2와 방향이 같지만 길이가 4배인 벡터 z_3을 찾아라.
6. (a) 세 점 $z_1=-2-8i$, $z_2=3i$, $z_3=-6-5i$를 복소 평면에 나타내라.
   (b) (a)의 세 점은 z_1, z_2, z_3을 꼭짓점으로 하는 삼각형을 결정한다. 이 삼각형의 각 변을 벡터의 차로 나타내라.
7. 문제 6에서 세 점 z_1, z_2, z_3이 직각 삼각형의 꼭짓점인지 판정하라.
8. 세 점 $z_1=1+5i$, $z_2=-4-i$, $z_3=3+i$는 삼각형의 꼭짓점을 이룬다. z_1에서 변 z_3-z_2에 그은 중선의 길이를 찾아라.

문제 9~12에서는 각 복소수의 크기를 찾아라.

9. $(1-i)^2$

10. $i(2-i)-4\left(1+\frac{1}{4}i\right)$

11. $\frac{2i}{3-4i}$

12. $\frac{1-2i}{1+i}+\frac{2-i}{1-i}$

문제 13과 14에서는 $z=x+iy$라 하자. 주어진 식을 x와 y로 나타내라.

13. $|z-1-3i|^2$

14. $|z+5\bar{z}|$

문제 15와 16에서는 주어진 두 복소수 중에서 원점에 더 가까운 것을 찾아라. $1+i$에 더 가까운 것을 찾아라.

15. $10+8i,\ 11-6i$

16. $\frac{1}{2}-\frac{1}{4}i,\ \frac{2}{3}+\frac{1}{6}i$

문제 17~26에서는 주어진 방정식을 만족시키는 복소 평면의 점 z의 집합을 설명하라.

17. $\mathrm{Re}((1+i)z-1)=0$

18. $\{\mathrm{Im}(i\bar{z})\}^2=2$

19. $|z-i|=|z-1|$

20. $\bar{z}=z^{-1}$

21. $\mathrm{Im}(z^2)=2$

22. $\mathrm{Re}(z^2)=|\sqrt{3}-i|$

23. $|z-1|=2$

24. $|z-i|=2|z-1|$

25. $|z-2|=\mathrm{Re}(z)$

26. $|z|=\mathrm{Re}(z)$

문제 27과 28에서는 주어진 연립 부등식이 성립함을 보여라.

27. $|z|=2$일 때, $8\le|z+6+8i|\le 12$이다.

28. $|z|=1$일 때, $2\le|z^2-3|\le 4$이다.

29. $|z|\le 1$일 때, $3z^2+2z+1$의 크기에 대한 상계를 찾아라.

30. $|z|\le 2$일 때, z^4-5z^2+6의 크기의 역수에 대한 상계와 하계를 찾아라. [*귀띔*: $z^4-5z^2+6=(z^2-3)(z^2-2)$]

문제 31과 32에서는 주어진 방정식을 만족시키는 수 z를 찾아라.

31. $|z|-z=2+i$

32. $|z|^2+1+12i=6z$

개념과 이해

33. (a) 다음 각 경우에 대해 한 쌍의 점 $z=a+ib$와 $\bar{z}=a-ib$를 복소 평면에 나타내라. $a>0,\ b>0$; $a>0,\ b<0$; $a<0,\ b>0$; $a<0,\ b<0$

(b) 일반적으로, 복소수 $z=a+ib$와 그 켤레 $\bar{z}=a-ib$ 사이의 관계를 기하학적으로 설명하라.

(c) 두 복소수 $z=a+ib$와 $z_1=-a+ib$ 사이의 관계를 기하학적으로 설명하라.

34. 영이 아닌 복소수 $z=a+ib$와 다음 복소수 사이의 관계를 기하학적으로 설명하라.

(a) 덧셈에 관한 역원 $-z$

(b) 곱셈에 관한 역원 z^{-1} [*귀띔*: 문제 33을 보고 $z^{-1}=\bar{z}/|z|^2$을 상기하자.]

35. 네 복소수 $z_1 = 4 + i$, $z_2 = -2 + i$, $z_3 = -2 - 2i$, $z_4 = 3 - 5i$를 생각하자.
    (a) 복소수의 네 쌍 z_1, iz_1; z_2, iz_2; z_3, iz_3; z_4, iz_4를 별도의 복소 평면에 나타내라.
    (b) 일반적으로, 복소수 $z = x + iy$에 i를 곱한 영향을 기하학적으로 설명하라. 또, $-i$를 곱한 영향을 기하학적으로 설명하라.
36. 크기가 0이 유일한 복소수는 무엇인가?
37. $|z_1 + z_2| = |z_1| + |z_2|$가 나타나는 상황을 설명하라.
38. 복소 변수 z를 이용해서 복소 평면에서 반지름의 길이가 5이고 중심이 $3 - 6i$인 원의 방정식을 찾아라. [*귀띔*: (5)를 이용하자.]
39. 양의 x 축으로부터 잰 각의 크기가 θ 라디안일 때, 복소 평면에서 $z = \cos\theta + i\sin\theta$를 만족시키는 점 z의 집합을 설명하라.
40. 복소 변수 z를 이용해서 복소 평면에서 두 초점이 $-2 + i$와 $2 + i$이고 장축의 길이가 8인 타원의 방정식을 찾아라.
41. $z = x + iy$일 때, 1.1절의 (6)에서 x와 y를 z와 $\bar{z}$의 식으로 나타냈다. 이 결과를 이용해서 다음 직교 방정식을 복소수 형식으로 나타내라.
    (a) $x = 3$ (b) $y = 10$
    (c) $y = x$ (d) $x + 2y = 8$
42. 복소수 표기법을 이용해서, 복소 평면에서 서로 다른 두 복소수 z_1와 z_2 사이의 선분을 매개 변수 방정식으로 나타내라.
43. 복소 평면의 서로 다른 세 점 z_1, z_2, z_3과 실수 k에 대해 $z_3 - z_2 = k(z_2 - z_1)$을 기하학적으로 설명하라.
44. $z_1 \neq z_2$일 때, $\text{Re}(z_1\overline{z_2}) = 0$을 두 벡터 z_1와 z_2를 이용해서 기하학적으로 설명하라.
45. $w = \bar{z}/z$일 때, 셈하지 말고 $|w| = 1$인 이유를 설명하라.
46. 셈하지 말고, 모든 복소수 z에 대해 두 부등식 $|\text{Re}(z)| \le |z|$와 $|\text{Im}(z)| \le |z|$가 성립하는 이유를 설명하라.
47. 다음이 성립함을 보여라.
    (a) $|z| = |-z|$ (b) $|z| = |\bar{z}|$
48. 임의의 두 복소수 z_1과 z_2에 대해 다음이 성립함으로 보여라.
$$|z_1 + z_2|^2 + |z_1 - z_2|^2 = 2\left(|z_1|^2 + |z_2|^2\right)$$
49. (3)의 첫째 성질 $|z_1z_2| = |z_1||z_2|$를, 먼저 (2)의 첫째 결과를 이용해서 $|z_1z_2|^2 = (z_1z_2)\overline{(z_1z_2)}$로 쓰고 1.1절에서 (2)의 첫째 성질을 이용해서 증명하라.
50. 삼각 부등식 (6)을 해석적으로 증명해보자. $|z_1 + z_2|$와 $|z_1| + |z_2|$가 양수이므로, $|z_1 + z_2| \le |z_1| + |z_2|$이기 위한 필요 충분 조건은 $|z_1 + z_2|^2 \le (|z_1| + |z_2|)^2$인 것이다. 그러므로 $|z_1 + z_2|^2 \le (|z_1| + |z_2|)^2$이 성립함을 보이면 충분하다.
    (a) $|z_1 + z_2|^2 = |z_1|^2 + 2\,\text{Re}(z_1\overline{z_2}) + |z_2|^2$이 성립하는 이유를 설명하라.

(b) $(|z_1|+|z_2|)^2 = |z_1|^2 + 2|z_1\overline{z_2}| + |z_2|^2$이 성립하는 이유를 설명하라.

(c) 위의 (a)와 (b) 및 문제 46의 결과를 이용해서 (6)을 유도하라.

1.3 복소수의 극 형식

미분 적분학 과정에서 배운 대로, 직교 좌표가 (x, y)인 평면의 점 P를 극 좌표를 이용해서도 나타낼 수 있다. 뉴턴이 고안한 극 좌표 체계 또는 극좌표계는 극이라 부르는 점 O와 극축이라 부르는 극으로부터 뻗어 나온 수평 반직선으로 이루어진다. 극부터 P까지의 거리가 r이고 극축으로부터 선 OP까지 잰 각의 크기가 θ라디안일 때, 점 P를 순서쌍 (r, θ)로 나타낼 수 있다. 이를 P의 극 좌표라고 한다. 그림 1.3.1을 보라.

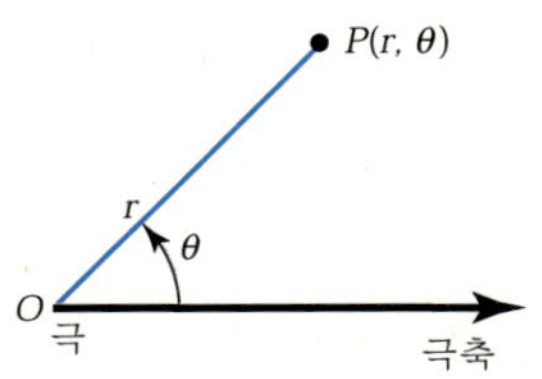

그림 1.3.1 극 좌표

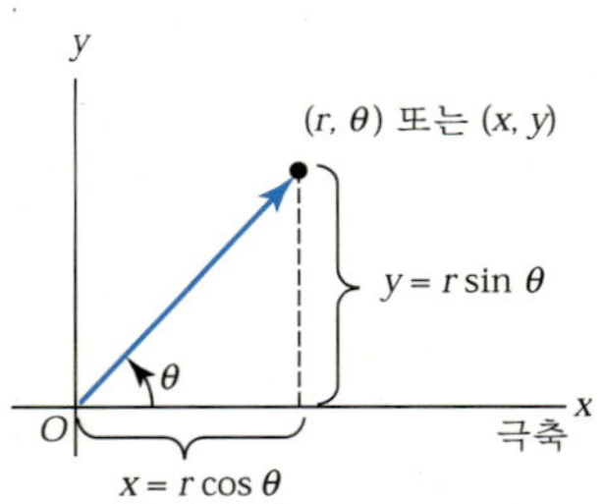

그림 1.3.2 복소 평면의 극 좌표

인명, 용어
- 뉴턴 Isaac Newton
- 극 좌표 (체계), 극좌표(계) polar coordinate (system)
- 극 pole
- 극축 polar axis
- 극 형식 polar form
- 극 좌표 표현 polar representation
- 시계 방향 clockwise
- 시계 반대 방향 counterclockwise
- 편각 argument

극 형식 그림 1.3.2에 나타낸 대로 극 좌표 체계를 복소 평면에 적용해서, 극 O는 원점 그리고 극축은 양의 x축과 일치시키자. 그러면 x, y, r, θ 사이에 $x = r\cos\theta$, $y = r\sin\theta$의 관계가 성립한다. 이런 식을 이용하면 영이 아닌 복소수 $z = x + iy$를 $z = (r\cos\theta) + i(r\sin\theta)$ 또는 다음과 같이 나타낼 수 있다.

$$z = r(\cos\theta + i\sin\theta) \tag{1}$$

(1)을 복소수 z의 극 형식 또는 극 좌표 표현이라 한다. 또다시 그림 1.3.2로부터 좌표 r을 원점으로부터 점 (x, y)까지의 거리로 해석할 수 있다. 바꿔 말하면, r을 z의 크기, 곧 $r = |z|$으로 택할 수 있도록 r은 결코 음수가 아니라는[2] 전통을 채택하겠다. 벡터 z의 각 θ의 크기는 양의 x축으로부터 언제나 라디안으로 재는데, 시계 반대 방향으로 잴 때 양수이고 시계 방향으로 잴 때 음수이다. 각 θ를 z의 편각이라 하며, $\theta = \arg(z)$로 나타낸다. 복소수의 편각 θ는 등식 $\cos\theta = x/r$와 $\sin\theta = y/r$를 만족시켜야 한다. 복소수 z의 편각은 유일하지 않은데, $\cos\theta$와 $\sin\theta$의 주기가 2π이기 때문이다. 바꿔 말하면, θ_0이 z의 편각이면, 필연적으로 $\theta_0 \pm 2\pi$, $\theta_0 \pm 4\pi$, $\cdots$도 z의 편각이다. 실제로는 $\tan\theta = y/x$를 이용해서 θ를 찾는다. 그렇지만 $\tan\theta$는 주기가 π이기 때문에, 마지막 등식을 사용할 때는 주의할 필요가 있다. 계산기는 $-\pi/2 < \tan^{-1}(y/x) < \pi/2$를 만족시키는 각, 곧 제 1과 4 사분면의 각만을 알려준다. 그러므로 z가 위치하는 사분면과 일치하는 θ를 선택해야 한다. 이를 위해서는 $\tan^{-1}(y/x)$에 π를 더하거나 빼야 할 경우도 있다. 다음 보기는 이렇게 하는 방법을 예시한다.

$\tan^{-1}(y/x)$를 이용할 때는 주의하자 ➡

2) 일반적으로, 좌표 평면에서 점 P의 극 좌표 (r, θ)에서는 $r \geq 0$이거나 $r < 0$일 수 있다.

보기 1 복소수의 극 형식

$-\sqrt{3}-i$를 극 형식으로 나타내라.

풀이 $x=-\sqrt{3}$이고 $y=-1$이므로, $r=|z|=\sqrt{(-\sqrt{3})^2+(-1)^2}=2$이다. $y/x=-1/(-\sqrt{3})=1/\sqrt{3}$이고 계산기를 이용하면 $\tan^{-1}(1/\sqrt{3})=\pi/6$를 얻는데, 이는 제 1 사분면의 각의 크기이다. 그러나 점 $-\sqrt{3}-i$는 제 3 사분면에 있으므로, $\tan\theta=-1/(-\sqrt{3})=1/\sqrt{3}$의 해로 $\theta=\arg(z)=\pi/6+\pi=7\pi/6$를 택해야 한다. 그림 1.3.3을 보라. (1)에 의해 $-\sqrt{3}-i$의 극 형식은 다음과 같다.

$$z=2\left(\cos\frac{7\pi}{6}+i\sin\frac{7\pi}{6}\right) \qquad (2)$$ ❑

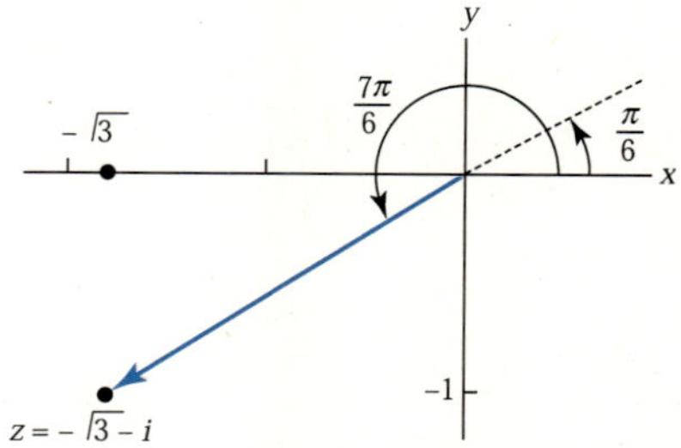

그림 1.3.3 $\arg(-\sqrt{3}-i)$

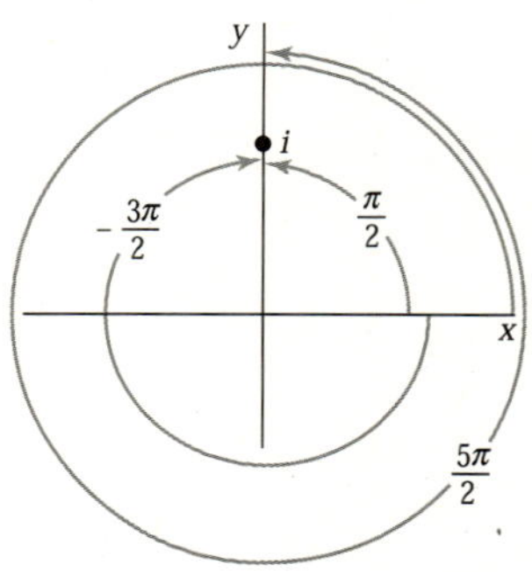

그림 1.3.4 i의 몇 개의 편각

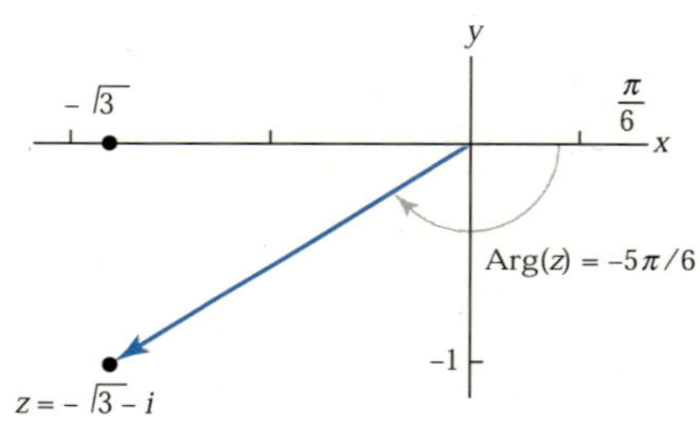

그림 1.3.5 $z=-\sqrt{3}-i$의 으뜸 편각

으뜸 편각 기호 $\arg(z)$는 값들의 집합을 나타낸다. 그러나 구간 $(-\pi, \pi]$에 속하는 복소수의 편각 θ를 $\arg(z)$의 으뜸 값 또는 주값이라 하며, z의 으뜸 편각 또는 주편각이라고도 한다. z의 으뜸 편각은 유일하고, 기호 $\text{Arg}(z)$로 나타낸다. 곧 다음이 성립한다.

용어
으뜸 값, 주값 principal value
으뜸 편각, 주편각 principal argument

$$-\pi<\text{Arg}(z)\le\pi$$

예를 들어 $z=i$의 경우, 그림 1.3.4에 나타낸 대로, $\arg(i)$의 값 중에는 $\pi/2$, $5\pi/2$, $-3\pi/2$ 등이 있다. 그러나 $\text{Arg}(i)=\pi/2$이다. 마찬가지로, 그림 1.3.5에 나타낸 대로, 구간 $(-\pi, \pi]$에 속하는 $-\sqrt{3}-i$의 편각, 곧 z의 으뜸 편각은 $\text{Arg}(z)=\pi/6-\pi=-5\pi/6$이다. $\text{Arg}(z)$를 이용하면, (2)의 복소수를 다음과 같은 극 형식으로 나타낼 수 있다.

$$z=2\left\{\cos\left(-\frac{5\pi}{6}\right)+i\sin\left(-\frac{5\pi}{6}\right)\right\}$$

일반적으로, $\arg(z)$와 $\text{Arg}(z)$ 사이의 관계는 다음과 같다.

$$\arg(z)=\text{Arg}(z)+2n\pi \quad (n=0, \pm1, \pm2, \cdots) \qquad (3)$$

예를 들면, $\arg(i)=\frac{\pi}{2}+2n\pi$이다. $n=0$과 $n=1$을 선택함에 따라 각각 $\arg(i)=\text{Arg}(i)=\pi/2$와 $\arg(i)=-3\pi/2$를 얻는다.

곱셈과 나눗셈 복소수의 극 형식은 두 복소수를 곱하거나 나눌 때 특히 편리하다. 다음과 같다고 하자.

$$z_1=r_1(\cos\theta_1+i\sin\theta_1),\quad z_2=r_2(\cos\theta_2+i\sin\theta_2)$$

여기서 θ_1과 θ_2는 각각 z_1과 z_2의 임의의 편각이다. 그러면 z_1z_2는 다음과 같다.

$$z_1z_2=r_1r_2\{\cos\theta_1\cos\theta_2-\sin\theta_1\sin\theta_2+i(\sin\theta_1\cos\theta_2+\cos\theta_1\sin\theta_2)\}\tag{4}$$

$z_2\neq 0$일 때, z_1/z_2은 다음과 같다.

$$\frac{z_1}{z_2}=\frac{r_1}{r_2}\{\cos\theta_1\cos\theta_2+\sin\theta_1\sin\theta_2+i(\sin\theta_1\cos\theta_2-\cos\theta_1\sin\theta_2)\}\tag{5}$$

사인과 코사인의 덧셈 공식[3]에 의해 (4)와 (5)를 각각 다음과 같이 쓸 수 있다.

$$z_1z_2=r_1r_2\{\cos(\theta_1+\theta_2)+i\sin(\theta_1+\theta_2)\},\tag{6}$$

$$\frac{z_1}{z_2}=\frac{r_1}{r_2}\{\cos(\theta_1-\theta_2)+i\sin(\theta_1-\theta_2)\}\tag{7}$$

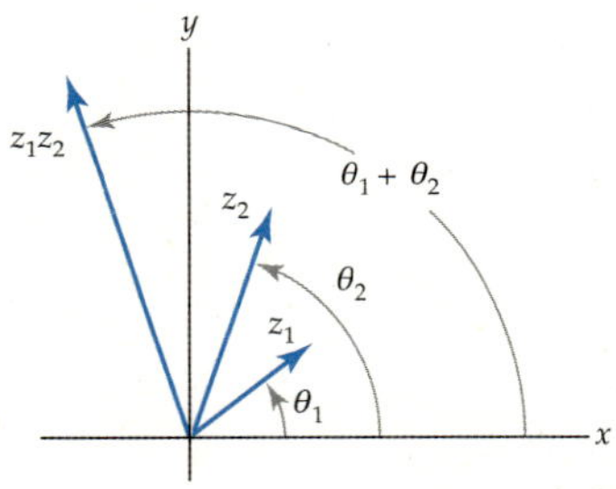

그림 1.3.6 $\arg(z_1z_2)=\theta_1+\theta_2$

(6)과 (7) 및 그림 1.3.6으로부터 두 벡터 z_1z_2와 z_1/z_2의 길이는 각각 z_1과 z_2의 길이의 곱과 몫이다. 1.2절의 (3)을 보라. 게다가, z_1z_2와 z_1/z_2의 편각은 다음과 같다.

$$\arg(z_1z_2)=\arg(z_1)+\arg(z_2),\qquad \arg\left(\frac{z_1}{z_2}\right)=\arg(z_1)-\arg(z_2)\tag{8}$$

보기 2 곱과 몫의 편각

$z_1=i$와 $z_2=-\sqrt{3}-i$에 대해 $\text{Arg}(z_1)=\pi/2$이고 $\text{Arg}(z_2)=-5\pi/6$이다. 그리고 두 복소수의 곱과 몫은 다음과 같다.

$$z_1z_2=i(-\sqrt{3}-i)=1-\sqrt{3}i,\quad \frac{z_1}{z_2}=\frac{i}{-\sqrt{3}-i}=-\frac{1}{4}-\frac{\sqrt{3}}{4}i$$

이것들의 편각은 (8)에 의해 다음과 같이 얻을 수 있다.

3) $\cos(A\pm B)=\cos A\cos B\mp\sin A\sin B$, $\sin(A\pm B)=\sin A\cos B\pm\cos A\sin B$

$$\arg(z_1z_2)=\frac{\pi}{2}+\left(-\frac{5\pi}{6}\right)=-\frac{\pi}{3},\quad \arg\left(\frac{z_1}{z_2}\right)=\frac{\pi}{2}-\left(-\frac{5\pi}{6}\right)=\frac{4\pi}{3}$$

$\arg(z_1z_2)$와 $\arg(z_1/z_2)$의 다른 값들은 각각 $-\pi/3$와 $4\pi/3$에 2π의 정수배를 더해서 얻을 수 있다. ❑

z의 정수 거듭제곱 복소수 z의 정수 거듭제곱을 (6)과 (7)을 이용해서 찾을 수 있다. 예를 들어 $z=r(\cos\theta+i\sin\theta)$이면, (6)에서 $z_1=z_2=z$인 경우에 다음을 얻는다.

$$z^2=r^2\{\cos(\theta+\theta)+i\sin(\theta+\theta)\}=r^2(\cos 2\theta+i\sin 2\theta)$$

$z^3=z^2z$이므로, 위와 같이 해서 다음을 얻는다.

$$z^3=r^3(\cos 3\theta+i\sin 3\theta)$$

이와 같이 계속된다. 게다가 $\arg(1)=0$을 택하면 (7)에서 다음을 얻는다.

$$z^{-1}=\frac{1}{z}=\frac{1}{r}\{\cos(0-\theta)+i\sin(0-\theta)\}=r^{-1}\{\cos(-\theta)+i\sin(-\theta)\}$$

이렇게 계속하면, 임의의 정수 n에 대해 다음과 같은 z의 n째 거듭제곱 또는 n제곱에 대한 공식을 얻는다.

$$z^n=r^n(\cos n\theta+i\sin n\theta) \tag{9}$$

$n=0$일 때, 친숙한 결과 $z^0=1$을 얻는다.

보기 3 복소수의 거듭제곱

$z=-\sqrt{3}-i$에 대해 z^3을 셈하라.

풀이 보기 1에서 주어진 수의 극 형식이 $z=2\{\cos(7\pi/6)+i\sin(7\pi/6)\}$임을 확인했다. (9)에 $r=2$, $\theta=7\pi/6$, $n=3$을 대입하면, $\cos(7\pi/2)=0$이고 $\sin(7\pi/2)=-1$이므로 다음을 얻는다.

$$(-\sqrt{3}-i)^3=2^3\left\{\cos\left(3\cdot\frac{7\pi}{6}\right)+i\sin\left(3\cdot\frac{7\pi}{6}\right)\right\}$$
$$=8\left\{\cos\frac{7\pi}{2}+i\sin\frac{7\pi}{2}\right\}=-8i$$ ❑

보기 3에서 z^{-3}도 셈하려면 두 가지 방법으로 진행할 수 있는데, $z^3=-8i$의 역수를 찾거나, (9)에 $n=-3$을 대입한다.

드 무아부르의 공식 $z=\cos\theta+i\sin\theta$일 때, $|z|=r=1$이므로 (9)는 다음과 같다.

용어
드 무아브르의 공식 de Moivre's formula

$$(\cos\theta + i\sin\theta)^n = \cos n\theta + i\sin n\theta \tag{10}$$

이 마지막 결과를 드 무아브르의 공식이라 하는데, $\cos n\theta$와 $\sin n\theta$가 관련된 삼각 등식을 유도하는 데 유용하다. 익힘 문제 1.3의 문제 33과 34를 보라.

보기 4 드 무아브르의 공식

(10)에 $\theta = \pi/6$를 대입하면 $\cos\theta = \sqrt{3}/2$이고 $\sin\theta = 1/2$이므로 다음을 얻는다.

$$\left(\frac{\sqrt{3}}{2} + \frac{1}{2}i\right)^3 = \cos 3\theta + i\sin 3\theta = \cos\left(3 \cdot \frac{\pi}{6}\right) + i\sin\left(3 \cdot \frac{\pi}{6}\right)$$
$$= \cos\frac{\pi}{2} + i\sin\frac{\pi}{2} = i$$

❑

용어
분지 절단 branch cut

참고 실 해석학과의 비교

(i) 보기 2에서 z_1과 z_2의 으뜸 편각을 이용하더라도 $\arg(z_1/z_2) = 4\pi/3 \neq \mathrm{Arg}(z_1/z_2)$임에 주목하자. (8)은 z_1과 z_2의 임의의 편각에 대해서는 참이지만, 일반적으로 다음은 참이 아니다.

$$\mathrm{Arg}(z_1 z_2) = \mathrm{Arg}(z_1) + \mathrm{Arg}(z_2),$$
$$\mathrm{Arg}(z_1/z_2) = \mathrm{Arg}(z_1) - \mathrm{Arg}(z_2)$$

익힘 문제 1.3의 문제 37과 38을 보라.

(ii) 영이 아닌 임의의 복소수 z에 편각을 할당할 수 있다. 그렇지만 $z=0$에 대해서는 $\arg(z)$를 의미 있는 방법으로 정의할 수 없다.

(iii) $\arg(z)$의 값을 구간 $(-\pi, \pi]$에서 택하면, $\arg(z)$는 단가 관계이다. 곧, 영이 아닌 각 복소수의 편각은 $(-\pi, \pi]$에 속하는 단 한 값이다. 그런데 구간 $(-\pi, \pi]$에 특별한 점은 없다. 구간 $(0, 2\pi]$를 이용한 단가 관계를 설정해서 z의 으뜸 편각을 정의할 수도 있다. 구간 $(-\pi, \pi]$의 경우에 음의 실수축은 모두가 넘지 않기로 동의한 장벽과 같다. 이런 장벽에 대한 전문적인 용어는 분지 절단이다. 구간 $(0, 2\pi]$를 이용할 때의 분지 절단은 양의 실수축이다. 분지 절단의 개념은 중요하고, 제 2 장과 4 장에서 함수를 탐구할 때 더욱 자세하게 조사할 것이다.

(iv) 복소수의 극 형식에서 '코사인 i 사인' 부분을 줄여서 'cis'로 다음과 같이 나타내기도 한다.

$$z = r(\cos\theta + i\sin\theta) = r\,\mathrm{cis}\,\theta$$

주로 공학에서 사용하는 이 표기법을 이 책에서는 이용하지 않겠다.

1.3 익힘 문제

문제 1~10에서는 주어진 복소수를 먼저 편각 $\theta \neq \text{Arg}(z)$를 사용한 극 형식으로 나타내고, 다음에 편각 $\theta = \text{Arg}(z)$를 사용해서 나타내라.

1. 2
2. -10
3. $-3i$
4. $6i$
5. $1+i$
6. $5-5i$
7. $-\sqrt{3}+i$
8. $-2-2\sqrt{3}i$
9. $\dfrac{3}{-1+i}$
10. $\dfrac{12}{\sqrt{3}+i}$

문제 11과 12에서는 계산기를 사용해서 주어진 복소수를 먼저 편각 $\theta \neq \text{Arg}(z)$를 사용한 극 형식으로 나타내고, 다음에 편각 $\theta = \text{Arg}(z)$를 사용해서 나타내라.

11. $-\sqrt{2}+\sqrt{7}i$
12. $-12-5i$

문제 13과 14에서는 극 좌표 $(r,\ \theta)$로 주어진 복소수를 $a+ib$ 꼴로 나타내라. 필요하면 계산기를 사용하라.

13. $(4,\ -5\pi/3)$
14. $(2,\ 2)$

문제 15~18에서는 극 형식으로 주어진 복소수를 $a+ib$ 꼴로 나타내라. 필요하면 계산기를 사용하라.

15. $z=5\left(\cos\dfrac{7\pi}{6}+i\sin\dfrac{7\pi}{6}\right)$
16. $z=8\sqrt{2}\left(\cos\dfrac{11\pi}{4}+i\sin\dfrac{11\pi}{4}\right)$
17. $z=6\left(\cos\dfrac{\pi}{8}+i\sin\dfrac{\pi}{8}\right)$
18. $z=10\left(\cos\dfrac{\pi}{5}+i\sin\dfrac{\pi}{5}\right)$

문제 19와 20에서는 (6)과 (7)을 사용해서 z_1z_2와 z_1/z_2을 찾아라. 수를 $a+ib$ 꼴로 나타내라.

19. $z_1=2\left(\cos\dfrac{\pi}{8}+i\sin\dfrac{\pi}{8}\right)$, $\quad z_2=4\left(\cos\dfrac{3\pi}{8}+i\sin\dfrac{3\pi}{8}\right)$
20. $z_1=\sqrt{2}\left(\cos\dfrac{\pi}{4}+i\sin\dfrac{\pi}{4}\right)$, $\quad z_2=\sqrt{3}\left(\cos\dfrac{\pi}{12}+i\sin\dfrac{\pi}{12}\right)$

문제 21~24에서는 각 복소수를 극 형식으로 나타내라. 그리고 (6) 또는 (7)을 이용해서 주어진 수의 극 형식을 찾아라. 마지막으로 극 형식을 $a+ib$ 꼴로 나타내라.

21. $(3-3i)(5+5\sqrt{3}i)$
22. $(4+4i)(-1+i)$
23. $\dfrac{-i}{1+i}$
24. $\dfrac{\sqrt{2}+\sqrt{6}i}{-1+\sqrt{3}i}$

문제 25~30에서는 (9)를 사용해서 주어진 거듭제곱을 셈하라.

25. $(1+\sqrt{3}i)^9$
26. $(2-2i)^5$
27. $\left(\dfrac{1}{2}+\dfrac{1}{2}i\right)^{10}$
28. $(-\sqrt{2}+\sqrt{6}i)^4$
29. $\left(\sqrt{2}\cos\dfrac{\pi}{8}+i\sqrt{2}\sin\dfrac{\pi}{8}\right)^{12}$
30. $\left\{\sqrt{3}\left(\cos\dfrac{2\pi}{9}+i\sin\dfrac{2\pi}{9}\right)\right\}^6$

문제 31과 32에서는 주어진 복소수를 극 형식으로 쓰고, 다음에 $a+ib$ 꼴로 써라.

31. $\left(\cos\frac{\pi}{9}+i\sin\frac{\pi}{9}\right)^{12}\left\{2\left(\cos\frac{\pi}{6}+i\sin\frac{\pi}{6}\right)\right\}^{5}$

32. $\dfrac{\left\{8\left(\cos\frac{3\pi}{8}+i\sin\frac{3\pi}{8}\right)\right\}^{3}}{\left\{2\left(\cos\frac{\pi}{16}+i\sin\frac{\pi}{16}\right)\right\}^{10}}$

33. $n=2$일 때 드 무아브르의 공식 (10)을 이용해서 $\cos 2\theta$와 $\sin 2\theta$에 대한 삼각 등식을 찾아라.

34. $n=3$일 때 드 무아브르의 공식 (10)을 이용해서 $\cos 3\theta$와 $\sin 3\theta$에 대한 삼각 등식을 찾아라.

문제 35와 36에서는 등식이 성립하도록 양의 정수 n을 정하라.

35. $\left(\frac{\sqrt{3}}{2}+\frac{1}{2}i\right)^n=-1$

36. $\left(-\frac{\sqrt{2}}{2}+\frac{\sqrt{2}}{2}i\right)^n=1$

37. 두 복소수 $z_1=-1$과 $z_2=5i$에 대해 다음을 확인하라.
   (a) $\operatorname{Arg}(z_1z_2)\neq\operatorname{Arg}(z_1)+\operatorname{Arg}(z_2)$
   (b) $\operatorname{Arg}\left(-\frac{z_1}{z_2}\right)\neq\operatorname{Arg}(-z_1)-\operatorname{Arg}(z_2)$

38. 문제 37의 복소수에 대해 다음을 확인하라.
   (a) $\arg(z_1z_2)=\arg(z_1)+\arg(z_2)$
   (b) $\arg\left(-\frac{z_1}{z_2}\right)=\arg(-z_1)-\arg(z_2)$

개념과 이해

39. $z=r(\cos\theta+i\sin\theta)$라고 하자. z에 복소수 $z_1=\cos\alpha+i\sin\alpha$를 곱한 효과를 $\alpha<0$과 $\alpha>0$인 경우로 나누어 설명하라.

40. $z=\cos\theta+i\sin\theta$라고 하자. n이 정수일 때, $z^n+\bar{z}^n$과 $z^n-\bar{z}^n$의 값을 찾아라.

41. $z\neq 0$일 때, $\arg(z)$와 $\arg(1/z)$ 사이의 관계를 식으로 나타내라.

42. $\operatorname{Arg}(z_1z_2)=\operatorname{Arg}(z_1)+\operatorname{Arg}(z_2)$가 성립하는 특별한 경우가 있는가? 자신의 주장을 증명하라.

43. $\arg(z_1)=\arg(z_2)$일 때, z_1과 z_2 사이에는 어떤 관계가 있는가?

44. 복소 평면에서 $\arg(z)=\pi/4$를 만족시키는 점 z의 집합을 설명하라.

45. 학생 A는 교과서에서 찾아볼 수는 없지만 $\arg(\bar{z})=-\arg(z)$가 성립한다고 주장했다. 예를 들면 $z=1+i$일 때, $\bar{z}=1-i$이므로, $\arg(z)=\pi/4$이고 $\arg(\bar{z})=-\pi/4$이다. 학생 B는 반례가 있다고 생각하기 때문에 이에 동의하지 않았다. 예를 들어 $z=i$일 때, $\bar{z}=-i$이므로, $\arg(i)=\pi/2$이고 $\arg(-i)=3\pi/2$로 택할 수 있다. 그래서 $\arg(i)\neq-\arg(-i)$이다. 동조하

는 쪽을 들고, 이유를 설명하라.

46. z_1과 z_2 및 z_1z_2가 모두 제1사분면에 있는 복소수라 하고, 다섯 개의 점 $z=0$, $z=1$, z_1, z_2, z_1z_2를 차례로 O, A, B, C, D라 하자. (6)의 공식의 이용해서 두 삼각형 OAB와 OCD 사이의 관계를 논의하라.

47. $z_1=r_1(\cos\theta_1+i\sin\theta_1)$과 $z_2=r_2(\cos\theta_2+i\sin\theta_2)$라고 하자. $z_1=z_2$일 때, r_1과 r_2 사이에는 어떤 관계가 있는가? 또 θ_1과 θ_2 사이에는 어떤 관계가 있는가?

48. z_1은 제1사분면에 있다고 하자. 다음 z_2에 대해 z_1z_2가 위치할 수 있는 사분면을 논의하라.

(a) $z_2=\frac{1}{2}+\frac{\sqrt{3}}{2}i$ (b) $z_2=-\frac{\sqrt{3}}{2}+\frac{1}{2}i$

(b) $z_2=-i$ (d) $z_2=-1$

49. (a) $z\neq 1$일 때, 다음 등식이 성립함을 밝혀라.

$$1+z+z^2+\cdots+z^n=\frac{1-z^{n+1}}{1-z}$$

(b) (a)와 이 절의 적절한 결과를 이용해서 $0<\theta<2\pi$일 때, 다음을 보여라.

$$1+\cos\theta+\cos 2\theta+\cdots+\cos n\theta=\frac{1}{2}+\frac{\sin(n+\frac{1}{2})\theta}{2\sin\frac{1}{2}\theta}$$

위의 결과를 라그랑주의 항등식이라 하는데, 푸리에 급수 이론에서 유용하다.

용어
라그랑주의 항등식 Lagrange's identity

50. 서로 다른 네 복소수 z_1, z_2, z_3, z_4에 대해, 다음을 기하학적으로 해석하라.

$$\arg\left(\frac{z_1-z_2}{z_3-z_4}\right)=\frac{\pi}{2}$$

1.4 거듭제곱과 거듭제곱근

수 4의 제곱근은 -2와 2인데, $(-2)^2=4$이고 $2^2=4$이기 때문이다. 바꿔 말하면, 4의 두 제곱근은 방정식 $w^2=4$의 서로 다른 해이다. 이와 같은 방법으로 $w=3$은 27의 세제곱근인데, $w^3=3^3=27$이기 때문이다. 이 마지막 방정식은 또다시 복소 변수의 방향으로 안내하는데, 영이 아닌 임의의 실수의 세제곱근은 한 개의 실수와 두 개의 복소수로 이루어지기 때문이다. 일반적으로, 영이 아닌 복소수 z와 자연수 n에 대해 복소수 w가 z의 n제곱근 또는 n째 거듭제곱근이라는 것은 $w^n=z$가 성립하는 경우이다. 예를 들면, $w_1=\frac{1}{2}\sqrt{2}+\frac{1}{2}\sqrt{2}i$와 $w_2=-\frac{1}{2}\sqrt{2}-\frac{1}{2}\sqrt{2}i$는 복소수 i의 두 제곱근인데, $w_1^2=i$이고 $w_2^2=i$이기 때문이다. 확인해보기 바란다. 익힘 문제 1.1의 문제 39를 보라.

방정식 $w^n=z$의 근이 정확하게 n개임을 밝힐 것이다.

용어
제곱근 square root
세제곱근 cube root
n제곱근 n째 거듭제곱근 nth root
거듭제곱근 root

거듭제곱근 $z=r(\cos\theta+i\sin\theta)$와 $w=\rho(\cos\phi+i\sin\phi)$를 각각 복소수 z와 w의 극 형식이라고 하자. 1.3절의 (9)에 의해 방정식 $w^n=z$는 다음과 같이 된다.

$$\rho^n(\cos n\phi+i\sin n\phi)=r(\cos\theta+i\sin\theta) \tag{1}$$

(1)로부터 다음과 같은 결론을 얻는다.

$$\rho^n=r, \tag{2}$$

$$\cos n\phi+i\sin n\phi=\cos\theta+i\sin\theta \tag{3}$$

익힘 문제 1.3의 문제 47을 보라.

(2)에 의해 $\rho=\sqrt[n]{r}$를 양의 실수 r의 유일한 양의 n제곱근으로 정의한다. (3)에 의해 두 복소수의 상등에 관한 정의에 의해 다음이 성립한다.

$$\cos n\phi=\cos\theta,\quad \sin n\phi=\sin\theta$$

그리고 이 두 등식에 의해 편각 θ와 ϕ 사이에 $n\phi=\theta+2k\pi$의 관계가 성립한다. 여기서 k는 정수이다. 곧, 다음이 성립한다.

$$\phi=\frac{\theta+2k\pi}{n}$$

k가 0, 1, 2, $\cdots$, $n-1$를 차례로 택함에 따라, n개의 서로 다른 n제곱근을 얻는다. 이런 거듭제곱근들의 절댓값은 $\sqrt[n]{r}$으로 서로 같지만, 편각은 서로 다르다. n 이상의 k에 대해서는 위에서 얻은 n개의 거듭제곱근 중 하나와 같은 값을 얻는데, 사인과 코사인의 주기가 2π이기 때문이다. 이런 이유를 확인하기 위해서, $k=n+m$이라 하자. 여기서 $m=0$, 1, 2, $\cdots$이다. 그러면 다음을 얻는다.

$$\phi=\frac{\theta+2(n+m)\pi}{n}=\frac{\theta+2m\pi}{n}+2\pi,$$

$$\sin\phi=\sin\left(\frac{\theta+2m\pi}{n}\right),\quad \cos\phi=\cos\left(\frac{\theta+2m\pi}{n}\right)$$

이 결과를 다음과 같이 요약하자. 영이 아닌 복소수 $z=r(\cos\theta+i\sin\theta)$의 n개의 n제곱근 또는 n째 거듭제곱근은 다음과 같다.

$$w_k=\sqrt[n]{r}\left\{\cos\left(\frac{\theta+2k\pi}{n}\right)+i\sin\left(\frac{\theta+2k\pi}{n}\right)\right\} \tag{4}$$

여기서 $k=0$, 1, 2, $\cdots$, $n-1$이다.

보기 1 복소수의 세제곱근

$z=i$의 세 개의 세제곱근을 찾아라.

풀이 기본적으로 방정식 $w^3=1$을 풀어야 한다는 점을 상기하자. $r=1$이고 $\theta=\arg(i)=\pi/2$이라 하면, 주어진 수의 극 형식은 $z=\cos(\pi/2)+i\sin(\pi/2)$이다. (4)에 $n=3$을 대입하면, 다음을 얻는다.

$$w_k=\sqrt[3]{1}\left\{\cos\left(\frac{\pi/2+2k\pi}{3}\right)+i\sin\left(\frac{\pi/2+2k\pi}{3}\right)\right\}\quad(k=0,\ 1,\ 2)$$

그러므로 세 개의 세제곱근은 다음과 같다.

$$k=0,\ \ w_0=\cos\frac{\pi}{6}+i\sin\frac{\pi}{6}=\frac{\sqrt{3}}{2}+\frac{1}{2}i,$$

$$k=1,\ \ w_1=\cos\frac{5\pi}{6}+i\sin\frac{5\pi}{6}=-\frac{\sqrt{3}}{2}+\frac{1}{2}i,$$

$$k=2,\ \ w_2=\cos\frac{3\pi}{2}+i\sin\frac{2\pi}{2}=-i$$

❑

용어
무한가 infinite-valued
n가 n-valued
으뜸 n제곱근, 으뜸 n째 거듭제곱근, 주n제곱근 principal nth root
단위 원 unit circle

으뜸 n제곱근 앞에서 지적한 대로 기호 $\arg(z)$는 실제로 복소수 z의 편각들의 집합을 나타낸다. 다른 방법으로 표현하면, 복소수 $z\neq 0$에 대해 $\arg(z)$는 무한가이다. 마찬가지로, $z^{1/n}$은 n가이다. 곧, 기호 $z^{1/n}$은 z의 n개의 n제곱근 w_k의 집합이다. $k=0$인 $\arg(z)$의 으뜸 편각을 사용해서 얻은 복소수 z의 유일한 거듭제곱근을 자연스럽게 z의 **으뜸 n제곱근** 또는 **으뜸 n째 거듭제곱근** 또는 **주n제곱근**이라 한다. 보기 1에서 $\text{Arg}(i)=\pi/2$이기 때문에, $w_0=\frac{1}{2}\sqrt{3}+\frac{1}{2}i$가 i의 으뜸 세제곱근이다. $\theta=\text{Arg}(z)$와 $k=0$을 선택하기 때문에, z가 양의 실수 r이면 z의 으뜸 n제곱근은 $\sqrt[n]{r}$이다.

← 4의 으뜸 제곱근은 $\sqrt{4}=2$이고, 27의 으뜸 세제곱근은 $3\sqrt{27}=3$이다.

(4)에 의해 거듭제곱근들의 크기는 모두 같기 때문에, 영이 아닌 복소수 z의 n개의 n제곱근은 복소 평면에서 중심이 원점이고 반지름의 길이가 $\sqrt[n]{r}$인 원에 있다. 게다가, 두 개의 연속한 거듭제곱근 w_k와 w_{k+1}의 편각 사이의 차는 $2\pi/n$이기 때문에, z의 n개의 n제곱근은 편각이 θ/n인 거듭제곱근부터 시작해서 이 원에서 같은 간격만큼씩 떨어져 놓여있다. 그림 1.4.1은 보기 1에서 얻은 i의 세 개의 세제곱근이, 단위 원에서 편각이 $\pi/6$인 제곱근 w_0부터 시작해서 편각이 $2\pi/3$만큼씩 떨어져 놓여있음을 보여준다.

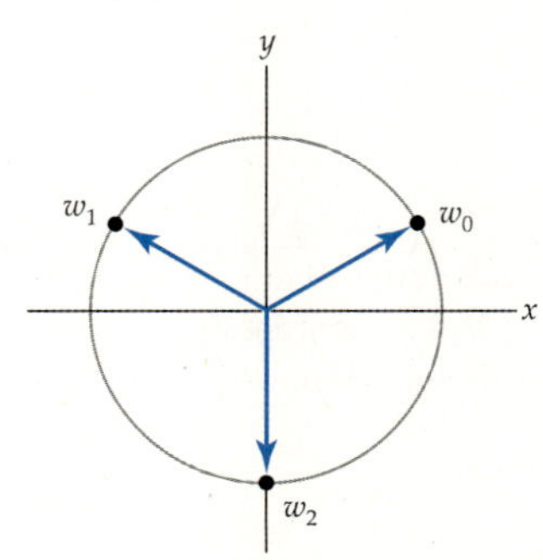

그림 1.4.1 i의 세 개의 세제곱근

다음 보기는 복소수의 거듭제곱근이 보기 1과 같이 '멋진' 수가 아닐 수 있음을 보여준다.

보기 2 복소수의 네제곱근

$z=1+i$의 네 개의 네제곱근을 찾아라.

풀이 이 경우에 $r=\sqrt{2}$이고 $\theta=\arg(z)=\pi/4$이다. (4)에 $n=4$를 대입하면, 다음을 얻는다.

$$w_k=\sqrt[8]{2}\left\{\cos\left(\frac{\pi/4+2k\pi}{4}\right)+i\sin\left(\frac{\pi/4+2k\pi}{4}\right)\right\}\ (k=0,\ 1,\ 2,\ 3)$$

계산기를 사용해서 셈하면, 네 개의 네제곱근은 다음과 같다.

$$k=0,\ \ w_0=\sqrt[8]{2}\left(\cos\frac{\pi}{16}+i\sin\frac{\pi}{16}\right)\fallingdotseq 1.0696+0.2127i,$$

$$k=1,\ \ w_0=\sqrt[8]{2}\left(\cos\frac{9\pi}{16}+i\sin\frac{9\pi}{16}\right)\fallingdotseq -0.2127+1.0696i,$$

$$k=2,\ \ w_2=\sqrt[8]{2}\left(\cos\frac{17\pi}{16}+i\sin\frac{17\pi}{16}\right)\fallingdotseq -1.0696-0.2127i,$$

$$k=3,\ \ w_3=\sqrt[8]{2}\left(\cos\frac{25\pi}{16}+i\sin\frac{25\pi}{16}\right)\fallingdotseq 0.2127-1.0696i$$

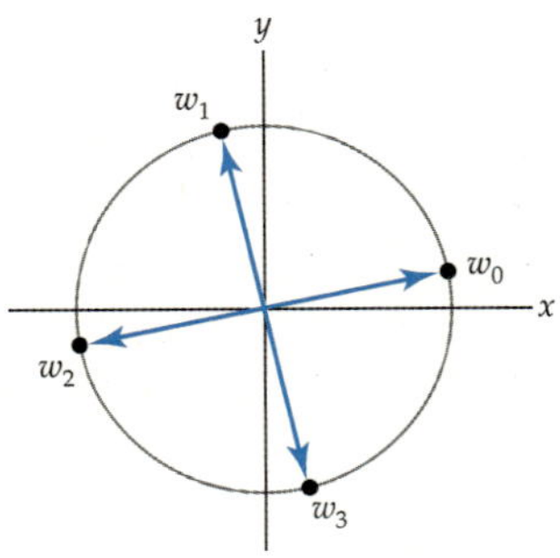

그림 1.4.2 $1+i$의 네 개의 네제곱근

그림 1.4.2에 나타낸 대로, 네 개의 네제곱근은 원점이 중심이고 반지름의 길이가 $r=\sqrt[8]{2}\fallingdotseq 1.09$인 원에 놓여있는데, 편각이 $\pi/16$인 네제곱근부터 시작해서 편각이 $2\pi/4=\pi/2$만큼씩 떨어져 놓여있다. $\theta=\mathrm{Arg}(z)=\pi/4$이기 때문에, 으뜸 네제곱근은 w_0이다. ❑

참고 실 해석학과의 비교

(i) (4)의 결과로, 복소수 체계는 거듭제곱근 풀이라는 연산에 대해 닫혀 있다고 말할 수 있다. 이는 $\mathbb{C}$에 속하는 임의의 z에 대해 $z^{1/n}$도 또한 $\mathbb{C}$에 속한다는 뜻이다. 실수 체계는 이와 같은 닫힘 성질을 만족시키지 못하는데, x가 $\mathbb{R}$에 속하더라도 $x^{1/n}$이 $\mathbb{R}$에 반드시 속하는 것은 아니기 때문이다.

(ii) 기하학적으로, 복소수 z의 n개의 n제곱근을, 중심이 원점이고 반지름의 길이가 $\sqrt[n]{r}$인 원에 내접하는 정n각형의 꼭짓점으로 해석할 수 있다. 그림 1.4.1과 1.4.2를 다시 보면, 이 사실이 옳음을 확인할 수 있을 것이다. 익힘 문제 1.4의 문제 19를 보라.

(iii) m과 n이 양의 정수이고 서로 소이면, (4)를 이용해서 z의 유리 지수, 즉 $z^{m/n}$을 정의할 수 있다. 값들의 집합 $(z^{1/n})^m$과 값들의 집합 $(z^m)^{1/n}$이 서로 같다는 사실도 밝힐 수 있다. n개의 공동된 값의 집합을 $z^{m/n}$으로 정의한다. 익힘 문제 1.4의 문제 25와 26을 보라.

용어
닫혀 있다 closed
닫힘 성질 closure property
유리 지수 rational power

1.4 익힘 문제

문제 1~14에서는 (4)를 이용해서 거듭제곱근을 모두 셈하라. 각 경우에 으뜸 n제곱근을 찾아라. n제곱근 $w_0,\ w_1,\ \cdots, w_{n-1}$을 중심이 원점인 적절한 원에 나타내라.

1. $(8)^{1/3}$
2. $(-1)^{1/4}$
3. $(-9)^{1/2}$
4. $(-125)^{1/3}$
5. $(i)^{1/2}$
6. $(-i)^{1/3}$
7. $(-1+i)^{1/3}$
8. $(1+i)^{1/5}$
9. $(-1+\sqrt{3}\,i)^{1/2}$
10. $(-1-\sqrt{3}\,i)^{1/4}$
11. $(3+4i)^{1/2}$
12. $(5+12i)^{1/2}$
13. $\left(\dfrac{16i}{1+i}\right)^{1/8}$
14. $\left(\dfrac{1+i}{\sqrt{3}+i}\right)^{1/6}$

15. (a) $(4+3i)^2 = 7+24i$ 임을 밝혀라.
    (b) (a)를 이용해서 $(7+24i)^{1/2}$의 두 값을 찾아라.
16. (4)를 이용해서 문제 15를 다시 풀어라.
17. 방정식 $z^4+1=0$의 해를 모두 찾아라.
18. $8i=(2+2i)^2$이라는 사실을 이용해서 다음 방정식의 해를 모두 찾아라.

$$z^2-8z+16=8i$$

단위원의 n개의 서로 다른 n제곱근은 방정식 $w^n=1$의 해이다. 문제 19~24에서는 단위원의 거듭제곱근을 다룬다.

용어
단위원의 n제곱근 nth root of unity

19. (a) 단위원의 n제곱근이 다음과 같이 주어짐을 보여라.

$$(1)^{1/n} = \cos\frac{2k\pi}{n} + i\sin\frac{2k\pi}{n} \quad (k=0,\ 1,\ 2,\ \cdots,\ n-1)$$

    (b) $n=3$, $n=4$, $n=5$에 대해 단위원의 n제곱근을 찾아라.
    (c) (b)에서 구한 단위원의 거듭제곱근을 좌표 평면에 나타내라. 거듭제곱근을 꼭짓점으로 하는 정다각형을 그려라. [*귀띔*: 참고의 (ii)를 보라.]
20. w는 $k=1$에 대응하는 단위원의 세제곱근이라 하자. 문제 19(a)를 보라.
    (a) w와 w^2 사이에는 어떤 관계가 있는가?
    (b) 직접 셈해서 다음을 밝혀라.

$$1+w+w^2=0$$

    (c) (b)의 결과를, w가 1의 세제곱근, 곧 $w^3=1$이라는 기본적인 정의로부터 유도하는 방법을 설명하라.
21. 고정된 n에 대해 문제 19(a)에서 $k=1$을 택하면 다음 거듭제곱근을 얻는다.

$$w_n = \cos\frac{2\pi}{n} + i\sin\frac{2\pi}{n}$$

단위원의 n개의 n제곱근을 다음과 같이 쓸 수 있는 이유를 설명하라.

$$1,\ w_n,\ w_n^2,\ w_n^3,\ \cdots,\ w_n^{n-1}$$

22. n이 양의 정수인 방정식 $(z+2)^n + z^n = 0$을 생각하자. $n=1$일 때와 $n=2$일 때, z에 관한 이 방정식을 풀어라.

23. 문제 22의 방정식을 생각하자.

(a) 복소 평면에서 $n=5$일 때 모든 해 z의 위치를 정하라. [*귀띔*: 방정식을 $\{(z+2)/(-z)\}^5 = 1$ 꼴로 쓰고 문제 19의 (a) 부분을 이용하라.]

(b) $n=1$일 때와 $n=2$일 때 문제 22의 방정식의 해를 다시 조사하자. $(z+2)^n + z^n = 0$의 모든 해의 위치에 대해 추측하라.

24. 문제 21에서 제시한 단위원의 n개의 n제곱근에 대해 다음이 성립함을 보여라.

$$1 + w_n + w_n^2 + w_n^3 + \cdots + w_n^{n-1} = 0$$

[*귀띔*: 합 $1 + w_n + w_n^2 + w_n^3 + \cdots + w_n^{n-1}$에 $w_n - 1$을 곱하자.]

문제 25와 26을 풀기 전에 참고의 (iii)을 읽어라. m과 n이 양의 정수이고 서로 소이면, 유리 지수 $z^{m/n}$의 n개의 값은 다음과 같다.

$$w_k = \sqrt[n]{r^m}\left\{\cos\frac{m}{n}(\theta + 2k\pi) + i\sin\frac{m}{n}(\theta + 2k\pi)\right\} \tag{5}$$

여기서 $k = 0,\ 1,\ 2,\ \cdots,\ n-1$이다. w_k들은 $w^n = z^m$의 n개의 서로 다른 해이다.

25. (a) 먼저 (4)를 이용해서 값들의 집합 $i^{1/2}$을 셈하라. 그리고 1.3절의 (9)를 이용해서 $(i^{1/2})^3$을 셈하라.

(b) 이제 i^3을 셈하라. 그리고 (4)를 이용해서 $(i^3)^{1/2}$을 셈하라. 이 값들을 (a)의 결과와 비교하라.

(c) 마지막으로, 공식 (5)를 이용해서 $i^{3/2}$을 셈하라.

26. (5)를 이용해서 방정식 $w^2 = (-1+i)^5$의 해를 모두 찾아라.

개념과 이해

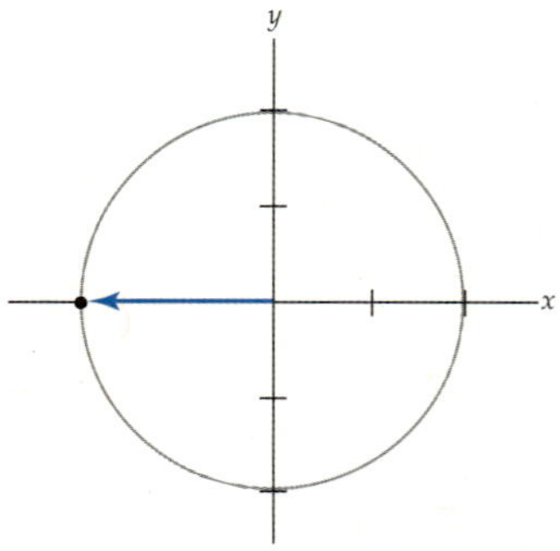

그림 1.4.3 문제 27

27. 그림 1.4.3에 표시한 벡터는 $z^{1/n}$의 한 값을 나타낸다. 이 그림과 삼각법만을 이용해서, 곧 공식 (4)는 사용하지 말고, $n=3$일 때 $z^{1/n}$의 나머지 값을 찾아라. $n=4$와 $n=5$인 경우에 대해 이를 반복하라.

28. n은 음이 아닌 정수를 나타낸다. $z^n = 1$의 실수 해가 단 한 개인 n의 값을 찾아라. 일반적인 결과를 추측하고, 그 정당성을 밝혀라.

29. (a) 보기 2와 같이 진행해서 $1+i$의 두 제곱근 w_0과 w_1의 근삿값을 찾아라.

(b) (a) 부분의 해의 참값이 다음과 같음을 보여라.

$$w_0 = \sqrt{\frac{1+\sqrt{2}}{2}} + i\sqrt{\frac{\sqrt{2}-1}{2}},\quad w_1 = -\sqrt{\frac{1+\sqrt{2}}{2}} - i\sqrt{\frac{\sqrt{2}-1}{2}}$$

30. 문제 24의 결과에는 어떤 기하학적 의미가 있는지 논의하라.

31. 실수의 n제곱근이 복소수일 수 있다. 실수가 아닌 복소수의 n제곱근이 실수일 수 있는지 논의하라.

32. w는 제 1 사분면에 있고 복소수 z의 세제곱근이라 하자. 제 1 사분면에 있는 z의 세제곱근이 또 있을 수 있는가? 일반적인 결과를 추측하고, 그 정당성을 밝혀라.
33. 복소수 z의 네제곱근 중에는 실수가 아니고 순허수도 아닌 것이 있다고 하자. 나머지 네제곱근도 실수가 아니고 순허수도 아닌 이유를 설명하라.
34. 그림 1.4.4의 벡터는 복소수 z의 네 개의 네제곱근을 나타낸다. 이 그림만으로 z의 으뜸 네제곱근을 결정할 수 있는지 논의하라.

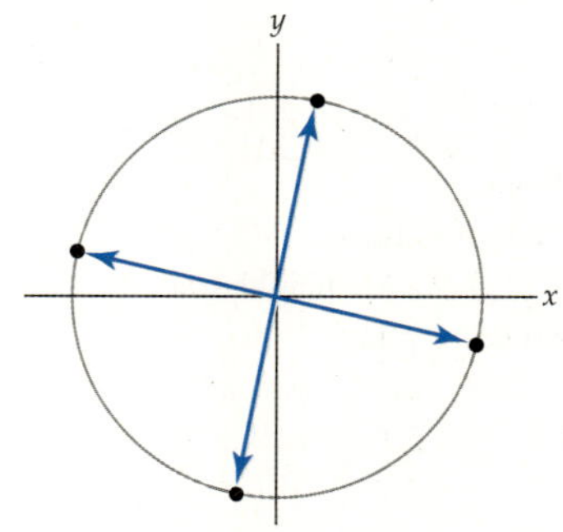

그림 1.4.4 문제 34

컴퓨터 실습 과제

문제 35~40에서는 CAS(컴퓨터 대수 체계)를 사용해서 주어진 복소수 z와 n의 값에 대해 $z^n = w$를 셈하라. 그리고 출력된 값과 n의 같은 값에 대해 $w^{1/n} = (z^n)^{1/n} = z$가 성립하는지 확인하라. 성립하지 않으면, 그 이유를 설명하라.

35. $z = 2.5 - i,\ n = 10$
36. $z = -0.5 + 0.3i,\ n = 5$
37. $z = 1 + 3i,\ n = 8$
38. $z = 2 + 2i,\ n = 12$
39. $z = i,\ n = 21$
40. $z = -1 + \sqrt{3}i,\ n = 11$

용어
CAS computer algebra system
Mathematica, Matlab, Maple 등과 같은 컴퓨터 대수 체계

1.5 복소 평면의 점 집합

앞의 절에서 복소수의 기초적인 대수학과 기하학을 알아봤다. 그렇지만 복소 해석학이라는 분야의 입구에도 거의 다가가지 못했다. 이 분야의 주요한 주제는 모두 그 입구 뒤에 있다. 다음 장부터의 목적은 한 개의 복소 변수 $z = x + iy$의 함수를 조사하고 그런 함수의 해석학을 탐구하는 것이다.

제 2 장에서 함수의 개념을 도입하기 전에, 복소 평면의 집합들에 관한 필수적인 정의와 용어를 알아볼 필요가 있다.

원 $z_0 = x_0 + iy_0$이라 하자. 두 점 $z = x + iy$와 $z_0 = x_0 + iy_0$ 사이의 거리가 $|z - z_0| = \sqrt{(x - x_0)^2 + (y - y_0)^2}$ 이므로, 다음 방정식을 만족시키는 점 $z = x + iy$는 중심이 z_0이고 반지름의 길이가 ρ인 원에 놓여 있다.

$$|z - z_0| = \rho \quad (\rho > 0) \tag{1}$$

그림 1.5.1을 보라.

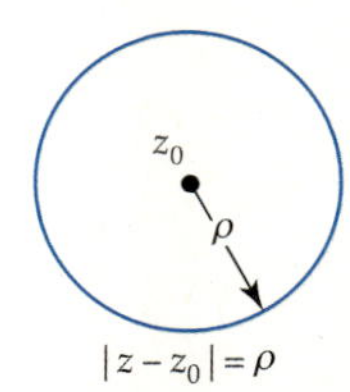

그림 1.5.1 반지름이 ρ인 원

보기 1 두 원

(a) $|z| = 1$은 중심이 원점인 단위 원의 방정식이다.

(b) $|z - 1 + 3i| = 5$를 $|z - (1 - 3i)| = 5$와 같이 고쳐 쓸 수 있으므로, (1)에 의해 이 방정식은 점 $z_0 = 1 - 3i$가 중심이고 반지름의 길이가 5인 원을 나타낸다. ❑

용어
원 circle

용어
원판 disk
근방 neighborhood
빠진 근방 deleted neighborhood
내점 interior point
열린 집합, 개집합 open set
오른쪽 반평면 right half-plane

원판과 근방 부등식 $|z - z_0| \le \rho$를 만족시키는 점 z는 원 $|z - z_0| = \rho$에 놓여있거나 이 원의 내부에 놓여있다. $|z - z_0| \le \rho$로 정의되는 점의 집합을 중심이 z_0이고 반지름의 길이가 ρ인 원판이라 한다. 그런데 부등식 $|z - z_0| < \rho$를 만족시키는 점 z는 중심이 z_0이고 반지름의 길이가 ρ인 원이 아니라 그 원의 내부에 있다. 이 집합을 z_0의 근방이라 한다. z_0을 배제한 z_0의 근방이 필요한 경우가 종종 있다. 이런 근방은 연립 부등식 $0 < |z - z_0| < \rho$로 정의되는데, 이를 z_0의 빠진 근방이라고 한다. 예를 들면, $|z| < 1$은 원점의 한 근방을 정의하고, $0 < |z| < 1$은 원점의 한 빠진 근방을 정의한다. $|z - 3 + 4i| < 0.01$은 $3 - 4i$의 한 근방을 정의하고, $0 < |z - 3 + 4i| < 0.01$은 $3 - 4i$의 한 빠진 근방을 정의한다.

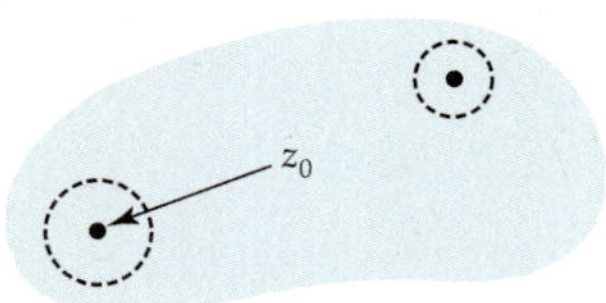

그림 1.5.2 열린 집합

열린 집합 점 z_0이 복소 평면의 집합 S의 내점이라는 것은, z_0의 적당한 근방이 S에 완전히 포함되는 경우이다. S의 모든 점 z가 내점일 때, S를 열린 집합 또는 개집합이라 한다. 그림 1.5.2를 보라. 예를 들면, 부등식 $\text{Re}(z) > 1$은 오른쪽 반평면을 정의하는데, 이는 열린 집합이다. $x > 1$인 모든 복소수 $z = x + iy$가 이 집합에 속한다. 예를 들어 $z_0 = 1.1 + 2i$를 선택하면, $|z - (1.1 + 2i)| < 0.05$로 정의된 z_0의 근방은 완전히 이 집합에 포함된다. 그림 1.5.3을 보라. 한편, $\text{Re}(z) \ge 1$로 정의된 복소 평면의 점의 집합 S은 열린 집합이 아니다. 왜냐하면 직선 $x = 1$에 놓인 점의 모든 근방에는 S에 속하는 점뿐만 아니라 S에 속하지 않는 점도 속하기 때문이다. 그림 1.5.4를 보라.

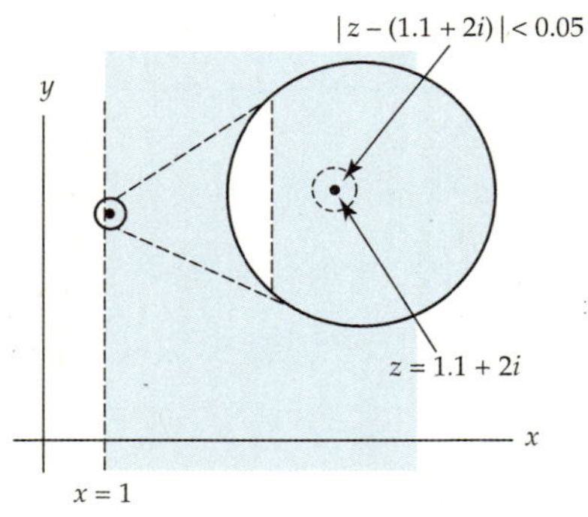

그림 1.5.3 열린 집합의 예

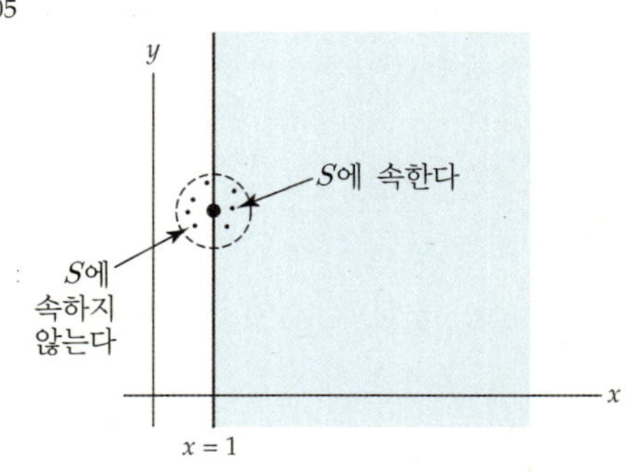

그림 1.5.4 열린 집합이 아닌 예

보기 2 열린 집합

그림 1.5.5는 몇 가지 열린 집합을 예시하고 있다. ❑

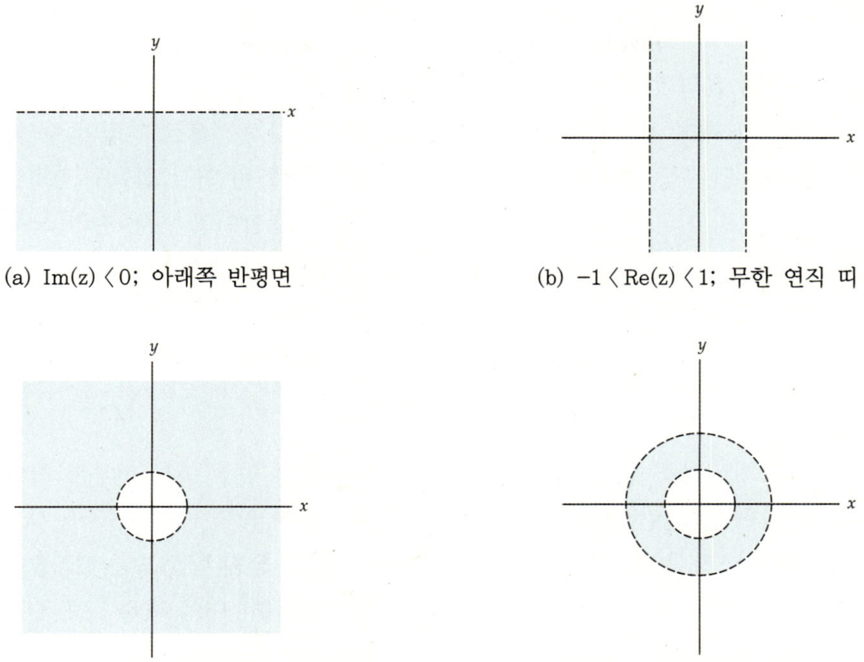

(a) Im(z) < 0; 아래쪽 반평면

(b) −1 < Re(z) < 1; 무한 연직 띠

(c) |z| > 1; 단위 원의 외부

(d) 1 < |z| < 2; 원형 고리의 내부

그림 1.5.5 네 가지 열린 집합의 예

집합 S의 점 z_0의 모든 근방에 S에 속하는 점과 S에 속하지 않는 점이 적어도 한 개씩 속할 때, z_0을 S의 경계점이라 한다. $\mathrm{Re}(z) \geq 1$로 정의된 점의 집합에서 연직선 $x = 1$의 점은 모두 경계점이다. 원 $|z-i| = 2$에 놓인 점은 모두 원판 $|z-i| \leq 2$의 경계점이고, 또한 $z = i$의 근방 $|z-i| < 2$의 경계점이다. 집합 S의 경계점 전체의 집합을 S의 경계라 한다. 원 $|z-i| = 2$는 원판 $|z-i| \leq 2$ 및 $z = i$의 근방 $|z-i| < 2$의 경계이다. 집합 S의 내점도 아니고 경계점도 아닌 점 z를 S의 외점이라 한다. 다시 말하면, 점 z_0의 적당한 근방이 S의 점을 전혀 포함하지 않을 때, z_0은 S의 외점이다. 그림 1.5.6은 전형적인 집합 S의 내부, 경계, 외부를 보여준다.

용어
경계점 boundary point
경계 boundary
외점 exterior point
고리 annulus
내부 interior
외부 exterior
원형 고리, 원환 circular annulus

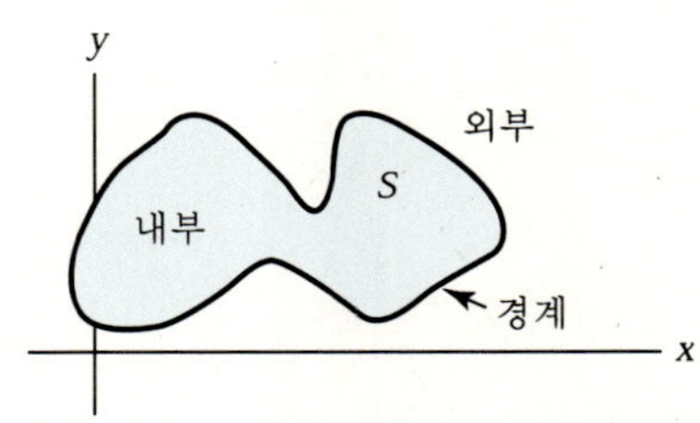

그림 1.5.6 집합 S의 내부, 경계, 외부

고리 부등식 $\rho_1 < |z - z_0|$을 만족시키는 점의 집합 S_1은 중심이 z_0이고 반지름의 길이가 ρ_1인 원의 외부이고, 부등식 $|z - z_0| < \rho_2$를 만족시키는 점의 집합 S_2은 중심이 z_0이고 반지름의 길이가 ρ_1인 원의 내부이다. 그러므로 $0 < \rho_1 < \rho_2$일 때, 다음 연립 부등식을 만족시키는 점의 집합은 두 집합 S_1과 S_2의 교집합이다.

$$\rho_1 < |z - z_0| < \rho_2 \tag{2}$$

이 교집합은 중심이 z_0인 열린 원형 고리이다. 그림 1.5.5(d)는 원점이 중심인 이런 고리를 예시한다. (2)로 정의된 집합을 열린 원형 고리 또는 원환이라 한다. $\rho_1 = 0$인 경우에 z_0의 빠진 근방을 얻는다.

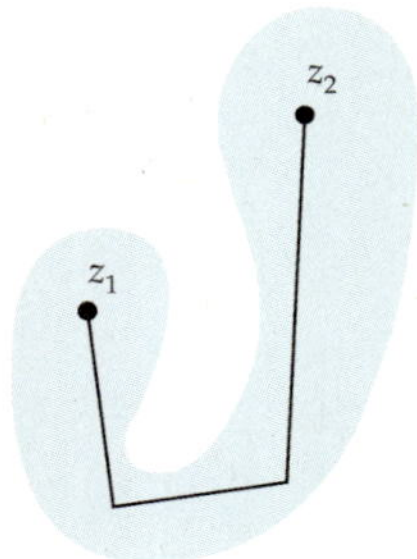

그림 1.5.7 연결 집합

영역 집합 S의 임의의 두 점 z_1과 z_2를 S에 완전히 포함되면서 끝점끼리 이어진 유한 개의 선분으로 이루어진 꺾인 선 또는 다각 선으로 연결할 수 있을 때, S를 연결 집합이라 한다. 그림 1.5.7을 보라. 열린 연결 집합을 영역이라 한다. 그림 1.5.5에 있는 각 열린 집합은 연결 집합이고 이에 따라 모두 영역이다. $\text{Re}(z) \neq 4$를 만족시키는 점의 집합은 열린 집합이지만, 연직선 $x = 4$의 양쪽에 있는 점들을 이 집합을 벗어나지 않는 꺾인 선으로 연결할 수 없기 때문에, 연결 집합은 아니다. (직선 $x = 4$에 놓인 점은 이 집합에 속하지 않는다.) 점 z_0의 근방은 연결 집합니다.

용어
꺾인 선, 다각 선 polygonal line
연결 집합 connected set
영역 domain
구역 region
닫힌 집합, 폐집합 closed set
열린 원판 open disk
뚫린 원판 punctured disk
고리 구역 annular region
갇힌 집합, 유계 집합 bounded set
갇히지 않은 집합, 안 갇힌 집합, 유계가 아닌 집합 unbounded set

구역 구역은 복소 평면의 영역 또는 영역의 경계점 일부 또는 전부를 합친 집합을 말한다. 열린 집합은 경계점을 전혀 포함하지 않기 때문에, 자동적으로 구역이다. 자신의 경계점을 모두 포함하는 집합을 닫힌 집합 또는 폐집합이라 한다. $|z - z_0| \leq \rho$로 정의된 원판은 닫힌 구역이며, 이에 따라 닫힌 원판이라 한다. $|z - z_0| < \rho$로 정의된 z_0의 근방은 열린 집합이고 열린 구역이며, 이에 따라 열린 원판이라 한다. 닫힌 원판 또는 열린 원판에서 중심 z_0이 배제되어 $0 < |z - z_0| \leq \rho$ 또는 $0 < |z - z_0| < \rho$로 정의된 구역을 뚫린 원판이라 한다. 뚫린 열린 원판은 z_0의 빠진 근방과 같다. 구역은 열린 집합도 아니고 닫힌 집합도 아닐 수 있다. 부등식 $1 \leq |z - 5| < 3$으로 정의된 원형 고리 구역은 경계점 중에서 일부(원 $|z - 5| = 1$에 놓인 점)만 포함하고 있으므로, 열린 집합도 아니고 닫힌 집합도 아니다. (2)에서 원형 고리 구역을 정의했다. 좀 더 일반적으로 고리 또는 고리 구역은 그림 1.5.8에 나타낸 집합과 같을 수 있다.

주의: '닫힘'은 '열리지 않음'을 뜻하지 않는다. ➡

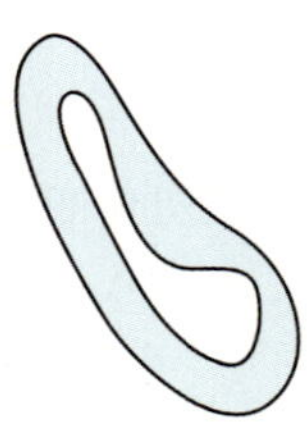

그림 1.5.8 고리 구역

갇힌 집합 마지막으로, 복소 평면의 집합 S에 대해 양의 실수 R이 존재해서 S에 속하는 모든 점 z에 대해 $|z| < R$이 성립할 때, S를 갇힌 집합 또는 유계 집합이라 한다. 곧, S가 원점의 적당한 근방에 완전히 포함되면, S는 갇힌 집합이다. 그림 1.5.9에서 색을 칠해 나타낸 집합 S는 점선으로 나타낸 원점의 원형 근방에 완전히 포함되므로 갇힌 집합이다. 이렇지 않은 집합을 갇히지 않은 집합 또는 안 갇힌 집합 또는 유계가 아닌 집합이라 한다. 예를 들면, 그림 1.5.5(b)와 1.5.5(c)는 갇히지 않은 집합이다.

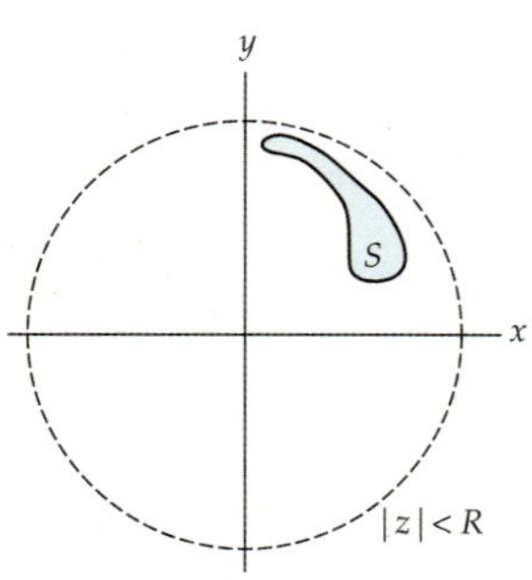

그림 1.5.9 갇힌 집합

참고 실 해석학과의 비교

수학을 배우다보면, 틀림없이 '무한대'의 개념을 접하게 된다. 예를 들면, 미분 적분학 과정에서 '무한대에서의 극한'을 다룬다. 곧 변수 x의 값이 한없이 커지거나 작아질 때 함수의 행동을 조사한다. 수직선에는 두 가지 방향이 있기 때문에 '한없이 커진다'와 '한없이 작아진다'의 개념을 각각 기호로 $x \to +\infty$ 와 $x \to -\infty$ 로 나타내면 편리하다. 그런데 $\pm\infty$ 로 구분해서 나타내지 않고, 무한 원점이라 부르고 기호로 단순히 ∞ 로 나타내는 '이상적인 점'을 다루는 것이 의미 있다는 사실이 밝혀진다. 이를 위해, 각 실수 a를 단위 원 $x^2+y^2=1$의 점 $(x_0,\ y_0)$과 대응시키는데, 여기서 $(x_0,\ y_0)$은 x축 또는 수평 수직선의 점 $(a,\ 0)$과 원의 점 $(0,\ 1)$을 이은 선이 원과 만나는 점이다. 익힘 문제 1.5의 문제 47을 보라. 그림 1.5.10(a)로부터 점 $(a,\ 0)$이 원점으로부터 멀어질수록, 점 $(x_0,\ y_0)$은 $(0,\ 1)$에 가까워진다. 원의 점과의 대응을 완성하기 위해서, 점 $(0,\ 1)$을 ∞ 와 대응시킨다. 실수 전체의 집합 $\mathbb{R}$에 ∞ 를 합친 집합을 확장 실수 체계라고 한다.

이 과목에서는 수직선과 유사한 대상이 복소 평면이다. $\mathbb{C}$에는 순서가 없기 때문에 z가 커지거나 작아진다는 개념은 의미가 없다. 그렇지만 복소수 z의 크기 $|z|$가 커지면 z가 원점으로부터 멀어진다. $|z|$의 값을 이를테면 실수축과 허수축을 따라 한없이 크게 할 때, 이런 축에서의 '방향'을 $z \to +\infty$, $z \to -\infty$, $z \to +i\infty$, $z \to -i\infty$ 와 같은 기호로 구별할 필요가 없다. 복소 해석학에서는 ∞ 의 단 한 가지 개념을 사용하는데, 방금 실수 체계 $\mathbb{R}$을 확장했던 것과 비슷한 방법으로 복소수 체계 $\mathbb{C}$를 확장할 수 있기 때문이다. 그렇지만 이번에는 각 복소수를 리만 구면이라고 부르는 단위 구면의 점과 대응시킨다. $(a,\ b,\ 0)$으로 나타내는 복소 평면의 점 $z=a+ib$로부터 구면 $x^2+y^2+u^2=1$의 북극점 (0, 0, 1)까지 선을 그으면, 단위 구면의 유일한 점 $(x_0,\ y_0,\ u_0)$을 지난다. 그림 1.5.10(b)에 나타낸 대로, 절댓값이 큰 복소수는 원점 (0, 0, 0)으로부터 멀리 떨어져 있고, 이에 대응하는 점 $(x_0,\ y_0,\ u_0)$은 (0, 0, 1)에 가까이 있다. 이런 방식으로 각 복소수는 구면의 단 한 점과 대응한다. 익힘 문제 1.5의 문제 48~50을 보라. 점 (0, 0, 1)은 평면의 점과 대응하지 않기 때문에, 이를 ∞ 와 대응시킨다. 물론, '이상적인 점' ∞ 를 $\mathbb{C}$에 합친 체계를 확장 복소수 체계라고 한다.

복소수를 [북극점 (0, 0, 1)을 제외한] 구면 위로 대응 또는 사상시키는 방법을 입체 사영이라 한다.

유한 수 z에 대해 $z+\infty=\infty+z=\infty$이고 $z\neq 0$에 대해 $z\cdot\infty=\infty\cdot z=\infty$이다. 게다가, $z\neq 0$에 대해 $z/0=\infty$로 $z\neq\infty$에 대해 $z/\infty=0$으로 나타낸다. 그러나 $\infty-\infty$, ∞/∞, ∞^0, 1^∞ 등의 표현에 대해서는 의미 있는 정의를 내릴 수 없다. 이런 경우를 '부정형'이라 한다.

용어
- 무한 원점 point at infinity
- 확장 실수 체계 extended real number system
- 리만 구면 Riemann sphere
- 단위 구면 unit sphere
- 확장 복소수 체계 extended complex number system
- 입체 사영 stereographic projection

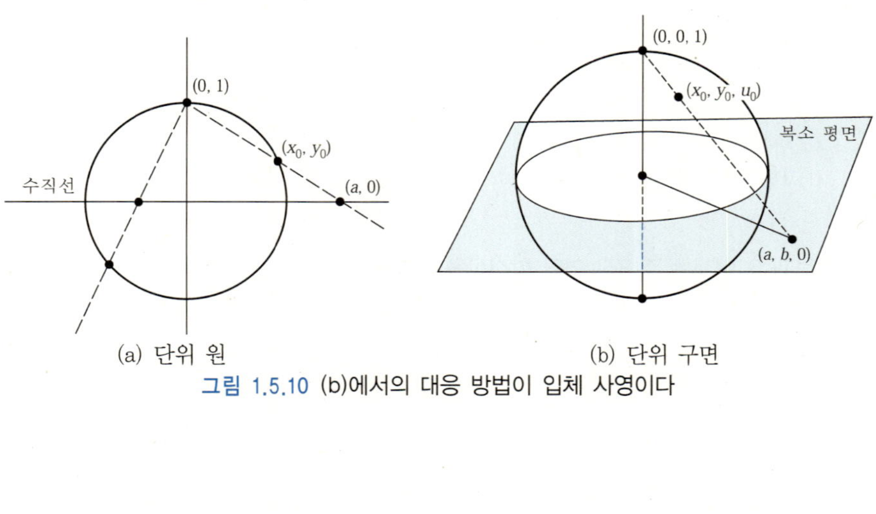

(a) 단위 원 (b) 단위 구면

그림 1.5.10 (b)에서의 대응 방법이 입체 사영이다

1.5 익힘 문제

문제 1~12에서는 주어진 방정식의 그래프를 복소 평면에 그려라.

1. $|z-4+3i|=5$
2. $|z+2+2i|=2$
3. $|z+3i|=2$
4. $|2z-1|=4$
5. $\mathrm{Re}(z)=5$
6. $\mathrm{Im}(z)=-2$
7. $\mathrm{Im}(\bar{z}+3i)=6$
8. $\mathrm{Im}(z-i)=\mathrm{Re}(z+4-3i)$
9. $|\mathrm{Re}(1+i\bar{z})|=3$
10. $z^2+\bar{z}^2=2$
11. $\mathrm{Re}(z^2)=1$
12. $\arg(z)=\pi/4$

문제 13~24에서는 주어진 부등식을 만족시키는 점의 집합 S를 복소 평면에 나타내라. S를 (a) 열린 집합, (b) 닫힌 집합, (c) 영역, (d) 갇힌 집합, (e) 연결 집합으로 분류하라.

13. $\mathrm{Re}(z)<-1$
14. $|\mathrm{Re}(z^2)|>2$
15. $\mathrm{Im}(z)>3$
16. $\mathrm{Re}((2+i)z+1)>1$
17. $2<\mathrm{Re}(z-1)<4$
18. $-1\le\mathrm{Im}(z)<4$
19. $\mathrm{Re}(z^2)>0$
20. $\mathrm{Im}(z)<\mathrm{Re}(z)$
21. $|z-i|>1$
22. $2<|z-i|<3$
23. $1\le|z-1-i|<2$
24. $2\le|z-3+4i|\le 5$

25. 문제 13~24의 집합에서 경계점을 찾아라.
26. 복소 평면에서 원 $|z|=5$를 배제한 점의 집합 S를 생각하자. S의 경계점을 찾아라. S는 연결 집합인가?

문제 27과 28에서는 주어진 부등식을 만족시키는 점의 집합을 복소 평면에 나타내라.

27. $0\le\arg(z)\le\pi/6$
28. $-\pi<\arg(z)<\pi/2$

문제 29와 30에서는 주어진 그림의 어둡게 나타낸 집합을 $\arg(z)$와 부등식을 이용해서 나타내라.

29.

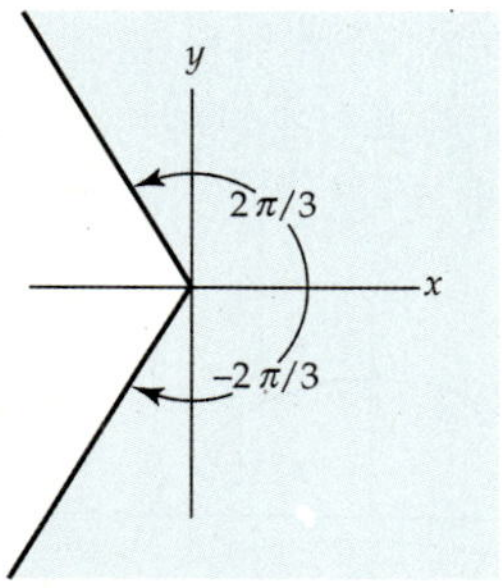

그림 1.5.11 문제 29

30.

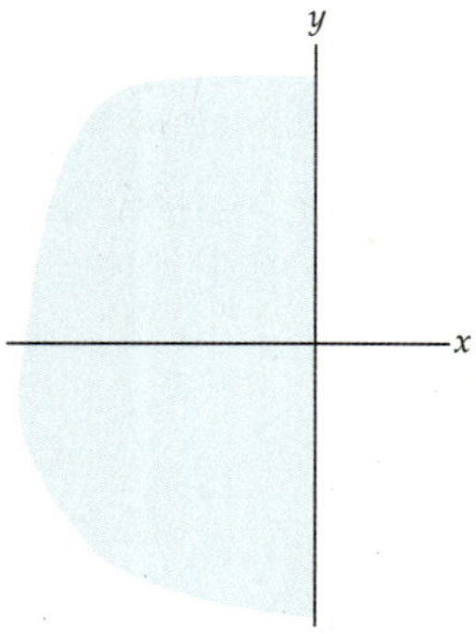

그림 1.5.12 문제 30

문제 31과 32에서는 주어진 연립 방정식을 풀어라.

31. $|z|=2,\ |z-2|=2$
32. $|z-i|=5,\ \arg(z)=\pi/4$

개념과 이해

33. 31쪽에서 $\rho_1 > 0$이면 $\rho_1 < |z - z_0|$을 만족시키는 점의 집합은 중심이 z_0이고 반지름의 길이가 ρ_1인 원의 외부라고 했다. 일반적으로, $\rho_1 = 0$일 때의 이 집합을 설명하라. 특히, $|z + 2 - 5i| > 0$으로 정의된 집합을 설명하라.

34. (a) z_0의 빠진 근방의 경계점은 무엇인가?

    (b) 복소 평면의 경계점은 무엇인가?

    (c) 32쪽에 제시한 것 이외에, 복소 평면에서 열린 집합도 아니고 닫힌 집합도 아닌 예를 몇 가지 더 들어라.

35. 복소수 표시법과 부등식을 이용해서 다음 (a)와 (b)에 답하라.

    (a) 복소 평면에서 연결 집합의 예를 다섯 가지 들어라.

    (b) 복소 평면에서 연결 집합이 아닌 집합의 예를 다섯 가지 들어라.

36. $|z - z_0| \le \rho$로 정의된 중심이 z_0인 원판을 생각하자. 이것이 갇힌 집합임을, 적당한 양수 R이 존재해서 이 원판의 모든 점 z에 대해 $|z| < R$이 성립함을 밝힘으로서 증명하라. [*귀띔*: 1.2절의 부등식에 관한 논의를 보라.]

37. z_0과 z_1이 서로 다른 점이라고 하자. 거리의 개념만을 이용해서, 복소 평면에서 집합 $\{z \in \mathbb{C} \mid |z - z_0| = |z - z_1|\}$을 말로 설명하라.

38. 거리의 개념만을 이용해서, 복소 평면에서 $\{z \in \mathbb{C} \mid |z - i| + |z + i| = 1\}$을 말로 설명하라.

문제 39와 40에서는 주어진 그림에서 어둡게 표시한 집합을 다음 집합의 빈칸을 방정식 또는 부등식에 대한 복소수 표기법을 사용해서 채우고 '그리고' 와 '또는' 중에서 하나를 선택해서 나타내라.

$$\{z \in \mathbb{C} \mid \_\_\_\_\_\_ \text{ 그리고/또는 } \_\_\_\_\_\_ \}$$

39.

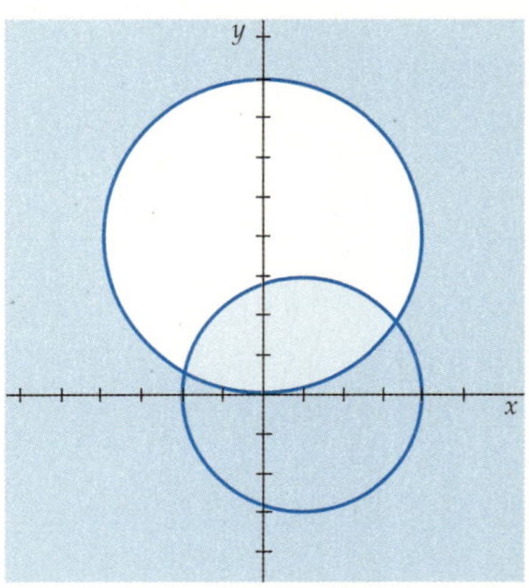

그림 1.5.13 문제 39

40.

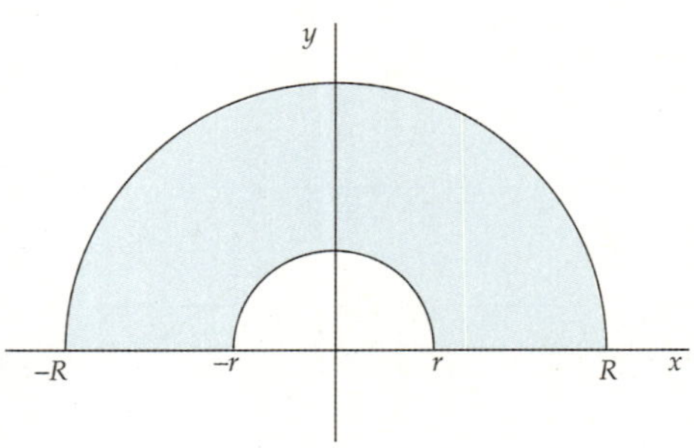

그림 1.5.14 문제 40

41. 복소 평면에서 정의된 집합 $S = \{i/n \mid n = 1, 2, 3, \cdots\}$을 생각하자. 집합 S에 '경계, 열린, 닫힌, 연결, 갇힌' 등의 용어를 결합시켜 논의하라.

42. 복소 평면에서 유한 집합 $S = \{z_1, z_2, z_3, \cdots, z_n\}$을 생각하자. 집합 S가 갇힌 집합인지 논의하라. 자신의 답을 수학적인 논리로 밝혀라.

용어
볼록 집합 convex set

43. 집합 S에 속하는 임의의 두 점 P와 Q를 연결하는 선분 PQ가 S에 포함될 때, S를 **볼록 집합**이라 한다. 복소 평면에서 다음 조건으로 정의된 집합 S가 볼록인지 판정하라.

(a) $|z-2+i|<3$ (b) $1<|z|<2$

(c) $x>2,\ y\leq -1$ (d) $y<x^2$

(e) $\text{Re}(z)\leq 5$ (f) $\text{Re}(z)\neq 0$

44. 문제 43에서 정의한 볼록 집합은 반드시 연결 집합인지 논의하라.

45. 공집합 $\varnothing$이 열린 집합인지 논의하라.

46. S_1과 S_2는 복소 평면의 열린 집합이라고 하자.

(a) 합집합 $S_1 \cup S_2$는 열린 집합인가? 이 명제가 참이라고 생각하면 증명하고, 거짓이라 생각하면 반례를 들어라.

(b) 교집합 $S_1 \cap S_2$에 대해서 (a)와 같이 논의하라.

문제 47~50에 답하기 전에, 이 절의 참고를 다시 읽어라.

47. 실수 $-1/4,\ 1/2,\ -3,\ 1,\ 10$에 각각 대응하는 단위 원의 점 $(x_0,\ y_0)$을 찾아라. 그림 1.5.10(a)를 보라.

48. 복소수 $2+5i$에 대응하는 단위 구의 점 $(x_0,\ y_0,\ u_0)$을 찾아라. 그림 1.5.10(b)를 보라.

49. 복소 평면에서 다음 집합에 대응하는 단위 구의 점의 집합을 설명하라.

(a) 단위 원 $|z|=1$

(b) 열린 원판 $|z|<1$

(c) 단위 원의 외부 $|z|>1$

50. 그림 1.5.10(b)에서 복소 평면의 점 $(a,\ b,\ 0)$의 좌표를 이용해서 단위 구의 점 $(x_0,\ y_0,\ u_0)$의 좌표를 나타내는 공식을 찾아라. 이 공식을 이용해서 문제 48의 답을 확인하라. [*귀띔*: 먼저 $(0,\ 0,\ 1)$과 $(a,\ b,\ 0)$을 연결하는 직선에 있는 점은 모두 $(ta,\ tb,\ 1-t)$ 꼴임을 보여라.]

1.6 활용

이번 절에서는 복소수를 활용하는 간단한 예를 몇 가지 알아본다. 이런 논의에서는 독자가 기초적인 상미분 방정식을 푸는 방법을 잘 알고 있다고 가정하겠다.

1.4절에서 복소수의 거듭제곱근을 구하는 방법을 알아봤다. 이런 기초 지식을 바탕으로 계수가 복소수인 이차 방정식을 복소수 형태의 근의 공식을 이용해서 푸는 방법을 알아볼 수 있다. 그리고 복소수와 복소 지수를 미분 방정식에 이용하는 방법도 알아본다. 이런 논의를 통해 오일러의 공식과 복소수를 극 형식으로 나타내는 새로운 간결한 방법에 도달한다. 마지막으로 전기 공학에 복소수를 활용하는 몇 가지 방법을 탐구한다.

대수학 복소수를 처음 접하는 경우는, 다항 방정식의 근이 실수뿐만 아니라 복소수가 될 수 있다는 사실을 배웠을 때일 것이다. 예를 들면, 이차 방정식을 완전 제곱에 의해 풀 수 있다. 일반적인 경우로 계수 $a \neq 0$, b, c가 실수인 $ax^2 + bx + c = 0$을 x에 관해 완전 제곱을 시행하면 다음과 같은 근의 공식을 얻는다.

$$x = \frac{-b \pm \sqrt{b^2 - 4ac}}{2a} \tag{1}$$

판별식 $b^2 - 4ac$가 음수이면, 이 방정식의 근은 복소수이다. 이를테면 $x^2 - 2x + 10 = 0$의 두 근은 (1)에 의해 다음과 같다.

$$x = \frac{-(-2) \pm \sqrt{(-2)^2 - 4 \cdot 1 \cdot 10}}{2 \cdot 1} = \frac{2 \pm \sqrt{-36}}{2} \tag{2}$$

초등 과정에서는 허수 단위 i를 $i = \sqrt{-1}$과 같이 쓰고, 지수 법칙이 성립함을 가정해서 수 $\sqrt{-36}$를 $\sqrt{-36} = \sqrt{36}\sqrt{-1} = 6i$와 같이 쓴다. 이에 따라 (2)의 두 복소수는 $z_1 = 1 + 3i$와 $z_2 = 1 - 3i$로 나타내어진다.

← 주의 : 두 근 z_1과 z_2는 서로 켤레이다. 익힘 문제 1.6의 문제 22를 보라.

근의 공식 근의 공식은 이차 방정식 $az^2 + bz + c = 0$의 계수 $a \neq 0$, b, c가 복소수인 경우에도 완벽하게 유효하다. 근의 공식을 (1)에서와 똑같은 방식으로 얻을 수 있지만, 이 결과를 다음과 같이 나타내겠다.

$$z = \frac{-b + (b^2 - 4ac)^{1/2}}{2a} \tag{3}$$

(3)의 우변에서 분자가 (1)에 제시된 전통적인 표현 $-b \pm \sqrt{b^2 - 4ac}$와 약간 다르게 보인다. $b^2 - 4ac \neq 0$일 때 기호 $(b^2 - 4ab)^{1/2}$은 복소수 $b^2 - 4ac$의 두 개의 제곱근의 집합임을 상기하자. 그러므로 (3)은 두 개의 복소수 근을 나타낸다. 지금부터 기호 $\sqrt{\ }$는 실수인 경우만 사용하며, $\sqrt{a}$는 음이 아닌 실수 a의 음이 아닌 제곱근을 나타내기로 한다.

← $\sqrt{\ }$의 해석

보기 1 근의 공식의 활용

이차 방정식 $z^2 + (1 - i)z - 3i = 0$을 풀어라.

풀이 $a = 1$, $b = 1 - i$, $c = -3i$이므로 (3)에 의해 다음을 얻는다.

$$z = \frac{-(1-i) + \{(1-i)^2 - 4 \cdot (-3i)\}^{1/2}}{2} = \frac{1}{2}\{-1 + i + (10i)^{1/2}\} \tag{4}$$

$(10i)^{1/2}$을 셈하기 위해서, 1.4절의 (4)에 $r = \sqrt{10}$, $\theta = \pi/2$, $n = 2$를 대입하자. $10i$의 두 개의 제곱근은 다음과 같다.

$$w_0 = \sqrt{10}\left(\cos\frac{\pi}{4} + i\sin\frac{\pi}{4}\right) = \sqrt{10}\left(\frac{1}{\sqrt{2}} + \frac{1}{\sqrt{2}}i\right) = \sqrt{5} + \sqrt{5}i,$$

$$w_1 = \sqrt{10}\left(\cos\frac{5\pi}{4} + i\sin\frac{5\pi}{4}\right) = \sqrt{10}\left(-\frac{1}{\sqrt{2}} - \frac{1}{\sqrt{2}}i\right) = -\sqrt{5} - \sqrt{5}\,i$$

그러므로 (4)에 의해 다음과 같은 두 개의 값을 얻는다.

$$z_1 = \frac{1}{2}\{-1+i+(\sqrt{5}+\sqrt{5}\,i)\},\quad z_2 = \frac{1}{2}\{-1+i+(-\sqrt{5}-\sqrt{5}\,i)\}$$

따라서 주어진 방정식의 해를 $z = a+ib$ 꼴로 나타내면 다음과 같다.

주의 : 두 근 z_1과 z_2는 서로 켤레가 아니다. 익힘 문제 1.6의 문제 26를 보라.

$$z_1 = \frac{1}{2}(\sqrt{5}-1) + \frac{1}{2}(\sqrt{5}+1)i,$$

$$z_2 = -\frac{1}{2}(\sqrt{5}+1) - \frac{1}{2}(\sqrt{5}-1)i$$ ❏

이차 다항식의 인수 분해 다항 방정식의 모든 근을 찾아서 다항식을 완전히 인수 분해할 수 있다. 이 명제는 5.5절에서 증명할 중요한 정리의 따름 정리이다. 현재로서는, z_1과 z_2가 (3)으로 정의된 근이면, 이차 다항식 az^2+bz+c는 다음과 같이 인수 분해된다는 사실에 유의하자.

$$az^2+bz+c = a(z-z_1)(z-z_2) \tag{5}$$

예를 들면, 이미 (2)를 이용해서 이차 방정식 $x^2-2x+10=0$의 근이 $z_1 = 1+3i$와 $z_2 = 1-3i$임을 보였다. $a=1$일 때 복소수를 사용해서 다항식 $x^2-2x+10$을 (5)에 따라 인수 분해하면 다음과 같다.

$$x^2-2x+10 = \{x-(1+3i)\}\{x-(1-3i)\} = (x-1-3i)(x-1+3i)$$

마찬가지로, 보기 1의 이차 다항식 $z^2+(1-i)z-3i$의 인수 분해는 다음과 같다.

$$z^2+(1-i)z-3i =$$
$$\left\{z-\frac{1}{2}(\sqrt{5}-1)-\frac{1}{2}(\sqrt{5}+1)i\right\}\left\{z+\frac{1}{2}(\sqrt{5}+1)+\frac{1}{2}(\sqrt{5}-1)i\right\}$$

미분 적분학 과정에서는 주로 실수를 다루기 때문에, 미분 방정식이나 전기 공학 과목을 수강하기 전까지는 복소수를 보지 못했을 수도 있다.

용어
미분 방정식 differential equation
제차 방정식 homogeneous equation

미분 방정식 계수가 실수 a, b, c인 선형 이계 상미분 방정식 $ay''+by'+cy=f(x)$를 푸는 첫 단계는 관련된 제차 방정식 $ay''+by'+cy=0$을 푸는 것이다. 이 제차 방정식에는 $y=e^{mx}$ 꼴의 해가 있다. 이를 확인하기 위해서 $y=e^{mx}$, $y'=me^{mx}$, $y''=m^2e^{mx}$을 $ay''+by'+cy=0$에 대입하면 다음과 같다.

$$ay''+by'+cy = am^2e^{mx}+bme^{mx}+ce^{mx} = e^{mx}(am^2+bm+c) = 0$$

$e^{mx}(am^2+bm+c)=0$으로부터, m이 다항 방정식 $am^2+bm+c=0$의 근일 때 $y=e^{mx}$이 위의 제차 방정식의 해임을 알 수 있다. 여기서 위의 이차 방정식을 보조 방정식이라 한다. 그런데 다항 방정식의 계수가 실수일 때, 그 방정식의 복소수 근은 단 한 개일 수 없다. 곧 복소수 근은 반드시 켤레와 함께 등장한다. 그러므로 보조 방정식의 복소수 근이 양수 β에 대해 $\alpha+i\beta$와 $\alpha-i\beta$이면, $ay''+by'+cy=0$의 두 해는 복소 지수 함수 $y=e^{(\alpha+i\beta)x}$과 $y=e^{(\alpha-i\beta)x}$이다. 미분 방정식의 실수 해를 얻기 위해서 다음과 같은 오일러의 공식이 성립한다고 가정하자.

용어
보조 방정식 auxiliary equation
오일러의 공식 Euler's formula

$$e^{i\theta}=\cos\theta+i\sin\theta \tag{6}$$

여기서 θ는 실수이다. θ에 β와 $-\beta$를 차례로 대입하면 (6)으로부터 다음을 얻는다.

$$\begin{aligned} e^{(\alpha+i\beta)x}&=e^{\alpha x}e^{i\beta x}=e^{\alpha x}(\cos\beta x+i\sin\beta x), \\ e^{(\alpha-i\beta)x}&=e^{\alpha x}e^{-i\beta x}=e^{\alpha x}(\cos\beta x-i\sin\beta x) \end{aligned} \tag{7}$$

그런데 미분 방정식이 제차이므로, 다음과 같은 일차 결합도 해이다.

$$y_1=\frac{1}{2}\{e^{(\alpha+i\beta)x}+e^{(\alpha-i\beta)x}\},\quad y_2=\frac{1}{2i}\{e^{(\alpha+i\beta)x}-e^{(\alpha-i\beta)x}\}$$

(7)에 의해 위의 두 식은 다음과 같은 실 함수이다.

$$y_1=e^{\alpha x}\cos\beta x,\quad y_2=e^{\alpha x}\sin\beta x \tag{8}$$

보기 2 미분 방정식의 풀이

미분 방정식 $y''+2y'+2y=0$을 풀어라

풀이 보조 방정식 $m^2+2m+2=0$에 근의 공식을 적용하면, 복소수 근 $m_1=-1+i$와 $m_2=\overline{m_1}=-1-i$를 얻는다. $\alpha=-1$과 $\beta=1$을 (8)에 대입하면, 두 개의 해 $y_1=e^{-x}\cos x$와 $y_2=e^{-x}\sin x$를 얻는다. ❑

제차 선형 n계 미분 방정식의 일반해는 n개의 일차 독립인 해의 일차 결합으로 이루어진다. 그러므로 보기 2에서 주어진 이계 미분 방정식의 일반해는 임의의 상수 c_1과 c_2에 대해 $y=c_1y_1+c_2y_2=c_1e^{-x}\cos x+c_2e^{-x}\sin x$이다.

복소수의 지수 형식 (6)과 (7)에 제시한 결과는 당시에 가정이라고 지적했는데, 아직까지 복소 지수 함수를 정의하지 않았기 때문이다. 2.1절과 4.1절의 내용을 미리 소개하면, 복소 지수 e^z은 다음과 같이 정의된 복소수이다.

$$e^z=e^{x+iy}=e^x(\cos y+i\sin y) \tag{9}$$

증명은 4.1절까지 미루지만, (9)를 이용해서 다음과 같이 친숙한 지수 법칙이 복소수 z_1과 z_2에 대해 성립함을 밝힐 수 있다.

$$e^{z_1}e^{z_2} = e^{z_1+z_2} \tag{10}$$

(10) 때문에 (7)의 결과가 정당하다. 게다가, 오일러의 공식 (6)은 (9)의 특별한 경우로, z가 순허수, 곧 $x=0$이고 y를 θ로 바꾸면 얻을 수 있다. 오일러의 공식은 이 장의 앞에서 고려한 몇 가지 개념을 간편하게 나타낼 수 있게 한다. 복소수 z의 극 형식 $z=r(\cos\theta+i\sin\theta)$를 다음과 같이 간결하게 쓸 수 있다.

$$z = re^{i\theta} \tag{11}$$

용어
지수 형식 exponential form
정상 상태 전류 steady-state current
정상 상태 전하 steady-state charge
특수해 particular solution
인덕턴스 inductance
저항 resistance
전기 용량 capacitance
리액턴스 reactance
임피던스 impedance

이렇게 간편한 꼴을 복소수 z의 **지수 형식**이라 한다. 예를 들면, $i=e^{\pi i/2}$이고 $1+i=\sqrt{2}\,e^{\pi/4}$이다. 또, 복소수 z의 n개의 n제곱근에 대한 공식인 1.4절의 (4)는 다음과 같이 된다.

$$z^{1/n} = \sqrt[n]{r}\,e^{i(\theta+2k\pi)/n} \quad (k=0,\ 1,\ 2,\ \cdots,\ n-1)$$

전기공학 수학을 자연 현상에 적용할 때, 똑같은 문제를 공학자와 수학자는 흔히 전혀 다른 방식으로 접근한다. 예를 들면, 시각 $t>0$에 축전지의 전하 $q(t)$가 다음과 같은 미분 방정식을 만족시키는 LRC 직렬 회로에서의 정상 상태 전류 $i_p(t)$를 찾는 문제를 생각하자.

$$L\frac{d^2q}{dt^2}+R\frac{dq}{dt}+\frac{1}{C}q = E_0\sin\gamma t \tag{13}$$

여기서 양의 상수 L, R, C는 차례로 인덕턴스, 저항, 전기 용량을 나타낸다. 이제 **정상 상태 전류** $i_p(t)$를 찾기 위해서, 먼저 (13)의 특수해 $q_p(t)$를 찾음으로써 축전지의 **정상 상태 전하**를 찾는다. 수학자는 미분 방정식 과목에서와 같이 진행해서, 미정 계수법을 이용해서 $q_p(t)$를 찾을 것이다. 이를 위해 $q_p(t)=A\sin\gamma t+B\cos\gamma t$ 꼴의 특수해를 가정하고 이를 미분 방정식에 대입한 다음에 간단히 하고 계수 사이에 성립하는 방정식을 세워서 미정 계수 A와 B에 대해 푼다. $A=E_0X/(-\gamma Z^2)$와 $B=E_0R/(-\gamma Z^2)$임을 보이는 것은 익힘 문제로 남긴다. 여기서 회로의 리액턴스 X와 임피던스 Z는 다음과 같다.

$$X = L\gamma-\frac{1}{C\gamma},\quad Z=\sqrt{X^2+R^2} \tag{14}$$

그러므로 회로의 정상 상태 해 또는 정상 상태 전하는 다음과 같다.

$$q_p(t) = -\frac{E_0 X}{\gamma Z^2}\sin\gamma t - \frac{E_0 R}{\gamma Z^2}\cos\gamma t$$

이 해와 $i_p(t) = q_p{}'(t)$로부터 다음과 같은 정상 상태 전류를 얻는다.

$$i_p(t) = \frac{E_0}{Z}\left(\frac{R}{Z}\sin\gamma t - \frac{X}{Z}\cos\gamma t\right) \tag{15}$$

전기 공학자들은 이와 같은 회로 문제를 흔히 복소 해석학을 이용해서 푼다. 먼저, 전류 i와 혼동을 피하기 위해서 전기 공학자는 허수 단위 i를 기호 j로 나타낸다. 곧, $j^2 = -1$이다. 전류 i와 전하 q 사이에 $i = dq/dt$의 관계가 있기 때문에 미분 방정식 (13)은 다음과 같다.

$$L\frac{di}{dt} + Ri + \frac{1}{C}q = E_0\sin\gamma t \tag{16}$$

그런데 오일러의 공식 (6)에서 θ를 기호 γ로 바꾸면, 입력 전압 $E_0\sin\gamma t$는 $\mathrm{Im}(E_0 e^{j\gamma t})$과 같다. 이 마지막 관계 때문에 미정 계수법을 이용하려면, (16)의 해로 어떤 복소수 형식의 상수 배 꼴, 곧 $i_p(t) = \mathrm{Im}(A e^{j\gamma t})$을 시도하게 된다. 이 마지막 식을 방정식 (16)에 대입하고, 복소 지수가 '통상적인' 미분 법칙을 만족시킨다고 가정하며 전하 q가 전류 i의 부정 적분이라고 가정해서 $e^{j\gamma t}$의 계수들을 같게 놓는다. 그 결과는 $(jL\gamma + R + 1/jC\gamma)A = E_0$이며, 이것으로부터 다음을 얻는다.

$$A = \frac{E_0}{R + j\left(L\gamma - \frac{1}{C\gamma}\right)} = \frac{E_0}{R + jX} \tag{17}$$

여기서 X는 (14)에 주어진 리액턴스이다. 마지막 식의 분모 $Z_c = R + j(L\gamma - 1/C\gamma) = R + jX$를 회로의 복소 임피던스라고 한다. 복소 임피던스의 크기는 $|Z_c| = \sqrt{R^2 + (L\gamma - 1/C\gamma)^2}$ 이므로, (14)로부터 임피던스 Z와 복소 임피던스 $|Z_c|$ 사이에는 $Z = |Z_c|$의 관계가 있다.

용어
복소 임피던스 complex impedance

그런데 (11)에 제시한 복소수의 지수 형식을 이용하면 복소 임피던스를 다음과 같이 쓸 수 있다.

$$Z_c = |Z_c|e^{j\theta} = Ze^{j\theta} \quad \left(\text{단, } \tan\theta = \frac{L\gamma - 1/C\gamma}{R}\right)$$

그러므로 (17)은 $A = E_0/Z_c = E_0/(Ze^{j\theta})$과 같이 되고, 이에 따라 정상 상태 전류는 다음과 같이 주어진다.

$$i_p(t) = \mathrm{Im}\left(\frac{E_0}{Z}e^{-j\theta}e^{j\gamma t}\right) \tag{18}$$

(18)의 식이 (15)의 식과 같음을 밝혀보자.

다음 미분 방정식으로 표현되는 LRC 직렬 회로에서 정상 상태 전류를 찾는 문제는 비슷한 방법으로 풀 수 있다.

$$L\frac{di}{dt}+Ri+\frac{1}{C}q=E_0\cos\gamma t \tag{19}$$

이 경우에, 입력 전압 $E_0\cos\gamma t$는 $i_p(t)=\mathrm{Re}\left(A\,e^{j\gamma t}\right)$ 꼴의 해를 시도해 볼 것을 시사한다. 위와 똑같은 분석으로 통해, 다음과 같은 (19)의 해를 얻는다.

$$i_p(t)=\mathrm{Re}\left(\frac{E_0}{Z}e^{-j\theta}e^{j\gamma t}\right) \tag{20}$$

참고 실 해석학과의 비교

이 절에서 다항 방정식의 계수가 모두 실수일 때, z_1이 다항 방정식의 해이면 $\overline{z_1}$도 해라는 사실을 알아봤다. 그렇지만 계수 중 적어도 한 개가 실수가 아니면, $\overline{z_1}$이 반드시 해가 되는 것은 아니다. 뒤의 경우에는 $z-z_1$로 나누어 다항식의 다른 인수를 얻을 수 있다. 복소 해석학에서도 나눗셈은 유효하다. 익힘 문제 1.6의 문제 27과 28을 보라.

1.6 익힘 문제

문제 1~6에서는 주어진 이차 방정식을 근의 공식 (3)을 이용해서 풀어라. 그리고 (5)를 이용해서 다항식을 인수 분해하라.

1. $z^2+iz-2=0$
2. $iz^2-z+i=0$
3. $z^2-(1+i)z+6-17i=0$
4. $z^2-(1+9i)z-20+5i=0$
5. $z^2+2z-\sqrt{3}\,i=0$
6. $3z^2+(2-3i)z-1-3i=0$ [*귀띔*: 익힘 문제 1.4의 문제 15를 보라.]

문제 7~12에서는 주어진 복소수를 $z=re^{i\theta}$ 꼴의 지수 형식으로 나타내라.

7. -10
8. $-2\pi i$
9. $-4-4i$
10. $\dfrac{2}{1+i}$
11. $(3-i)^2$
12. $(1+i)^{20}$

문제 13~16에서는 주어진 제차 미분 방정식의 해를 찾아라.

13. $y''-4y'+13y=0$
14. $3y''+2y'+y=0$
15. $y''+y'+y=0$
16. $y''+2y'+4y=0$

문제 17~20에서는 주어진 미분 방정식으로 표현된 LRC 직렬 회로에서의 정상 상태 전하 $q_p(t)$와 정상 상태 전류 $i_p(t)$를 찾아라. 회로의 복소 임피던스와 임피던스를 찾아라. 41쪽과 42쪽에서 논의한 복소 방법을 사용하라.

17. $\dfrac{di}{dt}+6i+25q=10\cos 5t$
18. $\dfrac{di}{dt}+6i+25q=10\sin 5t$
19. $\dfrac{di}{dt}+i+2q=100\sin t$
20. $\dfrac{di}{dt}+i+2q=100\cos t$

개념과 이해

21. (3)을 이용해서 $z^4 - 2z^2 + 1 - 2i = 0$의 네 근을 찾는 방법을 설명하라.

22. z_1이 계수가 실수인 다항 방정식의 근이면, 켤레 $z_2 = \overline{z_1}$도 근이다. 이 사실을 $a \neq 0$, b, c가 실수인 이차 방정식 $az^2 + bz + c = 0$의 경우에 대해 증명하라. 1.1절의 (1)과 (2)에 제시한 켤레 복소수의 성질을 이용해서 시작하라.

문제 23과 24에서는 이번 절의 (5)와 문제 22를 이용해서, 주어진 복소수가 하나의 근인 다음 이차 방정식을 인수 분해하라.

23. $4z^2 + 12z + 34 = 0$; $z_1 = -\dfrac{3}{2} + \dfrac{5}{2}i$

24. $5z^2 - 2z + 4 = 0$; $z_1 = \dfrac{1}{5} + \dfrac{\sqrt{19}}{5}i$

25. (a) 한 근이 $2 - i$인 이차 방정식을 찾아라.
    (b) (a)의 답이 유일한가? 자세하게 설명하라.

26. z_1이 최고차항의 계수가 1이고 계수 중 적어도 하나가 실수가 아닌 이차 방정식의 근이면, 켤레 $\overline{z_1}$은 근이 아니다. 이 사실을 b와 c 중에서 적어도 하나가 영이 아닌 복소수인 이차 방정식 $z^2 + bz + c = 0$의 경우에 대해 증명하라.

문제 27과 28에서는 주어진 복소수가 하나의 근인 다음 이차 방정식을 인수 분해하라. [*귀띔:* 나눗셈을 생각하자.]

27. $3iz^2 + (9 - 16i)z - 17 - i$; $z_1 = 5 + 2i$

28. $4z^2 + (-13 + 18i)z - 5 - 10i$; $z_1 = 3 - 4i$

문제 29와 30에서는 오일러의 공식 (6)의 정당성을 지시된 두 가지 방법으로 밝혀라.

29. 매클로린 급수 $e^x = \sum_{n=0}^{\infty} \dfrac{1}{n!}x^n = 1 + x + \dfrac{1}{2!}x^2 + \dfrac{1}{3!}x^3 + \cdots$은 x의 모든 값에 대해 수렴한다는 사실이 밝혀져 있다. 이 사실을 받아들이고, 실수 θ에 대해 $x = i\theta$를 위의 급수에 대입하고 거듭제곱 i^n을 간단히 나타내라. 위의 급수를 실수와 허수 부분으로 분리할 때 얻는 결과를 확인하라.

30. (a) $y_1 = \cos\theta$와 $y_2 = \sin\theta$가 제차 선형 이계 미분 방정식 $\dfrac{d^2y}{d\theta^2} + y = 0$을 만족시킴을 보여라. y_1과 y_2로 이루어진 해 집합이 일차 독립이므로, 미분 방정식의 일반해는 $y = c_1\cos\theta + c_2\sin\theta$이다.
    (b) 허수 단위 i와 실 변수 θ에 대해 $y = e^{i\theta}$도 (a)에 주어진 미분 방정식을 만족시킴을 밝혀라.
    (c) $y = e^{i\theta}$은 미분 방정식의 해이기 때문에, (a)에 제시한 일반해로부터 반드시 얻을 수 있다. 곧, 특정한 c_1과 c_2가 존재해서 $e^{i\theta} = c_1\cos\theta + c_2\sin\theta$이다. $y = e^{i\theta}$으로부터 $y(0) = 1$과 $y'(0) = i$를 보여라. 이런 두 가지 조건을 이용해서 c_1과 c_2를 찾아라.

31. $y = e^{-5x}\cos 2x$가 해인 제차 선형 이계 미분 방정식을 찾아라.

32. (a) 방정식 (13)을 t에 관해 미분함으로써, LRC 직렬 회로의 전류가 다음 미분 방정식으로 표현됨을 보여라.

$$L\frac{d^2 i}{dt^2}+R\frac{di}{dt}+\frac{1}{C}i=E_0\gamma\cos\gamma t$$

(b) 미정 계수법을 이용해서 다음 미분 방정식의 특수해 $i_{p_1}(t)=A\,e^{j\gamma t}$을 찾아라.

$$L\frac{d^2 i}{dt^2}+R\frac{di}{dt}+\frac{1}{C}i=E_0\gamma e^{j\gamma t}$$

(c) (b)의 결과를 이용해서 (a)의 미분 방정식의 특수해 $i_p(t)$를 찾는 방법을 설명하라. 모든 과정을 정리해서, $i_p(t)$가 (15)와 같음을 밝혀라.

컴퓨터 실습 과제

문제 33~36에서는 CAS의 도움을 받아서 주어진 이차 다항식을 인수 분해하라.

33. $z^2-3iz-2$

34. $z^2-\sqrt{3}\,z-i$

35. $iz^2-(2+3i)z+1+5i$

36. $(3+i)z^2+(1+7i)z-10$

문제 37과 38에서는 CAS를 사용해서, 주어진 다항 방정식을 풀어라. *Mathematica*에서 명령어 **Solve**는 공식을 이용해서 사차까지의 다항 방정식의 모든 근을 찾아준다.

37. $z^3-4z^2+10=0$

38. $z^4+4iz^2+10i=0$

문제 39와 40에서는 CAS를 사용해서, 주어진 다항 방정식을 풀어라. *Mathematica*에서 명령어 **NSolve**는 오차 이상의 다항 방정식의 모든 근에 대한 근삿값을 제공한다.

39. $z^5-z-12=0$

40. $z^6-z^4+3iz^3-1=0$

연구 과제

용어
삼차 방정식의 근의 공식 cubic formula 줄인 삼차 방정식 depressed cubic equation

41. 삼차 방정식의 근의 공식 이 연구 과제에서는 거듭제곱근을 이용한 공식, 곧 계수들과 관련된 식의 제곱근과 세제곱근의 결합을 이용해서 삼차 방정식의 근을 찾아본다.

(a) 일반적인 삼차 방정식 $z^3+az^2+bz+c=0$의 풀이는 $x^3=mx+n$과 같이 줄인 삼차 방정식을 풀면 충분한데, 항 az^2을 소거해서 일반적인 삼차 방정식을 위의 특수한 경우로 만들 수 있기 때문이다. $z=x-a/3$를 대입해서 이를 확인하고, m과 n을 찾아라.

(b) (a)에 설명한 과정을 이용해서 $z^3+3z^2-3z-9=0$에 대한 줄인 삼차 방정식을 찾아라.

(c) $x^3=mx+n$의 해는 다음과 같다.

$$x=\left\{\frac{n}{2}+\left(\frac{n^2}{4}-\frac{m^3}{27}\right)^{1/2}\right\}^{1/3}+\left\{\frac{n}{2}-\left(\frac{n^2}{4}-\frac{m^3}{27}\right)^{1/2}\right\}^{1/3}$$

이 공식을 이용해서 (b)의 줄인 삼차 방정식을 풀어라.

(d) 다항 함수 z^3+3z^2-3z-9와 (b)에서 구한 이의 줄인 삼차 함수의 그래프를 그려라. 그리고 그래프의 x절편을 어림하라.

(e) (d)에서 얻은 결과와 (c)에서 얻은 근을 비교하라. 확인할 수 있는 차이점을 설명하라. $z^3+3z^2-3z-9=0$의 세 근을 찾아라.

(f) 추가적인 문헌 분석을 통해, 줄인 삼차 방정식의 해에서 대해 (c)에 제시한 공식과 이차 방정식의 근의 공식을 유도하는 (제곱과 세제곱을 이용한) 기하학적인 증명을 찾아보자.

42. 복소 행렬 이 연구 과제에서는 독자가 행렬에 대해 알고 있거나 이에 대해 알고 싶은 의욕이 있다고 가정한다.

용어
복소 행렬 complex matrix
에르미트 Hermitian
의사에르미트 skew-Hermitian
유니타리 unitary

성분이 복소수인 특정한 복소 행렬이 응용 수학에서 중요하다. $n\times n$ 복소 행렬 A가 $\overline{A}^T=A$일 때 에르미트, $\overline{A}^T=-A$일 때 의사에르미트, $\overline{A}^T=A^{-1}$일 때 유니타리 행렬이라 한다. 여기서 기호 $\overline{A}$은 행렬 A의 켤레, 곧 A의 모든 성분을 켤레로 바꾸어 얻은 행렬이다. 그리고 $\overline{A}^T$는 $\overline{A}$의 전치 행렬, 곧 행과 열을 바꾸어 얻은 행렬이다. 음의 행렬 $-A$는 A의 모든 성분의 부호를 바꾸어 얻은 행렬이다. 행렬 A^{-1}은 A의 곱셈에 관한 역원이다.

(a) 다음 행렬 중에서 에르미트, 의사에르미트, 유니타리 행렬을 찾아라.

$$A=\begin{pmatrix} 3i & 10 & -10-2i \\ -10 & 0 & 4+i \\ 10-2i & -4+i & -5i \end{pmatrix},$$

$$B=\begin{pmatrix} 1 & 0 & 0 \\ 0 & \dfrac{2+i}{\sqrt{10}} & \dfrac{-2+i}{\sqrt{10}} \\ 0 & \dfrac{2+i}{\sqrt{10}} & \dfrac{2-i}{\sqrt{10}} \end{pmatrix},$$

$$C=\begin{pmatrix} 2 & 1+7i & -6+2i \\ 1-7i & 4 & 1+i \\ -6-2i & 1-i & 0 \end{pmatrix}$$

(b) 에르미트 행렬의 주 대각선에 있는 성분의 특징을 찾아라. 그리고 그 이유를 설명하라.

(c) 의사에르미트 행렬의 주 대각선에 있는 성분의 특징을 찾아라. 그리고 그 이유를 설명하라.

(d) 에르미트 행렬의 고유값이 실수임을 증명하라.

(e) 의사에르미트 행렬의 고유값이 순허수 또는 0임을 증명하라.

(f) 유니타리 행렬의 고유값은 절댓값이 1임을 증명하라. 이런 고유값이 복소평면의 어디에 나타나는지 설명하라.

(g) 유리타리 행렬의 행렬식은 절댓값이 1임을 증명하라.

(h) 추가적인 문헌 분석을 시행하고, 이런 각 형태의 행렬의 응용을 찾아라.

(i) 이런 세 가지 행렬과 유사한 성분이 실수인 행렬은 무엇인가?

제 1 장 복습 문제

문제 1~22에서는 참 또는 거짓으로 답하라. 명제가 거짓이면, 거짓인 이유를 설명하거나 반례를 들어라. 명제가 참이면, 이를 증명하거나 이번 장의 적절한 결과를 인용하라.

1. $\text{Re}(z_1 z_2) = \text{Re}(z_1)\text{Re}(z_2)$
2. $\text{Im}(4+7i) = 7i$
3. $|z-1| = |\bar{z}-1|$
4. $\text{Im}(z) > 0$이면, $\text{Re}(1/z) > 0$이다.
5. $i < 10i$
6. $z \neq 0$이면, $\text{Arg}(z+\bar{z}) = 0$이다.
7. $|x+iy| \leq |x|+|y|$
8. $\arg(\bar{z}) = \arg\left(\dfrac{1}{z}\right)$
9. $\bar{z} = -z$이면 z는 순허수이다.
10. $\arg(-2+10i) = \pi - \tan^{-1}(5) + 2n\pi$ (단, n은 정수)
11. z가 다항 방정식 $a_n z^n + a_{n-1} z^{n-1} + \cdots + a_1 z + a_0 = 0$의 근이면, $\bar{z}$도 근이다.
12. 영이 아닌 임의의 복소수 z에 대해 $\arg(z)$의 값이 한없이 많이 있다.
13. $|z-2| < 2$이면, $|\text{Arg}(z)| < \pi/2$이다.
14. 집합 $S = \{z = x+iy \mid y = \sin x\}$는 갇혀 있다.
15. 집합 $S = \{z \in \mathbb{C} \mid |z| < 1\} \cup \{z \in \mathbb{C} \mid |z-3i| < 1\}$은 영역이다.
16. 복소수의 집합 S에 대해 두 집합 $A = \{x \mid x+iy \in S\}$와 $B = \{y \mid x+iy \in S\}$가 모두 갇혀 있으면, S도 갇혀 있다.
17. 부등식 $-\pi/6 < \arg(z) \leq \pi/6$로 정의된 부채꼴은 열린 집합도 아니고 닫힌 집합도 아니다.
18. $z \neq 0$에 대해 $z^{3/5} = (z^3)^{1/5}$의 값은 정확하게 다섯 개이다.
19. 집합 S의 경계점은 S에 속한다.
20. 실수축과 허수축이 빠진 복소 평면의 경계점은 없다.
21. $\text{Im}(e^{i\theta}) = \sin\theta$
22. 양의 정수 n에 대해 방정식 $z^n = 1$의 해는 $n=1$과 $n=2$인 경우에만 실수이다.

문제 23~50에서는 본문을 인용하지 말고 빈칸을 채워라.

23. $a+ib = \dfrac{3-i}{2+3i} + \dfrac{2-2i}{1-5i}$이면, $a =$ ________ 이고 $b =$ ________ 이다.
24. $z = \dfrac{4i}{-3-4i}$이면, $|z| =$ ________ 이다.
25. $|z| = \text{Re}(z)$이면, z는 ________ 이다.
26. $z = 3+4i$이면, $\text{Re}\left(\dfrac{z}{\bar{z}}\right) =$ ________ 이다.
27. $z = -1-i$의 으뜸 편각은 ________ 이다.
28. $\overline{\bar{z}_1^{\,2} + \bar{z}_2^{\,2}} =$ ________

29. $\arg((1+i)^5) =$ ________, $|(1+i)^6| =$ ________,
$\mathrm{Im}((1+i)^7) =$ ________, $\mathrm{Re}((1+i)^8) =$ ________

30. $\left(\frac{1}{2}+\frac{\sqrt{3}}{2}i\right)^{483} =$ ________

31. z가 제 2 사분면의 점이면, $i\bar{z}$는 제________사분면의 점이다.

32. $i^{127}-5i^9+2i^{-1} =$ ________

33. 세 점 $z_1 = 2.5+1.9i$, $z_2 = 1.5-2.9i$, $z_3 = -2.4+2.2i$ 중에서 ________가 원점에서 가장 멀리 있다.

34. $3i\bar{z}-2z = 6$이면, $z =$ ________ 이다.

35. $2x-3yi+9 = -x+2yi+5i$이면, $z =$ ________ 이다.

36. $z = \dfrac{5}{-\sqrt{3}+i}$ 이면, $\mathrm{Arg}(z) =$ ________ 이다.

37. $z \neq 0$이 실수이면, $z+z^{-1}$이 실수이다. $z+z^{-1}$이 실수인 다른 복소수 $z = x+iy$는 $|z| =$ ________ 로 정의된다.

38. $(1, -1)$을 지나고 길이가 10인 위치 벡터는 복소수 $z =$ ________ 와 같다.

39. 벡터 $z = (2+2i)(\sqrt{3}+i)$는 제________사분면에 놓여 있다.

40. 집합 $S = \{z \in \mathbb{C} \mid \mathrm{Im}(z) > 0,\ |z-3i| > 1\}$의 경계는 ________ 이다.

41. 말로 나타내면, $\mathrm{Re}(z) < \mathrm{Im}(z)$인 복소 평면의 구역은 ________ 이다.

42. 두 개의 원판 $|z+i| \le 1$과 $|z-i| \le 1$로 이루어진 복소 평면의 구역은 ________(연결되어 있다/ 연결되어 있지 않다.)

43. z_0이 실수가 아니면, 두 원 $|z-z_0| = |\bar{z}_0 - z_0|$과 $|z-\bar{z}_0| = |z_0-\bar{z}_0|$은 ________(실수축/ 허수축)에서 교차한다.

44. 복소수 표기법으로, 중심이 -1이고 $2-i$를 지나는 원의 방정식은 ________ 이다.

45. 자연수 n에 대해 $(1+i)^n = 4096$이면, $n =$ ________ 이다.

46. $\left|\dfrac{(4-5i)^{658}}{(5+4i)^{658}}\right| =$ ________

47. $(\cos\theta + i\sin\theta)^4 = \cos 4\theta + i\sin 4\theta$로부터 실 변수 삼각 등식 $\cos 4\theta =$ ________ 와 $\sin 5\theta =$ ________ 를 얻는다.

48. z가 $|z| < 4$로 정의된 열린 원판에 속한 점이면, $|z^3-2z^2+6z+2|$에 대한 상계는 ________ 로 주어진다.

49. 익힘 문제 1.6의 문제 22에서 z_1이 계수가 실수인 다항 방정식의 근이면 켤레 $z_2 = \bar{z}_1$도 또한 근이라는 사실을 알아봤다. a, b, c, d가 실수인 삼차 방정식 $az^3+bz^2+cz+d = 0$의 근이 정확하게 세 개라고 하자. 근 중 하나는 반드시 실수인데, 왜냐하면 ________ 이기 때문이다.

50. (a) 그림 1.R.1에 나타낸 i의 양의 정수 거듭제곱에 대한 순환 기억술을 설명하

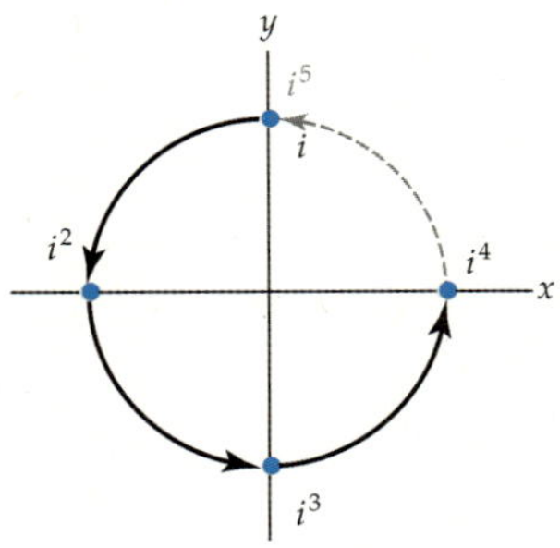

그림 1.R.1 문제 50

자. 이 기억술을 이용해서 n의 다음 값에 대해 i^n의 값을 찾아라.

5, 9, 13, 17, 21, ⋯; $i^n =$ ________

6, 10, 14, 18, 22, ⋯; $i^n =$ ________

7, 11, 15, 19, 23, ⋯; $i^n =$ ________

8, 12, 16, 20, 24, ⋯; $i^n =$ ________

(b) (a)의 네 줄에 있는 지수 n을 다시 조사하고, 각 지수를 4로 나누자. 이를 통해 발견한 사실에 근거해서 양의 정수 n에 대해 i^n의 값을 결정하는 쉬운 규칙을 찾아보자. 그 규칙을 이용해서 다음을 셈하라.

$i^{33} =$ ________, $i^{68} =$ ________, $i^{87} =$ ________,

$i^{102} =$ ________, $i^{624} =$ ________

2
CHAPTER

복소 함수와 사상

개 요

들어가기 지난 장에서 복소수를 도입하고 몇 가지 대수적·기하학적 성질을 조사했다. 이번 장에서는 초점을 바꾸어 복소수의 한 집합으로부터 복소수의 다른 집합으로의 함수를 검토한다. 초등 미분 적분학에서 다룬 함수와 같은 방법으로는 복소 함수의 그래프를 그릴 수 없음을 알아볼 것이다. 이에 따라 복소 함수를 그래프로 나타내는 대안적인 방법으로 사상의 개념을 도입한다. 복소 함수의 극한과 연속의 개념도 또한 이번 장에서 도입한다.

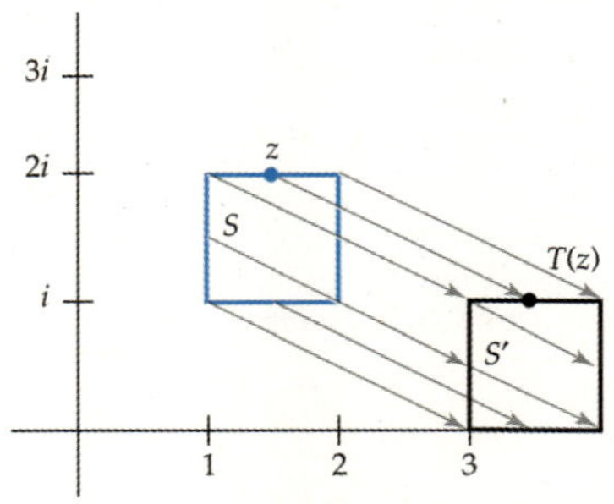

평행 이동에 의한 정사각형의 상. 69쪽을 보라.

2.1 복소 함수

수학에서 가장 중요한 개념의 하나는 함수 개념이다. 이미 배운 대로, 함수는 두 집합 사이의 특별한 종류의 대응이다. 좀 더 명확하게 다음과 같다.

집합 A 에서 집합 B로의 함수 f는 A의 각 원소에 B의 단 하나의 원소를 대응시키는 규칙이다.

종종 함수를, 집합 A로부터 '입력물'을 얻어 집합 B의 '출력물'을 산출하는 기계 또는 규칙으로 생각한다. 초등 미분 적분학에서 입력과 출력이 모두 실수인 함수에 대해 알아봤다. 그런 함수를 실 변수 실수값 함수 또는 간단히 실 함수라 부른다. 이번 절에서는 입력과 출력이 복소수인 함수를 알아보기 시작한다. 자연스럽게 이런 함수를 복소 변수 복소수값 함수 또는 간단히 복소 함수라고 한다. 곧 알아보겠지만, 흥미롭고 유용한 많은 복소 함수는 미분 적분학의 잘 알려진 함수를 단순히 일반화한 것이다.

용어
- 함수 function
- 실 변수 실수값 함수 real-valued function of a real variable
- 실 함수 real function
- 복소 변수 복소수값 함수 complex-valued function of a complex variable
- 복소 함수 complex function
- 상 image
- 값 value
- 정의역 domain
- 치역 range

$f: X \to Y$는 'X에서 Y로의 함수 f (function f from X into Y)'라 한다. 한편, $f(X)=Y$인 전사 함수(surjective function) 또는 위로의 함수(onto function)일 때는 'X에서 Y 위로의 함수 f (function f from X onto Y)'라 한다.

함수 f를 집합 A에서 집합 B로의 함수라고 하자. f가 A의 원소 a에 B의 원소 b를 대응시킬 때, b를 f에 의한 a의 상 또는 a에서 f의 값 또는 함숫값이라 하고, 기호 $b=f(a)$로 나타낸다. 집합 A, 곧 입력의 집합을 f의 정의역이라 하고, B에 속하는 상의 집합, 곧 출력의 집합을 f의 치역이라 한다. 함수 f의 정의역과 치역을 각각 기호 $\text{Dom}(f)$와 $\text{Range}(f)$로 나타낸다. 예를 들어 실 변수 x에 대해 정의된 '제곱' 함수 $f(x)=x^2$를 생각하자. 임의의 실수를 제곱할 수 있기 때문에, f의 정의역은 실수 전체의 집합 $\mathbb{R}$이다. 곧, $\text{Dom}(f)=A=\mathbb{R}$ 이다. f의 치역은 실수 x에 대해 실수 x^2 전체의 집합이다. 물론, 모든 실수 x에 대해 $x^2 \geq 0$이고, f의 그래프로부터 f의 치역이 음이 아닌 실수 전체의 집합임을 쉽게 알 수 있다. 곧, $\text{Range}(f)$는 구간 $[0, \infty)$이다. f의 치역이 B와 같지 않을 수 있다. 예를 들면, f를 $A=\mathbb{R}$ 에서 $B=\mathbb{R}$ 로의 함수로 생각할 수 있는데, 이 경우에 치역은 B의 진부분 집합이다.

다음 정의가 지적하듯이, 복소 함수는 입력과 출력이 복소수인 함수이다.

정의 2.1.1 복소 함수

복소 함수는 정의역과 치역이 복소수 전체의 집합 $\mathbb{C}$의 부분 집합인 함수이다.

이 책 전체에서 사용할 표기법 ➡

복소 함수를 복소 변수 복소수값 함수라고도 부른다. 대부분의 경우에 복소 함수를 통상적인 기호 f, g, h로 나타내겠다. 또, 복소 함수 f의 입력은 관례적으로 변수 z로 나타내고, 출력은 변수 $w=f(z)$로 나타낸다. 복소 함수를 언급할 때, 대체해서 사용할 수 있는 세 가지 표기법, 이를테면 $f(z)=z-i$ 또는 $w=z-i$ 또는 간단히 함수 $z-i$의 표기법을 이용하겠다. 앞으로 이 책에서 기호 $w=f(z)$는 언제나 복소 함수를 나타내고, 기호

$y=f(x)$는 실 변수 x의 실수값 함수를 나타내는 데 사용하겠다.

보기 1 복소 함수

(a) 임의의 복소수 z에 대해 식 $z^2-(2+i)z$의 값을 찾을 수 있고, 언제나 단 한 개의 값을 얻는다. 그러므로 $f(z)=z^2-(2+i)z$는 복소 함수를 정의한다. f의 값은 1.1절에 제시한 복소수의 산술 연산을 이용해서 찾을 수 있다. 예를 들면, 점 $z=i$와 $z=1+i$에서 f의 값은 다음과 같다.

$$f(i)=i^2-(2+i)i=-1-2i+1=-2i,$$

$$f(1+i)=(1+i)^2-(2+i)(1+i)=2i-1-3i=-1-i$$

(b) 식 $g(z)=z+2\,\mathrm{Re}(z)$도 복소 함수를 정의한다. $z=i$와 $z=2-3i$에서 g의 값은 다음과 같다.

$$g(i)=i+2\,\mathrm{Re}(i)=i+2\cdot 0=i,$$

$$g(2-3i)=2-3i+2\,\mathrm{Re}(2-3i)=2-3i+2\cdot 2=6-3i$$ ❑

복소 함수의 정의역을 명시하지 않을 때는 $f(z)$가 정의되는 복소수 z 전체의 집합을 정의역으로 생각한다. 이 집합을 종종 f의 '자연 정의역'이라 부른다. 예를 들면, 보기 1에서 두 함수 $f(z)=z^2-(2+i)z$와 $g(z)=z+2\,\mathrm{Re}(z)$는 모든 복소수 z에서 정의되므로, $\mathrm{Dom}(f)=\mathbb{C}$ 이고 $\mathrm{Dom}(g)=\mathbb{C}$ 이다. 복소 함수 $h(z)=z/(z^2+1)$는 $z=i$와 $z=-i$에서 정의되지 않는데, 분모 z^2+1의 값은 $z=\pm i$일 때 0이기 때문이다. 따라서 $\mathrm{Dom}(h)$는 i와 $-i$를 제외한 복소수 전체의 집합이다.

용어
자연 정의역 natural domain

이번 절의 도입문에서 실 변수 실수값 함수를 정의역과 치역이 실수 전체의 집합 $\mathbb{R}$의 부분 집합인 함수로 정의했다. $\mathbb{R}$은 $\mathbb{C}$의 부분 집합이기 때문에, 실 변수 실수값 함수는 모두 복소 함수이다. 두 실 변수 x와 y의 실수값 함수도 특별한 종류의 복소 함수임을 곧 알아볼 것이다. 이런 함수는 복소 해석학의 연구에서 중요한 역할을 한다. 번거로운 용어인 '한 실 변수의 실수값 함수'와 '두 실 변수의 실수값 함수'의 반복을 피하기 위해서, 앞으로는 용어 **실 함수**를 일변수 또는 다변수 미분 적분학에서 다루는 모든 형태의 함수를 언급하는 데 사용하겠다.

복소 함수의 실수 부분과 허수 부분 복소 함수의 입력과 출력을 실수 부분과 허수 부분으로 나타내는 것이 종종 도움이 된다. $w=f(z)$가 복소 함수이면, f에 의한 복소수 $z=x+iy$의 상은 복소수 $w=u+iv$이다. 식 $f(x+iy)$를 간단히 해서, 두 실 변수 u와 v를 두 실 변수 x와 y로 나타낼 수 있다. 예를 들면, 복소 함수 $w=z^2$에서 z를 $x+iy$로 바꾸면 다음을 얻는다.

$$w=u+iv=(x+iy)^2=x^2-y^2+2xyi \tag{1}$$

(1)에서 두 실 변수 u와 v는 각각 $u = x^2 - y^2$과 $v = 2xy$로 정의된다. 이 보기는 $w = u + iv = f(x + iy)$가 복소 함수이면, u와 v는 모두 두 실 변수 x와 y의 실 함수라는 사실을 예시한다. 곧, $z = x + iy$로 놓음으로써 임의의 복소 함수 $w = f(z)$를 다음과 같이 두 실 함수로 나타낼 수 있다.

$$f(z) = u(x, y) + iv(x, y) \tag{2}$$

용어
실수 부분 real part
허수 부분 imaginary part
복소 지수 함수 complex exponential function

(2)에서 두 함수 $u(x, y)$와 $v(x, y)$를 각각 f의 **실수 부분**과 **허수 부분**이라 한다.

보기 2 복소 함수의 실수 부분과 허수 부분

다음 함수의 실수 부분과 허수 부분을 찾아라.

(a) $f(z) = z^2 - (2 + i)z$ (b) $g(z) = z + 2\,\mathrm{Re}(z)$

풀이 각 경우에 z를 $x + iy$로 바꾸고 정리하면 다음과 같다.

(a) $f(z) = (x + iy)^2 - (2 + i)(x + iy) = x^2 - 2x + y - y^2 + (2xy - x - 2y)i$이므로, $u(x, y) = x^2 - 2x + y - y^2$이고 $v(x, y) = 2xy - x - 2y$이다.

(b) $g(z) = x + iy + 2\,\mathrm{Re}(x + iy) = 3x + iy$이므로, $u(x, y) = 3x$이고 $v(x, y) = y$이다. ❑

함수 f를 기호 z를 사용하지 않고 정의할 수 있다. ➡

모든 복소 함수는 (2)의 두 실 함수 $u(x, y)$와 $v(x, y)$로 완전히 결정된다. 그러므로 두 실 함수 $u(x, y)$와 $v(x, y)$를 임의로 설정함으로써 복소 함수 $w = f(z)$를 정의할 수 있다. 이때 $w = u + iv$는 친숙한 연산을 기호 z에만 적용해서는 얻지 못할 수도 있다. 예를 들면, $u(x, y) = xy^2$과 $v(x, y) = x^2 - 4y^3$이라 하면, $f(z) = xy^2 + i(x^2 - 4y^3)$은 복소 함수를 정의한다. 점 $z = 3 + 2i$에서 f의 값을 구하기 위해서, f에 대한 식에 $x = 3$과 $y = 2$를 대입하면 $f(3 + 2i) = 3 \cdot 2^2 + i(3^2 - 4 \cdot 2^3) = 12 - 23i$를 얻는다.

지나는 길에, $u(x, y)$와 $v(x, y)$로 정의된 복소 함수는 (원한다면) 언제나 기호 z와 $\bar{z}$의 연산을 통해 표현할 수 있다는 사실을 지적한다. 익힘 문제 2.1의 문제 32를 보라.

지수 함수 1.6절에서 복소 지수 함수 e^z를 비형식적으로 도입했다. 이 복소 함수는 실수 부분과 허수 부분을 설정함으로써 정의할 수 있는 함수의 예이다.

정의 2.1.2 복소 지수 함수

다음과 같이 정의된 함수 e^z을 **복소 지수 함수**라고 한다.

$$e^z = e^x \cos y + ie^x \sin y \tag{3}$$

정의 2.1.2에 의해 복소 지수 함수의 실수 부분은 $u(x, y) = e^x \cos y$이고 허수 부분은 $v(x,\ y) = e^x \sin y$이다. 복소 지수 함수 $w = e^z$의 값은 z를 $z = x + iy$로 나타내고 (3)에 x와 y의 값을 대입해서 찾을 수 있다. 다음 보기는 이 과정을 예시한다.

보기 3 복소 지수 함수의 값

다음 점에서 복소 지수 함수의 값을 찾아라.

(a) $z = 0$ (b) $z = i$ (c) $z = 2 + \pi i$

풀이 각각 (3)에 $x = \mathrm{Re}(z)$와 $y = \mathrm{Im}(z)$를 대입하고 간단히 한다.

(a) $z = 0$이므로, $x = 0$이고 $y = 0$이다. 그러므로 $e^0 = e^0 \cos 0 + i e^0 \sin 0$이다. (실 복소 함수의 경우에) $e^0 = 1$, $\cos 0 = 1$, $\sin 0 = 0$이므로, $e^0 = e^0 \cos 0 + i e^0 \sin 0$은 간단히 $e^0 = 1$이다.

(b) $z = i$이므로, $x = 0$이고 $y = 1$이다. 그러므로 다음을 얻는다.

$$e^i = e^0 \cos 1 + i e^0 \sin 1 = \cos 1 + i \sin 1 \fallingdotseq 0.5403 + 0.8415i$$

(c) $z = 2 + \pi i$이므로, $x = 2$이고 $y = \pi$이다. 그러므로 $e^{2+\pi i} = e^2 \cos \pi + i e^2 \sin \pi$이다. $\cos \pi = -1$이고 $\sin \pi = 0$이므로, 이것을 간단히 하면 $e^{2+\pi i} = -e^2$이다. ❑

복소수의 지수 형식 복소 지수 함수를 이용하면 영이 아닌 복소수의 극 형식 $z = r(\cos\theta + i \sin\theta)$를 다음과 같이 매우 편리하고 간결한 형태로 나타낼 수 있다.

$$z = re^{i\theta} \tag{4}$$

(4)를 복소수 z의 지수 형식이라 한다. 예를 들면, 복소수 $3i$의 극 형식은 $3\{\cos(\pi/2) + i \sin(\pi/2)\}$이고, 복소수 $3i$의 지수 형식은 $3e^{i\pi/2}$이다. 복소수의 지수 형식 (4)에서 $\theta = \arg(z)$의 값이 유일하지 않음을 상기하자. 이는 복소수의 극 형식에서 마주친 상황과 비슷하다. $\sqrt{2}\,e^{i\pi/4}$, $\sqrt{2}\,e^{i9\pi/4}$, $\sqrt{2}\,e^{i17\pi/4}$ 등은 복소수 $1+i$의 지수 형식으로 모두 정당하다.

용어
지수 형식 exponential form

z가 실수이면, 곧 $z = x + 0i$이면, (3)에 의해 $e^z = e^x \cos 0 + i e^x \sin 0 = e^x$이다. 달리 말하면, 복소 지수 함수는 실수 z에 대해 실 지수 함수와 일치한다. 잘 알려진 실 지수 함수의 많은 성질이 복소 지수 함수에 대해서도 성립한다. 예를 들면, 복소수 z_1과 z_2에 대해 (3)을 이용해서 다음을 밝힐 수 있다.

$$e^0 = 1, \tag{5}$$

$$e^{z_1} e^{z_2} = e^{z_1 + z_2}, \tag{6}$$

$$\frac{e^{z_1}}{e^{z_2}} = e^{z_1 - z_2}, \tag{7}$$

$$\left(e^{z_1}\right)^n = e^{nz_1} \quad (n=0,\ \pm 1,\ \pm 2,\ \cdots) \tag{8}$$

성질 (5)~(8)에 대한 증명은, 복소 지수 함수를 더욱 자세하게 논의할 4.1절에서 제시하겠다.

실 지수 함수와 복소 지수 함수 사이에 비슷한 점이 많이 있지만, 꽤 놀랍고 중요한 차이점도 있다. 아마도 가장 예상하지 못한 차이점은 다음일 것이다.

복소 지수 함수는 주기 함수이다.

익힘 문제 2.1의 문제 33에서 모든 복소수 z에 대해 $e^{z+2\pi i} = e^z$이 성립함을 보인다. 이 결과는 복소 지수 함수의 주기가 순허수 $2\pi i$임을 뜻한다.

극 좌표 지금까지 복소 함수의 실수 부분과 허수 부분을 복소 변수 z의 직교 형식 $x+iy$를 이용해서 결정했다. 복소 변수 z를 극 형식 $z = r(\cos\theta + i\sin\theta)$ 또는 동치인 지수 형식 $z = re^{i\theta}$을 사용해서 나타내는 것도 똑같이 정당한데, 때로는 더 편리하다. z를 $r(\cos\theta + i\sin\theta)$로 바꾸면, 복소 함수 $w = f(z)$를 다음과 같이 쓸 수 있다.

$$f(z) = u(r,\ \theta) + iv(r,\ \theta) \tag{9}$$

(9)의 두 실 함수 $u(r,\ \theta)$와 $v(r,\ \theta)$를 각각 여전히 f의 실수 부분과 허수 부분이란 한다. 예를 들면, 함수 $f(z) = z^2$에서 z를 $r(\cos\theta + i\sin\theta)$로 바꾸면 드 무아브르의 공식에 의해 다음을 얻는다.

$$f(z) = \{r(\cos\theta + i\sin\theta)\}^2 = r^2\cos 2\theta + ir^2\sin 2\theta$$

그러므로 z의 극 형식을 이용해서 $f(z) = z^2$의 실수 부분과 허수 부분이 각각 다음과 같음을 보였다.

두 함수 $u(r, \theta)$와 $v(r, \theta)$는 두 함수 $u(x, y)$와 $v(x, y)$와 같지 않다.

$$u(r,\ \theta) = r^2\cos 2\theta,\quad v(r,\ \theta) = r^2\sin 2\theta \tag{10}$$

변수 z의 직교 형식 대신에 극 형식을 사용했기 때문에, (10)의 두 함수 u와 v는 함수 z^2에 대해 앞에서 얻은 (1)의 두 함수 u와 v와 같지 않다.

직교 좌표에서와 같이, 복소 함수는 극 좌표의 실수 부분과 허수 부분을 설정함으로써 정의할 수 있다. 그러므로 식 $f(z) = r^3\cos\theta + (2r\sin\theta)i$는 복소 함수를 정의한다. 이를테면 점 $z = 2i$에서 이 함수의 값을 찾기 위해서는 먼저 $2i$를 다음과 같이 극 형식으로 나타낸다.

$$2i = 2\left(\cos\frac{\pi}{2} + i\sin\frac{\pi}{2}\right)$$

다음에 f에 대한 식에 $r=2$와 $\theta = \pi/2$를 대입하면 다음을 얻는다.

$$f(2i)=2^3\cos\frac{\pi}{2}+\left(2\cdot 2\sin\frac{\pi}{2}\right)i=8\cdot 0+(4\cdot 1)i=4i$$

참고 실 해석학과의 비교

(i) 복소 지수 함수는, 복소 함수가 그에 대응하는 실 함수와 얼마만큼 비슷할 수 있는지 그리고 동시에 얼마만큼 다를 수 있는지를 보여주는 좋은 예이다. 복소와 실 지수 함수는 모두 성질 (5)~(8)을 만족시킨다. 반면에 복소 지수 함수는 주기적이고, 보기 3의 (c)에서 알 수 있듯이 복소 지수 함수의 값이 음의 실수일 수 있다. 실 지수 함수에는 이런 성질이 없다.

(ii) 이번 절에서 모든 복소 함수는 두 실 함수 $u(x, y)$와 $v(x, y)$를 이용해서 $f(z)=u(x, y)+iv(x, y)$와 같이 정의할 수 있다는 중요한 사실을 확인했다. 이는 복소 함수에 대한 연구가 실 변수가 두 개인 다변수 실 함수에 대한 연구와 밀접하게 관련이 있음을 알려준다. 그런 실 함수의 극한, 연속, 미분, 적분 등의 개념을 이용하면, 복소 함수의 대응하는 개념을 전개하고 이해하는 데 도움을 얻을 수 있다.

(iii) 51쪽에서 논의한 대로, 실 변수 한 개의 실수값 함수와 실 변수 두 개의 실수값 함수를 특별한 종류의 복소 함수로 생각할 수 있다. 복소 해석학의 연구에서 마주치는 또 다른 특수한 형태의 복소 함수 중에는 다음이 포함된다.

복소 변수 실수값 함수는 복소수 z와 실수 y에 대한 $y=f(z)$와 같은 함수이다. 함수 $x=\text{Re}(z)$와 $r=|z|$는 모두 이런 형태의 함수이다.

실 변수 복소수값 함수는 실수 t와 복소수 w에 대한 $w=f(t)$와 같은 함수이다. 관례적으로, 이런 함수는 실 변수 t에 대한 두 개의 실수값 함수를 이용해서 $w(t)=x(t)+iy(t)$와 같이 나타낸다. 예를 들면, $w(t)=3t+i\cos t$는 실 변수 t에 대한 복소수값 함수이다.

이런 특수한 형태의 복소 함수는 이 책의 여러 곳에서 등장한다.

용어
복소 변수 실수값 함수
real-valued function of a complex variable
실 변수 복소수값 함수
complex-valued function of a real variable

2.1 익힘 문제

문제 1~8에서는 주어진 복소 함수 f의 값을 지정된 점에서 찾아라.

1. $f(z)=z^2\bar{z}-2i$
   (a) $2i$ (b) $1+i$ (c) $3-2i$
2. $f(z)=-z^3+2z+\bar{z}$
   (a) i (b) $2-i$ (c) $1+2i$
3. $f(z)=\log_e|z|+i\,\text{Arg}(z)$
   (a) 1 (b) $4i$ (c) $1+i$
4. $f(z)=|z|^2-2\,\text{Re}(iz)+z$
   (a) $3-4i$ (b) $2-i$ (c) $1+2i$
5. $f(z)=(xy-x^2)+i(3x+y)$

(a) $3i$ (b) $4+i$ (c) $3-5i$

6. $f(z)=e^z$

(a) $2-\pi i$ (b) $\frac{\pi}{3}i$ (c) $\log_e 2-\frac{5\pi}{6}i$

7. $f(z)=r+i\cos^2\theta$

(a) 3 (b) $-2i$ (c) $2-i$

8. $f(z)=r\sin 3\theta+i\cos 2\theta$

(a) -2 (b) $1+i$ (c) $-5i$

문제 9~16에서는 주어진 복소 함수의 실수 부분 u와 허수 부분 v를 x와 y의 함수로 나타내라.

9. $f(z)=6z-5+9i$

10. $f(z)=-3z+2\bar{z}-i$

11. $f(z)=z^3-2z+6$

12. $f(z)=z^2+\bar{z}^2$

13. $f(z)=\frac{\bar{z}}{z+1}$

14. $f(z)=z+\frac{1}{z}$

15. $f(z)=e^{2z+i}$

16. $f(z)=e^{z^2}$

문제 17~22에서는 주어진 복소 함수의 실수 부분 u와 허수 부분 v를 r과 θ의 함수로 나타내라.

17. $f(z)=\bar{z}$

18. $f(z)=|z|$

19. $f(z)=z^4$

20. $f(z)=z+\frac{1}{z}$

21. $f(z)=e^z$

22. $f(z)=x^2+y^2-yi$

문제 23~26에서는 주어진 복소 함수의 자연 정의역을 찾아라.

23. $f(z)=2\,\mathrm{Re}(z)-iz^2$

24. $f(z)=\frac{3z+2i}{z^3+4z^2+z}$

25. $f(z)=\frac{iz}{|z-1|}$

26. $f(z)=\frac{iz}{|z|-1}$

개념과 이해

27. 다음 식이 복소 함수 $f(z)$를 결정하는지 논의하고, 그 이유를 밝혀라.

(a) $\arg(z)$ (b) $\mathrm{Arg}(z)$ (c) $\cos(\arg(z))+i\sin(\arg(z))$

(d) $z^{1/2}$ (e) $|z|$ (f) $\mathrm{Re}(z)$

28. 다음 복소 함수의 치역을 찾아라.

(a) 닫힌 원판 $|z|\leq 2$에서 정의된 $f(z)=\mathrm{Im}(z)$

(b) 정사각형 $0\leq \mathrm{Re}(z)\leq 1,\ 0\leq \mathrm{Im}(z)\leq 1$에서 정의된 $f(z)=(1+i)|z|$

(c) 위쪽 반평면 $\mathrm{Im}(z)>2$에서 정의된 $f(z)=\bar{z}$

29. 다음 복소 함수의 자연 정의역과 치역을 찾아라.

(a) $f(z)=\frac{z}{|z|}$ (*귀띔*: 치역을 결정하기 위해 $|f(z)|$를 생각하자.)

(b) $f(z)=3+4i+\dfrac{5z}{|z|}$

(c) $f(z)=\dfrac{z+\bar{z}}{z-\bar{z}}$

30. 세 수 0, $1+i$, $1-i$를 제외한 복소수 전체의 집합이 자연 정의역인 복소 함수의 예를 들어라.

31. 복소 함수 $f(z)=\cos(x-y)+i\sin(x-y)$의 자연 정의역과 치역을 찾아라.

32. $z=x+iy$라 하자. 1.1절을 다시 읽고, x와 y를 z와 $\bar{z}$로 나타내는 방법을 찾아라. 그리고 다음 함수를 기호 z와 $\bar{z}$의 식으로 나타내라.

(a) $f(z)=x^2+y^2$ (b) $f(z)=x-2y+2+(6x+y)i$

(c) $f(z)=x^2-y^2-(5xy)i$ (d) $f(z)=3y^2+(3x^2)i$

33. 복소 지수 함수의 성질에 관한 다음 물음에 답하라.

(a) $z=x+iy$일 때, $|e^z|=e^x$임을 보여라.

(b) $e^z=0$을 만족시키는 복소수 z가 존재하는가? [*귀띔*: (a)를 이용하라.]

(c) $f(z)=e^z$이 주기가 순허수 $2\pi i$인 주기 함수임을 보여라. 곧, 모든 복소수 z에 대해 $e^{z+2\pi i}=e^z$임을 보여라.

34. (3)을 이용해서 모든 복소수 z에 대해 $e^{\bar{z}}=\overline{e^z}$임을 보여라.

35. $|e^{-z}|<1$을 만족시키는 복소수 z를 찾아라.

36. $f(z)=\dfrac{e^{iz}+e^{-iz}}{2}$라고 하자.

(a) f는 주기가 실수 2π인 주기 함수임을 보여라.

(b) z는 실수, 곧 $z=x+0i$라고 하자. (3)을 이용해서 $f(x+0i)$를 다시 써라. 어떤 잘 알려진 실 함수를 얻는가?

37. 다음 복소 함수의 주기를 찾아라.

(a) $f(z)=e^{z+\pi}$ (b) $f(z)=e^{\pi z}$

(b) $f(z)=e^{2iz}$ (d) $f(z)=e^{3z+i}$

38. $f(z)$가 주기가 순허수 i인 복소 함수일 때, 함수 $g(z)=f(iz-2)$의 주기를 찾아라.

2.2 사상으로서의 복소 함수

f가 실 변수 한 개의 실수값 함수이면, f의 그래프는 좌표 평면의 곡선이다. 초등 과정에서 그래프는 실 함수의 성질을 조사하는 데 아주 널리 사용되고 있다. 그런데 곧 알아보겠지만, 복소 함수의 그래프는 4차원 공간에 놓이고, 이에 따라 그래프를 사용해서 복소 함수를 연구할 수 없다. 이번 절에서는 복소 사상의 개념을 논의한다. 이 개념은 리만이 복소 함수를 기하학적으로 표현하기 위해 전개했다. 기초적인 발상은 다음과 같다. 모든 복소 함수는 두 개의 복소 평면에 있는 점들 사이의 대응을 표현한다. 좀 더 명확하게 말하면, z평면의 점 z는 w평면의 유일한 점 $w=f(z)$와 대응한다. 함수를 z평면의 점과 w평면의 점 사이의 대응으로 생각할 때, '복소 함수' 대신에 용어 '복소 사상'을 사용한다. 복소 사상 $w=f(z)$의 기하학적 표현은 두 개의 그림으로 이루어진다. 첫째는 z평면의 점들의 부분 집합 S이고, 둘째는 $w=f(z)$에 의한 S의 점들의 상인 w평면의 집합 S'이다.

사상 함수의 그래프는 초등 미분 적분학에서 실 함수를 연구하는 유용한 도구이다. $y=f(x)$가 실 변수 x의 실수값 함수이면, f의 그래프는 2차원 좌표 평면의 점 $(x, f(x))$ 전체의 집합으로 정의한다. 복소 함수에 대해서도 유사한 정의를 내릴 수 있다. 그렇지만 $w=f(z)$가 복소 함수이면, z와 w는 모두 복소 평면에 놓인다. 그러므로 점 $(z, f(z))$ 전체의 집합은 4차원 공간에 놓인다. (입력 z로부터 2차원, 출력 w로부터 2차원이 나온다.) 물론, 4차원의 부분 집합을 그림으로 쉽게 나타낼 수는 없다. 따라서

복소 함수의 그래프를 그릴 수는 없다.

인명, 용어
리만 Bernhard Riemann
복소 사상 complex mapping
실 직선 real line
평행 이동 translation

복소 사상의 개념은 복소 함수를 기하학적으로 표현하는 대안적인 방법을 제공한다. 도입문에서 설명한 대로, 복소 함수 $w=f(z)$에 의해 결정되는 z평면의 점과 w평면의 상 사이의 대응을 복소 사상이라 한다. z평면의 점 z_0이 w평면의 점 w_0에 대응하면, 곧 $w_0=f(z_0)$이면, f는 z_0을 w_0으로 사상한다 또는 z_0은 f에 의해 w_0에 사상된다고 한다.

이런 형태의 기하학적 발상을 예시하기 위해, 실 함수 $f(x)=x+2$를 생각하자. 이 함수를 기울기가 1이고 y절편이 2인 직선으로 표현하지 말고, f가 하나의 실 직선(x선)을 다른 실 직선(y선)으로 사상하는 방법을 생각하자. x선의 각 점은 y선에서 2단위 오른쪽에 있는 점으로 사상된다. (0은 2로, 3은 5로 등과 같이 사상된다.) 따라서 실 함수 $f(x)=x+2$를 실 직선의 각 점을 2단위 오른쪽으로 평행 이동시키는 사상으로 생각할 수 있다. 물리적으로 2단위 오른쪽으로 움직인 한없이 길고 단단한 막대로 실 직선을 상상함으로써, 이 사상의 기능을 가시화할 수 있다.

복소 사상을 기하학적으로 표현하기 위해서, 먼저 두 개의 복소 평면인 z

평면과 w평면을 나란히 또는 위아래로 그린다. z평면에 점들의 집합 S를 그리고, f에 의한 S의 점의 상의 집합을 w평면에 그림으로써 복소 사상을 표현한다. 이 발상은 그림 2.2.1에 예시했는데, 여기서 z평면의 집합 S를 그림 2.2.1(a)에 나타냈고, $w=f(z)$에 의한 S의 점의 상의 집합을 표현하는 집합 S'을 그림 2.2.1(b)에 나타냈다. 앞으로 사상을 논의할 때, 그림 2.2.1와 같은 표기법을 사용하겠다.

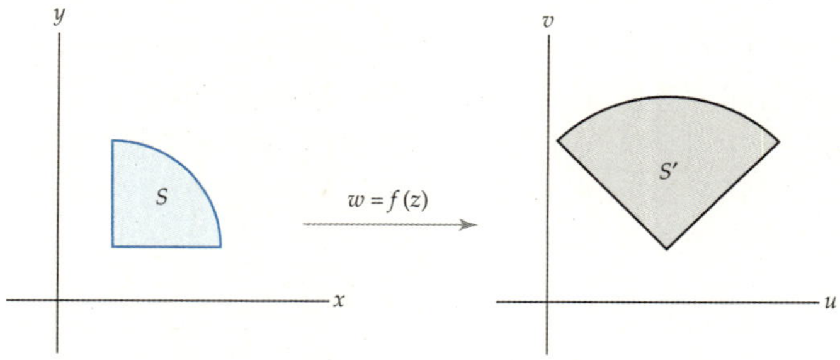

(a) z평면에서의 집합 S (b) w평면에서 S의 상

그림 2.2.1 사상 $w=f(z)$에 의한 집합 S의 상

표기법 S'

$w=f(z)$가 복소 사상이고 S가 z평면에 있는 점들의 집합이면, f에 의한 S의 점의 상의 집합을 **f에 의한 S의 상**이라 하고 이를 기호 S'으로 나타낸다.[4)]

용어

f에 의한 S의 상 image of S under f
원상 pre-image

S가 정의역 또는 곡선과 같이 집합 S에 부가적인 성질이 있을 때, 각각 D와 D' 또는 C와 C'과 같은 기호를 사용해서 그 집합과 복소 사상에 의한 그 상을 나타낸다. $w=f(z)$에 의한 곡선 C의 상을 나타내는 데 기호 $f(C)$도 또한 사용한다.

그림 2.2.1과 같은 그림의 목적은 임의의 점 z와 그 상 $w=f(z)$ 사이의 일반적인 관계에 관한 정보를 제공하는 것이다. 이를 위해서는 집합 S를 세심하게 선택할 필요가 있다. 예를 들어 함수 f의 정의역과 치역이 복소수 전체의 집합 $\mathbb{C}$일 때, $S=\mathbb{C}$를 선택하면 그 결과로 얻는 그림은 단순히 두 개의 복소 평면이다. 분명히, 그런 그림은 f가 z평면의 점을 w평면의 점으로 사상하는 방법을 전혀 알려주지 못한다.

4) 집합 S를 때로는 f에 의한 S'의 **원상**이라 한다.

보기 1 $w=iz$**에 의한 반평면의 상**

복소 사상 $w=iz$에 의한 반평면 $\mathrm{Re}(z)\geq 2$의 상을 찾고, 이 사상을 그래프로 나타내라.

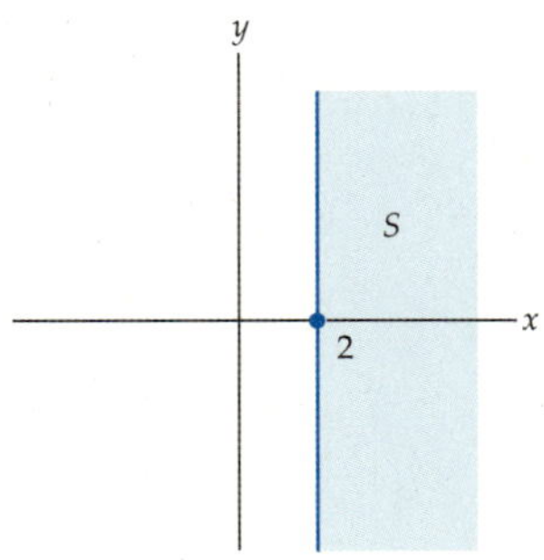

(a) 반평면 S

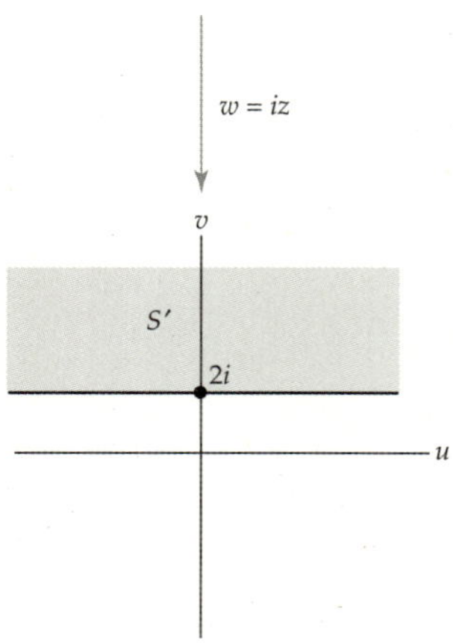

(b) 반평면 S의 상 S'

그림 2.2.2 사상 $w=iz$

풀이 실수 부분이 2 이상인 복소수 z 전체로 이루어진 반평면을 S라고 하자. 그림 2.2.1과 같이 진행하겠다. 먼저 그림 2.2.2(a)에 나타낸 S의 경계인 직선 $x=2$를 생각하자. 이 선에 있는 임의의 점 z는 $z=2+iy$ 꼴이다. 여기서 $-\infty<y<\infty$이다. 이 선에 있는 점에서 $f(z)=iz$의 값은 $w=f(2+iy)=i(2+iy)=-y+2i$이다. 점 $w=-y+2i$ $(-\infty<y<\infty)$의 집합은 w평면에서 직선 $v=2$이므로, z평면의 연직선 $x=2$는 사상 $w=iz$에 의해 w평면의 수평선 $v=2$로 사상된다. 그러므로 그림 2.2.2(a)에 나타낸 연직선은 이 사상에 의해 그림 2.2.2(b)에 나타낸 수평선으로 사상된다.

이제 그림 2.2.2(a)에 나타낸 반평면 S 전체를 생각하자. 이 집합은 다음 두 부등식으로 표현된다.

$$x\geq 2,\quad -\infty<y<\infty \tag{1}$$

S의 상을 설명하기 위해서, 사상 $w=iz$를 실수 부분 u와 허수 부분 v로 나타내자. 그러면 (1)에 제시된 z평면에서 x와 y에 대한 한계를 사용해서 w평면에서 u와 v의 한계를 결정할 수 있다. $w=iz$의 z에 $x+iy$를 대입하면, $w=i(x+iy)=-y+ix$이므로 $w=iz$의 실수 부분과 허수 부분은 다음과 같다.

$$u=-y,\quad v=x \tag{2}$$

(2)의 두 등식 $x=v$와 $y=-u$를 (1)의 두 변수 x와 y를 바꾸면, $v\geq 2$와 $-\infty<u<\infty$를 얻는다. 곧, $w=iz$에 의한 S의 상인 S'은 w평면에서 두 부등식 $v\geq 2$와 $-\infty<u<\infty$를 모두 만족시키는 점 $w=u+iv$ 전체로 이루어진다. 말로 나타내면, 집합 S'은 수평선 $v=2$에 있는 점과 그보다 위에 있는 점으로 이루어진 반평면이다. 이 상은 단 한 개의 부등식 $\mathrm{Im}(z)\geq 2$로 나타낼 수 있다. 요약하면, 그림 2.2.2(a)에 나타낸 반평면 $\mathrm{Re}(z)\geq 2$은 복소 사상 $w=iz$에 의해 그림 2.2.2(b)에 나타낸 반평면 $\mathrm{Im}(z)\geq 2$ 위로 사상된다. ❑

보기 1에서 집합 S와 그 상 S'은 모두 반평면이다. 이를 통해, 사상 $w=iz$에 의한 복수 평면의 다른 집합의 상을 가시화하는 어떤 간단한 방법이 있을 것이라고 믿게 될 것이다. (2.3절에서 이것이 사실임을 알아볼 것이다.) 그렇지만 대부분의 사상의 경우에는 S와 S'의 관계가 꽤 복잡하다. 다음 보기는 이를 예시한다.

보기 2 $w=z^2$**에 의한 직선의 상**

복소 사상 $w=z^2$에 의한 연직선 $x=1$의 상을 찾고, 이 사상을 그래프로 나타내라.

풀이 연직선 $x=1$에 있는 점의 집합, 곧 점 $z=1+iy$ $(-\infty<y<\infty)$의 집합을 C라 하자. 보기 1과 같이 진행하자. 2.1절의 (1)에 의해 $w=z^2$의 실수 부분은 $u(x,\ y)=x^2-y^2$이고 허수 부분은 $v(x,\ y)=2xy$이다. C의 점 $z=1+iy$에 대해 $u(1,\ y)=1-y^2$이고 $v(1,\ y)=2y$이다. 이는 C의 상이 $-\infty<y<\infty$일 때 다음 두 방정식을 모두 만족시키는 점 $w=u+iv$의 집합임을 뜻한다.

$$u=1-y^2, \tag{3}$$

$$v=2y \tag{4}$$

두 방정식 (3)과 (4)는 실 매개 변수 y의 매개 방정식이고, w평면에서의 곡선을 정의한다. 매개 변수 y를 소거함으로써 이 곡선을 u와 v에 관한 직교 방정식으로 나타낼 수 있다. 그렇게 하기 위해서, (4)를 y에 대해 풀고 이를 (3)에 대입하면 다음을 얻는다.

$$u=1-\left(\frac{v}{2}\right)^2=1-\frac{v^2}{4} \tag{5}$$

y는 임의의 실수값을 취할 수 있고, $v=2y$이므로 v도 (5)에서 임의의 실수값을 취할 수 있다. 따라서 C의 상 C'은 w평면에서 꼭짓점이 $(1,\ 0)$이고 v절편이 ± 2인 포물선이다. 그림 2.2.3(b)를 보라. 결론적으로, 그림 2.2.3(a)에 나타낸 연직선 $x=1$은 복소 사상 $w=z^2$에 의해 그림 2.2.3(b)에 나타낸 포물선 $u=1-\frac{1}{4}v^2$ 위로 사상된다. ❑

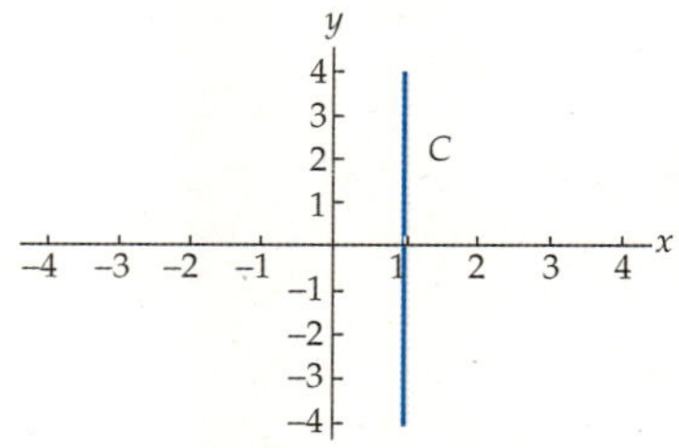

(a) 연직선 $\mathrm{Re}(z)=1$

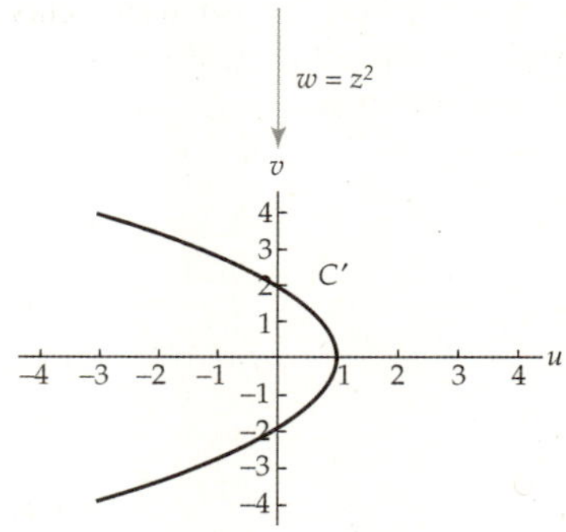

(b) C의 상인 포물선 $u=1-\frac{1}{4}v^2$

그림 2.2.3 사상 $w=z^2$

그림 2.2.2와 비교해서, 그림 2.2.3에 나타낸 사상 $w=z^2$의 표현은 평면의 다른 집합의 상이 어떠할지에 대해서는 알려주는 바가 거의 없다. '복소 제곱 함수'에 의한 사상은 2.4절에서 훨씬 더 자세하게 조사할 것이다.

용어
매개 변수 parameter
매개 방정식 parametric equation
매개 곡선 parametric curve

복소 평면의 매개 곡선 간단한 복소 함수의 경우에는 단 하나의 집합의 상을 분석해도 복소 평면에서 사상되는 방식을 명백히 알 수 있다. 그러나 대부분의 함수의 경우에는 다양한 집합의 상을 조사한 뒤에야 그 사상을 이해하게 된다. 특히, 곡선(복소 평면의 1차원 부분 집합)의 상을 분석하면 복소 사상을 잘 이해할 수 있는 경우가 많이 있는데, 이 과정은 매개 방정식을 이용하면 더욱 용이해진다.

실 변수 t의 실수값 함수 $x=x(t)$와 $y=y(t)$에 대해, $a\le t\le b$일 때 점 $(x(t),\ y(t))$ 전체의 집합 C를 **매개 곡선**이라 한다. $a\le t\le b$에 관한 방정식 $x=x(t),\ y=y(t)$를 C의 **매개 방정식**이라 한다. x와 y로 복소 평면에 있는 점의 실수 부분과 허수 부분을 나타냄으로써, 매개 곡선은 복소 평면에 놓여 있는 것으로 생각할 수 있다. 바꿔 말하면, $x=x(t),\ y=y(t)$ $(a\le t\le b)$가 좌표 평면에 있는 곡선 C의 매개 방정식이면, 방정식 $z(t)=x(t)+iy(t)$ $(a\le t\le b)$는 복소 평면에 있는 곡선 C를 나타낸다. 예를 들어 xy평면에서 곡선 C의 매개 방정식 $x=\cos t$, $y=\sin t$ $(0 \le t \le 2\pi)$를 생각하자. [곡선 C는 중심이 $(0,\ 0)$이고 반지름의 길이가 1인 원이다.] 그러면 방정식 $z(t)=\cos t+i\sin t$ $(0 \le t \le 2\pi)$는 복소 평면에서 똑같은 곡선을 나타낸다. 이를테면 $t=\pi/2$일 때, 점 $\left(\cos\frac{\pi}{2},\ \sin\frac{\pi}{2}\right)=(0,\ 1)$은 좌표 평면에서 곡선 C의 점인 반면에, 점 $z\left(\frac{\pi}{2}\right)=\cos\frac{\pi}{2}+i\sin\frac{\pi}{2}=i$는 복소 평면에서 C에 있는 이 점을 나타낸다. 이런 논의를 다음 정의로 요약한다.

매개 변수화 $z(t)=x(t)+iy(t)$에서 t는 실 변수이다.

용어
복소 매개 곡선 complex parametric curve 매개 변수화, 매개 변수 표현 parametrization

정의 2.2.1 복소 평면의 매개 곡선

실 변수 t의 실수값 함수 $x=x(t)$와 $y=y(t)$에 대해, $a \le t \le b$일 때 점 $z(t)=x(t)+iy(t)$ 전체의 집합 C를 **매개 곡선** 또는 **복소 매개 곡선**이라 한다. 실 변수 t의 복소수값 함수 $z(t)=x(t)+iy(t)$를 C의 **매개 변수화** 또는 **매개 변수 표현**이라고 한다.

좌표 평면에 있는 곡선의 성질인 연속성, 미분 가능성, 매끄러움, 단순함, 닫힘 등을 복소 평면에 있는 곡선의 성질로 다시 공식화할 수 있다. 이런 성질은 복소 적분의 연구에서 중요하며, 제 5 장에서 논의한다.

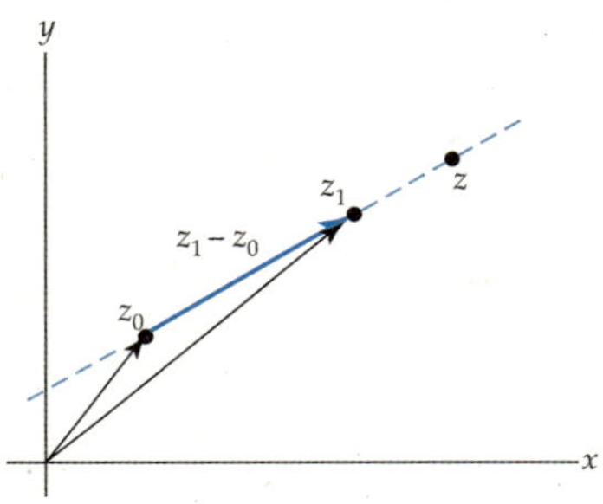

그림 2.2.4 직선의 매개 변수화

평면 곡선 중에서 가장 초등적인 두 가지는 직선과 원이다. 복소 평면에서 이런 곡선의 매개 방정식은 좌표 평면에서의 매개 방정식으로부터 유도할 수 있다. 이런 매개 방정식은 복소 평면의 기하학을 이용하면 비교적 쉽게 직접 구할 수도 있다. 예를 들어, 복소 평면에서 두 점 z_0과 z_1을 포함하는 직선의 매개 방정식을 구한다고 하자. 제 1 장에서 알아본 대로, 그림 2.2.4의 z_1-z_0은 시점이 z_0이고 종점이 z_1인 벡터를 나타낸다. 그러므로 z_0과 z_1을 포함하는 직선에 있는 임의의 점 z에 대해, 그림 2.2.4에 표시한 바와 같이, 실수 t가 존재해서 $z-z_0=t(z_1-z_0)$이 성립한다. 이 방정식을 t에 대해 풀면, 매개 변수화 $z(t)=z_0+t(z_1-z_0)=z_0(1-t)+z_1t$ $(-\infty<t<\infty)$를 얻는다. 매개 변수 t를 구간 $[0,\ 1]$로 제한하면 점 $z(t)$는 z_0부터 z_1까지 움직이므로, 이로부터 z_0부터 z_1까지의 선분에 대한 매개 변수화를 얻는다. 한편, t를 구간 $[0,\ \infty)$에 제한하면, z_0이 시점이고 z_1을 지나는 반직선에 대한 매개 변수화를 얻는다. 이런 매개 변수화를 포함해서 다음과 같이 정리하자.

복소 평면의 몇 가지 매개 곡선

직선

두 점 z_0과 z_1을 포함하는 직선의 매개 변수화:

$$z(t)=z_0(1-t)+z_1t \quad (-\infty<t<\infty) \tag{6}$$

선분

z_0부터 z_1까지의 선분의 매개 변수화:

$$z(t) = z_0(1-t) + z_1 t \quad (0 \le t \le 1) \tag{7}$$

이것들이 가능성 있는 유일한 매개 변수화가 아니다! 익힘 문제 2.2의 문제 28을 보라.

반직선(또는 **사선**)

z_0이 시점이고 z_1을 지나는 반직선의 매개 변수화:

$$z(t) = z_0(1-t) + z_1 t \quad (0 \le t < \infty) \tag{8}$$

원

중심이 z_0이고 반지름의 길이가 r인 원의 매개 변수화:

$$z(t) = z_0 + r(\cos t + i \sin t) \quad (0 \le t \le 2\pi) \tag{9}$$

지수 표기법으로 나타낸 매개 변수화:

$$z(t) = z_0 + re^{it} \quad (0 \le t \le 2\pi) \tag{10}$$

(9) 또는 (10)에서 매개 변수 t의 값을 제한하면 호의 매개 변수화를 얻는다. 예를 들면, (10)에서 $z_0 = 0$과 $r = 1$을 대입해서 얻은 $z(t) = e^{it}$ $(0 \le t \le \pi)$는 원점이 중심이고 위쪽 반평면 $\mathrm{Im}(z) \ge 0$에 놓인 단위 원의 일부인 반원의 매개 변수화이다.

매개 곡선은 복소 사상의 연구에서 중요한데, 매개 곡선의 상에 대한 매개 변수화를 쉽게 결정할 수 있기 때문이다. 예를 들어 $w = iz$이고 C가 $z(t) = 2 + it$ $(-\infty < t < \infty)$로 정의된 직선 $x = 2$이면, 이 직선의 점에서 $f(z) = iz$의 값은 $w = f(2+it) = i(2+it) = -t + 2i$이다. 그러므로 $z(t)$의 상은 $w(t) = -t + 2i$이다. 다른 방법으로 나타내면, $w(t) = -t + 2i$ $(-\infty < t < \infty)$가 상 C'의 매개 변수화이다. 곧 C'은 직선 $v = 2$이다. 요약하면, 복소 사상에 의한 곡선의 상을 다음과 같은 과정으로 찾는다.

복소 사상에 의한 매개 곡선의 상

복소 사상이 $w = f(z)$일 때, $z(t)$ $(a \le t \le b)$로 매개 변수화된 곡선 C의 $w = f(z)$에 의한 상 C'의 매개 변수화는 다음과 같다.

$$w(t) = f(z(t)) \quad (a \le t \le b) \tag{11}$$

어떤 경우에는 복소 사상을 단 한 개의 복소 평면을 사용해서 나타내는 것이 편리하다. 이렇게 하기 위해서는 z평면 위에 w평면을 포개어 각 복소 평면의 실수축과 허수축이 각각 일치하도록 하면 된다. 이런 그림은 z평면과 w평면을 동시에 나타내기 때문에, 각 축을 나타냈던 x, y, u, v를 제거한다. 예를 들어, 보기 1에서 똑같은 복소 평면에 반평면 S와 그 상 S'을 함께 그리면, 반평면 S'은 반평면 S를 원점을 중심으로 시계 반대 방향으로 각 $\pi/2$라디안만큼 회전시켜 얻을 수 있음을 알게 된다. 사상 $w = iz$에 관한 이런 관찰 결과는 2.3절에서 밝힌다. 다음 보기에서는 단 한 개의 복소 평면을 사용해서 복소 사상을 표현한다.

보기 3 매개 곡선의 상

(11)을 사용해서 복소 사상 $w=\overline{iz}$에 의한 1부터 i까지의 선분의 상을 찾아라.

풀이 1부터 i까지의 선분을 C라 하고, $f(z)=\overline{iz}$에 의한 이의 상을 C'이라 하자. (7)에 $z_0=1$과 $z_1=i$를 대입하면, C의 매개 변수화 $z(t)=1-t+it$ $(0\le t\le 1)$을 얻는다. 그러므로 (11)에 의해 상 C'의 매개 변수화는 다음과 같다.

$$w(t)=f(z(t))=\overline{i(1-t+it)}=-i(1-t)-t \quad (0\le t\le 1)$$

(7)에 $z_0=-i$와 $z_1=-1$을 대입하면, $w(t)$는 $-i$부터 -1까지의 선분에 대한 매개 변수화임을 알 수 있다. 그러므로 C'는 $-i$부터 -1까지의 선분이다. 이 사상을 단 한 개의 복소 평면을 사용해서 그림 2.2.5에 나타냈다. 그림 2.2.5에서 C로 표시한 선분은 $w=\overline{iz}$에 의해 C'으로 표시한 선분 위로 사상된다. ❑

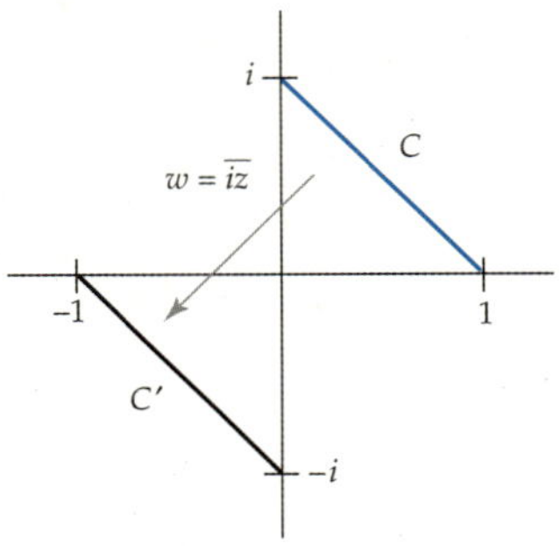

그림 2.2.5 사상 $w=\overline{iz}$

보기 4 매개 곡선의 상

복소 사상 $w=z^2$에 의한 그림 2.2.6에 C로 표시한 반원의 상을 찾아라.

풀이 그림 2.2.6에 나타낸 반원 C의 $f(z)=z^2$에 의한 상을 C'이라 하자. 보기 3과 같이 진행한다. (10)에 $z_0=0$과 $r=2$를 대입해서 얻은 C의 매개 변수화는 다음과 같다.

$$z(t)=2e^{it} \quad (0\le t\le \pi)$$

그러므로 (11)에 의해 상 C'의 매개 변수화는 다음과 같다.

$$w(t)=f(z(t))=\left(2e^{it}\right)^2=4e^{2it} \quad (0\le t\le \pi) \tag{12}$$

(12)에서 $t=\frac{1}{2}s$로 놓으면, 다음과 같은 C'의 새로운 매개 변수화를 얻는다.

$$W(s)=4e^{is} \quad (0\le s\le 2\pi) \tag{13}$$

(10)에 $z_0=0$과 $r=4$를 대입하면, (13)은 중심이 0이고 반지름의 길이가 4인 원을 정의함을 알 수 있다. 그러므로 C'는 원 $|w|=4$이다. 이 사상을 그림 2.2.6에 나타냈는데, C로 표시한 반원이 $w=z^2$에 의해 C'으로 표시한 원 위로 사상된다. ❑

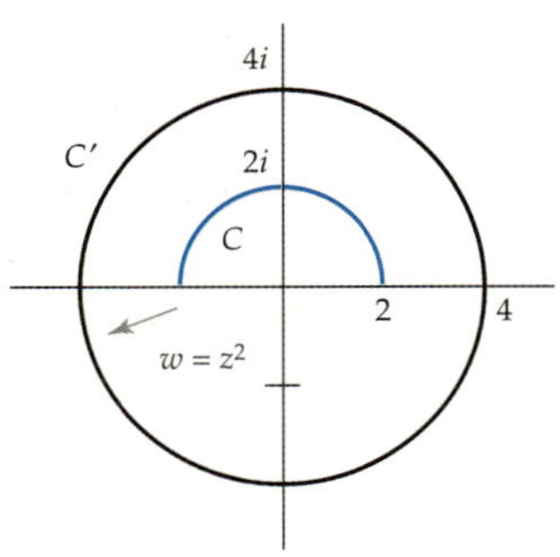

그림 2.2.6 사상 $w=z^2$

컴퓨터의 활용 *Maple* 및 *Mathematica*와 같은 컴퓨터 대수 체계(CAS)는 복소수의 표준적인 대수 연산을 시행한다. 이런 능력뿐만 아니라 매개 곡선을 그래프로 나타낼 수 있기 때문에, CAS는 복소 사상의 성질을 탐구하는 훌륭한 도구이다. 예를 들면, *Mathematica*에서 복소 함수는 다음과 같은 명령어를 사용해서 정의할 수 있다.

f[z_] := z에 관한 식

복소 매개 변수화는 다음 명령어를 사용해서 비슷하게 정의할 수 있다.

g[t_] := t에 관한 식

(11)에 의해 **w[t_] :=f[g[t]]**는 그 곡선의 상에 대한 매개 변수화이다. 이의 상은 다음과 같은 매개 그림 명령어를 사용해서 그래프로 나타낼 수 있다.

ParametricPlot [{Re[w[t]], Im[w[t]]}, {t, a, b}]

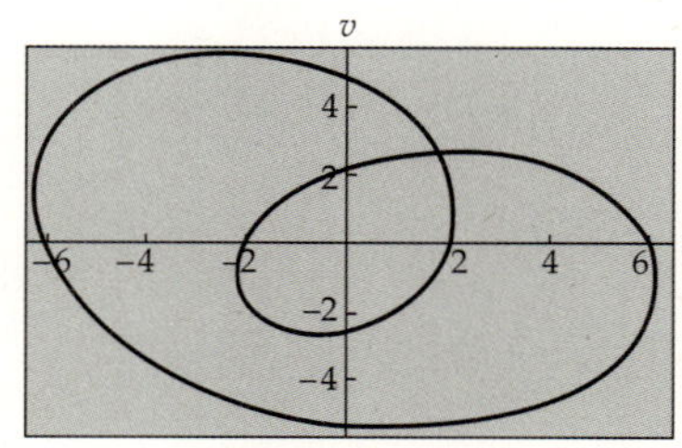

그림 2.2.7 $w = z^2 + iz - \text{Re}(z)$

여기서 **a**와 **b**는 각각 **t**의 아래와 위쪽 한계이다. 예를 들면 *Mathematica*를 사용해서 그림 2.2.7을 생성할 수 있는데, 이는 복소 사상 $w = z^2 + iz - \text{Re}(z)$에 의한 원 $|z| = 2$의 상이다.

참고 실 해석학과의 비교

(i) 이번 절에서 실 해석학과 복소 해석학 사이의 중요한 차이점, 즉 복소 함수를 그래프로 나타낼 수 없다는 사실을 알아봤다. 그 대신에, 복소 함수는 두 개의 그림으로 표현한다. 첫째에는 복소 평면에 부분 집합 S를 나타내고, 둘째에는 복소 사상에 의한 집합 S의 상 S'을 나타낸다. 임의의 집합 S와 그 상 S' 사이의 관계를 이해해야, 복소 사상을 완전히 이해할 수 있다.

(ii) 복소 사상은 평면에서 매개 곡선과 밀접하게 관련된다. 앞으로 이런 관계를 이용해서 복소 함수의 극한, 연속성, 미분 가능성 등의 개념을 가시화하는 데 도움을 얻을 것이다. 매개 곡선은, 실 선 적분의 연구 이상으로 복소 적분의 연구에서도 중추적인 역할을 할 것이다.

2.2 익힘 문제

문제 1~8에서는 보기 1 또는 보기 2와 같이 진행해서 주어진 복소 사상 $w = f(z)$에 의한 집합 S의 상 S'을 찾아라.

1. $f(z) = i\bar{z}$;　　S는 수평선 $y = 3$
2. $f(z) = \bar{z}$;　　S는 직선 $y = x$
3. $f(z) = 3z$;　　S는 반평면 $\text{Im}(z) > 2$
4. $f(z) = 3iz$;　　S는 무한 연직 띠 $2 \le \text{Re}(z) < 3$
5. $f(z) = (1+i)z$;　　S는 연직선 $x = 2$
6. $f(z) = (1-i)z$;　　S는 직선 $y = 2x + 1$
7. $f(z) = iz + 4$;　　S는 반평면 $\text{Im}(z) \le 1$
8. $f(z) = iz + \bar{z}$;　　S는 연직선 $x = 3$

문제 9~14에서는 복소 사상 $w=z^2$에 의한 주어진 직선의 상을 찾아라.

9. $y=1$
10. $x=-3$
11. $x=0$
12. $y=0$
13. $y=x$
14. $y=-x$

문제 15~20에서는 (a) $z(t)$로 정의된 매개 곡선 C를 복소 평면에 그리고, (b) 주어진 복소 사상 $w=f(z)$에 의한 C의 상 C'에 대한 매개 변수화를 찾고, (c) C'을 복소 평면에 그리고 이 곡선을 말로 설명하라.

15. $z(t)=2(1-t)+it\ (0\le t\le 1);\ \ f(z)=3z$
16. $z(t)=i(1-t)+(1+i)t\ (0\le t<\infty);\ \ f(z)=-z$
17. $z(t)=1+2e^{it}\ (0\le t\le 2\pi);\ \ f(z)=z+1-i$
18. $z(t)=i+e^{it}\ (0\le t\le \pi);\ \ f(z)=(z-i)^2$
19. $z(t)=t\ (0\le t\le 2);\ \ f(z)=e^{i\pi z}$
20. $z(t)=4e^{it}\ (0\le t\le \pi);\ \ f(z)=\mathrm{Re}(z)$

문제 21~26에서는 매개 변수화를 이용해서 주어진 복소 사상 $w=f(z)$에 의한 곡선 C의 상 C'을 찾아라.

21. $f(z)=z^3$; C는 양의 허수축
22. $f(z)=iz$; C는 원 $|z-1|=2$
23. $f(z)=1/z$: C는 원 $|z|=2$
24. $f(z)=1/z$; C는 $1-i$부터 $2-2i$까지의 선분
25. $f(z)=z+\bar{z}$; C는 위쪽 반평면 $\mathrm{Im}(z)\ge 0$에 있는 단위 원 $|z|=1$의 반
26. $f(z)=e^z$; C는 시점이 원점이고 $2+\sqrt{3}i$를 지나는 반직선

개념과 이해

27. 이 문제에서는 복소 사상 $w=1/z$에 의한 직선 $x=1$의 상을 찾는다.
   (a) 직선 $x=1$은 점 $z=1+iy\ (-\infty<y<\infty)$ 전체로 이루어진다. 이 직선의 점 $z=1+iy$에서 $f(z)=1/z$의 실수 부분 u와 허수 부분 v를 찾아라.
   (b) (a)의 두 함수 u와 v에 대해 $(u-\frac{1}{2})^2+v^2=\frac{1}{4}$이 성립함을 보여라.
   (c) (b)에 근거해서 복소 사상 $w=1/z$에 의한 직선 $x=1$의 상을 설명하라.
   (d) 직선 $x=1$에 있는 점 중에서 0으로 사상되는 것이 있는가? (c)에서 상에 대한 설명을 바꾸고 싶은가?
28. 매개 변수화 $z(t)=i(1-t)+3t\ (0\le t\le 1)$을 생각하자.
   (a) 이 매개 곡선을 말로 설명하라.
   (b) (a)의 곡선과 매개 변수화 $z(t)=3(1-t)+it\ (0\le t\le 1)$로 정의된 곡선 사이의 차이점은 무엇인가?
   (c) (a)의 곡선과 매개 변수화 $z(t)=\frac{3}{2}t+i(1-\frac{1}{2}t)\ (0\le t\le 2)$로 정의

된 곡선 사이의 차이점은 무엇인가?

(d) $0 \le t \le 3$을 만족시키는 매개 변수를 이용해서 $1+2i$부터 $2+i$까지의 선분에 대한 매개 변수화를 찾아라.

29. 매개 변수화를 이용해서 사상 $f(z) = iz - 2$에 의한 원 $|z - z_0| = R$의 상을 찾아라.

30. 복소 평면의 직선 $y = mx + b$를 생각하자.

(a) 이 직선에 대한 매개 변수화 $z(t)$를 찾아라.

(b) 복소 사상 $w = z + 2 - 3i$에 의한 이 직선의 상을 말로 설명하라.

(c) 복소 사상 $w = 3z$에 의한 이 직선의 상을 말로 설명하라.

31. 복소 사상 $w = \bar{z}$을 실수축에 대한 대칭 이동, 곧 반사라 하는 이유를 설명하라.

용어
반사 reflection

32. 절댓값이 1인 복소 상수 a에 대해 $f(z) = az$라 하자.

(a) 모든 복소수 z_1과 z_2에 대해 $|f(z_1) - f(x_2)| = |z_1 - z_2|$가 성립함을 보여라.

(b) (a)의 결과를 기하학적으로 해석하라.

(c) (b)에 대한 답은 복소 사상 $w = az$에 의한 원의 상에 대해 무엇을 말하는가?

33. 이 문제에서는 사상 $w = az$가 시점이 원점인 두 반직선 사이의 각에 미치는 효과를 조사한다. 여기서 a는 영이 아닌 복소 상수이다.

(a) C를 복소 평면에서 시점이 원점인 반직선이라 하자. 매개 변수화를 사용해서 $w = az$에 의한 C의 상 C'도 또한 시점이 원점인 반직선임을 보여라.

(b) 시점이 원점인 두 반직선 C_1과 C_2를 생각하자. C_1은 점 $z_1 = a_1 + ib_1$을 지나고 C_2는 점 $z_2 = a_2 + ib_2$를 지난다. 다변수 해석학에서 두 반직선 C_1과 C_2 사이의 각 θ가 다음과 같음을 알아봤다. [이 각은 두 위치 벡터 $(a_1,\ b_1)$과 $(a_2,\ b_2)$ 사이의 각과 같다.]

$$\theta = \arccos\left(\frac{a_1a_2 + b_1b_2}{\sqrt{a_1^2 + b_1^2}\ \sqrt{a_2^2 + b_2^2}}\right) = \arccos\left(\frac{z_1\bar{z}_2 + \bar{z}_1 z_2}{2|z_1||z_2|}\right) \tag{14}$$

$w = az$에 의한 C_1과 C_2의 상을 각각 C_1'과 C_2'이라고 하자. (a)와 (14)를 사용해서 C_1'과 C_2' 사이의 각의 크기는 C_1과 C_2 사이의 각의 크기와 같음을 보여라.

34. 복소 사상 $w = z^2$을 생각하자.

(a) 사상 $w = z^2$에 대해 문제 33(a)를 반복하라.

(b) 다른 반직선들을 사용해서 시도하자. 복소 사상 $w = z^2$이 시점이 원점인 반직선들 사이의 각에 끼치는 영향은 무엇인가?

컴퓨터 실습 과제

문제 35~38에서는 CAS를 사용해서 (a) 주어진 복소 사상 $w = f(z)$에 의한 단위 원의 상을 복소 평면에 그리고, (b) 주어진 복소 사상 $w = f(z)$에 의한 1부터 $1+i$까지의 선분의 상을 복소 평면에 그려라.

35. $f(z) = z^2 + (1+i)z - 3$

36. $f(z) = iz^3 + z - i$

37. $f(z) = z^4 - z$

38. $f(z) = z^3 - \bar{z}$

2.3 선형 사상

임의의 실 상수인 a와 b에 대해 $f(x) = ax + b$ 꼴의 실 함수를 선형 또는 일차 함수라고 한다. 실 해석학과 복소 해석학 사이의 유사성을 유지하기 위해, 임의의 복소 상수인 a와 b에 대해 $f(z) = az + b$ 꼴의 함수를 **복소 선형** 또는 **일차 함수**라고 한다. 실 함수 중에서 실 선형 함수의 그래프를 그리기가 가장 쉽듯이, 복소 함수 중에서 복소 선형 함수는 복소 평면의 사상으로 가시화하기가 가장 쉽다. 이번 절에서는 상수가 아닌 모든 복소 선형 사상을 세 가지 형태의 움직임, 곧 평행 이동, 회전, 확대의 합성으로 설명할 수 있음을 알아본다.

용어
복소 선형 함수, 복소 일차 함수 complex linear function
평행 이동 translation

일반적인 복소 선형 함수 $f(z) = az + b$을 알아보기에 앞서, 평행 이동과 회전 및 확대라 부르는 특별한 형태의 세 가지 선형 사상을 각각 조사하겠다. 이번 절에서는 기호 T, R, M을 사용해서 차례로 평행 이동, 회전, 확대에 의한 사상을 나타낸다.

평행 이동 다음과 같은 꼴의 복소 선형 사상을 **평행 이동**이라 한다.

$$T(z) = z + b \quad (b \neq 0) \tag{1}$$

(1)에서 $z = x + iy$와 $b = x_0 + iy_0$으로 놓으면, 다음을 얻는다.

$$T(z) = (x + iy) + (x_0 + iy_0) = x + x_0 + i(y + y_0)$$

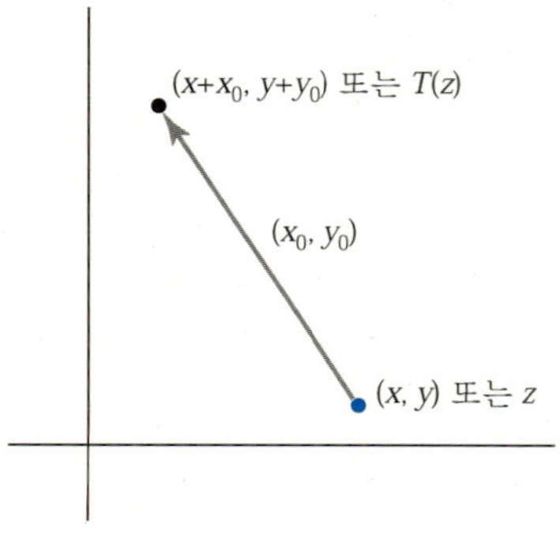

그림 2.3.1 평행 이동

그러므로 T에 의한 점 (x, y)의 상은 점 $(x + x_0, y + y_0)$이다. 그림 2.3.1에서 (x, y)와 $(x + x_0, y + y_0)$을 한 복소 평면에 나타내면, 시점이 (x, y)이고 종점이 $(x + x_0, y + y_0)$인 벡터가 (x_0, y_0)임을 알 수 있다. 곧 한 복소 평면에 z와 $T(z)$를 함께 나타내면, 시점이 z이고 종점이 $T(z)$인 벡터가 (x_0, y_0)임을 알 수 있다. 따라서 선형 사상 $T(z) = z + b$는 단 하나의 복소 평면에서 점 z를 벡터 (x_0, y_0)만큼 점 $T(z)$까지 '평행 이동'하는 과정으로 가시화할 수 있다. (x_0, y_0)은 복소수 b의 벡터 표현이므로, 사상 $T(z) = z + b$은 b만큼의 **평행 이동**이라 한다.

보기 1 평행 이동에 의한 정사각형의 상

네 꼭짓점이 $1+i$, $2+i$, $2+2i$, $1+2i$인 정사각형 S의 선형 사상 $T(z)=z+2-i$에 의한 상 S'을 찾아라.

풀이 한 개의 복소 평면에 S와 S'을 함께 나타내자. 사상 T가 평행 이동이므로, S'을 다음과 같이 결정할 수 있다. (1)에서 $b=2+i(-1)$인 경우이므로, S에 있는 각 점이 시점인 벡터 $(2,\ -1)$을 그린다. 그림 2.3.2를 보라. 그림 2.3.2를 조사하면, S'은 꼭짓점이 다음과 같은 정사각형임을 알 수 있다.

$$T(1+i)=(1+i)+(2-i)=3,$$
$$T(2+i)=(2+i)+(2-i)=4,$$
$$T(2+2i)=(2+2i)+(2-i)=4+i,$$
$$T(1+2i)=(1+2i)+(2-i)=3+i$$

따라서 그림 2.3.2에 나타낸 정사각형 S는 평행 이동 $T(z)=z+2-i$에 의해 정사각형 S' 위로 사상된다. ❑

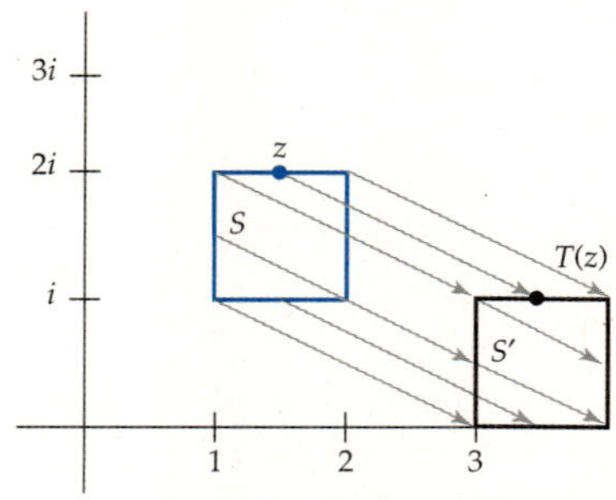

그림 2.3.2 평행 이동에 의한 정사각형의 상

위의 기하학적 표현으로부터, 복소 평면에서 평행 이동이 도형의 모양과 크기를 바꾸지 않음을 알 수 있다. 곧, 평행 이동에 의한 직선, 원, 삼각형의 상은 차례로 직선, 원, 삼각형이다. 익힘 문제 2.3의 문제 23과 24를 보라. 이런 성질이 있는 사상을 종종 '강체 운동'이라 한다.

용어
강체 운동 rigid motion
회전 rotation
시계 반대 방향 counterclockwise
시계 방향 clockwise

회전 다음과 같은 복소 선형 함수를 회전이라 한다.

$$R(z)=az \quad (|a|=1) \tag{2}$$

(2)에서 주요한 제한은 조건 $|a|=1$로 보일 수 있지만, 그렇지 않다. (2)에서 상수 a가 복소수임을 상기하자. α가 영이 아닌 임의의 복소수이면, $a=\alpha/|\alpha|$는 $|a|=1$인 복소수이다. 따라서 영이 아닌 임의의 복소수 α에 대해 $R(z)=(\alpha/|\alpha|)z$는 회전이다.

(2)로 정의된 회전 R을 생각하고, 잠시 동안 $\text{Arg}(a)>0$이라 가정하자. $|a|=1$이고 $\text{Arg}(a)>0$이므로, a를 지수 형식 $e^{i\theta}$ $(0<\theta\le\pi)$로 나타낼 수 있다. (2)에서 $a=e^{i\theta}$과 $z=re^{i\phi}$으로 놓으면, 2.1절의 성질 (6)에 의해 R은 다음과 같이 된다.

$$R(z)=e^{i\theta}re^{i\phi}=re^{i(\theta+\phi)} \tag{3}$$

(3)으로부터 $R(z)$의 크기는 z의 크기와 같은 r임을 알 수 있다. 그러므로 z와 $R(z)$를 똑같은 복소 평면에 나타내면, 두 점은 모두 중심이 0이고 반지름의 길이가 r인 원에 놓인다. 그림 2.3.3을 보라. 또한 (3)으로부터 $R(z)$의 편각은 $\theta+\phi$로, z의 편각보다 θ만큼 더 크다. 따라서 선형 사상 $R(z)=az$는 하나의 복소 평면에서 점 z를 점 $R(z)$까지 원점을 중심으로 θ라디안만큼

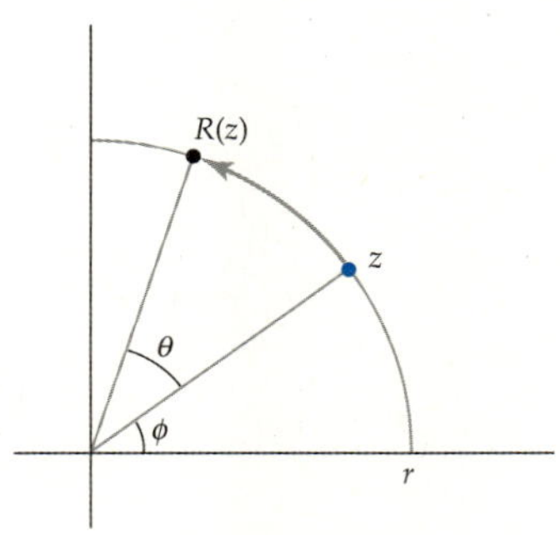

그림 2.3.3 회전

용어
회전각 angle of rotation 확대 magnification

시계 반대 방향으로 '회전시키는' 과정으로 가시화할 수 있다. 그림 2.3.3을 보라. 비슷한 방법으로, $\text{Arg}(a) < 0$이면 선형 사상 $R(z) = az$는 하나의 복소 평면에서 원점을 중심으로 θ라디안만큼 시계 방향으로 회전시키는 과정으로 가시화할 수 있다. 이런 이유에서 각 $\theta = \text{Arg}(a)$를 R의 회전각이라 한다.

보기 2 회전에 의한 직선의 상

다음 선형 사상에 의한 실수축 $y = 0$의 상을 찾아라.

$$R(z) = \left(\frac{\sqrt{2}}{2} + \frac{\sqrt{2}}{2}i\right)z$$

풀이 실수축 $y = 0$을 C로 나타내고, R에 의한 C의 상을 C'으로 나타내자. 한 개의 복소 평면에 S와 S'을 함께 나타내자. $|\frac{1}{2}\sqrt{2} + \frac{1}{2}\sqrt{2}i| = 1$이므로, 복소 사상 $R(z)$는 회전이다. 회전각을 결정하기 위해서, 복소수 $\frac{1}{2}\sqrt{2} + \frac{1}{2}\sqrt{2}i$를 지수 형식 $\frac{1}{2}\sqrt{2} + \frac{1}{2}\sqrt{2}i = e^{i\pi/4}$으로 쓰자. z와 $R(z)$를 똑같은 복소 평면에 나타내면, 점 z를 점 $R(z)$까지 원점을 중심으로 $\pi/4$라디안만큼 시계 반대 방향으로 회전시킨 것이다. 그러므로 상 C'은 직선 $v = u$로, 원점을 지나고 실수축과 $\pi/4$라디안의 각을 이룬다. 그림 2.3.4에서 이 사상을 단 하나의 복소 평면에 나타냈다. ❑

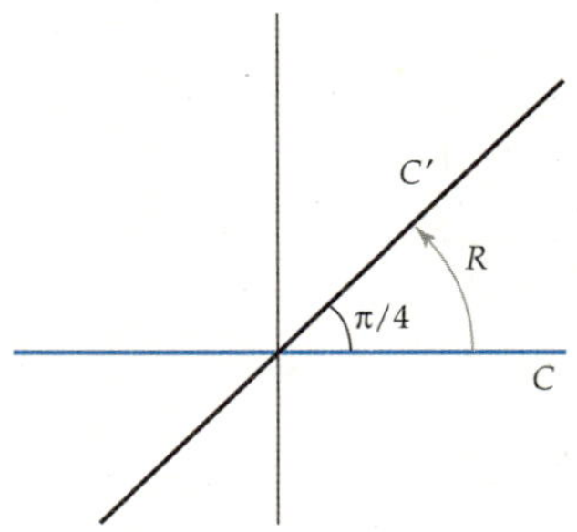

그림 2.3.4 회전에 의한 직선의 상

평행 이동과 같이, 회전도 강체 운동이며 복소 평면에 있는 도형의 모양과 크기를 바꾸지 않는다. 그러므로 회전에 의해 직선, 원, 삼각형의 상은 차례로 직선, 원, 삼각형이다.

확대 특별한 선형 사상의 마지막 형태로 확대를 알아보자. 다음과 같은 복소 선형 사상을 확대라 한다.

$$M(z) = az \quad (a > 0) \tag{4}$$

1.1절의 끝에 있는 참고에서 지적한 대로, 복소수 체계에는 순서 개념이 없기 때문에, 부등식 $a > 0$은 기호 a가 실수를 나타낸다는 사실을 암시한다. 그러므로 $z = x + iy$이면 $M(z) = az = ax + iay$이고 이에 따라 점 (x, y)의 상은 점 (ax, ay)이다. z의 지수 형식 $z = re^{i\theta}$을 이용하면, (4)의 함수를 다음과 같이 나타낼 수 있다.

$$M(z) = a(re^{i\theta}) = (ar)e^{i\theta} \tag{5}$$

(5)에서 곱 ar은 양의 실수인데, a와 r이 모두 양의 실수이기 때문이다. 그러므로 $M(z)$의 크기는 ar이다. $a > 1$이라고 가정하자. (5)에 의해 복소수 z와 $M(z)$의 편각은 똑같이 θ이고 크기는 다르며 $a < ra$이다. z와 $M(z)$를 똑같은 복소 평면에 나타내면, $M(z)$는 원점으로부터 ar의 거리에 있고 시점이 원점이고 z를 지나는 반직선에 있는 유일한 점이다. $a > 1$이기 때문에, 원점으로부터 $M(z)$까지의 거리는 원점으로부터 z까지의 거리의 a배만큼 멀다.

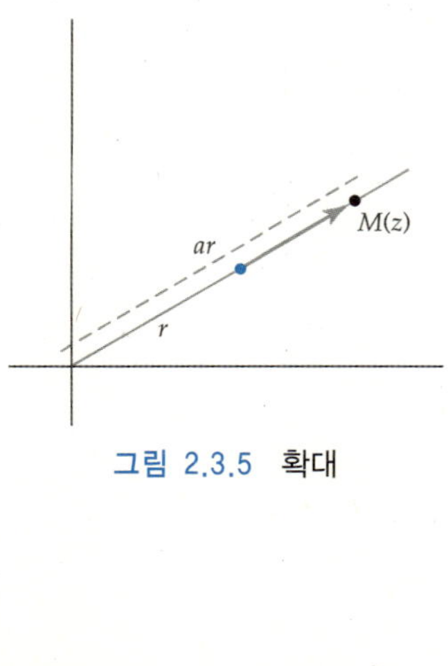

그림 2.3.5 확대

그러므로 선형 사상 $M(z)=az$ 는 단 하나의 복소 평면에 점 z의 크기를 a배 해서 점 $M(z)$를 얻는 '확대' 과정으로 가시화할 수 있다. 그림 2.3.5를 보라. 실수 a를 **확대 인자**라고 한다. $0<a<1$이면, 원점으로부터 $M(z)$까지의 거리는 원점으로부터 z까지의 거리의 a배만큼 가깝다. 확대의 이런 특수한 경우를 **축소**라고 한다.

용어
확대 인자 magnification factor
축소 contraction
합성 composition
상수 사상 constant map

보기 3 확대에 의한 원의 상

선형 사상 $M(z)=3z$에 의한 방정식이 $|z|=2$인 원 C의 상을 찾아라.

풀이 M은 확대 인자가 3인 확대이므로, 원 $|z|=2$의 각 점은 편각이 같지만 크기가 3배인 점으로 사상된다. 그러므로 상의 각 점의 크기는 $3 \cdot 2=6$이다. 원 $|z|=2$에 있는 점의 편각은 임의의 값을 취할 수 있기 때문에, 상에 있는 점의 편각도 임의의 값을 취할 수 있다. 그러므로 상 C'은 중심이 원점이고 반지름의 길이가 6인 원 $|w|=6$이다. 그림 2.3.6에 이 사상을 단 하나의 복소 평면에 그림으로 나타냈다. 사상 $M(z)=3z$에 의해, 그림 2.3.6에 나타낸 원 C는 원 C'으로 사상된다. ❑

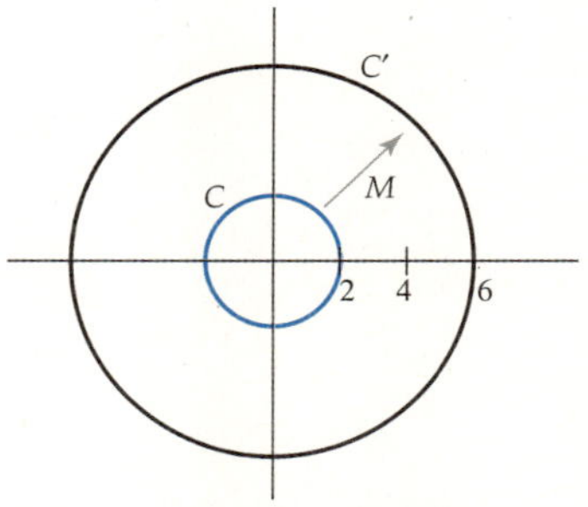

그림 2.3.6 확대에 의한 원의 상

확대 사상이 복소 평면에 있는 도형의 크기를 바꾸지만, 기본적인 모양은 바꾸지 않는다. 예를 들면, 확대 $M(z)=az$에 의한 삼각형 S의 상 S'은 역시 삼각형이다. S'의 변의 길이는 모두 S의 변의 길이의 a배이므로, S와 S'은 닮은 삼각형이다.

선형 사상 이제 일반적인 선형 사상 $f(z)=az+b$가 회전과 확대 및 평행 이동의 합성임을 밝힐 준비를 마쳤다. 두 함수 f와 g의 **합성** $f \circ g$는 $(f \circ g)(z)=f(g(z))$와 같이 정의된 함수이다. 값 $w=(f \circ g)(z)$는 먼저 z에서 함수 g의 값을 찾고 다음에 $g(z)$에서 함수 f의 값을 찾아서 결정한다. 비슷한 방법으로, 합성 $w=(f \circ g)(z)$에 의한 집합 S의 상 S''은 먼저 g에 의한 S의 상 S'을 찾고 f에 의한 S'의 상 S''을 찾아서 결정한다.

이제 $f(z)=az+b$를 복소 선형 사상이라고 하자. $a \neq 0$이라 가정한다. 그렇지 않으면 위의 사상은 **상수 사상** $f(z)=b$가 되어, 복소 평면의 모든 점을 단 하나의 점 b로 사상한다. f를 다음과 같이 나타낼 수 있음을 확인하자.

$$f(z)=az+b=|a|\left(\frac{a}{|a|}z\right)+b \tag{6}$$

이제 단계적으로 (6)의 합성에 의해 점 z_0에 나타나는 현상을 조사하자. 먼저 z_0에 복소수 $a/|a|$를 곱한다. $|a/|a||=|a|/|a|=1$이므로, 복소 사상 $w=(a/|a|)z$는 회전으로, 점 z_0을 원점을 중심으로 각 $\theta=\mathrm{Arg}(a/|a|)$만큼 회전시킨다. $1/|a|$은 실수이므로, 회전각은 $\theta=\mathrm{Arg}(a)$로도 나타낼 수 있다. $\mathrm{Arg}(a)$만큼의 회전에 의한 z_0의 상을 z_1이라 하자. (6)에서 다음 단계는 z_1

에 $|a|$을 곱하는 것이다. $|a|>0$은 실수이기 때문에, 복소 사상 $w=|a|z$는 확대 인자 $|a|$만큼의 확대이다. 이제 $|a|$만큼의 확대에 의한 z_1의 상을 z_2라고 하자. (6)의 선형 사상에서 마지막 단계는 z_2에 b를 더하는 것이다. 복소 사상 $w=z+b$는 z_2를 b만큼 평행 이동시켜 점 $w_0=f(z_0)$으로 보낸다. 이제 선형 사상에 대한 이런 설명을 다음과 같이 요약한다.

선형 사상에 의한 점의 상

$f(z)=az+b$는 $a\neq 0$인 선형 사상이고, z_0은 복소 평면의 점이라 하자. 점 $w_0=f(z_0)$을 z_0과 같은 복소 평면에 나타내려면, w_0은 다음과 같은 과정을 따라 얻을 수 있다.

(i) z_0을 원점을 중심으로 각 $\text{Arg}(a)$만큼 회전한다.

(ii) 그 결과를 $|a|$배로 확대한다.

(iii) 그 결과를 b만큼 평행 이동한다.

선형 사상에 의한 점 z_0의 상에 대한 위의 설명은 임의의 집합 S의 상에도 적용된다. 특히, $f(z)=az+b$에 의한 집합 S의 상 S'은, S를 각 $\text{Arg}(a)$만큼 회전하고 $|a|$배로 확대한 다음에 b만큼 평행 이동해서 얻은 집합이다.

(6)에서 상수가 아닌 모든 복소 선형 사상은 '많아야' 한 개의 회전과 한 개의 확대 및 한 개의 평행 이동의 합성이다. '많아야'라고 강조한 것은, 이런 사상 중 한 개 이상이 (모든 복소수를 그 자체로 사상하는) 항등 사상 $f(z)=z$일 수 있기 때문이다. 예를 들면, 선형 사상 $f(z)=3z+i$는 3배의 확대와 i만큼의 평행 이동을 포함하지만 회전은 없다. (6)에 의해 복소수 $a\neq 0$에 대해 $R(z)$는 $\text{Arg}(a)$만큼의 회전, $M(z)$는 $|a|$배의 확대, $T(z)$는 b만큼의 평행 이동이면, 합성 $f(z)=(T\circ M\circ R)(z)$는 복소 선형 함수임을 분명히 알 수 있다. 게다가, 임의의 유한 개의 선형 함수의 합성은 또다시 선형 함수이므로, 유한 개의 회전과 확대 및 평행 이동의 합성은 선형 사상이다.

용어
항등 사상 identity mapping

평행 이동과 확대 및 확대는 모두 복소 평면에서 도형의 기본적인 모양을 보존한다는 사실을 알아봤다. 그러므로 선형 사상도 또한 복소 평면에서 도형의 기본적인 모양을 보존한다. 이 사실은 복소 선형 사상의 중요한 성질이며, 반복해서 강조할 만한 가치가 있다.

$a\neq 0$인 복소 선형 사상 $w=az+b$는 복소 평면에 있는 도형의 크기를 바꿀 수 있지만, 도형의 기본적인 모양을 바꿀 수는 없다.

회전과 확대 및 평행 이동의 합성으로 선형 함수를 설명할 때, 합성의 순서가 중요하다. 이런 이유를 알아보기 위해서, 사상 $f(z)=2z+i$를 생각하자.

f는 2배로 확대한 다음에 i만큼 평행 이동하므로, 0은 i로 사상한다. 그런데 합성의 순서를 바꾸면, 곧 i만큼 평행 이동한 다음에 2배로 확대하면, 0은 $2i$로 사상한다. 따라서 합성의 순서를 바꾸면, 다른 사상을 얻는다. 그렇지만 특별한 경우에는, 합성의 순서를 바꿔도 사상이 바뀌지 않는다. 익힘 문제 2.3의 문제 27과 28을 보라.

⬅ 주의 : 선형 사상들의 합성에서 순서가 중요하다.

복소 선형 사상은 또한 두 가지 이상의 방법에 의한 합성으로 표현할 수도 있다. 예를 들면, 복소 사상 $f(z)=2z+i$는 $f(z)=2(z+i/2)$로 표현할 수 있다. 그러므로 2배로 확대한 다음에 i만큼의 평행 이동한 사상은 $i/2$만큼 평행 이동한 다음에 2만큼 확대한 사상과 똑같다.

보기 4 선형 사상에 의한 직사각형의 상

네 꼭짓점이 $-1+i,\ 1+i,\ 1+2i,\ -1+2i$인 직사각형의 선형 사상 $f(z)=4iz+2+3i$에 의한 상을 찾아라.

풀이 주어진 직사각형을 S라 하고, 이것의 f에 의한 상을 S'이라 하자. 앞의 논의에 의해 f는 선형 사상이므로, S'의 모양은 S와 똑같다. 곧, S'은 직사각형이다. 그러므로 S'을 결정하기 위해서는, 꼭짓점들만 찾으면 충분한데, 이는 S의 꼭짓점의 f에 의한 상으로 다음과 같다.

$$f(-1+i)=-2-i,\qquad f(1+i)=-2+7i,$$

$$f(1+2i)=-6+7i,\quad f(-1+2i)=-6-i$$

따라서 S'은 꼭짓점이 $-2-i,\ -2+7i,\ -6+7i,\ -6-i$인 직사각형이다. ❑

보기 4의 선형 사상 $f(z)=4iz+2+3i$는 또한 회전과 확대 및 평행 이동의 합성으로도 볼 수 있다. $\text{Arg}(4i)=\pi/2$이고 $|4i|=4$이므로, f는 원점을 중심으로 각 $\pi/2$만큼 회전시킨 다음에 4배로 확대하고 그 다음에 $2+3i$만큼 평행 이동한다. 그림 2.3.7(a)에서 직사각형 S를 $\pi/2$만큼 회전하면 직사각형 S_1로 사상한다. 그림 2.3.7(b)에서는 직사각형 S_1을 4배로 확대시켜 직사각형 S_2로 사상한다. 마지막으로 그림 2.3.7(c)에서는 직사각형 S_2를 $2+3i$만큼 평행 이동시켜 직사각형 S'으로 사상한다.

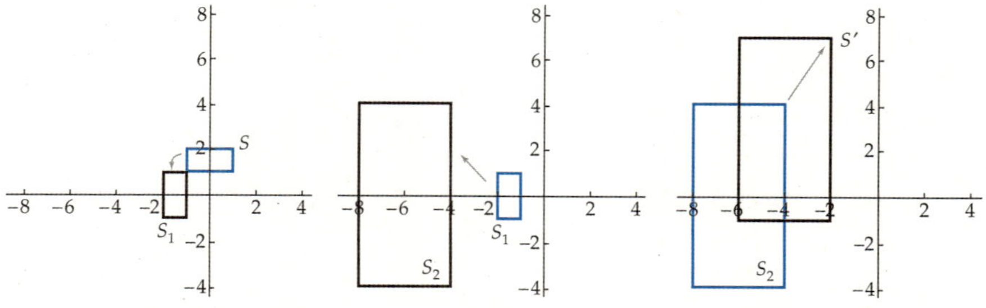

(a) $\pi/2$만큼의 회전 (b) 4배의 확대 (c) $2+3i$만큼의 평행 이동

그림 2.3.7 직사각형의 선형 사상

보기 5 삼각형의 선형 사상

세 꼭짓점이 $1+i$, $2+i$, $\frac{3}{2}+\left(1+\frac{1}{2}\sqrt{3}\right)i$인 정삼각형을 세 꼭짓점이 i, $\sqrt{3}+2i$, $3i$인 정삼각형 위로 사상하는 복소 선형 함수를 찾아라.

풀이 세 꼭짓점이 $1+i$, $2+i$, $\frac{3}{2}+\left(1+\frac{1}{2}\sqrt{3}\right)i$인 정삼각형을 그림 2.3.8(a)에서와 같이 S_1로 나타내고, 꼭짓점이 i, $\sqrt{3}+2i$, $3i$인 정삼각형을 그림 2.3.8(d)에서와 같이 S'으로 나타내자. S_1을 S' 위로 사상하는 선형 사상을 찾는 방법은 여러 가지 있다. 한 가지 접근 방법은 다음과 같다. 먼저 S_1을 평행 이동시켜 한 꼭짓점을 원점으로 옮기자. 꼭짓점 $1+i$를 0으로 사상시킨다면, 이는 평행 이동 $T_1(z)=z-(1+i)$로 얻을 수 있다. T_1에 의한 S_1의 상을 S_2라고 하자. 그러면 S_2는 그림 2.3.8(a)에 나타낸 대로 꼭짓점이 0, 1, $\frac{1}{2}+\frac{1}{2}\sqrt{3}i$인 삼각형이다. 그러므로 원점을 중심으로 시계 반대 방향으로 각 $\pi/6$만큼의 회전은 S_2를 꼭짓점 두 개가 허수축에 있는 삼각형 위로 사상한다. 이 회전은 $R(z)=\left(e^{i\pi/6}\right)z=\left(\frac{1}{2}\sqrt{3}+\frac{1}{2}i\right)z$로 얻을 수 있는데, R에 의한 S_2의 상은 그림 2.3.8(b)에 나타낸 대로 꼭짓점이 0, $\frac{1}{2}\sqrt{3}+\frac{1}{2}i$, i인 삼각형 S_3이다. 삼각형 S_3의 각 변의 길이가 1임을 쉽게 밝힐 수 있다. 찾는 삼각형 S'의 각 변의 길이는 2이므로, 이제 S_3을 2배로 확대하자. 확대 $M(z)=2z$는 삼각형 S_3을 그림 2.3.8(c)에 나타낸 대로 꼭짓점이 0, $\sqrt{3}+i$, $2i$인 삼각형 S_4 위로 사상한다. 마지막으로 S_4를 사상 $T_2(z)=z+i$를 이용해서 i만큼 평행 이동시키자. 이 평행 이동은 그림 2.3.8(d)에 나타낸 대로 삼각형 S_4는 꼭짓점이 i, $\sqrt{3}+2i$, $3i$인 정삼각형 S' 위로 사상한다.

결론적으로, 다음 선형 사상은 삼각형 S_1을 삼각형 S' 위로 사상한다.

$$f(z)=(T_2\circ M\circ R\circ T_1)(z)=(\sqrt{3}+i)z+1-\sqrt{3}+\sqrt{3}i$$ ❑

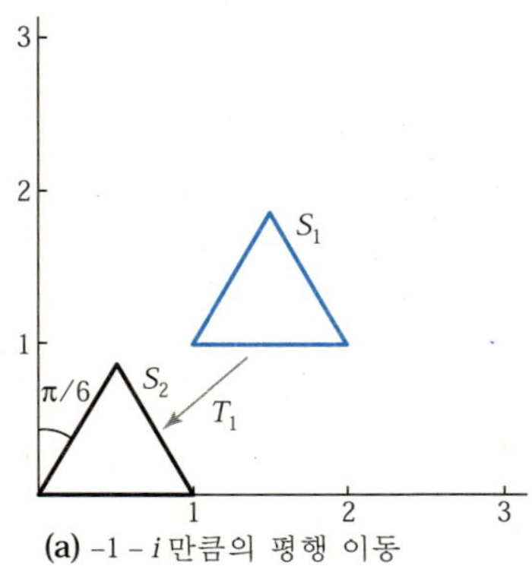

(a) $-1-i$만큼의 평행 이동

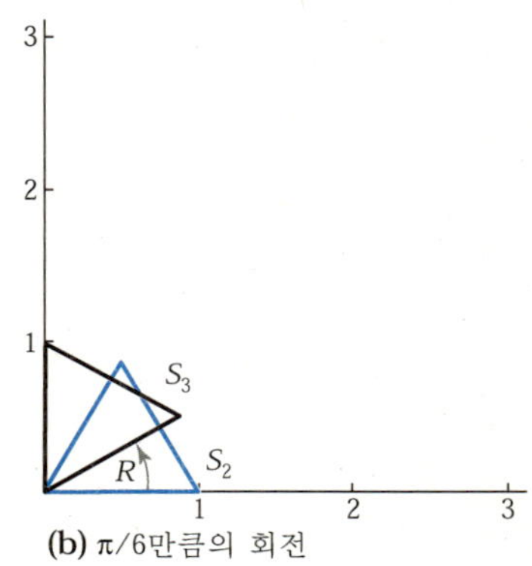

(b) $\pi/6$만큼의 회전

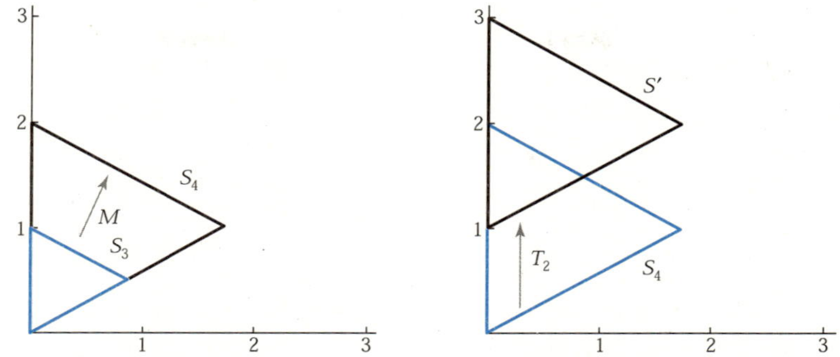

(c) 2배의 확대 (d) i 만큼의 회전

그림 2.3.8 삼각형의 선형 사상

참고 실 해석학과의 비교

미분학의 연구는 실 선형 함수가 (대수적이거나 수치적이거나 그래프의 관점에서) 이해하기 가장 쉬운 형태의 함수라는 원리에 근거하고 있다. 실 함수 f의 도함수의 많은 용도 중 하나는 점 x_0의 근방에서 f에 근접하는 선형 함수를 찾는 것이다. 특히, $x = x_0$에서 미분 가능한 함수 $f(x)$의 선형 근사 함수는 선형 함수 $l(x) = f(x_0) + f'(x_0)(x - x_0)$임을 상기하자. 기하학적으로, 선형 근사 함수의 그래프는 점 $(x_0,\ f(x_0))$에서 f의 그래프의 접선이다. 복소 함수의 경우에 이와 유사한 기하학적 해석을 찾을 수 없지만, 복소 함수의 도함수에 대한 적절한 정의가 주어지면 복소 함수에 선형 근사 함수를 적용할 수 있다. 곧, (3.1절에서 정의하는데) z_0에서 복소 함수 $f(z)$의 미분 계수를 $f'(z_0)$으로 나타내면, z_0의 근방에서 f의 선형 근사 함수는 복소 선형 함수 $l(z) = f(z_0) + f'(z_0)(z - z_0)$이다. 기하학적으로, $l(z)$는 $f(z)$가 점 z_0의 근방에서 복소 사상으로서 행동하는 바에 근접한다. 예를 들면, 제 3 장에서 알아보겠지만, 복소 함수 $f(z) = z^2$의 도함수는 $f'(z) = 2z$이다. 그러므로 $z_0 = 1 + i$에서 $f(z) = z^2$의 선형 근사 함수는 $l(z) = 2i + 2(1+i)(z - 1 - i) = 2\sqrt{2}\,(e^{i\pi/4}z) - 2i$이다. 점 $z = 1 + i$의 근방에서 사상 $w = z^2$은, $\pi/4$만큼의 회전과 $2\sqrt{2}$ 배의 확대 및 $-2i$만큼의 평행 이동의 합성인 선형 사상으로 근접시킬 수 있다. 그림 2.3.9에서 f에 의한 원 $|z - (1+i)| = \frac{1}{4}$의 상은 검게 나타냈고, l에 의한 이 원의 상은 파랗게 나타냈다. 그림 2.3.9는 원 $|z - (1+i)| = \frac{1}{4}$에 대해 선형 사상 l이 복소 사상 f의 정확한 근사임을 보여준다.

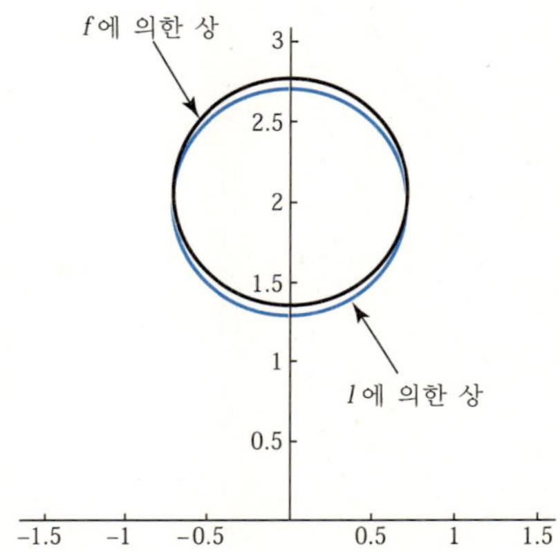

그림 2.3.9 $w = z^2$의 선형 근사 함수

용어
선형 근사 함수 linear approximation

2.3 익힘 문제

문제 1~6에서는 (a) 주어진 선형 사상 $w = f(z)$에 의한 닫힌 원판 $|z| \le 1$의 상을 찾고, (b) 그림 2.3.7과 같이 일련의 그림으로 선형 사상을 표현하라.

1. $f(z) = z + 3i$
2. $f(z) = z + 2 - i$
3. $f(z) = 3iz$
4. $f(z) = (1 + i)z$

5. $f(z) = 2z - i$

6. $f(z) = (6-5i)z + 1 - 3i$

문제 7~12에서는 (a) 주어진 선형 사상 $w = f(z)$에 의한 세 꼭짓점이 0, 1, i인 삼각형의 상을 구하고, (b) 그림 2.3.7과 같이 일련의 그림으로 선형 사상을 표현하라.

7. $f(z) = z + 2i$

8. $f(z) = 3z$

9. $f(z) = e^{i\pi/4}z$

10. $f(z) = \frac{1}{2}iz$

11. $f(z) = -3z + i$

12. $f(z) = (1-i)z - 2$

문제 13~16에서는 주어진 선형 사상 $w = f(z)$를 (6)과 같이 회전과 확대 및 평행 이동의 합성으로 나타내라. 그리고 선형 사상의 행동을 말로 설명하라.

13. $f(z) = 3iz + 4$

14. $f(z) = 5\left(\cos\frac{\pi}{5} + i\sin\frac{\pi}{5}\right)z + 7i$

15. $f(z) = -\frac{1}{2}z + 1 - \sqrt{3}\,i$

16. $f(z) = (3-2i)z + 12$

문제 17~20에서는 집합 S를 집합 S' 위로 사상하는 선형 사상을 찾아라. (참고: 해당하는 선형 사상이 두 개 이상일 수 있다.)

17. S는 세 꼭짓점이 0, 1, $1+i$인 삼각형. S'은 세 꼭짓점이 $2i$, $3i$, $1+3i$인 삼각형.

18. S는 원 $|z+1| = 3$. S'은 원 $|w+i| = 5$.

19. S는 허수축. S'은 두 점 i와 $1+2i$를 지나는 직선.

20. S는 네 꼭짓점이 $1+i$, $-1+i$, $-1-i$, $1-i$인 정사각형. S'은 네 꼭짓점이 1, $2+i$, $1+2i$, i인 정사각형.

21. 네 꼭짓점이 0, 1, $1+i$, i인 정사각형을 네 꼭짓점이 -1, 0, i, $-1+i$인 정사각형 위로 사상하는 두 개의 서로 다른 선형 사상을 찾아라.

22. 반평면 $\mathrm{Re}(z) \geq 2$를 반평면 $\mathrm{Re}(w) \geq 5$ 위로 사상하는 두 개의 서로 다른 선형 사상을 찾아라.

23. 매개 변수화가 $z(t) = z_0(1-t) + z_1 t$ $(0 \leq t \leq 1)$인 선분을 생각하자.
   (a) 평행 이동 $T(z) = z + b$ $(b \neq 0)$에 의한 이 선분의 상에 대한 매개 변수화를 찾아라. 이 상을 말로 설명하라.
   (b) 회전 $R(z) = az$ $(|a| = 1)$에 의한 이 선분의 상에 대한 매개 변수화를 찾아라. 이 상을 말로 설명하라.
   (c) 확대 $M(z) = az$ $(a > 0)$에 의한 이 선분의 상에 대한 매개 변수화를 찾아라. 이 상을 말로 설명하라.

24. 매개 변수화가 $z(t) = z_0 + re^{it}$ $(0 \leq t \leq 2\pi)$인 원에 대해 문제 23을 반복하라.

25. (a)~(c)에서는 주어진 사상의 합성을 선형 사상 $f(z) = az + b$로 나타내라.
   (a) $\pi/4$만큼의 회전, 2배의 확대, $1+i$만큼의 평행 이동
   (b) 2배의 확대, $\sqrt{2}$ 만큼의 평행 이동, $\pi/4$만큼의 회전
   (c) $\frac{1}{2}\sqrt{2}$ 만큼의 평행 이동, $\pi/4$만큼의 회전, 2배의 확대
   (d) (a)~(c)의 선형 사상에서 무엇을 알 수 있는가?

26. 복소 선형 사상 $f(z) = (1 + \sqrt{3}\,i)z + i$를 생각하자. 다음 방정식을 만족시키는 평행 이동 T, 회전 R, 확대 M을 찾고, 사상 f를 T, R, M을 이용해서 설명하라.
(a) $f(z) = (T \circ M \circ R)(z)$ (b) $f(z) = (M \circ T \circ R)(z)$
(b) $f(z) = (R \circ M \circ T)(z)$

개념과 이해

27. (a) 두 평행 이동 $T_1(z) = z + b_1$ $(b_1 \neq 0)$과 $T_2(z) = z + b_2$ $(b_2 \neq 0)$의 합성은 평행 이동이거나 항등 사상임을 증명하라. 합성의 순서가 중요한가?
(b) 두 회전 $R_1(z) = a_1 z$ $(|a_1| = 1)$과 $R_2(z) = a_2 z$ $(|a_2| = 1)$의 합성은 회전이거나 항등 사상임을 증명하라. 합성의 순서가 중요한가?
(c) 두 확대 $M_1(z) = a_1 z$ $(a_1 > 0)$과 $M_2(z) = a_2 z$ $(a_2 > 0)$의 합성은 확대이거나 항등 사상임을 증명하라. 합성의 순서가 중요한가?

28. 두 사상 f와 g가 모든 z에 대해 $(f \circ g)(z) = (g \circ f)(z)$을 만족시킬 때, f와 g는 **가환적**이라 한다. 곧, 합성하는 순서를 바꾸어도 그 결과로 얻은 합성 사상이 바뀌지 않은 두 사상을 가환적이라 한다.
(a) 평행 이동과 항등이 아닌 회전은 가환적일 수 있는가?
(b) 평행 이동과 항등이 아닌 확대는 가환적일 수 있는가?
(c) 항등이 아닌 회전과 항등이 아닌 확대는 가환적일 수 있는가?

용어
가환적 commutative
고정점 fixed point

29. 익힘 문제 2.2의 문제 33에서 사상 $f(z) = \bar{z}$를 실수축에 관한 대칭 이동 또는 **반사**라고 했다. 사상 $f(z) = \bar{z}$와 임의의 선형 사상을 사용해서, 허수축에 관한 반사 g를 찾아라. 곧, 사상 $g(x + iy) = -x + iy$를 복소 상수와 $\bar{z}$를 이용해서 나타내라.

30. 사상 $f(z) = a\bar{z} + b$에 의한 점 z_0의 상 $w_0 = f(z_0)$을 평행 이동, 회전, 확대, 반사를 이용해서 얻은 방법을 설명하라.

31. 선형 사상 f가 모든 복소수 z의 절댓값을 보존할 때, 즉 $|z| = |f(z)|$일 때, f는 어떤 형태인가?

32. 선형 사상 f가 임의의 두 복소수 z_1과 z_2 사이의 거리를 보존할 때, 즉 $|z_1 - z_2| = |f(z_1) - f(z_2)|$일 때, f는 어떤 형태인가?

33. 사상 f의 **고정점** z_0은 $f(z_0) = z_0$을 만족시키는 점이다.
(a) 선형 사상 $f(z) = az + b$의 고정점 z_0이 있는가? 있다면 z_0을 a와 b의 식으로 나타내라.
(b) 고정점이 없는 복소 선형 사상의 예를 들어라.
(c) 두 개 이상의 고정점이 있는 복소 선형 사상의 예를 들어라. [*귀띔*: 이런 사상이 단 하나 존재한다.]
(d) z_0이 복소 선형 사상 f의 고정점이고 f와 복소 선형 사상 g와 가환적이면(문제 28을 보라), z_0이 g의 고정점임을 증명하라.

용어
불변 invariant

34. 복소 사상 $w=f(z)$가 집합 S를 집합 S' 위로 사상한다고 하자. 단 하나의 복소 평면의 부분 집합으로서 $S=S'$일 때, S를 f에 의해 **불변**이라 한다. S가 f에 의해 불변이더라도, 모든 $z\in S$에 대해 $f(z)=z$일 필요는 없다.

(a) 닫힌 원판 $|z|\le 2$이 회전 $R(z)=az$ $(|a|=1)$에 의해 불변임을 설명하라.

(b) 평행이동 $T(z)=z+b$ $(b\ne 0)$에 의해 불변인 집합은 무엇인가?

(c) 확대 $M(z)=az$ $(a>0)$에 의해 불변인 집합은 무엇인가?

35. 이 문제에서는 선형 사상이 두 점의 상에 의해 유일하게 결정됨을 보인다.

(a) $f(z)=az+b$는 복소 선형 사상으로, $a\ne 0$, $f(z_1)=w_1$, $f(z_2)=w_2$라고 하자. a와 b를 z_1, z_2, w_1, w_2를 이용해서 나타내는 두 개의 식을 찾아라. 이 두 식이 f가 두 점의 상에 의해 유일하게 결정됨을 함의하는 이유를 설명하라.

(b) 선형 함수가 단 한 점의 상에 의해 유일하게 결정되지 않음을 보여라. 곧, 한 점에서의 상은 같지만 서로 다른 두 개의 선형 함수 f_1과 f_2를 찾아라.

36. 복소 평면에서 점 z를 점 z_0을 중심으로 θ라디안만큼 시계 반대 방향으로 회전시키는 복소 선형 함수 $f(z)=az+b$를 찾아라. [*귀띔*: 문제 35에 의해 이 사상은 두 점의 상에 의해 유일하게 결정된다.]

37. (a) 임의의 두 복소수 w_1과 w_2에 대해, 0은 w_1로, 1은 w_2로 사상하는 선형 함수가 언제나 존재하는가? 이유를 설명하라.

(b) 임의의 세 복소수 w_1, w_2, w_3에 대해, 0은 w_1로, 1은 w_2로, i는 w_3으로 사상하는 선형 함수가 언제나 존재하는가? 이유를 설명하라.

38. 제1장에서 삼각 부등식을 이용해서 z의 크기의 상계가 주어졌을 때 z에 관한 특정한 식의 크기의 상계를 얻었다. 예를 들면 $|z|\le 1$일 때 $|(1+i)z-2|\le 2+\sqrt{2}$이다. 선형 사상을 이용하는 이 부등식의 정당성을 밝히고 $|(1+i)z-2|=2+\sqrt{2}$을 만족시키는 z의 값을 찾아라.

39. 닫힌 원환 $2\le|z|\le 3$에서 정의된 복소 함수 $f(z)=2iz+1-i$를 생각하자.

(a) 선형 사상을 이용해서 $f(z)=2iz+1-i$의 크기의 상계와 하계를 결정하라. 곧, $L\le|2iz+1-i|\le M$을 만족시키는 실수 L과 M을 찾아라.

(b) (a)에서 상계와 하계를 취하는 z의 값을 찾아라. 바꿔 말하면, $|f(z_0)|=L$이고 $|f(z_1)|=M$을 만족시키는 z_0과 z_1을 찾아라.

(c) 닫힌 원환 $2\le|z|\le 3$에서 정의된 함수 $g(z)=1/f(z)$의 크기의 상계와 하계를 결정하라.

연구 과제

40. 등장 변환 군　이 과제에서는 복소 해석학과 좌표 평면의 유클리드 기하학 사이의 관계를 고찰한다.

좌표 평면에서 두 점 (x_1, y_1)과 (x_2, y_2) 사이의 **유클리드 거리**는 다음과 같다.

$$d((x_1, y_1), (x_2, y_2)) = \sqrt{(x_2 - x_1)^2 + (y_2 - y_1)^2}$$

물론, 이 두 점을 복소수 $z_1 = x_1 + iy_1$과 $z_2 = x_2 + iy_2$로 나타내면 유클리드 거리는 다음과 같이 크기로 나타내어진다.

$$d(z_1, z_2) = |z_1 - z_2|$$

모든 한 쌍의 점 사이의 유클리드 거리를 보존하는 평면에서 평면으로의 함수를 그 평면의 **유클리드 등장 변환**이라 한다. 특히, 복소 사상 $w = f(z)$가 평면의 유클리드 등장 변환이려면, 복소수의 임의의 쌍 z_1과 z_2에 대해 다음이 성립해야 한다.

$$|z_1 - z_2| = |f(z_1) - f(z_2)|$$

(a) $|a| = 1$인 $f(z) = az + b$ 꼴의 선형 사상이 유클리드 등장 변환임을 증명하라.

군은 수학의 많은 분야에서 등장하는 대수적 구조이다. 군은 집합 G 및 $G \times G$에서 G로의 특별한 함수 $*$를 함께 일컫는다. 함수 $*$를 G의 **이항 연산**이라 하고, 통상 $*$의 값을 $*(a, b)$ 대신에 기호 $a * b$를 이용해서 나타낸다. 이제 군에 대한 공식적인 정의를 내리자. **군**은 집합 G와 다음 세 가지 성질을 만족시키는 G의 이항 연산 $*$을 함께 일컫는다.

(i) G의 모든 원소 a, b, c에 대해 $a * (b * c) = (a * b) * c$가 성립한다.

(ii) G의 원소 e가 존재해서 G의 모든 원소 a에 대해 $e * a = a * e = a$가 성립한다.

(iii) G의 모든 원소 a에 대해 G의 원소 b가 존재해서 $a * b = b * a = e$가 성립한다. (원소 b를 G에서 a의 **역원**이라 하고, 기호 a^{-1}으로 나타낸다.)

$|a| = 1$인 $f(z) = az + b$ 꼴의 복소 함수 전체의 집합을 $\mathrm{Isom}_+(\mathbf{E})$로 나타내자. 이 과제의 나머지 부분에서는 $\mathrm{Isom}_+(\mathbf{E})$가 이항 연산으로 함수의 합성과 함께 군을 이룸을 증명하도록 한다. 이 군을 **유클리드 평면의 방향 보존 등장 변환 군**이라 한다.

(b) 함수의 합성은 $\mathrm{Isom}_+(\mathbf{E})$의 이항 연산임을 증명하라. 곧, $\mathrm{Isom}_+(\mathbf{E})$의 두 함수 f와 g에 대해 함수 $f \circ g$가 $\mathrm{Isom}_+(\mathbf{E})$의 원소임을 증명하라. 여기서 $f \circ g$는 $(f \circ g)(z) = f(g(z))$로 정의된다.

(c) 집합 $\mathrm{Isom}_+(\mathbf{E})$와 함께 합성이 군의 성질 (i)를 만족시킴을 증명하라.

(d) 집합 $\mathrm{Isom}_+(\mathbf{E})$와 함께 합성이 군의 성질 (ii)를 만족시킴을 증명하라.

용어
등장 변환 군 group of isometries
유클리드 거리 Euclidean distance
유클리드 등장 변환 Euclidean isometry
군 group
이항 연산 binary operation
역원 inverse
유클리드 평면의 방향 보존 등장 변환 군 group of orientation-preserving isometries of the Euclid plane

곧, $\text{Isom}_+(\mathbf{E})$의 함수 e가 존재해서 $\text{Isom}_+(\mathbf{E})$의 모든 함수 f에 대해 $e \circ f = f \circ e = f$가 성립함을 보여라.

(e) 집합 $\text{Isom}_+(\mathbf{E})$와 함께 합성이 군의 성질 (iii)를 만족시킴을 증명하라.

2.4 특별한 멱 함수

복소 다항 함수는 $p(z) = a_n z^n + a_{n-1} z^{n-1} + \cdots + a_1 z + a_0$ 꼴의 함수인데, 여기서 n은 양의 정수이고 a_n, a_{n-1}, $\cdots$, a_1, a_0은 복소 상수이다. 일반적으로, 복소 다항 사상은 아주 복잡할 수 있지만, 많은 특별한 경우에는 그 행동을 쉽게 이해할 수 있다. 예를 들면, 2.3절에서 알아본 복소 선형 함수는 $n=1$차 복소 다항 함수이다.

이번 절에서는 $n \geq 2$인 $f(x) = z^n$ 꼴의 복소 다항 함수를 알아본다. 지난 절에서 알아본 선형 사상과 달리, 사상 $w = z^n$ $(n \geq 2)$은 복소 평면에서 모든 도형의 기본적인 모양을 보존하지 않는다. 함수 z^n $(n \geq 2)$과 관련된 **으뜸 n제곱근 함수** $z^{1/n}$이 있다. 으뜸 n제곱근 함수는 함수 z^n의 역함수로, 충분히 제한된 영역에서 정의된다. 이에 따라 z^n 및 $z^{1/n}$과 연관된 복소 사상들은 밀접하게 관련되어 있다.

용어
복소 다항 함수 complex polynomial function
으뜸 n제곱근 함수 pricipal nth root function
복소 멱 함수 complex power function
복소 제곱 함수 complex squaring function

멱 함수 실 상수 a에 대해 $f(x) = x^a$ 꼴의 실 함수를 멱 함수라 한다. 입력 또는 지수 a가 복소수인 경우를 허용함으로써 복소 멱 함수를 형성한다. 바꿔 말하면, 복소 멱 함수는 복소 상수 α에 대한 $f(z) = z^\alpha$ 꼴의 함수이다. α가 정수이면, 멱 함수 z^α은 제1장에 다룬 복소수에 대한 대수적 연산을 사용해서 값을 찾을 수 있다. 예를 들면, $z^2 = z \cdot z$이고 $z^{-3} = 1/(z \cdot z \cdot z)$이다. 또한, 1.4절에서 다룬 복소수의 거듭제곱근을 구하는 공식을 사용해서, 지수가 $1/n$ 꼴의 분수인 멱 함수를 정의할 수 있다. 예를 들면, $z^{1/4}$을 z의 으뜸 네제곱근을 취하는 함수로 정의할 수 있다. 이번 절에서는 2 이상의 정수 n에 대해 z^n과 $z^{1/n}$ 꼴의 특별한 복소 멱 함수만을 고려하겠다. $z^{\sqrt{2}-i}$과 같이 더 복잡한 복소 멱 함수는, 복소 로그 함수를 도입한 뒤인, 4.2절에서 논의한다.

2.4.1 거듭제곱 함수 z^n

이 작은 절에서는 2 이상의 정수 n에 대해 z^n 꼴의 복소 멱 함수, 곧 복소 거듭제곱 함수를 고려한다. 자연스럽게, 이런 함수 중에서 가장 간단한 복소 제곱 함수 z^2을 먼저 알아본다.

제곱 함수 $w = z^2$ 복소 거듭제곱 함수 $f(z) = z^2$의 값은 복소 곱셈을 이용해서 쉽게 찾을 수 있다. 예를 들면, $z = 2 - i$에서 $f(2-i) = (2-i)^2 = (2-i) \cdot (2-i) = 3 - 4i$이다. 그렇지만 복소 사상을 이해하기 위해서는 약간 더 작업할 필요가 있다. 먼저, 기호 z를 $re^{i\theta}$로 바꾸어 이 사상을 다음과 같이 지수 표기법으로 나타내자.

$$w = z^2 = (re^{i\theta})^2 = r^2 e^{2i\theta} \tag{1}$$

(1)에서 점 w의 크기 r^2은 점 z의 크기 r의 제곱이고 w의 편각 2θ는 z의 편각 θ의 2배이다. z와 w를 똑같은 복소 평면에 나타내면, w는 z를 r배로 확대하고 원점을 중심으로 각 θ만큼 회전시켜 얻는다. 그림 2.4.1에 $r > 1$이고 $\theta > 0$일 때, z와 $w = z^2$ 사이의 관계를 나타냈다. $0 < r < 1$일 때 z는 r배로 축소되고, $\theta < 0$일 때 시계 방향으로 회전한다.

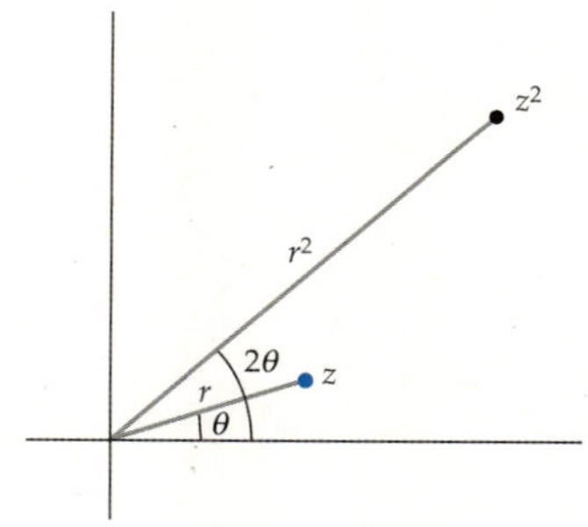

그림 2.4.1 사상 $w = z^2$

중요한 점은, $w = f(z) = z^2$과 관련된 확대 또는 축소 인자와 회전각은 복소 평면에서 점 z의 위치에 따라 좌우된다는 사실이다. 예를 들면, $f(2) = 4$이고 $f(i/2) = -1/4$이므로, 점 $z = 2$는 2배로 확대되지만 회전하지 않고, 반면에 점 $z = i/2$는 1/2배로 축소되고 $\pi/2$만큼 회전한다. 일반적으로, 제곱 함수 z^2은 단위 원 $|z| = 1$에 있는 점의 크기는 바꾸지 않으며, 양의 실수축에 있는 점은 회전시키지 않는다.

확대와 회전으로 설명한 $w = z^2$의 사상 성질을 어떤 특별한 집합의 상을 가시화하는 데 사용할 수 있다. 예를 들어, 시점이 원점이고 양의 실수축과 ϕ라디안의 각을 이루는 반직선을 생각하자. 이 반직선에 있는 모든 점의 편각은 ϕ이므로, $w = z^2$에 의한 이런 점의 상의 편각은 2ϕ이다. 그러므로 상은 시점이 원점이고 양의 실수축과 2ϕ라디안의 각을 이루는 반직선에 놓인다. 게다가, 원래 반직선에 있는 점의 크기 ρ는 구간 $[0, \infty)$의 임의의 값이 될 수 있으므로, 상에 있는 점의 크기 ρ^2도 구간 $[0, \infty)$의 임의의 값이 될 수 있다. 그러므로 시점이 원점이고 양의 실수축과 ϕ라디안의 각을 이루는 반직선은 $w = z^2$에 의해 시점이 원점이고 양의 실수축과 2ϕ라디안의 각을 이루는 반직선 위로 사상된다. z^2의 이런 사상 성질은 2.2절의 (8)과 (11)을 사용해서 반직선과 그 상을 매개 방정식으로 나타내어 확인할 수도 있다.

보기 1 $w = z^2$에 의한 호의 상

$|z| = 2$, $0 \le \arg(z) \le \pi/2$으로 정의된 호의 사상 $w = z^2$에 의한 상을 찾아라.

풀이 $|z| = 2$, $0 \le \arg(z) \le \pi/2$으로 정의된 호를 C라 하자. 그림 2.4.2(a)를 보라. 그리고 $w = z^2$에 의한 C의 상을 C'이라 하자. C에 있는 각 점의 크기가 2이고 사상 $w = z^2$이 각 점의 크기를 제곱하므로, C'에 있는 각

점의 크기는 $2^2 = 4$이다. 그러므로 C'은 중심이 원점이고 반지름의 길이가 4인 원에 포함된다. C에 있는 점의 편각은 구간 $[0,\ \pi/2]$의 모든 값을 취하고 사상 $w = z^2$은 각 점의 편각을 2배로 하므로, C'에 있는 점의 편각은 구간 $[2 \cdot 0,\ 2 \cdot (\pi/2)] = [0,\ \pi]$의 모든 값을 취한다. 곧, C'은 $|w| = 4,\ 0 \leq \arg(w) \leq \pi$으로 정의된 반원이다. 따라서 그림 2.4.2(a)에 나타낸 호 C는 $w = z^2$에 의해 그림 2.4.2(b)에 나타낸 반원 C' 위로 사상된다. ❑

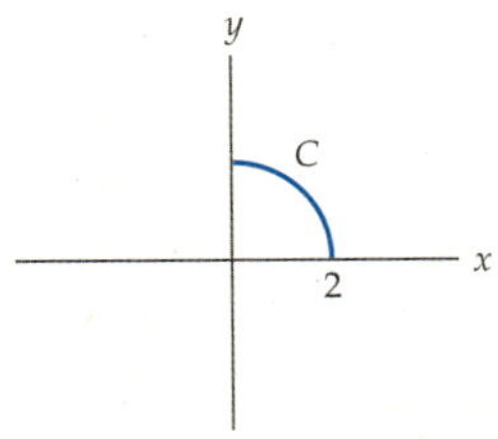

(a) $|z| = 2$의 호

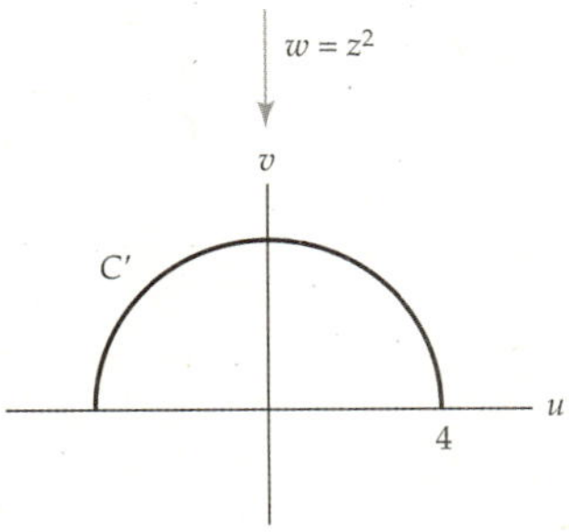

(b) C의 상

그림 2.4.2 사상 $w = z^2$

보기 1의 상을 매개 변수화를 이용해서 찾을 수도 있다. 2.2절의 (10)에 의해 호 C는 $z(t) = 2e^{it}\ (0 \leq t \leq \pi/2)$로 매개 변수화할 수 있고, 2.2절의 (11)에 의해 상 C'은 매개 변수화 $w(t) = f(z(t)) = 4e^{i2t}\ (0 \leq t \leq \pi/2)$로 표현된다. $w(t)$에 있는 매개 변수 t를 새로운 매개 변수 $s = 2t$로 바꾸면, $W(s) = 4e^{is}\ (0 \leq s \leq \pi)$를 얻는데, 이는 반원 $|w| = 4,\ 0 \leq \arg(w) \leq \pi$의 매개 변수화이다.

비슷한 방법으로 제곱 함수가 반원 $|z| = r,\ -\pi/2 \leq \arg(z) \leq \pi/2$를 원 $|w| = r^2$ 위로 사상함을 보일 수 있다. 그런데 오른쪽 반평면 $\text{Re}(z) \geq 0$은, 구간 $[0,\ \infty)$의 모든 값을 취하는 r에 대해 반원 $|z| = r,\ -\pi/2 \leq \arg(z) \leq \pi/2$로 이루어지므로, 이 반평면의 상은 구간 $[0,\ \infty)$의 모든 값을 취하는 r에 대해 원 $|w| = r^2$으로 이루어진다. 이것은 $w = z^2$이 오른쪽 반평면 $\text{Re}(z) \geq 0$을 복소 평면 전체 위로 사상함을 뜻한다. 이를 그림 2.4.3에 나타냈다. 그림 2.4.3(a)에 나타낸 중심이 원점인 두 개의 반원의 상은 그림 2.4.3(b)에 나타낸 두 개의 원이다. $w = z^2$이 각 점의 크기를 제곱하므로, 그림 2.4.3(a)에서 반지름이 짧은 반원의 상은 그림 2.4.3(b)에서 반지름이 짧은 원 위로 사상된다. 반면에 그림 2.4.3(a)에서 반지름이 긴 반원의 상은 그림 2.4.3(b)에서 반지름이 긴 원 위로 사상된다. 그림 2.4.3에서 시점이 원점이고 i를 지나는 반직선과 시점이 원점이고 $-i$를 지나는 반직선은 모두 양이 아닌 실수축 위로 사상됨을 알 수 있다. 그러므로 그림 2.4.3(a)에 나타낸 허수축은 그림 2.4.3(b)에 나타낸 점 $w = 0$과 음의 실수축으로 이루어진 집합 위로 사상된다.

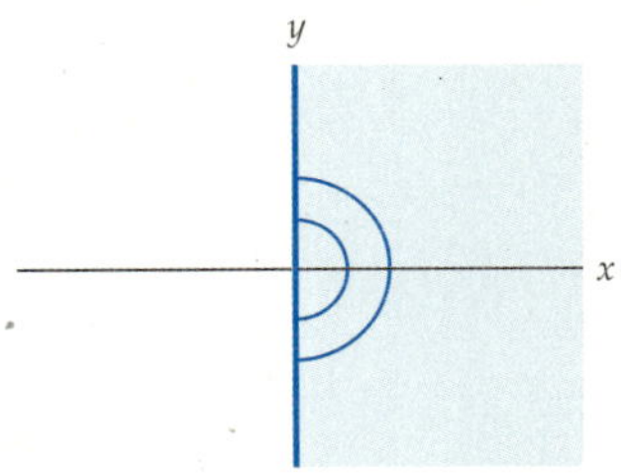

(a) 반평면 $\text{Re}(z) \geq 0$

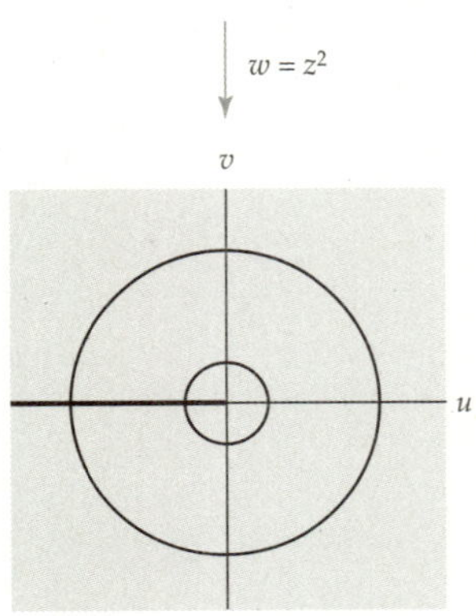

(b) (a)의 반평면의 상

그림 2.4.3 사상 $w = z^2$

사상 $w = z^2$을 더 깊이 이해하기 위해서, 이제 복소 평면의 연직선과 수평선의 상을 생각하자.

보기 2 $w = z^2$에 의한 연직선의 상

사상 $w = z^2$에 의한 연직선 $x = k$의 상을 찾아라.

풀이 이 보기에서는 2.1절의 (1)에서 제시한 $w = z^2$의 실수 부분 $u(x,\ y) = x^2 - y^2$과 허수 부분 $v(x, y) = 2xy$를 이용하면 편리하다. 연직선 $x = k$는

$z = k + iy\ (-\infty < y < \infty)$ 꼴의 점으로 이루어지므로, 이 직선의 상은 다음과 같은 점 $w = u + iv$ 전체로 이루어진다.

$$u = k^2 - y^2,\ v = 2ky\ (-\infty < y < \infty) \tag{2}$$

$k \neq 0$이면 (2)에서 변수 y를 소거할 수 있는데, 둘째 방정식을 y에 대해 풀어 얻은 $y = v/2k$를 나머지 방정식과 부등식에 대입하면 된다. 간단히 하면, 다음을 얻는다.

$$u = k^2 - \frac{v^2}{4k^2}\ (-\infty < v < \infty) \tag{3}$$

그러므로 직선 $x = k\ (k \neq 0)$의 $w = z^2$에 의한 상은 w평면에서 (3)을 만족시키는 점의 집합이다. 이 상은 포물선으로, 양의 u축 방향으로 볼록하고 꼭짓점이 $(k^2, 0)$이며 v절편이 $\pm 2k^2$이다. (3)으로 나타내어진 상은 k를 $-k$로 대체해도 바뀌지 않음에 주목하자. 이에 따라 $k \neq 0$일 때 한 쌍의 연직선 $x = k$와 $x = -k$는 모두 $w = z^2$에 의해 포물선 $u = k^2 - v^2/4k^2$ 위로 사상된다.

사상 $w = z^2$에 의한 연직선의 상을 그림 2.4.4에 나타냈다. 그림 2.4.4(a)에 나타낸 연직선 $x = k\ (k \neq 0)$은 그림 2.4.4(b)에 나타낸 포물선 위로 사상된다. 특히, (3)에 의해 그림 2.4.4(a)에 나타낸 두 직선 $x = 3$과 $x = -3$은 모두 그림 2.4.4(b)에 나타낸 꼭짓점이 (9, 0)인 포물선 위로 사상된다. 비슷한 방법으로, 직선 $x = \pm 2$는 꼭짓점이 (4, 0)인 포물선 위로 사상되고, 직선 $x = \pm 1$은 꼭짓점이 (1, 0)인 포물선 위로 사상된다. $k = 0$인 경우인 직선 $x = 0$(허수축)의 상은 (2)에 의해 다음과 같다.

$$u = -y^2,\ v = 0\ (-\infty < y < \infty)$$

따라서 허수축은 $w = z^2$에 의해 음의 실수축 위로 사상된다. 그림 2.4.4를 보라. ❑

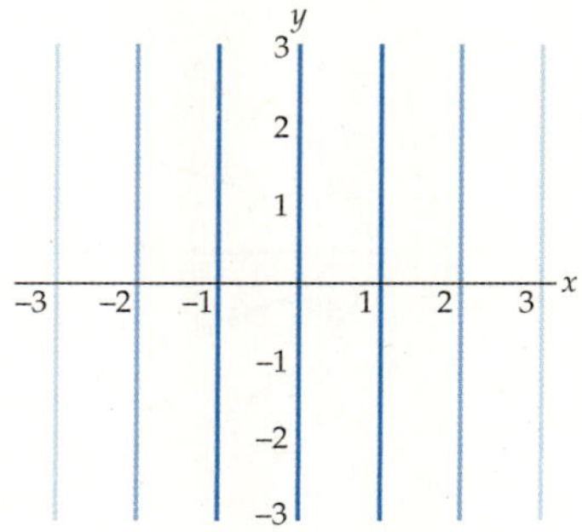

(a) z 평면의 연직선

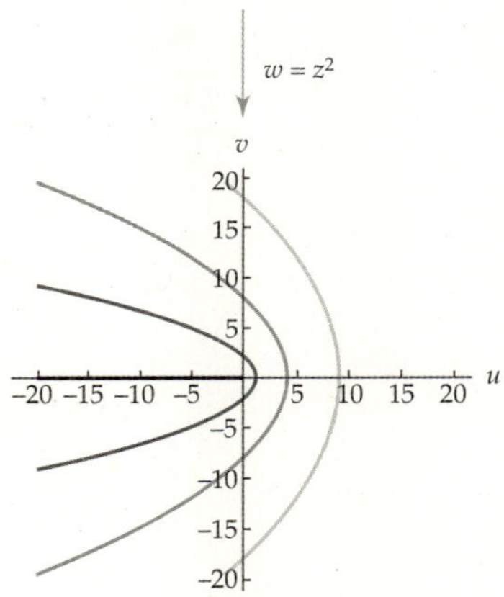

(b) (a)의 연직선의 상

그림 2.4.4 사상 $w = z^2$

보기 2의 방법을 약간 수정하면, 사상 $w = z^2$이 수평선 $y = k\ (k \neq 0)$을 다음 포물선 위로 사상함을 보일 수 있다.

$$u = \frac{v^2}{4k^2} - k^2 \tag{4}$$

또다시, (4)의 상은 k를 $-k$로 대체해도 바뀌지 않음을 확인할 수 있다. 곧, $k \neq 0$일 때 한 쌍의 수평선 $y = k$와 $y = -k$는 모두 $w = z^2$에 의해 (4)에 제시한 포물선 위로 사상된다. $k = 0$일 때, 수평선 $y = 0$(실수축)은 양의 실수축 위로 사상된다. 따라서 그림 2.4.5(a)에 나타낸 수평선 $y = k\ (k \neq 0)$은 $w = z^2$에 의해 그림 2.4.5(b)에 나타낸 포물선 위로 사상된다. 특히, 직선 $y = \pm 3$은 꼭짓점이 $(-9, 0)$인 포물선 위로 사상되고, 직선 $y = \pm 2$는 꼭짓

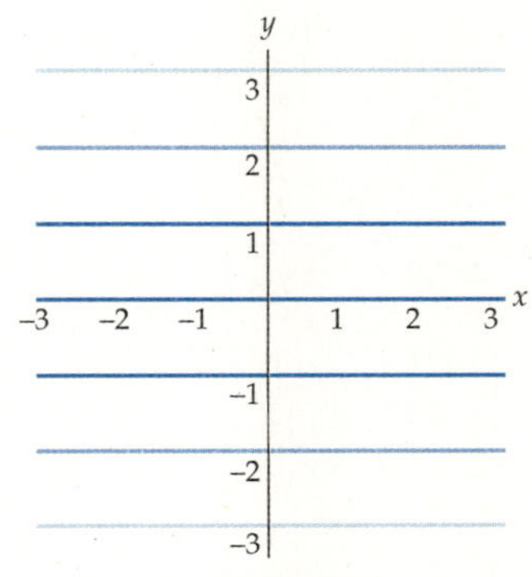

(a) z 평면의 수평선

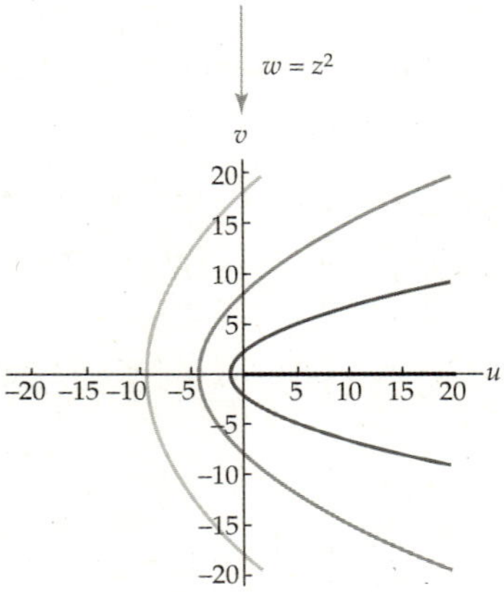

(b) (a)의 수평선의 상

그림 2.4.5 사상 $w = z^2$

점이 $(-4,\ 0)$인 포물선 위로 사상되며, 직선 $y = \pm 1$은 꼭짓점이 $(-1,\ 0)$인 포물선 위로 사상된다.

보기 3 $w = z^2$에 의한 삼각형의 상

세 꼭짓점이 $0,\ 1+i,\ 1-i$인 삼각형의 사상 $w = z^2$에 의한 상을 찾아라.

풀이 세 꼭짓점이 $0,\ 1+i,\ 1-i$인 삼각형을 S로 나타내고, $w = z^2$에 의한 상을 S'으로 나타내자. S의 세 변을 별도로 다루자. 꼭짓점 0과 $1+i$를 포함하는 S의 변은 시점이 원점이고 양의 x축과 $\pi/4$라디안의 각을 이루는 반직선에 놓여 있다. 앞의 논의에 의해 이 선분의 상은 양의 u축과 $2(\pi/4) = \pi/2$라디안의 각을 이루는 반직선에 놓인다. 더욱이, 0과 $1+i$를 포함하는 이 변에 있는 점의 크기가 0부터 $\sqrt{2}$까지이므로, 이런 점의 상의 크기는 $0^2 = 0$부터 $(\sqrt{2})^2 = 2$까지이다. 그러므로 이 변의 상은 그림 2.4.6(b)에 나타낸 대로 v축에 포함된 0부터 $2i$까지의 연직 선분이다. 비슷한 방법으로 꼭짓점 0과 $1-i$를 포함하는 S의 변의 상이 v축에 포함된 0부터 $-2i$까지의 연직 선분임을 알 수 있다. 그림 2.4.6을 보라. S의 나머지 변은 꼭짓점 $1-i$와 $1+i$를 포함한다. 이 변은 점 $z = 1+iy$ $(-1 \le y \le 1)$로 이루어진 집합이다. 이 변이 연직선 $x = 1$에 포함되기 때문에, 보기 2의 (2)와 (3)에 의해 그 상은 다음과 같이 포물선의 일부이다.

$$u = 1 - \frac{v^2}{4} \quad (-2 \le v \le 2)$$

그러므로 그림 2.4.6(a)에 나타낸 삼각형 S의 상은 그림 2.4.6(b)에 나타낸 도형 S'이다. ❑

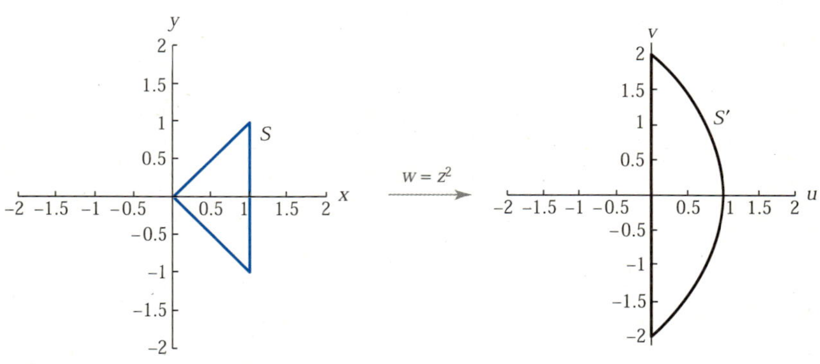

(a) z평면의 삼각형 (b) (a)의 삼각형의 상

그림 2.4.6 사상 $w = z^2$

함수 z^n $(n > 2)$ $w = z^2$에 적용한 분석 방법과 비슷한 방법을 사상 $w = z^n$ $(n > 2)$에 적용할 수 있다. 기호 z를 $re^{i\theta}$로 바꾸면, 다음을 얻는다.

$$w = z^n = r^n e^{in\theta} \tag{5}$$

따라서 z와 $w = z^n$을 똑같은 복소 평면에 나타내면, z의 크기 r을 w의 크기 r^n으로 확대 또는 축소하고 z의 편각 θ를 w의 편각 $n\theta$로 증가시켜서 원점을 중심으로 z를 회전시키는 과정으로 이 사상을 가시화할 수 있다.

$w = z^n$의 이런 성질을 이용해서, 시점이 원점이고 양의 x축과 ϕ라디안의 각을 이루는 반직선이 시점이 원점이고 양의 u축과 $n\phi$라디안의 각을 이루는 반직선 위로 사상됨을 밝힐 수 있다. 이런 성질은 그림 2.4.7에 사상 $w = z^3$의 경우를 이용해서 예시했다. 그림 2.7.4(a)에 나타낸 각 반직선은 그림 2.7.4(b)의 반직선 위로 사상된다. 사상 $w = z^3$은 각 점의 편각을 3배로 증가시키므로, 그림 2.4.7(a)에서 x축에 가장 가까운 제 1 사분면의 반직선은 그림 2.4.7(b)에서 제 1 사분면에 있는 반직선 위로 사상되고, 그림 2.4.7(a)에서 제 1 사분면이 있는 나머지 반직선은 그림 2.4.7(b)에서 제 2 사분면에 있는 반직선 위로 사상된다. 마찬가지로, 그림 2.4.7(a)에서 x축에 가장 가까운 제 4 사분면의 반직선은 그림 2.4.7(b)에서 제 4 사분면에 있는 반직선 위로 사상되고, 그림 2.4.7(a)에서 제 4 사분면이 있는 나머지 반직선은 그림 2.4.7(b)에서 제 3 사분면에 있는 반직선 위로 사상된다.

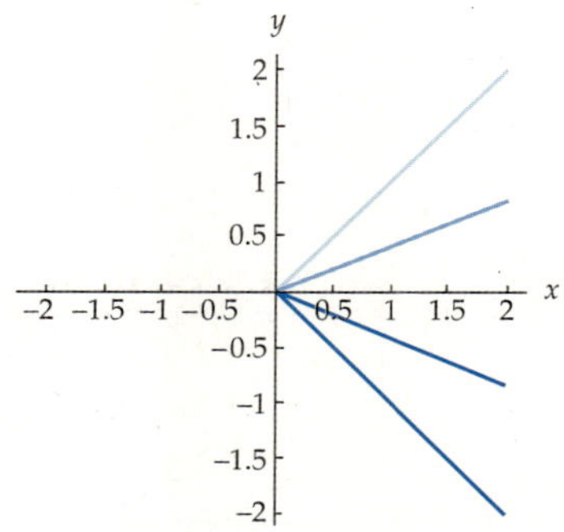

(a) z 평면의 반직선

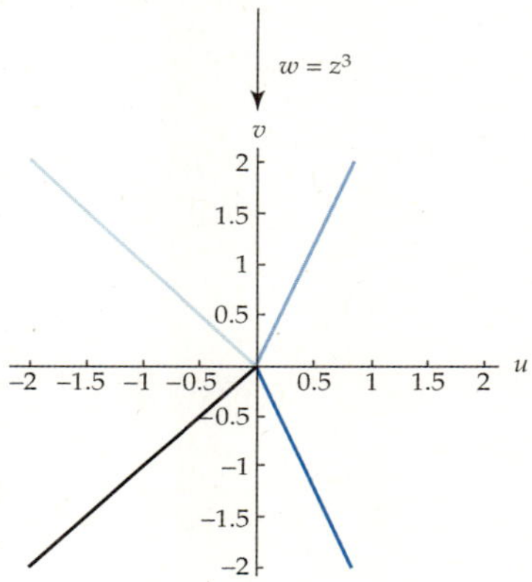

(b) (a)의 반직선의 상

그림 2.4.7 사상 $w = z^3$

보기 4 $w = z^3$에 의한 사분 원판의 상

연립 부등식 $|z| \le 2,\ 0 \le \arg(z) \le \pi/2$로 정의된 사분 원판의 사상 $w = z^3$에 의한 상을 찾아라.

풀이 사분 원판을 S로 나타내고, $w = z^3$에 의한 상을 S'으로 나타내자. S에 있는 점의 크기는 0부터 2까지 변하고, 사상 $w = z^3$은 각 점의 크기를 세제곱하므로 S'에 점의 크기는 $0^3 = 0$부터 $2^3 = 8$까지 변한다. 게다가, S에 있는 점의 편각은 0부터 $\pi/2$까지 변하고, 사상 $w = z^3$은 각 점의 편각을 세 배로 하므로 S'에 점의 편각은 0부터 $3\pi/2$까지 변한다. 따라서 S'은 그림 2.4.8(b)에 나타낸 바와 같이 연립 부등식 $|w| \le 8,\ 0 \le \arg(w) \le 3\pi/2$로 표현되는 집합이다. 요약하면, 그림 2.4.8(a)에 나타낸 집합 S는 $w = z^3$에 의해 그림 2.4.8(b)에 나타낸 집합 S' 위로 사상된다. ❑

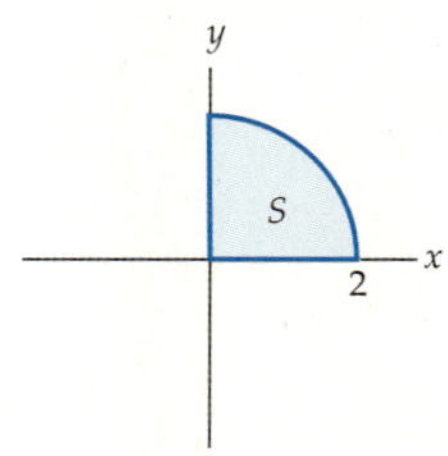

(a) 보기 4의 집합 S

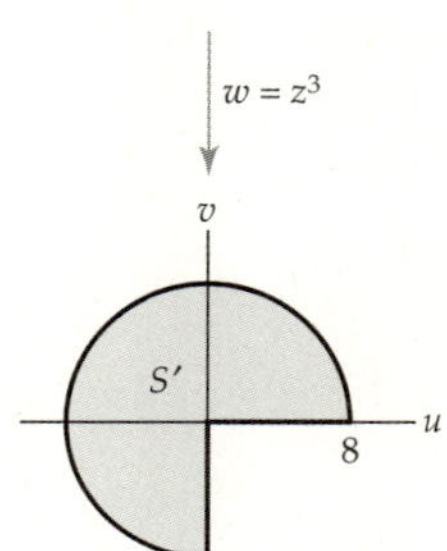

(b) S의 상

그림 2.4.8 사상 $w = z^3$

2.4.2 거듭제곱근 함수 $z^{1/n}$

이제 2 이상의 정수 n에 대해 $z^{1/n}$ 꼴의 복소 멱 함수, 곧 복소 거듭제곱근 함수를 조사보자. 먼저 $n = 2$인 경우를 알아보자.

으뜸 제곱근 함수 $z^{1/2}$ 1.4절의 (4)에서 영이 아닌 복소수 $z = r(\cos\theta + i\sin\theta) = re^{i\theta}$의 n개의 n제곱근은 $k = 0,\ 1,\ 2,\ \cdots,\ n-1$에 대해 다음과 같음을 알아봤다.

$$\sqrt[n]{r}\left\{\cos\left(\frac{\theta+2k\pi}{n}\right)+i\sin\left(\frac{\theta+2k\pi}{n}\right)\right\}=\sqrt[n]{r}\,e^{i(\theta+2k\pi)/n}$$

특히, $n=2$인 경우에 z의 두 개의 제곱근은 $k=0,\ 1$에 대해 다음과 같다.

$$\sqrt{r}\left\{\cos\left(\frac{\theta+2k\pi}{2}\right)+i\sin\left(\frac{\theta+2k\pi}{2}\right)\right\}=\sqrt{r}\,e^{i(\theta+2k\pi)/2} \tag{6}$$

용어
으뜸 제곱근 함수, 주제곱근 함수 principal square root function

(6)의 식은 복소수 z에 ($k=0$일 때 한 개와 $k=1$일 때 한 개의) 두 개의 복소수를 대응시키므로, 함수를 정의하지 않는다. 그렇지만 (6)에서 $\theta=\mathrm{Arg}(z)$와 $k=0$으로 놓으면, z에 유일한 으뜸 제곱근을 대응시키는 함수를 정의할 수 있다. 자연스럽게, 이를 으뜸 제곱근 함수 또는 주제곱근 함수라고 한다.

정의 2.4.1 으뜸 제곱근 함수

다음과 같이 정의된 함수 $z^{1/2}$을 으뜸 제곱근 함수라고 한다.

$$z^{1/2}=\sqrt{|z|}\,e^{i\mathrm{Arg}(z)/2} \tag{7}$$

(7)에서 $\theta=\mathrm{Arg}(z)$로 놓고 z를 $re^{i\theta}$로 바꾸면, $|z|>0$에 대한 으뜸 제곱근 함수를 다음과 같이 나타낼 수도 있다.

$$z^{1/2}=\sqrt{r}\,e^{i\theta/2}\quad(\theta=\mathrm{Arg}(z)) \tag{8}$$

주의 ➡

정의 2.4.1에서 사용한 기호 $z^{1/2}$은 1.4절에서 사용한 이와 똑같은 기호와 다른 것을 나타내고 있음에 주목하자. (7)에서 $z^{1/2}$은 복소수 z의 으뜸 제곱근의 값을 나타내고, 반면에 1.4절에서 기호 $z^{1/2}$은 복소수 z의 두 개의 제곱근의 집합을 나타낸다. 기호를 이렇게 중복 사용하는 것은 불행이지만, 널리 통용되고 있다. 대부분의 경우에 기호 $z^{1/2}$이 나타나는 문맥에서 이것이 으뜸 제곱근 함수를 나타내는지 아니면 제곱근의 집합을 나타내는지를 명확히 파악해야 한다. 혼동을 피하기 위해서 때로는 '으뜸 제곱근 함수 $z^{1/2}$' 또는 '(7)과 같이 정의된 함수 $f(z)=z^{1/2}$'이라고 명확하게 서술하겠다.

보기 5 $z^{1/2}$의 값

다음 점에서 으뜸 제곱근 함수 $z^{1/2}$의 값을 찾아라.

(a) $z=4$ (b) $z=-2i$ (c) $z=-1+i$

풀이 각 경우에 (7)을 이용해서 $z^{1/2}$의 값을 결정한다.

(a) $z=4$의 경우에 $|z|=|4|=4$이고 $\mathrm{Arg}(z)=\mathrm{Arg}(4)=0$이므로, (7)에 의해 다음을 얻는다.

$$4^{1/2}=\sqrt{4}\,e^{i(0/2)}=2e^{i(0)}=2$$

(b) $z=-2i$의 경우에 $|z|=|-2i|=2$이고 $\mathrm{Arg}(z)=\mathrm{Arg}(-2i)=-\pi/2$이므로, (7)에 의해 다음을 얻는다.

$$(-2i)^{1/2} = \sqrt{2}\,e^{i(-\pi/2)/2} = \sqrt{2}\,e^{-i\pi/4} = 1 - i$$

(c) $z = -1 + i$의 경우에 $|z| = |-1+i| = \sqrt{2}$이고 $\mathrm{Arg}(z) = \mathrm{Arg}(-1+i) = 3\pi/4$이므로, (7)에 의해 다음을 얻는다.

$$(-1+i)^{1/2} = \sqrt{\sqrt{2}}\,e^{i(3\pi/4)/2} = \sqrt[4]{2}\,e^{i(3\pi/8)} \fallingdotseq 0.4551 + 1.0987i \ \square$$

> **용어**
> 으뜸 편각 principal argument

정의 2.4.1의 으뜸 제곱근 함수의 값을 구할 때는 으뜸 편각을 사용한다는 사실이 중요하다. z의 편각을 다르게 선택하면 다른 함수를 얻는다. 예를 들면, 1.4절에서 i의 제곱근 두 개가 $\frac{1}{2}\sqrt{2} + \frac{1}{2}\sqrt{2}i$와 $-\frac{1}{2}\sqrt{2} - \frac{1}{2}\sqrt{2}i$임을 알아봤다. $z = i$에 대해 $|z| = 1$이고 $\mathrm{Arg}(z) = \pi/2$이므로, (7)에 의해 다음을 얻는다.

$$i^{1/2} = \sqrt{1}\,e^{i(\pi/2)2} = 1 \cdot e^{i\pi/4} = \frac{\sqrt{2}}{2} + \frac{\sqrt{2}}{2}i$$

따라서 i의 두 제곱근 중에서 첫째 것만이 으뜸 제곱근 함수의 값이다. 물론, 다른 '제곱근' 함수를 정의할 수 있다. 예를 들면, θ를 구간 $(\pi, 3\pi]$에 속하는 z의 유일한 편각이라고 가정하자. 그러면 $f(z) = \sqrt{|z|}\,e^{i\theta/2}$은 함수를 정의하며, 여기서 $f(i) = -\frac{1}{2}\sqrt{2} - \frac{1}{2}\sqrt{2}i$이다. 함수 f는 으뜸 제곱근 함수는 아니지만, 밀접하게 관련되어 있다. $\pi < \mathrm{Arg}(z) + 2\pi \le 3\pi$이므로, $\theta = \mathrm{Arg}(z) + 2\pi$이고 이에 따라 다음을 얻는다.

$$f(z) = \sqrt{|z|}\,e^{i\theta/2} = \sqrt{|z|}\,e^{i(\mathrm{Arg}(z)+2\pi)/2} = \sqrt{|z|}\,e^{i\mathrm{Arg}(z)/2}e^{i\pi}$$

$e^{i\pi} = -1$이므로, 위의 식을 간단히 하면 $f(z) = -\sqrt{|z|}\,e^{i\mathrm{Arg}(z)/2}$이다. 곧, 함수 $f(z) = \sqrt{|z|}\,e^{i\theta/2}$ $(\pi < \theta \le 3\pi)$는 으뜸 제곱근 함수 $z^{1/2}$의 -1배이다.

역함수 (7)로 정의된 으뜸 제곱근 함수 $z^{1/2}$은 이번 절의 처음 부분에서 조사한 제곱 함수 z^2의 역함수이다. 이 내용을 상세하게 알아보기 전에, 역함수에 관한 일반적인 용어를 다시 확인할 필요가 있다.

> **용어**
> 일대일 함수 one-to-one function
> 원상, 역상 pre-image
> 역함수 inverse function

실 함수는 일대일이어야 그 역함수가 존재할 수 있다. 복소 함수에 대해서도 이는 참이다. 일대일 복소 함수의 정의는 실 함수의 경우와 같다. 곧, 복소 함수 f의 치역에 있는 각 원소 w가 f의 정의역에 있는 유일한 원소 z의 상일 때, f를 일대일 함수라 한다. 이때 z를 w의 원상 또는 역상이라 한다. 다시 말하면, $f(z_1) = f(z_2)$이면 $z_1 = z_2$일 때, f를 일대일 함수이다. 다른 방법으로 나타내면, $z_1 \neq z_1$이면 $f(z_1) \neq f(z_2)$이다. 말로 표현하면, 일대일 복소 함수는 z평면의 서로 다른 원소를 w평면의 같은 원소로 사상하지 않는다. 예를 들면, 함수 $f(z) = z^2$은 일대일이 아닌데, $f(i) = f(-i) = -1$이기 때문이다. f가 일대일 복소 함수이면, f의 치역에 있는 임의의 원소 w에 대해

z평면에 유일한 원상 z가 존재하는데, 이를 $f^{-1}(w)$로 나타낸다. 원소 w와 그 원상 $f^{-1}(w)$ 사이의 대응은 일대일 복소 함수의 역함수를 정의한다.

정의 2.4.2 역함수

f가 정의역이 A이고 치역이 B인 일대일 복소 함수이면, 기호 f^{-1}로 나타내는 f의 역함수는 정의역이 B이고 치역이 A이며 $f(w)=z$일 때 $f^{-1}(z)=w$로 정의되는 함수이다.

정의 2.4.2로부터, 일대일 함수 f에 의해 집합 S가 집합 S' 위로 사상되면 f^{-1}은 S'을 S 위로 사상함을 즉시 알 수 있다. 바꿔 말하면, 복소 사상 f와 f^{-1}은 서로를 원래로 되돌린다. 또, 정의 2.4.2로부터 f의 역함수가 존재하면, $f(f^{-1}(z))=z$이고 $f^{-1}(f(z))=z$임을 알 수 있다. 곧, 두 합성 함수 $f\circ f^{-1}$과 $f^{-1}\circ f$는 항등 함수이다.

보기 6 $f(z)=z+3i$의 역함수

복소 함수 $f(z)=z+3i$가 복소 평면 전체에서 일대일임을 보이고, 그 역함수의 식을 찾아라.

풀이 f가 일대일 함수임을 보이는 한 가지 방법은, $f(z_1)=f(z_2)$이면 $z_1=z_2$을 밝히는 것이다. 함수 $f(z)=z+3i$의 경우에, $z_1+3i=z_2+3i$이면 $z_1=z_2$이므로, 이는 즉시 밝혀진다. 실 함수의 경우와 마찬가지로, f의 역함수는 흔히 방정식 $z=f(w)$를 기호 w에 대해 풀어서 대수적으로 찾을 수 있다. $z=w+3i$를 w에 대해 풀면 $w=z-3i$을 얻으므로, $f^{-1}(z)=z-3i$이다. ❑

방정식 $z=f(w)$를 w에 대해 풀어서 ➡ $w=f^{-1}(z)$에 대한 식을 찾는다.

2.3절에서 알아본 대로, 보기 6의 사상 $f(z)=z+3i$는 $3i$만큼의 평행 이동이고, $f^{-1}(z)=z-3i$는 $-3i$만큼의 평행 이동이다. 이 사상들을 단 하나의 복소 평면에 나타낸다고 하자. 점을 $3i$만큼 평행 이동한 다음에 $-3i$만큼 평행 이동하면 원래의 자리로 되돌아가므로, 예상한 대로 두 사상 f와 f^{-1}은 서로를 원래로 되돌린다.

$n>2$일 때 z^n의 역함수 이제 거듭제곱 함수 z^n $(n\ge 2)$의 역함수를 찾는 방법을 알아보겠다. 이를 위해서는 약간의 설명이 필요한데, 함수 $f(z)=z^n$ $(n\ge 2)$가 일대일이 아니기 때문이다. 이유를 알아보기 위해서, $r\ne 0$인 두 점 $z_1=re^{i\theta}$과 $z_2=re^{i(\theta+2\pi/n)}$을 생각하자. $n\ge 2$이므로, 두 점 z_1과 z_2는 서로 다르다. 곧, $z_1\ne z_2$이다. (5)에 의해 $f(z_1)=r^ne^{in\theta}$이고 $f(z_2)=r^ne^{i(n\theta+2\pi)}=r^ne^{in\theta}e^{i2\pi}=r^ne^{in\theta}$이다. 따라서 $z_1\ne z_2$이지만 $f(z_1)=$

$f(z_2)$이므로, f는 일대일 함수가 아니다. 사실, n개의 서로 다른 점 $z_1 = re^{i\theta}$, $z_2 = re^{i(\theta+2\pi/n)}$, $z_3 = re^{i(\theta+4\pi/n)}$, $\cdots$, $z_n = re^{i(\theta+2(n-1)\pi/n)}$은 모두 $f(z) = z^n$에 의해 단 하나의 점 $w = r^n e^{in\theta}$으로 사상된다. $n = 6$인 경우에 대한 이 사실은 그림 2.4.9에 나타냈다. 그림 2.4.9에 나타낸 여섯 개의 점 z_1, z_2, $\cdots$, z_6은 크기가 모두 같고 편각이 $2\pi/6 = \pi/3$만큼씩 차가 나는데, $f(z) = z^6$에 의해 모두 똑같은 점으로 사상된다.

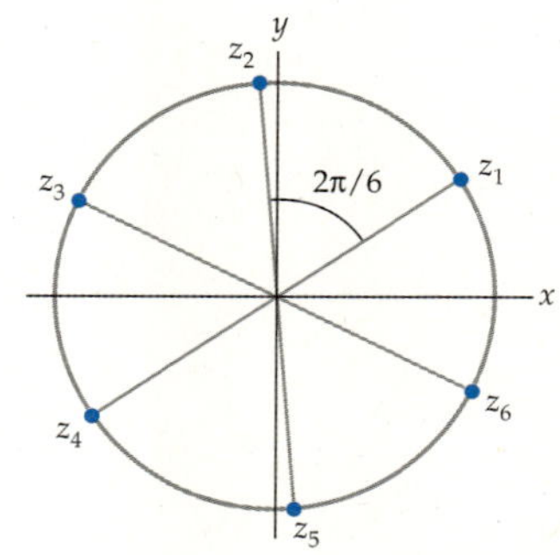

그림 2.4.9 $f(z) = z^6$에 의해 똑같은 점으로 사상되는 점들

앞의 논의는 함수 $f(z) = z^n$ $(n \geq 2)$가 일대일이 아니기 때문에 이의 역함수가 존재하지 않는다는 사실을 의미하는 것으로 보인다. 이 문제는 이미 초등 미분 적분학에서 어떤 실 함수의 역함수를 정의할 때 마주쳤었다. 예를 들면, 실 함수 $f(x) = x^2$과 $g(x) = \sin x$는 일대일이 아니다. 그렇지만 역함수 $f^{-1}(x) = \sqrt{x}$와 $g^{-1}(x) = \arcsin x$가 존재한다. 이런 역함수를 정의하는 열쇠는, 함수가 일대일이 되는 집합으로 정의역을 적절히 제한하는 것이다. 예를 들면, 구간 $(-\infty, \infty)$에서 정의된 $f(x) = x^2$은 일대일이 아니지만, 구간 $[0, \infty)$에서 정의된 똑같은 함수는 일대일이다. 마찬가지로, 구간 $(-\infty, \infty)$에서 정의된 $g(x) = \sin x$은 일대일이 아니지만, 구간 $[-\pi/2, \pi/2]$에서 정의된 똑같은 함수는 일대일이다. 함수 $f^{-1}(x) = \sqrt{x}$는 구간 $[0, \infty)$에서 정의된 함수 $f(x) = x^2$의 역함수이다. $\text{Dom}(f) = [0, \infty)$이고 $\text{Range}(f) = [0, \infty)$이므로, $f^{-1}(x) = \sqrt{x}$의 정의역과 치역은 모두 구간 $[0, \infty)$이다. 그림 2.4.10을 보라. 마찬가지 방법으로, $g^{-1}(x) = \arcsin x$는 $[-\pi/2, \pi/2]$에서 정의된 함수 $g(x) = \sin x$의 역함수이다. g^{-1}의 정의역은 $[-1, 1]$이고 치역은 $[-\pi/2, \pi/2]$이다. 그림 2.4.11을 보라. 이와 똑같은 발상을 복소 거듭제곱 함수 z^n $(n \geq 2)$에 적용한다. 곧, $f(z) = z^n$ $(n \geq 2)$의 역함수를 정의하기 위해 f의 정의역을 f가 일대일인 집합으로 축소해야 한다. 보기 7에서 $n = 2$일 때 이렇게 '축소된 정의역'의 예를 알아본다.

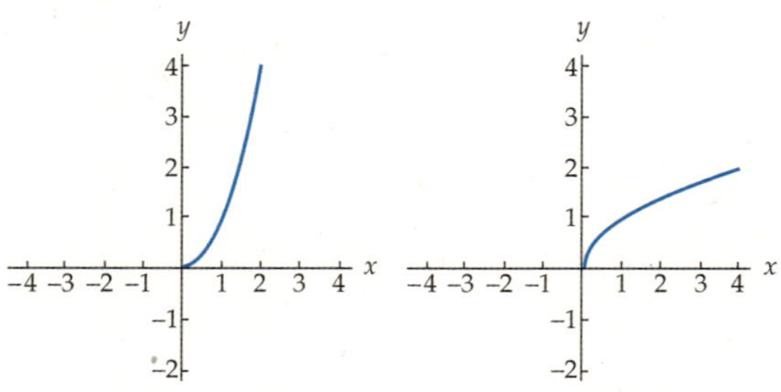

(a) $f(x) = x^2$ (b) $f^{-1}(x) = \sqrt{x}$

그림 2.4.10 $[0, \infty)$에서 정의된 $f(x) = x^2$과 그 역함수

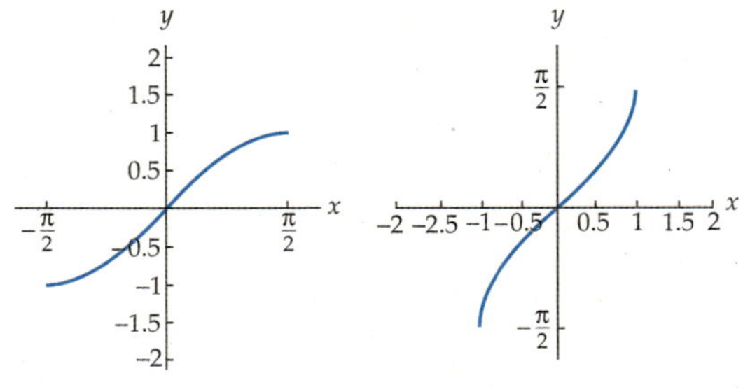

(a) $g(x) = \sin x$ (b) $g^{-1}(x) = \arcsin x$

그림 2.4.11 $[-\pi/2,\ \pi/2]$에서 정의된 함수 $g(x) = \sin x$과 그 역함수

보기 7 $f(z) = z^2$의 축소된 정의역

$f(z) = z^2$은 그림 2.4.12에 나타낸 부등식 $-\pi/2 < \arg(z) \le \pi/2$로 정의된 집합 A에서 일대일 함수임을 보여라.

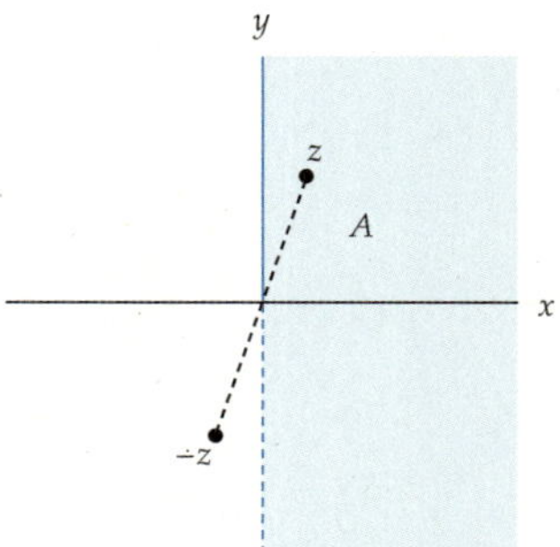

그림 2.4.12 $f(z) = z^2$이 일대일인 정의역

풀이 보기 6에서와 같이 A의 두 원소 z_1과 z_2에 대해 $f(z_1) = f(z_2)$이면 $z_1 = z_2$임을 밝힘으로서 f가 일대일 함수임을 보이자. z_1과 z_2가 A에 속하면, $z_1 = r_1 e^{i\theta_1}$ $(-\pi/2 < \theta_1 \le \pi/2)$ 및 $z_2 = r_2 e^{i\theta_2}$ $(-\pi/2 < \theta_2 \le \pi/2)$와 같이 나타낼 수 있다. $f(z_1) = f(z_2)$이면, (1)에 의해 다음이 성립한다.

$$r_1^2 e^{i2\theta_1} = r_2^2 e^{i2\theta_2} \tag{9}$$

(9)에 의해 두 복소수 $r_1^2 e^{i2\theta_1}$과 $r_2^2 e^{i2\theta_2}$의 크기가 서로 같고 으뜸 편각이 서로 같으므로 다음을 얻는다.

$$r_1^2 = r_2^2, \quad \operatorname{Arg}\left(r_1^2 e^{i2\theta_1}\right) = \operatorname{Arg}\left(r_2^2 e^{i2\theta_2}\right) \tag{10}$$

r_1과 r_2가 모두 양수이므로, (10)의 첫째 등식에 의해 $r_1 = r_2$이다. 또, $-\pi/2 < \theta_1 \le \pi/2$이고 $-\pi/2 < \theta_2 \le \pi/2$이므로, $-\pi < 2\theta_1 \le \pi$이고 $-\pi < 2\theta_2 \le \pi$이다. 그러므로 $\operatorname{Arg}\left(r_1^2 e^{i2\theta_1}\right) = 2\theta_1$이고 $\operatorname{Arg}\left(r_2^2 e^{i2\theta_2}\right) = 2\theta_2$이다. 이 사실과 (10)의 둘째 등식으로부터 $2\theta_1 = 2\theta_2$, 곧 $\theta_1 = \theta_2$를 얻는다. 따라서 $z_1 = z_2$이므로, f는 A에서 일대일 함수이다. ❑

$\operatorname{Arg}(z)$는 구간 $(-\pi,\ \pi]$에 속한다.➡

$f(z) = z^2$의 역함수 보기 7에서 제곱 함수 z^2은 $-\pi/2 < \arg(z) \le \pi/2$로 정의된 집합 A에서 일대일 함수임을 보였다. 그러므로 정의 2.4.2에 의해 이 함수의 역함수 f^{-1}가 잘 정의된다. 이제 이 역함수가 정의 2.4.1의 으뜸 제곱근 함수 $z^{1/2}$임을 보이겠다. 이를 위해서, $z = re^{i\theta}$과 $w = \rho e^{i\phi}$이라 하자. 여기서 θ와 ϕ는 각각 z와 w의 으뜸 편각이다. $w = f^{-1}(z)$라고 하자. f^{-1}의 치역은 f의 정의역이므로, w의 으뜸 편각 ϕ는 반드시 다음을 만족시켜야 한다.

$$-\frac{\pi}{2} < \phi \le \frac{\pi}{2} \tag{11}$$

한편, 정의 2.4.2에 의해 $f(w) = w^2 = z$이다. 그러므로 w는 (6)에 주어진 z의 두 개의 제곱근 중 하나이다. 곧, $w = \sqrt{r}\,e^{i\theta/2}$ 또는 $w = \sqrt{r}\,e^{i(\theta+2\pi)/2}$이다. w가 다음과 같이 이 중에서 둘째 것이라고 가정하자.

$$w = \sqrt{r}\,e^{i(\theta+2\pi)/2} \tag{12}$$

$\theta = \mathrm{Arg}(z)$이므로 $-\pi < \theta \le \pi$이고, 이에 따라 $\pi/2 < (\theta + 2\pi)/2 \le 3\pi/2$이다. 이 사실과 (12)에 의해 w의 으뜸 편각 ϕ는 $-\pi < \phi \le -\pi/2$ 또는 $\pi/2 < \phi \le \pi$를 만족시켜야 한다. 그렇지만 (11)에 의해 $-\pi/2 < \phi \le \pi/2$이므로 이는 불가능하고, (12)의 가정은 부정확하다. 따라서 $w = \sqrt{r}\,e^{i\theta/2}$, 곧 (8)에 주어진 으뜸 제곱근 함수 $z^{1/2}$이라는 결론을 얻는다.

$z^{1/2}$은 집합 $-\pi/2 < \arg(z) \le \pi/2$에서 정의된 $f(z) = z^2$의 역함수이므로, $z^{1/2}$의 정의역과 치역은 각각 f의 치역과 정의역이다. 특히, $\mathrm{Range}(z^{1/2}) = A$, 곧 $z^{1/2}$의 치역은 $-\pi/2 < \arg(w) \le \pi/2$를 만족시키는 복소수 w의 집합이다. $\mathrm{Dom}(z^{1/2})$을 찾으려면, f의 치역을 찾을 필요가 있다. 82쪽에서 $w = z^2$이 오른쪽 반평면 $\mathrm{Re}(z) \ge 0$을 복소 평면 전체로 사상함을 알아봤다. 그림 2.4.3을 보라. 집합 A는 오른쪽 반평면 $\mathrm{Re}(z) \ge 0$에서 시점이 원점이고 점 $-i$를 지나는 반직선을 제외한 것과 같다. 곧, A에는 점 $z = 0$과 $\arg(z) = -\pi/2$를 만족시키는 점이 포함되지 않는다. 그렇지만 (양의 허수축인) 집합 $\arg(z) = \pi/2$의 상이 집합 $\arg(z) = -\pi/2$의 상과 서로 같음을 알아봤다. 두 집합은 모두 음의 실수축 위로 사상된다. 집합 $\arg(z) = \pi/2$가 A에 포함되기 때문에, 집합 A의 상과 오른쪽 반평면 $\mathrm{Re}(z) \ge 0$의 상 사이의 차는 점 $z = 0$의 상, 곧 $w = 0$뿐이다. 곧, $-\pi/2 < \arg(z) \le \pi/2$로 정의된 집합 A는 $w = z^2$에 의해 점 $w = 0$을 제외한 복소 평면 전체 위로 사상되고, 이에 따라 $f^{-1}(z) = z^{1/2}$의 정의역은 0을 제외한 복소 평면 전체 $\mathbb{C}$이다. 요약하면, 으뜸 제곱근 함수 $w = z^{1/2}$은 0을 제외한 복소 평면 전체 $\mathbb{C}$를 $-\pi/2 < \arg(z) \le \pi/2$로 정의된 집합 위로 사상한다. 이 사상을 2.4.13에서 나타냈다. 그림 2.4.13(a)에 나타낸 원 $|z| = r$은 $w = z^{1/2}$에 의해 그림 2.4.13(b)에 나타낸 반원 $|w| = \sqrt{r}$ $(-\pi/2 < \arg(w) \le \pi/2)$ 위로 사상된다. 게다가, 그림 2.4.13(a)에 나타낸 음의 허수축은 그림 2.4.13(b)에 나타낸 양의 실수축 위로 사상된다. 물론, 필요하다면 으뜸 제곱근 함수는 정의역에 점 0이 포함되도록 확장할 수도 있다.

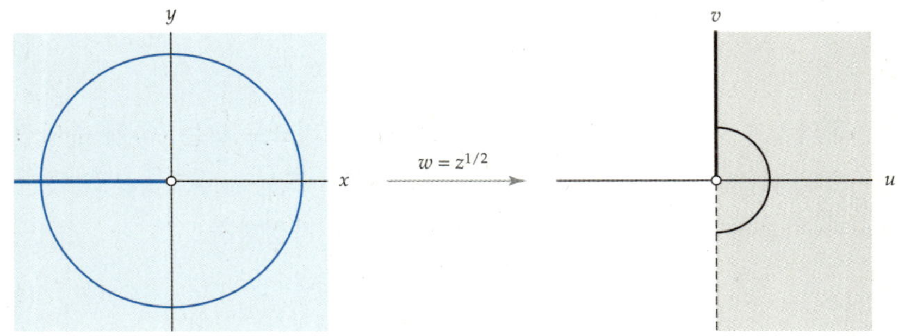

(a) $z^{1/2}$의 정의역 (b) $z^{1/2}$의 치역

그림 2.4.13 으뜸 제곱근 함수 $w = z^{1/2}$

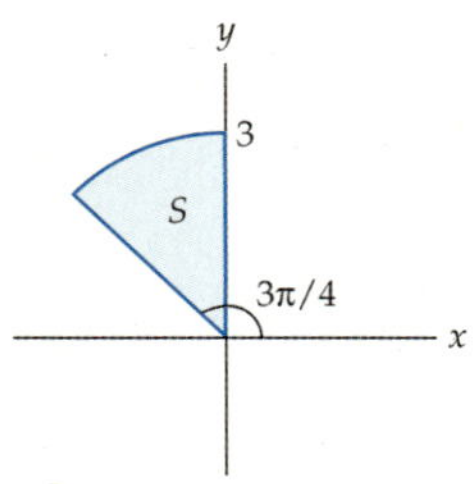

(a) 부채꼴

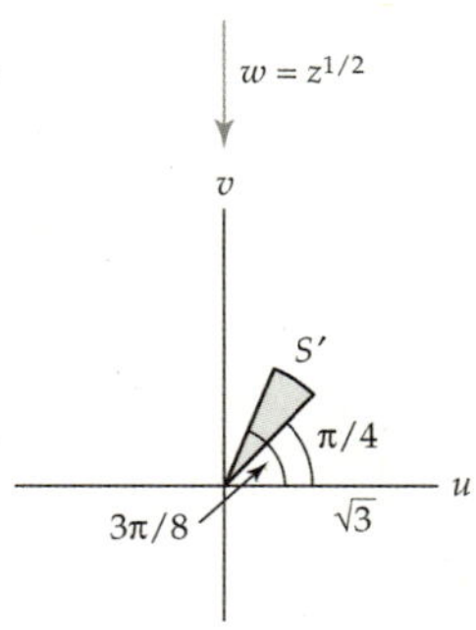

(b) (a)의 집합의 상

그림 2.4.14 사상 $w = z^{1/2}$

사상 $w = z^{1/2}$ 사상으로서 함수 z^2은 각 점의 크기를 제곱하고 편각은 두 배로 한다. 으뜸 제곱근 함수 $z^{1/2}$이 z^2의 역함수이므로, 사상 $w = z^{1/2}$은 각 점의 크기의 제곱근을 취하고 으뜸 편각은 반으로 줄인다. 곧, $w = z^{1/2}$이면, $|w| = \sqrt{|z|}$이고 $\text{Arg}(w) = \frac{1}{2}\text{Arg}(z)$이다. 이 관계는 (7)로부터 직접 유도되며, $w = z^{1/2}$에 의한 집합의 상을 결정하는 데 유용하다.

보기 8 $w = z^{1/2}$에 의한 부채꼴의 상

으뜸 제곱근 함수에 의한 $|z| \le 3$, $\pi/2 \le \arg(z) \le 3\pi/4$로 정의된 집합 S의 상을 찾아라.

풀이 $w = z^{1/2}$에 의한 S의 상을 S'이라 하자. S의 점에 대해 $|z| \le 3$이고 $z^{1/2}$은 각 점의 크기의 제곱근을 취하므로, S'의 점 w에 대해 $|w| \le \sqrt{3}$이다. 또, S의 점에 대해 $\pi/2 \le \arg(z) \le 3\pi/4$이고 $z^{1/2}$은 각 점의 편각을 반으로 줄이므로, S'의 점 w에 대해 $\pi/4 \le \arg(w) \le 3\pi/8$가 성립한다. 따라서 그림 2.4.14(a)에 나타낸 집합 S는 $w = z^{1/2}$에 의해 그림 2.4.14(b)에 나타낸 집합 S'으로 사상된다. ❑

으뜸 n제곱근 함수 함수 $f(z) = z^2$이 $-\pi/2 < \arg(z) \le \pi/2$로 정의된 집합에서 일대일이라고 밝힌 보기 7의 논법을 수정하면, 복소 거듭제곱 함수 $f(z) = z^n$ $(n > 2)$가 다음과 같이 정의된 집합에서 일대일임을 보일 수 있다.

$$-\frac{\pi}{n} < \arg(z) \le \frac{\pi}{n} \tag{13}$$

사상 $w = z^n$에 의해 (13)으로 정의된 집합의 상이 $w = 0$을 제외한 복소 평면 전체 $\mathbb{C}$라는 사실을 비교적 쉽게 보일 수 있다. 그러므로 f의 역함수가 잘 정의된다. $n = 2$인 경우와 비슷하게, z^n의 역함수를 **으뜸 n제곱근 함수** $z^{1/n}$이라 한다. $z^{1/n}$의 정의역은 영이 아닌 복소수 전체의 집합이고, $z^{1/n}$의 치역은 $-\pi/n < \arg(w) \leq \pi/n$를 만족시키는 복소수 w 전체의 집합이다. 으뜸 n제곱근은 다음과 같은 공식으로 순수하게 대수적으로 설명할 수 있는데, 이는 (7)과 유사하다.

정의 2.4.3 으뜸 n제곱근 함수

$n \geq 2$일 때, 다음과 같이 정의된 함수 $z^{1/n}$을 **으뜸 n제곱근 함수**라고 한다.

$$z^{1/n} = \sqrt[n]{|z|}\, e^{i\operatorname{Arg}(z)/n} \tag{14}$$

정의 2.4.1의 으뜸 제곱근 함수 $z^{1/2}$은 (14)에서 $n=2$인 특별한 경우임을 확인하자. 또, 정의 2.4.3에서는 기호 $z^{1/n}$을 이용해서 1.4절에서 이용한 이와 같은 기호와 다른 것을 나타내고 있음에 주목하자. $z^{1/2}$의 경우와 같이, $z^{1/n}$이 으뜸 n제곱근을 나타내는지 아니면 n제곱근의 집합을 나타내는지는 문맥을 통해 분명히 하거나 명백하게 서술해야 한다.

$\theta = \operatorname{Arg}(z)$와 $z = re^{i\theta}$으로 놓으면, 으뜸 n제곱근 함수를 다음과 같이 표현할 수 있다.

$$z^{1/n} = \sqrt[n]{r}\, e^{i\theta/n} \quad (\theta = \operatorname{Arg}(z)) \tag{15}$$

보기 9 $z^{1/n}$의 값

다음 점에서 으뜸 n제곱근 함수 $z^{1/n}$의 값을 찾아라.

(a) $z^{1/3};\ z = i$ (b) $z^{1/5};\ z = 1-\sqrt{3}i$

풀이 각 경우에 (14)를 이용한다.

(a) $z = i$의 경우에 $|z| = 1$이고 $\operatorname{Arg}(z) = \pi/2$이다. 이런 값과 $n=3$을 (14)에 대입하면 다음을 얻는다.

$$i^{1/3} = \sqrt[3]{1}\, e^{i(\pi/2)/3} = e^{i\pi/6} = \frac{\sqrt{3}}{2} + \frac{1}{2}i$$

(b) $z = 1-\sqrt{3}i$의 경우에 $|z| = 2$이고 $\operatorname{Arg}(z) = -\pi/3$이다. 이런 값과 $n=5$를 (14)에 대입하면 다음을 얻는다.

$$(1-\sqrt{3}i)^{1/5} = \sqrt[5]{2}\, e^{i(-\pi/3)/5} = \sqrt[5]{2}\, e^{-i(\pi/15)} \fallingdotseq 1.1236 - 0.2388i$$ ❑

다가 함수 1.4절에서 영이 아닌 복소수 z에 대해 복소 평면에는 n개의 서로 다른 n제곱근이 존재한다는 사실을 알아봤다. 이는 복소수 z의 'n제곱근 풀이' 과정이, 복소수 z에 n개의 복소수 집합을 대응시키므로, 복소 함수를 정의할 수 없음을 뜻한다. 1.4절에서 $z^{1/n}$은 z의 n개의 n제곱근으로 이루어진 집합을 나타내는 기호로 도입했다. 복소수 z의 편각을 찾는 과정도 이와

용어
다가 함수 multi-valued function

비슷하다. 기호 $\arg(z)$가 값의 무한 집합을 나타내므로, 이 또한 복소 함수를 나타내지 않는다. 복소수에 대한 이런 형태의 연산은 다가 함수의 예이다. 이 용어는 종종 혼란을 초래하는데, '다가 함수'는 함수가 아니기 때문이다. 정의에 의해 함수는 반드시 단가이어야 한다. 그렇지만 불행하게도 다가 함수는 복소 해석학에서 표준적인 용어이고, 이에 따라 앞으로 이 용어를 사용하겠다. 다가 함수에 대해 다음과 같은 함수 표기법을 채용하겠다.

표기법: 다가 함수

다가 함수를 함수 표기법으로 나타낼 때는 $F(z)=z^{1/2}$ 또는 $G(z)=\arg(z)$와 같이 대문자를 사용한다. f 또는 g와 같은 소문자는 함수를 나타내는 데 사용한다.

이런 표기법은 $z^{1/2}$와 같은 기호와 관련된 혼동을 피하게 한다. 예를 들면, 앞으로 $g(z)=z^{1/3}$은 $n=3$일 때 (14)에서 정의된 으뜸 세제곱근 함수를 나타내고, $G(z)=z^{1/3}$은 z에 z의 세 개의 세제곱근을 대응하는 다가 함수를 나타내는 것으로 가정하겠다. 그러므로 보기 9(a)에 의해 $g(i)=\frac{1}{2}\sqrt{3}+\frac{1}{2}i$이고, 1.4절의 보기 1에 의해 $G(i)=\{\frac{1}{2}\sqrt{3}+\frac{1}{2}i,\ -\frac{1}{2}\sqrt{3}+\frac{1}{2}i,\ -i\}$이다.

참고

(i) 익힘 문제 1.4의 (5)에서 z의 유리수 지수를 정의했다. m/n이 유리수일 때, 멱 함수 $z^{m/n}$을 정의하는 한 가지 방법은 으뜸 n제곱근 함수와 거듭제곱 함수 z^m을 합성하는 것이다. 곧, $z^{m/n}=(z^{1/n})^m$으로 정의한다. 예를 들어 $m/n=2/3$와 $z=8i$인 경우에, $(8i)^{2/3}=2+i\sqrt{3}\,i$를 밝혀야 한다. 물론, 으뜸 n제곱근 이외의 거듭제곱근을 이용하면 다른 함수를 얻을 수 있다.

(ii) 2.3절에서 알아본 복소 선형 사상이 이번 절에서 알아본 복소 멱 함수에 의한 사상보다 가시화하기가 훨씬 쉽다고 누구나 생각할 것이다. 어느 정도, 복소 멱 함수에 의한 사상이 좀 더 복잡한데, 이런 함수가 일대일이 아니기 때문이다. 다대일인 복소 사상의 가시화는 어렵고, 이에 따라 다대일 함수의 '역'인 다가 함수의 가시화도 역시 어렵다. 수학자 리만(1826~1866)이 고안한 다대일 함수와 다가 함수를 가시화하는 기법은 사상에 대한 리만 곡면을 구성하는 것이다. 리만 곡면에 대한 엄밀한 설명은 이 책의 수준을 벗어나므로, 여기서는 이런 곡면을 비공식적으로 논의하겠다.

인명, 용어
다대일 multiple-to-one
리만 Bernhard Riemann
리만 곡면 Riemann surface

먼저, 닫힌 원판 $|z|\le 1$에서 정의된 복소 제곱 함수 $f(z)=z^2$에 대한 리만 곡면을 설명하자. 88쪽에서 $f(z)=z^2$이 일대일이 아님을 알아봤다. 보기 7에서 알아본 대로, $f(z)=z^2$은 $|z|\le 1,\ -\pi/2<\arg(z)\le\pi/2$로 정의된 집합 A에서 일대일이다. 복소 사상 $w=z^2$에 의해, 그림 2.4.15(a)에 나타낸 집합 A는 그림 2.4.15(a)에 나타낸 닫힌 단위 원판

$|w| \le 1$ 위로 사상된다. 비슷한 방법으로, $w = z^2$은 $|z| \le 1$, $\pi/2 < \arg(z) \le 3\pi/2$로 정의된 집합 B에서 일대일 사상이고, 닫힌 단위 원판 $|w| \le 1$ 위로 사상함을 보일 수 있다. 그림 2.4.15(b)를 보라.

단위 원판 $|z| \le 1$은 두 집합 A와 B의 합집합이므로, $w = z^2$에 의한 원판 $|z| \le 1$의 상은 (한 번은 A로, 한 번은 B로) 원판 $|w| \le 1$을 두 번 덮는다. $w = z^2$에 대한 두 개의 상인 원판을 고려함으로써 이 '덮개'를 가시화한다. f에 의한 A의 상을 A', B의 상을 B'이라 하자. 그림 2.4.15를 보라. 이제 그림 2.4.16에 나타낸 대로 두 원판 A'과 B'을 음의 실수축을 따라 잘라서 열었다고 가정하자. 그림 2.4.16에 실선으로 나타낸 잘린 원판 A'과 B'의 모서리는 각각 실선으로 나타낸 A와 B의 모서리의 상이다. 마찬가지로, 그림 2.4.16에 점선으로 나타낸 잘린 원판 A'과 B'의 모서리는 각각 점선으로 나타낸 A와 B의 모서리의 상이다.

$f(z) = z^2$에 대한 리만 곡면은, 잘린 두 원판 A'과 B'을 xyz공간에서 하나를 다른 것에 쌓아 올리고 모서리끼리 밀착해서 이어 붙인다. 그림 2.4.16에 실선으로 나타낸 A'의 모서리는 점선으로 나타낸 B'의 모서리와 붙이고, 점선으로 나타낸 A'의 모서리는 실선으로 나타낸 B'의 모서리와 붙인다.

이런 방식으로 붙이면 그림 2.4.17에 나타낸 리만 곡면을 얻는다. 이 곡면이 닫힌 단위 원판 $|w| \le 1$ 바로 위에 놓여 있는 것으로 가정한다. $w = z^2$은 닫힌 단위 원판 $|z| \le 1$에서 닫힌 단위 원판 $|w| \le 1$ 위로의 일대일 사상이 아니지만, 이는 닫힌 단위 원판 $|z| \le 1$에서 (방금 구성한) 리만 곡면 위로의 일대일 사상이다. 게다가, 사상 $w = z^2$의 이대일 덮개 속성을, 원판 $|z| \le 1$을 리만 곡면 위로 사상한 다음에 리만 곡면의 점을 원판 $|w| \le 1$ 위로 사영하는 것으로 가시화할 수 있다. 또, 이 과정에서 순서를 역전시킴으로써, 이 리만 곡면을 이용해서 다가 함수 $F(z) = z^{1/2}$을 가시화할 수 있다.

뚫린 원판 $0 < |z| \le 1$에서 정의된 다가 함수 $G(z) = \arg(z)$에 대한 리만 곡면도 매우 흥미롭다. 이 리만 곡면을 구성하기 위해, 한 개의 뚫린 원판 $0 < |z| \le 1$을 택하고 이를 음의 실수축을 따라 자르자. 그림 2.4.18(a)를 보라. 이렇게 잘린 원판을 A_0이라 부르고, 이것이 지수 표기법으로 $-\pi < \theta \le \pi$일 때 $re^{i\theta}$로 쓰인 정의역의 점을 나타낸다고 하자. 또 다른 잘린 원판을 택해서 A_1이라 부르고, 이것이 $\pi < \theta \le 3\pi$일 때 $re^{i\theta}$로 쓰인 정의역의 점을 나타낸다고 하자. 마찬가지로 잘린 원판 A_{-1}은 $-3\pi < \theta \le -\pi$일 때 $re^{i\theta}$로 쓰인 정의역의 점을 나타낸다고 하자. 이런 방법으로 계속해서, 잘린 원판의 무한 집합 $\cdots$, A_{-2}, A_{-1}, A_0, A_1, A_2, $\cdots$를 만든다. 일반적으로 잘린 원판 A_n은 $(2n-1)\pi < \theta \le (2n+1)\pi$일 때 $re^{i\theta}$로 쓰인 G의 정의역의 점을 나타낸다. 이제 xyz공간에서 $(2n-1)\pi < \theta \le (2n+1)\pi$인 점 $re^{i\theta}$이 xy평면의 점 $re^{i\theta}$ 바로 위로 θ만큼의 높이에 놓이도록 각 원판 A_n의 위치를 정한다. xyz공간에 위치한 잘린 원판 A_0을 그림

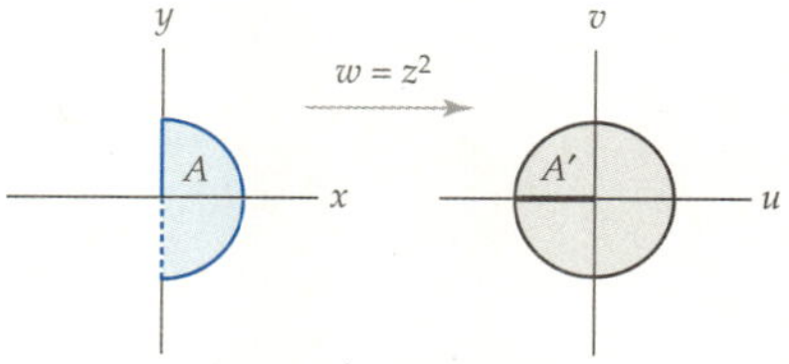

(a) A는 A' 위로 사상된다.

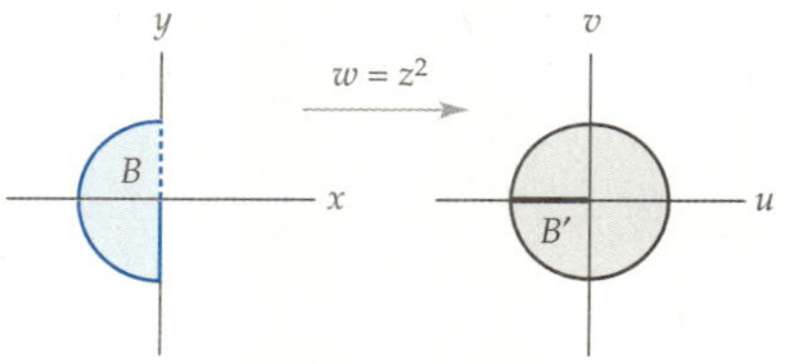

(b) B는 B' 위로 사상된다.

그림 2.4.15 사상 $w = z^2$

그림 2.4.16 잘린 원판 A'과 B'

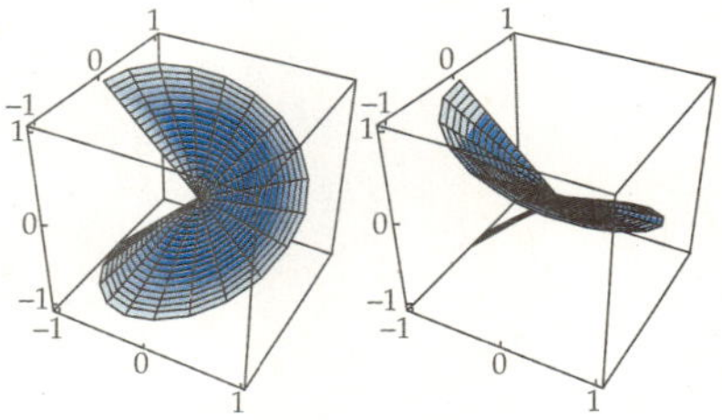
(a) xyz공간에서 잘린 원판 A'과 B'

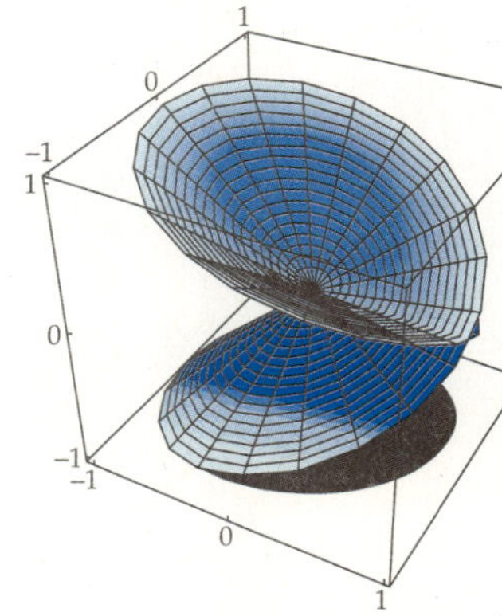
(b) xyz공간에서의 리만 곡면

그림 2.4.17 $f(z) = z^2$에 대한 리만 곡면

2.4.18(b)에 나타냈다. xyz공간에 잘린 원판 전체의 집합은, 그림 2.4.19에 나타낸 다가 함수 $G(z)=\arg(z)$에 대한 리만 곡면을 형성한다. 리만 곡면은 이 다가 함수가 뚫린 원판 $0<|z|\le 1$을 실 직선 위로 사상하는 방법을 보여준다. 곧, $0<|z|\le 1$의 점 z를 지나는 연직선은 이 리만 곡면과 한없이 많은 점에서 교차한다. 교점의 높이는 z의 편각에 대한 서로 다른 선택을 나타낸다. 따라서 교점들을 연직축 위로 수평적으로 사영함으로써 $G(z)=\arg(z)$의 한없이 많은 상을 본다.

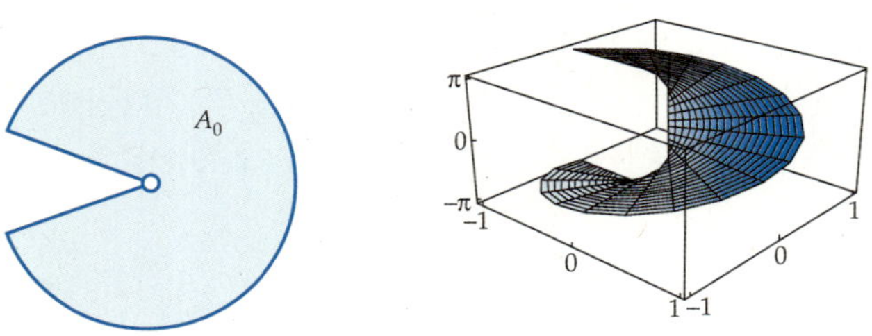

(a) 잘린 원판 A_0 (b) xyz공간에 위치한 A_0

그림 2.4.18 잘린 원판 A_0

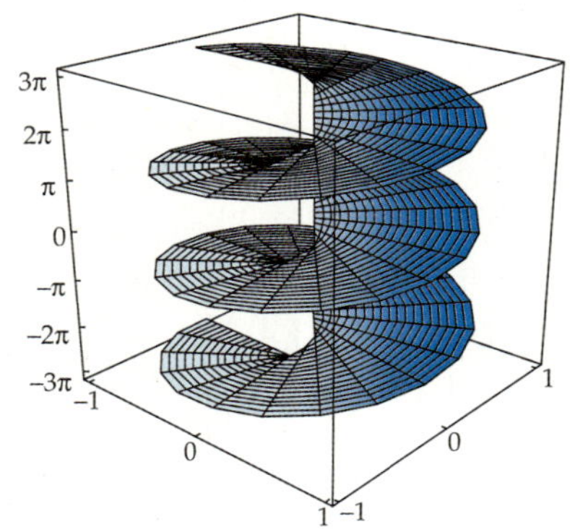

그림 2.4.19 $G(z)=\arg(z)$에 대한 리만 곡면

2.4 익힘 문제

2.4.1 거듭제곱 함수 z^n

문제 1~14에서는 사상 $w=z^2$에 의한 주어진 집합의 상을 찾아라. 각 집합과 그 상을 그려서 이 사상을 표현하라.

1. 반직선 $\arg(z)=\dfrac{\pi}{3}$
2. 반직선 $\arg(z)=-\dfrac{3\pi}{4}$
3. 직선 $x=3$
4. 직선 $y=-5$
5. 직선 $y=-\dfrac{1}{4}$
6. 직선 $x=\dfrac{3}{2}$
7. 양의 허수축
8. 직선 $y=x$
9. 부채꼴 $|z|=\dfrac{1}{2}$, $0\le\arg(z)\le\pi$
10. 부채꼴 $|z|=\dfrac{4}{3}$, $-\dfrac{\pi}{2}\le\arg(z)\le\dfrac{\pi}{6}$
11. 세 꼭짓점이 0, 1, $1+i$인 삼각형
12. 세 꼭짓점이 0, $1+2i$, $-1+2i$인 삼각형
13. 네 꼭짓점이 0, 1, $1+i$, i인 정사각형

14. 네 꼭짓점이 $0,\ 1,\ 1+i,\ -1+i$인 다각형

문제 15~20에서는 주어진 선형 사상과 제곱 함수의 합성에 의한 주어진 집합의 상을 찾아라.

15. 반직선 $\arg(z)=\dfrac{\pi}{3}$; $f(z)=2z^2+1-i$

16. 0부터 $-1+i$까지의 선분; $f(z)=\sqrt{2}\,z^2+2-i$

17. 직선 $x=2$; $f(z)=iz^2-3$

18. 직선 $y=-3$; $f(z)=-z^2+i$

19. 호 $|z|=2,\ 0\le\arg(z)\le\dfrac{\pi}{2}$; $f(z)=\dfrac{1}{4}e^{i\pi/4}z^2$

20. 세 꼭짓점이 $0,\ 1,\ 1+i$인 삼각형; $f(z)=-\dfrac{1}{4}iz^2+1$

21. 다음 사상에 의한 반직선 $\arg(z)=\pi/6$의 상을 찾아라.

(a) $f(z)=z^3$ (b) $f(z)=z^4$ (c) $f(z)=z^5$

22. 다음 사상에 의한 복소 평면의 제1사분면의 상을 찾아라.

(a) $f(z)=z^2$ (b) $f(z)=z^3$ (c) $f(z)=z^4$

23. 다음 사상에 의한, 그림 2.4.20에 나타낸 구역 $1\le|z|\le2,\ \pi/4\le\arg(z)\le3\pi/4$의 상을 찾아라.

(a) $f(z)=z^2$ (b) $f(z)=z^3$ (c) $f(z)=z^4$

24. 다음 사상에 의한 그림 2.4.20에 나타낸 구역의 상을 찾아라.

(a) $f(z)=3z^2+1$

(b) $f(z)=(i+1)z^3+1$

(c) $f(z)=\frac{1}{2}z^4-i$

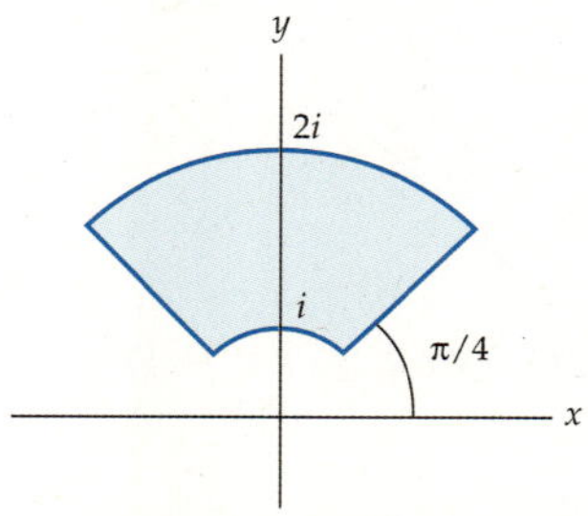

그림 2.4.20 문제 23과 24를 위한 그림

2.4.2 거듭제곱근 함수 $z^{1/n}$

문제 25~30에서는 (14)를 사용해서 z의 주어진 값에서 주어진 으뜸 n제곱근 함수의 값을 찾아라.

25. $z^{1/2}$; $z=-i$

26. $z^{1/2}$; $z=2+i$

27. $z^{1/3}$; $z=-1$

28. $z^{1/3}$; $z=-3+3i$

29. $z^{1/4}$; $z=-1+\sqrt{3}i$

30. $z^{1/5}$; $z=-4\sqrt{3}+4i$

문제 31~38에서는 으뜸 제곱근 사상 $w=z^{1/2}$에 의한 주어진 집합의 상을 찾아라. 주어진 집합과 상을 그림으로 나타내어 사상을 표현하라.

31. 반직선 $\arg(z)=\dfrac{\pi}{4}$

32. 반직선 $\arg(z)=-\dfrac{2\pi}{3}$

33. 양의 허수축

34. 음의 실수축

35. 호 $|z|=9,\ -\dfrac{\pi}{2}\le\arg(z)\le\pi$

36. 호 $|z|=\dfrac{4}{7},\ -\dfrac{\pi}{2}\le\arg(z)\le\dfrac{\pi}{4}$

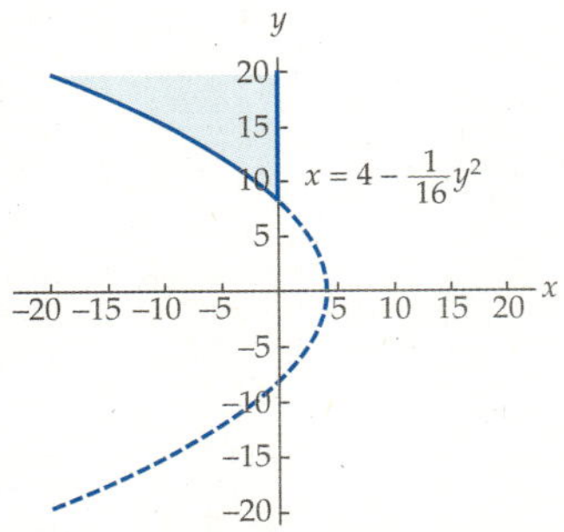

그림 2.4.21 문제 39를 위한 그림

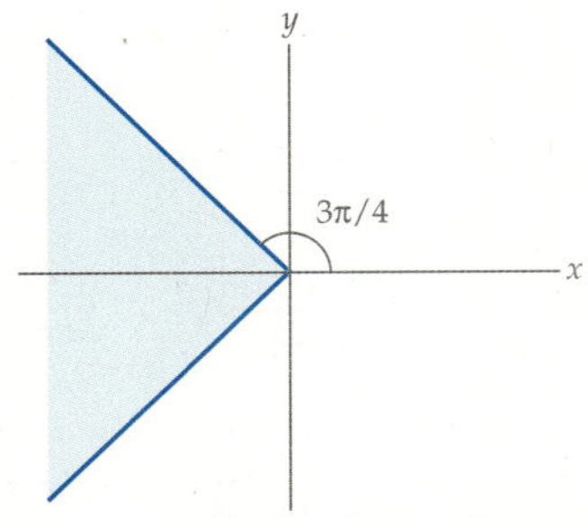

그림 2.4.22 문제 40을 위한 그림

37. 포물선 $x = \frac{9}{4} - \frac{y^2}{9}$

38. 포물선 $x = \frac{y^2}{10} - \frac{5}{2}$

39. 으뜸 제곱근 함수 $w = z^{1/2}$에 의한 그림 2.4.21에 나타낸 구역의 상을 찾아라.

40. 으뜸 제곱근 함수 $w = z^{1/2}$에 의한 그림 2.4.22에 나타낸 구역의 상을 찾아라. (음의 실수축 근방에서 조심하라!)

개념과 이해

41. 보기 2와 비슷한 방법으로 $w = z^2$에 의한 쌍곡선 $xy = k$ $(k \neq 0)$의 상을 찾아라.

42. 보기 2와 비슷한 방법으로 $w = z^2$에 의한 쌍곡선 $x^2 - y^2 = k$ $(k \neq 0)$의 상을 찾아라.

43. 함수 $w = z^2$에 의해 반직선 $\arg(w) = \pi/2$ 위로 사상되는 복소 평면의 두 집합을 찾아라.

44. 함수 $w = z^2$에 의해 두 곡선 $u = -v$와 $u = 1 - \frac{1}{4}v^2$ 및 실수축 $v = 0$으로 둘러싸인 집합 위로 사상되는 복소 평면의 두 집합을 찾아라.

45. 보기 2에서 $w = z^2$에 의한 연직선 $x = k$ $(k \neq 0)$의 상이 포물선 $u = k^2 - \frac{v^2}{4k^2}$임을 알아봤다. 이 결과와 선형 사상의 성질 및 $w = -(iz)^2$이라는 사실을 이용해서 수평선 $y = k$ $(k \neq 0)$의 상이 포물선 $u = -\left(k^2 - \frac{v^2}{4k^2}\right)$임을 증명하라.

46. 사상 $w = z^2$에 의해 집합 $\arg(w) = \pi$ 위로 사상되는 복소 평면의 세 집합을 찾아라.

47. 사상 $w = z^4$에 의해 원 $|w| = 4$ 위로 사상되는 복소 평면의 네 집합을 찾아라.

48. $n \geq 2$일 때 사상 $w = z^n$에 의한 직선 $y = mx$의 상을 찾아라.

49. (a) 보기 6과 같이 진행해서 복소 선형 함수 $f(z) = az + b$ $(a \neq 0)$가 복소 평면 전체에서 일대일임을 보여라.
    (b) (a)에 있는 함수의 역함수에 대한 식을 찾아라.

50. (a) 보기 6과 같이 진행해서 복소 함수 $f(z) = \frac{a}{z} + b$ $(a \neq 0)$가 집합 $|z| > 0$에서 일대일임을 보여라.
    (b) (a)에 있는 함수의 역함수에 대한 식을 찾아라.

51. 다음 으뜸 n제곱근 함수에 의한 반평면 $\text{Im}(z) \geq 0$의 상을 찾아라.
    (a) $f(z) = z^{1/2}$ (b) $f(z) = z^{1/3}$ (c) $f(z) = z^{1/4}$

52. 다음 으뜸 n제곱근 함수에 의한 구역 $|z| \leq 8$, $\pi/2 \leq \arg(z) \leq 3\pi/4$의 상을 찾아라.
    (a) $f(z) = z^{1/2}$ (b) $f(z) = z^{1/3}$ (c) $f(z) = z^{1/4}$

53. 영을 제외한 복소 평면 전체를 집합 $2\pi/3 < \arg(w) \leq 4\pi/3$ 위로 사상하는 함수를 찾아라.

54. 참고 (ii)와 같이, 함수 $f(z) = z^3$에 대한 리만 곡면을 구성하는 방법을 설명하라.

문제 55와 56에서는 (a) 사상을 이용해서 주어진 집합 S에서 정의된 주어진 함수 $f(z)$의 크기에 대한 상계와 하계를 결정하라. 곧, S의 모든 z에 대해 $L \leq |f(z)| \leq M$을 만족시키는 실수 L과 M을 찾아라. 그리고 (b) $f(z_0) = L$과 $f(z_1) = M$을 만족시키는 S의 원소 z_0과 z_1을 찾아라.

55. $f(z) = 2iz^2 - i$; S는 사분 원판 $|z| \leq 2,\ 0 \leq \arg(z) \leq \pi/2$

56. $f(z) = \dfrac{1}{3}z^2 + 1 - i$; S는 $2 \leq |z| \leq 3,\ 0 \leq \arg(z) \leq \pi$로 정의된 집합

2.5 역전 함수

이번 절에서는 복소 사상 $w = 1/z$에 대해 알아본다. 이번 절을 뛰어 넘어도 제 3~6 장의 주제를 전개하는 데 아무런 영향이 없다. 그렇지만 이번 절에서 제시하는 주제는 제 7 장에서 한꼴 사상을 연구하는 데 이용된다.

2.3절과 2.4절에서 특별한 형태의 복소 다항 함수 몇 가지를 복소 평면의 사상으로 알아봤다. 실 함수와 유사하게, 두 개의 복소 다항 함수 $p(z)$와 $q(z)$에 대해 $f(z) = p(z)/q(z)$ 꼴의 함수를 복소 유리 함수라고 한다. 이 절에서는 가장 기본적인 복소 유리 함수인 역전 함수 $1/z$을 복소 평면의 사상으로 알아보겠다. 역전 사상의 중요한 성질은 어떤 직선을 원으로 사상한다는 사실이다.

역전 함수 영이 아닌 복소수 전체의 집합이 정의역인 함수 $1/z$을 역전 함수 또는 상반 함수라고 한다. 복소 사상 $w = 1/z$으로서의 역전 함수를 알아보기 위해서, 먼저 이 함수를 지수 표기법으로 표현하자. $z \neq 0$일 때 $z = re^{i\theta}$로 놓으면, 다음을 얻는다.

$$w = \frac{1}{z} = \frac{1}{re^{i\theta}} = \frac{1}{r}e^{-i\theta} \tag{1}$$

(1)에 의해, w의 크기는 z의 크기의 역수이고 w의 편각은 z의 편각의 반수임을 알 수 있다. 따라서 역전 함수는 z평면에서 극 좌표가 $(r,\ \theta)$인 점을 w평면에서 극 좌표가 $(1/r,\ -\theta)$인 점으로 사상한다. 그림 2.5.1에 단 하나의 복소 평면에 z와 $w = 1/z$ 사이의 관계를 예시했다. 앞으로 알아보겠지만, 복소 사상으로서 역전 함수를 가시화하는 간단한 방법은 '단위 원에 대한 반전'에 뒤이은 '실수축에 대한 대칭 이동(반사)'를 합성하는 것이다. 이제, 이런

용어
복소 유리 함수 complex rational function
역전 함수, 상반 함수 reciprocal function
단위 원에 대한 반전 inversion in the unit circle
실수축에 대한 대칭 이동(반사) reflection across the real axis

각 사상을 정의하고 분석하자.

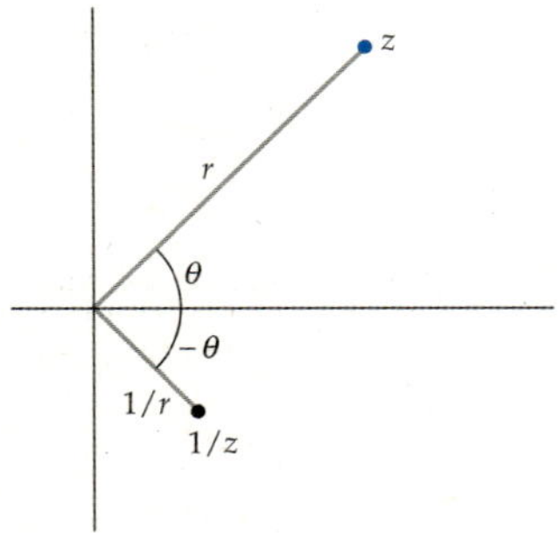

그림 2.5.1 역전 사상

단위 원에 대한 반전 영이 아닌 복소수 전체의 집합이 정의역인 다음과 같은 함수를 단위 원에 대한 반전이라 한다.

$$g(z) = \frac{1}{r}e^{i\theta} \tag{2}$$

단위 원에 있는 점과 단위 원 외부에 있는 점 및 단위 원 내부에 있는 점의 상을 별도로 생각해서 이 사상의 성질을 설명하겠다. 먼저 단위 원에 있는 점 z를 생각하자. $z = 1 \cdot e^{i\theta}$이므로, (2)에 의해 $g(z) = (1/1)e^{i\theta} = e^{i\theta} = z$이다. 그러므로 g에 의해 단위 원에 있는 점은 그 자신으로 사상된다. 한편, 영이 아닌 복소수 z가 단위 원에 있지 않으면, z는 $r \neq 1$에 대해 $z = re^{i\theta}$이다. $r > 1$일 때(곧 z가 단위 원 외부에 있을 때), $|g(z)| = \left|\frac{1}{r}e^{i\theta}\right| = \frac{1}{r} < 1$이다. 그러므로 단위 원 외부에 있는 점 z의 g에 의한 상은 단위 원 내부에 있는 점이다. 역으로, $r < 1$일 때(곧 z가 단위 원 내부에 있을 때) $|g(z)| = \frac{1}{r} > 1$이다. 그러므로 단위 원 내부에 있는 점 z의 g에 의한 상은 단위 원 외부에 있는 점이다. 사상 $w = e^{i\theta}/r$은 그림 2.5.2에 표현했다. 그림 2.5.2(a)에 나타낸 원 $|z| = 1$은 그림 2.5.2(b)에 나타낸 원 $|w| = 1$ 위로 사상된다. 또, $w = e^{i\theta}/r$은 그림 2.5.2(a)에 나타낸 원 $|z| = 1$의 내부 구역을 그림 2.5.2(b)에 나타낸 원 $|w| = 1$의 외부 구역으로 사상하고, 그림 2.5.2(a)에 나타낸 원 $|z| = 1$의 외부 구역을 그림 2.5.2(b)에 나타낸 원 $|w| = 1$의 내부 구역으로 사상한다.

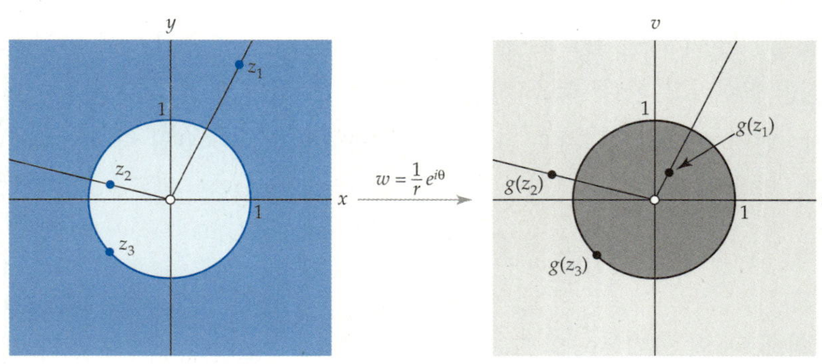

(a) z 평면의 점 z_1, z_2, z_3 (b) w 평면에서 z_1, z_2, z_3의 상

그림 2.5.2 단위 원에 대한 반전

마지막 논의로, (2)로부터 단위 원에 대한 반전에서 z와 $f(z)$의 편각이 서로 같다는 사실을 지적한다. 이에 따라 $z_1 \neq 0$이 z평면에서 크기가 r인 점이

면, $g(z_1)$은 w평면에서 시점이 원점이고 양의 u축과 $\arg(z_1)$만큼의 각을 이루는 반직선에 있는 크기가 $1/r$인 유일한 점이다. 그림 2.5.2를 보라. 또, z와 $g(z)$의 크기가 반비례하므로, z평면에서 점 z가 0으로부터 멀리 떨어져 있을수록, w평면에서 상 $g(z)$는 0에 더 가까이 있다. 역으로 점 z가 0으로부터 멀리 떨어져 있을수록, w평면에서 상 $g(z)$는 0에 더 가까이 있다. 역으로 z가 0에 가까이 있을수록, $g(z)$는 0으로부터 더 멀리 떨어져 있다.

복소 켤레 역전 사상을 설명하는 데 도움이 되는 둘째 복소 사상은 실수축에 대한 대칭 이동, 곧 반사이다. 이 사상에 의한 점 (x, y)의 상은 $(x, -y)$이다. 어렵지 않게 밝힐 수 있듯이, 이 복소 사상은 함수 $c(z)=\bar{z}$로 나타내어지는데, 이를 복소 켤레 함수라고 한다. 그림 2.5.3은 단 하나의 복소 평면에서 z와 그 상 $c(z)$ 사이의 관계를 예시한다. z를 $re^{i\theta}$로 바꾸어, 복소 켤레 함수를 $c(z)=\overline{re^{i\theta}}=\bar{r}\,\overline{re^{i\theta}}$와 같이 표현할 수 있다. r은 실수이므로, $\bar{r}=r$이다. 또, 익힘문제 2.1의 문제 34에서 알아본 대로, $\overline{e^{i\theta}}=e^{-i\theta}$이다. 따라서 복소 켤레 함수는 $c(z)=\bar{z}=re^{-i\theta}$와 같이 쓸 수 있다.

용어
복소 켤레 함수 complex conjugation function

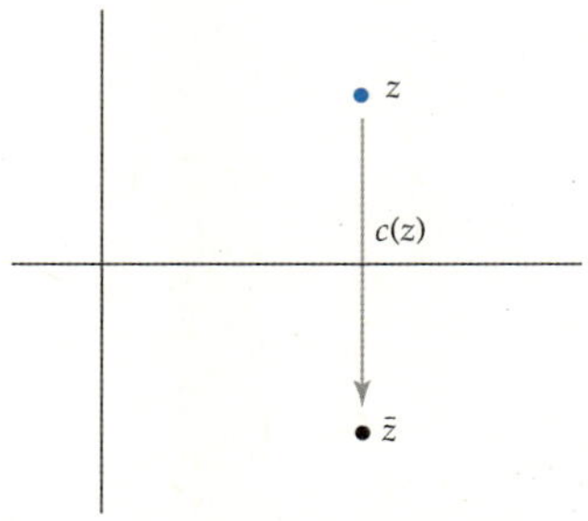

그림 2.5.3 복소 켤레 함수

역전 사상 역전 함수 $f(z)=1/z$을 단위 원에 대한 반전과 복소 켤레의 합성으로 나타낼 수 있다. 이런 함수의 지수 형식 $c(z)=re^{-i\theta}$과 $g(z)=e^{i\theta}/r$를 사용하면, 합성 $c\circ g$는 다음과 같이 표현된다.

$$c(g(z))=c\left(\frac{1}{r}e^{i\theta}\right)=\frac{1}{r}e^{-i\theta}$$

이 표현과 (1)을 비교하면, $c(g(z))=f(z)=1/z$임을 알 수 있다. 따라서 사상으로서 역전 함수는 처음에 단위 원에 대해 반전시키고 다음에 실수축에 대해 반사시킨다.

역전 사상에 의한 점의 상

z_0을 복소 평면에서 영이 아닌 점이라고 하자. 점 $w_0=1/z_0$을 z_0과 함께 똑같은 복소 평면에 나타내려면, w_0을 다음과 같이 얻을 수 있다.

(i) z_0을 단위 원에 대해 반전시킨다.

(ii) 그 결과를 실수축에 대해 대칭 이동(반사)시킨다.

보기 1 $w=1/z$에 의한 반원의 상

역전 사상 $w=1/z$에 의한 반원 $|z|=2,\ 0\le\arg(z)\le\pi$의 상을 찾아라.

풀이 반원을 C라 하고, 이것의 $w=1/z$에 의한 상을 C'이라 하자. C'을 구하기 위해, 먼저 C를 단위 원에 대해 반전시키고, 그 결과를 실수축에 대해 반사시키자. 단위 원에 대한 반전에 의한 크기가 2인 점의 상은 크기가 $\frac{1}{2}$

이다. 그리고 단위 원에 대한 반전은 편각을 바꾸지 않는다. 그러므로 단위 원에 대한 반전에 의한 C의 상은 반원 $|w| = \frac{1}{2}$, $0 \le \arg(z) \le \pi$이다. 이 집합을 실수축에 대해 반사시키면, 각 점의 편각은 부호가 바뀐다. 그러나 크기는 바뀌지 않는다. 그러므로 실수축에 대해 반사시킨 상은 반원 $|w| = \frac{1}{2}$, $-\pi \le \arg(w) \le 0$이다. 이 사상을 그림 2.5.4에 단 한 개의 복소 평면에 나타냈다. 그림 2.5.4에 나타낸 반원 C는 $w = 1/z$에 의해 반원 C'으로 사상된다. ❑

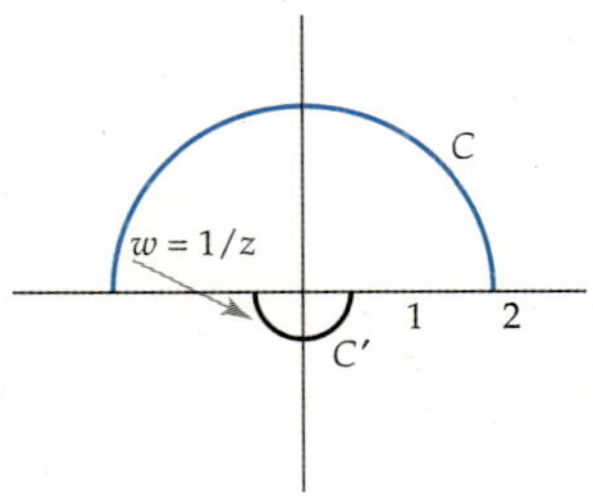

그림 2.5.4 역전 사상

보기 1에서와 비슷한 논법을 사용하면, 역전 함수가 원 $|z| = k$ $(k \ne 0)$을 원 $|w| = 1/k$ 위로 사상함을 보일 수 있다. 다음 보기가 예시하듯이, 역전 사상은 또한 어떤 직선을 원 위로 사상한다.

보기 2 $w = 1/z$에 의한 직선의 상

역전 사상 $w = 1/z$에 의한 연직선 $x = 1$의 상을 찾아라.

풀이 연직선 $x = 1$은 점 $z = 1 + iy$ $(-\infty < y < \infty)$의 집합으로 이루어진다. $w = 1/z$에서 기호 z를 $1 + iy$로 바꾸고 정리하면 다음을 얻는다.

$$w = \frac{1}{1+iy} = \frac{1}{1+y^2} - \frac{y}{1+y^2}i$$

그러므로 $w = 1/z$에 의한 연직선 $x = 1$의 상은 다음을 만족시키는 점 $u + iv$ 전체로 이루어진다.

$$u = \frac{1}{1+y^2}, \quad v = -\frac{y}{1+y^2} \quad (-\infty < y < \infty) \tag{3}$$

변수 y를 소거해서 이 상을 단 한 개의 직교 방정식으로 나타낼 수 있다. (3)에서 $v = -yu$를 얻는다. (3)의 첫째 식에 의해 $u \ne 0$이므로, 이 방정식을 $y = -v/u$와 같이 쓸 수 있다. 이제 $y = -v/u$를 (3)의 첫째 식에 대입하고 정리하면 이차 방정식 $u^2 - u + v^2 = 0$을 얻는다. 변수 u에 관한 완전 제곱식을 찾으면, (3)에 나타낸 상은 다음과 같다.

$$\left(u - \frac{1}{2}\right)^2 + v^2 = \frac{1}{4} \quad (u \ne 0) \tag{4}$$

(4)의 방정식은 중심이 $(\frac{1}{2}, 0)$이고 반지름의 길이가 $\frac{1}{2}$인 원을 정의한다. 그러나 $u \ne 0$이므로 점 $(0, 0)$은 상에 포함되지 않는다. 복소 변수 $w = u + iv$를 이용하면, 이 상을 $|w - \frac{1}{2}| = \frac{1}{2}$ $(w \ne 0)$으로 나타낼 수 있다. 단 한 개의 복소 평면에 이 사상을 표현하자. 그림 2.5.5에서 직선 $x = 1$은 $w = 1/z$에 의해 점 $w = 0$을 제외한 원 $|w - \frac{1}{2}| = \frac{1}{2}$ 위로 사상된다. ❑

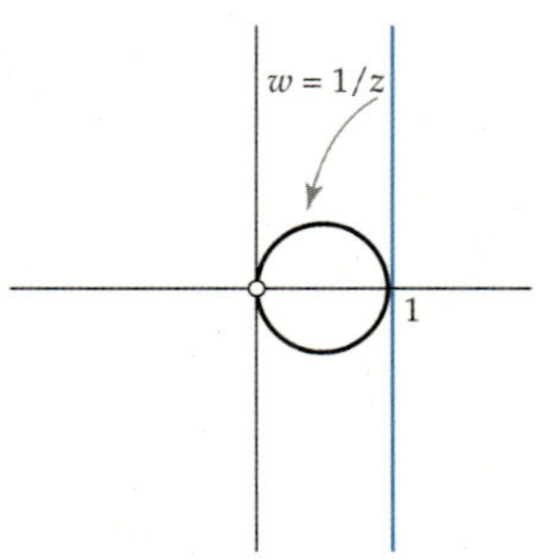

그림 2.5.5 역전 사상

보기 2의 해는 약간 불만족스러운데, 상이 완전한 원 $|w - \frac{1}{2}| = \frac{1}{2}$이 아니기 때문이다. 이유는 크기가 대단히 큰 직선 $x = 1$의 점은 0에 아주 가까운 원 $|w - \frac{1}{2}| = \frac{1}{2}$의 점으로 사상되지만, 실제로 0으로 사상되는 직선 $x = 1$의

점이 없기 때문이다. 직선의 상으로 완전한 원을 얻기 위해서는, 확장 복소 평면에서 정의된 역전 함수를 고려해야 한다.

1.5절의 참고에서 확장 복소수 체계는 복소 평면의 모든 점과 이상적인 점 ∞로 이루어진다. 사상을 다룰 때, 이런 점의 집합을 통상 **확장 복소 평면**이라 부른다. 여기의 논의에서 확장 복소 평면의 중요한 성질은, 1.5절에서 설명한, 확장 복소 평면의 점들과 복소 평면의 점들 사이의 대응이다. 특히, 확장 복소 평면에서 이상적인 점 ∞ 근방의 점들은 복소 평면에서 크기가 대단히 큰 점들과 대응한다.

용어
확장 복소 평면 extended complex plane

이런 대응을 이용해서, 역전 함수를 정의역과 치역이 확장 복소 평면인 함수로 확장한다. (1)은 이미 확장 복소 평면에서 0도 아니고 ∞도 아닌 모든 점에 대해 역전 함수를 정의하므로, 0과 ∞의 상을 지정함으로써 이 함수를 확장시킨다. 이런 점의 상을 정의하는 자연스러운 방법은 근방에 있는 점들의 상을 고려하는 것이다. $z = re^{i\theta}$가 0에 가까운 점이면, r은 작은 양의 실수이다. 그러므로 $w = 1/z = (1/r)e^{-i\theta}$은 크기 $1/r$이 큰 점이다. 곧, 확장 복소 평면에서 0에 가까운 점이면 $w = 1/z$은 이상적인 점 ∞ 근방의 점이다. 따라서 확장 복소 평면에서 역전 함수 $f(z) = 1/z$을 $f(0) = \infty$가 되도록 정의하는 것이 합리적이다. 비슷한 방법으로, z가 확장 복소 평면에서 ∞ 근방의 점이면, $f(z)$는 0 근방의 점이다. 그러므로 확장 복소 평면에서 역전 함수를 $f(\infty) = 0$이 되도록 정의하는 것이 합리적이다.

정의 2.5.1 확장 복소 평면에서의 역전 함수

확장 복소 평면에서 역전 함수는 다음과 같이 정의한다.

$$f(z) = \begin{cases} 1/z & (z \neq 0 \text{ 또는 } \infty) \\ \infty & (z = 0) \\ 0 & (z = \infty) \end{cases}$$

새로운 기호를 도입하는 대신에, 기호 $1/z$로 역전 함수와 확장 복소 평면에서의 역전 함수를 모두 표현하는 것으로 하겠다. 이상적인 점 ∞를 언급할 때마다, $1/z$은 확장 복소 평면에서 정의된 역전 함수를 표현하는 것으로 가정하겠다.

보기 3 $w = 1/z$에 의한 직선의 상

확장 복소 평면에서의 역전 함수에 의한 연직선 $x = 1$의 상을 찾아라.

풀이 먼저, 연직선 $x = 1$은 복소 평면에서 갇혀있지 않으므로 이상적인 점 ∞가 확장 복소 평면에서 이 직선에 있음을 지적한다. 보기 2에서 직선 $x = 1$에 있는 점 $z \neq 0$ 전체의 상이 $w = 0$을 제외한 원 $|w - \frac{1}{2}| = \frac{1}{2}$임을 알아봤다. 그러므로 이상적인 점의 상만 구하면, 확장 복소 평면에서의 역전 함수

에 의한 직선의 상을 결정하게 된다. 정의 2.5.1에 의해 $f(\infty)=0$이고, 이에 따라 $w=0$은 이상적인 점의 상이다. 이것이 원 $|w-\frac{1}{2}|=\frac{1}{2}$에서 빠진 점을 '채운다.' 따라서 확장 복소 평면에서의 역전 함수에 의해 연직선 $x=1$은 완전한 원 $|w-\frac{1}{2}|=\frac{1}{2}$ 위로 사상된다. 이 사상은 그림 2.5.5에서 $w=0$에 있는 '구멍'을 채운 것으로 표현된다. ❑

확장 복소 평면에서 이상적인 점 ∞는 모든 연직선에 있으므로, 확장 복소 평면에서의 역전 함수에 의한 $k\neq 0$인 임의의 연직선 $x=k$의 상은 완전한 원 $|w-1/2k|=|1/2k|$이다. 익힘 문제 2.5의 문제 23을 보라. 비슷한 방법으로 수평선은 $w=1/z$에 의해 원으로 사상된다. $w=1/z$의 이런 사상 성질을 다음과 같이 정의한다.

$w=1/z$에 의한 직선의 원으로의 사상

확장 복소 평면에서 역전 함수는

(i) $k\neq 0$인 연직선 $x=k$를 다음 원 위로 사상한다.

$$\left|w-\frac{1}{2k}\right|=\left|\frac{1}{2k}\right| \tag{5}$$

(ii) $k\neq 0$인 수평선 $y=k$를 다음 원 위로 사상한다.

$$\left|w+\frac{1}{2k}i\right|=\left|\frac{1}{2k}\right| \tag{6}$$

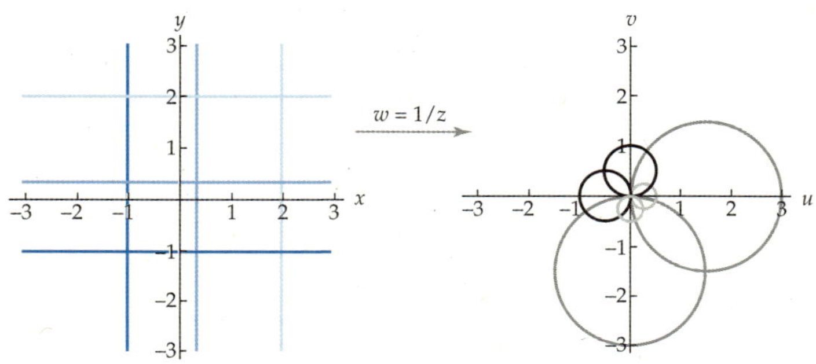

(a) 연직선과 수평선 (b) (a)의 직선의 상

그림 2.5.6 역전 사상에 의한 연직선과 수평선의 상

역전 함수의 이런 두 가지 사상 성질을 그림 2.5.6에 예시했다. $w=1/z$에 의해 그림 2.5.6(a)에 나타낸 연직선 $x=k$ $(k\neq 0)$는 그림 2.5.6(b)에 나타낸 중심이 실수축에 있는 원 위로 사상된다. 직선 $x=k$ $(k\neq 0)$의 상에는 점 $(1/k,\ 0)$이 포함된다. 예를 들면, 그림 2.5.6(a)에 나타낸 연직선 $x=2$는 그림 2.5.6(b)에 나타낸 중심이 실수축에 있고 점 $(\frac{1}{2},\ 0)$을 포함하는 원 위로 사상된다. 비슷하게, $w=1/z$에 의해 그림 2.5.6(a)에 나타낸 수평선 $y=k$

$(k \neq 0)$은 그림 2.5.6(b)에 나타낸 중심이 허수축에 있는 원 위로 사상된다. 직선 $y = k$ $(k \neq 0)$의 상에는 점 $(0, -1/k)$이 포함되므로, 이를테면 그림 2.5.6(a)에 나타낸 직선 $y = 2$는 그림 2.5.6(b)에 나타낸 중심이 허수축에 있고 점 $(0, -\frac{1}{2})$을 포함하는 원 위로 사상된다.

보기 4 반무한 띠의 상

$1 \leq y \leq 2$, $x \geq 0$로 정의된 반무한 수평 띠의 $w = 1/z$에 의한 상을 찾아라.

풀이 $1 \leq y \leq 2$, $x \geq 0$로 정의된 반무한 수평 띠를 S로 나타내자. S의 경계는 선분 $x = 0$, $1 \leq y \leq 2$와 두 개의 반직선 $y = 1$, $0 \leq x < \infty$와 $y = 2$, $0 \leq x < \infty$로 이루어져 있다. 먼저 이런 경계 곡선의 상을 결정하자. 선분 $x = 0$, $1 \leq y \leq 2$는 집합 $1 \leq |z| \leq 2$, $\arg(z) = \pi/2$로 나타낼 수도 있다. $w = 1/z$이므로, $\frac{1}{2} \leq |w| \leq 1$이다. 이와 함께, (1)에 의해 $\arg(w) = \arg(1/z) = -\arg(z)$이므로 $\arg(w) = -\pi/2$이다. 그러므로 선분 $x = 0$, $1 \leq y \leq 2$에 의한 상은 v축에서 $-\frac{1}{2}i$부터 $-i$까지의 선분이다. 이제 수평 반직선 $y = 1$, $0 \leq x < \infty$을 생각하자. (6)에서 $k = 1$로 놓으면, 이 반직선의 상은 원 $|w + \frac{1}{2}i| = \frac{1}{2}$의 호이다. 이 반직선에 있는 점의 편각은 $0 < \arg(z) \leq \pi/2$이므로, 이것의 상에 있는 점의 편각은 $-\pi/2 \leq \arg(w) < 0$이다. 또 이상적인 점 ∞가 반직선에 있으므로, 점 $w = 0$은 상에 속한다. 그러므로 반직선 $y = 1$, $0 \leq x < \infty$의 상은 $|w + \frac{1}{2}i| = \frac{1}{2}$, $-\pi/2 \leq \arg(w) < 0$로 정의된 호이다. 비슷한 방법으로, 수평 반직선 $y = 2$, $0 \leq x < \infty$의 상은 호 $|w + \frac{1}{4}i| = \frac{1}{4}$, $-\pi/2 \leq \arg(w) < 0$임을 알 수 있다. (6)에 의해 띠 S의 경계를 이루는 반직선 $y = 1$과 $y = 2$ 사이에 놓인 수평 반직선 $y = k$, $1 \leq k < 2$은 두 호 $|w + \frac{1}{2}i| = \frac{1}{2}$, $-\pi/2 \leq \arg(w) < 0$과 $|w + \frac{1}{4}i| = \frac{1}{4}$, $-\pi/2 \leq \arg(w) < 0$ 사이에 있는 호 $\left|w + \dfrac{1}{2k}i\right| = \dfrac{1}{2k}$, $-\pi/2 \leq \arg(w) < 0$로 사상된다. 따라서 그림 2.5.7(a)에 나타낸 반무한 띠 S는 복소 사상 $w = 1/z$에 의해 그림 2.5.7(b)에 나타낸 집합 S' 위로 사상된다. ❑

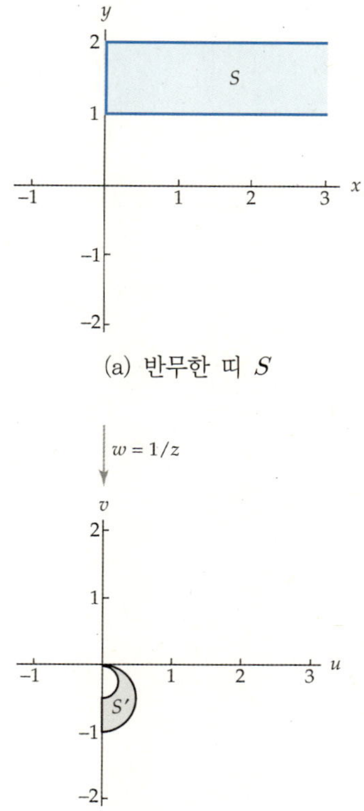

(a) 반무한 띠 S

(b) S의 상

그림 2.5.7 역전 사상

참고

쉽게 확인할 수 있듯이, 역전 함수 $f(z) = 1/z$은 일대일이다. 그러므로 f의 역함수 f^{-1}이 잘 정의된다. 역함수 $f^{-1}(z)$에 대한 식은 방정식 $z = f(w)$를 w에 대해 풀어서 찾는다. 분명히 $f^{-1}(z) = 1/z$이다. 이 결과를 통해 복소 사상 $w = 1/z$을 더 깊이 이해하게 된다. 예를 들면, 역전 사상에 의한 직선 $x = 1$의 상은 원 $|w - \frac{1}{2}| = \frac{1}{2}$이다. $f^{-1}(z) = 1/z = f(z)$이므로, 역전 함수에 의한 원 $|z - \frac{1}{2}| = \frac{1}{2}$의 상은 직선 $w = 1$이다. 비슷한 방법으로, 원 $\left|z - \dfrac{1}{2k}\right| = \left|\dfrac{1}{2k}\right|$은 직선 $u = k$ 위로, 원 $\left|z + \dfrac{1}{2k}i\right| = \left|\dfrac{1}{2k}\right|$은 직선 $v = k$ 위로 사상함을 보일 수 있다.

2.5 익힘 문제

문제 1~10에서는 확장 복소 평면에서 역전 사상 $w=1/z$에 의한 주어진 집합의 상을 찾아라.

1. 원 $|z|=5$
2. 반원 $|z|=\frac{1}{2},\ \frac{\pi}{2}\le \arg(z)\le \frac{3\pi}{2}$
3. 반원 $|z|=3,\ -\frac{\pi}{4}\le \arg(z)\le \frac{3\pi}{4}$
4. 사분원 $|z|=\frac{1}{4},\ \frac{\pi}{2}\le \arg(z)\le \pi$
5. 원환 $\frac{1}{3}\le |z|\le 2$
6. 구역 $1\le |z|\le 4,\ 0\le \arg(z)\le \frac{2\pi}{3}$
7. 반직선 $\arg(z)=\frac{\pi}{4}$
8. $\{x+iy\,|\,-1\le x\le 1,\ x\ne 0,\ y=0\}$
9. 직선 $y=4$
10. 직선 $x=\frac{1}{6}$

문제 11~14에서는 2.5절의 참고를 이용해서 확장 복소 평면에서 역전 사상 $w=1/z$에 의한 주어진 집합의 상을 찾아라.

11. 원 $|z+i|=1$
12. 원 $\left|z+\frac{1}{3}i\right|=\frac{1}{3}$
13. 원 $|z-2|=2$
14. 원 $\left|z+\frac{1}{4}\right|=\frac{1}{4}$

문제 15~18에서는 확장 복소 평면에서 사상 $w=1/z$에 의한 집합 S의 상을 찾아라.

15.

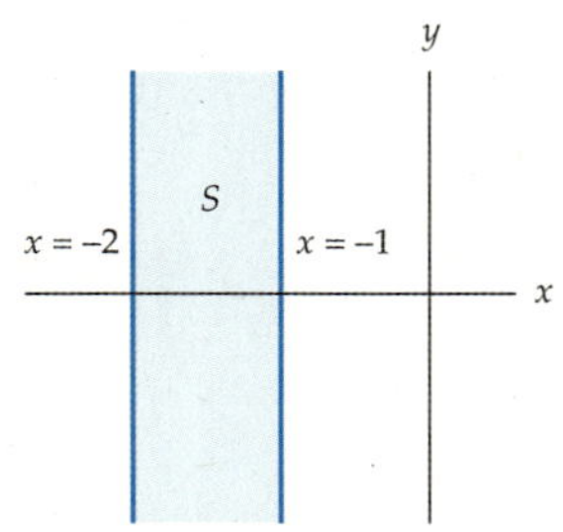

그림 2.5.8 문제 15를 위한 그림

16.

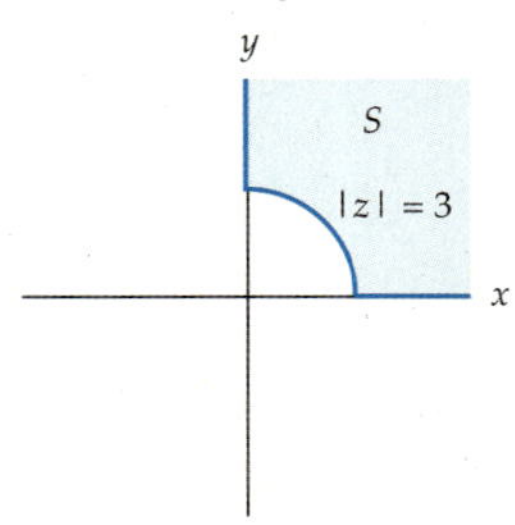

그림 2.5.9 문제 16을 위한 그림

17.

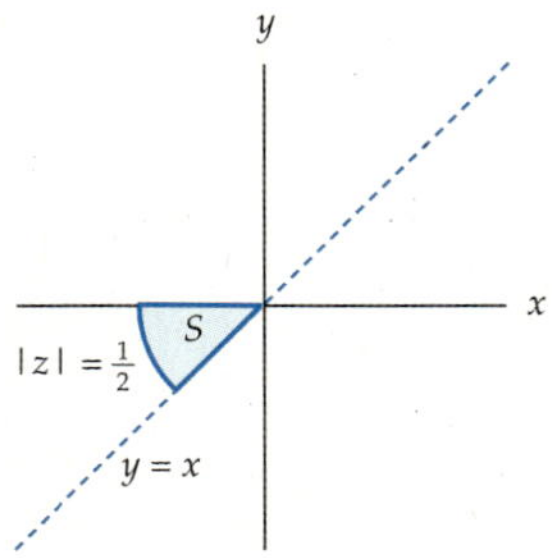

그림 2.5.10 문제 17을 위한 그림

18.

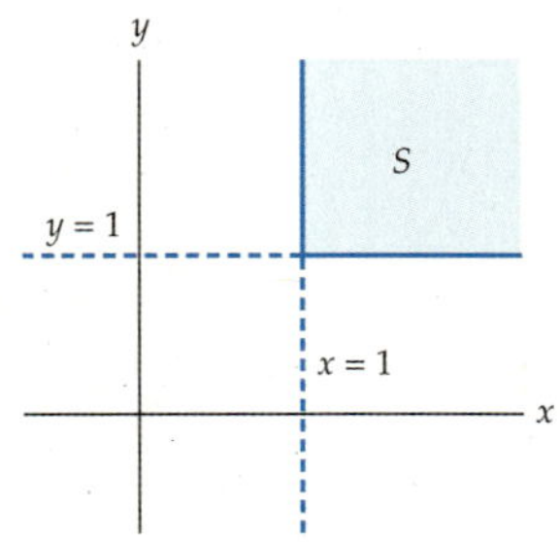

그림 2.5.11 문제 18을 위한 그림

19. 확장 복소 평면에서 정의된 함수 $h(z)=\dfrac{2i}{z}+1$을 생각하자.

(a) h가 역전 함수 $f(z)=1/z$와 선형 함수 $g(z)=2iz+1$의 합성, 즉 $h(z)=g(f(z))$이라는 사실을 이용해서 사상 $w=h(z)$의 행동을 말로 설명하라.

(b) $w=h(z)$에 의한 직선 $x=4$의 상을 결정하라.

(c) $w=h(z)$에 의한 원 $|z+2|=2$의 상을 결정하라.

20. 확장 복소 평면에서 정의된 함수 $h(z)=\dfrac{1}{2iz-1}$을 생각하자.

(a) h가 선형 함수 $g(z)=2iz-1$과 역전 함수 $f(z)=1/z$의 합성, 즉 $h(z)=f(g(z))$이라는 사실을 이용해서 사상 $w=h(z)$의 행동을 말로 설명하라.

(b) $w=h(z)$에 의한 직선 $y=1$의 상을 결정하라.

(c) $w=h(z)$에 의한 원 $|z+i|=\frac{1}{2}$의 상을 결정하라.

21. 확장 복소 평면에서 정의된 함수 $h(z)=1/z^2$을 생각하자.

(a) h를 역전 함수와 제곱 함수의 합성으로 나타내라.

(b) $w=h(z)$에 의한 원 $|z+\frac{1}{2}i|=\frac{1}{2}$의 상을 결정하라.

(c) $w=h(z)$에 의한 원 $|z-1|=1$의 상을 결정하라.

22. 확장 복소 평면에서 정의된 함수 $h(z)=\dfrac{3i}{z^2}+1+i$을 생각하자.

(a) h를 선형 함수와 역전 함수 및 제곱 함수의 합성으로 나타내라.

(b) $w=h(z)$에 의한 원 $|z+\frac{1}{2}i|=\frac{1}{2}$의 상을 결정하라.

(c) $w=h(z)$에 의한 원 $|z-1|=1$의 상을 결정하라.

개념과 이해

23. 확장 복소 평면에서 정의된 역전 사상에 의한 직선 $x=k$ $(k\neq 0)$의 상이 원 $\left|w-\dfrac{1}{2k}\right|=\left|\dfrac{1}{2k}\right|$임을 보여라.

24. 2.5절의 참고에 의해, $f(z)=1/z$의 역함수가 자신이므로, 확장 복소 평면에서 사상 $w=1/z$은 원 $|z-\frac{1}{2}|=\frac{1}{2}$을 직선 $\mathrm{Re}(w)=1$로 사상한다. 이 사실을 보기 1에서와 같이 f의 실수 부분과 허수 부분을 사용해서 직접 밝혀라.

25. 네 실수 A, B, C, D에 대해 다음 방정식을 만족시키는 평면의 점의 집합을 **일반화된 원**이라고 하자.

용어
일반화된 원 generalized circle

$$A(x^2+y^2)+Bx+Cy+D=0 \tag{7}$$

(a) $A=0$일 때 일반화된 원이 직선임을 보여라.

(b) $A\neq 0$이고 $\Delta=B^2+C^2-4AD$라고 하자. x와 y에 관한 완전 제곱식을 세워, $\Delta>0$일 때 일반화된 원이 중심이 $(-B/2A,\ -C/2A)$이고

용어
허원 imaginary circle

반지름의 길이가 $\sqrt{\Delta}/2A$ 인 원임을 보여라. ($\Delta < 0$일 때 일반화된 원을 허원이라 한다.)

26. 이 문제에서는 역전 사상 $w = 1/z$에 의한 일반화된 원 (7)의 상이 일반화된 원임을 보인다.

(a) 두 방정식 $x = r\cos\theta$와 $y = r\sin\theta$를 이용해서 (7)을 극 좌표로 다시 써라.

(b) 극 형식으로 역전 사상 $w = 1/z$가 다음과 같이 주어짐을 보여라.

$$w = \frac{1}{r}(\cos\theta - i\sin\theta)$$

(c) $w = u + iv$라 하자. (b)에 의해 $u = (1/r)\cos\theta$이고 $v = -(1/r)\sin\theta$이다. 이제 (a)의 방정식을 이런 방정식들을 이용한 u와 v의 식으로 다시 써라.

(d) (a)~(c)로부터 $w = 1/z$에 의한 일반화된 원 (7)의 상이 다음과 같은 일반화된 원임을 보인다.

$$D(u^2 + v^2) + Bu - Cv + A = 0 \tag{8}$$

27. 방정식 $Bx + Cy + D = 0$으로 정의된 직선 L을 생각하자.

(a) 문제 25와 26을 이용해서, 역전 사상 $w = 1/z$에 의한 직선 L의 상이 직선인 경우를 결정하라.

(b) L의 상이 직선 L'이면, L'의 기울기는 얼마인가? 이 기울기를 L의 기울기와 비교하면 어떤가?

(c) 문제 25와 26을 이용해서, 직선 L의 상이 원인 경우를 결정하라.

(d) L의 상이 원 S'이면, S'의 중심과 반지름의 길이는 무엇인가?

28. $B^2 + C^2 - 4AD > 0$일 때 방정식 $A(x^2 + y^2) + Bx + Cy + D = 0$으로 정의된 원 S를 생각하자.

(a) 문제 25와 26을 이용해서, 원 S의 상이 직선인 경우를 결정하라.

(b) 문제 25와 26을 이용해서, 원 S의 상이 원인 경우를 결정하라.

(d) S의 상이 원 S'이면, S'의 중심과 반지름의 길이는 무엇인가? 이 값들과 S의 중심과 반지름의 길이를 비교하면 어떤가?

문제 29와 30에서는 (a) 사상을 이용해서 주어진 집합 S에서 정의된 주어진 함수 $f(z)$의 크기에 대한 상계와 한계를 결정하라. 곧, S의 모든 z에 대해 $L \leq |f(z)| \leq M$을 만족시키는 실수 L과 M을 찾아라. 그리고 (b) $f(z_0) = L$과 $f(z_1) = M$을 만족시키는 S에 속하는 복소수값 z_0과 z_1을 찾아라.

29. $f(z) = \dfrac{1+i}{z} + i$; S는 원환 $1 \leq |z| \leq 2$

30. $f(z) = \dfrac{1}{z} + i$; S는 반평면 $x \geq 2$

2.6 극한과 연속

초등 미분 적분학에서 가장 중요한 개념은 극한의 개념이다. $\lim_{x\to x_0} f(x)=L$은 직관적으로, x의 값을 실수 x_0과 같지는 않지만 충분히 가깝게 선택하면 함수 f의 값 $f(x)$를 실수 L에 임의로 가깝게 할 수 있을 때를 의미한다. 실 해석학에서 연속성, 도함수, 정 적분의 개념은 모두 극한의 개념을 이용해서 정의한다. 복소 극한도 복소 해석학의 연구에서 이와 같은 정도로 중요한 역할을 한다. 복소 극한의 개념은 실 극한의 개념과 비슷한데, $\lim_{z\to z_0} f(z)=L$은 z의 값을 복소수 z_0과 같지는 않지만 충분히 가깝게 선택하면 복소 함수 f의 값 $f(z)$를 복소수 L에 임의로 가깝게 할 수 있을 때를 의미한다. 겉보기에 비슷하지만, 두 극한 개념 사이에는 중요한 차이가 있다. 실 극한의 경우에, 실 직선에서 x가 x_0에 가까워지는 두 가지 방향, 곧 왼쪽과 오른쪽이 있다. 그렇지만 복소 극한의 경우에는, 복소 평면에서 z가 z_0에 가까워지는 방향이 한없이 많이 있다. 복소 극한이 존재하기 위해서는 z가 z_0에 가까워질 수 있는 각 방법에서 똑같은 극한값이 나와야 한다.

이번 절에서는 복소 함수의 극한을 정의하고, 성질을 몇 가지 조사하며, 복소 변수 함수에 대한 연속의 개념을 도입한다.

2.6.1 극한

용어
극한 limit

실 극한 도입문에서 제시한 실 극한에 대한 설명은 극한 개념에 대한 직관적 정의에 불과하다. 실 극한의 엄밀한 정의를 내리기 위해서는, '충분히 가깝게'와 '임의로 가깝게'라는 문구가 의미하는 바를 명확하게 서술해야 한다. $|a-b|$은 실 직선에 있는 두 점 사이의 거리를 측정하기 때문에, 이런 문구에 대한 명확한 진술에서는 절댓값을 사용한다는 사실을 먼저 확인해야 한다. 실 직선에서 두 점 x와 x_0이 '가깝다'는 것은, $|x-x_0|$이 작은 양수인 경우이다. 마찬가지로, 두 점 $f(x)$와 L이 '가깝다'는 것은 $|f(x)-L|$이 작은 양수인 경우이다. 수학에서는 전통적으로 작은 양의 실수를 그리스 알파벳 ϵ과 δ로 나타낸다. 그러므로 '$f(x)$를 실수 L에 임의로 가깝게 할 수 있다'는 문구는 임의의 양수 ϵ에 대해 x를 선택해서 $|f(x)-L|<\epsilon$이 성립하게 할 수 있다고 명확하게 서술할 수 있다. 직관적인 정의에서는 x의 값이 'x_0과 같지는 않지만 충분히 가까울' 때 $|f(x)-L|<\epsilon$이 성립하기를 요구한다. 이는 적당한 양수 δ가 존재해서 x가 $x\neq x_0$이지만 x_0로부터의 거리가 δ보다 작으면 $|f(x)-L|<\epsilon$이 성립함을 뜻한다. 바꿔 말하면, $0<|x-x_0|<\delta$이면 $|f(x)-L|<\epsilon$이 성립함을 뜻한다. 실수 δ는 유일하지 않으며, 일반적으로 ϵ의 선택과 함수 f 및 점 x_0에 따라 결정된다. 요약하면, 실 극한에 대한 명확한 정의는 다음과 같다.

실 함수 $f(x)$의 극한

x가 x_0에 가까워질 때 f의 극한이 존재하고 L과 같다는 것은,
임의의 양수 ϵ에 대해 적당한 양수 δ가 존재해서 (1)
$0 < |x - x_0| < \delta$이면 $|f(x) - L| < \epsilon$이 성립하는 경우이다.

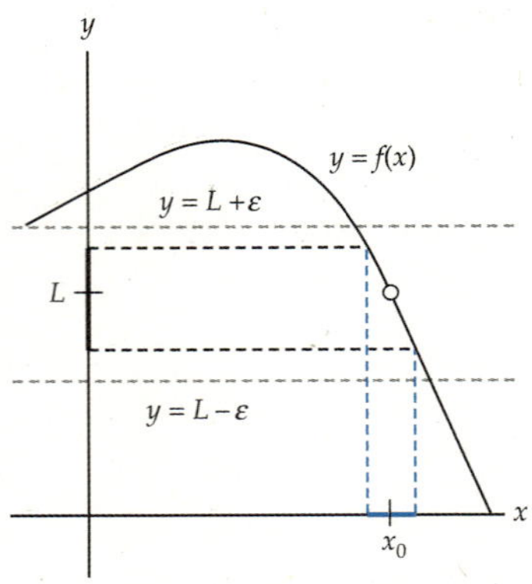

그림 2.6.1 실 극한의 기하학적 의미

(1)에 대한 기하학적인 해석을 그림 2.6.1에 나타냈다. 이 그림에서 점 x_0을 제외한 구간 $(x_0 - \delta,\ x_0 + \delta)$ 위에서 함수 $y = f(x)$의 그래프는 그림 2.6.1에 점선으로 나타낸 두 직선 $y = L - \epsilon$과 $y = L + \epsilon$ 사이에 놓여 있음을 알 수 있다. 사상의 용어로 표현하면, x축에 나타낸 점 $x = x_0$을 제외한 구간 $(x_0 - \delta,\ x_0 + \delta)$를 y축의 구간 $(L - \epsilon,\ L + \epsilon)$ 안에 검게 나타낸 집합 위로 사상된다. 극한이 존재하기 위해서는, 그림 2.6.1에 예시한 관계가 임의의 양수 ϵ을 선택해도 성립해야 한다. 그림 2.6.1에서 더 작은 ϵ을 선택하면 더 작은 δ가 필요할 것으로 보인다.

복소 극한 복소 평면에서의 '가깝다'는 개념에 근거한다는 점을 제외하면, 복소 극한은 본질적으로 실 극한과 같다. 복소 평면에서 두 점 z_1과 z_2 사이의 거리는 z_1과 z_2의 차의 크기이기 때문에, 복소 극한의 명확한 정의에는 $|z_2 - z_1|$이 포함된다. 예를 들면, '$f(z)$를 복소수 L에 임의로 가깝게 할 수 있다'는 문구는 임의의 양수 ϵ에 대해 z를 선택해서 $|f(z) - L| < \epsilon$이 성립하게 할 수 있다고 명확하게 서술할 수 있다. 복소수의 크기가 실수이기 때문에, 복수 극한에 대한 다음 정의에서 ϵ과 δ는 여전히 작은 양의 실수를 나타낸다. (1)의 복소수 형태는 다음과 같다.

정의 2.6.1 복소 함수의 극한

복소 함수 f가 z_0의 빠진 근방에서 정의되어 있고 L은 복소수라고 하자. **z가 z_0에 가까워질 때 f의 극한이 존재하고 L과 같다**는 것은, 기호로 $\lim_{z \to z_0} f(z) = L$로 나타내는데, 임의의 양수 ϵ에 대해 적당한 양수 δ가 존재해서 $0 < |z - z_0| < \delta$이면 $|f(z) - L| < \epsilon$이 성립하는 경우이다.

복소 함수에 대해 정의 2.6.1을 기하학적으로 이해하려면 복소 사상의 개념에 의존해야 한다. 1.5절에서 정의한 대로, 복소 평면에서 $|w - L| < \epsilon$을 만족시키는 점 w의 집합을 L의 근방이라 하는데, 이 집합은 복소 평면에서 중심이 점 L이고 반지름의 길이가 ϵ인 원이 아니라 그 내부에 있는 점 전체로 이루어진다. 또 1.5절에서 정의한 대로, 부등식 $0 < |z - z_0| < \delta$를 만족시키는 점의 집합을 z_0의 빠진 근방이라 하는데, 점 z_0을 제외한 근방 $|z - z_0| < \delta$

의 점 전체로 이루어진다. 정의 2.6.1에 의해 $\lim_{z \to z_0} f(z) = L$이고 ϵ이 임의의 양수이면, 반지름의 길이가 δ인 z_0의 빠진 근방이 존재해서 이 빠진 근방에 속하는 임의의 점 z에 대해 $f(z)$는 L의 ϵ근방에 속한다. 곧, f는 z평면의 빠진 근방 $0 < |z - z_0| < \delta$를 w평면의 근방 $|w - L| < \epsilon$ 안으로 사상한다. 그림 2.6.2(a)에 나타낸 z_0의 빠진 근방은 그림 2.6.2(b)에 검게 나타낸 집합 위로 사상된다. 정의 2.6.1에서 요구한 대로, 상은 그림 2.6.2(b)에 회색으로 나타낸 L의 ϵ근방에 포함된다.

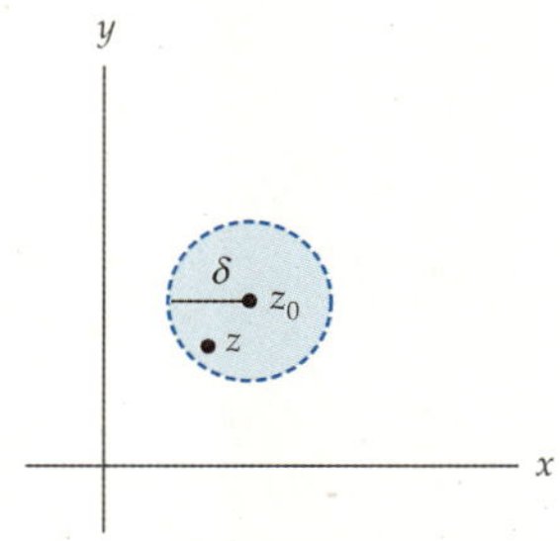

(a) z_0의 빠진 δ근방

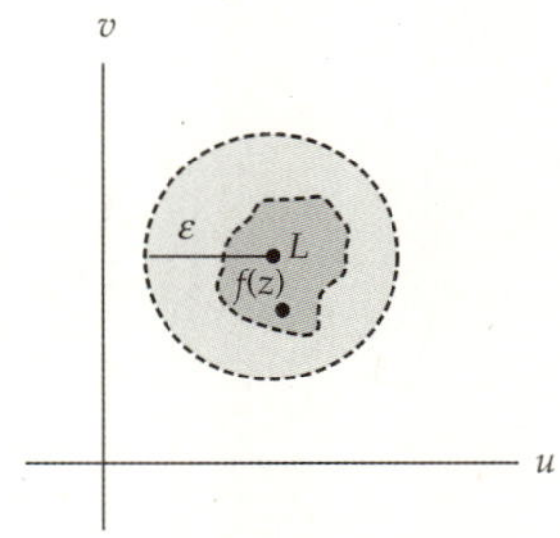

(b) L의 ϵ근방

그림 2.6.2 복소 극한의 기하학적 의미

복소 극한과 실 극한에는 공동된 성질이 많지만, 매우 중요한 차이점이 적어도 한 가지는 있다. 실 함수에 대해 $\lim_{x \to x_0} f(x) = L$이기 위한 필요 충분 조건은 $\lim_{x \to x_0^+} f(x) = L$이고 $\lim_{x \to x_0^-} f(x) = L$인 것이다. 곧, 실 직선에서 x가 x_0에 가까워지는 방법은 ($x \to x_0^+$로 나타내는) 오른쪽과 ($x \to x_0^-$로 나타내는) 왼쪽으로부터 가까워지는 두 가지 방향이 있다. 실 극한이 존재하기 위한 필요 충분 조건은 이런 두 가지 한쪽 극한의 값이 서로 같은 것이다. 예를 들어 다음과 같이 정의된 실 함수를 생각하자.

$$f(x) = \begin{cases} x^2 & (x < 0) \\ x - 1 & (x \geq 0) \end{cases}$$

x가 0에 가까워질 때 f의 극한은 존재하지 않는데, $\lim_{x \to 0^-} f(x) = \lim_{x \to 0^-} x^2 = 0$이지만 $\lim_{x \to 0^+} f(x) = \lim_{x \to 0^+} (x - 1) = -1$이기 때문이다. 그림 2.6.3을 보라.

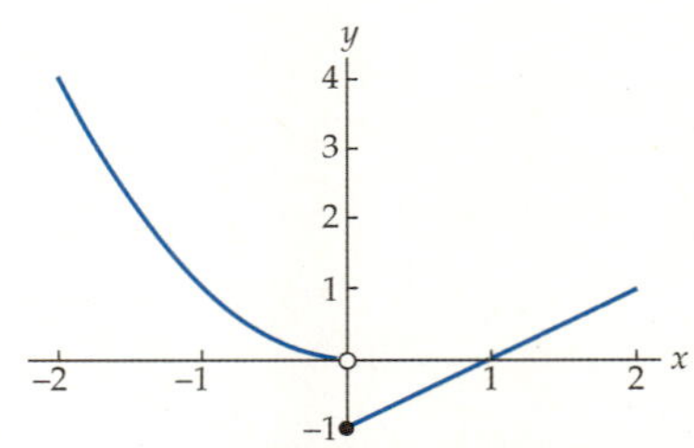

그림 2.6.3 x가 0에 가까워질 때 f의 극한은 존재하지 않는다.

복소 함수의 극한에서는 복소 평면에서 z는 z_0에 임의의 방향에서 가까워질 수 있는데, z_0을 지나는 임의의 곡선 또는 경로를 따라갈 수 있다. 그림 2.6.4를 보라. 극한 $\lim_{z \to z_0} f(z)$가 존재하고 L과 같기 위해서는, z_0을 지나는 모든 가능한 곡선을 따라가더라도 $f(z)$가 똑같은 복소수 L에 가까워져야 한다. 이의 부정은 다음과 같다.

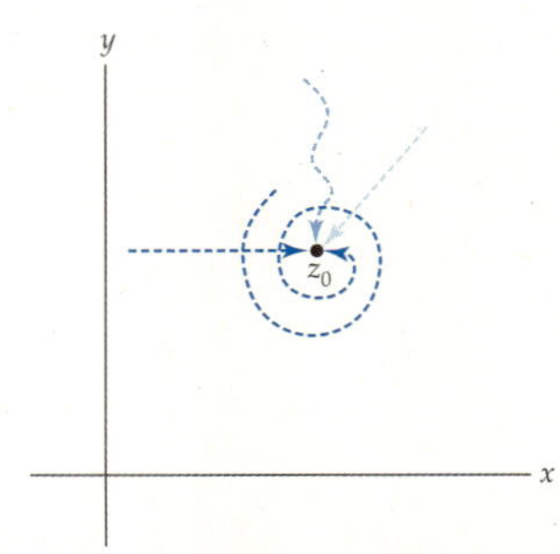

그림 2.6.4 극한으로 z_0에 가까워지는 여러 가지 방법

극한이 존재하지 않음을 판정하는 방법

z_0을 지나는 서로 다른 두 개의 곡선 또는 경로를 따라 f가 서로 다른 두 개 복소수 L_1과 L_2에 가까워질 때, $\lim_{z \to z_0} f(z)$는 존재하지 않는다.

보기 1 존재하지 않는 극한

$\lim_{z \to 0} \dfrac{z}{\bar{z}}$가 존재하지 않음을 밝혀라.

풀이 $\lim_{z \to 0} z/\bar{z}$의 서로 다른 값을 얻는 z가 0에 가까워지는 서로 다른 두 가지 경로를 찾아서, 주어진 극한이 존재하지 않음을 밝히자. 먼저, z가 실수축을 따라 0에 가까워진다고 하자. 곧, $z = x + 0i$ 꼴의 복소수를 생각하는데, 여기서 x는 0에 가까워진다. 이런 점들에 대해 다음이 성립한다.

$$\lim_{z \to 0} \frac{z}{\bar{z}} = \lim_{x \to 0} \frac{x + 0i}{x - 0i} = \lim_{x \to 0} 1 = 1 \tag{2}$$

반면에 z가 허수축을 따라 0에 가까워지면, $z = 0 + iy$에서 y는 0에 가까워진다. 이렇게 가까워지면 다음이 성립한다.

$$\lim_{z \to 0} \frac{z}{\bar{z}} = \lim_{y \to 0} \frac{0 + iy}{0 - iy} = \lim_{x \to 0} (-1) = -1 \tag{3}$$

(2)와 (3)의 값이 같지 않기 때문에, $\lim_{z \to 0} z/\bar{z}$는 존재하지 않는다. ❏

보기 1의 극한 $\lim_{z \to 0} z/\bar{z}$는 존재하지 않는데, z가 실수축과 허수축을 따라 0에 가까워질 때 $\lim_{z \to 0} z/\bar{z}$의 값이 다르기 때문이다. 그런데 이런 두 값이 같더라도 복소 극한이 여전히 존재하지 않을 수 있다. 익힘 문제 2.6의 문제 19와 20을 보라. 일반적으로, 보기 1에서와 같이 z가 z_0에 서로 다른 방향에서 가까워질 때 $\lim_{z \to 0} f(z)$의 값을 찾아서 극한이 존재하지 않음을 증명할 수 있지만, 이런 기법을 사용해서 극한이 존재함을 증명할 수는 없다. 극한이 존재함을 밝히기 위해서는 정의 2.6.1을 직접 이용해야 한다. 이런 증명을 통상 '$\epsilon - \delta$ 증명'이라 한다. 비교적 단순한 함수의 경우에도 $\epsilon - \delta$ 증명은 꽤 복잡할 수 있다. 이 책은 입문서이기 때문에, $\epsilon - \delta$ 증명을 간단하게 적용할 수 있는 예만을 제시하겠다.

보기 2 극한의 $\epsilon - \delta$ 증명

$\lim_{z \to 1+i} (2+i)z = 1 + 3i$임을 증명하라.

풀이 정의 2.6.1에 따라, $\lim_{z \to 1+i} (2+i)z = 1 + 3i$이려면, 임의의 양수 ϵ에 대해 적당한 양수 δ가 존재해서 $0 < |z - (1+i)| < \delta$이면 $|(2+i)z - (1+3i)| < \epsilon$이 성립해야 한다. 극한의 존재를 증명하려면 ϵ의 주어진 값에 대해 δ의 적절한 값을 찾아야 한다. 바꿔 말하면, 임의로 주어진 양수 ϵ에 대해 다음을 만족시키는 양수 δ를 찾아야 한다.

$0 < |z - (1+i)| < \delta$이면 $|(2+i)z - (1+3i)| < \epsilon$이다.

δ를 찾는 한 가지 방법은 '거꾸로 푸는' 것인데, 다음 부등식에서 출발한다.

$$|(2+i)z - (1+3i)| < \epsilon \tag{4}$$

그리고 복소수와 절댓값의 성질을 이용해서 이 부등식을 조작해서 $|z - (1+i)|$를 포함하는 식을 얻는다. 그러므로 자연스러운 첫째 단계는 다음과 같이 (4)의 좌변에서 인자 $(2+i)$를 묶어내는 것이다.

$$|2+i|\cdot\left|z-\frac{1+3i}{2+i}\right|<\epsilon \qquad (5)$$

$|2+i|=\sqrt{5}$ 이고 $\dfrac{1+3i}{2+i}=1+i$ 이므로, (5)는 다음과 동치이다.

$$\sqrt{5}\cdot|z-(1+i)|<\epsilon,\ \text{곧}\ \ |z-(1+i)|<\frac{\epsilon}{\sqrt{5}} \qquad (6)$$

(6)은 $\delta=\epsilon/\sqrt{5}$ 로 택할 수 있음을 시사한다. δ는 유일하지 않다는 점을 상기하자. $\delta=\epsilon/\sqrt{5}$ 은 (6)을 얻는 데 이용한 특별한 대수적 조작의 결과이다. 일단 δ를 찾으면, $\lim_{z\to 1+i}(2+i)z=1+3i$에 대한 형식적인 증명을 제시할 수 있는데, 이런 증명은 δ를 찾은 방법을 알려주지 않는다.

주어진 양수 ϵ에 대해 $\delta=\epsilon/\sqrt{5}$ 라고 하자. $0<|z-(1+i)|<\delta$이면 $|z-(1+i)|<\epsilon/\sqrt{5}$ 이다. 마지막 부등식의 양변에 $|2+i|=\sqrt{5}$ 을 곱하면 다음을 얻는다.

$$|2+i|\cdot|z-(1+i)|<\sqrt{5}\cdot\frac{\epsilon}{\sqrt{5}},\ \text{곧}\ |(2+i)z-(1+3i)|<\epsilon$$

그러므로 $0<|z-(1+i)|<\delta$이면 $|(2+i)z-(1+3i)|<\epsilon$이다. 따라서 정의 2.6.1에 의해 $\lim\limits_{z\to 1+i}(2+i)z=1+3i$이다. ❑

다변수 실 함수의 극한 보기 2의 ϵ-δ 증명은, 복소 극한 이론이 정의 2.6.1에 근거하지만, 이 정의가 극한을 셈하는 간편한 방법을 알려주지 않는다는 중요한 사실을 예시한다. 이제 정리 2.6.1에서 복소 극한을 셈하는 실질적인 방법을 제시하겠다. 이 정리는 유용한 셈 도구일 뿐만 아니라 $f(z)=u(x, y)+iv(x, y)$의 복소 극한과 두 개의 실 변수의 실수값 함수인 $u(x, y)$와 $v(x, y)$의 실 극한 사이의 중요한 연결 고리를 형성한다. 모든 복소 함수는 두 실 함수 u와 v로 완전히 결정되기 때문에, 복소 함수의 극한을 u와 v의 실 극한으로 표현할 수 있다는 사실은 놀랍지 않다.

정리 2.6.1을 알아보기에 앞서, 두 실 변수의 실수값 함수인 $F(x, y)$의 극한에 관한 중요한 몇 가지 개념을 다시 알아보자. $\lim_{(x, y)\to(x_0, y_0)}F(x, y)=L$에 대한 다음 정의는 (1)과 정의 2.6.1 모두와 유사하다.

실 함수 $F(x, y)$의 극한

(x, y)가 (x_0, y_0)에 가까워질 때 F의 극한이 존재하고 실수 L과 같다는 것은, 임의의 양수 ϵ에 대해 적당한 양수 δ가 존재해서 (7)

$0<\sqrt{(x-x_0)^2+(y-y_0)^2}<\delta$이면 $|F(x, y)-L|<\epsilon$이 성립하는 경우이다.

(7)에서 식 $\sqrt{(x-x_0)^2+(y-y_0)^2}$ 은 좌표 평면에서 두 점 $(x,\ y)$와 $(x_0,\ y_0)$ 사이의 거리를 나타낸다. (7)을 이용하면, 다음을 비교적 쉽게 증명할 수 있다.

$$\lim_{(x,\ y)\to(x_0,\ y_0)} 1 = 1, \quad \lim_{(x,\ y)\to(x_0,\ y_0)} x = x_0, \quad \lim_{(x,\ y)\to(x_0,\ y_0)} y = y_0 \tag{8}$$

$\lim_{(x,\ y)\to(x_0,\ y_0)} F(x,\ y) = L$ 이고 $\lim_{(x,\ y)\to(x_0,\ y_0)} G(x,\ y) = M$ 이면 (7)을 이용해서 다음도 증명할 수 있다.

$$\lim_{(x,\ y)\to(x_0,\ y_0)} cF(x,\ y) = cL, \quad (\text{단, } c\text{는 실 상수}) \tag{9}$$

$$\lim_{(x,\ y)\to(x_0,\ y_0)} \{F(x,\ y) \pm G(x,\ y)\} = L \pm M, \tag{10}$$

$$\lim_{(x,\ y)\to(x_0,\ y_0)} F(x,\ y) \cdot G(x,\ y) = L \cdot M \tag{11}$$

$$\lim_{(x,\ y)\to(x_0,\ y_0)} \frac{F(x,\ y)}{G(x,\ y)} = \frac{L}{M} \quad (\text{단, } M \neq 0) \tag{12}$$

x와 y에 관한 다항식과 관련된 극한은 (8)에 있는 극한과 성질 (9)~(12)를 함께 이용해서 쉽게 셈할 수 있다. 예를 들면 다음과 같다.

$$\begin{aligned}
&\lim_{(x,\ y)\to(1,\ 2)} (3xy^2 - y) \\
&= 3\Big(\lim_{(x,\ y)\to(1,\ 2)} x\Big)\Big(\lim_{(x,\ y)\to(1,\ 2)} y\Big)\Big(\lim_{(x,\ y)\to(1,\ 2)} y\Big) - \Big(\lim_{(x,\ y)\to(1,\ 2)} y\Big) \\
&= 3 \cdot 1 \cdot 2 \cdot 2 - 1 = 10
\end{aligned}$$

일반적으로, $p(x,\ y)$가 변수가 두 개인 다항 함수라면, (8)~(12)를 이용해서 다음을 보일 수 있다.

$$\lim_{(x,\ y)\to(x_0,\ y_0)} p(x,\ y) = p(x_0,\ y_0) \tag{13}$$

$p(x,\ y)$와 $q(x,\ y)$가 변수가 두 개인 다항 함수이고 $q(x_0,\ y_0) \neq 0$이면, (13)과 (12)에 의해 다음을 얻는다.

$$\lim_{(x,\ y)\to(x_0,\ y_0)} \frac{p(x,\ y)}{q(x,\ y)} = \frac{p(x_0,\ y_0)}{q(x_0,\ y_0)} \tag{14}$$

이제 $u(x,\ y)$와 $v(x,\ y)$의 실 극한과 $f(z) = u(x,\ y) + iv(x,\ y)$의 복소 극한을 관련짓는 정리 2.6.1을 제시한다. 정리 2.6.1에 대한 ϵ-δ 증명은 부록 1에 있다.

정리 2.6.1 극한의 실수 부분과 허수 부분

$f(z)=u(x,\ y)+iv(x,\ y)$, $z_0=x_0+iy_0$, $L=u_0+iv_0$이라 하자.
그러면 $\lim_{z\to z_0} f(z)=L$이기 위한 필요 충분 조건은 다음과 같다.

$$\lim_{(x,\ y)\to(x_0,\ y_0)} u(x,\ y)=u_0,\quad \lim_{(x,\ y)\to(x_0,\ y_0)} v(x,\ y)=v_0$$

정리 2.6.1을 여러 가지로 이용할 수 있다. 무엇보다도 먼저, 이것을 이용하면 단순히 한 쌍의 실 극한을 셈해서 많은 복소 극한을 셈할 수 있다.

보기 3 정리 2.6.1을 이용한 극한 셈

정리 2.6.1을 이용해서 $\lim_{z\to 1+i}(z^2+i)$를 셈하라.

풀이 $f(z)=z^2+i=x^2-y^2+(2xy+1)i$이므로, 정리 2.6.1을 $u(x,\ y)=x^2-y^2$, $v(x,\ y)=2xy+1$, $z_0=1+i$인 경우에 적용할 수 있다. $x_0=1$이고 $y_0=1$이므로, 다음 두 실 극한을 셈해서 u_0과 v_0을 찾을 수 있다.

$$u_0=\lim_{(x,\ y)\to(1,\ 1)}(x^2-y^2),\qquad v_0=\lim_{(x,\ y)\to(1,\ 1)}(2xy+1)$$

두 극한은 모두 다변수 다항 함수이므로, (13)을 이용해서 다음을 얻을 수 있다.

$$u_0=\lim_{(x,\ y)\to(1,\ 1)}(x^2-y^2)=1^2-1^2=0,$$

$$v_0=\lim_{(x,\ y)\to(1,\ 1)}(2xy+1)=2\cdot1\cdot1+1=3$$

그러므로 $L=u_0+iv_0=0+i\cdot3=3i$이다.

따라서 $\lim_{z\to1+i}(z^2+i)=3i$이다. ❑

정리 2.6.1은 특정한 극한을 셈하는 도구뿐만 아니라, 실 극한의 성질로부터 복소 극한의 성질을 유도할 수 있도록 하는 중요한 이론적인 도구이다. 다음 정리는 이런 방법의 한 예이다.

정리 2.6.2 복소 극한의 성질

f와 g는 복소 함수라 하자. $\lim_{z\to z_0} f(z)=L$이고 $\lim_{z\to z_0} g(z)=M$이면 다음이 성립한다.

(i) $\lim_{z\to z_0} cf(z)=cL$ (단, c는 복소 상수)

(ii) $\lim_{z\to z_0}\{f(z)\pm g(z)\}=L\pm M$

(iii) $\lim_{z\to z_0} f(z)\cdot g(z)=L\cdot M$

(iv) $\lim_{z \to z_0} \frac{f(z)}{g(z)} = \frac{L}{M}$ (단, $M \neq 0$)

증명 (i) 정리 2.6.2의 각각은 정리 2.6.1과 유사한 성질 (9)~(12)로부터 유도된다. (i)만 증명하고, 나머지는 익힘 문제로 남긴다.

$f(z) = u(x, y) + iv(x, y)$, $z_0 = x_0 + iy_0$, $L = u_0 + iv_0$, $c = a + ib$ 라고 하자. $\lim_{z \to z_0} f(z) = L$이므로, 정리 2.6.1에 의해 다음이 성립한다.

$$\lim_{(x, y) \to (x_0, y_0)} u(x, y) = u_0, \quad \lim_{(x, y) \to (x_0, y_0)} v(x, y) = v_0$$

(9)와 (10)에 의해 다음을 얻는다.

$$\lim_{(x, y) \to (x_0, y_0)} \{au(x, y) - bv(x, y)\} = au_0 - bv_0,$$

$$\lim_{(x, y) \to (x_0, y_0)} \{bu(x, y) + av(x, y)\} = bu_0 + av_0$$

그런데 $\text{Re}\{cf(z)\} = au(x, y) - bv(x, y)$이고 $\text{Im}\{cf(z)\} = bu(x, y) + av(x, y)$이다. 따라서 정리 2.6.1에 의해 다음이 성립한다.

$$\lim_{z \to z_0} cf(z) = au_0 - bv_0 + i(bu_0 + av_0) = cL$$ ❑

물론, 정리 2.6.2(ii)와 2.6.2(iii)의 결과는 임의의 유한 개의 함수의 합과 곱에 대해서도 각각 성립한다. 기초적인 복소 극한 두 가지를 증명하면, 정리 2.6.2를 이용해서 대단히 많은 수의 극한을 아주 직접적인 방법으로 셈할 수 있다. 앞에서 말한 기초적인 복소 극한 두 가지는, 복소 상수 c에 대한 **복소 상수 함수** $f(z) = c$의 극한과 **복소 항등 함수** $f(z) = z$의 극한이다. 익힘 문제 2.6의 문제 45에서는 다음을 증명한다.

용어
복소 상수 함수 complex constant function
복소 항등 함수 complex identity function

$$\lim_{z \to z_0} c = c, \text{ (단, } c\text{는 복소 상수)} \tag{15}$$

$$\lim_{z \to z_0} z = z_0 \tag{16}$$

다음 보기는 이런 기초적인 극한을 정리 2.6.2와 결합시켜 복소 유리 함수의 극한을 셈할 수 있는 방법을 예시한다.

보기 4 정리 2.6.2를 이용한 극한 셈

정리 2.6.2 및 기초적인 극한 (15)와 (16)을 이용해서 다음 극한을 셈하라.

(a) $\lim_{z \to i} \frac{(3+i)z^4 - z^2 + 2z}{z+1}$

(b) $\lim_{z \to 1+\sqrt{3}i} \frac{z^2 - 2z + 4}{z - 1 - \sqrt{3}i}$

풀이 (a) 정리 2.6.2(iii)과 (16)에 의해 다음을 얻는다.

$$\lim_{z\to i} z^2 = \lim_{z\to i} z \cdot z = \left(\lim_{z\to i} z\right) \cdot \left(\lim_{z\to i} z\right) = i \cdot i = i^2 = -1$$

마찬가지로, $\lim_{z\to i} z^4 = i^4 = 1$이다. 이런 극한, 정리 2.6.2(i), 2.6.2(ii), (16)의 극한을 이용해서 다음을 얻는다.

$$\begin{aligned}\lim_{z\to i}\{(3+i)z^4 - z^2 + 2z\} &= (3+i)\lim_{z\to i} z^4 - \lim_{z\to i} z^2 + 2\lim_{z\to i} z \\ &= (3+i)\cdot 1 - (-1) + 2\cdot i \\ &= 4+3i\end{aligned}$$

그리고 $\lim_{z\to i}(z+1) = 1+i$이다. 따라서 정리 2.6.2(iv)에 의해 다음을 얻는다.

$$\lim_{z\to i}\frac{(3+i)z^4 - z^2 + 2z}{z+1} = \frac{\lim_{z\to i}\{(3+i)z^4 - z^2 + 2z\}}{\lim_{z\to i}(z+1)} = \frac{4+3i}{1+i}$$

나눗셈을 시행하면, 결국 $\lim_{z\to i}\dfrac{(3+i)z^4 - z^2 + 2z}{z+1} = \dfrac{7}{2} - \dfrac{1}{2}i$를 얻는다.

(b) $\lim_{z\to 1+\sqrt{3}i}\dfrac{z^2 - 2z + 4}{z - 1 - \sqrt{3}i}$를 찾기 위해서 (a)와 같이 하면 다음을 얻는다.

$$\begin{aligned}\lim_{z\to 1+\sqrt{3}i}(z^2 - 2z + 4) &= (1+\sqrt{3}i)^2 - 2(1+\sqrt{3}i) + 4 \\ &= -2 + 2\sqrt{3}i - 2 - 2\sqrt{3}i + 4 = 0,\end{aligned}$$

$$\lim_{z\to 1+\sqrt{3}i}(z - 1 - \sqrt{3}i) = 1 + \sqrt{3}i - 1 - \sqrt{3}i = 0$$

분모의 극한이 0이므로, 정리 2.6.2(iv)를 적용할 수 없다. 그렇지만 위의 셈에서 $1+\sqrt{3}i$가 이차 다항식 $z^2 - 2z + 4$의 근임을 발견했다. 1.6절에서 알아본 대로, z_1이 이차 다항식의 근이면 $z - z_1$은 그 다항식의 인수이다. 나눗셈을 통해 다음을 얻는다.

$$z^2 - 2z + 4 = (z - 1 + \sqrt{3}i)(z - 1 - \sqrt{3}i)$$

1.6절의 (5)를 보라. 이 극한에서 z는 값 $1+\sqrt{3}i$를 취할 수 없기 때문에, 유리 함수의 분자와 분모에서 공동 인수를 소거할 수 있다. 곧, 다음을 얻는다.

$$\begin{aligned}\lim_{z\to 1+\sqrt{3}i}\frac{z^2 - 2z + 4}{z - 1 - \sqrt{3}i} &= \lim_{z\to 1+\sqrt{3}i}\frac{(z - 1 + \sqrt{3}i)(z - 1 - \sqrt{3}i)}{z - 1 - \sqrt{3}i} \\ &= \lim_{z\to 1+\sqrt{3}i}(z - 1 + \sqrt{3}i)\end{aligned}$$

정리 2.6.2(ii) 및 (15)와 (16)의 극한에 의해 다음을 얻는다.

$$\lim_{z\to 1+\sqrt{3}i}(z - 1 + \sqrt{3}i) = 1 + \sqrt{3}i - 1 + \sqrt{3}i = 2\sqrt{3}i$$

따라서 $\lim_{z\to 1+\sqrt{3}i} \frac{z^2-2z+4}{z-1-\sqrt{3}i} = 2\sqrt{3}i$이다. ❑

3.1절에서 보기 4 (b)의 극한을 다른 방법으로 셈한다.

2.6.2 연속성

용어
연속 continuous
연속성 continuity

실 함수의 연속성 x가 x_0에 가까워질 때 실 함수 f의 극한이 존재하고 x_0에서 함수 f의 값과 같으면, f는 x_0에서 연속이라고 한다. 곧, 이 정의는 다음과 같다.

실 함수 $f(x)$의 연속성

함수 f가 점 x_0에서 연속이라는 것은 $\lim_{x\to x_0} f(x) = f(x_0)$이 성립하는 경우이다. (17)

(17)에서 등식 $\lim_{x\to x_0} f(x) = f(x_0)$이 성립하기 위해서는 세 가지가 참이어야 한다. 곧, 극한 $\lim_{x\to x_0} f(x)$가 존재하고 f는 x_0에서 정의되어야 하며 두 값이 서로 같아야 한다. 이 중에서 어느 하나라도 성립하지 않으면, f는 x_0에서 연속일 수 없다. 예를 들면, 그림 2.6.3에 예시한 함수 $f(x) = \begin{cases} x^2 & (x<0) \\ x-1 & (x \ge 0) \end{cases}$는 극한 $\lim_{x\to 0} f(x)$가 존재하지 않으므로, $x=0$에서 연속이 아니다. 또 다른 예로, $\lim_{x\to 1} \frac{x^2-1}{x-1} = 2$이지만, 함수 $f(x) = \frac{x^2-1}{x-1}$은 $x=1$에서 연속이 아니다. 왜냐하면 $f(1)$이 정의되지 않기 때문이다.

복소 함수의 연속성 복소 함수의 연속에 대한 정의는 본질적으로 실수 함수의 경우가 같다. 곧, z가 z_0에 가까워질 때 복소 함수 f의 극한이 존재하고 z_0에서 함수 f의 값과 같으면, f는 z_0에서 연속이라고 한다. 복소 함수에 대한 다음 정의는 (17)과 비슷한다.

정의 2.6.2 복소 함수의 연속성

복소 함수 f가 점 z_0에서 연속이라는 것은 $\lim_{z\to z_0} f(z) = f(z_0)$이 성립하는 경우이다.

실 함수와 비슷하게, 복소 함수 f가 한 점에서 연속이면 다음 세 조건이 성립해야 한다.

한 점에서의 연속성 판정법

복소 함수 f가 점 z_0에서 연속이라는 것은 다음 세 조건이 성립하는 경우이다.

(i) $\lim_{z \to z_0} f(z)$가 존재한다.

(ii) f는 z_0에서 정의되어 있다.

(iii) $\lim_{z \to z_0} f(z) = f(z_0)$

용어
연속성 판정법 criteria for continuity
불연속 discontinuous
불연속성 discontinuity

복소 함수 f가 점 z_0에서 연속이 아닐 때, f는 z_0에서 **불연속**이라고 한다. 예를 들면, 함수 $f(z) = \dfrac{1}{1+z^2}$은 $z = i$와 $z = -i$에서 불연속이다.

보기 5 한 점에서의 연속성 확인

함수 $f(z) = z^2 - iz + 2$를 생각하자. f가 이를테면 점 $z_0 = 1 - i$에서 연속인지 결정하기 위해서는, $\lim_{z \to z_0} f(z)$와 $f(z_0)$를 찾아야 하고 두 복소수값이 서로 같은지 확인해야 한다. 정리 2.6.2 및 (15)와 (16)의 극한으로부터 다음을 얻는다.

$$\lim_{z \to z_0} f(z) = \lim_{z \to 1-i} (z^2 - iz + 2) = (1-i)^2 - i(1-i) + 2 = 1 - 3i$$

또, $z_0 = 1 - i$에서 다음을 얻는다.

$$f(z_0) = f(1-i) = (1-i)^2 - i(1-i) + 2 = 1 - 3i$$

$\lim_{z \to z_0} f(z) = f(z_0)$이므로, $f(z) = z^2 - iz + 2$는 점 $z_0 = 1 - i$에서 연속이다. ❑

보기 5에서 알 수 있듯이, 복소 다항 함수 또는 유리 함수의 연속성은 정리 2.6.2 및 (15)와 (16)의 극한을 이용해서 쉽게 결정할 수 있다. 그렇지만 더 복잡한 함수는 흔히 다른 기법을 요구한다.

보기 6 으뜸 제곱근 함수의 불연속성

2.4절의 (7)에 의해 정의된 으뜸 제곱근 함수 $f(z) = z^{1/2}$이 점 $z_0 = -1$에서 불연속임을 보여라.

풀이 극한 $\lim_{z \to -1} z^{1/2}$이 존재하지 않음을 증명함으로써 $f(z) = z^{1/2}$이 $z_0 = -1$에서 불연속임을 보이자. 111쪽에 있는 판정법에 의해, $z^{1/2}$이 서로 다른 값에 가까워지는 z_0을 지나는 서로 다른 경로를 찾으면 된다. 시

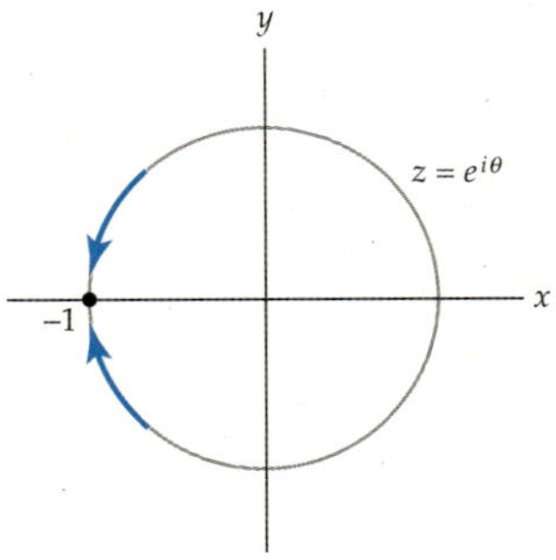

그림 2.6.5 보기 6을 위한 그림

작하기 전에 2.4절의 (7)에서 으뜸 제곱근 함수는 $z^{1/2} = \sqrt{|z|}\, e^{i\mathrm{Arg}(z)/2}$와 같이 정의됨을 상기하자. 이제 제 2 사분면에 있는 단위 원을 따라 -1에 가까워지는 z를 생각하자. 그림 2.6.5를 보라. 곧, 점 $|z| = 1$, $\pi/2 < \arg(z) < \pi$를 생각하자. 지수 형식으로 이 경로는 θ가 π에 가까워지는 $z = e^{i\theta}$, $\pi/2 < \theta < \pi$로 나타낼 수 있다. 그러므로 $|z| = 1$로 놓고 $\mathrm{Arg}(z) = \theta$가 π에 가까워지면 다음을 얻는다.

$$\lim_{z \to -1} z^{1/2} = \lim_{z \to -1} \sqrt{|z|}\, e^{i\mathrm{Arg}(z)/2} = \lim_{\theta \to \pi} \sqrt{1}\, e^{i\theta/2}$$

$e^{i\theta/2} = \cos(\theta/2) + i\sin(\theta/2)$이므로, 다음을 얻는다.

$$\lim_{z \to -1} z^{1/2} = \lim_{\theta \to \pi} \left(\cos\frac{\theta}{2} + i\sin\frac{\theta}{2}\right) = \cos\frac{\pi}{2} + i\sin\frac{\pi}{2} = i \tag{18}$$

다음으로 z가 제 4 사분면에 있는 단위 원을 따라 -1에 가까워진다고 하자. 또다시 그림 2.6.5를 보라. 이 곡선을 따라 θ가 $-\pi$로 가까워지는 점 $z = e^{i\theta}$, $-\pi < \theta < -\pi/2$를 얻는다. $|z| = 1$로 놓고 $\mathrm{Arg}(z) = \theta$가 $-\pi$에 가까워지면 다음을 얻는다.

$$\lim_{z \to -1} z^{1/2} = \lim_{\theta \to -\pi} e^{i\theta/2} = \lim_{\theta \to -\pi} \left(\cos\frac{\theta}{2} + i\sin\frac{\theta}{2}\right) = -i \tag{19}$$

(18)과 (19)의 값이 같지 않기 때문에, $\lim_{z \to -1} z^{1/2}$은 존재하지 않는다. 따라서 으뜸 제곱근 함수 $f(z) = z^{1/2}$은 점 $z_0 = -1$에서 불연속이다. ❑

정의 2.6.2에서는 복소 평면의 단 한 점 z_0에서 복소 함수 f의 연속성을 정의했다. 흔히 복소 평면의 점의 집합에서 함수의 연속성에 관심을 갖는다. 복소 함수 f가 집합 S의 각 점에서 연속일 때, f는 **집합 S에서 연속**이라고 한다. 예를 들면, 정리 2.6.2 및 (15)와 (16)의 극한을 이용하면 $f(z) = z^2 - iz + 2$가 복소 평면의 모든 점 z_0에서 연속임을 보일 수 있다. 그러므로 $f(z) = z^2 - iz + 2$는 $\mathbb{C}$에서 연속이다. 반면에 함수 $f(z) = \dfrac{1}{1 + z^2}$은 $z \neq \pm i$인 복소수 z 전체로 이루어진 집합에서 연속이다.

용어
집합에서 S에서 연속 continuous on a set S

연속 함수의 성질 연속의 개념은 복소 극한을 이용해서 정의하기 때문에, 여러 가지 복소 극한의 성질을 연속성에 관한 명제로 바꿀 수 있다. 복소 함수 $f(z) = u(x, y) + iv(x, y)$의 복소 극한과 u와 v의 실 극한 사이의 관계를 설명하는 정리 2.6.1을 생각하자. 실 함수 $F(x, y)$의 연속에 대한 다음 정의를 사용하면, 극한에 관한 이 정리를 연속에 관한 정리로 고쳐 쓸 수 있다.

실 함수 $F(x, y)$의 연속

함수 F가 점 (x_0, y_0)에서 연속이라는 것은 다음이 성립하는 경우이다.

$$\lim_{(x, y) \to (x_0, y_0)} F(x, y) = F(x_0, y_0) \tag{20}$$

또다시, 연속에 대한 이 정의는 (17)과 비슷하다. (20)과 정리 2.6.1로부터 다음 결과를 얻는다.

정리 2.6.3 연속 함수의 실수 부분과 허수 부분

$f(z) = u(x, y) + iv(x, y)$이고 $z_0 = x_0 + iy_0$이라 하자. 그러면 복소 함수 f가 점 z_0에서 연속이기 위한 필요 충분 조건은 두 실 함수 u와 v가 모두 점 (x_0, y_0)에서 연속인 경우이다.

증명 f가 z_0에서 연속이면, 정의 2.6.2에 의해 다음이 성립한다.

$$\lim_{z \to z_0} f(z) = f(z_0) = u(x_0, y_0) + iv(x_0, y_0) \tag{21}$$

$u_0 = u(x_0, y_0)$이고 $v_0 = v(x_0, y_0)$으로 놓으면, 정리 2.6.1에 의해 다음을 얻는다.

$$\lim_{(x, y) \to (x_0, y_0)} u(x, y) = u(x_0, y_0), \quad \lim_{(x, y) \to (x_0, y_0)} v(x, y) = v(x_0, y_0) \tag{22}$$

그러므로 (20)에 의해 u와 v는 모두 (x_0, y_0)에서 연속이다. 역으로 u와 v가 모두 (x_0, y_0)에서 연속이면, 다음이 성립한다.

$$\lim_{(x, y) \to (x_0, y_0)} u(x, y) = u(x_0, y_0), \quad \lim_{(x, y) \to (x_0, y_0)} v(x, y) = v(x_0, y_0)$$

그러므로 정리 2.6.1에 의해 $\lim_{z \to z_0} f(z) = u(x_0, y_0) + iv(x_0, y_0) = f(z_0)$이 성립한다. 따라서 f는 정의 2.6.2에 의해 연속이다. ■

보기 7 정리 2.6.3을 이용한 연속성 확인

함수 $f(z) = \bar{z}$가 $\mathbb{C}$에서 연속임을 보여라.

풀이 정리 2.6.3에 의해, $f(z) = \bar{z} = \overline{x + iy} = x - iy$이 $z_0 = x_0 + iy_0$에서 연속이려면, $u(x, y) = x$와 $v(x, y) = -y$가 (x_0, y_0)에서 연속이어야 한다. u와 v가 이변수 다항 함수이므로, (13)으로부터 다음을 얻는다.

$$\lim_{(x, y) \to (x_0, y_0)} u(x, y) = x_0, \quad \lim_{(x, y) \to (x_0, y_0)} v(x, y) = -y_0$$

그러므로 u와 v는 (x_0, y_0)에서 연속이고, 이에 따라 정리 2.6.3에 의해 f는 $z_0 = x_0 + iy_0$에서 연속이다. 따라서 $z_0 = x_0 + iy_0$은 임의의 점이므로, 함수 $f(z) = \bar{z}$는 $\mathbb{C}$에서 연속이다. ❑

정리 2.6.2의 복소 극한의 대수적 성질을 복소 함수의 연속성으로 바꾸어 서술할 수 있다.

정리 2.6.4 연속 함수의 성질

f와 g가 모두 점 z_0에서 연속이면, 다음 함수도 점 z_0에서 연속이다.

(i) cf (단, c는 복소 상수)

(ii) $f \pm g$

(iii) $f \cdot g$

(iv) $\dfrac{f}{g}$ (단 $g(z_0) \neq 0$)

증명 (ii) 여기서는 (ii)만을 증명한다. 나머지 부분의 증명은 비슷하다. f와 g는 z_0에서 연속이므로, $\lim_{z\to z_0} f(z) = f(z_0)$이고 $\lim_{z\to z_0} g(z) = g(z_0)$이다. 그러므로 정리 2.6.2(ii)에 의해, $\lim_{z\to z_0}\{f(z)+g(z)\} = f(z_0)+g(z_0)$이다. 따라서 정의 2.6.2에 의해 $f+g$는 z_0에서 연속이다. ❑

물론, 정리 2.6.4(ii)와 2.6.4(iii)의 결과들은 각각 임의의 유한 개의 연속 함수의 합과 곱으로 확장된다. 이 사실을 이용해서 복소 다항 함수가 연속 함수임을 보일 수 있다.

정리 2.6.5 다항 함수의 연속성

복소 다항 함수는 복소 평면 전체에서 연속이다.

증명 $p(z) = a_n z^n + a_{n-1}z^{n-1} + \cdots + a_1 z + a_0$을 복소 다항 함수라 하고 z_0을 복소 평면 $\mathbb{C}$의 임의의 점이라 하자. (16)에 의해 항등 함수 $f(z) = z$는 z_0에서 연속이고, 정리 2.6.4(iii)를 반복 적용하면 자연수 n에 대해 거듭제곱 함수 $f(z) = z^n$도 이 점에서 연속이다. 또, (15)에 의해 모든 복소 상수 함수 $f(z) = c$는 z_0에서 연속이고, 정리 2.6.4(i)에 의해 함수 $a_n z^n$, $a_{n-1}z^{n-1}$, $\cdots$, $a_1 z$, a_0은 모두 z_0에서 연속이다. 이제 정리 2.6.4(ii)를 반복 적용해서 $p(z) = a_n z^n + a_{n-1}z^{n-1} + \cdots + a_1 z + a_0$이 z_0에서 연속임을 알 수 있다. z_0은 복소 평면의 임의의 점이므로, 다항 함수 p는 복소 평면 $\mathbb{C}$ 전체에서 연속이다. ❑

유리 함수 $f(z) = p(z)/q(z)$는 두 다항 함수 p와 q의 몫이므로, 정리 2.6.5와 정리 2.6.4(ii)에 의해 $q(z_0) \neq 0$인 각 점 z_0에서 f는 연속이다. 바꿔 말하면, 다음과 같다.

유리 함수의 연속성

유리 함수는 그것의 정의역에서 연속이다.

갇힌 함수 연속 복소 함수에는 연속 실 함수의 성질과 유사한 성질이 많이 있다. 예를 들어 실 함수 f가 실 직선의 닫힌 구간 I에서 연속이면, f는 I에서 갇혀 있다 또는 유계이다. 곧, 적당한 양의 실수 M이 존재해서 I의 모든 x에 대해 $|f(x)| \le M$이다. 다변수 실 함수에 대한 비슷한 결과에 따르면, $F(x, y)$가 좌표 평면의 닫히고 갇힌 구역 R에서 연속이면 적당한 양의 실수 M이 존재해서 R의 모든 (x, y)에 대해 $|F(x, y)| \le M$이다. 이 경우에 F는 R에서 갇혀 있다 또는 유계라고 한다.

용어
갇혀 있다 bounded
갇힘 성질 bounding property

이제 복소 함수 $f(z) = u(x, y) + iv(x, y)$가 복소 평면의 닫히고 갇힌 구역 R에서 정의되어 있다고 하자. 실 함수의 경우와 같이, 적당한 양의 실수 M이 존재해서 R의 모든 z에 대해 $|f(z)| \le M$이 성립할 때, f는 R에서 갇혀 있다 또는 유계이다라고 한다. f가 R에서 연속이면, 정리 2.6.3에 의해 u와 v는 R에서 연속인 실 함수이다. 이에 따라 $F(x, y) = \sqrt{\{u(x, y)\}^2 + \{v(x, y)\}^2}$도 R에서 연속이다. F가 닫히고 갇힌 구역 R에서 연속이므로, F는 R에서 갇혀 있다. 곧 적당한 양의 실수 M이 존재해서 R의 모든 (x, y)에 대해 $|F(x, y)| \le M$이다. 그런데 $|f(z)| = F(x, y)$이므로, R의 모든 z에 대해 $|f(z)| \le M$이 성립한다. 곧, 복소 함수 f는 R에서 갇혀 있다. 이에 따라 연속인 복소 함수의 다음과 같은 중요한 성질이 증명된다.

갇힘 성질

복소 함수 f가 닫히고 갇힌 구역 R에서 연속이면, f는 R에서 갇혀 있다. 곧, 적당한 양의 실수 M이 존재해서 R의 모든 z에 대해 $|f(z)| \le M$이 성립한다.

이 결과는 R에서 f에 대한 상계 M이 존재함을 보장하지만, 이를 찾는 실질적인 방법을 제공하지는 않는다. 상계를 찾는 한 가지 방법은 삼각 부등식을 사용하는 것이다. 1.2절의 보기 3을 보라. 상계를 결정하는 또 다른 방법은 복소 사상을 사용하는 것이다. 익힘 문제 2.3의 문제 38과 39, 익힘 문제 2.4의 문제 55와 56, 익힘 문제 2.5의 문제 29와 30을 보라. 제 5 장에서 특별한 종류의 중요한 복소 함수는 R의 경계에 있는 점에서만 상계를 취할 수 있다는 사실을 알아볼 것이다.

분지 2.4절에서 입력 z에 복소수의 집합을 대응시키는 다가 함수 $F(z)$의 개념을 간략하게 논의했다. (관례에 따라 F, G, H 등과 같이 대문자로 다가 함수를 나타낸다.) 다가 함수의 예로 입력 z에 n개의 n제곱근을 대응시키는 $F(z) = z^{1/n}$과 입력 z에 z의 편각의 무한 집합을 대응시키는 $G(z) = \arg(z)$가 있다. 실제로는, 복소수의 거듭제곱근 중에서 단 한 개 또는 복소수의 편각 중에서 단 한 개를 뽑는 일관된 방법이 흔히 필요하다. 곧, 통상적으로 다가 함수의 값 중에서 단 한 개를 셈하는 데 관심을 둔다. 이런 값의 선택과 연속의 개념에 유념하면, 다가 함수의 분지라 부르는 함수를 얻는다. 좀 더 엄밀하게, 다가 함수 F의 분지는 어떤 영역에서 연속이고 그 영역의 각 점 z에 F의 다가 중에서 단 한 개를 대응시키는 함수 f_1이다.

표기법: 분지

함수 표기법으로 다가 함수 F의 분지를 나타낼 때는 소문자와 숫자 아래 첨자를 사용해서 f_1, f_2, …와 같이 나타낸다.

분지가 연속이라는 조건은 분지의 정의역이 다가 함수의 분지와 다르다는 사실을 뜻한다. 예를 들면, 각 입력 z에 z의 두 개의 제곱근의 집합을 대응시키는 다가 함수 $F(z)=z^{1/2}$은 영이 아닌 복소수 z 전체에서 정의되어 있다. 으뜸 제곱근 함수 $f(z)=z^{1/2}$은 각 입력 z에 F의 단 한 개의 값을 대응시키지만(곧 z에 z의 으뜸 제곱근을 대응시킨다), f는 F의 분지가 아니다. 이유는 으뜸 제곱근 함수는 그 정의역에서 연속이 아니다. 특히, 보기 6에서 $f(z)=z^{1/2}$은 $z_0=-1$에서 연속이 아님을 보였다. 보기 6에서 이용한 논법을 조정해서 $f(z)=z^{1/2}$이 음의 실수축에 있는 모든 점에서 불연속임을 보일 수 있다. 그러므로 으뜸 제곱근 함수와 일치하는 $F(z)=z^{1/2}$의 분지를 얻기 위해서는 정의역을 제한해서 음의 실수축에 있는 점들은 배제해야 한다. 이에 따라 다음과 같은 함수를 얻는다.

$$f_1(z)=\sqrt{r}\,e^{i\theta/2}\quad(-\pi<\theta<\pi) \tag{23}$$

용어
분지 branch
으뜸 분지, 주분지 principal branch

(23)에서 정의한 함수 f_1을 $F(z)=z^{1/2}$의 으뜸 분지 또는 주분지라 하는데, θ의 값이 $\mathrm{Dom}(f_1)$에 있는 모든 z에 대해 z의 으뜸 편각을 나타내기 때문이다. 다음 보기는 f_1이 실제로 F의 분지임을 밝힌다.

보기 8 $F(z)=z^{1/2}$의 분지

(23)에서 정의한 함수 f_1이 다가 함수 $F(z)=z^{1/2}$의 분지임을 보여라.

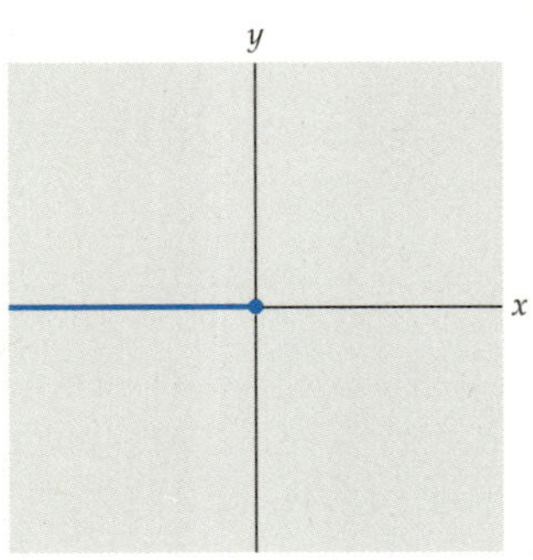

그림 2.6.6

풀이 함수 f_1의 정의역은 $|z|>0$, $-\pi<\arg(z)<\pi$로, 그림 2.6.6에 회색으로 나타냈다. 2.4절의 (8)에서 알 수 있듯이, 함수 f_1은 이 집합에서 으뜸 제곱근 함수 f와 일치한다. 그러므로 f_1은 입력 z에 $F(z)=z^{1/2}$의 값 중에서 단 한 개를 대응시킨다. 이제 f_1이 그 정의역에서 연속임을 보여야 한다. 이를 위해, z를 $|z|>0$, $-\pi<\arg(z)<\pi$의 점이라 하자. $z=x+iy$이고 $x>0$이면, $r=\sqrt{x^2+y^2}$과 $\theta=\tan^{-1}(y/x)$에 대해 $z=re^{i\theta}$이다. $-\pi/2<\tan^{-1}(y/x)<\pi/2$이므로 부등식 $-\pi<\theta<\pi$가 성립한다. (23)의 r과 θ에 이를 대입하면 다음을 얻는다.

$$f_1(z)=\sqrt[4]{x^2+y^2}\,e^{i\tan^{-1}(y/x)/2}$$

$$= \sqrt[4]{x^2+y^2}\cos\left(\frac{\tan^{-1}(y/x)}{2}\right) + i\sqrt[4]{x^2+y^2}\sin\left(\frac{\tan^{-1}(y/x)}{2}\right)$$

f_1의 실수 부분과 허수 부분은 $x > 0$에서 연속인 실 함수이므로, 정리 2.6.3에 의해 f_1은 $x > 0$에서 연속이다. 비슷한 논법을 $y > 0$인 점에 대해서는 $\theta = \cot^{-1}(x/y)$, 그리고 $y < 0$인 점에 대해서는 $\theta = -\cot^{-1}(x/y)$를 이용해서 전개할 수 있다. 각 경우에 정리 2.6.3에 의해 f_1이 연속이다. 따라서 (23)에 정의된 함수 f_1은 다가 함수 $F(z) = z^{1/2}$의 분지이다. ❑

용어
분지 절단 branch cut
분지 점 branch point

분지 절단과 분지 점 다가 함수 $F(z) = z^{1/2}$이 영이 아닌 복소수 $\mathbb{C}$ 전체에서 정의되지만, 으뜸 분지 f_1은 정의역 $|z| > 0$, $-\pi < \arg(z) < \pi$에서만 정의된다. 일반적으로, 다가 함수 F의 분지 f_1에 대한 **분지 절단**은 곡선의 일부로, F의 정의역 중에서 제거해서 f_1이 나머지 점에서는 연속이 되게 하는 것이다. 그러므로 그림 2.6.6에 나타낸 양이 아닌 실수축은 (23)에 정의된 다가 함수 $F(z) = z^{1/2}$의 으뜸 분지 f_1에 대한 분지 절단이다. 분지 절단이 똑같은 F의 또 다른 분지로 $f_2(z) = \sqrt{r}\,e^{i\theta/2}$ $(\pi < \theta < 3\pi)$가 있다. 이 두 분지는 서로 다른데, 이를테면 $z = i$에 대해 $f_1(i) = \frac{1}{2}\sqrt{2} + \frac{1}{2}\sqrt{2}\,i$이지만 $f_2(i) = -\frac{1}{2}\sqrt{2} - \frac{1}{2}\sqrt{2}\,i$이다. $\phi = \theta - 2\pi$로 놓으면, 분지 f_2는 $f_2(z) = \sqrt{r}\,e^{i(\phi+2\pi)/2} = \sqrt{r}\,e^{i\phi/2}e^{i\pi}$ $(-\pi < \phi < \pi)$로 표현된다. $e^{i\pi} = -1$이므로, 간단히 $f_2(z) = -\sqrt{r}\,e^{i\phi/2}$ $(-\pi < \phi < \pi)$이다. 그러므로 $f_2 = -f_1$이다. $F(z) = z^{1/2}$의 이 두 분지를 양의 실수에 대한 양과 음의 제곱근과 유사한 것으로 생각할 수 있다.

$F(z) = z^{1/2}$의 또 다른 분지를, 시점이 원점인 임의의 반직선을 분지 절단으로 사용해서 (23)과 비슷한 방법으로 정의할 수 있다. 예를 들면 $f_3(z) = \sqrt{r}\,e^{i\theta/2}$ $(-3\pi/4 < \theta < 5\pi/4)$는 $F(z) = z^{1/2}$의 분지를 정의한다. f_3에 대한 분지 절단은 점 $z = 0$을 포함한 반직선 $\arg(z) = -3\pi/4$이다.

점 $z = 0$이 f_1, f_2, f_3에 대한 모든 분지 절단에 속한다는 것은 우연의 일치가 아니다. 점 $z = 0$은 다가 함수 $F(z) = z^{1/2}$의 모든 분지의 분지 절단에 속한다. 일반적으로, 모든 분지의 분지 절단에 속하는 점을 F의 **분지 점**이라 한다. 또는 분지 점을 다음 성질을 만족시키는 점 z_0으로 정의할 수 있다. 중심이 z_0이고 반지름이 충분히 작은 임의의 원을 그 원의 점 z_1에서 출발해서 한 바퀴 돌면, 임의의 분지의 값은 z_1로 되돌아가지 않는다. 예를 들어 다가 함수 $G(z) = \arg(z)$의 임의의 분지를 생각하자. 이를테면 점 $z_0 = 1$의 경우에, 작은 원 $|z-1| = \epsilon$을 점 $z_1 = 1 - \epsilon i$에서 출발해서 시계 반대 방향으로 돌면 분지의 값은 점 $1 + \epsilon i$에 도달할 때까지 증가하고 다음에 분지의 값은

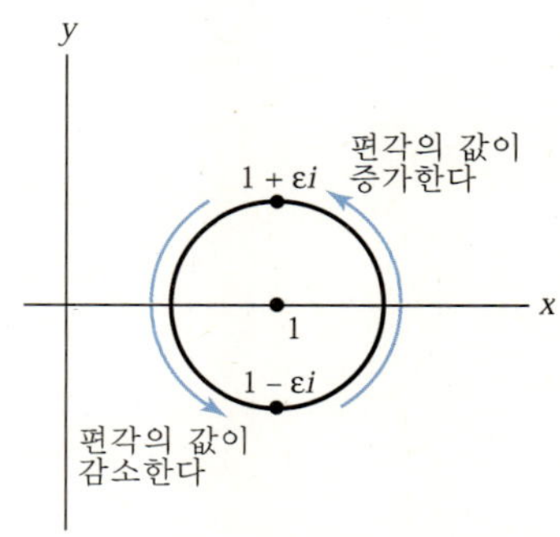

(a) $z = 1$은 분지 점이 아니다.

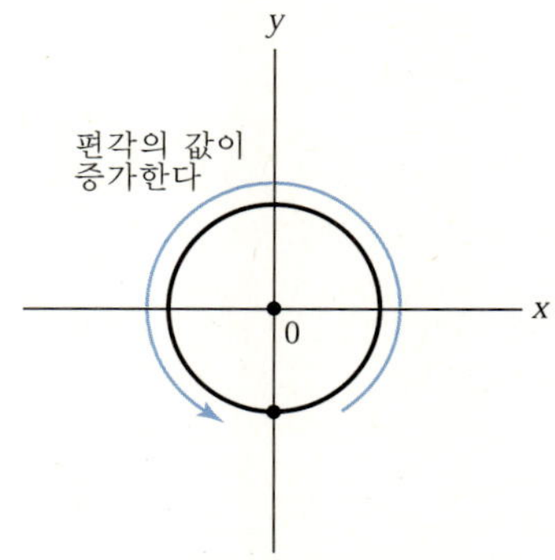

(b) $z = 0$은 분지 점이다.

그림 2.6.7 $G(z) = \arg(z)$

z_1에서의 분지의 값으로 다시 줄어든다. 그림 2.6.7(a)를 보라. 이는 점 $z_0 = 1$이 분지 점이 아님을 뜻한다. 반면에, 이 과정을 점 $z_0 = 0$에 대해 반복하자. 작은 원 $|z| = \epsilon$에서 분지의 값은 원 전체를 따라 증가한다. 그림 2.6.7(b)를 보라. 출발한 점에 도달하면, 분지의 값은 결코 같지 않고 2π만큼 증가한다. 따라서 $z_0 = 0$은 $G(z) = \arg(z)$의 분지 점이다.

용어
무한대에서의 극한 limit at infinity
무한대 극한 infinite limit

참고 **실 해석학과의 비교**

(i) 실 해석학과 같이, 복소 함수에 대해 무한 극한의 개념과 무한대에서의 극한을 정의할 수 있다. 직관적으로, 극한 $\lim_{z\to\infty} f(z) = L$은 z의 값을 $|z|$이 충분히 크도록 선택했을 때 함수 f의 값을 L에 임의로 가깝게 할 수 있음을 뜻한다. **무한대에서의 극한**에 대한 명확한 정의는 다음과 같다.

z가 ∞로 가까워질 때 f의 극한이 존재하고 L과 같다는 것은,
임의의 양수 ϵ에 대해 적당한 양수 δ가 존재해서
$|z| > 1/\delta$ 이면 $|f(z) - L| < \epsilon$이 성립하는 경우이다.

이 정의를 이용하면 어렵지 않게 다음을 보일 수 있다.

$$\lim_{z\to\infty} f(z) = L\text{이기 위한 필요 충분 조건은 } \lim_{z\to 0} f\left(\frac{1}{z}\right) = L\text{이다.} \qquad (24)$$

비슷하게, **무한대 극한** $\lim_{z\to z_0} f(z) = \infty$은 다음과 같이 정의한다.

z가 z_0으로 가까워질 때 f의 극한이 ∞라는 것은,
임의의 양수 ϵ에 대해 적당한 양수 δ가 존재해서
$0 < |z - z_0| < \delta$ 이면 $|f(z)| > 1/\epsilon$이 성립하는 경우이다.

이 정의로부터 다음을 어렵지 않게 보일 수 있다.

$$\lim_{z\to z_0} f(z) = \infty\text{이기 위한 필요 충분 조건은 } \lim_{z\to z_0} \frac{1}{f(z)} = 0\text{이다.} \qquad (25)$$

익힘 문제 2.6의 문제 21~26을 보라.

(ii) 실 해석학에서 연속 함수를 그래프가 끊이지 않고 빈틈이 없는 함수로 가시화한다. 자연스럽게 연속인 복소 함수에 대해 이와 유사한 성질이 있는지에 대해 묻게 된다. 답은 긍정적이지만, 그런 성질은 복소 사상을 이용해서 서술해야 한다. 우선, 매개 방정식 $x = x(t)$와 $y = y(t)$로 정의된 매개 곡선은 두 실 함수 x와 y가 연속일 때 연속이라고 한다는 사실을 상기하자. 비슷한 방법으로, $z(t) = x(t) + iy(t)$로 정의된 복소 매개 곡선은 $x(t)$와 $y(t)$가 연속일 때 **연속**이라고 한다. 좌표 평면에서의 매개 곡선과 마찬가지로, 복소 평면에서 연속인 매개 곡선은 끊이지 않고 빈틈이 없다. 그런 곡선은 연속인 복소 함수를 가시화하는 도구를 제공한다.

복소 함수 f 가 집합 S 에서 연속이면, S 에 있는 연속인 모든 매개 곡선의 상은 연속 곡선이다.

이런 이유를 알아보기 위해서, 연속인 복소 함수 $f(z)=u(x, y)+iv(x, y)$와 $z(t)=x(t)+iy(t)$로 정의된 매개 곡선을 생각하자. 정리 2.6.3에 의해, $u(x, y)$와 $v(x, y)$는 연속인 실 함수이다. 또, $x(t)$와 $y(t)$가 연속 함수이므로, 다변수 해석학으로부터 두 합성 $u(x(t), y(t))$와 $v(x(t), y(t))$는 연속 함수이다. 따라서 $w(t)=f(z(t))= u(x(t), y(t))+iv(x(t), y(t))$로 정의된 매개 곡선의 상은 연속이다. 익힘 문제 2.6의 문제 59~62를 보라.

2.6 익힘 문제

2.6.1 극한

문제 1~8에서는 정리 2.6.1과 115쪽에 있는 실 극한의 성질을 이용해서 주어진 복소 극한을 셈하라.

1. $\lim_{z\to 2i}(z^2-\bar{z})$

2. $\lim_{z\to 1+i}\dfrac{z-\bar{z}}{z+\bar{z}}$

3. $\lim_{z\to 1-i}(|z|^2-i\bar{z})$

4. $\lim_{z\to 3i}\dfrac{\mathrm{Im}(z^2)}{z+\mathrm{Re}(z)}$

5. $\lim_{z\to \pi i}e^z$

6. $\lim_{z\to 0}\dfrac{z^2+\bar{z}^2}{\mathrm{Re}(z)+\mathrm{Im}(z)}$

7. $\lim_{z\to 0}\dfrac{e^z-e^{\bar{z}}}{\mathrm{Im}(z)}$

8. $\lim_{z\to 1+i}\left(\log_e|x^2+y^2|+i\arctan\dfrac{y}{x}\right)$

문제 9~16에서는 정리 2.6.2 및 기초적인 극한 (15)와 (16)을 이용해서 주어진 복소 극한을 셈하라.

9. $\lim_{z\to 2-i}(z^2-z)$

10. $\lim_{z\to i}(z^5-z^2+z)$

11. $\lim_{z\to e^{i\pi/4}}\left(z+\dfrac{1}{z}\right)$

12. $\lim_{z\to 1+i}\dfrac{z^2+1}{z^2-1}$

13. $\lim_{z\to -i}\dfrac{z^4-1}{z+i}$

14. $\lim_{z\to 2+i}\dfrac{z^2-(2+i)^2}{z-(2+i)^2}$

15. $\lim_{z\to z_0}\dfrac{(az+b)-(az_0+b)}{z-z_0}$

16. $\lim_{z\to -3+i\sqrt{2}}\dfrac{z+3-i\sqrt{2}}{z^2+6z+11}$

17. 극한 $\lim_{z\to 0}\dfrac{\mathrm{Re}(z)}{\mathrm{Im}(z)}$를 생각하자.

(a) 직선 $y=x$를 따라 z가 0에 가까워질 때, 이 극한은 어떤 값에 가까워지

는가?

(b) 허수축을 따라 z가 0에 가까워질 때, 이 극한은 어떤 값에 가까워지는가?

(c) (a)와 (b)의 답에 근거해서 $\lim_{z \to 0} \frac{\text{Re}(z)}{\text{Im}(z)}$에 대해 어떤 말을 할 수 있는가?

18. 극한 $\lim_{z \to i}\{|z| + i\text{Arg}(iz)\}$를 생각하자.

(a) 제 1 사분면에서 단위 원 $|z| = 1$을 따라 z가 i에 가까워질 때, 이 극한은 어떤 값에 가까워지는가?

(b) 제 2 사분면에서 단위 원 $|z| = 1$을 따라 z가 i에 가까워질 때, 이 극한은 어떤 값에 가까워지는가?

(c) (a)와 (b)의 답에 근거해서 $\lim_{z \to i}\{|z| + i\text{Arg}(iz)\}$에 대해 어떤 말을 할 수 있는가?

19. 극한 $\lim_{z \to 0}\left(\frac{z}{\bar{z}}\right)^2$를 생각하자.

(a) 실수축을 따라 z가 0에 가까워질 때, 이 극한은 어떤 값에 가까워지는가?

(b) 허수축을 따라 z가 0에 가까워질 때, 이 극한은 어떤 값에 가까워지는가?

(c) (a)와 (b)의 답이 $\lim_{z \to 0}\left(\frac{z}{\bar{z}}\right)^2$의 존재를 보장하는가? 설명하라.

(d) 직선 $y = x$를 따라 z가 0에 가까워질 때, 이 극한은 어떤 값에 가까워지는가?

(e) $\lim_{z \to 0}\left(\frac{z}{\bar{z}}\right)^2$에 대해 어떤 말을 할 수 있는가?

20. 극한 $\lim_{z \to 0}\left(\frac{2y^2}{x^2} - \frac{x^2 - y^2}{y^2}i\right)$를 생각하자.

(a) 직선 $y = x$를 따라 z가 0에 가까워질 때, 이 극한은 어떤 값에 가까워지는가?

(b) 직선 $y = -x$를 따라 z가 0에 가까워질 때, 이 극한은 어떤 값에 가까워지는가?

(c) (a)와 (b)의 답이 $\lim_{z \to 0}\left(\frac{2y^2}{x^2} - \frac{x^2 - y^2}{y^2}i\right)$의 존재를 보장하는가? 설명하라.

(d) 직선 $y = 2x$를 따라 z가 0에 접근할 때, 이 극한은 어떤 값에 가까워지는가?

(e) $\lim_{z \to 0}\left(\frac{2y^2}{x^2} - \frac{x^2 - y^2}{y^2}i\right)$에 대해 어떤 말을 할 수 있는가?

문제 21~26은 참고에서 논의한 무한대 극한 및 무한대에서의 극한의 개념과 관계가 있다. 문제 21~26에서는 (24) 또는 (25), 정리 2.6.2, 기초적인 극한 (15)와 (16)을 이용해서 다음 복소 극한을 셈하라.

21. $\lim_{z \to \infty} \dfrac{z^2 + iz - 2}{(1+2i)z^2}$

22. $\lim_{z \to \infty} \dfrac{iz+1}{2z-i}$

23. $\lim_{z \to i} \dfrac{z^2-1}{z^2+1}$

24. $\lim_{z \to -i/2} \dfrac{(1-i)z+i}{2z+i}$

25. $\lim_{z \to \infty} \dfrac{z^2-(2+3i)z+1}{iz-3}$

26. $\lim_{z \to i} \dfrac{z^2+1}{z^2+z+1-i}$

2.6.2 연속

문제 27~34에서는 함수 f가 주어진 점 z_0에서 연속임을 보여라.

27. $f(z) = z^2 - iz + 3 - 2i$; $z_0 = 2 - i$

28. $f(z) = z^3 - \dfrac{1}{z}$; $z_0 = 3i$

29. $f(z) = \dfrac{z^3}{z^3+3z^2+z}$; $z_0 = i$

30. $f(z) = \dfrac{z-3i}{z^2+2z-1}$; $z_0 = 1+i$

31. $f(z) = \begin{cases} \dfrac{z^3-1}{z-1} & (|z| \neq 1) \\ 3 & (|z| = 1) \end{cases}$; $z_0 = 1$

32. $f(z) = \begin{cases} \dfrac{z^3-1}{z^2+z+1} & (|z| \neq 1) \\ \dfrac{-1+i\sqrt{3}}{2} & (|z| = 1) \end{cases}$; $z_0 = \dfrac{1+i\sqrt{3}}{2}$

33. $f(z) = \bar{z} - 3\mathrm{Re}(z) + i$; $z_0 = 3-2i$

34. $f(z) = \dfrac{\mathrm{Re}(z)}{z+iz} - 2z^2$; $z_0 = e^{i\pi/4}$

문제 35~40에서는 함수 f가 주어진 점 z_0에서 불연속임을 보여라.

35. $f(z) = \dfrac{z^2+1}{z+i}$; $z_0 = -i$

36. $f(z) = \dfrac{1}{|z|-1}$; $z_0 = i$

37. $f(z) = \mathrm{Arg}(z)$; $z_0 = -1$

38. $f(z) = \mathrm{Arg}(iz)$; $z_0 = i$

39. $f(z) = \begin{cases} \dfrac{z^3-1}{z-1} & (|z| \neq 1) \\ 3 & (|z| = 1) \end{cases}$; $z_0 = i$

40. $f(z) = \begin{cases} \dfrac{z}{|z|} & (z \neq 0) \\ 1 & (z = 0) \end{cases}$; $z_0 = 0$

문제 41~44에서는 정리 2.6.3을 이용해서 복소 평면에서 함수 f가 연속인 가장 큰 구역을 결정하라.

41. $f(z) = \mathrm{Re}(z)\mathrm{Im}(z)$

42. $f(z) = \bar{z}$

43. $f(z) = \dfrac{z-1}{z\bar{z}-4}$

44. $f(z) = \dfrac{z^2}{(|z|-1)\mathrm{Im}(z)}$

개념과 이해

45. 정리 2.6.1을 이용해서 다음을 증명하라.

(a) $\lim_{z \to z_0} c = c$ (단, c는 상수) (b) $\lim_{z \to z_0} z = z_0$

46. 정리 2.6.1을 이용해서 $\lim_{z \to z_0} \bar{z} = \overline{z_0}$ 임을 보여라.

47. 정리 2.6.2와 문제 46을 이용해서 다음을 보여라.

(a) $\lim_{z \to z_0} \text{Re}(z) = \text{Re}(z_0)$ (b) $\lim_{z \to z_0} \text{Im}(z) = \text{Im}(z_0)$

(c) $\lim_{z \to z_0} |z| = |z_0|$

48. 정리 2.6.1을 이용해서 정리 2.6.2의 (ii)를 증명하라.

49. 다음은 $\lim_{z \to z_0} z = z_0$에 대한 $\epsilon - \delta$ 증명이다. 빠진 부분을 채워라.

증명 정의 2.6.1에 의해 $\lim_{z \to z_0} z = z_0$이기 위해서는, 임의의 양수 ϵ에 대해 적당한 양수 δ가 존재해서 $0 < |______| < \delta$이면 $|______| < \epsilon$이 성립해야 한다. $\delta =$ ______로 놓으면 바로 앞의 명제가 참이다.

50. 다음은 $\lim_{z \to z_0} \bar{z} = \overline{z_0}$에 대한 $\epsilon - \delta$ 증명이다. 증명에서 빠진 부분을 채워라.

증명 정의 2.6.1에 의해 $\lim_{z \to z_0} \bar{z} = \overline{z_0}$이기 위해서는, 임의의 양수 ϵ에 대해 적당한 양수 δ가 존재해서 $0 < |______| < \delta$이면 $|______| < \epsilon$이 성립해야 한다. 복소 절댓값과 켤레의 성질에 의해 $|z - z_0| = |\overline{z - z_0}| = |______|$이 성립한다. 따라서 $0 < |z - z_0| < \delta$이고 $\delta =$ ______ 이면 $|\bar{z} - \overline{z_0}| < \epsilon$이다.

51. 이 문제에서는 $\lim_{z \to 1+i} \{(1-i)z + 2i\} = 2 + 2i$에 대한 $\epsilon - \delta$ 증명을 전개한다.

(a) $\lim_{z \to 1+i} \{(1-i)z + 2i\} = 2 + 2i$에 대한 $\epsilon - \delta$ 정의(정의 2.6.1)를 적어라.

(b) (a)에서 ϵ과 관련된 부등식에서 $(1-i)$를 묶어내고, 간단히 하라. 그리고 이 부등식을 $|z - (1+i)| <$ ______ 꼴로 다시 써라.

(c) (b)에서 얻은 결과에 근거해서, δ의 값을 결정하라.

(d) $\lim_{z \to 1+i} \{(1-i)z + 2i\} = 2 + 2i$에 대한 $\epsilon - \delta$ 증명을 써라.

52. 이 문제에서는 $\lim_{z \to 2i} \dfrac{2z^2 - 3iz + 2}{z - 2i} = 5i$에 대한 $\epsilon - \delta$ 증명을 전개한다.

(a) $\lim_{z \to 2i} \dfrac{2z^2 - 3iz + 2}{z - 2i} = 5i$에 대한 $\epsilon - \delta$ 정의(정의 2.6.1)를 적어라.

(b) (a)에서 ϵ과 관련된 부등식을 간단히 하고, 이 부등식을 $|z - 2i| <$ ______ 꼴로 다시 써라.

(c) (b)에서 얻은 결과에 근거해서, δ의 값을 결정하라.

(d) $\displaystyle\lim_{z\to 2i}\frac{2z^2-3iz+2}{z-2i}=5i$에 대한 $\epsilon-\delta$ 증명을 써라.

53. (a) 임의의 복소 함수 f에 대해 $\displaystyle\lim_{z\to z_0}\overline{f(z)}=\lim_{z\to z_0}f(\bar{z})$가 성립하는가? 참이면 간단하게 증명하고, 거짓이면 반례를 들어라.

(b) 함수 $f(z)$가 z_0에서 연속이면, $\overline{f(z)}$는 z_0에서 연속인가? 설명하라.

54. 함수 f에 대해 $\displaystyle\lim_{x\to 0}f(x+i0)=0$이고 $\displaystyle\lim_{y\to 0}f(0+iy)=0$이면, $\displaystyle\lim_{z\to 0}f(z)=0$이라고 결론을 내릴 수 있는가? 설명하라.

55. (a) 함수 $f(z)=\mathrm{Arg}(z)$가 음의 실수축의 모든 점에서 불연속임을 증명하라.

(b) 다음과 같이 정의된 함수 f_1이 다가 함수 $F(z)=\arg(z)$의 분지임을 증명하라. [*귀띔*: 보기 8을 보라.]

$$f_1(z)=\theta\ \ (-\pi<\theta<\pi)$$

56. z에 z의 세제곱근의 집합을 대응시키는 다가 함수 $F(z)=z^{1/3}$을 생각하자. 음이 아닌 실수축이 분지 절단인 F의 서로 다른 세 분지 f_1, f_2, f_3을 명확하게 정의하라.

57. 다각 함수 $F(z)=(z-1+i)^{1/2}$을 생각하자.

(a) F의 분지 점은 무엇인가? 설명하라.

(b) F의 서로 다른 두 분지 f_1과 f_2를 명확하게 정의하라. 각 경우에 분지 절단을 말하라.

58. 다가 함수 $F(z)=(z^2+1)^{1/2}$을 생각하자. F의 (두 개인) 분지 점은 무엇인가? 설명하라.

컴퓨터 실습 과제

2.6절의 끝에 있는 참고의 (ii)를 다시 읽자. 문제 57~60에서는 CAS를 사용해서 주어진 함수가 단위 원의 내부에서 연속임을, 주어진 연속 매개 곡선의 상을 그려서, 보여라. (*Mathematica*와 *Maple*은 종종 오해를 일으키게 한다. 이에 주의하자.)

59. $f(z)=z+\mathrm{Arg}(z),\ \ z(t)=-\frac{1}{2}+\frac{1}{2}\sqrt{3}\,it\ \ (-1\le t\le 1)$

60. $f(z)=\sqrt[4]{r}\,e^{i\theta/4},\ \ \theta=\mathrm{Arg}(z),\ \ z(t)=-\frac{1}{2}+\frac{1}{2}\sqrt{3}\,it\ \ (-1\le t\le 1)$

61. $f(z)=\sqrt{r}\,e^{i\theta/2},\ \ \theta=\mathrm{Arg}(z),\ \ z(t)=-\frac{1}{2}+\frac{1}{4}e^{it}\ \ (0\le t\le 2\pi)$

62. $f(z)=|z-1|\,\mathrm{Arg}(-z)+i\,\mathrm{Arg}(iz),\ \ z(t)=\frac{1}{2}e^{it}\ \ (0\le t\le 2\pi)$

2.7 활용

이번 절에서는 미분 방정식을 익숙하게 풀 수 있다는 가정에서, 흐름선에의 활용을 제시한다.

이번 장에서 알아본 대로 실 함수와 복소 함수 사이의 주요한 차이점 중 하나는 복소 함수의 그래프를 그릴 수 없다는 사실이다. 이 사실은 복소 함수를 그래프로 나타내는 대안적인 방법의 하나로 사상을 도입하게 했다. 그런데 복소 함수를 가시화하는 다른 방법이 있다. 이번 절에서는 복소 함수가 이차원 벡터 마당의 복소 표현을 제공한다는 사실을 보일 것이다. 뒤의 장들에서는 벡터 마당의 복소 표현을 이용해서 유체 흐름, 열 흐름, 중력, 정전기 분야의 응용 문제들을 풀 것이다.

용어
벡터 마당, 벡터장 vector field 복소 표현 complex representation

벡터 마당 다변수 해석학에서 다음과 같은 두 개의 실 변수에 대한 벡터값 함수를 이차원 벡터 마당 또는 벡터 장이라 한다.

$$\mathbf{F}(x,\ y) = (P(x,\ y),\ Q(x,\ y)) \tag{1}$$

직교하는 표준 단위 벡터 $\mathbf{i}$와 $\mathbf{j}$를 이용하면, (1)의 벡터 마당은 다음과 같이 표현된다.

$$\mathbf{F}(x,\ y) = P(x,\ y)\mathbf{i} + Q(x,\ y)\mathbf{j} \tag{2}$$

예를 들면, 함수 $\mathbf{F}(x,\ y) = (x+y)\mathbf{i} + (2xy)\mathbf{j}$는 이차원 벡터 마당이고, 이를테면 $\mathbf{F}(1,\ 3) = (1+3)\mathbf{i} + (2\cdot 1\cdot 3)\mathbf{j} = 4\mathbf{i} + 6\mathbf{j}$이다. (2)로 정의된 함수 $\mathbf{F}$의 값은 벡터이고, 시점이 원점인 위치 벡터로 나타낼 수 있다. 그렇지만 입력 $(x,\ y)$와 출력 $\mathbf{F}(x,\ y)$ 사이의 관계를 보여주는 벡터 마당 (2)의 그래프 표현을 얻기 위해서는, 벡터 $\mathbf{F}(x,\ y)$를 시점이 $(x,\ y)$이고 종점이 $(x+P(x,\ y),\ y+Q(x,\ y))$인 벡터로 나타낸다. 예를 들면, 그림 2.7.1(a)에 있는 벡터 마당 $\mathbf{F}(x,\ y) = x\mathbf{i} - y\mathbf{j}$의 네 함숫값 $\mathbf{F}(1,\ 1) = \mathbf{i} - \mathbf{j}$, $\mathbf{F}(0,\ 1) = -\mathbf{j}$, $\mathbf{F}(1,\ -2) = \mathbf{i} + 2\mathbf{j}$, $\mathbf{F}(-2,\ 1) = -2\mathbf{i} - \mathbf{j}$를 위치 벡터로 나타냈는데, 그림 2.7.1(b)에서는 이 네 벡터를 시점이 $(x,\ y)$인 벡터로 나타내어 얻은 벡터 마당에 대한 그래프 표현의 일부를 보여준다. 특히, 그림 2.7.1(b)는 네 벡터 $\mathbf{i} - \mathbf{j}$, $-\mathbf{j}$, $\mathbf{i} + 2\mathbf{j}$, $-2\mathbf{i} - \mathbf{j}$로 이루어지는데, 각각 시점이 (1, 1), (0, 1), (1, −2), (−2, 1)이고 종점이 (2, 0), (0, 0), (2, 0), (−4, 0)인 벡터로 나타냈다.

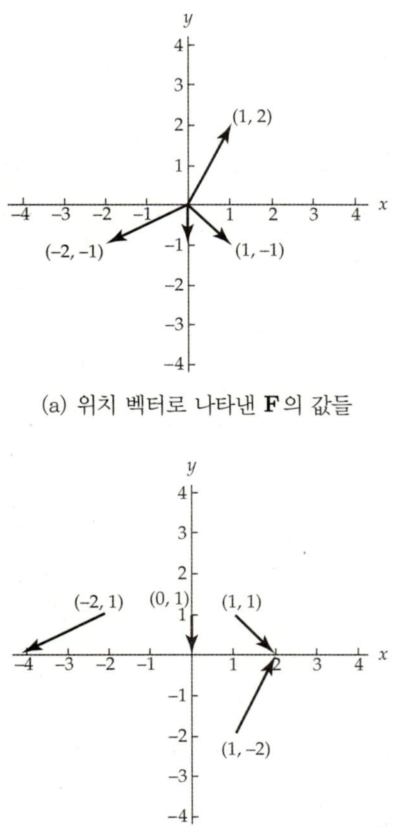

(b) $(x,\ y)$가 시점인 벡터로 나타낸 $\mathbf{F}$의 값들

그림 2.7.1 함수 $\mathbf{F}(x,\ y) = x\mathbf{i} - y\mathbf{j}$의 몇 가지 벡터 값

벡터 마당으로서의 복소 함수 벡터 마당 $\mathbf{F}(x,\ y) = P(x,\ y)\mathbf{i} + Q(x,\ y)\mathbf{j}$를 복소 함수 f로 나타내는 자연스러운 방법이 있다. 곧, 두 함수 P와 Q를 각각 f의 실수 부분과 허수 부분으로 사용하는데, 이 경우에 복소 함수 $f(z) = P(x,\ y) + iQ(x,\ y)$를 벡터 마당 $\mathbf{F}(x,\ y) = P(x,\ y)\mathbf{i} + Q(x,\ y)\mathbf{j}$의 복소 표현이라 한다. 역으로, 임의의 복소 함수 $f(z) = P(x,\ y) + iQ(x,\ y)$

는 벡터 마당 $\mathbf{F}(x, y) = P(x, y)\mathbf{i} + Q(x, y)\mathbf{j}$와 연관된다. 앞으로는 $\mathbf{F}(x, y) = P(x, y)\mathbf{i} + Q(x, y)\mathbf{j}$와 $f(z) = P(x, y) + iQ(x, y)$를 모두 **벡터 마당**이라 부르겠다. 이런 논의의 예로서 벡터 마당 $f(z) = \bar{z}$를 생각하자. $f(z) = x - iy$이므로, 함수 f는 벡터 마당 $\mathbf{F}(x, y) = x\mathbf{i} - y\mathbf{j}$의 복소 표현이다. 이 벡터 마당의 일부를 그림 2.7.1(b)에 나타냈다. 벡터 마당 $f(z) = \bar{z}$에 대한 더 완벽한 표현은 그림 2.7.2에 나타냈다. (이 그림은 *Mathematica*로 그렸다.) 그림 2.7.2에 나타낸 벡터 마당은 복소 함수 $f(z) = \bar{z}$에 대한 그래프 표현을 보여주는데, 이는 사상과 다르다. 2.5절의 그림 2.5.3과 비교하자.

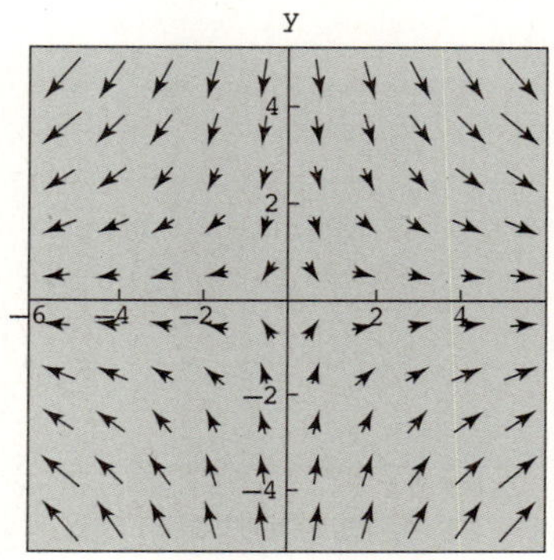

그림 2.7.2 벡터 마당 $f(z) = \bar{z}$

복소 함수 f와 연관된 벡터 마당 $\mathbf{F}$를 그림으로 나타낼 때, 시점이 (x, y)인 벡터 $\mathbf{F}(x, y)$의 표기는 시점이 z인 복소수 $f(z)$의 벡터 표현의 표기와 동등하다는 사실을 아는 것이 도움이 된다. 이런 지적을 다음 보기로 예시한다.

보기 1 벡터 마당의 벡터 그리기

점 $z = 1,\ 2+i,\ 1+i,\ i$에 대응하는 벡터 마당 $f(z) = z^2$의 벡터를 평면에 나타내라.

풀이 직접 셈하면 다음을 얻는다.

$$f(1) = 1^2 = 1, \qquad f(2+i) = (2+i)^2 = 3+4i,$$

$$f(i) = i^2 = -1, \qquad f(1+i) = (1+i)^2 = 2i$$

그러므로 벡터 마당 $f(z) = z^2$에서 시점이 각각 $1,\ 2+i,\ i,\ 1+i$인 복소수 $1,\ 3+4i,\ -1,\ 2i$의 벡터 표현을 얻는다. 이런 벡터는 그림 2.7.3으로 나타냈다. ❏

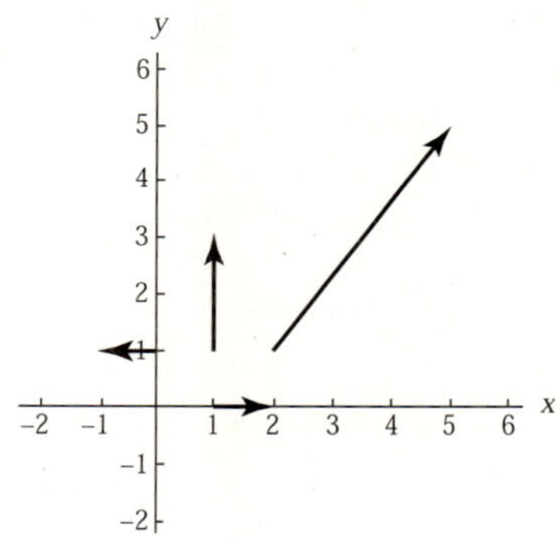

그림 2.7.3 벡터 마당 $f(z) = z^2$의 벡터들

컴퓨터의 활용 벡터 마당을 손으로 그리는 것은 단순하지만 지루한 작업이다. 다행스럽게도, *Mathematica* 및 *Maple*과 같은 컴퓨터 대수 체계(CAS)에는 이차원 벡터 마당을 그리는 명령어가 내장되어 있다. 그림 2.7.4는 벡터 마당 $f(z) = iy$를 *Mathematica*의 명령어 **PlotVectorField**를 이용해서 그린 것이다. *Mathematica* 그림에서 벡터의 길이는 실제보다 훨씬 더 작음을 알 수 있다. 예를 들어 $z = 1+i$에서 $f(1+i) = i$이지만, $z = 1+i$에 그린 벡터의 길이는 1이 아니다. 이렇게 하는 이유는 더 좋게 보이게 하기 위해서 *Mathematica*가 벡터 마당의 벡터들을 비율에 따라 줄이기 때문이다. (특히, *Mathematica*는 벡터들이 서로 겹치지 않도록 줄인다.) 그러므로 그림 2.7.4에 있는 벡터들의 길이는 이 벡터 마당에서 각 벡터의 절대적인 길이를 정확하게 나타내지 않는다. 그렇지만 그림 2.7.4의 벡터들은 이 벡터 마당의 벡터들의 상대적인 길이는 정확하게 나타낸다.

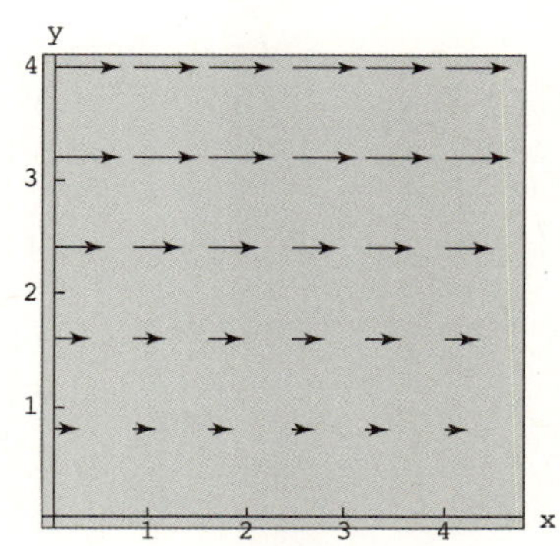

그림 2.7.4 벡터 마당 $f(z) = iy$의 *Mathematics* 그림

많은 응용에서 주요한 관심사는 벡터 마당의 벡터들의 길이가 아니라 방향이다. 예를 들면, 다음의 논의에서 유체 흐름에서 입자가 움직이며 그리는 경

로를 결정하는 문제를 고려할 것이다. 이런 형태의 활용에서는 정규화된 벡터 마당을 이용할 수 있다. 정규화된 벡터 마당에서 모든 벡터의 길이를 똑같이 정한다. 그림 2.7.5는 $f(z)=iy$에 대한 정규화된 벡터 마당을 보여주는데, *Mathematica*에서 명령어 **PlotVectorField**와 함께 선택 **ScaleFunction**을 이용해서 그린 것이다. 그림 2.7.4와 비교하라.

많은 응용에서는 벡터의 크기가 중요하다는 사실에 유의하자. 이런 경우에 정규화된 벡터 마당은 부적절하다. 유체 흐름의 순환과 알짜 흐름량을 논의하는 제 5 장에서 이런 예들을 알아볼 것이다. 이 책에서 정규화된 벡터 마당을 이용할 때는 그 사실을 명시한다. 그러므로 그래프적인 의미에서 용어 벡터 마당은 정규화하지 않은 벡터들의 집합을 나타낸 그림을 언급하겠다.

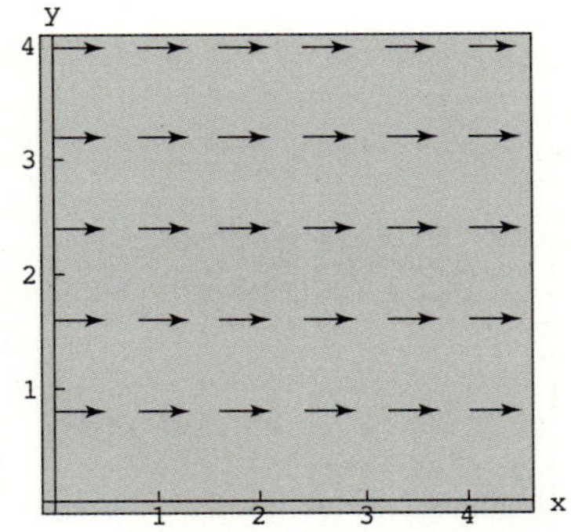

그림 2.7.5 정규화된 벡터 마당 $f(z)=iy$ 의 *Mathematica* 그림

용어
정규화된 벡터 마당 normalized vector field
유체 흐름 fluid flow
평면 흐름 planar flow
속도 마당, 속도장 velocity field
속력 speed
흐름선, 유선 streamline

유체 흐름 응용 수학에서 벡터 마당의 다양한 용도 중 하나는 유체 흐름의 모형을 제공하는 것이다. 복소 해석학에서는 이차원에 제한하므로, 유체의 평면 흐름만을 고려한다. 이것은 유체의 운동이 xy평면과 평행인 평면들에서 이루어지는데, 모든 평면에서 유체의 움직임과 물리적 특질이 동일함을 뜻한다. $f(z)=P(x, y)+iQ(x, y)$가 복소 평면에서 평면 흐름의 속도 마당 또는 속도 장을 나타낸다고 하자. 그러면 $f(z)$는 평면의 점 z에 위치한 유체 입자의 속도를 명시한다. 크기 $|f(z)|$는 그 입자의 속력이고 벡터 $f(z)$는 그 점에서 흐름의 방향을 알려준다.

평면 흐름의 속도 마당 $f(z)=P(x, y)+iQ(x, y)$에 대해 두 함수 P와 Q는 속도의 x방향과 y방향의 성분을 각각 나타낸다. $z(t)=x(t)+iy(t)$를 유체 흐름에서 한 입자가 따르는 경로의 매개 변수화라 하면, 이 경로에 대한 접선 벡터 $z'(t)=x'(t)+iy'(t)$는 $f(z(t))$와 일치해야 한다. 그러므로 유체에서 한 입자의 경로에 대한 접선 벡터의 실수 부분과 허수 부분은 다음 연립 미분 방정식을 만족시켜야 한다.

$$\begin{aligned}\frac{dx}{dt}&=P(x, y),\\ \frac{dy}{dt}&=Q(x, y)\end{aligned} \tag{3}$$

연립 일계 미분 방정식 (3)의 해 집합을 $f(z)$와 연관된 평면 흐름의 흐름선 또는 유선이라고 한다.

보기 2 흐름선

$f(z)=\bar{z}$ 와 연관된 평면 흐름의 흐름선을 찾아라.

풀이 $f(z)=\bar{z}=x-iy$이므로, $P(x, y)=x$이고 $Q(x, y)=-y$이다. (3)으로부터 f의 흐름선은 다음 연립 미분 방정식의 해 집합이다.

$$\frac{dx}{dt}=x,$$

$$\frac{dy}{dt}=-y$$

각 방정식은 서로 독립이므로, 각각 변수 분리 방법으로 풀 수 있다. 그러면 일반 해 $x(t)=c_1e^t$과 $y(t)=c_2e^{-t}$을 얻는다. 여기서 c_1과 c_2는 실 상수이다. 곡선 $z(t)=x(t)+iy(t)$를 그리기 위해서 매개 변수 t를 소거해서 x와 y에 관한 직교 방정식을 찾는다. 이를 위해 두 해를 서로 곱하면 되는데, $xy=c_1c_2$를 얻는다. c_1과 c_2는 임의의 실 상수이므로, 이 곡선 족은 $xy=c$로 나타낼 수 있다. 여기서 c는 실 상수이다. 그림 2.7.6은 *Mathematica*를 사용해서 이 흐름에서 $c=\pm 1$, ± 4, ± 9에 대응하는 흐름선을 그린 것이다. 이런 흐름선을 $f(z)=\bar{z}$의 정규화된 벡터 마당에 대한 그림과 겹쳐 그렸다. ❑

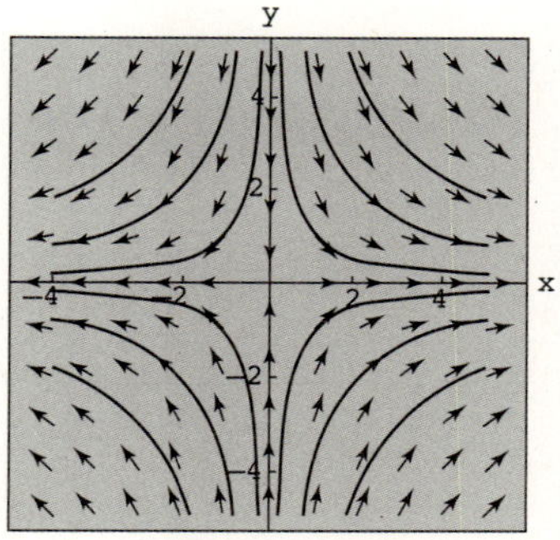

그림 2.7.6 $f(z)=\bar{z}$와 연관된 평면 흐름에서의 흐름선

보기 3 흐름선

$f(z)=\bar{z}^2$와 연관된 평면 흐름의 흐름선을 찾아라.

풀이 보기 2와 같이 진행하자. 함수 f를 $f(z)=\bar{z}^2=x^2-y^2-2xyi$로 나타낼 수 있으므로, $P(x,\ y)=x^2-y^2$이고 $Q(x,\ y)=-2xy$이다. 그러므로 이 흐름의 흐름선은 다음 연립 미분 방정식의 해 집합이다.

$$\frac{dx}{dt}=x^2-y^2,$$

$$\frac{dy}{dt}=-2xy \tag{4}$$

초등 미분 적분학의 연쇄 법칙에 의해 $(dy/dx)\cdot(dx/dt)=dy/dt$이므로, dy/dx에 대해 풀면 다음을 얻는다.

$$\left(\frac{dy}{dt}\right)\bigg/\left(\frac{dx}{dt}\right)=\frac{dy}{dx}$$

그러므로 $dy/dt=-2xy$를 $dx/dt=x^2-y^2$으로 나누면, 연립 방정식 (4)는 다음 일계 미분 방정식과 동치임을 알 수 있다.

$$\frac{dy}{dx}=\frac{-2xy}{x^2-y^2},\ \text{곧}\ 2xy\,dx+(x^2-y^2)dy=0 \tag{5}$$

$M(x,\ y)dx+N(x,\ y)dy=0$ 꼴의 미분 방정식이 $\partial M/\partial y=\partial N/\partial x$를 만족시키면 완전이라 한다. 완전 미분 방정식에 대해 적당한 함수 $F(x,\ y)$가 존재해서 $\partial F/\partial x=M$이고 $\partial F/\partial y=N$이면 $F(x,\ y)=c$는 미분 방정식의 음함수 해이다. $M(x,\ y)=2xy$이고 $N(x,\ y)=x^2-y^2$이므로, 다음이 성립하고 이에 따라 미분 방정식 (5)는 완전하다.

용어
완전 미분 방정식 exact differential equation

$$\frac{\partial M}{\partial y} = \frac{\partial}{\partial y}(2xy) = 2x = \frac{\partial}{\partial x}(x^2 - y^2) = \frac{\partial N}{\partial x}$$

$\partial F/\partial x = M$이고 $\partial F/\partial y = N$인 함수 F를 찾기 위해서, 먼저 $M(x,\ y) = 2xy$를 변수 x에 대해 적분하면 다음과 같다.

$$F(x,\ y) = \int 2xy\,dx = x^2y + g(y)$$

이제 함수 $g(y)$는 F를 x에 대해 편미분한 식과 $N(x,\ y) = x^2 - y^2$을 같게 놓아서 결정할 수 있다.

$$\frac{\partial F}{\partial y} = x^2 + g'(y) = x^2 - y^2$$

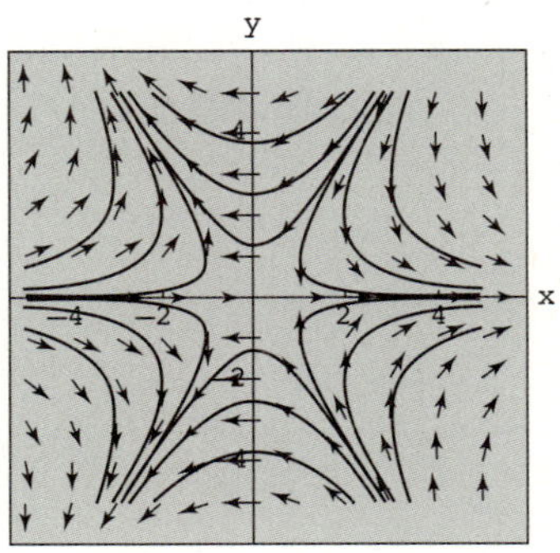

그림 2.7.7 $f(z) = \overline{z}^2$과 연관된 평면 흐름에서의 흐름선

이에 따라 $g'(y) = -y^2$이므로, $g(y) = -\frac{1}{3}y^3$으로 택할 수 있다. 결론적으로, $F(x,\ y) = x^2y - \frac{1}{3}y^3 = c$는 (5)의 미분 방정식의 음함수 해이다. 따라서 $f(z) = \overline{z}^2$와 연관된 평면 흐름의 흐름선은 다음과 같다.

$$x^2y - \frac{1}{3}y^3 = c$$

여기서 c는 실 상수이다. 그림 2.7.7은 *Mathematica*를 사용해서 $c = \pm\frac{2}{3}$, $\pm\frac{16}{3}$, ± 18에 대응하는 흐름선을 그린 것이다. 이런 흐름선을 그 흐름의 정규화된 벡터 마당에 대한 그림과 겹쳐 그렸다. ❑

2.7 익힘 문제

문제 1~8에서는 (a) 주어진 함수 f에 의한 복소수 $z = 1,\ 1+i,\ 1-i,\ i$의 상을 위치 벡터로 나타내고, (b) 그 상을 f와 연관된 벡터 마당의 벡터로 나타내라.

1. $f(z) = 2z - i$
2. $f(z) = z^3$
3. $f(z) = \overline{1 - z^2}$
4. $f(z) = \frac{1}{z}$
5. $f(z) = z - \frac{1}{z}$
6. $f(z) = z^{1/2}$ (2.4절의 (7)로 정의된 으뜸 제곱근 함수)
7. $f(z) = \frac{1}{\overline{z}}$
8. $f(z) = \log_e|z| + i\,\mathrm{Arg}(z)$

문제 9~12에서는 (a) 주어진 복소 함수 f와 연관된 평면 흐름의 흐름선을 찾고, (b) 흐름선을 그림으로 나타내라.

9. $f(z)=1-2i$

10. $f(z)=\dfrac{1}{z}$

11. $f(z)=iz$

12. $f(z)=(1+i)\overline{z}$

개념과 이해

13. f를 복소 함수라고 하자. $f(z)$와 연관된 벡터 마당과 $g(z)=f(z-1)$과 연관된 벡터 마당 사이의 관계를 설명하라. f에 대한 간단한 함수를 이용해서 그림으로 예시하라.

14. f를 복소 함수라고 하자. $f(z)$와 연관된 벡터 마당과 $g(z)=if(z)$과 연관된 벡터 마당 사이의 관계를 설명하라. f에 대한 간단한 함수를 이용해서 그림으로 예시하라.

15. 복소 상수 c에 대한 $f(z)=c$와 연관된 평면 흐름을 생각하자.
    (a) 이 흐름의 흐름선을 찾아라.
    (b) 이 흐름을 고른 흐름이라 부르는 이유를 설명하라.

16. $f(z)=1-1/\overline{z}^2$와 연관된 평면 흐름을 생각하자.
    (a) CAS를 이용해서 구역 $|z|>1$에서 f와 연관된 벡터 마당을 나타내라.
    (b) 단위 원 $x^2+y^2=1$이 이 흐름의 흐름선임을 해석적으로 밝혀라.
    (c) $f(z)=1-1/\overline{z}^2$을 단위 원 주변의 흐름이라 부르는 이유를 설명하라.

> **용어**
> 고른 흐름 uniform flow
> 단위 원 주변의 흐름 flow around the unit circle

컴퓨터 실습 과제

문제 17~22에서는 CAS를 사용해서 주어진 복소 함수 f와 연관된 벡터 마당을 그림으로 나타내라.

17. $f(z)=2z-i$

18. $f(z)=z^3$

19. $f(z)=1-z^2$

20. $f(z)=\dfrac{1}{z}$

21. $f(z)=2+i$

22. $f(z)=1-\dfrac{1}{\overline{z}^2}$

제 2 장 복습 문제

문제 1~20에서는 참 또는 거짓으로 답하라. 명제가 거짓이면, 거짓인 이유를 설명하거나 반례를 들어라. 명제가 참이면, 이를 증명하거나 이번 장의 적절한 결과를 인용하라.

1. $f(z)$가 복소 함수이면, $f(x+0i)$는 실수이다.
2. $\arg(z)$는 복소 함수이다.
3. 함수 $f(z)=\dfrac{1}{z^2+i}$의 정의역은 복소수 전체이다.
4. 함수 $f(z)=e^{z^2-(1+i)z+2}$의 정의역은 복소수 전체이다.

5. $f(z)$는 복소 함수이고 $u(x, y)=0$이면, f의 치역은 허수축에 놓인다.
6. 복소 평면 전체는 $w=z+\bar{z}$에 의해 실수축 $v=0$ 위로 사상된다.
7. 복소 평면 전체는 $w=\dfrac{z}{|z|}$에 의해 단위 원 $|w|=1$ 위로 사상된다.
8. 함수 $f(z)=\text{Arg}(z)$의 치역은 실수 전체이다.
9. 선형 사상에 의한 원 $|z-z_0|=\rho$의 상은 중심이 바뀔 수 있지만 반지름의 길이는 같은 원이다.
10. 선형 사상 $w=(1-\sqrt{3}i)z+2$는 원점을 중심으로 $\pi/3$라디안의 각만큼 시계 방향으로 회전시키고, 2배로 확대한 다음에, 2만큼 평행 이동시킨다.
11. 원 $|z-1|=1$을 원 $|z+i|=1$로 사상하는 선형 함수는 2개 이상 있다.
12. 두 직선 $x=3$과 $x=-3$은 $w=z^2$에 의해 똑같은 포물선 위로 사상된다.
13. 방정식 $\text{Arg}(z)=\text{Arg}(z^3)$의 해는 없다.
14. $f(z)=z^{1/4}$이 으뜸 네제곱근 함수이면, $f(-1)=-\frac{1}{2}\sqrt{2}+\frac{1}{2}\sqrt{2}i$이다.
15. 복소수 i는 으뜸 세제곱근 함수의 치역에 속하지 않는다.
16. 확장 복소 평면에서는 사상 $w=\dfrac{1}{z}$에 의해 영역 $|z|>3$이 영역 $|w|<\dfrac{1}{3}$ 위로 사상된다.
17. 복소 함수 f에 대해 $\lim_{z\to 2+i}\text{Re}(f(z))=4$이고 $\lim_{z\to 2+i}\text{Im}(f(z))=-1$이면 $\lim_{z\to 2+i}f(z)=4-i$이다.
18. 복소 함수 f에 대해 $\lim_{x\to 0}f(x+0i)=0$이고 $\lim_{y\to 0}f(0+iy))=0$이면 $\lim_{z\to 0}f(z)=0$이다.
19. 복소 함수 f가 점 $z=1+i$에서 연속이면, 함수 $g(z)=3\{f(z)\}^2-(2+i)f(z)+i$는 점 $z=1+i$에서 연속이다.
20. 복소 함수 f가 복소 평면 전체에서 연속이면, 함수 $f(z)=\overline{f(z)}$는 복소 평면 전체에서 연속이다.

문제 21~40에서는 본문을 인용하지 말고 빈칸을 채워라.

21. $f(z)=z^2+i\bar{z}$이면, f의 실수 부분은 $u(x, y)=$ ________ 이고 허수 부분은 $v(x, y)=$ ________ 이다.
22. $f(z)=\dfrac{|z-1|}{z^2+2iz+2}$이면, f의 자연 정의역은 ________ 이다.
23. $f(z)=z-\bar{z}$이면, f의 치역은 ________ 축에 포함된다.
24. 지수 함수 e^z의 실수 부분은 $u(x, y)=$ ________ 이고 허수 부분은 $v(x, y)=$ ________ 이다.
25. $1+i$부터 $2i$까지의 선분의 매개 변수화는 $z(t)=$ ________ 이다.
26. 중심이 $1-i$이고 반지름의 길이가 3인 원의 매개 변수화는 $z(t)=$ ________ 이다.

27. 복소 선형 사상은 많아야 한 개의 ________와 한 개의 ________ 및 한 개의 ________의 합성이다.

28. 복소 사상 $w = iz + 2$는 회전시키고 ________시키지만, ________시키지는 않는다.

29. 함수 z^2은 z의 크기를 제곱하고, 편각을 ________한다.

30. 사상 $w = z^3$에 의한 부채꼴 $0 \le \arg(z) \le \pi/2$의 상은 ________이다.

31. 사상 $w = z^2$에 의한 수평선과 연직선의 상은 ________이다.

32. 으뜸 n제곱근 함수 $z^{1/n}$은 복소 평면을 구역 ________으로 사상한다.

33. $f(z) = z^{1/6}$이 으뜸 여섯제곱근 함수이면, $f(-1) =$ ________이다.

34. 복소 역전 함수 $1/z$은 ________원에 대한 ________과 ________축에 대한 대칭 이동(반사)의 합성이다.

35. $\lim_{z \to 21} (z^2 - i) = -4 - i$인데, 복소 극한의 형식적인 정의에 의해 임의의 양수 ϵ에 대해 적당한 양수 δ가 존재해서 $0 < |z -$ ______$| < \delta$이면 $|$________$| < \epsilon$이 성립하기 때문이다.

36. $f(z) = \dfrac{z + \bar{z}}{z}$이면, $\lim_{x \to 0} f(x + 0i) =$ ________이고 $\lim_{y \to 0} f(0 + iy) =$ ________이다. 그러므로 $\lim_{z \to 0} f(z)$는 ________이다.

37. 복소 함수 f가 $z = z_0$에서 연속이기 위해서는, $\lim_{z \to z_0} f(z) =$ ________이어야 한다.

38. 함수 $f(z) =$ ________는 영역 $|z| > 0,\ -\pi < \arg(z) < \pi$에서 연속인 함수의 예이다.

39. 복소 함수 $f(z) = \dfrac{x}{y} + i \log_e x$는 구역 ________에서 연속이다.

40. ________와 ________는 모두 다가 함수의 예이다.

3
CHAPTER

해석 함수

개 요

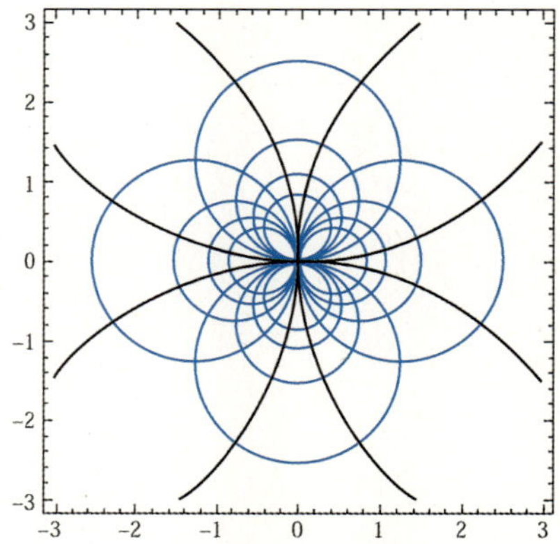

$f(z)=1/z$의 등위 곡선. 171쪽을 보라.

들어가기 지난 장에서 복소 함수의 개념을 도입했다. 실 함수의 미적분과 비슷하게 기본적인 극한 개념에 근거해서 복소 함수의 미분과 적분의 개념을 전개할 수 있다. 이번 장의 주요한 목표는 복소 함수에 대한 도함수의 정의와 그 성질을 알아보는 것이다.

3.1 미분 가능성과 해석성

복소 함수의 미적분에서는 이런 함수의 통상적인 미분과 적분 개념을 다룬다. 이번 절에서는 복소 함수 $f(z)$의 도함수에 대한 극한 정의를 제시한다. 곱과 몫의 미분 법칙 및 연쇄 법칙 등 이번 절에 있는 많은 개념은 친숙해 보이지만, 이런 내용과 실 함수 $f(x)$의 미적분 사이에는 중요한 차이점이 있다. 뒤의 장들에서 밝혀지겠지만, 용어와 정의의 친숙함을 제외하면, $f'(x)$와 $f'(z)$의 해석 사이에서 유사한 점을 거의 찾아볼 수 없다.

용어

도함수 derivative
미분 계수와 도함수를 구별하지 않고, 'z_0에서 f의 도함수'(derivative f of at z_0)와 'f의 도함수'(derivative f)와 같이 부르고 있다.
미분 가능한, 미분할 수 있는 differentiable
미분 가능성 differentiability
해석성 analyticity

도함수 $z = x + iy$와 $z_0 = x_0 + iy_0$이라 하자. 그러면 z_0에서의 증분은 차 $\Delta z = z - z_0$, 곧 $\Delta z = x - x_0 + i(y - y_0) = \Delta x + i\Delta y$이다. 복소 함수 $w = f(z)$가 z와 z_0에서 정의되면, 이 함수의 대응하는 증분은 차 $\Delta w = f(z_0 + \Delta z) - f(z_0)$이다. 함수 f의 도함수는 $\Delta z \to 0$일 때 차분 $\Delta w / \Delta z$의 극한으로 정의된다.

정의 3.1.1 복소 함수의 도함수

복소 함수 f가 점 z_0의 근방에서 정의되어 있다고 하자. 다음 극한이 존재할 때, z_0에서 f의 도함수는 이 극한으로 정의하고, $f'(z_0)$로 나타낸다.

$$f'(z_0) = \lim_{\Delta z \to 0} \frac{f(z_0 + \Delta z) - f(z_0)}{\Delta z} \tag{1}$$

(1)의 극한이 존재하면, 함수 f는 z_0에서 미분 가능하다 또는 미분할 수 있다고 한다. $w = f(z)$의 도함수는 두 가지 기호 w'과 dw/dz로 나타낸다. 둘째 기호를 사용할 때는 특정한 점 z_0에서의 도함수 값을 $\left.\dfrac{dw}{dz}\right|_{z=z_0}$과 같이 나타낸다.

보기 1 정의 3.1.1의 활용

정의 3.1.1을 이용해서, $f(z) = z^2 - 5z$의 도함수를 찾아라.

풀이 임의의 점에서 f의 도함수를 셈해야 하기 때문에, (1)에서 z_0 대신에 z를 대입한다. 첫째, 다음을 얻는다.

$$\begin{aligned} f(z + \Delta z) &= (z + \Delta z)^2 - 5(z + \Delta z) \\ &= z^2 + 2z\Delta z + (\Delta z)^2 - 5z - 5\Delta z \end{aligned}$$

둘째, 다음이 성립한다.

$$\begin{aligned} f(z + \Delta z) - f(z) &= z^2 + 2z\Delta z + (\Delta z)^2 - 5z - 5\Delta z - (z^2 - 5z) \\ &= 2z\Delta z + (\Delta z)^2 - 5\Delta z \end{aligned}$$

마지막으로 (1)에 의해 다음을 얻는다.

$$f'(z) = \lim_{\Delta z \to 0} \frac{2z\Delta z + (\Delta z)^2 - 5\Delta z}{\Delta z}$$
$$= \lim_{\Delta z \to 0} \frac{\Delta z(2z + \Delta z - 5)}{\Delta z}$$
$$= \lim_{\Delta z \to 0} (2z + \Delta z - 5)$$

따라서 극한은 $f'(z) = 2z - 5$이다. ❑

미분 법칙 실 변수 미분에서 배운 친숙한 미분 법칙들은 복소 변수 미분에도 적용된다. f와 g가 점 z에서 미분 가능하고 c가 복소 상수이면, (1)을 이용해서 다음을 밝힐 수 있다.

> **용어**
> 미분 법칙 differentiation rule
> 상수 배의 미분법 constant rule
> 합의 미분법 sum rule
> 곱의 미분법 product rule
> 몫의 미분법 quotient rule
> 연쇄 법칙 chain rule
> 멱의 미분법 power rule
> 함수에 대한 멱의 미분법 power rule for functions

미분 법칙

상수 배의 미분법: $\frac{d}{dz}c = 0,\ \frac{d}{dz}cf(z) = cf'(z)$ (2)

합의 미분법: $\frac{d}{dz}\{f(z) \pm g(z)\} = f'(z) \pm g'(z)$ (3)

곱의 미분법: $\frac{d}{dz}\{f(z)g(z)\} = f'(z)g(z) + f(z)g'(z)$ (4)

몫의 미분법: $\frac{d}{dz}\left\{\frac{f(z)}{g(z)}\right\} = \frac{f'(z)g(z) - f(z)g'(z)}{\{g(z)\}^2}$ (5)

연쇄 법칙: $\frac{d}{dz}f(g(z)) = f'(g(z))g'(z)$ (6)

z의 거듭제곱을 미분하는 멱의 미분법도 다음과 같이 유효하다.

$$\frac{d}{dz}z^n = nz^{n-1} \quad (n\text{은 정수}) \tag{7}$$

(7)과 (6)을 결합하면 다음과 같이 함수에 대한 멱의 미분법을 얻는다.

$$\frac{d}{dz}\{g(z)\}^n = n\{g(z)\}^{n-1}g'(z) \quad (n\text{은 정수}) \tag{8}$$

보기 2 미분 법칙의 활용

다음 함수를 미분하라.

(a) $f(z) = 3z^4 - 5z^3 + 2z$ (b) $f(z) = \frac{z^2}{4z+1}$ (c) $f(z) = (iz^2 + 3z)^5$

풀이 (a) 멱의 미분법 (7)과 합의 미분법 (3) 및 (2)를 이용하면 다음을 얻는다.

$$f'(z) = 3 \cdot 4z^3 - 5 \cdot 3z^2 + 2 \cdot 1 = 12z^3 - 15z^2 + 2$$

(b) 몫의 미분법 (5)에 의해 다음을 얻는다.

$$f'(z) = \frac{2z(4z+1) - z^2 \cdot 4}{(4z+1)^2} = \frac{4z^2+2z}{(4z+1)^2}$$

(c) 함수에 대한 멱의 미분법 (8)에서 $n=5$이고 $g(z)=iz^2+3z$이며 $g'(z)=2iz+3$이므로, 다음을 얻는다.

$$f'(z) = 5(iz^2+3z)^4(2iz+3)$$ ❏

복소 함수 f가 점 z_0에서 미분 가능하기 위해서는, 앞의 장에서 알아본 대로 극한 $\lim_{\Delta z \to 0} \frac{f(z_0+\Delta z) - f(z_0)}{\Delta z}$이 모든 방향에서 존재해야 하고, 값이 똑같아야 한다. 곧, 극한이 Δz가 0에 가까워지는 방법과 무관하게 존재해야 한다. 이것은 실 직선에 있는 실수 x_0에 단 두가지 방향에서만 가까워질 수 있는 실 해석학에서 함수 $f(x)$가 미분 가능하기 위한 조건보다, 복소 해석학에서 함수 $f(z)$가 점 z_0에서 미분 가능하기 위한 요구 조건이 훨씬 더 많음을 뜻한다. $f(z)=x+4iy$와 같이 복소 함수가 어떤 특정한 실수 부분 u와 허수 부분 v로 이루어졌다면, 미분하지 못할 가능성이 높다.

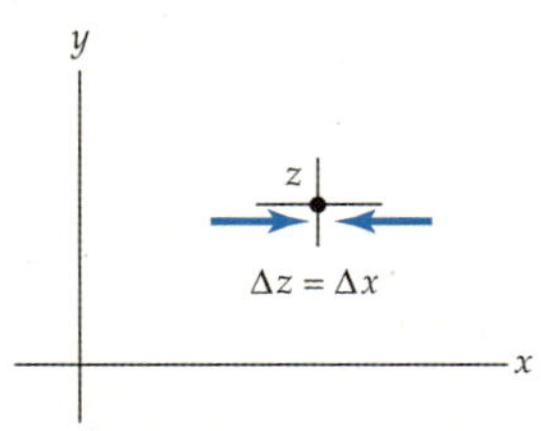

(a) x축의 평행선을 따라 $\Delta z \to 0$

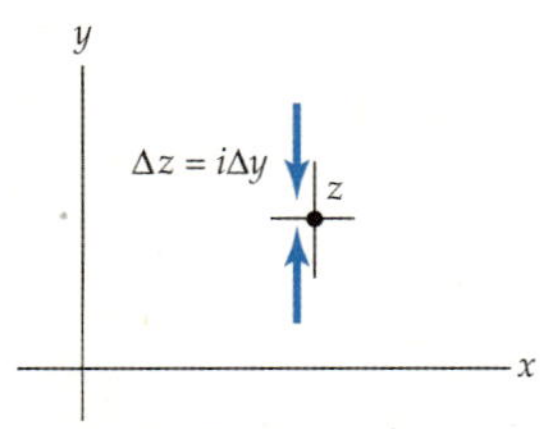

(b) y축의 평행선을 따라 $\Delta z \to 0$

그림 3.1.1 점 z에 수평선과 연직선을 따라 가까워지기

보기 3 모든 점에서 미분 불가능한 함수

함수 $f(z)=x+4iy$는 모든 점 z에서 미분 불가능함을 밝혀라.

풀이 z를 복소 평면의 임의의 점이라 하자. $\Delta z = \Delta x + i\Delta y$에 대해 다음을 얻는다.

$$f(z+\Delta z) - f(z) = (x+\Delta x) + 4i(y+\Delta y) - x - 4iy = \Delta x + 4i\Delta y$$

그러므로 다음을 얻는다.

$$\lim_{\Delta z \to 0} \frac{f(z+\Delta z) - f(z)}{\Delta z} = \lim_{\Delta z \to 0} \frac{\Delta x + 4i\Delta y}{\Delta x + i\Delta y} \tag{9}$$

그런데 그림 3.1.1(a)에 나타낸 대로 x축의 평행선을 따라 $\Delta z \to 0$이면, $\Delta y = 0$이고 $\Delta z = \Delta x$이다. 이런 경로를 따르면 다음을 얻는다.

$$\lim_{\Delta z \to 0} \frac{f(z+\Delta z) - f(z)}{\Delta z} = \lim_{\Delta z \to 0} \frac{\Delta x}{\Delta x} = 1 \tag{10}$$

반면에, 그림 3.1.1(b)에 나타낸 대로 y축의 평행선을 따라 $\Delta z \to 0$이면, $\Delta x = 0$이고 $\Delta z = i\Delta y$이므로 다음을 얻는다.

$$\lim_{\Delta z \to 0} \frac{f(z+\Delta z) - f(z)}{\Delta z} = \lim_{\Delta z \to 0} \frac{4i\Delta y}{i\Delta y} = 4 \tag{11}$$

(10)과 (11)의 값이 다르다는 자명한 사실 때문에, (9)의 극한이 존재하지

않는다는 결론을 얻는다. 따라서 $f(z)=x+4iy$는 모든 점에서 미분 불가능하다. 곧, f는 임의의 점 z에서 미분 불가능하다. ❑

기본적인 멱의 미분법 (7)은 z의 켤레의 거듭제곱에는 적용되지 않는데, 보기 3의 함수와 같이 함수 $f(z)=\bar{z}$는 모든 점에서 미분 불가능하기 때문이다. 익힘 문제 3.1의 문제 21을 보라.

해석 함수 미분 가능하기 위한 조건이 매우 까다롭지만, 훨씬 더 엄격한 조건을 만족시키는 대단히 중요한 함수의 집합이 있다. 이런 함수를 해석 함수라고 한다.

용어
해석 함수 analytic function
z_0에서 해석적 analytic at z_0
영역 D에서 해석적 analytic in a domain D
정칙 holomorphic, regular
전해석 함수 entire function

정의 3.1.2 한 점에서의 해석성

복소 함수 $w=f(z)$가 점 z_0에서 해석적이라는 것은, f가 z_0과 z_0의 적당한 근방에 속하는 모든 점에서 미분 가능한 경우이다.

함수 f가 영역 D에서 해석적이라는 것은, D에 속하는 모든 점에서 해석적인 경우이다. 이 책에서는 사용하지 않지만, 영역 D에서 해석적인 함수 f를 정칙(holomorphic 또는 regular)이라고도 한다.

정의 3.1.2를 세심하게 다시 읽어보자. 한 점에서 해석적이라는 것은 한 점에서 미분 가능하다는 것과 같지 않다. 한 점에서 해석적이라는 것은 근방의 성질이다. 바꿔 말하면, 해석적이라는 것은 열린 집합 위에서 정의된 성질이다. 함수 $f(z)=|z|^2$이 $z=0$에서 미분 가능하지만, 다른 모든 점에서 미분 불가능하다는 사실을 밝히는 것은 익힘 문제로 남긴다. $f(z)=|z|^2$이 $z=0$에서 미분 가능하지만 이 점에서 해석적이지 않다. 왜냐하면 $z=0$의 어떠한 근방에서도 그 근방 전체에서 f가 미분 가능하지 않기 때문이다. 그러므로 함수 $f(z)=|z|^2$은 모든 점에서 해석적이지 않다. 익힘 문제 3.1의 문제 19를 보라.

← 매우 중요

이에 비해, 단순한 다항 함수 $f(z)=z^2$은 복소 평면의 모든 점 z에서 미분 가능하다. 그러므로 $f(z)=z^2$은 모든 점에서 해석적이다.

전해석 함수 복소 평면의 모든 점 z에서 해석적인 함수를 전해석 함수라고 한다. 미분 법칙 (2), (3), (7), (5)에 의해, 다항 함수는 복소 평면의 모든 점 z에서 미분 가능하고, 유리 함수는 분모가 0인 점을 포함하지 않는 임의의 영역 D에서 해석적이다. 다음 정리는 이런 결과를 요약한다.

정리 3.1.1 다항 함수와 유리 함수

(i) 복소 다항 함수 $p(z) = a_n z^n + a_{n-1}z^{n-1} + \cdots + a_1 z + a_0$ (n은 음이 아닌 정수)은 전해석 함수이다.

(ii) 두 다항 함수 p와 q에 대한 복소 유리 함수 $f(z) = \dfrac{p(z)}{q(z)}$는 $q(z_0) = 0$인 z_0와 같은 점을 포함하지 않는 임의의 영역 D에서 해석적이다.

$1 \pm i$는 f의 분모의 영점이다. ➡

특이점 유리 함수 $f(z) = 4z/(z^2 - 2z + 2)$는 $1+i$와 $1-i$에서 정의되지 않으므로, f는 이런 점에서 해석적이지 않다. 그러므로 3.1.1(ii)에 의해 f는 이런 점 중 하나 또는 모두를 포함하는 임의의 영역에서 해석적이지 않다. 일반적으로, 복소 함수 $w = f(z)$가 해석적이지 않은 점 z를 f의 **특이점**이라 한다. 특이점은 제 6 장에서 자세하게 알아본다.

용어
특이점 singular point

143쪽에 있는 미분 규칙의 또 다른 결과는 다음과 같다.

합, 곱, 몫의 해석성

두 함수 f와 g가 영역 D에서 해석적이면, 합 $f(z) + g(z)$와 차 $f(z) - g(z)$ 및 곱 $f(z)g(z)$는 D에서 해석적이다. 몫 $f(z)/g(z)$는 $g(z) \neq 0$인 D에서 해석적이다.

$f'(z)$에 대한 대안적인 정의 때로는 함수 f의 도함수를 다른 꼴의 차분 $\Delta w/\Delta z$를 사용해서 정의하는 것이 편리할 때가 있다. $\Delta z = z - z_0$이면 $z = z_0 + \Delta z$이므로, (1)을 다음과 같이 쓸 수 있다.

$$f'(z_0) = \lim_{z \to z_0} \frac{f(z) - f(z_0)}{z - z_0} \tag{12}$$

보기 1에서 했던 것에 비해, (12)를 이용해서 일반적인 점 z에서 f'를 구하려면, 극한을 찾은 뒤에 z_0을 기호 z로 바꾸어야 한다. 익힘 문제 3.1의 문제 7~10을 보라.

실 해석학에서와 같이, 복소 함수 f가 한 점에서 미분 가능하면, f는 반드시 그 점에서 연속이다. 이 사실을 (12)에서 정의한 도함수의 형태를 사용해서 증명한다.

정리 3.1.2 미분 가능하면 연속이다

함수 f를 영역 D의 점 z_0에서 미분 가능하면, f는 z_0에서 연속이다.

증명 극한 $\displaystyle\lim_{z \to z_0} \frac{f(z) - f(z_0)}{z - z_0}$과 $\displaystyle\lim_{z \to z_0} (z - z_0)$이 존재하고, 각각 $f'(z_0)$과 0이다. 그러므로 2.6절의 정리 2.6.2(iii)에 의해 다음과 같이 곱의 극한을 극

한의 곱으로 쓸 수 있다.

$$\begin{aligned}\lim_{z\to z_0}\{f(z)-f(z_0)\} &= \lim_{z\to z_0}\frac{f(z)-f(z_0)}{z-z_0}\cdot(z-z_0)\\ &= \lim_{z\to z_0}\frac{f(z)-f(z_0)}{z-z_0}\cdot\lim_{z\to z_0}(z-z_0)\\ &= f'(z_0)\cdot 0 = 0\end{aligned}$$

$\lim_{z\to z_0}\{f(z)-f(z_0)\}=0$이므로 $\lim_{z\to z_0}f(z)=f(z_0)$이다. 정의 2.6.2에 의해 f는 z_0에서 연속이다. ❑

물론, 정리 3.1.2의 역은 참이 아니다. 함수 f가 한 점에서 연속이더라도 그 점에서 미분 가능하다고 보장할 수 없다. 정리 2.6.3에 의해 간단한 함수 $f(z)=x+4iy$는 모든 점에서 연속인데, f의 실수 부분 $u(x, y)=x$와 허수 부분 $v(x, y)=4y$가 모든 점 (x, y)에서 연속이기 때문이다. 그러나 보기 3에서 알아봤듯이 $f(z)=x+4iy$는 모든 점 z에서 미분 불가능하다.

미분 가능성의 또 다른 결과로, 0/0 꼴의 부정형의 극한을 셈하는 로피탈의 법칙은 복소 해석학에서도 성립한다.

용어
로피탈의 법칙 L'Hôpital's rule

정리 3.1.3 로피탈의 법칙

두 함수 f와 g는 점 z_0에서 해석적이고, $f(z_0)=0$이며 $g(z_0)=0$이지만 $g'(z_0)\neq 0$이라 하자. 그러면 다음이 성립한다.

$$\lim_{z\to z_0}\frac{f(z)}{g(z)}=\frac{f'(z_0)}{g'(z_0)} \tag{13}$$

(13)의 증명은 길지도 않고 어렵지도 않다. 익힘 문제 3.1의 문제 33에서 단계별로 증명한다.

보기 4 로피탈의 법칙 활용

극한 $\lim_{z\to 2+i}\dfrac{z^2-4z+5}{z^3-z-10i}$를 셈하라.

풀이 $f(z)=z^2-4z+5$와 $g(z)=z^3-z-10i$라고 하면, $f(2+i)=0$이고 $g(2+i)=0$이다. 주어진 극한은 0/0 꼴의 부정형이다. 그런데 f와 g는 다항 함수이므로, 두 함수는 모두 $z_0=2+i$에서 해석적이다. 다음이 성립한다.

$$f'(z)=2z-4,\ g'(z)=3z^2-1,\ f'(2+i)=2i,\ g'(2+i)=8+12i$$

그러므로 (13)에 의해 다음을 얻는다.

$$\lim_{z \to 2+i} \frac{z^2-4z+5}{z^3-z-10i} = \frac{f'(2+i)}{g'(2+i)} = \frac{2i}{8+12i} = \frac{3}{26} + \frac{1}{13}i$$ ❑

2.6절의 보기 4(b)에서 다음 극한을 셈하기 위해서 인수 분해하고 소거하는 긴 과정을 이용했다.

$$\lim_{z \to 1+\sqrt{3}i} \frac{z^2-2z+4}{z-1-\sqrt{3}i} \tag{14}$$

그 보기를 다시 읽어보면 극한 (14)가 0/0 꼴의 부정형임을 알 수 있다. $f(z)=z^2-2z+4$, $g(z)=z-1-\sqrt{3}i$, $f'(z)=2z-2$, $g'(z)=1$이므로, 로피탈의 법칙에 의해 즉시 다음을 얻는다.

$$\lim_{z \to 1+\sqrt{3}i} \frac{z^2-2z+4}{z-1-\sqrt{3}i} = \frac{f'(1+\sqrt{3}i)}{1} = 2(1+\sqrt{3}i-1) = 2\sqrt{3}i$$

참고 **실 해석학과의 비교**

(i) 실 해석학에서 점 x에서 함수 $y=f(x)$의 도함수는 여러 가지로 해석한다. 예를 들면, $f'(x)$는 점 $(x, f(x))$에서 f의 그래프에 대한 접선의 기울기이다. 기울기가 양수와 음수일 때, 함수 f는 각각 증가하고 감소한다. 기울기가 영이면, 극댓값 또는 극솟값을 취할 수 있다. 또, $f'(x)$는 x에서 f의 순간 변화율이다. 물리적인 상황에서, 순간 변화율은 움직이는 물체의 속도로 해석한다. 그런데 이런 해석 중 어느 것도 복소 해석학에 적용되지 않는다. 그래서 다음과 같은 질문은 정당하다. 복소 함수 $w=f(z)$의 도함수는 무엇을 뜻하는가? 답은 이렇다. 복소 해석학에서 가장 중요한 관심사는, 함수의 도함수가 무엇이며 무엇을 나타내는지가 아니라, 함수 f의 도함수가 실제로 존재하는지에 있다. 복소 함수 f의 도함수가 존재한다는 사실은 그 함수에 대해 많은 것을 알려준다. 방금 알아본 대로, f가 z와 z의 적당한 근방에서 미분 가능할 때, f는 z에서 해석적이다. 이 책의 나머지 장에서 해석 함수의 중요성을 알아볼 것이다. 예를 들면, 도함수는 복소 함수의 사상 이론에서 중요한 역할을 한다. 간략하게 말하면, 해석 함수 f로 정의된 사상에 의해, z평면의 점 z_0에서 교차하는 두 곡선 사이의 각의 크기와 방향은 w평면에서 $f'(z) \neq 0$인 모든 점에서 보존된다. 제 7 장을 보라.

(ii) 앞의 논의에서 $f(z)=|z|^2$은 단 한 점 $z=0$에서만 미분 가능하다는 사실을 지적했다. 이에 비해 실 함수 $f(x)=|x|^2$은 모든 점에서 미분 가능하다. 실 함수 $f(x)=x$는 모든 점에서 미분 가능하지만, 복소 함수 $f(z)=x=\mathrm{Re}(z)$는 모든 점에서 미분 불가능하다.

(iii) 미분 법칙 (2)~(8)은 중요하지만, 결코 실 해석학에서와 같이 중요하지는 않다. 복소 해석학에서 $f(z)=4x^2-iy$ 및 $g(z)=xy+i(x+y)$와 같은 함수를 다루는데, 이의 도함수가 존재하지만 법칙 (2)~(8)로 미분할 수는

없다.

(iv) 이번 절에서 복소 함수의 고계 도함수의 개념은 언급하지 않았다. 이런 주제는 5.5절에서 상세히 다루겠다. 고계 도함수에 관한 놀라운 점은 없다. 실 해석학에서와 정확하게 똑같은 방법으로 정의한다. 예를 들면, 이계 도함수는 일계 도함수의 도함수이다. $f(z)=4z^3$인 경우에 $f'(z)=12z^2$이므로, 이계 도함수는 $f''(z)=24z$이다. 그러나 고계 도함수의 존재에 관해 실 함수와 복소 함수 사이에 중요한 차이점이 있다. 실 해석학에서 함수 f의 이를테면 일계 도함수가 존재하더라도, f의 다른 고계 도함수가 존재한다는 보장은 전혀 없다. 예를 들면, 구간 $(-1, 1)$에서 $x^{3/2}$은 $x=0$에서 미분 가능하지만, $f'(z)=\frac{3}{2}x^{1/2}$은 $x=0$에서 미분 불가능하다. 복소 해석학에서 함수 f가 영역 D에서 해석적이면, 가정에 의해 f는 D의 각 점에서 해석적이다. 5.5절에서 알아보겠지만, 이 사실은 D의 모든 점에서 f의 고계 도함수들이 존재함을 보장한다. 사실, 해석 함수 f는 D에서 한없이 미분 가능하다.

(v) 실 해석학에서 '점 a에서 해석적'이라는 정의는 복소 해석학에서 이런 개념에 대한 통상적인 정의(정의 3.1.2)와 차이가 난다. 실 해석학에서 해석 함수는 거듭제곱 급수로 정의된다. 함수 $y=f(x)$가 점 a에서 해석적이라는 것은, a의 적당한 근방에서 f를 표현하는 a에서 f의 테일러 급수가 존재하는 것이다. 참고 (iv)에 비추어볼 때 이런 두 정의가 실제로 그렇게 다르지 않은 이유는 무엇인가?

(vi) 실 해석학에서와 같이, 로피탈의 법칙을 여러 번 연속적으로 적용해서 극한을 셈할 수 있다. 바꿔 말하면, $f(z_0)$, $g(z_0)$, $f'(z_0)$, $g'(z_0)$이 모두 영이더라도, 극한 $\lim_{z\to z_0} f(z)/g(z)$이 여전히 존재할 수 있다. 일반적으로, f와 g 및 이것들의 처음 $(n-1)$계 도함수까지 모두 z_0에서 영이고 $g^{(n)}(z_0)\neq 0$이면 다음이 성립한다.

$$\lim_{z\to z_0}\frac{f(z)}{g(z)}=\frac{f^{(n)}(z_0)}{g^{(n)}(z_0)}$$

3.1 익힘 문제

문제 1~6에서는 정의 3.1.1의 (1)을 이용해서 주어진 함수의 $f'(z)$를 찾아라.

1. $f(z)=9iz+2-3i$
2. $f(z)=15z^2-4z+1-3i$
3. $f(z)=iz^3-7z^2$
4. $f(z)=\dfrac{1}{z}$
5. $f(z)=z-\dfrac{1}{z}$
6. $f(z)=-z^{-2}$

문제 7~10에서는 대안적인 정의 (12)를 이용해서 주어진 함수의 $f'(z)$를 찾아라.

7. $f(z)=5z^2-10z+8$

8. $f(z)=z^3$

9. $f(z)=z^4-z^2$

10. $f(z)=\dfrac{1}{2iz}$

문제 11~18에서는 미분 법칙을 사용해서 주어진 함수의 $f'(z)$를 찾아라.

11. $f(z)=(2-i)z^5+iz^4-3z^2+i^6$

12. $f(z)=5(iz)^3-10z^2+3-4i$

13. $f(z)=(z^6-1)(z^2-z+1-5i)$

14. $f(z)=(z^2+2z-7i)^2(z^4-4iz)^3$

15. $f(z)=\dfrac{iz^2-2z}{3z+1-i}$

16. $f(z)=-5iz^2+\dfrac{2+i}{z^2}$

17. $f(z)=(z^4-2iz^2+z)^{10}$

18. $f(z)=\left\{\dfrac{(4+2i)z}{(2-i)z^2+9i}\right\}^3$

19. 함수 $f(z)=|z|^2$은 원점에서 연속이다.

(a) f가 원점에서 미분 가능함을 보여라.

(b) f가 $z\neq 0$인 모든 점에서 미분 불가능함을 보여라.

20. 다음 함수가 $z=0$에서 미분 불가능함을, 먼저 x축을 따라 다음에는 직선 $y=x$을 따라 $\Delta z\to 0$일 때의 극한을 찾아서 밝혀라.

$$f(z)=\begin{cases}0 & (z=0)\\ \dfrac{x^3-y^3}{x^2+y^2}+i\dfrac{x^3+y^3}{x^2+y^2} & (z\neq 0)\end{cases}$$

문제 21과 22에서는 보기 3과 같이 진행해서 주어진 함수가 모든 점에서 미분 불가능함을 보여라.

21. $f(z)=\bar{z}$

22. $f(z)=|z|$

문제 23~26에서는 로피탈의 법칙을 이용해서 주어진 극한을 셈하라.

23. $\displaystyle\lim_{z\to i}\frac{z^7+i}{z^{14}+1}$

24. $\displaystyle\lim_{z\to\sqrt{2}+\sqrt{2}i}\frac{z^4+16}{z^2-2\sqrt{2}z+4}$

25. $\displaystyle\lim_{z\to 1+i}\frac{z^5+4z}{z^2-2z+2}$

26. $\displaystyle\lim_{z\to\sqrt{2}i}\frac{z^3+5z^2+2z+10}{z^5+2z^3}$

문제 27~30에서는 주어진 함수가 해석적이지 않은 점을 결정하라.

27. $f(z)=\dfrac{iz^2-2z}{3z+1-i}$

28. $f(z)=-5iz^2+\dfrac{2+i}{z^2}$

29. $f(z)=(z^4-2iz^2+z)^{10}$

30. $f(z)=\left\{\dfrac{(4+2i)z}{(2-i)z^2+9i}\right\}^3$

개념과 이해

31. 정의 2.6.2와 정리 2.6.2를 이용해서 상수 배의 미분법 $\dfrac{d}{dz}cf(z)=cf'(z)$를 증명하라.

32. 정의 2.6.2와 정리 2.6.2를 이용해서 합의 미분법 $\frac{d}{dz}\{f(z)+g(z)\}=f'(z)+g'(z)$를 증명하라.

33. 이 문제에서는 다음 명제를 증명하는 출발점을 제공한다.
두 함수 f와 g는 점 z_0에서 해석적이고, $f(z_0)=0$이며 $g(z_0)=0$이지만 $g'(z_0)\neq 0$이라 하면, $\lim_{z\to z_0}\frac{f(z)}{g(z)}=\frac{f'(z_0)}{g'(z_0)}$이 성립한다.

증명 f와 g가 점 z_0에서 해석적이라는 가정에서 출발한다. z_0에서 해석적이므로 f와 g는 z_0에서 미분 가능하다. 그러므로 (12)에 의해 다음 두 극한이 존재한다.

$$f'(z_0)=\lim_{z\to z_0}\frac{f(z)-f(z_0)}{z-z_0},\quad g'(z_0)=\lim_{z\to z_0}\frac{g(z)-g(z_0)}{z-z_0}$$

그런데 $f(z_0)=0$이고 $g(z_0)=0$이므로, 위의 극한은 다음과 같다.

$$f'(z_0)=\lim_{z\to z_0}\frac{f(z)}{z-z_0},\quad g'(z_0)=\lim_{z\to z_0}\frac{g(z)}{z-z_0}$$

이제 $\lim_{z\to z_0}\frac{f(z)}{g(z)}$임을 조사하고, 증명을 마무리 짓는다.

34. 이 문제에서는 곱의 미분법을 증명하는 출발점을 제공한다.

증명 f와 g가 점 z에서 해석적이라는 가정에서 출발한다. 곧, 다음 두 극한이 존재한다.

$$f'(z)=\lim_{\Delta z\to 0}\frac{f(z+\Delta z)-f(z)}{\Delta z},$$

$$g'(z)=\lim_{\Delta z\to 0}\frac{g(z+\Delta z)-g(z)}{\Delta z}$$

(a) 다음 등식이 정당함을 보여라.

$$\begin{aligned}\frac{d}{dz}\{f(z)g(z)\}&=\lim_{\Delta z\to 0}\frac{f(z+\Delta z)g(z+\Delta z)-f(z)g(z)}{\Delta z}\\&=\lim_{\Delta z\to 0}\left\{\frac{f(z+\Delta z)-f(z)}{\Delta z}g(z+\Delta z)\right.\\&\qquad\left.+f(z)\frac{g(z+\Delta z)-g(z)}{\Delta z}\right\}\end{aligned}$$

(b) 정의 2.6.2를 이용해서 $\lim_{\Delta z\to 0}g(z+\Delta z)=g(z)$임을 보여라.

(c) 정리 2.6.2(ii)와 2.6.2(iii)을 이용해서 증명을 마무리하자.

35. 이 문제에서는 극 형식 $\Delta z=r(\cos\theta+i\sin\theta)$를 사용해서 $f(z)=\bar{z}$가 모든 점에서 미분 불가능함을 증명한다.

(a) $\Delta z \to 0$일 때 r은 어느 값에 가까워지는가? θ는 어떤 특정한 값에 가까워지는가?

(b) $f(z) = \bar{z}$일 때, 다음이 성립함을 보여라.

$$\lim_{\Delta z \to 0} \frac{f(z+\Delta z) - f(z)}{\Delta z} = \frac{\cos\theta - i\sin\theta}{\cos\theta + i\sin\theta}$$

(c) (b)의 결과가 f가 모든 점에서 미분 불가능함을 보여주는 이유를 간결하게 설명하라.

36. 이 문제에서는 대안적인 정의 (12) 및 z와 z_0의 극 형식을 이용해서 $f(z) = |z|$가 모든 점에서 미분 불가능함을 증명한다.

(a) $z_0 = r(\cos\theta + i\sin\theta)$이고 $z = (r+\Delta r)(\cos\theta + i\sin\theta)$라 하자. 이 경로를 따라 극한 $\lim_{z \to z_0} \frac{f(z) - f(z_0)}{z - z_0}$을 결정하라.

(b) $z_0 = r(\cos\theta + i\sin\theta)$이고 $z = r\{\cos(\theta+\Delta\theta) + i\sin(\theta+\Delta\theta)\}$라 하자. 이 경로를 따라 극한 $\lim_{z \to z_0} \frac{f(z) - f(z_0)}{z - z_0}$을 결정하라.

(c) (a)와 (b)의 결과가 f가 모든 점에서 미분 불가능함을 보여주는 이유를 간결하게 설명하라.

37. $f'(z)$가 점 z에서 존재하면, $f'(z)$는 점 z에서 연속인가?

38. (a) $f(z) = z^2$이라 하자. f와 f'의 실수 부분과 허수 부분을 찾아라. 무엇을 관찰할 수 있는가?

(b) $f(z) = 3iz + 2$에 대해 (a)의 물음을 반복하라.

(c) f와 f'의 실수 부분과 허수 부분 사이의 관계를 추측하라.

3.2 코시 · 리만 방정식

앞 절에서 알아본 대로, 복소 변수 z의 함수 f가 점 z와 z의 적당한 근방에 속하는 모든 점에서 미분 가능할 때, f는 z에서 해석적이다. 이런 조건은 점 z에서 미분 가능하다는 조건보다 더 엄격한데, 점 z에서는 미분 가능하지만 다른 모든 점에서 미분 불가능한 복소 함수가 존재할 수 있기 때문이다. 함수 f가 영역 D의 모든 점에서 미분 가능할 때, f는 D에서 해석적이다. 이제 복소 함수 $f(z) = u(x, y) + iv(x, y)$가 해석적인지를 실수 부분 u와 허수 부분 v의 편도 함수에 근거해서 판정하는 방법을 알아보겠다.

해석적이기 위한 필요 조건 다음 정리에서는 함수 $f(z) = u(x, y) + iv(x, y)$가 점 z에서 미분 가능할 때, 두 함수 u와 v는 이것들의 일계 편도 함수를 관련짓는 한 쌍의 방정식을 만족시킨다는 사실을 알아본다.

정리 3.2.1 코시·리만 방정식

함수 $f(z)=u(x, y)+iv(x, y)$가 점 $z=x+iy$에서 미분 가능하다고 하자. 그러면 z에서 u와 v의 일계 편도함수가 존재하고 다음과 같은 **코시 · 리만 방정식**을 만족시킨다.

$$\frac{\partial u}{\partial x}=\frac{\partial v}{\partial y}, \quad \frac{\partial u}{\partial y}=-\frac{\partial v}{\partial x} \tag{1}$$

용어
코시 · 리만 방정식 Cauchy-Riemann equation

증명 z에서 f의 도함수는 다음과 같다.

$$f'(z)=\lim_{\Delta z\to 0}\frac{f(z+\Delta z)-f(z)}{\Delta z} \tag{2}$$

$f(z)=u(x, y)+iv(x, y)$와 $\Delta z=\Delta x+i\Delta y$로 나타내면, (2)는 다음과 같이 된다.

$$f'(z)=\lim_{\Delta z\to 0}\frac{u(x+\Delta x, y+\Delta y)+iv(x+\Delta x, y+\Delta y)-u(x, y)-iv(x, y)}{\Delta x+i\Delta y} \tag{3}$$

극한 (2)가 존재한다고 가정하고 있으므로, Δz는 임의의 편리한 방향에서 영으로 가까워질 수 있다. 특히, 수평선을 따라 $\Delta z\to 0$일 때, $\Delta y=0$이고 $\Delta z=\Delta x$이다. 그러면 (3)을 다음과 같이 쓸 수 있다.

$$f'(z)=\lim_{\Delta x\to 0}\frac{u(x+\Delta x, y)-u(x, y)+i\{v(x+\Delta x, y)-v(x, y)\}}{\Delta x}$$

$$=\lim_{\Delta x\to 0}\frac{u(x+\Delta x, y)-u(x, y)}{\Delta x}+i\lim_{\Delta x\to 0}\frac{v(x+\Delta x, y)-v(x, y)}{\Delta x} \tag{4}$$

$f'(z)$가 존재하기 때문에, (4)의 두 극한도 모두 존재한다. 두 극한은 각각 x에 관한 u와 v의 일계 편도함수를 정의한다. 그러므로 여기서 다음 두 가지를 보였다. 첫째 $\partial u/\partial x$와 $\partial v/\partial x$가 z에서 존재하고, 둘째 f의 도함수는 다음과 같다.

$$f'(z)=\frac{\partial u}{\partial x}+i\frac{\partial v}{\partial x} \tag{5}$$

이제 연직선을 따라 $\Delta z\to 0$일 때는 $\Delta x=0$이고 $\Delta z=i\Delta y$이므로, (3)은 다음과 같이 된다.

$$f'(z)=\lim_{\Delta y\to 0}\frac{u(x, y+\Delta y)-u(x, y)}{i\Delta y}+i\lim_{\Delta y\to 0}\frac{v(x, y+\Delta y)-v(x, y)}{i\Delta y} \tag{6}$$

(6)은 $\partial u/\partial y$와 $\partial v/\partial y$가 z에서 존재하고, 다음이 성립함을 보인다.

$$f'(z)=-i\frac{\partial u}{\partial y}+\frac{\partial v}{\partial y} \tag{7}$$

(5)와 (7)에서 실수 부분과 허수 부분을 같게 놓으면, (1)의 한 쌍의 방정식을 얻는다. ❑

정리 3.2.1은 f가 z에서 미분 가능하기 위한 필요 조건으로 코시·리만 방정식 (1)이 z에서 성립한다고 주장하기 때문에, 이 정리를 이용해서 f가 어느 점에서 미분 가능한지를 결정할 수는 없다. 그러나 중요한 사실은 정리 3.2.1이 함수 f의 도함수가 존재하지 않는 점을 알려줄 수 있다는 사실이다. 곧, (1)의 방정식이 점 z에서 성립하지 않으면, f는 z에서 미분 불가능하다. 3.1절의 보기 3에서 $f(z)=x+4iy$가 모든 점 z에서 미분 불가능함을 밝혔다. $u=x$이고 $v=4y$이므로, $\partial u/\partial x=1$, $\partial v/\partial y=4$, $\partial u/\partial y=0$, $\partial v/\partial x=0$이고 다음이 성립한다.

$$\frac{\partial u}{\partial x}=1\neq\frac{\partial v}{\partial y}=4$$

이에 따라 (1)의 두 방정식이 모든 점 z에서 동시에 성립할 수 없다. 따라서 정리 3.2.1에 의해 f는 모든 점에서 미분 불가능하다.

또, 정리 3.2.1에 의해 복소 함수 $f(z)=u(x,\ y)+iv(x,\ y)$가 영역 D 전체에서 해석적이면 두 실 함수 u와 v는 D의 모든 점에서 코시·리만 방정식 (1)을 만족시킨다.

보기 1 정리 3.2.1 확인

다항 함수 $f(z)=z^2+z$는 모든 z에서 해석적이고, $f(z)=x^2-y^2+x+i(2xy+y)$와 같이 쓸 수 있다. 그러므로 $u(x,\ y)=x^2-y^2+x$이고 $v(x,\ y)=2xy+y$이다. 복소 평면의 임의의 점 $(x,\ y)$에서 다음과 같이 코시·리만 방정식이 성립한다.

$$\frac{\partial u}{\partial x}=2x+1=\frac{\partial v}{\partial y},\quad \frac{\partial u}{\partial y}=-2y=-\frac{\partial v}{\partial x}$$ ❑

보기 1의 앞에 있는 명제의 대우[1]는 다음과 같다.

해석적이지 않음을 판정하는 방법

코시·리만 방정식이 영역 D의 모든 점 z에서 성립하지 않으면, 함수 $f(z)=u(x,\ y)+iv(x,\ y)$는 D에서 해석적일 수 없다.

보기 2 코시·리만 방정식의 활용

복소 함수 $f(z)=2x^2+y+i(y^2-x)$가 모든 점에서 해석적이지 않음을 보여라.

풀이 $u(x,\ y)=2x^2+y$이고 $v(x,\ y)=y^2-x$이므로 다음을 얻는다.

$$\frac{\partial u}{\partial x}=4x,\quad \frac{\partial v}{\partial y}=2y,$$

1) 명제 "P이면, Q이다"는 이의 대우 "Q가 아니면, P가 아니다"와 논리적으로 동치이다.

$$\frac{\partial u}{\partial y}=1, \qquad \frac{\partial v}{\partial x}=-1 \tag{8}$$

$\partial u/\partial y=-\partial v/\partial x$ 이지만, 등식 $\partial u/\partial x=\partial v/\partial y$는 직선 $y=2x$에 있는 점에서만 성립한다. 그렇지만 이 직선에 있는 임의의 점 z에 대해 코시·리만 방정식이 성립하는 z의 근방 또는 z가 중심인 원판이 없다. 따라서 f는 모든 점에서 해석적이지 않다. ❑

해석적이기 위한 충분 조건 코시·리만 방정식 자체만으로는 점 $z=x+iy$에서 함수 $f(z)=u(x, y)+iv(x, y)$가 해석적임을 보장하지 못한다. 코시·리만 방정식이 점 z에서 성립하더라도, $f(z)$가 z에서 미분 불가능할 수 있다. 아니면 z에서만 미분 가능하고 나머지 모든 점에서는 미분 불가능할 수 있다. 익힘 문제 3.2의 문제 36을 보라. 그렇지만 u와 v 및 네 개의 편도함수 $\partial u/\partial x$, $\partial u/\partial y$, $\partial v/\partial x$, $\partial v/\partial y$가 연속이라는 조건을 추가하면, 코시·리만 방정식은 z에서 $f(z)=u(x, y)+iv(x, y)$가 해석적임을 보장하는 필요 조건뿐만 아니라 충분 조건임을 밝힐 수 있다. 증명이 길고 복잡하기 때문에, 결과만을 제시한다.

정리 3.2.2 해석적임을 판정하는 방법

영역 D에서 두 실 함수 $u(x, y)$와 $v(x, y)$가 연속이고 일계 편도함수들이 연속이라고 하자. u와 v가 D의 모든 점에서 코시·리만 방정식 (1)을 만족시키면, 복소 함수 $f(z)=u(x, y)+iv(x, y)$는 D에서 해석적이다.

보기 3 정리 3.2.2 활용

함수 $f(z)=\dfrac{x}{x^2+y^2}-i\dfrac{y}{x^2+y^2}$에 대해 두 실 함수 $u(x, y)=\dfrac{x}{x^2+y^2}$와 $v(x, y)=-\dfrac{y}{x^2+y^2}$는 $x^2+y^2=0$인 점, 곧 $z=0$을 제외하고 연속이다. 또, 다음 네 개의 일계 편도함수는 $z=0$을 제외하고 연속이다.

$$\frac{\partial u}{\partial x}=\frac{y^2-x^2}{(x^2+y^2)^2}, \quad \frac{\partial u}{\partial y}=-\frac{2xy}{(x^2+y^2)^2},$$

$$\frac{\partial v}{\partial x}=\frac{2xy}{(x^2+y^2)^2}, \quad \frac{\partial v}{\partial y}=\frac{y^2-x^2}{(x^2+y^2)^2}$$

마지막으로, 다음과 같이 $z=0$을 제외하고 코시·리만 방정식이 성립한다.

$$\frac{\partial u}{\partial x}=\frac{y^2-x^2}{(x^2+y^2)^2}=\frac{\partial v}{\partial y}, \quad \frac{\partial u}{\partial y}=-\frac{2xy}{(x^2+y^2)^2}=-\frac{\partial v}{\partial x}$$

그러므로 정리 3.2.2에 의해 f는 $z=0$을 포함하지 않는 임의의 영역 D에서 해석적이다. ❑

(5)와 (7)의 결과들은 f가 점 z에서 미분 가능하다는 기초적인 가정에서 얻었다. 바꿔 말하면, f가 미분 가능하면, (5)와 (7)은 다음과 같이 도함수 $f'(z)$를 셈하는 공식을 제공한다.

$$f'(z)=\frac{\partial u}{\partial x}+i\frac{\partial v}{\partial x}=\frac{\partial v}{\partial y}-i\frac{\partial u}{\partial y} \tag{9}$$

예를 들면, 정리 3.1.1의 (i)에서 밝힌 대로 $f(z)=z^2$은 전해석 함수이다. 그래서 모든 z에서 미분 가능하다. $u(x, y)=x^2-y^2$, $\partial u/\partial x=2x$, $v(x, y)=2xy$, $\partial v/\partial x=2y$이므로, (9)로부터 다음을 얻는다.

$$f'(z)=2x+i2y=2(x+iy)=2z$$

해석적이면 미분 가능하지만, 역은 성립하지 않는다는 사실을 상기하자. 정리 3.2.2와 비슷한 다음과 같이 미분 가능함을 판정하는 방법이 있다.

미분 가능하기 위한 충분 조건

점 z의 적당한 근방에서 두 실 함수 $u(x, y)$와 $v(x, y)$가 연속이고 일계 편도함수들이 연속이라고 하자. u와 v가 z에서 코시·리만 방정식 (1)을 만족시키면, 복소 함수 $f(z)=u(x, y)+iv(x, y)$는 z에서 미분 가능하고, $f'(z)$는 (9)로 주어진다.

보기 4 직선에서 미분 가능한 함수

보기 2에서 알아본 대로, 복소 함수 $f(z)=2x^2+y+i(y^2-x)$는 모든 점에서 해석적이지 않지만 직선 $y=2x$에서 코시·리만 방정식이 성립한다. 함수 $u(x, y)=2x^2+y$, $\partial u/\partial x=4x$, $\partial u/\partial y=1$, $v(x, y)=y^2-x$, $\partial v/\partial x=-1$, $\partial v/\partial y=2y$는 모든 점에서 연속이므로, f는 직선 $y=2x$에서 미분 가능하다. 또, (9)에 의해 이 직선의 점에서 f의 도함수는 $f'(z)=4x-i=2y-i$이다. ❑

다음 정리는 코시·리만 방정식의 직접적인 결과이다. 증명은 익힘 문제로 남긴다. 익힘 문제 3.2의 문제 28과 30을 보라.

정리 3.2.3 상수 함수

함수 $f(z)=u(x, y)+iv(x, y)$가 영역 D에서 해석적이라고 하자.
(i) $|f(z)|$가 D에서 상수이면, $f(z)$도 상수이다.
(ii) D에서 $f'(z)=0$이면, D에서 $f(z)=c$이다. (단, c는 복소 상수이다.)

극 좌표 2.1절에서 밝힌 대로, 복소 함수를 극 좌표로 나타낼 수 있다. 사실, 많은 경우에 $f(z)=u(r, \theta)+iv(r, \theta)$ 꼴을 사용하는 것이 더 편리하다. 극 좌표로 코시·리만 방정식은 다음과 같다.

$$\frac{\partial u}{\partial r} = \frac{1}{r}\frac{\partial v}{\partial \theta}, \quad \frac{\partial v}{\partial r} = -\frac{1}{r}\frac{\partial u}{\partial \theta} \tag{10}$$

극 좌표가 $(r,\ \theta)$인 점 z에서 (9)의 극 좌표 꼴은 다음과 같다.

$$f'(z) = e^{-i\theta}\left(\frac{\partial u}{\partial r} + i\frac{\partial v}{\partial r}\right) = \frac{1}{r}e^{-i\theta}\left(\frac{\partial v}{\partial \theta} - i\frac{\partial u}{\partial \theta}\right) \tag{11}$$

익힘 문제 3.2의 문제 34와 35를 보라.

참고 실 해석학과의 비교

실 해석학에서 지수 함수 $f(x) = e^x$의 주목할 만한 성질은 $f'(x) = e^x$이다. 2.1절의 (3)에서 복소 지수 함수 $f(z) = e^z$을 정의했다. 이제 $f(z) = e^z$이 모든 곳에서 미분 가능하고 이 복소 함수는 이에 대응하는 실 함수의 도함수와 똑같은 성질을 만족시킨다는, 곧 $f'(z) = f(z)$이라는 사실을 보일 수 있다. 익힘 문제 3.2의 문제 23을 보라.

3.2 익힘 문제

문제 1과 2에 주어진 함수는 모든 z에서 해석적이다. 모든 점에서 코시·리만 방정식이 성립함을 보여라.

1. $f(z) = z^3$
2. $f(z) = 3z^2 + 5z - 6i$

문제 3~8에서는 주어진 함수가 모든 점에서 해석적이지 않음을 보여라.

3. $f(z) = \text{Re}(z)$
4. $f(z) = y + ix$
5. $f(z) = 4z - 6\bar{z} + 3$
6. $f(z) = \bar{z}^2$
7. $f(z) = x^2 + y^2$
8. $f(z) = \dfrac{x}{x^2+y^2} + i\dfrac{y}{x^2+y^2}$

문제 9~16에서는 (a) 정리 3.2.2를 이용해서 주어진 함수가 적절한 영역에서 해석적임을 보이고, (b) (9) 또는 (11)을 이용해서 그 영역에서 도함수를 찾아라.

9. $f(z) = e^{-x}\cos y - ie^{-x}\sin y$
10. $f(z) = x + \sin x\cosh y + i(y + \cos x\sinh y)$
11. $f(z) = e^{x^2-y^2}\cos 2xy + ie^{x^2-y^2}\sin 2xy$
12. $f(z) = 4x^2 + 5x - 4y^2 + 9 + i(8xy + 5y - 1)$
13. $f(z) = \dfrac{x-1}{(x-1)^2+y^2} - i\dfrac{y}{(x-1)^2+y^2}$
14. $f(z) = \dfrac{x^3+xy^2+x}{x^2+y^2} + i\dfrac{x^2y+y^3-y}{x^2+y^2}$
15. $f(z) = \dfrac{\cos\theta}{r} - i\dfrac{\sin\theta}{r}$

16. $f(z) = 5r\cos\theta + r^4\cos 4\theta + i(5r\sin\theta + r^4\sin 4\theta)$

문제 17과 18에서는 주어진 함수가 전해석 함수가 되도록, 실 상수 a, b, c, d의 값을 찾아라.

17. $f(z) = 3x - y + 5 + i(ax + by - 3)$
18. $f(z) = x^2 + axy + by^2 + i(cx^2 + dxy + y^2)$

문제 19~22에서는 (a) 주어진 함수가 모든 점에서 해석적이지 않지만 지시된 곡선에서는 미분 가능함을 보이고, (b) (9) 또는 (11)을 이용해서 그 곡선 위에서 도함수를 찾아라.

19. $f(z) = x^2 + y^2 + 2ixy$; x축
20. $f(z) = 3x^2y^2 - 6ix^2y^2$; 두 좌표축
21. $f(z) = x^3 + 3xy^2 - x + i(y^3 + 3x^2y - y)$; 두 좌표축
22. $f(z) = x^2 - x + y + i(y^2 - 5y - x)$; $y = x + 2$
23. 2.1절에서 복소 지수 함수 $f(z) = e^z$을 $e^z = e^x\cos y + ie^x\sin y$와 같이 정의했다.
    (a) $f(z) = e^z$은 전해석 함수임을 보여라.
    (b) $f'(z) = f(z)$임을 보여라.
24. 2.6절에서 복소 제곱근 함수의 으뜸 분지를 $z^{1/2} = \sqrt{r}\,e^{i\theta/2}$ $(-\pi < \theta < \pi)$와 같이 정의했다.
    (a) (10)을 이용해서 $f_1(z) = z^{1/2}$은 영역 $-\pi < \theta < \pi$에서 해석적임을 보여라.
    (b) (11)을 이용해서 $f_1{}'(z) = \frac{1}{2}z^{-1/2}$임을 보여라.

개념과 이해

25. $f(z)$가 해석적이면, $|f'(z)|^2 = u_x^2 + v_x^2 = u_y^2 + v_y^2$임을 보여라.
26. $u(x, y)$와 $v(x, y)$가 각각 해석 함수 f의 실수 부분과 허수 부분이라고 하자. $g(z) = v(x, y) + iu(x, y)$는 해석 함수일 수 있는가? 그 이유를 엄밀하게 설명하라.
27. $f(z)$가 해석적이면, $g(z) = \overline{f(z)}$는 해석적일 수 있는가? 그 이유를 엄밀하게 설명하라.
28. 이 문제에서는 다음 명제를 증명하는 출발점을 제공한다.

    함수 f는 영역 D에서 해석적이고, 상수 c에 대해 $|f(z)| = c$이면, D 전체에서 f는 상수이다.

    증명 가정 $|f(z)| = c$에서 출발하자. $f(z) = u(x, y) + iv(x, y)$이면, $|f(z)|^2 = c^2$은 $u^2 + v^2 = c^2$과 같다. x와 y에 관한 마지막 식의 편도함수는 다음과 같다.

$$2uu_x + 2vv_x = 0, \quad 2uu_y + 2vv_y = 0$$

코시·리만 방정식을 이용해서 위의 한 쌍의 방정식에서 v_x와 v_y를 바꾸어 증명을 완성하라. 그리고 u_x와 u_y에 대해 풀고 결론을 유도하라. 또다시 코시·리만 방정식을 이용해서 v_x와 v_y에 대해 풀어라.

29. $f(z)=\bar{z}/z$이면, $|f(z)|$은 $z \neq 0$으로 정의된 영역에서 상수임을 보여라. 이것이 정리 3.2.3(i)에 모순되지 않은 이유를 설명하라.

30. 이 문제에서는 다음 명제를 증명하는 출발점을 제공한다.

함수 f는 영역 D에서 해석적이고 $f'(z)=0$이면, D 전체에서 f는 상수이다.

증명 f는 D에서 해석적이고 이에 따라 D에서 미분 가능하다는 가정에서 출발하자. 그러면 이번 절의 (9)와 D에서 $f'(z)=0$이므로, $f'(z)=\frac{\partial u}{\partial x}+i\frac{\partial v}{\partial x}=0$이다. 이제 증명을 완성하라.

31. 코시·리만 방정식을 이용해서, f가 영역 D에서 해석적이고 $f'(z)$가 상수이면, D 전체에서 f는 복소 선형 함수임을 증명하라.

32. 문제 30의 명제를 이용해서 f와 g가 해석적이고 $f'(z)=g'(z)$이면 $f(z)=g(z)+c$임을 보여라. 여기서 c는 상수이다.
[*귀띔*: $h(z)=f(z)-g(z)$로 놓아라.]

33. $f(z)$와 $\overline{f(z)}$가 영역 D에서 해석적이면, D 전체에서 f는 어떤 꼴인가?

34. $x=r\cos\theta$이고 $y=r\sin\theta$이며 $f(z)=u(x, y)+iv(x, y)$일 때, 다음을 보여라.

$$\frac{\partial u}{\partial r}=\frac{\partial u}{\partial x}\cos\theta+\frac{\partial u}{\partial y}\sin\theta, \quad \frac{\partial u}{\partial \theta}=-\frac{\partial u}{\partial x}r\sin\theta+\frac{\partial u}{\partial y}r\cos\theta \tag{12}$$

$$\frac{\partial v}{\partial r}=\frac{\partial v}{\partial x}\cos\theta+\frac{\partial v}{\partial y}\sin\theta, \quad \frac{\partial v}{\partial \theta}=-\frac{\partial v}{\partial x}r\sin\theta+\frac{\partial v}{\partial y}r\cos\theta \tag{13}$$

이제 (1)을 v_r과 v_θ에 관한 앞의 식에 적용하자. 이렇게 얻은 결과와 u_r과 u_θ에 관한 식을 비교해서, (10)에 제시한 극 좌표로 코시·리만 방정식을 유도하라.

35. 함수 $f(z)=u(r, \theta)+iv(r, \theta)$는 극 좌표가 (r, θ)인 점 z에서 미분 가능하다고 하자. (12)의 두 방정식을 u_x에 대해 풀고, (13)의 두 방정식은 v_x에 대해 풀자. 그리고 (r, θ)에서 f의 도함수가 다음과 같음을 보여라.

$$f'(z)=(\cos\theta-i\sin\theta)\left(\frac{\partial u}{\partial r}+i\frac{\partial v}{\partial r}\right)=e^{-i\theta}\left(\frac{\partial u}{\partial r}+i\frac{\partial v}{\partial r}\right)$$

36. 다음 함수를 생각하자.

$$f(z)=\begin{cases} 0 & (z=0) \\ \dfrac{z^5}{|z^4|} & (z\neq 0) \end{cases}$$

(a) f를 $f(z)=u(x,\ y)+iv(x,\ y)$ 꼴로 나타내라.

(b) f가 원점에서 미분 불가능함을 보여라.

(c) 코시·리만 방정식이 원점에서 성립함을 보여라. [*귀띔*: (0, 0)에서 편도함수 $\partial u/\partial x$, $\partial u/\partial y$, $\partial v/\partial x$, $\partial v/\partial y$에 대한 극한 정의를 사용하라.]

3.3 조화 함수

5.5절에서 알아보겠지만, 복소 함수 $f(z)=u(x,\ y)+iv(x,\ y)$가 점 z에서 해석적일 때, f의 모든 도함수 $f'(z)$, $f''(z)$, $f'''(z)$, $\cdots$ 도 또한 z에서 해석적이다. 이 놀라운 사실의 한 가지 결과로, 두 실 함수 $u(x,\ y)$와 $v(x,\ y)$의 모든 편도함수는 z에서 연속이다. 편도함수들이 연속이기 때문에, 이계 혼합 편도함수들이 서로 같다. 이 마지막 사실과 함께 코시·리만 방정식을 이용해서, 이번 절에서는 해석 함수 $f(z)=u(x,\ y)+iv(x,\ y)$의 실수 부분과 허수 부분 및 다음과 같은 이계 편미분 방정식 사이에 관계가 있음을 증명할 것이다.

$$\frac{\partial^2\phi}{\partial x^2}+\frac{\partial^2\phi}{\partial y^2}=0 \tag{1}$$

응용 수학에서 가장 유명한 방정식의 하나인 이것을 두 변수의 라플라스 방정식이라 한다. (1)에서 두 개의 이계 편도함수의 합 $\dfrac{\partial^2\phi}{\partial x^2}+\dfrac{\partial^2\phi}{\partial y^2}$를 $\nabla^2\phi$로 나타내고 ϕ의 라플라시안 또는 라프라스 연산자라고 한다. 그러므로 라플라스 방정식 (1)은 간략하게 $\nabla^2\phi=0$으로 나타내어진다.

용어
라플라스 방정식 Laplace's equation
라플라시안, 라플라스 연산자 Laplacian
조화적 harmonic
조화 함수 harmonic function

조화 함수 평면의 한 영역 D에서 라플라스 방정식 (1)의 해 $\phi(x,\ y)$를 특별한 이름으로 부른다.

정의 3.3.1 조화 함수

두 개의 실 변수 x와 y에 관한 실수값 함수 ϕ가 영역 D에서 그것의 일계와 이계 편도함수가 존재하고 연속이며 라플라스 방정식을 만족시킬 때, D에서 조화적이라 한다. 또, ϕ를 D의 조화 함수라고 한다.

조화 함수는 온도와 전위 등의 연구에 등장한다. 이런 활용은 3.4절에서 도입한다. 다음 정리는 해석 함수의 실수 부분과 허수 부분이 모두 조화적임을 말한다.

정리 3.1.1 조화 함수

복소 함수 $f(z)=u(x,\ y)+iv(x,\ y)$가 영역 D에서 해석적이라고 하자. 그러면 두 함수 $u(x,\ y)$와 $v(x,\ y)$는 D에서 조화적이다.

증명 $f(z)=u(x,\ y)+iv(x,\ y)$가 영역 D에서 해석적이고, D에서 u와 v의 이계 편도함수가 존재하고 연속이라고 가정하자.[2] f가 해석적이므로, 코시·리만 방정식이 모든 점 z에서 성립한다. $\partial u/\partial x=\partial v/\partial y$의 양변을 x에 관해 미분하고 $\partial u/\partial y=-\partial v/\partial x$의 양변은 y에 관해 미분하면, 각각 다음을 얻는다.

$$\frac{\partial^2 u}{\partial x^2}=\frac{\partial^2 v}{\partial x\,\partial y},\quad \frac{\partial^2 u}{\partial y^2}=-\frac{\partial^2 v}{\partial y\,\partial x} \tag{2}$$

이계 편도함수가 연속이므로, 혼합 편도함수 $\partial^2 v/\partial x\,\partial y$와 $\partial^2 v/\partial y\,\partial x$는 서로 같다. 그러므로 (2)의 두 방정식을 더하면 다음을 얻는다.

$$\frac{\partial^2 u}{\partial x^2}+\frac{\partial^2 u}{\partial y^2}=0,\quad \text{곧 } \nabla^2 u=0$$

따라서 $u(x,\ y)$는 조화 함수이다.

이제 $\partial u/\partial x=\partial v/\partial y$의 양변을 y에 관해 미분하고 $\partial u/\partial y=-\partial v/\partial x$는 x에 관해 미분하면, 차례로 $\partial^2 u/\partial y\,\partial x=\partial^2 v/\partial y^2$와 $\partial^2 u/\partial x\,\partial y=-\partial^2 v/\partial x^2$을 얻는다. 마지막 두 방정식을 빼면 $\nabla^2 v=0$을 얻는다. ❑

보기 1 조화 함수

$f(z)=z^2=x^2-y^2+2xyi$는 전해석 함수이다. 그러므로 두 함수 $u(x,\ y)=x^2-y^2$과 $v(x,\ y)=2xy$는 복소 평면의 임의의 영역에서 필연적으로 조화적이다. 이 사실은 다음과 같이 직접 밝히기도 쉽다.

$$\frac{\partial^2 u}{\partial x^2}+\frac{\partial^2 u}{\partial y^2}=2-2=0,\quad \frac{\partial^2 v}{\partial x^2}+\frac{\partial^2 v}{\partial y^2}=0+0=0$$ ❑

조화 켤레 함수 방금 밝힌 대로, 함수 $f(z)=u(x,\ y)+iv(x,\ y)$가 영역 D에서 해석적이면 실수 부분 u와 허수 부분 v는 필연적으로 D에서 조화적이다. 이제 주어진 실 함수 $u(x,\ y)$가 D에서 조화적임을 알고 있다고 가정하자. 또 다른 실 조화 함수 $v(x,\ y)$가 존재해서 D 전체에서 u와 v가 코시·리만 방정식을 만족시킬 때, $v(x,\ y)$를 $u(x,\ y)$의 조화 켤레라 한다. $u(x,\ y)+iv(x,\ y)$와 같이 함수들을 결합하면, D에서 해석적인 함수를 얻는다.

용어
조화 켤레 harmonic conjugate

보기 2 조화 켤레

(a) 함수 $u(x,\ y)=x^3-3xy^2-5y$가 복소 평면 전체에서 조화적임을 밝혀라.
(b) u의 조화 켤레 함수를 찾아라.

---

2) u와 v의 이계 편도함수가 연속이라는 것은 이 정리의 전제가 아니다. 이 사실은 제 5 장에서 증명한다.

풀이 (a) u의 편도함수는 다음과 같다.

$$\frac{\partial u}{\partial x}=3x^2-3y^2,\quad \frac{\partial^2 u}{\partial x^2}=6x,\quad \frac{\partial u}{\partial y}=-6xy-5,\quad \frac{\partial^2 u}{\partial y^2}=-6x$$

그러므로 다음과 같이 u는 라플라스 방정식을 만족시킨다.

$$\frac{\partial^2 u}{\partial x^2}+\frac{\partial^2 u}{\partial y^2}=6x-6x=0$$

(b) 조화 켤레 함수 v가 코시·리만 방정식 $\partial v/\partial y=\partial u/\partial x$와 $\partial v/\partial x=-\partial u/\partial y$를 만족시키므로 다음이 성립한다.

$$\frac{\partial v}{\partial y}=3x^2-3y^2,\quad \frac{\partial v}{\partial x}=6xy+5 \tag{3}$$

(3)의 첫째 방정식을 변수 y에 관해 편적분하면 $v(x,\ y)=3x^2y-y^3+h(x)$를 얻는다. 이 마지막 방정식을 x에 관해 편미분하면 다음과 같다.

$$\frac{\partial v}{\partial x}=6xy+h'(x)$$

이 결과를 (3)의 둘째 식에 대입하면, $h'(x)=5$이므로 $h(x)=5x+C$이다. 여기서 C는 실 상수이다. 따라서 u의 조화 켤레는 $v(x,\ y)=3x^2y-y^3+5x+C$이다. ❑

보기 2에서 $u(x,\ y)+iv(x,\ y)$와 같이 u와 이의 조화 켤레 v를 결합해서 얻은 다음 복소 함수는 영역 D에서, 이 경우에는 복소 평면 전체에서 해석적이다.

$$f(z)=x^3-3xy^2-5y+i(3x^2y-y^3+5x+C)$$

보기 1에서 $f(z)=z^2=x^2-y^2+2xyi$가 전해석 함수이기 때문에, 실 함수 $v(x,\ y)=2xy$는 $u(x,\ y)=x^2-y^2$의 조화 켤레이다. 익힘 문제 3.3의 문제 20을 보라.

참고 실 해석학과의 비교

이번 절에서 알아본 대로, $f(z)=u(x,\ y)+iv(x,\ y)$가 영역 D에서 해석 함수일 때, 두 함수 u와 v는 D에서 $\nabla^2\phi=0$을 만족시킨다. 해석 함수와 라플라스 방정식 사이에 중요한 관계가 또 있다. 응용 수학에서 라플라스 방정식 $\nabla^2\phi=0$을 xy평면의 영역 D에서 풀고 싶지만 매우 근본적인 방식으로 D의 형태에 의존한다는 이유 때문에, ϕ를 간단히 결정하지 못할 수 있다. 그러나 특별한 해석 사상 $f(z)=u(x,\ y)+iv(x,\ y)$ 또는 xy평면에서 uv평면으로의 다음 두 함수를 고안하자.

$$u=u(x,\ y),\quad v=v(x,\ y) \tag{4}$$

이렇게 해서 (4)에 의한 D의 상 D'이 다루기가 더 편리한 형태일 뿐만 아니라

D에서의 라플라스 방정식을 만족시키는 함수 $\phi(x, y)$는 D'에서의 라플라스 방정식도 또한 만족시키게 할 수 있다. 그러므로 D'에서의 라플라스 방정식을 풀고(해 Φ는 u와 v의 함수), (4)를 이용해서 xy평면과 $\phi(x, y)$으로 되돌린다. 이 사상에 의한 라플라스 방정식의 불변은 제 4 장과 7 장에서 이용할 것이다. 그림 3.3.1을 보라.

용어
불변 invariance

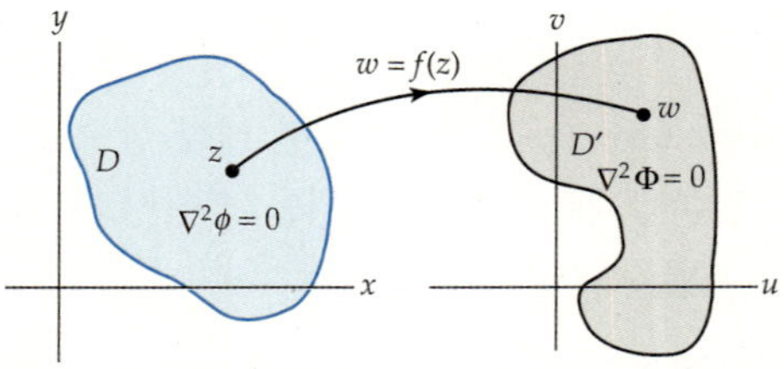

그림 3.3.1 D에서의 라플라스 방정식의 해는 D'에서 이를 풀어서 찾을 수 있다.

3.3 익힘 문제

문제 1~10에서는 (a) 주어진 함수가 적절한 영역 D에서 조화적임을 보이고, (b) u의 조화 켤레 $v(x, y)$를 찾으며, (c) 대응하는 해석 함수 $f(z) = u + iv$를 만들어라.

1. $u(x, y) = x$
2. $u(x, y) = 2x - 2xy$
3. $u(x, y) = x^2 - y^2$
4. $u(x, y) = x^3 - 3xy^2$
5. $u(x, y) = \log_e(x^2 + y^2)$
6. $u(x, y) = \cos x \cosh y$
7. $u(x, y) = e^x(x\cos y - y\sin y)$
8. $u(x, y) = -e^{-x}\sin y$
9. $u(x, y) = \dfrac{x}{x^2 + y^2}$
10. $u(x, y) = \arctan\left(-\dfrac{y}{x}\right)$

문제 11과 12에서는 주어진 함수 u가 적절한 영역 D에서 조화적임을 밝혀라. u의 조화 켤레 $v(x, y)$를 찾고, 주어진 조건을 만족시키는 함수 $f(z) = u + iv$를 찾아라.

11. $u(x, y) = xy + x + 2y - 5$; $f(2i) = -1 + 5i$
12. $u(x, y) = 4xy^3 - 4x^3y + x$; $f(1+i) = 5 + 4i$

13. (a) $v = \dfrac{x}{x^2 + y^2}$가 원점을 포함하지 않는 영역 D에서 조화적임을 보여라.
    (b) D에서 해석적인 함수 $f(z) = u(x, y) + iv(x, y)$를 찾아라.
    (c) (b)에서 찾은 함수 f를 z의 식으로 나타내라.
14. $f(z) = u(r, \theta) + iv(r, \theta)$가 원점을 포함하지 않는 영역 D에서 해석적이라고 하자. 3.2절에서 $ru_r = v_\theta$와 $rv_r = -u_\theta$ 꼴의 코시·리만 방정식 (10)을 이용해서, $u(r, \theta)$가 극 좌표로 나타낸 다음 라플라스 방정식을 만족시킴을 보여라.

$$r^2\frac{\partial^2 u}{\partial r^2} + r\frac{\partial u}{\partial r} + \frac{\partial^2 u}{\partial \theta^2} = 0 \tag{5}$$

문제 15와 16에서는 주어진 함수 u가 원점을 포함하지 않는 영역 D에서 조화적임을 보여라.

15. $u(r, \theta) = r^3 \cos 3\theta$

16. $u(r, \theta) = \dfrac{10r^2 - \sin 2\theta}{r^2}$

개념과 이해

17. (a) $u(x, y) = e^{x^2 - y^2} \cos 2xy$가 적절한 영역 D에서 조화적임을 밝혀라.

(b) 이의 조화 켤레 v를 찾고 $f(0) = 1$인 해석 함수 $f(z) = u + iv$를 찾아라. [*귀띔*: 적분할 때, 곱의 미분법을 역전시킬 생각을 하라.]

18. 문제 11에서 찾은 함수 f를 z의 식으로 나타내라.

19. (a) 원점을 포함하지 않는 공간 영역 D에서 함수 $\phi(x, y, z) = \dfrac{1}{\sqrt{x^2 + y^2 + z^2}}$ 이 조화적임을, 곧 라플라스 방정식 $\dfrac{\partial^2 u}{\partial x^2} + \dfrac{\partial^2 u}{\partial y^2} + \dfrac{\partial^2 u}{\partial z^2} = 0$을 만족시킴을 보여라.

(b) (a)의 함수와 대응하는 이차원 함수 $\phi(x, y) = \dfrac{1}{\sqrt{x^2 + y^2}}$ 은 원점을 포함하지 않는 평면 영역 D에서 조화적인가?

20. 간단한 설명과 함께 다음 사실을 예시하는 예를 만들어라.

적당한 영역 D에서 v가 u의 조화 켤레이면, 일반적으로 u는 v의 조화 켤레가 아니다.

21. $f(z) = u(x, y) + iv(x, y)$가 영역 D에서 해석 함수이고 D의 모든 z에 대해 $f(z) \neq 0$이면, $\phi(x, y) = \log_e |f(z)|$가 D에서 조화 함수임을 보여라.

22. 이 문제에서는 다음 명제를 증명하는 출발점을 제공한다.

$u(x, y)$는 조화 함수이고 $v(x, y)$는 이의 조화 켤레 함수이면, $\phi(x, y) = u(x, y)v(x, y)$는 조화 함수이다.

증명 $f(z) = u(x, y) + iv(x, y)$가 영역 D에서 해석 함수라고 하자. 3.1절에서 알아본 대로, 임의의 두 해석 함수의 곱은 해석 함수이다. 그러므로 $\{f(z)\}^2$은 해석적이다. 이제 $\{f(z)\}^2$을 조사하고, 증명을 마무리 지어라.

3.4 활용

3.3절에서 알아본 대로, 함수 $f(z)=u(x, y)+iv(x, y)$가 영역 D에서 해석적이면, f의 실수 부분과 허수 부분은 조화 함수이다. 곧, 두 함수 u와 v는 그것의 이계 편도함수가 존재하고 연속이며, 다음과 같이 D에서 라플라스 방정식을 만족시킨다.

$$\frac{\partial^2 u}{\partial x^2}+\frac{\partial^2 u}{\partial y^2}=0, \quad \frac{\partial^2 v}{\partial x^2}+\frac{\partial^2 v}{\partial y^2}=0 \tag{1}$$

역으로, 함수 $u(x, y)$가 D에서 조화적이면, (더하는 상수를 무시하면) 유일한 조화 켤레 $v(x, y)$를 찾을 수 있고, D에서 해석적인 함수 $f(z)$를 만들 수 있다.

자연 과학과 공학에서 라플라스 편미분 방정식은 시간과 무관한 몇 가지 현상에 대한 수학적 모형으로 자주 등장하는데, 그런 상황에서 마주치는 문제는 경계 조건이라 부르는 어떤 물리적인 부가적인 조건이 있는 방정식을 풀어야 한다. 익힘 문제 3.4의 문제 11~14를 보라. (1)에서 제시한 연결 고리 때문에, 해석 함수는 라플라스 방정식의 한없이 많은 해의 원천이고, 문제에 가장 적합한 하나를 찾을 수 있게 한다. 4.5절과 7.5절을 보라. 이것이 바로 복소변수 함수론이 응용 수학의 연구에서 필수적인 이유의 하나이다.

이번 절에서는 해석 함수 $f(z)=u(x, y)+iv(x, y)$의 실수 부분과 허수 부분의 등위 곡선들이 두 가지 직교 곡선족이라는 사실을 보인다.

용어
등위 곡선 level curve
직교 곡선족 orthogonal family

직교 곡선족 함수 $f(z)=u(x, y)+iv(x, y)$가 영역 D에서 해석적이라고 하자. 그러면 f의 실수 부분과 허수 부분을 이용해서 D에서 두 가지 곡선족을 정의할 수 있다. 임의의 두 실 상수 c_1과 c_2에 대해 다음 두 방정식을 각각 u와 v의 등위 곡선이라 한다.

$$u(x, y)=c_1, \qquad v(x, y)=c_2 \tag{2}$$

등위 곡선 (2)는 직교 곡선족이다. 곧, 간략하게 말하면, 한 곡선족에 있는 각 곡선은 다른 곡선족에 있는 각 곡선과 직교한다. 좀 더 정확하게 말하면, 교점 $z_0=x_0+iy_0$에서, $f'(z_0)\neq 0$이라 가정하는데, 등위 곡선 $u(x, y)=u_0$의 접선 L_1과 등위 곡선 $v(x, y)=v_0$의 접선 L_2는 서로 직교한다. 그림 3.4.1을 보라. 두 수 u_0과 v_0은 각각 z_0에서 u와 v의 함숫값이다. 곧, $c_1=u(x_0, y_0)=u_0$이고 $c_2=v(x_0, y_0)=v_0$이다. L_1과 L_2가 z_0에서 직교함을 증명하기 위해서는, 두 직선의 기울기의 곱이 -1임을 보여야 한다. 먼저, 편미분의 연쇄 법칙을 이용해서 $u(x, y)=u_0$과 $v(x, y)=v_0$을 x에 관해 미분하면 다음을 얻는다.

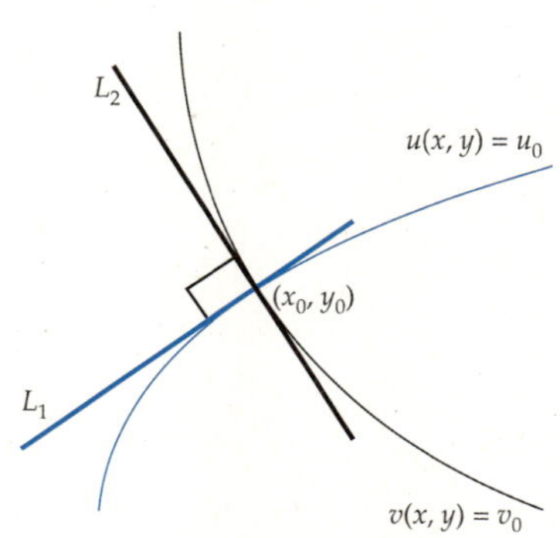

그림 3.4.1 교점 z_0에서 두 접선 L_1과 L_2은 직교한다.

$$\frac{\partial u}{\partial x}+\frac{\partial u}{\partial y}\frac{dy}{dx}=0, \qquad \frac{\partial v}{\partial x}+\frac{\partial v}{\partial y}\frac{dy}{dx}=0$$

이제 위의 각 방정식을 dy/dx에 대해 풀면 다음과 같다.

$$\overbrace{\frac{dy}{dx}=-\frac{\partial u/\partial x}{\partial u/\partial y}}^{u(x,\ y)=u_0\text{의 접선의 기울기}},\qquad \overbrace{\frac{dy}{dx}=-\frac{\partial v/\partial x}{\partial v/\partial y}}^{v(x,\ y)=v_0\text{의 접선의 기울기}} \tag{3}$$

$(x_0,\ y_0)$에서 (3)과 코시·리만 방정식 $u_x=v_y,\ u_y=-v_x$ 및 $f'(x)\neq 0$에 의해 두 기울기 함수의 곱은 다음과 같다.

$$\left(-\frac{\partial u/\partial x}{\partial u/\partial y}\right)\left(-\frac{\partial v/\partial x}{\partial v/\partial y}\right)=\left(\frac{\partial v/\partial y}{\partial v/\partial x}\right)\left(-\frac{\partial v/\partial x}{\partial v/\partial y}\right)=-1 \tag{4}$$

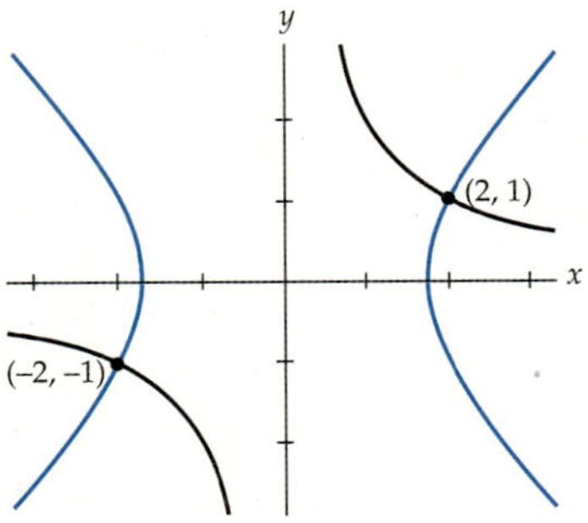

(a) 교점에서 직교하는 곡선

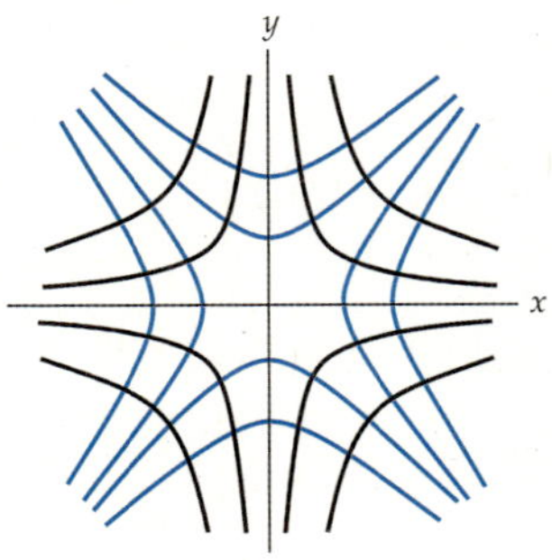

(b) 두 곡선족 $x^2-y^2=c_1$과 $2xy=c_2$

그림 3.4.2 직교 곡선족

보기 1 직교 곡선족

함수 $f(z)=z^2=x^2-y^2+2xyi$의 경우에 $u(x,\ y)=x^2-y^2$이고 $v(x,\ y)=2xy$이다. 이 함수에 대해 두 곡선족 $x^2-y^2=c_1$과 $2xy=c_2$는 두 개의 쌍곡선족이다. f는 모든 z에서 해석적이므로, 두 곡선족은 직교한다. 특정한 점, 이를테면 $z_0=2+i$에서 $2^2-1^2=3=c_1$과 $2\cdot 2\cdot 1=4=c_2$이므로, 대응하는 두 개의 직교 곡선은 $x^2-y^2=3$과 $xy=2$이다. 그림 3.4.2(a)에서 관찰할 수 있듯이 두 곡선 $x^2-y^2=3$과 $xy=2$는 $z_0=2+i$(와 곡선의 대칭에 의해 $-2-i$)에서 직교한다. 그림 3.4.2(b)에는 두 곡선족을 같은 좌표 평면에 함께 나타냈는데, 곡선족 $x^2-y^2=c_1$은 파란 선으로 $2xy=c_2$는 검은 선으로 나타냈다. ❑

용어
물매, 경사도, 그래디언트 gradient
나블라 nabla
델 del

물매 벡터 벡터 해석학에서 $f(x,\ y)$가 미분 가능한 스칼라 함수이면, 기호 grad f 또는 ∇f로 나타내는(기호 ∇는 나블라 또는 델로 읽는데) f의 **물매** 또는 **경사도 또는 그래디언트**는 다음과 같이 정의된 이차원 벡터이다.

$$\nabla f=\frac{\partial f}{\partial x}\mathbf{i}+\frac{\partial f}{\partial y}\mathbf{j} \tag{5}$$

그림 3.4.3에 나타낸 대로, 점 $(x_0,\ y_0)$에서 물매 벡터 $\nabla f(x_0,\ y_0)$은 그 점을 지나는 $f(x,\ y)$의 등위 곡선에 수직이다. 곧 $c_0=f(x_0,\ y_0)$일 때, 등위 곡선 $f(x,\ y)=c_0$에 수직이다. 이를 확인하기 위해서, $x=g(t),\ y=h(t)$는 곡선 $f(x,\ y)=c_0$의 매개 방정식이라 하자. 여기서 $x_0=g(t_0),\ y_0=h(t_0)$이다. 그러면 t에 관한 $f(x(t),\ y(t))=c_0$의 도함수는 다음과 같다.

$$\frac{\partial f}{\partial x}\frac{dx}{dt}+\frac{\partial f}{\partial y}\frac{dy}{dt}=0 \tag{6}$$

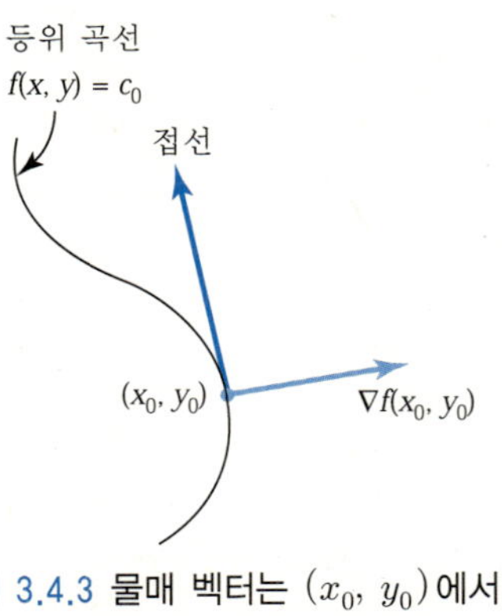

그림 3.4.3 물매 벡터는 $(x_0,\ y_0)$에서 등위 곡선에 수직이다.

이 마지막 결과는 (5)와 접선 벡터 $\mathbf{r}'(t)=x'(t)\mathbf{i}+y'(t)\mathbf{j}$의 내적이다. 특히, $t=t_0$에서 (6)은 $\mathbf{r}'(t_0)\neq\mathbf{0}$이더라도 $\nabla f(x_0,\ y_0)\cdot\mathbf{r}'(t_0)=0$임을 보여준다. 이는 ∇f가 $(x_0,\ y_0)$에서 등위 곡선에 수직임을 뜻한다.

물매 마당 2.7절에서 논의한 대로, 복소 해석학에서 평면의 적당한 영역 D에서 정의된 이차원 벡터 마당 $\mathbf{F}(x, y) = P(x, y)\mathbf{i} + Q(x, y)\mathbf{j}$ 는 흥미로운데, $\mathbf{F}$를 복소 함수 $f(z) = P(x, y) + iQ(x, y)$로 나타낼 수 있기 때문이다. 과학에서 특히 중요한 벡터 마당은 이계 편도함수가 연속인 어떤 스칼라 함수 ϕ의 물매로 나타낼 수 있는 것이다. 바꿔 말하면, 벡터 마당 $\mathbf{F}(x, y) = P(x, y)\mathbf{i} + Q(x, y)\mathbf{j}$가 다음과 같은 경우이다.

$$\mathbf{F}(x, y) = \nabla\phi = \frac{\partial\phi}{\partial x}\mathbf{i} + \frac{\partial\phi}{\partial y}\mathbf{j} \tag{7}$$

그러므로 $P(x, y) = \partial\phi/\partial x$이고 $Q(x, y) = \partial\phi/\partial y$이다. 이런 벡터 마당 $\mathbf{F}$를 물매 마당이라 하고, ϕ를 $\mathbf{F}$에 대한 퍼텐셜 함수 또는 간단히 퍼텐셜이라 한다. 물매 마당은 전기와 자기, 유체 흐름, 중력, 정상 상태 온도 등에 대한 연구에서 자연스럽게 나타난다. 중력 마당과 같은 물매 힘 마당에서 위치 A에서 위치 B까지 움직이는 입자에 가해진 힘이 한 일은 이런 점 사이의 모든 경로에 대해 똑같다. 또, 닫힌 경로를 따라 힘이 한 일은 영이다. 바꿔 말하면, (운동 에너지)+(위치 에너지)=(일정)이라는 역학 에너지 보존 법칙이 성립한다. 이런 이유에서 물매 마당을 보존 마당이라고도 부른다.

용어
물매 마당 gradient field
퍼텐셜 함수 potential function
중력 마당 gravitational field
물매 힘 마당 gradient force field
보존 마당 conservative field
전기 마당 세기 electric field intensity
정전기 퍼텐셜 electrostatic potential
복소 퍼텐셜 complex potential

정전기학에서 평면의 구역에서 정 전하의 축적에 의한 전기 마당 세기 $\mathbf{F}$는 $\mathbf{F}(x, y) = -\nabla\phi$로 주어진다. 여기서 실수값 함수 $\phi(x, y)$를 정전기 퍼텐셜이라 한다. 가우스의 법칙에 따르면, 마당 $\mathbf{F}$의 발산, 곧 $\nabla\cdot\mathbf{F} = P_x + Q_y$는 전하 밀도 ρ에 비례한다. 여기서 ρ는 스칼라 함수이다. 평면의 구역에 전하가 없으면, $\mathbf{F}$의 발산은 영이다.[3] $\mathbf{F} = -\nabla\phi$이므로, $\nabla\cdot\mathbf{F} = 0$이면 다음이 성립한다. ⬅ 주의

$$\nabla\cdot\mathbf{F} = \nabla\cdot\left(-\frac{\partial\phi}{\partial x}\mathbf{i} - \frac{\partial\phi}{\partial y}\mathbf{j}\right) = -\frac{\partial^2\phi}{\partial x^2} - \frac{\partial^2\phi}{\partial y^2} = 0$$

곧, $\nabla^2\phi = 0$이다. 바꿔 말하면, 퍼텐셜 함수 ϕ는 라플라스 방정식을 만족시키고, 이에 따라 적당한 영역 D에서 조화적이다.

복소 퍼텐셜 일반적으로 퍼텐셜 함수 $\phi(x, y)$가 적당한 영역 D에서 라플라스 방정식을 만족시키면, 이는 조화적이다. 그리고 3.3절에서 알아본 대로, D에서 정의된 조화 켤레 함수 $\psi(x, y)$가 존재해서 다음 복소 함수는 D에서 해석적이다.

$$\Omega(z) = \phi(x, y) + i\psi(x, y) \tag{8}$$

(8)에서 함수 $\Omega(z)$는 실 퍼텐셜 ϕ에 대응하는 복소 퍼텐셜이라 한다. 이번 절

3) 정전기 퍼텐셜은 전하에 좌우되는데, 전하는 전하가 없는 구역의 밖에 있거나 구역의 경계에 있다.

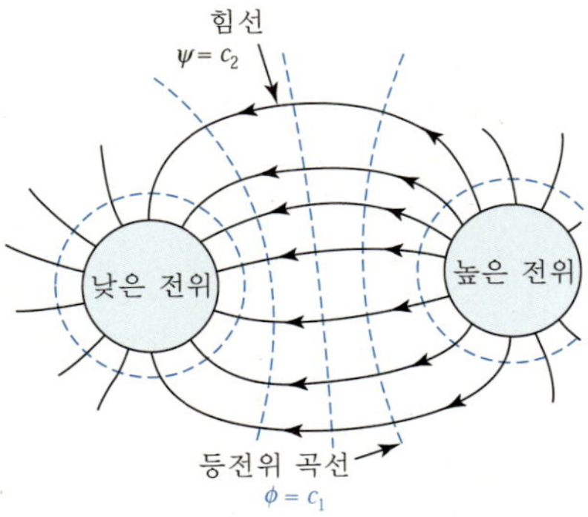

그림 3.4.4 전기 마당

용어
등전위 곡선, 등퍼텐셜 곡선 equipotential curve
힘 선 line of force
평면 흐름 planar flow
비압축적 incompressible
비회전적 irrotational
이상 유체 ideal fluid
속도 퍼텐셜 velocity potential
흐름선 함수, 유선 함수 stream function
흐름선, 유선 streamline
등온선 isotherm
흐름선 flow line, flux line

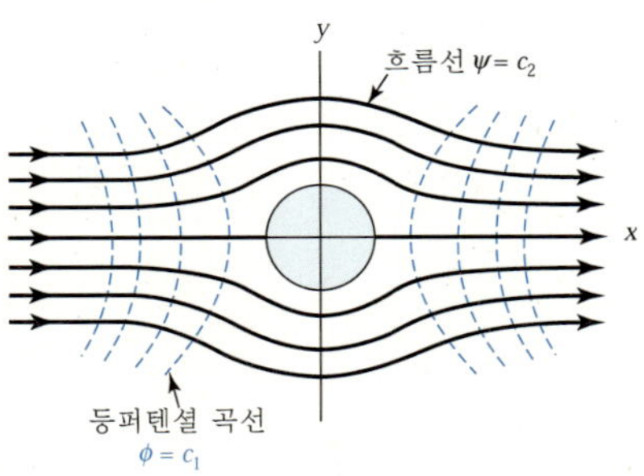

그림 3.4.5 유체 흐름

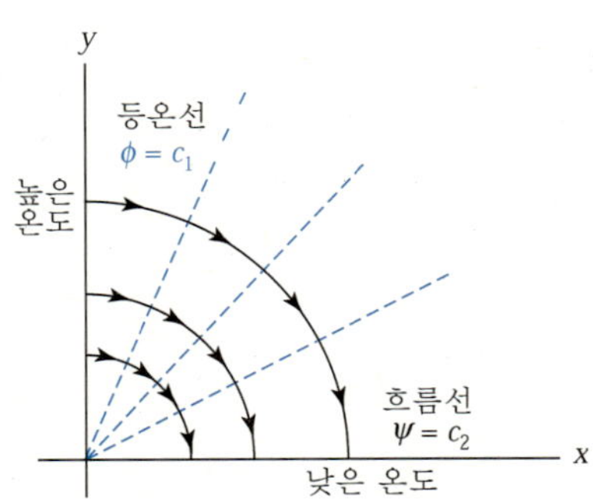

그림 3.4.6 열의 흐름

의 처음 논의에서 알아본 대로, 두 등위 곡선 ϕ와 ψ는 직교 곡선족이다. ϕ의 등위 곡선 $\phi(x,\ y) = c_1$을 등전위 곡선 또는 등퍼텐셜 곡선이라 한다. 이 곡선을 따라 전위가 일정하다. ϕ가 정전기 퍼텐셜을 나타내는 경우에, 전기 마당 세기 $\mathbf{F}$는 등전위 곡선에 수직인 곡선족과 방향이 같아야 한다. 왜냐하면 마당의 힘은 퍼텐셜 ϕ의 물매, 곧 $\mathbf{F}(x,\ y) = -\nabla\phi$이고 (6)에서 밝힌 대로 점 $(x_0,\ y_0)$에서 물매 벡터는 $(x_0,\ y_0)$에서 ϕ의 등위 곡선과 수직이다. 이런 이유에서 곡선족 $\phi(x,\ y) = c_1$에 수직인 등위 곡선 $\psi(x,\ y) = c_2$를 힘 선이라 하는데, 정전기장에서 충전된 입자가 움직일 경로이다. 그림 3.4.4를 보라.

이상 유체 유체 역학에서 (느린 속력으로 움직이는 물 또는 공기가 될 수 있는) 유체가 xy평면과 평행인 평면들에서 움직이고 각 평면에서 유체의 움직임 또는 물리적 성질이 xy평면에 있을 때와 정확하게 똑같은 방식일 때, 이를 이차원 흐름 또는 평면 흐름이라 한다. $\mathbf{F}(x,\ y)$가 비압축적인 비점성 유체, 곧 $\operatorname{div}\mathbf{F} = 0$ 또는 $\nabla\cdot\mathbf{F} = 0$인 유체의 이차원 속도 마당이라고 하자. $\operatorname{curl}\mathbf{F} = \mathbf{0}$ 또는 $\nabla\times\mathbf{F} = \mathbf{0}$일 때, 이를 비회전적 흐름이라 한다.[4] 평면 흐름이 비회전적이고 비압축적인 유체를 이상 유체라고 한다. 이상 유체의 속도 마당 $\mathbf{F}$는 물매 마당이고, (7)로 나타낼 수 있다. 여기서 ϕ는 속도 퍼텐셜이라 부르는 실수값 함수이다. 등위 곡선 $\phi(x,\ y) = c_1$을 등퍼텐셜 곡선 또는 간단히 등퍼텐셜이라 한다. 또, ϕ는 라플라스 방정식을 만족시키는데, $\operatorname{div}\mathbf{F} = 0$은 $\nabla\cdot\mathbf{F} = \nabla\cdot(\nabla\phi) = 0$ 또는 $\nabla^2\phi = 0$과 동치이고 이에 따라 ϕ는 조화 함수이기 때문이다. 조화 켤레 $\psi(x,\ y)$를 흐름선 함수 또는 유선 함수라 하고, 그 등위 곡선 $\psi(x,\ y) = c_2$를 흐름선 또는 유선이라 한다. 흐름선은 유체에서 입자가 움직일 때 따르는 실제의 경로를 나타낸다. 함수 $\Omega(z) = \phi(x,\ y) + i\psi(x,\ y)$를 이 흐름의 복소 속도 퍼텐셜이라 한다. 그림 3.4.5를 보라.

열의 흐름 마지막으로 $\phi(x,\ y)$가 라플라스 방정식을 만족시키는 시간과 무관한 또는 정상 상태 온도를 나타내면, 등위 곡선 $\phi(x,\ y) = c_1$은 등온선이라 부르는 온도가 일정하게 분포된 곡선이다. ϕ의 조화 켤레 함수의 등위 곡선 $\psi(x,\ y) = c_2$는 열이 따라서 흐르는 곡선으로, 흐름선이라 한다. 그림 3.4.6을 보라.

표 3.4.1은 복소 퍼텐셜 함수 $\Omega(z) = \phi(x,\ y) + i\psi(x,\ y)$의 응용 몇 가지와 두 등위 곡선 $\phi(x,\ y) = c_1$과 $\psi(x,\ y) = c_2$에 붙인 이름을 요약한다.

---

4) 유체 흐름은 5.6절에서 더 상세히 논의한다.

표 3.4.1 복소 퍼텐셜 함수 $\Omega(z)=\phi(x, y)+i\psi(x, y)$

응용	등위 곡선 $\phi(x, y)=c_1$	등위 곡선 $\psi(x, y)=c_2$
정전기	등전위 곡선	힘 선
유체 흐름	등퍼텐셜 곡선	흐름선(유선)
중력	등퍼텐셜 곡선	힘 선
열의 흐름	등온선	열 흐름선

디리클레 문제 라플라스 방정식과 관련된 응용 수학의 고전적이고 중요한 문제를 그림 3.4.7에 예시했는데, 말로 나타내면 다음과 같다.

용어
디리클레 문제 Dirichlet problem

디리클레 문제

D는 평면의 영역이고 g는 D의 경계 C에서 정의된 함수라고 하자. D에서 라플라스 방정식을 만족시키고 D의 경계 C에서 g와 같은 함수 $\phi(x, y)$를 찾는 문제를 디리클레 문제라 한다.

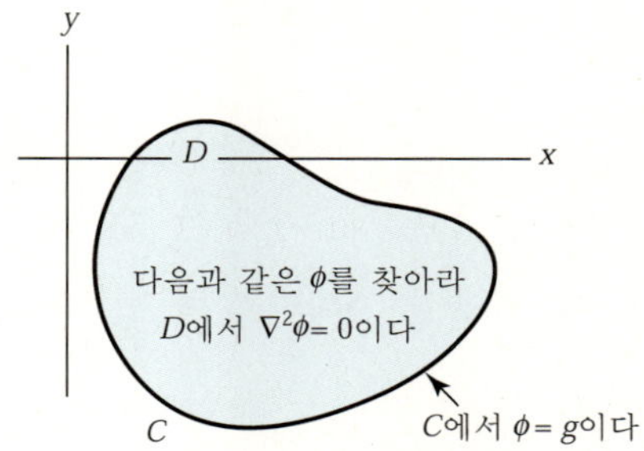

그림 3.4.7 디리클레 문제

이런 문제는 정전기, 유체 흐름, 중력, 열의 흐름에 대한 이차원 모형에서 흔히 나타난다.

다음 보기에서는 디리클레 문제를 푼다. 문제는 매우 간단하지만, 이 해는 4.5절에서 좀 더 복잡한 문제를 푸는 데 도움을 줄 것이다.

보기 2 간단한 디리클레 문제

그림 3.4.8에 나타낸 디리클레 문제를 풀어라. 영역 D는 $-1<x<1$, $-\infty<y<\infty$로 정의된 무한 연직 띠이고, D의 경계는 두 연직선 $x=-1$과 $x=1$이다.

풀이 그림 3.4.8의 디리클레 문제는 다음과 같다.

$$\frac{\partial^2\phi}{\partial x^2}+\frac{\partial^2\phi}{\partial y^2}=0, \quad -1<x<1, \quad -\infty<y<\infty \tag{9}$$

$$\phi(-1, y)=k_0, \quad \phi(1, y)=k_1, \quad -\infty<y<\infty \tag{10}$$

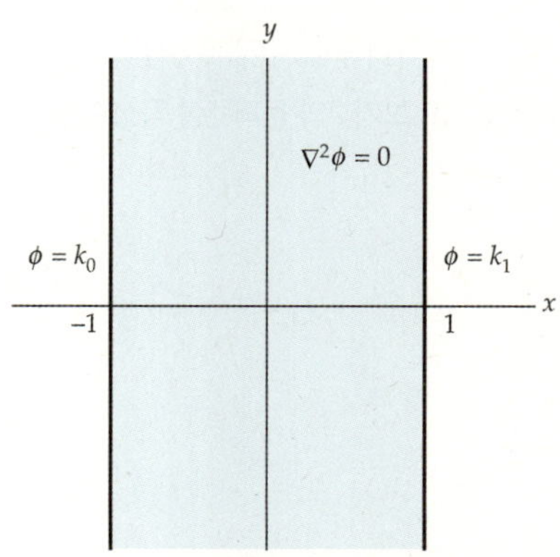

그림 3.4.8 보기 2를 위한 그림

여기서 k_0과 k_1은 상수이다.

D의 형태와 함께 두 경계 조건이 상수라는 사실은 함수 ϕ가 y와 무관함을 시사한다. 곧, (9)의 해로 $\phi(x)$ 꼴의 해를 찾는 것이 합리적이다. 이 마지막 가정 때문에, 라플라스의 편미분 방정식 (9)는 상미분 방정식 $d^2\phi/dx^2=0$이 된다. 두 번 적분하면, 일반해 $\phi(x)=ax+b$를 얻는다. 경계 조건을 이용하면 계수 a와 b를 구할 수 있다. 특히, $\phi(-1)=k_0$과 $\phi(1)=k_1$에 의해, $-a+b=k_0$이고 $a+b=k_1$이다. 두 식을 더하면

$2b = k_0 + k_1$이고 둘째 식에서 첫째 식을 빼면 $2a = k_1 - k_0$을 얻는다. 이 두 결과로부터 다음을 얻는다.

$$b = \frac{k_1 + k_0}{2}, \quad a = \frac{k_1 - k_0}{2}$$

4.5절에서 해 (11)을 $\phi(x, y)$로 나타낸다. ➡

따라서 주어진 디리클레 문제의 다음과 같은 해를 얻는다.

$$\phi(x) = \frac{k_1 - k_0}{2}x + \frac{k_1 + k_0}{2} \tag{11}$$ ❑

보기 2의 문제를, 일정한 전위로 유지되는 한없이 길고 평행인 전도 판 사이의 정전기 전위 ϕ를 결정하는 것으로 해석할 수 있다. ϕ는 라플라스 방정식을 만족시키므로, 이는 조화 함수이다. 그러므로 조화 켤레 ψ를 다음과 같이 구할 수 있다. ϕ와 ψ가 코시·리만 방정식을 만족시켜야 하므로, 다음이 성립해야 한다.

$$\frac{\partial \psi}{\partial y} = \frac{\partial \phi}{\partial x} = \frac{k_1 - k_0}{2}, \quad \frac{\partial \psi}{\partial x} = -\frac{\partial \phi}{\partial y} = 0$$

둘째 방정식에 의해 ψ는 y만의 함수이므로, 첫째 방정식을 y에 관해 적분하면 다음을 얻는다.

$$\psi(y) = \frac{k_1 - k_0}{2}y$$

여기서 편의를 위해 적분 상수를 0으로 택했다. (8)에 의해 보기 2의 디리클레 문제에 대한 복소 퍼텐셜 함수는 $\Omega(z) = \phi(x) + i\psi(y)$, 곧 다음과 같다.

$$\Omega(z) = \frac{k_1 - k_0}{2}x + \frac{k_1 + k_0}{2} + i\frac{k_1 - k_0}{2}y = \frac{k_1 - k_0}{2}z + \frac{k_1 + k_0}{2}$$

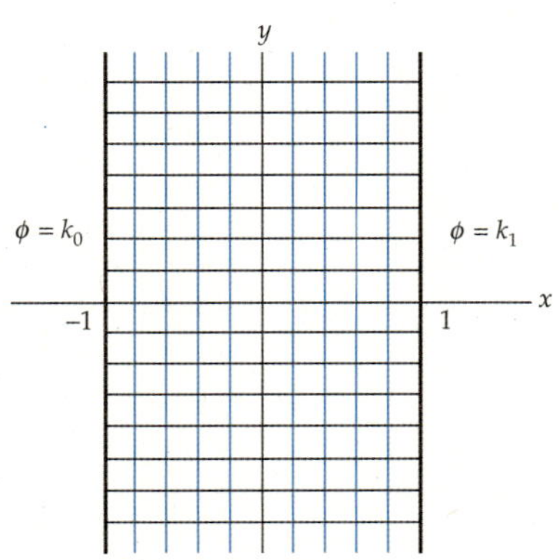

그림 3.4.9 보기 2의 등퍼텐셜 곡선과 힘 선

그림 3.4.9에 나타낸 대로, ϕ의 등위 곡선 또는 등전위 곡선[5)]은 연직선 $x = c_1$이고, ψ의 등위 곡선 또는 힘 선은 수평 선분 $y = c_2$이다. 이 그림은 두 등위 곡선족이 직교함을 명확하게 보여준다.

참고

4.5절과 제 7 장에서 해석 사상을 이용해서 디리클레 문제를 풀 수 있게 하는 방법을 도입할 것이다.

5) ϕ의 등위 곡선은 $\phi(x) = C_1$ 또는 $\frac{1}{2}(k_1 - k_0)x + \frac{1}{2}(k_1 + k_0) = C_1$이다. x에 대해 풀면 $x = (C_1 - \frac{1}{2}k_1 - k_0)/\frac{1}{2}(k_1 - k_0)$이다. 마지막 방정식의 우변에 있는 상수를 c_1과 같게 놓자.

3.4 익힘 문제

문제 1~4에서는 주어진 복소 함수 f에 의해 정의된 두 개의 등위 곡선족을 확인하라. 똑같은 좌표 평면에 각 곡선족에서 한 개씩 두 개의 곡선을 손으로 그려라.

1. $f(z) = 2iz - 3 + i$
2. $f(z) = (z-1)^2$
3. $f(z) = \dfrac{1}{z}$
4. $f(z) = z + \dfrac{1}{z}$

문제 5~8에서 주어진 해석 함수 $f(z) = u + iv$는 두 개의 등위 곡선족 $u(x,\ y) = c_1$과 $v(x,\ y) = c_2$를 정의한다. 먼저 음함수 미분법을 이용해서 각 곡선족에 대한 dy/dx를 셈하고, 두 곡선족이 서로 직교함을 밝혀라.

5. $f(z) = x - 2x^2 + 2y^2 + i(y - 4xy)$
6. $f(z) = x^3 - 3xy^2 + i(3x^2y - y^3)$
7. $f(z) = e^{-x}\cos y - ie^{-x}\sin y$
8. $f(z) = x + \dfrac{x}{x^2+y^2} + i\left(y - \dfrac{y}{x^2+y^2}\right)$

문제 9와 10에서는 주어진 실수값 함수 ϕ가 비압축적이고 비회전적인 유체의 평면 흐름에 대한 속도 퍼텐셜이다. 이 흐름의 속도 마당 $\mathbf{F}$를 찾아라. 평면의 적절한 영역 D를 가정하라.

9. $\phi(x,\ y) = \dfrac{x}{x^2+y^2}$
10. $\phi(x,\ y) = \frac{1}{2}A\log_e\{x^2 + (y+1)^2\}\ (A > 0)$

11. (a) 그림 3.4.8에서 영역 D를 $0 < x < 1,\ -\infty < y < \infty$로 바꾸고 경계에서의 전위가 $\phi(0,\ y) = 50$이고 $\phi(1,\ y) = 0$일 때, 전위 ϕ를 찾아라.
    (b) 복소 퍼텐셜 $\Omega(z)$를 찾아라.
12. (a) 그림 3.4.10에 나타낸 x축에 평행인 한없이 긴 전도 판 사이의 영역 D에서 전위 ϕ를 찾아라. 단, 경계에서의 전위는 $\phi(x,\ -1) = 10$과 $\phi(x,\ 2) = 20$이다.
    (b) 복소 퍼텐셜 $\Omega(z)$를 찾아라.
    (c) 등전위 곡선과 힘 선을 그려라.
13. 그림 3.4.11에 나타낸 무한한 쐐기 모양을 형성하는 두 개의 한없이 긴 전도 판 사이의 전위 $\phi(\theta)$가 극 좌표로 $\dfrac{d^2\theta}{d\theta^2} = 0$ 꼴의 라플라스 방정식을 만족시킨다.
    (a) 경계 조건이 $\phi(\pi/4) = 30$과 $\phi(0) = 0$일 때, 이 미분 방정식을 풀어라.
    (b) 복소 퍼텐셜 $\Omega(z)$를 찾아라.
    (c) 등전위 곡선과 힘 선을 그려라.

14. 그림 3.4.12에 나타낸 중심이 같은 두 개의 전도 원기둥 사이의 정상 상태 온도 $\phi(r)$이 극 좌표로 다음과 같은 꼴의 라플라스 방정식을 만족시킨다.

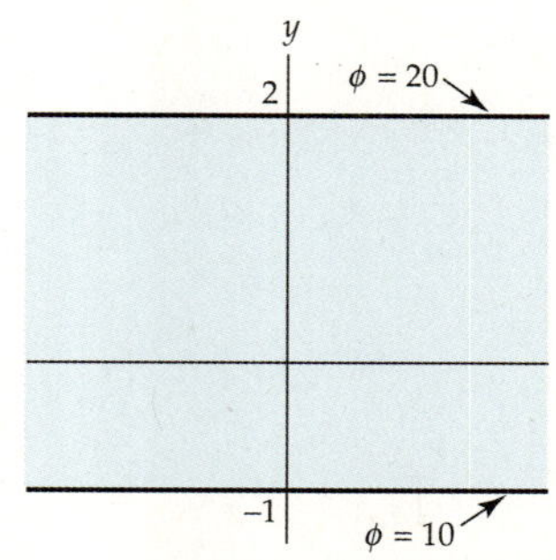

그림 3.4.10 문제 12를 위한 그림

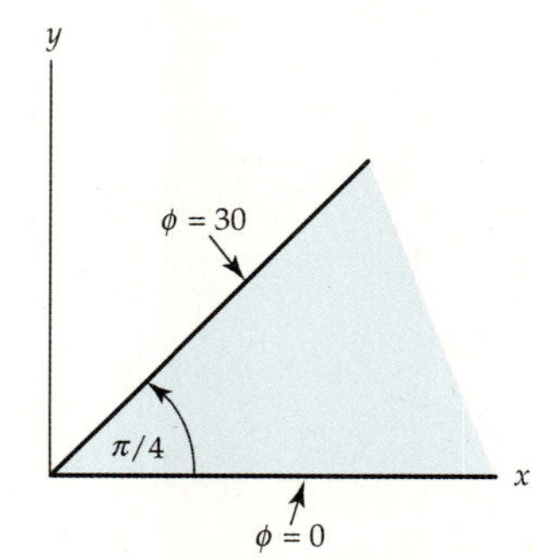

그림 3.4.11 문제 13을 위한 그림

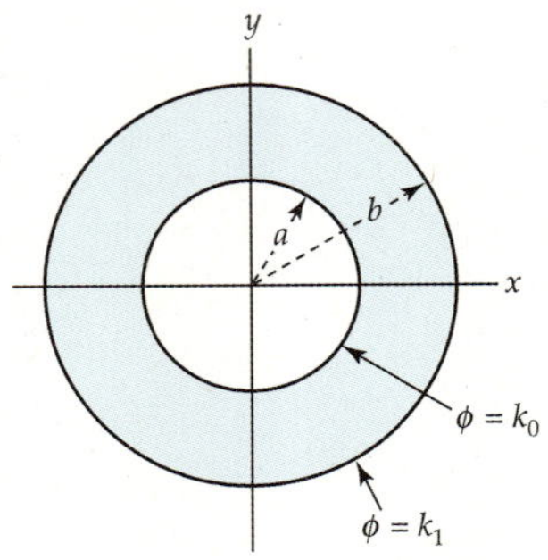

그림 3.4.12 문제 14를 위한 그림

$$r^2\frac{d^2\phi}{dr^2}+r\frac{d\phi}{dr}=0$$

(a) 상수 전위 k_0과 k_1에 대해 경계 조건이 $\phi(a)=k_0$과 $\phi(b)=k_1$인 이 미분 방정식의 해가 $\phi(r)=A\log_e r+B$임을 보여라. 여기서 A와 B는 다음과 같다.

$$A=\frac{k_0-k_1}{\log_e(a/b)},\quad B=\frac{-k_0\log_e b+k_1\log_e a}{\log_e(a/b)}$$

[*귀띔*: 이 미분 방정식을 코시·오일러 방정식이라 한다.]

(b) 복소 퍼텐셜 $\Omega(z)$를 찾아라.

(c) 등전위 곡선과 힘 선을 그려라.

개념과 이해

15. 함수 $f(z)=z+\dfrac{1}{z}$에 대해, 등위 곡선 $v(x,\ y)=0$을 찾아라.

16. 보기 1에서 논의한 $u(x,\ y)=x^2-y^2$과 $v(x,\ y)=2xy$의 등위 곡선들은 $z=0$에서 교차한다. $z=0$에서 교차하는 등위 곡선들을 그려라. 이런 등위 곡선들이 직교하지 않는 이유를 설명하라.

17. 두 접선 L_1과 L_2가 수직이라는 증명을 포함한 165쪽의 직교 곡선족에 대한 논의를 다시 읽자. (4)로 결론을 지은 증명에서 가정 $f'(z_0)\neq 0$이 사용된 곳을 설명하라.

18. 두 곡선족 $u(x,\ y)=c_1$과 $v(x,\ y)=c_2$가 영역 D에서 직교한다고 하자. 함수 $f(z)=u(x,\ y)+iv(x,\ y)$가 D에서 필연적으로 해석적인지 논의하라.

컴퓨터 실습 문제

문제 19와 20에서는 CAS 또는 그래프 그리기 소프트웨어를 사용해서, 주어진 해석 함수로 정의된 두 직교 곡선족 $u(x,\ y)=c_1$과 $v(x,\ y)=c_2$의 각각에서 대표적인 곡선을 먼저 서로 다른 좌표 평면에 그리고 다음에는 같은 좌표 평면에 함께 그려라.

19. $f(z)=\dfrac{z-1}{z+1}$

20. $f(z)=\sqrt{r}\left(\cos\dfrac{\theta}{2}+i\sin\dfrac{\theta}{2}\right)\quad(r>0,\ -\pi<\theta<\pi)$

21. 양수 A에 대해 함수 $\Omega(z)=A\left(z+\dfrac{1}{z}\right)$은 이차원 유체 흐름의 복소 퍼텐셜이다.
    (a) $A=1$이라 가정하자. 퍼텐셜 함수 $\phi(x,\ y)$와 이 흐름의 흐름 함수 $\psi(x,\ y)$를 결정하라.
    (b) 극 좌표로 퍼텐셜 함수 $\phi(x,\ y)$와 흐름 함수 $\psi(x,\ y)$를 나타내라.

(c) CAS 또는 그래프 그리기 소프트웨어를 사용해서, 직교 곡선족 $\phi(r, \theta) = c_1$과 $\psi(r, \theta) = c_2$를 같은 좌표 평면에 함께 그려라.

22. 함수 $\Omega(z) = \log_e\left|\dfrac{z+1}{z-1}\right| + i\mathrm{Arg}\left(\dfrac{z+1}{z-1}\right)$은 이차원 정전기 마당의 복소 퍼텐셜이다.

(a) 등전위 곡선 $\phi(x, y) = c_1$과 힘 선 $\psi(x, y) = c_2$는 각각 다음과 같음을 보여라.

$$(x - \coth c_1)^2 + y^2 = \operatorname{csch}^2 c_1, \quad x^2 + (y + \cot c_2)^2 = \csc^2 c_2$$

등전위 곡선과 힘 선이 모두 원족임을 관찰하자.

(b) (a)의 등전위 곡선의 중심은 $(\coth c_1, 0)$이다. 근사적으로, $c_1 \to \infty$일 때 중심은 어디에 위치하는가? $c_1 \to -\infty$일 때는? $c_1 \to 0^+$일 때 중심은 어디에 위치하는가? $c_1 \to 0^-$일 때는?

(c) 각 원형 힘 선이 $z = 1$과 $z = -1$을 지남을 밝혀라.

(d) CAS 또는 그래프 그리기 소프트웨어를 사용해서, 각 곡선족의 대표적인 원을 같은 좌표 평면에 함께 그려라.

제 3 장 복습 문제

문제 1~12에서는 참 또는 거짓으로 답하라. 명제가 거짓이면, 거짓인 이유를 설명하거나 반례를 들어라. 명제가 참이면, 이를 증명하거나 이번 장의 적절한 결과를 인용하라.

1. 복소 함수 $f(z)$가 점 z에서 미분 가능하면, f는 z에서 해석적이다.
2. 함수 $f(z) = \dfrac{y}{x^2+y^2} + i\dfrac{x}{x^2+y^2}$는 모든 $z \neq 0$에서 미분 가능하다.
3. 함수 $f(z) = z^2 + \bar{z}$는 모든 점에서 해석적이지 않다.
4. 함수 $f(z) = \cos y - i\sin y$는 모든 점에서 미분 불가능하다.
5. $u(x, y) = y^3 + 5x$인 해석 함수 $f(z) = u(x, y) + iv(x, y)$는 존재하지 않는다.
6. 함수 $u(x, y) = e^{4x}\cos 2y$는 어떤 해석 함수의 실수 부분이다.
7. $f(z) = e^x\cos y + ie^x\sin y$이면, $f'(z) = f(z)$이다.
8. $u(x, y)$와 $v(x, y)$가 영역 D에서 조화 함수이면, 함수 $f(z) = \left(\dfrac{\partial u}{\partial y} - \dfrac{\partial v}{\partial x}\right) + i\left(\dfrac{\partial u}{\partial x} + \dfrac{\partial v}{\partial y}\right)$는 D에서 해석적이다.
9. g가 전해석 함수이면, $f(z) = (iz^2 + z)g(z)$도 반드시 전해석 함수이다.
10. 코시·리만 방정식은 미분 가능하기 위한 필요 조건이다.
11. 코시·리만 방정식이 점 z에서 성립하더라도, 함수 $f(z) = u(x, y) + iv(x, y)$를 z에서 미분 불가능할 수 있다.

12. 함수 $f(z)=u(x,\ y)+iv(x,\ y)$가 점 z에서 해석적이면, 함수 $g(z)=v(x,\ y)-iu(x,\ y)$는 반드시 z에서 해석적이다.

문제 13~22에서는 본문을 인용하지 말고 빈칸을 채워라.

13. $f(z)=\dfrac{1}{z^2+5iz-4}$ 이면, $f'(z)=$ ________ 이다.

14. 함수 $f(z)=\dfrac{1}{z^2+5iz-4}$ 은 ________ 에서 해석적이지 않다.

15. 함수 $f(z)=(2-x)^3+i(y-1)^3$은 ________ 에서 미분 가능하다.

16. $f(z)=2x^3+3iy^2$이면 $f'(x+ix^2)=$ ________ 이다.

17. 함수 $f(z)=\dfrac{x-1}{(x-1)^2+(y-1)^2}-i\dfrac{y-1}{(x-1)^2+(y-1)^2}$ 은 점 $z=1+i$를 포함하지 않는 영역 D에서 해석적이다. D에서 $f'(z)=$ ________ 이다.

18. 원점을 포함하지 않은 영역 D에서 해석 함수 $f(z)=\log_e\sqrt{x^2+y^2}+i$________ 를 찾아라.

19. 함수 $f(z)$는 영역 D에서 해석적이고 실 상수 c에 대해 $f(z)=c+iv(x,\ y)$이다. 그러면 f는 D에서 ________ 이다.

20. $\displaystyle\lim_{z\to 2i}\frac{z^5-4iz^4-4z^3+z^2-4iz+4}{5z^4-20iz^3-21z^2-4iz+4}=$ ________

21. $u(x,\ y)=e^{-x}(x\sin y-y\cos y)$일 때의 $u(x,\ y)=c_1$과 $v(x,\ y)=$ ________ 일 때의 $v(x,\ y)=c_2$는 직교 곡선족이다.

22. 명제 "$\mathrm{Re}(z)\ge 1$에서 해석적이고 그 이외에서는 해석적이지 않은 함수가 존재한다."은 거짓인데, ________ 이기 때문이다.

4

CHAPTER

초등 함수

개 요

들어가기 지난 장에서 복소 해석학에서 가장 흥미로운 함수인 해석 함수를 정의했다. 이번 장에서는 몇 가지 초등적인 복소 해석 함수를 정의하고 조사한다. 특히, 복소 지수·로그·멱·삼각·쌍곡선·역삼각·역쌍곡선 함수를 고찰한다. 이 모든 함수가 적절한 영역에서 해석적임을 밝히고, 그 도함수들이 대응하는 실 함수와 일치함을 알아본다. 이런 함수들이 복소 평면에서 사상으로 행동하는 방식도 조사한다. 초등 함수의 집합은 이 책의 나머지에서 이용할 유용한 자료이다.

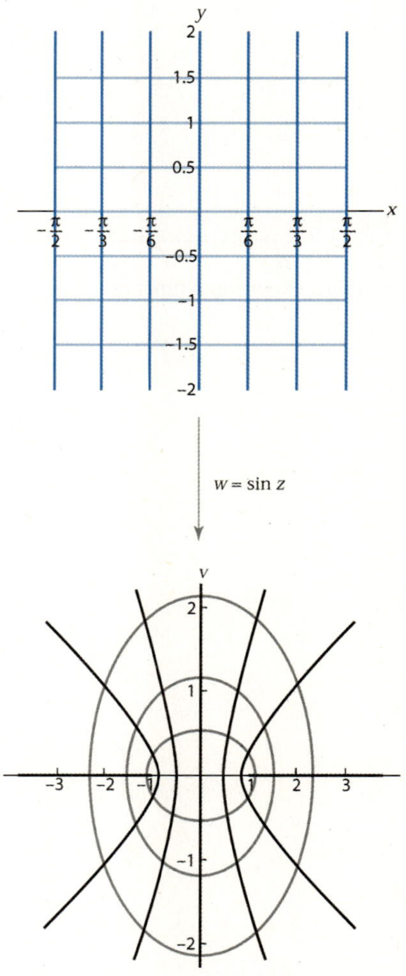

사상 $w = \sin z$. 207쪽을 보라.

4.1 지수 함수와 로그 함수

실 지수 함수와 로그 함수는 실 해석학과 미분 방정식의 연구에서 중요한 역할을 한다. 이번 절에서는 변수가 복소수인 이런 함수를 정의하고 연구한다. 이번 절의 앞부분에서는 복소 지수 함수 e^z를 조사하는데, 이는 이미 1.6절과 2.1절에서 도입했다. 앞에서 논의하지 않았지만 이번 절에서 소개할 한 가지 개념은 지수 사상 $w = e^z$이다. 이번 절의 뒷부분에서는 복소 로그 함수 $\ln z$를 $e^w = z$ 꼴의 지수 방정식을 풀어서 도입한다. x가 고정된 양의 실수이면, 방정식 $e^y = x$의 유일한 해, 곧 $y = \log_e x$가 존재한다. 그렇지만 z가 영이 아닌 고정된 복소수이면 방정식 $e^w = z$의 해가 무수히 많이 존재한다. 따라서 복소 로그 $\ln z$는 '다가 함수'이다. 이 용어의 뜻은 2.4절에 있다. 복소 로그의 으뜸 값은 입력 복소수 z에 $\ln z$의 많은 값 중에서 한 개를 대응시키는 (단가) 함수로 정의할 것이다. 이 으뜸 값 함수는 복소 평면에서 적절하게 제한된 영역에서 정의된 지수 함수 e^z의 역함수임을 밝힐 것이다. 이번 절은 로그의 분지의 해석성에 대한 논의로 끝마친다.

4.1.1 복소 지수 함수

용어
복소 지수 함수 complex exponential function

지수 함수와 그 도함수 먼저, 2.1절에서 제시한 복소 지수 함수에 대한 정의를 반복한다.

정의 4.1.1 복소 지수 함수

다음과 같이 정의된 함수 e^z을 **복소 지수 함수**라고 한다.

$$e^z = e^x \cos y + i e^x \sin y \tag{1}$$

이 함수를 지수 함수라 부르는 것이 자연스러운 한 가지 이유는 2.1절에서 제시했다. 곧, (1)과 같이 정의된 함수는 z가 실수일 때 실 지수 함수와 일치한다. 실제로, z가 실수이면, $z = x + 0i$이고 정의 4.1.1에 의해 다음이 성립한다.

$$e^{x+0i} = e^x(\cos 0 + i \sin 0) = e^x(1 + i \cdot 0) = e^x \tag{2}$$

복소 지수 함수는 또한 실 지수 함수와 같은 미분 성질을 만족시킨다. 실 지수 함수의 두 가지 중요한 성질은 e^x을 모든 점에서 미분할 수 있고 모든 x에 대해 $\frac{d}{dx}e^x = e^x$라는 사실이다. 복소 지수 함수 e^z도 비슷한 성질을 만족시킨다.

정리 4.1.1 e^z의 해석성

지수 함수 e^z은 전해석 함수이고, 그 도함수는 다음과 같다.

$$\frac{d}{dz}e^z = e^z \tag{3}$$

증명 e^z이 전해석임을 보이기 위해서, 정리 3.2.2에서 제시한 해석적임을 판정하는 방법을 이용한다. 먼저 e^z의 실수 부분 $u(x,\ y)=e^x\cos y$와 허수 부분 $v(x,\ y)=e^x\sin y$는 모든 $(x,\ y)$에서 연속인 실 함수이고, 그 일계 편도함수도 연속이다. 또, 다음과 같이 u와 v에 관한 코시·리만 방정식이 성립함을 쉽게 밝힐 수 있다.

$$\frac{\partial u}{\partial x}=e^x\cos y=\frac{\partial v}{\partial y},\quad \frac{\partial u}{\partial y}=-e^x\sin y=-\frac{\partial v}{\partial x}$$

따라서 지수 함수 e^z은 정리 3.2.2에 의해 전해석적이다. 3.2절의 (9)에 의해 e^z의 도함수는 다음과 같다.

$$\frac{d}{dz}e^z=\frac{\partial u}{\partial x}+i\frac{\partial v}{\partial x}=e^x\cos y+ie^x\sin y=e^z$$ ❑

해석 함수의 실수 부분과 허수 부분이 모두 조화 함수라는 사실을 이용해서, 실수를 입력할 때 실 지수 함수 e^x과 일치하고 미분 방정식 $f'(z)=f(z)$를 만족시키는 유일한 전해석 함수가 (1)에서 정의한 복소 지수 함수 e^z이라는 사실도 밝힐 수 있다. 익힘문제 4.1의 문제 50을 보라.

보기 1 지수 함수의 도함수

다음 함수의 도함수를 찾아라.

(a) $iz^4(z^2-e^z)$ (b) $e^{z^2-(1+i)z+3}$

풀이 (a) (3)과 3.1절의 곱의 미분법 (4)를 이용하면 다음을 얻는다.

$$\begin{aligned}\frac{d}{dz}\{iz^4(z^2-e^z)\}&=4iz^3(z^2-e^z)+iz^4(2z-e^z)\\&=6iz^5-iz^4e^z-4iz^3e^z\end{aligned}$$

(b) (3)과 3.1절의 연쇄 법칙 (6)을 이용하면 다음을 얻는다.

$$\frac{d}{dz}\{e^{z^2-(1+i)z+3}\}=e^{z^2-(1+i)z+3}\cdot(2z-1-i)$$ ❑

크기, 편각, 켤레 지수 함수의 크기, 편각, 켤레는 (1)로부터 쉽게 결정된다. 복소수 $w=e^z$을 다음과 같이 극 형식으로 나타내자.

$$w=e^x\cos y+ie^x\sin y=r(\cos\theta+i\sin\theta)$$

그러므로 $r=e^x$이고 $\theta=y+2n\pi$ $(n=0,\ \pm1,\ \pm2,\ \cdots)$이다. r은 w의 크기이고 θ는 w의 편각이므로, 다음이 성립한다.

$$|e^z|=e^x, \tag{4}$$

$$\arg(e^z)=y+2n\pi\quad(n=0,\ \pm1,\ \pm2,\ \cdots) \tag{5}$$

미분 적분학에서 배운 대로 모든 실수 x에 대해 $e^x > 0$이므로, (4)에 의해 $|e^z| > 0$이다. 이에 따라 모든 복소수 z에 대해 $e^z \neq 0$이다. 바꿔 말하면, 점 $w = 0$은 복소 함수 $w = e^z$의 치역에 속하지 않는다. 그렇지만 (4)의 식은 e^z이 음의 실수가 될 가능성을 배제하지 않는다. 사실, 이를테면 $z = \pi i$이면 $e^{\pi i}$은 실수이고 $e^{\pi i} < 0$이다.

복소 지수 e^z의 켤레에 대한 공식은 실 사인 · 코사인 함수의 성질을 이용해서 찾는다. 실 코사인 함수는 짝 함수(기함수)이므로 모든 y에 대해 $\cos y = \cos(-y)$이고, 실 사인 함수는 홀 함수(기함수)이므로 모든 y에 대해 $-\sin y = \sin(-y)$이다. 그러므로 다음을 얻는다.

$$\overline{e^z} = e^x \cos y - i e^x \sin y = e^x \cos(-y) + i e^x \sin(-y) = e^{x-iy} = e^{\bar{z}}$$

따라서 모든 복소수 z에 대해 다음이 성립한다.

$$\overline{e^z} = e^{\bar{z}} \tag{6}$$

대수적 성질 정리 4.1.1에서 복소 지수 함수의 미분은 본질적으로 실 지수 함수의 미분과 같다는 사실을 증명했다. 이 두 가지 함수는 다음과 같은 대수적 성질도 서로 같다.

정리 4.1.2 e^z의 대수적 성질

z_1과 z_2가 복소수이면, 다음이 성립한다.

(i) $e^0 = 1$

(ii) $e^{z_1}e^{z_2} = e^{z_1+z_2}$

(iii) $\dfrac{e^{z_1}}{e^{z_2}} = e^{z_1-z_2}$

(iv) $\left(e^{z_1}\right)^n = e^{nz_1} \quad (n = 0, \pm 1, \pm 2, \cdots)$

증명 (i) 실수를 입력하면 복소 지수 함수와 실 지수 함수의 값이 일치한다는 사실을 이용해서 성질 (i)를 증명할 수 있다. 곧, $e^{0+0i} = e^0$이고 실 지수 함수로부터 $e^0 = 1$을 얻는다.

(ii) $z_1 = x_1 + iy_1$이고 $z_2 = x_2 + iy_2$라고 하자. 정의 4.1.1에 의해, 다음을 얻는다.

$$\begin{aligned} e^{z_1}e^{z_2} &= (e^{x_1}\cos y_1 + i e^{x_1}\sin y_1)(e^{x_2}\cos y_2 + i e^{x_2}\sin y_2) \\ &= e^{x_1+x_2}(\cos y_1 \cos y_2 - \sin y_1 \sin y_2) \\ &\qquad + i e^{x_1+x_2}(\sin y_1 \cos y_2 + \cos y_1 \sin y_2) \end{aligned}$$

1.3절의 18쪽에 제시한 실 코사인 · 사인 함수의 덧셈 공식을 이용하면, 위

의 식을 다음과 같이 다시 쓸 수 있다.

$$e^{z_1}e^{z_2}=e^{x_1+x_2}\cos(y_1+y_2)+i\,e^{x_1+x_2}\sin(y_1+y_2) \tag{7}$$

(1)에 의해, (7)의 우변은 $e^{z_1+z_2}$이다. 따라서 $e^{z_1}e^{z_2}=e^{z_1+z_2}$이 성립한다. ❑

정리 4.1.2(iii)과 4.1.2(iv)도 비슷한 방법으로 유도한다. 익힘 문제 4.1의 문제 47과 48을 보라.

주기성 실 지수 함수와 복소 지수 함수 사이의 가장 놀라운 차이점은 e^z의 주기성이다. 복소 함수 f가 주기 T의 **주기적**이라는 것은 모든 복소수 z에 대해 $f(z+T)=f(z)$가 성립하는 경우이다. 실 지수 함수는 주기적이 아니지만, 복소 지수 함수는 주기적인데, 주기적인 실 코사인·사인 함수를 이용해서 정의되기 때문이다. 특히, (1)과 정리 4.1.2(ii)에 의해 $e^{z+2\pi i}=e^z e^{2\pi i}=e^z(\cos 2\pi+i\sin 2\pi)$이다. 그런데 $\cos 2\pi=1$이고 $\sin 2\pi=0$이므로, 간단히 하면 다음과 같다.

용어
주기적 periodic
주기성 periodicity

$$e^{z+2\pi i}=e^z \tag{8}$$

요약하면, 다음과 같다.

> 복소 지수 함수 e^z는 주기가 순허수 $2\pi i$인 주기 함수이다.

(8)은 z의 모든 값에 대해 성립하기 때문에, $e^{(z+2\pi i)+2\pi i}=e^{z+2\pi i}$가 성립한다. 이 사실과 (8)에 의해 $e^{z+4\pi i}=e^z$을 얻는다. 이 과정을 반복하면 $n=0,\ \pm1,\ \pm2,\ \cdots$에 대해 $e^{z+2n\pi i}=e^z$이라는 사실을 얻는다. 그러므로 복소 지수 함수는 일대일이 아니고, e^z의 모든 값은 z평면에서 폭이 2π인 임의의 무한 수평 띠에서 취할 수 있다. 예를 들면, 함수 e^z의 모든 값은, 실상수 y_0에 대해 집합 $-\infty<x<\infty,\ y_0<y\le y_0+2\pi$에서 취할 수 있다. 그림 4.1.1에서는 y_0을 π의 임의의 홀수 배로 놓고 얻은 수평 띠로 복소 평면을 나누었다. 점 z가 그림 4.1.1에 나타낸 무한 수평 띠 $-\infty<x<\infty$, $-\pi<y\le\pi$에 있으면, 값 $f(z)$, $f(z+2\pi i)=e^{z+2\pi i}$, $f(z-2\pi i)=e^{z-2\pi i}$ 등은 모두 같다. 다음과 같이 정의된 무한 수평 띠를 복소 지수 함수의 **기본 구역**이라 한다.

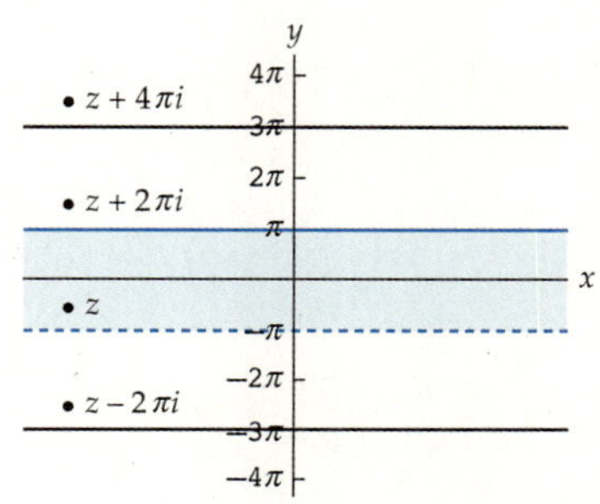

그림 4.1.1 e^z의 기본 구역

$$-\infty<x<\infty,\quad -\pi<y\le\pi \tag{9}$$

용어
기본 구역 fundamental region
지수 사상 exponential mapping

지수 사상 복소 지수 함수 e^z의 모든 값은 (9)에서 정의한 기본 구역에서

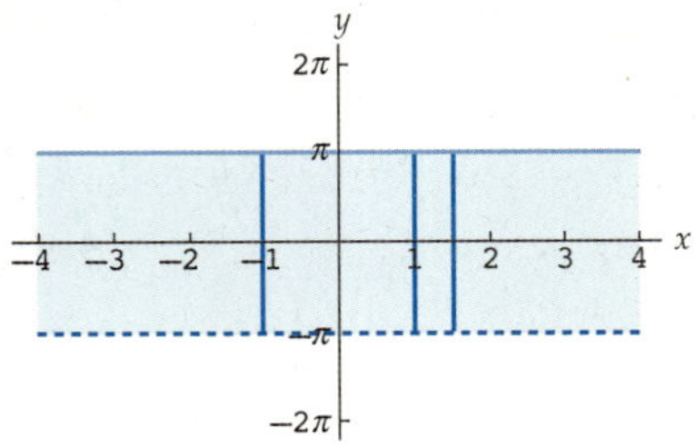

(a) 기본 구역에서의 연직 선분

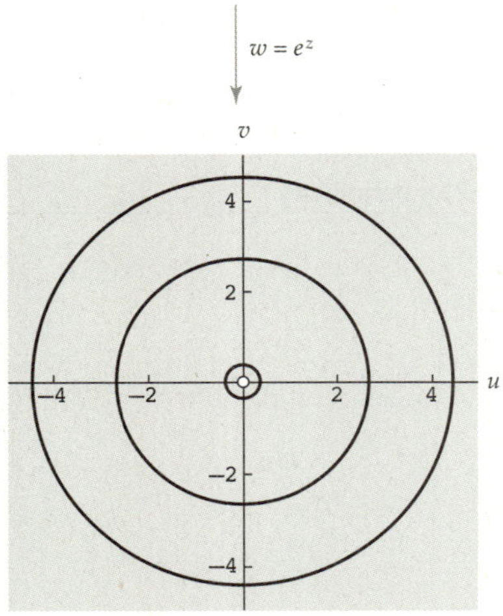

(b) (a)의 선분의 상은 원이다.

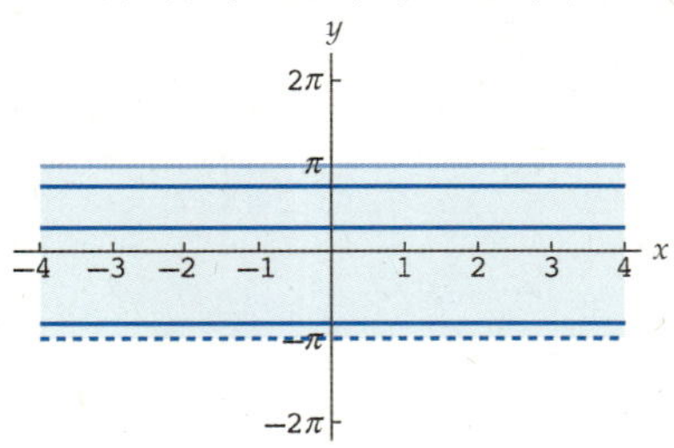

(c) 기본 구역에서의 수평선

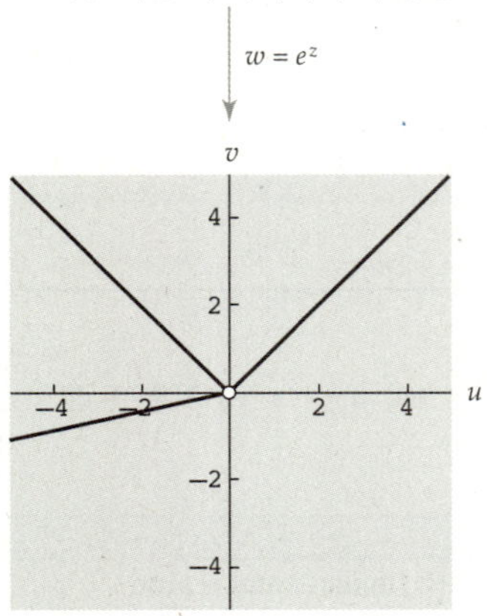

(d) (c)의 직선의 상

그림 4.1.2 $w=e^z$에 의한 기본 구역의 상

취할 수 있기 때문에, 사상 $w=e^z$에 의한 이 구역의 상은 복소 평면 전체의 상과 같다. $w=e^z$에 의한 기본 구역의 상을 결정하기 위해서, 이 구역이 임의의 실수 a에 대해 연직 선분 $z(t)=a+it$ $(-\pi<t\le\pi)$의 집합으로 이루어져 있음을 확인하자. 2.2절의 (11)에 의해, 지수 사상에 의한 선분 $z(t)=a+it$ $(-\pi<t\le\pi)$의 상은 매개 변수화 $w(t)=e^{z(t)}=e^{a+it}=e^a e^{it}$ $(-\pi<t\le\pi)$로 나타내어진다. 그러므로 2.2절의 (10)에 의해 $w(t)$가 중심이 원점이고 반지름의 길이가 e^a인 원을 정의함을 알 수 있다. a는 임의의 실수이므로, 이 원의 반지름의 길이 e^a은 임의의 양의 실수가 될 수 있다. 그러므로 지수 사상에 위한 기본 영역의 상은 중심이 원점이고 반지름의 길이가 양수인 원 전체로 이루어진다. 바꿔 말하면, $w=e^z$에 의한 기본 구역 $-\infty<x<\infty$, $-\pi<y\le\pi$의 상은 영이 아닌 복소수 w 전체의 집합이다. 곧, 집합 $|w|>0$이다.[6] 이것은 177~178쪽에서 관찰한 결과인 $w=0$은 복소 지수 함수의 치역에 속하지 않는다는 사실과 일치한다.

기본 구역에서의 사상 $w=e^z$을 그림 4.1.2의 (a)와 (b)에 나타냈다. 그림 4.1.2(a)에 나타낸 각 연직 선분은 $w=e^z$에 의해 그림 4.1.2(b)에 나타낸 원 위로 사상된다. 연직 선분의 x절편이 증가함에 따라, 그 상의 반지름의 길이도 증가한다. 그러므로 그림에서 가장 왼쪽에 있는 선분은 가장 내부에 있는 원 위로, 가운데에 있는 선분은 가운데에 있는 원 위로, 가장 오른쪽에 있는 선분은 가장 외부의 원 위로 사상된다.

$w=e^z$에 의한 기본 구역의 상을 결정하기 위해서 연직 선분만을 사용할 특별한 이유는 없다. 이 상은 또한 이를테면 기본 구역의 수평선을 사용해서도 똑같은 방법으로 찾을 수 있다. 이를 확인하기 위해서, 수평선 $y=b$를 생각하자. 이 직선은 매개 변수화 $z(t)=t+ib$ $(-\infty<t<\infty)$로 나타낼 수 있다. 그러므로 $w=e^z$에 의한 이 직선의 상은 $w(t)=e^{z(t)}=e^{t+ib}=e^t e^{ib}$ $(-\infty<t<\infty)$로 나타내어진다. $s=e^t$으로 새로운 매개 변수를 정의하면, $-\infty<t<\infty$이므로 $0<s<\infty$이다. 매개 변수 s를 사용하면, 상은 $W(s)=e^{ib}s\,(0<s<\infty)$로 나타내어지는데, 2.2절의 (8)에 의해 이는 시점이 원점이고 점 $e^{ib}=\cos b+i\sin b$를 지나는 반직선에 있는 점 $w\neq 0$ 전체로 이루어진 집합이다. 이 상은 식 $\arg(w)=b$로 나타낼 수도 있다. 복소 지수 사상의 이런 성질은 그림 4.1.2의 (c)와 (d)에 나타냈다. 그림 4.1.2(c)에 나타낸 각 수평선은 그림 4.1.2(d)에 나타낸 반직선 위로 사상된다. 수평선의 y절편이 증가함에 따라 상인 반직선이 양의 u축과 이루는 각의 크기는 증가한다. 그러므로 그림에서 가장 아래에 있는 직선은 제3사분면에 있는 반직선 위로, 가운데에 있는 직선은 제1사분면에 있는 반직선 위로, 가장 위에 있는

6) 이 집합을 종종 뚫린 복소 평면이라 한다.

선분은 제 2 사분면에 있는 반직선 위로 사상된다.

지수 사상의 이런 성질을 다음과 같이 요약한다.

지수 사상 성질

(i) $w=e^z$은 기본 구역 $-\infty < x < \infty, -\pi < y \le \pi$를 집합 $|w|>0$ 위로 사상한다.

(ii) $w=e^z$은 연직 선분 $x=a$, $-\pi < y \le \pi$를 원 $|w|=e^a$ 위로 사상한다.

(iii) $w=e^z$은 수평선 $y=b$, $-\infty < x < \infty$를 반직선 $\arg(w)=b$ 위로 사상한다.

보기 2 모눈의 지수 사상

그림 4.1.3에 나타낸 모눈의 $w=e^z$에 의한 상을 찾아라.

풀이 그림 4.1.3(a)에 나타낸 모눈은 연직 선분 $x=0,\ 1,\ 2,\ -2 \le y \le 2$와 수평 선분 $y=-2,\ -1,\ 0,\ 1,\ 2,\ 0 \le x \le 2$로 이루어져 있다. 지수 사상의 성질 (ii)를 이용하면, 연직 선분 $x=0,\ -2 \le y \le 2$의 상은 호 $|w|=e^0=1,\ -2 \le \arg(w) \le 2$이다. 비슷한 방법으로, 선분 $x=1,\ -2 \le y \le 2$는 호 $|w|=e,\ -2 \le \arg(w) \le 2$ 위로, 선분 $x=2,\ -2 \le y \le 2$는 호 $|w|=e^2,\ -2 \le \arg(w) \le 2$ 위로 사상된다. 지수 사상의 성질 (iii)에 의해 수평 선분 $y=0,\ 0 \le x \le 2$는 $\arg(w)=0$, $1 \le |w| \le e^2$으로 정의된 시점이 원점인 반직선의 일부 위로 사상된다. 이 상은 u축에서 1부터 e^2까지의 선분이다. 같은 방법으로, 나머지 수평선분 $y=-2,\ -1,\ 1,\ 2,\ 0 \le x \le 2$는 차례로 $\arg(w)=-2,\ -1,\ 1,\ 2$, $1 \le |w| \le e^2$으로 정의된 선분 위로 사상된다. 그러므로 그림 4.1.3(a)에 나타낸 연직 선분은 그림 4.1.3(b)에 나타낸 호 위로 사상되는데, 선분 $x=a$는 반지름이 e^a인 호 위로 사상된다. 또, 그림 4.1.3(a)에 나타낸 수평 선분은 그림 4.1.3(b)에 나타낸 선분 위로 사상되는데, 선분 $y=b$는 양의 u축과 b라디안의 각을 이루는 선분 위로 사상된다. ❑

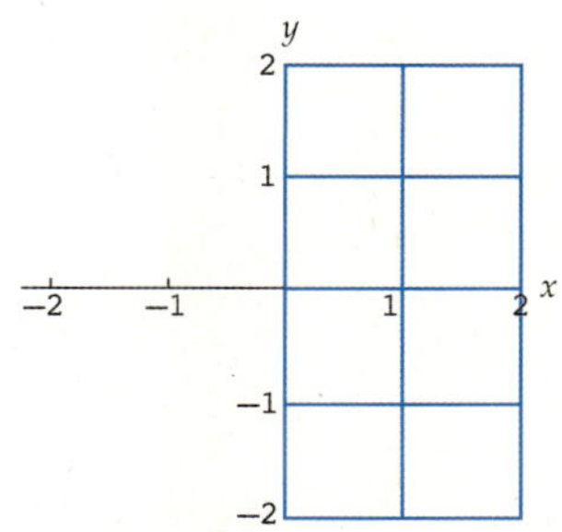

(a) 보기 2를 위한 그림

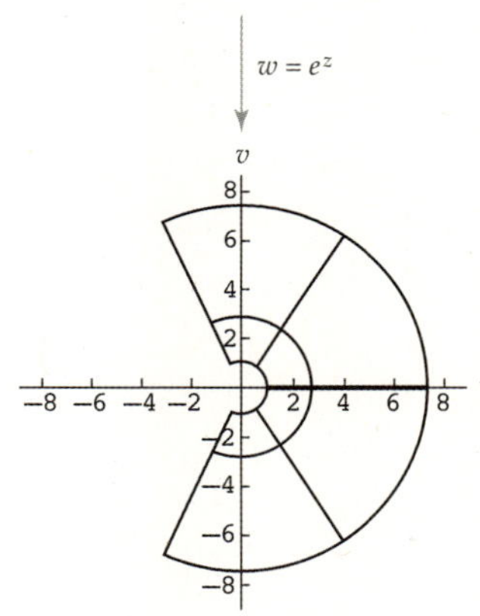

(b) (a)의 모눈의 상

그림 4.1.3 사상 $w=e^z$

4.1.2 복소 로그 함수

실 해석학에서 자연 로그 함수 $\ln x$는 흔히 실 지수 함수 e^x의 역함수로 정의된다. 앞으로는 실 지수 함수를 나타내는 데 같은 뜻의 기호 $\log_e x$를 사용하겠다. 실 지수 함수는 정의역 $\mathbb{R}$에서 일대일 함수이므로, 이것의 역함수를 정의하는 데 아무런 문제가 없다. 복소 해석학에서는 매우 다른 상황에 처하는데, 복소 지수 함수 e^z이 정의역 $\mathbb{C}$에서 일대일 함수가 아니기 때문이다. 사실, 영이 아닌 고정된 복소수 z에 대해 방정식 $e^w=z$에는 한없이 많은 해가 있다. 이를 확인하기 위해서, $w=u+iv$라고 하자. $e^w=z$이면, $|e^w|=|z|$이고 $\arg(e^w)=\arg(z)$이다. (4)와 (5)에 의해 $e^u=|z|$이고 $v=\arg(z)$이

← 주의 : $\log_e x$는 실 로그를나타내는 데 사용한다.

다. 또는 $u=\log_e|z|$이고 $v=\arg(z)$이다. 그러므로 영이 아닌 복소수 z에 대해 다음이 성립한다.

$$e^w = z\text{이면, } w=\log_e|z|+i\arg(z)\text{이다.} \tag{10}$$

z의 편각은 무수히 많기 때문에, (10)에 의해 방정식 $e^w=z$의 해 w는 무수히 많이 있다. (10)에 의해 정의된 값의 집합은 2.4절에서 설명한 다가 함수 $w=G(z)$를 정의하는데, 이를 z의 **복소 로그**라 하고 기호 $\ln z$로 나타낸다. 이런 논의 결과를 다음과 같이 요약한다.

용어
복소 로그 complex logarithm

정의 4.1.2 복소 로그

다음과 같이 정의되는 다가 함수 $\ln z$를 **복소 로그**라 한다.

$$\ln z = \log_e|z|+i\arg(z) \tag{11}$$

앞으로 기호 $\ln z$는 언제나 다가 복소 로그를 나타내는 데 사용하겠다. (11)을 지수 형식 $z=re^{i\theta}$으로 바꾸면, 다음과 같이 복소 로그를 나타내는 다른 방법을 얻는다.

주의: $\ln z$는 복소 로그를 나타내는 데 사용하다.

$$\ln z = \log_e r + i(\theta+2n\pi) \quad (n=0,\ \pm1,\ \pm2,\ \cdots) \tag{12}$$

(10)으로부터 복소 로그를 이용하면, 영이 아닌 복소수 z에 대해 지수 방정식 $e^w=z$의 해를 모두 얻을 수 있다.

보기 3 지수 방정식의 풀이

다음 방정식의 복소수 해를 모두 찾아라.

(a) $e^w=i$ (b) $e^w=1+i$ (c) $e^w=-2$

풀이 방정식 $e^w=z$의 해 집합은 $w=\ln z$로 주어지는데, 여기서 $\ln z$는 정의 4.1.2를 이용해서 찾을 수 있다.

(a) $z=i$이면 $|z|=1$이고 $\arg(z)=\pi/2+2n\pi$이므로, (11)에 의해 다음을 얻는다.

$$w=\ln i=\log_e 1+i\left(\frac{\pi}{2}+2n\pi\right)$$

$\log_e 1=0$이므로, 이를 간단히 하면 다음과 같다.

$$w=\frac{(4n+1)\pi}{2}i \quad (n=0,\ \pm1,\ \pm2,\ \cdots)$$

따라서 다음 각 값은 방정식 $e^w=i$를 만족시킨다.

$$w=\cdots,\ -\frac{7\pi}{2}i,\ -\frac{3\pi}{2}i,\ \frac{\pi}{2}i,\ \frac{5\pi}{2}i,\ \cdots$$

(b) $z=1+i$이면 $|z|=\sqrt{2}$이고 $\arg(z)=\frac{\pi}{4}+2n\pi$이므로, (11)에 의해 다음을 얻는다.

$$w=\ln(1+i)=\log_e\sqrt{2}+i\left(\frac{\pi}{4}+2n\pi\right)$$

$\log_e\sqrt{2}=\frac{1}{2}\log_e 2$이므로, 이를 다음과 같이 쓸 수 있다.

$$w=\frac{1}{2}\log_e 2+\frac{(8n+1)\pi}{4}i \quad (n=0,\ \pm 1,\ \pm 2,\ \cdots)$$

w의 이런 각 값은 방정식 $e^w=1+i$의 해이다.

(c) $z=-2$이면 $|z|=2$이고 $\arg(z)=\pi+2n\pi$이므로, 또 (11)에 의해 다음을 얻는다.

$$w=\ln(-2)=\log_e 2+i(\pi+2n\pi)$$

곧, 다음과 같다.

$$w=\log_e 2+(2n+1)\pi i \quad (n=0,\ \pm 1,\ \pm 2,\ \cdots)$$

w의 이런 각 값은 방정식 $e^w=-2$를 만족시킨다. ❑

로그 등식 정의 4.1.2를 이용하면, 복소 로그가 다음과 같은 등식을 만족시킴을 증명할 수 있다. 이런 성질은 실 로그와 비슷하다.

정리 4.1.3 $\ln z$의 대수적 성질

z_1과 z_2가 영이 아닌 복소수이고 n이 정수이면, 다음이 성립한다.

(i) $\ln(z_1z_2)=\ln z_1+\ln z_2$

(ii) $\ln\left(\frac{z_1}{z_2}\right)=\ln z_1-\ln z_2$

(iii) $\ln z_1^n=n\ln z_1$

증명 (i) 정의 4.1.2에 의해 다음이 성립한다.

$$\ln z_1+\ln z_2=\log_e|z_1|+i\arg(z_1)+\log_e|z_2|+i\arg(z_2)$$

$$=\log_e|z_1|+\log_e|z_2|+i\{\arg(z_1)+\arg(z_2)\} \tag{13}$$

실 로그는 두 양수 a와 b에 대해 성질 $\log_e a+\log_e b=\log_e(ab)$를 만족시키므로, $\log_e|z_1z_2|=\log_e|z_1|+\log_e|z_2|$와 같이 쓸 수 있다. 또, 1.3절의 (8)에 의해 $\arg(z_1)+\arg(z_2)=\arg(z_1z_2)$이 성립한다. 따라서 (13)을 다음과 같이 쓸 수 있다.

$$\ln z_1+\ln z_2=\log_e|z_1z_2|+i\arg(z_1z_2)=\ln(z_1z_2)$$ ❑

정리 4.1.3(ii)와 (iii)의 증명도 비슷하다. 익힘 문제 4.1의 문제 53과 54를 보라.

용어
으뜸 값 principal value

복소 로그의 으뜸 값 양의 실수의 복소 로그의 값이 무수히 많다는 사실은 흥미롭다. 예를 들면, 복소 로그 $\ln 5$는 임의의 정수 n에 대해 값 $1.6094 + 2n\pi i$의 집합이다. 반면에 실 로그 $\log_e 5$의 값은 단 하나 $\log_e 5 \fallingdotseq 1.6094$이다. $n = 0$에 대응하는 $\ln 5$의 유일한 값은 실 로그 $\log_e 5$의 값과 같다. 일반적으로 복소 로그의 이 값을 복소 로그의 으뜸 값이라 하는데, 이는 (11)에서 편각 $\arg(z)$ 대신에 으뜸 편각 $\text{Arg}(z)$를 사용하면 얻을 수 있기 때문이다. 로그의 으뜸 값을 기호 $\text{Ln}\, z$로 나타낸다. 그러므로 식 $f(z) = \text{Ln}\, z$는 함수를 정의한다. 반면에 $F(z) = \ln z$는 다가 함수를 정의한다. 이 논의를 다음 정의로 요약한다.

정의 4.1.3 복소 로그의 으뜸 값

다음과 같이 정의되는 복소 함수 $\text{Ln}\, z$를 **복소 로그의 으뜸 값**이라 한다.

$$\text{Ln}\, z = \log_e |z| + i\,\text{Arg}(z) \tag{14}$$

다가 함수 $\ln z$와 함수 $\text{Ln}\, z$를 모두 용어 로그 함수 또는 로그로 부르겠다. 그렇지만 어느 것을 언급하는지는 문맥에서 명확히 알 수 있을 것이다. (14)에 의해 복소 로그의 으뜸 값을 다음과 같이 나타낼 수도 있다.

$$\text{Ln}\, z = \log_e r + i\theta \quad (-\pi < \theta \le \pi) \tag{15}$$

보기 4 복소 로그의 으뜸 값

다음 복소수에 대한 복소 로그의 으뜸 값 $\text{Ln}\, z$를 찾아라.

(a) $z = i$ (b) $z = 1 + i$ (c) $z = -2$

풀이 정의 4.1.3의 (14)를 이용하자.

(a) $z = i$이면 $|z| = 1$이고 $\text{Arg}(z) = \pi/2$이므로, 다음을 얻는다.

$$\text{Ln}\, i = \log_e 1 + \frac{\pi}{2} i$$

그런데 $\log_e 1 = 0$이므로, 이를 간단히 하면 다음과 같다.

$$\text{Ln}\, i = \frac{\pi}{2} i$$

(b) $z = 1 + i$이면 $|z| = \sqrt{2}$이고 $\text{Arg}(z) = \pi/4$이므로, 다음을 얻는다.

$$\text{Ln}\,(1 + i) = \log_e \sqrt{2} + \frac{\pi}{4} i$$

$\log_e \sqrt{2} = \frac{1}{2}\log_e 2$이므로, 이를 다음과 같이 쓸 수 있다.

$$\text{Ln}(1+i) = \frac{1}{2}\log_e 2 + \frac{\pi}{4}i \fallingdotseq 0.3466 + 0.7854i$$

(c) $z = -2$이면 $|z| = 2$이고 $\text{Arg}(z) = \pi$이므로, 다음을 얻는다.

$$\text{Ln}(-2) = \log_e 2 + \pi i \fallingdotseq 0.6931 + 3.1412i$$

(a)~(c)에서 찾은 각 값은 보기 3의 $\ln z$에 대한 식에서 $n=0$으로 놓고 얻을 수도 있다. ❑

정리 4.1.3에서 복소 로그에 대한 등식은 복소 로그의 으뜸 값에 대해서는 성립하지 않을 수 있다. 예를 들면, 모든 복소수 z_1과 z_2에 대해 $\text{Ln}(z_1 z_2) = \text{Ln}\, z_1 + \text{Ln}\, z_2$는 참이 아니다. (일부 복소수에 대해서는 참일 수 있다.) 익힘 문제 4.1의 문제 55를 보라. ⬅ 주의

역함수로서의 Ln z $\text{Ln}\, z$는 복소 로그 $\ln z$의 값 중 하나이기 때문에, (10)에서 다음을 얻는다.

$$e^{\text{Ln}\, z} = z \quad (z \neq 0) \tag{16}$$

이 사실은 로그 함수 $\text{Ln}\, z$가 지수 함수 e^z의 역함수임을 시사한다. 복소 지수 함수는 정의역에서 일대일이 아니므로, 이 말은 완벽하게 정확하지는 않다. 오히려, 이런 함수들 사이의 관계는, 제곱 함수 z^2과 2.4절의 (7)에서 정의한 으뜸 제곱근 함수 $z^{1/2} = \sqrt{|z|}\, e^{i\text{Arg}(z)/2}$ 사이의 관계와 비슷하다. 먼저 지수 함수의 정의역을 적당한 구역으로 축소해서, 그 구역에서 일대일이 되도록 해야 한다. 그러면 역함수가 잘 정의될 수 있다. 익힘 문제 4.1의 문제 52에서, 그림 4.1.1에 나타낸 기본 구역 $-\infty < x < \infty$, $-\pi < y \leq \pi$에서 e^z이 일대일 함수임을 밝힐 것이다.

이제 e^z의 정의역을 기본 구역으로 제한하면, 복소 로그의 으뜸 값 $\text{Ln}\, z$가 그 역함수가 됨을 보이자. 이를 확인하기 위해서, 기본 구역 $-\infty < x < \infty$, $-\pi < y \leq \pi$의 한 점 z를 생각하자. (4)와 (5)에 의해, $|e^z| = e^x$이고 정수 n에 대해 $\arg(e^z) = y + 2n\pi$이다. 그러므로 y는 e^z의 편각이다. z가 기본 구역에 있으므로, $-\pi < y \leq \pi$이다. 그러므로 y는 e^z의 으뜸 편각이다. 곧, $\text{Arg}(e^z) = y$이다. 또, 실 로그에 의해 $\log_e e^x = x$이므로, 정의 4.1.3으로부터 다음을 얻는다.

$$\begin{aligned}\text{Ln}\, e^z &= \log_e |e^z| + i\,\text{Arg}(e^z) \\ &= \log_e e^x + iy\end{aligned}$$

$$= x + iy$$

이에 따라 다음이 성립한다.

$$-\infty < x < \infty \text{이고 } -\pi < y \le \pi \text{이면, } \operatorname{Ln} e^z = z \text{이다.} \qquad (17)$$

(16)과 (17)로부터 $\operatorname{Ln} z$는 기본 구역에서 정의된 e^z의 역함수라는 결론을 얻는다. 다음은 이런 함수들 사이의 관계를 요약한다.

e^z의 역함수로서의 $\operatorname{Ln} z$

복소 지수 함수 $f(z) = e^z$이 기본 구역 $-\infty < x < \infty$, $-\pi < y \le \pi$에서 정의되어 있으면, f는 일대일이고 f의 역함수는 복소 로그의 으뜸 값 $f^{-1}(z) = \operatorname{Ln} z$이다.

(16)은 영이 아닌 모든 복소수 z에서 성립하지만, (17)은 기본 구역에 있는 z에 대해서만 성립한다는 사실을 상기하자. 예를 들면, 기본 구역에 있지 않은 점 $z = 1 + \frac{3}{2}\pi i$에 대해서는 다음이 성립한다.

$$\operatorname{Ln} e^{1+3\pi i/2} = 1 - \frac{1}{2}\pi i \ne 1 + \frac{3}{2}\pi i$$

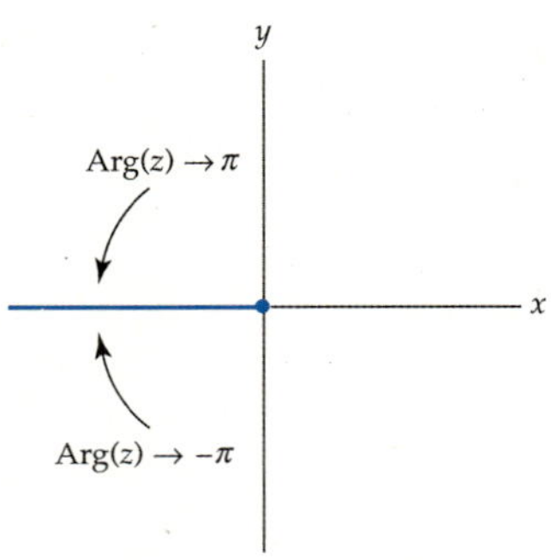

그림 4.1.4 $\operatorname{Ln} z$는 $z = 0$과 음의 실수축에서 불연속이다.

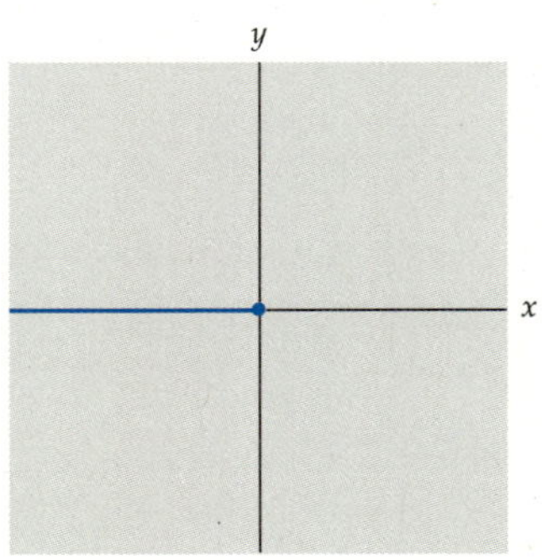

그림 4.1.5 f_1에 대한 분지 절단

해석성 복소 로그의 으뜸 값 $\operatorname{Ln} z$는 $z = 0$에서 불연속인데, 이 점에서 정의되어 있지 않기 때문이다. 이 함수는 또한 음의 실수축에 있는 모든 점에서도 불연속임을 밝힐 수 있다. 이는 직관적으로 명확한데, 제 2 사분면에 있으면서 음의 x축에 가까운 점 z에 대해 $\operatorname{Ln} z$의 값의 허수 부분은 π와 가깝지만 제 3 사분면에 있으면서 음의 x축에 가까운 점의 함숫값의 허수 부분은 $-\pi$와 가깝기 때문이다. 그림 4.1.4를 보라. 그렇지만 함수 $\operatorname{Ln} z$는 양이 아닌 실수축을 제외한 복소 평면에서 연속이다. 이를 확인하기 위해서, 복소 함수 $f(z) = u(x, y) + iv(x, y)$가 점 $z = x + iy$에서 연속이기 위한 필요 충분 조건은 두 실 함수 u와 v가 모두 (x, y)에서 연속이라는 정리 2.6.3을 이용하자. (14)에 의해 $\operatorname{Ln} z$의 실수 부분은 $u(x, y) = \log_e |z| = \log_e \sqrt{x^2 + y^2}$이고 허수 부분은 $v(x, y) = \operatorname{Arg}(z)$이다. 다변수 해석학에 배운 대로 함수 $u(x, y) = \log_e \sqrt{x^2 + y^2}$은 (0, 0)을 제외한 평면 전체에서 연속이고, 익힘 문제 2.6의 문제 55에서 밝힌 대로 함수 $v(x, y) = \operatorname{Arg}(z)$는 영역 $|z| > 0$, $-\pi < \arg(z) < \pi$에서 연속이다. 따라서 정리 2.6.3에 의해 $\operatorname{Ln} z$는 그림 4.1.5에 나타낸 다음 영역에서 연속 함수이다.

$$|z| > 0, \ -\pi < \arg(z) < \pi \qquad (18)$$

바꿔 말하면, 다음과 같이 정의된 함수 f_1은 (18)의 영역에서 연속이다.

$$f_1(z) = \log_e r + i\theta \tag{19}$$

여기서 $r = |z|$이고 $\theta = \arg(z)$다.

함수 f_1과 복소 로그의 으뜸 값 $\operatorname{Ln} z$은 둘이 모두 정의된 곳에서 일치하므로, f_1은 입력 z에 대해 다가 함수 $F(z) = \ln z$의 값 중에서 하나를 대응시킨다. 2.6절의 용어를 사용하면, (19)로 정의된 함수 f_1은 다가 함수 $F(z) = \ln z$의 분지이다. (다가 함수 F의 분지를 기호 f_1, f_2 등으로 나타낸다.) 이 분지를 **복소 로그의 으뜸 분지**라 한다. 그림 4.1.5에 나타낸 양이 아닌 실수축을 f_1에 대한 **분지 절단**이라 하고, 점 $z = 0$을 **분지 점**이라 한다. 다음 정리에서 증명하듯이, 분지 f_1은 이 영역에서 해석 함수이다.

용어
으뜸 분지 principal branch
분지 절단 branch cut
분지 점 branch point

정리 4.1.4 $\ln z$의 으뜸 분지의 해석성

(19)로 정의된 복소 로그의 으뜸 분지 f_1은 해석 함수이고, 그 도함수는 다음과 같다.

$$f_1{}'(z) = \frac{1}{z} \tag{20}$$

증명 f_1이 해석적임을 3.2절의 정리 3.2.2와 유사한 극 좌표를 이용한 결과를 이용해서 증명한다. f_1이 (18)에 나타낸 영역에서 정의되므로, z가 이 영역에 속하면 $-\pi < \theta < \pi$에 대해 $z = re^{i\theta}$을 나타낼 수 있다. f_1의 실수 부분은 $u(r, \theta) = \log_e r$이고 허수 부분은 $v(r, \theta) = \theta$이므로, 다음을 얻는다.

$$\frac{\partial u}{\partial r} = \frac{1}{r}, \quad \frac{\partial v}{\partial \theta} = 1$$

$$\frac{\partial v}{\partial r} = 0, \quad \frac{\partial u}{\partial \theta} = 0$$

그러므로 u와 v는 다음과 같이 극 좌표로 나타낸 코시·리만 방정식 (10)을 만족시킨다.

$$\frac{\partial u}{\partial r} = \frac{1}{r}\frac{\partial v}{\partial \theta}, \quad \frac{\partial v}{\partial r} = -\frac{1}{r}\frac{\partial u}{\partial \theta}$$

u와 v의 일계 편도함수가 (18)에 나타낸 영역의 모든 점에서 연속이므로, 정리 3.2.2에 의해 f_1은 이 영역에서 해석적이다. 또, 3.2절의 (11)에 의해 f_1의 도함수는 다음과 같다.

$$f'(z) = e^{-i\theta}\left(\frac{\partial u}{\partial r} + i\frac{\partial v}{\partial r}\right) = \frac{1}{re^{i\theta}} = \frac{1}{z}$$ ❑

(18)에 나타낸 영역의 모든 점 z에서 $f_1(z) = \operatorname{Ln} z$이므로, 정리 4.1.4에 의해 $\operatorname{Ln} z$는 이 영역에서 미분 가능하고, 그 도함수는 $f_1{}'$이다. 곧, $|z| > 0$,

$-\pi < \arg(z) < \pi$일 때 다음이 성립한다.

$$\frac{d}{dz}\operatorname{Ln} z = \frac{1}{z} \tag{21}$$

보기 5 로그 함수의 도함수

적절한 영역에서 다음 함수의 도함수를 찾아라.

(a) $z \operatorname{Ln} z$　　(b) $\operatorname{Ln}(z+1)$

풀이 (a) 3.1절의 미분 법칙에 의해 함수 $z\operatorname{Ln} z$는 두 함수 z와 $\operatorname{Ln} z$가 모두 미분가능한 점 전체에서 미분 가능하다. z는 전해석 함수이고 $\operatorname{Ln} z$는 (18)에 나타낸 영역에서 미분 가능하므로, $z\operatorname{Ln} z$는 $|z|>0$, $-\pi < \arg(z) < \pi$로 정의된 영역에서 미분 가능하다. 이 영역에서 도함수는 3.1절의 곱의 미분법 (4)와 위의 (21)에 의해 다음과 같다.

$$\frac{d}{dz}\{z\operatorname{Ln} z\} = 1 \cdot \operatorname{Ln} z + z \cdot \frac{1}{z} = \operatorname{Ln} z + 1$$

(b) 함수 $\operatorname{Ln}(z+1)$은 함수 $\operatorname{Ln} z$와 $z+1$의 합성이다. $z+1$은 전해석 함수이므로, 연쇄 법칙에 의해 $\operatorname{Ln}(z+1)$은 $|w|>0$, $-\pi < \arg(w) < \pi$인 점 $w = z+1$에서 미분 가능하다. 바꿔 말하면, 이 함수는 양이 아닌 실수축에 있지 않은 w에서 미분할 수 있다. 이에 대응해서 $\operatorname{Ln}(z+1)$이 미분 불가능한 z의 값을 결정하기 위해서, 먼저 z에 대해 풀어서 w의 식으로 나타내면 $z = w-1$이다. 방정식 $z = w-1$은 w평면에서 z평면 위로 -1만큼 평행 이동하는 선형 사상을 정의한다. 이 사상에 의해 양이 아닌 실수축은 그림 4.1.6에 나타낸 시점이 $z=-1$이고 점 $z=-2$를 지나는 반직선 위로 사상된다. 그러므로 점 $w = z+1$이 양이 아닌 실수축에 있으면, 점 z는 그림 4.1.6에 나타낸 반직선에 있다. 이에 따라 $\operatorname{Ln}(z+1)$은 이 반직선에 있지 않은 모든 점에서 미분 가능하다. 그런 점에서 연쇄 법칙에 의해 다음을 얻는다.

$$\frac{d}{dz}\operatorname{Ln}(z+1) = \frac{1}{z+1} \cdot 1 = \frac{1}{z+1}$$ ❑

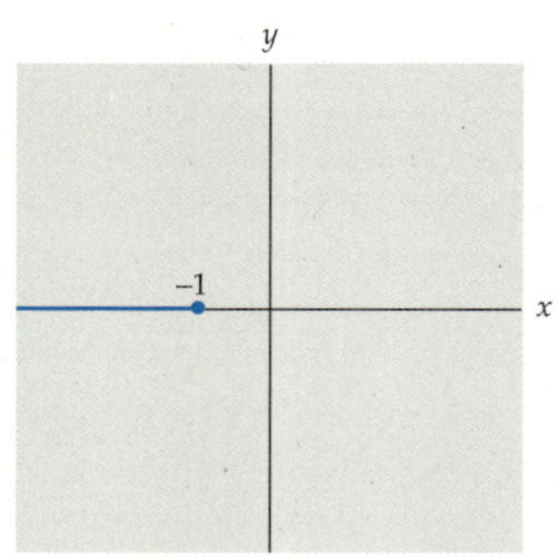

그림 4.1.6 $\operatorname{Ln}(z+1)$은 위에 나타낸 반직선에서 미분 불가능하다.

로그 사상 복소 로그 사상 $w = \operatorname{Ln} z$는 지수 사상 $w = e^z$을 통해 이해할 수 있는데, 이것들이 서로 역함수이기 때문이다. 예를 들면, $w = e^z$은 z평면의 기본 구역 $-\infty < x < \infty$, $-\pi < y \le \pi$를 w평면의 집합 $|w|>0$ 위로 사상하므로, 역사상 $w = \operatorname{Ln} z$는 z평면의 집합 $|z|>0$을 w평면의 구역 $-\infty < u < \infty$, $-\pi < v \le \pi$ 위로 사상한다. 지수 사상의 다른 성질들도 비슷한 방법으로 로그 사상의 성질로 다시 서술할 수 있다. 다음은 이런 성질들을 요약한 것이다.

로그 사상의 성질

(i) $w = \text{Ln}\,z$는 집합 $|z| > 0$을 구역 $-\infty < u < \infty$, $-\pi < v \le \pi$ 위로 사상한다.

(ii) $w = \text{Ln}\,z$는 원 $|z| = r$을 연직 선분 $u = \log_e r$, $-\pi < v \le \pi$ 위로 사상한다.

(iii) $w = \text{Ln}\,z$는 반직선 $\arg(z) = \theta$를 수평선 $v = \theta$, $-\infty < u < \infty$ 위로 사상한다.

보기 6 로그 사상

로그 사상 $w = \text{Ln}\,z$에 의한 원환 $2 \le |z| \le 4$의 상을 찾아라.

풀이 로그 사상의 성질 (ii)에 의해 원환의 경계인 두 원 $|z| = 2$와 $|z| = 4$는 각각 두 연직 선분 $u = \log_e 2$, $-\pi < v \le \pi$와 $u = \log_e 4$, $-\pi < v \le \pi$ 위로 사상된다. 비슷한 방법으로, 각 원 $|z| = r$, $2 \le r \le 4$는 연직 선분 $u = \log_e r$, $-\pi < v \le \pi$ 위로 사상된다. 실 로그 함수는 그 정의역에서 증가하므로, $u = \log_e r$은 $2 \le r \le 4$일 때 구간 $\log_e 2 \le u \le \log_e 4$의 모든 값을 취한다. 따라서 그림 4.1.7(a)에 나타낸 원환 $2 \le |z| \le 4$의 상은 그림 4.1.7(b)에 나타낸 직사각형 구역 $\log_e 2 \le u \le \log_e 4$, $-\pi < v \le \pi$이다. ❑

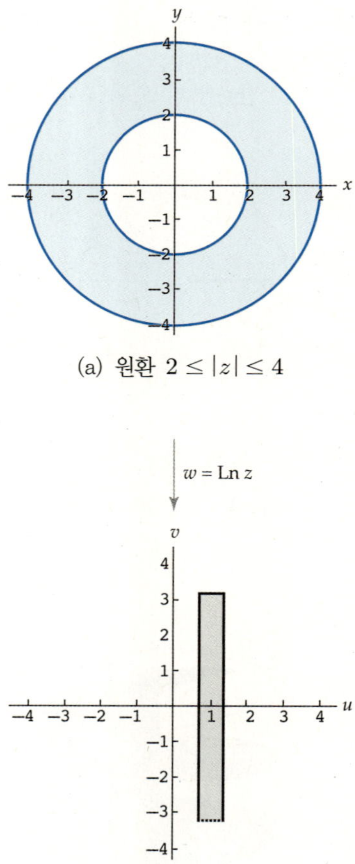

(a) 원환 $2 \le |z| \le 4$

(b) (a)의 원환의 상

그림 4.1.7 사상 $w = \text{Ln}\,z$

ln z의 다른 분지 (19)에서 정의한 복소 로그의 으뜸 분지 f_1은 다가 함수 $F(z) = \ln z$의 가능성 있는 많은 분지 중 하나이다. F의 다른 분지는, 단순히 (18)에서 θ를 정의하는 구간을 길이가 2π인 다른 구간으로 바꾸어 정의할 수 있다. 예를 들면, 다음은 분지 절단이 양이 아닌 허수축인 F의 분지를 정의한다.

$$f_2(z) = \log_e r + i\theta \quad \left(-\frac{\pi}{2} < \theta < \frac{3\pi}{2}\right)$$

분지 f_2에 대해 $f_2(1) = 0$, $f_2(2i) = \log_e 2 + \frac{1}{2}\pi i$, $f_2(-1-i) = \frac{1}{2}\log_e 2 + \frac{5}{4}\pi i$임을 확인해 보자.

복소 로그의 으뜸 분지 f_1이 해석적이라고 증명했던 방법과 똑같이, $F(z) = \ln z$의 다음과 같은 임의의 분지가 그 정의역에서 해석적임을 보일 수 있다.

$$f_k(z) = \log_e r + i\theta \quad (\theta_0 < \theta < \theta_0 + 2\pi)$$

그리고 도함수는 다음과 같다.

$$f_k'(z) = \frac{1}{z}$$

용어
무한대대일 infinite-to-one

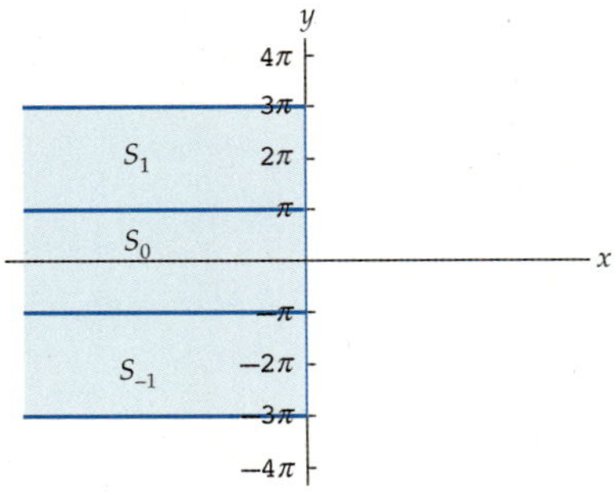

(a) 반무한 띠 S_n의 모임

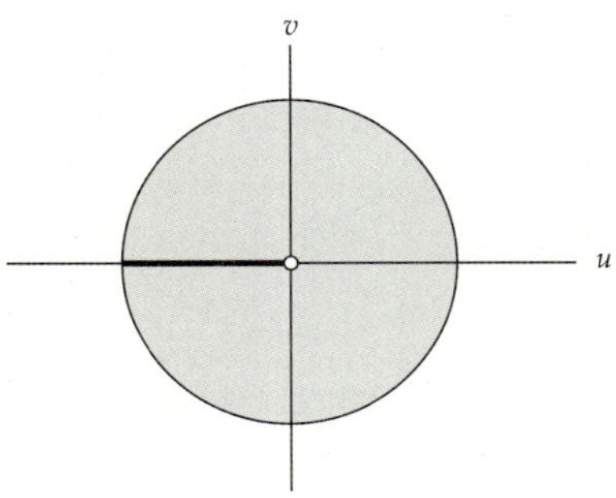

(b) 각 띠 S_n의 상은 뚫린 단위 원판

그림 4.1.8 사상 $w=e^z$

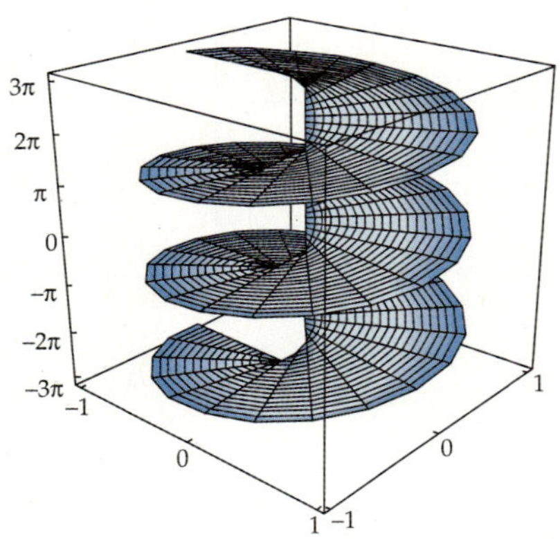

그림 4.1.9 $w=e^z$에 대한 리만 곡면

참고 실 해석학과의 비교

(i) 복소 지수 · 로그 함수는 여러 가지 면에서 실 지수 · 로그 함수와 비슷하지만, 다음과 같은 중요한 차이점은 상기할 필요가 있다.

- 실 지수 함수는 일대일이지만, 복소 지수 함수는 그렇지 않다.
- $\log_e x$는 단가 함수이지만, $\ln z$는 다가 함수이다.
- 실 로그의 많은 성질이 이를테면 $\ln(z_1z_2)=\ln z_1+\ln z_2$와 같이 복소 로그에도 적용되지만, 이런 성질들이 으뜸 값 $\operatorname{Ln} z$에 대해 항상 성립하지는 않는다.

(ii) 복소 지수 함수가 일대일이 아니므로, 2.4절의 끝에 있는 참고에서 설명한 대로, 리만 곡면을 이용해서 사상 $w=e^z$의 가시화를 도울 수 있다. 여기서 구성하는 리만 곡선은 또한 다가 함수 $w=\ln z$의 가시화도 도울 수 있다. 반평면 $x\le 0$에서 사상 $w=e^z$을 생각하자. $n=0,\ \pm 1,\ \pm 2,\ \cdots$에 대해 $(2n-1)\pi<y\le(2n+1)\pi$, $x\le 0$으로 정의된 각 반무한 띠 S_n은 그림 4.1.8(b)에 나타낸 뚫린 단위 원판 $0<|w|\le 1$ 위로 사상된다. 그림 4.1.8(a)에 나타낸 수평 반직선들은 그림 4.1.8(b)에 굵게 나타낸 선분 $-1\le u<0$ 위로 사상된다. 그러므로 $w=e^z$은 뚫린 단위 원판의 무한대대일 덮개를 묘사한다. 이 덮개를 가시화하기 위해, 각 반무한 띠 S_n에 대한 서로 다른 상인 원판 B_n이 있다고 상상하자. 이제 각 원판 B_n을 선분 $-1\le u<0$을 따라 자르자. 각 n에 대해 잘린 원판 B_n을 잘린 원판 B_{n+1}에 반직선 $y=(2n+1)\pi$의 상을 나타내는 모서리를 따라 붙여서 $w=e^z$에 대한 리만 곡면을 구성한다. 이 곡면을 xyz공간에 반평면의 각 z에 대해 $\cdots,\ B_{-1},\ B_0,\ B_1,\ \cdots$에 차례로 있는 z의 상$\cdots,\ z_{-1},\ z_0,\ z_1,\ \cdots$이 xy평면에 있는 점 $w=e^z$의 바로 위에 놓이도록 위치시킨다. 그림 4.1.9를 보라. 리만 곡면에 있는 점들을 xy평면 위에 연직 아래 방향으로 사영시키면, 사상 $w=e^z$의 무한대대일의 속성을 알게 된다. 역으로, 다가 함수 $F(z)=\ln z$은 xy평면에 있는 점 바로 위에 놓이는 리만 곡면에 있는 모든 점을 생각함으로써 가시화할 수 있다. 리만 곡면에 있는 이렇게 무수히 많은 점이 반평면 $u\le 0$에 있는 $F(z)$의 무수히 많은 값에 대응한다.

4.1 익힘 문제

4.1.1 복소 지수 함수

문제 1~4에서는 주어진 함수 f의 도함수 f'를 찾아라.

1. $f(z)=z^2e^{z+i}$
2. $f(z)=\dfrac{3e^{2z}-ie^{-z}}{z^3-1+i}$
3. $f(z)=e^{iz}-e^{-iz}$
4. $f(z)=ie^{1/z}$

문제 5~8에서는 주어진 식을 x와 y의 식으로 나타내라.

5. $\left|e^{z^2-z}\right|$
6. $\arg\left(e^{z-i/z}\right)$
7. $\arg\left(e^{i(z+\bar{z})}\right)$
8. $\overline{ie^z+1}$

문제 9~12에서는 주어진 함수 f를 $f(z)=u(x,\ y)+i\,v(x,\ y)$ 꼴로 나타내라.

9. $f(z)=e^{-iz}$
10. $f(z)=e^{2\bar{z}+i}$
11. $f(z)=e^{z^2}$
12. $f(z)=e^{1/z}$

13. 3.2절의 156쪽에 있는 미분 가능하기 위한 충분 조건을 이용해서 함수 $f(z)=e^{2\bar{z}+i}$이 미분 가능한 구역을 결정하라.
14. 3.2절의 156쪽에 있는 미분 가능하기 위한 충분 조건을 이용해서 함수 $f(z)=e^{\bar{z}^2}$이 미분 가능한 구역을 결정하라.

문제 15~20에서는 지수 사상에 의한 주어진 집합의 상을 찾아라.

15. 직선 $y=-2$
16. 직선 $x=3$
17. 무한 띠 $1<x\le 2$
18. 네 꼭짓점이 $0,\ 1,\ 1+i,\ i$인 정사각형
19. 직사각형 $0\le x\le \log_e 2,\ -\pi/4\le y\le \pi/2$
20. 반무한 띠 $-\infty<x\le 0,\ 0\le y\le \pi$

4.1.2 복소 로그 함수

문제 21~26에서는 주어진 로그의 모든 복소수값을 찾아라.

21. $\ln(-5)$
22. $\ln(-ei)$
23. $\ln(-2+2i)$
24. $\ln(1+i)$
25. $\ln(\sqrt{2}+\sqrt{6}\,i)$
26. $\ln(-\sqrt{3}+i)$

문제 27~32에서는 로그의 으뜸 값을 $a+ib$ 꼴로 써라.

27. $\text{Ln}(6-6i)$
28. $\text{Ln}(-e^2)$
29. $\text{Ln}(-12+5i)$
30. $\text{Ln}(3-4i)$
31. $\text{Ln}(1+\sqrt{3}\,i)^5$
32. $\text{Ln}(1+i)^4$

문제 33~36에서는 주어진 방정식을 만족시키는 z의 모든 복소수값을 찾아라.

33. $e^z=4i$
34. $e^{1/z}=-1$
35. $e^{z-1}=-i\,e^3$
36. $e^{2z}+e^z+1=0$

문제 37~40에서는 주어진 함수 f가 미분 가능한 영역과 도함수 f'를 찾아라.

37. $f(z)=3z^2-e^{2iz}+i\,\text{Ln}\,z$
38. $f(z)=(z+1)\,\text{Ln}\,z$
39. $f(z)=\dfrac{\text{Ln}(2z-i)}{z^2+1}$
40. $f(z)=\text{Ln}(z^2+1)$

문제 41~46에서는 사상 $w=\text{Ln}\,z$에 의한 주어진 집합의 상을 찾아라.

41. 반직선 $\arg(z)=\pi/6$

42. 양의 y축

43. 원 $|z|=4$

44. 제 1 사분면에서 두 원 $|z|=1$과 $|z|=e$로 둘러싸인 구역

45. 원환 $3 \le |z| \le 5$

46. 단위 원 $|z|=1$ 밖의 두 반직선 $\arg(z)=\pi/4$와 $\arg(z)=3\pi/4$ 사이의 구역

개념과 이해

47. (1)을 이용해서 $e^{z_1}/e^{z_2}=e^{z_1-z_2}$이 성립함을 증명하라.

48. (1)과 드 무아브르의 공식을 이용해서 정수 n에 대해 $\left(e^{z_1}\right)^n=e^{nz_1}$임을 증명하라.

49. 복소 함수 $e^{\bar{z}}$이 해석적인 곳을 결정하라.

50. 이 문제에서는 (1)에서 정의한 복소 지수 함수가 실수 z에 대해 실 지수 함수 e^x와 일치하고 모든 z에 대해 미분 방정식 $f'(z)=f(z)$를 만족시키는 유일한 전해석 함수라는 사실을 밝히겠다.

   (a) $f(z)=u(x, y)+iv(x, y)$는 전해석 복소 함수이고 $f'(z)=f(z)$라 하자. u와 v가 다음 미분 방정식을 만족시키는 이유를 설명하라.

   $$u_x(x, y)=u(x, y), \quad v_x(x, y)=v(x, y)$$

   (b) $u(x, y)=a(y)e^x$과 $v(x, y)=b(y)e^x$가 (a)의 미분 방정식의 해임을 보여라.

   (c) $f(z)$가 실수 z에 대해 실 지수 함수와 일치한다는 가정에 의해 $a(0)=1$과 $b(0)=0$이 성립하는 이유를 설명하라.

   (d) 두 함수 $a(y)$와 $b(y)$가 다음 연립 미분 방정식을 만족시키는 이유를 설명하라.

   $$\begin{cases} a(y)-b'(y)=0 \\ a'(y)+b(y)=0 \end{cases}$$

   (e) 초기 조건이 $a(0)=1$과 $b(0)=0$인 (d)의 연립 미분 방정식을 풀어라.

   (f) (a)~(e)의 결과를 이용해서 (1)에서 정의한 복소 지수 함수가 실수 z에 대해 실 지수 함수와 일치하고 모든 z에 대해 미분 방정식 $f'(z)=f(z)$를 만족시키는 유일한 전해석 함수라는 사실을 보여라.

51. 지수 함수에 의한 직선 $y=x$의 상을 설명하라. [*귀띔*: 극 좌표를 이용한 상의 식 $r(\theta)$를 찾아라.]

52. e^z이 기본 구역 $-\infty < x < \infty$, $-\pi < y \le \pi$에서 일대일 함수임을 증명하라.

53. 영이 아닌 임의의 두 복소수 z_1과 z_2에 대해 $\ln\left(\dfrac{z_1}{z_2}\right)=\ln z_1-\ln z_2$임을 증명하라.

54. 영이 아닌 임의의 복소수 z_1과 모든 정수 n에 대해 $\ln z_1^n = n \ln z_1$임을 증명하라.

55. (a) $\text{Ln}(z_1 z_2) \neq \text{Ln}\, z_1 + \text{Ln}\, z_2$인 두 복소수 z_1과 z_2를 찾아라.
(b) $\text{Ln}(z_1 z_2) = \text{Ln}\, z_1 + \text{Ln}\, z_2$인 두 복소수 z_1과 z_2를 찾아라.
(c) $\text{Ln}(z_1 z_2) = \text{Ln}\, z_1 + \text{Ln}\, z_2$이 성립하기 위한 z_1과 z_2의 조건을 찾아라.

56. 모든 정수 n과 복소수 z_1에 대해 $\text{Ln}\, z_1^n = n \text{Ln}\, z_1$이 성립하는가? 참이면 증명하고 거짓이면 반례를 들어라.

컴퓨터 실습 과제

대부분의 CAS에는 $\text{Ln}\, z$의 값을 찾는 함수가 내장되어 있다. 예를 들면 *Mathematica*에서 구문 **Log[a+b I]**는 $a+bi$의 복소 로그의 으뜸 값을 찾는다. 이 값의 수치적 근삿값을 구하려면 식 **N[Log[a+b I]]**을 입력한다. 예를 들면, *Mathematica*는 **N[Log[2+3 I]]**가 근사적으로 $1.28247 + 0.982794i$임을 알려준다.

문제 57~62에서는 CAS를 사용해서 $\text{Ln}\, z$의 값을 찾아라.

57. $z = -1 - i$

58. $z = 2 - 3i$

59. $z = 3 + \pi i$

60. $z = 13 + \sqrt{2}\, i$

61. $z = 4 + 10i$

62. $z = \dfrac{12 - i}{2 + 3i}$

문제 63~66에서는 CAS를 사용해서 다음 방정식의 해 하나를 찾아라.

63. $e^{5z - i} = 12i$

64. $e^{iz} = 2 - 5i$

65. $3e^{(2+i)z} = 5 - i$

66. $ie^{z-2} = \pi$

4.2 복소수 멱

이번 절에서는 복소 상수 α에 대해 복소수 멱 z^α을 다룬다. 이번 절을 생략해도, 나머지 장의 주제를 전개하는 데 크게 영향을 받지 않는다.

2.4절에서 정수 n에 대한 z^n 꼴과 2 이상의 자연수 n에 대한 $z^{1/n}$ 꼴의 특별한 멱 함수를 조사했다. 이런 함수들은 통상적인 제곱과 세제곱 및 제곱근과 세제곱근 등을 일반화했다. 이번 절에서 복소수의 임의의 실수 또는 복소수 멱을 취하는 문제를 분석한다. 단순한 정수 멱은 복소수의 곱셈으로 쉽게 이해할 수 있다. 예를 들면, $(1+i)^3 = (1+i)(1+i) \cdot (1+i) = -2 + 2i$이다. 그렇지만 $(1+i)^i$과 같은 복소수 멱을 이와 비슷한 방식으로 설명할 수는 없다. 이런 식을 정의하기 위해서, 4.1절에 다룬 복소 지수·로그 함수를 이용할 것이다.

용어
복소수 멱 complex power

복소수 멱 도입문에서 언급한 $(1+i)^i$과 같은 복소수 멱은 복소 지수·로그 함수를 이용해서 정의한다. 4.1절의 (10)에서 밝힌 대로, 영이 아닌 복소수 z에 대해 $z=e^{\ln z}$이다. 그러므로 n이 정수이면 정리 4.1.2(iv)에 의해 z^n을 $z^n=(e^{\ln z})^n=e^{n\ln z}$이다. 정수 지수 n에 대해 성립하는 이 공식은 임의의 복소수 지수 α에 대해 복소수 멱 z^α을 다음과 같은 공식으로 정의할 것을 시사한다.

정의 4.2.1 복소수 멱

α가 복소수이고 $z\neq 0$이면, 복소수 멱 z^α은 다음과 같이 정의한다.

$$z^\alpha = e^{\alpha\ln z} \tag{1}$$

복소 로그 $\ln z$가 다가이기 때문에, 일반적으로 (1)에 의해 무수히 많은 값을 얻는다. 그렇지만 α가 정수이면 (1)의 식을 단가이다. (정수 n에 대해 z^n이 함수라는 사실과 일치한다.) 이를 확인하기 위해서 정리 4.1.2(ii)를 이용하면 다음을 얻는다.

$$z^n = e^{n\ln z} = e^{n\{\log_e|z| + i\arg(z)\}} = e^{n\log_e|z|}e^{n\arg(z)i} \tag{2}$$

$\theta = \text{Arg}(z)$이면, 정수 k에 대해 $\arg(z)=\theta+2k\pi$이므로 다음이 성립한다.

$$e^{n\arg(z)i} = e^{n(\theta+2k\pi)i} = e^{n\theta i}e^{2nk\pi i}$$

정의 4.1.1에 의해 $e^{2nk\pi i}=\cos(2nk\pi)+i\sin(2nk\pi i)$이다. n과 k가 정수이므로, $2nk\pi$는 π의 짝수인 정수 배이고, 이에 따라 $\cos(2nk\pi)=1$이고 $\sin(2nk\pi)=0$이다. 결론적으로 $e^{2nk\pi i}=1$이고 (2)를 다음과 같이 다시 쓸 수 있는데, 이는 단가이다.

$$z^n = e^{n\log_e|z|}e^{n\,\text{Arg}(z)i} \tag{3}$$

앞의 논의에 의해 (1)이 단가 함수를 정의할 수는 있지만, 일반적으로 다음은 다가 함수를 정의한다는 사실을 상기하자.

$$z^\alpha = e^{\alpha\ln z} \tag{4}$$

(4)와 같이 정의된 다가 함수를 복소 멱 함수라 한다.

용어
복소 멱 함수 complex power function

보기 1 복소수 멱

다음 복소수 멱의 값을 찾아라.

(a) i^{2i} (b) $(1+i)^i$

풀이 z^α의 값을 (1)을 이용해서 찾는다.

(a) 4.1절의 보기 3(a)에서 다음을 밝혔다.

$$\ln i = \frac{(4n+1)\pi}{2} i$$

그러므로 (1)에 $z = i$와 $\alpha = 2i$를 대입하면 다음을 얻는다.

$$i^{2i} = e^{2i\ln i} = e^{2i\{(4n+1)\pi i/2\}} = e^{-(4n+1)\pi} \quad (n = 0, \pm 1, \pm 2, \cdots)$$

$n = -1, 0, 1$에 대응하는 i^{2i}의 값은 차례로 12391.6, 0.0432, 1.507×10^{-7}이다.

← 주의: i^{2i}의 모든 값이 실수이다.

(b) 4.1절의 보기 3(b)에서 다음을 밝혔다.

$$\ln(1+i) = \frac{1}{2}\log_e 2 + \frac{(8n+1)\pi}{4} i \quad (n = 0, \pm 1, \pm 2, \cdots)$$

그러므로 (1)에 $z = 1 + i$와 $\alpha = i$를 대입하면 다음을 얻는다.

$$\begin{aligned}(1+i)^i &= e^{i\ln(1+i)} = e^{i\{(\log_e 2)/2 + (8n+1)\pi i/4\}} \\ &= e^{-(8n+1)\pi/4 + i(\log_e 2)/2} \quad (n = 0, \pm 1, \pm 2, \cdots)\end{aligned}$$ ❑

(1)에 정의된 복소수 멱은 실수 멱과 비슷한 다음과 같은 성질을 만족시킨다.

$$z^{\alpha_1} z^{\alpha_2} = z^{\alpha_1 + \alpha_2}, \quad \frac{z^{\alpha_1}}{z^{\alpha_2}} = z^{\alpha_1 - \alpha_2}$$
$$(z^{\alpha})^n = z^{n\alpha} \quad (n = 0, \pm 1, \pm 2, \cdots) \tag{5}$$

이런 성질 각각은 정의 4.2.1과 정리 4.1.2로부터 유도할 수 있다. 예를 들면, 정의 4.2.1에 의해 $z^{\alpha_1} z^{\alpha_2} = e^{\alpha_1 \ln z} e^{\alpha_2 \ln z}$이다. 이것은 정리 4.1.2(ii)를 이용해서 $z^{\alpha_1} z^{\alpha_2} = e^{\alpha_1 \ln z + \alpha_2 \ln z} = e^{(\alpha_1 + \alpha_2)\ln z}$과 같이 다시 쓸 수 있다. (1)에 의해 $e^{(\alpha_1 + \alpha_2)\ln z} = z^{\alpha_1 + \alpha_2}$이므로, $z^{\alpha_1} z^{\alpha_2} = z^{\alpha_1 + \alpha_2}$이 성립한다.

실수 지수의 성질이 복소수 지수에 대해 모두 성립하지는 않는다. 예로 이번 절의 끝에 있는 참고를 보라.

복소수 멱의 으뜸 값 앞에서 지적한 대로, (1)에서 정의한 복소수 멱 z^{α}은 일반적으로 다가인데, 다가의 복소 로그 $\ln z$를 사용해서 정의하기 때문이다. $\ln z$ 대신에 복소 로그의 으뜸 값 $\mathrm{Ln}\, z$를 사용해서 z^{α}에 유일한 값을 대응시킬 수 있다. 복소수 멱의 이 특별한 값을 z^{α}의 **으뜸 값**이라 한다. 예를 들면, $\mathrm{Ln}\, i = \pi i/2$이므로, i^{2i}의 으뜸 값은 보기 1의 (a)에서 $n = 0$에 대응하는 i^{2i}의 값이다. 곧, i^{2i}의 으뜸 값은 $e^{-\pi} \fallingdotseq 0.0432$이다.

정의 4.2.2 복소수 멱의 으뜸 값

α가 복소수이고 $z \neq 0$이면, 다음과 같이 정의된 함수를 **복소수 멱의 으뜸 값**이라 한다.

$$z^{\alpha} = e^{\alpha \mathrm{Ln}\, z} \tag{6}$$

주의 ➡ 기호 z^α은 (4)의 다가 멱 함수 $F(z)=z^\alpha$와 (6)에서 정의한 으뜸 값 멱 함수를 나타내는데 모두 사용한다. 둘 중에서 어느 것을 언급하는지는 문맥에서 명확할 것이다.

보기 2 복소수 멱의 으뜸 값

다음 복소수 멱의 으뜸 값을 찾아라.

(a) $(-3)^{i/\pi}$ (b) $(2i)^{1-i}$

풀이 (6)을 이용해서 z^α의 으뜸 값을 찾는다.

(a) $z=-3$이면 $|z|=3$이고 $\text{Arg}(-3)=\pi$이므로, 4.1절의 (14)에 의해 $\text{Ln}(-3)=\log_e 3+i\pi$이다. 그러므로 (6)에 $z=-3$과 $\alpha=i/\pi$를 대입하면 다음을 얻는다.

$$(-3)^{i/\pi}=e^{(i/\pi)\text{Ln}(-3)}=e^{(i/\pi)(\log_e 3+i\pi)}=e^{-1+i(\log_e 3)/\pi}$$

4.1절의 정의 4.1.1에 의해 다음이 성립한다.

$$e^{-1+i(\log_e 3)/\pi}=e^{-1}\left(\cos\frac{\log_e 3}{\pi}+i\sin\frac{\log_e 3}{\pi}\right)$$

그러므로 $(-3)^{i/\pi}\fallingdotseq 0.3456+0.1260i$이다.

(b) $z=2i$이면 $|z|=2$이고 $\text{Arg}(z)=\pi/2$이므로, 4.1절의 (14)에 의해 $\text{Ln}\,2i=\log_e 2+i\pi/2$이다. 그러므로 (6)에 $z=2i$와 $\alpha=1-i$를 대입하면 다음을 얻는다.

$$(2i)^{1-i}=e^{(1-i)\text{Ln}\,2i}=e^{(1-i)(\log_e 2+i\pi/2)}=e^{\log_e 2+\pi/2-i(\log_e 2-\pi/2)}$$

4.1절의 정의 4.1.1에 의해 다음과 같은 근삿값을 얻는다.

$$(2i)^{1-i}=e^{\log_e 2+\pi/2}\left\{\cos\left(\log_e 2-\frac{\pi}{2}\right)-i\sin\left(\log_e 2-\frac{\pi}{2}\right)\right\}$$

$$\fallingdotseq 6.1474+7.4008i$$

❑

해석성 일반적으로 (6)에 의해 정의된 복소수 멱의 으뜸 값 z^α은 복소 평면에서 연속 함수가 아닌데, 함수 $\text{Ln}\,z$가 복소 평면에서 연속이 아니기 때문이다. 그렇지만 함수 $e^{\alpha z}$이 복소 평면 전체에서 연속이고 함수 $\text{Ln}\,z$가 영역 $|z|>0$, $-\pi<\arg(z)<\pi$에서 연속이므로, z^α은 영역 $|z|>0$, $-\pi<\arg(z)<\pi$에서 연속이다. 극 좌표 $r=|z|$과 $\theta=\arg(z)$를 사용해서 다음과 같이 정의된 함수가 다가 함수 $F(z)=z^\alpha=e^{\alpha\ln z}$의 분지임을 밝혔다.

확인 : 다가 함수 F의 분지는 $f_1, f_2, \cdots$ 등으로 나타낸다. ➡

$$f_1(z)=e^{\alpha(\log_e r+i\theta)}\quad(-\pi<\theta<\pi) \tag{7}$$

이 특별한 분지를 복소수 멱 z^α의 으뜸 분지라고 한다. 분지 절단은 양이 아닌 실수축이고, 분지 점은 $z=0$이다.

(7)에서 정의한 분지 f_1은 영역 $|z|>0$, $-\pi<\arg(z)<\pi$에서 (6)에서 정의한 으뜸 값 z^α와 일치한다. 결론적으로, f_1의 도함수는 3.1절의 연쇄 법칙 (6)을 이용해서 다음과 같이 찾을 수 있다.

$$f_1{}'(z)=\frac{d}{dz}e^{\alpha \operatorname{Ln} z}=e^{\alpha \operatorname{Ln} z}\frac{d}{dz}\{\alpha \operatorname{Ln} z\}=e^{\alpha \operatorname{Ln} z}\frac{\alpha}{z} \tag{8}$$

으뜸 값 $z^\alpha=e^{\alpha \operatorname{Ln} z}$을 이용하면, (8)은 간단히 $f_1{}'(z)=\alpha z^\alpha/z=\alpha z^{\alpha-1}$이 된다. 곧, 영역 $|z|>0$, $-\pi<\arg(z)<\pi$에서 복소수 멱 z^α의 으뜸 값은 미분 가능하고, 도함수는 다음과 같다.

$$\frac{d}{dz}z^\alpha=\alpha z^{\alpha-1} \tag{9}$$

이는 3.1절의 멱의 미분법 (7)이 지정된 영역에서 복소수 멱의 으뜸 값에 대해 성립함을 밝혀준다.

다가 함수 $F(z)=z^\alpha$의 다른 분지도 (7)의 공식을 사용해서 θ를 정하는 길이가 2π인 다른 구간에서 정의할 수 있다. 예를 들면, $f_2(z)=e^{\alpha(\log_e r+i\theta)}$ $(-\pi/4<\theta<7\pi/4)$는 분지 절단이 반직선 $\arg(z)=-\pi/4$이고 분지 점이 $z=0$인 F의 분지를 정의한다.

보기 3 멱 함수의 도함수

점 $z=1+i$에서 으뜸 값 z^i의 도함수를 찾아라.

풀이 점 $z=1+i$은 영역 $|z|>0$, $-\pi<\arg(z)<\pi$에 속하므로, (9)에 의해 다음을 얻는다.

$$\frac{d}{dz}z^i=i\,z^{i-1},$$

$$\left.\frac{d}{dz}z^i\right|_{z=1+i}=\left.i\,z^{i-1}\right|_{z=1+i}=i(1+i)^{i-1}$$

(5)를 이용해서, 이 값을 다음과 같이 다시 쓸 수 있다.

$$i(1+i)^{i-1}=i(1+i)^i(1+i)^{-1}=i(1+i)^i\frac{1}{1+i}=\frac{1+i}{2}(1+i)^i$$

또, 보기 1의 (b)에서 $n=0$일 때 $(1+i)^i$의 으뜸 값은 다음과 같다.

$$(1+i)^i=e^{-\pi/4+i(\log_e 2)/2}$$

따라서 다음을 얻는다.

$$\left.\frac{d}{dz}z^i\right|_{z=1+i}=\frac{1+i}{2}e^{-\pi/4+i(\log_e 2)/2}\fallingdotseq 0.1370+0.2910\,i$$ ❑

참고 실 해석학과의 비교

(i) 195쪽에서 언급한 대로, 실수 멱의 성질 중 몇 가지는 복소수 멱에 대해 성립하지 않는다. 한 가지 예는 복소수 멱에서 α_2가 정수가 아니면 $\left(z^{\alpha_1}\right)^{\alpha_2} \neq z^{\alpha_1\alpha_2}$이다. 익힘 문제 4.2의 문제 14를 보라.

(ii) 복소 로그에서와 마찬가지로, 복소수 멱에 대해 성립하는 몇 가지 성질이 복소수 멱의 으뜸 값에 대해서는 성립하지 않는다. 예를 들면, 정의 4.2.1과 정리 4.1.2를 이용하면 영이 아닌 임의의 복소수 z_1과 z_2에 대해 $(z_1z_2)^\alpha = z_1^\alpha z_2^\alpha$이 성립함을 증명할 수 있다. 그렇지만 이 성질은 이런 복소수 멱의 으뜸 값에 대해서는 성립하지 않는다. 이를테면 $z_1=-1$, $z_2=i$, $\alpha=i$일 때 (6)에 의해 $(-1\cdot i)^i$의 으뜸 값은 $e^{i\mathrm{Ln}(-i)}=e^{\pi/2}$이다. 반면에 $(-1)^i$과 i^i의 으뜸 값의 곱은 $e^{i\mathrm{Ln}(-1)}e^{i\mathrm{Ln}\,i}=e^{-\pi}e^{-\pi/2}=e^{-3\pi/2}$이다.

4.2 익힘 문제

문제 1~6에서는 주어진 복소수 멱의 값을 모두 찾아라.

1. $(-1)^{3i}$
2. $3^{2i/\pi}$
3. $(1+i)^{1-i}$
4. $(1+\sqrt{3}\,i)^i$
5. $(-i)^i$
6. $(ei)^{\sqrt{2}}$

문제 7~12에서는 주어진 복소수 멱의 으뜸 값을 찾아라.

7. $(-1)^{3i}$
8. $3^{2i/\pi}$
9. 2^{4i}
10. $i^{i/\pi}$
11. $(1+\sqrt{3}\,i)^{3i}$
12. $(1+i)^{2-i}$

13. $z\neq 0$에 대해 $\dfrac{z^{\alpha_1}}{z^{\alpha_2}}=z^{\alpha_1-\alpha_2}$이 성립함을 밝혀라.

14. (a) $z\neq 0$과 정수 n에 대해 $\left(z^{\alpha}\right)^n=z^{n\alpha}$이 성립함을 밝혀라.

    (b) $z\neq 0$에 대해 $\left(z^{\alpha_1}\right)^{\alpha_2}\neq z^{\alpha_1\alpha_2}$임을 예시하는 예를 찾아라.

문제 15~18에서는 주어진 점에서 주어진 함수의 도함수를 찾아라. z^α은 영역 $|z|>0$, $-\pi<\arg(z)<\pi$에서 정의된 복소수 멱의 으뜸 값을 나타낸다.

15. $z^{3/2}$; $z=1+i$
16. z^{2i}; $z=i$
17. z^{1+i}; $z=1+\sqrt{3}\,i$
18. $z^{\sqrt{2}}$; $z=-i$

개념과 이해

19. 임의의 복소수 $z\neq 0$에 대해 z^0의 값을 찾아라.

20. $x=0,\ \pm1,\ \pm2,\ \cdots$일 때 $\alpha=x+iy$에 대해 1^α은 어떤 값인가?

21. n이 양의 정수일 때 $\alpha = 1/n$에 대해 z^α의 으뜸 값이 z의 으뜸 n제곱근과 같음을 보여라.

22. (a) α가 유리수일 때(곧, 서로 소인 두 정수 m과 n에 대해 $\alpha = m/n$일 때) z^α이 유한가임을 보여라. 곧, z^α의 값이 유한 개임을 보여라.
    (b) α가 무리수이거나(곧, 유리수가 아니거나) 복소수일 때 z^α이 무한가임을 보여라.

23. (5)에 나열한 등식 중에서 z^α의 으뜸 값에 대해 성립하는 것은?

24. 실수의 유용한 성질 중에 $x^\alpha y^\alpha = (xy)^\alpha$가 있다.
    (a) 성질 $z^\alpha w^\alpha = (zw)^\alpha$이 복소수 멱에 대해 성립하는가?
    (b) 성질 $z^\alpha w^\alpha = (zw)^\alpha$이 복소수 멱의 으뜸 값에 대해 성립하는가?

컴퓨터 실습 과제

대부분의 CAS에는 복소수 멱의 으뜸 값을 찾는 함수가 내장되어 있다. *Mathematica*에서는 구문 **(a +b I)^(c +d I)**을 사용하면 된다. *Mathematica*에서 이 값의 수치적인 근삿값을 찾기 위해서는, 식 **N[(a +b I)^(c +d I)]**을 입력한다. *Mathematica*에 이를테면 **N[(1 +2 I)^(3 +2 I)]**을 입력하면 근삿값으로 $0.2647 - 1.1922i$를 출력한다.

문제 25~30에서는 CAS를 사용해서 주어진 복소수 멱의 으뜸 값을 찾아라.

25. $(1-5i)^i$
26. 5^{5-2i}
27. $(2-i)^{3+2i}$
28. $(1-4i)^{1+3i}$
29. $(1+i)^{(1+i)^{1+i}}$
30. $(1-3i)^{1/4}$

4.3 삼각 함수와 쌍곡선 함수

이번 절에서는 복소 삼각 함수와 복소 쌍곡선 함수를 정의한다. 지난 절에서 정의한 두 복소 함수 e^z와 $\operatorname{Ln} z$와 마찬가지로, 실수를 입력할 때 이런 함수들도 대응하는 실 함수와 일치한다. 또, 복소 삼각 함수 및 복소 쌍곡선 함수는 실 삼각 함수 및 실 쌍곡선 함수와 똑같은 등식을 많이 만족시키고, 도함수도 똑같다.

4.3.1 복소 삼각 함수

x가 실 변수이면, 정의 4.1.1에 의해 다음이 성립한다.

$$e^{ix} = \cos x + i\sin x, \quad e^{-ix} = \cos x - i\sin x \tag{1}$$

이 등식들을 더하고 간단히 하면, 실 코사인 함수와 복소 지수 함수를 관련짓는 다음과 같은 식을 얻는다.

$$\cos x = \frac{e^{ix} + e^{-ix}}{2} \tag{2}$$

비슷한 방법으로, (1)의 두 등식을 빼면 실 사인 함수에 대한 다음 식을 얻는다.

$$\sin x = \frac{e^{ix} - e^{-ix}}{2i} \tag{3}$$

(2)와 (3)에 주어진 실 코사인과 실 사인 함수에 대한 공식을 이용하면 복소 사인과 복소 코사인 함수를 정의할 수 있다. 곧, (2)와 (3)에서 실 변수 x를 복소 변수 z로 바꾸어 복소 삼각 함수를 정의한다.

정의 4.3.1 복소 사인과 복소 코사인 함수

복소 사인과 복소 코사인 함수를 다음과 같이 정의한다.

$$\sin z = \frac{e^{iz} - e^{-iz}}{2i}, \quad \cos z = \frac{e^{iz} + e^{-iz}}{2} \tag{4}$$

(2)와 (3)에 의해, (4)에서 정의한 복소 사인과 복소 코사인 함수는 실수 입력에 대해 각각 실 사인과 실 코사인 함수와 일치한다. 다음으로 복소 탄젠트 · 코탄젠트 · 시컨트 · 코시컨트 함수는 복소 사인과 복소 코사인 함수를 사용해서 다음과 같이 정의한다.

$$\tan z = \frac{\sin z}{\cos z}, \quad \cot z = \frac{\cos z}{\sin z}, \quad \sec z = \frac{1}{\cos z}, \quad \csc z = \frac{1}{\sin z} \tag{5}$$

이런 함수들도 실수 입력에 대해 대응하는 실 함수와 일치한다.

보기 1 복소 삼각 함수의 값

주어진 삼각 함수의 값을 $a+ib$ 꼴로 나타내라.

(a) $\cos i$ (b) $\sin(2+i)$ (c) $\tan(\pi - 2i)$

풀이 각 식에 대해 (4) 또는 (5)의 적절한 공식을 적용하고 간단히 한다.

(a) (4)에 의해 다음을 얻는다.

$$\cos i = \frac{e^{i\cdot i} + e^{-i\cdot i}}{2} = \frac{e^{-1} + e}{2} \fallingdotseq 1.5431$$

(b) (4)에 의해 다음을 얻는다.

$$\begin{aligned}\sin(2+i) &= \frac{e^{i(2+i)} - e^{-i(2+i)}}{2i} \\ &= \frac{e^{-1+2i} - e^{1-2i}}{2i} \\ &= \frac{e^{-1}(\cos 2 + i\sin 2) - e(\cos(-2) + i\sin(-2))}{2i}\end{aligned}$$

$$\fallingdotseq \frac{0.9781 + 2.8062i}{2i}$$
$$\fallingdotseq 1.4031 - 0.4891i$$

(c) (5)의 첫째 식과 함께 (4)를 이용하면 다음을 얻는다.

$$\begin{aligned}\tan(\pi - 2i) &= \frac{(e^{i(\pi-2i)} - e^{-i(\pi-2i)})/2i}{(e^{i(\pi-2i)} + e^{-i(\pi-2i)})/2} \\ &= \frac{e^{i(\pi-2i)} - e^{-i(\pi-2i)}}{(e^{i(\pi-2i)} + e^{-i(\pi-2i)})i} \\ &= -\frac{e^2 - e^{-2}}{e^2 + e^{-2}}i \fallingdotseq -0.9640i\end{aligned}$$ ❑

등식 실 삼각 함수에 대한 친숙한 등식 대부분이 복소 삼각 함수에 대해 성립한다. 이런 등식은 정의 4.3.1과 복소 지수 함수의 성질을 이용해서 유도한다. 여기에 좀 더 유용한 삼각 등식 몇 가지를 나열한다. (6)~(10)의 각 결과는 그에 대응하는 실 함수의 경우와 일치한다.

$$\sin(-z) = -\sin z, \quad \cos(-z) = \cos z, \tag{6}$$

$$\cos^2 z + \sin^2 z = 1, \tag{7}$$

$$\sin(z_1 \pm z_2) = \sin z_1 \cos z_2 \pm \cos z_1 \sin z_2, \tag{8}$$

$$\cos(z_1 \pm z_2) = \cos z_1 \cos z_2 \mp \sin z_1 \sin z_2 \tag{9}$$

(8)과 (9)로부터 다음과 같은 배각 공식을 직접 유도한다.

$$\sin 2z = 2\sin z \cos z, \quad \cos 2z = \cos^2 z - \sin^2 z \tag{10}$$

여기서는 등식 (7)만을 밝힌다. 다른 등식도 비슷한 방법으로 유도한다. 익힘 문제 13과 14를 보라. (7)을 밝히기 위해서, (4)와 정리 4.1.2에 있는 복소 지수 함수의 성질에 의해 다음이 성립함을 확인하자.

$$\cos^2 z = \left(\frac{e^{iz} + e^{-iz}}{2}\right)^2 = \frac{e^{2iz} + 2 + e^{-2iz}}{4},$$

$$\sin^2 z = \left(\frac{e^{iz} - e^{-iz}}{2i}\right)^2 = -\frac{e^{2iz} - 2 + e^{-2iz}}{4}$$

그러므로 다음을 얻는다.

$$\cos^2 z + \sin^2 z = \frac{e^{2iz} + 2 + e^{-2iz} - e^{2iz} + 2 - e^{-2iz}}{4} = 1$$

실 삼각 함수의 성질 중 몇 가지는 복소 삼각 함수에 대해 성립하지 않는다 ⬅ 주의

는 사실에 주목해야 한다. 예를 들면, 모든 실수 x에 대해 $|\sin x| \le 1$이고 $|\cos x| \le 1$이지만, 보기 1에서 알아본 대로 $|\cos i| \fallingdotseq 1.5431$이고 $|\sin(2+i)| \fallingdotseq 1.4859$이므로 $|\cos i| > 1$이고 $|\sin(2+i)| > 1$이다. 그러므로 이런 부등식은 복소수에 대해 일반적으로 성립하지 않는다.

주기성 4.1절에서 증명한 대로, 복소 지수 함수는 순허수 주기 $2\pi i$의 주기 함수이다. 곧, 모든 복소수 z에 대해 $e^{z+2\pi i} = e^z$이다. 이 등식에서 z를 iz로 바꾸면 $e^{iz+2\pi i} = e^{i(z+2\pi)} = e^{iz}$이다. 그러므로 e^{iz}는 실수 주기 2π의 주기 함수이다. 비슷하게, $e^{-i(z+2\pi)} = e^{-iz}$이므로 e^{-iz}는 실수 주기 2π의 주기 함수이다. 따라서 정의 4.3.1에 의해 다음이 성립한다.

$$\sin(z+2\pi) = \frac{e^{i(z+2\pi)} - e^{-i(z+2\pi)}}{2i} = \frac{e^{iz} - e^{-iz}}{2i} = \sin z$$

복소 코사인 함수에 대해서도 마찬가지로 설명할 수 있다. 요약하면, 모든 복소수 z에 대해 다음이 성립한다.

$$\sin(z+2\pi) = \sin z, \qquad \cos(z+2\pi) = \cos z \tag{11}$$

바꿔 말하면, (11)은 복소 사인과 복소 코사인 함수가 실수 주기 2π의 주기 함수임을 보여준다. 시컨트와 코시컨트 함수의 주기성은 (11)과 (5)로부터 직접 유도된다. 항등식 $\sin(z+\pi) = -\sin z$와 $\cos(z+\pi) = -\cos z$를 이용하면, 복소 탄젠트와 복소 코탄젠트가 실수 주기 π의 주기 함수임을 보일 수 있다. 익힘 문제 4.3의 문제 51과 52를 보라.

삼각 방정식 이제 관심사를 바꾸어 간단한 삼각 방정식을 풀어보자. 복소 사인과 복소 코사인 함수가 주기적이기 때문에, $\sin z = w$ 또는 $\cos z = w$ 꼴의 방정식에는 언제나 무수히 많은 해가 있다. 이 방정식을 푸는 한 가지 방법은 정의 4.3.1과 함께 근의 공식을 이용하는 것이다. 다음 보기에서 이 방법을 예시한다.

보기 2 삼각 방정식의 풀이

방정식 $\sin z = 5$의 해를 모두 찾아라.

풀이 정의 4.3.1에 의해 방정식 $\sin z = 5$는 다음 방정식과 동치이다.

$$\frac{e^{iz} - e^{-iz}}{2i} = 5$$

이 방정식에 e^{iz}을 곱하고 간단히 하면 다음을 얻는다.

$$e^{2iz} - 10ie^{iz} - 1 = 0$$

이 방정식은 e^{iz}에 관한 이차 방정식이다. 곧, 다음과 같다.

$$e^{2iz}-10ie^{iz}-1=(e^{iz})^2-10i(e^{iz})-1=0$$

그러므로 1.6절의 근의 공식 (3)에 의해 $e^{2iz}-10ie^{iz}-1=0$의 해는 다음과 같다.

$$e^{iz}=\frac{10i+(-96)^{1/2}}{2}=5i\pm2\sqrt{6}\,i=(5\pm2\sqrt{6})i \tag{12}$$

(12)를 만족시키는 z의 값을 찾기 위해서, 복소 로그를 이용해서 (12)에 있는 두 개의 지수 방정식을 풀자. $e^{iz}=(5+2\sqrt{6})i$이면, $iz=\ln(5i+2\sqrt{6}\,i)$, 곧 $z=-i\ln(5i+2\sqrt{6}\,i)$이다. $5i+2\sqrt{6}\,i=(5+2\sqrt{6})i$는 순허수이고 $5+2\sqrt{6}>0$이므로, $\arg(5i+2\sqrt{6}\,i)=\frac{1}{2}\pi+2n\pi$이다. 그러므로 다음을 얻는다.

$$\begin{aligned}z&=-i\ln(5i+2\sqrt{6}\,i)=-i\left\{\log_e(5+2\sqrt{6})+i\left(\frac{\pi}{2}+2n\pi\right)\right\}\\&=\frac{(4n+1)\pi}{2}-i\log_e(5+2\sqrt{6})\quad(n=0,\ \pm1,\ \pm2,\ \cdots)\end{aligned} \tag{13}$$

비슷한 방법으로, $e^{iz}=(5-2\sqrt{6})i$이면 $z=-i\ln(5i-2\sqrt{6}\,i)$이다. $5i-2\sqrt{6}\,i=(5-2\sqrt{6})i$는 순허수이고 $5-2\sqrt{6}>0$이므로, 한 편각은 $\pi/2$이고 다음을 얻는다.

$$\begin{aligned}z&=-i\ln(5i-2\sqrt{6}\,i)=-i\left\{\log_e(5-2\sqrt{6})+i\left(\frac{\pi}{2}+2n\pi\right)\right\}\\&=\frac{(4n+1)\pi}{2}-i\log_e(5-2\sqrt{6})\quad(n=0,\ \pm1,\ \pm2,\ \cdots)\end{aligned} \tag{14}$$

따라서 $\sin z=5$이면 z는 (13) 또는 (14)에 제시한 값 중 하나이다. ❑

크기 복소 삼각 함수의 크기는 삼각 방정식의 풀이에도 도움을 줄 수 있다. 사인과 코사인 함수의 크기에 대한 x와 y의 공식을 찾기 위해서, 먼저 이런 함수를 실수 부분과 허수 부분으로 나타내자. (4)의 $\sin z$에 대한 식에서 기호 z를 기호 $x+iy$로 바꾸면, 다음을 얻는다.

$$\begin{aligned}\sin z=\frac{e^{-y+ix}-e^{y-ix}}{2i}&=\frac{e^{-y}(\cos x+i\sin x)-e^{y}(\cos x-i\sin x)}{2i}\\&=\frac{e^{y}+e^{-y}}{2}\sin x+i\,\frac{e^{y}-e^{-y}}{2}\cos x\end{aligned} \tag{15}$$

실 쌍곡선 사인과 실 쌍곡선 코사인 함수는 각각 $\sinh y=(e^{y}-e^{-y})/2$과 $\cosh y=(e^{y}+e^{-y})/2$으로 정의되므로, (15)는 다음과 같이 쓸 수 있다.

$$\sin z=\sin x\cosh y+i\cos x\sinh y \tag{16}$$

비슷한 셈을 통해, 복소 코사인 함수를 다음과 같이 실수 부분과 허수 부분으로 나타낼 수 있다.

$$\cos z = \cos x \cosh y - i \sin x \sinh y \tag{17}$$

이제 (16)과 (17)을 이용해서 복소 사인과 복소 코사인 함수의 크기에 대한 공식을 유도한다. (16)으로부터 다음을 얻는다.

$$|\sin z| = \sqrt{\sin^2 x \cosh^2 y + \cos^2 x \sinh^2 y}$$

이 공식을 실 삼각과 실 쌍곡선 함수에 관한 등식 $\cos^2 x + \sin^2 x = 1$과 $\cosh^2 y = 1 + \sinh^2 y$를 이용해서 간단히 하면 다음을 얻는다.

$$|\sin z| = \sqrt{\sin^2 x\,(1 + \sinh^2 y) + \cos^2 x \sinh^2 y}$$

$$= \sqrt{\sin^2 x + (\cos^2 x + \sin^2 x)\sinh^2 y}$$

곧,

$$|\sin z| = \sqrt{\sin^2 x + \sinh^2 y} \tag{18}$$

비슷한 셈을 통해 복소 코사인 함수의 크기에 대한 다음과 같은 식을 얻는다.

$$|\cos z| = \sqrt{\cos^2 x + \sinh^2 y} \tag{19}$$

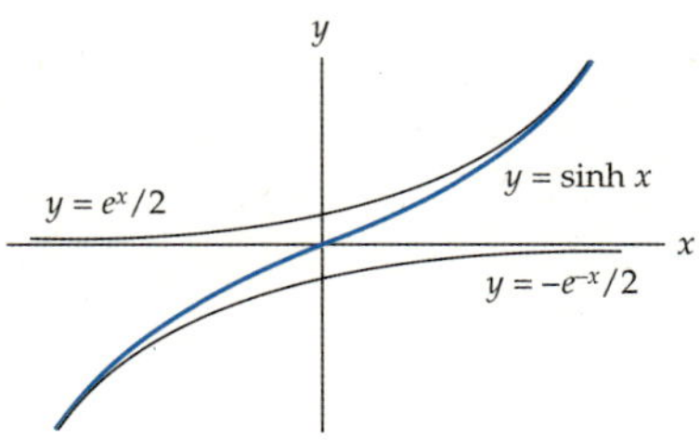

(a) $y = \sinh x$

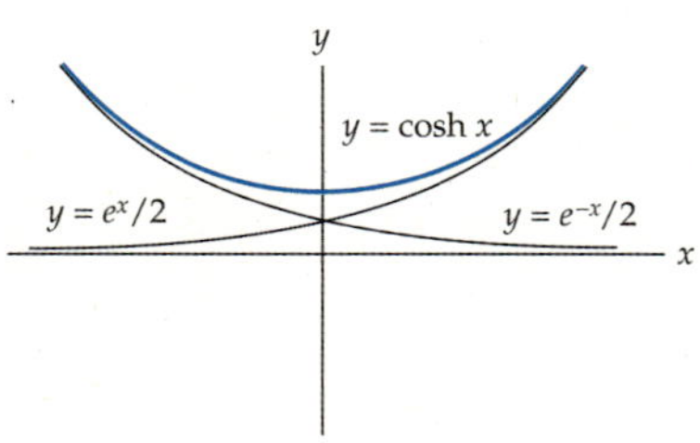

(b) $y = \cosh x$

그림 4.3.1 실 쌍곡선 함수

미분 적분학에서 배운 대로, 실 쌍곡선 함수 $\sinh x$는 실 직선에서 갇혀 있지 않다. 곧, 유계가 아니다. 그림 4.3.1을 보라. 이 사실의 결과로, 임의로 큰 y를 택함으로써 (18)과 (19)의 식의 값을 임의로 크게 만들 수 있다. 그러므로 복소 사인과 복소 코사인 함수는 복소 평면에서 갇혀 있지 않다. 곧, $\mathbb{C}$의 모든 z에 대해 $|\sin z| < M$을 만족시키는 실 상수 M이 존재하지 않고, $\mathbb{C}$의 모든 z에 대해 $|\cos z| < M$을 만족시키는 실 상수 M이 존재하지 않는다. 물론, 이것은 모든 실수 x에 대해 $|\sin x| \le 1$이고 $|\cos x| \le 1$인 실 사인과 실 코사인 함수의 상황과 매우 다르다.

용어
영점 zero

영점 복소 사인과 복소 코사인 함수의 크기를 유도한 공식은 이런 함수의 영점을 결정하는 데 도움을 준다. 실 사인 함수의 영점은 π의 정수 배에서 나타나고, 실 코사인 함수의 영점은 $\pi/2$의 홀수인 정수 배에서 나타난다. 복소 사인과 복소 코사인 함수는 대응하는 실 함수와 실수 입력에 대해 일치하므로, 실 사인과 실 코사인 함수의 영점은 또한 복소 사인과 복소 코사인 함수의 영점이다. 자연스럽게, 복소 평면에 복소 사인과 복소 코사인의 또 다른 영점이 존재하는지 묻게 된다. 이 질문에 대답하는 한 가지 방법은 보기 2에 제시한 방법으로 방정식 $\sin z = 0$과 $\cos z = 0$을 푸는 것이다. 다른 방법은 복소수가 0이기 위한 필요 충분 조건은 그 크기가 0이라는 사실을 이용하는 것이다. 그러므로 방정식 $\sin z = 0$의 풀이는 방정식 $|\sin z| = 0$의 풀이와 동

치이다. (18)에 의해, $|\sin z|=0$이면 $\sqrt{\sin^2 x+\sinh^2 y}=0$이고, 이는 다음과 동치이다.

$$\sin^2 x+\sinh^2 y=0$$

$\sin^2 x$와 $\sinh^2 y$는 모두 음이 아닌 실수이므로, 위의 마지막 방정식이 성립하기 위한 필요 충분 조건은 $\sin x=0$이고 $\sinh y=0$인 것이다. 방금 언급한 대로, $x=n\pi$ $(n=0,\ \pm 1,\ \pm 2,\ \cdots)$일 때 $\sin x=0$이고, 그림 4.3.1(a)에서 알 수 있는 대로 $y=0$일 때만 $\sinh y=0$이다. 따라서 복소 평면에서 방정식 $\sin z=0$의 해는 실수 $z=n\pi$ $(n=0,\ \pm 1,\ \pm 2,\ \cdots)$이다. 곧, 복소 사인 함수의 영점은 실 사인 함수의 영점과 똑같다. 복소 평면에서 사인의 또 다른 영점은 없다. 다항 함수의 상황과 같지 않은데, 복소 평면에서는 흔히 다항 함수의 또 다른 영점이 존재한다.

본질적으로 똑같은 방법으로 복소 코사인 함수의 영점이 실수 $z=(2n+1)\pi/2$ $(n=0,\ \pm 1,\ \pm 2,\ \cdots)$뿐임을 밝힐 수 있다. 익힘 문제 4.3절의 문제 41을 보라. 요약하면 다음을 얻는다.

$$\sin z=0\text{이기 위한 필요 충분 조건은 } z=n\pi\text{이다.} \tag{20}$$

$$\cos z=0\text{이기 위한 필요 충분 조건은 } z=\frac{(2n+1)\pi}{2}\text{이다.} \tag{21}$$

← $\sin z$와 $\cos z$의 영점은 모두 실수이다.

여기서 $n=0,\ \pm 1,\ \pm 2,\ \cdots$이다.

해석성 복소 사인과 복소 코사인 함수의 도함수는 3.1절의 연쇄 법칙을 이용해서 찾을 수 있다. 복소 사인 함수의 도함수는 다음과 같다.

$$\frac{d}{dz}\sin z=\frac{d}{dz}\left(\frac{e^{iz}-e^{-iz}}{2i}\right)=\frac{ie^{iz}+ie^{-iz}}{2i}=\frac{e^{iz}+e^{-iz}}{2},$$

곧,

$$\frac{d}{dz}\sin z=\cos z$$

이 도함수는 모든 복소수 z에서 정의되므로, $\sin z$는 전해석 함수이다. 비슷한 방법으로 다음을 얻는다.

$$\frac{d}{dz}\cos z=-\sin z$$

$\sin z$와 $\cos z$의 도함수를 이용해서 모든 복소 삼각 함수의 도함수가 실 삼각 함수의 도함수와 똑같음을 보일 수 있다. 여섯 가지 복소 삼각 함수의 도함수를 요약하면 다음과 같다.

복소 삼각 함수의 도함수

$$\frac{d}{dz}\sin z = \cos z, \qquad \frac{d}{dz}\cos z = -\sin z,$$
$$\frac{d}{dz}\tan z = \sec^2 z, \qquad \frac{d}{dz}\cot z = -\csc^2 z,$$
$$\frac{d}{dz}\sec z = \sec z\tan z, \qquad \frac{d}{dz}\csc z = -\csc z\cot z$$

사인과 코사인 함수는 전해석 함수이지만, 탄젠트 · 코탄젠트 · 시컨트 · 코시컨트 함수는 분모가 영이 아닌 점에서만 해석적이다. (20)과 (21)에 의해 탄젠트와 시컨트 함수의 특이점은 $z=(2n+1)\pi/2$ $(n=0,\ \pm 1,\ \pm 2,\ \cdots)$이고, 코탄젠트와 코시컨트 함수의 특이점은 $z=n\pi$ $(n=0,\ \pm 1,\ \pm 2,\ \cdots)$이다.

삼각 사상 이제 z평면에서 w평면으로의 복소 사상 $w=\sin z$를 논의하자. $\sin z$가 실수 주기 2π의 주기 함수이므로, 이 함수는 임의의 무한 연직 띠 $x_0 < x \le x_0+2\pi$, $-\infty < y < \infty$에서 모든 값을 취한다. 지수 사상 $w=e^z$을 조사한 것과 비슷한 방법으로, 복소 평면 전체에서 사상 $w=\sin z$를 이런 띠 중 임의의 하나에서 조사할 수 있다. 이를테면 띠 $-\pi < x \le \pi$, $-\infty < y < \infty$를 생각하자. 이 띠에서 복소 사상 $w=\sin z$를 조사하기에 앞서, $\sin z$가 이 구역에서 일대일이 아님을 주목하자. 예를 들면, $z_1=0$과 $z_2=\pi$는 이 구역에 속하고, $\sin 0=\sin\pi=0$이다. 등식 $\sin(-z+\pi)=\sin z$이 성립하므로, $w=\sin z$에 의한 띠 $-\pi < x \le -\pi/2$, $-\infty < y < \infty$의 상은 띠 $\pi/2 < x \le \pi$, $-\infty < y < \infty$의 상과 같다. 그러므로 z평면 전체에서 사상 $w=\sin z$를 이해하기 위해서는 구역 $-\pi/2 \le x \le \pi/2$, $-\infty < y < \infty$에서의 이 사상을 고려하면 충분하다. 익힘 문제 4.3의 문제 45에서 함수 $w=\sin z$가 영역 $-\pi/2 < x < \pi/2$, $-\infty < y < \infty$에서 일대일임을 밝힌다.

보기 3 사상 $w=\sin z$

복소 사상 $w=\sin z$에 의한 구역 $-\pi/2 \le x \le \pi/2$, $-\infty < y < \infty$의 상을 설명하라.

풀이 4.1절의 180~181에서의 논의와 비슷하게, 이 문제에 접근하는 한 가지 방법은 $-\pi/2 \le a \le \pi/2$일 때 연직선 $x=a$의 $w=\sin z$에 의한 상을 결정하는 것이다. 잠시 동안 a는 $-\pi/2$도, 0도, $\pi/2$도 아니라고 하자. (16)에 의해 $w=\sin z$에 의한 연직선 $x=a$의 상은 다음과 같다.

$$u=\sin a\cosh y, \quad v=\cos a\sinh y \quad (-\infty < y < \infty) \tag{22}$$

(22)에서 변수 y를 소거해서 u와 v에 관한 직교 방정식을 얻자. $-\pi/2 < a < \pi/2$이고 $a \ne 0$이므로, $\sin a \ne 0$이고 $\cos a \ne 0$이다. 그러므로 (22)에

의해 $\cosh y = \dfrac{u}{\sin a}$이고 $\sinh y = \dfrac{v}{\cos a}$이다. 실 쌍곡선 함수에 관한 등식 $\cosh^2 y - \sinh^2 y = 1$에 의해 다음 등식을 얻는다.

$$\left(\frac{u}{\sin a}\right)^2 - \left(\frac{v}{\cos a}\right)^2 = 1 \tag{23}$$

(23)의 직교 방정식은 꼭짓점이 $(\pm\sin a,\ 0)$이고 점근선이 $v = \pm\left(\dfrac{\cos a}{\sin a}\right)u$인 쌍곡선이다. 점 $(a,\ 0)$이 직선 $x = 0$에 있으므로, 점 $(\sin a,\ 0)$은 이 직선의 상에 있어야 한다. 그러므로 $-\pi/2 < a < \pi/2$이고 $a \neq 0$일 때 연직선 $x = a$의 $w = \sin z$에 의한 상은 (23)의 쌍곡선 중에서 점 $(\sin a,\ 0)$을 포함하는 가지이다. 모든 z에 대해 $\sin(-z) = -\sin z$이므로, 직선 $x = -a$의 상은 (23)의 쌍곡선 중에서 점 $(-\sin a,\ 0)$을 포함하는 가지이다. $w = \sin z$의 이런 사상 성질을 그림 4.3.2에 예시했는데, 그림 4.3.2(a)에 나타낸 연직선들은 그림 4.3.2(b)에 나타낸 쌍곡선 위로 사상된다. 직선 $x = \pi/3$은 점 $(\frac{1}{2}\sqrt{3},\ 0)$을 포함하는 쌍곡선의 가지 위로 사상되고, 직선 $x = \pi/6$은 점 $(\frac{1}{2},\ 0)$을 포함하는 쌍곡선의 가지 위로 사상된다. 마찬가지로, 직선 $x = -\pi/3$은 점 $(-\frac{1}{2}\sqrt{3},\ 0)$을 포함하는 쌍곡선의 가지 위로 사상되고, 직선 $x = -\pi/6$은 점 $(-\frac{1}{2},\ 0)$을 포함하는 쌍곡선의 가지 위로 사상된다.

세 직선 $x = -\pi/2$, $x = 0$, $x = \pi/2$의 상은 (23)으로 구할 수 없다. 그렇지만 (22)에서 직선 $x = -\pi/2$의 상은 음의 실수축에서 $u \leq -1$인 점의 집합이고, 직선 $x = \pi/2$의 상은 양의 실수축에서 $u \geq 1$인 점의 집합이며, 직선 $x = 0$의 상은 허수축 $u = 0$임을 알 수 있다. 그림 4.3.2를 보라. 요약하면, $w = \sin z$에 의한 무한 연직 띠 $-\pi/2 \leq x \leq \pi/2$, $-\infty < y < \infty$의 상은 w평면 전체이다. ❑

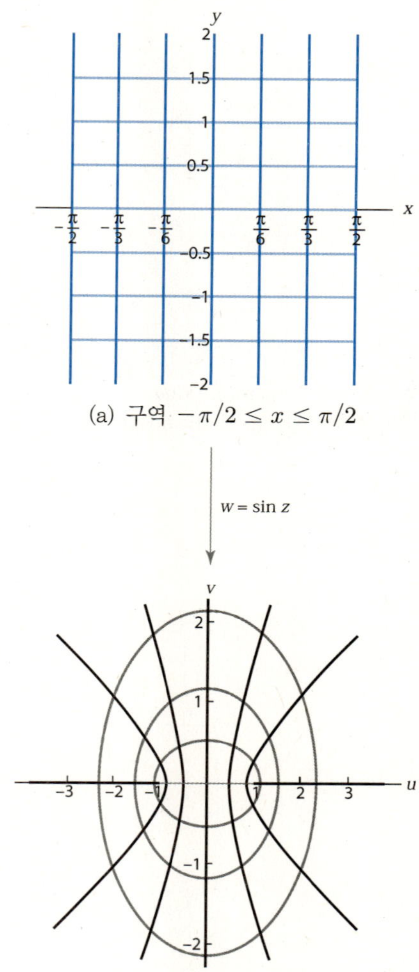

(a) 구역 $-\pi/2 \leq x \leq \pi/2$

(b) (a)의 구역의 상

그림 4.3.2 사상 $w = \sin z$

보기 3에서 연직선 대신에 수평 선분 $y = b$, $-\pi/2 \leq x \leq \pi/2$를 사용해서 상을 구할 수 있다. 이 경우에 상은 다음과 같다.

$$u = \sin x \cosh b, \quad v = \cos x \sinh b \quad \left(-\frac{\pi}{2} < x < \frac{\pi}{2}\right)$$

$b \neq 0$일 때, 이 집합은 또한 다음 직교 방정식으로 주어진다.

$$\left(\frac{u}{\cosh b}\right)^2 + \left(\frac{v}{\sinh b}\right)^2 = 1 \tag{24}$$

이것은 u절편이 $\pm\cosh b$이고 v절편이 $\pm\sinh b$인 포물선이다. $b > 0$일 때, 선분 $y = b$의 상은 (24)로 정의된 포물선의 위쪽 반이고, 선분 $y = -b$의 상은 그 포물선의 아래쪽 반이다. 그러므로 그림 4.3.2(a)에 나타낸 수평 선분은 그림 4.3.2(b)에 나타낸 포물선 위로 사상된다. 가장 안쪽에 있는 한 쌍의 수평 선분은 가장 안쪽에 있는 포물선 위로, 가운데에 있는 한 쌍의 수평 선분은 가운데에 있는 포물선 위로, 가장 바깥에 있는 한 쌍의 수평 선분은 가장 바깥에 있는 포물선 위로 사상된다. 마지막으로, $b=0$이면, 선분 $y=0$, $-\pi/2 < x < \pi/2$의 상은 실수축의 선분 $-1 \le u \le 1$, $v=0$이다.

사상 $w=\cos z$를 비슷한 방법으로 분석할 수 있다. 또는 (9)로부터 $\cos z=\sin(z+\pi/2)$이므로 사상 $w=\cos z$를 평행 이동 $w=z+\pi/2$와 사상 $w=\sin w$의 합성으로 생각할 수 있다. 익힘 문제 4.3의 문제 46을 보라.

4.3.2 복소 쌍곡선 함수

용어
쌍곡선 사인 hyperbolic sine 쌍곡선 코사인 hyperbolic cosine

실 쌍곡선 사인과 실 쌍곡선 코사인 함수는 실 지수 함수를 사용해서 다음과 같이 정의한다.

$$\sinh x = \frac{e^x - e^{-x}}{2}, \qquad \cosh x = \frac{e^x + e^{-x}}{2}$$

복소 쌍곡선 사인과 복소 코사인 함수도 비슷한 방법으로 복소 지수 함수를 사용해서 정의한다.

정의 4.3.2 복소 쌍곡선 사인과 복소 쌍곡선 코사인

복소 쌍곡선 사인과 복소 쌍곡선 코사인 함수는 다음과 같이 정의한다.

$$\sinh z = \frac{e^z - e^{-z}}{2}, \qquad \cosh z = \frac{e^z + e^{-z}}{2} \tag{25}$$

복소 지수 함수는 실수 입력에 대해 실 지수 함수와 일치하므로, (25)에 의해 복소 쌍곡선 함수는 실수 입력에 대해 실 쌍곡선 함수와 일치한다. 그렇지만 그림 4.3.1에 그래프를 나타낸 실 쌍곡선 함수와 달리, 복소 쌍곡선 함수는 주기적이고 영점이 무수히 많이 있다. 익힘 문제 4.3의 문제 50을 보라.

$\sinh z$와 $\cosh z$의 영점은 모두 순허수 ➡ 이다.

복소 쌍곡선 탄젠트 · 코탄젠트 · 시컨트 · 코시컨트는 $\sinh z$와 $\cosh z$의 식으로 다음과 같이 정의한다.

$$\tanh z = \frac{\sinh z}{\cosh z}, \quad \coth z = \frac{\cosh z}{\sinh z}, \qquad \operatorname{sech} z = \frac{1}{\cosh z}, \quad \operatorname{csch} z = \frac{1}{\sinh z} \tag{26}$$

쌍곡선 사인과 쌍곡선 코사인 함수는 전해석 함수인데, e^z과 e^{-z}이 전해석 함수이기 때문이다. 또, 3.1절의 연쇄 법칙에 의해 다음을 얻는다.

$$\frac{d}{dz}\sinh z = \frac{d}{dz}\left(\frac{e^z - e^{-z}}{2}\right) = \frac{e^z + e^{-z}}{2},$$

곧

$$\frac{d}{dz}\sinh z = \cosh z$$

$\cosh z$에 대해 비슷하게 셈하면 다음을 얻는다.

$$\frac{d}{dz}\cosh z = \sinh z$$

나머지 네 복소 쌍곡선 함수의 도함수는 (26)과 3.1절의 몫의 미분법 (5)를 이용해서 찾을 수 있다.

복소 쌍곡선 함수의 도함수

$$\frac{d}{dz}\sinh z = \cosh z, \qquad \frac{d}{dz}\cosh z = \sinh z,$$

$$\frac{d}{dz}\tanh z = \operatorname{sech}^2 z, \qquad \frac{d}{dz}\coth z = -\operatorname{csch}^2 z,$$

$$\frac{d}{dz}\operatorname{sech} z = -\operatorname{sech} z\tanh z, \qquad \frac{d}{dz}\operatorname{csch} z = -\operatorname{csch} z\coth z$$

사인과 코사인의 관계 실 삼각 함수와 실 쌍곡선 함수 사이에는 비슷한 성질이 많이 있다. 예를 들면, 다음과 같은 성질이 있다.

$$\frac{d}{dx}\sin x = \cos x, \qquad \frac{d}{dx}\sinh x = \cosh x$$

이런 겉보기에 비슷한 표기법과 유사한 테일러 급수 이외에, 실 삼각 함수와 실 쌍곡선 함수를 관련짓는 간단한 방법은 없다. 그렇지만 복소 삼각 함수와 복소 쌍곡선 함수를 다룰 때는 두 가지 사이에 간단하고 멋진 연결 고리가 있다. 이런 관계는 다음과 같이 $\sinh z$의 정의에서 z를 iz로 바꾸고 그 결과를 (4)와 비교하면 얻는다.

$$\sinh(iz) = \frac{e^{iz} - e^{-iz}}{2} = i\left(\frac{e^{iz} - e^{-iz}}{2i}\right) = i\sin z,$$

곧

$$-i\sinh(iz) = \sin z$$

비슷한 방법으로 $\sin z$에 대한 식에서 z를 iz로 바꾸고 (25)와 비교하면 $\sinh z = -i\sin(iz)$를 얻는다. 이런 과정을 $\cos z$와 $\cosh z$에 대해 반복하면, 다음과 같이 복소 삼각과 복소 쌍곡선 함수 사이의 중요한 관계를 얻는다.

$$\sin z = -i\sinh(iz), \qquad \cos z = \cosh(iz), \tag{27}$$

$$\sinh z = -i\sin(iz), \qquad \cosh z = \cos(iz), \tag{28}$$

이제 다른 삼각과 쌍곡선 함수 사이의 괸계는 (27)과 (28)로부터 유도할 수 있다. 예를 들면 다음이 성립한다.

$$\tan(iz) = \frac{\sin(iz)}{\cos(iz)} = \frac{i\sinh z}{\cosh z} = i\tanh z$$

또, (27)과 (28)을 이용해서 삼각 등식으로부터 쌍곡선 등식을 유도할 수 있다. 다음으로 좀 더 일반적으로 사용되는 쌍곡선 등식을 몇 가지 나열한다. (29)~(32)의 결과는 모두 대응하는 실 함수에 관한 등식과 일치한다.

$$\sinh(-z) = -\sinh z, \quad \cosh(-z) = \cosh z, \tag{29}$$

$$\cosh^2 z - \sinh^2 z = 1 \tag{30}$$

$$\sinh(z_1 \pm z_2) = \sinh z_1 \cosh z_2 \pm \cosh z_1 \sinh z_2, \tag{31}$$

$$\cosh(z_1 \pm z_2) = \cosh z_1 \cosh z_2 \pm \sinh z_1 \sinh z_2 \tag{32}$$

다음 보기에서는 (32)에 제시한 덧셈 공식을 증명한다. 다른 등식도 비슷한 방법으로 밝힐 수 있다. 익힘 문제 4.3의 문제 29와 30을 보라.

보기 4 쌍곡선 등식

모든 복소수 z_1과 z_2에 대해 $\cosh(z_1 + z_2) = \cosh z_1 \cosh z_2 + \sinh z_1 \sinh z_2$가 성립함을 밝혀라.

풀이 (28)에 의해 $\cosh(z_1 + z_2) = \cos(iz_1 + iz_2)$이므로, 삼각 등식 (9) 및 (27)과 (28)을 또다시 적용하면 다음을 얻는다.

$$\begin{aligned}\cosh(z_1 + z_2) &= \cos(iz_1 + iz_2)\\ &= \cos iz_1 \cos iz_2 - \sin iz_1 \sin iz_2\\ &= \cos iz_1 \cos iz_2 + (-i\sin iz_1)(-i\sin iz_2)\\ &= \cosh z_1 \cosh z_2 + \sinh z_1 \sinh z_2\end{aligned}$$

❑

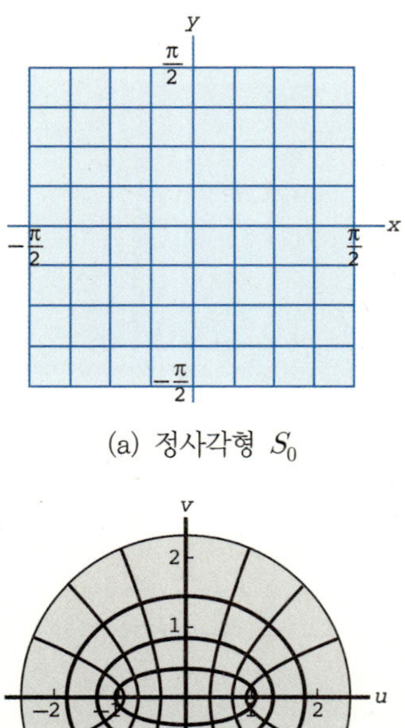

(a) 정사각형 S_0

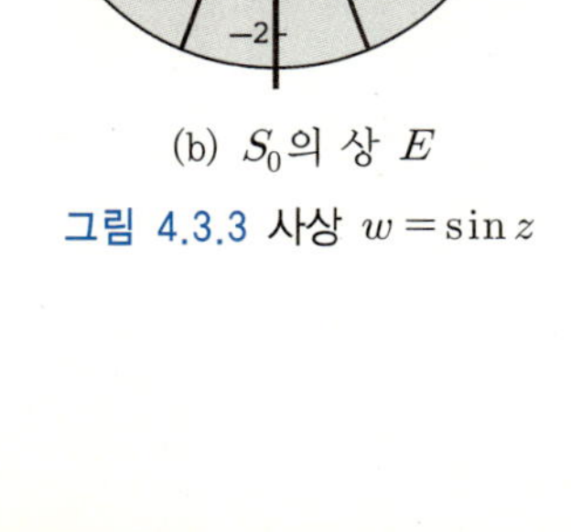

(b) S_0의 상 E

그림 4.3.3 사상 $w = \sin z$

(27)과 (28)에 제시한 복소 삼각과 복소 쌍곡선 함수 사이의 관계는 복소 사상으로서 쌍곡선 함수의 행동을 결정하는 데도 사용할 수 있다. 예를 들면, $\sinh z = -i\sin(iz)$이므로 복소 사상 $w = \sinh z$는 세 개의 복소 사상 $w = iz$, $w = \sin z$, $w = -iz$의 합성으로 생각할 수 있다. 익힘 문제 4.3의 문제 47을 보라.

참고 실 해석학과의 비교

(i) 실 해석학에서 지수 함수는 분명히 동등하게 중요한 여러 개의 초등 함수 중 하나에 불과하다. 그렇지만 복소 해석학에서 복소 지수 함수는 훨씬 더 중요한 역할을 맡는다. 모든 복소 초등 함수는 오직 복소 지수 함수와 복소 로그 함수만으로 정의할 수 있다. 복소 해석학 과정 전체를 통해서 반복되는

주제는 지수와 로그 함수를 이용해서 값을 찾고 미분하고 적분하며 초등 함수와 함께 사상하는 것과 관련된다.

(ii) 실 변수 x의 함수로서 $\sinh x$와 $\cosh x$는 주기 함수가 아니다. 이에 비해서 복소 함수 $\sinh z$와 $\cosh z$는 주기적이다. 익힘 문제 4.3의 문제 49를 보라. 또, $\cosh x$에는 영점이 없고 $\sinh x$의 영점은 $x = 0$뿐이다. 그림 4.3.1을 보라. 반면에 복소 함수 $\sinh z$와 $\cosh z$에는 영점이 무수히 많다. 익힘 문제 4.3의 문제 50을 보라.

(iii) 복소 사인 함수는 주기적이기 때문에, 사상 $w = \sin z$는 복소 평면에서 일대일이 아니다. 2.4절과 4.1절의 끝에 있는 참고에서 설명한 대로, 이 함수에 대한 리만 곡면을 구성하면, 복소 사상 $w = \sin z$를 가시화하는 데 도움을 얻는다. 리만 곡면을 구성하기 위해서, $-\pi/2 \le x \le \pi/2$, $-\pi/2 \le y \le \pi/2$로 정의된 정사각형 S_0에서 이 사상을 생각하자. 보기 3에 의해 그림 4.3.3(a)에 나타낸 정사각형 S_0은 그림 4.3.3(b)에 나타낸 포물 영역 E 위로 사상된다. 비슷하게, $\pi/2 \le x \le 3\pi/2$, $-\pi/2 \le y \le \pi/2$로 정의된 인접한 정사각형 S_1도 또한 E 위로 사상된다.

리만 곡면은 E와 같은 두 집합 E_0과 E_1에서 출발해서 구성하는데, 각각 S_0과 S_1의 상의 뜻한다. E_0과 E_1을 실수축에서 1부터 $\cosh(\pi/2)$까지의 선분과 -1부터 $-\cosh(\pi/2)$까지 선분을 따라 잘라서 열자. 그림 4.3.4에 나타낸 대로 S_0의 경계에 실선으로 나타낸 선분은 E_0의 경계에 실선으로 나타낸 선분 위로 사상되고, S_0의 경계에 점선으로 나타낸 선분은 E_0의 경계에 점선으로 나타낸 선분 위로 사상된다. 비슷한 방법으로, S_1의 경계에 실선과 점선으로 나타낸 선분은 각각 E_1의 경계에 실선과 점선으로 나타낸 선분 위로 사상된다. 두 개의 포물 구역 E_0과 E_1로 이루어진 리만 곡면의 일부는 실선으로 나타낸 선분끼리 붙이고 점선으로 나타낸 선분끼리 붙여서 얻는다. 리만 곡면을 완성하기 위해서, 모든 정수 n에 대해 타원 구역 E_n은 $(2n-1)\pi/2 \le x \le (2n+1)\pi/2$, $-\pi/2 \le y \le \pi/2$로 정의된 정사각형 S_n의 상을 나타낸다고 하자. 각 구역 E_n을 자르고 열어서, E_0과 E_1에서와 같이, E_0과 E_1에서 이용했던 것과 같은 방법으로 E_n과 E_{n+1}을 그 경계를 따라서 붙인다. xyz공간에 위치시킨 이 리만 곡면을 그림 4.3.5에 나타냈다.

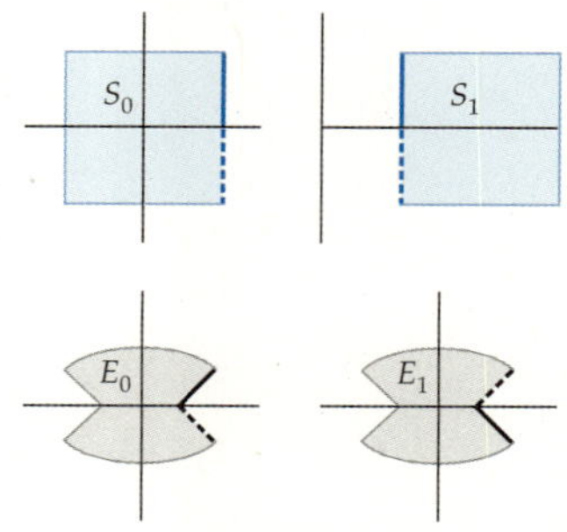

그림 4.3.4 잘린 포물 구역 E_0과 E_1

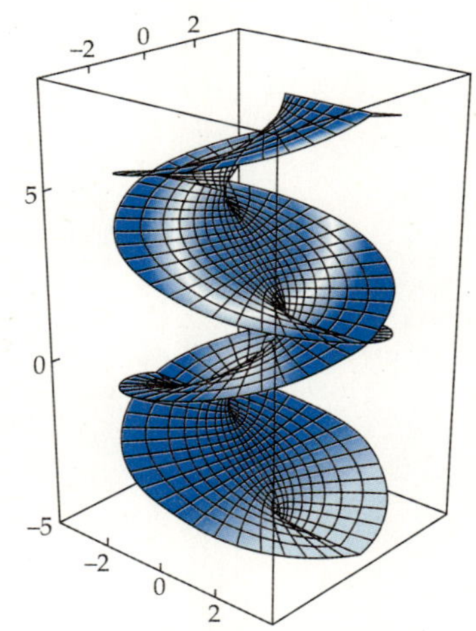

그림 4.3.5 $w = \sin z$에 대한 리만 곡면

4.3 익힘 문제

4.3.1 복소 삼각 함수

문제 1~8에서는 주어진 삼각 함수의 값을 $a + ib$ 꼴로 나타내라.

1. $\sin(4i)$

2. $\cos(-3i)$

3. $\cos(2-4i)$
4. $\sin\left(\frac{\pi}{4}+i\right)$
5. $\tan(2i)$
6. $\cot(\pi+2i)$
7. $\sec\left(\frac{\pi}{2}-i\right)$
8. $\csc(1+i)$

문제 9~12에서는 주어진 방정식을 만족시키는 복소수 z의 값을 모두 찾아라.

9. $\sin z = i$
10. $\cos z = 4$
11. $\sin z = \cos z$
12. $\cos z = i\sin z$

문제 13~16에서는 주어진 삼각 등식이 성립함을 밝혀라.

13. $\sin(-z) = -\sin z$
14. $\cos(z_1+z_2) = \cos z_1 \cos z_2 - \sin z_1 \sin z_2$
15. $\overline{\cos z} = \cos \bar{z}$
16. $\sin\left(z-\frac{\pi}{2}\right) = -\cos z$

문제 17~20에서는 주어진 함수의 도함수를 찾아라.

17. $\sin(z^2)$
18. $\cos(ie^z)$
19. $z\tan\frac{1}{z}$
20. $\sec(z^2+(1-i)z+i)$

4.3.2 복소 쌍곡선 함수

문제 21~24에서는 주어진 쌍곡선 함수의 값을 $a+ib$ 꼴로 나타내라.

21. $\cosh(\pi i)$
22. $\sinh\left(\frac{\pi}{2}i\right)$
23. $\cosh\left(1+\frac{\pi}{6}i\right)$
24. $\tanh(2+3i)$

문제 25~28에서는 주어진 방정식을 만족시키는 복소수 z의 값을 모두 찾아라.

25. $\cosh z = i$
26. $\sinh z = -1$
27. $\sinh z = \cosh z$
28. $\sinh z = e^z$

문제 29~32에서는 주어진 쌍곡선 등식이 성립함을 밝혀라.

29. $\cosh^2 z - \sinh^2 z = 1$
30. $\sinh(z_1+z_2) = \sinh z_1 \cosh z_2 + \cosh z_1 \sinh z_2$
31. $|\sinh z|^2 = \sinh^2 x + \sin^2 y$
32. $\mathrm{Im}(\cosh z) = \sinh x \sin y$

문제 33~36에서는 주어진 함수의 도함수를 찾아라.

33. $\sin z \sinh z$
34. $\tanh z$
35. $\tanh(iz-2)$
36. $\cosh(iz+e^{iz})$

개념과 이해

37. 오일러의 공식은 임의의 실수 θ에 대해 $e^{i\theta}=\cos\theta+i\sin\theta$이다. 실제로, 임의의 복소수 z에 대해 $e^{iz}=\cos z+i\sin z$가 성립함을 증명하라.
38. 방정식 $\sin z=\cosh 2$를 실수 부분과 허수 부분을 각각 같게 놓고 풀어라.
39. $-1\le a\le 1$일 때 $\sin z=a$이면, z는 어떤 값인가? 찾은 답의 정당성을 밝혀라.
40. $|\sin z|\le 1$이면, z는 어떤 값인가? 찾은 답의 정당성을 밝혀라.
41. $\cos z$의 모든 영점이 $z=(2n+1)\pi/2$ $(n=0,\ \pm1,\ \pm2,\ \cdots)$임을 보여라.
42. $|\tan z|=1$을 만족시키는 z의 값을 모두 찾아라.
43. 함수 $\sin\bar{z}$의 실수 부분과 허수 부분을 찾고, 이를 이용해서 이 함수가 모든 점에서 해석적이지 않음을 보여라.
44. 편도함수를 셈하지 말고, $\sin x\cosh y$와 $\cos x\sinh y$가 $\mathbb{C}$에서 조화 함수인 이유를 설명하라.
45. $\sin z$가 영역 $-\pi/2<x<\pi/2,\ -\infty<y<\infty$에서 일대일 함수임을 증명하라.
46. 등식 $\cos z=\sin(z+\frac{1}{2}\pi)$를 이용해서 사상 $w=\cos z$에 의한 구역 $-\pi\le x\le 0$의 상을 찾아라. 이 구역의 연직선과 수평선의 상을 설명하라.
47. 등식 $\sinh z=-i\sin(iz)$를 이용해서 사상 $w=\sinh z$에 의한 구역 $-\pi/2\le y\le\pi/2,\ -\infty<x<\infty$의 상을 찾아라. 이 구역의 연직선과 수평선의 상을 설명하라. [*귀띔*: 주어진 등식은 $w=\sinh z$가 선형 사상과 복소 사상 $w=\sin z$의 합성임을 함의한다.]
48. 사상 $w=(\sin z)^{1/4}$에 의한 $-\pi/2\le x\le\pi/2,\ y\ge 0$으로 정의된 구역의 상을 찾아라. 여기서 $z^{1/4}$은 으뜸 네제곱근 함수를 나타낸다.
49. 다음 복소 함수의 주기를 찾아라.
    (a) $\cosh z$ (b) $\sinh z$ (c) $\tanh z$
50. 다음 함수의 영점을 모두 찾아라.
    (a) $\cosh z$ (b) $\sinh z$
51. 다음 등식이 성립함을 밝혀라.
    (a) $\sin(z+\pi)=-\sin z$ (b) $\cos(z+\pi)=-\cos z$
52. 문제 51의 등식을 이용해서 $\tan z$가 실수 주기 π의 주기 함수임을 보여라.

4.4 역삼각 함수와 역쌍곡선 함수

이번 절에서는 복소 역삼각과 복소 역쌍곡선 함수를 도입한다. 이 내용을 빼고 넘어가도 나중에 나오는 주제를 전개하는 데 아무런 지장이 없다.

복소 로그 함수 $\ln z$는 4.1절에서 정의했는데, $e^w = z$ 꼴의 방정식을 풀어서 얻었다. 복소 지수 함수는 주기적이기 때문에, 이런 방정식의 해는 무수히 많이 있고 이에 따라 $\ln z$는 필연적으로 다가 함수이다. 이번 절에서는 복소 삼각과 복소 쌍곡선 함수와 관련된 방정식에 대해 이와 같은 과정을 반복한다. 복소 삼각과 복소 쌍곡선 함수가 주기적이기 때문에, 그 역함수는 다가이다. 게다가, 복소 삼각과 복소 쌍곡선 함수가 복소 지수 함수를 이용해서 정의되기 때문에, 그 역함수들은 복소 로그와 관련된다.

역사인 4.3절의 (11)에서 복소 사인 함수가 실수 주기 2π의 주기 함수임을 밝혔다. 또, 사인 함수는 복소 평면을 복소 평면 위로 사상한다. 곧, $\text{Range}(\sin z) = \mathbb{C}$이다. 그림 4.3.2를 보라. 이런 두 가지 성질 때문에, 임의의 복소수 z에 대해 방정식 $\sin w = z$의 해가 무수히 많이 있다. w에 대한 명확한 공식을 4.3절의 보기 2에서 이용한 과정에 따라 찾을 수 있다. 정의 4.3.1을 이용해서, 방정식 $\sin w = z$를 다음과 같이 다시 쓰자.

$$\frac{e^{iw} - e^{-iw}}{2i} = z \quad \text{또는} \quad e^{2iw} - 2ize^{iw} - 1 = 0$$

$e^{2iw} - 2ize^{iw} - 1 = 0$은 e^{iw}에 관한 이차 방정식이므로, 1.6절의 근의 공식 (3)을 이용해서 e^{iw}에 대해 풀면 다음과 같다.

$$e^{iw} = iz + (1 - z^2)^{1/2} \tag{1}$$

근의 공식을 사용하기 때문에, (1)의 식 $(1 - z^2)^{1/2}$이 $1 - z^2$의 두 제곱근을 나타냄을 상기하자. 마지막으로, 복소 로그를 이용해서 w에 대해 풀면 다음을 얻는다.

$$iw = \ln\{iz + (1 - z^2)^{1/2}\} \quad \text{또는} \quad w = -i\ln\{iz + (1 - z^2)^{1/2}\} \tag{2}$$

(2)의 둘째 식으로부터 얻은 w의 각 값은 방정식 $\sin w = z$를 만족시킨다. 따라서 (2)의 둘째 식으로 정의된 다가 함수를 역사인이라 한다. 위의 논의를 다음 정의로 요약한다.

정의 4.4.1 역사인

다음과 같이 정의된 다가 함수 $\sin^{-1} z$를 역사인이라 한다.

$$\sin^{-1} z = -i\ln\{iz + (1 - z^2)^{1/2}\} \tag{3}$$

역사인을 종종 아크사인이라 하고 기호 $\arcsin z$로 나타낸다. (3)에 의해 역사인은 복소 로그 $\ln z$를 이용해서 정의되기 때문에 분명히 다가 함수이다. 또, (3)의 식 $(1-z^2)^{1/2}$이 $1-z^2$의 두 제곱근을 나타낸다는 점을 다시 강조한다.

용어
역사인 inverse sine
아크사인 arcsine

보기 1 역사인의 값

$\sin^{-1}\sqrt{5}$의 모든 값을 찾아라.

풀이 (3)에서 $z=\sqrt{5}$로 놓으면, 다음을 얻는다.

$$\begin{aligned}\sin^{-1}\sqrt{5} &= -i\ln\{i\sqrt{5}+(1-(\sqrt{5})^2)^{1/2}\}\\ &= -i\ln\{i\sqrt{5}+(-4)^{1/2}\}\end{aligned}$$

1.4절의 (4)를 이용해서 구하면, -4의 두 개의 제곱근 $(-4)^{1/2}$은 $\pm 2i$이므로, 다음과 같다.

$$\sin^{-1}\sqrt{5}=-i\ln\{i\sqrt{5}\pm 2i\}=-i\ln\{(\sqrt{5}\pm 2)i\}$$

$(\sqrt{5}\pm 2)i$는 순허수로 ($\sqrt{5}+2$와 $\sqrt{5}-2$가 모두 양수이어서) 허수 부분이 양수이므로, $|(\sqrt{5}\pm 2)i|=\sqrt{5}\pm 2$이고 $\arg\{(\sqrt{5}\pm 2)i\}=\pi/2$이다, 그러므로 4.1절의 (11)에 의해 다음을 얻는다.

$$\ln\{(\sqrt{5}\pm 2)i\}=\log_e(\sqrt{5}\pm 2)+i\left(\frac{\pi}{2}+2n\pi\right)\quad (n=0,\ \pm 1,\ \pm 2,\ \cdots)$$

이 식은 다음 사실 때문에 좀 더 간단히 할 수 있다.

$$\begin{aligned}\log_e(\sqrt{5}-2) &= \log_e\frac{1}{\sqrt{5}+2}=\log_e 1-\log_e(\sqrt{5}+2)\\ &= 0-\log_e(\sqrt{5}+2)\end{aligned}$$

곧, $\log_e(\sqrt{5}\pm 2)=\pm\log_e(\sqrt{5}+2)$이다. 그러므로 다음을 얻는다.

$$\begin{aligned}-i\ln\{(\sqrt{5}\pm 2)i\} &= -i\left\{\log_e(\sqrt{5}\pm 2)+i\left(\frac{\pi}{2}+2n\pi\right)\right\}\\ &= -i\left\{\pm\log_e(\sqrt{5}+2)+i\frac{(4n+1)\pi}{2}\right\},\end{aligned}$$

따라서 다음이 성립한다.

$$\sin^{-1}\sqrt{5}=\frac{(4n+1)\pi}{2}\pm i\log_e(\sqrt{5}+2)$$

$$(n=0,\ \pm 1,\ \pm 2,\ \cdots)$$ ❑

역코사인과 역탄젠트 214쪽에 있는 과정을 쉽게 수정해서 방정식 $\cos w=z$와 $\tan w=z$를 풀 수 있다. 이에 따라 다음과 같은 역코사인과 역탄젠트의 정의를 얻는다.

정의 4.4.2 역코사인과 역탄젠트

다음과 같이 정의된 다가 함수 $\cos^{-1}z$를 역코사인이라 한다.

$$\cos^{-1}z = -i\ln\{z+i(1-z^2)^{1/2}\} \tag{4}$$

다음과 같이 정의된 다가 함수 $\tan^{-1}z$를 역탄젠트라 한다.

$$\tan^{-1}z = \frac{i}{2}\ln\left(\frac{i+z}{i-z}\right) \tag{5}$$

용어
역코사인 inverse cosine
역탄젠트 inverse tangent

역코사인과 역탄젠트는 모두, 복소 로그 $\ln z$를 사용해서 정의되기 때문에, 다가 함수이다. 역사인에서와 마찬가지로, (4)의 식 $(1-z^2)^{1/2}$이 복소수 $1-z^2$의 두 제곱근을 나타낸다. $w=\cos^{-1}z$의 모든 값은 방정식 $\cos w = z$를 만족시키고, 마찬가지로 $w=\tan^{-1}z$의 모든 값은 방정식 $\tan w = z$를 만족시킨다.

분지와 해석성 역사인과 역코사인은 다가 함수인데, 식 $(1-z^2)^{1/2}$에 사용하는 제곱근의 값을 지정하고 (3) 또는 (4)에서 단 한 개의 복소 로그 값을 지정함으로써 단가 함수로 만들 수 있다. 한편, 역탄젠트는 사용된 $\ln z$의 단 한 개의 값을 지정함으로써 단가 함수로 만들 수 있다. 예를 들면, (3)에서 으뜸 제곱근과 복소 로그의 으뜸 값을 사용해서 역사인의 값을 대응시키는 함수 f_1을 정의할 수 있다. 이를테면 $z=\sqrt{5}$이면, $1-(\sqrt{5})^2=-4$의 으뜸 제곱근은 $2i$이고 다음을 얻는다.

$$\text{Ln}(i\sqrt{5}+2i) = \log_e(\sqrt{5}+2)+\frac{\pi}{2}i$$

(3)에서 이 값을 대입하면 다음을 얻는다.

$$f_1(\sqrt{5}) = \frac{\pi}{2} - i\log_e(\sqrt{5}+2) \fallingdotseq 1.5708 - 1.4436i$$

그러므로 $z=\sqrt{5}$에서 함수 f_1의 값은 보기 1에서 $n=0$과 제곱근 $2i$와 연관된 $\sin^{-1}\sqrt{5}$의 값이다.

다가 역삼각 함수의 분지를 제곱근 함수의 분지와 복소 로그의 분지를 선택해서 얻을 수 있다. 이런 방법으로 정의한 분지의 정의역은 꽤 복잡할 수 있다. 이 책은 초급 교과서이므로, 이 주제를 더 이상 논의하지 않겠다. 한편, 다가 역삼각 함수의 분지는 음함수의 미분법을 이용해서 쉽게 구할 수 있다. 이를 알아보기 위해서, f_1을 다가 함수 $F(z)=\sin^{-1}z$의 분지라 하자. $w=f_1(z)$라 하면 $z=\sin w$이다. 이 마지막 식의 양변을 z에 대해 미분하고 3.1절의 연쇄 법칙 (6)을 적용하면 다음을 얻는다.

$$1 = \cos w \cdot \frac{dw}{dz} \quad \text{또는} \quad \frac{dw}{dz} = \frac{1}{\cos w} \tag{6}$$

삼각 등식 $\cos^2 w + \sin^2 w = 1$에 의해 $\cos w = (1 - \sin^2 w)^{1/2}$이다. 그리고 $z = \sin w$이므로, $\cos w = (1 - z^2)^{1/2}$으로 쓸 수 있다. 그러므로 (6)의 $\cos w$에 이를 대입하면 다음 결과를 얻는다.

$$f_1{}'(z) = \frac{dw}{dz} = \frac{1}{(1 - z^2)^{1/2}}$$

$\sin^{-1} z$로 분지 f_1을 나타내면, 이 공식은 다음과 같이 좀 덜 번거로운 방식으로 다시 나타낼 수 있다.

$$\frac{d}{dz} \sin^{-1} z = \frac{1}{(1 - z^2)^{1/2}}$$

그런데 주의할 점은, 이 도함수의 값을 찾을 때는 $\sin^{-1} z$를 정의했던 제곱근 함수의 분지를 이용해야 한다는 사실이다.

마찬가지 방법으로 역코사인과 역탄젠트의 분지의 도함수를 구할 수 있다. 다음 공식에서 기호 $\sin^{-1} z$, $\cos^{-1} z$, $\tan^{-1} z$는 대응하는 다가 함수의 분지를 나타낸다. 도함수에 대한 이 공식들은 각 분지의 정의역에서만 성립한다.

분지 $\sin^{-1} z$, $\cos^{-1} z$, $\tan^{-1} z$의 도함수

$$\frac{d}{dz} \sin^{-1} z = \frac{1}{(1 - z^2)^{1/2}} \tag{7}$$

$$\frac{d}{dz} \cos^{-1} z = \frac{-1}{(1 - z^2)^{1/2}} \tag{8}$$

$$\frac{d}{dz} \tan^{-1} z = \frac{1}{1 + z^2} \tag{9}$$

(7) 또는 (8)을 이용해서 도함수의 값을 찾을 때는 그 분지를 정의할 때 이용한 것과 똑같은 제곱근을 사용해야 한다. 이 공식들에 관한 실 역삼각 함수의 도함수에 관한 공식과 비슷하다. 실 함수와 복소 함수 공식 사이의 차이점은 (7)과 (8)에 필요한 제곱근 함수의 분지에 대한 특정한 선택에 있다.

보기 2 역사인의 분지의 도함수

$\sin^{-1} z$가 4.2절의 (7)과 4.1절의 (19)와 같이 각각 정의된 제곱근과 로그의 으뜸 분지를 이용해서 정의된 역사인의 분지를 나타낸다고 하자. $z = i$에서 이 분지의 도함수를 찾아라.

풀이 $1 - i^2 = 2$는 제곱근 함수의 으뜸 분지의 분지 절단에 있지 않고 $i \cdot i +$

$(1-i^2)^{1/2} = -1+\sqrt{2}$ 는 복소 로그의 으뜸 분지의 분지 절단에 있지 않기 때문에, 문제의 분지는 $z=i$에서 미분할 수 있다. 그러므로 (7)에 의해 다음을 얻는다.

$$\frac{d}{dz}\sin^{-1}z\bigg|_{z=i} = \frac{1}{(1-z^2)^{1/2}}\bigg|_{z=i} = \frac{1}{(1-i^2)^{1/2}} = \frac{1}{2^{1/2}}$$

제곱근의 으뜸 분지를 이용하면, $2^{1/2}=\sqrt{2}$ 이다. 따라서 찾는 도함수는 $1/\sqrt{2}$ 또는 $\frac{1}{2}\sqrt{2}$ 이다. ❑

보기 2에서 사용한 역사인의 분지는 이를테면 $z=\sqrt{5}$ 에서는 정의되지 않는데, 점 $1-(\sqrt{5})^2=-4$가 제곱근의 으뜸 분지의 분지 절단에 있기 때문이다. 이 점에서 정의되는 역사인의 다른 분지를 정의할 수 있다. 예를 들어, 제곱근 함수의 분지 $f_2(z)=\sqrt{r}\,e^{i\theta/2}$ $(0<\theta<2\pi)$를 생각하자. $-4=4e^{i\pi}$이므로, $f_2(-4)=2i$이다. $\sin^{-1}z$를 제곱근의 분지 f_2와 로그의 으뜸 분지를 이용해서 얻은 역사인의 분지로 정의하면, 다음이 성립함을 밝힐 수 있다.

$$\sin^{-1}\sqrt{5}=\frac{1}{2}\pi - i\log_e(\sqrt{5}+2), \quad \frac{d}{dz}\sin^{-1}z\bigg|_{z=\sqrt{5}} = -\frac{i}{2}$$

용어
역쌍곡선 사인 inverse hyperbolic sine
역쌍곡선 코사인 inverse hyperbolic cosine
역쌍곡선 탄젠트 inverse hyperbolic tangent

역쌍곡선 함수 앞에서 역삼각 함수를 논의한 방법에 따라 쌍곡선 함수의 역함수를 논의할 수 있다. 그러면 아래에 제시한 역쌍곡선 함수의 정의에 이른다. 이런 역함수는 복소 로그를 이용해서 정의되는데, 쌍곡선 함수가 복소 지수를 이용해서 정의되기 때문이다.

정의 4.4.3 역쌍곡선 사인·코사인·탄젠트

다음과 같이 정의된 다가 함수 $\sinh^{-1}z$, $\cosh^{-1}z$, $\tanh^{-1}z$를 차례로 역쌍곡선 사인, 역쌍곡선 코사인, 역쌍곡선 탄젠트라 한다.

$$\sinh^{-1}z = \ln\{z+(z^2+1)^{1/2}\} \tag{10}$$

$$\cosh^{-1}z = \ln\{z+(z^2-1)^{1/2}\} \tag{11}$$

$$\tanh^{-1}z = \frac{1}{2}\ln\left(\frac{1+z}{1-z}\right) \tag{12}$$

정의 4.4.3의 식 (10)~(12)를 이용하면 복소 쌍곡선 함수와 관련된 방정식을 풀 수 있다. 특히, $w=\sinh^{-1}z$이면 $\sinh w = z$이고, $w=\cosh^{-1}z$이면 $\cosh w = z$이며, $w=\tanh^{-1}z$이면 $\tanh w = z$이다.

역쌍곡선 함수의 분지는 제곱근과 복소 로그의 분지를 선택해서 정의한다. 역쌍곡선 탄젠트의 경우에는 복소 로그의 분지만을 선택해서 정의한다. 분지의 도함수는 음함수의 미분법을 이용해서 찾을 수 있다. 다음 결과는 역쌍곡선 함수의 분지의 도함수에 대한 공식을 제공한다. 이 공식에서 기호 $\sinh^{-1}z$, $\cosh^{-1}z$, $\tanh^{-1}z$는 대응하는 역쌍곡선 다가 함수의 분지를 나타낸다.

분지 $\sinh^{-1}z$, $\cosh^{-1}z$, $\tanh^{-1}z$의 도함수

$$\frac{d}{dz}\sinh^{-1}z = \frac{1}{(z^2+1)^{1/2}} \tag{13}$$

$$\frac{d}{dz}\cosh^{-1}z = \frac{1}{(z^2-1)^{1/2}} \tag{14}$$

$$\frac{d}{dz}\tanh^{-1}z = \frac{1}{1-z^2} \tag{15}$$

역삼각 함수와 마찬가지로, 주의할 점은 도함수의 값을 찾을 때 분지를 일관되게 사용해야 한다. 복소 역쌍곡선 함수의 분지의 도함수에 대한 공식 (13)~(15)는, (13)과 (14)에서 요구하는 분지의 선택을 제외하면, 실 역쌍곡선 함수의 도함수에 대한 공식과 같다.

보기 3 역쌍곡선 코사인

$\cosh^{-1}z$는 제곱근의 분지 $f_2(z) = \sqrt{r}\,e^{i\theta/2}$ $(0 < \theta < 2\pi)$와 복소 로그의 으뜸 분지를 사용해서 얻은 역쌍곡선 코사인의 분지를 나타낸다고 하자. 다음 값을 찾아라.

(a) $\cosh^{-1}\dfrac{\sqrt{2}}{2}$ (b) $\dfrac{d}{dz}\cosh^{-1}z\Big|_{z=\sqrt{2}/2}$

풀이 (a) $\cosh^{-1}(\frac{1}{2}\sqrt{2})$를 찾기 위해서, (11)에 $z = \frac{1}{2}\sqrt{2}$을 대입하고 지정된 제곱근과 로그의 분지를 이용한다. $z = \frac{1}{2}\sqrt{2}$일 때, $z^2 - 1 = -\frac{1}{2}$이다. $-\frac{1}{2}$의 지수 형식은 $\frac{1}{2}e^{i\pi}$이므로, 분지 f_2에 의한 제곱근은 다음과 같다.

$$f_2\left(\frac{1}{2}e^{i\pi}\right) = \sqrt{\frac{1}{2}}\,e^{i\pi/2} = \frac{1}{\sqrt{2}}i = \frac{\sqrt{2}}{2}i$$

그러므로 역코사인의 분지의 값은 다음과 같다.

$$\cosh^{-1}\frac{\sqrt{2}}{2} = \ln\{z + (z^2-1)^{1/2}\}\Big|_{z=\sqrt{2}/2} = \ln\left(\frac{\sqrt{2}}{2} + \frac{\sqrt{2}}{2}i\right)$$

여기서 로그의 으뜸 분지의 값을 찾는다. $|\frac{1}{2}\sqrt{2} + \frac{1}{2}\sqrt{2}i| = 1$이고 $\mathrm{Arg}(\frac{1}{2}\sqrt{2} + \frac{1}{2}\sqrt{2}i) = \frac{1}{4}\pi$이므로, 로그의 으뜸 분지는 $\log_e 1 + i(\frac{1}{4}\pi) = \frac{1}{4}\pi i$이다. 따라서 다음을 얻는다.

$$\cosh^{-1}\frac{\sqrt{2}}{2}=\frac{\pi}{4}i$$

(b) (14)에 의해 다음을 얻는다.

$$\left.\frac{d}{dz}\cosh^{-1}z\right|_{z=\sqrt{2}/2}=\frac{1}{\{(\sqrt{2}/2)^2-1\}^{1/2}}=\frac{1}{(-1/2)^{1/2}}$$

f_2를 이용해서 위 식에서 제곱근을 찾으면, 다음을 얻는다.

$$\left.\frac{d}{dz}\cosh^{-1}z\right|_{z=\sqrt{2}/2}=\frac{1}{\sqrt{2}i/2}=-\sqrt{2}i$$ ❑

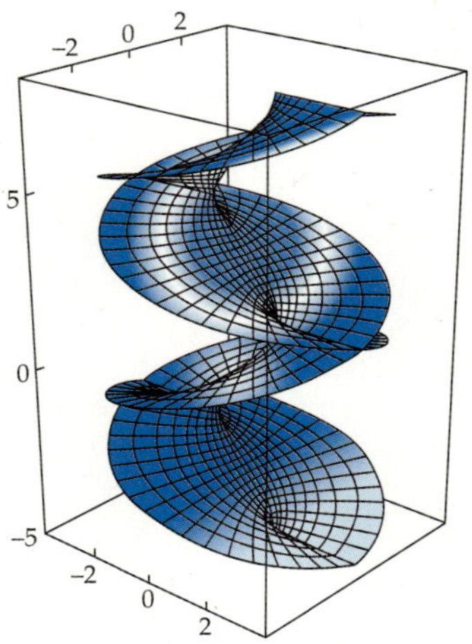

그림 4.4.1 $w=\sin^{-1}z$에 대한 리만 곡면

참고 실 해석학과의 비교

다가 함수 $F(z)=\sin^{-1}z$는 4.3절의 참고에서 $\sin^{-1}z$에 대해 구성한 리만 곡면을 사용해서 그림 4.4.1에 나타낸 바와 같이 가시화할 수 있다. 다가 사상 $w=\sin^{-1}z$에 의한 점 z_0의 상을 알아보기 위해서, 그림 4.4.1의 xy평면에 놓여 있는 z_0을 상상하자. 그리고 z_0의 바로 위에 있는 리만 곡면의 모든 점을 생각하자. 리만 곡면의 이런 점 각각은 4.3절의 참고에 있는 모눈 S_n의 한 정사각형에 있는 유일한 점에 대응한다. 그러므로 리만 곡면의 이런 점들의 무한 집합은 $w=\sin^{-1}z$에 의한 z_0의 무수히 많은 상을 나타낸다.

4.4 익힘 문제

문제 1~10에서는 주어진 양의 모든 값을 찾아라.

1. $\cos^{-1}i$
2. $\sin^{-1}1$
3. $\sin^{-1}\sqrt{2}$
4. $\cos^{-1}\frac{5}{3}$
5. $\tan^{-1}1$
6. $\tan^{-1}2i$
7. $\sinh^{-1}i$
8. $\cosh^{-1}\frac{1}{2}$
9. $\tanh^{-1}(1+2i)$
10. $\tanh^{-1}(\sqrt{2}i)$

문제 11~16에서는 다가 함수 $z^{1/2}$의 지정된 분지와 $\ln z$의 으뜸 분지를 이용해서, (a) 주어진 점에서 역삼각 또는 역쌍곡선 함수의 값을 찾고 (b) 주어진 점에서 그 함수의 도함수의 값을 셈하라.

11. $\sin^{-1}z,\ z=\frac{1}{2}i$; $z^{1/2}$의 으뜸 분지
12. $\cos^{-1}z,\ z=\frac{5}{3}$; $z^{1/2}$의 분지 $\sqrt{r}e^{i\theta/2}$ $(0<\theta<2\pi)$
13. $\tan^{-1}z,\ z=1+i$

14. $\sinh^{-1}z$, $z=0$; $z^{1/2}$의 으뜸 분지
15. $\cosh^{-1}z$, $z=-i$; $z^{1/2}$의 분지 $\sqrt{r}\,e^{i\theta/2}$ $(0<\theta<2\pi)$
16. $\tanh^{-1}z$, $z=3i$

개념과 이해

17. 214쪽에 있는 아크사인에 대한 공식을 유도할 때 이용한 과정을 수정해서, $\cos^{-1}z$에 대한 공식 (4)를 유도하라.
18. 214쪽에 있는 아크사인에 대한 공식을 유도할 때 이용한 과정을 수정해서, $\sinh^{-1}z$에 대한 공식 (10)을 유도하라.
19. 음함수 미분법을 이용해서, 역코사인의 분지의 도함수에 대한 공식 (8)을 유도하라.
20. 음함수 미분법을 이용해서, 역쌍곡선 탄젠트의 분지의 도함수에 대한 공식 (12)를 유도하라.
21. (a) $\sin z$가 연립 부등식 $-\pi/2<x<\pi/2$, $-\infty<y<\infty$로 정의된 영역에서 일대일 함수임을 증명하라.
    (b) 제곱근의 어떤 분지와 로그의 어떤 분지를 이용해야, 사상 $w=\sin^{-1}z$가 반평면 $\text{Im}(z)>0$을 구역 $-\pi/2<u<\pi/2$, $v>0$ 위로 보내는가? 곧, $w=\sin^{-1}z$는 (a)에 있는 사상의 역사상인가?
22. 다음 등식을 증명하라.
    (a) $\sin^{-1}\{(1-z^2)^{1/2}\}=\cos^{-1}(\pm z)$
    (b) $\sin^{-1}z+\cos^{-1}z=\dfrac{1}{2}(4n+1)\pi$ $(n=0,\ \pm1,\ \pm2,\ \cdots)$

4.5 활용

3.4절에서 정전기학, 유체 흐름, 중력, 열의 흐름 마당에서 조화 함수의 중요한 역할을 알아봤다. 이런 마당 중 하나에서의 응용 문제를 풀기 위해서는, 흔히 영역 D에서 조화적이고 D의 경계에서 특정한 값을 취하는 함수 $\phi(x,\ y)$를 찾을 필요가 있다. 이번 절에서는 해석 함수에 의한 사상이 이런 형태의 문제를 푸는 데 종종 도움을 줄 수 있음을 알아본다.

디리클레 문제 D를 복소 평면의 영역이라 하자. 3.3절에서 정의한 대로, 두 실 변수 x와 y의 실수값 함수 ϕ가 D에서 조화적이라는 것은 ϕ의 일계와 이계 편도함수가 연속이고 ϕ가 라플라스 방정식 $\nabla^2\phi=0$, 곧 다음을 만족시키는 경우이다.

용어
디리클레 문제 Dirichlet problem
경계 조건 boundary problem
해석 사상 analytic mapping

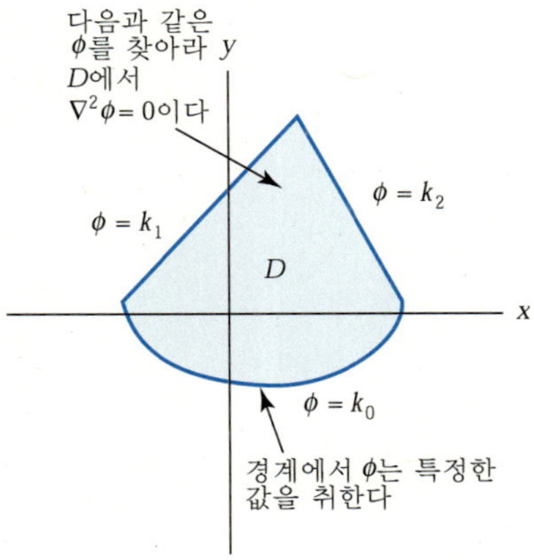

그림 4.5.1 디리클레 문제

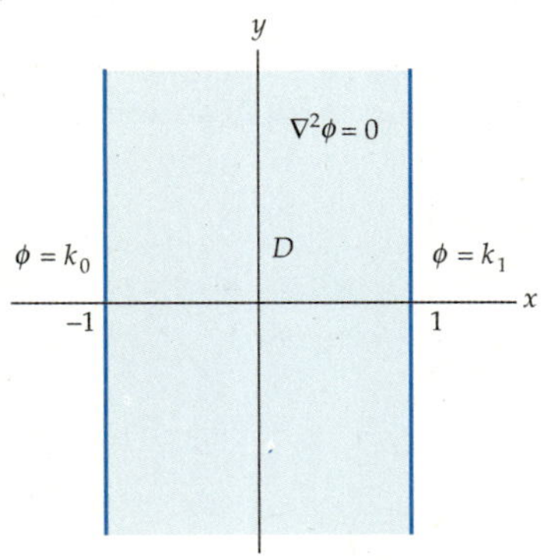

그림 4.5.2 3.4절 보기 2의 디리클레 문제

$$\frac{\partial^2 \phi}{\partial x^2}+\frac{\partial^2 \phi}{\partial y^2}=0 \tag{1}$$

3.4절에서 정의한 대로, 디리클레 문제는 D에서 조화적이고 D의 경계에서 특정한 값을 취하는 함수 $\phi(x,\ y)$를 찾는 문제이다. 그림 4.5.1을 보라. D의 경계에서 지정된 ϕ의 특정한 값을 경계 조건이라 한다. 예를 들어 실 상수 k_1과 k_2에 대한 다음 문제를 생각하자.

$$\frac{\partial^2 \phi}{\partial x^2}+\frac{\partial^2 \phi}{\partial y^2}=0 \quad (-1<x<1,\quad -\infty<y<\infty)$$

$$\phi(-1,\ y)=k_0 \quad \phi(1,\ y)=k_1 \quad (-\infty<y<\infty)$$

이것은 연직선 $x=-1$과 $x=1$로 갇힌 영역 D에서의 디리클레 문제이다. 그림 4.5.2를 보라. 3.4절의 보기 2에서는 미분 방정식의 기초적인 기법을 사용해서 이 특별한 디리클레 문제의 다음과 같은 해를 찾았다.

$$\phi(x,\ y)=\frac{k_1-k_0}{2}x+\frac{k_1+k_0}{2} \tag{2}$$

3.4절의 이 보기를 다시 읽어서, 이 해를 찾은 방법을 되새기자.

조화 함수와 해석 사상 그림 4.5.2에 제시한 디리클레 문제는 풀기가 비교적 쉬운데, 영역 D의 모양이 단순하다는 것이 그 이유의 하나이다. 이런 형태의 디리클레 문제를 푸는 기법은 좀 더 복잡한 영역의 디리클레 문제에 일반적으로 적용되지 않는다. 영역 D에서 해석적이고 D에서 영역 D' 위로의 함수 f를 D에서 D' 위로의 해석 사상이라 한다. 흔히, 복잡한 영역 D에서의 디리클레 문제는 D에서 영역 D' 위로의 해석 사상을 찾아서 풀 수 있는데, 이와 연관된 또는 변환된 디리클레 문제를 풀기가 더 쉬운 경우에 그렇다. 이 기법은 여기서 간단히 제시하고, 제 7 장에서 자세히 논의한다. 디리클레 문제를 푸는 이 방법의 열쇠는 다음 정리인데, 이는 라플라스 방정식이 해석 사상에 의해 불변임을 보여준다.

정리 4.5.1 해석 사상에 의한 조화 함수

$f(z)=u(x,\ y)+iv(x,\ y)$는 z평면의 영역 D에서 w평면의 영역 D' 위로의 해석 사상이라 하자. 함수 $\Phi(u,\ v)$가 D'에서 조화적이면, 함수 $\phi(x,\ y)=\Phi(u(x,\ y),\ v(x,\ y))$는 D에서 조화적이다.

증명 함수 $\phi(x,\ y)$가 D에서 조화적임을 증명하기 위해서는, $\phi(x,\ y)$가 D에서 라플라스 방정식 (1)을 만족시킴을 보여야 한다. 먼저 x에 관한 $\phi(x,\ y)$의 편도함수를 찾자. $\phi(x,\ y)=\Phi(u(x,\ y),\ v(x,\ y))$이므로, 편도함수의 연쇄 법칙에 의해 다음을 얻는다.

$$\frac{\partial \phi}{\partial x}=\frac{\partial \Phi}{\partial u}\frac{\partial u}{\partial x}+\frac{\partial \Phi}{\partial v}\frac{\partial v}{\partial x}$$

곱의 미분법과 함께 연쇄 법칙을 한 번 더 사용하면 다음과 같이 x에 관한 이계 편도함수를 얻는다.

$$\frac{\partial^2 \phi}{\partial x^2}=\left(\frac{\partial^2 \Phi}{\partial u^2}\frac{\partial u}{\partial x}+\frac{\partial^2 \Phi}{\partial v\partial u}\frac{\partial v}{\partial x}\right)\frac{\partial u}{\partial x}+\frac{\partial \Phi}{\partial u}\frac{\partial^2 u}{\partial x^2}$$

$$+\left(\frac{\partial^2 \Phi}{\partial u\partial v}\frac{\partial u}{\partial x}+\frac{\partial^2 \Phi}{\partial v^2}\frac{\partial v}{\partial x}\right)\frac{\partial v}{\partial x}+\frac{\partial \Phi}{\partial v}\frac{\partial^2 v}{\partial x^2} \quad (3)$$

마찬가지 방법으로 다음과 같이 y에 관한 이계 편도함수를 얻는다.

$$\frac{\partial^2 \phi}{\partial y^2}=\left(\frac{\partial^2 \Phi}{\partial u^2}\frac{\partial u}{\partial y}+\frac{\partial^2 \Phi}{\partial v\partial u}\frac{\partial v}{\partial y}\right)\frac{\partial u}{\partial y}+\frac{\partial \Phi}{\partial u}\frac{\partial^2 u}{\partial y^2}$$

$$+\left(\frac{\partial^2 \Phi}{\partial u\partial v}\frac{\partial u}{\partial y}+\frac{\partial^2 \Phi}{\partial v^2}\frac{\partial v}{\partial y}\right)\frac{\partial v}{\partial y}+\frac{\partial \Phi}{\partial v}\frac{\partial^2 v}{\partial y^2} \quad (4)$$

두 방정식 (3)과 (4)를 더하면 다음을 얻는다.

$$\nabla^2\phi=\frac{\partial^2 \Phi}{\partial u^2}\left\{\left(\frac{\partial u}{\partial x}\right)^2+\left(\frac{\partial u}{\partial y}\right)^2\right\}+\frac{\partial^2 \Phi}{\partial v^2}\left\{\left(\frac{\partial v}{\partial x}\right)^2+\left(\frac{\partial v}{\partial y}\right)^2\right\}$$

$$+\frac{\partial \Phi}{\partial u}\left(\frac{\partial^2 u}{\partial x^2}+\frac{\partial^2 u}{\partial y^2}\right)+\frac{\partial \Phi}{\partial v}\left(\frac{\partial^2 v}{\partial x^2}+\frac{\partial^2 v}{\partial y^2}\right)$$

$$+\left(\frac{\partial^2 \Phi}{\partial v\partial u}+\frac{\partial^2 \Phi}{\partial u\partial v}\right)\left(\frac{\partial u}{\partial x}\frac{\partial v}{\partial x}+\frac{\partial u}{\partial y}\frac{\partial v}{\partial y}\right) \quad (5)$$

f가 D에서 해석 함수이기 때문에, 정리 3.2.1에 의해 코시·리만 방정식 $\frac{\partial u}{\partial x}=\frac{\partial v}{\partial y}$와 $\frac{\partial u}{\partial y}=-\frac{\partial v}{\partial x}$가 성립한다. 또, 정리 3.3.1에 의해 u와 v는 D에서 조화 켤레이므로 $\frac{\partial^2 u}{\partial x^2}+\frac{\partial^2 u}{\partial y^2}=0$이고 $\frac{\partial^2 v}{\partial x^2}+\frac{\partial^2 v}{\partial y^2}=0$이다. 그러므로 (5)는 다음과 같이 된다.

$$\nabla^2\phi=\frac{\partial^2 \Phi}{\partial u^2}\left\{\left(\frac{\partial u}{\partial x}\right)^2+\left(\frac{\partial v}{\partial x}\right)^2\right\}+\frac{\partial^2 \Phi}{\partial v^2}\left\{\left(\frac{\partial v}{\partial x}\right)^2+\left(\frac{\partial u}{\partial x}\right)^2\right\}$$

$$=\nabla^2\Phi\left\{\left(\frac{\partial u}{\partial x}\right)^2+\left(\frac{\partial v}{\partial x}\right)^2\right\}$$

3.2절의 (9)에 의해 $\left(\frac{\partial u}{\partial x}\right)^2+\left(\frac{\partial v}{\partial x}\right)^2=|f'(z)|^2$이므로, $\nabla^2\phi$에 대한 위의 식은 다음과 같이 간단히 된다.

$$\nabla^2\phi = \nabla^2\Phi \cdot |f'(z)|^2 \tag{6}$$

$\Phi(u,\ v)$가 D'에서 조화적이므로 $\nabla^2\Phi = 0$이고, 이에 따라 (6)은 다음과 같이 된다.

$$\nabla^2\phi = 0 \cdot |f'(z)|^2 = 0 \tag{7}$$

마지막으로 (7)에 의해 $\phi(x,\ y)$는 D에서 라플라스 방정식을 만족시킨다는 결론을 얻는다. 따라서 함수 $\phi(x,\ y)$는 D에서 조화적이다. ■

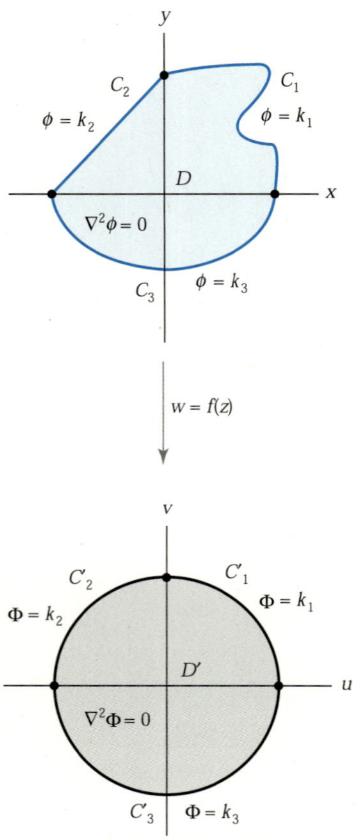

그림 4.5.3 디리클레 문제의 변환

디리클레 문제의 해법 이제 정리 4.5.1을 이용해서 디리클레 문제를 푸는 방법을 제시한다. 영역 D의 경계는 곡선 $C_1,\ C_2,\ \cdots,\ C_n$으로 이루어졌다고 하자. 함수 $\phi(x,\ y)$가 D에서 조화적이고 경계 곡선 $C_1,\ C_2,\ \cdots,\ C_n$에서 차례로 값 $k_1,\ k_2,\ \cdots,\ k_n$을 취한다고 하자. 이런 문제를 푸는 방법은 다음의 네 단계로 이루어진다.

디리클레 문제의 풀이 단계

1. z평면의 영역 D를 w평면의 더 단순한 영역 D' 위로 사상하는 해석 함수 $f(z) = u(x,\ y) + iv(x,\ y)$를 찾는다. 이 함수는 경계 곡선 $C_1,\ C_2,\ \cdots,\ C_n$을 차례로 곡선 $C_1',\ C_2',\ \cdots,\ C_n'$ 위로 사상한다.
2. $C_1,\ C_2,\ \cdots,\ C_n$에서의 경계 조건은 차례로 $C_1',\ C_2',\ \cdots,\ C_n'$에서의 경계 조건으로 변환된다.
3. 이 새로운(그리고 더 쉬운) D'에서의 디리클레 문제를 풀어서 조화 함수 $\Phi(u,\ v)$를 얻는다.
4. $\Phi(u,\ v)$의 두 변수 u와 v에 f의 실수 부분 $u(x,\ y)$와 허수 부분 $v(x,\ y)$를 대입한다. 정리 4.5.1에 의해 함수 $\phi(x,\ y) = \Phi(u(x,\ y),\ v(x,\ y))$는 D에서의 디리클레 문제의 해이다.

그림 4.5.3은 이런 단계의 일반적인 개념을 예시한다.

보기 1 사상을 이용한 디리클레 문제의 풀이

그림 4.5.4에 나타낸 z평면에서 두 직선 $y = x$와 $y = x + 2$로 갇힌 영역을 D라고 하자. 다음 경계 조건을 만족시키는 D에서의 조화 함수 $\phi(x,\ y)$를 찾아라.

$$\phi(x,\ x+2) = -2,\ \ \phi(x,\ x) = 3$$

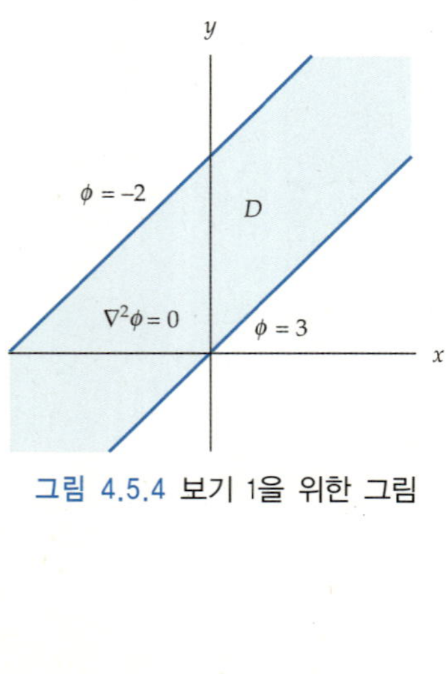

그림 4.5.4 보기 1을 위한 그림

풀이 이 문제를 위에 제시한 네 단계에 따라 풀겠다.

단계 1. 그림 4.5.4의 영역 D를 조사하면, 두 직선 $u = -1$과 $u = 1$로 갇힌 영역 D'을 선택하게 된다. 이와 연관된 디리클레 문제의 해는 (2)로 주어진다.

첫째 단계는 D에서 D' 위로의 해석 사상을 찾는 것이다. 이를 위해 먼저 구역 D를 원점을 중심으로 시계 반대 방향으로 $\pi/4$만큼 회전시키자. 이 회전에 의해, 두 경계선 $y = x + 2$와 $y = x$는 각각 $u = -\sqrt{2}$와 $u = 0$

위로 사상된다. 다음으로 이 영역을 인자 $\sqrt{2}$만큼 확대하면, 두 직선 $u=-2$와 $u=0$으로 갇힌 영역을 얻는다. 마지막으로 이 상을 1 만큼 평행 이동하면, 원하는 대로 두 직선 $u=-1$와 $u=1$로 갇힌 영역을 얻는다. 2.3절에서 알아본 대로, 원점을 중심으로 $\pi/4$만큼의 회전은 사상 $R(z)=e^{i\pi/4}$, $\sqrt{2}$만큼의 확대는 $M(z)=\sqrt{2}z$, 1만큼 평행 이동은 $T(z)=z+1$로 주어진다. 그러므로 다음 합성에 의해 영역 D는 영역 D' 위로 사상된다.

$$f(z)=T(M(R(z)))=\sqrt{2}e^{i\pi/4}z+1=(1+i)z+1$$

f가 선형 함수이므로, 이는 전해석 함수이다. 이에 따라 첫째 단계를 완성했다.

단계 2. 이제 D에서의 경계 조건을 D'에서의 경계 조건으로 변환하자. 이를 위해 D의 두 경계선 $y=x$와 $y=x+2$의 $w=f(z)$에 의한 상을 찾아야 한다. 기호 z를 $x+iy$로 바꾸면, 사상 $w=(1+i)z+1$을 다음과 같이 나타낼 수 있다.

$$w=(1+i)(x+iy)+1=x-y+1+(x+y)i \qquad (8)$$

(8)에 의해 경계선 $y=x+2$의 상은 다음과 같은 점의 집합이다.

$$\begin{aligned} w &= u+iv \\ &= x-(x+2)+1+\{x+(x+2)\}i \\ &= -1+2(x+1)i \end{aligned}$$

곧, 이는 직선 $u=-1$이다. 비슷한 방법으로 경계선 $y=x$의 상이 다음과 같은 점의 집합임을 알 수 있다.

$$\begin{aligned} w &= u+iv \\ &= x-x+1+(x+x)i \\ &= 1+2xi \end{aligned}$$

곧, 이는 직선 $u=1$이다. 그러므로 경계 조건 $\phi(x,\ x+2)=-2$는 경계 조건 $\Phi(-1,\ v)=-2$로, 경계 조건 $\phi(x,\ x)=3$은 경계 조건 $\Phi(1,\ v)=3$로 변환된다. 그림 4.5.5를 보라.

단계 3. D'에서 이 디리클레 문제의 해는 (2)에 주어진 것에서, x와 y는 u와 v로 바꾸고 $k_0=-2$와 $k_1=3$을 대입해서 얻은 다음과 같다.

$$\Phi(u,\ v)=\frac{3-(-2)}{2}u+\frac{-2+3}{2}=\frac{5}{2}u+\frac{1}{2}$$

단계 4. 풀이의 마지막 단계는 Φ의 두 변수 u와 v에 f의 실수 부분과 허수 부분을 대입해서 원하는 해 ϕ를 얻는 것이다. (8)에 의해 f의 실수 부분과 허수 부분은 각각 다음과 같다.

$$u(x,\ y)=x-y+1, \quad v(x,\ y)=x+y$$

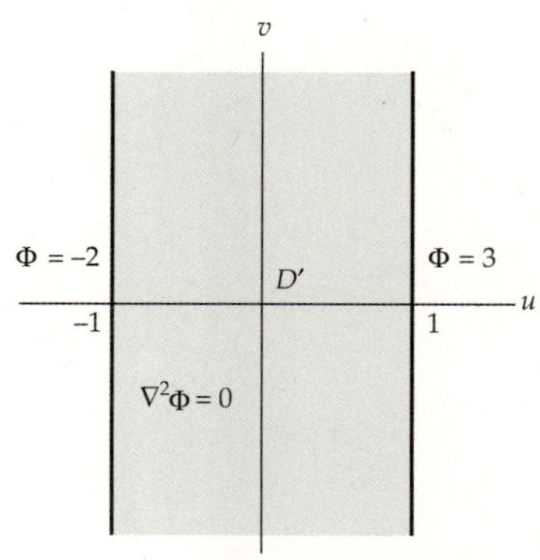

그림 4.5.5 보기 1의 변환된 디리클레 문제

그러므로 D에서 디리클레 문제의 해는 다음 함수이다.

$$\phi(x,\ y) = \Phi(u(x,\ y),\ v(x,\ y))$$

$$= \frac{5}{2}(x-y+1) + \frac{1}{2} = \frac{5}{2}x - \frac{5}{2}y + 3 \qquad (9)$$

직접 셈해서 (9)에 나타낸 함수 ϕ가 라플라스 방정식과 경계 조건 $\phi(x,\ x) = 3$과 $\phi(x,\ x+2) = -2$를 만족시킴을 밝혀보자. ❑

3.4절에서 알아본 대로, ϕ가 영역 D에서 조화적이고 ψ가 D에서 ϕ의 조화 켤레이면 다음과 같이 정의한 **복소 퍼텐셜 함수** $\Omega(z)$는 D에서 해석적이다.

$$\Omega(z) = \phi(x,\ y) + i\psi(x,\ y)$$

ϕ와 ψ의 등위 곡선은 3.4절에서 정의한 대로 직교 곡선족을 이루는데, 이런 곡선족의 물리적 의미는 169쪽에 있는 표 3.4.1에 요약했다. 예를 들면, 보기 1의 함수 ϕ가 두 개의 한없이 긴 전도 판 사이의 정전기 전위를 나타낸다면, 등위 곡선 $\phi(x,\ y) = \frac{5}{2}x - \frac{5}{2}y + 3 = c_1$은 등전위 곡선을 나타낸다. 기울기가 1인 직선인 이런 등전위 곡선을 그림 4.5.6에 (색선으로) 나타냈다.

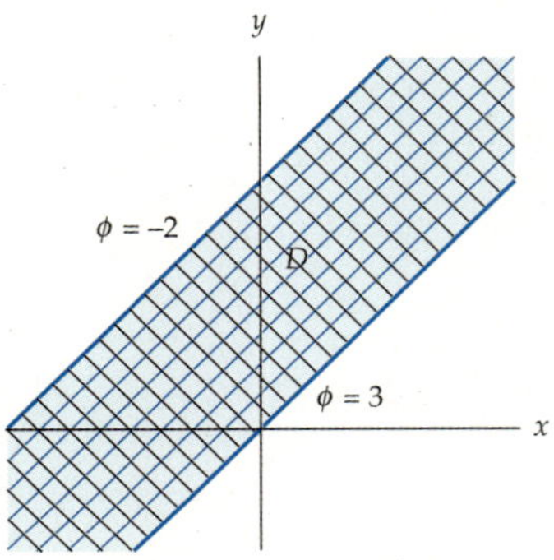

그림 4.5.6 보기 1의 등위 곡선과 힘 선

간단한 셈을 통해 $\Phi(u,\ v) = \frac{5}{2}u + \frac{1}{2}$의 조화 켤레 $\Psi(u,\ v) = \frac{5}{2}v$를 찾고, 보기 1의 D'에서의 디리클레 문제의 복소 퍼텐셜 함수 $\Omega(w) = \frac{5}{2}w + \frac{1}{2}$을 얻을 수 있다. 결론적으로, D에서의 디리클레 문제에 대한 복소 퍼텐셜 함수는 다음과 같이 기호 w를 해석 사상 $w = (1+i)z + 1$로 바꾸어 얻는다.

$$\Omega(z) = \frac{5}{2}\{(1+i)z+1\} + \frac{1}{2} = \left(\frac{5}{2} + \frac{5}{2}i\right)z + 3$$

따라서 ϕ의 조화 켤레는 $\psi(x,\ y) = \mathrm{Im}(\Omega(z)) = \frac{5}{2}x + \frac{5}{2}y$이다. ϕ가 정전기 전위이면, $\psi(x,\ y) = \frac{5}{2}x + \frac{5}{2}y = c_2$의 등위 곡선은 힘 선을 나타낸다. 이런 힘 선은 그림 4.5.6에 기울기가 -1인 검은 선분으로 나타낸 것이다.

보기 1에서 사용한 방법을 일반화하면, 임의의 두 평행선으로 갇힌 영역 D에서의 디리클레 문제를 풀 수 있다. 이런 문제를 푸는 열쇠는, D의 경계선을 그림 4.5.2에 나타낸 영역의 경계선 위로 사상하는 적절한 선형 사상을 찾는 것이다. 익힘 문제 4.5의 문제 1~4를 보라.

반평면에서의 디리클레 문제 D는 위쪽 반평면 $y > 0$이고 $x_1 < x_2 < \cdots < x_n$은 (D의 경계인) 실수축에 있는 n개의 서로 다른 점이라고 하자. 많은 응용에서 D에서의 디리클레 문제의 해 ϕ로 경계 조건 $x < x_1$에서 $\phi(x,\ 0) = k_0$,

$x_1 < x < x_2$에서 $\phi(x, 0) = k_1$, $x_2 < x < x_3$에서 $\phi(x, 0) = k_2$, $\cdots$, $x_n < x$에서 $\phi(x, 0) = k_n$을 만족시키는 것을 알면 유용하다. 그림 4.5.7을 보라. $z = x + iy$이면, 이 디리클레 문제의 해는 다음과 같이 주어진다.

$$\phi(x, y) = k_n + \frac{1}{\pi}\sum_{j=1}^{n}(k_{j-1} - k_j)\mathrm{Arg}(z - x_j) \tag{10}$$

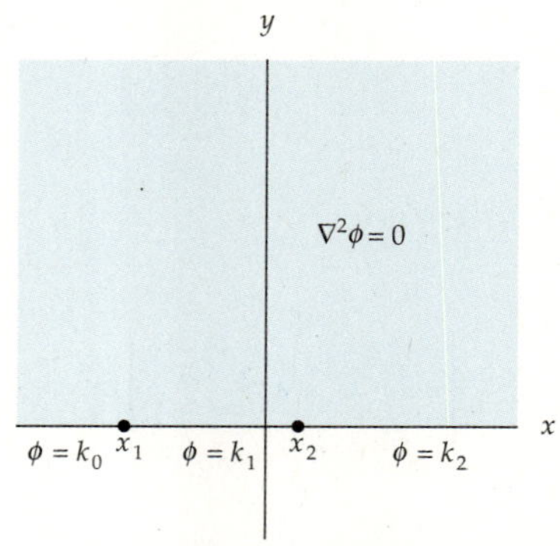

그림 4.5.7 반평면 $y > 0$에서의 디리클레 문제

이 해의 유도는 7.4절에서 논의하겠다.

(10)의 응용으로 다음 디리클레 문제를 생각하자.

$$\frac{\partial^2\phi}{\partial x^2} + \frac{\partial^2\phi}{\partial y^2} = 0 \quad (-\infty < x < \infty, \quad y > 0)$$

$$\phi(x, 0) = \begin{cases} -1 & (-\infty < x < 0) \\ 1 & (0 < x < 2) \\ 4 & (2 < x < \infty) \end{cases}$$

그림 4.5.8을 보라. 이 문제의 해는 다음과 같이 (10)에 $x_1 = 0$, $x_2 = 2$, $k_0 = -1$, $k_1 = 1$, $k_2 = 4$를 대입한 것이다.

$$\phi(x, y) = 4 - \frac{2}{\pi}\mathrm{Arg}(z) - \frac{3}{\pi}\mathrm{Arg}(z - 2) \tag{11}$$

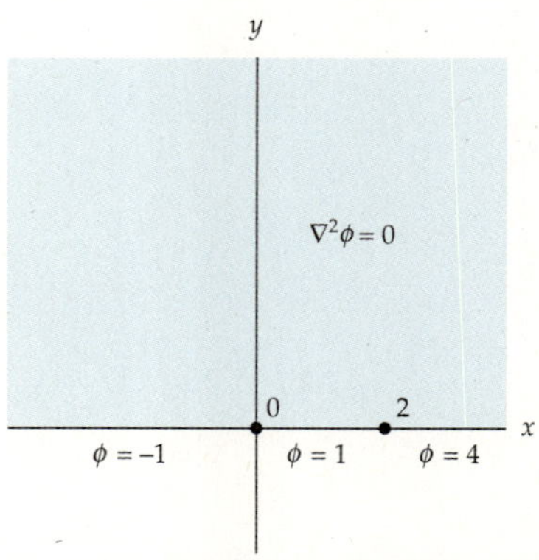

그림 4.5.8 반평면 $y > 0$에서의 디리클레 문제

이제 (11)의 함수 $\phi(x, y)$가 이 디리클레 문제의 해임을 직접 밝히겠다. ϕ가 영역 $y > 0$에서 조화 함수임을 밝히기 위해, ϕ가 다음 함수의 실수 부분임에 주목하자.

$$\Omega(z) = 4 + \frac{2i}{\pi}\mathrm{Ln}(z) + \frac{3i}{\pi}\mathrm{Ln}(z - 2)$$

Ω는 영역 $y > 0$에서 해석적이기 때문에, ϕ는 영역 $y > 0$에서 조화적이다. 다음으로, ϕ가 그림 4.5.8에 나타낸 경계 조건을 만족시킴을 밝히자. $-\infty < x < 0$이고 $y = 0$이면, $z = x + iy$는 음의 실수축에 있고 이에 따라 $\mathrm{Arg}(z) = \pi$이다. 이 경우에 $z - 2$도 음의 실수축에 있고 $\mathrm{Arg}(z - 2) = \pi$이다. 이런 값을 (11)에 대입하면 다음을 얻는다.

$$\phi(x, 0) = 4 - \frac{2}{\pi}\pi - \frac{3}{\pi}\pi = -1$$

반면에, $0 < x < 2$이고 $y = 0$이면, z는 양의 실수축에 있고 $z - 2$는 음의 실수축에 있다. 그러므로 $\mathrm{Arg}(z) = 0$이고 $\mathrm{Arg}(z - 2) = \pi$이다. 이런 값을 (11)에 대입하면 다음을 얻는다.

$$\phi(x, 0) = 4 - \frac{2}{\pi}0 - \frac{3}{\pi}\pi = 1$$

마지막으로, $2 < x < \infty$이고 $y = 0$이면, z와 $z - 2$는 양의 실수축에 있고,

이에 따라 $\mathrm{Arg}(z) = \mathrm{Arg}(z-2) = 0$이다. 그러므로 다음을 얻는다.

$$\phi(x,\ 0) = 4 - \frac{2}{\pi}0 - \frac{3}{\pi}0 = 4$$

따라서 (11)의 함수 ϕ는 그림 4.5.8에 나타낸 디리클레 문제의 해이다.

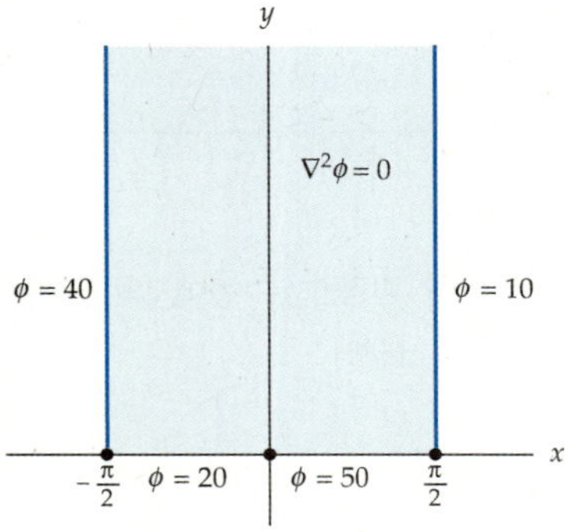

그림 4.5.9 보기 2를 위한 그림

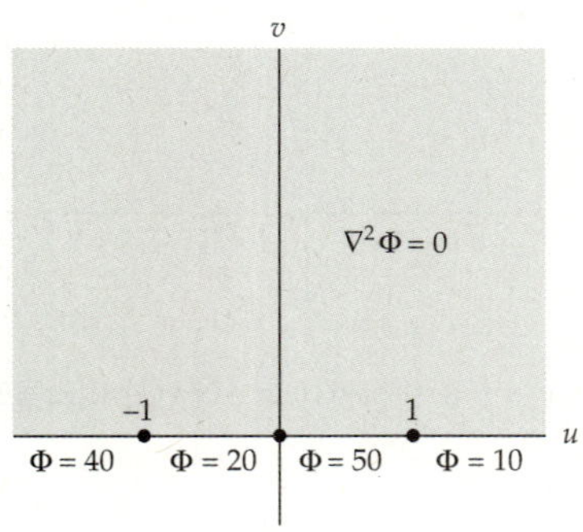

그림 4.5.10 보기 2에 대한 변환된 디리클레 문제

보기 2 열의 흐름 활용

그림 4.5.9에 나타낸 연직 반무한 띠에서의 정상 상태 온도 $\phi(x,\ y)$를 찾아라. 곧, $-\pi/2 < x < \pi/2,\ y > 0$으로 정의된 영역 D에서의 디리클레 문제를 푸는데, 경계 조건은 다음과 같다.

$$\phi(-\pi/2,\ y) = 40,\ \ \phi(\pi/2,\ y) = 10\ \ (y > 0),$$

$$\phi(x,\ 0) = \begin{cases} 20 & (-\pi/2 < x < 0) \\ 50 & (0 < x < \pi/2) \end{cases}$$

풀이 3.4절에서 알아본 대로, 정상 상태 온도 ϕ는 D에서 라플라스 방정식을 만족시킨다. 보기 1에서와 같이 진행하자.

단계 1. 4.3절에서 알아본 대로, 사상 $w = \sin z$는 영역 D를 $v > 0$으로 정의된 위쪽 반평면 D' 위로 사상한다. 4.3절의 보기 3을 보라. $\sin z$는 전해석 함수이기 때문에, $w = \sin z$는 D에서 D' 위로의 해석 사상이다.

단계 2. 4.3절의 보기 3에서 알아본 대로, $w = \sin z$는

(i) 반직선 $x = -\pi/2,\ y > 0$을 반직선 $v = 0,\ u < -1$ 위로 사상한다.

(ii) 선분 $y = 0,\ -\pi/2 < x < 0$을 선분 $v = 0,\ -1 < u < 0$ 위로 사상한다.

(iii) 선분 $y = 0,\ 0 < x < \pi/2$를 선분 $v = 0,\ 0 < u < 1$ 위로 사상한다.

(iv) 반직선 $x = \pi/2,\ y > 0$을 반직선 $v = 0,\ u > 1$ 위로 사상한다.

이것은 그림 4.5.9에 나타낸 영역 D에서의 디리클레 문제를 그림 4.5.10에 나타낸 반평면 $y > 0$에서의 디리클레 문제로 변환한다. 곧, 변환된 디리클레 문제는 다음과 같다.

$$\frac{\partial^2 \Phi}{\partial u^2} + \frac{\partial^2 \Phi}{\partial v^2} = 0,$$

$$\Phi(u,\ 0) = \begin{cases} 40 & (-\infty < u < -1) \\ 20 & (-1 < u < 0) \\ 50 & (0 < u < 1) \\ 10 & (1 < u < \infty) \end{cases}$$

단계 3. 단계 2에 있는 변환된 디리클레 문제의 해는 (10)에서 기호 $x,\ y,\ z$를 차례로 $u,\ v,\ w$로 바꾸어 얻는다. $k_0 = 40,\ k_1 = 20,\ k_2 = 50,\ k_3 = 10,\ u_1 = -1,\ u_2 = 0,\ u_3 = 1$로 놓으면 다음을 얻는다.

$$\Phi(u,\ v) = 10 + \frac{20}{\pi}\mathrm{Arg}(w+1)$$

$$-\frac{30}{\pi}\text{Arg}(w)+\frac{40}{\pi}\text{Arg}(w-1) \qquad (12)$$

단계 4. 영역 D에서의 디리클레 문제의 해 ϕ는 (12)의 두 변수 u와 v를 해석 함수 $f(z)=\sin z$의 실수 부분과 허수 부분으로 바꾸어 찾는다. 이는 다음과 같이 (12)에서 w를 $\sin z$로 바꾸는 것과 같다.

$$\phi(x,\ y)=10+\frac{20}{\pi}\text{Arg}(\sin z+1)$$

$$-\frac{30}{\pi}\text{Arg}(\sin z)+\frac{40}{\pi}\text{Arg}(\sin z-1) \qquad (13)$$

원한다면, 실 아크탄젠트 함수를 조심스럽게 사용해서, 함수 ϕ를 x와 y의 식으로 나타낼 수 있다. 특히, 아크탄젠트의 값을 0과 π 사이에 놓이도록 선택하면, (13)의 함수 ϕ를 다음과 같이 쓸 수 있다.

$$\phi(x,\ y)=10+\frac{20}{\pi}\arctan\left(\frac{\cos x\sinh y}{\sin x\cosh y+1}\right)-\frac{30}{\pi}\left(\frac{\cos x\sinh y}{\sin x\cosh y}\right)$$

$$+\frac{40}{\pi}\left(\frac{\cos x\sinh y}{\sin x\cosh y-1}\right)$$

❑

다음 함수가 그림 4.5.9에 나타낸 $-\pi/2<x<\pi/2,\ y>0$으로 정의된 영역 D에서 해석적임을 관찰하자.

$$\Omega(z)=10-\frac{20i}{\pi}\text{Ln}(\sin z+1)+\frac{30i}{\pi}\text{Ln}(\sin z)-\frac{40i}{\pi}\text{Ln}(\sin z-1)$$

$\Omega(z)$의 실수 부분은 (13)에 제시한 함수 ϕ이므로, $\Omega(z)$의 허수 부분 ψ는 ϕ의 조화 켤레이다. 그러므로 $\Omega(z)$는 보기 2에 있는 함수 ϕ의 복소 퍼텐셜 함수이다. 열의 흐름 문제에서 정상 상태 온도 ϕ의 등위 곡선을 등온선이라 하고, 그 조화 켤레 ψ의 등위 곡선을 열의 흐름선이라 한다. 그림 4.5.11에 보기 2의 열의 흐름 문제에 대한 등위 곡선을 나타냈다. 등온선은 파랗게 나타낸 곡선이고, 열의 흐름선은 검게 나타낸 곡선이다.

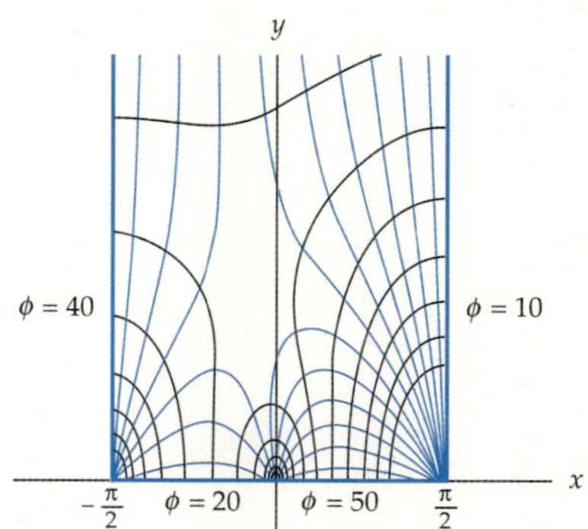

그림 4.5.11 보기 2의 등온선과 열의 흐름 선

4.5 익힘 문제

문제 1~4에서는 (a) 선형 사상과 (2)를 이용해서 영역 D에서 주어진 경계 조건을 만족시키는 정전기 퍼텐셜 $\phi(x,\ y)$를 찾고, (b) $\phi(x,\ y)$에 대한 복소 퍼텐셜 함수 $\Omega(z)$를 찾으며, (c) 등전위 곡선과 힘 선을 그려라.

1. 두 직선 $x=2$와 $x=7$로 갇힌 영역 D 및 경계 조건 $\phi(2,\ y)=3$과 $\phi(7,\ y)=-2$
2. 두 직선 $y=0$과 $y=3$으로 갇힌 영역 D 및 경계 조건 $\phi(x,\ 0)=1$과

$\phi(x, 3) = 2$

3. 두 직선 $y = \sqrt{3}x$와 $y = \sqrt{x} + 4$로 갇힌 영역 D 및 경계 조건 $\phi(x, \sqrt{3}x) = 10$과 $\phi(x, \sqrt{3}x + 4) = 5$
4. 두 직선 $y = x + 2$와 $y = x + 4$로 갇힌 영역 D 및 경계 조건 $\phi(x, x+2) = -4$와 $\phi(x, x+4) = 5$

문제 5~8에서는 (a) 해석 사상 $w = \sin z$ 및 필요하면 선형 사상을 (10)과 함께 사용해서 영역 D에서 주어진 경계 조건을 만족시키는 정상 상태 온도 $\phi(x, y)$를 찾고, (b) $\phi(x, y)$에 대한 복소 퍼텐셜 함수 $\Omega(z)$를 찾아라.

5. $\pi/2 < x < 3\pi/2,\ y > 0$으로 정의된 영역 D 및 경계 조건 $\phi(\pi/2, y) = 20$, $\phi(x, 0) = -13$, $\phi(3\pi/2, y) = 12$
6. $-3 < x < 3,\ y > 1$로 갇힌 영역 D 및 경계 조건 $\phi(-3, y) = 1$, $\phi(x, 1) = 3$, $\phi(3, y) = 5$
7. $-\pi/2 < y < \pi/2,\ x > 0$으로 갇힌 영역 D 및 경계 조건 $\phi(x, -\pi/2) = 15$, $\phi(0, y) = 32$, $\phi(x, \pi/2) = 23$
8. 세 직선 $y = x + 2$, $y = x - 2$, $y = -x$으로 갇힌 영역 D의 점 $z = x + iy$는 $y \geq -x$를 만족시키고, 경계 조건 $\phi(x, x+2) = 10$, $\phi(x, -x) = 7$, $\phi(x, x-2) = 5$

개념과 이해

9. 해석 사상 $w = z^2$과 (10)을 이용해서 그림 4.5.12에 나타낸 디리클레 문제를 풀어라. $\phi(x, y)$에 대한 복소 퍼텐셜 함수 $\Omega(z)$를 찾아라.
10. 해석 사상 $w = z^2$과 (10)을 이용해서 그림 4.5.13에 나타낸 디리클레 문제를 풀어라. $\phi(x, y)$에 대한 복소 퍼텐셜 함수 $\Omega(z)$를 찾아라.

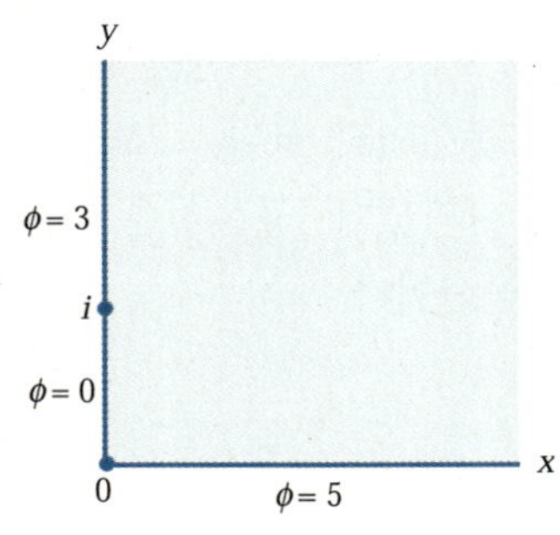

그림 4.5.12 문제 9를 위한 그림

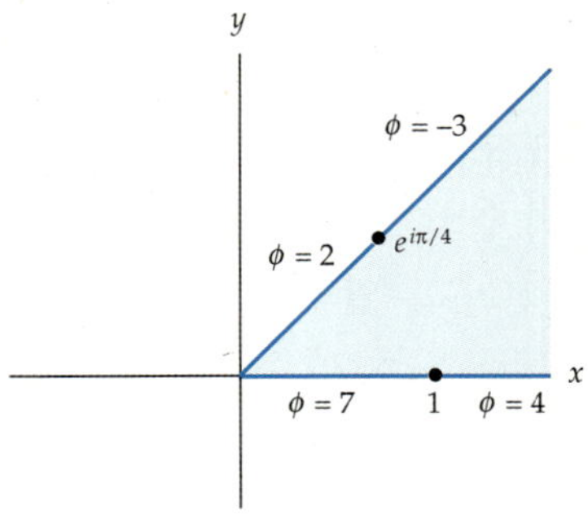

그림 4.5.13 문제 10을 위한 그림

11. 해석 사상 $w = \sin^{-1} z$와 (2)를 이용해서 그림 4.5.14에 나타낸 디리클레 문제를 풀어라. $\phi(x, y)$에 대한 복소 퍼텐셜 함수 $\Omega(z)$를 찾아라.
12. 해석 사상 $w = z + \dfrac{1}{z}$과 (10)을 이용해서 그림 4.5.15에 나타낸 디리클레 문제를 풀어라. $\phi(x, y)$에 대한 복소 퍼텐셜 함수 $\Omega(z)$를 찾아라.

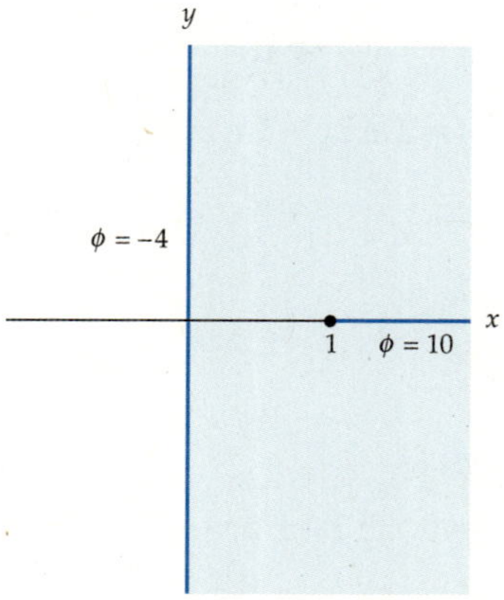

그림 4.5.14 문제 11을 위한 그림

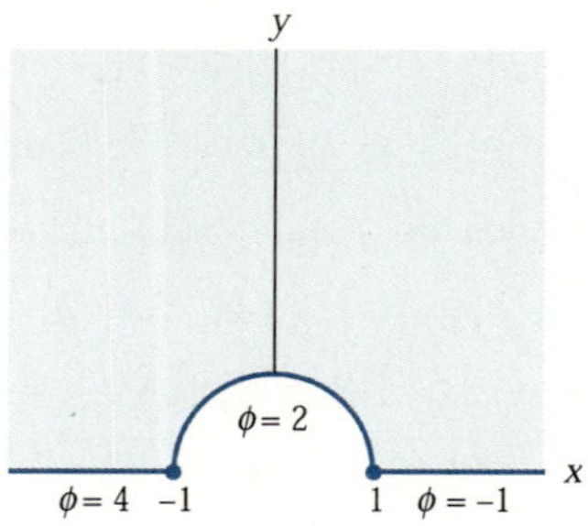

그림 4.5.15 문제 12를 위한 그림

컴퓨터 실습 과제

문제 13~16에서는 CAS를 사용해서 주어진 열의 흐름에 대한 등온선과 열의 흐름선을 그려라.

13. 문제 5에 있는 열의 흐름

14. 문제 6에 있는 열의 흐름

15. 문제 7에 있는 열의 흐름

16. 문제 8에 있는 열의 흐름

문제 17~20에서는 CAS를 사용해서 주어진 복소 퍼텐셜 함수 $\Omega(z)$의 두 등위 곡선 $\phi = c_1$과 $\psi = c_2$를 그려라.

17. $\Omega(z)$는 문제 9에 있는 복소 퍼텐셜 함수

18. $\Omega(z)$는 문제 10에 있는 복소 퍼텐셜 함수

19. $\Omega(z)$는 문제 11에 있는 복소 퍼텐셜 함수

20. $\Omega(z)$는 문제 12에 있는 복소 퍼텐셜 함수

제 4 장 복습 문제

문제 1~20에서는 참 또는 거짓으로 답하라. 명제가 거짓이면, 거짓인 이유를 설명하거나 반례를 들어라. 명제가 참이면, 이를 증명하거나 이번 장의 적절한 결과를 인용하라.

1. $|e^z| = 1$이면, z는 순허수이다.

2. $\text{Re}(e^z) = \cos y$

3. 사상 $w = e^z$은 z평면의 연직선을 w평면의 수평선 위로 사상한다.

4. 방정식 $e^z = w$의 해 z는 무수히 많이 존재한다.

5. $\ln i = \frac{1}{2}\pi i$

6. $\text{Im}(\ln z) = \arg(z)$

7. 영이 아닌 모든 복소수 z에 대해 $e^{\text{Ln}(z)} = z$이다.

8. w_1과 w_2가 $\ln z$의 두 값이면, $\text{Re}(w_1) = \text{Re}(w_2)$이다.

9. 영이 아닌 모든 복소수 z에 대해 $\mathrm{Ln}\dfrac{1}{z}=-\mathrm{Ln}\,z$이다.
10. 영이 아닌 모든 복소수에 대해 $\mathrm{Ln}(z_1z_2)=\mathrm{Ln}\,z_1+\mathrm{Ln}\,z_2$이다.
11. $\mathrm{Ln}\,z$는 전해석 함수이다.
12. i^{i+1}의 으뜸 값은 $e^{-\pi/2+i}$이다.
13. 복소수 멱 z^{α}는 언제나 다가이다.
14. $\cos z$는 주기 2π의 주기 함수이다.
15. $|\sin z|>1$을 만족시키는 복소수 z가 있다.
16. $\tan z$의 특이점이 $z=(2n+1)\pi/2\ \ (n=0,\ \pm 1,\ \pm 2,\ \cdots)$에 있다.
17. $\cosh z=\cos(iz)$
18. $z=\frac{1}{2}\pi i$는 $\cosh z$의 영점이다.
19. 함수 $\sin\bar{z}$는 모든 점에서 해석적이지 않다.
20. $\tan^{-1}z$의 모든 분지는 전해석 함수이다.

문제 21~40에서는 본문을 인용하지 말고 빈칸을 채워라.

21. e^z의 실수 부분은 $u(x,\ y)=$ ________이고 허수 부분은 $v(x,\ y)=$ ________이다.
22. $\mathrm{Ln}\,z$의 정의역은 ________이고, 치역은 ________이다.
23. $\mathrm{Ln}(\sqrt{3}+i)=$ ________
24. 복소 지수 함수 e^z은 주기 ________의 주기 함수이다.
25. $e^{iz}=2$이면 $z=$ ________이다.
26. $\mathrm{Ln}(e^{1-\pi i})=$ ________
27. $\mathrm{Ln}\,z$는 ________에서 불연속이다.
28. 사상 $w=e^z$은 선분 $x=a,\ -\pi<y\le\pi$를 ________ 위로 사상한다.
29. $\ln(1+i)=$ ________
30. $\ln z$가 순허수이면, $|z|=$ ________이다.
31. $z_1=1$과 $z_2=$ ________는 으뜸 값이 $z^i=1$인 두 실수이다.
32. i^i의 으뜸 값은 ________이다.
33. 영역 $|z|>0,\ -\pi<\arg(z)<\pi$에서 z^{α}의 으뜸 값의 도함수는 ________이다.
34. 복소 사인 함수는 $\sin z=$ ________로 정의된다.
35. $\cos(4i)=$ ________
36. $w=\sin z$는 반무한 연직 띠 $-\pi/2\le x\le\pi/2,\ y\ge 0$을 ________ 위로 사상한다.
37. $\sin z$의 실수 부분은 ________이고 허수 부분은 ________이다.

38. 복소 사인과 복소 쌍곡선 사인 함수는 공식 $\sin(iz) =$ ________과 $\sinh(iz) =$ ________으로 연결되어 있다.

39. $\tanh^{-1}z$는 $z =$ ________에서 정의되지 않는다.

40. $\sin^{-1}z$의 특정한 값을 셈하기 위해서는 ________의 분지와 ________의 분지를 선택해야 한다.

CHAPTER 5

복소 평면에서의 적분

개 요

들어가기 복소 함수 f의 적분을 정의하기 위해서, 복소 평면의 어떤 곡선 또는 경로 C를 따라 정의된 복소 함수 f에서 출발한다. 이번 장에서 복소 적분의 정의, 성질, 값 찾는 방법 등이 좌표 평면에서 실 선 적분의 경우와 매우 유사함을 알게 될 것이다.

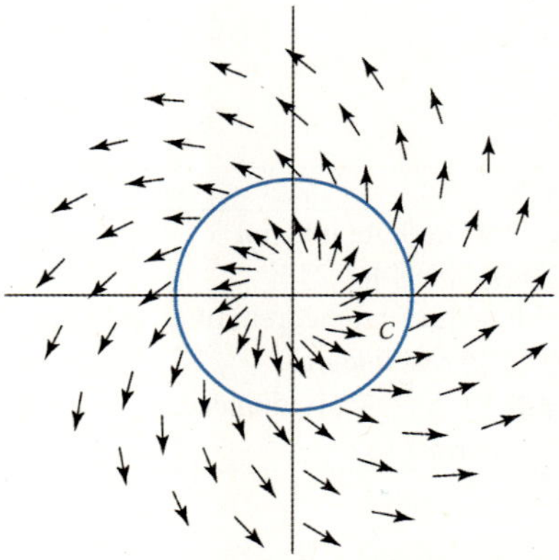

$f(z)=(1+i)z$에 대한 정규화된 속도 벡터 마당. 295쪽으로 보라.

5.1 실 적분

이번 절에서는 평면에서 정 적분과 선 적분의 정의와 값 찾는 방법을 복습한다. 경험에 비추어 볼 때, 이런 주제를 복습하면 복소 적분을 순조롭게 도입할 수 있다. 이런 개념에 친숙하면, 이번 절을 건너뛰고 복소 경로 적분으로 바로 갈 수 있다. 그렇지만 이번 절에서 도입하는 평면 곡선에 관한 용어는 뒤의 절에서 이용된다.

정 적분 초등 미분 적분학 과정에서 배운 두 가지의 연관된 개념인 도함수와 기울기 사이의 관계 및 정 적분과 넓이 사이의 관계는 적어도 기억하고 있을 것이다. 그런데 실 함수 $y = f(x)$의 도함수 $f'(x)$에 접선의 기울기 찾기 이외의 다른 용도가 있듯이, 정 적분 $\int_a^b f(x)\,dx$의 값이 '곡선 아래의 넓이'만을 뜻할 필요는 없다. $F(x)$가 연속 함수 f의 역도함수이면, 곧 F가 $F'(x) = f(x)$인 함수이면, 구간 $[a, b]$에서 f의 정 적분은 다음과 같은 수이다.

$$\int_a^b f(x)\,dx = [F(x)]_a^b = F(b) - F(a) \tag{1}$$

용어
정 적분 definite integral
미적분학의 기본 정리 fundamental theorem of calculus
실 적분 real integral
부분 구간, 소구간 subinterval
크기 norm

예를 들면, $\int_{-1}^2 x^2\,dx = \left[\frac{1}{3}x^3\right]_{-1}^2 = \frac{8}{3} - \left(-\frac{1}{3}\right) = 3$이다. (1)에 제시한 미적분학의 기본 정리는 $\int_a^b f(x)\,dx$의 값을 찾는 방법이지, $\int_a^b f(x)\,dx$의 정의가 아님에 유념하자.

앞으로의 논의에서 실 적분에 대한 두 가지 정의를 제시한다. 먼저 함수 f의 정(또는 리만) 적분에 이르는 다섯 단계를 알아본다. 다음에 좌표 평면에서의 선 적분의 정의를 알아본다. 이런 정의는 모두 극한 개념에 의존한다.

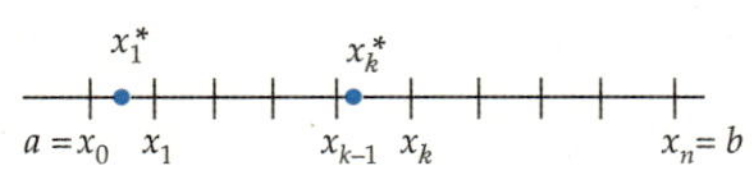

그림 5.1.1 $[a, b]$의 분할과 각 부분 구간 $[x_{k-1}, x_k]$의 x_k^*

정 적분의 정의에 이르는 단계

1. f는 닫힌 구간 $[a, b]$의 모든 점에서 정의된 하나의 변수 x의 함수라고 하자.
2. P는 $[a, b]$의 분할 $a = x_0 < x_1 < x_2 < \cdots < x_{n-1} < t_n = b$라 하자. n개의 부분 구간 $[x_{k-1}, x_k]$의 길이는 $\Delta x_k = x_k - x_{k-1}$이다. 그림 5.1.1을 보라.
3. $\|P\|$는 $[a, b]$의 분할 P의 크기, 곧 가장 긴 부분 구간의 길이라 하자.
4. $[a, b]$의 각 부분 구간 $[x_{k-1}, x_k]$의 수 x_k^*을 선택하자. 그림 5.1.1을 보라.
5. n개의 곱 $f(x_k^*)\Delta x_k$ $(k = 1, 2, \cdots, n)$을 만들고, 다음과 같이 이런 곱을 더하자.

$$\sum_{k=1}^{n} f(x_k^*)\Delta x_k$$

정의 5.1.1 정 적분

$[a, b]$에서 f의 정 적분은 다음과 같다.

$$\int_a^b f(x)\,dx = \lim_{\|P\| \to 0} \sum_{k=1}^{n} f(x_k^*) \Delta x_k \qquad (2)$$

(2)의 극한이 존재할 때, f는 구간 $[a, b]$에서 적분할 수 있다 또는 적분 가능하다 또는 f의 정 적분이 존재한다고 한다. f가 구간 $[a, b]$에서 연속이면 (2)에서 정의된 적분이 존재함을 증명할 수 있다.

정 적분 $\int_a^b f(x)\,dx$, 곧 '$x = a$부터 $x = b$까지 x축의 구간 위에서 실 함수 $f(x)$의 적분'의 개념을 좌표 평면에서 '점 A부터 점 B까지 곡선 C 위에서 실 다변수 함수 $G(x, y)$의 적분'으로 일반화할 수 있다. 이를 위해서는 곡선에 관한 몇 가지 용어를 도입할 필요가 있다.

용어
적분할 수 있는, 적분 가능한 integrable
존재한다 exist
시점 initial point
종점 terminal point
매끄러운 곡선 smooth curve
조각마다 매끄러운 곡선 piecewise smooth curve
단순 곡선 simple curve
닫힌 곡선 closed curve
단순 닫힌 곡선 simple closed curve
선 적분 line integral
곡선 적분 curve integral

용어 평면 곡선 C는 매개 방정식 $x = x(t)$, $y = y(t)$ $(a \le t \le b)$로 나타내어진다고 하자. 여기서 $x(t)$와 $y(t)$는 연속인 실 함수이다. C의 시점 $(x(a), y(a))$와 종점 $(x(b), y(b))$를 각각 기호 A와 B로 나타내자. 이때 다음과 같이 정의한다.

(i) t에 관한 두 도함수 x'과 y'이 닫힌 구간 $[a, b]$에서 연속이고 열린 구간 (a, b)에서 동시에 0이 아닐 때, C를 매끄러운 곡선이라 한다.

(ii) C가 끝점끼리 연결된 유한 개의 매끄러운 곡선 $C_1, C_2, \cdots, C_n$으로 이루어질 때, 곧 곡선 C_k의 종점이 다음 곡선 C_{k+1}의 시점과 일치할 때, C를 조각마다 매끄러운 곡선이라 한다.

(iii) C가 $t = a$와 $t = b$를 제외하면 서로 교차하지 않을 때, C를 단순 곡선이라 한다.

(iv) $A = B$일 때, C를 닫힌 곡선이라 한다.

(v) C가 스스로 교차하지 않고 $A = B$일 때, 곧 단순하고 닫혀 있을 때, C를 단순 닫힌 곡선이라 한다.

그림 5.1.2는 (i)~(v)에서 정의한 곡선의 각 형태를 예시한다.

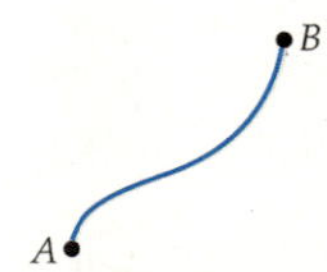

(a) 매끄럽고 단순한 곡선

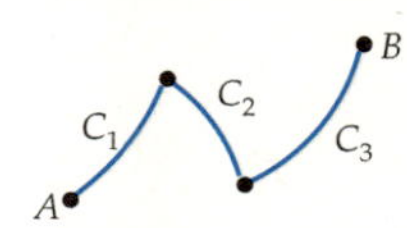

(b) 조각마다 매끄럽고 단순한 곡선

(c) 닫혀 있지만 단순하지 않은 곡선

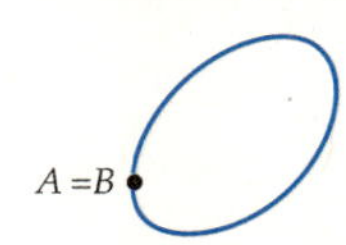

(d) 단순 닫힌 곡선

그림 5.1.2 평면 곡선의 형태

평면에서의 선 적분 다음 다섯 단계는 평면에서의 세 가지 선 적분[1]의 정의에 이르게 하는데, 앞에서 제시한 정 적분에 이르는 다섯 단계와 비슷하다.

1) 용어 선택이 불행한데, 곡선 적분이 더 적절할 수 있다.

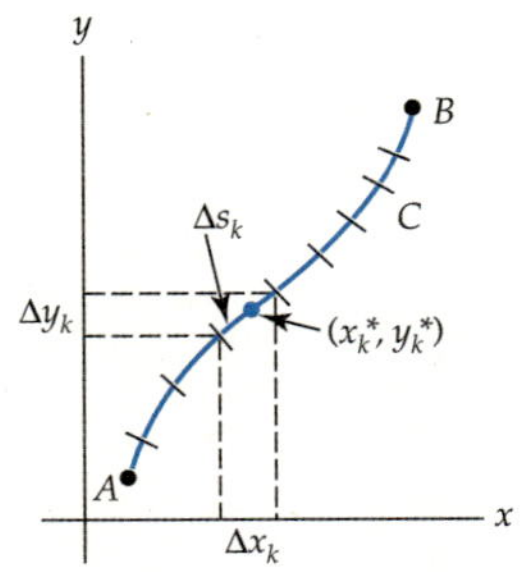

그림 5.1.3 매개 변수의 구간 $[a, b]$의 분할 P가 유도한 n개의 부분 호로 이루어진 곡선 C의 분할

선 적분의 정의에 이르는 단계

1. G는 두 실 변수 x와 y의 함수로, xy평면의 한 구역에 놓인 매끄러운 곡선 C의 모든 점에서 정의되어 있다고 하자. C는 매개 방정식 $x = x(t)$, $y = y(t)$ $(a \le t \le b)$로 정의되어 있다고 하자.
2. P는 매개 변수의 구간 $[a, b]$의 분할 $a = t_0 < t_1 < t_2 < \cdots < t_{n-1} < t_n = b$이고, n개의 부분 구간 $[t_{k-1}, t_k]$의 길이는 $\Delta t_k = t_k - t_{k-1}$이라고 하자. 분할 P는 곡선 C를 길이가 Δs_k인 n개의 부분 호로 나눈 분할을 유도한다. 각 부분 호 Δs_k의 x축과 y축 위로의 사영의 길이를 각각 Δx_k와 Δy_k라 하자. 그림 5.1.3을 보라.
3. $\|P\|$는 $[a, b]$의 분할 P의 크기, 곧 가장 긴 부분 구간의 길이라 하자.
4. C의 각 부분 호 Δs_k에 있는 점 (x_k^*, y_k^*)을 선택하자. 그림 5.1.3을 보라.
5. 세 가지 n개의 곱 $G(x_k^*, y_k^*)\Delta x_k$, $G(x_k^*, y_k^*)\Delta y_k$, $G(x_k^*, y_k^*)\Delta s_k (k = 1, 2, \cdots, n)$을 만들고, 다음과 같이 이런 곱을 더하자.

$$\sum_{k=1}^{n} G(x_k^*, y_k^*)\Delta x_k, \quad \sum_{k=1}^{n} G(x_k^*, y_k^*)\Delta y_k, \quad \sum_{k=1}^{n} G(x_k^*, y_k^*)\Delta s_k$$

용어
부분 호, 소호 subarc
C 위에서 호의 길이 s에 관한 G의 선 적분 line integral of G along C with respect to arc length s
적분 경로 path of integration

정의 5.1.2 평면에서의 선 적분

(i) C 위에서 x에 관한 G의 선 적분은 다음과 같다.

$$\int_C G(x, y)\,dx = \lim_{\|P\|\to 0} \sum_{k=1}^{n} G(x_k^*, y_k^*)\Delta x_k \tag{3}$$

(ii) C 위에서 y에 관한 G의 선 적분은 다음과 같다.

$$\int_C G(x, y)\,dy = \lim_{\|P\|\to 0} \sum_{k=1}^{n} G(x_k^*, y_k^*)\Delta y_k \tag{4}$$

(iii) C 위에서 호의 길이 s에 관한 G의 선 적분은 다음과 같다.

$$\int_C G(x, y)\,ds = \lim_{\|P\|\to 0} \sum_{k=1}^{n} G(x_k^*, y_k^*)\Delta s_k \tag{5}$$

G가 C에서 연속이면, (3), (4), (5)에서 정의한 세 가지 형태의 선 적분이 존재한다는 사실을 증명할 수 있다. G의 연속성을 당연한 것으로 가정한다. 곡선 C를 적분 경로라고 한다.

값 찾는 방법 - 매개 변수로 정의된 곡선 정의 5.1.2의 선 적분의 값은 두 가지 방법으로 찾을 수 있는데, 이는 곡선 C가 매개 방정식으로 정의되어 있는지 아니면 양함수로 정의되어 있는지에 따라 결정된다. 어느 방법이든지, 기본적인 발상은 선 적분을 하나의 변수의 정 적분으로 전환하는 것이다. C

가 매개 방정식 $x=x(t)$, $y=y(t)$ $(a \le t \le b)$로 정의된 매끄러운 곡선이면, 적분에 있는 x와 y를 각각 함수 $x(t)$와 $y(t)$로 바꾸고, 해당하는 미분 dx, dy, ds를 차례로 다음과 같이 바꾼다.

$$dx = x'(t)dt, \quad dy = y'(t)dt, \quad ds = \sqrt{\{x'(t)\}^2 + \{y'(t)\}^2}\,dt$$

$ds = \sqrt{\{x'(t)\}^2 + \{y'(t)\}^2}\,dt$를 호의 길이의 미분이라 한다. 이런 방법에 의해, 정의 5.1.2의 각 선 적분은 적분 변수가 매개 변수 t인 정 적분이 된다. 곧, 다음과 같다.

$$\int_C G(x,\ y)\,dx = \int_a^b G(x(t),\ y(t))\,x'(t)\,dt, \tag{6}$$

$$\int_C G(x,\ y)\,dy = \int_a^b G(x(t),\ y(t))\,y'(t)\,dt, \tag{7}$$

$$\int_C G(x,\ y)\,ds = \int_a^b G(x(t),\ y(t))\,\sqrt{\{x'(t)\}^2 + \{y'(t)\}^2}\,dt \tag{8}$$

보기 1 매개 변수로 정의된 곡선

적분 경로 C가 $x=4\cos t$, $y=4\sin t$ $(0 \le t \le \pi/2)$로 정의된 사분 원일 때, 다음 값을 찾아라.

(a) $\int_C xy^2\,dx$ (b) $\int_C xy^2\,dy$ (c) $\int_C xy^2\,ds$

풀이 적분 경로 C를 그림 5.1.4에 나타냈다. 주어진 세 가지 선 적분에서 x는 $4\cos t$로 바꾸고 y는 $4\sin t$로 바꾼다.

(a) $dx = -4\sin t\,dt$이므로, (6)에 의해 다음을 얻는다.

$$\int_C xy^2\,dx = \int_0^{\pi/2} (4\cos t)(4\sin t)^2(-4\sin t\,dt)$$
$$= -256\int_0^{\pi/2} \sin^3 t\cos t\,dt$$
$$= -256\left[\frac{1}{4}\sin^4 t\right]_0^{\pi/2} = -64$$

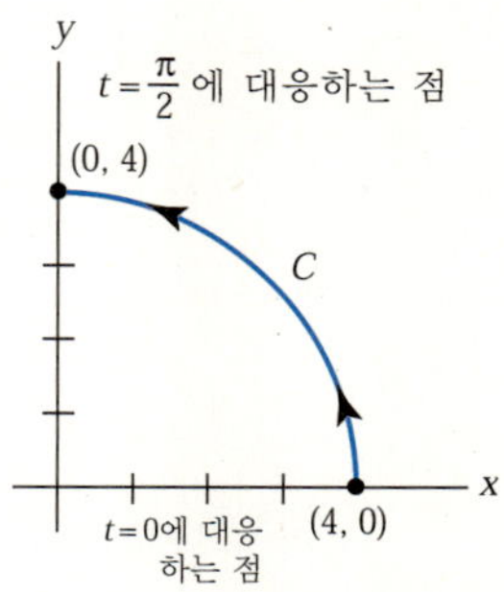

그림 5.1.4 적분 경로 C

(b) $dy = 4\cos t\,dt$이므로, (7)에 의해 다음을 얻는다.

$$\int_C xy^2\,dy = \int_0^{\pi/2} (4\cos t)(4\sin t)^2(4\cos t\,dt)$$
$$= 256\int_0^{\pi/2} \sin^2 t\cos^2 t\,dt = 256\int_0^{\pi/2} \frac{1}{4}\sin^2 2t\,dt$$
$$= 64\int_0^{\pi/2} \frac{1}{2}(1-\cos 4t)\,dt = 32\left[t - \frac{1}{4}\sin 4t\right]_0^{\pi/2} = 16\pi$$

이 적분에서 두 가지 삼각 등식 $\sin 2\theta = 2\sin\theta\cos\theta$와 $\sin^2\theta = \frac{1}{2}(1-\cos 2\theta)$를 사용했다.

(c) $ds = \sqrt{16(\sin^2 t + \cos^2 t)}\ dt = 4\,dt$이므로, (8)에 의해 다음을 얻는다.

$$\begin{aligned}\int_C xy^2\,ds &= \int_0^{\pi/2}(4\cos t)(4\sin t)^2(4\,dt)\\ &= 256\int_0^{\pi/2}\sin^2 t\cos t\,dt\\ &= 256\left[\frac{1}{3}\sin^3 t\right]_0^{\pi/2} = \frac{256}{3}\end{aligned}$$

❑

값 찾는 방법 - 함수로 정의된 곡선 적분 경로 C가 양함수 $y = f(x)$ $(a \le x \le b)$의 그래프이면, x를 매개 변수로 사용할 수 있다. 이런 상황에서 y의 미분은 $dy = f'(x)\,dx$이고 호의 길이의 미분은 $ds = \sqrt{1+\{f'(x)\}^2}\,dx$이다. 이렇게 대입하면 정의 5.1.2의 세 가지 적분은 차례를 다음과 같은 정적분이 된다.

$$\int_C G(x,\ y)\,dx = \int_a^b G(x,\ f(x))\,dx \tag{9}$$

$$\int_C G(x,\ y)\,dy = \int_a^b G(x,\ f(x))f'(x)\,dx \tag{10}$$

$$\int_C G(x,\ y)\,ds = \int_a^b G(x,\ f(x))\sqrt{1+\{f'(x)\}^2}\,dx \tag{11}$$

조각마다 매끄러운 곡선 C 위에서의 선 적분은, 합해서 C를 이루는 매끄러운 각 곡선 위에서의 적분의 합으로 정의한다. 예를 들면, C가 두 개의 매끄러운 곡선 C_1과 C_2로 이루어졌을 때 $\int_C G(x,\ y)\,ds$의 값을 찾으려면 먼저 다음과 같이 쓴다.

$$\int_C G(x,\ y)\,ds = \int_{C_1} G(x,\ y)\,ds + \int_{C_2} G(x,\ y)\,ds \tag{12}$$

다음에 두 적분 $\int_{C_1} G(x,\ y)\,ds$와 $\int_{C_2} G(x,\ y)\,ds$의 값은 (8) 또는 (11)의 방법으로 찾는다.

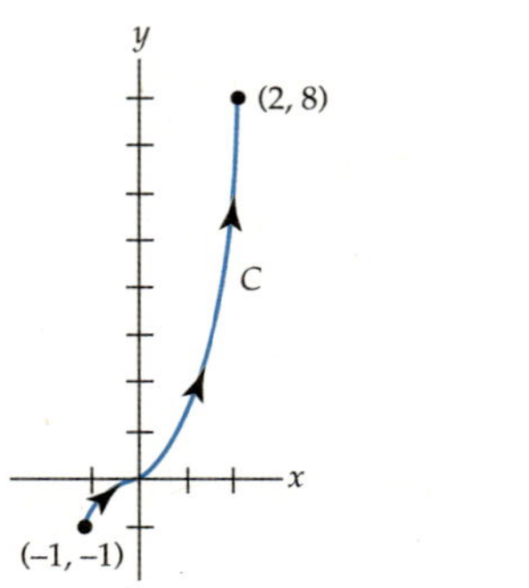

그림 5.1.5 구간 $-1 \le x \le 2$에서 $y = x^3$의 그래프

보기 2 양함수로 정의된 곡선

C가 $y = x^3$ $(-1 \le x \le 2)$의 그래프일 때, $\int_C xy\,dx + x^2\,dy$의 값을 찾아라.

풀이 양함수 $y = x^3$으로 정의된 곡선 C를 그림 5.1.5에 나타냈다. 여기서 x를 매개 변수로 사용할 수 있다. 미분 $dy = 3x^2\,dx$를 사용하고 (9)와 (10)을 적용하면 다음을 얻는다.

$$\int_C xy\,dx + x^2\,dy = \int_{-1}^{2} x(x^3)\,dx + x^2(3x^2\,dx)$$

$$= \int_{-1}^{2} 4x^4\,dx = \left[\frac{4}{5}x^5\right]_{-1}^{2} = \frac{132}{5} \quad ❑$$

표기법 많은 응용에서, 선 적분은 합 $\int_C P(x,\ y)\,dx + \int_C Q(x,\ y)\,dy$와 같이 등장한다. 통상 이 합은 다음과 같이 괄호 없이 하나의 피적분 함수로 나타낸다.

$$\int_C P(x,\ y)\,dx + Q(x,\ y)\,dy \quad \text{또는 간단히} \quad \int_C P\,dx + Q\,dy \tag{13}$$

닫힌 곡선 C 위에서의 선 적분은 통상 다음과 같이 나타낸다.

$$\oint_C P\,dx + Q\,dy$$

보기 3 닫힌 곡선

C가 $x = \cos t,\ y = \sin t$로 정의된 원일 때, $\oint_C x\,dx$의 값을 찾아라.

풀이 $x = \cos t$의 미분은 $dx = -\sin t\,dt$이므로, (6)에 의해 다음을 얻는다.

$$\oint_C x\,dx = \int_0^{2\pi} \cos t(-\sin t\,dt) = \left[\frac{1}{2}\cos^2 t\right]_0^{2\pi} = \frac{1}{2}[1-1] = 0 \quad ❑$$

보기 4 닫힌 곡선

C가 그림 5.1.6에 나타낸 닫힌 곡선일 때, $\oint_C y^2\,dx - x^2\,dy$의 값을 찾아라.

풀이 C가 조각마다 매끄러운 곡선이므로, (12)에 예시된 바와 같이 진행한다. 곧, 주어진 적분을 적분의 합으로 나타낸다. 기호 $\int_C = \int_{C_1} + \int_{C_2} + \int_{C_3}$로 나타낼 수 있는데, 여기서 $C_1,\ C_2,\ C_3$은 그림 5.1.7에 표시한 곡선이다. C_1에서 x를 매개 변수로 사용한다. $y = 0$이므로 $dy = 0$이다. 그러므로 다음을 얻는다.

$$\oint_{C_1} y^2\,dx - x^2\,dy = \int_0^2 0\,dx - x^2(0) = 0$$

C_2에서는 y를 매개 변수로 사용한다. $x = 2$이므로 $dx = 0$이고, 다음을 얻는다.

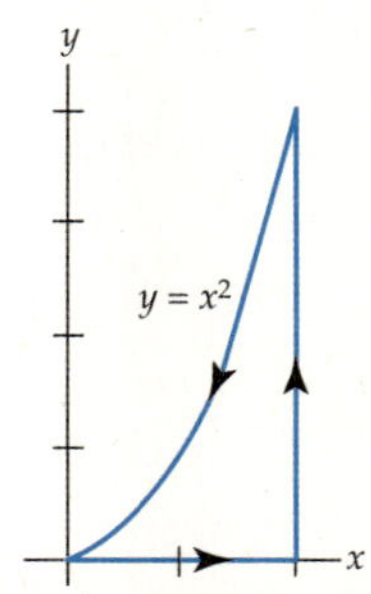

그림 5.1.6 조각마다 매끄러운 적분 경로

$$\oint_{C_2} y^2\,dx - x^2\,dy = \int_0^4 y^2(0) - 4\,dy = -\int_0^4 4\,dy = -16$$

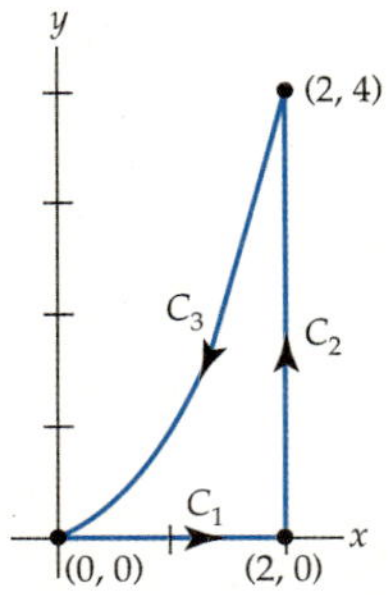

그림 5.1.7 C는 C_1, C_2, C_3의 합

C_3에서 x를 또 매개 변수로 사용한다. $y = x^2$이므로 $dy = 2x\,dx$이고, 다음을 얻는다.

$$\oint_{C_3} y^2\,dx - x^2\,dy = \int_2^0 (x^2)^2\,dx - x^2(2x\,dx)$$

$$= \int_2^0 (x^4 - 2x^3)\,dx = \left[\frac{1}{5}x^5 - \frac{1}{2}x^4\right]_2^0 = \frac{8}{5}$$

따라서 $\oint_C y^2\,dx - x^2\,dy = \int_{C_1} + \int_{C_2} + \int_{C_3} = 0 + (-16) + \frac{8}{5} = -\frac{72}{5}$

이다. ❑

용어
방향 orientation 양의 방향 positive orientation, positive direction 음의 방향 negative orientation, negative direction 반대 곡선 opposite curve

곡선의 방향 정 적분에서는 통상 적분 구간은 $a \le x \le b$이고 기호 $\int_a^b f(x)\,dx$는 x축에서 양의 방향으로 적분한다고 가정한다. $x = b$부터 $x = a$까지의 반대 방향의 적분은 원래의 적분 값과 부호가 다르다.

$$\int_b^a f(x)\,dx = -\int_a^b f(x)\,dx \tag{14}$$

선 적분에도 (14)와 비슷한 성질이 있지만, 먼저 경로 C의 방향의 개념을 도입하자. C가 닫힌 곡선이 아닐 때, C를 따라 시점 A부터 종점 B까지 가면, C에 양의 방향이 주어졌다고 한다. 바꿔 말하면, $x = x(t)$, $y = y(t)$, $(a \le t \le b)$가 C의 매개 방정식이면, C의 양의 방향은 매개 변수 t의 값이 증가하는 것에 대응한다. C를 따라 양의 방향과 반대로 가면, C에 음의 방향이 주어졌다고 한다. C에 (양 또는 음의) 방향이 주어졌을 때, 반대 방향이 주어진 반대 곡선은 기호 $-C$로 나타낸다. 그림 5.1.8에서 곡선 C의 시점이 A이고 종점이 B일 때, 곡선 C에 있는 화살표는 이 곡선을 따라 시점부터 종점까지 가는 것을 표시하는데, 이에 따라 C에 양의 방향이 주어져있다. C의 오른쪽에 있는 곡선에는 음의 방향이 주어져있고 이에 따라 $-C$로 표시되어 있다. 마지막으로, $-C$가 C와 반대 방향이 주어진 곡선을 나타내면, (14)와 비슷하게 선 적분에 대해 다음이 성립한다.

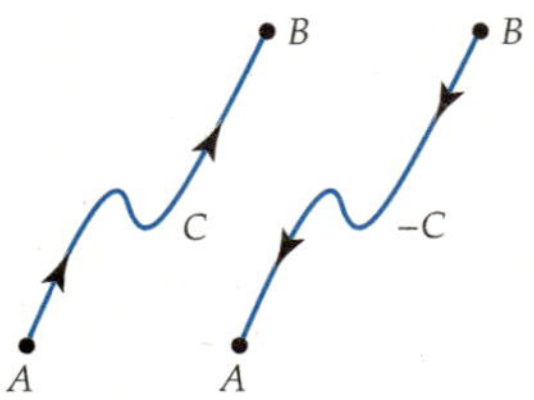

그림 5.1.8 곡선 C와 그 반대 $-C$

$$\int_{-C} P\,dx + Q\,dy = -\int_C P\,dx + Q\,dy \tag{15}$$

곧,
$$\int_{-C} P\,dx + Q\,dy + \int_C P\,dx + Q\,dy = 0 \tag{16}$$

예를 들면, 보기 1의 (a)에서 $\int_C xy^2\,dx = -64$를 얻었다. 그러므로 (15)에 의

해 $\int_{-C} xy^2\,dx = 64$이다.

곡선 C를 정의하는 매개 방정식들의 방향이 같으면, 선 적분 값은 C의 매개 변수화와 독립적이다. 익힘 문제 5.1의 문제 33을 보라. ⬅ 주의

5.1 익힘 문제

문제 1~10에서는 정 적분의 값을 찾아라. 필요하면, 미분 적분학 교과서에서 적분하는 방법을 다시 알아보라.

1. $\int_{-1}^{3} x(x-1)(x+2)\,dx$

2. $\int_{-1}^{0} t^2\,dt + \int_{0}^{2} x^2\,dx + \int_{2}^{3} u^2\,du$

3. $\int_{1/2}^{1} \sin 2\pi x\,dx$

4. $\int_{0}^{\pi/8} \sec^2 2x\,dx$

5. $\int_{0}^{4} \frac{dx}{2x+1}$

6. $\int_{\ln 2}^{\ln 3} e^{-x}\,dx$

7. $\int_{2}^{4} xe^{-x/2}\,dx$

8. $\int_{1}^{e} \ln x\,dx$

9. $\int_{2}^{4} \frac{dx}{x^2-6x+5}\,dx$

10. $\int_{2}^{4} \frac{2x-1}{(x+3)^2}\,dx$

문제 11~14에서는 지정된 곡선 C에서 선 적분 $\int_C G(x,\ y)\,dx$와 $\int_C G(x,\ y)\,dy$ 및 $\int_C G(x,\ y)\,ds$의 값을 찾아라.

11. $G(x,\ y) = 2xy;\ x = 5\cos t,\ y = 5\sin t\ \ (0 \le t \le \pi/4)$
12. $G(x,\ y) = x^3 + 2xy^2 + 2x;\ x = 2t,\ y = t^2\ \ (0 \le t \le 1)$
13. $G(x,\ y) = 3x^2 + 6y^2;\ y = 2x + 1\ \ (-1 \le x \le 0)$
14. $G(x,\ y) = x^2/y^3;\ 2y = 3x^{3/2}\ \ (1 \le x \le 8)$

문제 15~18에서는 $(-1,\ 2)$부터 $(2,\ 5)$까지의 주어진 곡선에서 $\int_C (2x+y)\,dx + xy\,dy$의 값을 찾아라.

15. $y = x + 3$

16. $y = x^2 + 1$

17.

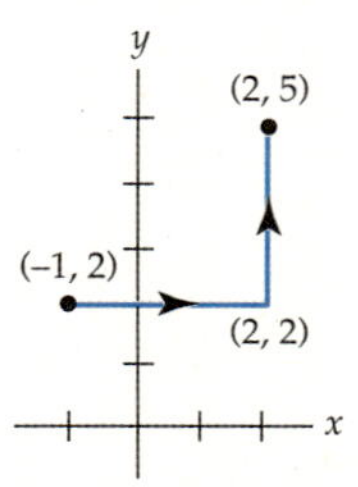

그림 5.1.9 문제 17을 위한 그림

18.

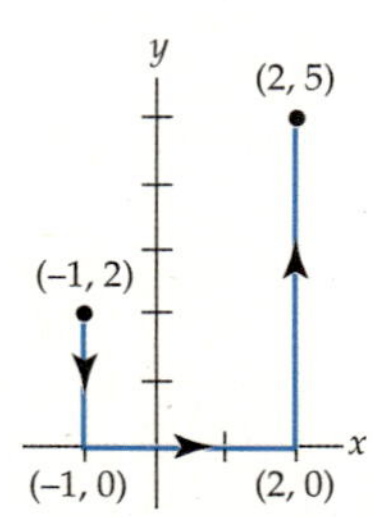

그림 5.1.10 문제 18을 위한 그림

문제 19~22에서는 $(0,\ 0)$부터 $(1,\ 1)$까지의 주어진 곡선에서 $\int_C y\,dx + x\,dy$의 값을 찾아라.

19. $y = x^2$

20. $y = x$

21. $(0,\ 0)$부터 $(0,\ 1)$까지의 선분과 $(0,\ 1)$부터 $(1,\ 1)$까지의 선분으로 이루어진 C

22. $(0,\ 0)$부터 $(1,\ 0)$까지의 선분과 $(1,\ 0)$부터 $(1,\ 1)$까지의 선분으로 이루어진 C

23. $x = \sqrt{t},\ y = t\ (4 \le t \le 9)$로 정의된 C에 대해 $\int_C (6x^2 + 2y^2)dx + 4xy\,dy$의 값을 찾아라.

24. $x = 2t,\ y = t^3\ (0 \le t \le 2)$로 정의된 C에 대해 $\int_C -y^2\,dx + xy\,dy$의 값을 찾아라.

25. $(1,\ -1)$부터 $(1,\ 1)$까지 $x = y^2$로 정의된 C에 대해 $\int_C 2x^3y\,dx + (3x + y)\,dy$의 값을 찾아라.

26. $(0,\ -1)$부터 $(9,\ 2)$까지 $x = y^3 + 1$로 정의된 C에 대해 $\int_C 4x\,dx + 2y\,dy$의 값을 찾아라.

문제 27과 28에서는 주어진 닫힌 곡선에서 $\oint_C (x^2 + y^2)dx - 2xy\,dy$의 값을 찾아라.

27.

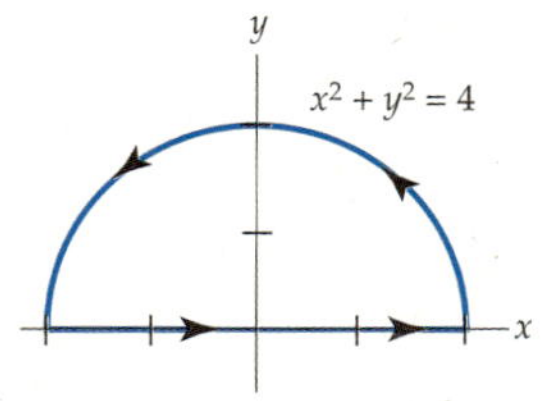

그림 5.1.11 문제 27을 위한 그림

28.

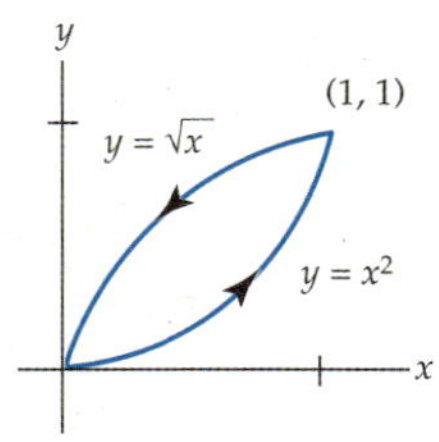

그림 5.1.12 문제 28을 위한 그림

문제 29과 30에서는 주어진 닫힌 곡선에서 $\oint_C x^2y^3\,dx - xy^2\,dy$의 값을 찾아라.

29.

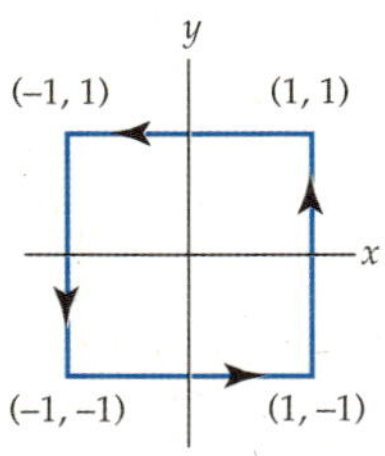

그림 5.1.13 문제 29를 위한 그림

30.

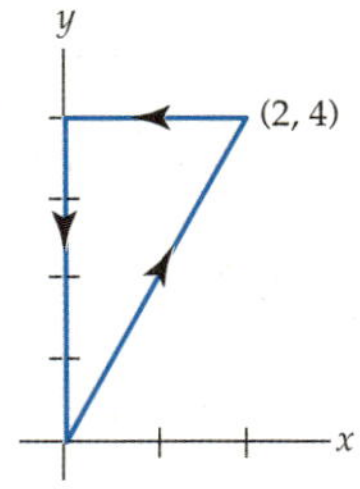

그림 5.1.14 그림 30을 위한 그림

31. $x=5\cos t,\ y=5\sin t\ (0 \le t \le 2\pi)$로 정의된 C에 대해 $\oint_C (x^2-y^2)\,ds$의 값을 찾아라.

32. $x=2\cos t,\ y=3\sin t\ (0 \le t \le \pi)$로 정의된 C에 대해 $\int_{-C} y\,dx - x\,dy$의 값을 찾아라.

33. 다음 각 매개 방정식으로 정의된 곡선 C에 대해 $\int_C y^2\,dx + xy\,dy$의 값이 서로 같음을 밝혀라.

$C:\ x=2t+1,\ y=4t+2\ (0 \le t \le 1)$

$C:\ x=t^2,\ y=2t^2\ (1 \le t \le \sqrt{3})$

$C:\ x=\ln t,\ y=2\ln t\ (e \le t \le e^3)$

34. 두 점 (0, 0)과 (2, 4)를 연결하는 다음 세 곡선을 생각하자.

$C_1:\ x=t,\ y=2t\ (0 \le t \le 2)$

$C_2:\ x=t,\ y=t^2\ (0 \le t \le 2)$

$C_3:\ x=2t-4,\ y=4t-8\ (2 \le t \le 3)$

$\int_{C_1} xy\,ds = \int_{C_3} xy\,ds$이지만 $\int_{C_1} xy\,ds \neq \int_{C_2} xy\,ds$임을 보여라. 이유를 설명하라.

35. 전선의 밀도(단위 길이의 질량)를 $\rho(x,\ y)$라 하면, 전선의 질량은 $m = \int_C \rho(x,\ y)\,ds$이다. 모양은 반원 $x=1+\cos t,\ y=\sin t\ (0 \le t \le \pi)$이고 점 P에서의 밀도가 y축으로부터의 거리에 정비례하는 전선의 질량을 찾아라.

36. 밀도가 다양한 전선의 질량 중심의 좌표는 $(\bar{x}=M_y/m,\ \bar{y}=M_x/m)$으로 주어지는데, 여기서 $m,\ M_x,\ M_y$는 다음과 같다.

$$m=\int_C \rho(x,\ y)\,ds,\quad M_x=\int_C y\,\rho(x,\ y)\,ds,\quad M_y=\int_C x\,\rho(x,\ y)\,ds$$

문제 35에 있는 전선의 무게 중심을 찾아라.

5.2 복소 적분

앞 절에서 두 가지 형태의 실 적분을 다시 알아봤다. 정 적분의 정의는 x축의 구간에서 정의된 실 함수 $y=f(x)$에서 출발한다. 평면 곡선은 이차원에서의 구간과 같으므로, $\int_a^b f(x)\,dx$의 정의를 좌표 평면의 곡선 C에서 정의된 이변수 실 함수의 적분으로 일반화할 수 있었다. 이번 절에서는 복소 적분을 좌표 평면에서 선 적분의 정의와 매우 비슷한 방식으로 정의할 것이다.

곡선은 복소 적분의 정의에서 중요한 역할을 하기 때문에, 먼저 복소 평면에서 곡선을 나타내는 방법을 다시 알아본다.

용어
매개 변수화, 매개 변수 표현 parametrization
경로 path

곡선 다시 알아보기 연속인 실수값 함수 $x=x(t)$, $y=y(t)$ $(a \le t \le b)$를 복소 평면의 곡선 C의 매개 방정식이라 하자. 이 방정식을 $z=x+iy$의 실수 부분과 허수 부분으로 이용하면, 2.2절에서 알아본 대로 C의 점 z를 다음과 같이 C의 **매개 변수화**라고 하는 실 변수 t의 복소수값 함수로 나타낼 수 있다.

$$z(t)=x(t)+iy(t) \quad (a \le t \le b) \tag{1}$$

예를 들면, 매개 방정식 $x=\cos t$, $y=\sin t$ $(0 \le t \le 2\pi)$는 중심이 원점인 단위 원을 타나낸다. 이 원의 매개 변수화는 $z(t)=\cos t+i\sin t$ 또는 $z(t)=e^{it}$ $(0 \le t \le 2\pi)$이다. 2.2절의 (6)~(10)을 보라.

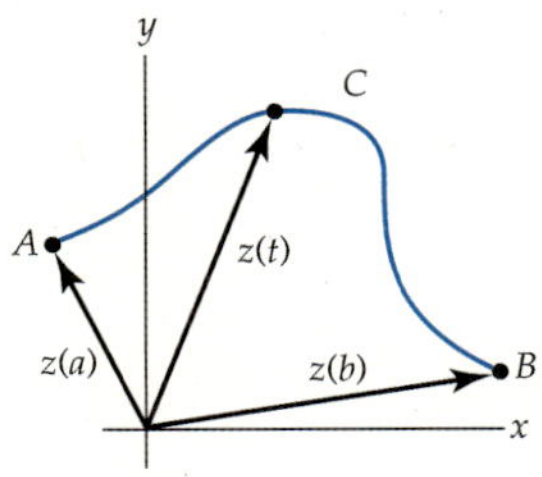

그림 5.2.1 위치 벡터로서의 $z(t)=x(t)+iy(t)$

점 $z(a)=x(a)+iy(a)$, 곧 $A=(x(a),\ y(a))$를 C의 **시점**, 점 $z(b)=x(b)+iy(b)$, 곧 $B=(x(b),\ y(b))$를 C의 **종점**이라 한다. 또 2.7절에서 알아본 대로, $z(t)=x(t)+iy(t)$를 이차원 벡터 함수로도 해석할 수 있다. 결론적으로, $z(a)$와 $z(b)$를 위치 벡터로 생각할 수 있다. t가 $t=a$부터 $t=b$까지 변할 때, 곡선 C를 $z(t)$의 종점이 그리는 자취로 생각할 수 있다. 그림 5.2.1을 보라.

경로 복소 평면에서 매끄러운 곡선, 조각마다 매끄러운 곡선, 단순 곡선, 닫힌 곡선, 단순 닫힌 곡선 등의 개념은 벡터 함수 (1)을 이용해서 쉽게 공식화할 수 있다. 복소 평면의 곡선 C가 **매끄럽다**는 것은 $z'(t)$가 연속이고 구간 $a \le t \le b$에서 결코 영이 아닌 경우이다. 그림 5.3.2에 나타낸 대로, 벡터 $z'(t)$는 C의 어떠한 점 P에서도 영이 아니므로, 벡터 $z'(t)$는 P에서 C에 접한다. 바꿔 말하면, 매끄러운 곡선의 접선은 연속적으로 변한다. 또 다른 말로 하면, 매끄러운 곡선에는 날카로운 구석이나 뾰족점이 없다. 그림 5.2.3을 보라. **조각마다 매끄러운 곡선** C는 접선이 연속적으로 변하는데, 성분을 이루는 매끄러운 곡선 C_1, C_2, $\cdots$, C_n을 서로 이어붙이는 점들은 예외일 수 있다. 복소 평면의 곡선 C가 **단순하다**는 것은, $t_1 \ne t_2$이면 $z(t_1) \ne z(t_2)$인 경우인데, $t=a$와 $t=b$는 예외일 수 있다. $z(a)=z(b)$일 때, C를 **닫힌 곡선**이라 한다. $t_1 \ne t_2$이면 $z(t_1) \ne z(t_2)$이고 $z(a)=z(b)$일 때, C를 **단순 닫힌 곡선**이라 한다. 복소 해석학에서 조각마다 매끄러운 곡선을 **경로**라 한다.

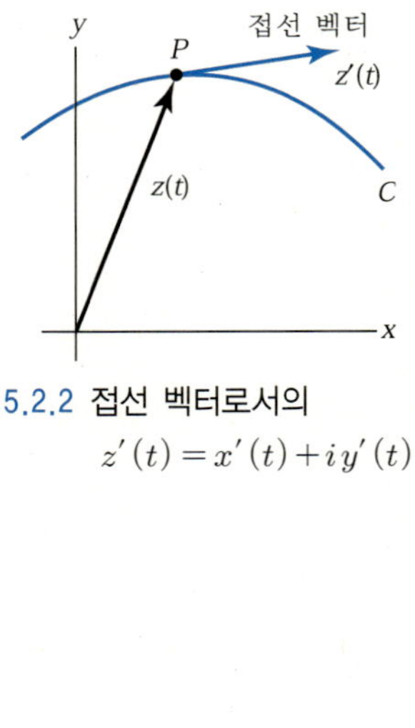

그림 5.2.2 접선 벡터로서의 $z'(t)=x'(t)+iy'(t)$

그림 5.2.3 뾰족점이 있어서 매끄럽지 않은 곡선 C

앞 절에서와 마찬가지로, 경로 C에서의 **양의 방향**은 매개 변수 t의 값이 증가하는 것에 대응하는 곡선에서의 방향을 뜻한다. 곡선 C에 **양의 방향**을 주었다고도 한다. 단순 닫힌 곡선 C의 경우에 양의 방향은, 대략적으로는 시계 반대 방향에 대응하는데, C의 내부를 항상 왼쪽에 두고 C를 따라 움직이는 방향이다. 예를 들면, 원 $z(t)=e^{it}$ $(0 \le t \le 2\pi)$는 양의 방향이다. 그림 5.2.4를 보라. 경로 C의 **음의 방향**은 양의 방향의 반대이다. C에 방향이 주어졌을 때, **반대 곡선**은 반대 방향의 곡선을 뜻하며 기호 $-C$로 나타낸다. 단순 닫힌 곡선의 경우에 음의 방향은 시계 방향에 대응한다.

(a) 양의 방향

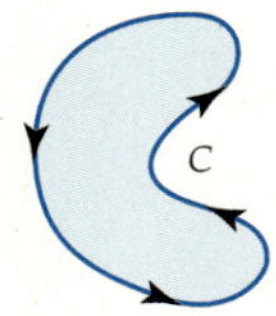

(b) 양의 방향

그림 5.2.4 각 곡선의 내부가 왼쪽에 있다.

복소 적분 경로 C에서 정의된 복소 변수 z에 관한 함수 f의 적분을 **복소 적분**이라 하며, 기호 $\int_C f(z)\,dz$로 나타낸다. 아래에 나열한 가정의 목록은 복소 적분의 정의를 위한 준비이다. 비교를 위해, 두 정의 5.1.1과 5.1.2의 앞에 나열한 목록을 다시 알아보자. 또, 이 새로운 목록을 읽으면서 그림 5.2.5를 훑어보자.

복소 적분의 정의에 이르는 단계

1. f는 복소 변수 z의 함수로, 복소 평면의 한 구역에 놓인 매끄러운 곡선 C의 모든 점에서 정의되어 있다고 하자. C는 매개 변수화 $z(t)=x(t)+iy(t)$ $(a \le t \le b)$로 정의되어 있다고 하자.
2. P는 매개 변수의 구간 $[a,\ b]$의 분할 $a=t_0<t_1<t_2<\cdots<t_{n-1}<t_n=b$이고, n개의 부분 구간 $[t_{k-1},\ t_k]$의 길이는 $\Delta t_k=t_k-t_{k-1}$이라 하자.

   분할 P는 곡선 C를 n개의 부분 호로 나눈 분할을 유도하는데, 각 부분 호의 시점과 종점은 다음과 같은 수의 쌍이다.
   $$\begin{aligned} z_0 &= x(t_0)+iy(t_0), & z_1 &= x(t_1)+iy(t_1), \\ z_1 &= x(t_1)+iy(t_1), & z_2 &= x(t_2)+iy(t_2), \\ &\ \vdots \\ z_{n-1} &= x(t_{n-1})+iy(t_{n-1}), & z_n &= x(t_n)+iy(t_n) \end{aligned}$$
   $\Delta z_k = z_k - z_{k-1}$ $(k=1,\ 2,\ \cdots,\ n)$이라 하자. 그림 5.2.5를 보라.
3. $\|P\|$를 $[a,\ b]$의 분할 P의 크기, 곧 가장 긴 부분 구간의 길이라 하자.
4. C의 각 부분 호의 점 $z_k^*=x_k^*+iy_k^*$을 선택하자. 그림 5.2.5를 보라.
5. n개의 곱 $f(z_k^*)\Delta z_k$ $(k=1,\ 2,\ \cdots,\ n)$을 만들고, 다음과 같이 이런 곱을 더하자.
   $$\sum_{k=1}^{n} f(z_k^*)\Delta z_k$$

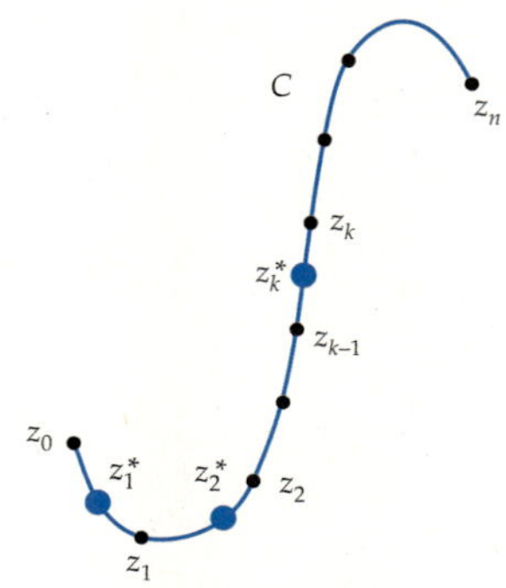

그림 5.2.5 매개 변수의 구간 $[a,\ b]$의 분할 P가 유도한 n개의 부분 호로 이루어진 곡선 C의 분할

용어
뾰족점 cusp
복소 적분 complex integral

정의 5.2.1 복소 적분

C에서 f의 **복소 적분**은 다음과 같이 정의한다.

$$\int_C f(z)\,dz = \lim_{\|P\|\to 0}\sum_{k=1}^{n} f(z_k^*)\Delta z_k \tag{2}$$

(2)의 극한이 존재할 때, f는 C에서 **적분할 수 있다** 또는 **적분 가능하다**고 한다. f가 C의 모든 점에서 연속이고 C는 매끄럽거나 조각마다 매끄러우면, (2)의 극한이 존재한다. 이에 따라 앞으로 이런 조건을 당연한 것으로 가정한다. 또, 기호 $\oint_C f(z)\,dz$는 양의 방향의 닫힌 곡선 C를 따른 복소 적분을

⬅ 이 책 전체에서의 일반적인 가정

나타내는 데 사용한다. 닫힌 곡선을 따른 적분의 방향을 구별하는 것이 중요한 경우에는 양의 방향과 음의 방향의 적분을 각각 다음과 같이 나타내기로 한다.

$$\oint_C f(z)\,dz, \quad \oint_C f(z)\,dz$$

5.1절에서 논의한 실 적분의 정의와 정의 5.2.1이 형식적으로 똑같다는 점을 지적하면서, 지금부터 복소 적분 $\int_C f(z)\,dz$를 좀 더 통상적인 이름인 경로 적분으로 부르겠다.

용어
경로 적분 contour integral 실 변수 복소수값 함수 complex-valued function of a real variable

실 변수 복소수값 함수 경로 적분의 성질과 경로 적분의 값을 찾는 방법을 알아보기 전에, 2.1절의 참고에서 도입한 개념인 실 변수 복소수값 함수를 좀 더 알아보기 위해 본론에서 잠시 벗어날 필요가 있다. 이미 언급한 대로, (1)에 제시한 꼴과 같은 곡선 C의 매개 변수화는 여기서 적절한 예이다. 또 다른 간단한 예를 생각하자. t가 실 변수이면, 함수 $f(t)=(2t+i)^2$의 값은 복소수이다. $t=2$이면 다음을 얻는다.

$$f(2)=(4+i)^2=16+8i+i^2=15+8i$$

일반적으로, f_1과 f_2가 실 변수 t의 실수값 함수이면(곧 실 함수이면), $f(t)=f_1(t)+if_2(t)$는 실 변수 t의 복소수값 함수이다. 여기서 실제로 흥미로운 사실은 정 적분 $\int_a^b f(t)\,dt$의 정의, 바꿔 말하면 실수 구간 위에서 시행하는 실 변수 t의 복소수값 함수 $f(t)=f_1(t)+if_2(t)$의 적분에 대한 정의이다. 특정한 함수 $f(t)=(2t+i)^2$을 계속 사용하면, 이를테면 구간 $0\le t\le 1$에서 다음과 같이 쓰는 것이 논리적으로 보인다.

$$\int_0^1 (2t+i)^2\,dt=\int_0^1 (4t^2-1+4i)\,dt=\int_0^1 (4t^2-1)\,dt+i\int_0^1 4t\,dt \quad (3)$$

(3)에서 두 적분 $\int_0^1 (4t^2-1)\,dt$와 $\int_0^1 4t\,dt$의 값은 실수이므로, 이것들을 각각 $\int_0^1 (2t+i)^2\,dt$의 실수 부분과 허수 부분으로 부르고 싶을 것이다. 이런 실 적분의 값은 각각 미적분학의 기본 정리(5.1절의 (1))를 이용해서 다음과 같이 찾을 수 있다.

$$\int_0^1 (4t^2-1)\,dt=\left[\frac{4}{3}t^3-t\right]_0^1=\frac{1}{3}, \qquad \int_0^1 4t\,dt=\left[2t^2\right]_0^1=2$$

그러므로 (3)은 $\int_0^1 (2t+i)^2\,dt=\frac{1}{3}+2i$이다.

위의 적분은 매우 평범하고 일상적으로 보이기 때문에, 다음과 같이 일반화된 정의를 제공한다. f_1과 f_2가 실 변수 t의 실수값 함수로 구간 $a \le t \le b$에서 연속이면, $a \le t \le b$에서 복소수값 함수 $f(t)=f_1(t)+if_2(t)$의 적분을 다음과 같이 f의 실수 부분과 허수 부분의 정 적분을 이용해서 정의한다.

$$\int_a^b f(t)\,dt = \int_a^b f_1(t)\,dt + i\int_a^b f_2(t)\,dt \tag{4}$$

f_1과 f_2가 $[a,\ b]$에서 연속이기 때문에, $\int_a^b f_1(t)\,dt$와 $\int_a^b f_2(t)\,dt$가 모두 존재한다.

다음과 같은 적분의 친숙한 성질은 모두 (4)에 제시한 정의로부터 직접 증명할 수 있다. $f(t)=f_1(t)+if_2(t)$와 $g(t)=g_1(t)+ig_2(t)$가 실 변수 t의 복소수값 함수로 구간 $a \le t \le b$에서 연속이면, 다음이 성립한다.

$$\int_a^b kf(t)\,dt = k\int_a^b f(t)\,dt \quad (k\text{는 복소 상수}), \tag{5}$$

$$\int_a^b \{f(t)+g(t)\}\,dt = \int_a^b f(t)\,dt + \int_a^b g(t)\,dt, \tag{6}$$

$$\int_a^b f(t)\,dt = \int_a^c f(t)\,dt + \int_c^b f(t)\,dt, \tag{7}$$

$$\int_b^a f(t)\,dt = -\int_a^b f(t)\,dt \tag{8}$$

← 이런 성질들은 경로 적분의 값 찾기에서 중요하다. 이것들은 별도의 언급없이 자주 이용한다.

(7)에서 실수 c는 구간 $[a,\ b]$에 속하는 것으로 가정한다.

이제, 경로 적분에 대한 논의를 다시 시작하자.

경로 적분의 값 찾기 경로 적분 $\int_C f(z)\,dz$의 값을 찾는 방법을 용이하게 논의하기 위해서, (2)를 간략한 꼴로 나타내자. $f(z)$ 대신에 $u+iv$, Δz 대신에 $\Delta x + i\Delta y$, $\lim_{\|P\|\to 0}$ 대신에 $\lim$, $\sum_{k=1}^{n}$ 대신에 $\sum$로 쓰고, 모든 첨자를 생략하면, (2)는 다음과 같이 된다.

$$\begin{aligned}\int_C f(z)\,dz &= \lim \sum (u+iv)(\Delta x + i\Delta y) \\ &= \lim\left\{\sum (u\Delta x - v\Delta y) + i\sum (v\Delta x + u\Delta y)\right\}\end{aligned}$$

마지막 줄은 다음과 같이 해석할 수 있다.

$$\int_C f(z)\,dz = \int_C u\,dx - v\,dy + i\int_C v\,dx + u\,dy \tag{8}$$

정의 5.1.2를 보라. 바꿔 말하면, 경로 적분 $\int_C f(z)\,dz$의 실수 부분과 허수 부분은 실 선 적분 $\int_C u\,dx - v\,dy$와 $\int_C v\,dx + u\,dy$의 쌍이다. 그런데 $x = x(t)$, $y = y(t)$ $(a \le t \le b)$가 C의 매개 방정식이면, $dx = x'(t)\,dt$와 $dy = y'(t)\,dt$이다. 기호 x, y, dx, dy를 차례로 $x(t)$, $y(t)$, $x'(t)\,dt$, $y'(t)\,dt$로 바꾸면, (9)의 우변은 다음과 같이 된다.

$$\overbrace{\int_a^b \{u(x(t),\ y(t))\,x'(t) - v(x(t),\ y(t))\,y'(t)\}\,dt}^{\int_C u\,dx - v\,dy}$$

$$+\,i\overbrace{\int_a^b \{v(x(t),\ y(t))\,x'(t) + u(x(t),\ y(t))\,y'(t)\}\,dt}^{\int_C v\,dx + u\,dy} \qquad (10)$$

복소수값 함수 (1)을 사용해서 경로 C를 나타내면, (10)은 $\int_a^b f(z(t))\,z'(t)\,dt$와 같다. 왜냐하면 피적분 함수가 다음과 같기 때문이다.

$$f(z(t))\,z'(t) = \{u(x(t),\ y(t)) + i\,v(x(t),\ y(t))\}\{x'(t) + i\,y'(t)\}$$

이를 곱해서 전개하고, $\int_a^b f(z(t))\,z'(t)\,dt$를 실수 부분과 허수 부분으로 분리하면 위와 같아진다. 그러므로 경로 적분의 값을 찾는 실질적인 수단을 얻는다.

정리 5.2.1 경로 적분의 값 찾기

f는 매끄러운 곡선 C에서 연속이고 C의 매개 변수화가 $z(t) = x(t) + i\,y(t)$ $(a \le t \le b)$일 때, 다음이 성립한다.

$$\int_C f(z)\,dz = \int_a^b f(z(t))\,z'(t)\,dt \qquad (11)$$

앞의 (10)과 (11)의 결과에는 되풀이 되는 내용이 있는데, 이번에는 약간 다른 말로 나타내겠다. $z(t) = x(t) + i\,y(t)$이고 $z'(t) = x'(t) + i\,y'(t)$라 하자. 그러면 피적분 함수 $f(z(t))\,z'(t)$는 실 변수 t의 복소수값 함수이다. 그러므로 적분 $\int_a^b f(z(t))\,z'(t)\,dt$의 값은 (4)에서 정의한 방법으로 찾을 수 있다. 다음 보기는 이 방법을 예시한다.

보기 1 경로 적분의 값 찾기

곡선 C의 매개 변수화가 $z(t) = 3t + i\,t^2$ $(-1 \le t \le 4)$일 때, $\int_C \bar{z}\,dz$의 값을 찾아라.

풀이 $f(z) = \bar{z}$라 하면, $f(z(t)) = \overline{3t + it^2} = 3t - it^2$이다. 또 $z'(t) = 3 + 2it$이므로, (11)에 의해 적분은 다음과 같다.

$$\int_C \bar{z}\,dz = \int_{-1}^{4} (3t - it^2)(3 + 2it)\,dt = \int_{-1}^{4} (2t^3 + 9t + 3t^2 i)\,dt$$

이제 (4)에 의해, 마지막 적분은 다음과 같다.

$$\int_C \bar{z}\,dz = \int_{-1}^{4} (2t^3 + 9t)\,dt + i\int_{-1}^{4} 3t^2\,dt$$

$$= \left[\frac{1}{2}t^4 + \frac{9}{2}t^2\right]_{-1}^{4} + i\left[t^3\right]_{-1}^{4} = 195 + 65i \quad ❑$$

보기 2 경로 적분의 값 찾기

C가 원 $x = \cos t,\ y = \sin t\ (0 \le t \le 2\pi)$일 때, $\oint_C \frac{1}{z}\,dz$의 값을 찾아라.

풀이 이 경우에 $z(t) = \cos t + i\sin t = e^{it}$, $z'(t) = ie^{it}$, $f(z(t)) = \dfrac{1}{z(t)} = e^{-it}$ 다. 그러므로 다음을 얻는다.

$$\oint_C \frac{1}{z}\,dz = \int_0^{2\pi} (e^{-it})\,ie^{it}\,dt = i\int_0^{2\pi} dt = 2\pi i \quad ❑$$

5.1절에서 논의한 대로, 일부 곡선의 경우에는 실 변수 x 자체를 매개 변수로 사용할 수 있다. 예를 들어, 선분 $y = 5x\ (0 \le x \le 2)$에서 $\int_C (8x^2 - iy)\,dz$의 값을 찾으려면, $z = x + 5xi$, $dz = (1 + 5i)dx$, $\int_C (8x^2 - iy)\,dz = \int_0^2 (8x^2 - 5ix)\cdot(1 + 5i)\,dx$로 쓰고 통상적인 방식으로 다음과 같이 적분한다.

$$\int_C (8x^2 - iy)\,dz = (1 + 5i)\int_0^2 (8x^2 - 5ix)\,dx$$

$$= (1 + 5i)\left[\frac{8}{3}x^3\right]_0^2 - (1 + 5i)i\left[\frac{5}{2}x^2\right]_0^2 = \frac{214}{3} + \frac{290}{3}i$$

일반적으로, x와 y가 연속인 실 함수 $y = f(x)$와 같은 관계에 있으면, 복소 평면에서 대응하는 곡선 C를 $z(x) = x + if(x)$와 같이 매개 변수화할 수 있다. 결국 똑같은데, $x = t$로 놓으면 C의 매개 방정식은 $x = t,\ y = f(t)$이다.

성질 경로 적분의 다음 성질은 실 선 적분의 성질과 비슷하고, 또 (5)~(8)에 나열한 성질과도 비슷하다.

정리 5.2.2 경로 적분의 성질

두 함수 f와 g는 영역 D에서 연속이고, C는 D에 완전히 놓인 매끄러운 곡선이다. 그러면 다음이 성립한다.

(i) $\int_C kf(z)\,dz = k\int_C f(z)\,dz$ (k는 복소 상수)

(ii) $\int_C \{f(z)+g(z)\}\,dz = \int_C f(z)\,dz + \int_C g(z)\,dz$

(iii) $\int_C f(z)\,dz = \int_{C_1} f(z)\,dz + \int_{C_2} f(z)\,dz$ (C는 끝점끼리 이어진 두 개의 매끄러운 곡선 C_1과 C_2로 이루어진 곡선)

(iv) $\int_{-C} f(z)\,dz = -\int_C f(z)\,dz$ ($-C$는 C와 반대 방향의 곡선)

정리 5.2.2의 네 성질은 C가 D에서 조각마다 매끄러운 곡선일 때도 성립한다.

보기 3 조각마다 매끄러운 곡선

그림 5.2.6에 나타낸 경로 C에 대해 $\int_C (x^2+iy^2)\,dz$의 값을 찾아라.

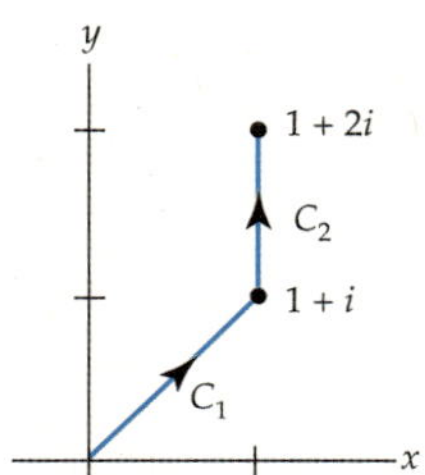

그림 5.2.6 조각마다 매끄러운 경로 C

풀이 정리 5.2.2(iii)에 의해 다음과 같이 쓸 수 있다.

$$\int_C (x^2+iy^2)\,dz = \int_{C_1}(x^2+iy^2)\,dz + \int_{C_2}(x^2+iy^2)\,dz$$

곡선 C_1은 $y=x$ $(0\le x\le 1)$로 정의되므로, x를 매개 변수로 사용하는 것이 적절하다. 그러면 $z(x)=x+ix$, $z'(x)=1+i$, $f(x)=x^2+iy^2$, $f(z(x))=x^2+ix^2$이므로, 다음을 얻는다.

$$\int_{C_1}(x^2+iy^2)\,dz = \int_0^1 \overbrace{(x^2+ix^2)}^{(1+i)x^2}(1+i)\,dx$$

$$= (1+i)^2\int_0^1 x^2\,dx = \frac{(1+i)^2}{3} = \frac{2}{3}i \quad (12)$$

곡선 C_2는 $x=1$, $1\le y\le 2$로 정의된다. y를 매개 변수로 사용하면, $z(y)=1+iy$, $z'(y)=i$, $f(z(y))=1+iy^2$이므로, 다음을 얻는다.

$$\int_{C_2}(x^2+iy^2)\,dz = \int_1^2 (1+iy^2)\,i\,dy$$

$$= -\int_1^2 y^2\,dy + i\int_1^2 dy = -\frac{7}{3}+i \qquad (13)$$

(12)와 (13)을 합치면 $\int_C (x^2+iy^2)\,dz = \frac{2}{3}i + \left(-\frac{7}{3}+i\right) = -\frac{7}{3}+\frac{5}{3}i$

이다. ❑

복소 적분의 응용에서 경로 적분의 크기 또는 절댓값에 대한 상계를 찾는 것이 유용한 경우가 있다. 다음 정리에서 평면 곡선의 길이가 $L=\int_a^b \sqrt{\{x'(t)\}^2+\{y'(t)\}^2}\,dt$ 라는 사실을 사용한다. 그런데 $z'(t)=x'(t)+iy'(t)$이면 $|z'(t)|=\sqrt{\{x'(t)\}^2+\{y'(t)\}^2}$ 이므로, $L=\int_a^b |z'(t)|\,dt$이다.

정리 5.2.3 갇힘 정리

f가 매끄러운 곡선 C에서 연속이고 C의 모든 z에서 $|f(z)| \le M$일 때, C의 길이가 L이면 $\left|\int_C f(z)\,dz\right| \le ML$이 성립한다.

증명 1.2절의 (11)에 제시한 형태의 삼각 부등식에 의해 다음이 성립한다.

$$\left|\sum_{k=1}^{n} f(z_k^*)\Delta z_k\right| \le \sum_{k=1}^{n} |f(z_k^*)|\,|\Delta z_k| \le M\sum_{k=1}^{n} |\Delta z_k| \tag{14}$$

$|\Delta z_k| = \sqrt{(\Delta x_k)^2+(\Delta y_k)^2}$ 이므로, $|\Delta z_k|$를 C의 두 점 z_k와 z_{k-1}을 연결한 선분의 길이로 해석할 수 있다. 또, 이런 선분의 길이의 합은 C의 길이 L보다 클 수 없으므로, 부등식 (14)는 $\left|\sum_{k=1}^{n} f(z_k^*)\Delta z_k\right| \le ML$이 된다. f가 연속이므로 $\int_C f(z)\,dz$가 존재하고, 이에 따라 $\|P\|\to 0$일 때 $\left|\int_C f(z)\,dz\right| \le ML$이 성립한다. ■

용어
갇힘 정리 bounding theorem
ML 부등식 ML-inequality

정리 5.2.3은 복소 적분 이론에서 자주 이용하는데, 흔히 ML 부등식이라 부른다. 2.6절의 123쪽에 있는 논의에 따라, f가 경로 C에서 연속이므로 정리 5.2.3에서 함숫값 $f(z)$의 크기에 대한 상계가 언제나 존재한다.

보기 4 경로 적분의 상계

C가 원 $|z|=4$일 때, $\oint_C \frac{e^z}{z+1}\,dz$의 절댓값의 상계를 찾아라.

풀이 먼저, 반지름이 4인 원의 길이(둘레) L은 8π이다. 다음으로, 1.2절의 부등식 (7)에 의해 이 원의 모든 점 z에 대해 $|z+1| \ge |z|-1 = 4-1 = 3$이 성립한다. 그러므로 다음을 얻는다.

$$\left|\frac{e^z}{z+1}\right| \le \frac{|e^z|}{|z|-1} = \frac{|e^z|}{3} \tag{15}$$

또, $|e^z| = |e^x(\cos y + i\sin y)| = e^x$이다. 원 $|z|=4$의 점에 대해 $x=\mathrm{Re}(z)$가 취할 수 있는 최댓값은 4이고, 이에 따라 (15)는 다음과 같이 된다.

$$\left|\frac{e^z}{z+1}\right| \le \frac{e^4}{3}$$

ML 부등식(정리 5.2.3)에 의해 다음이 성립한다.

$$\left|\oint_C \frac{e^z}{z+1}dz\right| \le \frac{8\pi e^4}{3}$$ ❑

참고

경로 C의 매개 변수화는 유일하지 않다. 다음은 모두 단위 원 $|z|=1$에 대한 양의 방향의 매개 변수화이다.

$$z(t)=e^{it}=\cos t+i\sin t\ (0\le t\le 2\pi),$$
$$z(t)=e^{2\pi it}=\cos 2\pi t+i\sin 2\pi t\ (0\le t\le 1),$$
$$z(t)=e^{\pi it/2}=\cos\frac{\pi t}{2}+i\sin\frac{\pi t}{2}\ (0\le t\le 4)$$

5.2 익힘 문제

문제 1~16에서는 지정된 경로를 따라 주어진 적분의 값을 찾아라.

1. $\int_C (z+3)\,dz$, C: $x=2t$, $y=4t-1$ $(1\le t\le 3)$
2. $\int_C (2\bar{z}-z)\,dz$, C: $x=-t$, $y=t^2+2$ $(0\le t\le 2)$
3. $\int_C z^2\,dz$, C: $z(t)=3t+2it$ $(-2\le t\le 2)$
4. $\int_C (3z^2-2z)\,dz$, C: $z(t)=t+it^2$ $(0\le t\le 1)$
5. $\int_C \frac{z+1}{z}\,dz$, C는 $z=-i$부터 $z=i$까지 원 $|z|=1$의 오른쪽 반
6. $\int_C |z|^2\,dz$, C: $x=t^2$, $y=\frac{1}{t}$ $(1\le t\le 2)$
7. $\oint_C \mathrm{Re}(z)\,dz$, C:원 $|z|=1$
8. $\oint_C \left(\frac{1}{(z+i)^3}-\frac{5}{z+i}+8\right)dz$, C: 원 $|z+i|=1$
9. $\int_C (x^2+iy^3)\,dz$, C는 $z=1$부터 $z=i$까지의 선분
10. $\int_C (x^2-iy^3)\,dz$, C는 $z=-1$부터 $z=1$까지 원 $|z|=1$의 아래쪽 반
11. $\int_C e^z\,dz$, C는 $z=0$부터 $z=2$까지의 선분과 $z=2$부터 $z=1+\pi i$까지의 선분으로 이루어진 꺾인 선 경로

12. $\int_C \sin z\,dz$, C는 $z=0$부터 $z=1$까지의 선분과 $z=1$부터 $z=1+i$까지의 선분으로 이루어진 꺾인 선 경로

13. $\int_C \operatorname{Im}(z-i)\,dz$, C는 원 $|z|=1$의 $z=1$부터 $z=i$까지의 호와 $z=i$부터 $z=-1$까지의 선분으로 이루어진 꺾인 선 경로

14. $\int_C dz$, C는 $z=2i$부터 $z=-2i$까지의 타원 $\frac{1}{36}x^2+\frac{1}{4}y^2=1$의 왼쪽 반

15. $\oint_C ze^z\,dz$, C는 네 꼭짓점이 $z=0$, $z=1$, $z=1+i$, $z=i$인 정사각형

16. $\int_C f(z)\,dz$, $f(z)=\begin{cases} 2 & (x<0) \\ 6x & (x>0)\end{cases}$이고 C는 $z=-1+i$부터 $z=1+i$까지의 포물선 $y=x^2$

문제 17~20에서는 그림 5.2.7에 나타낸 경로 C를 따라 주어진 적분의 값을 찾아라.

17. $\oint_C x\,dz$

18. $\oint_C (2z-1)\,dz$

19. $\oint_C z^2\,dz$

20. $\oint_C \bar{z}^2\,dz$

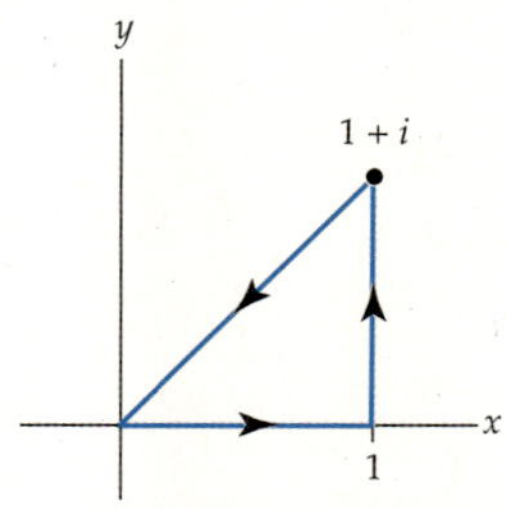

그림 5.2.7 문제 17~20을 위한 그림

문제 21~24에서는 그림에 나타낸 경로 C를 따라 i부터 1까지 $\int_C (z^2-z+2)\,dz$의 값을 찾아라.

21.

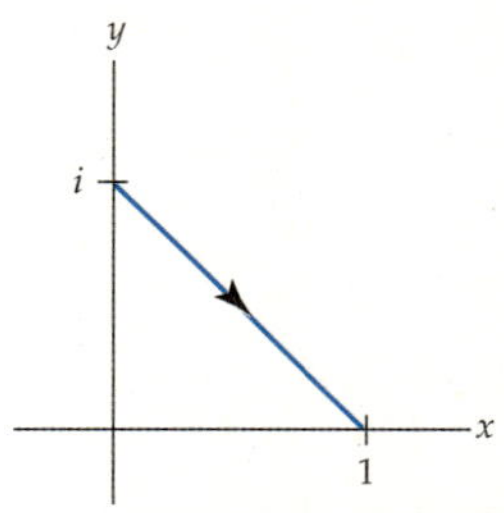

그림 5.2.8 문제 21을 위한 그림

22.

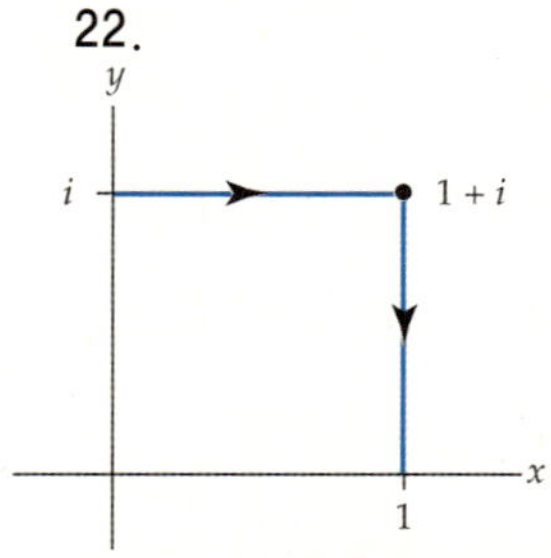

그림 5.2.9 문제 22를 위한 그림

23.

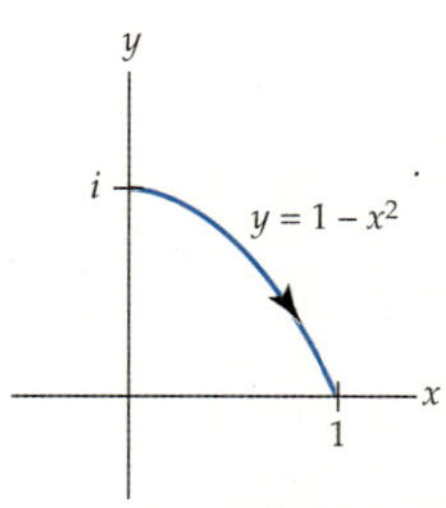

그림 5.2.10 문제 23을 위한 그림

24.

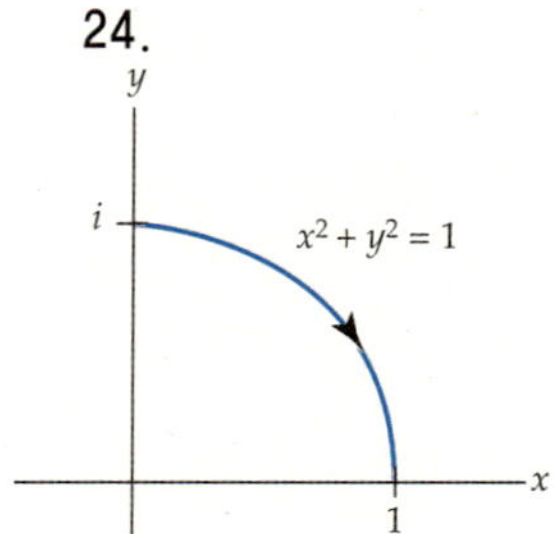

그림 5.2.11 그림 24를 위한 그림

문제 25~28에서는 지정된 경로를 따라 주어진 적분의 절댓값에 대한 상계를 찾아라.

25. $\oint_C \frac{e^z}{z^2+1}\,dz$, C는 원 $|z|=5$

26. $\int_C \frac{1}{z^2-2i}\,dz$, C는 $z=-6i$부터 $z=6i$까지 원 $|z|=6$의 오른쪽 반

27. $\int_C (z^2+4)\,dz$, C는 $z=0$부터 $z=1+i$까지의 선분

28. $\int_C \frac{1}{z^3}\,dz$, C는 $z=4i$부터 $z=4$까지 원 $|z|=4$의 사분 원

개념과 이해

29. (a) 정의 5.2.1을 이용해서, z_0과 z_n 사이의 임의의 매끄러운 곡선 C에 대해 $\int_C dz = z_n - z_0$임을 보여라.

    (b) (a)의 결과를 이용해서 문제 14에 대한 답을 밝혀라.

    (c) 단순 닫힌 곡선 C에 대해 $\oint_C dz$의 값은 얼마인가?

30. 정의 5.2.1을 이용해서, z_0과 z_n 사이의 임의의 매끄러운 곡선 C에 대해 $\int_C z\,dz = \frac{1}{2}(z_n^2 - z_0^2)$임을 보여라. [*귀띔*: 적분의 값이 존재한다. 그러므로 $z_k^* = z_k$와 $z_k^* = z_{k-1}$을 선택하자.]

31. 문제 29와 30을 이용해서, 다음 C에 대해 $\int_C (6z+4)\,dz$의 값을 찾아라.

    (a) $1+i$부터 $2+3i$까지의 선분

    (b) 닫힌 경로 $x^4+y^4=4$

32. 경로 C가 $z=3$부터 $z=3+i$까지의 선분일 때 적분 $\int_C \frac{1}{z^2+1}\,dz$의 절댓값에 대한 상계를 찾아라. $|z^2+1| = |z-i|\,|z+i|$이라는 사실을 이용하자. 여기서 $|z-i|$와 $|z+i|$는 각각 i와 $-i$부터 C의 점 z까지의 거리이다.

33. 경로 C가 중심이 원점이고 반지름이 $R>3$인 원일 때 적분 $\oint_C \frac{z^2}{(z^2+9)^2}\,dz$의 절댓값에 대한 상계를 찾아라. $|z^2+9| = |z-3i|\,|z+3i|$이라는 사실을 이용하고, 각 인수에 대해 1.2절의 삼각 부등식 (10)을 적용하자.

34. 경로 C가 $z=3i$부터 $z=4+3i$까지의 선분일 때 적분 $\int_C \mathrm{Ln}(z+3)\,dz$의 절댓값에 대한 상계를 찾아라.

5.3 코시·구르사의 정리

이번 절에서는 경로 적분에 집중하는데, 여기서 경로 C는 양의 (시계 반대) 방향의 단순 닫힌 경로이다. 특히, f가 특별한 종류의 영역 D에서 해석적일 때 D의 내부에 완전히 놓인 임의의 단순 닫힌 경로 C에 대해 경로 적분 $\int_C f(z)\,dz$의 값이 똑같다는 사실을 알아볼 것이다. **코시·구르사의 정리**라 부르는 이 정리는 복소 해석학에서 가장 기본적인 결과의 하나이다.

코시·구르사의 정리 및 이의 몇 가지 결과를 논의하기에 앞서, 복소 평면에서 두 가지 종류의 영역, 곧 단순 연결과 다중 연결 영역을 구별할 필요가 있다.

단순과 다중 연결 영역 1.5절에서 정의한 대로, 영역은 복소 평면에서 열린 연결 집합이다. 영역 D의 내부에 완전히 놓인 모든 단순 닫힌 경로 C를 D에서 벗어나지 않고 한 점으로 줄일 수 있을 때, D를 **단순 연결** 영역이라 한다. 그림 5.3.1을 보라. 바꿔 말하면, 단순 연결 영역의 내부에 완전히 놓이도록 단순 닫힌 경로 C를 그리면, C는 영역 D의 점만을 둘러싼다. 또 다른 방법으로 말하면, 단순 연결 영역에는 '구멍'이 없다. 복소 평면 전체는 단순 연결 영역의 예이다. 한편, $1 < |z| < 2$로 정의된 원환은 단순 연결 영역이 아니다. (왜?) 단순 연결이 아닌 영역을 **다중 연결** 영역이라 한다. 곧, 다중 연결 영역에는 '구멍'이 있다. 그림 5.3.2에 나타낸 대로, '구멍'을 둘러싸고 있는 곡선 C_2를 한 점으로 줄이면, 곡선은 결국 D를 벗어난다. '구멍'이 한 개인 영역을 **이중 연결**, '구멍'이 두 개인 영역을 **삼중 연결** 등과 같이 부른다. $|z| < 2$로 정의된 열린 원판은 단순 연결 영역이고, $1 < |z| < 2$로 정의된 열린 원환은 이중 연결 영역이다.

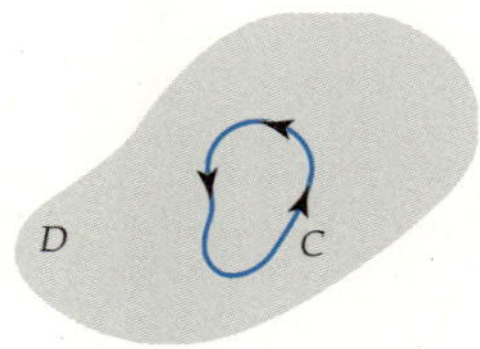

그림 5.3.1 단순 연결 영역 D

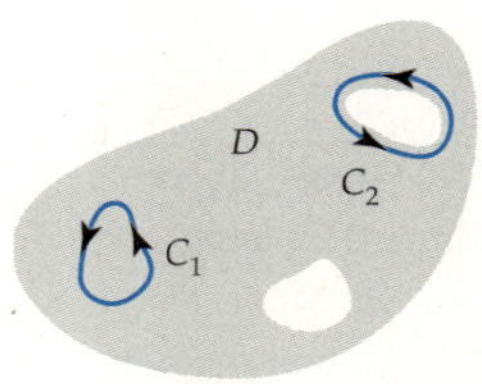

그림 5.3.2 다중 연결 영역 D

인명, 용어
코시 Louis-Augustin Cauchy
단순 연결 simply connected
다중 연결 multiply connected
이중 연결 doubly connected
삼중 연결 triply connected
코시의 정리 Cauchy's theorem

코시의 정리 1825년에 프랑스 수학자 코시는 복소 해석학에서 가장 중요한 정리의 하나를 증명했다.

코시의 정리

함수 f가 단순 연결 영역 D에서 해석적이고 f'가 D에서 연속이라 하자. 그러면 D의 내부의 모든 단순 닫힌 경로 C에 대해 $\oint_C f(z)\,dz = 0$이다. (1)

코시의 증명 이 정리의 증명은 평면에서의 그린의 정리와 코시·리만 방정식의 직접적인 결과이다. 미분 적분학에서 배운 대로, C가 양의 방향의 조각마다 매끄러운 단순 닫힌 곡선으로 D의 내부에 있는 구역 R의 경계를 이루고, 두 실수값 함수 $P(x, y)$와 $Q(x, y)$는 이것들의 일계 편도함수와 함께 C와 R을 포함하는 영역에서 연속이면, 다음이 성립한다.

그린의 정리는 실 선 적분을 이중 적분 ➡ 으로 표현한다.

$$\oint_C P\,dx + Q\,dy = \iint_R \left(\frac{\partial Q}{\partial x} - \frac{\partial P}{\partial y}\right) dA \tag{2}$$

그런데 (1)에서 f'가 영역 D 전체에서 연속이라고 가정했다. 이에 따라 $f(z) = u + iv$의 실수와 허수 부분 및 이것들의 일계 편도함수는 D 전체에서 연속이다. 5.2절의 (9)에 의해 $\oint_C f(z)\,dz$를 실 선 적분으로 나타내고, 각 선 적분에 그린의 정리 (2)를 적용하면, 다음을 얻는다.

$$\begin{aligned}\oint_C f(z)\,dz &= \oint_C u(x, y)\,dx - v(x, y)\,dy + i\oint_C v(x, y)\,dx + u(x, y)\,dy \\ &= \iint_R \left(-\frac{\partial v}{\partial x} - \frac{\partial u}{\partial y}\right) dA + i\iint_R \left(\frac{\partial u}{\partial x} - \frac{\partial v}{\partial y}\right) dA \end{aligned} \tag{3}$$

f가 D에서 해석적이므로, 두 실 함수 u와 v는 D의 모든 점에서 코시·리만 방정식 $\partial u/\partial x = \partial v/\partial y$와 $\partial u/\partial y = -\partial v/\partial x$를 만족시킨다. 코시·리만 방정식을 이용해서, (3)에서 $\partial u/\partial y$와 $\partial u/\partial x$를 바꾸면 다음이 성립한다.

$$\begin{aligned}\oint_C f(z)\,dz &= \iint_R \left(-\frac{\partial v}{\partial x} + \frac{\partial v}{\partial x}\right) dA + i\iint_R \left(\frac{\partial v}{\partial y} - \frac{\partial v}{\partial y}\right) dA \\ &= \iint_R (0)\,dA + i\iint_R (0)\,dA = 0\end{aligned}$$

이것으로 증명이 완성된다. ■

인명, 용어
그린의 정리 Green's theorem
구르사 Edouard Goursat
코시 · 구르사의 정리 Cauchy-Gourat theorem

1883년에 프랑스 수학자 구르사는, f'가 연속이라는 가정이 없어도 코시의 정리에 도달할 수 있다는 사실을 증명했다. 이렇게 수정된 형태의 코시의 정리는 오늘날 코시·구르사의 정리라고 부른다. 누구나 예상할 수 있듯이, 이런 형태의 코시의 정리는 가정이 줄었기 때문에 방금 제시한 형태보다 증명하기가 더욱 복잡하다. 구르사가 고안한 이런 형태의 증명은 부록 2에 개략적으로 제시되어 있다.

정리 5.3.1 코시·구르사의 정리

함수 f가 단순 연결 영역 D에서 해석적이라 하자. 그러면 D의 내부에 있는 모든 단순 닫힌 경로 C에 대해 $\oint_C f(z)\,dz = 0$이다.

단순 닫힌 경로의 내부는 단순 연결 영역이므로, 코시·구르사의 정리를 약간 더 실질적인 방법으로 서술할 수 있다.

함수 f가 단순 닫힌 경로 C와 그 내부의 모든 점에서 해석적이면 $\oint_C f(z)\,dz = 0$이다. (4)

보기 1 코시·구르사 정리의 활용

그림 5.3.3에 나타낸 경로 C에 대해 $\oint_C e^z\,dz$의 값을 찾아라.

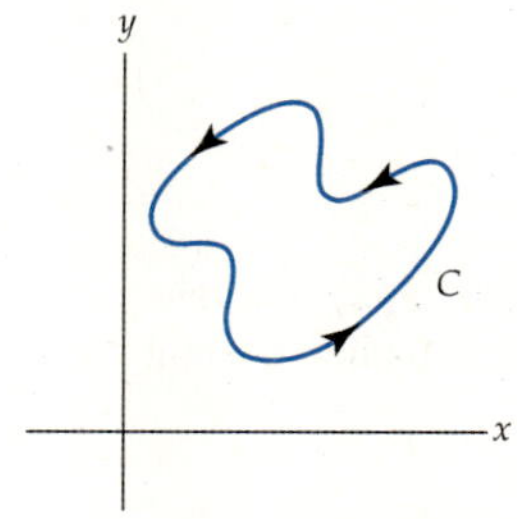

그림 5.3.3 보기 1의 경로

풀이 $f(z)=e^z$은 전해석 함수이고, 이에 따라 단순 닫힌 경로 C와 그 내부의 모든 점에서 해석적이다. 따라서 (4)에 제시한 형태의 코시·구르사 정리에 의해 $\oint_C e^z\,dz=0$이다. ❑

보기 1의 주안점은 복소 평면의 임의의 단순 닫힌 경로 C에 대해 $\oint_C e^z\,dz=0$이라는 사실이다. 실제로, $f(z)=\sin z$, $f(z)=\cos z$, $p(z)=a_nz^n+a_{n-1}z^{n-1}+\cdots+a_1z+a_0$ $(n=0,\ 1,\ 2,\ \cdots)$와 같은 임의의 전해석 함수 f와 임의의 단순 닫힌 경로 C에 대해 다음이 성립한다.

$$\oint_C \sin z\,dz=0,\quad \oint_C \cos z\,dz=0,\quad \oint_C p(z)\,dz=0,\quad \cdots$$

보기 2 코시·구르사 정리의 활용

경로 C가 타원 $(x-2)^2+\frac{1}{4}(y-5)^2=1$일 때, $\oint_C \frac{dz}{z^2}$의 값을 찾아라.

풀이 유리 함수 $f(z)=1/z^2$은 $z=0$을 제외한 모든 점에서 해석적이다. 그런데 $z=0$은 단순 닫힌 타원 경로 C와 그 내부의 점이 아니다. 따라서 (4)에 의해 $\oint_C \frac{dz}{z^2}=0$이다. ❑

다중 연결 영역에서의 코시·구르사의 정리 f가 다중 연결 영역 D에서 해석적이면, D의 내부에 있는 모든 단순 닫힌 경로 C에 대해 $\oint_C f(z)\,dz=0$이라고 결론을 내릴 수 없다. 먼저, D는 이중 연결 영역이고 C와 C_1는 단순 닫힌 경로로 C_1은 이 영역의 '구멍'을 에워싸고 C의 내부에 있다고 가정하자. 그림 5.3.4(a)를 보라.

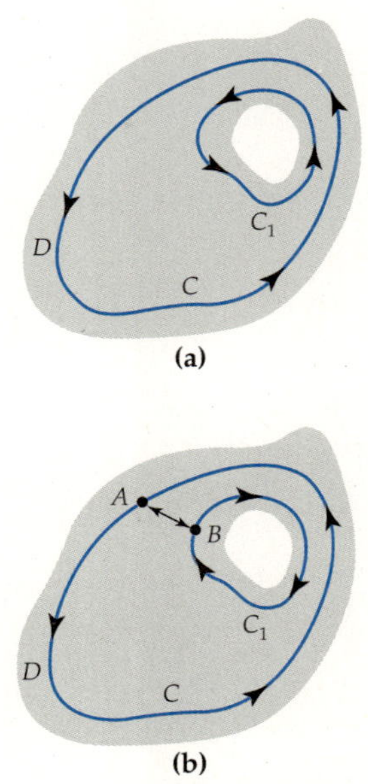

그림 5.3.4 이중 연결 영역 D

또, f는 C의 내부와 C_1의 외부에 있는 모든 점과 두 경로에서 해석적이라고 하자. 그림 5.3.4(b)에 나타낸 지름길 AB를 도입하면, 이런 곡선들로 갇힌 구역은 이제 단순 연결 집합이다. 정리 5.2.2의 (iv)에 의해 A부터 B까지의 적분과 B부터 A까지의 적분은 부호만 다르다. 그러므로 (4)에 의해 다음을 얻는다.

$$\oint_C f(z)\,dz+\int_{AB} f(z)\,dz+\int_{-AB} f(z)\,dz+\oint_{C_1} f(z)\,dz=0,$$

곧
$$\oint_C f(z)\,dz = \oint_{C_1} f(z)\,dz \tag{5}$$

마지막 결과를 흔히 경로 변형의 원리라 부르는데, 경로 C_1을 경로 C의 연속적인 변형으로 볼 수 있기 때문이다. 이런 경로의 변형에서, C와 C_1 사이의 구역에서 f가 해석적이면, 적분의 값은 바뀌지 않는다. 바꿔 말하면, (5)에 의해 복잡한 단순 닫힌 경로 C 위에서의 적분을 C 대신에 좀 더 간편한 C_1로 바꾸어 값을 찾을 수 있다.

용어
경로 변형의 원리 principle of deformation contour

보기 3 경로 변형의 활용

그림 5.3.5에 검게 나타낸 경로 C에 대해 $\oint_C \frac{dz}{z-i}$의 값을 찾아라.

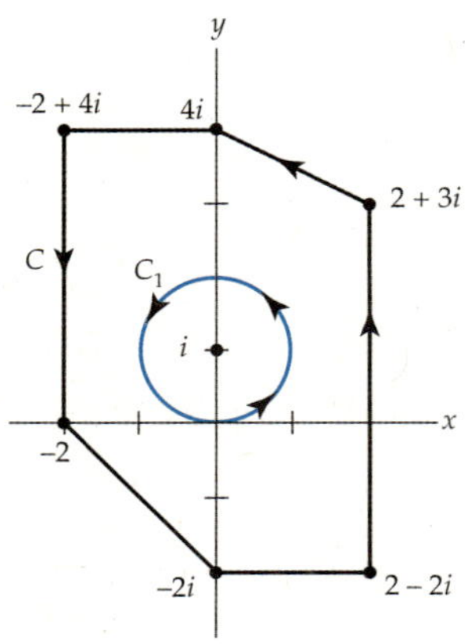

그림 5.3.5 보기 3에서 더 단순한 경로 C_1

풀이 함수 $f(z)=\frac{1}{z-i}$은 점 $z=i$를 제외한 복소 평면으로 이루어진 다중 연결 영역에서 해석적이다. (5)에 의해, 그림에 나타낸 좀 더 간편한 원형 경로 C_1을 선택하자. 이 원의 반지름을 1로 택하면, C_1은 명백히 C의 내부에 있다. 바꿔 말하면, C_1은 원 $|z-i|=1$로, 2.2절의 (10)에 의해 $z=i+e^{it}$ $(0\le t\le 2\pi)$로 매개 변수화할 수 있다. $z-i=e^{it}$이고 $dz=ie^{it}\,dt$이므로, 다음을 얻는다.

$$\oint_C \frac{dz}{z-i}=\oint_{C_1}\frac{dz}{z-i}=\int_0^{2\pi}\frac{ie^{it}}{e^{it}}dt=i\int_0^{2\pi}dt=2\pi i$$ ❑

보기 3에서 얻은 결과를 일반화할 수 있다. 경로 변형의 원리 (5)를 이용하고 이 보기에서와 같이 진행하면, z_0이 임의의 단순 닫힌 경로 C의 내부에 있는 임의의 고정된 복소수일 때, 정수 n에 대해 다음이 성립한다.

$$\oint_C \frac{dz}{(z-z_0)^n}=\begin{cases}2\pi i & (n=1)\\ 0 & (n\ne 1)\end{cases} \tag{6}$$

(6)의 적분 값이 $n\ne 1$일 때 0이라는 사실은 코시·구르사의 정리로는 부분적으로만 설명할 수 있다. n이 0 또는 음의 정수이면, $1/(z-z_0)^n$은 다항 함수이므로 전해석 함수이다. 정리 5.3.1과 보기 1 뒤의 논의에 의해 $\oint_C dz/(z-z_0)^n=0$이다. n이 1이 아닌 양의 정수일 때, 적분 값이 여전히 0이라는 사실을 밝히는 것은 익힘 문제로 남긴다. 익힘 문제 5.3의 문제 24를 보라.

예를 들면, $1/(z-z_0)^{-3}=(z-z_0)^3$은 다항 함수이다. ➡

함수 f가 단순 닫힌 경로 C와 그 내부의 모든 점에서 해석적이라는 가정은 $\oint_C f(z)\,dz=0$이기 위한 충분 조건이다. 그렇지만 (6)의 결과는 해석적이라는 가정이 필요 조건이 아님을 알려준다. 바꿔 말하면, f가 C의 내부에서 해석적이지 않더라도 $\oint_C f(z)\,dz=0$일 수 있다. 예를 들면, 보기 2의 C가 원

$|z|=1$이면, (6)에서 $n=2$이고 $z_0=0$인 경우이므로 $\oint_C \frac{dz}{z^2}=0$이다. $f(z)=1/z^2$은 C의 내부에 있는 $z=0$에서 해석적이지 않음에 주목하자.

보기 4 공식 (6)의 활용

C가 원 $|z-2|=2$일 때, $\oint_C \frac{5z+7}{z^2+2z-3}\,dz$의 값을 찾아라.

풀이 분모가 $z^2+2z-3=(z-1)(z+3)$으로 인수 분해되므로, 피적분 함수는 $z=1$과 $z=-3$에서 해석적이지 않다. 경로 C는 중심이 $z=2$이고 반지름이 $r=2$인 원이므로, 두 점 중에서 $z=1$만이 C의 내부에 있다. 부분 분수에 의해 다음이 성립한다.

$$\frac{5z+7}{z^2+2z-3}=\frac{3}{z-1}+\frac{2}{z+3},$$

$$\oint_C \frac{5z+7}{z^2+2z-3}\,dz=3\oint_C \frac{1}{z-1}\,dz+2\oint_C \frac{1}{z+3}\,dz \qquad (7)$$

(6)에 제시한 결과에 의해, (7)에서 첫째 적분의 값은 $2\pi i$인 반면에, 둘째 적분의 값은 코시·구르사의 정의에 의해 영이다. 따라서 (7)은 다음과 같이 된다.

$$\oint_C \frac{5z+7}{z^2+2z-3}\,dz=3(2\pi i)+2(0)=6\pi i$$

❑

C, C_1, C_2는 모두 그림 5.3.6(a)에 나타낸 단순 닫힌 경로이고, 함수 f는 세 경로 및 C의 내부에 있지만 C_1과 C_2 모두의 외부에 있는 모든 점에서 해석적일 때, 그림 5.3.6(b)에 나타낸 바와 같이 C_1과 C 사이 및 C_2와 C 사이에 지름길을 도입하면, 정리 5.3.1에 의해 다음이 성립한다.

$$\oint_C f(z)\,dz+\oint_{C_1} f(z)\,dz+\oint_{C_2} f(z)\,dz=0,$$

곧

$$\oint_C f(z)\,dz=\oint_{C_1} f(z)\,dz+\oint_{C_2} f(z)\,dz \qquad (7)$$

다음 정리는 '구멍'이 n개인 다중 연결 영역에 대한 일반적인 결과를 요약한다.

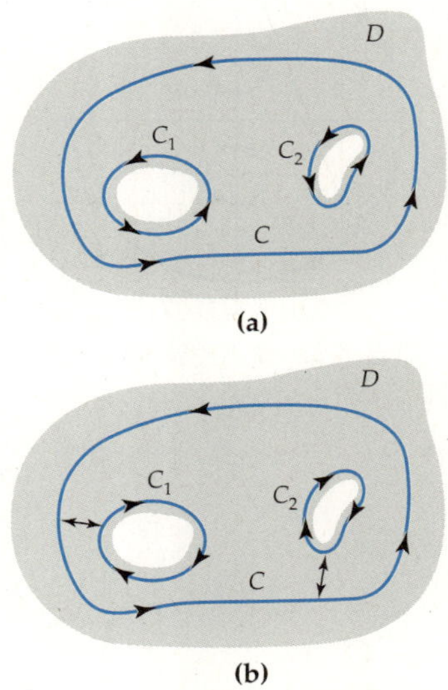

그림 5.3.6 삼중 연결 영역 D

정리 5.3.2 다중 연결 영역에 대한 코시·구르사의 정리

C, C_1, $\cdots$, C_n는 모두 양의 방향의 단순 닫힌 경로로, C_1, C_2, $\cdots$, C_n은 C의 내부에 있고 각 C_k $(k=1, 2, \cdots, n)$의 내부 구역끼리는 공통인 점이 없다. (곧 서로 소라고 하자.) 함수 f는 각 경로 및 C의 내부에 있지만 모든 C_k $(k=1, 2, \cdots, n)$의 외부에 있는 모든 점에서 해석적일 때, 다음이 성립한다.

$$\oint_C f(z)\,dz = \sum_{k=1}^{n} \oint_{C_k} f(z)\,dz \tag{8}$$

보기 5 정리 5.3.2의 활용

C가 원 $|z|=4$일 때, $\oint_C \frac{dz}{z^2+1}$의 값을 찾아라.

풀이 이 경우에 피적분 함수의 분모는 $z^2+1=(z-i)(z+i)$로 인수 분해된다. 그러므로 피적분 함수 $1/(z^2+1)$은 $z=i$와 $z=-i$에서 해석적이지 않다. 이 두 점은 모두 C의 내부에 있다. 부분 분수로 나타내면 다음이 성립한다.

$$\frac{1}{z^2+1}=\frac{1}{2i}\frac{1}{z-i}-\frac{1}{2i}\frac{1}{z+i},$$

$$\oint_C \frac{dz}{z^2+1}=\frac{1}{2i}\oint_C\left(\frac{1}{z-i}-\frac{1}{z+i}\right)dz$$

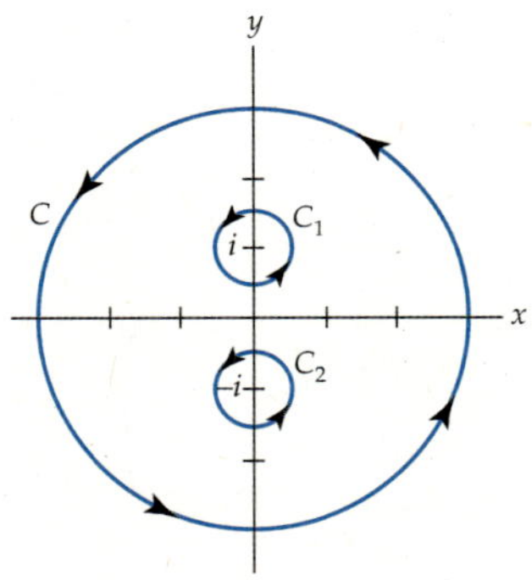

그림 5.3.7 보기 5를 위한 경로

이제 두 점 $z=i$와 $z=-i$를 각각 둘러싸는 두 원형 경로 C_1과 C_2를 만드는데, 이것들은 모두 C의 내부에 완전히 놓인다. 특별히, C_1로 $|z-i|=\frac{1}{2}$과 C_2로 $|z+i|=\frac{1}{2}$을 선택하면 충분하다. 그림 5.3.7을 보라. 정리 5.3.2에 의해 다음과 같이 쓸 수 있다.

$$\oint_C \frac{dz}{z^2+1}=\frac{1}{2i}\oint_{C_1}\left(\frac{1}{z-i}-\frac{1}{z+i}\right)dz+\frac{1}{2i}\oint_{C_2}\left(\frac{1}{z-i}-\frac{1}{z+i}\right)dz$$

$$=\frac{1}{2i}\oint_{C_1}\frac{1}{z-i}dz-\frac{1}{2i}\oint_{C_1}\frac{1}{z+i}dz$$

$$+\frac{1}{2i}\oint_{C_2}\frac{1}{z-i}dz-\frac{1}{2i}\oint_{C_2}\frac{1}{z+i}dz \tag{9}$$

$1/(z+i)$은 C_1과 그 내부의 각 점에서 해석적이고 $1/(z-i)$는 C_2와 그 내부의 각 점에서 해석적이므로, (4)에 의해 (9)에서 둘째와 셋째 적분 값은 영이다. 또, (6)에서 $n=1$인 경우에 의해 다음이 성립한다.

$$\oint_{C_1}\frac{dz}{z-i}=2\pi i,\quad \oint_{C_2}\frac{dz}{z+i}dz=2\pi i$$

따라서 (9)는 다음과 같이 된다.

$$\oint_C \frac{dz}{z^2+1} = \pi - \pi = 0$$ ❑

참고 실 해석학과의 비교

앞의 논의 전체에서 C는 단순 닫힌 경로, 곧 스스로 교차하지 않는 경로라고 가정했다. 증명을 제시하지는 않겠지만, 코시·구르사의 정리가 단순 연결 영역 D의 내부에 있는 임의의 닫힌 경로 C에 대해 유효함을 밝힐 수 있다. 그림 5.3.8에 나타낸 경로 C는 닫혀 있지만 단순하지는 않다. 그런데도 f가 D에서 해석적이면, $\oint_C f(z)\,dz = 0$이다. 익힘 문제 5.3의 문제 23을 보라.

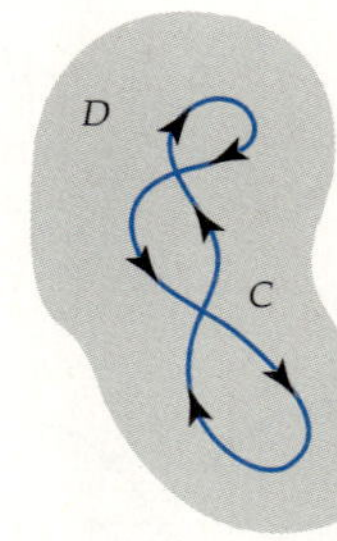

그림 5.3.8 단순하지 않는 닫힌 경로 C

5.3 익힘 문제

문제 1~8에서는 C가 단위 원 $|z|=1$일 때 주어진 함수에 대해 $\oint_C f(z)\,dz = 0$임을 보여라.

1. $f(z) = z^3 - 1 + 3i$
2. $f(z) = z^2 + \dfrac{1}{z-4}$
3. $f(z) = \dfrac{z}{2z+3}$
4. $f(z) = \dfrac{z-3}{z^2+2z+2}$
5. $f(z) = \dfrac{\sin z}{(z^2-25)(z^2+9)}$
6. $f(z) = \dfrac{e^z}{2z^2+11z+15}$
7. $f(z) = \tan z$
8. $f(z) = \dfrac{z^2-9}{\cosh z}$
9. C가 그림 5.3.9에 나타낸 경로일 때, $\oint_C \frac{1}{z}\,dz$의 값을 찾아라.
10. C가 그림 5.3.10에 나타낸 경로일 때, $\oint_C \frac{5}{z+1+i}\,dz$의 값을 찾아라.

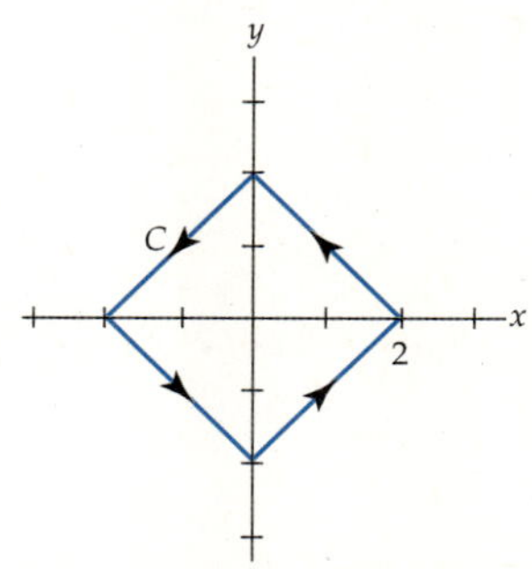

그림 5.3.9 문제 9를 위한 그림

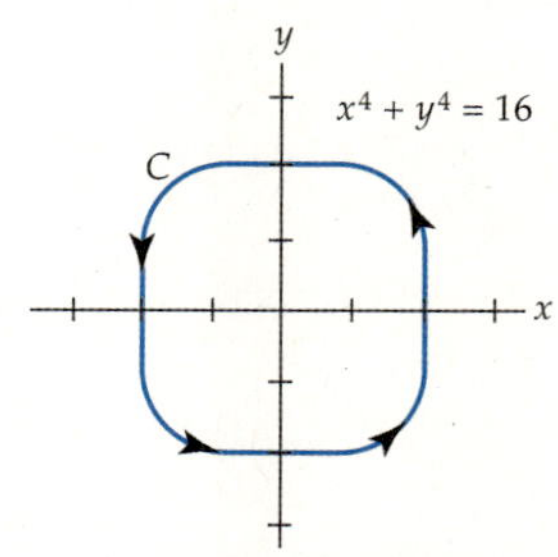

그림 5.3.10 문제 10을 위한 그림

문제 11~22에서는 이번 절의 임의의 결과를 이용해서 지정된 닫힌 경로 위에서 주어진 적분의 값을 찾아라.

11. $\oint_C \left(z + \frac{1}{z}\right) dz$; $|z| = 2$
12. $\oint_C \left(z + \frac{1}{z^2}\right) dz$; $|z| = 2$
13. $\oint_C \frac{z}{z^2 - \pi^2}\,dz$; $|z| = 3$
14. $\oint_C \frac{10}{(z+i)^4}\,dz$; $|z+i| = 1$
15. $\oint_C \frac{2z+1}{z^2+z}\,dz$; (a) $|z| = \frac{1}{2}$ (b) $|z| = 2$ (c) $|z-3i| = 1$
16. $\oint_C \frac{2z}{z^2+3}\,dz$; (a) $|z| = 1$ (b) $|z-2i| = 1$ (c) $|z| = 4$

17. $\oint_C \frac{-3z+2}{z^2-8z+12}\,dz$; (a) $|z-5|=2$ (b) $|z|=9$

18. $\oint_C \left(\frac{3}{z+2}-\frac{1}{z-2i}\right)dz$; (a) $|z|=5$ (b) $|z-2i|=\frac{1}{2}$

19. $\oint_C \frac{z-1}{z(z-i)(z-3i)}\,dz$; $|z-i|=\frac{1}{2}$

20. $\oint_C \frac{1}{z^3+2iz^2}\,dz$; $|z|=1$

21. $\oint_C \mathrm{Ln}(z+10)\,dz$; $|z|=2$

22. $\oint_C \left\{\frac{5}{(z-2)^3}+\frac{3}{(z-2)^2}-\frac{10}{z-2}+7\csc z\right\}dz$; $|z-2|=\frac{1}{2}$

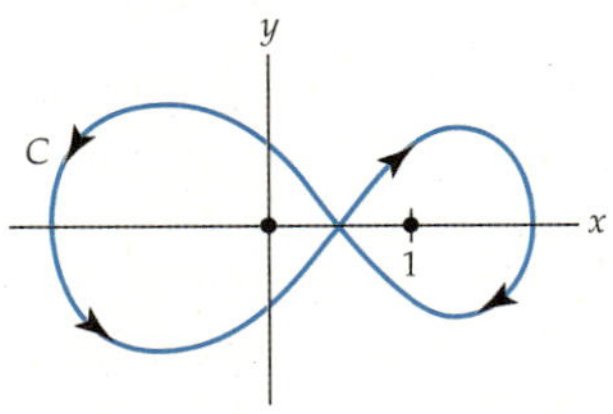

그림 5.3.11 문제 23을 위한 그림

23. C가 그림 5.3.11에 나타낸 8자형 경로일 때, $\oint_C \frac{8z-3}{z^2-z}\,dz$의 값을 찾아라.

[*귀띔*: C를 두 개의 닫힌 곡선 C_1과 C_2의 합집합으로 나타내라.]

24. z_0이 임의의 단순 닫힌 경로 C의 내부에 있는 임의의 고정된 복소수라고 하자. 양의 정수 n에 대해 다음이 성립함으로 보여라.

$$\oint_C \frac{dz}{(z-z_0)^n}=\begin{cases}2\pi i & (n=1)\\ 0 & (n>1)\end{cases}$$

문제 25와 26에서는 임의의 방법으로 주어진 경로 적분의 값을 찾아라.

25. $\oint_C \left(\frac{e^z}{z+3}-3\bar{z}\right)dz$, C는 단위 원 $|z|=1$

26. $\oint_C (z^3+z^2+\mathrm{Re}(z))\,dz$, C는 세 꼭짓점이 $z=0$, $z=1+2i$, $z=1$인 삼각형

개념과 이해

27. C가 복소 평면의 임의의 단순 닫힌 경로일 때, 다음 함수에 대해 $\oint_C f(z)\,dz=0$인 이유를 설명하라.

(a) $f(z)=(5iz^4-4z^2+2-6i)^9$ (b) $f(z)=(z^2-3iz)e^{5z}$

(c) $f(z)=\frac{\sin z}{e^{z^2}}$ (b) $f(z)=z\cos^2 z$

28. 다음 함수에 대해 $\oint_C f(z)\,dz=0$을 보장하는 경로 C를 설명하라.

(a) $f(z)=\frac{1}{z^3+z}$ (b) $f(z)=\csc z$

(c) $f(z)=\frac{1}{1-e^z}$ (d) $f(z)=\mathrm{Ln}\,z$

29. 문제 25의 적분이 $\oint_C \left(\frac{e^z}{z+3}-\frac{3}{z}\right)dz$와 같은 이유와 (6)에 비추어 볼 때 이 형태의 적분의 값을 찾기가 약간 더 쉬운 이유를 설명하라.

30. 그림 5.3.12에 나타낸 직선 $y=x$와 $(1,\ 1)$에서 이 직선과 접하는 원으로 이루어진 $z=0$부터 $z=2+2i$까지의 경로 C에 대해 $\int_C e^z\,dz$의 값을 찾아라.

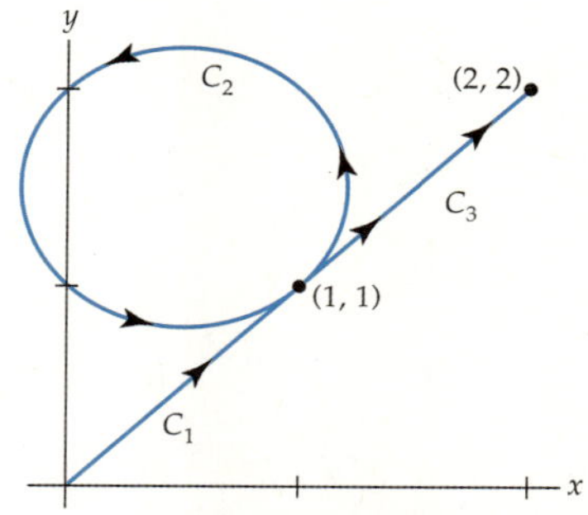

그림 5.3.12 문제 30을 위한 그림

31. 보기 1에서 복소 평면의 임의의 단순 닫힌 경로 C에 대해 $\int_C e^z\,dz$의 값을 찾았다. 특히, C로 $|z|=1$과 매개 변수화 $z=e^{i\theta}$ $(0\le\theta\le 2\pi)$를 사용해서 다음 실 적분의 값을 찾아라.

$$\int_0^{2\pi} e^{\cos\theta}\sin(\theta+\sin\theta)\,d\theta,\quad \int_0^{2\pi} e^{\cos\theta}\cos(\theta+\sin\theta)\,d\theta$$

32. n이 양의 정수일 때, 복소 경로 적분을 이용해서 다음이 성립함을 보여라.

$$\int_0^{2\pi} e^{\sin n\theta}\cos(\theta-\cos n\theta)\,d\theta=0,\quad \int_0^{2\pi} e^{\sin n\theta}\sin(\theta-\cos n\theta)\,d\theta=0$$

[*귀띔*: 문제 31에서 피적분 함수를 바꾸어라.]

5.4 경로와의 독립성

5.1절에서 알아본 대로, 실 함수 f의 초등적인 역도함수가 존재하면, 곧 함수 F가 존재해서 $F'(x)=f(x)$이면, 다음과 같은 미적분학의 기본 정리를 이용해서 정 적분의 값을 찾을 수 있다.

$$\int_a^b f(x)\,dx=F(b)-F(a) \tag{1}$$

$\int_a^b f(x)\,dx$의 값은 적분 구간의 아래끝과 위끝인 두 수 a와 b에만 의존함에 주목하자. 이에 비해서 실 선 적분 $\int_C P\,dx+Q\,dy$의 값은 일반적으로 곡선 C에 의존한다. 그런데 적분 $\int_C P\,dx+Q\,dy$ 중에는 그 값이 곡선 C 자체가 아니라 C의 시점 A와 종점 B에만 의존하는 것이 있다. 이런 경우에 선 적분은 **경로와 독립적**이라고 한다. 예를 들면 $\int_C y\,dx+x\,dy$는 경로와 독립적이다. 익힘 문제 5.1의 문제 19~22를 보라. 경로와 독립적인 선 적분의 값은 (1)과 비슷한 방식으로 찾을 수 있다. 그러므로 다음과 같은 질문은 자연스럽다.

미적분학의 기본 정리에 대응한 복소 해석학의 형태가 있는가?

경로 적분 $\int_C f(z)\,dz$가 경로와 독립적일 수 있는가?

이번 절에서는 이런 질문에 대한 답이 모두 '그렇다'라는 사실을 알아볼 것이다.

경로와의 독립성 경로 적분 $\int_C f(z)\,dz$에 대한 **경로와의 독립성**의 정의는 실 선 적분 $\int_C P\,dx+Q\,dy$의 경우와 본질적으로 똑같다.

용어
경로와 독립적 independent of the path

정의 5.4.1 경로와의 독립성

z_0과 z_1을 영역 D의 점이라 하자. 경로 적분 $\int_C f(z)\,dz$가 **경로와 독립적**이라는 것은 D의 내부에 있는 시점이 z_0이고 종점이 z_1인 모든 경로 C에 대해 그 적분 값이 똑같은 경우이다.

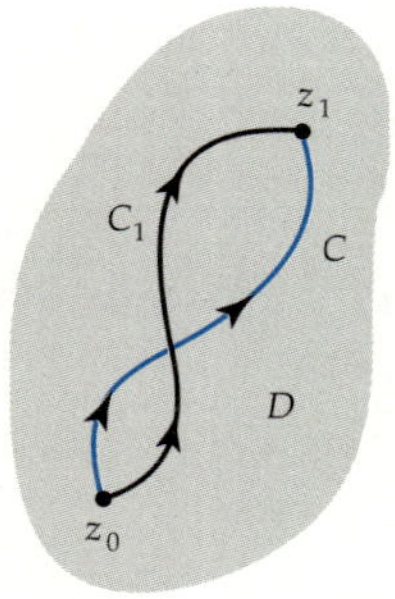

그림 5.4.1 f가 D에서 해석적이면, C와 C_1 위의 적분은 서로 같다.

앞 절의 끝 부분에서 지적한 대로, 코시·구르사의 정리는 단순 연결 영역 D의 내부에 있는 단순 닫힌 경로뿐만 아니라 임의의 닫힌 경로에 대해서도 성립한다. 그림 5.4.1에 나타낸 대로, C와 C_1이 단순 연결 영역 D의 내부에 완전히 놓인 두 개의 경로라 하고, 모두 시점이 z_0이고 종점이 z_1이라 하자. C와 반대 곡선 $-C_1$을 연결하면 닫힌 경로가 됨을 확인하자. 그러므로 f가 D에서 해석적이면, 코시·구르사의 정리에 의해 다음이 성립한다.

$$\int_C f(z)\,dz + \int_{-C_1} f(z)\,dz = 0 \qquad (2)$$

그런데 (2)는 다음과 동치이다.

$$\int_C f(z)\,dz = \int_{C_1} f(z)\,dz \qquad (3)$$

(3)의 결과는 또한 5.3절의 (5)에서 도입한 경로 변형의 원리의 예이다. 이 마지막 결과를 다음 정리로 요약한다.

정리 5.4.1 해석적이면 경로와 독립적이다

함수 f는 단순 연결 영역 D에서 해석적이고 C는 D에 놓인 임의의 경로라 하자. 그러면 $\int_C f(z)\,dz$는 경로와 독립적이다.

보기 1 서로 다른 경로 선택

C가 그림 5.4.2에 나타낸 반원과 선분으로 이루어진 경로일 때, $\int_C 2z\,dz$의 값을 찾아라.

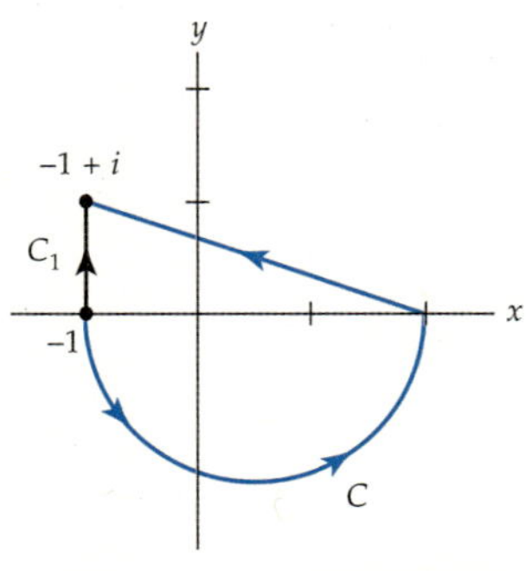

그림 5.4.2 보기 1을 위한 경로

풀이 $f(z) = 2z$는 전해석 함수이기 때문에, 정리 5.4.1에 의해 조각마다 매끄러운 경로 C를 $z_0 = -1$과 $z_1 = -1+i$를 연결하는 임의의 간편한 경로 C_1로 바꿀 수 있다. 특히, 경로 C_1을 그림 5.4.2에 나타낸 연직 선분 $x = -1$, $0 \le y \le 1$을 선택하면, $z = -1 + iy$이고 $dz = i\,dy$이다. 따라서 다음을 얻는다.

$$\int_C 2z\,dz = \int_{C_1} 2z\,dz = -2\int_0^1 y\,dy - 2i\int_0^1 dy = -1 - 2i \qquad ❑$$

경로 C와 독립적인 경로 적분 $\int_C f(z)\,dz$는 통상 $\int_{z_0}^{z_1} f(z)\,dz$로 나타내는

데, 여기서 z_0과 z_1은 각각 C의 시점과 종점이다. 그러므로 보기 1의 적분을 $\int_{-1}^{-1+i} 2z\,dz$와 같이 쓸 수 있다.

보기 1의 경로 적분의 값을 찾는 더 쉬운 방법이 있지만, 이를 알아보기 전에 또 다른 정의가 필요하다.

정의 5.4.2 역도함수

함수 f가 영역 D에서 연속이라고 하자. 함수 F가 존재해서 D의 모든 점 z에 대해 $F'(z)=f(z)$가 성립할 때, F를 f의 **역도함수**라고 한다.

예를 들면, 함수 $F(z)=-\cos z$는 $f(z)=\sin z$의 역도함수인데, $F'(z)=\sin z$이기 때문이다. 실 함수의 미적분에서와 같이, 함수 $f(z)$의 가장 일반적인 역도함수 또는 **부정 적분**을 $\int f(z)\,dz=F(z)+C$로 나타내는데, 여기서 $F'(z)=f(z)$이고 C는 복소 상수이다. 예를 들면, $\int \sin z\,dz=-\cos z+C$이다.

용어
역도함수 antiderivative
부정 적분 indefinite integral

함수 f의 역도함수 F는 D의 각 점에서 미분할 수 있기 때문에, 이는 영역 D에서 반드시 해석적이고 이에 따라 D의 각 점에서 연속이다.

← 미분 가능하면 연속임을 상기하자.

이제 (1)과 비슷한 복소 해석학의 정리를 증명할 수 있다.

정리 5.4.2 경로 적분의 기본 정리

함수 f가 영역 D에서 연속이고, F는 D에서 f의 역도함수라고 하자. 그러면 D에서 시점이 z_0이고 종점이 z_1인 임의의 경로 C에 대해 다음이 성립한다.

$$\int_C f(z)\,dz=F(z_1)-F(z_0) \tag{4}$$

증명 C가 $z=z(t)$ $(a\le t\le b)$로 매개 변수화된 매끄러운 곡선인 경우에 (4)를 증명하겠다. 그러면 C의 시점은 $z(a)=z_0$이고 종점은 $z(b)=z_1$이다. 5.2절의 (11)과 D의 모든 점 z에서 $F'(z)=f(z)$라는 사실을 이용하면, 다음을 얻는다.

$$\begin{aligned}\int_C f(z)\,dz&=\int_a^b f(z(t))\,z'(t)\,dt=\int_a^b F'(z(t))\,z'(t)\,dt\\&=\int_a^b \frac{d}{dt}F(z(t))\,dt=[F(z(t))]_a^b \qquad \leftarrow \text{연쇄 법칙}\\&=F(z(b))-F(z(a))=F(z_1)-F(z_0)\end{aligned}$$

■

보기 2 정리 5.4.2의 활용

보기 1에서 그림 5.4.2에 나타낸 C에 대해 적분 $\int_C 2z\,dz$가 경로와 독립적임을 알아봤다. 그런데 $f(z)=2z$는 전해석 함수이므로, 연속 함수이다. 또, $F(z)=z^2$은 f의 역도함수인데, $F'(z)=2z=f(z)$이기 때문이다. 그러므로 정리 5.4.2의 (4)에 의해 다음을 얻는다.

$$\int_{-1}^{-1+i} 2z\,dz=\left[z^2\right]_{-1}^{-1+i}=(-1+i)^2-(-1)^2=-1-2i$$ ❑

보기 3 정리 5.4.2의 활용

시점이 $z_0=0$이고 종점이 $z_1=2+i$인 임의의 경로 C에 대해 $\int_C \cos z\,dz$의 값을 찾아라.

풀이 $F(z)=\sin z$은 $f(z)=\cos z$의 역도함수인데, $F'(z)=\cos z=f(z)$이기 때문이다. 그러므로 (4)에 의해 다음을 얻는다.

$$\int_C \cos z\,dz=\int_0^{2+i}\cos z\,dz=[\sin z]_0^{2+i}=\sin(2+i)-\sin 0$$

$$=\sin(2+i)$$

답으로 $a+ib$ 꼴의 복소수를 원하면, $\sin(2+i)\fallingdotseq 1.4031-0.4891i$이다. (4.3절의 보기 1(b)를 보라.) 따라서 다음을 얻는다.

$$\int_C \cos z\,dz=\int_0^{2+i}\cos z\,dz\fallingdotseq 1.4031-0.4891i$$ ❑

결론 정리 5.4.2로부터 몇 가지 직접적인 결론을 유도할 수 있다. 먼저, C가 닫힌 경로이면 $z_0=z_1$이고 결론적으로 다음이 성립한다.

$$\oint_C f(z)\,dz=0 \tag{5}$$

다음으로, $\int_C f(z)\,dz$의 값은 두 점 z_0과 z_1에만 의존하기 때문에, D에서 이런 점들을 연결하는 임의의 경로 C에 대해 이 값은 일정하다. 바꿔 말하면 다음과 같다.

> D에서 연속 함수 f의 역도함수 F가 존재하면, $\int_C f(z)\,dz$는 경로와 독립적이다. (6)

또, 역도함수가 존재하기 위한 다음과 같은 충분 조건을 얻는다.

> 영역 D에서 f는 연속이고, $\int_C f(z)\,dz$는 경로 C와 독립적이면
> f의 역도함수가 D의 모든 곳에서 존재한다. (7)

이 마지막 명제는 중요하기 때문에 증명할 필요가 있다.

(7)의 증명 D에서 f는 연속이고 $\int_C f(z)\,dz$는 경로와 독립적이며 F는 $F(z) = \int_{z_0}^{z} f(s)\,ds$로 정의된 함수라고 하자. 여기서 s는 복소 변수를 나타내고, z_0은 D의 고정된 점이며, z는 D의 임의의 점을 나타낸다고 하자. $F'(z) = f(z)$임을 보이려고 한다. 곧, 다음이 D에서 f의 역도함수임을 보이자.

$$F(z) = \int_{z_0}^{z} f(s)\,ds \tag{8}$$

← 중요

그런데 다음이 성립한다.

$$F(z+\Delta z) - F(z) = \int_{z_0}^{z+\Delta z} f(s)\,ds - \int_{z_0}^{z} f(s)\,ds$$

$$= \int_{z}^{z+\Delta z} f(s)\,ds \tag{9}$$

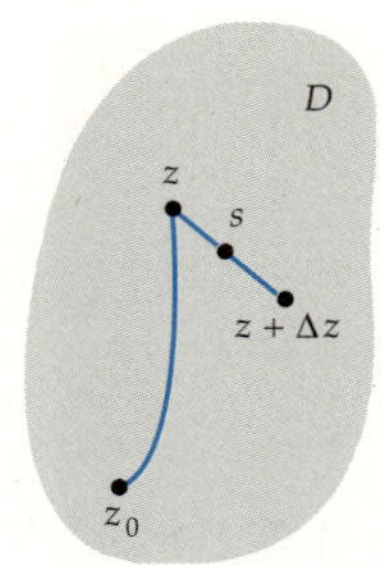

그림 5.4.3 (7)의 증명에 이용된 경로

D가 영역이므로, Δz를 $z+\Delta z$가 D에 속하도록 택할 수 있다. 또, 그림 5.4.3에 나타낸 대로 z와 $z+\Delta z$를 선분으로 연결할 수 있다. 이것이 (9)의 마지막 적분에서 사용한 경로이다. z를 고정하면 다음과 같이 쓸 수 있다.

$$f(z)\Delta z = f(z)\int_{z}^{z+\Delta z} ds = \int_{z}^{z+\Delta z} f(z)ds,$$

$$f(z) = \frac{1}{\Delta z}\int_{z}^{z+\Delta z} f(z)\,ds \tag{10}$$

(9)와 (10)에 의해 다음을 얻는다.

$$\frac{F(z+\Delta z) - F(z)}{\Delta z} - f(z) = \frac{1}{\Delta z}\int_{z}^{z+\Delta z} \{f(s) - f(z)\}\,ds$$

그런데 f는 점 z에서 연속이므로, 임의의 양수 ϵ에 대해 적당한 양수 δ가 존재해서 $|s-z| < \delta$이면 $|f(s) - f(z)| < \epsilon$이 성립한다. 그러므로 Δz를 $|\Delta z| < \delta$가 성립하도록 택하면, 5.2절의 ML 부등식에 의해 다음이 성립한다.

$$\left|\frac{F(z+\Delta z)-F(z)}{\Delta z}-f(z)\right|=\left|\frac{1}{\Delta z}\int_{z}^{z+\Delta z}\{f(s)-f(z)\}\,ds\right|$$

$$=\left|\frac{1}{\Delta z}\right|\left|\int_{z}^{z+\Delta z}\{f(s)-f(z)\}\,ds\right|$$

$$\leq\left|\frac{1}{\Delta z}\right|\epsilon\,|\Delta z|=\epsilon$$

따라서 다음이 밝혀진다.

$$\lim_{\Delta z\to 0}\frac{F(z+\Delta z)-F(z)}{\Delta z}=f(z),\ \text{곧}\ F'(z)=f(z)$$ ■

f가 단순 연결 영역 D에서 해석 함수이면, f는 필연적으로 D 전체에서 연속이다. 이 사실은 정리 5.4.1 및 (7)의 결과들과 함께 해석 함수의 역도함수가 존재한다는 다음 정리를 유도한다.

정리 5.4.3 역도함수의 존재성

함수 f가 단순 연결 영역 D에서 해석적이라 하자. 그러면 D에서 f의 역도함수가 존재한다. 곧, 함수 F가 존재해서 D의 모든 점 z에 대해 $F'(z)=f(z)$가 성립한다.

Ln z를 $1/z$의 역도함수로 사용할 때는 주의해야 한다. ➡

4.1절의 (21)에서 알아본 대로, $|z|>0,\ -\pi<\arg(z)<\pi$에서 $1/z$은 $\operatorname{Ln} z$의 도함수이다. 그러므로 이런 상황에서 $\operatorname{Ln} z$은 $1/z$의 역도함수이다. 그렇지만 이 결과를 이용할 때는 주의해야 한다. 예를 들면, D가 원점을 제외한 복소 평면 전체라고 하자. 함수 $1/z$은 이 다중 연결 영역에서 해석적이다. 그런데 C가 원점을 둘러싸는 임의의 단순 닫힌 경로이면, (5)에 의해 $\oint_C dz/z=0$이라고 할 수 없다. 실제로는, 5.3절의 (6)에서 $n=1$이고 $z_0=0$인 경우로 다음이 성립한다.

$$\oint_C \frac{1}{z}\,dz=2\pi i$$

이 경우에, $\operatorname{Ln} z$는 D에서 $1/z$의 역도함수가 아닌데, $\operatorname{Ln} z$는 D에서 해석적이지 않기 때문이다. $\operatorname{Ln} z$는 양이 아닌 실수축에서 해석적이 않은데, 이는 로그의 으뜸 분지 $f_1(z)$의 분지 절단이다. 4.1절의 186쪽을 보라.

보기 4 로그 함수의 이용

그림 5.4.4에 나타낸 경로 C에 대해 $\int_C \frac{1}{z}\,dz$의 값을 찾아라.

풀이 D를 $x>0,\ y>0$으로 정의된 단순 연결 영역이라 하자. 곧, D를 z평면의 제 1 사분면이라 하자. 이 경우에 $\text{Ln}\, z$는 $1/z$의 역도함수인데, 이 두 함수가 모두 D에서 해석적이기 때문이다. 그러므로 (4)에 의해 다음을 얻는다.

$$\int_3^{2i} \frac{1}{z}\, dz = [\text{Ln}\, z]_3^{2i} = \text{Ln}\, 2i - \text{Ln}\, 3$$

4.1절의 (14)에 의해 $\text{Ln}\, 2i = \log_e 2 + \frac{\pi}{2}i$이고 $\text{Ln}\, 3 = \log_e 3$이므로, 다음이 성립한다.

$$\int_3^{2i} \frac{1}{z}\, dz = \log_e \frac{2}{3} + \frac{\pi}{2}i \fallingdotseq -0.4055 + 1.5708i$$ ❑

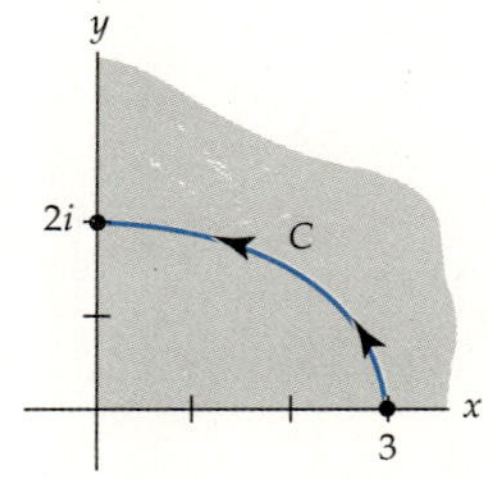

그림 5.4.4 보기 4의 경로

← $\log_e 2 - \log_e 3 = \log_e \frac{2}{3}$

보기 5 $\boldsymbol{z^{-1/2}}$**의 역도함수의 이용**

C가 $z_0 = i$와 $z_1 = 9$ 사이의 선분일 때, $\int_C \frac{1}{z^{1/2}}\, dz$의 값을 찾아라.

풀이 여기서는 $f_1(z) = z^{1/2}$을 제곱근 함수의 으뜸 분지로 택하자. 영역 $|z|>0,\ -\pi < \arg(z) < \pi$에서 함수 $f_1(z) = 1/z^{1/2} = z^{-1/2}$은 해석적이고 그 역도함수는 $F(z) = 2z^{1/2}$이다. (4.2절의 (9)를 보라.) 그러므로 다음을 얻는다.

익힘 문제 1.4의 문제 5를 보라.

$$\int_i^9 \frac{1}{z^{1/2}}\, dz = [2z^{1/2}]_i^9 = 2\left\{3 - \left(\frac{\sqrt{2}}{2} + i\frac{\sqrt{2}}{2}\right)\right\}$$
$$= (6-\sqrt{2}) - i\sqrt{2}$$ ❑

참고 실 해석학과의 비교

(i) 적분법에서 어떤 종류의 곱의 정 적분은 다음과 같은 부분 적분으로 그 값을 찾을 수 있었다.

$$\int f(x)g'(x)\, dx = f(x)g(x) - \int g(x)f'(x)\, dx \tag{11}$$

분명히 (11)을 좀 더 간결한 꼴 $\int u\, dv = uv - \int v\, du$로 사용했을 것이다. 공식 (11)은 복소 해석학에도 적용된다. f와 g가 단순 연결 영역 D에서 해석적이면 다음이 성립한다.

$$\int f(z)g'(z)\, dz = f(z)g(z) - \int g(z)f'(z)\, dz \tag{12}$$

또, D의 내부에 완전히 놓인 경로 C의 시점이 z_0이고 종점이 z_1일 때 다음이 성립한다.

$$\int_{z_0}^{z_1} f(z)g'(z)\,dz = [f(z)g(z)]_{z_0}^{z_1} - \int_{z_0}^{z_1} g(z)f'(z)\,dz \tag{13}$$

이 결과들은 함수 $\frac{d}{dz}fg$에 정리 5.4.2를 적용해서 직접적인 방법으로 증명할 수 있다. 익힘 문제 5.4의 문제 21~24를 보라.

(ii) 실 함수 f가 닫힌 구간 $[a, b]$에서 연속이면, 열린 구간 (a, b)에 다음을 만족시키는 수 c가 존재한다.

$$\int_a^b f(x)\,dx = f(c)(b-a) \tag{14}$$

(14)의 결과를 정 적분에 관한 평균값 정리라고 한다. 복소 함수 f가 단순 연결 영역 D에서 해석적이면, D의 내부에 있는 시점이 z_0이고 종점이 z_1인 경로 C의 모든 점에서 연속이다. 적분 $\int_{z_0}^{z_1} f(z)\,dz$에 대해 (14)에 대응하는 결과가 있을 것으로 예상할 것이다. 그렇지만 복소 해석학에는 이런 결과가 없다.

용어
평균값 정리 mean-value theorem

5.4 익힘 문제

문제 1과 2에서는 그림에 나타낸 경로 C에 대해 주어진 적분 값을 (a) 다른 적분 경로를 이용해서 찾고, (b) 정리 5.4.2를 이용해서 찾아라.

1. $\int_C (4z-1)\,dz$

2. $\int_C e^z\,dz$

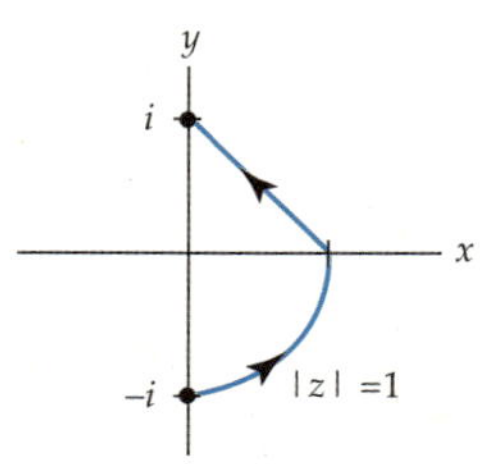

그림 5.4.5 문제 1을 위한 그림

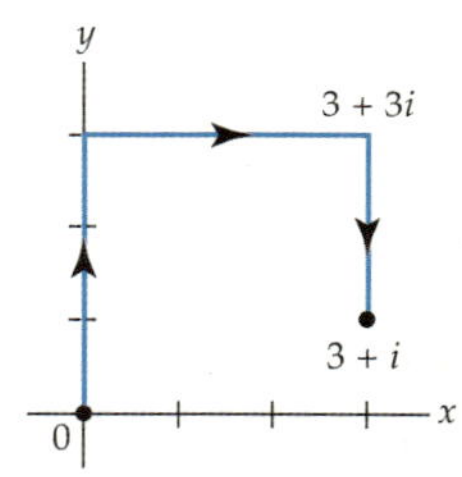

그림 5.4.6 문제 2를 위한 그림

문제 3과 4에서는 지정된 경로 C 위에서 주어진 적분 값을 찾아라.

3. $\int_C 2z\,dz$, C: $z(t) = 2t^3 + i(t^4 - 4t^3 + 2)$ $(-1 \le t \le 1)$

4. $\int_C 2z\,dz$, C: $z(t) = 2\cos^3 \pi t - i\sin^2 \frac{\pi}{4}t$ $(0 \le t \le 2)$

문제 5~20에서는 정리 5.4.2를 이용해서 주어진 적분 값을 $a+bi$ 꼴로 찾아라.

5. $\int_0^{3+i} z^2\,dz$

6. $\int_{-2i}^{1} (3z^2 - 4z + 5i)\,dz$

7. $\int_{1-i}^{1+i} z^3\,dz$

8. $\int_{-3i}^{2i} (z^3 - z)\,dz$

9. $\int_{-i/2}^{1-i} (2z+1)^2\,dz$

10. $\int_{1}^{i} (iz+1)^3\,dz$

11. $\int_{i/2}^{i} e^{\pi z}\,dz$

12. $\int_{1-i}^{1+2i} ze^{z^2}\,dz$

13. $\int_{\pi}^{\pi+2i} \sin\frac{z}{2}\,dz$

14. $\int_{1-2i}^{\pi i} \cos z\,dz$

15. $\int_{\pi i}^{2\pi i} \cosh z\,dz$

16. $\int_{i}^{1+(\pi/2)i} \sinh 3z\,dz$

17. $\int_C \frac{1}{z}\,dz$, C는 원호 $z = 4e^{it}$ $(-\pi/2 \le t \le \pi/2)$

18. $\int_C \frac{1}{z}\,dz$, C는 $1+i$와 $4+4i$ 사이의 선분

19. $\int_{-4i}^{4i} \frac{1}{z^2}\,dz$, C는 원점을 지나지 않는 임의의 경로

20. $\int_{1-i}^{1+\sqrt{3}i} \left(\frac{1}{z} + \frac{1}{z^2}\right)dz$, C는 오른쪽 반평면 $\text{Re}(z) > 0$에 있는 임의의 경로

문제 21~24에서는 부분 적분 (13)을 이용해서 주어진 적분 값을 $a+bi$ 꼴로 찾아라.

21. $\int_{\pi}^{i} e^z \cos z\,dz$

22. $\int_{0}^{i} z\sin z\,dz$

23. $\int_{i}^{1+i} ze^z\,dz$

24. $\int_{0}^{\pi i} z^2 e^z\,dz$

문제 25와 26에서는 정리 5.4.2를 이용해서 주어진 적분 값을 $a+bi$ 꼴로 찾아라. 각 적분에서 $z^{1/2}$은 제곱근 함수의 으뜸 분지이다.

25. $\int_C \frac{1}{4z^{1/2}}\,dz$, C는 원호 $z = 4e^{it}$ $(-\pi/2 \le t \le \pi/2)$

26. $\int_C 3z^{1/2}\,dz$, C는 $z_0 = 1$과 $z_1 = 9i$ 사이의 선분

개념과 이해

27. $f(z) = \sin z^2$의 역도함수를 찾아라. 너무 깊이 생각하지 말라.

28. $f(z) = z(z+1)^{1/2}$이 해석적인 영역 D의 예를 들어라. 그리고 D에서 f의 역도함수를 찾아라.

29. $\alpha = a + ib$를 복소수라고 하자.

(a) 정리 5.4.2를 이용해서 두 실수 x_0과 x에 대해 $\int_{x_0}^{x} e^{\alpha z}\,dz$의 값을 찾아라.

(b) (a)와 정리 5.2.1 및 매개 변수화 $z(t) = t$ $(x_0 \le t \le x)$를 이용해서 다

음 (실) 적분 공식을 유도하는 방법을 설명하라.

$$\int e^{ax}\cos bx\,dx = \frac{e^{ax}(a\cos bx + b\sin bx)}{a^2+b^2} + C$$

30. $\int e^{ax}\sin bx\,dx$를 찾아라. [*귀띔*: 문제 29를 보라.]

5.5 코시의 적분 공식과 그 결과

지난 두 절에서 경로 적분의 값을 찾는 데 코시·구르사의 정리가 중요함을 알아봤다. 이번 절에서는 코시·구르사 정리의 결과를 몇 가지 더 조사한다. 확실히, 이런 결과 중에서 가장 중요한 것은 다음일 것이다.

단순 연결 영역의 임의의 점 z_0 에서 해석 함수 f 의 값은 경로 적분으로 나타낼 수 있다.

이 명제를 증명한 뒤에 이를 이용해서 다음을 보일 것이다

단순 연결 영역에서 해석 함수 f 의 모든 계의 도함수가 존재한다.

이런 두 가지 결과의 또 다른 결과만으로도 이번 절의 나머지뿐만 아니라 다음 장에서도 바쁠 것이다.

5.5.1 코시의 두 가지 적분 공식

용어
코시의 적분 공식 Cauchy's integral formula

첫째 공식 함수 f가 단순 연결 영역 D에서 해석적이고 z_0은 D의 임의의 점이면, 몫 $f(z)/(z-z_0)$는 z_0에서 정의되지 않으므로 D에서 해석적이지 않다. 그러므로 z_0을 둘러싸는 단순 닫힌 경로 C 위에서 $f(z)/(z-z_0)$의 적분이 코시·구르사의 정리에 의해 영이라고 결론을 내릴 수 없다. 사실, 이제 알아보겠지만, C 위에서 $f(z)/(z-z_0)$의 적분 값은 $2\pi i f(z_0)$이다. 두 가지 놀라운 공식 중 첫째는 간단히 코시의 적분 공식이라 한다.

정리 5.5.1 코시의 적분 공식

함수 f가 단순 연결 영역 D에서 해석적이고 C는 D의 내부에 완전히 놓인 임의의 단순 닫힌 경로라고 하자. 그러면 C의 내부에 있는 임의의 점 z_0에 대해 다음이 성립한다.

$$f(z_0) = \frac{1}{2\pi i}\oint_C \frac{f(z)}{z-z_0}\,dz \qquad (1)$$

증명 D는 단순 연결 영역이고, C는 D의 내부에 놓인 단순 닫힌 경로이며, z_0은 C의 내부에 있는 점이라고 하자. 또 C_1은 중심이 z_0이고 반지름이 충

분히 작아서 C_1이 C의 내부에 놓인다고 하자. 5.3절의 (5)에 있는 경로 변형의 원리에 의해 다음과 같이 쓸 수 있다.

$$\oint_C \frac{f(z)}{z-z_0}\,dz = \oint_{C_1} \frac{f(z)}{z-z_0}\,dz \tag{2}$$

우변에 있는 적분 값이 $2\pi i f(z_0)$임을 보이려고 한다. 이를 위해, 피적분 함수의 분자에 상수 $f(z_0)$을 더하고 빼면 다음과 같다.

$$\oint_{C_1} \frac{f(z)}{z-z_0}\,dz = \oint_{C_1} \frac{f(z_0)-f(z_0)+f(z)}{z-z_0}\,dz$$

$$= f(z_0)\oint_{C_1} \frac{1}{z-z_0}\,dz + \oint_{C_1} \frac{f(z)-f(z_0)}{z-z_0}\,dz \tag{3}$$

5.3절의 (6)에 의해 다음을 얻는다.

$$\oint_{C_1} \frac{1}{z-z_0}\,dz = 2\pi i \tag{4}$$

그러므로 (3)은 다음과 같이 된다.

$$\oint_{C_1} \frac{f(z)}{z-z_0}\,dz = 2\pi i f(z_0) + \oint_{C_1} \frac{f(z)-f(z_0)}{z-z_0}\,dz \tag{5}$$

f는 z_0에서 연속이므로, 임의로 작은 양수 ϵ에 대해 적당한 양수 δ가 존재해서 $|z-z_0|<\delta$이면 $|f(z)-f(z_0)|<\epsilon$이 성립한다. 특히, 원 C_1을 $|z-z_0| = \frac{1}{2}\delta < \delta$로 택하면, ML 부등식(정리 5.2.3)에 의해 (5)에서 등식의 우변에 있는 적분의 절댓값은 다음을 만족시킨다.

$$\left|\oint_{C_1} \frac{f(z)-f(z_0)}{z-z_0}\,dz\right| \le \frac{\epsilon}{\delta/2}2\pi\frac{\delta}{2} = 2\pi\epsilon$$

바꿔 말하면, 원 C_1의 반지름을 충분히 작게 택함으로써 이 적분의 절댓값을 임의로 작게 만들 수 있다. 이것은 적분 값이 0일 때만 일어날 수 있다. 그러므로 (5)는 $\oint_{C_1} \frac{f(z)}{z-z_0}\,dz = 2\pi i f(z_0)$이 된다. 마지막 결과의 양변을 모두 $2\pi i$로 나누면, 정리가 증명된다. ❑

기호 z가 경로 C에 있는 점을 나타내므로, (1)은 "단순 닫힌 경로 C의 내부에 있는 점 z_0에서 해석 함수 f의 값은 경로 C에서 f의 값에 의해 결정된다."는 사실을 지적한다. ⬅ 주의

코시의 적분 공식 (1)을 이용해서 경로 적분의 값을 찾을 수 있다. 단순 연결 영역을 분명하게 정의하지 않고 문제를 푸는 경우가 흔하므로, 정리 5.5.1

을 다음과 같이 좀 더 실질적으로 다시 서술할 수 있다.

함수 f가 단순 닫힌 경로 C와 그 내부의 모든 점에서 해석적이고 z_0은 C의 내부에 있는 임의의 점이면, $f(z_0)=\dfrac{1}{2\pi i}\oint_C \dfrac{f(z)}{z-z_0}dz$이다.

보기 1 코시의 적분 공식의 활용

C가 원 $|z|=2$일 때, $\oint_C \dfrac{z^2-4z+4}{z+i}dz$의 값을 찾아라.

풀이 먼저, $f(z)=z^2-4z+4$로 놓고, $z_0=-i$라 하자. z_0은 원 C의 내부에 있는 점이다. 다음으로, f는 경로 C와 그 내부의 모든 점에서 해석적임을 관찰하자. 그러므로 코시의 적분 공식 (1)에 의해 다음을 얻는다.

$$\oint_C \frac{z^2-4z+4}{z+i}dz = 2\pi i f(-i) = 2\pi i(3+4i) = \pi(-8+6i) \qquad \square$$

보기 2 코시의 적분 공식의 활용

C가 원 $|z-2i|=4$일 때, $\oint_C \dfrac{z}{z^2+9}dz$의 값을 찾아라.

풀이 분모를 $z^2+9=(z-3i)(z+3i)$와 같이 인수 분해하면, $3i$가 닫힌 경로 C의 내부에 있는 피적분 함수가 해석적이지 않은 유일한 점임을 알 수 있다. 그림 5.5.1을 보라. 피적분 함수를 다음과 같이 쓰자.

$$\frac{z}{z^2+9}=\frac{\dfrac{z}{z+3i}}{z-3i}$$

그리고 $f(z)=z/(z+3i)$로 놓자. 함수 f는 경로 C와 그 내부에 있는 모든 점에서 해석적이다. 그러므로 코시의 적분 공식 (1)에 의해 다음을 얻는다.

$$\oint_C \frac{z}{z^2+9}dz = \int_C \frac{\dfrac{z}{z+3i}}{z-3i}dz = 2\pi i f(3i) = 2\pi i\frac{3i}{6i} = \pi i \qquad \square$$

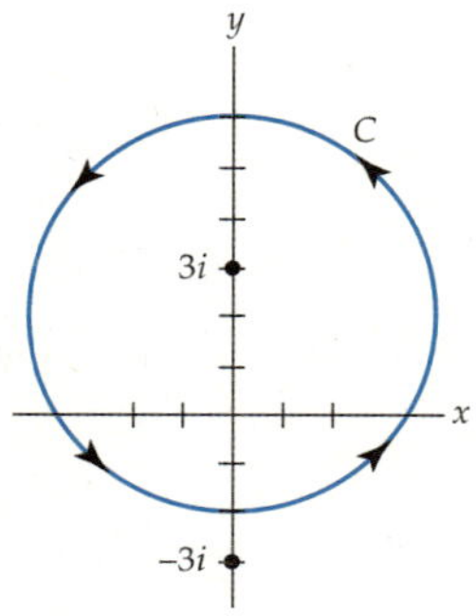

그림 5.5.1 보기 2를 위한 경로

둘째 공식 이제 정리 5.5.1을 이용해서 해석 함수의 도함수의 값 $f^{(n)}(z_0)$ $(n=1, 2, 3, \cdots)$도 또한 적분 공식으로 찾을 수 있다는 사실을 증명하겠다. (1)과 유사한 이 둘째 적분 공식을 도함수에 대한 코시의 적분 공식이라 한다.

정리 5.5.2 도함수에 대한 코시의 적분 공식

함수 f가 단순 연결 영역 D에서 해석적이고 C는 D의 내부에 완전히 놓인 임의의 단순 닫힌 경로라고 하자. 그러면 C의 내부에 있는 임의의 점 z_0에 대해 다음이 성립한다.

$$f^{(n)}(z_0) = \frac{n!}{2\pi i}\oint_C \frac{f(z)}{(z-z_0)^{n+1}}\,dz \tag{6}$$

증명 (6)을 $n=1$인 경우만 증명하겠다. 증명의 나머지는 수학적 귀납법의 원리를 이용해서 완성할 수 있다. 도함수의 정의와 (1)에 의해 다음이 성립한다.

$$\begin{aligned} f'(z_0) &= \lim_{\Delta z\to 0}\frac{f(z_0+\Delta z)-f(z_0)}{\Delta z} \\ &= \lim_{\Delta z\to 0}\frac{1}{2\pi i\Delta z}\left\{\oint_C \frac{f(z)}{z-(z_0+\Delta z)}dz - \oint_C \frac{f(z)}{z-z_0}dz\right\} \\ &= \lim_{\Delta z\to 0}\frac{1}{2\pi i}\oint_C \frac{f(z)}{(z-z_0-\Delta z)(z-z_0)}dz \end{aligned}$$

계속하기 전에, 몇 가지 예비적인 사항을 알아보자. 함수 f는 경로 C에서 연속이므로, 여기에서 갇혀 있다. (2.6절의 123쪽을 보라.) 곧, 실수 M이 존재해서 C에 있는 모든 점 z에 대해 $|f(z)| \le M$이 성립한다. 또, C의 길이를 L이라 하고, C에 있는 점과 점 z_0 사이의 가장 짧은 거리를 δ로 나타내자. 그러면 C에 있는 모든 점 z에 대해 다음이 성립한다.

$$|z-z_0| \ge \delta, \quad \text{곧} \quad \frac{1}{|z-z_0|^2} \le \frac{1}{\delta^2}$$

또, $|\Delta z| \le \frac{1}{2}\delta$로 택하면, 1.2절의 (10)에 의해 다음을 얻는다.

$$|z-z_0-\Delta z| \ge \big||z-z_0|-|\Delta z|\big| \ge \delta - |\Delta z| \ge \frac{1}{2}\delta,$$

곧,
$$\frac{1}{|z-z_0-\Delta z|} \le \frac{2}{\delta}$$

그러므로 다음을 얻는다.

$$\begin{aligned} &\left|\oint_C \frac{f(z)}{(z-z_0)^2}dz - \oint_C \frac{f(z)}{(z-z_0-\Delta z)(z-z_0)}dz\right| \\ &= \left|\oint_C \frac{-\Delta z f(z)}{(z-z_0-\Delta z)(z-z_0)^2}dz\right| \le \frac{2ML|\Delta z|}{\delta^3} \end{aligned}$$

$\Delta z \to 0$일 때, 마지막 식의 값은 0으로 접근하므로 다음이 밝혀진다.

$$f'(z_0) = \lim_{\Delta z\to 0}\frac{f(z_0+\Delta z)-f(z_0)}{\Delta z} = \frac{1}{2\pi i}\oint_C \frac{f(z)}{(z-z_0)^2}dz$$

이것은 (6)에서 $n=1$인 경우이다. ■

(1)과 같이 공식 (6)을 이용해서 적분의 값을 찾을 수 있다.

보기 3 도함수에 대한 코시의 적분 공식 활용

C가 원 $|z|=1$일 때, $\oint_C \frac{z+1}{z^4+2iz^3}dz$의 값을 찾아라.

풀이 피적분 함수가 $z=0$과 $z=-2i$에서 해석적이지 않음을 알 수 있다. 그런데 $z=0$만이 적분 경로의 내부에 있다. 피적분 함수를 다음과 같이 쓰자.

$$\frac{z+1}{z^4+2iz^3}=\frac{\frac{z+1}{z+2i}}{z^3}$$

$z_0=0$, $n=2$, $f(z)=\frac{z+1}{z+2i}$로 놓자. 몫의 미분법에 의해 $f''(z)=\frac{2-4i}{(z+2i)^3}$이므로, $f''(0)=(2i-1)/4i$이다. 따라서 (6)에 의해 다음을 얻는다.

$$\oint_C \frac{z+1}{z^4+2iz^3}dz=\frac{2\pi i}{2!}f''(0)=-\frac{\pi}{4}+\frac{\pi}{2}i$$ ❑

보기 4 도함수에 대한 코시의 적분 공식 활용

C가 그림 5.5.2에 나타낸 8자형 경로일 때, $\oint_C \frac{z^3+3}{z(z-i)^2}dz$의 값을 찾아라.

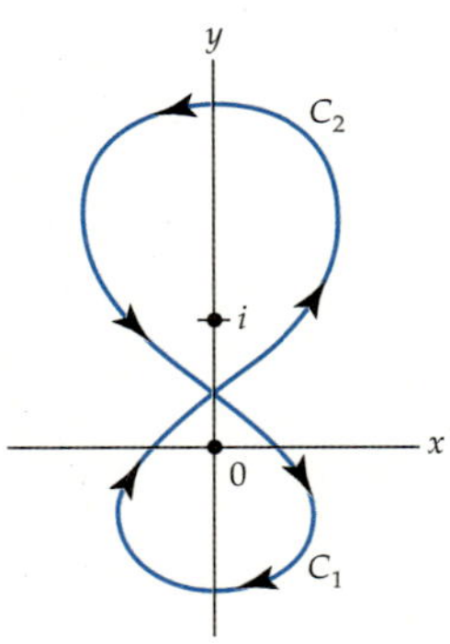

그림 5.5.2 보기 4를 위한 경로

풀이 C가 단순 경로는 아니지만, 이것을 그림 5.5.2에 나타낸 두 개의 단순 닫힌 경로 C_1과 C_2의 합으로 생각할 수 있다. C_1에 있는 화살표가 시계 방향, 곧 음의 방향을 가리키므로, 반대 곡선 $-C_1$은 양의 방향이다. 그러므로 다음과 같이 쓸 수 있다.

$$\oint_C \frac{z^3+3}{z(z-i)^2}dz=\oint_{C_1}\frac{z^3+3}{z(z-i)^2}dz+\oint_{C_2}\frac{z^3+3}{z(z-i)^2}dz$$

$$=-\oint_{-C_1}\frac{\frac{z^3+3}{(z-i)^2}}{z}dz+\oint_{C_2}\frac{\frac{z^3+3}{z}}{(z-i)^2}dz=-I_1+I_2$$

이제 두 공식 (1)과 (6)을 모두 사용해야 한다.

I_1의 값을 찾기 위해서, $z_0=0$, $f(z)=(z^3+3)/(z-i)^2$, $f(0)=-3$으로 놓자. (1)에 의해 다음을 얻는다.

$$I_1=\oint_{-C_1}\frac{\frac{z^3+3}{(z-i)^2}}{z}dz=2\pi i f(0)=2\pi i(-3)=-6\pi i$$

I_2의 값을 찾기 위해서, $z_0 = i$, $n = 1$, $f(z) = (z^3+3)/z$, $f'(z) = (2z^3-3)/z^2$, $f'(i) = 3+2i$으로 놓자. (6)에 의해 다음을 얻는다.

$$I_2 = \oint_{C_2} \frac{\frac{z^3+3}{z}}{(z-i)^2} dz = \frac{2\pi i}{1!} f'(i) = 2\pi i(3+2i) = -4\pi + 6\pi i$$

마지막으로 다음을 얻는다.

$$\int_C \frac{z^3+3}{z(z-i)^2} dz = -I_1 + I_2 = 6\pi i + (-4\pi + 6\pi i) = -4\pi + 12\pi i \quad \square$$

5.5.2 적분 공식의 몇 가지 결과

정리 5.5.2의 직접적이고 중요한 따름 정리를 아래에 요약한다.

정리 5.5.3 해석 함수의 도함수는 해석적이다

함수 f가 단순 연결 영역 D에서 해석적이라 하자. 그러면 f의 모든 계의 도함수가 D의 모든 점 z에서 존재한다. 도함수 f', f'', f''', $\cdots$는 D에서 해석적이다.

함수 $f(z) = u(x, y) + iv(x, y)$가 단순 연결 영역 D에서 해석적이면, 이의 모든 계의 도함수가 D의 모든 점 z에서 존재함을 알아봤다. 그러므로 f', f'', f''', $\cdots$는 연속이다. 다음이 성립한다.

$$f'(z) = \frac{\partial u}{\partial x} + i\frac{\partial v}{\partial x} = \frac{\partial v}{\partial y} - i\frac{\partial u}{\partial y},$$

$$f''(z) = \frac{\partial^2 u}{\partial x^2} + i\frac{\partial^2 v}{\partial x^2} = \frac{\partial^2 v}{\partial y \partial x} - i\frac{\partial^2 u}{\partial y \partial x},$$

$$\vdots$$

그러므로 해석적인 점에서 두 실 함수 u와 v의 모든 계의 편도함수가 존재하고 연속이다.

코시의 부등식 다음은 도함수에 대한 코시의 적분 공식으로부터 유도된 부등식을 제시한다.

용어
코시의 부등식 Cauchy's inequality

정리 5.5.4 코시의 부등식

함수 f가 단순 연결 영역 D에서 해석적이고, C는 D의 내부에 완전히 놓인 원 $|z-z_0| = r$이라 하자. C의 모든 점 z에 대해 $|f(z)| \le M$이면 다음이 성립한다.

$$|f^{(n)}(z_0)| \le \frac{n!M}{r^n} \tag{7}$$

증명 가정에 의해 다음이 성립한다.

$$\left|\frac{f(z)}{(z-z_0)^{n+1}}\right| = \frac{|f(z)|}{r^{n+1}} \le \frac{M}{r^{n+1}}$$

그러므로 (6)과 ML 부등식(정리 5.2.3)으로부터 다음을 얻는다.

$$|f^{(n)}(z_0)| = \left|\frac{n!}{2\pi i}\oint_C \frac{f(z)}{(z-z_0)^{n+1}}\,dz\right| \le \frac{n!}{2\pi}\frac{M}{r^{n+1}}2\pi r = \frac{n!M}{r^n}$$ ■

정리 5.5.4의 수 M은 원 $|z-z_0|=r$에 따라 바뀐다. 그런데 (7)에서 알 수 있듯이, $n=0$이면 D의 내부에 있는 중심이 z_0인 임의의 원 C에 대해 $|f(z_0)| \le M$이 성립한다. 바꿔 말하면, C에서 $|f(z)|$의 상계 M은 $|f(z_0)|$보다 작을 수 없다.

용어
리우빌의 정리 Liouville's theorem 대수학의 기본 정리 fundamental theorem of algebra

리우빌의 정리 코시의 부등식 (7)은 다음 결과를 증명하는 중요한 열쇠이다. '리우빌의 정리'라는 이름이 붙었지만, 코시가 처음으로 증명했던 것으로 보인다. 이 정리의 요지는 모든 점 z에서 해석적인 전해석 함수 f는 상수 함수가 아니면 갇힐 수 없다는 사실이다.

정리 5.5.5 리우빌의 정리

간힌 전해석 함수는 상수이다.

증명 f가 전해석 함수이고 갇혀 있다고 하자. 곧 모든 z에 대해 $|f(z)| \le M$이라고 하자. 그러면 임의의 점 z_0에 대해 (7)에 의해 $|f'(z_0)| \le M/r$이 성립한다. r의 값을 임의로 크게 하면, $|f'(z_0)|$의 값을 원하는 만큼 작게 할 수 있다. 이는 복소 평면의 모든 점 z_0에서 $f'(z_0)=0$임을 뜻한다. 그러므로 정리 3.2.3(ii)에 의해 f는 상수 함수이다. ■

대수학의 기본 정리 정리 5.5.5를 이용하면, 통상 초등 대수학에서 배우지만 증명은 하지 않는 다음 결과를 확인할 수 있다.

정리 5.5.6 대수학의 기본 정리

$p(z)$가 상수가 아닌 다항 함수이면, 방정식 $p(z)=0$의 해가 적어도 하나 존재한다.

증명 다항 함수 $p(z)=a_nz^n+a_{n-1}z^{n-1}+\cdots+a_1z+a_0$ $(n>0)$가 임의의 복소수 z에 대해 0이 아니라고 하자. 그러면 p의 역수인 $f(z)=1/p(z)$

은 전해석 함수이다. 다음과 같이 나타내자.

$$|f(z)| = \frac{1}{|a_n z^n + a_{n-1} z^{n-1} + \cdots + a_1 z + a_0|}$$

$$= \frac{1}{|z|^n |a_n + (a_{n-1}/z + \cdots + a_1/z^{n-1} + a_0/z^n)|}$$

실수 $M > 1$을 $j = 0, 1, \cdots, n-1$에 대해 $M > |2na_j/a_n|$이 성립하도록 택한다. 그러면 $|z| > M$에 대해 $|a_j/z^{n-j}| < |a_n|/2n$이므로 다음이 성립한다.

$$\left|\frac{a_{n-1}}{z} + \cdots + \frac{a_1}{z^{n-1}} + \frac{a_0}{z^n}\right| \le \frac{|a_n|}{2n} + \cdots + \frac{|a_n|}{2n} = \frac{|a_n|}{2}$$

그러므로 1.2절의 부등식 (8)에 의해 다음을 얻는다.

$$|f(z)| \le \frac{1}{|z|^n \, ||a_n| - |a_{n-1}/z + \cdots + a_1/z^{n-1} + a_0/z^n||}$$

$$\le \frac{1}{M^n \, ||a_n| - |a_n|/2|} = \frac{2}{M^n |a_n|}$$

이에 따라 f는 원판 $|z| \le M$의 외부에서 갇혀 있다. 그렇지만 f는 연속이므로, 원판 $|z| \le M$에서도 갇혀 있다. (2.6절을 보라.) 결국 함수 f는 갇힌 전해석 함수이다. 그러므로 리우빌에 정리에 의해 f는 상수이고, 이에 따라 p도 상수이다. 그런데 이는 p가 상수가 아닌 다항 함수라는 가정에 모순이다. 따라서 적어도 한 개의 수 z가 존재해서 $p(z) = 0$이다. ■

모레라의 정리 다음 정리의 증명은 이탈리아 수학자 모레라의 이름을 복소해석학의 교과서에 영원히 간직하게 했다. 해석적이기 위한 충분 조건을 알려주는 모레라의 정리는 종종 코시·구르사 정리의 역으로 간주된다. 이 증명을 위해 정리 5.5.3으로 돌아간다.

인명, 용어
모레라 Giacinto Morera
모레라의 정리 Morera's theorem

정리 5.5.7 모레라의 정리

함수 f가 단순 연결 영역 D에서 연속이고 D에 있는 모든 닫힌 경로 C에 대해 $\oint_C f(z)\,dz = 0$이면, f는 D에서 해석적이다.

증명 f가 연속이고 D에 있는 모든 닫힌 경로 C에 대해 $\oint_C f(z)\,dz = 0$이므로, 적분 $\int_C f(z)\,dz$는 경로와 독립적이다. 5.4절의 (7)의 증명에서 (s가 복소변수를 나타내고 z_0은 D에 속하는 고정된 점이며 z는 D의 임의의 점을 나타내면) $F(z) = \int_{z_0}^{z} f(s)\,ds$로 정의된 함수 F는 f의 역도함수, 곧

$F'(z) = f(z)$라는 사실을 알아봤다. 그러므로 F는 D에서 해석적이다. 또, 정리 5.5.3에 의해 $F'(z)$도 해석적이다. $f(z) = F'(z)$이므로, f는 D에서 해석적이다 ■

이 마지막 결과의 다른 증명을 익힘 문제 5.5의 문제 31에 개략적으로 제시했다.

코시·구르사의 정리와 코시의 적분 공식을 포함하는 이론의 기초에 근거해서 증명하는 더욱 더 많은 결과를 길게 서술할 수 있다. 그러나 한 가지 정리만 제시하고 중지하겠다.

2.6절에서 알아본 대로, 함수 f가 닫히고 갇힌 구역 R에서 연속이면, f는 갇혀 있다. 곧, 적당한 상수 M이 존재해서 R의 z에 대해 $|f(z)| \le M$이다. R의 경계가 단순 닫힌 경로 C이면, 증명 없이 제시하는 다음 정리는 $|f(z)|$의 최댓값이 경계 C의 어떤 점 z에서 나타난다는 사실을 알려준다.

용어
최대 크기 정리 maximum modulus theorem

정리 5.5.8 최대 크기 정리

함수 f가 단순 닫힌 곡선 C로 둘러싸인 닫힌 구역 R에서 해석적이고 상수가 아니라고 하자. 그러면 크기 $|f(z)|$은 C에서 최댓값을 취한다.

R의 모든 z에 대해 $f(z) \ne 0$이라는 조건을 정리 5.5.8의 가정에 추가하면, 크기 $|f(z)|$는 C에서 최솟값도 취한다. 익힘 문제 5.5의 문제 27과 33을 보라.

보기 5 최대 크기

$|z| \le 2$로 정의된 닫힌 원형 구역에서 $f(z) = 2z + 5i$의 최대 크기를 찾아라.

풀이 1.2절의 (2)에 의해 $|z|^2 = z\bar{z}$이다. z를 $2z + 5i$로 바꾸면 다음을 얻는다.

$$|2z+5i|^2 = (2z+5i)\overline{(2z+5i)} = (2z+5i)(2\bar{z}-5i)$$

$$= 4z\bar{z} - 10i(z-\bar{z}) + 25 \tag{8}$$

그런데 1.1절의 (6)에 의해 $z - \bar{z} = 2i\,\mathrm{Im}(z)$이므로, (8)은 다음과 같다.

$$|2z+5i|^2 = 4|z|^2 + 20\,\mathrm{Im}(z) + 25 \tag{9}$$

f는 다항 함수이므로, $|z| \le 2$로 정의된 구역에서 해석적이다. 정리 5.5.8에 의해 $\max_{|z| \le 2}|2z+5i|$은 경계 $|z| = 2$에서 나타난다. 그러므로 $|z| = 2$일 때, (9)로부터 다음을 얻는다.

$$|2z+5i| = \sqrt{41 + 20\,\mathrm{Im}(z)} \tag{10}$$

마지막 식의 최댓값은 $\mathrm{Im}(z)$가 $|z| = 2$에서 최댓값을 취하는 점 $z = 2i$에서 나타난다. 따라서 $\max_{|z| \le 2}|2z+5i| = \sqrt{81} = 9$이다. ❑

보기 5에서 $z=-\frac{5}{2}i$에서만 $f(z)=0$이고 이 점은 $|z|\le 2$로 정의된 구역의 밖에 있다. 그러므로 (10)의 최솟값은 $\text{Im}(z)$가 $|z|=2$에서 최솟값을 취하는 점 $z=-2i$에서 나타난다고 결론을 지을 수 있다. 따라서 $\min_{|z|\le 2}|2z+5i| = \sqrt{1}=1$이다.

참고 실 해석학과의 비교

(i) 정리 5.5.3의 결과로, f가 어떤 영역의 모든 점에서 미분 가능하면, 도함수 f', f'', f''', $\cdots$가 그 영역에서 모두 존재한다. 실 해석학에서 이것은 참이 아니다. 예를 들면, 함수 $f(x)=x^{5/3}$은 실수 전체에서 미분 가능하다. 그렇지만 $f''(x)=\frac{10}{9}x^{-1/3}$은 $x=0$에서 존재하지 않는다.

(ii) 실 해석학에서 끝없이 미분할 수 있으면서도, 닫힌 구간 $[a, b]$에서 갇혀 있는, 곧 모든 $a\le x\le b$에 대해 $|f(x)|\le M$인 함수가 많이 있다. 예를 들면, $\sin x$는 한없이 미분할 수 있고, 모든 x에 대해 $|\sin x|\le 1$이므로 $[-\pi, \pi]$에서 갇혀 있다. 그렇지만 절댓값 $|\sin x|$은 닫힌 구간의 경계에서 최댓값을 취하지 않는데, $|\sin(-\pi)|=|\sin\pi|=0$이기 때문이다. 이 사실과 최대 크기 정리 5.5.8을 비교하자.

5.5 익힘 문제

5.5.1 코시의 적분 공식

문제 1~22에서는 두 정리 5.5.1과 5.5.2를 이용해서 지정된 닫힌 경로 위에서 주어진 적분의 값을 찾아라.

1. $\oint_C \frac{4}{z-3i}dz$; $|z|=5$

2. $\oint_C \frac{z^2}{(z-3i)^2}dz$; $|z|=5$

3. $\oint_C \frac{e^z}{z-\pi i}dz$; $|z|=4$

4. $\oint_C \frac{1+e^z}{z}dz$; $|z|=1$

5. $\oint_C \frac{z^2-3z+4i}{z+2i}dz$; $|z|=3$

6. $\oint_C \frac{\cos z}{3z-\pi}dz$; $|z|=1.1$

7. $\oint_C \frac{z^2}{z^2+4}dz$; (a) $|z-i|=2$ (b) $|z+2i|=1$

8. $\oint_C \frac{z^2+3z+2i}{z^2+3z-4}dz$; (a) $|z|=2$ (b) $|z+5|=\frac{3}{2}$

9. $\oint_C \frac{z^2+4}{z^2-5iz-4}dz$; $|z-3i|=1.3$

10. $\oint_C \frac{\sin z}{z^2+\pi^2}\,dz$; $|z-2i|=2$

11. $\oint_C \frac{e^{z^2}}{(z-i)^3}\,dz$; $|z-i|=1$

12. $\oint_C \frac{z}{(z+i)^4}\,dz$; $|z|=2$

13. $\oint_C \frac{\cos 2z}{z^5}\,dz$; $|z|=1$

14. $\oint_C \frac{e^{-z}\sin z}{z^3}\,dz$; $|z-1|=3$

15. $\oint_C \frac{2z+5}{z^2-2z}\,dz$; (a) $|z|=\frac{1}{2}$ (b) $|z+1|=2$ (c) $|z-3|=2$ (d) $|z+2i|=1$

16. $\oint_C \frac{z}{(z-1)(z-2)}\,dz$; (a) $|z|=\frac{1}{2}$ (b) $|z+1|=1$ (c) $|z-1|=\frac{1}{2}$ (d) $|z|=4$

17. $\oint_C \frac{z+2}{z^2(z-1-i)}\,dz$; (a) $|z|=1$ (b) $|z-1-i|=1$

18. $\oint_C \frac{1}{z^3(z-4)}\,dz$; (a) $|z|=1$ (b) $|z-2|=1$

19. $\oint_C \left\{\frac{e^{2iz}}{z^4}-\frac{z^4}{(z-i)^3}\right\}dz$; $|z|=6$

20. $\oint_C \left\{\frac{\cosh z}{(z-\pi)^3}-\frac{\sin^2 z}{(2z-\pi)^3}\right\}dz$; $|z|=3$

21. $\oint_C \frac{1}{z^3(z-1)^2}\,dz$; $|z-2|=5$

22. $\oint_C \frac{1}{z^2(z^2+1)}\,dz$; $|z-i|=\frac{3}{2}$

문제 23과 24에서는 C가 그림의 8자형 경로일 때, 주어진 적분의 값을 찾아라.

23. $\oint_C \frac{3z+1}{z(z-2)^2}\,dz$

24. $\oint_C \frac{e^{iz}}{(z^2+1)^2}\,dz$

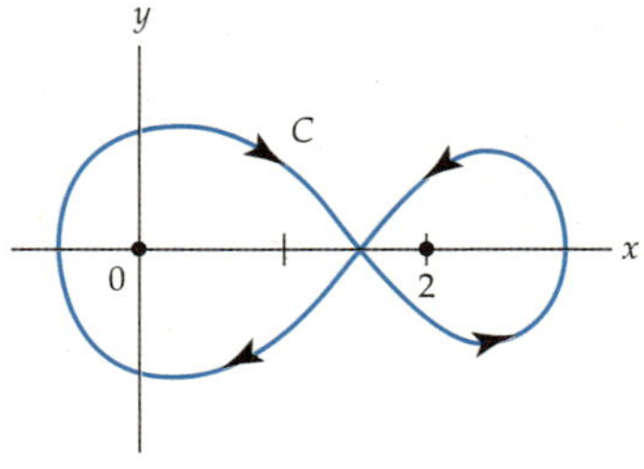

그림 5.5.3 문제 23을 위한 그림

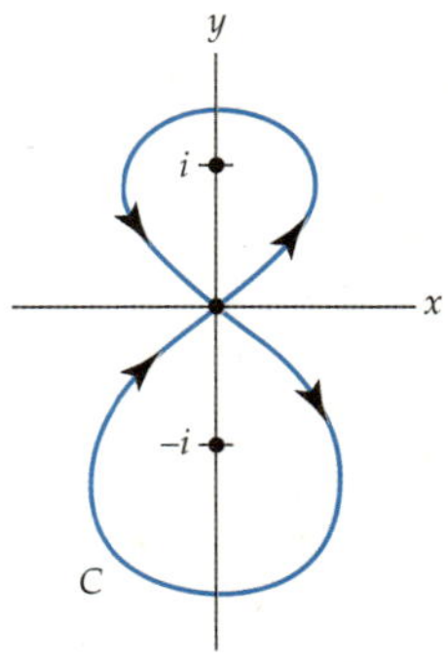

그림 5.5.4 문제 24를 위한 그림

5.5.2 적분 공식의 몇 가지 결과

문제 25와 26에서는 보기 5와 같이 진행해서 지정된 닫힌 원형 구역에서 주어진 함수의 최대 크기를 찾아라.

25. $f(z) = -iz + i$; $|z| \le 5$

26. $f(z) = z^2 + 4z$; $|z| \le 1$

27. $|z| \le 1$로 정의된 닫힌 원형 구역 R의 경계 C를 $x = \cos t$, $y = \sin t$ $(0 \le t \le 2\pi)$로 매개 변수화 하자. $|f(z(t))|$를 생각해서, 다음 해석 함수 f의 최대 크기와 최소 크기 및 그런 값들이 나타나는 C의 점을 찾아라.

(a) $f(z) = (iz+3)^2$ (b) $f(z) = (z - 2 - 2\sqrt{3}\,i)^2$ (c) $f(z) = -2iz^2 + 5$

[*귀띔*: (b)와 (c)에서는 실 변수 t의 실수값 함수의 극대와 극소를 찾는 방법을 이용하는 것이 도움이 될 수 있다.]

개념과 이해

28. (코시의 적분 공식) 함수 f가 반지름이 r이고 중심이 z_0인 원 C와 그 내부에서 해석적일 때, (1)을 이용해서 다음을 얻어라.

$$f(z_0) = \frac{1}{2\pi}\int_0^{2\pi} f(z_0 + re^{i\theta})\,d\theta$$

이 결과를 가우스의 평균값 정리라 하는데, 원의 중심 z_0에서 f의 값이 C의 둘레에서 f의 값의 평균임을 보여준다.

용어
가우스의 평균값 정리 Gauss' mean-value theorem

29. (대수학의 기본 정리) 다항식 $p(z) = a_n z^n + a_{n-1}z^{n-1} + \cdots + a_1 z + a_0$에서 $n > 1$이고 수 z_1에 대해 $p(z_1) = 0$이라 하자. 이때,

(a) $p(z) = p(z) - p(z_1) = a_n(z^n - z_1^n) + a_{n-1}(z^{n-1} - z_1^{n-1}) + \cdots + a_1(z - z_1)$임을 보여라.

(b) (a)의 의해 $n-1$차 다항식 q에 대해 $p(z) = (z - z_1)q(z)$임을 보여라.

(c) (b)에 의해 방정식 $p(z) = 0$의 해가 n개인 이유를 설명하라.

30. 문제 29를 이용해서 다항식 $p(z) = z^3 + (3-4i)z^2 - (15+4i)z - 1 + 12i$를 인수 분해하라.(계산기 또는 컴퓨터를 이용하지 말라.)

31. (모레라의 정리) 정리 5.5.7의 증명에서 추가로 f'가 D에서 연속이라고 흔히 가정한다. 이런 경우에 5.1절의 (3)과 그린의 정리를 이용해서 $\oint_C f(z)\,dz$를 다음과 같이 쓸 수 있다. 여기서 R은 C로 둘러싸인 구역이다.

$$\oint_C f(z)\,dz = \oint_C u\,dx - v\,dy + i\oint_C v\,dx + u\,dy$$

$$= \iint_R \left(-\frac{\partial v}{\partial x} - \frac{\partial u}{\partial y}\right) dA + i\iint_R \left(\frac{\partial u}{\partial x} - \frac{\partial v}{\partial y}\right) dA$$

증명에서 이 다음 단계들을 제시하고 결론을 내려라.

32. (최대 크기 정리) 다음 추론을 비판하라.
$|z| \le 1$로 정의된 닫힌 원형 구역에서 정의된 함수 $f(z) = z^2 + 5z - 1$을 생각하자. 1.2절의 (10)에 있는 삼각 부등식으로부터 $|z^2 + 5z - 1| \le |z|^2 + 5|z| + |-1|$이 성립한다. f의 최대 크기는 $|z| = 1$에서 나타나므로, 위의 부등식은 이 구역에서 $f(z) = z^2 + 5z - 1$의 최대 크기가 7임을 보여준다.

33. 이 문제에서는 다음 최소 크기 정리를 증명한다.

f가 단순 닫힌 곡선 C로 둘러싸인 닫힌 구역 R에서 해석적이고 R의 모든 z에 대해 $f(z) \ne 0$일 때, 크기 $|f(z)|$은 C에서 최솟값을 취한다.

함수 $g(z) = 1/f(z)$을 정의하고 정리 5.5.8을 참고해서 이 정리를 증명하라.

34. 함수 $f(z) = z + 1 - i$는 세 꼭짓점이 i, 1, $1 + i$인 삼각형 구역 R에서 정의되어 있다. 점 $-1 + i$로부터의 '거리' 개념을 이용해서 R의 경계에서 $|f(z)|$의 최댓값과 최솟값을 취하는 점을 찾아라.

5.6 활용

1.2절에서 복소수를 이차원 벡터로 해석할 수 있다는 개념을 도입했다. 이 때문에 2.7절에서 알아본 대로, 이차원 벡터 마당 $\mathbf{F}(x, y) = P(x, y)\mathbf{i} + Q(x, y)\mathbf{j}$를 복소수값 함수 f로 해석할 수 있는데, $\mathbf{F}$의 두 성분 P와 Q를 각각 f의 실수와 허수 부분으로 택하면 된다. 곧, $f(z) = P(x, y) + i\,Q(x, y)$는 시점이 z인 벡터이다. 이번 절에서는 벡터 마당 $\mathbf{F}(x, y)$에 대한 이런 복소 표현의 용도를 유체 흐름의 어떤 면을 분석하는 상황에서 탐구하겠다. 벡터 마당이 흐름에 있는 다양한 점에서의 속도를 나타내는 벡터로 이루어지지 때문에, $\mathbf{F}(x, y)$ 또는 $f(z)$를 속도 마당이라 한다. $\mathbf{F}$의 크기 $\|\mathbf{F}\|$ 또는 복소 표현 f의 크기 $|f(z)|$을 속력이라 한다.

이번 절에서 모든 영역 D는 단순 연결이라고 가정한다.

용어
비회전적 irrotational

비회전적 벡터 마당 이번 절에서는 유체의 이차원 또는 평면 흐름만을 생각한다. (2.7절과 3.4절을 보라.) 이 가정에 따라 평면에서 영역 D를 가로질러 흐르는 유체의 단 하나의 얇은 판을 분석하면 된다. $\mathbf{F}(x, y) = P(x, y)\mathbf{i} + Q(x, y)\mathbf{j}$가 D에서 이 유체 흐름의 정상 상태 속도 마당을 나타낸다고 하자. 바꿔 말하면, 이 판의 점에서 유체의 속도는 시각 t가 아니라 그 위치 (x, y)에만 의존한다. 유체 연구에서 $\operatorname{curl}\mathbf{F} = \mathbf{0}$일 때, 유체 흐름은 비회전적이라 한다. 그림 5.6.1에 나타낸 것과 같이 흐르는 유체에 물갈퀴를 넣으면, 속도 마당 $\mathbf{F}$의

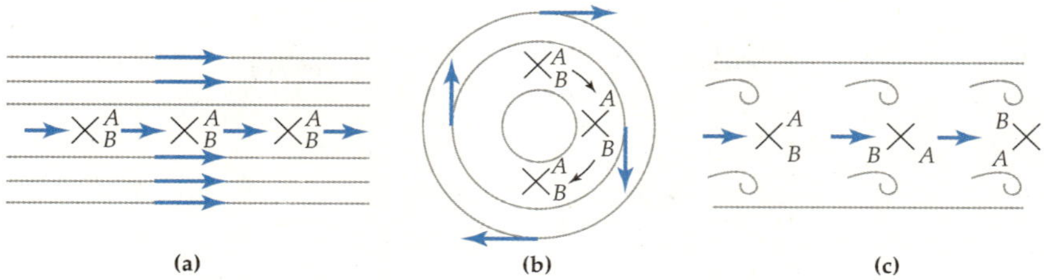

그림 5.6.1 세 가지 유체 흐름

회전은 물갈퀴를 그것의 연직 축을 중심으로 돌리려는 유체의 경향에 대한 측도이다. (이 지면의 밖으로 똑바로 향하는 연직 축을 상상하자.) 그림 5.6.1(a)와 5.6.1(b)에 예시한 흐름이 비회전적인데, 물갈퀴가 돌지 않기 때문이다. 용어 '비회전적'이 약간 오해를 일으키는데, 그림 5.6.1(b)에서 볼 수 있듯이, 이것은 유체가 회전하지 않음을 뜻하지 않기 때문이다. 오히려 curl $\mathbf{F}=\mathbf{0}$이면, 물갈퀴를 돌리게 하는 소용돌이 또는 와동과 같은 형태의 난류가 유체 흐름에 없다. 그림 5.6.1(c)의 경우에 흐름은 회전적이다. 소용돌이를 보고, 물갈퀴가 도는 것으로 묘사되고 있음을 확인하자.

벡터 마당 $\mathbf{F}(x, y)=P(x, y)\mathbf{i}+Q(x, y)\mathbf{j}$의 발산은 각 점에서 유체의 밀도의 변화율에 대한 측도이다. div $\mathbf{F}=0$이면, 유체는 비압축적이라 한다. 곧, 비압축적 유체는 영역 D 전체에서 균질이다(밀도가 일정하다). 단순 연결 영역 D에서 비압축적 흐름에는 특별한 성질이 있는데, 임의의 단순 닫힌 경로 C의 내부에서 유체의 양이 시간과 독립적이다. 유체가 C의 내부로 단위 시간에 들어가는 양은 나가는 양과 일치하고, 이에 따라 D의 점 중에 유체의 샘과 수채는 없다. 전자기 이론에서 $\mathbf{F}$가 벡터 마당으로 div $\mathbf{F}=0$일 때, $\mathbf{F}$를 원통형이라 한다. P와 Q가 D에서 연속이고 그 편도함수도 연속이라 하자. 그러면 벡터 해석학으로부터 다음과 같이 div $\mathbf{F}$(또는 $\nabla\cdot\mathbf{F}$)는 스칼라 함수이고 curl $\mathbf{F}$(또는 $\nabla\times\mathbf{F}$)는 벡터임을 알 수 있다.

용어
비압축적 incompressible
샘, 생성원 source
수채, 소멸원 sink
원통형 solenoidal
이상 유체 ideal fluid

$$\operatorname{div}\mathbf{F}=\frac{\partial P}{\partial x}+\frac{\partial Q}{\partial y},\qquad \operatorname{curl}\mathbf{F}=\left(\frac{\partial Q}{\partial x}-\frac{\partial P}{\partial y}\right)\mathbf{k} \tag{1}$$

평면 흐름이 비회전적이고 비압축적이며 비점성 유체인 이상 유체의 경우에 div $\mathbf{F}=0$이고 curl $\mathbf{F}=\mathbf{0}$이면 (1)로부터 다음과 같은 연립 방정식이 유도된다.

$$\frac{\partial P}{\partial x}=-\frac{\partial Q}{\partial y},\qquad \frac{\partial P}{\partial y}=\frac{\partial Q}{\partial x} \tag{2}$$

(2)의 연립 편미분 방정식은 (3.2절의 정리 3.2.2에서 제시한 해석적임을 판정하는 방법인) 코시·리만 방정식을 연상시킨다. 벡터 마당 $\mathbf{F}(x, y)=P(x, y)\mathbf{i}+Q(x, y)\mathbf{j}$를 복소 함수 $f(z)=P(x, y)+iQ(x, y)$로 나타내면, (2)가 성립할 때 f의 켤레, 곧 $g(z)=\overline{f(z)}=P(x, y)-iQ(x, y)$가 D에서 해석 함수라는 사실이 밝혀진다.

정리 5.6.1 벡터 마당과 해석성

네 함수 u, v, P, Q가 영역 D에서 연속이고 그 일계 편도함수도 연속이라고 하자.

(i) $\mathbf{F}(x, y) = P(x, y)\mathbf{i} + Q(x, y)\mathbf{j}$는 벡터 마당으로 D에서 $\operatorname{div}\mathbf{F} = 0$이고 $\operatorname{curl}\mathbf{F} = \mathbf{0}$이며, $f(z) = P(x, y) + iQ(x, y)$는 $\mathbf{F}$의 복소 표현이면, 함수 $g(z) = \overline{f(z)} = P(x, y) - iQ(x, y)$가 D에서 해석적이다.

(ii) 역으로, $g(z) = u(x, y) + iv(x, y)$가 D에서 해석적이면, 함수 $f(z) = \overline{g(z)} = u(x, y) - iv(x, y)$는 벡터 마당 $\mathbf{F}(x, y) = P(x, y)\mathbf{i} + Q(x, y)\mathbf{j}$의 복소 표현으로 D에서 $\operatorname{div}\mathbf{F} = 0$이고 $\operatorname{curl}\mathbf{F} = \mathbf{0}$이다.

증명 (i) $u(x, y)$와 $v(x, y)$가 각각 $g(z) = \overline{f(z)} = P(x, y) - iQ(x, y)$의 실수 부분과 허수 부분이라 하면, $P = u$이고 $Q = -v$이다. $\operatorname{div}\mathbf{F} = 0$이고 $\operatorname{curl}\mathbf{F} = \mathbf{0}$이므로, (2)의 방정식들은 각각 다음과 같이 된다.

$$\frac{\partial u}{\partial x} = -\frac{\partial(-v)}{\partial y}, \quad \frac{\partial u}{\partial y} = \frac{\partial(-v)}{\partial x}$$

곧

$$\frac{\partial u}{\partial x} = \frac{\partial v}{\partial y}, \qquad \frac{\partial u}{\partial y} = -\frac{\partial v}{\partial x} \tag{3}$$

(3)의 방정식은 통상적인 코시·리만 방정식이고, 이에 따라 정리 3.2.2에 의해 $g(z) = \overline{f(z)} = P(x, y) - iQ(x, y)$가 D에서 해석적이라는 결론을 얻는다.

(ii) 이제 $P(x, y)$와 $Q(x, y)$가 각각 $f(z) = \overline{g(z)} = u(x, y) - iv(x, y)$의 실수 부분과 허수 부분이라고 하자. $u = P$이고 $v = -Q$이므로, 코시·리만 방정식은 다음과 같이 된다.

$$\frac{\partial P}{\partial x} = \frac{\partial(-Q)}{\partial y} = -\frac{\partial Q}{\partial y}, \quad \frac{\partial P}{\partial y} = -\frac{\partial(-Q)}{\partial x} = \frac{\partial Q}{\partial x} \tag{4}$$

이것은 (2)에 있는 방정식이고, 이에 따라 $\operatorname{div}\mathbf{F} = 0$이고 $\operatorname{curl}\mathbf{F} = \mathbf{0}$이다. ■

보기 1 벡터 마당은 해석 함수를 제공한다

다음 이차원 벡터 마당은 (x_0, y_0)을 포함하지 않는 xy 평면의 영역 D에서 이상 유체의 벡터 마당으로 해석할 수 있다.

$$\mathbf{F}(x, y) = \frac{K}{2\pi}\left\{\frac{y - y_0}{(x - x_0)^2 + (y - y_0)^2}\mathbf{i} - \frac{x - x_0}{(x - x_0)^2 + (y - y_0)^2}\mathbf{j}\right\} \quad (K > 0)$$

이 유체가 비압축적($\operatorname{div}\mathbf{F} = 0$)이고 비회전적($\operatorname{curl}\mathbf{F} = \mathbf{0}$)임은 쉽게 밝혀진다. $\mathbf{F}$의 복소 표현은 다음과 같다.

$$f(z)=\frac{K}{2\pi}\left\{\frac{y-y_0}{(x-x_0)^2+(y-y_0)^2}-i\frac{x-x_0}{(x-x_0)^2+(y-y_0)^2}\right\}$$

f를 다음과 같이 다시 쓰자.

$$f(z)=\frac{K}{2\pi i}\left\{\frac{x-x_0}{(x-x_0)^2+(y-y_0)^2}+i\frac{y-y_0}{(x-x_0)^2+(y-y_0)^2}\right\}$$

또 $z_0=x_0+iy_0$과 $z=x+iy$를 이용하면, 실제로 $f(z)$가 다음과 같음을 알 수 있다.

$$f(z)=\frac{K}{2\pi i}\frac{z-z_0}{|z-z_0|^2},\qquad \text{곧 } f(z)=\frac{K}{2\pi i}\frac{1}{\overline{z}-\overline{z_0}}$$

그러므로 정리 5.6.1(i)에 의해 복소 함수 $g(z)=\overline{f(z)}$는 다음과 같은 유리 함수로, z_0을 포함하지 않는 z평면의 영역 D에서 해석적이다.

$$g(z)=\overline{f(z)}=-\frac{K}{2\pi i}\frac{1}{z-z_0}\quad(K>0)$$ ■

임의의 해석 함수 $g(z)$를 평면 유체 흐름의 속도 마당 $\mathbf{F}$의 복소 표현으로 해석할 수 있다. 그러나 정리 5.6.1(ii)에 의해 이는 g의 켤레 $f(z)=\overline{g(z)}$로 정의된 함수 f로, 평면의 한 영역 D에서 이상 유체의 평면 흐름에 대한 벡터 마당 $\mathbf{F}(x,\ y)=P(x,\ y)\mathbf{i}+Q(x,\ y)\mathbf{j}$의 복소 표현이다.

보기 2 해석 함수는 벡터 마당을 제공한다

다항 함수 $g(z)=kz=k(x+iy)$ $(k>0)$은 복소 평면의 임의의 영역 D에서 해석적이다. 정리 5.6.1(ii)에 의해 $f(z)=\overline{g(z)}=k\overline{z}=kx-iky$는 D에서 이상 유체의 속도 마당 $\mathbf{F}$의 복소 표현이다. $P(x,\ y)=kx$이고 $Q(x,\ y)=-ky$이므로, $\mathbf{F}(x,\ y)=k(x\mathbf{i}-y\mathbf{j})$이다. (2)에 따라 $\operatorname{div}\mathbf{F}=0$과 $\operatorname{curl}\mathbf{F}=\mathbf{0}$이 밝혀진다. ❑

흐름선 다시 알아보기 이제 2.7절과 3.4절 사이를 연결하는 몇 가지 미해결 사항을 해결할 수 있다. 2.7절에서 $\mathbf{F}(x,\ y)=P(x,\ y)\mathbf{i}+Q(x,\ y)\mathbf{j}$ 또는 $f(z)=P(x,\ y)+iQ(x,\ y)$가 임의의 평면 유체 흐름의 속도 마당을 나타내면, 그 흐름 속에 있는 (작은 코르크와 같은) 입자의 실제의 경로 $z(t)=x(t)+iy(t)$는 다음 연립 일계 미분 방정식을 만족시켜야 한다.

$$\begin{aligned}\frac{dx}{dt}&=P(x,\ y)\\ \frac{dy}{dt}&=Q(x,\ y)\end{aligned}\tag{5}$$

용어
흐름선 함수, 유선 함수 stream function

(5)의 해 집합을 흐름의 흐름선 또는 유선이라 한다.

3.4절에서 알아본 대로, 이상 유체의 평면 흐름의 경우에 속도 벡터 **F**는 속도 퍼텐셜이라 부르는 실수값 함수 ϕ의 물매로 표현된다. 등위 곡선 $\phi(x, y)=c_1$을 등퍼텐셜 곡선이라 한다. 가장 중요한 점은, 함수 ϕ가 어떤 영역 D에서 라플라스 방정식의 해이고, 이에 따라 D에서 조화적이라는 사실이다. ϕ의 조화 켤레 ψ를 찾은 뒤에, 다음과 같이 복소 속도 퍼텐셜이라는 함수를 형성하는데, 이는 D에서 해석적이다.

$$\Omega(z)=\phi(x, y)+i\psi(x, y) \tag{6}$$

이런 상황에서 $\psi(x, y)$를 흐름선 함수 또는 유선 함수라 하고, 그 등위 곡선 $\psi(x, y)=c_2$를 흐름선 또는 유선이라 한다.

이제 (5)와 (6)에서 똑같은 것에 대해 말하고 있음을 밝히겠다. $\mathbf{F}(x, y)=P(x, y)\mathbf{i}+Q(x, y)\mathbf{j}$를 어떤 영역 D에서 이상 유체의 흐름에 대한 속도 마당이라고 가정하자. 먼저, (6)을 포함하는 단락의 내용을 다시 검토하자. $\mathbf{F}(x, y)=P(x, y)\mathbf{i}+Q(x, y)\mathbf{j}$가 물매 마당이므로, 다음을 만족시키는 스칼라 함수 ϕ가 존재한다.

$$\mathbf{F}(x, y)=\nabla\phi=\frac{\partial\phi}{\partial x}\mathbf{i}+\frac{\partial\phi}{\partial y}\mathbf{j}, \tag{7}$$

곧

$$\frac{\partial\phi}{\partial x}=P(x, y), \quad \frac{\partial\phi}{\partial y}=Q(x, y) \tag{8}$$

ϕ가 D에서 조화적이므로, 이를 **F**에 대한 퍼텐셜 함수라고 한다. 다음으로 이것의 조화 켤레 ψ를 찾고, 이를 이용해서 복소 속도 퍼텐셜 $\Omega(z)=\phi+i\psi$를 형성한다. $\Omega(z)$가 D에서 해석적이므로, 다음 코시·리만 방정식이 성립한다.

$$\frac{\partial\phi}{\partial x}=\frac{\partial\psi}{\partial y}, \qquad \frac{\partial\phi}{\partial y}=-\frac{\partial\psi}{\partial x} \tag{9}$$

이를 이용해서 (8)을 다음과 같이 다시 쓸 수 있다.

$$\frac{\partial\psi}{\partial y}=P(x, y), \quad \frac{\partial\psi}{\partial x}=-Q(x, y) \tag{10}$$

이제 (5)의 연립 미분 방정식을 다시 조사하자. 이 연립 방정식에서 둘째 방정식을 첫째 방정식으로 나누면, 단 한 개의 일계 미분 방정식 $dy/dx=Q(x, y)/P(x, y)$, 곧 다음을 얻는다.

$$-Q(x, y)dx+P(x, y)dy=0 \tag{11}$$

용어
완전 일계 미분 방정식 exact first-order differential equation

그러므로 (2)에 의해 P와 Q는 $\partial P/\partial x=\partial(-Q)/\partial y=-\partial Q/\partial y$의 관계를 맺고 있다. 이 마지막 조건은 (11)이 완전 일계 미분 방정식임을 밝혀준다. 더

욱 적절하게, (10)의 방정식은 (11)이 다음과 같음을 보여준다.

$$\frac{\partial\psi}{\partial x}dx+\frac{\partial\psi}{\partial y}dy=0 \tag{12}$$

미분 방정식을 배우지 않은 상태에서는 위의 조작의 의미를 알지 못할 것이다. 그러나 미분 방정식을 배우면, (12)의 결과가 (11)이 완전 방정식 $d(\psi(x, y))=0$과 동치라는 사실을 밝히고 있음을 알게 될 것이다. 이 마지막 방정식을 적분하면, (5)의 모든 해가 $\psi(x, y)=c_2$를 만족시킴을 보여준다. 바꿔 말하면, (5)로부터 얻은 속도 마당 $\mathbf{F}(x, y)=P(x, y)\mathbf{i}+Q(x, y)\mathbf{j}$의 흐름선은 (6)에서 ϕ의 조화 켤레 ψ에 대한 등위 곡선과 똑같다. ⬅ 주의

복소 퍼텐셜 다시 알아보기 $\mathbf{F}(x, y)=P(x, y)\mathbf{i}+Q(x, y)\mathbf{j}$를 평면의 한 영역 D에서 이상 유체의 흐름에 대한 속도 마당이라 하고, $\Omega(z)=\phi(x, y)+i\psi(x, y)$를 이 흐름의 복소 속도 퍼텐셜이라 하자. 정리 5.6.1(i)에 의해, $\mathbf{F}$의 복소 표현 $f(z)=P(x, y)+iQ(x, y)$로부터 해석 함수 $g(z)=\overline{f(z)}=P(x, y)-iQ(x, y)$를 만들 수 있다. 두 개의 해석 함수 g와 Ω 사이에 관계가 있다. 이 이유를 알아보기 위해서, 먼저 (7)의 물매 벡터 $\mathbf{F}$를 다음과 같이 동치인 복소 표기법으로 나타내자.

$$f(z)=\frac{\partial\phi}{\partial x}+i\frac{\partial\phi}{\partial y} \tag{13}$$

그런데 3.2절의 (9)에 의해 해석 함수 $\Omega(z)=\phi(x, y)+i\psi(x, y)$의 도함수는 다음과 같은 해석 함수이다.

$$\Omega'(z)=\frac{\partial\phi}{\partial x}+i\frac{\partial\psi}{\partial x} \tag{14}$$

이제 (14)의 $\partial\psi/\partial x$를 (9)의 코시·리만 방정식 중에서 둘째 것으로 이용해서 바꾸면 다음과 같다,

$$\Omega'(z)=\frac{\partial\phi}{\partial x}-i\frac{\partial\phi}{\partial y} \tag{15}$$

(13)과 (15)를 비교하면, 즉시 $\overline{f(z)}=\Omega'(z)$이고, 이에 따라 다음이 성립함을 알게 된다.

$$g(z)=\Omega'(z) \tag{16}$$

이 해석 함수의 켤레 $\overline{g(z)}=\overline{\overline{f(z)}}=f(z)$는, 복소 퍼텐셜이 $\Omega(z)$인 벡터 마당 $\mathbf{F}$의 복소 표현이다. 기호로 나타내면 다음과 같다.

$$f(z)=\overline{\Omega'(z)} \tag{17}$$

용어
복소 속도 complex velocity
고른 흐름 uniform flow

$f(z)$는 속도 벡터 마당의 복소 표현이므로, (17)의 양 $\overline{\Omega'(z)}$ 은 흔히 복소 속도라고 부른다.

여기서 정당하게 다음과 같이 질문할 수 있다. (17)은 단지 흥미로울 뿐인가? 아니면 유용한가? 답은 '유용하다'이다. 여기에 한 가지 실질적인 관찰 결과가 있다. 한 영역에서 해석적인 임의의 함수는 이상 유체의 평면 흐름에 대한 복소 퍼텐셜로 생각할 수 있다.

보기 3 복소 퍼텐셜

(a) 해석 함수 $\Omega(z)=\frac{1}{2}kz^2$ $(k>0)$은 보기 2의 흐름에 대한 복소 퍼텐셜이다. (16)에 의해 도함수 $g(z)=\Omega'(z)=kz$는 해석 함수이다. (17)에 의해 결례 $f(z)=\overline{\Omega'(z)}$ 또는 $f(z)=k\bar{z}=kx-iky$는 평면의 한 영역 D에서 이상 유체의 흐름에 대한 속도 마당 $\mathbf{F}$의 복소 표현이다. $\mathbf{F}$의 복소 퍼텐셜은 $\Omega(z)$이다. $\Omega(z)=\frac{1}{2}k(x^2-y^2+2xyi)$이므로, 흐름의 흐름선은 $xy=c_2$이다.

(b) 복소 함수 $\Omega(z)=Az$ $(A>0)$은 매우 단순하지만 중요한 흐름에 대한 복소 퍼텐셜로, 다음이 성립한다.

$$\Omega'(z)=A, \qquad \overline{\Omega'(z)}=A$$

그러므로 $\Omega(z)$는, 복소 표현이 $f(z)=A$인 속도 마당 $\mathbf{F}$의 복소 퍼텐셜이다. 속력 $|f|=A$가 모든 점에서 일정하므로, 속도 마당 $\mathbf{F}(x, y)=A\mathbf{i}$는 고른 흐름이라고 한다. 바꿔 말하면, 위쪽 반평면과 같은 영역 D에서 이 흐름에 있는 입자는 일정한 속력으로 움직인다. $\Omega(z)=Az=Ax+iAy$이므로, 움직이는 입자의 경로인 이 흐름의 흐름선은 $y=c_2$로 정의된 수평선이다. 영역 D의 경계 $y=0$은 그 자체로 흐름선이다. 그림 5.6.2를 보라. ❑

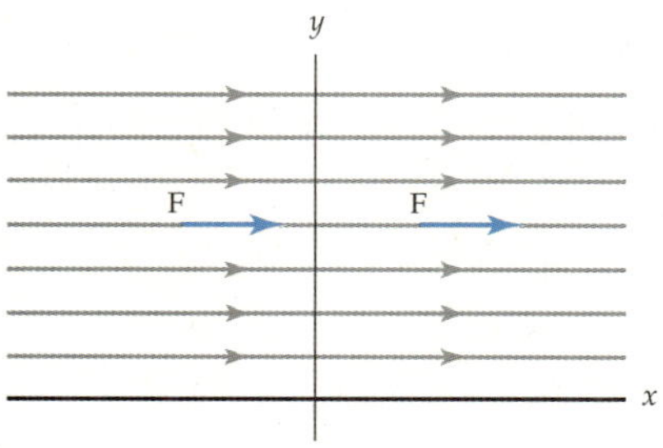

그림 5.6.2 고른 흐름

순환과 알짜 흐름량 평면에서 시계 반대 방향의 단순 닫힌 곡선 C와 평면 유체 흐름의 속도 마당을 나타내는 복소 함수 f에 대해, 다음과 같은 두 가지 질문을 할 수 있다.

(i) 유체가 곡선 C의 주위를 어느 정도로 흐르려고 하는가?

(ii) 곡선 C로 둘러싸인 구역으로 단위 시간에 들어가고 나가는 양 사이의 알짜 차이는 얼마인가?

용어
순환 circulation
알짜 흐름량, 순 유량 net flux
샘, 생성원 source
수채, 소멸원 sink

질문 (i)과 (ii)에서 고려한 양을 각각 C 주위의 순환과 C를 지나는 알짜 흐름량 또는 순 유량이라 한다. 순환과 흐름량에 대한 정확한 정의는 복소 표현 f와 관련된 경로 적분의 용도에 의존하는데, 곧 제시하겠다. 그런데 흐름의 속도 벡터 마당 f의 그래프를 이용해서 순환 또는 알짜 흐름량이 양수인지 음수인지 0인지를 결정할 수 있다. 복소수의 편각과 같이, 흐름의 시계 반대

방향을 양의 방향으로 생각한다. 그러므로 곡선 C 주위의 시계 반대 방향으로 흐르는 흐름이 C 주위의 양의 순환이다. 마찬가지로, 음의 순환은 C 주위를 시계 방향으로 흐르는 흐름을 뜻하고, 영의 순환은 C와 수직인 흐름을 뜻한다. 예를 들면, 그림 5.6.3에서 유체가 C 주위를 시계 반대 방향으로 흐르고 있으므로, 이는 양의 순환이고, 그림 5.6.4에서 흐름은 곡선 C에 수직이므로 영의 순환이다. 마찬가지 방법으로, 양의 알짜 흐름량을 유체가 곡선 C로 둘러싸인 구역을 들어가는 것보다 더 큰 비율로 나가는 상황을 뜻하는 것으로 생각한다. 이것은 C의 내부에 샘 또는 생성원, 곧 유체가 생성되는 점이 존재함을 지적한다. 역으로, 음의 알짜 흐름량은 유체가 C로 둘러싸인 구역으로 나가는 것보다 더 큰 비율로 들어가는 상황을 뜻하고, C의 내부에 수채 또는 소멸원, 곧 유체가 사라지는 점이 존재함을 지적한다. 알짜 흐름량이 영이면, 유체가 C를 똑같은 비율로 들어가고 나간다. 그림 5.6.3에서 흐름은 원 C와 접한다. 그러므로 C를 지나는 유체는 없고, 이에 따라 C를 지나는 알짜 흐름량은 영이다. 반면에, 그림 5.6.4에서 C를 지나는 알짜 흐름량은 양인데, C로 둘러싸인 구역을 나가는 흐름만 나타나기 때문이다.

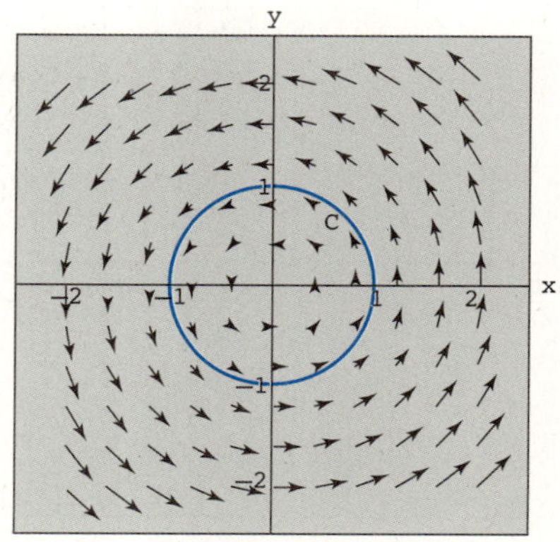

그림 5.6.3 양의 순환과 영의 알짜 흐름량

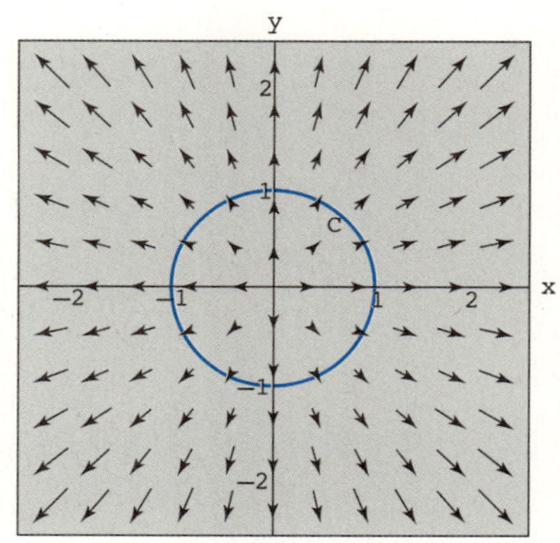

그림 5.6.4 영의 순환과 양의 알짜 흐름량

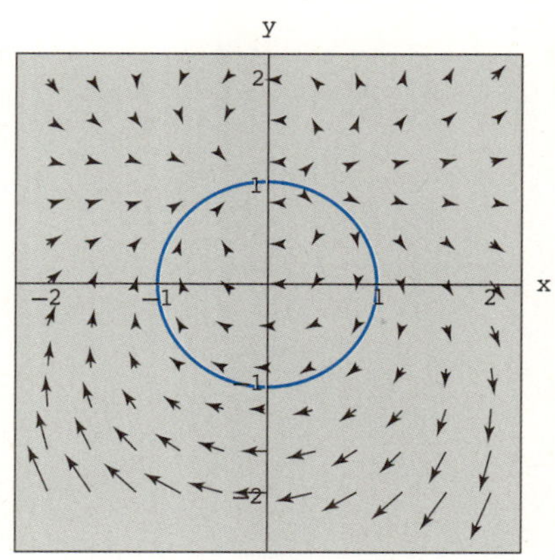

그림 5.6.5 보기 4(a)의 벡터 마당

보기 4 흐름의 순환과 알짜 흐름량

C는 복소 평면의 단위 원 $|z|=1$이라 하자. 다음의 흐름 f에 대해 C 주위의 순환이 양인지 음인지 영인지 그래프를 이용해서 결정하라. 또, C를 지나는 알짜 흐름량이 양인지 음인지 영인지 결정하라.

(a) $f(z)=(z-i)^2$ (b) $f(z)=1/z$

풀이 각각에 대해 컴퓨터 대수 체계(CAS)를 사용해서 속도 벡터 마당 f와 곡선 C를 그래프로 나타냈다.

(a) 속도 마당 $f(z)=(z-i)^2$을 그림 5.6.5에 나타냈다. 벡터 마당 f는 유체가 C 주위를 시계 방향으로 흐르고 있음을 보여주므로, 순환은 음이다. 또, 곡선 C를 지나는 유체가 없으므로, 알짜 흐름량은 0이다.

(b) 그림 5.6.6에 나타낸 속도 마당 $f(z)=1/z$은 유체가 C 주위를 시계 방향과 시계 반대 방향으로 같은 양만큼씩 흐르고 있음을 보여준다. 그러므로 순환은 영이다. 또, C로 둘러싸인 구역을 들어가는 유체의 양과 나가는 유체의 양이 같으므로, 알짜 흐름량도 역시 영이다. ❑

순환과 알짜 흐름량 다시 알아보기 양의 방향의 단순 닫힌 경로 C의 단위 접선 벡터를 $\mathbf{T}$로 나타내자. $\mathbf{F}(x, y)=P(x, y)\mathbf{i}+Q(x, y)\mathbf{j}$가 이차원 흐름의 속도 벡터 마당을 나타내면, C를 따른 $\mathbf{F}$의 순환을 실 선 적분 $\oint_C \mathbf{F}\cdot d\mathbf{r}$로 정의한다. 여기서 $d\mathbf{r}=dx\,\mathbf{i}+dy\,\mathbf{j}$이다. $d\mathbf{r}/dt=(d\mathbf{r}/ds)(ds/dt)$이고 $d\mathbf{r}/ds=(dx/ds)\mathbf{i}+(dy/ds)\mathbf{j}=\mathbf{T}$는 C의 단위 접선 벡터이므로, 위의 선 적분은 속도 벡터 $\mathbf{F}$의 접선 성분, 곧 다음과 같이 나타낼 수 있다.

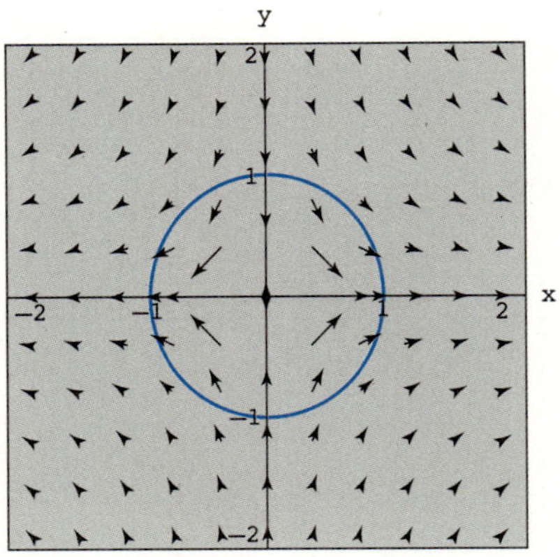

그림 5.6.6 보기 4 (b)의 벡터 마당

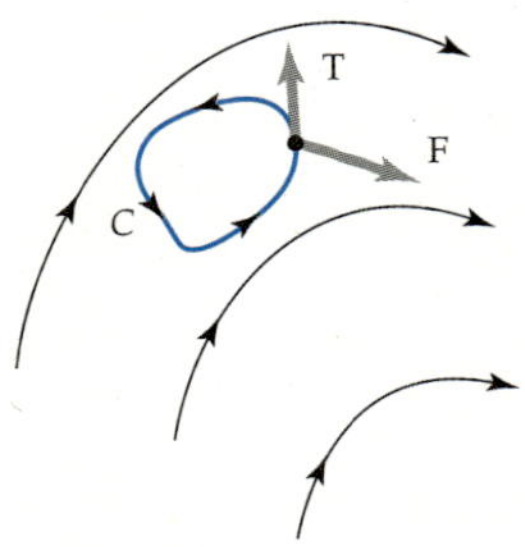

그림 5.6.7 C를 돌리려는 유체의 흐름

$$(\text{순환}) = \oint_C \mathbf{F}\cdot\mathbf{T}\,ds \tag{18}$$

앞에서 논의한 대로, $\mathbf{F}$의 순환은 유체가 곡선 C를 그 주위로 돌리려는 정도에 대한 측도이다. $\mathbf{F}$가 C의 모든 $(x,\ y)$에서 $\mathbf{T}$와 수직이면, $\oint_C \mathbf{F}\cdot\mathbf{T}\,ds = 0$이고 곡선은 전혀 움직이지 않는다. 반면에 $\oint_C \mathbf{F}\cdot\mathbf{T}\,ds > 0$이고 $\oint_C \mathbf{F}\cdot\mathbf{T}\,ds < 0$이면 유체가 C를 각각 시계 반대 방향과 시계 방향으로 돌리려고 함을 뜻한다. 그림 5.6.7을 보라.

양의 방향의 단순 닫힌 경로 C의 법선 단위 벡터를 $\mathbf{N} = (dy/ds)\mathbf{i} - (dx/ds)\mathbf{j}$로 나타내고, 이차원 유체 흐름의 속도 마당을 또다시 $\mathbf{F}(x,\ y) = P(x,\ y)\mathbf{i} + Q(x,\ y)\mathbf{j}$로 나타내면, $\mathbf{F}$의 알짜 흐름량을 다음과 같이 속도 벡터 $\mathbf{F}$의 법선 성분에 대한 실 선 적분으로 정의한다.

$$(\text{알짜 흐름량}) = \oint_C \mathbf{F}\cdot\mathbf{N}\,ds \tag{19}$$

특히, (19)는 유체가 곡선 C를 가로질러 법선 $\mathbf{N}$ 방향으로 나가는 알짜 변화율로, 단위 (넓이)/(시간)으로 측정된다. 바꿔 말하면, C를 지나는 알짜 흐름량은 유체가 C로 둘러싸인 구역을 들어가고 나가는 변화율의 차이다. $\oint_C \mathbf{F}\cdot\mathbf{N}\,ds$의 값이 영이 아니면 곡선 C의 내부에 유체의 샘 또는 수채가 존재함을 뜻한다.

$f(z) = P(x,\ y) + iQ(x,\ y)$가 유체의 속도 마당 $\mathbf{F}$의 복소 표현이면, 두 선 적분 (18)과 (19)를 단 하나의 경로 적분 $\oint_C \overline{f(z)}\,dz$의 값을 찾아서 동시에 셈할 수 있다. 이를 시행하는 과정을 알아보기 위해서, 먼저 다음을 관찰하자.

$$\oint_C \mathbf{F}\cdot\mathbf{T}\,ds = \oint_C (P\mathbf{i} + Q\mathbf{j})\cdot\left(\frac{dx}{ds}\mathbf{i} + \frac{dy}{ds}\mathbf{j}\right)ds = \oint_C P\,dx + Q\,dy,$$

$$\oint_C \mathbf{F}\cdot\mathbf{N}\,ds = \oint_C (P\mathbf{i} + Q\mathbf{j})\cdot\left(\frac{dy}{ds}\mathbf{i} - \frac{dx}{ds}\mathbf{j}\right)ds = \oint_C P\,dy - Q\,dx$$

그러므로 다음을 얻는다.

$$\begin{aligned}\oint_C \overline{f(z)}\,dz &= \oint_C (P - iQ)(dx + idy)\\ &= \left(\oint_C P\,dx + Q\,dy\right) + i\left(\oint_C P\,dy - Q\,dx\right)\\ &= \left(\oint_C \mathbf{F}\cdot\mathbf{T}\,ds\right) + i\left(\oint_C \mathbf{F}\cdot\mathbf{N}\,ds\right)\end{aligned} \tag{20}$$

식 (20)은 $\oint_C \overline{f(z)}\,dz$의 값을 찾고 이것의 실수와 허수 부분을 확인해서 (18)과 (19)를 얻을 수 있음을 보여준다. 곧, 다음과 같다.

$$(\text{순환}) = \text{Re}\left(\oint_C \overline{f(z)}\,dz\right), \qquad (\text{알짜 흐름량}) = \text{Im}\left(\oint_C \overline{f(z)}\,dz\right) \tag{21}$$

보기 5 순환과 알짜 흐름량

(21)을 이용해서 보기 4(a)의 흐름과 곡선 C에 대한 순환과 알짜 흐름량을 찾아라.

풀이 보기 4(a)에서 흐름은 $f(z) = (z-i)^2$이고 C는 원 $|z| = 1$이다. 그러면 $\overline{f(z)} = (\overline{z-i})^2 = (\overline{z}+i)^2 = \overline{z}^2 + 2i\overline{z} - 1$이고 C의 매개 변수화는 $z(t) = e^{it}$ $(0 \le t \le 2\pi)$이다. $dz = ie^{it}dt$와 5.2절의 (11)에 있는 적분 방법을 이용하면, 다음을 얻는다.

$$\begin{aligned}\oint_C \overline{f(z)}\,dz &= \int_0^{2\pi} (e^{-2it} + 2ie^{-it} - 1)\,ie^{it}\,dt \\ &= i\int_0^{2\pi} (e^{-it} + 2i - e^{it})\,dt \qquad (22) \\ &= \left[-e^{-it} - 2t - e^{it}\right]_0^{2\pi} = -4\pi + 0i\end{aligned}$$

마지막 셈에서 $e^{-2\pi i} = e^{2\pi i} = e^0 = 1$임을 이용했다. (22)에서 얻은 결과와 (21)을 비교하면, C 주위의 순환은 -4π이고 C를 지나는 알짜 흐름량은 0임을 알게 된다. 음의 순환과 영의 알짜 흐름량은 보기 4(a)의 흐름 f에 대한 그림 5.6.5를 이용한 기하학적 분석과 일치한다. ❑

보기 4(b)의 흐름 f에 대한 분석은 익힘 문제로 남긴다. 익힘 문제 5.6의 문제 25를 보라.

보기 6 순환과 알짜 흐름량

유체 흐름의 속도 마당이 $f(z) = (1+i)z$라고 하자. C가 단위 원 $|z| = 1$일 때, C 주위의 순환과 C를 지나는 알짜 흐름량을 셈하라.

풀이 $\overline{f(z)} = (1-i)\overline{z}$이고 $z(t) = e^{it}$ $(0 \le t \le 2\pi)$이므로, (21)로부터 다음을 얻는다.

$$\oint_C \overline{f(z)}\,dz = \int_0^{2\pi} (1-i)e^{-it}\,i\,e^{it}\,dt = (1+i)\int_0^{2\pi} dt = 2\pi + 2\pi i$$

그러므로 C 주위의 순환은 2π이고 C를 지나는 알짜 흐름량도 2π이다. 제5장 첫 쪽에 있는 그림을 보라 ❑

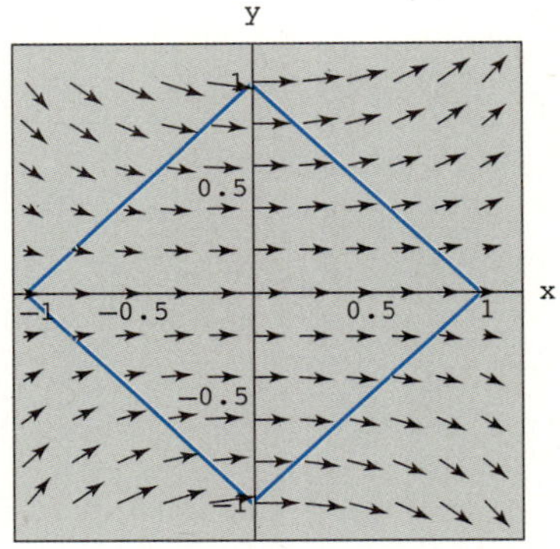

그림 5.6.8 보기 7에 대한 벡터 마당

보기 7 코시·구르사 정리의 활용

유체 흐름의 벡터 마당이 $f(z) = \overline{\cos z}$ 라고 하자. C가 네 꼭짓점이 $z=1$, $z=i$, $z=-1$, $z=-i$인 정사각형일 때, C 주위의 순환과 C를 지나는 알짜 흐름량을 셈하라.

풀이 $\oint_C \overline{\overline{f(z)}}\, dz = \oint_C \overline{\overline{\cos z}}\, dz = \oint_C \cos z\, dz$의 값을 찾아야 하고, 이의 실수와 허수 부분을 각각 순환과 알짜 흐름량으로 택하면 된다. 그런데 $\cos z$는 모든 점에서 해석적으로, 코시·구르사의 정리에 의해 $\oint_C \cos z\, dz = 0$이다. 그러므로 순환과 알짜 흐름량은 모두 0이다.

속도 마당 $f(z) = \overline{\cos z}$과 경로 C를 그림 5.6.8에 나타냈다. 순환과 알짜 흐름량에 대해 방금 얻은 결과는 흐름의 기하학에 관한 보기 4의 이전의 논의와 일치한다. ❑

보기 8 순환과 알짜 흐름량

$k = a + ib$이고 z_0은 복소 상수일 때, 복소 함수 $f(z) = k/(\overline{z} - \overline{z_0})$는 $z \neq z_0$으로 정의된 영역에서의 흐름을 나타낸다. C가 단순 닫힌 경로로 그 내부에 z_0이 있으면, 5.5절의 (1)에 있는 코시의 적분 공식에 의해 다음을 얻는다.

$$\oint_C \overline{f(z)}\, dz = \oint_C \frac{a - ib}{z - z_0} dz = 2\pi i(a - ib) = 2\pi b + 2\pi a i$$

(21)에 의해 C 주위의 순환은 $\mathrm{Re}\,(2\pi b + 2\pi a i) = 2\pi b$이고 C를 지나는 알짜 흐름량은 $\mathrm{Im}\,(2\pi b + 2\pi a i) = 2\pi a$이다. ❑

보기 8에서, z_0이 C로 둘러싸인 구역의 외점이면, 코시·구르사의 정리에 의해 순환과 알짜 흐름량은 모두 영이다. 또, 상수 k가 실수이면($a \neq 0$이고 $b = 0$이면), C 주위의 순환은 0이지만 C를 지나는 알짜 흐름량은 $2\pi k$이다. 이번 절의 앞에 있는 논의에 의해, 복소수 z_0은 $k > 0$일 때 흐름의 샘이고 $k < 0$일 때 수채이다. 이런 두 가지 경우에 대응하는 속도 마당을 그림 5.6.9에 나타냈다. 그림 5.6.4에 예시한 흐름은 그림 5.6.9(a)에 나타낸 꼴이다.

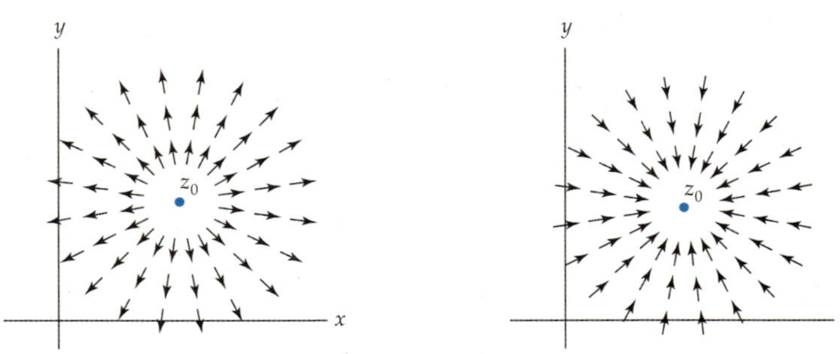

(a) 샘 $k > 0$ (b) 수채 $k < 0$

그림 5.6.9 두 개의 정규화한 벡터 마당

5.6 익힘 문제

문제 1~4에서는 주어진 속도 마당 $\mathbf{F}(x, y)$에 대해 적절한 영역 D에서 div $\mathbf{F} = 0$이고 curl $\mathbf{F} = \mathbf{0}$임을 밝혀라.

1. $\mathbf{F}(x, y) = (\cos\theta_0)\mathbf{i} + (\sin\theta_0)\mathbf{j}$ (θ_0은 상수)
2. $\mathbf{F}(x, y) = -y\mathbf{i} + x\mathbf{j}$
3. $\mathbf{F}(x, y) = 2x\mathbf{i} + (3x - 2y)\mathbf{j}$
4. $\mathbf{F}(x, y) = \dfrac{x}{x^2+y^2}\mathbf{i} + \dfrac{y}{x^2+y^2}\mathbf{j}$

문제 5~8에서는 속도 마당 $\mathbf{F}(x, y)$의 복소 표현 $f(z)$를 찾아라. 함수 $g(z) = \overline{f(z)}$를 기호 z로 나타내고, $g(z)$가 적절한 영역 D에서 해석 함수임을 보여라.

5. 문제 1의 $\mathbf{F}(x, y)$
6. 문제 2의 $\mathbf{F}(x, y)$
7. 문제 3의 $\mathbf{F}(x, y)$
8. 문제 4의 $\mathbf{F}(x, y)$

문제 9~12에서는 주어진 해석 함수 $g(z)$로 결정되는 이상 유체의 흐름에 대한 속도 마당 $\mathbf{F}(x, y)$를 찾아라.

9. $g(z) = (1+i)z^2$
10. $g(z) = \sin z$
11. $g(z) = e^x\cos y + ie^x\sin y$
12. $g(z) = x^3 - 3xy^2 + i(3x^2y - y^3)$

문제 13~16에서는 지정된 속도 마당 $\mathbf{F}(x, y)$의 복소 표현 $f(z)$에 대한 복소 속도 퍼텐셜 $\Omega(z)$를 찾아라. (17)을 이용해서 답을 검토하라. 등퍼텐셜 곡선과 흐름선을 설명하라.

13. 문제 1의 $\mathbf{F}(x, y)$
14. 문제 2의 $\mathbf{F}(x, y)$
15. 문제 3의 $\mathbf{F}(x, y)$
16. 문제 4의 $\mathbf{F}(x, y)$

문제 17과 18에서는 주어진 해석 함수 $\Omega(z)$가 이상 유체의 흐름에 대한 복소 속도 퍼텐셜이다. 그 흐름의 속도 마당 $\mathbf{F}(x, y)$를 찾아라.

17. $\Omega(z) = \dfrac{1}{3}iz^3$
18. $\Omega(z) = \dfrac{1}{4}z^4 + z$

19. $A > 0$일 때, $\mathbf{F}(x, y) = A\left[\left\{1 - \dfrac{x^2-y^2}{(x^2+y^2)^2}\right\}\mathbf{i} + \dfrac{2xy}{(x^2+y^2)^2}\mathbf{j}\right]$가 원점을 포함하지 않는 임의의 영역 D에서 이상 유체의 속도 마당임을 보여라.

20. 해석 함수 $\Omega(z) = A\left(z + \dfrac{1}{z}\right)$이, 속도 마당 $\mathbf{F}(x, y)$가 문제 19와 같은 흐름에 대한 복소 속도 퍼텐셜임을 밝혀라.

21. (a) 문제 19의 속도 마당을 생각하자. 원점에서 멀리 떨어져 있는 점 (x, y)에서 마당 $\mathbf{F}(x, y)$를 설명하라.
    (b) 문제 20의 복소 속도 퍼텐셜에 대해, $|z|$가 커질 때 $\Omega(z) \to Az$라는 관찰 결과가 (a)의 답을 어떻게 밝혀주는가?

22. 유체 흐름에서 속도 마당이 $\mathbf{F}(x, y) = \mathbf{0}$인 점을 고인 점 또는 정체 점이라 한다. 다음에 대한 고인 점을 찾아라.
    (a) 보기 3(a)의 흐름 (b) 문제 19의 흐름

용어
고인 점, 정체 점 stagnation point

23. 임의의 두 실수 k와 x_1에 대해 함수 $\Omega(z) = k\,\mathrm{Ln}(z - x_1)$은 위쪽 반평면에서 해석적이고, 이에 따라 이상 유체의 흐름에 대한 복소 퍼텐셜이다. 실수 x_1은 $k < 0$일 때 수채이고 $k > 0$일 때 샘이다.
   (a) 흐름선은 시점이 x_1인 반직선임을 보여라.
   (b) 이 흐름의 속도 마당 $\mathbf{F}(x, y)$의 복소 표현이 $f(z) = k\dfrac{z - x_1}{|z - x_1|^2}$임을 밝히고, 이 흐름은 $k < 0$일 때 x_1로 향한다는 결론을 내려라.

24. $k > 0$일 때 복소 퍼텐셜 $\Omega(z) = k\,\mathrm{Ln}(z - 1) - k\,\mathrm{Ln}(z + 1)$은 위쪽 반평면 $y > 0$에서 샘이 $z = 1$에 단 한 개 있고 수채가 $z = -1$에 단 한 개 있는 이상 유체의 흐름을 결정한다. 흐름선이 원족 $x^2 + (y - c_2)^2 = 1 + c_2^2$임을 보여라. 그림 5.6.10을 보라.

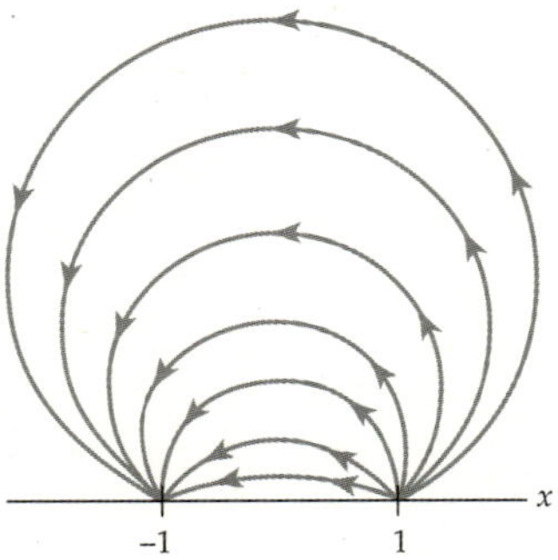

그림 5.6.10 그림 24에 대한 그림

문제 25~30에서는 주어진 흐름과 지정된 닫힌 경로 C에 대한 순환과 알짜 흐름량을 셈하라.

25. $f(z) = \dfrac{1}{z}$; C는 원 $|z| = 1$

26. $f(z) = 2z$; C는 원 $|z| = 1$

27. $f(z) = \dfrac{1}{\overline{z - 1}}$; C는 원 $|z - 1| = 2$

28. $f(z) = \overline{z}$; C는 네 꼭짓점이 $z = 0$, $z = 1$, $z = 1 + i$, $z = i$인 정사각형

29. $\mathbf{F}(x, y) = (4x + 3y)\mathbf{i} + (2x - y)\mathbf{j}$; C는 원 $x^2 + y^2 = 4$

30. $\mathbf{F}(x, y) = (x + 2y)\mathbf{i} + (x - y)\mathbf{j}$; C는 네 꼭짓점이 $z = 0$, $z = 1 + i$, $z = 2i$, $z = -1 + i$인 정사각형

개념과 이해

31. $f(z) = P(x, y) + iQ(x, y)$가 복소 평면의 단순 연결 영역 D에서 이상 유체의 흐름에 대한 속도 마당 $\mathbf{F}$의 복소 표현이라고 하자. P와 Q의 연속인 편도함수가 D 전체에서 존재한다고 하자. C가 D에 완전히 놓이는 임의의 단순 닫힌 곡선이면, C 주위의 순환과 C를 지나는 알짜 흐름량이 모두 영임을 보여라.

용어
소용돌이 vortex

32. 벡터 마당 $f(z) = (a + ib)/\overline{z}$로 정의된 흐름은 $z = 0$에 소용돌이가 있다고 한다. 흐름선의 기하학적 특성은 a와 b의 선택에 따라 결정된다.
   (a) $z(t) = x(t) + iy(t)$가 이 흐름에서 입자의 경로일 때, 다음이 성립함을 보여라.

$$\frac{dx}{dt} = \frac{ax - by}{x^2 + y^2}, \qquad \frac{dy}{dt} = \frac{bx + ay}{x^2 + y^2}$$

   (b) 직교 좌표와 극 좌표 사이에 $r^2 = x^2 + y^2$, $\tan\theta = y/x$의 관계가 있다. 이를 이용해서 다음을 보여라.

$$\frac{dr}{dt}=\frac{1}{r}\left(x\frac{dx}{dt}+y\frac{dy}{dt}\right),\quad \frac{d\theta}{dt}=\frac{1}{r^2}\left(-y\frac{dx}{dt}+x\frac{dy}{dt}\right)$$

(c) (a)와 (b)의 방정식들을 이용해서 다음이 성립함을 밝혀라.

$$\frac{dr}{dt}=\frac{a}{r},\qquad \frac{d\theta}{dt}=\frac{b}{r^2}$$

(d) (c)의 방정식들을 이용해서 흐름의 흐름선이 로그 나선 $r=ce^{a\theta/b}$ $(b\neq 0)$이라는 결론을 얻어라. 그래프 장치를 이용해서, 입자가 경로를 시계 반대 방향으로 지나기 위한 필요 충분 조건은 $a<0$이고 시계 방향으로 지나기 위한 필요 충분 조건은 $b<0$임을 밝혀라. 어느 방향이 소용돌이 속으로의 나선형 움직임에 대응하는가?

제 5 장 복습 문제

문제 1~20에서는 참 또는 거짓으로 답하라. 명제가 거짓이면, 거짓인 이유를 설명하거나 반례를 들어라. 명제가 참이면, 이를 증명하거나 이번 장의 적절한 결과를 인용하라.

1. $z(t)$ $(a\leq t\leq b)$가 경로 C의 매개 변수화이고 $z(a)=z(b)$이면, C는 단순 닫힌 경로이다.
2. C가 (0, 0)부터 (1, 1)까지 $y=x^3$으로 정의될 때, 실 선 적분 $\int_C (x^2+y^2)dx+2xy\,dy$의 값은 (0, 0)부터 (1, 1)까지 곡선 $y=x^6$ 위에서의 선 적분의 값과 같다.
3. $-\pi/6<\arg(z)<\pi/6$로 정의된 부채꼴은 단순 연결 영역이다.
4. f가 z_0에서 해석적이면, f'''가 z_0에 반드시 존재한다.
5. f가 단순 닫힌 경로 C와 그 내부에서 해석적이고 z_0이 C의 내부에 있는 임의의 점이면, $f(z_0)$의 값은 C에서 $f(z)$의 값에 의해 결정된다.
6. f가 단순 닫힌 경로 C에서 해석적이면, $\oint_C f(z)\,dz=0$이다.
7. f가 영역 D에서 연속이고 그 역도함수 F가 D에서 존재하면, D에서 시점이 z_0이고 종점이 z_1인 모든 경로 C에 대해 $\oint_C f(z)\,dz$의 값은 서로 같다.
8. 모든 단순 닫힌 경로 C에 대해 $\oint_C f(z)\,dz=0$이면, f는 C와 그 내부에서 해석적이다.
9. 오른쪽 반평면 $\mathrm{Re}(z)>0$에서 $z=1+i$와 $z=10+8i$를 연결하는 모든 경로 C에 대해 $\int_C \frac{z-2}{z}dz$의 값은 서로 같다.

10. g가 전해석 함수이면, C가 원 $|z|=3$이고 C_1이 타원 $x^2+\frac{1}{9}y^2=1$일 때, $\oint_C \frac{g(z)}{z-i}dz = \oint_{C_1} \frac{g(z)}{z-i}dz$이다.

11. 두 점 z_0과 z_1을 둘러싸는 임의의 단순 닫힌 경로 C에 대해 $\oint_C \frac{1}{(z-z_0)(z-z_1)}dz = 0$이다.

12. f가 단순 닫힌 경로 C와 그 내부에서 해석적이고 z_0이 C의 내부에 있으면, $\oint_C \frac{f'(z)}{z-z_0}dz = \oint_C \frac{f(z)}{(z-z_0)^2}dz$이다.

13. $\int_C \mathrm{Re}(z)\,dz$는 $z_0=0$과 $z_1=1+i$를 연결하는 경로 C와 독립적이다.

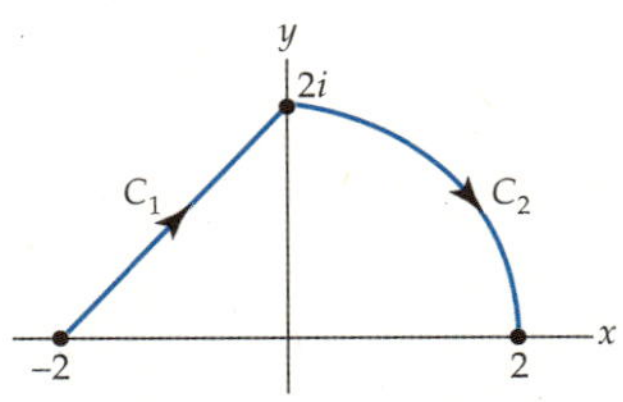

그림 5.R.1 문제 14을 위한 그림

14. 경로 C가 그림 5.R.1에 나타낸 선분 C_1과 호 C_2로 이루어졌을 때, $\int_C (4z^3-2z+1)\,dz = \int_{-2}^{2} (4x^3-2x+1)\,dx$이다.

15. C_1은 $z(t)=e^{it}$ $(0 \le t \le 2\pi)$이고 C_2는 $z(t)=Re^{it}$ $(R>1,\ 0 \le t \le 2\pi)$일 때, 모든 정수 n에 대해 $\int_{C_1} z^n\,dz = \int_{C_2} z^n\,dz$이다.

16. f가 경로 C에서 연속이면, $\int_C f(z)\,dz + \int_{-C} f(z)\,dz = 0$이다.

17. 시점이 $z_0=-i$이고 종점이 $z_1=i$이며, 원점과 음의 실수축을 포함하지 않는 단순 연결 영역 D에 완전히 놓인 임의의 경로 C에 대해 $\int_{-i}^{i} \frac{1}{z}\,dz = \mathrm{Ln}(i)-\mathrm{Ln}(-i)=\pi i$이다.

18. C가 타원 $x^2+\frac{1}{4}y^2=1$일 때, $\oint_C \frac{1}{z^2+1}\,dz = 0$이다.

19. $p(z)$가 z에 관한 다항 함수이면, 함수 $f(z)=1/p(z)$는 결코 전해석 함수일 수 없다.

20. 함수 $f(z)=\cos z$가 전해석 함수이고 상수가 아니므로, 반드시 갇히지 않는다.

문제 21~40에서는 본문을 인용하지 말고 빈칸을 채워라.

21. $z(t)=e^{it^2}$ $(0 \le t \le \sqrt{2\pi})$는 ________에 대한 매개 변수화이다.

22. $z(t)=z_0+e^{it}$ $(0 \le t \le 2\pi)$는 ________에 대한 매개 변수화이다.

23. $z_1(t)=e^{it}$ $(0 \le t \le 2\pi)$와 $z_2(t)=e^{i(2\pi-t)}$ $(0 \le t \le 2\pi)$의 차이는 ________이다.

24. C가 세 꼭짓점이 $0,\ i,\ 1+i$인 삼각형일 때, $\oint_C (2y+x-6ix^2)\,dz =$ ________이다.

25. f가 다항 함수이고 C가 단순 닫힌 경로일 때, $\oint_C f(z)\,dz =$ ________ 이다.

26. C가 $z(t)=2t+t^2\ (0\le t\le 1)$일 때, $\int_C z\,\mathrm{Im}(z)\,dz =$ ________ 이다.

27. C가 $1-i$부터 $1+i$까지의 선분일 때, $\int_C |z|^2\,dz =$ ________ 이다.

28. n은 정수이고 C는 $z(t)=e^{it}\ (0\le t\le 2\pi)$일 때 $\oint_C (\bar{z})^n\,dz =$ ________ 이다.

29. C가 $z(t)=2i+4e^{it}\ (0\le t\le \pi/2)$일 때 $\int_C \sin\frac{z}{2}\,dz =$ ________ 이다.

30. C가 $|z|=1$일 때, $\oint_C \sec z\,dz =$ ________ 이다.

31. C가 $|z-1|=\frac{1}{2}$일 때, $\oint_C \frac{1}{z(z-1)}\,dz =$ ________ 이다.

32. C가 $|z|=3$일 때 $f(z)=\oint_C \frac{\xi^2+6\xi-2}{\xi-z}\,d\xi$이면, $f(1+i)=$ ________ 이다.

33. $f(z)=z^3+e^z$이고 C는 경로 $z(t)=8e^{it}\ (0\le t\le 2\pi)$일 때, $\oint_C \frac{f(z)}{(z+\pi i)^3}\,dz =$ ________ 이다.

34. 원 $|z|=3$에서 $|f(z)|\le 2$일 때, $\left|\oint_C f(z)\,dz\right| \le$ ________ 이다.

35. n이 양의 정수이고 C가 경로 $|z|=2$일 때, $\oint_C z^{-n}e^z\,dz =$ ________ 이다.

36. C가 원 $|z|=1$이면, 경로 적분 $\oint_C \frac{\cos z}{z^n}\,dz$의 값은 $n=1$일 때 ________ 이고, $n=2$일 때 ________ 이며, $n=3$일 때 ________ 이다.

37. n이 정수이고 C가 원 $|z|=1$일 때, $\oint_C z^n\,dz = \begin{cases} 0 & (n\_\_\_\_\_\_\_\_) \\ 2\pi i & (n\_\_\_\_\_\_\_\_) \end{cases}$ 이다.

38. 그림 5.R.2에 나타낸 경로 C 위에서 적분 $\oint_C \frac{z}{z+i}\,dz$의 값은 ________ 이다.

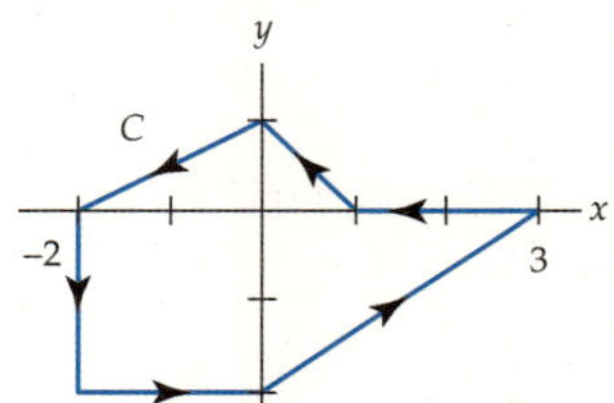

그림 5.R.2 문제 38을 위한 그림

39. 그림 5.R.3에 나타낸 선분 $C_1, C_2, \cdots, C_{11}$로 이루어진 경로 C 위에서 적분 $\int_C (2z+1)\,dz$의 값은 ________ 이다.

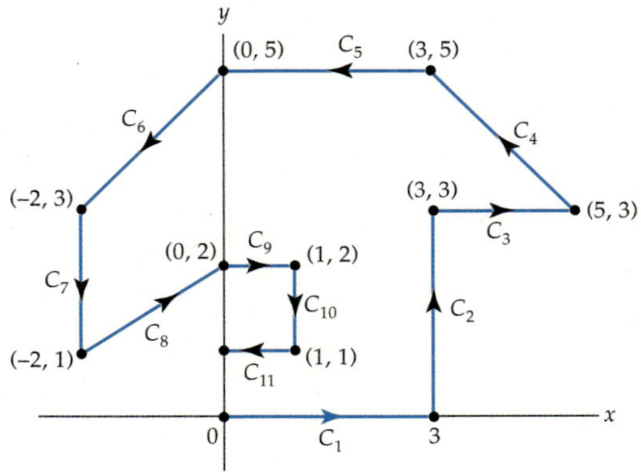

그림 5.R.3 문제 39를 위한 그림

40. 그림 5.R.4에 나타낸 닫힌 경로 C 위에서 적분 $\oint_C \frac{e^z}{z^2(z-\pi i)}dz$의 값은 ________ 이다.

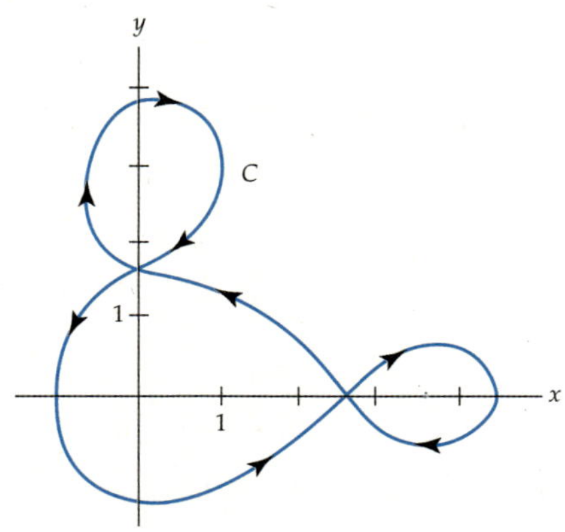

그림 5.R.4 문제 40을 위한 그림

6

CHAPTER

급수와 유수

개 요

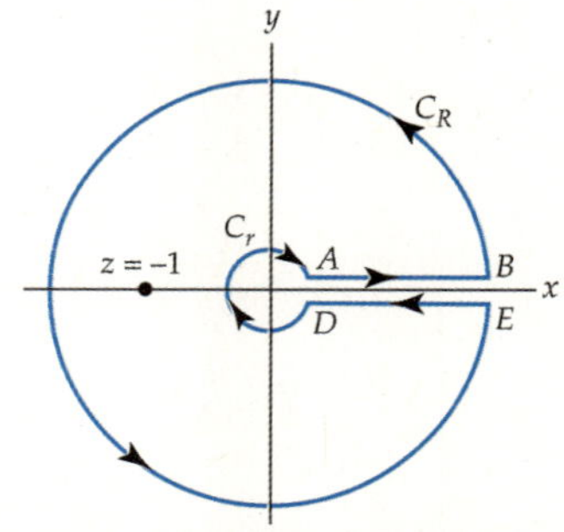

실 적분을 셈하는 데 사용하는 특수한 경로. 366쪽을 보라.

들어가기 도함수에 대한 코시의 적분 공식은 함수 f가 z_0에서 해석적이면 그 점에서 모든 계의 도함수가 존재함을 보장한다. 이 결과에 따라서 f를 그 점이 중심인 거듭제곱 급수로 전개할 수 있을 알아볼 것이다. 반면에, f가 z_0에서 해석적이지 않으면, 로랑 급수라 부르는 다른 종류의 급수로 전개할 수 있다. 로랑 급수의 개념은 유수의 개념을 유도하고, 유수의 개념은 또다시 복소 적분과 어떤 경우에는 실 적분의 값을 찾는 또 다른 방법을 유도한다.

6.1 수열과 급수

복소 수열과 급수 이론의 많은 부분은 실 미분 적분학에서 마주치는 것과 유사하다. 이번 절에서는 복소 수열과 복소 무한 급수의 수렴과 발산에 대한 정의를 자세히 조사한다. 또, 무한 급수의 수렴에 대한 몇 가지 판정법을 제시한다. 등비 급수에 특히 관심을 기울여야 하는데, 이런 꼴의 급수는 이번 장의 나머지 절에서 중요하기 때문이다.

용어
수열 sequence
수렴한다 converge
발산한다 diverge

수열 복소 수열 $\{z_n\}$은 정의역이 양의 정수의 집합이고 치역이 복소수 전체의 집합 $\mathbb{C}$의 부분 집합인 함수이다. 바꿔 말하면, 각 정수 $n=1, 2, 3, \cdots$에 단 하나의 복소수 z_n을 대응시키는 것이다. 예를 들면, 수열 $\{1+i^n\}$은 다음과 같다.

$$\begin{array}{cccccc} 1+i, & 0, & 1-i, & 2, & 1+i, & \cdots \\ \uparrow & \uparrow & \uparrow & \uparrow & \uparrow & \\ n=1, & n=2, & n=3, & n=4, & n=5, & \cdots \end{array} \tag{1}$$

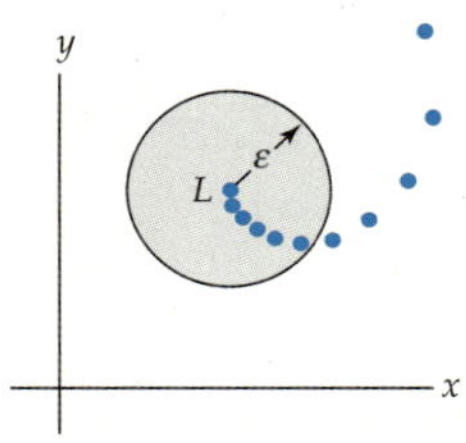

그림 6.1.1 $\{z_n\}$이 L에 수렴하면, 유한 개의 항을 제외한 나머지는 모두 L의 ϵ근방에 속한다.

$\lim_{n\to\infty} z_n = L$일 때, 수열 $\{z_n\}$은 L에 수렴한다고 한다. 바꿔 말하면, $\{z_n\}$이 수 L에 수렴한다는 것은, 임의의 양의 실수 ϵ에 대해 적당한 양의 정수 N이 존재해서 $n>N$이면 $|z_n - L| < \epsilon$이 성립하는 경우이다. $|z_n - L|$은 거리이므로, L에 수렴하는 수열의 항 z_n을 L에 임의로 가까이 할 수 있다. 달리 말하면, 수열 $\{z_n\}$이 L에 수렴하면 수열에서 유한 개의 항을 제외한 나머지는 모두 L의 ϵ근방에 속한다. 그림 6.1.1을 보라. 수렴하지 않는 수열은 발산한다고 한다.

(1)에 예시한 수열 $\{1+i^n\}$은 발산하는데, 일반항 $z_n = 1+i^n$은 $n\to\infty$일 때 어떤 고정된 복소수에 가까워지지 않기 때문이다. 사실, n의 값이 커짐에 따라 이 수열의 처음 네 항이 한없이 반복된다.

보기 1 수렴하는 수열

수열 $\left\{\dfrac{i^{n+1}}{n}\right\}$은 수렴하는데, $\lim\limits_{n\to\infty}\dfrac{i^{n+1}}{n}=0$이기 때문이다. 이 수열을 다음과 같다.

$$-1,\ -\frac{i}{2},\ \frac{1}{3},\ \frac{i}{4},\ -\frac{1}{5},\ \cdots$$

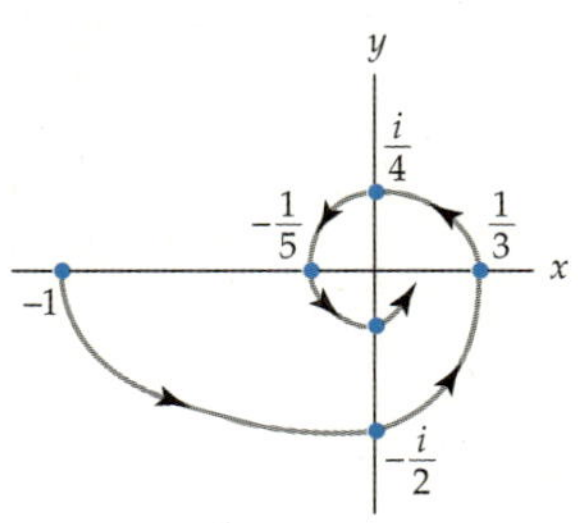

그림 6.1.2 수열 $\{i^{n+1}/n\}$의 항은 0을 향해 소용돌이 꼴로 나아간다.

그림 6.1.2에 점으로 나타낸 이 수열의 항들은 n의 값이 커짐에 따라 점 $z=0$을 향해 소용돌이 꼴로 나아간다. ❑

수열에 관한 다음 정리는 2.6절의 정리 2.6.1과 비슷하다.

정리 6.1.1 수렴 판정법

수열 $\{z_n\}$이 복소수 $L = a + ib$에 수렴하기 위한 필요 충분 조건은 $\operatorname{Re}(z_n)$은 $\operatorname{Re}(L) = a$에 수렴하고 $\operatorname{Im}(z_n)$은 $\operatorname{Im}(L) = b$에 수렴하는 것이다.

보기 2 정리 6.1.1의 예시

수열 $\left\{\dfrac{3+ni}{n+2ni}\right\}$을 생각하자. 일반항을 다음과 같이 쓸 수 있다.

$$z_n = \frac{3+ni}{n+2ni} = \frac{(3+ni)(n-2ni)}{n^2+4n^2} = \frac{2n^2+3n}{5n^2} + i\frac{n^2-6n}{5n^2}$$

$n \to \infty$일 때, 실수와 허수 부분은 각각 다음과 같다.

$$\operatorname{Re}(z_n) = \frac{2n^2+3n}{5n^2} = \frac{2}{5} + \frac{3}{5n} \to \frac{2}{5},$$

$$\operatorname{Im}(z_n) = \frac{n^2-6n}{5n^2} = \frac{1}{5} - \frac{6}{5n} \to \frac{1}{5}$$

정리 6.1.1에 의해, 마지막 결과는 주어진 수열이 $a + bi = \frac{2}{5} + \frac{1}{5}i$에 수렴한다고 결론을 내리기에 충분하다. ❑

급수 복소수의 무한 급수 또는 간단히 급수 $\sum_{k=1}^{\infty} z_k = z_1 + z_2 + z_3 + \cdots + z_n + \cdots$이 수렴한다는 것은 다음과 같은 부분 합의 수열 $\{S_n\}$이 수렴하는 경우이다.

$$S_n = z_1 + z_2 + z_3 + \cdots + z_n$$

$n \to \infty$일 때 $S_n \to L$이면, 급수는 L에 수렴한다 또는 급수의 합은 L이라 한다.

용어
수렴 판정법 criterion for convergence
무한 급수 infinite series
부분 합 partial sum
합 sum
등비 급수 geometric series

등비 급수 등비 급수는 다음과 같은 꼴의 급수이다.

$$\sum_{k=1}^{\infty} az^{k-1} = a + az + az^2 + \cdots + az^{n-1} + \cdots \tag{2}$$

(2)의 경우에 부분 합의 수열의 n째 항은 다음과 같다.

$$S_n = a + az + az^2 + \cdots + az^{n-1} \tag{3}$$

무한 급수가 등비 급수이면, 언제나 S_n에 대한 공식을 찾을 수 있다. 그 이유를 밝히기 위해서, (3)의 S_n에 z를 곱하면 다음과 같다.

$$zS_n = az + az^2 + az^3 + \cdots + az^n$$

이를 S_n으로부터 빼자. 그러면 다음과 같이 S_n의 첫째 항과 zS_n의 마지막 항을 제외한 나머지는 모두 소거된다.

$$\begin{aligned} S_n - zS_n &= (a + az + az^2 + \cdots + az^{n-1}) - (az + az^2 + az^3 + \cdots + az^n) \\ &= a - az^n \end{aligned}$$

곧 $(1-z)S_n = a(1-z^n)$이므로, 이를 S_n에 대해 풀면 다음을 얻는다.

$$S_n = \frac{a(1-z^n)}{1-z} \tag{4}$$

$|z| < 1$이면 $n \to \infty$일 때 $z^n \to 0$이므로, $S_n \to a/(1-z)$이다. 바꿔 말하면, $|z| < 1$일 때, 등비 급수 (2)의 합은 $a/(1-z)$이다. 곧, 다음과 같다.

$$\frac{a}{1-z} = a + az + az^2 + \cdots + az^{n-1} + \cdots \tag{5}$$

등비 급수 (2)는 $|z| \geq 1$일 때 발산한다.

특별한 등비 급수 다음으로 (4)와 (5)로부터 직접 유도할 수 있는 몇 가지 결과를 제시하는데, 이것들은 다음 두 절에서 매우 쓸모 있다. (5)의 등식에 $a = 1$로 놓으면, 다음을 얻는다.

(6)과 (7)을 기억해야 한다. ➡

$$\frac{1}{1-z} = 1 + z + z^2 + z^3 + \cdots \tag{6}$$

이제 (6)에서 z를 $-z$로 바꾸면, 이와 비슷한 다음 결과를 얻는다.

$$\frac{1}{1+z} = 1 - z + z^2 - z^3 + \cdots \tag{7}$$

(5)와 마찬가지로, $|-z| = |z|$이므로 (7)의 등식은 $|z| < 1$일 때 성립한다. 이제 (4)에 $a = 1$을 대입하면 다음과 같이 (6)의 급수에서 처음 n개 항의 합을 얻는다.

$$\frac{1-z^n}{1-z} = 1 + z + z^2 + z^3 + \cdots + z^{n-1}$$

이 등식의 좌변을 $\dfrac{1-z^n}{1-z} = \dfrac{1}{1-z} + \dfrac{-z^n}{1-z}$으로 다시 쓰면, 다음과 같은 형태를 얻는다.

$$\frac{1}{1-z} = 1 + z + z^2 + z^3 + \cdots + z^{n-1} + \frac{z^n}{1-z} \tag{8}$$

이 결과는 이번 장에서 가장 중요한 두 정리의 증명에 이용될 것이다.

보기 3 수렴하는 등비 급수

다음 무한 급수는 등비 급수이다.

$$\sum_{k=1}^{\infty}\frac{(1+2i)^k}{5^k}=\frac{1+2i}{5}+\frac{(1+2i)^2}{5^2}+\frac{(1+2i)^3}{5^3}+\cdots$$

이것은 (2)의 식에 $a=\frac{1}{5}(1+2i)$와 $z=\frac{1}{5}(1+2i)$를 대입한 것과 같다. $|z|=\sqrt{5}/5<1$이므로, 이 급수는 수렴하고, 합은 (5)에 의해 다음과 같다.

$$\sum_{k=1}^{\infty}\frac{(1+2i)^k}{5^k}=\frac{\frac{1+2i}{5}}{1-\frac{1+2i}{5}}=\frac{1+2i}{4-2i}=\frac{1}{2}i$$ ❑

이제 무한 급수의 수렴과 발산에 관한 중요한 정리들을 알아보자. 초등 미분 적분학 과정에서 이와 유사한 정리들을 배웠을 것이다.

정리 6.1.2 수렴하기 위한 필요 조건

$$\sum_{k=1}^{\infty}z_k\text{가 수렴하면, }\lim_{n\to\infty}z_n=0\text{이다.}$$

증명 이 급수의 합을 L이라 하자. 그러면 $n\to\infty$일 때 $S_n\to L$이고 $S_{n-1}\to L$이다. $n\to\infty$일 때 $S_n-S_{n-1}=z_n$의 양변의 극한을 택하면, 원하는 결론을 얻는다. ■

발산 판정법 정리 6.12에 있는 명제의 대우[1]는 무한 급수의 발산에 대한 친숙한 n째 항 판정법이다.

용어
발산 판정법 test for divergence

정리 6.1.3 n째 항 발산 판정법

$$\lim_{n\to\infty}z_n\neq 0\text{이면, }\sum_{k=1}^{\infty}z_k\text{는 발산한다.}$$

예를 들면, 급수 $\sum_{k=1}^{\infty}\frac{ik+5}{k}$는 발산하는데, $n\to\infty$일 때 $\frac{ik+5}{k}\to i\neq 0$이기 때문이다. 등비 급수 (2)는 $|z|\geq 1$일 때 발산하는데, $\lim_{n\to\infty}|z^n|$이 존재하는 경우에도 극한이 영이 아니기 때문이다.

1) 154쪽에 있는 각주를 보라.

용어
절대 수렴 absolute convergence
조건 수렴 conditional convergence
비율 판정법, 비판정법 ratio test

정의 6.1.1 절대 수렴과 조건 수렴

무한 급수 $\sum_{k=1}^{\infty} z_k$가 **절대 수렴한다**는 것은 $\sum_{k=1}^{\infty} |z_k|$가 수렴하는 경우이다. 무한 급수 $\sum_{k=1}^{\infty} z_k$가 **조건 수렴한다**는 것은 그 자체는 수렴하지만 $\sum_{k=1}^{\infty} |z_k|$는 발산하는 경우이다.

초등 미분 적분학에서 배운 대로, $\sum_{k=1}^{\infty} \frac{1}{k^p}$ 꼴의 실 급수는 **p 급수**라 하며, $p > 1$일 때 수렴하고 $p \le 1$일 때 발산한다. 잘 알려진 이 결과를 다음 보기에서 이용한다.

보기 4 절대 수렴

급수 $\sum_{k=1}^{\infty} \frac{i^k}{k^2}$은 절대 수렴하는데, 급수 $\sum_{k=1}^{\infty} \left|\frac{i^k}{k^2}\right|$은 수렴하는 p 급수 $\sum_{k=1}^{\infty} \frac{1}{k^2}$과 같기 때문이다. 여기서 $p = 2 > 1$이다. ❑

실 미분 적분학에서와 같이

절대 수렴하면 수렴한다.

익힘 문제 6.1의 문제 47을 보라. 보기 4의 다음 급수는 수렴하는데, 이것이 절대 수렴함을 밝혔기 때문이다.

$$\sum_{k=1}^{\infty} \frac{i^k}{k^2} = i - \frac{1}{2^2} - \frac{i}{3^2} + \cdots$$

수렴 판정법 무한 급수에 대한 수렴 판정법으로 가장 흔히 이용되는 두 가지를 다음 두 정리에 제시한다.

정리 6.1.4 비율 판정법, 비판정법

급수 $\sum_{k=1}^{\infty} z_k$는 각 항이 영이 아닌 복소수이고 다음이 성립한다고 하자.

$$\lim_{n \to \infty} \left|\frac{z_{n+1}}{z_n}\right| = L \tag{9}$$

(i) $L < 1$이면, 주어진 급수는 절대 수렴한다.
(ii) $L > 1$이면, 주어진 급수는 발산한다.
(iii) $L = 1$이면, 이 판정법으로 수렴 여부를 결정할 수 없다.

정리 6.1.5 거듭제곱근 판정법, 근판정법

급수 $\sum_{k=1}^{\infty} z_k$는 각 항이 복소수이고 다음이 성립한다고 하자.

$$\lim_{n \to \infty} \sqrt[n]{|z_n|} = L \tag{10}$$

(i) $L < 1$이면, 주어진 급수는 절대 수렴한다.
(ii) $L > 1$이면, 주어진 급수는 발산한다.
(iii) $L = 1$이면, 이 판정법으로 수렴 여부를 결정할 수 없다.

비율과 거듭제곱근 판정법의 증명은 이에 대응하는 실 급수의 경우와 비슷하다. 익힘 문제 6.1의 문제 48을 보라. 여기서 주요한 관심사는 정리 6.1.4와 6.1.5의 판정법을 거듭제곱 급수에 적용하는 것이다.

용어
거듭제곱근 판정법, 근판정법 root test
거듭제곱 급수, 멱급수 power series
z_0에 중심을 둔다 centered at z_0
중심 center
수렴 반지름 radius of convergence
수렴 원 circle of convergence

거듭제곱 급수 거듭제곱 급수의 개념은 해석 함수의 연구에서 중요하다. 다음과 같은 꼴의 계수 a_k가 복소수인 무한 급수를 $z - z_0$에 관한 **거듭제곱 급수** 또는 **멱급수**라 한다.

$$\sum_{k=0}^{\infty} a_k (z - z_0)^k = a_0 + a_1(z - z_0) + a_2(z - z_0)^2 + \cdots \tag{11}$$

거듭제곱 급수 (11)은 **z_0에 중심을 둔다**고 하며, 복소 점 z_0을 급수의 **중심**이라 부른다. (11)에서 $(z - z_0)^0 = 1$로 정의하는 것이 편리한데, $z = z_0$일 때도 이렇게 정의한다.

수렴 원 모든 복소 거듭제곱 급수 (11)에는 **수렴 반지름**이 대응한다. 실 거듭제곱 급수에 대한 수렴 구간의 개념과 비슷하게, 복소 거듭제곱 급수 (11)에 대한 **수렴 원**이 있다. 이것은 중심이 z_0이고 가장 큰 반지름 $R > 0$이 존재하는데, 이 급수는 원 $|z - z_0| = R$의 내부에 있는 모든 점에서 수렴한다. 거듭제곱 급수는 그것의 수렴 원의 내부에 있는 모든 점 z, 곧 $|z - z_0| < R$을 만족시키는 모든 점 z에서 절대 수렴하고, 수렴 원의 외부에 있는 모든 점 z, 곧 $|z - z_0| > R$을 만족시키는 모든 점 z에서 발산한다. 수렴 반지름은 다음과 같을 수 있다.

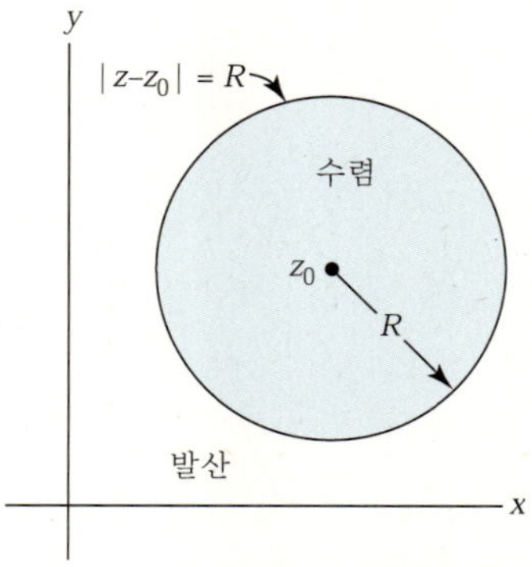

그림 6.1.3 원 $|z - z_0| = R$에 있는 점에서의 수렴 여부를 일반적으로 말할 수 없다.

(i) $R = 0$ [이 경우에 (11)의 급수는 중심 $z = z_0$에서만 수렴한다.]
(ii) R은 유한인 양수 [이 경우에 (11)의 급수는 원 $|z - z_0| = R$의 모든 내점에서 수렴한다.]
(iii) $R = \infty$ [이 경우에 (11)의 급수는 모든 z에서 수렴한다.]

거듭제곱 급수는 수렴 원에 있는 일부 또는 모든 점에서 수렴할 수 있고, 모든 점에서 수렴하지 않을 수 있다. 그림 6.1.3과 다음 보기를 보라.

보기 5 수렴 원

거듭제곱 급수 $\sum_{k=1}^{\infty} \frac{z^{k+1}}{k}$ 을 생각하자. 비율 판정법 (9)에 의해 다음을 얻는다.

$$\lim_{n \to \infty} \left| \frac{\frac{z^{n+2}}{n+1}}{\frac{z^{n+1}}{n}} \right| = \lim_{n \to \infty} \frac{n}{n+1} |z| = |z|$$

그러므로 이 급수는 $|z| < 1$일 때 절대 수렴한다. 수렴 원은 $|z| = 1$이고, 수렴 반지름은 $R = 1$이다. 수렴 원 $|z| = 1$에서 이 급수는 절대 수렴하지 않는데, $\sum_{k=1}^{\infty} \frac{1}{k}$은 잘 알려진 발산하는 조화 급수이다. 그렇다고 이 급수가 수렴 원에서 발산한다는 말은 아니다. 실제로, $z = -1$에서 $\sum_{k=1}^{\infty} \frac{(-1)^{k+1}}{k}$은 수렴하는 교대 급수이다. 사실, 이 급수가 $z = 1$을 제외한 원 $|z| = 1$의 모든 점에서 수렴함을 밝힐 수 있다. ❑

정리 6.1.4와 보기 5로부터 분명히 알 수 있듯이, 거듭제곱 급수 $\sum_{k=0}^{\infty} a_k (z - z_0)^k$에 대해 극한 (9)는 계수 a_k에만 의존한다. 그러므로 다음을 얻는다.

(i) $\lim_{n \to \infty} \left| \frac{a_{n+1}}{a_n} \right| = L \neq 0$이면, 수렴 반지름은 $R = \frac{1}{L}$이다. (12)

(ii) $\lim_{n \to \infty} \left| \frac{a_{n+1}}{a_n} \right| = 0$이면, 수렴 반지름은 $R = \infty$이다. (13)

(iii) $\lim_{n \to \infty} \left| \frac{a_{n+1}}{a_n} \right| = \infty$이면, 수렴 반지름은 $R = 0$이다. (14)

다음을 이용해서 비슷한 결론을 거듭제곱근 판정법 (10)으로부터 얻을 수 있다.

$$\lim_{n \to \infty} \sqrt[n]{|a_n|} \tag{15}$$

예를 들면, $\lim_{n \to \infty} \sqrt[n]{|a_n|} = L \neq 0$일 때, $R = \frac{1}{L}$이다.

보기 6 수렴 반지름

거듭제곱 급수 $\sum_{k=1}^{\infty} \frac{(-1)^{k+1}}{k!}(z-1-i)^k$을 생각하자. $a_n = \frac{(-1)^{n+1}}{n!}$이므로, 다음을 얻는다.

$$\lim_{n\to\infty}\left|\frac{\frac{(-1)^{n+2}}{(n+1)!}}{\frac{(-1)^{n+1}}{n!}}\right| = \lim_{n\to\infty}\frac{1}{n+1} = 0$$

그러므로 (13)에 의해 수렴 반지름은 ∞이다. 중심이 $z_0 = 1+i$인 이 거듭제곱 급수는 모든 z에 대해, 곧 $|z-1-i| < \infty$일 때 절대 수렴한다. ❑

보기 7 수렴 반지름

거듭제곱 급수 $\sum_{k=1}^{\infty}\left(\frac{6k+1}{2k+5}\right)^k (z-2i)^k$을 생각하자. $a_n = \left(\frac{6n+1}{2n+5}\right)^n$이므로, (15)와 같은 꼴의 거듭제곱근 판정법에 따라 다음을 얻는다.

$$\lim_{n\to\infty}\sqrt[n]{|a_n|} = \lim_{n\to\infty}\frac{6n+1}{2n+5} = 3$$

(12)에 이른 것과 비슷한 논리에 따라, 이 급수의 수렴 반지름은 $R = \frac{1}{3}$이다. 수렴 원은 $|z-2i| = \frac{1}{3}$이고, 주어진 거듭제곱 급수는 $|z-2i| < \frac{1}{3}$일 때 절대 수렴한다. ❑

거듭제곱 급수의 산술 경우에 따라 한 개 이상의 거듭제곱 급수에 대해 산술 연산을 편리하게 시행할 수 있다. (정리를 서술하고 증명하는) 형식적인 방식으로 거듭제곱 급수의 성질을 탐구하려면 너무 장황하므로, 이번 장의 곳곳에서 거듭제곱 급수에 대해 우리가 할 수 있는 (또는 없는) 것을 아는 것이 유익하다. 다음은 몇 가지 중요한 사실이다.

- 거듭제곱 급수 $\sum_{k=0}^{\infty} a_k(z-z_0)^k$에 영이 아닌 복소수 c를 곱할 수 있는데, 이렇게 해도 수렴과 발산에 영향을 주지 않는다.
- 거듭제곱 급수 $\sum_{k=0}^{\infty} a_k(z-z_0)^k$은 수렴 원의 내부에서 절대 수렴한다. 그러므로 수렴 원의 내부에서 이 급수의 항들을 재배열할 수 있고, 재배열한 급수의 합은 원래 급수의 합과 같다.
- 두 거듭제곱 급수 $\sum_{k=0}^{\infty} a_k(z-z_0)^k$과 $\sum_{k=0}^{\infty} b_k(z-z_0)^k$을 동류항끼리 더하고 빼서 더하고 뺄 수 있다. 기호로 다음과 같다.

$$\sum_{k=0}^{\infty} a_k (z-z_0)^k \pm \sum_{k=0}^{\infty} b_k (z-z_0)^k = \sum_{k=0}^{\infty} (a_k \pm b_k)(z-z_0)^k$$

두 급수의 수렴 반지름이 모두 R이면, $\sum_{k=0}^{\infty} (a_k \pm b_k)(z-z_0)^k$의 수렴 반지름도 R이다. 직관적으로 명백하듯이, 한 급수의 수렴 반지름이 $r > 0$이고 다른 급수의 수렴 반지름이 $R > 0$이며 $r \neq R$이면, $\sum_{k=0}^{\infty} (a_k \pm b_k)(z-z_0)^k$의 수렴 반지름은 두 수 r과 R 중에서 작은 것이다.

- 두 거듭제곱 급수를 (적절한 조건에서) 곱하고 나눌 수 있다.

참고

(i) $z_n = a_n + ib_n$이면, $\sum_{k=0}^{\infty} z_k$의 부분 합의 수열에서 n째 항은 $S_n = \sum_{k=0}^{n} (a_k + ib_k) = \sum_{k=0}^{n} a_k + i\sum_{k=0}^{n} b_k$이다. 정리 6.1.1과 비슷하게, $\sum_{k=0}^{\infty} z_k$가 수 $L = a + ib$에 수렴하기 위한 필요 충분 조건은 $\mathrm{Re}(S_n) = \sum_{k=0}^{n} a_k$가 a에 수렴하고 $\mathrm{Im}(S_n) = \sum_{k=0}^{n} b_k$가 b에 수렴하는 것이다. 익힘 문제 6.1의 문제 35를 보라.

(ii) 합의 기호로 나타낼 때, 등비 급수가 (2)와 같은 꼴임을 즉시 알아채기 어려울 수 있다. 합의 기호에서 등비 급수는 $k=1$에서 시작하지 않을 수 있고, 일반항이 정확하게 az^{k-1}과 같은 꼴로 나타나지 않을 수 있다. 첫눈에 급수 $\displaystyle\sum_{k=3}^{\infty} 40\frac{i^{k+2}}{2^{k-1}}$은 등비 급수의 일반적인 꼴 $\displaystyle\sum_{k=1}^{\infty} az^{k-1}$과 어울리지 않는 것으로 보인다. 그렇지만 다음과 같이 처음 세 항을 써보자.

$$\sum_{k=3}^{\infty} 40\frac{i^{k+2}}{2^{k-1}} = \overbrace{40\frac{i^5}{2^2}}^{a} + \overbrace{40\frac{i^6}{2^3}}^{az} + \overbrace{40\frac{i^7}{2^4}}^{az^2} + \cdots$$

그러면 이 등식의 우변에서 $a = 40(i^5/2^2)$과 $z = i/2$와 같이 놓을 수 있다. $|z| = \frac{1}{2} < 1$이므로, 이 급수의 합은 (5)에 의해 다음과 같다.

$$\sum_{k=3}^{\infty} 40\frac{i^{k+2}}{2^{k-1}} = \frac{40\dfrac{i^5}{2^2}}{1-\dfrac{i}{2}} = -4 + 8i$$

(iii) 증명하지는 않았지만, 다음 사실은 마음속에 되새기자. "거듭제곱 급수 $\sum_{k=0}^{\infty} a_k (z-z_0)^k$ $(z \neq z_0)$의 수렴 반지름 R이 언제나 존재하는데, 양수 또는 영 또는 ∞이다." 보기 6의 앞에서 논의한 대로, 비율 판정법과 거듭제곱근 판정법에 따라 적절한 극한이 존재하면 다음이 성립한다.

$$\frac{1}{R} = \lim_{n\to\infty}\left|\frac{a_{n+1}}{a_n}\right|, \quad \frac{1}{R} = \lim_{n\to\infty}\sqrt[n]{|a_n|}$$

이런 공식은 계수에만 의존하기 때문에, $\lim_{n\to\infty}|a_{n+1}/a_n|$이 존재하지 않고 $\lim_{n\to\infty}|a_n|^{1/n}$도 존재하지 않는 예를 쉽게 만들 수 있다. 이런 극한이 존재하지 않을 때, R은 얼마일까? 익힘 문제 6.1의 문제 45와 46을 보라.

6.1 익힘 문제

문제 1~4에서는 주어진 수열의 처음 다섯 항을 써라.

1. $\{5i^n\}$
2. $\{2+(-i)^n\}$
3. $\{1+e^{n\pi i}\}$
4. $\{(1+i)^n\}$ [*귀띔*: 극 형식으로 써라.]

문제 5~10에서는 주어진 수열의 수렴 여부를 판정하라.

5. $\left\{\dfrac{3ni+2}{n+ni}\right\}$
6. $\left\{\dfrac{ni+2^n}{3ni+5^n}\right\}$
7. $\left\{\dfrac{(ni+2)^2}{n^2 i}\right\}$
8. $\left\{\dfrac{n(1+i^n)}{n+1}\right\}$
9. $\left\{\dfrac{n+i^n}{\sqrt{n}}\right\}$
10. $\{e^{1/n}+2(\tan^{-1}n)i\}$

문제 11과 12에서는 주어진 수열 $\{z_n\}$이 복소수 L에 수렴함을 $\lim_{n\to\infty}\mathrm{Re}(z_n)$과 $\lim_{n\to\infty}\mathrm{Im}(z_n)$을 셈해서 밝혀라.

11. $\left\{\dfrac{4n+3ni}{2n+i}\right\}$
12. $\left\{\left(\dfrac{1+i}{4}\right)^n\right\}$

문제 13과 14에서는 부분 합의 수열을 이용해서 주어진 수열이 수렴함을 보여라.

13. $\displaystyle\sum_{k=1}^{\infty}\left(\frac{1}{k+2i}-\frac{1}{k+1+2i}\right)$
14. $\displaystyle\sum_{k=1}^{\infty}\frac{i}{k(k+1)}$

문제 15~20에서는 주어진 등비 급수의 수렴 여부를 판정하라. 수렴하면, 합을 찾아라.

15. $\displaystyle\sum_{k=0}^{\infty}(1-i)^k$
16. $\displaystyle\sum_{k=1}^{\infty}4i\left(\frac{1}{3}\right)^{k-1}$
17. $\displaystyle\sum_{k=1}^{\infty}\left(\frac{i}{2}\right)^k$
18. $\displaystyle\sum_{k=0}^{\infty}\frac{1}{2}i^k$
19. $\displaystyle\sum_{k=0}^{\infty}3\left(\frac{2}{1+2i}\right)^k$
20. $\displaystyle\sum_{k=2}^{\infty}\frac{i^k}{(1+i)^{k-1}}$

문제 21~30에서는 주어진 거듭제곱 급수의 수렴 원과 반지름을 찾아라.

21. $\sum_{k=0}^{\infty} \frac{1}{(1-2i)^{k+1}}(z-2i)^k$

22. $\sum_{k=1}^{\infty} \frac{1}{k}\left(\frac{i}{1+i}\right)z^k$

23. $\sum_{k=1}^{\infty} \frac{(-1)^k}{k2^k}(z-1-i)^k$

24. $\sum_{k=1}^{\infty} \frac{1}{k^2(3+4i)^k}(z+3i)^k$

25. $\sum_{k=0}^{\infty} (1+3i)^k(z-i)^k$

26. $\sum_{k=1}^{\infty} \frac{z^k}{k^k}$

27. $\sum_{k=0}^{\infty} \frac{(z-4-3i)^k}{5^{2k}}$

28. $\sum_{k=0}^{\infty} (-1)^k\left(\frac{1+2i}{2}\right)^k(z+2i)^k$

29. $\sum_{k=0}^{\infty} \frac{(2k)!}{(k+2)(k!)^2}(z-i)^{2k}$

30. $\sum_{k=0}^{\infty} \frac{k!}{(2k)^k}z^{3k}$

31. 거듭제곱 급수 $\sum_{k=1}^{\infty} \frac{(z-i)^k}{k2^k}$이 수렴 원에서 절대 수렴하지 않음을 보여라. 이 거듭제곱 급수가 수렴하는 수렴 원의 점을 적어도 한 개 찾아라.

32. 거듭제곱 급수 $\sum_{k=1}^{\infty} \frac{z^k}{k^2}$이 수렴 원의 모든 점에서 수렴함을 보여라.

33. 정리 6.1.3을 다시 읽자. $\lim_{n\to\infty}|z_n| \neq 0$일 때, 어떤 결론을 내릴 수 있는가?

34. 거듭제곱 급수 $\sum_{k=1}^{\infty} kz^k$이 수렴 원의 모든 점에서 발산함을 보여라.

개념과 이해

35. 급수 $\sum_{k=0}^{\infty} r^k e^{ik\theta}$ $(0<r<1)$을 생각해서, 다음이 성립함을 보여라.

$$\sum_{k=0}^{\infty} r^k \cos k\theta = \frac{1-r\cos\theta}{1-2r\cos\theta+r^2}, \qquad \sum_{k=0}^{\infty} r^k \sin k\theta = \frac{r\sin\theta}{1-2r\cos\theta+r^2}$$

36. $\{z_n+w_n\}$이 수렴한다고 하자. 두 수열 $\{z_n\}$과 $\{w_n\}$ 중에서 적어도 하나는 수렴하는가?

37. 수열 $\{z_n\}$이 유계 또는 갇혀 있다는 것은, 이것의 항으로 이루어진 집합 S가 갇혀 있는 경우이다. (1.5절을 보라.) 보기 1의 수열은 갇혀 있다.
   (a) 보기 2의 수열이 갇혀 있음을 증명하라.
   (b) 복소수로 이루어진 갇혀 있는 수열의 또 다른 예를 들어라.
   (c) 복소수로 이루어진 갇혀 있지 않은 수열의 예를 들어라.

38. 다음을 논의하라. 수렴하는 수열은 모두 갇혀 있는가? (문제 37을 보라.) 갇혀 있는 수열은 모두 수렴하는가? 자신의 답을 엄밀하게 밝혀라.

39. $i^{1/n}$이 i의 으뜸 n제곱근을 나타낼 때, 수열 $\{i^{1/n}\}$은 수렴하는가?

40. (6)의 등식이 $|z| < 1$일 때 수렴함을 알아봤다. 다음이 성립함을 밝히고, 등식이 성립하는 z의 값을 찾아라.

$$\frac{1}{1-z} = -z^{-1} - z^{-2} - z^{-3} - \cdots$$

41. (6)에서 기호 z를 e^{iz}로 바꾼 다음 등식을 생각하자.

$$\frac{1}{1-e^{iz}} = e^{iz} + e^{2iz} + e^{3iz} + \cdots$$

위의 급수가 수렴하는 복소 평면의 구역을 찾아라.

42. $\sum_{k=0}^{\infty}\left(\frac{z-1}{z+2}\right)^k$이 수렴하는 복소 평면의 구역을 그림으로 나타내라.

43. 거듭제곱 급수 $\sum_{k=0}^{\infty} a_k(z-1+2i)^k$을 생각하자. 이 급수가 $-3+i$에서 수렴하고 $5-3i$에서 발산할 수 있는지 논의하라.

44. 복소 평면에서 다음 정리가 유효함을 예시하는 상황을 그림으로 나타내라.

(i) 중심이 z_0인 거듭제곱 급수가 $z_1 \neq z_0$에서 수렴하면, 이 급수는 $|z-z_0| < |z_1-z_0|$을 만족시키는 z에서 수렴한다.

(ii) 중심이 z_0인 거듭제곱 급수가 z_2에서 발산하면, 이 급수는 $|z-z_0| > |z_2-z_0|$을 만족시키는 z에서 발산한다.

45. 계수가 다음과 같은 거듭제곱 급수 $f(z) = \sum_{k=0}^{\infty} a_k z^k$을 생각하자.

$$a_k = \begin{cases} 2^k & (k=0,\ 2,\ 4,\ \cdots) \\ \dfrac{1}{7^k} & (k=1,\ 3,\ 5,\ \cdots) \end{cases}$$

(a) $\lim_{n\to\infty}|a_{n+1}/a_n|$도 $\lim_{n\to\infty}|a_n|^{1/n}$도 존재하지 않음을 보여라.

(b) 다음 각 거듭제곱 급수의 수렴 반지름을 찾아라.

$$f_1(z) = \sum_{k=0}^{\infty} 2^{2k} z^{2k}, \qquad f_2(z) = \sum_{k=0}^{\infty} \frac{1}{7^{2k+1}} z^{2k+1}$$

(c) $f(z) = f_1(z) + f_2(z)$가 성립함을 밝혀라. 원래 거듭제곱 급수의 수렴 반지름 R을 위의 관찰을 통해 찾을 수 있는지 논의하라. R은 얼마인가?

46. 문제 45와 같이 진행해서 다음 거듭제곱 급수의 수렴 반지름 R을 찾아라.

$$1 + 3z + z^2 + 27z^3 + z^4 + 243z^5 + z^6 + \cdots$$

47. 이 문제에서는 다음 명제를 증명한다.

급수 $\sum_{k=1}^{\infty} z_k$가 절대 수렴하면, 이 급수는 수렴한다.

증명 $\sum_{k=1}^{\infty}|z_k|$가 수렴한다는 가정에서 출발한다. $z_k = a_k + ib_k$이면 다음을 얻는다.

$$\sum_{k=1}^{\infty}|a_k| \le \sum_{k=1}^{\infty}\sqrt{a_k^2+b_k^2} = \sum_{k=1}^{\infty}|z_k|$$

(a) 먼저, 위의 부등식이 참인 이유를 설명하라. 다음으로 이 부등식이 급수 $\sum_{k=1}^{\infty}|a_k|$가 수렴함을 보장하는 이유를 설명하라.

(b) (a)와 같은 논리로 $\sum_{k=1}^{\infty}|b_k|$가 수렴함을 보장하는 방법을 설명하라.

(c) (a)와 (b)가 $\sum_{k=1}^{\infty}z_k$가 수렴함을 보장하는 방법을 설명하라.

48. 이 문제에서는 비율 판정법 (9)의 (i)를 증명한다.

증명 $\lim_{n\to\infty}\left|\frac{z_{n+1}}{z_n}\right| = L < 1$이라는 가정에서 출발한다.

(a) 먼저 정수 N과 양의 실수 $r<1$이 존재해서 $n>N$이면 $\left|\frac{z_{n+1}}{z_n}\right| < r$이 성립하는 이유를 설명하라. 다음으로 이에 따라 $j=0,\ 1,\ 2,\ \cdots$에 대해 $|z_{N+j}| < r^j|z_N|$이 성립하는 이유를 설명하라.

(b) 실 해석학의 비교 판정법과 (a)의 결과를 이용해서 $\sum_{j=0}^{\infty}|z_{N+j}|$가 수렴함을 보여라.

(c) (b)의 결과가 $\sum_{k=0}^{\infty}z_k$의 절대 수렴을 보장하는 이유를 설명하라.

6.2 테일러 급수

수렴 원의 내부에 있는 복소수 z와 급수 $\sum_{k=0}^{\infty}a_k(z-z_0)^k$이 수렴하는 수 사이의 대응은 단가이다. 이런 의미에서 거듭제곱 급수는 함수 f를 정의한다. 또는 표현한다. 수렴 원의 내부에 있는 특정한 z에 대해 급수가 수렴하는 수 L을 z에서 f의 값으로 정의한다. 곧, $f(z)=L$이다. 이번 절에서는 이런 함수 f의 속성에 대한 중요한 사실을 몇 가지 알아본다.

앞의 절에서 모든 거듭제곱 급수에는 수렴 반지름 R이 있음을 알아봤다. 이번 절의 논의에서는 거듭제곱 급수 $\sum_{k=0}^{\infty}a_k(z-z_0)^k$의 수렴 반지름 R이 양수 또는 무한대라고 가정하겠다.

거듭제곱 급수의 미분과 적분 다음 세 개의 정리는 거듭제곱 급수로 정의된 함수 f가 수렴 원의 내부에서 연속이고 미분할 수 있으며 적분할 수 있음을 알려 준다.

정리 6.2.1 연속성

거듭제곱 급수 $\sum_{k=0}^{\infty}a_k(z-z_0)^k$은 수렴 원 $|z-z_0|=R$의 내부에서 연속 함수 f를 표현한다.

정리 6.2.2 항별 미분

거듭제곱 급수 $\sum_{k=0}^{\infty} a_k(z-z_0)^k$은 수렴 원 $|z-z_0|=R$의 내부에서 항별로 미분할 수 있다.

용어
항별 미분 term-by-term differentiation 항별 적분 term-by-term integration

거듭제곱 급수를 항별로 미분하면 다음과 같다.

$$\frac{d}{dz}\sum_{k=0}^{\infty} a_k(z-z_0)^k = \sum_{k=0}^{\infty} a_k \frac{d}{dz}(z-z_0)^k = \sum_{k=1}^{\infty} a_k k(z-z_0)^{k-1}$$

마지막 급수에서 합이 $k=1$부터 시작하는데, $k=0$에 대응하는 항이 0이기 때문이다. 비율 판정법에 의해 다음과 같은 원래의 급수와 미분한 급수의 수렴 원 $|z-z_0|=R$이 서로 같음을 쉽게 증명할 수 있다.

$$\sum_{k=0}^{\infty} a_k(z-z_0)^k, \qquad \sum_{k=1}^{\infty} a_k k(z-z_0)^{k-1}$$

거듭제곱 급수의 도함수는 거듭제곱 급수이므로, 처음 급수 $\sum_{k=0}^{\infty} a_k(z-z_0)^k$은 원하는 만큼 여러 번 미분할 수 있다. 바꿔 말하면, 정리 6.2.2의 결과로 거듭제곱 급수는 수렴 원의 내부에서 끝없이 미분할 수 있는 함수를 정의하고, 미분한 각 거듭제곱 급수의 수렴 반지름 R은 원래의 거듭제곱 급수와 같다.

정리 6.2.3 항별 적분

거듭제곱 급수 $\sum_{k=0}^{\infty} a_k(z-z_0)^k$은 수렴 원 $|z-z_0|=R$의 내부에 완전히 놓인 임의의 경로 C에 대해 그 수렴 원의 내부에서 항별로 적분할 수 있다.

이 정리는 $|z-z_0|=R$의 내부에 놓인 임의의 C에 대해 다음이 성립함을 뜻한다.

$$\int_C \sum_{k=0}^{\infty} a_k(z-z_0)^k\,dz = \sum_{k=0}^{\infty} a_k \int_C (z-z_0)^k\,dz$$

부정 적분도 다음과 같이 항별로 시행할 수 있다.

$$\int \sum_{k=0}^{\infty} a_k(z-z_0)^k\,dz = \sum_{k=0}^{\infty} a_k \int (z-z_0)^k\,dz$$

$$= \sum_{k=0}^{\infty} \frac{a_k}{k+1}(z-z_0)^{k+1} + (\text{상수})$$

정리 6.1.4에 제시한 비율 판정법을 이용해서 다음 두 급수의 수렴 원이 $|z-z_0|=R$로 서로 같음을 증명할 수 있다.

$$\sum_{k=0}^{\infty} a_k(z-z_0)^k, \qquad \sum_{k=0}^{\infty} \frac{a_k}{k+1}(z-z_0)^{k+1}$$

테일러 급수 거듭제곱 급수가 $|z-z_0|=R$의 내부에서 다음과 같이 함수 f를 표현한다고 하자.

$$f(z)=\sum_{k=0}^{\infty} a_k(z-z_0)^k = a_0+a_1(z-z_0)$$
$$+a_2(z-z_0)^2+a_3(z-z_0)^3+\cdots \quad (1)$$

정리 6.2.2에 의해서 f의 각 계의 도함수는 다음과 같다.

$$f'(z)=\sum_{k=1}^{\infty} a_k k(z-z_0)^{k-1} = a_1+2a_2(z-z_0)+3a_3(z-z_0)^2+\cdots \quad (2)$$

$$f''(z)=\sum_{k=2}^{\infty} a_k k(k-1)(z-z_0)^{k-2} = 2\cdot 1a_2+3\cdot 2a_3(z-z_0)+\cdots \quad (3)$$

$$f'''(z)=\sum_{k=3}^{\infty} a_k k(k-1)(k-2)(z-z_0)^{k-3} = 3\cdot 2\cdot 1a_3+\cdots \quad (4)$$

$$\vdots$$

중요 ➡ 거듭제곱 급수 (1)은 수렴 원 $|z-z_0|=R$의 내부에서 미분할 수 있는 함수 f를 표현한다. 여기서 R은 양수이거나 무한대이다. 그러므로 결론적으로 거듭제곱 급수는 수렴 원의 내부에서 해석 함수를 표현한다.

(1)에서 계수 a_k와 f의 도함수 사이에는 어떤 관계가 있다. $z=z_0$에서 (1), (2), (3), (4)의 값을 찾으면, 차례로 다음과 같다.

$$f(z_0)=a_0,\quad f'(z_0)=1!\,a_1,\quad f''(z_0)=2!\,a_2,\quad f'''(z_0)=3!\,a_3$$

일반적으로 $f^{(n)}(z_0)=n!\,a_n$ 또는 다음이 성립한다.

$$a_n=\frac{f^{(n)}(z_0)}{n!} \quad (n\ge 0) \quad (5)$$

(5)에서 $n=0$일 때 0계 도함수를 $f(z_0)$이라 하고 $0!=1$이라 하므로, 공식 $a_0=f(z_0)$을 얻는다. (5)를 (1)에 대입하면 다음과 같다.

$$f(z)=\sum_{k=0}^{\infty}\frac{f^{(k)}(z_0)}{k!}(z-z_0)^k \quad (6)$$

용어
테일러 급수 Taylor series 매클로린 급수 Maclaurin series

이 급수를 중심이 z_0인 f에 대한 **테일러 급수**라고 한다. 중심이 $z_0=0$인 다음과 같은 테일러 급수를 **매클로린 급수**라 한다.

$$f(z)=\sum_{k=0}^{\infty}\frac{f^{(k)}(0)}{k!}z^k \quad (7)$$

방금 알아본 대로, 수렴 반지름 R이 영이 아닌 거듭제곱 급수는 해석 함수를 표현한다. 반면에 다음과 같이 질문할 수 있다.

질문

함수 f가 영역 D에서 해석적이면, 이를 (6) 또는 (7)과 같은 꼴의 거듭제곱 급수로 표현할 수 있을까?

거듭제곱 급수는 원형 영역에서 수렴하는데, 영역 D는 일반적으로 원형이 아니기 때문에, 다음과 같은 문제가 제기된다. f를 D에 포함되는 각 원형 영역에서 유효한 한 개 이상의 거듭제곱 급수로 전개할 수 있을까? 여기서 '유효하다'는 말은 거듭제곱 급수가 z에서 수렴하고 이 거듭제곱 급수는 $f(z)$에 수렴해야 함을 뜻한다. 다음 정리는 이 질문에 긍정적으로 답한다.

정리 6.2.4 테일러의 정리

함수 f가 영역 D에서 해석적이고 z_0은 D에 속하는 점이라고 하자. 그러면 f는 다음과 같은 급수로 표현된다.

$$f(z)=\sum_{k=0}^{\infty}\frac{f^{(k)}(z_0)}{k!}(z-z_0)^k \tag{8}$$

이 급수는 D에 완전히 놓이며 중심이 z_0이고 반지름 R이 가능한 한 가장 큰 원 C의 내부에서 유효하다.

용어
테일러의 정리 Taylor's theorem

증명 z는 C의 내부에 속하는 고정된 점이라 하고 s를 적분 변수라고 하자. 그러므로 원 C는 $|s-z_0|=R$로 나타내어진다. 그림 6.2.1을 보라. 먼저, 코시의 적분 공식을 이용해서 z에서 f의 값을 다음과 같이 나타내자.

$$f(z)=\frac{1}{2\pi i}\oint_C\frac{f(s)}{s-z}ds=\frac{1}{2\pi i}\oint_C\frac{f(s)}{(s-z_0)-(z-z_0)}ds$$

$$=\frac{1}{2\pi i}\oint_C\frac{f(s)}{(s-z_0)}\cdot\frac{1}{1-\dfrac{z-z_0}{s-z_0}}ds \tag{9}$$

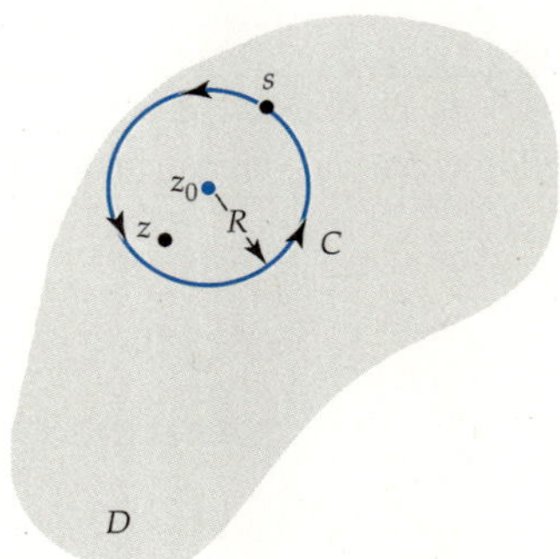

그림 6.2.1 정리 6.2.4의 증명을 위한 경로

6.1절의 (8)에서 z를 $(z-z_0)/(s-z_0)$으로 바꾸면, 다음을 얻는다.

$$\frac{1}{1-\dfrac{z-z_0}{s-z_0}}=1+\frac{z-z_0}{s-z_0}+\left(\frac{z-z_0}{s-z_0}\right)^2+\cdots+\left(\frac{z-z_0}{s-z_0}\right)^{n-1}$$

$$+\frac{(z-z_0)^n}{(s-z)(s-z_0)^{n-1}}$$

그러므로 (9)는 다음과 같이 된다.

$$f(z)=\frac{1}{2\pi i}\oint_C \frac{f(s)}{(s-z_0)}ds+\frac{z-z_0}{2\pi i}\oint_C \frac{f(s)}{(s-z_0)^2}ds$$

$$+\frac{(z-z_0)^2}{2\pi i}\oint_C \frac{f(s)}{(s-z_0)^3}ds+\cdots$$

$$+\frac{(z-z_0)^{n-1}}{2\pi i}\oint_C \frac{f(s)}{(s-z_0)^n}ds$$

$$+\frac{(z-z_0)^n}{2\pi i}\oint_C \frac{f(s)}{(s-z)(s-z_0)^n}ds \tag{10}$$

5.5절의 (6)에 있는 도함수에 대한 코시의 적분 공식을 이용하면 (10)을 다음과 같이 쓸 수 있다.

$$f(z)=f(z_0)+\frac{f'(z_0)}{1!}(z-z_0)+\frac{f''(z_0)}{2!}(z-z_0)^2+\cdots$$

$$+\frac{f^{(n-1)}(z_0)}{(n-1)!}(z-z_0)^{n-1}+R_n(z) \tag{11}$$

여기서 $R_n(z)$는 다음과 같다.

$$R_n(z)=\frac{(z-z_0)^n}{2\pi i}\oint_C \frac{f(s)}{(s-z)(s-z_0)^n}ds$$

용어
나머지가 R_n인 테일러의 공식 Taylor's formula with remainder R_n

식 (11)을 나머지가 R_n인 테일러의 공식이라 한다. 이제 $n\to\infty$일 때 $R_n(z)\to 0$임을 보이려고 한다. 이는 $n\to\infty$일 때 $|R_n(z)|\to 0$임을 보이면 된다. f가 D에서 해석적이므로, 정리 5.5.8에 의해 $|f(z)|$의 최댓값 M은 경로 C에서 취한다. 또 z가 C의 내점이므로, $|z-z_0|<R$이고 다음이 성립한다.

$$|s-z|=|s-z_0-(z-z_0)|\geq |s-z_0|-|z-z_0|=R-d$$

여기서 $d=|z-z_0|$은 z부터 z_0까지의 거리이다. 그러므로 ML 부등식에 의해 다음이 성립한다.

$$|R_n(z)|=\left|\frac{(z-z_0)^n}{2\pi i}\oint_C \frac{f(s)}{(s-z)(s-z_0)^n}ds\right|$$

$$\leq \frac{d^n}{2\pi}\cdot\frac{M}{(R-d)R^n}\cdot 2\pi R=\frac{MR}{R-d}\left(\frac{d}{R}\right)^n$$

$d<R$이므로 $n\to\infty$일 때 $(d/R)^n\to 0$이고, 이에 따라 $n\to\infty$일 때 $|R_n(z)|\to 0$이다. 따라서 다음 무한 급수는 $f(z)$에 수렴한다.

$$f(z_0)+\frac{f'(z_0)}{1!}(z-z_0)+\frac{f''(z_0)}{2!}(z-z_0)^2+\cdots$$

바꿔 말하면, (8)의 결과는 C의 내부에 있는 임의의 점 z에 대해 성립한다. ■

테일러 급수의 수렴 반지름은 앞 절의 보기 5~7에서 예시한 것과 정확하게 똑같은 방법으로 찾을 수 있다. 그렇지만 수렴 반지름 R은 급수의 중심 z_0으로부터 가장 까까운 f의 고립 특이점까지의 거리라는 사실에 주목하면 이 문제를 단순화할 수 있다. 고립 특이점의 개념은 다음 절에서 좀 더 자세히 알아보겠지만, 이는 f가 해석적이지 않은 점으로, 그 점의 적당한 근방이 존재해서 이에 속하는 다른 모든 점에서는 해석적인 경우를 말한다. 예를 들면, $z=5i$는 $f(z)=1/(z-5i)$의 고립 특이점이다. 전해석 함수 f의 경우에 임의의 점 z_0이 중심인 테일러 급수의 수렴 반지름은 필연적으로 $R=\infty$이다. (8)과 마지막 사실을 이용해서, 다음 매클로린 급수 표현은 모든 z에 대해, 곧 $|z|<\infty$일 때 성립한다고 말할 수 있다.

⬅ 주의

용어
고립 특이점 isolated singularuty

몇 가지 중요한 매클로린 급수

$$e^z=1+\frac{z}{1!}+\frac{z^2}{2!}+\cdots=\sum_{k=0}^{\infty}\frac{z^k}{k!} \tag{12}$$

$$\sin z=z-\frac{z^3}{3!}+\frac{z^5}{5!}-\cdots=\sum_{k=0}^{\infty}(-1)^k\frac{z^{2k+1}}{(2k+1)!} \tag{13}$$

$$\cos z=1-\frac{z^2}{2!}+\frac{z^4}{4!}-\cdots=\sum_{k=0}^{\infty}(-1)^k\frac{z^{2k}}{(2k)!} \tag{14}$$

보기 1 수렴 반지름

함수 $f(z)=\dfrac{3-i}{1-i+z}$를 중심이 $z_0=4-2i$인 테일러 급수로 전개한다고 하자. 이때 수렴 반지름 R은 얼마인가?

풀이 이 함수는 $z=-1+i$를 제외한 모든 점에서 해석적이므로, 이 점은 고립 특이점이다. 점 $z=-1+i$부터 $z_0=4-2i$까지의 거리는 다음과 같다.

$$|z-z_0|=\sqrt{(-1-4)^2+(1-\{-2\})^2}=\sqrt{34}$$

이 마지막 수가 중심이 $4-2i$인 테일러 급수의 수렴 반지름 R이다. ❑

중심이 z_0인 다음 두 거듭제곱 급수가 똑같은 함수 f를 나타낸다고 하자.

$$\sum_{k=0}^{\infty} a_k (z-z_0)^k, \qquad \sum_{k=0}^{\infty} b_k (z-z_0)^k$$

그리고 수렴 반지름이 모두 영이 아닌 똑같은 R이라면, 다음이 성립한다.

$$a_k = b_k = \frac{f^{(k)}(z_0)}{k!} \quad (k=0,\ 1,\ 2,\ \cdots)$$

다른 방식으로 말하면, 한 함수의 중심이 z_0인 거듭제곱 급수 전개는 유일하다. 실질적인 면에서, 이는 해석 함수 f의 중심이 z_0인 거듭제곱 급수 전개는 그것을 얻는 데 이용한 방법과 무관하게 그 함수의 테일러 급수 전개임을 뜻한다. 예를 들면, (14)는 (13)을 단순히 항별로 미분해서 얻을 수 있다. e^{z^2}의 매클로린 급수는 (12)의 z에 z^2을 대입해서 얻을 수 있다.

주의 : 일반적으로 (8)에 있는 공식은 ➡ 최후의 수단으로 사용한다.

보기 2 매클로린 급수

$f(z) = \dfrac{1}{(1-z)^2}$의 매클로린 급수를 찾아라.

풀이 물론, (8)을 이용해서 계수를 셈할 수 있다. 그렇지만 6.1절의 (6)에 있는 대로 $|z|<1$일 때 다음이 성립한다.

$$\frac{1}{1-z} = 1 + z + z^2 + z^3 + \cdots \tag{15}$$

이 마지막 결과를 z에 관해 양변을 미분하면, 다음을 얻는다.

$$\frac{d}{dz}\frac{1}{1-z} = \frac{d}{dz}1 + \frac{d}{dz}z + \frac{d}{dz}z^2 + \frac{d}{dz}z^3 + \cdots,$$

곧
$$\frac{1}{(1-z)^2} = 0 + 1 + 2z + 3z^2 + \cdots = \sum_{k=1}^{\infty} kz^{k-1} \tag{16}$$

정리 6.2.2를 이용하면, 마지막 거듭제곱 급수의 수렴 반지름은 원래의 급수와 같이 $R=1$이다. ❑

(16)과 같은 결과를 더욱 활용할 수 있다. 예를 들어, $f(z) = \dfrac{z^3}{(1-z)^2}$의 매클로린 급수를 구하려면, (16)에 단순히 z^3을 곱해서 다음을 얻는다.

$$\frac{z^3}{(1-z)^2} = z^3 + 2z^4 + 3z^5 + \cdots = \sum_{k=1}^{\infty} kz^{k+2}$$

마지막 급수의 수렴 반지름은 여전히 $R=1$이다.

보기 3 테일러 급수

$f(x) = \dfrac{1}{1-z}$을 중심이 $z_0 = 2i$인 테일러 급수로 전개하라.

풀이 이 풀이에서도 등비 급수 (15)를 이용한다. $1/(1-z)$의 분모에 $2i$를 더하고 빼서 다음과 같이 쓸 수 있다.

$$\frac{1}{1-z}=\frac{1}{1-z+2i-2i}=\frac{1}{1-2i-(z-2i)}=\frac{1}{1-2i}\frac{1}{1-\dfrac{z-2i}{1-2i}}$$

이제 (15)에서 z를 식 $\dfrac{z-2i}{1-2i}$로 바꾸고 이를 이용해서 $\dfrac{1}{1-\dfrac{z-2i}{1-2i}}$을 다음과 같이 거듭제곱 급수로 나타낸다.

$$\frac{1}{1-z}=\frac{1}{1-2i}\left\{1+\frac{z-2i}{1-2i}+\left(\frac{z-2i}{1-2i}\right)^2+\left(\frac{z-2i}{1-2i}\right)^3+\cdots\right\},$$

곧 $$\frac{1}{1-z}=\frac{1}{1-2i}+\frac{z-2i}{(1-2i)^2}+\frac{(z-2i)^2}{(1-2i)^3}+\frac{(z-2i)^3}{(1-2i)^4}+\cdots \tag{17}$$

중심 $z_0=2i$로부터 가장 가까운 특이점 $z=1$까지의 거리는 $\sqrt{5}$이므로, (17)의 수렴 원은 $|z-2i|=\sqrt{5}$이다. 이 사실은 앞 절의 비율 판정법으로 확인할 수 있다. ❑

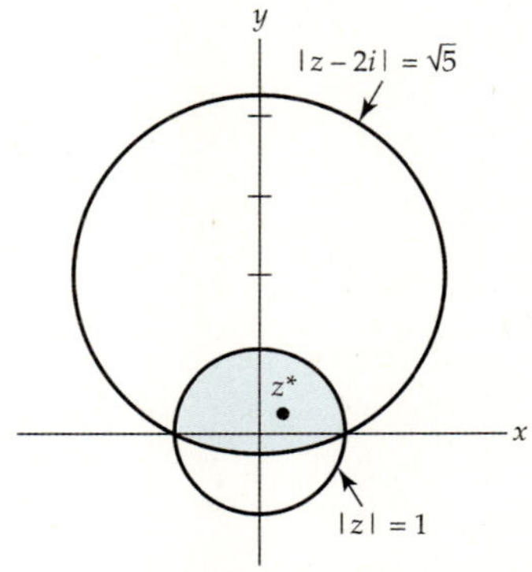

그림 6.2.2 (15)와 (17)의 급수는 모두 진하게 나타낸 영역에서 수렴한다.

(15)와 (17)에서 똑같은 함수 $f(z)=1/(1-z)$을 두 개의 다른 거듭제곱 급수로 표현했다. 첫째 급수 (15)의 중심은 $z_0=0$이고 수렴 반지름은 $R=1$이다. 둘째 급수 (17)의 중심은 $z_0=2i$이고 수렴 반지름은 $R=\sqrt{5}$이다. 서로 다른 이 두 수렴 원을 그림 6.2.2에 나타냈다. 그림에 진하게 나타낸 두 원의 공통 부분의 내부는 두 급수가 모두 수렴하는 구역이다. 바꿔 말하면, 이 구역의 특정한 점 z^*에서 두 급수는 모두 똑같은 값 $f(z^*)=1/(1-z^*)$으로 수렴한다. 진하게 나타낸 구역의 외부에서는 두 급수 중 적어도 한 개는 반드시 수렴한다.

참고 **실 해석학과의 비교**

(i) 정리 5.5.3의 한 가지 결과로, 해석 함수 f는 끝없이 미분할 수 있다. 정리 6.2.4의 한 가지 결과로, 해석 함수 f는 수렴 반지름 R이 음이 아닌 거듭제곱 급수로 전개할 수 있다. 실 해석학에서는 끝없이 미분할 수 있는 함수 f를 거듭제곱 급수로 표현할 수 없는 경우가 있다. 익힘 문제 6.2의 문제 51을 보라.

(ii) 인식하지 못했을 수도 있겠지만, (6), (7), (12), (13), (14)의 결과는 그에 대응하는 초등 미분 적분학의 결과와 형태가 똑같다.

6.2 익힘 문제

문제 1~12에서는 이미 알려진 결과를 이용해서 주어진 함수를 매클로린 급수로 전개하라. 각 급수의 수렴 반지름 R을 찾아라.

1. $f(z)=\dfrac{z}{1+z}$
2. $f(z)=\dfrac{1}{4-2z}$
3. $f(z)=\dfrac{1}{(1+2z)^2}$
4. $f(z)=\dfrac{z}{(1-z)^3}$
5. $f(z)=e^{-2z}$
6. $f(z)=ze^{-z^2}$
7. $f(z)=\sinh z$
8. $f(z)=\cosh z$
9. $f(z)=\cos\dfrac{z}{2}$
10. $f(z)=\sin 3z$
11. $f(z)=\sin z^2$
12. $f(z)=\cos^2 z$ [*귀띔*: 삼각 등식을 이용하자.]

문제 13과 14에서는 e^z의 매클로린 급수를 이용해서 주어진 함수를 지정된 점 z_0이 중심인 테일러 급수로 전개하라. [*귀띔*: $z=z-z_0+z_0$]

13. $f(z)=e^z,\ z_0=3i$
14. $f(z)=(z-1)e^{-3z},\ z_0=1$

문제 15~22에서는 주어진 함수를 지정된 점 z_0이 중심인 테일러 급수로 전개하라. 각 급수의 수렴 반지름 R을 찾아라.

15. $f(z)=\dfrac{1}{z},\ z_0=1$
16. $f(z)=\dfrac{1}{z},\ z_0=1+i$
17. $f(z)=\dfrac{1}{3-z},\ z_0=2i$
18. $f(z)=\dfrac{1}{1+z},\ z_0=-i$
19. $f(z)=\dfrac{z-1}{3-z},\ z_0=1$
20. $f(z)=\dfrac{1+z}{1-z},\ z_0=i$
21. $f(z)=\cos z,\ z_0=\pi/4$
22. $f(z)=\sin z,\ z_0=\pi/2$

문제 23과 24에서는 (7)을 이용해서 주어진 함수에 대한 매클로린 급수의 영이 아닌 처음 세 항을 찾아라.

23. $f(z)=\tan z$
24. $f(z)=e^{1/(1+z)}$

문제 25와 26에서는 부분 분수를 이용해서 주어진 함수에 대한 매클로린 급수를 찾아라. 각 급수의 수렴 반지름 R을 찾아라.

25. $f(z)=\dfrac{i}{(z-i)(z-2i)}$
26. $f(z)=\dfrac{z-7}{z^2-2z-3}$

문제 27과 28에서는 실제로 전개하지 말고, 지정된 점 z_0이 중심인 주어진 함수의 테일러 급수에 대한 수렴 반지름 R을 결정하라.

27. $f(z)=\dfrac{4+5z}{1+z^2},\ z_0=2+5i$
28. $f(z)=\cot z,\ z_0=\pi i$
29. 문제 23의 매클로린 급수에 대한 수렴 반지름 R은 얼마인가?
30. 문제 24의 매클로린 급수에 대한 수렴 반지름 R은 얼마인가?

문제 31과 32에서는 주어진 함수를 지정된 각 점 z_0이 중심인 테일러 급수로 전개하라. 각 급수의 수렴 반지름 R을 찾아라. 두 급수가 모두 수렴하는 구역을 나타내라.

31. $f(z)=\dfrac{1}{2+z}$, $z_0=-1$, $z_0=i$ 32. $f(z)=\dfrac{1}{z}$, $z_0=1+i$, $z_0=3$

문제 33과 34에서는 이번 절에서 얻은 결과들을 이용해서 주어진 거듭제곱 급수의 합을 찾아라.

33. $\sum_{k=0}^{\infty} 3^k z^k$

34. $\sum_{k=0}^{\infty} \dfrac{z^2}{k!}$

35. 매클로린 급수 (13)을 미분해서 매클로린 급수 (14)를 찾아라.

36. **오차 함수** $\mathrm{erf}(z)$를 적분 $\mathrm{erf}(z)=\dfrac{2}{\sqrt{\pi}}\int_0^z e^{-t^2}dt$로 정의한다. e^{-t^2}의 매클로린 급수를 적분해서 $\mathrm{erf}(z)$에 대한 매클로린 급수를 찾아라.

용어
오차 함수 error function
코시 곱 Cauchy product

문제 37과 38에서는 주어진 식의 근삿값을 매클로린 급수에서 지정된 개수의 항을 이용해서 찾아라.

37. $e^{(1+i)/10}$, 세 항

38. $\sin\left(\dfrac{1+i}{10}\right)$, 두 항

개념과 이해

39. 모든 함수 f의 정의역이 있다. 중심이 z_0인 테일러 급수로 정의된 함수 f의 정의역을 말로 설명하라.

40. $f(z)=\sum_{k=0}^{\infty} a_k z^k$이고 $g(z)=\sum_{k=0}^{\infty} b_k z^k$일 때, f와 g의 **코시 곱**은 다음과 같다.

$$f(z)g(z)=\sum_{k=0}^{\infty} c_k z^k \quad (\text{단, } c_k=\sum_{n=0}^{k} a_n b_{k-n})$$

$f(z)g(z)$의 거듭제곱 급수에서 처음 다섯 항을 써라.

41. 문제 40과 이번 절의 (12) 및 6.1절의 (6)을 이용해서, $e^z/(1-z)$의 매클로린 급수에서 영이 아닌 처음 네 항을 찾아라. 이 급수의 수렴 반지름 R은 얼마인가?

42. 문제 40과 이번 절의 (12) 및 (14)를 이용해서, $\sin z\cos z$의 매클로린 급수에서 영이 아닌 처음 네 항을 찾아라. 이 급수를 얻는 또 다른 방법이 있는가?

43. 함수 $f(z)=\sec z$는 $z=0$에서 해석적이므로, 매클로린 급수로 전개된다. 물론 (7)을 이용할 수 있지만, 다음 급수의 계수를 얻는 여러 가지 다른 방법이 있다.

$$\sec z = a_0+a_1z+a_2z^2+a_3z^3+\cdots$$

한 가지 방법은 등식 $1=\sec z\cos z$, 곧 다음 양변의 계수를 같게 놓는 것

이다.

$$1=(a_0+a_1z+a_2z^2+a_3z^3+\cdots)\left(1-\frac{z^2}{2!}+\frac{z^4}{4!}-\frac{z^6}{6!}+\cdots\right)$$

f의 매클로린 급수에서 영이 아닌 처음 세 항을 찾아라. 이 급수의 수렴 반지름 R은 얼마인가?

44. (a) 정의 $f(z)=\sec z=1/\cos z$과 나눗셈을 이용해서 문제 43의 매클로린 급수에서 영이 아닌 처음 세 항을 얻어라.

(b) 정의 $f(z)=\csc z=1/\sin z$과 나눗셈을 이용해서 무한 급수에서 영이 아닌 처음 세 항을 얻어라. 이 급수는 매클로린 급수인가?

45. 복소 함수 f는 $z_0=0$을 포함하는 영역 D에서 해석적이고 $f'(z)=4z+f^2(z)$를 만족시키며 $f(0)=1$이라고 하자.

(a) $f'(0)$, $f''(0)$, $f'''(0)$, $f^{(4)}(0)$, $f^{(5)}(0)$을 셈하라.

(b) f의 매클로린 급수 전개에서 처음 여섯 항을 찾아라.

46. 다음과 같이 $f(z)=\tan z$의 매클로린 급수에서 영이 아닌 세 항을 찾는 다른 방법을 찾아라. (문제 23을 보라.)

(a) 등식 $\tan z=\sin z\sec z$ 및 문제 42와 43에 근거한 방법

(b) 문제 44(a)에 근거한 방법

(c) 문제 45에 근거한 방법 [*귀띔*: $f'(z)=\sec^2 z=1+\tan^2 z$]

47. 익힘 문제 1.3의 문제 34에서 알아본 대로, 드 무아브르의 공식을 이용해서 $\cos 3\theta$와 $\sin 3\theta$에 대한 삼각 등식을 얻을 수 있다. 이런 등식을 이용해서 $\sin^3 z$과 $\cos^3 z$에 대한 매클로린 급수를 얻을 수 있는 방법을 논의하라. [*귀띔*: 문제 34에 대한 답을 간단히 하기를 원할 것이다. 예를 들면, $\cos^2\theta\sin\theta=(1-\sin^2\theta)\sin\theta$이다.]

48. (a) 로그의 으뜸 값 $\operatorname{Ln}(z)=\log_e|z|+i\operatorname{Arg}(z)$를 중심이 $z_0=-1+i$인 테일러 급수로 전개했다고 하자. 그 내부에서 f가 해석적인 $z_0=-1+i$이 중심인 원 중에서 가장 큰 것의 반지름이 $R=1$인 이유를 설명하라.

(b) 원 $|z-(-1+i)|=1$의 내부에서 f의 테일러 급수가 다음과 같음을 보여라.

$$\operatorname{Ln} z=\frac{1}{2}\log_e 2+\frac{3\pi}{4}i-\sum_{k=1}^{\infty}\frac{1}{k}\left(\frac{1+i}{2}\right)^k(z+1-i)^k$$

(c) (b)의 거듭제곱 급수에 대한 수렴 반지름이 $R=\sqrt{2}$임을 보여라. 이것이 (a)의 결과와 모순되지 않는 이유를 설명하라.

49. (a) 함수 $\operatorname{Ln}(1+z)$를 생각하자. 그 내부에서 f가 해석적인 원점이 중심인 원 중에서 가장 큰 것의 반지름은 무엇인가?

(b) f를 매클로린 급수로 전개하라. 이 급수의 수렴 반지름은 얼마인가?

(c) (b)의 결과를 이용해서 $\operatorname{Ln}(1+z)$에 대한 매클로린 급수를 찾아라.

(d) $\mathrm{Ln}\left(\frac{1+z}{1-z}\right)$에 대한 매클로린 급수를 찾아라.

50. 정리 3.1.3에서 알아본 대로, 로피탈의 법칙은 복소 해석학에도 적용된다. 익힘 문제 3.1의 문제 33에서 도함수의 정의를 이용해서 다음 명제를 증명하는 개략적인 방법을 안내했다.

두 함수 f와 g가 점 z_0에서 해석적이며 $f(z_0)=0$ 이고 $g(z_0)=0$ 이며 $g'(z_0)\neq 0$ 일 때, $\lim_{z\to z_0}\frac{f(z)}{g(z)}=\frac{f'(z)}{g'(z)}$ 이다.

이번에는 $f(z)$와 $g(z)$를 중심이 z_0인 테일러 급수로 바꾸어 이 명제를 증명하라.

연구 과제

51. (a) 대부분의 미적분학 교과서에 다음과 같은 실 함수가 있다.

$$f(z)=\begin{cases} e^{-1/x^2} & (x\neq 0) \\ 0 & (x=0)\end{cases}$$

f는 모든 x에서 끝없이 미분할 수 있음을 보여라. 그리고 임의의 $x\neq 0$에서 f는 그 매클로린 급수로 표현되지 않음을 보여라.

(b) (a)의 실 함수에 대응하는 다음 복소 함수가 $z=0$에서 끝없이 미분할 수 있는지 조사하라.

$$f(z)=\begin{cases} e^{-1/z^2} & (z\neq 0) \\ 0 & (z=0)\end{cases}$$

6.3 로랑 급수

복소 함수 f가 점 $z=z_0$에서 해석적이지 않을 때, 이 점을 f의 **특이점**이라 한다. 예를 들면, 두 복소수 $z=2i$와 $z=-2i$는 함수 $f(z)=z/(z^2+4)$의 특이점인데, f는 이런 각 점에서 불연속이기 때문이다. 4.1절에서 알아본 대로, 로그의 으뜸 값 $\mathrm{Ln}\,z$는 양이 아닌 x축으로 이루어진 분지 절단을 제외한 모든 점에서 해석적이다. 곧, 분지 점 $z=0$과 함께 모든 음의 실수는 $\mathrm{Ln}\,z$의 특이점이다.

이번 절에서는 **고립 특이점** z_0에 관한 새로운 종류의 '거듭제곱 급수'를 알아볼 것이다. 이 새로운 급수는 $z-z_0$의 음이 아닌 정수 거듭제곱뿐만 아니라 음의 정수 거듭제곱도 포함한다.

고립 특이점 $z=z_0$을 복소 함수 f의 특이점이라 하자. z_0의 적당한 빠진 근방 또는 뚫린 열린 원판 $0<|z-z_0|<R$ 전체에서 함수 f가 해석적일 때,

용어
고립 특이점 isolated singularuty
비고립 nonisolated

점 $z=z_0$을 f의 고립 특이점이라 한다. 예를 들면 방금 알아본 대로 $z=2i$와 $z=-2i$는 $f(z)=z/(z^2+4)$의 특이점이다. $2i$와 $-2i$는 모두 f의 고립 특이점인데, f는 $z=2i$를 제외하고 $|z-2i|<1$로 정의된 근방의 모든 점에서 해석적이고, $z=-2i$를 제외하고 $|z-(-2i)|<1$로 정의된 근방의 모든 점에서 해석적이기 때문이다. 바꿔 말하면, f는 빠진 근방 $0<|z-2i|<1$과 빠진 근방 $0<|z+2i|<1$에서 해석적이다. 반면에, 분지 점 $z=0$은 $\mathrm{Ln}\, z$의 고립 특이점이 아닌데, $z=0$의 모든 근방에는 음의 x축에 있는 점을 포함하기 때문이다. 함수 f의 특이점 $z=z_0$의 모든 근방에 z_0이 아닌 f의 특이점이 적어도 한 개 포함될 때, 이를 비고립 특이점이라 한다. 예를 들면, 분지점 $z=0$은 $\mathrm{Ln}\, z$의 비고립 특이점이다.

새로운 종류의 급수 $z=z_0$이 함수 f의 특이점이면, 분명히 z_0이 중심인 거듭제곱 급수로 f를 전개할 수 없다. 그러나 고립 특이점 $z=z_0$ 주위에서 f를 다음과 같이 $z-z_0$의 음의 정수 및 음이 아닌 정수 거듭제곱을 포함하는 급수로 표현할 수 있다.

$$f(z)=\cdots+\frac{a_{-2}}{(z-z_0)^2}+\frac{a_{-1}}{z-z_0}+a_0+a_1(z-z_0)+a_2(z-z_0)^2+\cdots \quad (1)$$

(1)의 매우 단순한 예로 함수 $f(z)=1/(z-1)$을 생각하자. 쉽게 알 수 있듯이, $z=1$은 f의 고립 특이점이고, 이에 따라 이 함수는 이 점이 중심인 테일러 급수로 전개할 수 없다. 그런데도 f를 (1)에 제시한 꼴의 급수로 다음과 같이 전개할 수 있는데, 1 근처의 모든 점에서 유효하다.

$$f(z)=\cdots+\frac{0}{(z-1)^2}+\frac{1}{z-1}+0+0\cdot(z-1)+0\cdot(z-1)^2+\cdots \quad (2)$$

(2)의 급수 표현은 $0<|z-1|<\infty$에서 유효하다.

합의 기호를 이용하면, (1)을 다음과 같이 두 급수의 합으로 쓸 수 있다.

$$f(z)=\sum_{k=1}^{\infty}a_{-k}(z-z_0)^{-k}+\sum_{k=0}^{\infty}a_k(z-z_0)^k \quad (3)$$

용어
으뜸 부분, 주부 principal part
해석 부분 analytic part

(3)에서 우변에 있는 두 급수를 부르는 특별한 이름이 있다. $z-z_0$의 음의 정수 거듭제곱으로 이루어진 다음 부분을 급수 (1)의 으뜸 부분 또는 주부라 한다.

$$\sum_{k=1}^{\infty}a_{-k}(z-z_0)^{-k}=\sum_{k=1}^{\infty}\frac{a_{-k}}{(z-z_0)^k} \quad (4)$$

이것은 $|1/(z-z_0)|<r^*$, 곧 $|z-z_0|>1/r^*=r$일 때 수렴할 것이다. $z-z_0$의 음이 아닌 정수 거듭제곱으로 이루어진 다음 부분을 급수 (1)의 해석 부분이라 한다.

$$\sum_{k=0}^{\infty} a_k (z-z_0)^k \tag{5}$$

이것은 $|z-z_0|<R$일 때 수렴할 것이다. 그러므로 (4)와 (5)의 합은 $|z-z_0|>r$과 $|z-z_0|<R$을 동시에 만족시키는 z에서 수렴한다. 곧, $r<|z-z_0|<R$로 정의된 원환 영역에 속하는 z에서 수렴한다.

음의 정수와 음이 아닌 정수에 대해 더하는 (1)을 다음과 같이 간결하게 쓸 수 있다.

$$f(z)=\sum_{k=-\infty}^{\infty} a_k (z-z_0)^k$$

급수 (2)의 으뜸 부분은 단 한 개의 영이 아닌 항으로 이루어져 있다. 반면에 해석 부분은 모두 영인 항만으로 이루어져 있다. 다음 보기는 (1)과 같은 형태의 급수를 예시하는데, 으뜸 부분은 여전히 유한 개의 영이 아닌 항으로 이루어지지만, 해석 부분은 무수히 많은 영이 아닌 항으로 이루어진다.

보기 1 (1)에 제시한 형태의 급수

함수 $f(z)=\dfrac{\sin z}{z^4}$는 고립 특이점 $z=0$에 해석적이지 않으므로, 매클로린 급수로 전개할 수 없다. 그렇지만 $\sin z$는 전해석 함수이고, 6.2절의 (13)에서 알 수 있듯이 다음 매클로린 급수는 $|z|<\infty$에서 수렴한다.

$$\sin z = z-\frac{z^3}{3!}+\frac{z^5}{5!}-\frac{z^7}{7!}+\frac{z^9}{9!}-\cdots$$

이 거듭제곱 급수를 z^4으로 나누면, 다음과 같이 z의 음의 정수와 음이 아닌 정수의 거듭제곱으로 이루어진 f에 대한 급수를 얻는다.

$$f(z)=\frac{\sin z}{z^4}=\overbrace{\frac{1}{z^2}-\frac{1}{3!z}}^{\text{으뜸 부분}}+\overbrace{\frac{z}{5!}-\frac{z^3}{7!}+\frac{z^5}{9!}-\cdots}^{\text{해석 부분}} \tag{6}$$

(6)의 급수에서 해석 부분은 $|z|<\infty$에서 수렴한다. (밝혀보자.) 으뜸 부분은 $|z|>0$에서 유효하다. 그러므로 (6)은 $z=0$을 제외한 모든 z에서 수렴한다. 곧, 이 급수 표현은 $0<|z|<\infty$에서 성립한다. ❑

(1)에 제시하고 (2)와 (6)에 예시한 형태의 함수 f에 대한 급수 표현을 원환 $r<|z-z_0|<R$에서 z_0에 관한 f의 **로랑 급수** 또는 **로랑 급수 전개**라고 한다.

용어
로랑 급수 Laurent series
로랑 급수 전개 Laurent expansion
로랑의 정리 Laurent's theorem

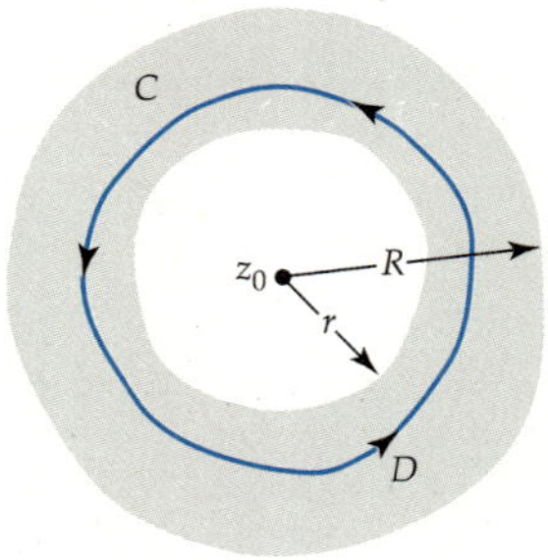

그림 6.3.1 정리 6.3.1을 위한 경로

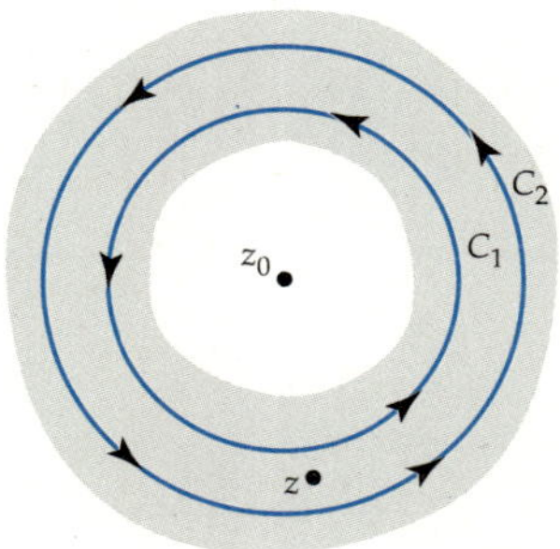

그림 6.3.2 C_1과 C_2는 동심원

정리 6.3.1 로랑의 정리

함수 f는 $r < |z - z_0| < R$로 정의된 원환 영역 D에서 해석적이라고 하자. 그러면 f는 $r < |z - z_0| < R$에서 유효한 다음과 같은 급수로 표현된다.

$$f(z) = \sum_{k=-\infty}^{\infty} a_k (z - z_0)^k \tag{7}$$

여기서 계수 a_k는 다음과 같이 주어진다. 여기서 C는 D의 내부에 놓이는 단순 닫힌 곡선이고, z_0은 C의 내부에 속한다. 그림 6.3.1을 보라.

$$a_k = \frac{1}{2\pi i} \oint_C \frac{f(s)}{(s - z_0)^{k+1}} ds \quad (k = 0,\ \pm 1,\ \pm 2,\ \cdots) \tag{8}$$

증명 C_1과 C_2는 중심이 z_0인 동심원으로 반지름의 길이는 각각 r_1과 R_2이며 $r < r_1 < R_2 < R$이라고 하자. z는 D에 있는 고정된 점으로 부등식 $r_1 < |z - z_0| < R_2$를 만족시킨다고 하자. 그림 6.3.2를 보자. C_1과 C_2 사이의 지름길을 도입하면, 코시의 적분 공식에 의해 다음이 성립한다.

$$f(z) = \frac{1}{2\pi i} \oint_{C_2} \frac{f(s)}{s - z} ds - \frac{1}{2\pi i} \oint_{C_1} \frac{f(s)}{s - z} ds \tag{9}$$

정리 6.2.4의 증명에서와 같이 (9)에서 우변의 첫째 적분을 다음과 같이 쓸 수 있다.

$$\frac{1}{2\pi i} \oint_{C_2} \frac{f(s)}{s - z} ds = \sum_{k=0}^{\infty} a_k (z - z_0)^k \tag{10}$$

여기서 a_k는 다음과 같다.

$$a_k = \frac{1}{2\pi i} \oint_{C_2} \frac{f(s)}{(s - z_0)^{k+1}} ds \ \ (k = 0,\ 1,\ 2,\ \cdots) \tag{11}$$

그리고 (9)에서 우변의 둘째 적분을 다음과 같이 쓸 수 있다.

$$\begin{aligned} -\frac{1}{2\pi i} \oint_{C_1} \frac{f(s)}{s - z} ds &= \frac{1}{2\pi i} \oint_{C_1} \frac{f(s)}{(z - z_0) - (s - z_0)} ds = \frac{1}{2\pi i} \oint_{C_1} \frac{f(s)}{z - z_0} \frac{1}{1 - \dfrac{s - z_0}{z - z_0}} ds \\ &= \frac{1}{2\pi i} \oint_{C_1} \frac{f(s)}{z - z_0} \left\{ 1 + \frac{s - z_0}{z - z_0} + \left(\frac{s - z_0}{z - z_0} \right)^2 + \cdots + \left(\frac{s - z_0}{z - z_0} \right)^{n-1} + \frac{(s - z_0)^n}{(z - s)(z - z_0)^{n-1}} \right\} ds \\ &= \sum_{k=1}^{n} \frac{a_{-k}}{(z - z_0)^k} + R_n(z) \end{aligned} \tag{12}$$

여기서 a_{-k}와 $R_n(z)$는 다음과 같다.

$$a_{-k} = \frac{1}{2\pi i} \oint_{C_1} \frac{f(s)}{(s - z_0)^{-k+1}} ds \ \ (k = 1,\ 2,\ 3,\ \cdots) \tag{13}$$

$$R_n(z) = \frac{1}{2\pi i(z-z_0)^n}\oint_{C_1}\frac{f(s)(s-z_0)^n}{z-s}\,ds$$

이제 z부터 z_0까지의 거리를 d로 나타내자. 곧 $|z-z_0|=d$이라 하자. 그리고 경로 C_1에서 $|f(z)|$의 최댓값을 M으로 나타내자. $|s-z_0|=r_1$과 1.2절의 부등식 (10)을 이용하면 다음과 같이 쓸 수 있다.

$$|z-s| = |z-z_0-(s-z_0)| \geq |z-z_0|-|s-z_0| = d-r_1$$

그러므로 ML 부등식에 의해 다음을 얻는다.

$$|R_n(z)| = \left|\frac{1}{2\pi i(z-z_0)^n}\oint_{C_1}\frac{f(s)(s-z_0)^n}{z-s}\,ds\right| \leq \frac{1}{2\pi d^n}\cdot\frac{Mr_1^n}{d-r_1}\cdot 2\pi r_1$$

$$= \frac{Mr_1}{d-r_1}\left(\frac{r_1}{d}\right)^n$$

$r_1 < d$이므로 $n\to\infty$일 때 $(r_1/d)^n\to 0$이고, 이에 따라 $n\to\infty$일 때 $|R_n(z)|\to 0$이다. 그러므로 다음이 밝혀진다.

$$-\frac{1}{2\pi i}\oint_{C_1}\frac{f(s)}{s-z}\,ds = \sum_{k=1}^{\infty}\frac{a_{-k}}{(z-z_0)^k} \tag{14}$$

여기서 계수 a_{-k}는 (13)과 같이 주어진다. (14)와 (10)을 결합하면, (9)는 다음과 같이 됨을 알 수 있다.

$$f(z) = \sum_{k=1}^{\infty}\frac{a_{-k}}{(z-z_0)^k} + \sum_{k=0}^{\infty}a_k(z-z_0)^k \tag{15}$$

끝으로, 음의 정수와 음이 아닌 정수에 대해 더하므로 (15)를 $f(z) = \sum_{k=-\infty}^{\infty}a_k\cdot(z-z_0)^k$으로 쓸 수 있다. 또, (11)과 (13)을 다음과 같은 단 하나의 적분으로 쓸 수 있다.

$$a_k = \frac{1}{2\pi i}\oint_C\frac{f(z)}{(z-z_0)^{k+1}}\,dz \quad (k=0,\ \pm 1,\ \pm 2,\ \cdots)$$

여기서 5.3절의 (5)에 의해 두 경로 C_1과 C_2를 임의의 단순 닫힌 경로 C로 바꾸었는데, C는 D에 완전히 놓이고 그 내부에 z_0이 속한다. ■

$k=1,\ 2,\ 3,\ \cdots$에 대해 $a_{-k}=0$일 때, 으뜸 부분 (4)은 영이고 로랑 급수 (7)은 테일러 급수가 된다. 그러므로 로랑 급수를 테일러 급수의 일반화로 생각할 수 있다.

정리 6.3.1에서 $r<|z-z_0|<R$로 정의된 원환 영역은 그림 6.3.2에 나타낸 '고리' 모양일 필요는 없다. 다음은 몇 가지 가능성 있는 원환 영역의 예이다.

(i) $r=0,\ 0<R<\infty$ (ii) $r\neq 0,\ R=\infty$ (iii) $r=0,\ R=\infty$

첫째 경우에 급수는 $0<|z-z_0|<R$로 정의된 원환 영역에서 수렴한다. 이것은 점 z_0을 제외한 원 $|z-z_0|=R$의 내부이다. 바꿔 말하면, 이 영역은 뚫린 열린 원판이다. 둘째 경우에 원환 영역은 $r<|z-z_0|$을 정의하며, 원 $|z-z_0|=r$의 외부에 있는 모든 점으로 이루어진다. 셋째 경우에 영역은 $0<|z-z_0|$으로 정의된다. 이것은 점 z_0을 제외한 복소 평면 전체를 나타낸다. (2)와 (6)의 로랑 급수는 이 마지막 형태의 영역에서 유효하다.

(8)에 의해 정의된 계수를 거의 사용하지 않는다. 이번 절의 끝에 있는 참고를 보라. ➡

(8)에 있는 로랑 급수의 계수에 대한 적분 공식은 실제로는 거의 사용되지 않는다. 이에 따라, 특정한 원환 영역에서 함수의 로랑 급수를 찾는 것은 일반적으로 쉬운 일이 아니다. 그러나 생각하는 만큼 낙심할 할 필요는 없다. 많은 경우에 원하는 로랑 급수를 (보기 1에서 했던 것과 같이) 이미 알려진 함수의 테일러 급수를 이용해서 얻거나 (6.2절의 보기 2에서 했던 것과 같이) 등비 급수를 창의적으로 조작해서 얻을 수 있다. 다음 보기는 등비 급수를 이용하는 방법을 한 번 더 보여준다.

보기 2 네 가지 로랑 급수 전개

$f(z)=\dfrac{1}{z(z-1)}$을 다음 원환 영역에서 유효한 로랑 급수로 전개하라.

(a) $0<|z|<1$ (b) $1<|z|$ (c) $0<|z-1|<1$ (d) $1<|z-1|$

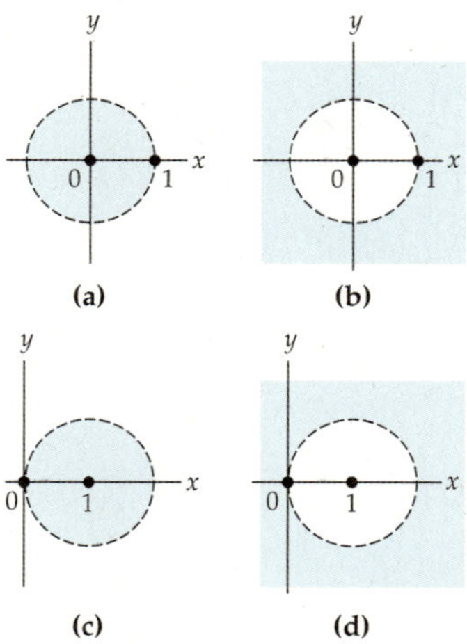

그림 6.3.3 보기 2의 원환 영역

풀이 네 개의 특별한 원환 영역을 그림 6.3.3에 나타냈다. 각 그림에서 검은 두 점은 f의 고립 특이점 $z=0$과 $z=1$을 표현한다. (a)와 (b)에서는 z의 음의 정수와 음이 아닌 정수 거듭제곱만을 포함하는 급수로 f를 표현하고, (c)와 (d)에서는 $z-1$의 음의 정수와 음이 아닌 정수 거듭제곱만을 포함한 급수로 f를 표현해야 한다.

(a) f를 다음과 같이 나타내자.

$$f(z)=-\frac{1}{z}\frac{1}{1-z}$$

6.1절의 (6)을 이용하면 $1/(1-z)$을 다음과 같이 급수로 나타낼 수 있다.

$$f(z)=-\frac{1}{z}(1+z+z^2+z^3+\cdots)$$

괄호 안의 무한 급수는 $|z|<1$에 대해 수렴하지만, 이 식에 $1/z$을 곱해서 얻는 다음 급수는 $0<|z|<1$에 대해 수렴한다.

$$f(z)=-\frac{1}{z}-1-z-z^2-z^3-\cdots$$

(b) $1<|z|$에 대해 수렴하는 급수를 얻기 위해서, 먼저 $|1/z|<1$에서 수렴하는 급수를 만들자. 이를 위해 주어진 함수 f를 다음과 같이 나타내자.

$$f(z) = \frac{1}{z^2}\frac{1}{1-\dfrac{1}{z}}$$

그리고 6.1절의 (6)에 z를 $1/z$로 바꾸어 다음을 얻는다.

$$f(z) = \frac{1}{z^2}\left(1+\frac{1}{z}+\frac{1}{z^2}+\frac{1}{z^3}+\cdots\right)$$

괄호 안의 급수는 $|1/z|<1$일 때, 곧 $1<|z|$일 때 수렴한다. 그러므로 구하는 로랑 급수는 다음과 같다.

$$f(z) = \frac{1}{z^2}+\frac{1}{z^3}+\frac{1}{z^4}+\frac{1}{z^5}+\cdots$$

(c) 이 문제는 기본적으로 (a)와 같으며, $z-1$의 거듭제곱으로 나타낸다는 것만 다르다. 이를 위해, 분모에 1을 더하고 뺀 다음에 6.1절의 (7)에서 z를 $z-1$로 바꾸면 다음과 같다.

$$\begin{aligned} f(z) &= \frac{1}{(1-1+z)(z-1)} \\ &= \frac{1}{z-1}\frac{1}{1+(z-1)} \\ &= \frac{1}{z-1}\{1-(z-1)+(z-1)^2-(z-1)^3+\cdots\} \\ &= \frac{1}{z-1}-1+(z-1)-(z-1)^2+\cdots \end{aligned}$$

조건 $z\neq 1$은 $0<|z-1|$과 같고, 중괄호 안의 등비 급수는 $|z-1|<1$일 때 수렴한다. 그러므로 마지막 급수는 $0<|z-1|$과 $|z-1|<1$을 모두 만족시키는, 곧 $0<|z-1|<1$인 z에 대해 수렴한다.

(d) (b)와 같이 진행하면 다음과 같이 쓸 수 있다.

$$\begin{aligned} f(z) &= \frac{1}{z-1}\frac{1}{1+(z-1)} = \frac{1}{(z-1)^2}\frac{1}{1+\dfrac{1}{z-1}} \\ &= \frac{1}{(z-1)^2}\left\{1-\frac{1}{z-1}+\frac{1}{(z-1)^2}-\frac{1}{(z-1)^3}+\cdots\right\} \\ &= \frac{1}{(z-1)^2}-\frac{1}{(z-1)^3}+\frac{1}{(z-1)^4}-\frac{1}{(z-1)^5}+\cdots \end{aligned}$$

중괄호 안의 급수는 $|1/(z-1)|<1$일 때 수렴하므로, 마지막 급수는 $1<|z-1|$일 때 수렴한다. ❑

보기 3 로랑 급수 전개

$f(z) = \dfrac{1}{(z-1)^2(z-3)}$을 다음 원환 영역에서 유효한 로랑 급수로 전개하라.

(a) $0<|z-1|<2$ (b) $0<|z-3|<2$

풀이 (a) 보기 2의 (c)와 (d)에서와 같이 $z-1$의 거듭제곱으로 나타내고 싶으므로, $z-3$을 $z-1$로 나타낼 필요가 있다. 이를 위해 다음과 같이 하면 된다.

$$f(z)=\frac{1}{(z-1)^2(z-3)}=\frac{1}{(z-1)^2}\frac{1}{-2+(z-1)}$$
$$=\frac{-1}{2(z-1)^2}\frac{1}{1-\dfrac{z-1}{2}}$$

그리고 6.1절의 (6)에서 z를 $(z-1)/2$로 바꾸면 다음을 얻는다.

$$f(z)=\frac{-1}{2(z-1)^2}\left\{1+\frac{z-1}{2}+\frac{(z-1)^2}{2^2}+\frac{(z-1)^3}{2^3}+\cdots\right\}$$
$$=-\frac{1}{2(z-1)^2}-\frac{1}{4(z-1)}-\frac{1}{8}-\frac{1}{16}(z-1)-\cdots \tag{16}$$

(b) $z-3$의 거듭제곱을 얻기 위해서 $z-1=2+(z-3)$으로 쓰면 다음을 얻는다.

$$f(z)=\frac{1}{(z-1)^2(z-3)}=\frac{1}{z-3}\{2+(z-3)\}^{-2}$$
$$=\frac{1}{4(z-3)}\left\{1+\frac{z-3}{2}\right\}^{-2}$$

여기서 $\left\{1+\dfrac{z-3}{2}\right\}^{-2}$의 거듭제곱 급수를 이항 급수 전개[2)]를 이용해서 다음과 같이 얻을 수 있다.

$$f(z)=\frac{1}{4(z-3)}\left\{1+\frac{(-2)}{1!}\left(\frac{z-3}{2}\right)+\frac{(-2)(-3)}{2!}\left(\frac{z-3}{2}\right)^2\right.$$
$$\left.+\frac{(-2)(-3)(-4)}{3!}\left(\frac{z-3}{2}\right)^3+\cdots\right\}$$

중괄호 안의 이항 급수는 $|(z-3)/2|<1$, 곧 $|z-3|<2$에서 유효하다. 이 급수에 $1/4(z-3)$을 곱하면, $0<|z-3|<2$에서 유효한 다음 로랑 급수를 얻는다.

$$f(z)=\frac{1}{4(z-3)}-\frac{1}{4}+\frac{3}{16}(z-3)-\frac{1}{8}(z-3)^2+\cdots$$ ❑

보기 4 로랑 급수 전개

$f(z)=\dfrac{8z+1}{z(1-z)}$을 $0<|z|<1$에서 유효한 로랑 급수로 전개하라.

---

2) 실수 α에 대해 이항 급수 $(1+z)^\alpha=1+\alpha z+\dfrac{\alpha(\alpha-1)}{2!}z^2+\dfrac{\alpha(\alpha-1)(\alpha-2)}{3!}z^3+\cdots$은 $|z|<1$에서 유효하다.

풀이 부분 분수를 이용해서 f를 다음과 같이 쓸 수 있다.

$$f(z)=\frac{8z+1}{z(1-z)}=\frac{1}{z}+\frac{9}{1-z}$$

그러면 6.1절의 (6)에 의해 다음이 성립한다.

$$\frac{9}{1-z}=9+9z+9z^2+\cdots$$

이 등비 급수는 $|z|<1$에서 수렴한다. 그러나 이에 $1/z$을 더해서 얻은 다음 로랑 급수는 $0<|z|<1$에서 수렴한다.

$$f(z)=\frac{1}{z}+9+9z+9z^2+\cdots$$ ❑

앞의 보기들에서 각 로랑 급수가 유효한 원환 영역의 중심에 있는 점은 함수 f의 고립 특이점이다. 정리 6.3.1에서 주장하듯이 반드시 이럴 필요는 없다.

보기 5 **로랑 급수 전개**

$f(z)=\dfrac{1}{z(z-1)}$을 $1<|z-2|<2$에서 유효한 로랑 급수로 전개하라.

풀이 지정된 원환 영역을 그림 6.3.4에 나타냈다. 이 영역의 중심 $z=2$에서 함수 f는 해석적이다. 현재의 목표는 $z-2$의 정수 거듭제곱을 포함하는 두 개의 급수를 찾는 것인데, 하나는 $1<|z-2|$에서 수렴하고 다른 것은 $|z-2|<2$에서 수렴한다. 이를 위해 마지막 보기에서와 같이 f를 다음과 같이 부분 분수로 분해하자.

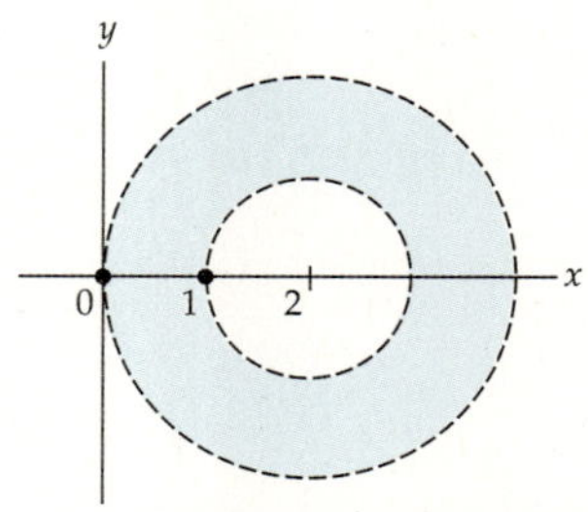

그림 6.3.4 보기 5의 원환 영역

$$f(z)=-\frac{1}{z}+\frac{1}{z-1}=f_1(z)+f_2(z) \tag{17}$$

여기서 f_1은 다음과 같다.

$$\begin{aligned} f_1(z)&=-\frac{1}{z}=-\frac{1}{2+z-2}=-\frac{1}{2}\frac{1}{1+\frac{z-2}{2}} \\ &=-\frac{1}{2}\left\{1-\frac{z-2}{2}+\frac{(z-2)^2}{2^2}-\frac{(z-2)^3}{2^3}+\cdots\right\} \\ &=-\frac{1}{2}+\frac{z-2}{2^2}-\frac{(z-2)^2}{2^3}+\frac{(z-2)^3}{2^4}-\cdots \end{aligned}$$

이 급수는 $|(z-2)/2|<1$, 곧 $|z-2|<2$에서 수렴한다. 또, f_2는 다음과 같다.

$$f_2(z)=\frac{1}{z-1}=\frac{1}{1+z-2}=\frac{1}{z-2}\frac{1}{1+\frac{1}{z-2}}$$

$$= \frac{1}{z-2}\left\{1 - \frac{1}{z-2} + \frac{1}{(z-2)^2} - \frac{1}{(z-2)^3} + \cdots\right\}$$

$$= \frac{1}{z-2} - \frac{1}{(z-2)^2} + \frac{1}{(z-2)^3} - \frac{1}{(z-2)^4} + \cdots$$

이 급수는 $|1/(z-2)| < 1$, 곧 $1 < |z-2|$에서 수렴한다. 이 두 결과를 (17)에 대입하면 다음을 얻는다.

$$f(z) = \cdots - \frac{1}{(z-2)^4} + \frac{1}{(z-2)^3} - \frac{1}{(z-2)^2} + \frac{1}{z-2} - \frac{1}{2} + \frac{z-2}{2^2} - \frac{(z-2)^2}{2^3} + \frac{(z-2)^3}{2^4} - \cdots$$

이 표현은 $|z-2| < 2$와 $1 < |z-2|$를 모두 만족시키는, 곧 $1 < |z-2| < 2$를 만족시키는 z에 대해 수렴한다. ❏

보기 6 로랑 급수 전개

$f(z) = e^{3/z}$을 $0 < |z| < \infty$에서 유효한 로랑 급수로 전개하라.

풀이 6.2절의 (12)에 의해 모든 유한인 z에 대해, 곧 $|z| < \infty$일 때 다음이 성립한다.

$$e^z = 1 + z + \frac{z^2}{2!} + \frac{z^3}{3!} + \cdots \tag{18}$$

(18)에서 $z \neq 0$일 때 z에 $3/z$를 대입하면, f에 대한 다음 로랑 급수를 얻는다.

$$e^{3/z} = 1 + \frac{3}{z} + \frac{3^2}{2!z^2} + \frac{3^3}{3!z^3} + \cdots \tag{19}$$

급수 (19)는 $z \neq 0$일 때, 곧 $0 < |z| < \infty$에서 유효하다. ❏

참고 실 해석학과의 비교

(i) 결론적으로, 6.5절과 6.6절에서 특별히 흥미로울 결과를 지적한다. 복소 변수 s를 통상적인 기호 z로 바꾸면, 로랑 급수의 계수에 대한 공식 (8)에서 $k = -1$일 때 $a_{-1} = \frac{1}{2\pi i}\oint_C f(z)\,dz$, 곧 좀 더 중요하게 다음을 얻는다.

$$\oint_C f(z)\,dz = 2\pi i\, a_{-1} \tag{20}$$

(ii) 특정한 원환 영역에서 함수 f의 로랑 급수를 어떠한 방법으로 얻더라도, 그것은 정당한 로랑 급수이다. 곧, 얻는 로랑 급수는 유일하다.

6.3 익힘 문제

문제 1~6에서는 주어진 함수를 주어진 원환 영역에서 유효한 로랑 급수로 전개하라.

1. $f(z)=\dfrac{\cos z}{z},\ 0<|z|$
2. $f(z)=\dfrac{z-\sin z}{z^5},\ 0<|z|$
3. $f(z)=e^{-1/z^2},\ 0<|z|$
4. $f(z)=\dfrac{1-e^z}{z^2},\ 0<|z|$
5. $f(z)=\dfrac{e^z}{z-1},\ 0<|z-1|$
6. $f(z)=z\cos\dfrac{1}{z},\ 0<|z|$

문제 7~12에서는 $f(z)=\dfrac{1}{z(z-3)}$을 지정된 원환 영역에서 유효한 로랑 급수로 전개하라.

7. $0<|z|<3$
8. $|z|>3$
9. $0<|z-3|<3$
10. $|z-3|>3$
11. $1<|z-4|<4$
12. $1<|z+1|<4$

문제 13~16에서는 $f(z)=\dfrac{1}{(z-1)(z-2)}$을 지정된 원환 영역에서 유효한 로랑 급수로 전개하라.

13. $1<|z|<2$
14. $|z|>2$
15. $0<|z-1|<1$
16. $0<|z-2|<1$

문제 17~20에서는 $f(z)=\dfrac{z}{(z+1)(z-2)}$을 지정된 원환 영역에서 유효한 로랑 급수로 전개하라.

17. $0<|z+1|<3$
18. $|z+1|>3$
19. $1<|z|<2$
20. $0<|z-2|<3$

문제 21과 22에서는 $f(z)=\dfrac{1}{z(1-z)^2}$을 지정된 원환 영역에서 유효한 로랑 급수로 전개하라.

21. $0<|z|<1$
22. $|z|>1$

문제 23과 24에서는 $f(z)=\dfrac{1}{(z-2)(z-1)^3}$을 지정된 원환 영역에서 유효한 로랑 급수로 전개하라.

23. $0<|z-2|<1$
24. $0<|z-1|<1$

문제 25와 26에서는 $f(z)=\dfrac{7z-3}{z(z-1)}$을 지정된 원환 영역에서 유효한 로랑 급수로 전개하라.

25. $0<|z|<1$
26. $0<|z-1|<1$ [*귀띔*: $\dfrac{7z-3}{z}=\dfrac{7(z-1)+4}{1+(z-1)}$]

문제 27과 28에서는 $f(z)=\dfrac{z^2-2z+2}{z-2}$를 지정된 원환 영역에서 유효한 로랑 급수로 전개하라.

27. $1<|z-1|$

28. $0<|z-2|$

문제 29와 30에서는 $\cos z = 1-\dfrac{z^2}{2!}+\dfrac{z^4}{4!}-\cdots$과 $\sin z = z-\dfrac{z^3}{3!}+\dfrac{z^5}{5!}-\cdots$ 및 나눗셈을 이용해서, $0<|z|<\pi$에서 유효한 주어진 함수 f의 로랑 급수에서 영이 아닌 처음 세 항을 찾아라.

29. $f(z)=\csc z$

30. $f(z)=\cot z$

개념과 이해

31. 함수 $f(z)=\dfrac{1}{(z+2)(z-4i)}$의 로랑 급수 $f(z)=\sum_{k=-\infty}^{\infty} a_k(z+2)^k$은 원환 $r<|z+2|<R$에서 유효하다. r과 R은 얼마인가?

32. 함수 $f(z)=\dfrac{e^{-2z}}{(z+1)^2}$을 생각하자. (7)을 이용해서, 원환 $0<|z+1|<\infty$에서 유효한 $z_0=-1$에 관한 f의 로랑 급수 전개에서 으뜸 부분을 찾아라.

33. 함수 $f(z)=\dfrac{1}{(z-5)^3}$을 생각하자. 원환 $0<|z-5|<\infty$에서 유효한 $z_0=5$에 관한 f의 로랑 급수 전개는 무엇인가?

34. α가 실 상수인 함수 $f(z)=e^{(\alpha/2)(z-1/z)}$을 생각하자.

(a) (8)을 이용해서 $z_0=0$에 관한 f의 로랑 급수 전개가 다음과 같음을 보여라.

$$e^{(\alpha/2)(z-1/z)}=\sum_{k=-\infty}^{\infty} J_k(\alpha)z^k$$

여기서 $J_k(\alpha)=\dfrac{1}{2\pi i}\oint_C \dfrac{e^{(\alpha/2)(s-1/s)}}{s^{k+1}}\,ds$이고 C는 단위 원이다.

(b) C의 매개 변수화 $s(\theta)=e^{i\theta}$ $(-\pi\le\theta\le\pi)$를 이용해서 다음을 보여라.

$$J_k(\alpha)=\frac{1}{2\pi}\int_{-\pi}^{\pi}\cos(\alpha\sin\theta-k\theta)\,d\theta+\frac{i}{2\pi}\int_{-\pi}^{\pi}\sin(\alpha\sin\theta-k\theta)\,d\theta$$

(c) 짝 함수와 홀 함수의 적분 성질을 이용해서 (b)의 결과를 간단히 해서 다음을 얻어라.

$$J_k(\alpha)=\frac{1}{\pi}\int_{0}^{\pi}\cos(k\theta-\alpha\sin\theta)\,d\theta$$

함수 $J_k(\alpha)$를 위수 k의 제 1 종 베셀 함수라 하는데, 응용 수학에서 흔히 나타나는 특정한 미분 방정식의 해이다.

용어
베셀 함수 Bessel function

6.4 영점과 극점

$z = z_0$이 복소 함수 f의 고립 특이점이고, 다음과 같은 f의 로랑 급수 표현은 뚫린 원판 $0 < |z - z_0| < R$에서 유효하다고 하자.

$$f(z) = \sum_{k=-\infty}^{\infty} a_k(z - z_0)^k = \sum_{k=1}^{\infty} a_{-k}(z - z_0)^{-k} + \sum_{k=0}^{\infty} a_k(z - z_0)^k \tag{1}$$

앞 절에서 알아본 대로 로랑 급수 (1)은 두 부분으로 이루어져 있다. (1)의 급수에서 $z - z_0$의 음의 정수 거듭제곱으로 이루어진 다음이 이 급수의 으뜸 부분이다.

$$\sum_{k=1}^{\infty} a_{-k}(z - z_0)^{-k} = \sum_{k=1}^{\infty} \frac{a_{-k}}{(z - z_0)^k} \tag{2}$$

아래의 논의에서는 으뜸 부분에 있는 항의 개수에 따라 고립 특이점 $z = z_0$에 서로 다른 이름을 붙일 것이다.

고립 특이점의 분류 복소 함수 f의 고립 특이점 $z = z_0$은 로랑 급수 (1)의 으뜸 부분 (2)가 영인지 아니면 항의 개수가 유한인지 무한인지에 따라 구별한다.

(i) 으뜸 부분이 영일 때, 곧 (2)에서 계수 a_{-k}가 모두 영일 때, $z = z_0$을 **없앨 수 있는 특이점** 또는 **제거 가능한 특이점**이라 한다.

(ii) 으뜸 부분이 유한 개의 영이 아닌 항을 포함할 때, $z = z_0$을 **극** 또는 **극점**이라 한다. 이 경우에 (2)에서 영이 아닌 마지막 계수가 a_{-n} $(n \geq 1)$일 때, $z = z_0$을 **n차 극점**이라 한다. $z = z_0$이 1차 극점일 때, 으뜸 부분 (2)에는 계수가 a_{-1}인 항 한 개만을 포함한다. 1차 극점을 통상 **단순 극점**이라 한다.

(iii) 으뜸 부분 (2)가 영이 아닌 항을 무수히 많이 포함할 때, $z = z_0$을 **본질적 특이점** 또는 **진성 특이점**이라 한다.

용어
없앨 수 있는 특이점, 제거 가능한 특이점 removable singularity
극, 극점 pole
n차 극점 pole of order n
단순 극점 simple pole
본질적 특이점, 진성 특이점 essential singularity

표 6.4.1은 $z = z_0$이 위와 같은 고립 특이점일 때, 함수 f에 대한 로랑 급수의 형태를 제시하고 있다. 물론, R은 ∞일 수 있다.

표 6.4.1 로랑 급수의 형태

$z=z_0$	$0<\lvert z-z_0\rvert<R$에서의 로랑 급수
없앨 수 있는 특이점	$a_0+a_1(z-z_0)+a_2(z-z_0)^2+\cdots$
n차 극점	$\dfrac{a_{-n}}{(z-z_0)^n}+\dfrac{a_{-n+1}}{(z-z_0)^{n-1}}+\cdots+\dfrac{a_{-1}}{z-z_0}+a_0+a_1(z-z_0)+\cdots$
단순 극점	$\dfrac{a_1}{z-z_0}+a_0+a_1(z-z_0)+a_2(z-z_0)^2+\cdots$
본질적 특이점	$\cdots+\dfrac{a_{-2}}{(z-z_0)^2}+\dfrac{a_{-1}}{z-z_0}+a_0+a_1(z-z_0)+a_2(z-z_0)^2+\cdots$

보기 1 없앨 수 있는 특이점

6.3절의 보기 1에서 $\sin z$의 매클로린 급수를 z로 나누어 다음을 얻었다.

$$\frac{\sin z}{z}=1-\frac{z^2}{3!}+\frac{z^4}{5!}-\cdots \tag{3}$$

이 로랑 급수의 으뜸 부분에서 모든 계수는 영이다. 그러므로 $z=0$은 함수 $f(z)=(\sin z)/z$의 없앨 수 있는 특이점이다. ❏

중요한 내용! 몇 번 반복해서 읽어라. ➡

점 $z=z_0$이 함수 f의 없앨 수 있는 특이점이면, 언제나 $f(z_0)$의 값을 적절하게 정의해서 f가 $z=z_0$에서 해석적이 되도록 할 수 있다. 예를 들면, (3)의 우변은 $z=0$일 때 1이므로, $f(0)=1$으로 정의하는 것이 적절하다. 그러면 (3)에 제시한 함수 $f(z)=(\sin z)/z$는 이제 모든 복소수 z에서 정의되고 연속이다. 사실, f는 $z=0$에서도 해석적인데, 이것이 중심이 0인 테일러 급수(매클로린 급수) $1-z^2/3!+z^4/5!-\cdots$로 표현되기 때문이다.

보기 2 극점과 본질적 특이점

(a) $\sin z=z-\dfrac{z^3}{3!}+\dfrac{z^5}{5!}-\cdots$을 z^2으로 나누면 다음을 얻는다.

$$\frac{\sin z}{z^2}=\underbrace{\frac{1}{z}}_{\text{으뜸 부분}}-\frac{z}{3!}+\frac{z^3}{5!}-\cdots \quad (0<|z|<\infty)$$

이 급수에서 $a_{-1}\neq 0$이므로, $z=0$은 함수 $f(z)=(\sin z)/z^2$의 단순 극점이다. 마찬가지 방법으로, $z=0$이 함수 $f(z)=(\sin z)/z^4$의 3차 극점임을 알 수 있다. 이 함수는 6.3절의 보기 1에서 다루었다.

(b) 6.3절의 보기 3에서 알아본 대로 $0<|z-1|<2$에서 유효한 $f(z)$

$=1/(z-1)^2(z-3)$의 로랑 급수는 다음과 같다.

$$f(z) = \overbrace{-\frac{1}{2(z-1)^2} - \frac{1}{4(z-1)}}^{\text{으뜸 부분}} - \frac{1}{8} - \frac{z-1}{16} - \cdots$$

$a_{-2} = -\frac{1}{2} \neq 0$이므로, $z=1$은 2차 극점이다.

(c) 6.3절의 보기 6에 있는 (19)에서 알 수 있듯이, $0<|z|<\infty$에서 유효한 함수 $f(z)=e^{3/z}$의 로랑 급수에서 으뜸 부분은 영이 아닌 항이 무수히 많이 포함한다. 그러므로 $z=0$은 f의 본질적 특이점이다. ❑

용어
영, 영점 zero
n차 영점 zero of order n
n중 영점 zero of multiplicity n
단순 영점 simple zero

영점 수 z_0이 함수 f의 **영** 또는 **영점**이라는 것은 $f(z_0)=0$인 경우이다. $z=z_0$이 해석 함수 f의 **n차 영점**이라는 것은 다음과 같은 경우이다.

$$\overbrace{f(z_0)=0,\ f'(z_0)=0,\ f''(z_0)=0,\ \cdots,\ f^{(n-1)}(z_0)=0}^{z_0\text{은 } f\text{와 처음 } n-1\text{계 도함수까지의 영점이다.}},\ f^{(n)}(z_0)\neq 0 \quad (4)$$

n차 영점은 또한 **n중 영점**이라고도 한다. 예를 들면, $f(z)=(z-5)^3$의 경우에 $f(5)=0$, $f'(5)=0$, $f''(5)=0$이지만, $f'''(5)=6\neq 0$이다. 그러므로 $z_0=5$는 f의 3차(또는 3중) 영점이다. 1차 영점을 **단순 영점**이라 한다.

다음 정리는 (4)의 결과이다.

정리 6.4.1 n차 영점

원판 $|z-z_0|<R$에서 해석적인 함수 f에 대해, $z=z_0$이 f의 n차 영점이기 위한 필요 충분 조건은 f를 다음과 같이 쓸 수 있는 경우이다.

$$f(z)=(z-z_0)^n\phi(z) \quad (5)$$

여기서 ϕ는 $z=z_0$에서 해석적이고 $\phi(z_0)\neq 0$이다.

증명 여기서는 충분 조건 부분만을 증명하겠다. f가 z_0에서 해석적이므로, 이를 중심이 z_0이고 $|z-z_0|<R$에서 수렴하는 테일러 급수로 전개할 수 있다. 테일러 급수 $f(z)=\sum_{k=0}^{\infty} a_k(z-z_0)^k$의 계수는 $a_k=f^{(k)}(z_0)/k!$ $(k=0,\ 1,\ 2,\ \cdots)$이므로, (4)에 의해 이 급수에서 처음 n개의 항은 0이고, 이에 따라 급수는 다음과 같은 꼴이다.

$$f(z)=a_n(z-z_0)^n+a_{n+1}(z-z_0)^{n+1}+a_{n+2}(z-z_0)^{n+2}+\cdots$$

$$=(z-z_0)^n\left\{a_n+a_{n+1}(z-z_0)+a_{n+2}(z-z_0)^2+\cdots\right\}$$

다음과 같이 ϕ를 정의하자.

$$\phi(z)=a_n+a_{n+1}(z-z_0)+a_{n+2}(z-z_0)^2+\cdots$$

그러면 ϕ는 해석 함수이고, $a_n = f^{(n)}(z_0)/n! \neq 0$이므로 $\phi(z_0) = a_n \neq 0$ 이다. ■

보기 3 영점의 차수

$z=0$은 해석 함수 $f(z) = z\sin z^2$의 영점이다. 6.2절의 (13)에서 z를 z^2으로 바꾸면, 다음 매클로린 급수를 얻는다.

$$\sin z^2 = z^2 - \frac{z^6}{3!} + \frac{z^{10}}{5!} - \cdots$$

위의 급수에서 z^2을 묶어내면 f를 다음과 같이 다시 쓸 수 있다.

$$f(z) = z\sin z^2 = z^3\phi(z) \ \ (\text{단, } \phi(z) = 1 - \frac{z^4}{3!} + \frac{z^8}{5!} - \cdots) \tag{6}$$

그리고 $\phi(0) = 1$이다. (5)와 비교해 보면, (6)의 결과는 $z=0$이 f의 3차 영점임을 보여준다. ❑

극점 n차 극점의 특징을 다음과 같이 (5)와 비슷하게 정리할 수 있다.

정리 6.4.2 n차 극점

뚫린 원판 $0 < |z-z_0| < R$에서 해석적인 함수 f에 대해, $z = z_0$이 f의 n차 극점이기 위한 필요 충분 조건은 f를 다음과 같이 쓸 수 있는 경우이다.

$$f(z) = \frac{\phi(z)}{(z-z_0)^n} \tag{5}$$

여기서 ϕ는 $z = z_0$에서 해석적이고 $\phi(z_0) \neq 0$이다.

증명 (5)의 증명에서와 같이 여기서도 충분 조건 부분만을 증명하겠다. $z = z_0$이 f의 n차 극점이기 때문에 원판 $0 < |z-z_0| < R$에서 다음과 같은 로랑 급수로 전개된다.

$$f(z) = \frac{a_{-n}}{(z-z_0)^n} + \cdots + \frac{a_{-2}}{(z-z_0)^2} + \frac{a_{-1}}{z-z_0} + a_0 + a_1(z-z_0) + \cdots \tag{8}$$

$1/(z-z_0)^n$을 묶어내면, (8)에 의해 f를 $\phi(z)/(z-z_0)^n$ 꼴로 쓸 수 있다. 여기서 ϕ는 다음과 같이 열린 원판 $|z-z_0| < R$에서 유효한 거듭제곱 급수로 표현된다.

$$\phi(z) = a_{-n} + \cdots + a_{-2}(z-z_0)^{n-2} + a_{-1}(z-z_0)^{n-1}$$
$$+ a_0(z-z_0)^n + a_1(z-z_0)^{n+1} + \cdots \tag{9}$$

가정에 의해 $z = z_0$이 f의 n차 극점이므로 $a_{-n} \neq 0$이다. $\phi(z_0) = a_{-n}$으로 정의하면, (9)에 의해 ϕ는 원판 $|z - z_0| < R$ 전체에서 해석적이다. ■

영점 다시 보기 해석 함수 f의 영점 $z = z_0$이 고립되어 있다는 것은, $z = z_0$의 적당한 근방이 존재해서 $z = z_0$을 제외하고 이 근방의 모든 점 z에서 $f(z) \neq 0$이라는 것이다. 이에 따라 z_0이 자명하지 않은 해석 함수 f의 영점이면, $z = z_0$은 함수 $1/f(z)$의 고립 특이점이다.

다음 결과를 이용하면 몇 가지 상황에서 함수의 극점을 관찰을 통해 결정할 수 있다.

정리 6.4.3 n차 극점

두 함수 g와 h는 $z = z_0$에서 해석적이고 $z = z_0$이 h의 n차 영점이며 $g(z_0) \neq 0$일 때, $z = z_0$은 함수 $f(z) = g(z)/h(z)$의 n차 극점이다.

증명 $z = z_0$이 h의 n차 영점이므로, (5)에 의해 $h(z) = (z - z_0)^n \phi(z)$와 같이 쓸 수 있다. 여기서 ϕ는 $z = z_0$에서 해석적이고 $\phi(z_0) \neq 0$이다. 그러므로 f를 다음과 같이 쓸 수 있다.

$$f(z) = \frac{g(z)/\phi(z)}{(z - z_0)^n} \tag{10}$$

g와 ϕ는 $z = z_0$에서 해석적이고 $\phi(z_0) \neq 0$이므로, g/ϕ는 z_0에서 해석적이다. 또 $g(z_0) \neq 0$이므로, $g(z_0)/\phi(z_0) \neq 0$이다. 정리 6.4.2에 의해, z_0은 f의 n차 극점이다. ■

(10)에서 $n = 1$이면, $f(z) = g(z)/h(z)$의 분모 h에서 1차 영점 또는 단순 영점이 f의 단순 극점과 대응함을 알 수 있다.

보기 4 극점의 차수

(a) 다음 유리 함수를 생각하자.

$$f(z) = \frac{2z + 5}{(z - 1)(z + 5)(z - 2)^4}$$

$z = 1$과 $z = -5$은 분모의 1차 영점이고 $z = 2$는 4차 영점이다. 분자는 이런 점에서 영이 아니므로, 정리 6.4.3과 (10)에 의해 $z = 1$과 $z = -5$은 f의 단순 극점이고 $z = 2$는 4차 극점이다.

(b) 보기 3에서 알아본 대로 $z = 0$은 $z \sin z^2$의 3차 영점이다. 정리 6.4.3과 (10)에 의해 $z = 0$은 $f(z) = 1/(z \sin z^2)$의 3차 극점이다. ❑

참고 실 해석학과의 비교

(i) 앞의 논의에 의해 직관적으로 분명한데, $z = z_0$이 함수 f의 극점이면 임의의 방향에서 $z \to z_0$일 때 $|f(z)| \to \infty$이다. 2.6절의 참고에 있는 (i)에 의해 $\lim_{z \to z_0} f(z) = \infty$이다.

(ii) 다른 복소 해석학 책을 살펴보면, 용어 'meromorphic'(유리형)을 볼 수 있다. f가 유리형 함수라는 것은 f가 영역 D에서 (존재할 수 있는) 극점을 제외하면 해석적인 경우이다. 유리형 함수의 극점은 D에 많아야 유한 개임을 밝힐 수 있다. 예를 들면, 유리 함수 $f(z) = 1/(z^2+1)$은 복소 평면에서 유리형이다.

6.4 익힘 문제

문제 1~4에서는 $z = 0$이 주어진 함수의 없앨 수 있는 특이점임을 보여라. $f(0)$을 정의해서 f가 $z = 0$에서 해석적이 되도록 하라.

1. $f(z) = \dfrac{e^{2z}-1}{z}$
2. $f(z) = \dfrac{z^3-4z^2}{1-e^{z^2/2}}$
3. $f(z) = \dfrac{\sin 4z - 4z}{z^2}$
4. $f(z) = \dfrac{1-\frac{1}{2}z^{10} - \cos z^5}{\sin z^2}$

문제 5~10에서는 주어진 함수의 영점과 그 차수를 결정하라.

5. $f(z) = (z+2-i)^2$
6. $f(z) = z^4 - 16$
7. $f(z) = z^4 + z^2$
8. $f(z) = \sin^2 z$
9. $f(z) = e^{2z} - e^z$
10. $f(z) = ze^z - z$

문제 11~14에서는 지정된 수가 주어진 함수의 영점이다. 매클로린 급수 또는 테일러 급수를 이용해서 영점의 차수를 결정하라.

11. $f(z) = z(1-\cos^2 z)$; $z = 0$
12. $f(z) = z - \sin z$; $z = 0$
13. $f(z) = 1 - e^{z-1}$; $z = 1$
14. $f(z) = 1 - \pi i + z + e^z$; $z = \pi i$

문제 15~26에서는 주어진 함수에 대한 극점의 차수를 결정하라.

15. $f(z) = \dfrac{3z-1}{z^2+2z+5}$
16. $f(z) = 5 - \dfrac{6}{z^2}$
17. $f(z) = \dfrac{1+4i}{(z+2)(z+i)^4}$
18. $f(z) = \dfrac{z-1}{(z+1)(z^3+1)}$
19. $f(z) = \tan z$
20. $f(z) = \dfrac{\cot \pi z}{z^2}$
21. $f(z) = \dfrac{1-\cosh z}{z^4}$
22. $f(z) = \dfrac{e^z}{z^2}$
23. $f(z) = \dfrac{1}{1+e^z}$
24. $f(z) = \dfrac{e^z-1}{z^2}$

25. $f(z)=\dfrac{\sin z}{z^2-z}$ 26. $f(z)=\dfrac{\cos z-\cos 2z}{z^6}$

문제 27와 28에서는 지정된 수가 주어진 함수의 본질적 특이점임을 보여라.

27. $f(z)=z^3\sin\dfrac{1}{z};\ z=0$ 28. $f(z)=(z-1)\cos\dfrac{1}{z+2};\ z=-2$

29. $z=0$이 $f(z)=e^{z+1/z}$의 본질적 특이점인지 판정하라.

30. $z=0$이 $f(z)=\tan(1/z)$의 고립 또는 비고립 특이점인지 판정하라.

개념과 이해

31. 6.3절의 보기 2(b)에서 밝힌 대로, $|z|>1$에서 유효한 $f(z)=\dfrac{1}{z(z-1)}$의 로랑 급수 전개는 다음과 같다

$$f(z)=\frac{1}{z^2}+\frac{1}{z^3}+\frac{1}{z^4}+\frac{1}{z^5}+\cdots$$

점 $z=0$은 f의 고립 특이점이고 이 로랑 급수에는 z의 음의 정수 거듭제곱과 관련된 항이 무수히 많다. 이에 따라 $z=0$이 f의 본질적 특이점인지 논의하라. 수학적으로 자신의 의견을 방어하라.

32. f와 g는 해석 함수이고 $z=z_0$이 f의 m차 영점이며 g의 n차 영점이라고 하자. 그러면 $z=z_0$은 fg의 몇 차 영점인가? $z=z_0$은 $f+g$의 몇 차 영점인가?

33. 피카르의 정리라는 흥미로운 정리에 따르면, 고립된 본질적 특이점 z_0의 임의로 작은 근방에서도 해석 함수 f는 한 개를 제외한 모든 유한 복소수를 함숫값으로 무한 번 취한다. $z=0$이 $f(z)=e^{1/z}$의 고립된 본질적 특이점이므로, $z=0$의 임의의 근방에서 $f(z)=i$를 만족시키는 z를 무수히 많이 찾아라. 한 개의 예외는 무엇인가? 곧, $f(z)=e^{1/z}$이 함숫값으로 취할 수 없는 한 개의 값은 무엇인가?

용어
피카르의 정리 Picard's theorem

34. $|f(z)|$이 고립 특이점 z_0의 빠진 근방에서 갇혀 있다고 하자. z_0을 340쪽에 나열한 세 가지 고립 특이점 중에서 어느 것인지 말하라. 수학적으로 자신의 의견을 방어하라.

35. $z=z_0$이 해석 함수 $f(z)$의 n차 영점이라고 하자. 그러면 $z=z_0$은 양의 정수 m에 대해 $\{f(z)\}^m$의 mn차 영점임을 증명하라.

36. 이 문제에서는 다음 명제에 대한 증명의 출발점을 제시한다.

유리 함수 f의 고립 특이점은 극점 또는 없앨 수 있는 특이점이다.

증명 f가 유리 함수라는 가정에서 출발하자. 곧, 두 다항 함수 p와 q에 대해 $f(z)=p(z)/q(z)$라 하자. 그러면 f는 q의 영점을 제외한 모든 z에서 해석적이다. z_0이 q의 영점이지만 p의 영점은 아니라고 하자. 그러면 정리 6.4.1에 의해 양의 정수 n이 존재해서 $q(z)=(z-z_0)^nQ(z)$와

같이 쓸 수 있다. 여기서 $Q(z)$는 다항 함수이고 $Q(z_0) \neq 0$이다. 이제 정리 6.4.2를 이용하자. 한 가지 경우를 더 생각해서 증명을 마무리 지어라.

6.5 유수 및 유수 정리

지난 절에서 알아본 대로, 점 z_0이 f의 고립 특이점이면 f의 로랑 급수 표현은 다음과 같다.

$$f(z) = \sum_{k=-\infty}^{\infty} a_k (z-z_0)^k = \cdots + \frac{a_{-2}}{(z-z_0)^2} + \frac{a_{-1}}{z-z_0} + a_0 + a_1(z-z_0) + \cdots$$

이 급수는 z_0 근처의 모든 z에서 수렴한다. 좀 더 정확하게, 이 표현은 z_0의 한 빠진 근방 또는 뚫린 열린 원판 $0 < |z-z_0| < R$에서 유효하다. 이번 절에서는 계수 a_{-1} 및 경로 적분의 값 찾기에서 이의 중요성에 모든 관심을 집중한다.

용어
유수 residue

유수 앞의 로랑 급수에서 $1/(z-z_0)$의 계수 a_{-1}을 고립 특이점 z_0에서 함수 f의 유수라고 한다. z_0에서 f의 유수를 다음과 같은 기호로 나타낸다.

$$a_{-1} = \text{Res}(f(z),\ z_0)$$

앞에서 정의한 대로, $0 < |z-z_0| < R$에서 유효한 로랑 급수의 으뜸 부분에 유한 개의 항이 포함되고 영이 아닌 마지막 계수가 a_{-n}일 때, z_0을 n차 극점이라 한다. 으뜸 부분에 영이 아닌 항이 무수히 많이 포함될 때, z_0을 본질적 특이점이라 한다.

보기 1 유수

(a) 6.4절의 보기 2 (b)에서 알아본 대로, $z=1$은 함수 $f(z) = \dfrac{1}{(z-1)^2(z-3)}$의 2차 극점이다. 그 보기에서 얻은 $0 < |z-1| < 2$로 정의된 $z=1$의 빠진 근방에서 유효한 로랑 급수는 다음과 같다.

$$f(z) = \frac{-1/2}{(z-1)^2} + \overbrace{\frac{-1/4}{z-1}}^{a_{-1}} - \frac{1}{8} - \frac{z-1}{16} - \cdots$$

그러므로 $1/(z-1)$의 계수는 $a_{-1} = \text{Res}(f(z),\ 1) = -\frac{1}{4}$이다.

(b) 6.3절의 보기 6에서 알아본 대로, $z=0$은 $f(z) = e^{3/z}$의 본질적 특이점이다. 그 보기에서 얻은 $0 < |z| < \infty$에서 유효한 로랑 급수는 다음과 같다.

$$e^{3/z} = 1 + \overbrace{\frac{3}{z}}^{a_{-1}} + \frac{3^2}{2!z^2} + \frac{3^3}{3!z^3} + \cdots$$

그러므로 $1/z$의 계수는 $a_{-1} = \text{Res}(f(z),\ 0) = 3$이다. ❑

계수 a_{-1}이 매우 중요한 이유를 이번 절의 뒤에서 알아볼 것이다. 그 사이에 z_0이 함수 f의 극점일 때 f를 z_0에 관한 로랑 급수로 전개할 필요 없이 유수를 얻는 방법을 조사하겠다. 먼저 단순 극점에서의 유수를 알아보자.

정리 6.5.1 단순 극점에서의 유수

$z = z_0$이 f의 단순 극점일 때, 다음이 성립한다.

$$\text{Res}(f(z),\ z_0) = \lim_{z \to z_0} (z - z_0) f(z) \tag{1}$$

증명 $z = z_0$이 f의 단순 극점이므로, 뚫린 원판 $0 < |z - z_0| < R$에서 수렴하는 f의 로랑 급수 전개는 다음과 같은 꼴이다.

$$f(z) = \frac{a_{-1}}{z - z_0} + a_0 + a_1(z - z_0) + a_2(z - z_0)^2 + \cdots$$

여기서 $a_{-1} \neq 0$이다. 이 급수의 양변에 $z - z_0$을 곱하고 $z \to z_0$일 때의 극한을 택하면 다음을 얻는다.

$$\begin{aligned}\lim_{z \to z_0} (z - z_0) f(z) &= \lim_{z \to z_0} \{a_{-1} + a_0(z - z_0) + a_1(z - z_0)^2 + \cdots\} \\ &= a_{-1} = \text{Res}(f(z),\ z_0)\end{aligned}$$

■

정리 6.5.2 n차 극점에서의 유수

$z = z_0$이 f의 n차 극점일 때, 다음이 성립한다.

$$\text{Res}(f(z),\ z_0) = \frac{1}{(n-1)!} \lim_{z \to z_0} \frac{d^{n-1}}{dz^{n-1}} \{(z - z_0)^n f(z)\} \tag{2}$$

증명 $z = z_0$이 f의 n차 극점이므로, 뚫린 원판 $0 < |z - z_0| < R$에서 수렴하는 f의 로랑 급수 전개는 다음과 같은 꼴이다.

$$f(z) = \frac{a_{-n}}{(z - z_0)^n} + \cdots + \frac{a_{-2}}{(z - z_0)^2} + \frac{a_{-1}}{z - z_0} + a_0 + a_1(z - z_0) + \cdots$$

여기서 $a_{-n} \neq 0$이다. 이 마지막 식의 양변에 $(z - z_0)^n$을 곱하면 다음과 같다.

$$\begin{aligned}(z - z_0)^n f(z) &= a_{-n} + \cdots + a_{-2}(z - z_0)^{n-2} + a_{-1}(z - z_0)^{n-1} \\ &\quad + a_0(z - z_0)^n + a_1(z - z_0)^{n+1} + \cdots\end{aligned}$$

그리고 양변을 $n-1$번 미분하면 다음을 얻는다.

$$\frac{d^{n-1}}{dz^{n-1}}\{(z-z_0)^n f(z)\} = (n-1)!a_{-1} + n!a_0(z-z_0) + \cdots \tag{3}$$

우변에서 첫째 항을 제외한 모든 항에는 $z-z_0$의 양의 정수 거듭제곱을 포함하고 있으므로, $z \to z_0$일 때 (3)의 극한은 다음과 같다.

$$\lim_{z\to z_0}\frac{d^{n-1}}{dz^{n-1}}\{(z-z_0)^n f(z)\} = (n-1)!a_{-1}$$

이 마지막 등식을 a_{-1}에 대해 풀면 (2)를 얻는다. ■

(2)는 $n=1$일 때 (1)이 됨을 확인하자.

보기 2 극점에서의 유수

함수 $f(z) = \dfrac{1}{(z-1)^2(z-3)}$에 대해 $z=3$은 단순 극점이고 $z=1$은 2차 극점이다. 정리 6.5.1과 6.5.2를 이용해서 각 점에서의 유수를 찾아라.

풀이 $z=3$은 단순 극점이므로, (1)을 이용하면 다음을 얻는다.

$$\text{Res}(f(z),\ 3) = \lim_{z\to 3}(z-3)f(z) = \lim_{z\to 3}\frac{1}{(z-1)^2} = \frac{1}{4}$$

그리고 2차 극점에서는 (2)의 결과에 의해 다음을 얻는다.

$$\begin{aligned}\text{Res}(f(z),\ 1) &= \frac{1}{1!}\lim_{z\to 1}\frac{d}{dz}\{(z-1)^2 f(z)\}\\ &= \lim_{z\to 1}\frac{d}{dz}\frac{1}{z-3} = \lim_{z\to 1}\frac{-1}{(z-3)^2} = -\frac{1}{4}\end{aligned}$$ ❏

f가 유리 함수가 아니면, (1)과 (2)를 이용한 유수의 셈은 종종 지루하다. 또 다른 유수 공식을 고안할 수 있다. 특히, 함수 f를 $z=z_0$에서 해석적인 두 함수 g와 h의 몫 $f(z)=g(z)/h(z)$로 표현된다고 하자. $g(z_0)\neq 0$이고 z_0이 함수 h의 1차 영점이면, $z=z_0$은 f의 단순 극점이고 다음이 성립한다.

단순 극점에서 유수를 찾는 대안적인 방법 ➡

$$\text{Res}(f(z),\ z_0) = \frac{g(z_0)}{h'(z_0)} \tag{4}$$

이 결과를 유도하기 위해서 1차 영점의 정의와 도함수의 정의 및 (1)을 이용하겠다. 첫째, z_0이 함수 h의 1차 영점이므로, $h(z_0)=0$이고 $h'(z_0)\neq 0$이다. 둘째, 3.1절의 (12)에 제시한 도함수의 정의에 의해 다음이 성립한다.

$$h'(z_0) = \lim_{z\to z_0}\frac{h(z)-\overbrace{h(z_0)}^{0}}{z-z_0} = \lim_{z\to z_0}\frac{h(z)}{z-z_0}$$

다음에 (1)에 다음과 같은 방법으로 앞의 두 가지 사실을 결합하자.

$$\text{Res}(f(z),\ z_0) = \lim_{z \to z_0} (z - z_0)\frac{g(z)}{h(z)} = \lim_{z \to z_0} \frac{g(z)}{\dfrac{h(z)}{z - z_0}} = \frac{g(z_0)}{h'(z_0)}$$

공식 (4)에 도달하는 다른 방법이 몇 가지 있다. 예를 들면, 로피탈의 법칙(147쪽)을 한 번 응용해서 얻을 수 있지만, 익힘 문제 6.5의 문제 40에서는 6.4절의 (5)를 이용해서 (4)를 유도한다. 차수가 1보다 큰 극점에 대한 공식은 (4)보다 훨씬 복잡한데, 여기서는 제시하지 않겠다. 실제적인 면을 제외하고, 고차에 대한 이런 공식 중 하나를 유도하는 과정에서 중요한 개념들을 재검토하고 이용하는 기회를 얻을 것이다. 익힘 문제 6.5의 문제 41을 보라.

보기 3 (4)를 이용해서 유수 찾기

다항식 $z^4 + 1$을 $(z - z_1)(z - z_2)(z - z_3)(z - z_4)$로 인수 분해할 수 있는데, 여기서 z_1, z_2, z_3, z_4는 방정식 $z^4 + 1 = 0$의 서로 다른 네 근이다. (또는 -1의 네 개의 네제곱근이다.) 정리 6.4.3에 의해 $f(z) = \dfrac{1}{z^4 + 1}$에는 네 개의 단순 극점이 있다. 그런데 1.4절의 (4)에 의해 $z_1 = e^{\pi i/4}$, $z_2 = e^{3\pi i/4}$, $z_3 = e^{5\pi i/4}$, $z_4 = e^{7\pi i/4}$이다. 유수를 찾으려고, 1.3절의 오일러의 공식 (6)과 함께 이번 절의 (4)를 이용하면 다음을 얻는다.

$$\text{Res}(f(z),\ z_1) = \frac{1}{4z_1^3} = \frac{1}{4}e^{-3\pi i/4} = -\frac{1}{4\sqrt{2}} - \frac{1}{4\sqrt{2}}i,$$

$$\text{Res}(f(z),\ z_2) = \frac{1}{4z_2^3} = \frac{1}{4}e^{-9\pi i/4} = \frac{1}{4\sqrt{2}} - \frac{1}{4\sqrt{2}}i,$$

$$\text{Res}(f(z),\ z_3) = \frac{1}{4z_3^3} = \frac{1}{4}e^{-15\pi i/4} = \frac{1}{4\sqrt{2}} + \frac{1}{4\sqrt{2}}i,$$

$$\text{Res}(f(z),\ z_4) = \frac{1}{4z_4^3} = \frac{1}{4}e^{-21\pi i/4} = -\frac{1}{4\sqrt{2}} + \frac{1}{4\sqrt{2}}i$$ ❑

물론, 보기 3의 각 유수를 공식 (1)을 이용해서 셈할 수 있다. 이 경우에 셈 과정이 매우 복잡할 수 있다. 예를 들면, $z^4 + 1$의 인수 분해를 이용해서 f를 다음과 같이 쓸 수 있다.

$$f(z) = \frac{1}{(z - z_1)(z - z_2)(z - z_3)(z - z_4)}$$

(1)에 의해 이를테면 극점 z_1에서의 유수는 다음과 같다.

$$\operatorname{Res}(f(z),\ z_1) = \lim_{z \to z_1}(z - z_1)\frac{1}{(z-z_1)(z-z_2)(z-z_3)(z-z_4)}$$

$$= \frac{1}{(z_1-z_2)(z_1-z_3)(z_1-z_4)}$$

$$= \frac{1}{(e^{\pi i/4} - e^{3\pi i/4})(e^{\pi i/4} - e^{5\pi i/4})(e^{\pi i/4} - e^{7\pi i/4})}$$

이제 이 마지막 식의 분모를 간단히 하는 위압적인 과제에 직면한다. 마지막으로, 이런 과정을 세 번 더 반복해야 한다.

용어
코시의 유수 정리 Cauchy's residue theorem

유수 정리 이제 유수 개념이 중요한 이유를 알아보겠다. 다음 정리는 어떤 상황에서는 복소 적분 $\oint_C f(z)\,dz$의 값을 닫힌 경로 C의 내부에 있는 f의 고립 특이점들에서의 유수를 더해서 얻을 수 있다고 주장한다.

정리 6.5.3 코시의 유수 정리

D는 단순 연결 영역이고 C는 D에 완전히 놓인 단순 닫힌 경로라고 하자. 함수 f가 C의 내부에 있는 유한 개의 고립 특이점 $z_1,\ z_2,\ \cdots,\ z_n$을 제외하고 C와 그 내부에서 해석적이면, 다음이 성립한다.

$$\oint_C f(z)\,dz = 2\pi i \sum_{k=1}^{n} \operatorname{Res}(f(z),\ z_k) \tag{5}$$

증명 $C_1,\ C_2,\ \cdots,\ C_n$은 차례로 중심이 $z_1,\ z_2,\ \cdots,\ z_n$인 원이라고 하자. 또 각 원 C_k의 반지름 r_k는 충분히 작아서 $C_1,\ C_2,\ \cdots,\ C_n$이 서로 소이고 단순 닫힌 곡선 C의 내부에 있다고 하자. 그림 6.5.1을 보라. 그런데 6.3절의 (20)에서 알아본 대로, $\oint_{C_k} f(z)\,dz = 2\pi i \operatorname{Res}(f(z),\ z_k)$이므로 정리 5.3.2에 의해 다음이 성립한다.

$$\oint_C f(z)\,dz = \sum_{k=1}^{n} \oint_{C_k} f(z)\,dz$$

$$= 2\pi i \sum_{k=1}^{n} \operatorname{Res}(f(z),\ z_k) \qquad \blacksquare$$

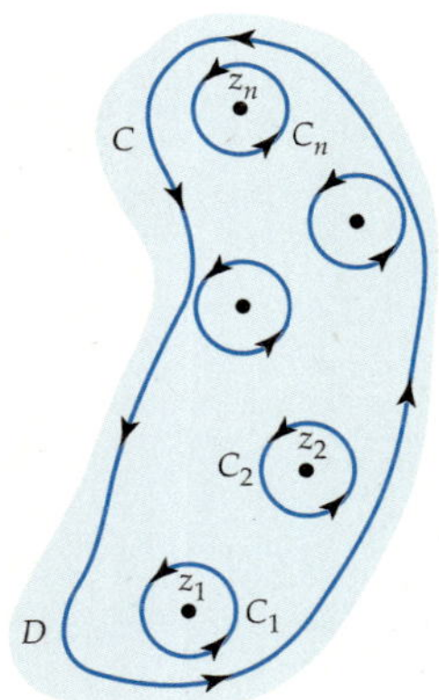

그림 6.5.1 경로 C의 내부에 있는 n개의 특이점

보기 4 유수 정리를 이용한 값 찾기

적분 경로 C가 다음과 같은 때 $\oint_C \frac{1}{(z-1)^2(z-3)}\,dz$의 값을 찾아라.

(a) 경로 C는 $x=0,\ x=4,\ y=-1,\ y=1$로 정의된 직사각형

(b) 경로 C는 원 $|z|=2$

풀이 (a) $z=1$과 $z=3$이 모두 직사각형의 내부에 있는 극점이므로, (5)에 의해 다음이 성립한다.

$$\oint_C \frac{1}{(z-1)^2(z-3)}\,dz = 2\pi i\,\{\text{Res}(f(z),\ 1)+\text{Res}(f(z),\ 3)\}$$

보기 2에서 이런 유수를 찾았다. 따라서 다음을 얻는다.

$$\oint_C \frac{1}{(z-1)^2(z-3)}\,dz = 2\pi i\left\{\left(-\frac{1}{4}\right)+\frac{1}{4}\right\}=0$$

(b) 극점 $z=1$만이 원 $|z|=2$의 내부에 있으므로, (5)에 의해 다음을 얻는다.

$$\oint_C \frac{1}{(z-1)^2(z-3)}\,dz = 2\pi i\,\text{Res}(f(z),\ 1) = 2\pi i\left(-\frac{1}{4}\right)=-\frac{\pi}{2}i \quad ❑$$

보기 5 유수 정리를 이용한 값 찾기

경로 C가 원 $|z-i|=2$일 때, $\oint_C \frac{2z+6}{z^2+4}\,dz$의 값을 찾아라.

풀이 분모를 $z^2+4=(z-2i)(z+2i)$로 인수 분해하면, $-2i$와 $2i$가 피적분 함수의 단순 극점임을 알 수 있다. $2i$만이 경로 C의 내부에 있으므로, (5)에 의해 다음이 성립한다.

$$\oint_C \frac{2z+6}{z^2+4}\,dz = 2\pi i\,\text{Res}(f(z),\ 2i)$$

$2i$에서의 유수는 다음과 같다.

$$\text{Res}(f(z),\ 2i) = \lim_{z\to 2i}(z-2i)\frac{2z+6}{(z-2i)(z+2i)} = \frac{6+4i}{4i} = \frac{3+2i}{2i}$$

그러므로 찾는 값은 다음과 같다.

$$\oint_C \frac{2z+6}{z^2+4}\,dz = 2\pi i\left(\frac{3+2i}{2i}\right)=\pi(3+2i) \quad ❑$$

보기 6 유수 정리를 이용한 값 찾기

경로 C가 원 $|z|=2$일 때, $\oint_C \frac{e^z}{z^4+5z^3}\,dz$의 값을 찾아라.

풀이 분모를 $z^4+5z^3=z^3(z+5)$로 쓸 수 있으므로, $z=0$은 피적분 함수 $f(z)$의 3차 극점이고 $z=-5$는 단순 극점이다. 그런데 극점 $z=0$만이 주어진 경로의 내부에 있으므로, (5)와 (2)로부터 다음을 얻는다.

$$\begin{aligned}\oint_C \frac{e^z}{z^4+5z^3}\,dz &= 2\pi i\,\text{Res}(f(z),\ 0)\\ &= 2\pi i\frac{1}{2!}\lim_{z\to 0}\frac{d^2}{dz^2}\left\{z^3\cdot\frac{e^z}{z^3(z+5)}\right\}\end{aligned}$$

$$= \pi i \lim_{z \to 0} \frac{(z^2+8z+17)e^z}{(z+5)^3} = \frac{17\pi}{125} i$$ ❑

보기 7 유수 정리를 이용한 값 찾기

경로 C가 원 $|z|=2$일 때, $\oint_C \tan z\, dz$의 값을 찾아라.

풀이 피적분 함수 $f(z)=\tan z = \sin z/\cos z$는 $\cos z = 0$인 점에 단순 극점이 있다. 4.3절의 (21)에서 알아본 대로, $\cos z$의 영점은 실수 $z=(2n+1)\pi/2$ $(n=0, \pm 1, \pm 2, \cdots)$뿐이다. $-\pi/2$와 $\pi/2$만이 원 $|z|=2$의 내부에 있으므로, 다음이 성립한다.

$$\oint_C \tan z\, dz = 2\pi i \left\{ \operatorname{Res}\left(f(z), -\frac{\pi}{2}\right) + \operatorname{Res}\left(f(z), \frac{\pi}{2}\right) \right\}$$

(4)에서 $g(z)=\sin z$, $h(z)=\cos z$, $h'(z)=-\sin z$로 놓으면, 다음을 얻는다.

$$\operatorname{Res}\left(f(z), -\frac{\pi}{2}\right) = \frac{\sin(-\pi/2)}{-\sin(-\pi/2)} = -1,$$

$$\operatorname{Res}\left(f(z), \frac{\pi}{2}\right) = \frac{\sin(\pi/2)}{-\sin(\pi/2)} = -1,$$

따라서 $\oint_C \tan z\, dz = 2\pi i(-1-1) = -4\pi i$이다. ❑

정리 6.5.3은 본질적 특이점에 적용할 수 있다. ➡

본질적 특이점 z_0에서의 유수를 찾는 (1) 또는 (2) 또는 (4)와 비슷한 훌륭한 공식은 없지만, 다음 보기는 정리 6.5.3을 여전히 z_0에서 적용할 수 있음을 보여준다.

보기 8 유수 정리를 이용한 값 찾기

경로 C가 원 $|z|=1$일 때, $\oint_C e^{3/z}\, dz$의 값을 찾아라.

풀이 이미 알아본 대로 $z=0$은 피적분 함수 $f(z)=e^{3/z}$의 본질적 특이점이다. 그러므로 공식 (1) 또는 (2)를 적용해서 점 $z=0$에서 f의 유수를 찾을 수 없다. 그런데도 보기 1에서 알아본 대로, $z=0$에서 f의 로랑 급수에 의해 $\operatorname{Res}(f(z), 0)=3$이다. 그러므로 (5)에 의해 다음을 얻는다.

$$\oint_C e^{3/z}\, dz = 2\pi i \operatorname{Res}(f(z), 0) = 2\pi i(3) = 6\pi i$$ ❑

6.5 익힘 문제

문제 1~6에서는 적절한 로랑 급수를 이용해서 지정된 유수를 찾아라.

1. $f(z)=\dfrac{2}{(z-1)(z+4)}$; $\operatorname{Res}(f(z),\ 1)$

2. $f(z)=\dfrac{1}{z^3(1-z)^3}$; $\operatorname{Res}(f(z),\ 0)$

3. $f(z)=\dfrac{4z-6}{z(2-z)}$; $\operatorname{Res}(f(z),\ 0)$

4. $f(z)=(z+3)^2\sin\dfrac{2}{z+3}$; $\operatorname{Res}(f(z),\ -3)$

5. $f(z)=e^{-2/z^2}$; $\operatorname{Res}(f(z),\ 0)$

6. $f(z)=\dfrac{e^{-z}}{(z-2)^2}$; $\operatorname{Res}(f(z),\ 2)$

문제 7~16에서는 (1) 또는 (2) 또는 (4)를 이용해서 주어진 함수의 각 극점에서의 유수를 찾아라.

7. $f(z)=\dfrac{z}{z^2+16}$

8. $f(z)=\dfrac{4z+8}{2z-1}$

9. $f(z)=\dfrac{1}{z^4+z^3-2z^2}$

10. $f(z)=\dfrac{1}{(z^2-2z+2)^2}$

11. $f(z)=\dfrac{5z^2-4z+3}{(z+1)(z+2)(z+3)}$

12. $f(z)=\dfrac{2z-1}{(z-1)^4(z+3)}$

13. $f(z)=\dfrac{\cos z}{z^2(z-\pi)^3}$

14. $f(z)=\dfrac{e^z}{e^z-1}$

15. $f(z)=\sec z$

16. $f(z)=\dfrac{1}{z\sin z}$

문제 17~20에서는 코시의 유수 정리를 적절하게 이용해서 지정된 경로 위에서 주어진 적분의 값을 찾아라.

17. $\oint_C \dfrac{1}{(z-1)(z+2)^2}\,dz$ (a) $|z|=\frac{1}{2}$ (b) $|z|=\frac{3}{2}$ (c) $|z|=3$

18. $\oint_C \dfrac{z+1}{z^2(z-2i)}\,dz$ (a) $|z|=1$ (b) $|z-2i|=1$ (c) $|z-2i|=4$

19. $\oint_C z^3e^{-1/z^2}\,dz$ (a) $|z|=5$ (b) $|z+i|=2$ (c) $|z-3|=1$

20. $\oint_C \dfrac{1}{z\sin z}\,dz$ (a) $|z-2i|=1$ (b) $|z-2i|=3$ (c) $|z|=5$

문제 21~34에서는 코시의 유수 정리를 이용해서 지정된 경로 위에서 주어진 적분의 값을 찾아라.

21. $\oint_C \dfrac{1}{z^2+4z+13}\,dz$, C: $|z-2i|=3$

22. $\oint_C \frac{1}{z^3(z-1)^4}\,dz$, C: $|z-2|=\frac{3}{2}$

23. $\oint_C \frac{z}{z^4-1}\,dz$, C: $|z|=2$

24. $\oint_C \frac{z}{(z+1)(z^2+1)}\,dz$, C: $16x^2+y^2=4$

25. $\oint_C \frac{ze^z}{z^2-1}\,dz$, C: $|z|=2$

26. $\oint_C \frac{e^z}{z^3+2z^2}\,dz$, C: $|z|=3$

27. $\oint_C \frac{\tan z}{z}\,dz$, C: $|z-1|=2$

28. $\oint_C \frac{\cot \pi z}{z^2}\,dz$, C: $|z|=\frac{1}{2}$

29. $\oint_C \cot \pi z\,dz$, C는 $x=\frac{1}{2}$, $x=\pi$, $y=-1$, $y=1$로 정의된 직사각형

30. $\oint_C \frac{2z-1}{z^2(z^3+1)}\,dz$, C는 $x=-2$, $x=1$, $y=-\frac{1}{2}$, $y=1$로 정의된 직사각형

31. $\oint_C \left(z^2 e^{1/\pi z} + \frac{ze^z}{z^4-\pi^4}\right)dz$, C: $4x^2+y^2=16$

32. $\oint_C \frac{\cos z}{(z-1)^2(z^2+9)}\,dz$, C: $|z-1|=1$

33. $\oint_C \frac{1}{z^6+1}\,dz$, C는 $y=0$, $y=\sqrt{4-x^2}$으로 정의된 반원

34. $\oint_C e^{4/(z-2)}\,dz$, C: $|z-1|=3$

개념과 이해

35. (a) 급수를 이용해서 $z=0$이 $1-\cos z$의 2차 영점임을 보여라.

(b) (a)에 의해 $z=0$은 함수 $f(z)=e^z/(1-\cos z)$의 2차 극점이고, 이에 따라 이 함수의 다음과 같은 로랑 급수는 $0<|z|<2\pi$에서 유효하다.

$$f(z)=\frac{e^z}{1-\cos z}=\frac{a_{-2}}{z^2}+\frac{a_{-1}}{z}+a_0+a_1 z+a_2 z^2+\cdots$$

e^z과 $1-\cos z$에 대한 급수를 이용하고 다음 곱에서 계수 사이의 관계를 이용해서 a_{-2}, a_{-1}, a_0을 결정하라.

$$e^z=(1-\cos z)\left(\frac{a_{-2}}{z^2}+\frac{a_{-1}}{z}+a_0+\cdots\right)$$

(c) C가 $|z|=1$일 때 $\oint_C \frac{e^z}{1-\cos z}\,dz$의 값을 찾아라.

36. C가 $|z|=1$일 때 $\oint_C e^{1/z}\sin\frac{1}{z}\,dz$의 값을 찾는 방법을 논의하라. 그 방법에 따라 값을 찾아라.

37. 함수 $f(z)=z^4/(1-z^{1/2})$을 생각하자. 여기서 $z^{1/2}$은 제곱근 함수의 으뜸 분지를 나타낸다. $z=1$은 f의 극점인가? 그렇다면 $\mathrm{Res}(f(z),\ 1)$을 찾아라.

38. 유수를 이용해서 유리 함수의 부분 분수의 계수를 찾을 수 있다. $p(z)$는 2차 이하의 다항 함수라 하고, z_1, z_2, z_3은 서로 다른 복소수로 $p(z)$의 영점이 아니라고 하자. 이때 다음이 성립한다고 하자.

$$f(z)=\frac{p(z)}{(z-z_1)(z-z_2)(z-z_3)}=\frac{A}{z-z_1}+\frac{B}{z-z_2}+\frac{C}{z-z_3}$$

(a) (1)을 이용해서 다음을 보여라.

$$A=\mathrm{Res}(f(z),\ z_1)=\frac{p(z_1)}{(z_1-z_2)(z_1-z_3)},$$
$$B=\mathrm{Res}(f(z),\ z_2)=\frac{p(z_2)}{(z_2-z_1)(z_2-z_3)},$$
$$C=\mathrm{Res}(f(z),\ z_3)=\frac{p(z_3)}{(z_3-z_1)(z_3-z_2)}$$

(b) 이제 로랑 급수를 이용해서 $A=\mathrm{Res}(f(z),\ z_1)$임을 증명하라. [*귀띔*: 둘째 항 $B/(z-z_2)$와 셋째 항 $C/(z-z_3)$는 모두 z_1에서 해석적이다. 또, 6.4절의 (3)과 (4)를 보라.]

39. 문제 38을 이용해서 $f(z)=\dfrac{5z^2-z+2}{z(z+1)(z-i)}$를 부분 분수로 분해하라.

40. $h(z)$에 1차 영점이 있으면, 6.4절의 (5)에 의해 $h(z)=(z-z_0)\phi(z)$와 같은데, 여기서 ϕ는 $z=z_0$에서 해석적이고 $\phi(z_0)\neq 0$이다. $f(z)=g(z)/h(z)$일 때, (1)을 이용해서 다음과 같은 (4)를 유도하라.

$$\mathrm{Res}(f(z),\ z_0)=\frac{g(z_0)}{\phi(z_0)}=\frac{g(z_0)}{h'(z_0)}$$

41. $h(z)$에 2차 영점이 있으면, 6.4절의 (5)에 의해 $h(z)=(z-z_0)^2\phi(z)$와 같은데, 여기서 ϕ는 $z=z_0$에서 해석적이고 $\phi(z_0)\neq 0$이다. $f(z)=g(z)/h(z)$일 때, $n=2$인 경우에 (2)를 이용해서 2차 극점 $z=z_0$에서의 $\mathrm{Res}(f(z),\ z_0)$에 대한 (4)와 유사한 공식을 유도하라.

42. $z=z_0$이 $p(z)$의 1차 영점일 때, $f(z)=1/\{p(z)\}^2$이라고 하자.

(a) 문제 41을 이용해서 공식 $\mathrm{Res}(f(z),\ z_0)=-\dfrac{p''(z_0)}{\{p'(z_0)\}^3}$을 유도하라.

(b) (b)를 이용해서 $z=0$에서 $f(z)=\dfrac{1}{(z^2-z)^2}$의 유수를 결정하라.

6.6 유수 정리의 몇 가지 결과

이번 절에서는 유수 정리를 이용해서 다음과 같은 꼴의 실 적분의 값을 찾는 방법을 알아보겠다.

$$\int_0^{2\pi} F(\cos\theta,\ \sin\theta)\,d\theta, \tag{1}$$

$$\int_{-\infty}^{\infty} f(x)\,dx, \tag{2}$$

$$\int_{-\infty}^{\infty} f(x)\cos\alpha x\,dx,\quad \int_{-\infty}^{\infty} f(x)\sin\alpha x\,dx \tag{3}$$

여기서 (1)의 F 및 (2)와 (3)의 f는 유리 함수이다. (2)와 (3)의 유리 함수 $f(x)=p(x)/q(x)$에 대해 다항 함수 p와 q에는 공통 인수가 없다고 가정하겠다.

방금 제시한 세 가지 적분의 값 찾기에 덧붙여, 유수를 이용해서 분지 절단 위에서의 적분을 요구하는 실 특이 적분의 값을 찾는 방법을 설명하겠다.

유수 정리와 해석 함수의 영점 사이의 관계에 대한 논의 및 특별한 경우에 유수를 이용해서 무한 급수의 합을 찾는 방법에 대한 고찰로 이번 절을 끝마친다.

6.6.1 실 삼각 적분

$\int_0^{2\pi} F(\cos\theta,\ \sin\theta)\,d\theta$ 꼴의 적분 여기서 기초적인 발상은 (1) 꼴의 실 삼각 적분을 복소 적분으로 바꾸는 것인데, 이때의 경로 C는 원점이 중심인 단위 원 $|z|=1$이다. 이 적분을 위해, 2.2절의 (10)에서 출발해서 이 경로를 매개 변수로 $z=e^{i\theta}$ $(0\le\theta\le 2\pi)$와 같이 나타내자. 그러면 다음과 같이 쓸 수 있다.

$$dz = ie^{i\theta}\,d\theta,\quad \cos\theta=\frac{e^{i\theta}+e^{-i\theta}}{2},\quad \sin\theta=\frac{e^{i\theta}-e^{-i\theta}}{2i}$$

마지막 두 식은 4.3절의 (2)와 (3)으로부터 얻는다. $dz=ie^{i\theta}\,d\theta=iz\,d\theta$이고 $z^{-1}=1/z=e^{-i\theta}$이므로, 위의 세 식은 다음과 같이 쓸 수 있다.

$$d\theta=\frac{dz}{iz},\quad \cos\theta=\frac{1}{2}(z+z^{-1}),\quad \sin\theta=\frac{1}{2i}(z-z^{-1}) \tag{4}$$

(1)의 적분을 경로 적분으로 전환하기 위해서는 $d\theta$, $\cos\theta$, $\sin\theta$를 차례로 다음과 같이 (4)의 식으로 바꿔야 한다.

$$\oint_C F\left(\frac{z+z^{-1}}{2},\ \frac{z-z^{-1}}{2i}\right)\frac{dz}{iz}$$

여기서 C는 단위 원 $|z|=1$이다.

보기 1 실 삼각 적분

$\int_0^{2\pi} \frac{1}{(2+\cos\theta)^2}\,d\theta$의 값을 찾아라.

풀이 (4)에 제시한 치환을 이용하면, 주어진 삼각 적분은 다음 경로 적분이 된다.

$$\oint_C \frac{1}{\left(2+\frac{z+z^{-1}}{2}\right)^2}\frac{dz}{iz} = \oint_C \frac{1}{\left(2+\frac{z^2+1}{2z}\right)^2}\frac{dz}{iz}$$

피적분 함수를 간단히 하면 다음과 같다.

$$\frac{4}{i}\oint_C \frac{z}{(z^2+4z+1)^2}\,dz$$

근의 공식에 의해 다항식 z^2+4z+1을 $z^2+4z+1=(z-z_1)(z-z_2)$로 인수 분해할 수 있다. 여기서 $z_1=-2-\sqrt{3}$이고 $z_2=-2+\sqrt{3}$이다. 그러므로 피적분 함수를 다음과 같이 쓸 수 있다.

$$\frac{z}{(z^2+4z+1)^2} = \frac{z}{(z-z_1)^2(z-z_2)^2}$$

z_2만이 단위 원 C의 내부에 있으므로 다음이 성립한다.

$$\oint_C \frac{z}{(z^2+4z+1)^2}\,dz = 2\pi i\,\mathrm{Res}(f(z),\ z_2)$$

유수를 찾기 위해서, 먼저 z_2가 2차 유수임을 확인하자. 그러면 6.5절의 (2)를 이용해서 다음을 얻는다.

$$\mathrm{Res}(f(z),\ z_2) = \lim_{z\to z_2}\frac{d}{dz}\{(z-z_2)^2 f(z)\} = \lim_{z\to z_2}\frac{d}{dz}\frac{z}{(z-z_1)^2}$$

$$= \lim_{z\to z_2}\frac{-z-z_1}{(z-z_1)^3} = \frac{1}{6\sqrt{3}}$$

그러므로 다음이 성립한다.

$$\frac{4}{i}\oint_C \frac{z}{(z^2+4z+1)^2}\,dz = \frac{4}{i}\cdot 2\pi i\,\mathrm{Res}(f(z),\ z_2) = \frac{4}{i}\cdot 2\pi i\,\frac{1}{6\sqrt{3}}$$

마지막으로 $\int_0^{2\pi}\frac{1}{(2+\cos\theta)^2}\,d\theta = \frac{4\pi}{3\sqrt{3}}$이다. ❑

6.6.2 실 특이 적분

$\int_{-\infty}^{\infty} f(x)\,dx$ 꼴의 적분 실 함수 $y=f(x)$는 구간 $[0,\ \infty)$에서 정의되고

연속이라고 하자. 초등 미분 적분학에서 특이 적분 $I_1=\int_0^\infty f(x)\,dx$는 다음과 같은 극한으로 정의한다.

$$I_1=\int_0^\infty f(x)\,dx=\lim_{R\to\infty}\int_0^R f(x)\,dx \tag{5}$$

용어
특이 적분 improper integral

극한이 존재하면, 적분 I_1은 수렴한다고 한다. 그렇지 않으면 발산한다고 한다. 비슷하게 특이 적분 $I_2=\int_{-\infty}^0 f(x)\,dx$는 다음과 같은 극한으로 정의한다.

$$I_2=\int_{-\infty}^0 f(x)\,dx=\lim_{R\to\infty}\int_{-R}^0 f(x)\,dx \tag{6}$$

마지막으로, f가 $(-\infty,\ \infty)$에서 연속이면, $\int_{-\infty}^\infty f(x)\,dx$는 아래의 두 적분 I_1과 I_2가 모두 수렴하는 경우에 다음과 같이 정의한다.

$$\int_{-\infty}^\infty f(x)\,dx=\int_{-\infty}^0 f(x)\,dx+\int_0^\infty f(x)\,dx=I_1+I_2 \tag{7}$$

I_1과 I_2 중에서 어느 하나라도 발산하면, $\int_{-\infty}^\infty f(x)\,dx$는 발산한다. 중요한 사실로, (7)의 우변이 다음과 같지 않다는 점을 상기하자.

$$\lim_{R\to\infty}\left\{\int_{-R}^0 f(x)\,dx+\int_0^R f(x)\,dx\right\}=\lim_{R\to\infty}\int_{-R}^R f(x)\,dx \tag{8}$$

적분 $\int_{-\infty}^\infty f(x)\,dx$가 수렴하려면, 두 극한 (5)와 (6)은 서로 독립적으로 존재한다. 그런데 특이 적분 $\int_{-\infty}^\infty f(x)\,dx$가 수렴한다는 사실을 알고 있는 경우에는 이 값을 (8)에 제시한 단 한 개의 극한 과정을 통해 다음과 같이 구할 수 있다.

$$\int_{-\infty}^\infty f(x)\,dx=\lim_{R\to\infty}\int_{-R}^R f(x)\,dx \tag{9}$$

반면에, (9)의 대칭적인 극한은 특이 적분 $\int_{-\infty}^\infty f(x)\,dx$가 발산하는 경우에도 존재할 수 있다. 이를테면 적분 $\int_{-\infty}^\infty x\,dx$는 발산하는데, $\lim_{R\to\infty}\int_0^R x\,dx=\lim_{R\to\infty}\frac{1}{2}R^2=\infty$이기 때문이다. 그렇지만 (9)에 따르면 다음을 얻는다.

$$\lim_{R\to\infty}\int_{-R}^R x\,dx=\lim_{R\to\infty}\frac{1}{2}\{R^2-(-R)^2\}=0 \tag{10}$$

용어
코시 으뜸 값, 주값, 주치 Cauchy pricipal value

(9)의 극한이 존재하면, 그 값을 적분의 코시 으뜸 값이라 하고 다음과 같이 나타낸다.

$$\text{P.V.}\int_{-\infty}^{\infty} f(x)\,dx = \lim_{R\to\infty}\int_{-R}^{R} f(x)\,dx \tag{11}$$

(10)에서 $\text{P.V.}\int_{-\infty}^{\infty} x\,dx = 0$임을 보였다. 이상을 요약하면 다음과 같다.

코시 으뜸 값

(2) 꼴의 적분이 수렴하면, 코시 으뜸 값은 그 적분의 값과 똑같다. 그 적분이 발산하더라도, 코시 으뜸 값 (11)이 존재할 수 있다.

코시 으뜸 값에 대한 마지막 주안점을 알아보자. $f(x)$가 $(-\infty, \infty)$에서 연속이고 짝 함수, 곧 $f(-x)=f(x)$라 하자. 그러면 이 함수의 그래프는 y축에 대해 대칭이고, 이에 따라 다음이 성립한다.

← 짝 함수에 관한 중요한 관찰 결과

$$\int_{-R}^{0} f(x)\,dx = \int_{0}^{R} f(x)\,dx, \tag{12}$$

$$\int_{-R}^{R} f(x)\,dx = \int_{-R}^{0} f(x)\,dx + \int_{0}^{R} f(x)\,dx = 2\int_{0}^{R} f(x)\,dx \tag{13}$$

(12)와 (13)으로부터, 코시 으뜸 값 (11)이 존재하면 $\int_{0}^{\infty} f(x)\,dx$와 $\int_{-\infty}^{\infty} f(x)\,dx$가 모두 수렴한다. 적분 값은 다음과 같다.

$$\int_{0}^{\infty} f(x)\,dx = \frac{1}{2}\text{P.V.}\int_{-\infty}^{\infty} f(x)\,dx,$$

$$\int_{-\infty}^{\infty} f(x)\,dx = \text{P.V.}\int_{-\infty}^{\infty} f(x)\,dx$$

유리 함수 $f(x)=p(x)/q(x)$가 $(-\infty, \infty)$에서 연속일 때 적분 $\int_{-\infty}^{\infty} f(x)\,dx$의 값을 찾기 위해서, 유수 이론에 의해 x를 복소 변수 z로 바꾸고 복소 함수 f를 닫힌 경로 C를 따라 적분하는데, C는 실 직선의 구간 $[-R, R]$과 반원 C_R로 이루어지며 그 내부에 위쪽 반평면에 있는 $f(x)=p(x)/q(x)$의 극점을 모두 포함할 정도로 충분히 크다. 그림 6.6.1을 보라. 위쪽 반평면에 있는 극점을 z_k $(k=1, 2, \cdots)$라 할 때, 6.5절의 정리 6.5.3에 의해 다음이 성립한다.

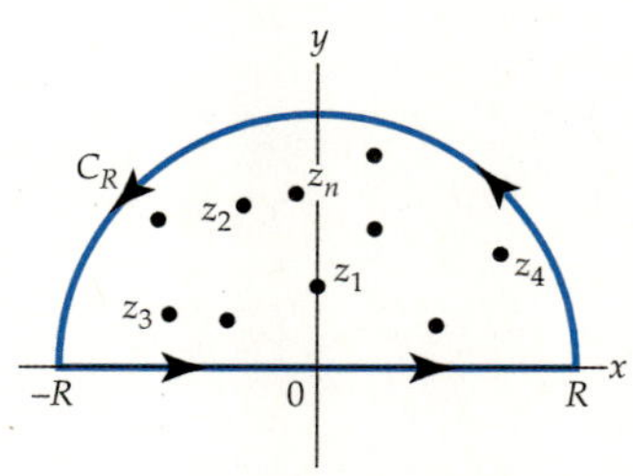

그림 6.6.1 반원 경로

$$\oint_C f(z)\,dz = \int_{C_R} f(z)\,dz + \int_{-R}^{R} f(x)\,dx = 2\pi i\sum_{k=1}^{n}\text{Res}(f(z), z_k)$$

$R\to\infty$일 때 적분 $\int_{C_R} f(z)\,dz \to 0$임을 보일 수 있으면, 다음을 얻는다.

$$\text{P.V.}\int_{-\infty}^{\infty} f(x)\,dx = \lim_{R\to\infty}\int_{-R}^{R} f(x)\,dx = 2\pi i\sum_{k=1}^{n}\text{Res}(f(z), z_k) \tag{14}$$

보기 2 특이 적분의 코시 으뜸 값

$\displaystyle\int_{-\infty}^{\infty} \frac{1}{(x^2+1)(x^2+9)}\,dx$의 코시 으뜸 값을 찾아라.

풀이 $f(z)=1/(z^2+1)(z^2+9)$이라 하자. 분모는 다음과 같다.

$$(z^2+1)(z^2+9)=(z-i)(z+i)(z-3i)(z+3i)$$

그러므로 $R>3$에 대해 C를 x축의 구간 $[-R, R]$과 반원 C_R로 이루어진 닫힌 경로라고 하자. 그림 6.6.2에서 알 수 있듯이, 다음이 성립한다.

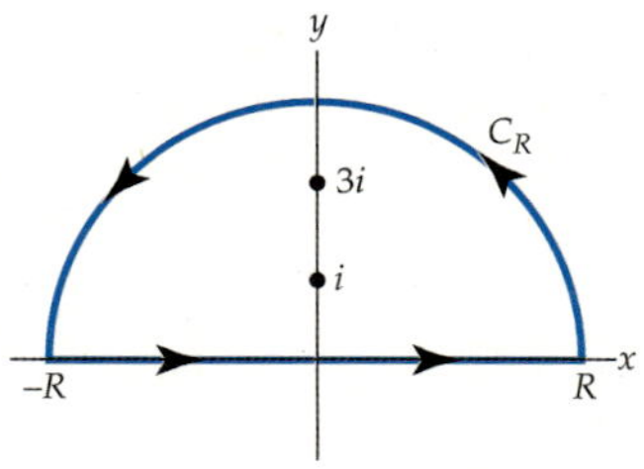

그림 6.6.2 보기 2를 위한 경로

$$\begin{aligned}\oint_C \frac{1}{(z^2+1)(z^2+9)}\,dz &= \int_{-R}^{R} \frac{1}{(x^2+1)(x^2+9)}\,dx \\ &\quad + \int_{C_R} \frac{1}{(z^2+1)(z^2+9)}\,dz \\ &= I_1+I_2\end{aligned}$$

그런데 유수 정리에 의해 다음을 얻는다.

$$I_1+I_2=2\pi i\{\operatorname{Res}(f(z),\ i)+\operatorname{Res}(f(z),\ 3i)\}$$

두 개의 단순 극점 $z=i$와 $z=3i$에서의 유수는 각각 다음과 같다.

$$\operatorname{Res}(f(z),\ i)=\frac{1}{16i},\quad \operatorname{Res}(f(z),\ 3i)=-\frac{1}{48i}$$

그러므로 다음을 얻는다.

$$I_1+I_2=2\pi i\left\{\frac{1}{16i}+\left(-\frac{1}{48i}\right)\right\}=\frac{\pi}{12} \tag{15}$$

이제 (15)에서 $R\to\infty$인 경우를 알아보자. 이에 앞서, 1.2절의 부등식 (8)을 이용해서 경로 C_R에서 다음이 성립함을 확인하자.

$$\begin{aligned}|(z^2+1)(z^2+9)| &= |z^2+1|\cdot|z^2+9| \\ &\ge ||z^2|-1|\cdot||z^2|-9| = (R^2-1)(R^2-9)\end{aligned}$$

반원의 길이 L은 πR이므로, ML 부등식(5.2절의 정리 5.2.3)에 의해 다음을 얻는다.

$$|I_2|=\left|\int_{C_R} \frac{1}{(z^2+1)(z^2+9)}\,dz\right| \le \frac{\pi R}{(R^2-1)(R^2-9)}$$

이 마지막 결과에 의해 $R\to\infty$일 때 $|I_2|\to 0$이 성립하고, 이에 따라 $\lim_{R\to\infty} I_2=0$이다. (15)에 의해 $\lim_{R\to\infty} I_1=\pi/12$이다. 바꿔 말하면, 다음과 같다.

$$\lim_{R\to\infty}\int_{-R}^{R} \frac{1}{(x^2+1)(x^2+9)}\,dx=\frac{\pi}{12},$$

곧 $$\text{P.V.}\int_{-\infty}^{\infty}\frac{1}{(x^2+1)(x^2+9)}\,dx=\frac{\pi}{12}$$ ❑

보기 2의 피적분 함수가 짝 함수이므로, 코시 으뜸 값의 존재는 원래 적분이 $\pi/12$로 수렴함을 보장한다.

$R\to\infty$ 일 때 C_R 위에서의 경로 적분이 0으로 수렴함을 보이는 과정이 흔히 지루할 수 있다. 이런 결과가 언제나 참임을 보장하는 충분 조건을 다음 정리로 요약한다.

정리 6.6.1 $R\to\infty$일 때 적분의 행동

$f(z)=p(z)/q(z)$를 유리 함수라 하자. 여기서 $p(z)$의 차수 n과 $q(z)$의 차수 m 사이에 $m\geq n+2$의 관계가 성립한다. C_R이 반원 경로 $z=Re^{i\theta}$ $(0\leq\theta\leq\pi)$이면, $R\to\infty$ 일 때 $\int_{C_R}f(z)\,dz\to 0$이다.

바꿔 말하면, f의 분모의 차수가 분자의 차수보다 적어도 2 이상 크면, $R\to\infty$ 일 때 C_R을 따른 적분이 0으로 수렴한다. 이 사실은 보기 2에서와 똑같은 방법으로 증명할 수 있다. 그 보기에서 알 수 있듯이 정리 6.6.1에서 제시한 조건을 만족시키는데, $p(z)=1$의 차수는 0이고 $q(z)=(z^2+1)(z^2+9)$의 차수는 4이기 때문이다.

보기 3 특이 적분의 코시 으뜸 값

$\int_{-\infty}^{\infty}\frac{1}{x^4+1}\,dx$의 코시 으뜸 값을 찾아라.

풀이 피적분 함수를 살펴보면, 정리 6.6.1의 조건을 만족시킴을 알 수 있다. 또, 6.5절의 보기 3에서 알 수 있듯이, $f(z)=1/(z^4+1)$의 단순 극점이 위쪽 반평면에는 $z_1=e^{\pi i/4}$과 $z_3=e^{3\pi i/4}$에 있다. 그 보기에서 역시 알아본 대로, 각 극점에서의 유수는 다음과 같다.

$$\text{Res}(f(z),\ z_1)=-\frac{1}{4\sqrt{2}}-\frac{1}{4\sqrt{2}}i,$$

$$\text{Res}(f(z),\ z_2)=\frac{1}{4\sqrt{2}}-\frac{1}{4\sqrt{2}}i$$

그러므로 (14)에 의해 다음이 성립한다.

$$\text{P.V.}\int_{-\infty}^{\infty}\frac{1}{x^4+1}\,dx=2\pi i\,\{\text{Res}(f(z),\ z_1)+\text{Res}(f(z),\ z_2)\}=\frac{\pi}{\sqrt{2}}$$

피적분 함수가 짝 함수이므로, 원래의 적분은 $\pi/\sqrt{2}$로 수렴한다. ❑

$\int_{-\infty}^{\infty} f(x)\cos\alpha x\,dx$와 $\int_{-\infty}^{\infty} f(x)\sin\alpha x\,dx$ 꼴의 적분

$\int_{-\infty}^{\infty} f(x)\sin\alpha x\,dx$ 꼴의 특이 적분은 푸리에 해석학의 응용에서 나타나기 때문에, 흔히 푸리에 적분이라 한다. 푸리에 적분은 특이 적분 $\int_{-\infty}^{\infty} f(x)e^{i\alpha x}dx$의 실수 부분과 허수 부분으로 나타난다.[3] 양의 실수 α에 대한 오일러의 공식 $e^{i\alpha x}=\cos\alpha x+i\sin\alpha x$를 이용해서, 푸리에 적분이 모두 수렴하는 경우에 다음과 같이 쓸 수 있다.

용어
푸리에 적분 Fourier integral

$$\int_{-\infty}^{\infty} f(x)e^{i\alpha x}dx=\int_{-\infty}^{\infty} f(x)\cos\alpha x\,dx+i\int_{-\infty}^{\infty} f(x)\sin\alpha x\,dx \quad (16)$$

$f(x)=p(x)/q(x)$가 유리 함수로 $(-\infty,\ \infty)$에서 연속이라고 하자. (16)에서 두 푸리에 적분의 값을 복소 적분 $\int_C f(z)e^{i\alpha z}dz$를 생각해서 동시에 찾을 수 있다. 여기서 $\alpha>0$이고 경로 C는 실수축의 선분 $[-R,\ R]$과 반원 경로 C_R로 이루어지는데, 위쪽 반평면에 있는 $f(z)$의 극점을 그 내부에 모두 포함하기에 반지름은 충분히 크다.

더 진행하기에 앞서, $R\to\infty$일 때 C_R 위에서의 경로 적분이 영으로 수렴하기 위한 충분 조건을 증명 없이 제시한다.

정리 6.6.2 $R\to\infty$일 때 적분의 행동

$f(z)=p(z)/q(z)$를 유리 함수라 하자. 여기서 $p(z)$의 차수 n과 $q(z)$의 차수 m 사이에 $m\geq n+1$의 관계가 성립한다. C_R이 반원 경로 $z=Re^{i\theta}$ $(0\leq\theta\leq\pi)$이고 $\alpha>0$이면, $R\to\infty$일 때 $\int_{C_R} f(z)e^{i\alpha z}dz\to 0$이다.

보기 4 대칭성의 활용

$\int_0^{\infty}\frac{x\sin x}{x^2+9}dx$의 코시 으뜸 값을 찾아라.

풀이 먼저 주어진 적분에서 적분 한계는 방금 설명한 방법에서 요구하는 $-\infty$부터 ∞까지가 아님을 확인하자. 피적분 함수가 x에 관한 짝 함수이므로(밝혀 보자!), 다음과 같이 쓸 수 있다는 사실 때문에 이런 점을 보완할 수 있다.

$$\int_0^{\infty}\frac{x\sin x}{x^2+9}dx=\frac{1}{2}\int_{-\infty}^{\infty}\frac{x\sin x}{x^2+9}dx \quad (17)$$

이제 $\alpha=1$인 경우에 그림 6.6.2에 나타낸 것과 같은 경로 C에 대해 다음과 같은 경로 적분을 생각하자.

$$\oint_C\frac{z}{z^2+9}e^{iz}dz$$

3) 6.7절을 보라.

정리 6.5.3에 의해 다음이 성립한다.

$$\int_{C_R} \frac{z}{z^2+9} e^{iz}\, dz + \int_{-R}^{R} \frac{x}{x^2+9} e^{ix}\, dx = 2\pi i \operatorname{Res}(f(z)e^{iz},\ 3i)$$

여기서 $f(z) = z/(z^2+9)$이고 6.5절의 (4)에 의해 다음을 얻는다.

$$\operatorname{Res}(f(z)e^{iz},\ 3i) = \left.\frac{ze^{iz}}{2z}\right|_{z=3i} = \frac{e^{-3}}{2}$$

그러므로 정리 6.6.2에 의해 $R \to \infty$일 때 $\int_{C_R} f(z) e^{iz}\, dz \to 0$이고, 다음을 얻는다.

$$\text{P.V.}\int_{-\infty}^{\infty} \frac{x}{x^2+9} e^{ix}\, dx = 2\pi i \left(\frac{e^{-3}}{2}\right) = \frac{\pi}{e^3} i$$

그런데 (16)에 의해 다음이 성립한다.

$$\int_{-\infty}^{\infty} \frac{x}{x^2+9} e^{ix}\, dx = \int_{-\infty}^{\infty} \frac{x\cos x}{x^2+9}\, dx + i\int_{-\infty}^{\infty} \frac{x\sin x}{x^2+9}\, dx = \frac{\pi}{e^3} i$$

마지막 등식에서 실수 부분과 허수 부분을 같게 놓으면, 다음 결과를 얻는다.

$$\text{P.V.}\int_{-\infty}^{\infty} \frac{x\cos x}{x^2+9}\, dx = 0, \quad \text{P.V.}\int_{-\infty}^{\infty} \frac{x\sin x}{x^2+9}\, dx = \frac{\pi}{e^3} \tag{18}$$

마지막으로 피적분 함수가 짝 함수라는 사실 때문에, 다음과 같이 문제의 적분 값을 얻는다.

$$\int_{0}^{\infty} \frac{x\sin x}{x^2+9}\, dx = \frac{1}{2}\int_{-\infty}^{\infty} \frac{x\sin x}{x^2+9}\, dx = \frac{\pi}{2e^3}$$ ❑

오목한 경로 지금까지 생각한 (2)와 (3) 꼴의 특이 적분은 피적분 함수가 구간 $(-\infty,\ \infty)$에서 연속인 경우이다. 바꿔 말하면, 복소 함수 $f(z) = p(z)/q(z)$는 실수축에 극점이 없다. f의 극점이 실수축에 있는 상황에서는 보기 2~4에서 예시한 과정을 수정해야 한다. 예를 들어 실수 c에 대해 $z = c$가 f의 극점일 때, $\int_{-\infty}^{\infty} f(x)\, dx$의 값을 유수를 이용해서 찾기 위해서는 그림 6.6.3에 나타낸 오목한 경로를 이용한다. 기호 C_r은 양의 방향의 중심이 $z = c$인 반원 경로를 나타낸다. 다음 정리는 이런 논의에서 중요하다.

용어
오목한 경로 indented contour

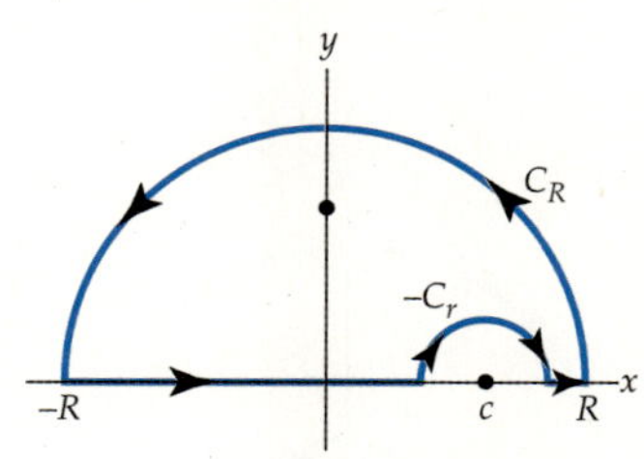

그림 6.6.3 오목한 경로

정리 6.6.3 $r \to 0$일 때 적분의 행동

f의 단순 극점 $z = c$가 실수축에 있다고 하자. C_r이 $z = c + re^{i\theta}$ $(0 \le \theta \le \pi)$로 정의된 경로일 때, 다음이 성립한다.

$$\lim_{r \to 0} \int_{C_r} f(z)\, dz = \pi i \operatorname{Res}(f(z),\ c)$$

증명 f의 단순 극점이 $z=c$에 있으므로, 이것의 로랑 급수는 다음과 같다.

$$f(z)=\frac{a_{-1}}{z-c}+g(z)$$

여기서 $a_{-1}=\mathrm{Res}(f(z),\ c)$이고 g는 점 c에서 해석적이다. 이 로랑 급수와 C_r의 매개 변수화를 이용하면, 다음을 얻는다.

$$\int_{C_r} f(z)\,dz=a_{-1}\int_0^{\pi}\frac{ire^{i\theta}}{re^{i\theta}}\,d\theta+ir\int_0^{\pi}g(c+re^{i\theta})e^{i\theta}\,d\theta=I_1+I_2 \quad (19)$$

먼저, 다음을 알 수 있다.

$$I_1=a_{-1}\int_0^{\pi} i\,d\theta=\pi i a_1=\pi i\,\mathrm{Res}(f(z),\ c)$$

다음으로, g가 c에서 해석적이므로 이 점에서 연속이고 이 점의 근방에서 갇혀 있다. 곧, $M>0$이 존재해서 $|g(c+re^{i\theta})|\le M$이 성립한다. 그러므로 다음이 성립한다.

$$|I_2|=\left|ir\int_0^{\pi}g(c+re^{i\theta})e^{i\theta}\,d\theta\right|\le r\int_0^{\pi}M\,d\theta=\pi rM$$

이 마지막 부등식에서 $\lim_{r\to 0}|I_2|=0$이므로, 이에 따라 $\lim_{r\to 0}I_2=0$이다. (19)에서 $r\to 0$일 때의 극한을 취하면, 정리가 증명된다. ■

보기 5 오목한 경로의 이용

$\displaystyle\int_{-\infty}^{\infty}\frac{\sin x}{x(x^2-2x+2)}\,dx$의 코시 으뜸 값을 찾아라.

풀이 적분이 (3)과 같은 꼴이므로, 다음과 같은 경로 적분을 생각하자.

$$\oint_C\frac{e^{iz}}{z(z^2-2z+2)}\,dz$$

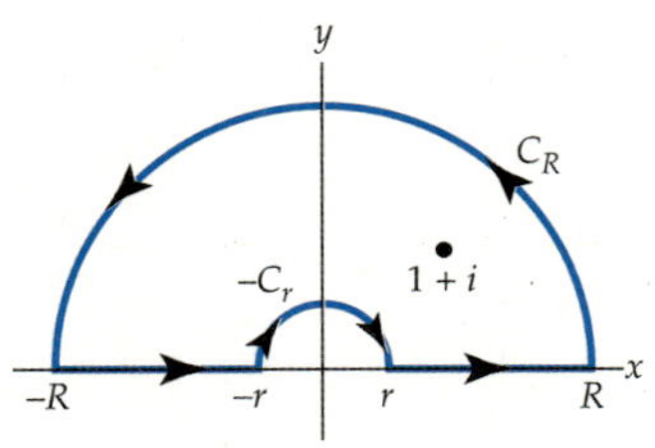

그림 6.6.4 보기 5를 위한 오목한 경로

함수 $f(z)=1/z(z^2-2z+2)$의 극점이 위쪽 반평면에는 $z=0$과 $z=1+i$에 있다. 그림 6.6.4에 나타낸 경로 C는 원점에서 오목하다. 알기 쉽게 줄여 쓰는 표기법을 이용하면, 다음이 성립한다.

$$\oint_C=\int_{C_R}+\int_{-R}^{-r}+\int_{-C_r}+\int_r^R=2\pi i\,\mathrm{Res}(f(z)e^{iz},\ 1+i) \quad (20)$$

여기서 $\int_{-C_r}=-\int_{C_r}$이다. $R\to\infty$이고 $r\to 0$일 때 (20)의 극한을 취하면, 두 정리 6.6.2와 6.6.3에 따라 다음이 성립한다.

$$\mathrm{P.V.}\int_{-\infty}^{\infty}\frac{e^{ix}}{x(x^2-2x+2)}\,dx-\pi i\,\mathrm{Res}(f(z)e^{iz},\ 0)$$

$$= 2\pi i \operatorname{Res}(f(z)e^{iz},\ 1+i)$$

그런데 $\operatorname{Res}(f(z)e^{iz},\ 0) = \frac{1}{2}$ 이고 $\operatorname{Res}(f(z)e^{iz},\ 1+i) = -\frac{e^{-1+i}}{4}(1+i)$ 이다. 그러므로 다음을 얻는다.

$$\text{P.V.}\int_{-\infty}^{\infty} \frac{e^{ix}}{x(x^2-2x+2)}\,dx = \pi i\left(\frac{1}{2}\right) + 2\pi i\left(-\frac{e^{-1+i}}{4}(1+i)\right)$$

$e^{-1+i} = e^{-1}(\cos 1 + i\sin 1)$을 이용해서 간단히 하고, 실수와 허수 부분끼리 같게 놓으면, 마지막 등식으로부터 다음을 얻는다.

$$\text{P.V.}\int_{-\infty}^{\infty} \frac{\cos x}{x(x^2-2x+2)}\,dx = \frac{\pi}{2}e^{-1}(\sin 1 + \cos 1),$$

$$\text{P.V.}\int_{-\infty}^{\infty} \frac{\sin x}{x(x^2-2x+2)}\,dx = \frac{\pi}{2}\{1 + e^{-1}(\sin 1 - \cos 1)\}$$ ❑

6.6.3 분지 절단 위에서의 적분

$z = 0$에서의 분지 점 다음으로 피적분 함수 $f(x)$가 대수적 함수인 $\int_0^{\infty} f(x)\,dx$ 꼴의 적분을 논의하겠다. 그런데 보기 5와 비슷하게 이런 적분은 특별한 형태의 경로를 요구하는데, $f(x)$를 복소 함수로 변환해서 얻은 피적분 함수 $f(z)$에는 극점뿐만 아니라 $z=0$에서 비고립 특이점이 있기 때문이다. 앞으로 나아가기에 앞서 2.6절과 4.1절에서 논의한 분지 절단을 되새겨 보자.

아래의 보기에서 α는 실 상수이고 $0 < \alpha < 1$일 때 다음과 같은 특별한 실 적분을 생각한다.

$$\int_0^{\infty} \frac{x^{\alpha-1}}{x+1}\,dx \tag{21}$$

$\alpha = \frac{1}{2}$ 이고 x를 z로 바꾸면 (21)의 피적분 함수는 다음과 같은 다가 함수가 된다.

$$\frac{1}{z^{1/2}(z+1)} \tag{22}$$

(22)의 분지 점은 원점인데, 임의의 $z \neq 0$에 대해 $z^{1/2}$의 값은 두 개이기 때문이다. 원점 $z=0$의 둘레를 점 $z = re^{i\theta}$ $(r>0)$에서 출발해서 원을 따라 한 바퀴 돌면, 출발했던 점 z로 다시 가지만 θ는 2π만큼 증가한다. 이에 따라 $z^{1/2}$의 값은 $z^{1/2} = \sqrt{r}\,e^{i\theta/2}$으로부터 다음과 같은 다른 값 또는 다른 분지로 바뀐다.

$$z^{1/2} = \sqrt{r}\,e^{i(\theta+2\pi)/2} = \sqrt{r}\,e^{i\theta/2}e^{i\pi} =- \sqrt{r}\,e^{i\theta/2}$$

기억하고 있겠지만, θ의 값을 길이가 2π인 구간으로 제한함으로써 $z^{1/2}$을 단가로 만들 수 있다. (22)를 위해 x축을 분지 절단으로 선택하면, 바꿔 말하면 θ의 값을 $0 < \theta < 2\pi$로 제한하면, $z^{1/2} = \sqrt{r}\,e^{i\theta/2}$은 단가가 된다. 125쪽을 보라.

보기 6 분지 절단 위에서의 적분

$\displaystyle\int_0^\infty \frac{1}{\sqrt{x}\,(x+1)}\,dx$의 값을 찾아라.

풀이 먼저 이 실 적분이 두 가지 이유에서 특이 적분임을 관찰하자. $x=0$에서의 무한 불연속과 적분 한계의 무한을 확인하자. 또, 피적분 함수가 원점 근처에서는 $x^{-1/2}$과 같이 행동하고 $x\to\infty$일 때 $x^{-3/2}$과 같이 행동한다는 사실로부터 적분이 수렴한다고 주장할 수 있다.

적분 $\displaystyle\oint_C \frac{1}{z^{1/2}(z+1)}\,dz$를 생각하는데, 여기서 C는 그림 6.6.5에 나타낸 닫힌 경로로 네 개의 성분으로 이루어진다. C_r과 C_R은 원의 일부이고, AB와 ED는 분지 절단의 반대쪽에 있는 수평으로 평행하게 뻗은 선분이다. 경로 적분의 피적분 함수 $f(z)$는 단가이고 단순 극점 $z=-1=e^{\pi i}$을 제외하고 C의 내부에서 해석적이다. 그러므로 다음과 같이 쓸 수 있다.

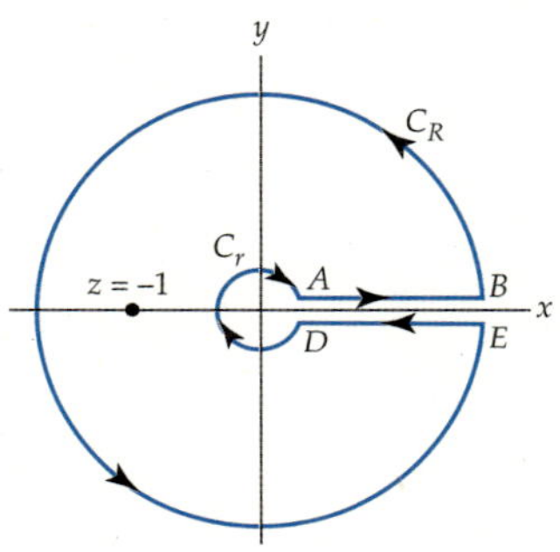

그림 6.6.5 보기 6을 위한 그림

$$\oint_C \frac{1}{z^{1/2}(z+1)}\,dz = 2\pi i\,\mathrm{Res}(f(z),\,-1),$$

$$\int_{C_R} + \int_{ED} + \int_{C_r} + \int_{AB} = 2\pi i\,\mathrm{Res}(f(z),\,-1) \qquad (23)$$

그림 6.6.5에 나타낸 것과 달리, 두 선분 AB와 ED가 실제로 양의 실수축에 놓여있다고 생각할 수 있다. 좀 더 정확하게 말하면, AB는 $\theta=0$인 양의 실수축의 '위쪽'과 일치하고 ED는 $\theta=2\pi$인 양의 실수축의 '아래쪽'과 일치하는 것으로 생각할 수 있다. AB에서 $z=xe^{0i}$이고 ED에서는 $z=xe^{(0+2\pi)i}=xe^{2\pi i}$이므로, 다음이 성립한다.

$$\int_{ED} = \int_R^r \frac{(xe^{2\pi i})^{-1/2}}{xe^{2\pi i}+1}(e^{2\pi i}dx) =- \int_R^r \frac{x^{-1/2}}{x+1}\,dx$$
$$= \int_r^R \frac{x^{-1/2}}{x+1}\,dx, \qquad (24)$$

$$\int_{AB} = \int_r^R \frac{(xe^{0i})^{-1/2}}{xe^{0i}+1}(e^{0i}dx) = \int_r^R \frac{x^{-1/2}}{x+1}\,dx \qquad (25)$$

C_r에서 $z=re^{i\theta}$이고 C_R에서 $z=Re^{i\theta}$으로 놓으면, 보기 2와 정리 6.6.1

의 증명에서 제시한 것과 비슷한 분석을 통해 $r \to 0$일 때 $\int_{C_r} \to 0$이고 $R \to \infty$일 때 $\int_{C_R} \to 0$임을 밝힐 수 있다. 그러므로 (23), (24), (25)에 의해 다음이 성립한다.

$$\lim_{\substack{r \to 0 \\ R \to \infty}} \left\{ \int_{C_R} + \int_{ED} + \int_{C_r} + \int_{AB} \right\} = 2\pi i \operatorname{Res}(f(z), -1)$$

이는 다음과 같다.

$$2\int_0^{\infty} \frac{1}{\sqrt{x}\,(x+1)}\,dx = 2\pi i \operatorname{Res}(f(z), -1) \tag{26}$$

6.5절의 (4)로부터 다음을 얻는다.

$$\operatorname{Res}(f(z), -1) = z^{-1/2}\big|_{z=e^{\pi i}} = e^{-\pi i/2} = -i$$

따라서 (26)으로부터 다음 결과를 얻는다.

$$\int_0^{\infty} \frac{1}{\sqrt{x}\,(x+1)}\,dx = \pi$$ ❏

6.6.4 편각 원리와 루셰의 정리

편각 원리 실 적분의 값을 셈하는 데 초점을 맞추었던 앞의 논의와 달리, 여기서부터는 유수 정리를 적용해서 해석 함수의 영점의 위치를 확인하겠다. 이 주제를 다루기 위해서는 먼저 그 자체로 중요한 두 개의 정리를 생각한다.

첫째 정리에서는 단순 닫힌 경로 C의 내부에 있는 함수 f의 영점과 극점의 개수를 셀 필요가 있다. 이렇게 셀 때는 각 영점과 극점의 차수 또는 중복도를 감안해야 한다. 예를 들어 함수 f가 다음과 같다고 하자.

$$f(z) = \frac{(z-1)(z-9)^4(z+i)^2}{(z^2-2z+2)^2(z-i)^6(z+6i)^7} \tag{27}$$

그리고 C를 원 $|z|=2$라 하면, f의 분자를 살펴서 C 내부의 영점이 $z=1$(단순 영점)과 $z=-i$(2차 영점)임을 알 수 있다. 그러므로 C 내부에 있는 영점의 개수 N_0을 $N_0=1+2=3$으로 택한다. 마찬가지로, f의 분모를 살피고 z^2-2z+2를 인수 분해하면 C 내부에 있는 극점이 $z=1-i$(2차 극점), $z=1+i$(2차 극점), $z=i$(6차 극점)임을 알 수 있다. 그러므로 C 내부의 극점의 개수 N_p는 $N_p=2+2+6=10$으로 택한다.

정리 6.6.4 편각 원리

C는 영역 D에 완전히 놓이는 단순 닫힌 경로라고 하자. f는 C의 내부에 있는 유한 개의 극점을 제외하고 D에서 해석적이고 C에서 $f(z) \neq 0$이라 하자. 그러면 다음이 성립한다.

$$\frac{1}{2\pi i}\oint_C \frac{f'(z)}{f(z)}\,dz = N_0 - N_p \tag{28}$$

여기서 N_0은 C의 내부에 있는 f의 영점 전체의 개수이고 N_p는 C의 내부에 있는 f의 극점 전체의 개수이다. N_0과 N_p를 결정할 때, 영점과 극점을 각각의 차수 또는 중복도만큼씩 센다.

용어
편각 원리 argument principle

증명 증명하기에 앞서, 기호 $\oint_C$는 닫힌 곡선 C를 따라 양의 방향으로 진행하면서 적분함을 뜻한다는 사실을 상기하자.

(28)에서 피적분 함수 $f'(z)/f(z)$는 C의 내부에 있는 f의 영점과 극점을 제외하고 C와 그 내부에서 해석적이다. C의 내부에 있는 z_0이 f의 n차 영점이면, 6.4절의 (5)에 의해 $f(z) = (z-z_0)^n\phi(z)$와 같이 쓸 수 있는데, 여기서 ϕ는 z_0에서 해석적이고 $\phi(z_0) \neq 0$이다. f를 곱의 미분법을 이용해서 미분하면 다음과 같다.

$$f'(z) = (z-z_0)^n\phi'(z) + n(z-z_0)^{n-1}\phi(z)$$

이를 f로 나누면, 중심이 z_0인 적당한 뚫린 원판에서 다음이 성립한다.

$$\frac{f'(z)}{f(z)} = \frac{(z-z_0)^n\phi'(z) + n(z-z_0)^{n-1}\phi(z)}{(z-z_0)^n\phi(z)} = \frac{\phi'(z)}{\phi(z)} + \frac{n}{z-z_0} \tag{29}$$

(29)의 결과는 피적분 함수 $f'(z)/f(z)$가 z_0에 단순 극점이 있고, 이 점에서의 유수가 다음과 같음을 보여준다.

$$\begin{aligned}\operatorname{Res}\left(\frac{f'(z)}{f(z)},\ z_0\right) &= \lim_{z\to z_0}(z-z_0)\left\{\frac{\phi'(z)}{\phi(z)} + \frac{n}{z-z_0}\right\} \\ &= \lim_{z\to z_0}\left\{(z-z_0)\frac{\phi'(z)}{\phi(z)} + n\right\} = 0 + n = n \qquad (30)\end{aligned}$$

이것은 영점 z_0의 차수이다.

이제 C의 내부에 있는 z_p가 f의 m차 극점이면, 6.4절의 (7)에 의해 $f(z) = g(z)/(z-z_p)^m$와 같이 쓸 수 있는데, 여기서 g는 z_p에서 해석적이고 $g(z_p) \neq 0$이다. 이 경우에 $f(z) = (z-z_p)^{-m}g(z)$를 미분하면 다음과 같다.

$$f'(z) = (z-z_p)^{-m}g'(z) - m(z-z_p)^{-m-1}g(z)$$

그러므로 중심이 z_p인 적당한 뚫린 원판에서 다음이 성립한다.

$$\frac{f'(z)}{f(z)} = \frac{(z-z_p)^{-m}g'(z) - m(z-z_p)^{-m-1}g(z)}{(z-z_p)^{-m}g(z)}$$

$$= \frac{g'(z)}{g(z)} + \frac{-m}{z-z_0} \quad (31)$$

(31)로부터 피적분 함수 $f'(z)/f(z)$가 z_p에 단순 극점이 있음을 알 수 있다. (30)과 같이 진행하면, z_p에서의 유수가 $-m$임을 알 수 있는데, 이는 f의 극점의 차수에 음의 부호를 붙인 것과 같다.

마지막으로, $z_{0_1}, z_{0_2}, \cdots, z_{0_r}$과 $z_{p_1}, z_{p_2}, \cdots, z_{p_s}$은 각각 C의 내부에 있는 f의 영점과 극점이라 하고, 영점의 차수는 차례로 $n_1, n_2, \cdots, n_r$이고 극점의 차수는 차례로 $m_1, m_2, \cdots, m_s$라고 하자. 그러면 이런 점 각각은 피적분 함수 $f'(z)/f(z)$의 단순 극점이고 대응하는 유수는 차례로 $n_1, n_2, \cdots, n_r$과 $-m_1, -m_2, \cdots, -m_s$이다. 유수 정리(정리 6.5.3)에 의해, $\oint_C \{f'(z)/f(z)\}dz$는 다음과 같이 각 극점에서의 유수의 합에 $2\pi i$를 곱한 값과 같다.

$$\oint_C \frac{f'(z)}{f(z)}dz = 2\pi i\left\{\sum_{k=1}^{r}\text{Res}\left(\frac{f'(z)}{f(z)}, z_{0_k}\right) + \sum_{k=1}^{s}\text{Res}\left(\frac{f'(z)}{f(z)}, z_{p_k}\right)\right\}$$

$$= 2\pi i\left\{\sum_{k=1}^{r}n_k + \sum_{k=1}^{s}(-m_k)\right\} = 2\pi i(N_0 - N_p)$$

이를 $2\pi i$로 나누면 (28)을 얻는다. ■

정리 6.6.4를 예시하기 위해서, 단순 닫힌 경로 $|z|=2$와 (27)에 주어진 함수 f를 생각하자. (28)의 결과에 따르면, 다음과 같이 $\oint_C \{f'(z)/f(z)\}dz$의 값에 C의 내부에 있는 각 영점은 $2\pi i$와 영점의 차수의 곱만큼 기여하고, 각 극점은 $2\pi i$와 극점의 차수의 곱의 반수만큼 기여한다.

$$\oint_C \frac{f'(z)}{f(z)}dz = \overbrace{\{2\pi i(1) + 2\pi i(2)\}}^{f\text{의 영점의 기여}} + \overbrace{\{2\pi i(-2) + 2\pi i(-2) + 2\pi(-6)\}}^{f\text{의 극점의 기여}}$$

$$= -14\pi i$$

이런 이름이 붙은 이유는? 정리 6.6.4를 왜 '편각 원리'라고 부르는가? 이 정리의 증명에서 복소수의 편각을 전혀 언급하지 않았기 때문에, 이런 물음이 제기될 수 있다. 그런데 실제로 정리 6.6.4에서 수 $N_0 - N_p$와 $\arg(f(z))$ 사이에 관계가 있다. 좀 더 정확하게 다음과 같이 말할 수 있다.

$$N_0 - N_p = \frac{1}{2\pi}\{z\text{가 } C\text{를 따라 양의 방향으로 한 바퀴 돌 때 } \arg(f(z))\text{의 변화량}\}$$

이 원리는 간단한 함수 $f(z)=z^2$과 z평면의 단순 닫힌 경로 C로 단위 원 $|z|=1$을 이용해서 쉽게 밝힐 수 있다. C의 내부에 함수 f의 2차 영점이 있고 극점이 없으므로, $N_0-N_p=2$이다. 그런데 C를 매개 변수로 $z=e^{i\theta}$ $(0\le\theta\le 2\pi)$로 나타내면, w평면에 있는 사상 $w=z^2$에 의한 C의 상 C'은 $w=e^{i2\theta}$ $(0\le\theta\le 2\pi)$이다. 이는 단위 원 $|w|=1$이다. z가 $z=1$ $(\theta=0)$에서 출발해서 C를 따라 한 바퀴 돌아 $z=1(\theta=2\pi)$에 도착할 때, $\arg(f(z))=\arg(w)=2\theta$는 0부터 4π까지 커진다. 바꿔 말하면, w는 원 $|w|=1$을 두 번 돈다. 그러므로 다음을 얻는다.

$$\frac{1}{2\pi}\{z\text{가 } C\text{를 따라 양의 방향으로 한 바퀴 돌 때 } \arg(f(z))\text{의 변화량}\}=\frac{1}{2\pi}(4\pi-0)=2$$

용어
루셰의 정리 Rouché's theorem

루셰의 정리 다음 정리는 편각 원리의 한 결과이다. 이 정리는 해석 함수의 영점의 개수를 결정하는 데 도움을 준다.

정리 6.6.5 루셰의 정리

C는 영역 D에 완전히 놓이는 단순 닫힌 경로라고 하자. f와 g는 D에서 해석적이라 하자. C의 모든 z에 대해 부등식 $|f(z)-g(z)|<|f(z)|$가 성립하면, C의 내부에 있는 f와 g의 영점의 개수는 (그 차수만큼 세었을 때) 서로 같다.

증명 먼저 "C의 모든 z에 대해 부등식 $|f(z)-g(z)|<|f(z)|$가 성립한다."는 가정이 경로 C에 f와 g의 영점이 없음을 지적한다는 사실을 관찰하자. $|f(z)-g(z)|=|g(z)-f(z)|$이므로, 주어진 부등식을 $|f(z)|$로 나누면, C의 모든 z에 대해 성립하는 다음을 얻는다.

$$|F(z)-1|<1 \tag{32}$$

여기서 $F(z)=g(z)/f(z)$이다. (32)의 부등식은 사상 $w=F(z)$에 의한 w평면에 있는 곡선 C의 상 C'은 닫힌 경로이고 중심이 $w=1$인 열린 단위 원판 $|w-1|<1$의 내부에 놓여 있음을 보여준다. 그림 6.6.6을 보라. 그러므로 곡선 C'은 $w=0$을 둘러싸지 않고, 이에 따라 $1/w$은 C'과 그 내부에서 해석적이다. $w=F(z)$이고 $dw=F'(z)\,dz$이므로, 코시·구르사의 정리에 의해 다음이 성립한다.

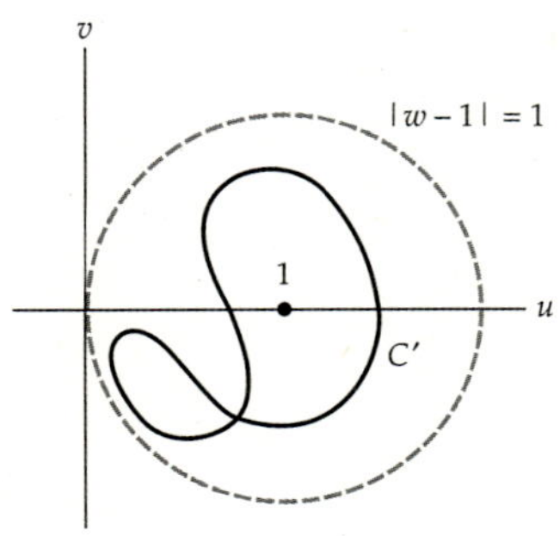

그림 6.6.6 C의 상은 원판 $|w-1|<1$의 내부에 놓인다.

$$\int_{C'}\frac{1}{w}\,dw=0,\quad \text{곧}\quad \oint_C\frac{F'(z)}{F(z)}\,dz=0 \tag{33}$$

몫의 미분법에 의해 $F'(z)=\dfrac{f(z)g'(z)-g(z)f'(z)}{\{f(z)\}^2}$이므로, $\dfrac{F'(z)}{F(z)}=\dfrac{g'(z)}{g(z)}-\dfrac{f'(z)}{f(z)}$이다. 마지막 식을 (33)의 둘째 적분에 이용하면, 다음을

얻는다.

$$\oint_C \left\{ \frac{g'(z)}{g(z)} - \frac{f'(z)}{f(z)} \right\} dz = 0, \text{ 곧 } \oint_C \frac{g'(z)}{g(z)} dz = \oint_C \frac{f'(z)}{f(z)} dz$$

$N_p = 0$이므로 정리 6.6.4의 (28)에 의해, C의 내부에 있는 g의 영점의 개수는 C의 내부에 있는 f의 영점의 개수와 서로 같다. ■

보기 7 영점의 위치

다항 함수 $g(x) = z^9 - 8z^2 + 5$의 영점의 위치를 찾아라.

풀이 먼저 $f(z) = z^9$을 선택하는데, 이것의 영점의 개수가 g와 같기 때문이다. 원점 $z = 0$이 f의 9차 영점이므로, g의 영점을 중심이 $z = 0$인 원들을 이용해서 조사하자. 바꿔 말하면, 어떤 원 $|z| = R$에 있는 모든 점 z에 대해 $|f(z) - g(z)| < |f(z)|$가 성립함을 밝힐 수 있다면, 정리 6.6.5에 의해 원판 $|z| < R$에서 f와 g의 영점의 개수가 서로 같다. 그런데 1.2절의 삼각 부등식 (9)에 의해 다음이 성립한다.

$$|f(z) - g(z)| = |z^9 - (z^9 - 8z^2 + 5)| = |8z^2 - 5| \le 8|z|^2 + 5$$

또한 $|f(z)| = |z|^9$이다. $|f(z) - g(z)| < |f(z)|$, 곧 $8|z|^2 + 5 < |z|^9$은 원 $|z| = 1$에 있는 모든 점에 대해 참이 아니므로, 결론을 내릴 수 없다. 그렇지만 좀 더 큰 원 $|z| = \frac{3}{2}$에서는 $\left(\frac{3}{2}\right)^9 \fallingdotseq 38.44$이므로 다음이 성립한다.

$$|f(z) - g(z)| \le 8|z|^2 + 5 = 8\left(\frac{3}{2}\right)^2 + 5 = 23 < \left(\frac{3}{2}\right)^9 = |f(z)| \quad (34)$$

원판 $|z| < \frac{3}{2}$에 f의 9차 영점이 있으므로, (34)로부터 g의 아홉 개의 모든 영점이 똑같은 원판에 있다. ❑

약간 더 세심한 추론을 통해, 보기 7의 함수 g의 영점이 단위 원판 $|z| < 1$에 몇 개 있음을 밝힐 수 있다. 이를 위해 $f(z) = -8z^2 + 5$라고 하자. 그러면 $|z| = 1$에 있는 모든 z에 대해 다음이 성립한다.

$$|f(z) - g(z)| = |(-8z^2 + 5) - (z^9 - 8z^2 + 5)| = |-z^9| = 1^9 = 1 \quad (35)$$

그런데 1.2절의 (10)에 따라 $|z| = 1$에 있는 모든 z에 대해 다음이 성립한다.

$$|f(z)| = |8z^2 - 5| \ge |8|z|^2 - |5|| = |8 - 5| = 3 \quad (36)$$

(35)와 (36)에 있는 값들은 $|z| = 1$에 있는 모든 z에 대해 $|f(z) - g(z)| < |f(z)|$가 성립함을 보여준다. 원판 $|z| < 1$에 f의 두 개의 영점, 곧 $\pm\sqrt{\frac{5}{8}} \fallingdotseq \pm 0.79$가 있

으므로, 정리 6.6.5로부터 g의 두 개의 영점도 또한 이 원판에 놓여있다.

위와 같은 추론을 더 진행할 수 이다. 이제 $f(z)=5$와 $|z|=\frac{1}{2}$을 선택하자. 그러면 $|z|=\frac{1}{2}$에 있는 모든 z에 대해 다음을 얻는다.

$$|f(z)-g(z)|=|5-(z^9-8z^2+5)|=|-z^9+8z^2|\le|z|^9+8|z|^2$$
$$=(\tfrac{1}{2})^9+2\fallingdotseq 2.002$$

그러면 $|z|=\frac{1}{2}$에 있는 모든 z에 대해 $|f(z)-g(z)|<|f(z)|=5$이 성립한다. f의 영점이 $|z|<\frac{1}{2}$에 없으므로, 여기서 g의 영점도 없다. 여기서 $g(x)=z^9-8z^2+5$의 아홉 개의 영점이 모두 원환 구역 $\dfrac{1}{2}<|z|<\dfrac{3}{2}$에 놓여있다고 결론을 내릴 수 있다. 특히 이 중에서 두 개는 $\dfrac{1}{2}<|z|<1$에 놓여 있다.

6.6.5 무한 급수의 합

$\cot\pi z$의 활용 어떤 특별한 상황에서는, 삼각 함수 $\cot\pi z$의 단순 극점들의 유수를 이용해서 무한 급수의 합을 구할 수 있다.

4.3절에서 알아본 대로, $\sin z$의 영점은 실수 $z=k\pi$ $(k=0,\ \pm1,\ \pm2,\ \cdots)$이다. 그러므로 함수 $\cot\pi z$의 단순 극점은 $\sin\pi z$의 영점인데, 이것은 $\pi z=k\pi$, 곧 $z=k$ $(k=0,\ \pm1,\ \pm2,\ \cdots)$이다. 다항 함수 $p(z)$의 경우에 (i) 계수가 실수이고 (ii) 차수 n이 2 이상이며 (iii) 영점이 정수가 아니면, 다음 함수 $f(z)$에는 $\cot\pi z$에 의해 무수히 많은 단순 극점 $z=0,\ \pm1,\ \pm2,\ \cdots$이 있다.

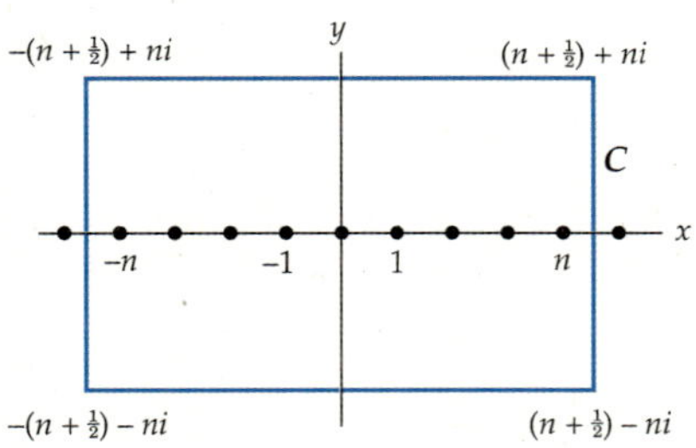

그림 6.6.7 (37)의 극점을 포함하는 직사각형 경로 C

$$f(z)=\frac{\pi\cot\pi z}{p(z)} \tag{37}$$

그리고 $p(z)$의 영점에 의해 유한 개의 극점 $z_{p_1},\ z_{p_2},\ \cdots,z_{p_r}$이 있다. 그림 6.6.7에 나타낸 닫힌 직사각형 경로 C의 네 꼭짓점은 $(n+\frac{1}{2})+ni$, $-(n+\frac{1}{2})+ni$, $-(n+\frac{1}{2})-ni$, $(n+\frac{1}{2})-ni$인데, n을 충분히 크게 선택해서 C의 내부에 단순 극점 $z=0,\ \pm1,\ \pm2,\ \cdots,\ \pm n$과 모든 극점 $z_{p_1},\ z_{p_2},\ \cdots,z_{p_r}$이 놓이도록 한다. 그러면 유수 정리에 의해 다음을 얻는다.

$$\oint_C\frac{\pi\cot\pi z}{p(z)}dz=2\pi i\left\{\sum_{k=-n}^{n}\operatorname{Res}\left(\frac{\pi\cot\pi z}{p(z)},\ k\right)+\sum_{j=1}^{r}\operatorname{Res}\left(\frac{\pi\cot\pi z}{p(z)},\ z_{p_j}\right)\right\} \tag{38}$$

소절 6.6.2의 논의에서 여러 번 이용한 방법과 비슷하게 $n\to\infty$일 때 $\oint_C\dfrac{\pi\cot\pi z}{p(z)}dz$가 0에 수렴함을 밝힐 수 있고, 이에 따라 (38)에 의해 $0=\sum_k(\text{유수})+\sum_j(\text{유수})$이다. 곧, 다음이 성립한다.

$$\sum_{k=-\infty}^{\infty} \text{Res}\left(\frac{\pi \cot \pi z}{p(z)},\ k\right) = -\sum_{j=1}^{r} \text{Res}\left(\frac{\pi \cot \pi z}{p(z)},\ z_{p_j}\right) \tag{39}$$

이제 6.5절의 (4)로부터 ($g(z) = \pi \cos \pi z / p(z)$, $h(z) = \sin \pi z$, $h'(z) = \pi \cos \pi z$로 놓으면) 단순 극점 0, ± 1, ± 2, $\cdots$ 에서의 유수를 셈하는 것은 다음과 같이 간단하다.

$$\text{Res}\left(\frac{\pi \cot \pi z}{p(z)},\ k\right) = \frac{\pi \cos k\pi / p(k)}{\pi \cos k\pi} = \frac{1}{p(k)} \tag{40}$$

(40)과 (39)를 결합하면, 다음과 같이 원하는 결과에 도달한다.

$$\sum_{k=-\infty}^{\infty} \frac{1}{p(k)} = -\sum_{j=1}^{r} \text{Res}\left(\frac{\pi \cot \pi z}{p(z)},\ z_{p_j}\right) \tag{41}$$

$\csc \pi z$의 활용 (41)과 비슷한 합의 공식이 몇 가지 더 있다. 다항 함수 $p(z)$가 위에 제시한 가정 (i)~(iii)을 만족시키면, 다음 함수 $f(z)$에는 $\csc \pi z$에 의해 무수히 많은 단순 극점 $z = 0$, ± 1, ± 2, $\cdots$ 이 있다.

$$f(z) = \frac{\pi \csc \pi z}{p(z)} \tag{42}$$

그리고 $p(z)$의 영점에 의해 유한 개의 극점 z_{p_1}, z_{p_2}, $\cdots$, z_{p_r}이 있다. 이 경우에 다음이 성립함을 보일 수 있다.

$$\sum_{k=-\infty}^{\infty} \frac{(-1)^k}{p(k)} = -\sum_{j=1}^{r} \text{Res}\left(\frac{\pi \csc \pi z}{p(z)},\ z_{p_j}\right) \tag{43}$$

마지막 보기에서는 (41)의 결과를 이용해서 무한 급수의 합을 구하는 방법을 보인다.

보기 8 무한 급수의 합

급수 $\displaystyle\sum_{k=0}^{\infty} \frac{1}{k^2+4}$의 합을 찾아라.

풀이 $p(z) = z^2 + 4$라고 하면, (37)의 앞에 있는 세 가지 가정 (i)~(iii)이 참이다. $p(z)$의 영점은 $\pm 2i$이고, $f(z) = \pi \cot \pi z / (z^2+4)$의 단순 극점에 대응한다. (41)의 공식에 따라 다음이 성립한다.

$$\sum_{k=-\infty}^{\infty} \frac{1}{k^2+4} = -\left\{\text{Res}\left(\frac{\pi \cot \pi z}{z^2+4},\ -2i\right) + \text{Res}\left(\frac{\pi \cot \pi z}{z^2+4},\ 2i\right)\right\} \tag{44}$$

그런데 또다시 6.5절의 (4)에 의해 다음을 얻는다.

$$\text{Res}\left(\frac{\pi \cot \pi z}{z^2+4},\ -2i\right)=\frac{\pi \cot 2\pi i}{4i},\quad \text{Res}\left(\frac{\pi \cot \pi z}{z^2+4},\ 2i\right)=\frac{\pi \cot 2\pi i}{4i}$$

유수의 합은 $(\pi/2i)\cot 2\pi i$이다. 이 합은 실수인데, 4.3절의 (27)에 의해 다음이 성립하기 때문이다.

$$\frac{\pi}{2i}\cot 2\pi i=\frac{\pi}{2i}\frac{\cosh(-2\pi)}{-i\sinh(-2\pi)}=-\frac{\pi}{2}\coth 2\pi$$

그러므로 (44)는 다음과 같이 된다.

$$\sum_{k=-\infty}^{\infty}\frac{1}{k^2+4}=\frac{\pi}{2}\coth 2\pi \tag{45}$$

그런데 이것은 원하는 결과와 정확하게 일치하지는 않는다. 그러므로 합 $\sum_{k=-\infty}^{\infty}$를 조작해서 $\sum_{k=0}^{\infty}$ 꼴을 얻어야 한다. 다음을 확인하자.

$$\begin{aligned}\sum_{k=-\infty}^{\infty}\frac{1}{k^2+4}&=\sum_{k=-\infty}^{-1}\frac{1}{k^2+4}+\overbrace{\frac{1}{4}}^{k=0\text{인 항}}+\sum_{k=1}^{\infty}\frac{1}{k^2+4}\\&=\sum_{k=1}^{\infty}\frac{1}{(-k)^2+4}+\frac{1}{4}+\sum_{k=1}^{\infty}\frac{1}{k^2+4}\\&=2\sum_{k=1}^{\infty}\frac{1}{k^2+4}+\frac{1}{4}=2\sum_{k=0}^{\infty}\frac{1}{k^2+4}-\frac{1}{4}\end{aligned} \tag{46}$$

마지막으로, (45)와 (46)을 결합하면 다음과 같이 원래 급수이 합을 얻는다.

$$\sum_{k=-\infty}^{\infty}\frac{1}{k^2+4}=2\sum_{k=0}^{\infty}\frac{1}{k^2+4}-\frac{1}{4}=\frac{\pi}{2}\coth 2\pi$$

이것을 $\sum_{k=0}^{\infty}$에 대해 풀면 다음과 같다.

$$\sum_{k=0}^{\infty}\frac{1}{k^2+4}=\frac{1}{8}+\frac{\pi}{4}\coth 2\pi \tag{47}$$

계산기를 이용하면, (47)의 우변이 약 0.9104임을 알 수 있다. ❑

6.6 익힘 문제

6.6.1 실 삼각 적분

문제 1~12에서는 주어진 삼각 적분의 값을 찾아라.

1. $\displaystyle\int_0^{2\pi}\frac{1}{1+0.5\sin\theta}\,d\theta$

2. $\displaystyle\int_0^{2\pi}\frac{1}{10-6\cos\theta}\,d\theta$

3. $\displaystyle\int_0^{2\pi} \frac{\cos\theta}{3+\sin\theta}\,d\theta$

4. $\displaystyle\int_0^{2\pi} \frac{1}{1+3\cos^2\theta}\,d\theta$

5. $\displaystyle\int_0^{\pi} \frac{1}{2-\cos\theta}\,d\theta$ [귀띔: $t=2\pi-\theta$로 놓자.]

6. $\displaystyle\int_0^{\pi} \frac{1}{1+\sin^2\theta}\,d\theta$

7. $\displaystyle\int_0^{2\pi} \frac{\sin^2\theta}{5+4\cos\theta}\,d\theta$

8. $\displaystyle\int_0^{2\pi} \frac{\cos^2\theta}{3-\sin\theta}\,d\theta$

9. $\displaystyle\int_0^{2\pi} \frac{\cos 2\theta}{5-4\cos\theta}\,d\theta$

10. $\displaystyle\int_0^{2\pi} \frac{1}{\cos\theta+2\sin\theta+3}\,d\theta$

11. $\displaystyle\int_0^{2\pi} \frac{\cos^2\theta}{2+\sin\theta}\,d\theta$

12. $\displaystyle\int_0^{2\pi} \frac{\cos 3\theta}{5-4\cos\theta}\,d\theta$

문제 13과 14에서는 주어진 일반적인 결과를 증명하라. 문제 13을 이용해서 보기 1의 답을 밝혀라. 문제 14를 이용해서 문제 7의 답을 밝혀라.

13. $\displaystyle\int_0^{\pi} \frac{d\theta}{(a+\cos\theta)^2} = \frac{a\pi}{(\sqrt{a^2-1}\,)^3}$ (단, $a>1$)

14. $\displaystyle\int_0^{2\pi} \frac{\sin^2\theta}{a+b\cos\theta}\,d\theta = \frac{2\pi}{b^2}(a-\sqrt{a^2-b^2}\,)$ (단, $a>b>0$)

6.6.2 실 특이 적분

문제 15~26에서는 주어진 특이 적분의 코시 으뜸 값을 찾아라.

15. $\displaystyle\int_{-\infty}^{\infty} \frac{1}{x^2-2x+2}\,dx$

16. $\displaystyle\int_{-\infty}^{\infty} \frac{1}{x^2-6x+25}\,dx$

17. $\displaystyle\int_{-\infty}^{\infty} \frac{1}{(x^2+4)^2}\,dx$

18. $\displaystyle\int_{-\infty}^{\infty} \frac{x^2}{(x^2+1)^2}\,dx$

19. $\displaystyle\int_{-\infty}^{\infty} \frac{1}{(x^2+1)^3}\,dx$

20. $\displaystyle\int_{-\infty}^{\infty} \frac{x}{(x^2+4)^3}\,dx$

21. $\displaystyle\int_{-\infty}^{\infty} \frac{2x^2-1}{x^4+5x^2+4}\,dx$

22. $\displaystyle\int_{-\infty}^{\infty} \frac{1}{(x^2+1)^2(x^2+9)}\,dx$

23. $\displaystyle\int_0^{\infty} \frac{x^2+1}{x^4+1}\,dx$

24. $\displaystyle\int_0^{\infty} \frac{1}{x^6+1}\,dx$

25. $\displaystyle\int_0^{\infty} \frac{x^2}{x^6+1}\,dx$

26. $\displaystyle\int_{-\infty}^{\infty} \frac{x^2}{(x^2+2x+2)(x^2+1)^2}\,dx$

문제 27~38에서는 주어진 특이 적분의 코시 으뜸 값을 찾아라.

27. $\displaystyle\int_{-\infty}^{\infty} \frac{\cos x}{x^2+1}\,dx$

28. $\displaystyle\int_{-\infty}^{\infty} \frac{\cos 2x}{x^2+1}\,dx$

29. $\displaystyle\int_{-\infty}^{\infty} \frac{x\sin x}{x^2+1}\,dx$

30. $\displaystyle\int_0^{\infty} \frac{\cos x}{(x^2+4)^2}\,dx$

31. $\int_0^{\infty} \frac{\cos 3x}{(x^2+1)^2}\,dx$

32. $\int_{-\infty}^{\infty} \frac{\sin x}{x^2+4x+5}\,dx$

33. $\int_0^{\infty} \frac{\cos 2x}{x^4+1}\,dx$

34. $\int_{-\infty}^{\infty} \frac{x\sin x}{x^4+1}\,dx$

35. $\int_{-\infty}^{\infty} \frac{\cos x}{(x^2+1)(x^2+9)}\,dx$

36. $\int_0^{\infty} \frac{x\sin x}{(x^2+1)(x^2+4)}\,dx$

37. $\int_{-\infty}^{\infty} \frac{\sin x}{x+i}\,dx$ [*귀띔*: 먼저 실수 x에 대해 $\sin x = (e^{ix}-e^{-ix})/2i$로 놓자.]

38. $\int_{-\infty}^{\infty} \frac{\cos x + x\sin x}{x^2+1}\,dx$ [*귀띔*: $e^{iz}/(z-i)$을 생각하자.]

문제 39~42에서는 오목한 경로와 유수를 이용해서 주어진 특이 적분의 코시 으뜸 값을 확인하라.

39. $\int_{-\infty}^{\infty} \frac{\sin x}{x}\,dx = \pi$

40. $\int_{-\infty}^{\infty} \frac{\sin x}{x(x^2+1)}\,dx = \pi(1-e^{-1})$

41. $\int_0^{\infty} \frac{1-\cos x}{x^2}\,dx = \frac{\pi}{2}$

42. $\int_{-\infty}^{\infty} \frac{x\cos x}{x^2-3x+2}\,dx = \pi(\sin 1 - 2\sin 2)$

6.6.3 분지 절단 위에서의 적분

문제 43~46에서는 보기 6과 같이 진행해서 주어진 특이 적분의 코시 으뜸 값을 확인하라.

43. $\int_0^{\infty} \frac{1}{\sqrt{x}(x^2+1)}\,dx = \frac{\pi}{\sqrt{2}}$

44. $\int_0^{\infty} \frac{1}{\sqrt{x}(x+1)(x+4)}\,dx = \frac{\pi}{3}$

45. $\int_0^{\infty} \frac{\sqrt{x}}{(x^2+1)^2}\,dx = \frac{\pi}{4\sqrt{2}}$

46. $\int_0^{\infty} \frac{x^{1/3}}{(x+1)^2}\,dx = \frac{2\pi}{3\sqrt{3}}$

문제 47과 48에서는 주어진 특이 적분의 코시 으뜸 값을 확인하라. 문제 47을 이용해서 보기 6의 답을 밝혀라. 문제 48을 이용해서 문제 45의 답을 밝혀라.

47. $\int_0^{\infty} \frac{x^{\alpha-1}}{x+1}\,dx = \frac{\pi}{\sin\alpha\pi}$ (단, $0<\alpha<1$)

48. $\int_0^{\infty} \frac{x^{\alpha}}{(x^2+1)^2}\,dx = \frac{\pi(1-\alpha)}{4\cos(\alpha\pi/2)}$ (단, $-1<\alpha<3,\ \alpha\neq 1$)

특이한 실 적분

49. 그림 6.6.8의 경로 C를 이용해서 다음을 보여라.

$$\text{P.V.}\int_{-\infty}^{\infty} \frac{e^{\alpha x}}{1+e^x}\,dx = \frac{\pi}{\sin\alpha\pi} \quad (\text{단, } 0<\alpha<1)$$

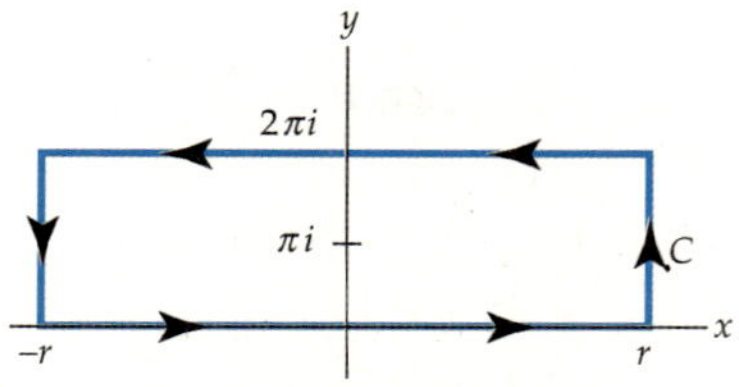

그림 6.6.8 문제 49를 위한 그림

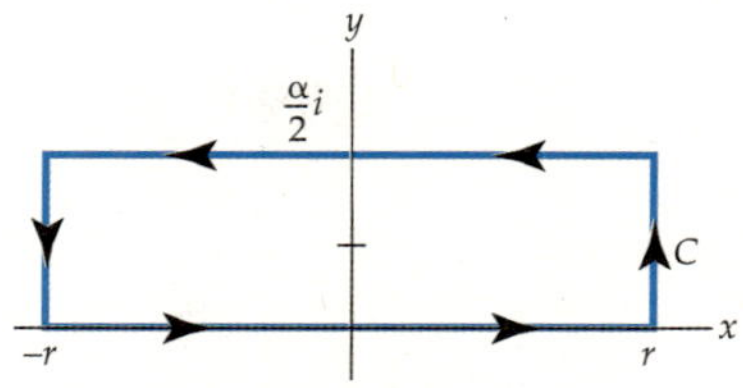

그림 6.6.9 문제 50을 위한 그림

50. 적분 결과 $\int_{-\infty}^{\infty} e^{-x^2} dx = \sqrt{\pi}$ 를 초등 미적분과 극 좌표를 이용해서 밝힐 수 있다. 이 결과와 경로 적분 $\oint_C e^{-z^2} e^{i\alpha z} dz$ 및 그림 6.6.9에 나타낸 경로 C를 이용해서, 다음을 보여라.

$$\text{P.V.} \int_0^{\infty} e^{-x^2} \cos \alpha x \, dx = \frac{\sqrt{\pi}}{2} e^{\alpha^2/4}$$

51. 다음 코시 으뜸 값을 찾는 방법을 논의하라. 그 값을 찾아라.

$$\int_0^{\infty} \frac{x^{\alpha-1}}{x+1} dx \quad (\text{단, } 0 < \alpha < 1)$$

52. (a) 그래프 계산기 또는 컴퓨터를 이용해서, 똑같은 좌표 평면에 구간 $0 \le \theta \le \pi/2$에서 $\sin\theta$와 $2\theta/\pi$의 그래프를 함께 그려라. 이 그래프를 이용해서 구간 $0 \le \theta \le \pi/2$에서 부등식 $\sin\theta \ge 2\theta/\pi$가 성립함을 밝혀라. 이 부등식을 이용해서 $R > 0$일 때 다음이 성립함을 증명하라.

$$\int_0^{\pi/2} e^{-R\sin\theta} d\theta < \frac{\pi}{2R}$$

(b) (a)의 결과로부터 $R > 0$일 때 다음과 같이 결론지을 수 있음을 설명하라.

$$\int_0^{\pi} e^{-R\sin\theta} d\theta < \frac{\pi}{R} \tag{48}$$

(48)의 결과를 조르당의 부등식이라 하는데, $\int_{-\infty}^{\infty} f(x)\cos \alpha x \, dx$와 $\int_{-\infty}^{\infty} f(x)\sin \alpha x \, dx$ 꼴의 적분을 셈할 때 유용하다.

용어
조르당의 부등식 Jordan's inequality

53. 그림 6.6.4에 나타낸 오목한 경로 위에서 문제 39의 적분을 다시 생각하자. 문제 52의 조르당 부등식을 이용해서 $R \to \infty$일 때 $\int_{C_R} \to 0$임을 보여라.

54. 소절 6.6.1에서 개략적으로 설명한 값을 찾는 과정을 고려해서 적분 $\int_0^{2\pi} \frac{1}{a - \sin\theta} d\theta$ (단, $|a| \le 1$)을 조사하라.

55. 오일러의 공식을 출발점으로 삼아 다음 적분의 값을 찾아라.

$$\int_0^{2\pi} e^{\cos\theta}\{\cos(\sin\theta - n\theta) + i\sin(\sin\theta - n\theta)\}\,d\theta \quad (n=0,\ 1,\ 2,\ \cdots)$$

56. 문제 55의 결과를 이용해서, 다음 두 실 적분의 값을 확인하라.

$$\int_0^{2\pi} e^{\cos\theta}\cos(\sin\theta - n\theta)\,d\theta, \quad \int_0^{2\pi} e^{\cos\theta}\sin(\sin\theta - n\theta)\,d\theta$$

57. 실 함수 f가 점 $c \in (a,\ b)$를 제외하고 구간 $[a,\ b]$에서 연속이라고 하자. 그러면 양수 ϵ에 대해 적분의 으뜸 값을 다음과 같이 정의한다.

$$\text{P.V.}\int_a^b f(x)\,dx = \lim_{\epsilon\to 0}\left\{\int_a^{c-\epsilon} f(x)\,dx + \int_{c+\epsilon}^b f(x)\,dx\right\}$$

적분 $\displaystyle\int_0^3 \frac{1}{x-1}\,dx$의 으뜸 값을 찾아라.

58. 문제 57의 적분이 수렴하는지 판정하라.

6.6.4 편각 원리와 루셰의 정리

문제 59와 60에서는 정리 6.6.4의 (28)에 있는 편각 원리를 이용해서, 주어진 함수 f와 닫힌 경로 C에 대해 적분 $\displaystyle\oint_C \frac{f'(z)}{f(z)}\,dz$의 값을 찾아라.

59. $f(z) = z^6 - 2iz^4 + (5-i)z^2 + 10$, C는 f의 모든 영점을 둘러싼다.

60. $f(z) = \dfrac{(z-3iz-2)^2}{z(z^2-2z+2)^5}$, C는 $|z| = \dfrac{3}{2}$이다.

문제 61~64에서는 정리 6.6.4의 (28)에 있는 편각 원리를 이용해서, 지정된 닫힌 경로 C에서 주어진 적분의 값을 찾아라. $f(z)$와 $f'(z)$를 확인해야 한다.

61. $\displaystyle\oint_C \frac{2z+1}{z^2+z}\,dz$, C는 $|z|=2$ **62.** $\displaystyle\oint_C \frac{z}{z^2+4}\,dz$, C는 $|z|=3$

63. $\displaystyle\oint_C \cot z\,dz$, C는 꼭짓점이 $10+i,\ -4+i,\ -4-i,\ 10-i$인 직사각형 경로

64. $\displaystyle\oint_C \tan \pi z\,dz$, C는 $|z-1|=2$

65. 루셰의 정리(정리 6.6.5)를 이용해서, $g(z) = z^7 + 10z^3 + 14$의 일곱 개의 영점이 모두 원환 구역 $1 < |z| < 2$에 놓여 있음을 보여라.

66. (a) 루셰의 정리(정리 6.6.5)를 이용해서, $g(z) = 4z^4 + 2(1-i)z + 1$의 네 개의 영점이 모두 원판 $|z| < 1$에 놓여 있음을 보여라.

(b) (a)의 함수 g의 세 개의 영점이 모두 원환 구역 $\frac{1}{2} < |z| < 1$에 놓여 있음을 보여라.

67. 정리 6.6.5의 증명에서 C의 모든 z에 대해 부등식 $|f(z) - g(z)| < |f(z)|$가 성립하면, f와 g의 영점이 C에 있을 수 없는 이유를 설명하라.

6.6.5 무한 급수의 합

68. (a) 보기 8에서 예시한 과정을 이용해서 다음의 일반적인 결과를 얻어라.

$$\sum_{k=0}^{\infty} \frac{1}{k^2+a^2} = \frac{1}{2a^2} + \frac{\pi}{2a} \coth a\pi$$

(b) (a)를 이용해서 $a=2$일 때 (47)을 밝혀라.

(c) 급수 $\sum_{k=0}^{\infty} \frac{1}{k^2+1}$의 합의 찾아라.

문제 69와 70에서는 (41)을 이용해서 주어진 급수의 합을 찾아라.

69. $\sum_{k=1}^{\infty} \frac{1}{(2k-1)^2}$

70. $\sum_{k=0}^{\infty} \frac{1}{16k^2+16k+3}$

문제 71와 72에서는 (43)을 이용해서 주어진 급수의 합을 찾아라.

71. $\sum_{k=-\infty}^{\infty} \frac{(-1)^k}{(4k+1)^2}$

72. $\sum_{k=0}^{\infty} \frac{(-1)^k}{(2k+1)^3}$

73. (a) (41)을 이용해서 $a \neq 0, \pm 1, \pm 2, \cdots$일 때 다음의 일반적인 결과를 얻어라.

$$\sum_{k=-\infty}^{\infty} \frac{1}{(k-a)^2} = \frac{\pi^2}{\sin^2 \pi a}$$

(b) (a)의 결과를 이용해서 문제 69의 답을 확인하라.

74. (a) (43)을 이용해서 $a \neq 0, \pm 1, \pm 2, \cdots$일 때 다음의 일반적인 결과를 얻어라.

$$\sum_{k=-\infty}^{\infty} \frac{(-1)^k}{(k+a)^2} = \frac{\pi^2 \cos \pi a}{\sin^2 \pi a}$$

(b) (a)의 결과를 이용해서 문제 71의 답을 확인하라.

6.7 활용

수학과 공학의 다른 과목에서 다음과 같이 $t \geq 0$에서 정의된 실 함수 f의 라플라스 변환을 이용했을 것이다.

$$\mathcal{L}\{f(t)\} = \int_0^{\infty} e^{-st} f(t)\, dt \tag{1}$$

(1)의 적분이 수렴할 때, 그 결과는 s에 관한 함수이다. 함수와 그 변환 사이의 관계를 강조하기 위해서, 관례적으로 소문자를 사용해서 함수를 나타내고 그에 대응하는 대문자를 사용해서 그것의 라플라스 변환을 나타낸다. 이를테면 $\mathcal{L}\{f(t)\} = F(s)$, $\mathcal{L}\{y(t)\} = Y(s)$ 등과 같다.

(1)을 활용할 때, 다음과 같은 두 가지 문제에 부딪친다.

(i) 직접 문제: 특정한 조건을 만족시키는 함수 $f(t)$가 주어졌을 때, 그것의 라플라스 변환 $F(s)$를 찾는다.
(ii) 역 문제: 주어진 함수 $F(s)$가 라플라스 변환인 함수 $f(t)$를 찾는다.

함수 $f(t)$를 $F(s)$의 역라플라스 변환이라 하며, 기호 $\mathscr{L}^{-1}\{F(s)\}=f(t)$로 나타낸다.

라플라스 변환은 미분 방정식과 관련된 특정한 종류의 응용 문제를 푸는 데 매우 유용한 도구이다. 이런 문제에서는 미지의 함수 $y(t)$의 변환 $Y(s)$를 다룬다. $y(t)$를 결정하기 위해서는 $\mathscr{L}^{-1}\{Y(s)\}$를 셈할 필요가 있다. $Y(s)$가 s에 관한 유리 함수인 경우에는 부분 분수 또는 연산 성질 또는 이런 역 변환을 셈하는 표를 이용할 수 있다.

이번 절에서 역라플라스 변환이 단순한 기호뿐만 아니라 실제로 또 다른 적분 변환임을 알아볼 것이다. 이전의 과목에서 이 역적분 변환을 사용하지 않는 이유는 이것이 특별한 형태의 복소 경로 적분이기 때문이다.

먼저 적분 변환 쌍의 개념을 되새긴다. 이번 절은 푸리에 변환에 대한 간단한 도입과 함께 끝을 맺는다.

용어
라플라스 변환 Laplace transform
역라플라스 변환 inverse Laplace transform
푸리에 변환 Fourier transform
적분 변환 integral transform
변환 쌍 transform pair
역 변환 inverse transform
핵 kernel

적분 변환 $f(x, y)$가 두 실 변수의 실수값 함수라고 하자. 그러면 한 변수에 관한 f의 정 적분은 다른 변수에 관한 함수가 된다. 예를 들면, y를 상수로 생각하고 실 변수 x에 관해 적분하면 $\int_1^2 4xy^2\,dx = 6y^2$을 얻는다. 다음을 생각하자.

$$F(\alpha) = \int_a^b f(x)K(\alpha,\ x)\,dx \tag{2}$$

이 정 적분은 변수 x에 관한 함수 f를 변수 α에 관한 함수 F로 변환한다. (2)를 함수 f의 적분 변환이라 한다. 적분 변환은 변환 쌍으로 나타난다. 이 말은 원래의 함수 f를 역 변환이라 부르는 다음과 같은 또 다른 적분 변환으로 되찾을 수 있음을 뜻한다.

$$f(x) = \int_c^d F(\alpha)H(\alpha,\ x)\,d\alpha \tag{3}$$

(2)의 함수 $K(\alpha,\ x)$와 (3)의 함수 $H(\alpha,\ x)$를 각 변환의 핵이라 한다. 여기서 α가 복소 변수를 나타내면, 정 적분 (3)은 경로 적분으로 대체된다.

라플라스 변환 이제 (2)에서 기호 α를 기호 s로 바꾸고 f는 실 함수[4)]를 나타내는데 갇히지 않은 구간 $[0,\ \infty)$에서 정의되어 있다고 하자. 그러면 (2)는 특이 적분이며 다음과 같은 극한으로 정의된다.

---

4) 경우에 따라 $f(t)$는 실 변수 t의 복소수값 함수일 수 있다.

$$\int_0^\infty K(s,\, t)f(t)\,dt = \lim_{b\to\infty}\int_0^b K(s,\, t)f(t)\,dt \tag{4}$$

(4)의 극한이 존재하면, 적분이 존재한다 또는 수렴한다고 말한다. 극한이 존재하지 않으면, 적분이 존재하지 않는다 또는 발산한다고 한다. (4)에서 핵으로 s가 복소 변수인 $K(s,\, t) = e^{-st}$을 선택하면, 앞에서 (1)로 정의한 라플라스 변환 $\mathscr{L}\{f(t)\}$를 얻는다. 라플라스 변환을 정의하는 적분은 함수 f의 종류에 따라 수렴하지 않을 수도 있다. 예를 들면 $\mathscr{L}\{e^{t^2}\}$도 존재하지 않고 $\mathscr{L}\{1/t\}$도 존재하지 않는다. 또한, (4)에서 극한은 변수 s의 어떤 값에 대해서만 존재할 것이다.

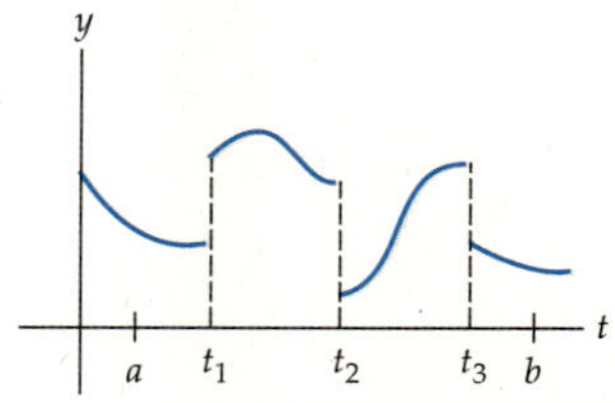

그림 6.7.1 $[0,\, \infty)$에서 조각 연속

보기 1 라플라스 변환의 존재

$f(z) = 1$ $(t \geq 0)$의 라플라스 변환은 다음과 같다.

$$\mathscr{L}\{1\} = \int_0^\infty e^{-st}(1)\,dt = \lim_{b\to\infty}\int_0^b e^{-st}\,dt$$

$$= \lim_{b\to\infty}\left[-\frac{e^{-st}}{s}\right]_0^b = \lim_{b\to\infty}\frac{1-e^{-sb}}{s} \tag{5}$$

s가 복소 변수로 $s = x + iy$이면, 다음과 같다.

$$e^{-sb} = e^{-bx}(\cos by + i\sin by) \tag{6}$$

(6)으로부터 (5)에서 $x > 0$이면 $b \to \infty$일 때 $e^{-sb} \to 0$임을 알 수 있다. 바꿔 말하면, (5)에 의해 $\mathrm{Re}(s) > 0$이면 $\mathscr{L}\{1\} = \dfrac{1}{s}$이다. ❑

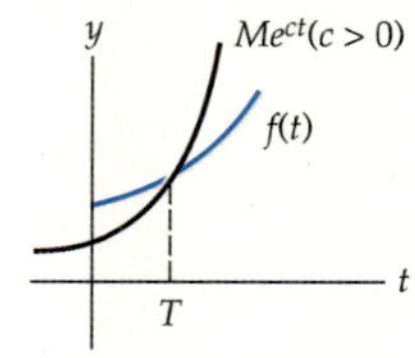

그림 6.7.2 지수 위수

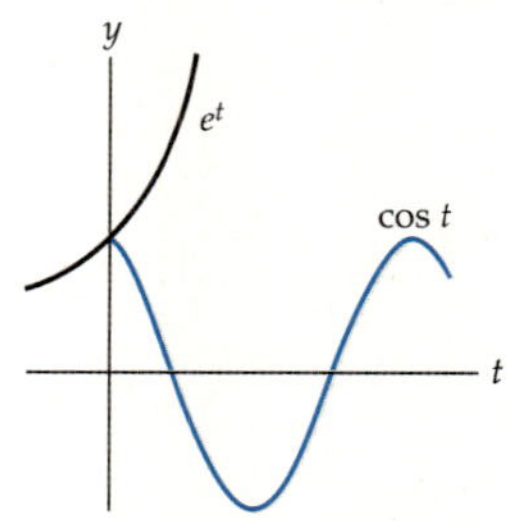

그림 6.7.3 $f(t) = \cos t$는 지수 위수 $c = 0$

$\mathscr{L}\{f(t)\}$의 존재 $\mathscr{L}\{f(t)\}$의 존재를 보장하는 충분 조건은, f는 $[0,\, \infty)$에서 조각 연속이고 f가 지수 위수인 경우이다. 초등 미분 적분학에서 배운 대로, $[0,\, \infty)$에서 **조각 연속**이란 임의의 구간에 f가 불연속인 점이 많아야 유한 개 $t_k(k = 1,\, 2,\, \cdots,\, n,\, t_{k-1} < t_k)$가 존재하고 f는 갇혀 있으며 각 열린 구간 $t_{k-1} < t < t_k$에서 연속인 경우이다. 그림 6.7.1을 보라. 함수 f가 **지수 위수** c라는 것은 세 상수 c, $M > 0$, $T > 0$이 존재해서 $t > T$일 때 $|f(t)| \leq Me^{ct}$이 성립하는 경우이다. $t > T$일 때 $|f(t)| \leq Me^{ct}$이라는 조건은 구간 $(T,\, \infty)$에서 f의 그래프는 지수 함수 Me^{ct}의 그래프보다 더 빨리 증가하지 않음을 뜻한다. 그림 6.7.2를 보라. 이를 다른 방법으로 나타내면, $e^{-ct}|f(t)|$은 갇혀 있다. 곧, $t > T$일 때 $e^{-ct}|f(t)| \leq M$이다. 그림 6.7.3에서 알 수 있듯이, 함수 $f(t) = \cos t$ $(t \geq 0)$은 $t > 0$일 때 지수 위수 $c = 0$이다. 사실, 갇힌 함수는 모두 반드시 지수 위수 $c = 0$이다.

용어
조각 연속 piecewise continuity
지수 위수 exponential order

정리 6.7.1 존재하기 위한 충분 조건

f가 $[0, \infty)$에서 조각 연속이고 $t > T$에서 지수 위수 c라 하자. 그러면 $\mathcal{L}\{f(t)\}$는 $\text{Re}(s) > c$에서 존재한다.

증명 정 적분에서 적분 구간의 합의 성질에 의해 다음이 성립한다.

$$\mathcal{L}\{f(t)\} = \int_0^T e^{-st} f(t)\, dt + \int_T^\infty e^{-st} f(t)\, dt = I_1 + I_2$$

적분 I_1은 존재하는데, 이것을 $e^{-st}f(t)$가 연속인 구간에서의 적분들의 합으로 쓸 수 있기 때문이다. I_2의 존재를 증명하기 위해 s를 복소 변수 $s = x + iy$라 하자. 그러면 $|e^{-st}| = |e^{-xt}(\cos yt - i\sin yt)| = e^{-xt}$과 $t > T$일 때 $|f(t)| \le Me^{ct}$이라는 지수 위수의 정의를 이용하면, $x = \text{Re}(s) > c$에 대해 다음을 얻는다.

$$|I_2| \le \int_T^\infty |e^{-st} f(t)|\, dt \le M \int_T^\infty e^{-xt} e^{ct}\, dt$$

$$= M \int_T^\infty e^{-(x-c)t}\, dt = -M \left[\frac{e^{-(x-c)t}}{x-c} \right]_T^\infty = M \frac{e^{-(x-c)T}}{x-c}$$

$\int_T^\infty Me^{-(x-c)t}\, dt$가 수렴하므로, 적분 $\int_T^\infty |e^{-st} f(t)|\, dt$는 특이 적분에 대한 비교 판정법에 의해 수렴한다. 이에 따라 $\text{Re}(s) > c$에서 I_2가 존재한다. I_1과 I_2가 존재하므로, $\text{Re}(s) > c$에서 $\mathcal{L}\{f(t)\} = \int_0^\infty e^{-st} f(t)\, dt$가 존재한다. ■

앞에서 말한 개념들을 되새기면서, 다음 정리를 증명 없이 서술한다.

정리 6.7.2 라플라스 변환의 해석성

f가 $[0, \infty)$에서 조각 연속이고 $t \ge 0$에서 지수 위수 c라 하자. 그러면 다음과 같은 f의 라플라스 변환은 $\text{Re}(s) > c$로 정의된 오른쪽 반평면에서 해석 함수이다.

$$F(s) = \int_0^\infty e^{-st} f(t)\, dt$$

역라플라스 변환 정리 6.7.2에 의해 복소 함수 $F(s)$는 복소 평면에서 직선 $x = c$의 오른쪽에서 해석적이지만, 일반적으로 이 직선의 왼쪽에는 $F(s)$의 특이점이 존재한다. 이제 역라플라스 변환의 적분 형식을 제시한다.

정리 6.7.3 역라플라스 변환

f와 f'는 $[0, \infty)$에서 조각 연속이고, f는 $t \ge 0$에서 지수 위수 c이며 그

라플라스 변환은 $F(s)$라 하자. 그러면 역라플라스 변환은 다음과 같다.

$$f(t) = \mathcal{L}^{-1}\{F(s)\} = \frac{1}{2\pi i}\lim_{R\to\infty}\int_{\gamma - iR}^{\gamma + iR} e^{st}F(s)\,ds \tag{7}$$

여기서 $\gamma > c$ 이다.

적분의 으뜸 값을 정의하는 (7)의 극한은 통상 다음과 같이 나타낸다.

$$f(t) = \mathcal{L}^{-1}\{F(s)\} = \frac{1}{2\pi i}\int_{\gamma - i\infty}^{\gamma + i\infty} e^{st}F(s)\,ds \tag{8}$$

여기서 적분의 극한은 한없이 긴 연직선 경로 $\mathrm{Re}(s) = x = \gamma$를 따라 적분함을 뜻한다. 그리고 γ는 c보다 큰 양의 실 상수이며 왼쪽 반평면에 있는 모든 특이점의 실수 부분보다 크다. (8)의 적분을 브롬위치 경로 적분이라 한다. (8)을 앞에 있는 (3)과 관련지으면, 역 변환의 핵이 $H(s, t) = e^{st}/2\pi i$임을 알 수 있다.

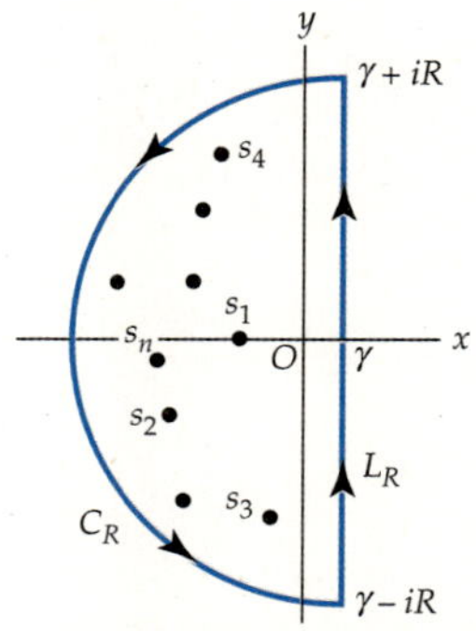

그림 6.7.4 (7)의 값을 셈하는 데 이용할 수 있는 경로

용어
브롬위치 경로 적분 Bromwich contour integral

직선 $x = \gamma$의 왼쪽에 있는 $F(s)$의 특이점이 $s_1, s_2, \cdots, s_n$이라는 사실은 이런 특이점들을 둘러싸는 적절한 닫힌 경로를 이용해서 (7)의 값을 셈할 수 있게 한다. 통상 이용되는 닫힌 경로 C는 중심이 γ이고 반지름이 R인 반원 C_R과 점 $(\gamma, 0)$을 지나고 $y = \gamma - iR$부터 $y = \gamma + iR$까지 뻗은 y축에 평행인 연직 선분 L_R로 이루어진다. 그림 6.7.4를 보라. 반원의 반지름 R을 특이점의 절댓값의 집합 $\{|s_1|, |s_2|, \cdots, |s_n|\}$에서 가장 큰 수보다 크게 택한다. 곧, 모든 특이점이 반원 구역에 놓이도록 충분히 크게 택한다. 이런 방식으로 선택한 경로 C를 이용하면, 흔히 (7)을 코시의 유수 정리를 이용해서 값을 셈할 수 있다. 반원의 반지름 R이 ∞로 커지면, 경로의 연직선 부분은 (8)의 경로에서 무한 연직선으로 근접한다.

방금 묘사한 경로를 다음 정리의 증명에서 사용한다.

정리 6.7.4 역라플라스 변환

$F(s)$는 라플라스 변환으로, 유한 개의 특이점 $s_1, s_2, \cdots, s_n$이 연직선 $\mathrm{Re}(s) = \gamma$의 왼쪽에 있다고 하자. C는 그림 6.7.4에 나타낸 경로라고 하자. $sF(s)$가 $R\to\infty$일 때 C_R에서 갇혀 있다면, 다음이 성립한다.

$$\mathcal{L}^{-1}\{F(s)\} = \sum_{k=1}^{n}\mathrm{Res}\left(e^{st}F(s),\ s_k\right) \tag{9}$$

증명 그림 6.7.4와 코시의 유수 정리에 의해 다음을 얻는다.

$$\int_{C_R} e^{st}F(s)\,ds + \int_{L_R} e^{st}F(s)\,ds = 2\pi i\sum_{k=1}^{n}\mathrm{Res}\left(e^{st}F(s),\ s_k\right),$$

$$\frac{1}{2\pi i}\int_{\gamma - iR}^{\gamma + iR} e^{st}F(s)\,ds = \sum_{k=1}^{n}\mathrm{Res}\left(e^{st}F(s),\ s_k\right) - \frac{1}{2\pi i}\int_{C_R} e^{st}F(s)\,ds \tag{10}$$

이 정리는 (10)에서 $R\to\infty$ 일 때 $\lim_{R\to\infty}\int_{C_R} e^{st}F(s)\,ds=0$ 임을 보임으로써 증명한다. 반원 C_R을 $s=\gamma+Re^{i\theta}$ $(\pi/2\le\theta\le 3\pi/2)$로 매개 변수화하면, $ds=Rie^{i\theta}d\theta=(s-\gamma)i\,d\theta$ 이고 다음이 성립한다.

$$\frac{1}{2\pi i}\int_{C_R} e^{st}F(s)\,ds=\frac{1}{2\pi i}\int_{\pi/2}^{3\pi/2} e^{\gamma t+Rte^{i\theta}}F(\gamma+Re^{i\theta})\,Rie^{i\theta}\,d\theta$$

그러므로 다음을 얻는다.

$$\frac{1}{2\pi}\left|\int_{C_R} e^{st}F(s)ds\right|\le\frac{1}{2\pi}\int_{\pi/2}^{3\pi/2}\left|e^{\gamma t+Rte^{i\theta}}\right|\left|F(\gamma+Re^{i\theta})\right|\left|Rie^{i\theta}\right|d\theta \tag{11}$$

(11)의 식에 대한 상계를 찾기 위해서, 우변의 세 절댓값을 조사하자. 먼저 다음을 얻는다.

↓ $|e^{iRt\sin\theta}|=1$이므로

$$\left|e^{\gamma t+Rte^{i\theta}}\right|=\left|e^{\gamma t}e^{Rt(\cos\theta+i\sin\theta)}\right|=e^{\gamma t}e^{Rt\cos\theta}$$

다음으로 충분히 큰 R에 대해 다음과 같이 쓸 수 있다.

$$|Rie^{i\theta}|=|s-\gamma||i|\le|s|+|\gamma|<|s|+|s|=2|s|,\quad |sF(s)|<M$$

위에서 첫째 부등식은 삼각 부등식에 의해 성립하고, 둘째 부등식은 $sF(s)$가 $R\to\infty$ 일 때 C_R에서 갇혀 있다는 가정에 의해 성립한다. 그러므로 (11)의 부등식은 계속해서 다음과 같이 된다.

$$\frac{1}{2\pi}\left|\int_{C_R} e^{st}F(s)ds\right|\le\frac{M}{\pi}e^{\gamma t}\int_{\pi/2}^{3\pi/2}e^{Rt\cos\theta}\,d\theta \tag{12}$$

$\theta=\phi+\pi/2$로 놓으면, (12)의 우변의 적분은 $\int_0^{\pi}e^{-Rt\sin\phi}d\phi$가 된다. 피적분 함수가 직선 $\theta=\pi/2$에 대해 대칭이므로, 다음을 얻는다.

$$\int_0^{\pi}e^{-Rt\sin\phi}\,d\phi=2\int_0^{\pi/2}e^{-Rt\sin\phi}\,d\phi \tag{13}$$

그런데 $\sin\phi\ge 2\phi/\pi$이므로,[5] 다음이 성립한다.

$$2\int_0^{\pi/2}e^{-Rt\sin\phi}\,d\phi\le 2\int_0^{\pi/2}e^{-2Rt\phi/\pi}\,d\phi=-\frac{\pi}{Rt}\left[e^{-2Rt\phi/\pi}\right]_0^{\pi/2}=\frac{\pi}{Rt}\left(1-e^{-Rt}\right) \tag{14}$$

그러므로 (11), (12), (13), (14)를 합치면 다음과 같다.

$$\frac{1}{2\pi}\left|\int_{C_R} e^{st}F(s)ds\right|\le\frac{Me^{\gamma t}}{Rt}\left(1-e^{-Rt}\right) \tag{15}$$

$t>0$에 대해 $R\to\infty$ 일 때 (15)의 우변은 0으로 수렴한다. 그러므로 $\lim_{R\to\infty}\int_{C_R}e^{st}F(s)\,ds=0$이다. 마지막으로, $R\to\infty$ 일 때 (10)으로부터 다음을 얻는다.

5) 익힘 문제 6.6의 문제 52를 보라.

$$\mathcal{L}^{-1}\{F(s)\} = \frac{1}{2\pi i}\int_{\gamma - i\infty}^{\gamma + i\infty} e^{st}F(s)\,ds = \sum_{k=1}^{n}\text{Res}\left(e^{st}F(s),\ s_k\right) \quad \blacksquare$$

다음 보기에서 정리 6.7.4의 가정이 만족된다고 가정한다.

보기 2 역라플라스 변환

$\mathcal{L}^{-1}\left\{\dfrac{1}{s^3}\right\}$ $(\text{Re}(s) > 0)$을 찾아라.

풀이 함수 $F(s) = 1/s^3$을 복소 변수 s의 함수로 생각하면, $s = 0$에 3차 극점이 있다. 그러므로 (9)와 6.5절의 (2)에 의해 다음을 얻는다.

$$\begin{aligned} f(t) = \mathcal{L}^{-1}\left\{\frac{1}{s^3}\right\} &= \text{Res}\left(e^{st}\frac{1}{s^3},\ 0\right) = \frac{1}{2}\lim_{s\to 0}\frac{d^2}{ds^2}\left\{(s-0)^3\frac{e^{st}}{s^3}\right\} \\ &= \frac{1}{2}\lim_{s\to 0}\frac{d^2}{ds^2}e^{st} \\ &= \frac{1}{2}\lim_{s\to 0}t^2e^{st} \\ &= \frac{1}{2}t^2 \end{aligned} \quad \square$$

라플라스 변환에 친숙한 독자는 보기 1의 답이 라플라스 변환 표에서 찾아볼 수 있는 결과 $\mathcal{L}\{t^n\} = n!/s^{n+1}$과 ($n = 2$에 대해) 일치함을 확인할 것이다.

라플라스 변환 (1)은 함수 $f(t)$의 값을 $t > 0$인 경우만 이용한다. 이에 따라 흔히 $t < 0$인 경우에는 흔히 f의 값을 0으로 택한다. 이것은 매우 불리한 조건이 아닌데, 응용에서 다루는 함수는 대부분 $t > 0$에 대해서만 정의되기 때문이다. 더 자세하게 다루지 않겠지만, 역전 적분 (7)은 푸리에 적분 공식이라 부르는 결과로부터 유도할 수 있다. 그런 분석에서 다음이 밝혀진다.

$$\frac{1}{2\pi i}\int_{\gamma - i\infty}^{\gamma + i\infty} e^{st}F(s)\,ds = \begin{cases} f(t) & (t > 0) \\ 0 & (t < 0) \end{cases} \tag{16}$$

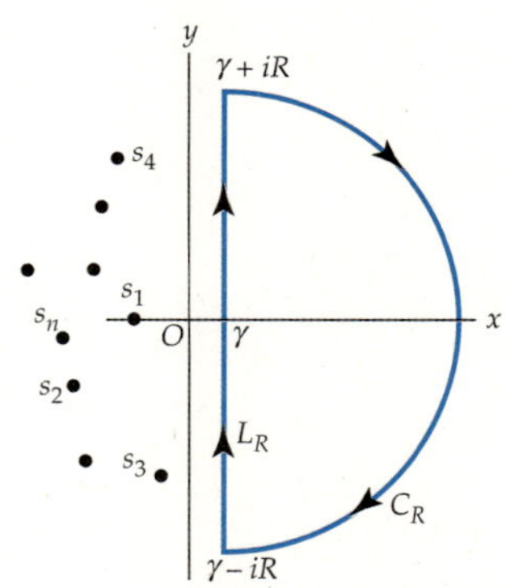

그림 6.7.5 $t < 0$일 때 역전 적분을 위한 경로

이 결과는 정리 6.7.4의 증명에서 짐작할 수 있다. (15)에서 알 수 있듯이, $t < 0$일 때 $\lim_{R\to\infty}\int_{C_R} e^{st}F(s)\,ds = 0$의 결론은 정당하지 않다. 그렇지만 그림 6.7.5에 나타낸 대로, $t < 0$에 대해서는 오른쪽으로 경로를 선택하면 $\dfrac{1}{2\pi i}\displaystyle\int_{\gamma - i\infty}^{\gamma + i\infty} e^{st}F(s)\,ds = 0$이다. 이는 (16)과 일치한다. 이 결과를 다음 보기에서 이용한다.

보기 3 역라플라스 변환

$\mathscr{L}^{-1}\left\{\dfrac{e^{-2s}}{(s-1)(s-3)}\right\}$ $(\mathrm{Re}(s)>3)$을 찾아라.

풀이 두 단순 극점 $s=1$과 $s=3$에서의 유수를 셈하기 전에, 두 지수 함수를 결합하고 기호 t를 $t-2$로 바꾸면 (16)에 의해 다음을 얻음을 확인하자.

$$\frac{1}{2\pi i}\int_{\gamma-i\infty}^{\gamma+i\infty}\frac{e^{s(t-2)}}{(s-1)(s-3)}\,ds=\begin{cases}f(t) & (t-2>0)\\ 0 & (t-2<0)\end{cases} \tag{17}$$

그러므로 (9)와 (17) 및 6.5절의 (1)에 의해 다음을 얻는다.

$$\begin{aligned}f(t)&=\mathscr{L}^{-1}\left\{\frac{e^{-2s}}{(s-1)(s-3)}\right\}\\&=\mathrm{Res}\left(e^{st}\frac{e^{-2s}}{(s-1)(s-3)},\ 1\right)+\mathrm{Res}\left(e^{st}\frac{e^{-2s}}{(s-1)(s-3)},\ 3\right)\\&=\lim_{s\to1}(s-1)\frac{e^{s(t-2)}}{(s-1)(s-3)}+\lim_{s\to3}(s-3)\frac{e^{s(t-2)}}{(s-1)(s-3)}\\&=-\frac{1}{2}e^{t-2}+\frac{1}{2}e^{3(t-2)}\end{aligned}$$

바꿔 말하면, 다음과 같다.

$$f(t)=\begin{cases}-\dfrac{1}{2}e^{t-2}+\dfrac{1}{2}e^{3(t-2)} & (t>2)\\ 0 & (t<2)\end{cases} \tag{18}$$ ❑

라플라스 변환의 연구에서 조각 연속 함수를 다룰 때 다음과 같은 단위 계단 함수는 대단히 유용하다.

$$U(t-a)=\begin{cases}1 & (t\ge a)\\ 0 & (t<a)\end{cases}$$

(18)의 불연속 함수를 다음과 같이 나타낼 수 있다.

$$f(t)=-\frac{1}{2}e^{t-2}U(t-2)+\frac{1}{2}e^{3(t-2)}U(t-2)$$

용어
단위 계단 함수 unit step function
역푸리에 변환 inverse Fourier transform

푸리에 변환 이제 $f(x)$는 구간 $(-\infty,\ \infty)$에서 정의된 실 함수라고 하자. 또 다른 중요한 적분 변환 짝은 다음과 같은 (19)의 푸리에 변환과 (20)의 역푸리에 변환이다.

$$\mathscr{F}\{f(x)\}=\int_{-\infty}^{\infty}f(x)e^{i\alpha x}\,dx=F(\alpha), \tag{19}$$

$$\mathscr{F}^{-1}\{F(\alpha)\}=\frac{1}{2\pi}\int_{-\infty}^{\infty}F(\alpha)e^{-i\alpha x}\,d\alpha=f(x) \tag{20}$$

(19)와 (20)을 (2)와 (3)에 대응시키면, 푸리에 변환의 핵은 $K(\alpha,\ x) = e^{i\alpha x}$이고 역 변환의 핵은 $H(\alpha,\ x) = e^{-i\alpha x}/2\pi$이다. (19)와 (20)에서 α가 실 변수라고 가정한다. 또, (7)과 비교할 때, 역 변환 (20)은 경로 적분이 아니다.

보기 4 푸리에 변환

$f(x) = e^{-|x|}$의 푸리에 변환을 찾아라.

풀이 다음과 같은 f의 그래프를 그림 6.7.6에 나타냈다.

$$f(x) = \begin{cases} e^{x} & (x < 0) \\ e^{-x} & (x \geq 0) \end{cases} \tag{21}$$

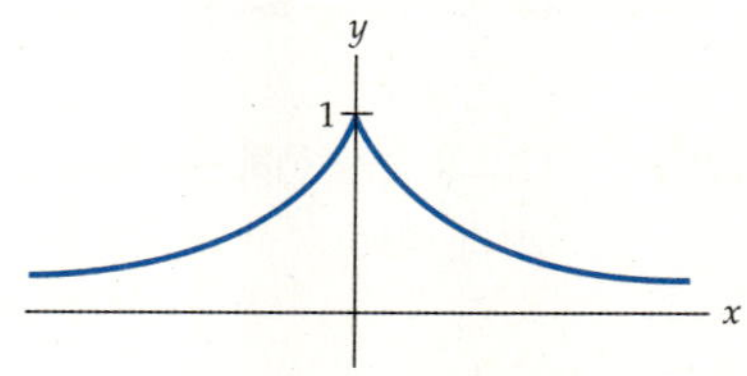

그림 6.7.6 보기 4의 f의 그래프

(21)에 제시한 f의 확장된 정의로부터 (19)에 의해 f의 푸리에 변환은 다음과 같다.

$$\mathscr{F}\{f(x)\} = \int_{-\infty}^{0} e^{x} e^{i\alpha x}\, dx + \int_{0}^{\infty} e^{-x} e^{i\alpha x}\, dx = I_1 + I_2 \tag{22}$$

먼저, 특이 적분 I_2의 값을 찾자. 여러 가지 진행 방법 중 하나는 다음과 같이 쓰는 것이다.

$$I_2 = \lim_{b\to\infty}\int_0^b e^{-x(1-\alpha i)}\, dx = \lim_{b\to\infty}\left[\frac{e^{-x(1-\alpha i)}}{\alpha i - 1}\right]_0^b = \lim_{b\to\infty}\frac{e^{-b(1-\alpha i)} - 1}{\alpha i - 1}$$

$$= \frac{1}{\alpha i - 1}\lim_{b\to\infty}(e^{-b}\cos b\alpha + i e^{-b}\sin b\alpha - 1) = \frac{1}{1-\alpha i}$$

여기서 $b > 0$일 때 $\lim_{b\to\infty} e^{-b}\cos b\alpha = 0$이고 $\lim_{b\to\infty} e^{-b}\sin b\alpha = 0$임을 이용했다.

똑같은 방법으로 적분 I_1의 값을 찾으면 다음을 얻는다.

$$I_1 = \frac{1}{1+\alpha i}$$

I_1과 I_2를 더하면 다음과 같이 푸리에 변환 (22)의 값을 얻는다.

$$\mathscr{F}\{f(x)\} = \frac{1}{1-\alpha i} + \frac{1}{1+\alpha i},\quad 곧\ F(\alpha) = \frac{2}{1+\alpha^2}$$ ❑

보기 5 역푸리에 변환

$F(\alpha) = \dfrac{2}{1+\alpha^2}$의 역푸리에 변환을 찾아라.

풀이 여기에서의 발상은 다음과 같이 역 변환 (20)으로부터 보기 4의 함수 f를 되찾는 것이다.

$$\mathscr{F}^{-1}\{F(\alpha)\} = \frac{1}{2\pi}\int_{-\infty}^{\infty}\frac{2}{1+\alpha^2}e^{-i\alpha x}\, d\alpha = f(x) \tag{23}$$

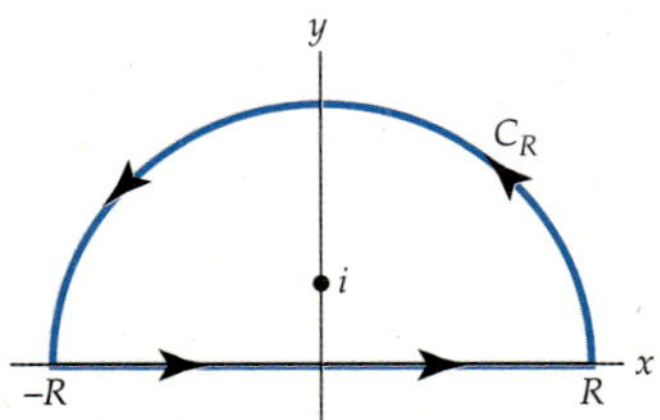

그림 6.7.7 (23)의 값을 셈하는 데 이용한 첫째 경로

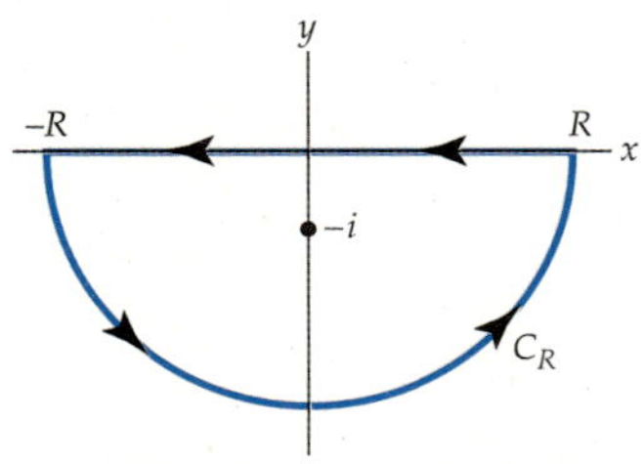

그림 6.7.8 (23)의 값을 셈하는 데 이용한 둘째 경로

(23)의 값을 찾기 위해서, z를 복소 변수라 하고 경로 적분 $\oint_C \frac{e^{-izx}dz}{\pi(1+z^2)}$ 를 도입하자. 피적분 함수는 단순 극점이 $z=\pm i$에 있다. 지금부터 이용할 과정은 앞의 절에서 유수 이론으로 삼각 적분의 값을 찾을 때 이용한 과정과 기본적으로 같다. 그림 6.7.7에 나타낸 경로 C는 위쪽 반평면에 있는 단순 극점 $z=i$를 둘러싸는데, $R>1$일 때의 실수축의 구간 $[-R, R]$과 반원 경로 C_R로 이루어진다. 형식적으로 다음을 얻는다.

$$\oint_C \frac{1}{\pi(1+z^2)}e^{-izx}dz = 2\pi i \operatorname{Res}\left(\frac{1}{\pi(1+z^2)}e^{-izx},\ i\right) = e^x \tag{24}$$

분명히 (24)의 결과는 보기 4에서 출발했던 함수 f는 아니다. 이 경우에 좀 더 자세하게 분석하면, $x<0$이라 가정해야만 $R\to\infty$일 때 C_R 위에서의 경로 적분이 0으로 수렴한다. 달리 말하면, (24)의 답은 실제로는 e^x $(x<0)$이다.

그림 6.7.8에 나타낸 경로 C에 대해 $\oint_C \frac{1}{\pi(1+z^2)}e^{-izx}dz$를 생각하자. x의 값을 양수라 가정하면, $R\to\infty$일 때 C_R 위에서 이 적분이 0으로 수렴함을 보일 수 있다. 그러므로 다음을 얻는다.

$$\begin{aligned}\oint_C \frac{1}{\pi(1+z^2)}e^{-izx}dz &= -2\pi i \operatorname{Res}\left(\frac{1}{\pi(1+z^2)}e^{-izx},\ -i\right) \\ &= e^{-x} \quad (x>0)\end{aligned} \tag{25}$$

(25)의 우변에서 인수 $2\pi i$의 앞에 음의 부호가 별도로 나타남에 주목하자. 이 기호는 그림 6.7.8의 C에서 다음과 같은 사실로부터 나타난다.

$$\oint_C = \int_{C_R} + \int_R^{-R} = \int_{C_R} - \int_{-R}^{R} = 2\pi i \operatorname{Res}(z=-i)$$

$R\to\infty$일 때 $x>0$이면 $\int_{C_R}\to 0$이므로, $-\lim_{R\to\infty}\int_{-R}^{R} = 2\pi i \operatorname{Res}(z=-i)$, 곧 $\lim_{R\to\infty}\int_{-R}^{R} = -2\pi i \operatorname{Res}(z=-i)$이다. (23), (24), (25)를 결합하면 다음을 얻는다.

$$\mathscr{F}^{-1}\{F(\alpha)\} = \frac{1}{2\pi}\int_{-\infty}^{\infty}\frac{2}{1+\alpha^2}e^{-i\alpha x}d\alpha = \begin{cases} e^x & (x<0) \\ e^{-x} & (x>0)\end{cases}$$

이것은 (21)과 일치한다. (23)에서 $x=0$일 때 통상적인 적분의 값은 1인데, 이것은 (21)에서 $f(0)$이다. ■

참고

(i) 조각 연속과 지수 위수의 두 가지 조건은 $F(s)=\mathscr{L}\{f(t)\}$가 존재하기 위한 충분 조건이지 필요 조건은 아니다. 예를 들면, $f(t)=t^{-1/2}$은 $[0,\infty)$에서 조각 연속이 아니다. (이유는?) 그렇지만 $\mathscr{L}\{t^{-1/2}\}$은 존재한다.

(ii) 복소 평면에서 $F(s)$의 극점이 유한 개라고 가정했다. 이는 $F(s)$가 상미분 방정식의 해로부터 나타나는 경우의 통상적인 상황이다. 편미분 방정식과 관련된 응용 문제의 해에서는 극점이 무수히 많은 함수 $F(s)$를 얻는 것이 희귀하지만은 않다. $F(s)$의 극점이 왼쪽 반평면 $\mathrm{Re}(s)<c$에 무수히 많은 경우에 정리 6.7.4의 증명이 유효하지는 않지만, 정리에서 서술한 결과는 유효하다. 이 경우에 적분의 값은 유수의 무한 합으로부터 얻은 무한 급수이다.

(iii) $F(s)$의 특이점이 극점인 경우에 (1)의 용도를 예시했지만, 이의 주요한 용도는 $F(s)=(s^2+a^2)^{-1/2}$과 같이 매우 복잡한 함수의 역 변환을 찾는 것이다.

(iv) 함수 $f(x)$의 푸리에 변환 (19)가 존재하기 위한 조건을 언급하지 않았다. 이런 조건은 라플라스 변환이 존재하기 위한 조건보다 상당히 더 많은 것을 요구한다. 예를 들면, $\mathscr{L}\{1\}=1/s$이지만, $\mathscr{F}\{1\}$은 존재하지 않는다. 푸리에 적분의 이론과 응용을 더 많이 알려면, 푸리에 해석학 또는 공학 수학[6]에 관한 책을 참조하기 바란다.

6.7 익힘 문제

문제 1~4에서는 주어진 함수의 라플라스 변환을 찾아라. $F(s)=\mathscr{L}\{f(t)\}$의 존재를 보장하기에 충분한 s에 관한 조건을 결정하라.

1. $f(t)=e^{5t}$
2. $f(t)=e^{(-2+3i)t}$
3. $f(t)=\sin 3t$
4. $f(t)=e^t\cos t$

5. 문제 1의 결과를 일반화해서, 실 상수 k에 대해 $\mathscr{L}\{e^{kt}\}$의 존재를 보장하는 s에 관한 충분 조건을 서술하라.
6. 문제 2의 결과를 일반화해서, 복소 상수 k에 대해 $\mathscr{L}\{e^{kt}\}$의 존재를 보장하는 s에 관한 충분 조건을 서술하라.
7. 라플라스 변환은 선형 변환이다. 곧, 다음에서 각 변환이 존재하는 경우에 두 상수 α와 β에 대해 다음이 성립한다.

$$\mathscr{L}\{\alpha f(t)+\beta g(t)\}=\alpha\mathscr{L}\{f(t)\}+\beta\mathscr{L}\{g(t)\}$$

6) 다음 책을 보라. Dennis G. Zill, Michael R. Cullen, *Advanced Engineering Mathematics*, 3rd ed., Jones and Bartlett Publishers.

실 상수 k에 대해 다음과 같이 정의한다.

$$\sinh kt = \frac{e^{kt} - e^{-kt}}{2}, \quad \cosh kt = \frac{e^{kt} + e^{-kt}}{2}$$

위의 선형성과 정의를 이용해서 $\mathcal{L}\{\sinh kt\}$와 $\mathcal{L}\{\cosh kt\}$를 찾아라.

8. 문제 7의 라플라스 변환의 존재를 보장하는 s에 관한 충분 조건을 서술하라.

문제 9~18에서는 유수 이론을 이용해서 주어진 함수 $F(s)$의 역라플라스 변환 $\mathcal{L}^{-1}\{F(s)\}$를 찾아라.

9. $\dfrac{1}{s^6}$

10. $\dfrac{1}{(s-5)^3}$

11. $\dfrac{1}{s^2+4}$

12. $\dfrac{s}{(s^2+1)^2}$

13. $\dfrac{1}{s^2-3}$

14. $\dfrac{1}{(s-a)^2+b^2}$

15. $\dfrac{e^{-as}}{s^2-5s+6}\quad (a>0)$

16. $\dfrac{e^{-as}}{(s-a)^2}\quad (a>0)$

17. $\dfrac{1}{s^4-1}$

18. $\dfrac{s+4}{s^2+6s+11}$

문제 19와 20에서는 주어진 함수의 푸리에 변환 (19)를 찾아라.

19. $f(x) = \begin{cases} 0 & (x \le 0) \\ e^{-x} & (x > 0) \end{cases}$

20. $f(x) = \begin{cases} \sin x & (|x| \le \pi) \\ 0 & (|x| > \pi) \end{cases}$

21. 역푸리에 변환 (20)과 유수 이론을 이용해서 문제 19의 함수 f를 되찾아라.

22. 함수 f의 푸리에 변환은 $F(\alpha) = \dfrac{1}{(1-i\alpha)^2}$이다. 역푸리에 변환 (20)과 유수 이론을 이용해서 함수 f를 찾아라.

개념과 이해

23. 문제 8에서 얻은 결과에 대해, 역 변환 (7)에 사용할 수 있는 γ의 값을 찾아라.

용어
진폭 스펙트럼 amplitude spectrum

24. (a) $F(\alpha)$가 $f(x)$의 푸리에 변환일 때, 함수 $|F(\alpha)|$을 f의 진폭 스펙트럼이라 한다. 다음 함수의 진폭 스펙트럼을 찾아라.

$$f(x) = \begin{cases} 1 & (|x| \le 1) \\ 0 & (|x| > 1) \end{cases}$$

$|F(\alpha)|$의 그래프를 그려라.

(b) 함수의 진폭 스펙트럼의 개념에 대해 좀 더 알아보고 그 응용을 찾아보자.

25. $f(x) = \begin{cases} x & (0 < x < 1) \\ 0 & (x < 0 \text{ 또는 } x > 1) \end{cases}$의 푸리에 변환을 찾아라. 역푸리에 변환 (20)을 찾는 방법을 논의하라.

연구 과제

26. 편미분 방정식과 관련된 문제에 라플라스 변환을 응용할 때는 종종 다음과 같은 역 변환과 마주친다.

$$f(x,\ t) = \mathscr{L}^{-1}\left\{\frac{\sinh xs}{(s^2+1)\sinh s}\right\}$$

(8)과 (9)를 이용해서 $f(x,\ t)$를 결정하는 방법을 고찰하라.

제 6 장 복습 문제

문제 1~20에서는 참 또는 거짓으로 답하라. 명제가 거짓이면, 거짓인 이유를 설명하거나 반례를 들어라. 명제가 참이면, 이를 증명하거나 이번 장의 적절한 결과를 인용하라.

1. $z_n = i^n = x_n + iy_n$인 수열 $\{z_n\}$에 대해 $\text{Re}(z_n) = x_n = \cos(n\pi/2)$이고 $\text{Im}(z_n) = y_n = \sin(n\pi/2)$이다.
2. 수열 $\{i^n\}$은 수렴한다.
3. $\lim\limits_{n\to\infty}\left(\dfrac{1+i}{\sqrt{\pi}}\right)^n = 0$
4. $\lim_{n\to\infty} z_n = 0$이기 위한 필요 충분 조건은 $\lim_{n\to\infty}|z_n| = 0$이다.
5. 거듭제곱 급수 $\sum\limits_{k=1}^{\infty}\dfrac{z^k}{k^2}$은 그 수렴 원에 있는 모든 점에서 절대 수렴한다.
6. $z = 25 - 4i$에서 수렴하고 $z = 15 + 21i$에서 발산하는 중심이 $z_0 = 1 + i$인 거듭제곱 급수가 존재한다.
7. 함수 f를 중심이 z_0인 수렴하는 거듭제곱 급수로 전개할 수 있으면, f는 점 z_0에서 해석적이다.
8. 함수 f는 수렴 원이 $|z - z_0| = R\ (R > 0)$인 테일러 급수로 표현된다고 하자. 그러면 f는 수렴 원의 모든 점에서 해석적이다.
9. 함수 f는 z_0이 중심인 테일러 급수로 표현된다고 하자. 그러면 f는 수렴 원 $|z - z_0| = R\ (R > 0)$의 내부의 모든 점에서 해석적이고, $|z - z_0| = R$의 외부의 모든 점에서 해석적이지 않다.
10. f가 전해석 함수이면, 중심이 $z_0 = 1 - i$인 f의 테일러 급수 전개의 수렴 원의 반지름은 반드시 $R = \infty$이다.
11. 다음 두 거듭제곱 급수는 모두 $z = 0.86 - 0.52i$에서 수렴한다.

$$\frac{1}{1+z} = 1 - z + z^2 - z^3 + \cdots,$$

$$\frac{1}{1+z} = \frac{1}{2} - \frac{z-1}{2^2} + \frac{(z-1)^2}{2^3} - \frac{(z-1)^3}{2^4} + \cdots$$

12. 거듭제곱 급수 $\sum_{k=0}^{\infty} a_k z^k$의 수렴 반지름이 R이면, 거듭제곱 급수 $\sum_{k=0}^{\infty} a_k z^{2k}$의 수렴 반지름은 $\sqrt{R}$이다.
13. 두 거듭제곱 급수 $\sum_{k=0}^{\infty} a_k z^k$과 $\sum_{k=1}^{\infty} k a_k z^{k-1}$의 수렴 반지름 R은 서로 같다.
14. 복소 로그의 으뜸 분지 $f_1(z)$는 매클로린 급수로 전개할 수 없다.
15. f가 z_0의 한 빠진 근방에서 해석적이고 z_0은 n차 극점이면, $\lim_{z \to z_0} (z - z_0)^n f(z) \neq 0$이다.
16. 유리 함수의 특이점은 없앨 수 있는 특이점이거나 극점이다.
17. $f(z) = \dfrac{1}{z^2 + 2iaz - 1}$ $(a > 1)$의 두 개의 단순 극점이 단위 원 $|z| = 1$의 내부에 있다.
18. $z = 0$은 $f(z) = -\dfrac{1}{z} + \cot z$의 단순 극점이다.
19. z_0이 함수 f의 단순 극점이면, $\text{Res}(f(z),\ z_0) = 0$일 수 있다.
20. $0 < |z| < 2\pi$에서 유효한 $f(z) = \dfrac{1}{1 - \cos z}$의 로랑 급수의 으뜸 부분에는 영이 아닌 항이 두 개 있다.

문제 21~40에서는 본문을 인용하지 말고 빈칸을 채워라.

21. 수열 $\left\{\dfrac{2in}{n+i} - \dfrac{(9-12i)n+2}{3n+1+7i}\right\}$은 ________에 수렴한다.
22. 급수 $i + 2i + 3i + 4i + \cdots$는 발산하는데, ________이기 때문이다.
23. $5 - i - \dfrac{1}{5} + \dfrac{i}{25} + \dfrac{1}{125} - \cdots =$ ________
24. 등식 $\displaystyle\sum_{k=0}^{\infty} \left(\frac{z-1}{z+1}\right)^k = \frac{1}{2}(z+1)$은 ________에서 나타나고, 복소 평면에서 ________으로 정의된 구역에서 유효하다.
25. 거듭제곱 급수 $\sum_{k=0}^{\infty} (5+12i)^k (z-2-i)^k$은 원 ________의 내부에서 절대 수렴한다.
26. 거듭제곱 급수 $\displaystyle\sum_{k=0}^{\infty} \frac{4^k}{2k+5}(z-2+3i)^{2k}$은 $|z-2+3i| >$ ________에서 발산한다.
27. 거듭제곱 급수 $\sum_{k=0}^{\infty} a_k z^k$ $(a_k \neq 0)$의 수렴 반지름이 $R > 0$이면, 거듭제곱 급수 $\displaystyle\sum_{k=0}^{\infty} \frac{z^k}{a_k}$의 수렴 반지름은 ________이다.
28. 실제로 전개하지 말고, 중심이 $z_0 = 3 + 2i$인 $f(z) = \csc z$의 테일러 급수의 수렴 반지름은 $R =$ ________이다.

29. 문제 11의 첫째 급수를 이용해서, 중심이 $z_0 = -1$인 $f(z) = \dfrac{z+1}{6+z}$의 테일러 급수의 처음 세 항을 구하면 ________ 이다. 이 급수의 수렴 반지름은 $R =$ ________ 이다.

30. 중심이 $-5i$인 $f(z) = e^z$의 거듭제곱 급수는 $e^z = \sum_{k=0}^{\infty}$ ____$(z+5i)^k$이다.

31. $z = -1$은 $f(z) = \dfrac{(z+1)^3 - 2(z+1)^2 + 4(z+1) + 7}{(z+1)^2}$의 고립 특이점이다. $0 < |z+1| < \infty$에서 유효한 로랑 급수는 ________ 이다.

32. $z = 0$은 해석 함수 $f(z) = \dfrac{1}{6}z^9 - z^3 + \sin z^3$의 ________ 차 영점이다.

33. 함수 $f(z) = \sin\pi\left(\dfrac{1}{z} - 1\right)$의 영점은 ________ 이고, 차수는 ________ 이다.

34. z_0이 $f(z)$의 5차 영점이면, 영이 아닌 최저 계수의 도함수는 $f^{(_)}(z_0)$이다.

35. $z = 0$은 함수 $f(z) = (z - \sin z)/z^3$의 없앨 수 있는 특이점이다. $f(0)$의 값은 ________ 으로 정의할 수 있다.

36. $f(z) = z^3 e^{-1/z^2}$이면, $\text{Res}(f(z),\ 0) =$ ________ 이다.

37. $z = \pi$는 $f(z) = \cot z$의 단순 극점이다. 적절한 유수 공식에 의해 $\text{Res}(f(z),\ \pi) =$ ________ 이므로, $z = \pi$에 관한 로랑 급수의 으뜸 부분은 ________ 이고 이 로랑 급수는 $0 < |z - \pi| <$ ________ 에서 유효하다.

38. $|z| = 1$에서 경로 적분 $\displaystyle\oint_C \frac{\cos z}{z^2 - (2+\pi)z + 2\pi}\,dz$의 값은 ________ 이고, $|z| = 3$에서 이 적분의 값은 ________ 이며, $|z| = 4$에서 이 적분의 값은 ________ 이다.

39. $|z| = 1$에서

(a) $\displaystyle\oint_C \frac{z^2 + 2iz + 1 - i}{e^{2z} - 1}\,dz =$ ________

(b) $\displaystyle\oint_C \frac{\sin z}{z^n}\,dz =$ ________ $(n = 0,\ 1,\ 2,\ \cdots)$

40. $\displaystyle\int_0^{2\pi} \frac{1}{4\cos^2\theta + \sin^2\theta}\,d\theta =$ ________

CHAPTER 7

한꼴 사상

개 요

들어가기 4.5절에서 알아본 대로, 해석 사상을 이용해서 특정한 형태의 경계값 문제를 풀 수 있다. 이번 장에서는 한꼴 사상의 기초적인 개념을 도입하고, 한꼴 사상을 이용해서 더 넓은 부류의 경계값 문제를 풀 수 있다는 사실도 밝힌다. 여기서 도입하는 방법은 열의 흐름, 정전기, 유체 흐름에 관한 문제에 적용된다.

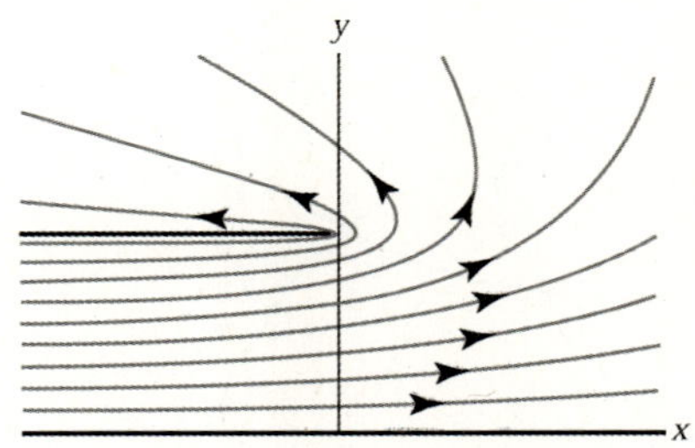

이상 유체의 평면 흐름. 445쪽을 보라.

7.1 한꼴 사상

2.3절에서 알아본 대로, 상수가 아닌 선형 사상은 복소 평면의 점을 회전시키고 확대하며 평행 이동한다. 그 결과, z평면에서 서로 교차하는 임의의 두 호 사이의 각은 w평면에서 선형 사상에 의한 이 호들의 상 사이의 각과 서로 같다. 이렇게 각을 보존하는 성질이 있는 복소 사상을 **한꼴 사상**이라 한다. 이번 절에서는 한꼴 사상을 형식적으로 정의하고 논의한다. 임의의 해석 함수는 도함수가 영이 아닌 점에서 한꼴이다. 이에 따라 제 4 장에서 알아본 모든 초등 함수는 적당한 영역 D에서 한꼴이다. 이번 장의 후반부에서는 라플라스 방정식과 관련된 중요한 경계값 문제에 한꼴 사상을 적용한다.

용어
한꼴 사상 conformal mapping
각 angle
크기가 같다 equal in magnitude
방향이 같다 equal in sense

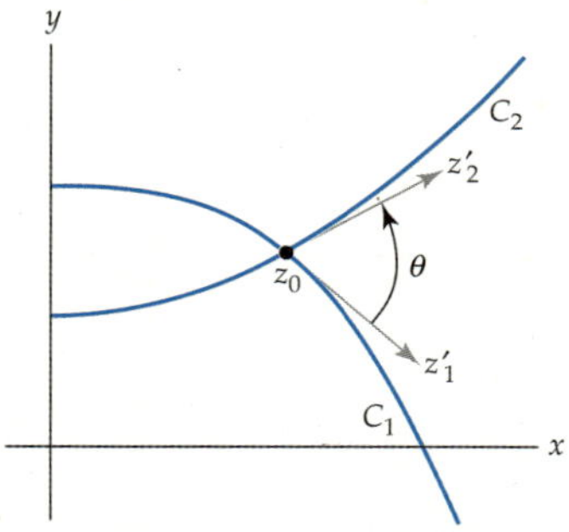

그림 7.1.1 C_1과 C_2 사이의 각 θ

한꼴 사상 $w = f(z)$를 영역 D에서 정의된 복소 사상이라 하자. 이 사상이 D의 점 z_0에서 한꼴이라는 것은, 이것이 z_0에서 교차하는 임의의 두 곡선 사이의 '각을 보존하는' 경우이다. 이 개념을 명확하게 하기 위해서, C_1과 C_2는 D에 있는 매끄러운 곡선으로 z_0에서 교차하고 5.1절에서 설명한 바와 같이 고정된 방향을 지니고 있다고 하자. $z_1(t)$와 $z_2(t)$를 각각 C_1과 C_2의 매개 변수화로 $z_1(t_0) = z_2(t_0) = z_0$이며, C_1과 C_2의 방향은 매개 변수 t의 증가하는 값에 대응한다고 하자. C_1과 C_2가 매끄러운 곡선이므로, 접선 벡터 $z_1' = z_1'(t_0)$과 $z_2' = z_2'(t_0)$은 모두 영이 아니다. C_1과 C_2 사이의 **각**은 구간 $[0, \pi]$에 속하는 접선 벡터 z_1'과 z_2' 사이의 각 θ로 정의한다. 그림 7.1.1을 보라. 이제 복소 사상 $w = f(z)$에 의해 z평면의 두 곡선 C_1과 C_2가 w평면의 두 곡선 C_1'과 C_2' 위로 각각 사상된다고 하자. C_1과 C_2가 z_0에서 교차하므로, C_1'과 C_2'은 $f(z_0)$에서 교차한다. C_1'과 C_2'이 매끄러우면, $f(z_0)$에서 C_1'과 C_2' 사이의 각은 마찬가지로 구간 $[0, \pi]$에 속하는 두 접선 벡터 w_1'고 w_2' 사이의 각 ϕ로 정의된다. $\theta = \phi$일 때 두 각 θ와 ϕ는 **크기가 같다**고 한다.

z평면에서 시점이 z_0인 벡터 z_1'을 각 θ만큼 회전시켜서 벡터 z_2' 위로 보낼 수 있다. 이 회전은 시계 반대 방향이거나 시계 방향이다. 마찬가지로 w평면에서 시점이 $f(z_0)$인 벡터 w_1'을 각 ϕ만큼 시계 반대 방향 또는 시계 방향으로 회전시켜서 벡터 w_2'으로 보낼 수 있다. z평면에서의 회전이 w평면에서의 회전과 방향이 서로 같을 때, 두 각 θ와 ϕ는 **방향이 같다**고 한다. 다음 보기에서 이런 개념들을 예시한다.

보기 1 각의 크기와 방향

그림 7.1.2(a)에 나타낸 두 개의 매끄러운 곡선 C_1과 C_2는 각각 $0 \le t \le 2$에서 매개 변수화 $z_1(t) = t + (2t - t^2)i$와 $z_2(t) = t + \frac{1}{2}(t^2 + 1)i$로 주어진다. 이 두 곡선은 점 $z_0 = z_1(1) = z_2(1) = 1 + i$에서 교차한다. z_0에서의 접선 벡터는 $z_1{}' = z_1{}'(1) = 1$과 $z_2{}' = z_2{}'(1) = 1 + i$이다. 또 그림 7.1.2(a)에서 볼 수 있듯이, z_0에서 C_1과 C_2 사이의 각은 $\theta = \pi/4$이다. 복소 사상 $w = \bar{z}$에 의한 C_1과 C_2의 상은 각각 그림 7.1.2(b)에 나타낸 곡선 $C_1{}'$과 $C_2{}'$이다. 두 상 곡선은 각각 $0 \le t \le 2$에서 매개 변수화 $w_1(t) = t - (2t - t^2)i$와 $w_2(t) = t - \frac{1}{2}(t^2 + 1)i$로 표현되고, 점 $w_0 = f(z_0) = 1 - i$에서 교차한다. 이에 더불어, w_0에서 $C_1{}'$과 $C_2{}'$에 대한 접선 벡터는 각각 $w_1{}' = w_1{}'(1) = 1$과 $w_2{}' = w_2{}'(1) = 1 - i$이다. 그림 7.1.2(b)를 살펴보면 알 수 있듯이, w_0에서 $C_1{}'$과 $C_2{}'$ 사이의 각은 $\phi = \pi/4$이다. 따라서 두 각 θ와 ϕ는 크기에서는 서로 같다. 그렇지만 벡터 $z_1{}'$을 $z_2{}'$ 위로 옮기려면 $\pi/4$만큼 시계 반대 방향으로 회전시켜야 하지만, $w_1{}'$을 $w_2{}'$ 위로 옮기려면 $\pi/4$만큼 시계 방향으로 회전시켜야 한다. 그러므로 θ와 ϕ는 방향이 같지 않다. ❑

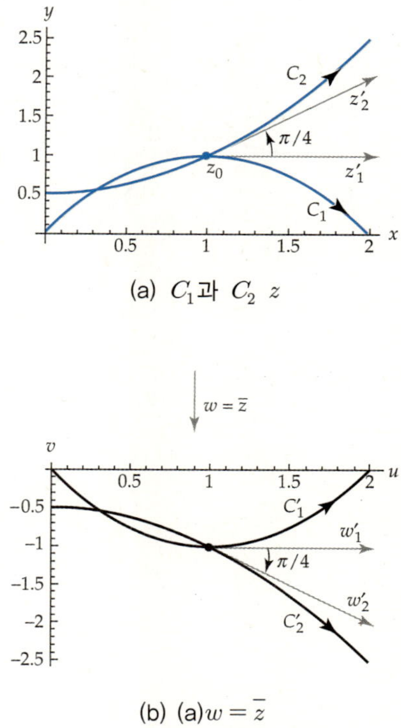

그림 7.1.2 보기 1을 위한 그림

용어

* 'conformal'을 통상 '등각(적)'으로 번역하는데, 이는 각의 크기와 방향을 모두 보존한다는 의미를 전달하기에 부족한 것으로 보인다. 대한수학회의 〈수학용어집〉에서는 'conformal'을 '공형, 같은꼴의, 등각의'로 번역하고 있다. '한꼴'은 한국물리학회의 〈물리학용어집〉에 있는 표현이다. 참고로 중국 과학출판사의 〈English-Chinese Mathematical Dictionary〉에서는 'conformal'을 '보형적(保形的), 보각적(保角的)'으로 번역하고 있다. 각의 크기를 보존하지만 방향은 보존하지 않을 수 있는 사상을 'isogonal mapping'이라 하는데, 'isogonal'은 '등각적'으로 번역한다.

각의 크기와 방향에 관한 용어를 알아봤으므로, 이제 한꼴 사상을 다음과 같이 명확하게 정의를 내릴 수 있다.

정의 7.1.1 한꼴 사상

$w = f(z)$를 영역 D에서 정의된 복소 사상이라 하고, z_0을 D의 점이라 하자. 그러면 $w = f(z)$가 z_0에서 한꼴이라는 것은, z_0에서 교차하는 D의 매끄럽고 방향이 있는 임의의 두 곡선 C_1과 C_2의 쌍에 대해 z_0에서 C_1과 C_2 사이의 각은 $f(z_0)$에서 상 곡선 $C_1{}'$과 $C_2{}'$ 사이의 각과 크기와 방향에서 모두 서로 같은 경우이다.

한꼴 사상이라는 용어는 z_0에서 한꼴인 복소 사상 $w = f(z)$를 지칭하는 데 사용하겠다. 또, $w = f(z)$가 영역 D를 영역 D' 위로 사상하고 $w = f(z)$가 D의 모든 점에서 한꼴일 때, $w = f(z)$를 D에서 D' 위로의 한꼴 사상이라 한다. 2.3절로부터 직관적으로 명백히 알 수 있듯이, $f(z) = az + b$가 $a \ne 0$인 선형 함수이면 $w = f(z)$는 복소 평면 전체에서 한꼴이다. 보기 1에서 알아본 대로, 두 각 θ와 ϕ는 크기는 같지만 방향이 같지 않으므로, $w = \bar{z}$는 점 $z_0 = 1 + i$에서 한꼴이 아니다.

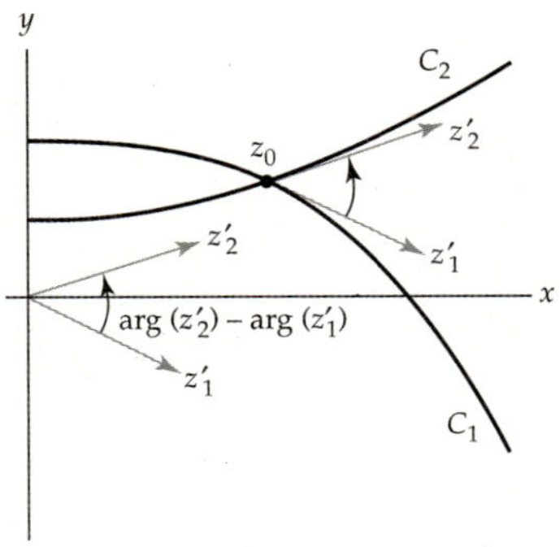

그림 7.1.3 C_1과 C_2 사이의 각

곡선 사이의 각 복소 사상이 한꼴임을 보이기 위해서, 정의 7.1.1을 직접 사용하는 일은 거의 없다. 오히려, 정리 7.1.1에서 해석 함수 f는 $f'(z) \neq 0$인 점 z에서 한꼴 사상임을 증명한다. 이 결과를 증명하기 위해서, 복소 평면에 있는 매끄러운 두 곡선 사이의 각을 (크기와 방향 모두) 결정하는 과정이 필요하다. 이런 목적을 위해, 가장 효율적인 방법은 복소수의 편각을 이용하는 것이다.

그림 7.1.1의 기호를 또다시 채택하자. 여기서 C_1과 C_2는 각각 매개 변수화 $z_1(t)$와 $z_2(t)$로 표현된 매끄러운 곡선이고 $z_1(t_0) = z_2(t_0) = z_0$에서 교차한다. C_1이 매끄럽다는 조건은 z_0에서 C_1에 대한 접선 벡터 $z_1' = z_1'(t_0)$이 영이 아님을 보장한다. 이에 따라 $\arg(z_1')$이 정의되는데, 위치 벡터 z_1'과 양의 x축 사이의 각을 나타낸다. 마찬가지로, z_0에서 C_2에 대한 접선 벡터 $z_2' = z_2'(t_0)$이 영이 아니고, $\arg(z_2')$은 위치 벡터 z_2'과 양의 x축 사이의 각을 나타낸다. 그림 7.1.3을 살펴보면, z_0에서 C_1과 C_2 사이의 각 θ는 구간 $[0, \pi]$에 속하는 다음과 같은 값임을 알 수 있다.

$$\arg(z_2') - \arg(z_1') \tag{1}$$

이는 z_1'을 0을 중심으로 시계 반대 방향으로 각 θ만큼 회전시켜 z_2' 위에 보낼 수 있는 경우에 해당한다. 시계 방향의 회전이 필요한 경우에는, $-\theta$가 (1)의 값으로 구간 $(-\pi, 0)$에 속한다. 모든 경우에, (1)에 의해 z_0에서 C_1과 C_2 사이의 각의 크기와 방향을 모두 얻는다. 예를 들어, 보기 1에서의 두 곡선 C_1과 C_2 및 복소 사상 $w = \bar{z}$에 의한 이것들의 상을 생각하자. 구간 $[0, \pi]$에 속하는 다음의 유일한 값이 $\pi/4$임을 확인하자.

$$\arg(z_2') - \arg(z_1') = \arg(1+i) - \arg(1) = \frac{\pi}{4} + 2n\pi \qquad (n = 0, \pm 1, \pm 2, \cdots)$$

그러므로 C_1과 C_2 사이의 각은 $\theta = \pi/4$이고, z_1'의 z_2' 위로의 회전은 시계 반대 방향이다. 반면에, 다음의 값은 $[0, \pi]$에 속하지 않는다.

$$\arg(w_2') - \arg(w_1') = \arg(1-i) - \arg(1) = -\frac{\pi}{4} + 2n\pi \qquad (n = 0, \pm 1, \pm 2, \cdots)$$

그렇지만 $-\pi/4$는 $(-\pi, 0)$에 속하는 유일한 값이다. 그러므로 C_1'과 C_2' 사이의 각은 $\phi = -\pi/4$이고, w_1'의 w_2' 위로 회전은 시계 방향이다.

해석 함수 이제 (1)을 이용해서, 다음 정리를 증명한다.

> **정리 7.1.1 한꼴 사상**
>
> f는 z_0을 포함하는 영역 D에서 해석 함수이고 $f'(z_0) \neq 0$이면, $w = f(z)$는 z_0에서 한꼴 사상이다.

증명 f는 z_0을 포함하는 영역 D에서 해석적이고 $f'(z_0) \neq 0$이라 하자. C_1과 C_2는 D에 놓인 두 개의 매끄러운 곡선으로, 각각 매개 변수화 $z_1(t)$와 $z_2(t)$로 표현되고 $z_1(t_0) = z_2(t_0) = z_0$이라 하자. 또, $w = f(z)$는 C_1과 C_2를 각각 C_1'과 C_2' 위로 사상한다고 하자. z_0에서 C_1과 C_2 사이의 각 θ가 $f(z_0)$에서 C_1'과 C_2' 사이의 각 ϕ와 크기와 방향 모두 같음을 보이려고 한다. 필요하면 C_1과 C_2의 번호를 다시 매겨서, $z_1' = z_1'(t_0)$을 0을 중심으로 시계 반대 방향으로 회전시켜 $z_2' = z_2'(t_0)$ 위로 보낼 수 있다고 가정하자. 그러므로 (1)에 의해 각 θ는 구간 $[0, \pi]$에 속하는 $\arg(z_2') - \arg(z_1')$의 유일한 값이다. 2.2절의 (11)에 의해, C_1'과 C_2'는 각각 매개 변수화 $w_1(t) = f(z_1(t))$와 $w_2(t) = f(z_2(t))$로 나타내어진다. $f(z_0) = f(z_1(t_0)) = f(z_2(t_0))$에서 C_1'과 C_2'에 대한 접선 벡터 w_1'과 w_2'을 찾기 위해서 다음과 같이 연쇄 법칙을 이용하자.

$$w_1' = w_1'(t_0) = f'(z_1(t_0)) \cdot z_1'(t_0) = f'(z_0) \cdot z_1',$$

$$w_2' = w_2'(t_0) = f'(z_2(t_0)) \cdot z_2'(t_0) = f'(z_0) \cdot z_2'$$

C_1과 C_2는 매끄럽기 때문에, z_1'과 z_2'는 모두 영이 아니다. 또, 가정에 의해 $f'(z_0) \neq 0$이다. 그러므로 w_1'과 w_2'은 모두 영이 아니고, $f(z_0)$에서 C_1'과 C_2' 사이의 각 ϕ는 다음과 같은 값이다.

$$\arg(w_2') - \arg(w_1') = \arg(f'(z_0) \cdot z_2') - \arg(f'(z_0) \cdot z_1')$$

그런데 1.3절의 (8)을 활용하면 다음을 얻는다.

$$\begin{aligned}\arg(f'(z_0) \cdot z_2') - \arg(f'(z_0) \cdot z_1') \\ &= \arg(f'(z_0)) + \arg(z_2') - \{\arg(f'(z_0)) + \arg(z_1')\} \\ &= \arg(z_2') - \arg(z_1')\end{aligned}$$

이 식은 $[0, \pi]$에서 유일한 값, 곧 θ이다. 그러므로 크기와 방향에서 $\theta = \phi$이고, 이에 따라 $w = f(z)$는 z_0에서 한꼴 사상이다. ■

정리 7.1.1에 비추어, 해석 함수가 한꼴 사상인 곳을 비교적 쉽게 결정할 수 있다.

보기 2 한꼴 사상

(a) 정리 7.1.1에 의해 전해석 함수 $f(z) = e^z$은 복소 평면의 모든 점에서 한꼴인데, 의 모든 z에 대해 $f'(z) = e^z \neq 0$이기 때문이다.

(b) 정리 7.1.1에 의해 전해석 함수 $g(z) = z^2$은 $z \neq 0$인 점에서 한꼴인데, $z \neq 0$일 때 $g'(z) = 2z \neq 0$이기 때문이다. ❑

용어
임계점

임계점 일반적으로 복소 함수 f가 점 z_0에서 해석적이고 $f'(z_0) = 0$일 때, z_0을 f의 임계점이라 한다. 정리 7.1.1로부터 유도되지는 않지만, 해석 함수가 임계점에서 한꼴이 아니라는 것은 참이다. 좀 더 명확하게, 다음과 같이 임계점에서 각이 확대됨을 밝힐 수 있다.

정리 7.1.2 임계점에서 각의 확대

f가 임계점 z_0에서 해석적이라고 하자. 정수 $n > 1$에 대해 $f'(z_0) = f''(z_0) = \cdots = f^{(n-1)}(z_0) = 0$이고 $f^{(n)}(z_0) \neq 0$이면, z_0에서 교차하는 임의의 매끄러운 두 곡선 사이의 각은 복소 사상 $w = f(z)$에 의해 n배로 증가한다. 특히, $w = f(z)$는 z_0에서 한꼴 사상이 아니다.

정리 7.1.2에 대한 증명은 익힘 문제 7.1의 문제 22에 간략하게 소개되어 있다.

보기 3 한꼴 사상

사상 $f(z) = \sin z$가 한꼴인 점을 모두 찾아라.

풀이 $f(z) = \sin z$는 전해석 함수이고, 4.3절에서 찾은 대로 $f'(z) = \cos z$이다. 4.3절의 (21)에서 알아본 대로 $\cos z = 0$이기 위한 필요 충분 조건은 $z = (2n+1)\pi/2$ $(n = 0, \pm 1, \pm 2, \cdots)$이다. 그러므로 이런 각 점은 f의 임계점이다. 정리 7.1.1에 의해 $w = \sin z$는 $z \neq (2n+1)\pi/2$ $(n = 0, \pm 1, \pm 2, \cdots)$에서 한꼴 사상이다. 또, $w = \sin z$는 $z = (2n+1)\pi/2$ $(n = 0, \pm 1, \pm 2, \cdots)$에서 한꼴 사상이 아니다. f의 임계점에서 $f''(z) = -\sin z = \pm 1$이므로, 정리 7.1.2에 의해 이런 점에서 각은 2배로 증가한다. ❑

보기 3에 있는 복소 사상 $w = \sin z$의 임계점에서의 각의 확대를 직접 확인할 수 있다. 예를 들어, 임계점 $z = \pi/2$를 생각하자. z평면에서 $z = \pi/2 + iy$ $(y \geq 0)$으로 정의된 $z = \pi/2$에서 뻗어나가는 연직 반직선 C_1은 $w = \sin z$에 의해 w평면에서 $w = \sin(\pi/2)\cosh y + i\cos(\pi/2)\sinh y$ $(y \geq 0)$으로 정의된 집합 위로 사상된다. $\sin(\pi/2) = 1$이고 $\cos(\pi/2) = 0$이므로, 이 상을 $w = \cosh y$ $(y \geq 0)$으로 나타낼 수 있다. 말로 하면, 상 C_1'은 w평면에서

$w=1$에서 뻗어나가고 $w=2$를 포함하는 반직선이다. 비슷한 분석으로 통해, $z=\pi/2+iy$ $(y \le 0)$으로 정위된 연직 반직선 C_2의 상 C_2'도 또한 $w=1$에서 뻗어나가고 $w=2$를 포함하는 반직선이다. 곧, $C_1'=C_2'$이다. z평면에서 C_1과 C_2 사이의 각은 π이다. 그러므로 정리 7.1.2에 의해 w평면에서 이것들의 상 사이의 각은 2π 또는 이와 동치인 0으로 증가한다. 이는 $C_1'=C_2'$이라는 관찰 결과와 일치한다. 그림 7.1.4를 보라.

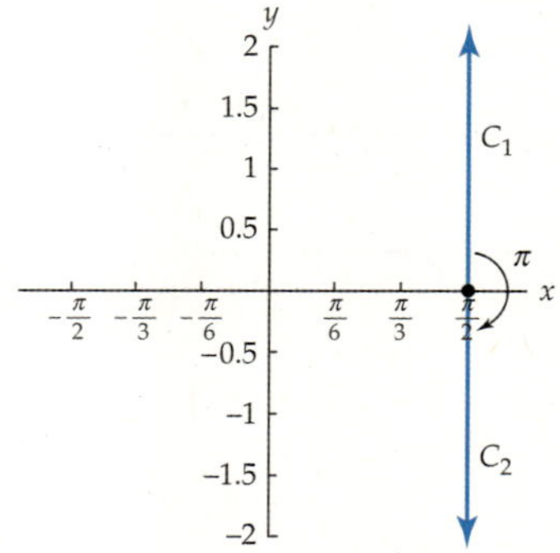

(a) z평면에서 두 연직 반직선 사이의 각은 π이다.

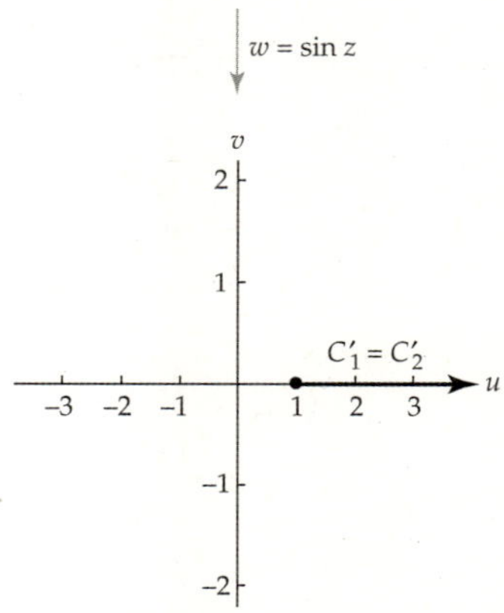

(b) (a)의 두 반직선의 상 사이의 각은 2π 또는 0이다.

그림 7.1.4 사상 $w=\sin z$

한꼴 사상표의 이용 4.5절에서 복소 사상을 이용해서 특별한 형태의 경계값 문제를 푸는 방법을 소개했다. 특히, 복잡한 영역 D에서의 디리클레 문제를 더 간단한 영역 D' 위로의 해석 사상을 찾음으로써 풀 수 있는데, 이때 D'에서는 관련된 디리클레 문제가 이미 풀려 있어야 한다. 이번 장의 끝에서 일반화된 형태의 디리클레 문제에 한꼴 사상을 응용하는 비슷한 방법을 알아본다. 이런 응용에서 영역 D에서의 해를 찾는 방법은 먼저 D에서 더 간단한 영역 D' 위로의 한꼴 사상을 찾는 것인데, 이때 D'에서는 관련된 경계값 문제의 해가 있어야 한다. 이런 과제에서 중요한 도구는 부록 3에 제시한 한꼴 사상표이다.

부록 3의 사상들은 초등 사상(E-1~E-9), 반평면 위로의 사상(H-1~H-6), 원형 구역 위로의 사상(C-1~C-5), 기타 사상(M-1~M-10)으로 분류되어 있다. 이 표에 나타나는 사상들의 많은 성질은 제 2 장과 4 장에서 유도했는데, 다른 성질들은 뒤의 절에서 유도할 것이다. 표를 이용할 때는, 어떤 경우에는 원하는 사상이 표에 단 한 개의 항으로 나타나지만, 다른 경우에는 표에 있는 한 개 이상의 사상이 연이어 필요할 수 있다는 점을 상기하자. 그리고 부록 3에 있는 사상들은 일반적으로 주어진 구역의 내부에서만 한꼴 사상임을 확인해야 한다. 예를 들면, 항 E-4에 나타낸 복소 사상이 $B=0$에서 한꼴이 아니라는 사실은 명백하다. 일반적인 관행으로, 구역 R에서 구역 R' 위로의 한꼴 사상이라고 말할 때는 그 사상이 R의 내부의 모든 점에서 한꼴이기만 하면 충분하다.

보기 4 한꼴 사상표의 활용

부록 3을 이용해서, 무한 수평 띠 $0 \le y \le 2$, $-\infty < x < \infty$에서 위쪽 반평면 $v \ge 0$ 위로의 한꼴 사상을 찾아라. 이 사상에 의한 음의 x축의 상은 무엇인가?

풀이 부록 3의 한 H-2는 수평 무한 띠를 위쪽 반평면 위로의 사상을 제공한다. $a=2$로 놓으면, 원하는 사상 $w=e^{\pi z/2}$을 얻는다. H-2로부터 z평면에서 음의 x축에 있는 D로 표시된 점과 $E=0$이 w평면에서 양의 u축에 있는 점 D'과 E' 위로 사상됨을 알 수 있다. 이런 점들의 상대적인 위치를 살펴보면, 음의 x축이 $w=e^{\pi z/2}$에 의해 u축의 구간 $(0, 1]$ 위로 사상된다는 결론을 얻는다. 그림 7.1.5를 보라. 이런 관찰 결과는 매개 변수화를 사용해서도 밝힐 수 있다. ❑

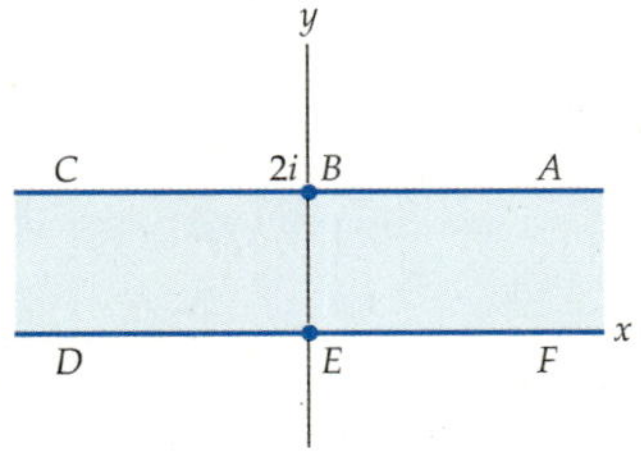

(a) 수평 띠 $0 \le y \le 2$

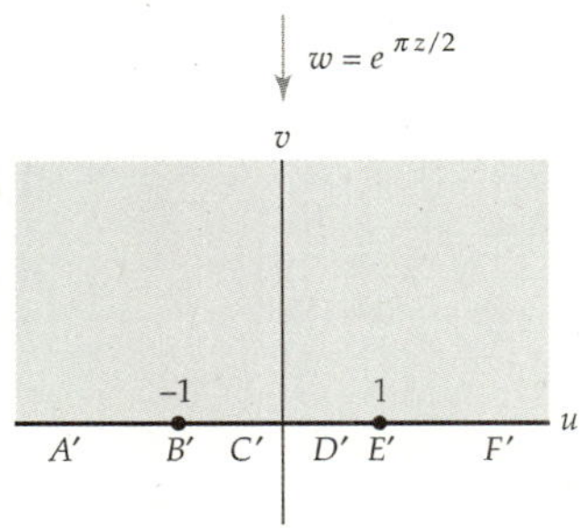

(b) (a)에 있는 띠의 상

그림 7.1.5 보기 4를 위한 그림

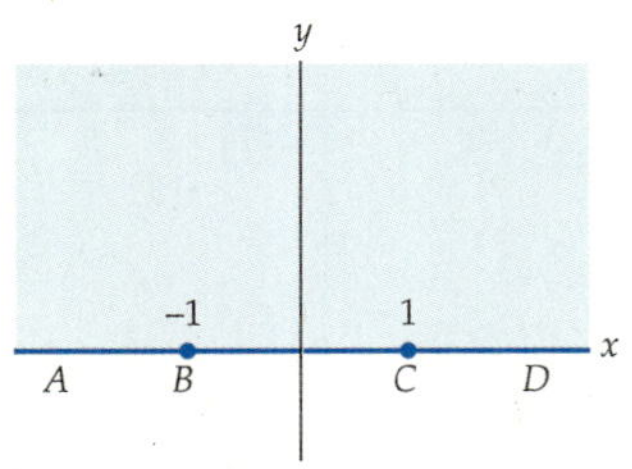

(a) $w = e^{\pi z/2}$에 의한 띠 $0 \le y \le 2$의 상

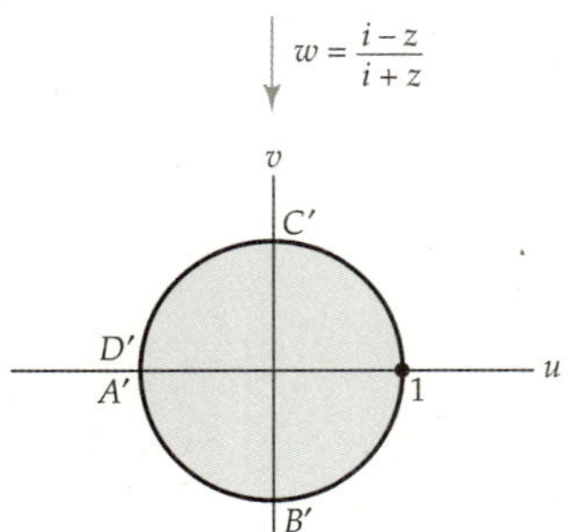

(b) $w = \dfrac{i-z}{i+z}$에 의한 (a)의 반평면의 상

그림 7.1.6 보기 5를 위한 그림

인명, 용어
리만 Bernhard Riemann
리만 사상 정리 Riemann mapping theorem

보기 5 한꼴 사상표의 활용

부록 3을 이용해서, 무한 수평 띠 $0 \le y \le 2$, $-\infty < x < \infty$를 단위 원판 $|w| \le 1$ 위로의 한꼴 사상을 찾아라. 이 사상에 의한 음의 x축의 상은 무엇인가?

풀이 부록 3에는 무한 수평 띠를 단위 원판 위로 사상하는 항이 없다. 그러므로 이 표에서 두 개의 사상을 합성해서 이렇게 사상하는 한꼴 사상을 구성해야 한다. 보기 4에서 무한 수평 띠 $0 \le y \le 2$, $-\infty < x < \infty$는 $f(z) = e^{\pi z/2}$에 의해 위쪽 반평면 위로 사상된다. 또, 항 C-4로부터 위쪽 반평면은 $g(z) = \dfrac{i-z}{i+z}$에 의해 단위 평면 위로 사상된다. 그러므로 다음과 같은 이런 두 함수의 합성은 띠 $0 \le y \le 2$, $-\infty < x < \infty$를 단위 원판 $|w| \le 1$ 위로 사상한다.

$$w = g(f(z)) = \frac{i - e^{\pi z/2}}{i + e^{\pi z/2}}$$

이런 연이은 사상의 첫째에 의해, 보기 4에서 지적한 대로, 음의 실수축이 실수축의 구간 $(0, 1]$ 위로 사상된다. 항 C-4(또는 그림 7.1.6)를 살펴보면, 0부터 $C = 1$까지의 구간은 단위 원에서 1부터 $C' = i$까지의 호 위로 사상됨을 알 수 있다. 그러므로 $w = \dfrac{i - e^{\pi z/2}}{i + e^{\pi z/2}}$에 의해 음의 실수축은 단위 원에서 1부터 i까지의 호 위로 사상된다는 결론을 얻는다. ❑

참고

표를 이용한 한꼴 사상과 관련된 앞의 논의에서, 많은 응용에서 영역 D에서 더 간단한 영역 D' 위로의 한꼴 사상을 찾을 필요가 있다는 사실을 암시했다. 자연스럽게, 그런 사상이 언제나 존재하는지를 묻게 된다. 곧, 임의의 두 영역 D와 D'에 대해 D에서 D' 위로의 한꼴 사상이 존재하는가? 이 질문에 대한 답은 수학자 리만(1826~1866)이 제공했다. 리만의 원래의 증명에는 빈틈이 있지만(나중에 채워졌는데), 다음과 같은 이 놀라운 정리에는 여전히 그의 이름이 붙어있다.

> **리만의 사상 정리** D는 z평면의 단순 연결 영역으로 $\mathbb{C}$ 전체는 아니라고 하자. 그러면 D로부터 w평면의 열린 단위 원판 $|w| < 1$ 위로의 일대일 한꼴 사상이 존재한다.

이 정리가 D에서 D' 위로의 사상의 존재에 대한 위의 질문에 대한 답이라는 사실이 즉각적으로 명확하지는 않을 것이다. 이것이 실제로 답이라는 사실을 알아보기 위해서는, 먼저 이 정리를 이용해서 D에서 열린 단위 원판 $|w| < 1$ 위로의 한꼴 사상 f를 찾는다. 다음에 이 정리를 또다시 이용해서 D'에서 열린 단위 원판 $|w| < 1$ 위로의 사상 g를 찾는다. 정리에 의해 g가 일대일이므로, 역함수 g^{-1}이 잘 정의되고 열린 단위 원판을 D' 위로 사상한다. 그러므로 찾고 있는

D에서 D' 위로의 사상은 합성 함수 $w = (g^{-1} \circ f)(z)$로 주어진다.

리만의 사상 정리는 이론적인 면에서 대단히 중요하지만, 그 증명은 구성적이지 않다. 곧, 이 정리는 사상 f의 존재성을 입증하지만, f에 대한 공식을 구체적으로 찾는 방법은 제공하지 않는다. 리만의 사상 정리에 대한 증명은 이 책의 범위를 훨씬 초과한다. 이에 관심 있는 독자는 다음 책을 참조하라.

Lars V. Ahlfors, *Complex Analysis*, McGraw-Hill, 1979.

7.1 익힘 문제

문제 1~6에서는 복소 사상 $w = f(z)$가 한꼴인 곳을 결정하라.

1. $f(z) = z^3 - 3z + 1$
2. $f(z) = z^2 + 2iz - 3$
3. $f(z) = z - e^{-z} + 1 - i$
4. $f(z) = z e^{z^2 - 2}$
5. $f(z) = \tan z$
6. $f(z) = z - \mathrm{Ln}(z + i)$

문제 7~10에서는 보기 1과 같이 진행해서 주어진 함수 f가 지정된 점에서 한꼴이 아님을 보여라.

7. $f(z) = (z - i)^3$; $z_0 = i$
8. $f(z) = (iz - 3)^2$; $z_0 = -3i$
9. $f(z) = e^{z^2}$; $z_0 = 0$
10. 으뜸 제곱근 함수 $f(z) = z^{1/2}$; $z_0 = 0$

문제 11~16에서는 부록 3을 이용해서 그림으로 나타낸 구역 R을 구역 R' 위로 보내는 한꼴 사상을 찾아라. 그리고 A부터 B까지의 곡선의 상을 찾아라.

11.

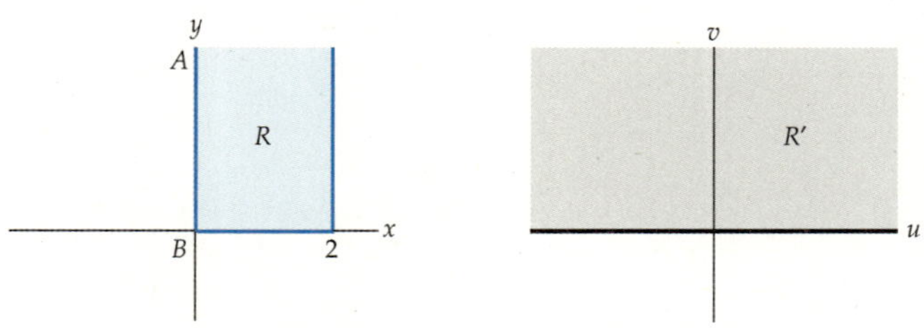

그림 7.1.7 문제 11을 위한 그림

12.

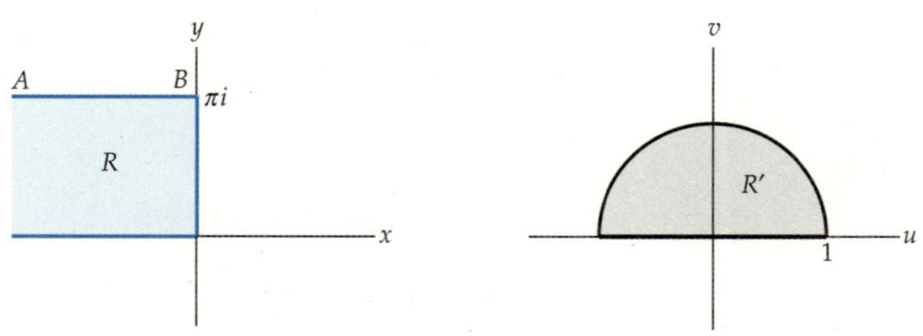

그림 7.1.8 문제 12를 위한 그림

13.

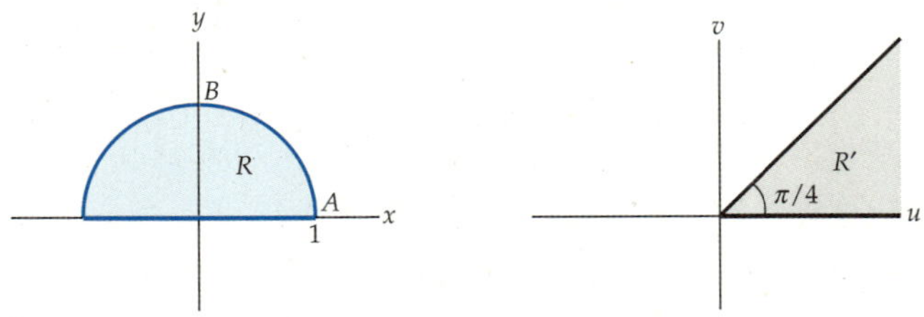

그림 7.1.9 문제 13을 위한 그림

14.

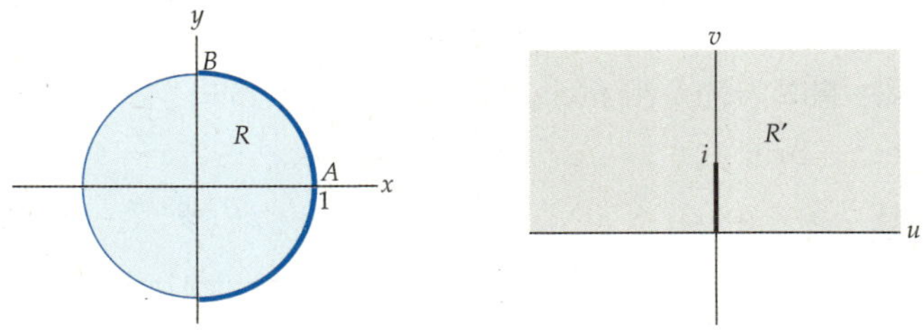

그림 7.1.10 문제 14를 위한 그림

15.

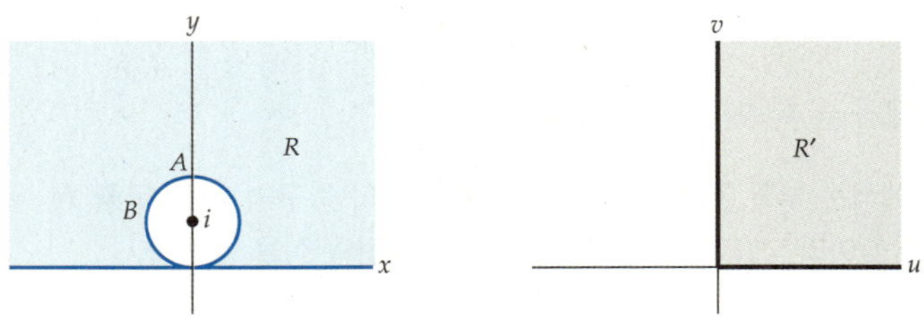

그림 7.1.11 문제 15를 위한 그림

16.

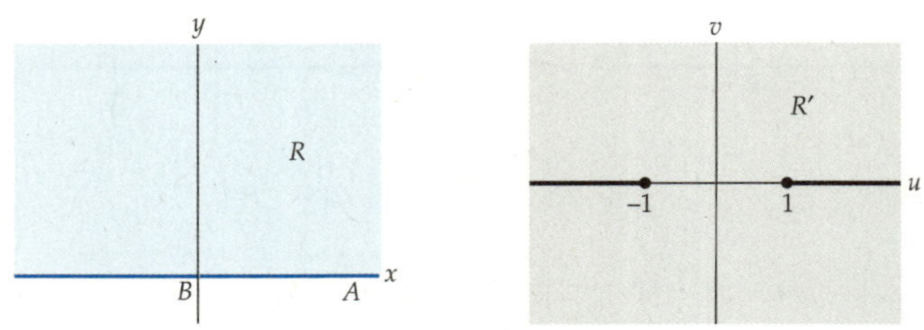

그림 7.1.12 문제 16을 위한 그림

개념과 이해

17. 사상 $w=\bar{z}$가 한꼴인 곳은 어디인가? 그 이유를 밝혀라.

18. $w=f(z)$가 복소 평면의 모든 점에서 한꼴 사상이라고 하자. 사상 $w=\overline{f(\bar{z})}$이 한꼴인 곳은 어디인가? 그 이유를 밝혀라.

19. $w=f(z)$가 복소 평면의 모든 점에서 한꼴 사상이라고 하자. 사상 $w=e^{f(z)}$이 한꼴인 곳은 어디인가?

20. 이 문제에서는 두 곡선 C_1과 C_2 중에서 하나(또는 모두)의 접선 벡터가 영인 점에서 이 두 곡선 사이의 각을 결정하는 방법을 생각한다.

(a) 두 곡선 C_1과 C_2는 각각 매개 변수화 $z_1(t)$와 $z_2(t)$로 표현되고, $z_1(t_0)=z_2(t_0)=z_0$에서 교차한다고 하자. 또, 두 함수 z_1과 z_2는 t에 관해 미분할 수 있고, $z_1{}'=z_1{}'(t_0)$과 $z_2{}'=z_2{}'(t_0)$이라 하자. $z_1{}'$ 또는 $z_2{}'$이 영이면 $\arg(z_2{}')-\arg(z_1{}')$이 C_1과 C_2 사이의 각을 나타내지 못하는 이유를 설명하라.

(b) $z_1{}'$ 또는 $z_2{}'$이 영이더라도, $\lim_{t\to t_0}\{\arg(z_2(t)-z_0)\}-\lim_{t\to t_0}\{\arg(z_1(t)-z_0)\}$이 C_1과 C_2 사이의 각을 나타내는 이유를 설명하라.

(c) (b)의 결과를 이용해서, $-1\le t\le 1$에서 $z_1(t)=t+it^2$과 $z_2(t)=t^2+it^2$으로 매개 변수화된 두 곡선 사이의 $z_0=0$에서의 각을 결정하라. 이 값은 직관적인 관찰 결과와 일치하는가?

21. 400쪽에서 밝힌 대로, 함수 $f(z)=z^2$은 $z_0=0$에서 양의 x축과 양의 y축 사이의 각을 두 배로 하기 때문에 한꼴이 아니다. 이 문제에서는 $z_0=0$에서 교차하는 임의의 매끄러운 두 곡선 사이의 각은 $f(z)=z^2$에 의해 두 배가 됨을 밝힌다. 이것은 정리 7.1.2의 특별한 경우이다.

(a) 매끄러운 두 곡선 C_1과 C_2는 각각 $z_1(t)$와 $z_2(t)$로 매개 변수화되고, $z_1(t_0)=z_2(t_0)=0$이라 하자. $z_1{}'=z_1{}'(t_0)$과 $z_2{}'=z_2{}'(t_0)$이 모두 영이 아니면, C_1과 C_2 사이의 각 θ는 (1)로 주어진다. 사상 $w=f(z)=z^2$에 의한 C_1과 C_2의 상 $C_1{}'$과 $C_2{}'$ 사이의 각을 $\phi=\arg(f'(0)\cdot z_2{}')-\arg(f'(0)\cdot z_1{}')$으로 나타내지 못하는 이유를 설명하라.

(b) 문제 20을 이용해서 $C_1{}'$과 $C_2{}'$ 사이의 각 ϕ를 나타내는 편각과 관련된 식을 써라. [*귀띔*: $C_1{}'$과 $C_2{}'$을 각각 $w_1(t)=f(z_1(t))=\{z_1(t)\}^2$과 $w_2(t)=f(z_2(t))=\{z_2(t)\}^2$으로 매개 변수화하자.]

(c) 1.3절의 (8)을 사용해서 (b)의 θ에 대한 식이 2θ와 같음을 보여라.

22. 이 문제에서는 정리 7.1.2를 증명한다. 함수 f는 z_0에서 해석적이고 어떤 $n>1$에 대해 $f'(z_0)=f''(z_0)=\cdots=f^{(n-1)}(z_0)$이고 $f^{(n)}(z_0)\neq 0$이라 하자.

(a) f를 다음과 같이 쓸 수 있는 이유를 설명하라.

$$f(z)=f(z_0)+\frac{f^{(n)}(z_0)}{n!}(z-z_0)^n(1+g(z))$$

여기서 함수 g는 z_0에서 해석적이고 $g(z_0)=0$이다.

(b) (a)와 문제 20을 이용해서 z_0에서 교차하는 매끄러운 두 곡선 사이의 각은 사상 $w = f(z)$에 의해 n배로 증가함을 밝혀라.

7.2 선형 분수 변환

라플라스 방정식과 연관된 경계값 문제를 포함하는 많은 응용에서는, 원판을 반평면 $v \geq 0$ 위로 사상하는 한꼴 사상을 찾을 필요가 있다. 그런 사상은 원판의 원형 경계를 반평면의 경계로 사상해야 한다. 원을 직선으로 (또 그 반대로) 사상하는 초등 한꼴 사상의 중요한 부류로 선형 분수 변환이 있다. 이번 절에서는 이 특별한 부류의 사상을 정의하고 연구한다.

용어
선형 분수 변환 linear fractional transformation 뫼비우스 변환 Möbius transformation 겹선형 변환 bilinear transformation

선형 분수 변환 2.3절에서 복소 선형 사상 $w = az + b$를 조사했는데, 여기서 a와 b는 복소 상수이고 $a \neq 0$이다. 이런 사상은 복소 평면에서 점들을 회전시키고 확대하며 평행 이동시킨다. 그리고 2.5절에서는 복소 역전 사상 $w = 1/z$을 논의했다. 확장 복소 평면에서 정의된 역전 사상의 중요한 성질은 이것이 어떤 직선은 원으로 사상하고 어떤 원은 직선으로 사상한다는 사실이다. 비슷한 성질이 있는 좀 더 일반적인 형태의 사상이 아래에서 정의하는 선형 분수 변환이다.

정의 7.2.1 선형 분수 변환

a, b, c, d는 복소 상수이고 $ad - bc \neq 0$일 때, 다음과 같이 정의되는 복소 함수를 선형 분수 변환이라 한다.

$$T(z) = \frac{az + b}{cz + d} \tag{1}$$

선형 분수 변환은 또한 뫼비우스 변환 또는 겹선형 변환이라고도 한다. $c = 0$이면, (1)에 제시한 변환 T는 선형 변환이고, 이에 따라 선형 변환은 선형 분수 변환의 특별한 경우이다. $c \neq 0$이면, 다음과 같이 쓸 수 있다.

$$T(z) = \frac{az + b}{cz + d} = \frac{bc - ad}{c} \frac{1}{cz + d} + \frac{a}{c} \tag{2}$$

$A = (bc - ad)/c$와 $B = a/c$로 놓으면, (2)의 선형 변환을 합성 $T(z) = (f \circ g \circ h)(z)$로 쓸 수 있는데, 여기서 $f(z) = Az + B$와 $h(z) = cz + d$는 선형 함수이고 $g(z) = 1/z$은 역전 함수이다.

(1)에 주어진 선형 분수 변환 T의 정의역은 $z \neq -d/c$인 모든 복소수 z의 집합이다. 또, 다음이 성립한다.

$$T'(z)=\frac{ad-bc}{(cz+d)^2}$$

그러므로 정리 7.1.1과 $ad-bc\neq 0$이라는 조건에 의해 선형 분수 변환은 정의역에서 한꼴이다. $ad-bc\neq 0$이라는 조건은 또한 T가 정의역에서 일대일 함수임을 보장한다. 익힘 문제 7.2의 문제 27을 보라.

$c\neq 0$이면 (1)을 다음과 같이 쓸 수 있음을 확인하자.

$$T(z)=\frac{az+b}{cz+d}=\frac{(a/c)(z+b/a)}{z+d/c}=\frac{\phi(z)}{z-(-d/c)}$$

여기서 $\phi(z)=(a/c)(z+b/a)$이다. $ad-bc\neq 0$이므로 $\phi(-d/c)\neq 0$이고, 6.4절의 정리 6.4.2에 의해 $z=-d/c$는 T의 단순 극점이다.

$c\neq 0$일 때, 곧 T가 선형 함수가 아닐 때, T를 확장 복소 평면의 사상으로 보는 것이 종종 도움이 된다. T는 극점 $z=-d/c$와 이상 점 ∞를 제외한 확장 평면의 모든 점에서 정의되므로, T의 정의를 이런 점들을 포함하도록 확장하면 충분하다. z가 극점으로 가까이 갈 때와 z가 이상 점으로 가까이 갈 때의 T의 극한을 생각하면, 이런 정의를 내릴 수 있다. 다음이 성립한다.

$$\lim_{z\to -d/c}\frac{cz+d}{az+b}=\frac{0}{a(-d/c)+b}=\frac{0}{-ad+bc}=0$$

그러므로 2.6절의 (25)로부터 다음을 얻는다.

$$\lim_{z\to -d/c}\frac{az+b}{cz+d}=\infty$$

또, 2.6절의 (24)로부터 다음을 얻는다.

$$\lim_{z\to\infty}\frac{az+b}{cz+d}=\lim_{z\to 0}\frac{a/z+b}{c/z+d}=\lim_{z\to 0}\frac{a+zb}{c+zd}=\frac{a}{c}$$

이런 두 극한의 값은 T의 정의를 확장하는 방법을 알려준다. 특히, $c\neq 0$일 때, T를 다음과 같이 정의된 확장 복소 평면의 일대일 사상으로 생각할 수 있다.

$$T(z)=\begin{cases}\dfrac{az+b}{cz+d} & \left(z\neq -\dfrac{d}{c},\ z\neq\infty\right)\\ \infty & \left(z=-\dfrac{d}{c}\right)\\ \dfrac{a}{c} & (z=\infty)\end{cases}\qquad(3)$$

$a=d=0$이고 $b=c\neq 0$인 경우에 대응하는 (3)의 특별한 경우는 확장 복소 평면에서 정의된 역전 함수이다. 정의 2.5.1을 참고하자.

보기 1 선형 분수 변환

선형 분수 변환 $T(z)=(2z+1)/(z-i)$에 의한 점 $0,\ 1+i,\ i,\ \infty$의 상을 찾아라.

풀이 $z=0$과 $z=1+i$에 대해 다음을 얻는다.

$$T(0)=\frac{2(0)+1}{0-i}=\frac{1}{-i}=i,$$

$$T(1+i)=\frac{2(1+i)+1}{(1+i)-i}=\frac{3+2i}{1}=3+2i$$

(3)에서 $a=2,\ b=1,\ c=1,\ d=-i$를 대입하면, 다음도 얻는다.

$$T(i)=T\left(-\frac{d}{c}\right)=\infty,\quad T(\infty)=\frac{a}{c}=2$$ ❑

용어
원 보존 성질 circle-preserving property

원 보존 성질 보기 1에 앞선 논의에서 역전 함수 $1/z$이 선형 분수 변환의 특수한 경우임을 지적했다. 2.7절에서 역전 함수의 두 가지 흥미로운 성질을 알아봤다. 첫째, $1/z$의 극점 $z=0$이 중심인 원의 상은 원이다. 둘째, 중심이 x축 또는 y축에 있고 극점 $z=0$을 지나는 원의 상은 연직선 또는 수평선이다. 선형 분수 변환에도 이와 비슷한 사상 성질이 있다. 이는 다음 정리의 내용이다.

정리 7.2.1 원 보존 성질

C는 z평면의 원이고 T는 (3)으로 정의된 선형 분수 변환이면, T에 의한 C의 상은 확장 w평면에서 원 또는 직선이다. 상이 직선이기 위한 필요 충분 조건은 $c\neq 0$이고 극점 $z=-d/c$가 원 C에 있는 것이다.

증명 $c=0$이면 T는 선형 함수이고, 2.3절에서 알아본 대로 선형 함수는 원을 원 위로 사상한다. 이제 정리가 $c\neq 0$인 경우에도 여전히 성립함을 밝혀야 한다. $c\neq 0$이라고 가정하자. (2)에 의해 $T(z)=(f\circ g\circ h)(z)$로 쓸 수 있는데, 여기서 $f(z)=Az+B$와 $h(z)=cz+d$는 선형 함수이고 $g(z)=1/z$은 역전 함수이다. h가 선형 사상이므로, h에 의한 원 C의 상 C'은 원이다. 이제 다음 두 가지 경우를 조사하자.

경우 1 원점 $w=0$이 원 C'에 있다고 하자. 이러기 위한 필요 충분 조건은 극점 $z=-d/c$가 원 C에 있는 것이다. 2.5절의 참고에서 알아본 대로, $w=0$이 C'에 있으면, $g(z)=1/z$에 의한 C'의 상은 수평선 또는 연직선 L이다. 또, f가 선형 함수이면, f에 의한 직선 L의 상은 또한 직선이다. 이에 따라 극점 $z=-d/c$가 원 C에 있으면 T에 의한 C의 상이 직선임으로 밝혀진다.

경우 2 점 $w=0$이 원 C'에 있지 않다고 하자. 곧, 극점 $z=-d/c$가 원 C에 있지 않다. C'이 $|w-w_0|=\rho$로 정의된 원이라 하자. $\xi=f(w)$

$=1/w$과 $\xi_0=f(w_0)=1/w_0$로 놓으면, C'의 임의의 점 w에 대해 다음을 얻는다.

$$|\xi-\xi_0|=\left|\frac{1}{w}-\frac{1}{w_0}\right|=\frac{|w-w_0|}{|w||w_0|}=\rho|\xi_0||\xi| \tag{4}$$

다음 방정식을 만족시키는 점의 집합을 생각하자.

$$|\xi-a|=\lambda|\xi-b| \tag{5}$$

이 집합은 $\lambda=1$일 때 직선이고, $\lambda>0$이고 $\lambda\neq 1$일 때 원이다. 익힘 문제 7.2의 문제 28을 보라. 그러므로 $a=\xi_0$, $b=0$, $\lambda=\rho|\xi_0|$로 놓으면, (4)를 (5)의 형식으로 바꿀 수 있다. $w=0$이 C'에 있지 않으므로, $|w_0|\neq\rho$, 곧 $\lambda=\rho|\xi_0|\neq 1$이다. 이에 따라 (4)로 정의된 점의 집합은 원이다. 마지막으로 f가 선형 함수이므로, f에 의한 이 원의 상은 또다시 원이고, 이에 따라 T에 의한 C의 상은 원이라는 결론을 얻는다. ■

위의 증명에서 주요한 관찰 결과는 선형 분수 변환 (1)을 (2)에 나타낸 바와 같이 역전 함수와 두 개의 선형 함수의 합성으로 쓸 수 있다는 사실이었다. 익힘 문제 2.5의 문제 27에서는 역전 사상 $w=1/z$에 의한 임의의 직선 L의 상이 직선 또는 원임을 보이는 것이다. 따라서 비슷한 논리에 따라 다음을 보일 수 있다.

$T(z)$에 의한 직선의 원으로의 사상

T가 (3)과 같이 정의된 선형 분수 변환이면, T에 의한 직선 L의 상은 직선 또는 원이다. 상이 원이기 위한 필요 충분 조건은 $c\neq 0$이고 극점 $z=-d/c$가 직선 L에 있지 않는 것이다.

보기 2 원의 상

선형 분수 변환 $T(z)=(z+2)/(z-1)$에 의한 단위 원 $|z|=1$의 상을 찾아라. 이 원의 내부 $|z|<1$의 상은 무엇인가?

풀이 T의 극점은 $z=1$이고 이 점은 단위 원 $|z|=1$에 있다. 그러므로 정리 7.2.1에 의해 이 단위 원의 상이 직선이라는 결론을 얻는다. 상이 직선이므로, 이것은 임의의 두 점으로 결정된다. $T(-1)=-\frac{1}{2}$과 $T(i)=-\frac{1}{2}-\frac{3}{2}i$이므로, 상은 직선 $u=-\frac{1}{2}$이다. 둘째 질문에 답하기 위해서, 먼저 선형 분수 변환이 유리 함수이고, 이에 따라 정의역에서 연속이라는 점을 확인하자. 이에 따라 단위 원의 내부 $|z|<1$의 상은 반평면 $u<-\frac{1}{2}$ 또는 반평면 $u>-\frac{1}{2}$이다. $z=0$을 시험용 점으로 사용하면, $T(0)=-2$인데, 이

는 직선 $u=-\frac{1}{2}$의 왼쪽에 있다. 이에 따라 상은 반평면 $u<-\frac{1}{2}$이다. 이 사상을 그림 7.2.1에 나타냈다. 원 $|z|=1$은 그림 7.2.1(a)에 나타냈고, 그 상 $u=-\frac{1}{2}$은 그림 7.2.1(b)에 나타냈다. ❑

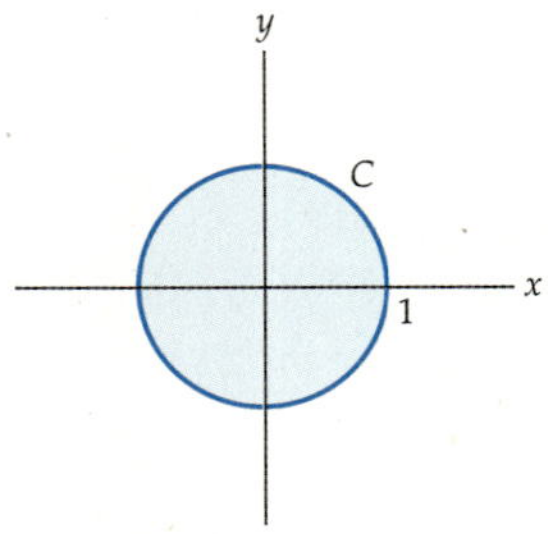

(a) 단위 원 $|z|=1$

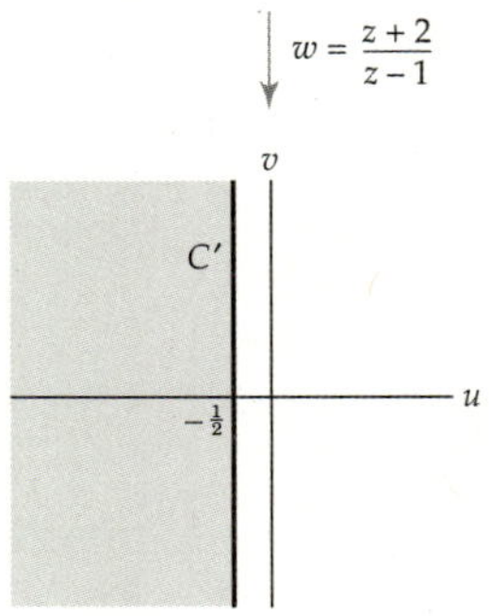

(b) (a)의 원의 상

그림 7.2.1 선형 분수 변환 $T(z)=(z+2)/(z-1)$

보기 3 원의 상

선형 분수 변환 $T(z)=(z+2)/(z-1)$에 의한 단위 원 $|z|=2$의 상을 찾아라. 원판 $|z|\le 2$의 상은 무엇인가?

풀이 이 보기에서 극점 $z=1$은 원 $|z|=2$에 있지 않고, 이에 따라 정리 7.2.1은 $|z|=2$의 상이 원 C'임을 알려준다. C'에 대한 대수적 표현을 위해, 먼저 원 $|z|=2$가 x축에 대해 대칭임을 확인하자. 곧, z가 원 $|z|=2$의 점이면, $\bar{z}$도 이 원의 점이다. 또, 모든 z에 대해 다음이 성립함을 확인하자.

$$T(\bar{z})=\frac{\bar{z}+2}{\bar{z}-1}=\frac{\overline{z+2}}{\overline{z-1}}=\overline{\left(\frac{z+2}{z-1}\right)}=\overline{T(z)}$$

그러므로 z와 $\bar{z}$가 원 $|z|=2$의 점이면, $w=T(z)$와 $\bar{w}=\overline{T(z)}=T(\bar{z})$가 모두 원 C'의 점이다. 이에 따라 C'은 u축에 대해 대칭이다. $z=2$와 -2가 원 $|z|=2$의 점이므로, $T(2)=4$와 $T(-2)=0$은 C'의 점이다. C'의 대칭성에 의해 0과 4는 지름의 양 끝점이고, 이에 따라 C'은 원 $|w-2|=2$이다. $z=0$을 시험용 점으로 사용하면, $w=T(0)=-2$인데, 이는 원 $|w-2|=2$의 외부에 있다. 따라서 원 $|z|=2$의 내부의 상은 원 $|w-2|=2$의 외부이다. 요약하면, 그림 7.2.2(a)에 나타낸 원판 $|z|\le 2$는 선형 분수 변환 $T(z)=(z+2)/(z-1)$에 의해 그림 7.2.2(b)에 나타낸 구역 $|w-2|\ge 2$ 위로 사상된다. ❑

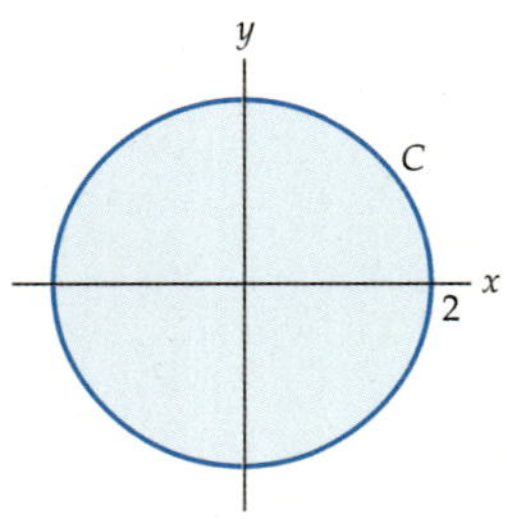

(a) 원 $|z|=2$

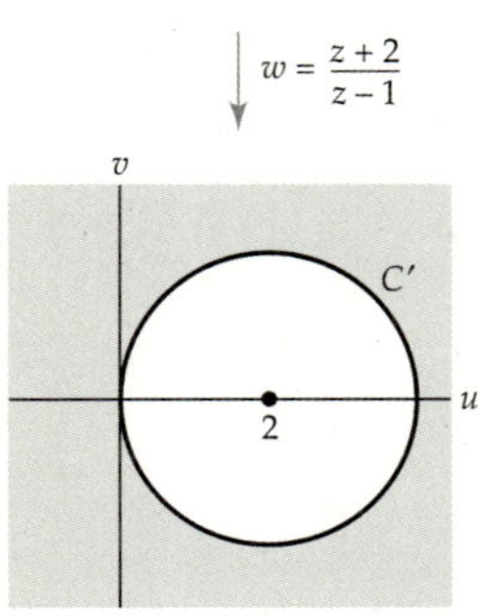

(b) (a)의 원의 상

그림 7.2.2 선형 분수 변환 $T(z)=(z+2)/(z-1)$

행렬으로서의 선형 분수 변환 행렬을 이용해서 선형 분수 변환과 관련된 많은 셈을 간단히 할 수 있다. 이를 위해 다음과 같은 행렬을 생각하자.

$$A=\begin{pmatrix} a & b \\ c & d \end{pmatrix} \tag{6}$$

이 행렬을 다음 선형 분수 변환과 대응시키자.

$$T(z)=\frac{az+b}{cz+d} \tag{7}$$

(6)의 대응은 유일하지 않은데, e가 영이 아닌 복소수이면 선형 분수 변환 $T(z)=(az+b)/(cz+d)$는 $T(z)=(eaz+eb)/(ecz+ed)$으로도 표현된다. 그렇지만 $e\ne 1$이면 다음 두 행렬은 서로 같지 않지만, 똑같은 선형 분수 변환을 나타낸다.

$$A = \begin{pmatrix} a & b \\ c & d \end{pmatrix}, \quad B = \begin{pmatrix} ea & eb \\ ec & ed \end{pmatrix} = eA \tag{8}$$

다음 두 선형 분수 변환 T_1과 T_2를 생각하자.

$$T_1(z) = \frac{a_1 z + b_1}{c_1 z + d_1}, \quad T_2(z) = \frac{a_2 z + b_2}{c_2 z + d_2}$$

T_1과 T_2의 합성 $T_2 \circ T_1$이 다음과 같은 행렬의 곱을 나타냄을 쉽게 밝힐 수 있다.

$$\begin{pmatrix} a_2 & b_2 \\ c_2 & d_2 \end{pmatrix}\begin{pmatrix} a_1 & b_1 \\ c_1 & d_1 \end{pmatrix} = \begin{pmatrix} a_2 a_1 + b_2 c_1 & a_2 b_1 + b_2 d_1 \\ c_2 a_1 + d_2 c_1 & c_2 b_1 + d_2 d_1 \end{pmatrix} \tag{9}$$

익힘 문제 7.2의 문제 27에서 $w = T(z)$를 z에 대해 풀어서 $T^{-1}(z)$에 관한 공식을 찾는다. (7)의 선형 분수 변환 T의 역함수 $T^{-1}(z)$에 관한 공식은 다음과 같이 (6)의 행렬 A의 역 행렬로 표현된다.

$$A^{-1} = \begin{pmatrix} a & b \\ c & d \end{pmatrix} = \frac{1}{ad - bc}\begin{pmatrix} d & -b \\ -c & a \end{pmatrix}$$

(8)에서 $e = \dfrac{1}{ad - bc}$로 놓으면, $T^{-1}(z)$를 다음 행렬로도 나타낼 수 있다.

용어
수반 행렬 adjoint matrix

$$\begin{pmatrix} d & -b \\ -c & a \end{pmatrix}^{7)} \tag{10}$$

보기 4 행렬의 활용

$S(z) = (z - i)/(iz - 1)$와 $T(z) = (2z - 1)/(z + 2)$에 대해, 행렬을 이용해서 $S^{-1}(T(z))$를 찾아라.

풀이 두 선형 분수 변환 S와 T는 각각 다음 행렬로 표현된다.

$$\begin{pmatrix} 1 & -i \\ i & -1 \end{pmatrix}, \quad \begin{pmatrix} 2 & -1 \\ 1 & 2 \end{pmatrix}$$

(10)에 의해 변환 S^{-1}은 다음으로 주어진다.

$$\begin{pmatrix} -1 & i \\ -i & 1 \end{pmatrix}$$

그러므로 (9)에 의해 합성 $S^{-1} \circ T$는 다음과 같이 주어진다.

$$\begin{pmatrix} -1 & i \\ -i & 1 \end{pmatrix}\begin{pmatrix} 2 & -1 \\ 1 & 2 \end{pmatrix} = \begin{pmatrix} -2 + i & 1 + 2i \\ 1 - 2i & 2 + i \end{pmatrix}$$

따라서 $S^{-1}(T(z))$는 다음과 같다.

7) 이 행렬을 A의 수반 행렬이라 부른다.

$$S^{-1}(T(z))=\frac{(-2+i)z+1+2i}{(1-2i)z+2+i}$$ □

용어
교차비 cross-ratio

교차비 응용에서 원으로 둘러싸인 영역 D로부터 직선으로 둘러싸인 영역 D' 위로의 한꼴 사상을 찾을 필요가 종종 있다. 선형 분수 변환은 이런 응용에 특히 잘 부합된다. 그런데 선형 분수 변환을 이용하기 위해서는, D의 경계에 있는 세 개의 임의의 서로 다른 점 z_1, z_2, z_3을 D'의 경계에 있는 세 개의 임의의 서로 다른 점 w_1, w_2, w_3으로 사상하는 선형 분수 변환 $w=T(z)$를 구성하는 일반적인 방법을 결정해야 한다. 이는 다음과 같이 정의되는 교차비로 해결할 수 있다.

정의 7.2.2 교차비

네 복소수 z, z_1, z_2, z_3의 교차비는 다음과 같은 복소수이다.

$$\frac{z-z_1}{z-z_3}\frac{z_2-z_3}{z_2-z_1} \tag{11}$$

교차비를 셈할 때, 복소수의 순서에 주의해야 한다. 예를 들면, 0, 1, i, 2의 교차비는 $\frac{3}{4}+\frac{1}{4}i$인 반면에 0, i, 1, 2의 교차비는 $\frac{1}{4}-\frac{1}{4}i$이다.

2.6절의 참고에 있는 극한 공식 (24)를 이용해서, 교차비의 개념을 확장 복소평면의 점들을 포함하도록 확대한다. 예를 들어, 이를테면 ∞, z_1, z_2, z_3의 교차비는 다음 극한으로 주어진다.

$$\lim_{z\to\infty}\frac{z-z_1}{z-z_3}\frac{z_2-z_3}{z_2-z_1}$$

다음 정리는 선형 분수 변환의 연구에서 교차비의 중요성을 예시한다. 특히, 교차비가 선형 분수 변환에 의해 불변임을 증명한다.

정리 7.2.2 교차비와 선형 분수 변환

$w=T(z)$가 서로 다른 점 z_1, z_2, z_3을 차례로 서로 다른 점 w_1, w_2, w_3 위로 사상하는 선형 분수 변환이면, 모든 z에 대해 다음이 성립한다.

$$\frac{z-z_1}{z-z_3}\frac{z_2-z_3}{z_2-z_1}=\frac{w-w_1}{w-w_3}\frac{w_2-w_3}{w_2-w_1} \tag{12}$$

증명 R을 다음과 같은 선형 분수 변환이라 하자.

$$R(z)=\frac{z-z_1}{z-z_3}\frac{z_2-z_3}{z_2-z_1} \tag{13}$$

$R(z_1)=0$, $R(z_2)=1$, $R(z_3)=\infty$ 임을 확인하자. 다음 선형 분수 변환을 생각하자.

$$S(z)=\frac{z-w_1}{z-w_3}\frac{w_2-w_3}{w_2-w_1} \tag{14}$$

변환 S의 경우에 $S(w_1)=0$, $S(w_2)=1$, $S(w_3)=\infty$ 이다. 그러므로 선형 분수 변환 $S^{-1}(R(z))$는 점 z_1, z_2, z_3을 차례로 점 w_1, w_2, w_3 위로 사상한다. 이에 따라 합성 $T^{-1}(S^{-1}(R(z)))$는 0, 1, ∞를 차례로 0, 1, ∞ 위로 사상한다. 그런데 0, 1, ∞를 0, 1, ∞ 위로 사상하는 유일한 선형 분수 변환이 항등 변환임을 쉽게 확인할 수 있다. 익힘 문제 7.2의 문제 30을 보라. 이에 따라 $T^{-1}(S^{-1}(R(z)))=z$ 또는 $R(z)=S(T(z))$라는 결론을 얻는다. $w=T(z)$이므로, $R(z)=S(w)$임을 밝혔다. 따라서 (13)과 (14)에 의해 다음을 얻는다.

$$\frac{z-z_1}{z-z_3}\frac{z_2-z_3}{z_2-z_1}=\frac{w-w_1}{w-w_3}\frac{w_2-w_3}{w_2-w_1}$$ ■

보기 5 선형 분수 변환의 구성

단위 원 $|z|=1$에 있는 세 점 1, i, -1을 실수축 위의 세 점 -1, 0, 1 위로 사상하는 선형 분수 변환을 구성하라. 이 변환에 의한 내부 $|z|<1$의 상을 결정하라.

풀이 (12)에서 $z_1=1$, $z_2=i$, $z_3=-1$, $w_1=-1$, $w_2=0$, $w_3=1$로 놓으면, 정리 7.2.2에 의해 찾으려는 사상 $w=T(z)$는 다음을 만족시켜야 한다.

$$\frac{z-1}{z-(-1)}\frac{i-(-1)}{i-1}=\frac{w-(-1)}{w-1}\frac{0-1}{0-(-1)}$$

w에 대해 풀고 간단히 하면 다음을 얻는다.

$$w=T(z)=\frac{z-i}{iz-1}$$

← 선형 분수 변환은 여러 가지 동치인 꼴로 나타낼 수 있다.

점 $z=0$을 시험용으로 사용하면 $T(0)=i$를 얻는다. 따라서 내부 $|z|<1$의 상은 위쪽 반평면 $v>0$이다. ❑

보기 6 선형 분수 변환의 구성

직선 $y=x-1$에 있는 세 점 $-i$, 1, ∞을 단위 원 $|w|=1$에 있는 세 점 1, i, -1 위로 사상하는 선형 분수 변환을 구성하라.

풀이 보기 5와 같이 진행하자. 2.6절의 (24)를 이용해서 z, $z_1=-i$, $z_2=1$, $z_3=\infty$ 의 교차비를 찾으면 다음과 같다.

$$\lim_{z_3\to\infty}\frac{z+i}{z-z_3}\frac{1-z_3}{1+i}=\lim_{z_3\to 0}\frac{z+i}{z-1/z_3}\frac{1-1/z_3}{1+i}$$

$$= \lim_{z_3 \to 0} \frac{z+i}{zz_3 - 1} \frac{z_3 - 1}{1+i} = \frac{z+i}{1+i}$$

이제 (12)에서 $w_1 = 1,\ w_2 = i,\ w_3 = -1$로 놓으면, 찾는 사상 $w = T(z)$는 다음을 만족시켜야 한다.

$$\frac{z+i}{1+i} = \frac{w-1}{w+1} \frac{i+1}{i-1}$$

w에 대해 풀고 간단히 하면 다음을 얻는다.

$$w = T(z) = \frac{z+1}{-z+1-2i}$$ ❑

7.2 익힘 문제

문제 1~4에서는 주어진 선형 분수 변환 T에 의한 점 0, 1, i, ∞의 상을 찾아라.

1. $T(z) = \dfrac{i}{z}$
2. $T(z) = \dfrac{2}{z-i}$
3. $T(z) = \dfrac{z+i}{z-i}$
4. $T(z) = \dfrac{z-i}{z}$

문제 5~8에서는 주어진 선형 분수 변환 T에 의한 두 원판 $|z| \le 1$과 $|z-i| \le 1$의 상을 찾아라.

5. T는 문제 1의 사상
6. T는 문제 2의 사상
7. T는 문제 3의 사상
8. T는 문제 4의 사상

문제 9~12에서는 주어진 선형 분수 변환 T에 의한 두 반평면 $x \ge 0$과 $y \le 1$의 상을 찾아라.

9. T는 문제 1의 사상
10. T는 문제 2의 사상
11. T는 문제 3의 사상
12. T는 문제 4의 사상

문제 13~16에서는 주어진 선형 분수 변환에 의한 그림에 나타낸 구역의 상을 찾아라.

13. $T(z) = \dfrac{z}{z-2}$
14. $T(z) = \dfrac{z-i}{z+1}$

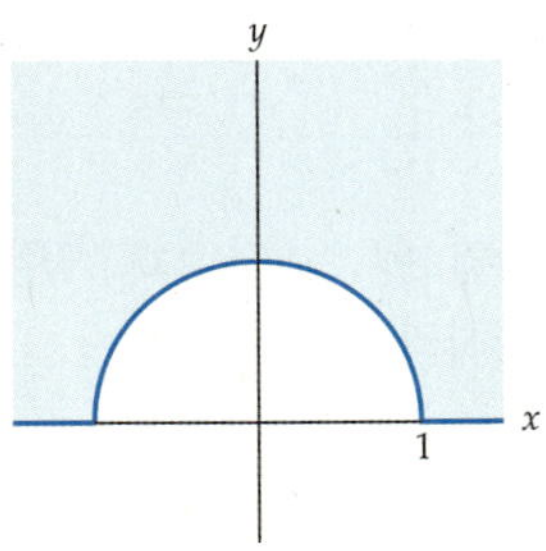

그림 7.2.3 문제 13을 위한 그림

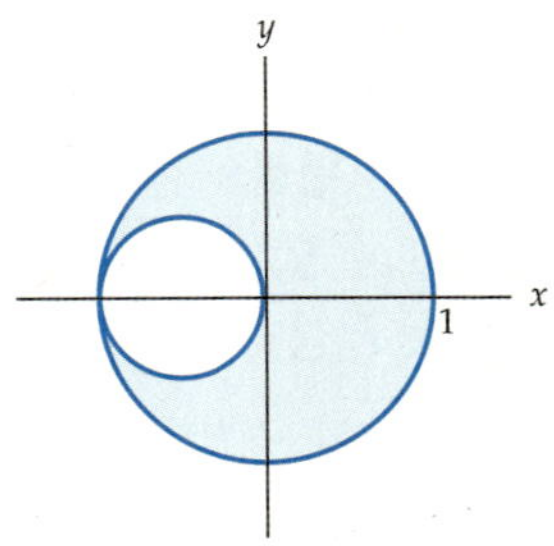

그림 7.2.4 문제 14를 위한 그림

15. $T(z)=\dfrac{z+1}{z-2}$

16. $T(z)=\dfrac{-z-1+i}{z-1+i}$

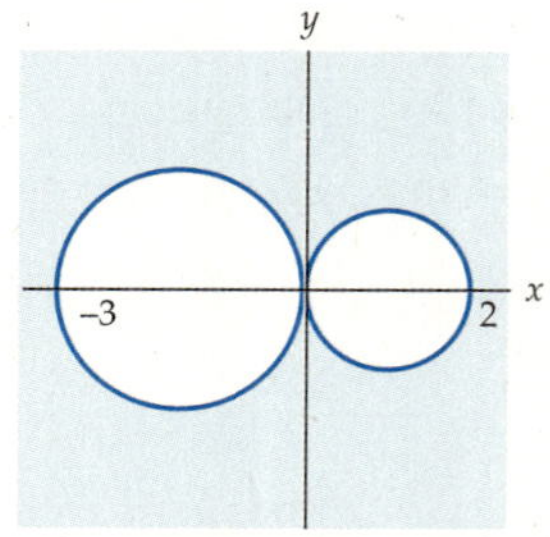

그림 7.2.5 문제 15를 위한 그림

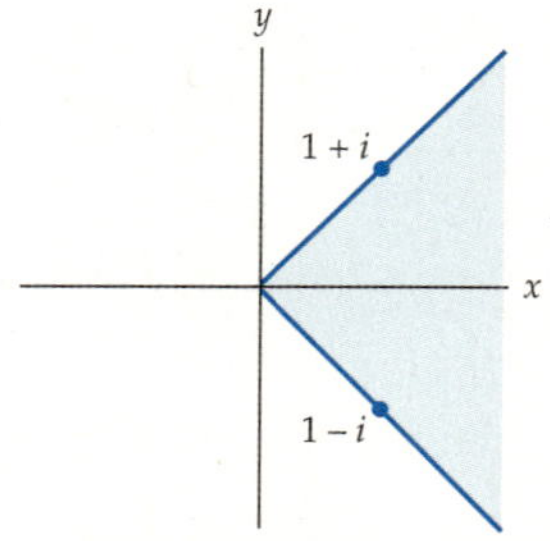

그림 7.2.6 문제 16을 위한 그림

문제 17~20에서는 행렬을 이용해서 (a) $S^{-1}(z)$와 (b) $S^{-1}(T(z))$를 찾아라.

17. $T(z)=\dfrac{z}{iz-1}$, $S(z)=\dfrac{iz+1}{z-1}$

18. $T(z)=\dfrac{iz}{z-2i}$, $S(z)=\dfrac{2z+1}{z+1}$

19. $T(z)=\dfrac{2z-3}{z-3}$, $S(z)=\dfrac{z-2}{z-1}$

20. $T(z)=\dfrac{z-1+i}{iz-2}$, $S(z)=\dfrac{(2-i)z}{z-1-i}$

문제 21~26에서는 주어진 세 점 z_1, z_2, z_3을 차례로 주어진 세 점 w_1, w_2, w_3 위로 보내는 선형 분수 변환을 구성하라.

21. $z_1=-1,\ z_2=0,\ z_3=2;\quad w_1=0,\ w_2=1,\ w_3=\infty$

22. $z_1=i,\ z_2=0,\ z_3=-i;\quad w_1=0,\ w_2=1,\ w_3=\infty$

23. $z_1=0,\ z_2=i,\ z_3=\infty;\quad w_1=0,\ w_2=1,\ w_3=2$

24. $z_1=-1,\ z_2=0,\ z_3=1;\quad w_1=i,\ w_2=0,\ w_3=\infty$

25. $z_1=1,\ z_2=i,\ z_3=-i;\quad w_1=-1,\ w_2=0,\ w_3=3$

26. $z_1=1,\ z_2=i,\ z_3=-i;\quad w_1=-i,\ w_2=i,\ w_3=\infty$

개념과 이해

27. a, b, c, d는 복소수이고 $ad-bc\neq 0$이라 하자.
   (a) 식 $w=(az+b)/(cz+d)$를 z에 대해 풀어라.
   (b) (a)에 의해 선형 분수 변환 $T(z)=(az+b)/(cz+d)$가 일대일 함수인 이유를 설명하라.

28. 양의 실 상수 λ에 대해 다음 방정식을 생각하자.

$$|z-a|=\lambda|z-b| \tag{15}$$

   (a) $\lambda=1$일 때, (15)를 만족시키는 점의 집합이 직선임을 보여라.
   (b) $\lambda\neq 1$일 때, (15)를 만족시키는 점의 집합이 원임을 보여라.

29. $T(z)=(az+b)/(cz+d)$는 선형 분수 변환이다.
   (a) $T(0)=0$이면, 계수 a, b, c, d에 대해 무엇을 말할 수 있는가?

(b) $T(1) = 1$이면, 계수 a, b, c, d에 대해 무엇을 말할 수 있는가?

(a) $T(\infty) = \infty$이면, 계수 a, b, c, d에 대해 무엇을 말할 수 있는가?

30. 문제 29를 이용해서, T가 선형 분수 변환이고 $T(0) = 0$, $T(1) = 1$, $T(\infty) = \infty$이면 T가 항등 함수, 곧 $T(z) = z$임을 보여라.

31. 정리 7.2.2를 이용해서 부록 3의 항 H-1에 있는 사상을 유도하라.

32. 정리 7.2.2를 이용해서 부록 3의 항 H-3에 있는 사상을 유도하라.

용어
다각 구역 polygonal region
꺾인 선, 다각선 polygon
꼭짓점 vertex
갇힌 다각 구역 bounded polygonal region
갇히지 않은 다각 구역 unbounded polygonal region

7.3 슈바르츠·크리스토펠 변환

유체 흐름에 대한 연구에서 흔히 나타나는 한 가지 문제는 다각 영역 D'의 내부에 머무르는 이상 유체의 흐름을 구성하는 것이다. 7.5절에서 알아보겠지만, 이 문제는 반평면 $y \geq 0$으로부터 다각 구역 위로의 일대일 복소 사상이면서 영역 $y > 0$에서 한꼴인 사상을 찾음으로써 풀 수 있다. 이런 사상의 존재는 7.1절의 끝에 있는 참고에서 논의한 리만의 사상 정리에 의해 보장된다. 그런데 리만의 사상 정리가 어떤 사상의 존재를 주장하더라도, 그 사상에 대한 공식을 찾는 실제적인 방법은 제공하지 않는다. 이번 절에서는 슈바르츠·크리스토펠 공식을 제시하는데, 이것은 위쪽 반평면으로부터 다각 구역 위로의 한꼴 사상을 유도하는 명확한 공식을 제공한다.

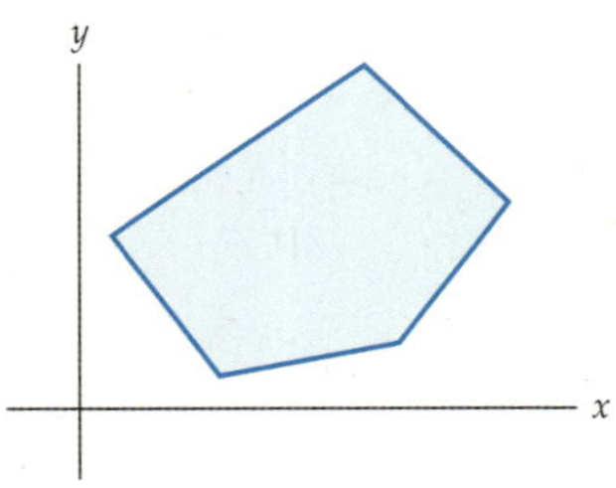

(a) 갇힌 다각 구역

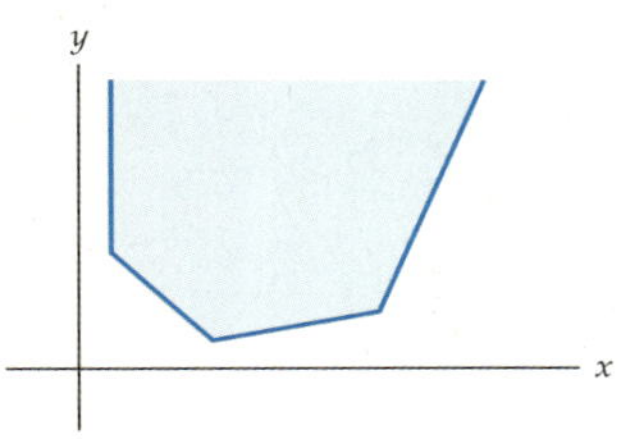

(b) 갇히지 않는 다각 구역

그림 7.3.1 다각 구역

다각 구역 복소 평면에서 다각 구역은, 유한 개의 선분으로 이루어진 조각마다 매끄러운 단순 연결 곡선으로 둘러싸인 구역이다. 다각 구역의 경계 곡선을 꺾인 선 또는 다각선이라 하며, 꺾인 선의 각 선분에서 끝점을 꺾인 선의 꼭짓점이라 한다. 꺾인 선이 닫힌 곡선이면, 꺾인 선으로 둘러싸인 구역을 갇힌 다각 구역이라 한다. 그렇지 않으면 갇히지 않은 다각 구역이라 한다. 그림 7.3.1을 보라. 갇히지 않은 다각 구역의 경우에 이상 점 ∞도 꺾인 선의 꼭짓점이라 한다.

간단한 다각 구역의 예로 꼭짓점이 0, 1, i인 삼각형으로 둘러싸인 구역을 들 수 있는데, 이는 갇힌 다각 구역의 예이다. 또, $0 \leq x \leq 1$, $0 \leq y < \infty$로 정의된 구역을 들 수 있는데, 이는 꼭짓점이 0, 1, ∞인 갇히지 않은 다각 구역의 예이다.

특별한 경우 위쪽 반평면 $y \geq 0$으로부터 다각 구역 위로의 한꼴 사상에 대한 일반적인 공식을 찾는 방법을 알아보기 위해서, 먼저 다음 복소 사상을 조사하자.

$$w = f(z) = (z - x_1)^{\alpha/\pi} \tag{1}$$

여기서 x_1과 α는 모두 실수이고 $0 < \alpha < 2\pi$이다. (1)의 사상은 평행 이동 $T(z) = z - x_1$에 뒤이은 실 멱 함수 $F(z) = z^{\alpha/\pi}$의 합성이다. x_1이 실수이므로, T는 실수축에 평행인 방향으로 평행 이동시킨다. 이 평행 이동에 의해

x축은 u축 위로 사상되는데, 점 $z=x_1$은 점 $w=0$ 위로 사상된다. 멱 함수 F를 복소 사상으로 이해하기 위해서, 기호 z를 지수 표기법 $re^{i\theta}$으로 바꾸면 다음을 얻는다.

$$F(z)=\left(re^{i\theta}\right)^{\alpha/\pi}=r^{\alpha/\pi}e^{i(\alpha\theta/\pi)} \qquad (2)$$

(2)로부터 복소 사상 $w=z^{\alpha/\pi}$을, z의 절댓값 r을 w의 절댓값 $r^{\alpha/\pi}$으로 확대 또는 축소하고 원점을 중심으로 z를 α/π라디안 배만큼 회전시켜서 z의 편각 θ를 w의 편각 $\alpha\theta/\pi$으로 증가 또는 감소시키는 과정으로 가시화할 수 있다. 그러므로 합성 $w=F(T(z))=(z-x_1)^{\alpha/\pi}$에 의해 x_1에서 뻗어나가고 실수축과 ϕ라디안의 각을 이루는 반직선은 원점에서 뻗어나가고 실수축과 $\alpha\phi/\pi$ 라디안의 각을 이루는 반직선 위로 사상된다. 그림 7.3.2를 보라.

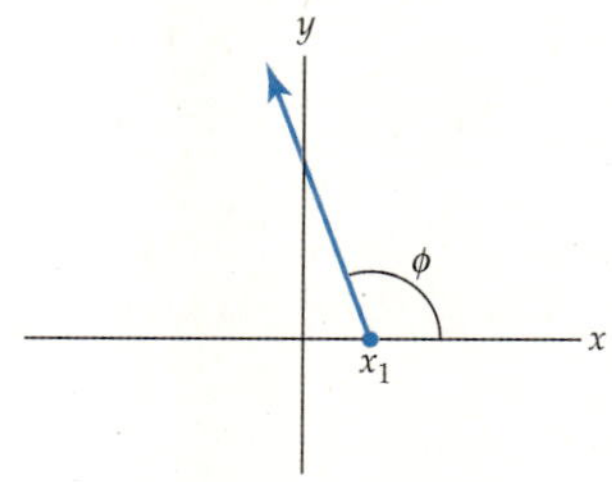

(a) x_1에서 뻗어나가는 반직선

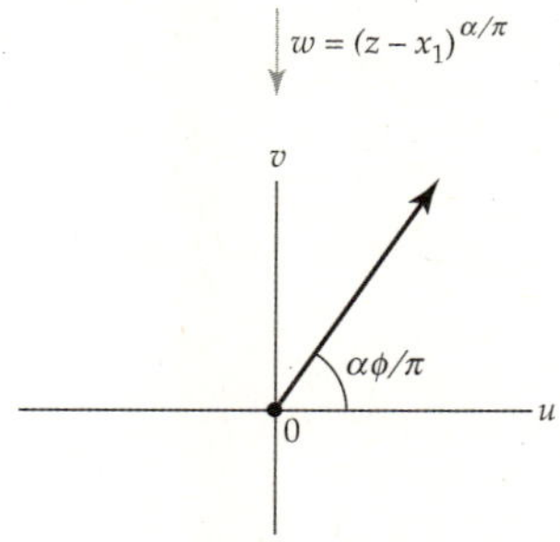

(b) (a)의 반직선의 상

그림 7.3.2 사상 $w=(z-x_1)^{\alpha/\pi}$

이제 반평면 $y\geq 0$에서 사상 (1)을 생각하자. 이 집합은 점 $z=x_1$과 함께 반직선 $\arg(z-x_1)=\phi$ $(0\leq\phi\leq\pi)$들로 이루어지므로, $w=(z-x_1)^{\alpha/\pi}$에 의한 상은 점 $w=0$과 함께 반직선 $\arg(w)=\alpha\phi/\pi$ $(0\leq\alpha\phi/\pi\leq\alpha)$들로 이루어진다. 달리 말하면, 반평면 $y\geq 0$의 상은 점 $w=0$과 함께 쐐기 $0\leq\arg(w)\leq\alpha$이다. 그림 7.3.3을 보라.

반평면 $y\geq 0$을 꼭짓점이 한 개인 갇히지 않은 다각 구역 위로 사상하는 (1)로 정의된 함수 f의 도함수는 다음과 같다.

$$f'(z)=\frac{\alpha}{\pi}(z-x_1)^{(\alpha/\pi)-1} \qquad (3)$$

$z=x+iy$이고 $y>0$일 때 $f'(z)\neq 0$이므로, $w=f(z)$는 $y>0$인 임의의 점 z에서 한꼴 사상이다. 일반적으로 f가 아니라 도함수 f'을 이용해서 위쪽 반평면 $y\geq 0$을 임의의 다각 구역 위로의 한꼴 사상을 표현한다. 이를 마음에 새기고, 이제 (1)의 사상의 일반화를 (3)의 그 도함수에 근거해서 제시하겠다.

영역 $y>0$에서 해석적이고 도함수가 다음과 같은 새로운 함수 f를 생각하자.

$$f'(z)=A(z-x_1)^{(\alpha_1/\pi)-1}(z-x_2)^{(\alpha_2/\pi)-1} \qquad (4)$$

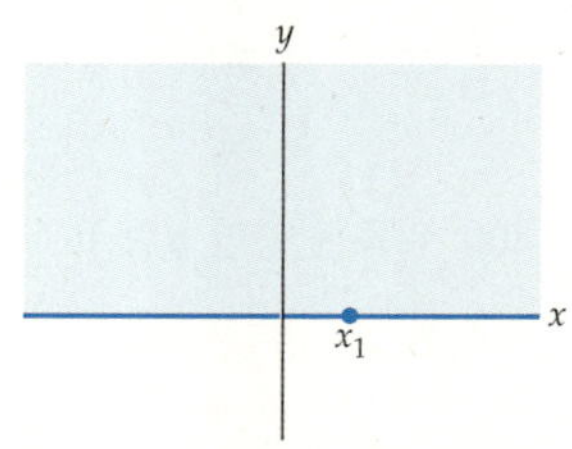

(a) 반평면 $y\geq 0$

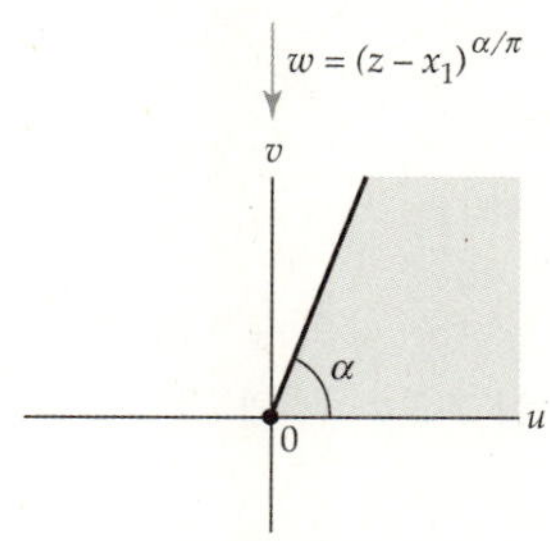

(b) 반평면의 상

그림 7.3.3 사상 $w=(z-x_1)^{\alpha/\pi}$

여기서 x_1, x_2, α_1, α_2는 모두 실수이고 $x_1<x_2$이며 A는 복소 상수이다. f에 의한 반평면 $y\geq 0$의 상을 결정하는 데 도움이 되는 유용한 사실은, 매개변수화 $w(t)$ $(a<t<b)$가 선분을 나타내기 위한 필요 충분 조건은 $\arg(w'(t))$의 값이 구간 $a<t<b$에 속하는 모든 t에 대해 상수인 경우이다. 이제 이 사실을 이용해서 복소 사상 $w=f(z)$에 의한 실 직선의 세 구간 $(-\infty,\ x_1)$, $(x_1,\ x_2)$, $(x_2,\ \infty)$의 상을 결정하자. 구간 $(-\infty,\ x_1)$을 매개 변수화 $z(t)=t$ $(-\infty<t<x_1)$로 나타내면, 2.2절의 (11)에 의해 $w=f(z)$에 의한 상의 매개 변수화는 $w(t)=f(z(t))=f(t)$ $(-\infty<t<x_1)$이다. (4)에서 $z=t$로 놓으면, 다음을 얻는다.

$$w'(t) = f'(t) = A(t - x_1)^{(\alpha_1/\pi)-1}(t - x_2)^{(\alpha_2/\pi)-1}$$

그러므로 $w'(t)$의 편각은 다음과 같다.

$$\text{Arg}(A) + \left(\frac{\alpha_1}{\pi} - 1\right)\text{Arg}(t - x_1) + \left(\frac{\alpha_2}{\pi} - 1\right)\text{Arg}(t - x_2) \tag{5}$$

$-\infty < t < x_1$이므로, $t - x_1$은 음의 실수이고, 이에 따라 $\text{Arg}(t - x_1) = \pi$이다. 또, $x_1 < x_2$이면 $t - x_2$는 역시 음의 실수이고, 이에 따라 $\text{Arg}(t - x_2) = \pi$이다. 이런 값을 (5)에 대입하면, $\text{Arg}(A) + \alpha_1 + \alpha_2 - 2\pi$가 구간 $(-\infty,\ x_1)$의 모든 t에 대한 $\arg(w'(t))$의 상수 값임을 알게 된다. 따라서 구간 $(-\infty,\ x_1)$은 $w = f(z)$에 의해 선분 위로 사상된다는 결론을 얻는다.

비슷한 논리에 따라 두 구간 $(x_1,\ x_2)$와 $(x_2,\ \infty)$도 선분 위로 사상됨을 확인할 수 있다. 각 구간에서 w'의 편각의 값은 다음 표와 같다. 편각의 값의 변화도 나열했다.

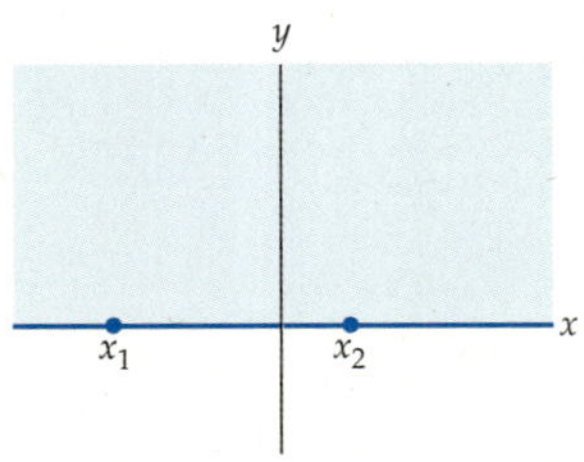

(a) 위쪽 반평면 $y \geq 0$

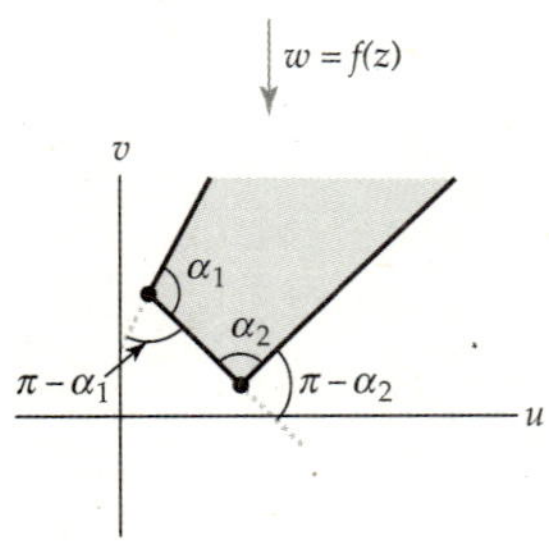

(b) (a)의 구역의 상

그림 7.3.4 (4)와 관련된 사상

용어
슈바르츠 · 크리스토펠 공식 Schwarz-Christoffel formula

표 7.3.1 w'의 편각

구간	w'의 편각	편각의 변화
$(-\infty,\ x_1)$	$\text{Arg}(A) + \alpha_1 + \alpha_2 - 2\pi$	0
$(x_1,\ x_2)$	$\text{Arg}(A) + \alpha_2 - \pi$	$\pi - \alpha_1$
$(x_2,\ \infty)$	$\text{Arg}(A)$	$\pi - \alpha_2$

f가 해석(그러므로 연속) 사상이므로, 반평면 $y \geq 0$의 상은 갇히지 않은 다각 구역이라는 결론을 얻는다. 표 7.3.1에 의해 다각 경계의 인접한 변 사이의 외각은 한 구간으로부터 다른 구간으로 w'의 편각의 변화로 주어짐을 알 수 있다. 따라서 꺾인 선의 내각은 α_1과 α_2이다. 그림 7.3.4를 보라.

슈바르츠 · 크리스토펠 공식 위의 논의를 일반화해서 반평면 $y \geq 0$을 변이 임의 개인 다각 구역 위로 사상하는 함수 f의 도함수 f'에 대한 공식을 만들 수 있다. 다음 정의에서 제시하는 이 공식을 슈바르츠 · 크리스토펠 공식이라 한다.

정리 7.3.1 슈바르츠 · 크리스토펠 공식

함수 f는 영역 $y > 0$에서 해석적이고 도함수는 다음과 같다고 하자.

$$f'(z) = A(z - x_1)^{(\alpha_1/\pi)-1}(z - x_2)^{(\alpha_2/\pi)-1} \cdots (z - x_n)^{(\alpha_n/\pi)-1} \tag{6}$$

여기서 $x_1 < x_2 < \cdots < x_n$이고 모든 $1 \leq i \leq n$에 대해 $0 < \alpha_i < 2\pi$이며 A는 복소 상수이다. 그러면 위쪽 반평면 $y \geq 0$은 $w = f(z)$에 의해 내각이 $\alpha_1,\ \alpha_2,\ \cdots,\ \alpha_n$인 갇히지 않은 다각 구역 위로 사상된다.

7.1절의 정리 7.1.1에 의해 슈바르츠·크리스토펠 공식 (6)으로 정의된 함수는 영역 $y>0$에서 한꼴 사상이다. 앞으로, 간단히 나타내기 위해 (6)으로부터 얻는 사상을 위쪽 반평면으로부터 다각 구역 위로의 한꼴 사상이라 부르겠다. 이런 사상이 위쪽 반평면 $y \geq 0$에서 정의되지만 영역 $y>0$에서만 한꼴임을 마음에 새겨야 한다.

슈바르츠·크리스토펠 공식의 몇 가지 예를 조사하기 전에, 세 가지 사항을 지적할 필요가 있다. 첫째, 실제로는 x축의 점 x_k를 통상 어느 정도 자유롭게 선택할 수 있다. 알맞게 선택하면 $f(z)$의 셈을 간단히 할 수 있다. 둘째, 정리 7.3.1은 f의 도함수에 대한 공식만을 제공한다. f에 대한 일반적인 공식은 복소 상수 A와 B에 대해 다음과 같은 적분으로 주어진다.

$$f(z)=A\int(z-x_1)^{(\alpha_1/\pi)-1}(z-x_2)^{(\alpha_2/\pi)-1}\cdots(z-x_n)^{(\alpha_n/\pi)-1}dz+B$$

그러므로 f는 다음 함수와 선형 사상 $h(z)=Az+B$의 합성이다.

$$g(z)=\int(z-x_1)^{(\alpha_1/\pi)-1}(z-x_2)^{(\alpha_2/\pi)-1}\cdots(z-x_n)^{(\alpha_n/\pi)-1}dz$$

2.3절에서 설명한 대로, g가 생성한 다각 구역을 선형 사상 h가 회전시키고 확대(또는 축소)하며 평행 이동시킨다. 셋째, 정리 7.3.1에 서술되지는 않았지만, 슈바르츠·크리스토펠 공식 (6)을 이용해서 위쪽 반평면 $y \geq 0$으로부터 갇힌 다각 구역 위로의 사상을 구성할 수 있다.[8] 이런 발상은 아래의 보기에서 예시한다.

보기 1 슈바르츠·크리스토펠 공식의 활용

슈바르츠·크리스토펠 공식 (6)을 이용해서 위쪽 반평면을 $u \geq 0,\ -1 \leq v \leq 1$로 정의된 다각 구역 위로 보내는 한꼴 사상을 구성하라.

풀이 $u \geq 0,\ -1 \leq v \leq 1$로 정의된 다각 구역이 그림 7.3.5(b)에 나타낸 반무한 띠임을 확인하자. 이 갇히지 않는 다각 구역의 내각은 $\alpha_1=\alpha_2=\pi/2$이고 꼭짓점은 $w_1=-i$와 $w_2=i$이다. 원하는 사상을 찾기 위해서 정리 7.3.1을 $x_1=-1$과 $x_2=1$인 경우에 적용하자. 이렇게 놓으면 (6)은 다음과 같이 된다.

$$f'(z)=A(z+1)^{-1/2}(z-1)^{-1/2} \tag{7}$$

$f(z)$에 대한 공식은 (7)을 적분해서 찾는다. z가 위쪽 반평면 $y \geq 0$에 있으므로, 먼저 으뜸 제곱근을 이용해서 (7)을 다음과 같이 쓰자.

$$f'(z)=\frac{A}{(z^2-1)^{1/2}}$$

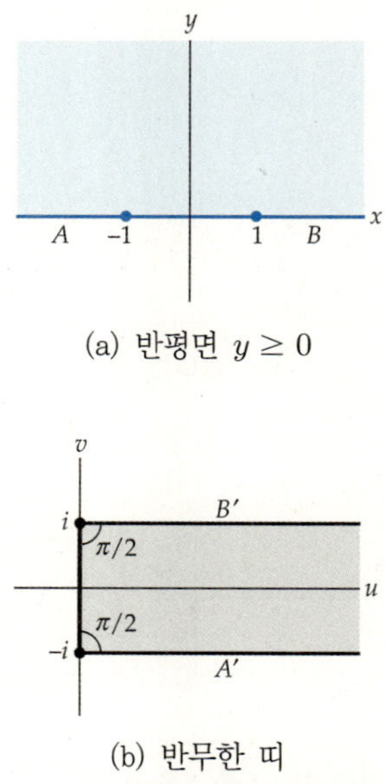

그림 7.3.5 보기 1을 위한 그림

8) 평면에서 갇힌 다각 구역의 경우에 $n-1$개의 내각은 나머지 하나를 유일하게 결정한다.

또, $(-1)^{1/2}$의 으뜸 값은 i이므로, 다음을 얻는다.

$$f'(z)=\frac{A}{(z^2-1)^{1/2}}=\frac{A}{\{-1(1-z^2)\}^{1/2}}$$
$$=\frac{A}{i}\frac{1}{(1-z^2)^{1/2}}=\frac{-Ai}{(1-z^2)^{1/2}} \tag{8}$$

4.4절의 (7)에 의해 (8)의 역도함수는 다음과 같다.

$$f(z)=-Ai\sin^{-1}z+B \tag{9}$$

여기서 $\sin^{-1}z$는 으뜸 제곱근과 로그의 으뜸 값을 이용해서 얻는 단가 함수이며, A와 B는 복소 상수이다. $f(-1)=-i$이고 $f(1)=i$이므로, 두 상수 A와 B는 다음 연립 방정식을 만족시킨다.

$$-Ai\sin^{-1}(-1)+B=Ai\frac{\pi}{2}+B=-i,$$
$$-Ai\sin^{-1}(1)+B=-Ai\frac{\pi}{2}+B=i$$

이 두 방정식을 더하면 $2B=0$, 곧 $B=0$을 얻는다. $B=0$은 첫째 또는 둘째 방정식에 대입하면 $A=-2/\pi$를 얻는다. 따라서 찾는 사상은 다음과 같다.

$$f(z)=i\frac{2}{\pi}\sin^{-1}z$$

이 사상은 그림 7.3.5에 나타냈다. $w=i\frac{2}{\pi}\sin^{-1}z$는 그림 7.3.5(a)에 A와 B로 나타낸 두 선분을 각각 그림 7.3.5(b)에 A'과 B'으로 나타낸 선분 위로 사상한다. ❑

보기 2 슈바르츠·크리스토펠 공식의 활용

슈바르츠·크리스토펠 공식 (6)을 이용해서 위쪽 반평면을 그림 7.3.6(b)에 나타낸 다각 구역 위로 보내는 한꼴 사상을 구성하라.

풀이 보기 1과 같이 나아간다. 그림 7.3.6(b)에 나타낸 구역은 갇히지 않은 다각 구역으로, 두 꼭짓점 $w=i$와 $w=0$에서의 내각은 각각 $\alpha_1=3\pi/2$와 $\alpha_2=\pi/2$이다. $x_1=-1$과 $x_2=1$이 각각 w_1과 w_2 위로 사상된다고 하면, (6)은 다음과 같이 된다.

$$f'(z)=A(z+1)^{1/2}(z-1)^{-1/2} \tag{10}$$

다음이 성립한다.

$$(z+1)^{1/2}(z-1)^{-1/2}=\left(\frac{z+1}{z-1}\right)^{1/2}\left(\frac{z+1}{z+1}\right)^{1/2}=\frac{z+1}{(z^2-1)^{1/2}}$$

그러므로 (10)을 다음과 같이 쓸 수 있다.

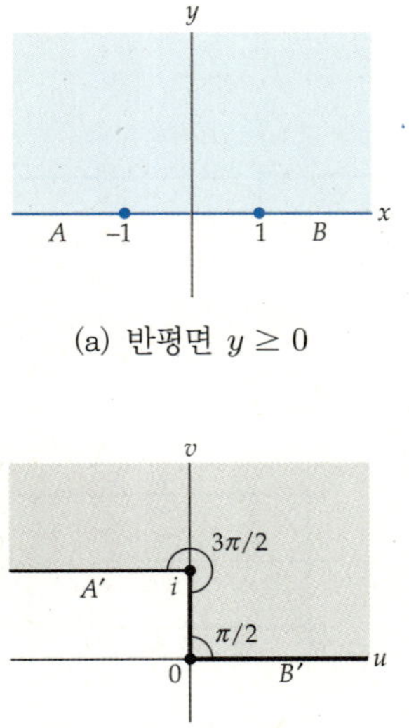

(a) 반평면 $y\geq 0$

(b) 보기 2를 위한 다각 구역

그림 7.3.6 보기 2를 위한 그림

$$f'(z) = A\left\{\frac{z}{(z^2-1)^{1/2}} + \frac{1}{(z^2-1)^{1/2}}\right\} \tag{11}$$

(11)의 역도함수는 다음과 같다.

$$f(z) = A\{(z^2-1)^{1/2} + \cosh^{-1}z\} + B$$

여기서 A와 B는 복소 상수이고, $(z^2-1)^{1/2}$과 $\cosh^{-1}z$는 영역 $y>0$에서 정의된 제곱근 함수와 역쌍곡선 코사인 함수의 분지이다. $f(-1)=i$이고 $f(1)=0$이므로, 두 상수 A와 B는 다음 연립 방정식을 만족시킨다.

$$A\{0+\cosh^{-1}(-1)\} + B = A\pi i + B = i,$$

$$A\{0+\cosh^{-1}(1)\} + B = B = 0$$

따라서 $A = 1/\pi$이고 $B=0$이므로, 찾는 사상은 다음과 같다.

$$f(z) = \frac{1}{\pi}\{(z^2-1)^{1/2} + \cosh^{-1}z\}$$

사상을 그림 7.3.6에 나타냈다. 사상 $w=f(z)$에 의해 그림 7.3.6(a)에 A와 B로 나타낸 두 선분을 각각 그림 7.3.6(b)에 A'과 B'으로 나타낸 선분 위로 사상된다. ❑

슈바르츠 · 크리스토펠 공식을 이용해서, $f(z)$를 언제나 초등 함수로 표현할 수 있는 것은 아니다. 그렇지만 이런 경우에는 수치적 기법을 이용해서 f에 대단히 정확하게 근접시킬 수 있다. 다음 보기는 비교적 간단한 다각 구역도 초등 함수로 표현할 수 없는 적분에 이를 수 있음을 예시한다.

보기 3 슈바르츠·크리스토펠 공식의 활용

슈바르츠·크리스토펠 공식 (6)을 이용해서 위쪽 반평면을 꼭짓점이 $w_1=0$, $w_2=1$, $w_3=\frac{1}{2}+\frac{1}{2}\sqrt{3}\,i$인 정삼각형으로 둘러싸인 다각 구역 위로 보내는 한 꼴 사상을 구성하라. 그림 7.3.7을 보라.

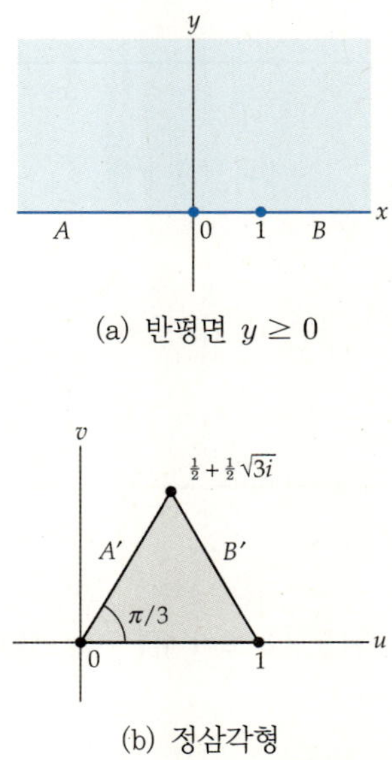

그림 7.3.7 보기 3을 위한 그림

풀이 정삼각형으로 둘러싸인 구역은 갇힌 다각 구역으로 내각이 $\alpha_1=\alpha_2=\alpha_3=\pi/3$이다. 419쪽에서 언급한 대로, 내각이 $n-1=2$개인 슈바르츠·크리스토펠 공식 (6)을 이용해서 원하는 사상을 찾을 수 있다. $x_1=0$과 $x_2=1$로 놓으면, (6)에 의해 다음을 얻는다.

$$f'(z) = Az^{-2/3}(z-1)^{-2/3} \tag{12}$$

(12)에 있는 함수의 역도함수를 초등 함수로 나타낼 수는 없다. 그런데 f'은 단순 연결 영역 $y>0$에서 해석적이므로, 정리 5.4.3에 의해 역도함수 f는 이 영역에서 존재한다. 역도함수는 두 복소 상수 A와 B에 대해 다음 적분 공식으로 주어진다.

$$f(z) = A\int_0^z \frac{1}{s^{2/3}(s-1)^{2/3}}\,ds + B \tag{13}$$

조건 $f(0)=0$을 이용하면, 상수 B를 찾을 수 있다. $\int_0^0 = 0$이므로, 다음을 얻는다.

$$f(0) = A\int_0^0 \frac{1}{s^{2/3}(s-1)^{2/3}}\,ds + B = 0 + B = B$$

$f(0)=0$이므로 $B=0$이다. 조건 $f(1)=1$에 의해 다음을 얻는다.

$$f(1) = A\int_0^1 \frac{1}{s^{2/3}(s-1)^{2/3}}\,ds = 1$$

Γ를 다음 적분 값이라 하자.

$$\Gamma = \int_0^1 \frac{1}{s^{2/3}(s-1)^{2/3}}\,ds$$

그러면 $A = 1/\Gamma$이고 f를 다음과 같이 쓸 수 있다.

$$f(z) = \frac{1}{\Gamma}\int_0^z \frac{1}{s^{2/3}(s-1)^{2/3}}\,ds$$

f의 값에 대한 근사값을 CAS로 찾을 수 있다. 예를 들면, *Mathematica*에서 명령어 **NIntegrate**를 이용하면 다음을 찾을 수 있다.

$$f(i) \fallingdotseq 0.4244 + 0.3323i, \quad f(1+i) \fallingdotseq 0.5756 + 0.3323i$$ ❑

슈바르츠·크리스토펠 공식을 이용해서 때로는 다각이 아닌 구역 위로의 사상을 찾을 수 있다. 이런 접근 방법에서는, 찾고자 하는 다각이 아닌 구역을 다각 구역들의 열의 '극한'으로 얻을 수 있다는 점을 요구한다. 다음은 이런 기법을 예시한다.

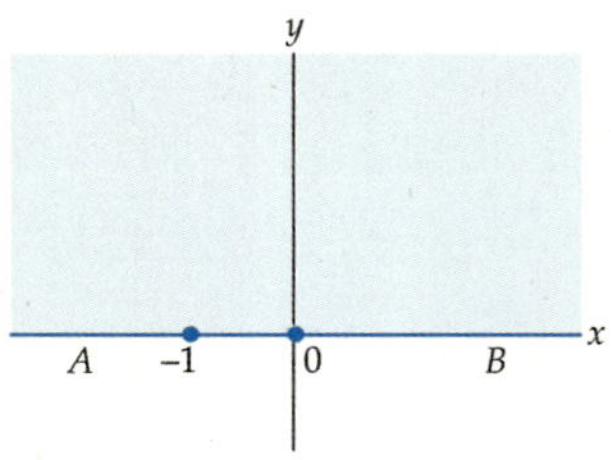

(a) 반직선 $v \geq 0$

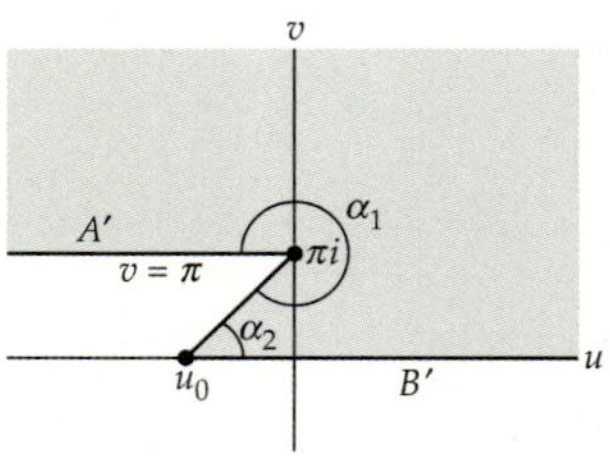

(b) 다각 구역

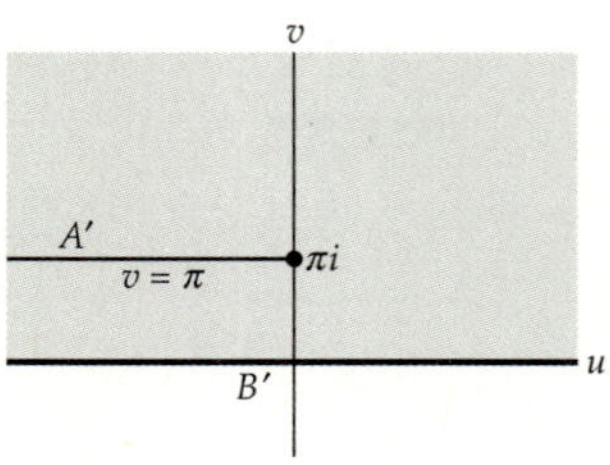

(c) 다각 구역의 극한

그림 7.3.8 보기 4를 위한 그림

보기 4 슈바르츠·크리스토펠 공식의 활용

슈바르츠·크리스토펠 공식 (6)을 이용해서 위쪽 반평면을 수평 반직선 $v=\pi$, $-\infty < u \leq 0$이 빠진 $v \geq 0$으로 정의된 다각이 아닌 구역 위로 보내는 한꼴 사상을 구성하라. 그림 7.3.8(c)를 보라.

풀이 u_0을 w평면에서 양이 아닌 u축에 있는 점이라 하자. 반직선 $v=\pi$, $-\infty < u \leq 0$이 빠진 $v \geq 0$으로 정의된 다각이 아닌 구역을, 경계가 수평 반직선 $v=\pi$, $-\infty < u \leq 0$과 πi로부터 u_0까지의 선분 및 수평 반직선 $v=0$, $u_0 \leq u \leq \infty$로 이루어진 다각 구역으로 근접시킬 수 있다. 이 다각 구역의 꼭짓점은 $w_1 = \pi i$와 $w_2 = u_0$이고, 대응하는 내각은 α_1과 α_2이다. 그림 7.3.8(b)를 보라. $z_1 = -1$과 $z_2 = 0$이 각각 $w_1 = \pi i$와

$w_2 = u_0$ 위로 사상된다고 하면, (6)은 다음과 같은 도함수가 된다.

$$A(z+1)^{(\alpha_1/\pi)-1} z^{(\alpha_2/\pi)-1} \tag{14}$$

그림 7.3.8(b)에서 관찰할 수 있듯이, u_0이 u축을 따라서 $-\infty$로 접근할 때, 내각 α_1은 2π에 가까워지고 내각 α_2는 0에 가까워진다. 이런 극한 값을 이용하면, (14)로부터 찾으려는 사상 f의 도함수가 다음과 같음을 알 수 있다.

$$f'(z) = A(z+1)^1 z^{-1} = A\left(1 + \frac{1}{z}\right) \tag{15}$$

(15)에 있는 함수의 역도함수는 두 복소 상수 A와 B에 대해 다음과 같다.

$$f(z) = A(z + \mathrm{Ln}z) + B \tag{16}$$

두 복소 상수 A와 B의 적절한 값을 결정하기 위해서, 먼저 위쪽 반평면 $y \geq 0$에서 사상 $g(z) = z + \mathrm{Ln}z$를 생각하자. 함수 g는 $z = 0$에서 불연속이다. 그러므로 반평면 $y \geq 0$의 경계인 반직선 $y = 0$, $-\infty < x < 0$과 반직선 $y = 0$, $0 < x < \infty$를 별도로 생각하자. $z = x + 0i$가 반직선 $y = 0$, $-\infty < x < 0$에 있으면, $\mathrm{Arg}(z) = \pi$이고 이에 따라 $g(z) = x + \log_e|x| + i\pi$이다.

$x < 0$일 때, $x + \log_e|x|$는 $-\infty$부터 -1까지의 모든 값을 취한다. 그러므로 g에 의한 음의 x축의 상은 수평 반직선 $v = \pi$, $-\infty < u < -1$이다. 반면에 $z = x + 0i$가 반직선 $y = 0$, $0 < x < \infty$에 있으면, $\mathrm{Arg}(z) = 0$이고 이에 따라 $g(z) = x + \log_e|x|$이다. $x > 0$일 때, $x + \log_e|x|$는 $-\infty$부터 ∞까지의 모든 값을 취한다. 그러므로 g에 의한 양의 x축의 상은 u축이다. 이에 따라 $g(z) = z + \mathrm{Ln}z$에 의한 반평면 $y \geq 0$의 상은 수평 반직선 $v = \pi$, $-\infty < u < -1$이 빠진 $v \geq 0$으로 정의된 구역이다. 그림 7.3.8(c)에 나타낸 구역을 얻기 위해서는 g와 1만큼의 평행 이동을 합성해야 한다. 따라서 찾는 사상은 다음과 같다.

$$f(z) = z + \mathrm{Ln}z + 1$$ ❑

7.3 익힘 문제

문제 1~6에서는 정리 7.3.1을 이용해서, 주어진 조건을 만족시키는 한꼴 사상 $w = f(z)$에 의한 위쪽 반평면 $y \geq 0$의 상을 설명하라.

1. $f'(z) = (z-1)^{-1/2}$, $f(1) = 0$
2. $f'(z) = (z+1)^{-1/3}$, $f(-1) = 0$
3. $f'(z) = (z+1)^{-1/2}(z-1)^{1/2}$, $f(-1) = 0$, $f(1) = 1$
4. $f'(z) = (z+1)^{-1/2}(z-1)^{-3/4}$, $f(-1) = 0$, $f(1) = 1$
5. $f'(z) = (z+1)^{1/2}z^{-1/2}(z-1)^{-1/4}$, $f(-1) = i$, $f(0) = 0$, $f(1) = 1$

6. $f'(z)=(z+1)^{-1/4}z^{-1/2}(z-1)^{-1/4}$, $f(-1)=-1+i$, $f(0)=0$, $f(1)=1+i$

문제 7~10에서는 슈바르츠·크리스토펠 공식 (6)을 이용해서 위쪽 반평면을 그림에 나타낸 다각 구역 위로 보내는 한꼴 사상 $w=f(z)$의 식을 찾아라. (6)에서 $x_1=-1$, $x_2=0$, $x_3=1$ 등의 값을 이용하라. $f(z)$에 대해 풀려고 하지 마라.

7. $f(-1)=0$, $f(0)=1$

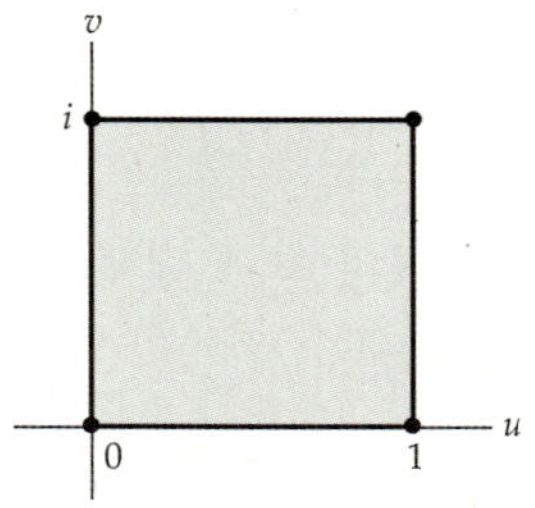

그림 7.3.9 문제 7을 위한 그림

8. $f(-1)=-1$, $f(0)=0$

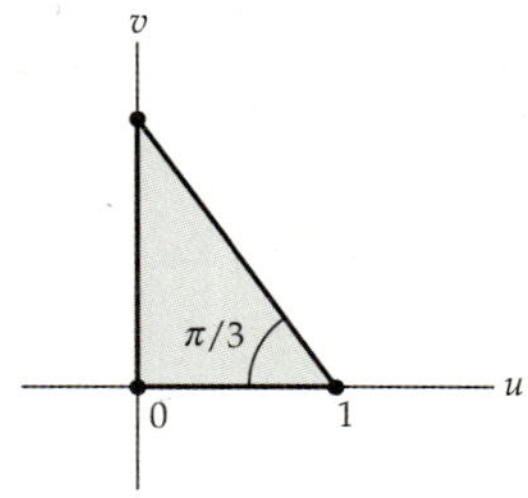

그림 7.3.10 문제 8을 위한 그림

9. $f(z)=e^{i\pi/4}z$

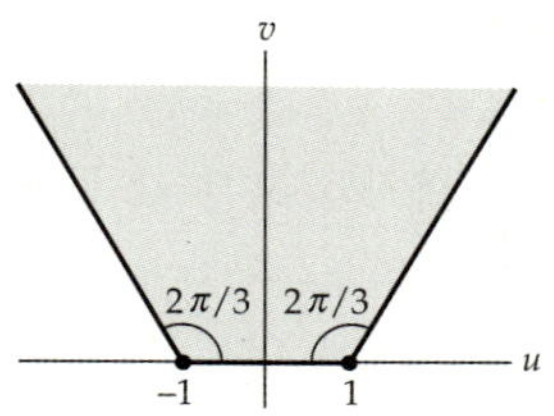

그림 7.3.11 문제 9를 위한 그림

10. $f(z)=\frac{1}{2}iz$

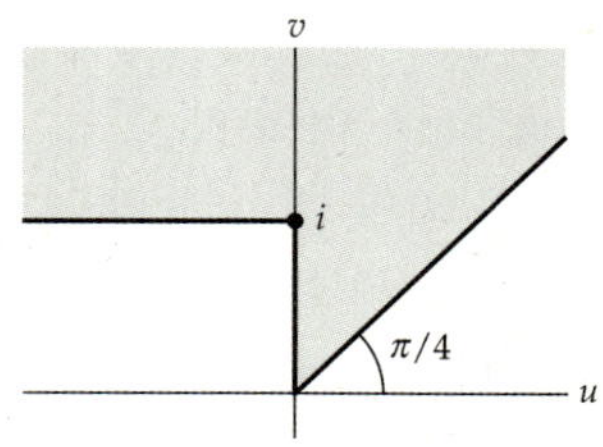

그림 7.3.12 문제 10을 위한 그림

개념과 이해

11. 슈바르츠·크리스토펠 공식 (6)을 이용해서 위쪽 반평면을 그림 7.3.13에 나타낸 다각 구역 위로 보내는 한꼴 사상을 구성하라. 단, $f(-1)=\pi i$이고 $f(1)=0$이다.

12. 슈바르츠·크리스토펠 공식 (6)을 이용해서 위쪽 반평면을 그림 7.3.14에 나타낸 다각 구역 위로 보내는 한꼴 사상을 구성하라. 단, $f(-1)=-ai$이고 $f(1)=ai$이다.

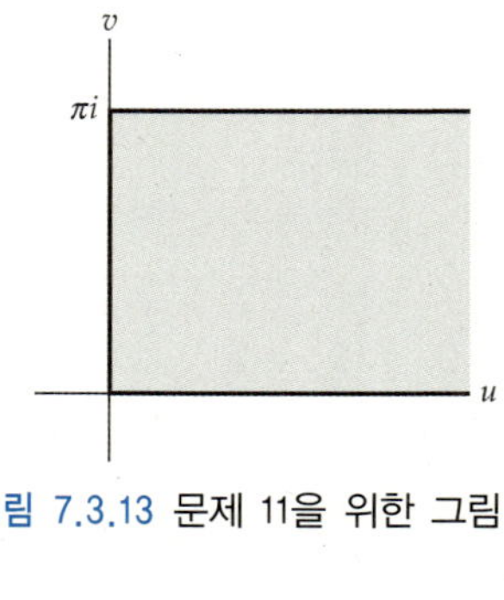

그림 7.3.13 문제 11을 위한 그림

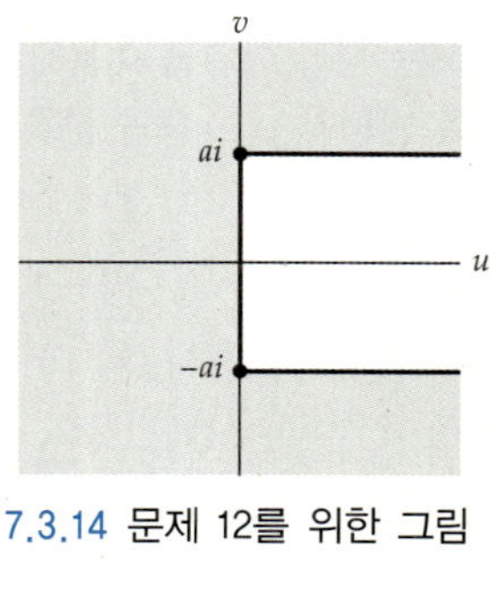

그림 7.3.14 문제 12를 위한 그림

13. 슈바르츠·크리스토펠 공식 (6)을 이용해서 부록 3의 항 M-3에 있는 한꼴 사상을 밝혀라. 단, 먼저 위쪽 반평면을 그림 7.3.15에 나타낸 다각 구역 위로 보내는 사상의 도함수를 구성하라. 단, $f(-1)=-a$, $f(0)=v_1 i$, $f(1)=a$이고, v축을 따라 $v_1 \to -\infty$이다.

14. 슈바르츠·크리스토펠 공식 (6)을 이용해서 부록 3의 항 M-4에 있는 한꼴 사상을 밝혀라. 단, 먼저 위쪽 반평면을 그림 7.3.16에 나타낸 다각 구역 위로 보내는 사상의 도함수를 구성하라. 단, $f(-1)=-u_1$, $f(0)=ai$, $f(1)=u_1$이고, u축을 따라 $u_1 \to 0$이다.

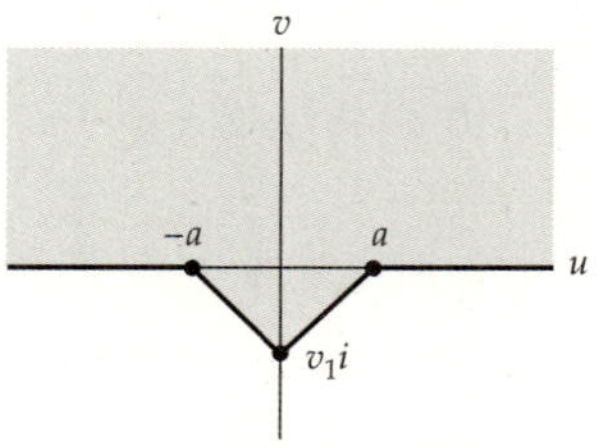

그림 7.3.15 문제 13을 위한 그림

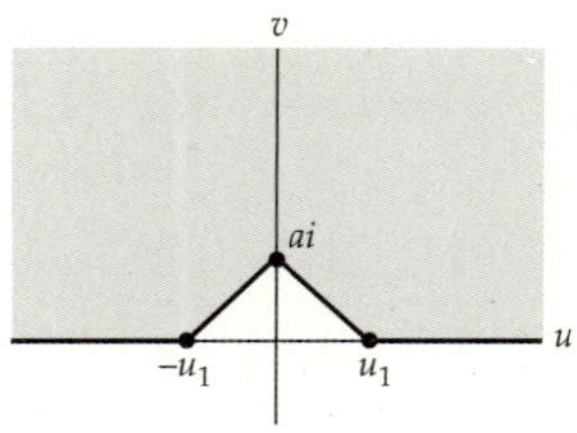

그림 7.3.16 문제 14를 위한 그림

컴퓨터 실습 과제

문제 15~18에서는 CAS를 이용해서 주어진 함수에 의한 두 점 $z_1=i$와 $z_2=1+i$의 상을 근사시켜라.

15. $w=f(z)$는 문제 3의 사상
16. $w=f(z)$는 문제 6의 사상
17. $w=f(z)$는 문제 8의 사상
18. $w=f(z)$는 문제 9의 사상

7.4 푸아송 적분 공식

한꼴 사상을 이용해서 라플라스 방정식과 연관된 경계값 문제의 풀이는, 종종 위쪽 반평면 $y>0$ 또는 열린 단위 원판 $|z|<1$과 같은 단순한 영역에서의 관련된 경계값 문제를 풀 수 있는 가능성에 의존한다. 이번 절에서는 이런 영역에서의 디리클레 문제를 푸는 두 가지 중요한 적분 공식을 제시한다.

위쪽 반평면에 대한 공식 먼저 다음 디리클레 문제를 조사하자.

$$\frac{\partial^2\phi}{\partial x^2}+\frac{\partial^2\phi}{\partial y^2}=0 \ (-\infty<x<\infty,\ y>0)$$
$$\phi(x,\ 0)=\begin{cases} k_0 & (-\infty<x<x_1) \\ k_1 & (x_1<x<\infty) \end{cases} \tag{1}$$

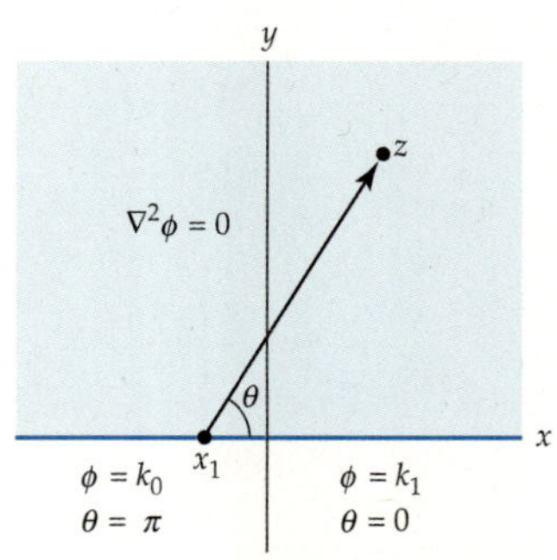

그림 7.4.1 디리클레 문제 (1)

여기서 k_0과 k_1은 실 상수이고, x_1은 x축에 있는 점이다. 그림 7.4.1을 살펴보면 함수 ϕ는 위쪽 반평면에서 x_1에서 뻗어나가는 각 반직선에서 상수이고,

각 반직선에서 ϕ의 값은 그 반직선과 x_1에서 뻗어나가고 점 x_1+1을 포함하는 반직선과 이루는 각 θ가 0부터 π까지 변함에 따라 k_1부터 k_0까지 변한다. 바꿔 말하면, $\phi(0)=k_1$이고 $\phi(\pi)=k_0$인 함수 $\phi(\theta)$를 찾는다. 가장 간단한 이런 함수는 다음과 같은 선형 함수이다.

$$\phi(\theta)=k_1+\left(\frac{k_0-k_1}{\pi}\right)\theta \quad (0\leq\theta\leq\pi)$$

평행 이동 $z-x_1$을 적용한 뒤에는, $\theta=\mathrm{Arg}(z-x_1)$이고 ϕ를 다음과 같이 다시 쓸 수 있음을 확인하자.

$$\phi(x,\ y)=k_1+\frac{1}{\pi}(k_0-k_1)\mathrm{Arg}(z-x_1)\ \ (0\leq\mathrm{Arg}(z-x_1)\leq\pi) \tag{2}$$

이제 (2)에서 정의한 함수 $\phi(x,\ y)$가 실제로 디리클레 문제 (1)의 해임을 보이겠다. 위쪽 반평면 $y>0$에서 $\phi(x,\ y)$는 다음 함수의 실수 부분이다.

$$f(z)=k_1-\frac{i}{\pi}(k_0-k_1)\mathrm{Ln}(z-x_1)$$

f가 $y>0$에서 해석적이므로, 정리 3.3.1에 의해 이것의 실수 부분은 조화적이다. 따라서 $\phi(x,\ y)$는 $-\infty<x<\infty$이고 $y>0$일 때 다음 라플라스 방정식을 만족시킨다.

$$\frac{\partial^2\phi}{\partial x^2}+\frac{\partial^2\phi}{\partial y^2}=0 \tag{3}$$

다음으로 $\phi(x,\ y)$가 (1)의 경계 조건을 만족시킴을 밝히자. z가 실수축의 구간 $(x_1,\ \infty)$에 속한다고 가정하자. 곧, $z=x+0i$이고 $x_1<x<\infty$라고 하자. 이런 경우에 $\mathrm{Arg}(z-x_1)=0$이고, 이에 따라 (2)에 의해 다음을 얻는다.

$$\phi(x,\ 0)=k_1+\frac{1}{\pi}(k_0-k_1)\mathrm{Arg}(z-x_1)=k_1+\frac{1}{\pi}(k_0-k_1)\cdot 0=k_1 \tag{4}$$

반면에, $z=x+0i$이고 $-\infty<x<x_1$이면, $\mathrm{Arg}(z-x_1)=\pi$이고 다음을 얻는다.

$$\phi(x,\ 0)=k_1+\frac{1}{\pi}(k_0-k_1)\mathrm{Arg}(z-x_1)=k_1+\frac{1}{\pi}(k_0-k_1)\cdot\pi=k_0 \tag{5}$$

따라서 (3), (4), (5)에 의해 (2)로 정의된 $\phi(x,\ y)$는 디리클레 문제 (1)의 해이다.

위의 논의를 일반화할 수 있다. 특히, 다음과 같은 디리클레 문제를 생각하자.

$$\begin{gathered}\frac{\partial^2\phi}{\partial x^2}+\frac{\partial^2\phi}{\partial y^2}=0\ \ (-\infty<x<\infty,\ y>0)\\ \phi(x,\ 0)=\begin{cases}k_0 & (-\infty<x<x_1)\\ k_1 & (x_1<x<x_2)\\ \ \vdots & \qquad\vdots\\ k_n & (x_n<x<\infty)\end{cases}\end{gathered} \tag{6}$$

여기서 $x_1 < x_2 < \cdots < x_n$은 x축에 있는 n개의 서로 다른 점이고, k_0, k_1, $\cdots$, k_n은 $n+1$개의 실 상수이다. 그림 7.4.2를 보라. (1)은 $n=1$에 대응하는 (6)의 특별한 경우임을 확인하자. (2)를 얻는 데 이용한 논리와 비슷하게 다음 함수를 구성하자.

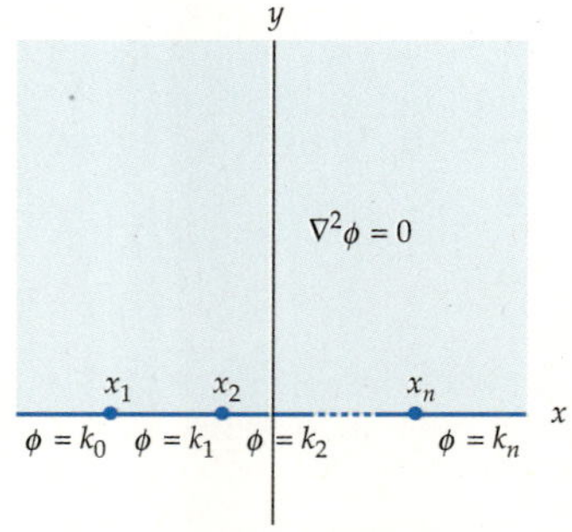

그림 7.4.2 디리클레 문제 (6)

$$\phi(x,\ y) = k_n + \frac{1}{\pi}\sum_{j=1}^{n}(k_{j-1} - k_j)\operatorname{Arg}(z - x_j) \tag{7}$$

(2)와 같이, $\phi(x,\ y)$가 다음 해석 함수의 실수 부분임을 관찰함으로써, 이 함수가 영역 $y > 0$에서 조화적임을 밝힐 수 있다.

$$f(z) = k_n - \frac{1}{\pi}\sum_{j=1}^{n}(k_{j-1} - k_j)\operatorname{Ln}(z - x_j)$$

이제 $\phi(x,\ y)$가 (6)의 경계 조건을 만족시킴을 보이자. N을 j의 고정된 값이라 하자. $z = x + 0i$이고 $x_N < x < x_{N+1}$이면, $1 \le j \le N$에 대해 $\operatorname{Arg}(z - x_j) = 0$이고 $N+1 \le j \le n$에 대해 $\operatorname{Arg}(z - x_j) = \pi$이다. 그러므로 $z = x + 0i$이고 $x_N < x < x_{N+1}$이면 (7)에서 다음을 얻는다.

$$\begin{aligned}
\phi(x,\ 0) &= k_n + \frac{1}{\pi}\sum_{j=1}^{n}(k_{j-1} - k_j)\operatorname{Arg}(z - x_j) \\
&= k_n + \frac{1}{\pi}\sum_{j=1}^{N}(k_{j-1} - k_j)\operatorname{Arg}(z - x_j) + \frac{1}{\pi}\sum_{j=N+1}^{n}(k_{j-1} - k_j)\operatorname{Arg}(z - x_j) \\
&= k_n + \frac{1}{\pi}\sum_{j=1}^{N}(k_{j-1} - k_j)\cdot 0 + \frac{1}{\pi}\sum_{j=N+1}^{n}(k_{j-1} - k_j)\cdot \pi \\
&= k_n + (k_N - k_{N+1}) + (k_{N+1} - k_{N+2}) + \cdots + (k_{n-1} - k_n) \\
&= k_N
\end{aligned}$$

따라서 함수 $\phi(x,\ y)$는 (6)의 경계 조건을 만족시킨다. 요약하면, (7)에 정의된 함수 $\phi(x,\ y)$는 (6)에 제시한 디리클레 문제의 해이다. 이 해를 이용해서, 위쪽 반평면 $y > 0$에서 좀 더 일반적인 형태의 디리클레 문제의 해에 대한 적분 공식을 찾겠다.

보기 1 위쪽 반평면에서 디리클레 문제 풀이

(7)을 이용해서 그림 7.4.3에 나타낸 다음 디리클레 문제를 풀어라.

$$\frac{\partial^2\phi}{\partial x^2} + \frac{\partial^2\phi}{\partial y^2} = 0 \quad (-\infty < x < \infty,\ y > 0)$$

$$\phi(x,\ 0) = \begin{cases} 2 & (-\infty < x < 0) \\ -1 & (0 < x < 3) \\ 5 & (3 < x < \infty) \end{cases}$$

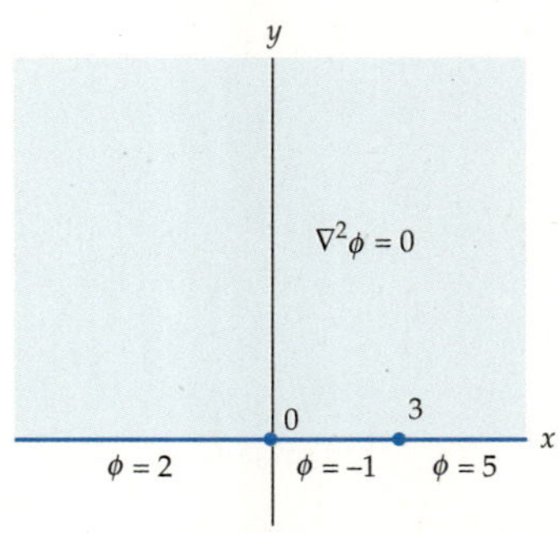

그림 7.4.3 보기 1을 위한 그림

풀이 (7)에 $k_0 = 2$, $k_1 = -1$, $k_2 = 5$, $x_1 = 0$, $x_2 = 3$으로 놓으면, 다음 해를 얻는다.

$$\phi(x,\ y)=5+\frac{1}{\pi}(2+1)\text{Arg}(z-0)+\frac{1}{\pi}(-1-5)\text{Arg}(z-3)$$

$$=5+\frac{3}{\pi}\text{Arg}(z)-\frac{6}{\pi}\text{Arg}(z-3)$$ ❑

푸아송 적분 공식 디리클레 문제 (6)의 특별한 경우로 $k_0=k_n=0$인 다음 문제를 생각하자.

$$\frac{\partial^2\phi}{\partial x^2}+\frac{\partial^2\phi}{\partial y^2}=0\ \ (-\infty<x<\infty,\ y>0) \tag{8}$$

$$\phi(x,\ 0)=\begin{cases}0 & (-\infty<x<x_1)\\ k_1 & (x_1<x<x_2)\\ \vdots & \quad\vdots\\ k_{n-1} & (x_{n-1}<x<x_n)\\ 0 & (x_n<x<\infty)\end{cases}$$

$i=1,\ 2,\ \cdots,\ n$에 대해 $z_i=z-x_i$로 놓으면, $k_0=k_n=0$이므로, (7)에 제시한 해는 다음과 같이 쓸 수 있다.

$$\phi(x,\ y)=0+\frac{1}{\pi}\{(0-k_1)\text{Arg}\ z_1+(k_1-k_2)\text{Arg}\ z_2+\cdots+(k_{n-1}-0)\text{Arg}\ z_n\}$$

$$=\frac{1}{\pi}\{k_1(\text{Arg}\ z_2-\text{Arg}\ z_1)+k_2(\text{Arg}\ z_3-\text{Arg}\ z_2)+\cdots+k_{n-1}(\text{Arg}\ z_n-\text{Arg}\ z_{n-1})\}$$

$$=\sum_{j=1}^{n-1}\frac{k_j}{\pi}(\text{Arg}\ z_{j+1}-\text{Arg}\ z_j)$$

곧, 다음 함수가 (8)의 디리클레 문제의 해이다.

$$\phi(x,\ y)=\sum_{j=1}^{n-1}\frac{k_j}{\pi}\{\text{Arg}(z-x_{j+1})-\text{Arg}(z-x_j)\} \tag{9}$$

(9)를 실 특이 적분으로 나타낼 수 있다. 이를 위해 t를 실 변수라 하고, $y>0$이면 다음이 성립함에 주목하자.

$$\text{Arg}(z-t)=\cot^{-1}\left(\frac{x-t}{y}\right),\quad \frac{d}{dt}\text{Arg}(z-t)=\frac{y}{(x-t)^2+y^2}$$

다르게 나타내면 다음과 같다.

$$\text{Arg}(z_{j+1})-\text{Arg}(z_j)=\int_{x_j}^{x_{j+1}}\frac{y}{(x-t)^2+y^2}\,dt$$

이를 대입하면, (9)는 다음과 같이 된다.

$$\phi(x,\ y)=\frac{1}{\pi}\sum_{j=1}^{n-1}\int_{x_j}^{x_{j+1}}\frac{k_j y}{(x-t)^2+y^2}\,dt$$

$x<x_1$ 또는 $x>x_n$일 때 $\phi(x,\ 0)=0$이므로, $\phi(x,\ y)$는 다음과 같이 쓸 수도 있다.

$$\phi(x,\ y)=\frac{y}{\pi}\int_{-\infty}^{\infty}\frac{\phi(t,\ 0)}{(x-t)^2+y^2}\,dt \tag{10}$$

(10)의 적분 공식을 위쪽 반평면 $y>0$에 대한 **푸아송 적분 공식**이라 하는데, 이는 (8)의 디리클레 문제에 대한 해 $\phi(x,\ y)$를 제공한다. 푸아송 적분 공식을 이용하면, 경계 조건이 임의의 조각 연속이고 갇힌 함수로 주어지는 좀 더 일반적인 형태의 디리클레 문제를 풀 수 있다. 이것이 다음 정리의 내용이다.

용어
푸아송 적분 공식 Poisson integral formula

정리 7.4.1 반평면에 대한 푸아송 적분 공식

$f(x)$가 $-\infty<x<\infty$에서 조각 연속이고 갇힌 함수일 때, 다음과 같이 정의하자.

$$\phi(x,\ y)=\frac{y}{\pi}\int_{-\infty}^{\infty}\frac{f(t)}{(x-t)^2+y^2}\,dt \tag{11}$$

그러면 함수 $\phi(x,\ y)$는 f가 연속인 모든 점에서 경계 조건이 $\phi(x,\ 0)=f(x)$인 위쪽 반평면에서의 디리클레 문제의 해이다.

불행하게도, 소수의 함수 f에 대해서만 푸아송 적분 공식 (11)의 값을 찾을 수 있다. 다음 보기는 위의 지적에 대한 예외이다.

보기 2 푸아송 적분 공식의 활용

푸아송 적분 공식 (11)을 이용해서 그림 7.4.4에 나타낸 다음 디리클레 문제의 해를 찾아라.

$$\frac{\partial^2\phi}{\partial x^2}+\frac{\partial^2\phi}{\partial y^2}=0\ \ (-\infty<x<\infty,\ y>0)$$

$$\phi(x,\ 0)=\begin{cases}0 & (-\infty<x<-1)\\ x & (-1<x<1)\\ 0 & (1<x<\infty)\end{cases}$$

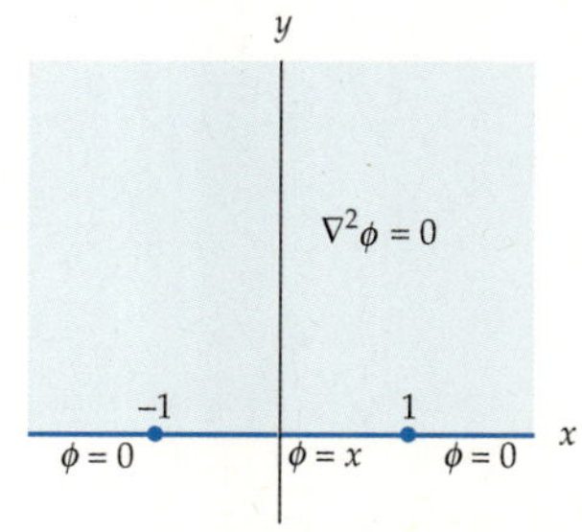

그림 7.4.4 보기 2를 위한 그림

풀이 먼저 실 함수 f를 $f(x)=\phi(x,\ 0)$으로 정의하자. 그러면 $-1<x<1$에서 $f(x)=x$이고 다른 곳에서는 0이다. 그러므로 f는 실 직선 $-\infty<x<\infty$에서 조각 연속이고 갇혀 있다. 문자 x를 적분 변수 t로 바꾸면, $-1<t<1$에서 $f(t)=\phi(t,\ 0)=t$이고 다른 곳에서는 0이다. 그러므로 (11)에 의해 다음을 얻는다.

$$\phi(x,\ y) = \frac{y}{\pi}\int_{-\infty}^{\infty} \frac{\phi(t,\ 0)}{(x-t)^2+y^2}\,dt = \frac{y}{\pi}\int_{-1}^{1} \frac{t}{(x-t)^2+y^2}\,dt$$

$s = x - t$와 $ds = -dt$로 치환하면, 이 적분은 다음과 같이 된다.

$$\phi(x,\ y) = -\frac{y}{\pi}\int_{x+1}^{x-1} \frac{x-s}{s^2+y^2}\,ds = -\frac{y}{\pi}\int_{x+1}^{x-1} \frac{x}{s^2+y^2}\,ds + \frac{y}{\pi}\int_{x+1}^{x-1} \frac{s}{s^2+y^2}\,ds$$

초등 미분 적분학에 의해 다음을 얻는다.

$$\int \frac{x}{s^2+y^2}\,ds = \frac{x}{y}\tan^{-1}\left(\frac{s}{y}\right) + C_1,$$

$$\int \frac{s}{s^2+y^2}\,ds = \frac{1}{2}\log_e(s^2+y^2) + C_2$$

따라서 주어진 디리클레 문제의 해는 다음과 같다.

$$\begin{aligned}\phi(x,\ y) &= -\frac{x}{\pi}\left[\tan^{-1}\left(\frac{s}{y}\right)\right]_{s=x+1}^{s=x-1} + \frac{y}{2\pi}\left[\log_e(s^2+y^2)\right]_{s=x+1}^{s=x-1} \\ &= \frac{x}{\pi}\left\{\tan^{-1}\left(\frac{x+1}{y}\right) - \tan^{-1}\left(\frac{x-1}{y}\right)\right\} + \frac{y}{2\pi}\log_e\left\{\frac{(x-1)^2+y^2}{(x+1)^2+y^2}\right\}\end{aligned}$$ ❑

단위 원판에서의 공식 단위 원판에서의 푸아송 적분 공식을 비슷한 방법으로 유도할 수 있다. 이는 열린 단위 원판 $|z| < 1$에서 특정한 형태의 경계 조건을 만족시키는 디리클레 문제의 해에 대한 적분 공식을 제공한다. 다음 정리는 이런 결과를 명확하게 설명한다.

정리 7.4.2 단위 원판에 대한 푸아송 적분 공식

$f(z)$는 복소 함수로 단위 원 $z = e^{i\theta}$에서의 값 $f(e^{i\theta})$가 $-\pi \le \theta \le \pi$에서 조각 연속이고 갇힌 함수를 나타낼 때, 다음과 같이 정의하자.

$$\phi(x,\ y) = \frac{1}{2\pi}\int_{-\pi}^{\pi} f(e^{it})\frac{1-|z|^2}{|e^{it}-z|^2}\,dt \tag{12}$$

그러면 함수 $\phi(x,\ y)$는 f가 연속인 모든 점에서 경계 조건이 $\phi(\cos\theta,\ \sin\theta) = f(e^{i\theta})$인 열린 단위 원판 $|z| < 1$에서의 디리클레 문제의 해이다.

정리 7.4.1과 같이, (12)로 주어지는 적분을 초등 함수로 표현할 수 있는 경우는 거의 없다. 적분 값을 찾을 수 없을 때는, 수치적 방법을 이용해서 (12)로 주어지는 해에 대한 근삿값을 얻는다.

보기 3 푸아송 적분 공식의 활용

푸아송 적분 공식 (12)를 이용해서 그림 7.4.5에 나타낸 다음 디리클레 문제의 해를 찾아라.

$$\frac{\partial^2\phi}{\partial x^2}+\frac{\partial^2\phi}{\partial y^2}=0 \quad (x^2+y^2<1)$$

$$\phi(\cos\theta,\ \sin\theta)=|\theta| \quad (-\pi<\theta\le\pi)$$

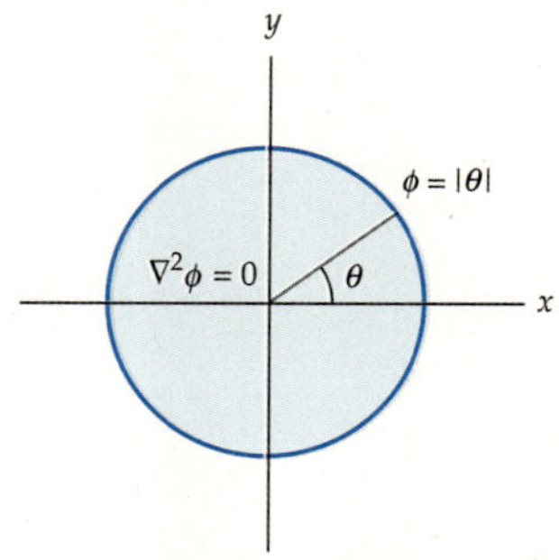

그림 7.4.5 보기 3을 위한 그림

풀이 함수 $f(e^{i\theta})=\phi(\cos\theta,\ \sin\theta)=|\theta|$는 $\pi\le\ \theta\le\pi$에서 조각 연속이고 갇혀 있다. 그러므로 (12)에 $f(e^{it})=\phi(\cos t,\ \sin t)=|t|$를 대입하면 다음 적분 공식을 얻는다.

$$\phi(x,\ y)=\frac{1}{2\pi}\int_{-\pi}^{\pi}|t|\frac{1-|z|^2}{|e^{it}-z|^2}\,dt$$

이 적분을 초등 함수를 이용해서 셈할 수 없다. 그렇지만 *Mathematica*에서 명령어 **NIntegrate**를 이용하면, 함수 $\phi(x,\ y)$의 근삿값을 찾을 수 있다. 예를 들면, *Mathematica*에 따라 $\phi(\frac{1}{2},\ 0)\fallingdotseq 0.9147$과 $\phi(0,\ \frac{1}{2})\fallingdotseq 1.5708$을 얻는다. ❑

7.4 익힘 문제

문제 1~4에서는 (7)을 이용해서 위쪽 반평면 $y>0$에서의 디리클레 문제를 풀어라.

1.

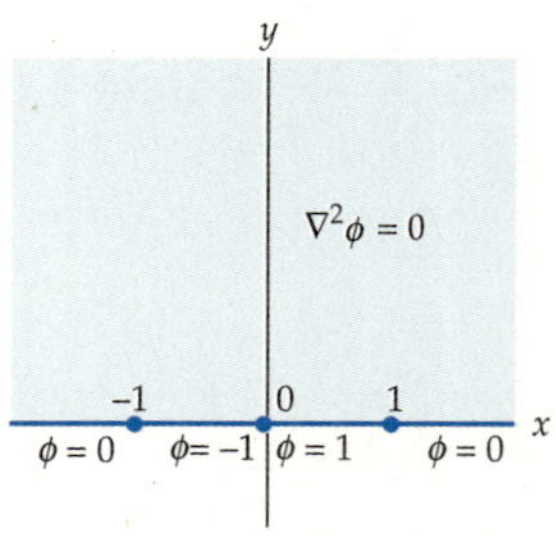

그림 7.4.6 문제 1을 위한 그림

2.

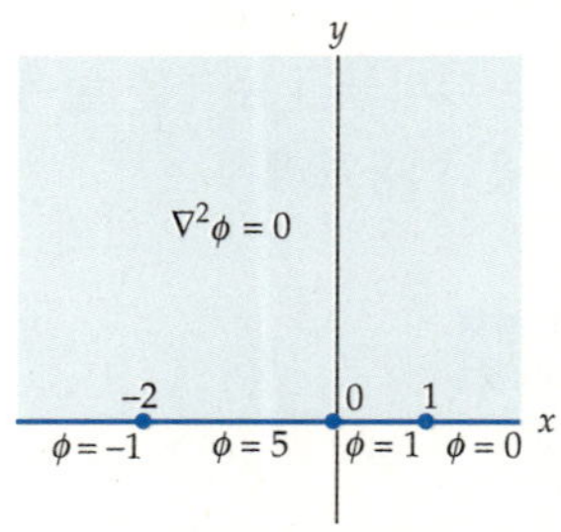

그림 7.4.7 문제 2를 위한 그림

3.

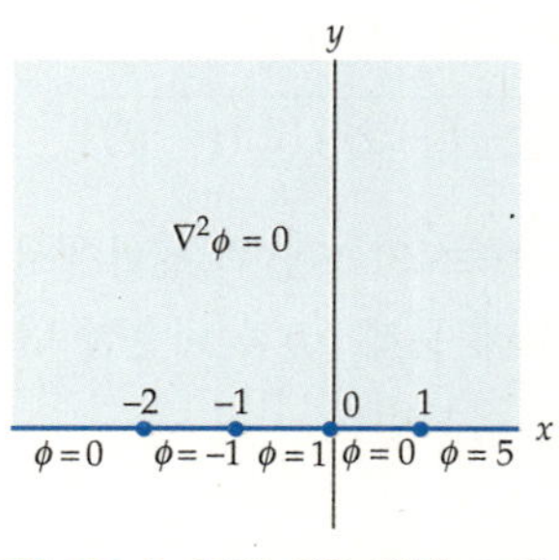

그림 7.4.8 문제 3을 위한 그림

4.

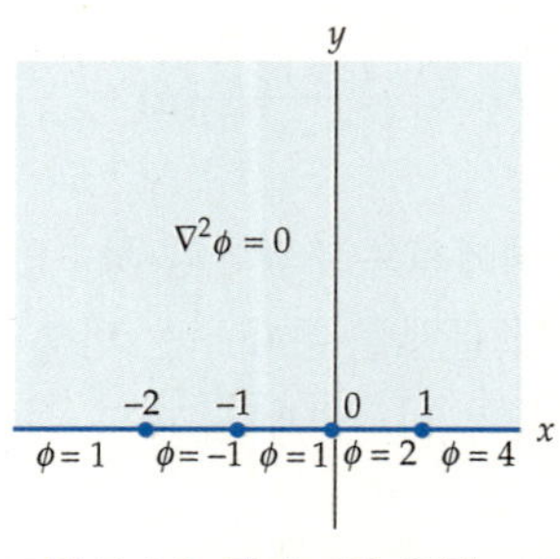

그림 7.4.9 문제 4를 위한 그림

문제 5~8에서는 푸아송 적분 공식 (11)을 이용해서 주어진 경계 조건을 만족시키는 위쪽 반평면에서의 디리클레 문제를 풀어라.

5. $\phi(x,\ 0) = \begin{cases} 0 & (-\infty < x < 0) \\ 2x-1 & (0 < x < 2) \\ 0 & (2 < x < \infty) \end{cases}$

6. $\phi(x,\ 0) = \begin{cases} -1 & (-\infty < x < -1) \\ x & (-1 < x < 1) \\ 0 & (1 < x < \infty) \end{cases}$

7. $\phi(x,\ 0) = \begin{cases} 0 & (-\infty < x < 0) \\ x^2 & (0 < x < 1) \\ 0 & (1 < x < \infty) \end{cases}$

8. $\phi(x,\ 0) = \begin{cases} 0 & (-\infty < x < 0) \\ x^2 & (0 < x < 1) \\ 1 & (1 < x < \infty) \end{cases}$

9. (a) 6.6절에서 제시한 기법을 이용해서 $a > 0$일 때 다음 적분 공식을 밝혀라.

$$\int_{-\infty}^{\infty} \frac{\cos s}{s^2 + a^2}\, ds = \frac{\pi e^{-a}}{a}, \qquad \int_{-\infty}^{\infty} \frac{\sin s}{s^2 + a^2}\, ds = 0$$

(b) 위쪽 반평면 $y > 0$에서 경계 조건 $\phi(x,\ 0) = \cos x\ (-\infty < x < \infty)$를 만족시키는 디리클레 문제를 풀어라. [*귀띔*: $s = t - x$로 치환하고 (a)의 공식을 이용하라.]

10. 위쪽 반평면 $y > 0$에서 경계 조건 $\phi(x,\ 0) = \sin x\ (-\infty < x < \infty)$를 만족시키는 디리클레 문제를 풀어라. [*귀띔*: $s = t - x$로 치환하고 문제 9(a)의 공식을 이용하라.]

개념과 이해

11. $f(z)$는 복소 함수이고, 단위 원 $z = e^{i\theta}\ (-\pi \le \theta \le \pi)$에서 $f(e^{i\theta})$은 조각 연속이고 갇혀 있다고 하자. $z = re^{i\theta}\ (0 \le r < 1)$을 단위 원판의 내점이라 하자. 푸아송 적분 공식 (12)를 다음과 같이 쓸 수 있음을 보여라.

$$\phi(x,\ y) = \frac{1}{2\pi} \int_{-\pi}^{\pi} f(e^{it}) \frac{1 - |z|^2}{|e^{it} - z|^2}\, dt = \frac{1}{2\pi} \int_{-\pi}^{\pi} f(e^{it}) \frac{1 - r^2}{1 + r^2 - 2r\cos(t - \theta)}\, dt \quad (13)$$

12. 이 문제에서는 조각마다 상수인 경계 조건을 만족시키는 단위 원판에서의 디리클레 문제를 푼다. 곧, 반평면에서의 디리클레 문제 (6)과 비슷한 단위 원판에서의 디리클레 문제의 해에 대한 공식을 유도한다.

(a) 다음을 밝혀라.

$$\frac{1}{2\pi} \int \frac{1 - r^2}{1 + r^2 - 2r\cos(t - \theta)}\, dt = \frac{1}{\pi} \tan^{-1}\left\{ \frac{1 + r}{1 - r} \tan\left(\frac{t - \theta}{2} \right) \right\} + C \quad (14)$$

(b) $\theta_1 < \theta_2 < \cdots < \theta_n$을 구간 $(-\pi, \pi)$에 속하는 n개의 서로 다른 점이라 하자. (13)과 (14)를 이용해서 다음 디리클레 문제를 푸는 방법을 설명하라.

$$\frac{\partial^2\phi}{\partial x^2}+\frac{\partial^2\phi}{\partial y^2}=0 \ (x^2+y^2<1)$$

$$\phi(\cos\theta,\ \sin\theta)=\begin{cases} k_0 & (-\pi<\theta<\theta_1) \\ k_1 & (\theta_1<\theta<\theta_2) \\ \vdots & \vdots \\ k_n & (\theta_n<\theta<\pi) \end{cases}$$

13. 두 문제 11과 12를 이용해서 그림 7.4.10의 단위 원판에서 디리클레 문제를 풀어라.

14. 두 문제 11과 12를 이용해서 그림 7.4.11의 단위 원판에서 디리클레 문제를 풀어라.

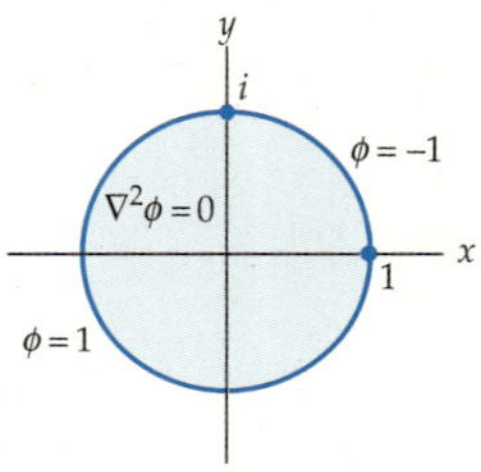

그림 7.4.10 문제 13을 위한 그림

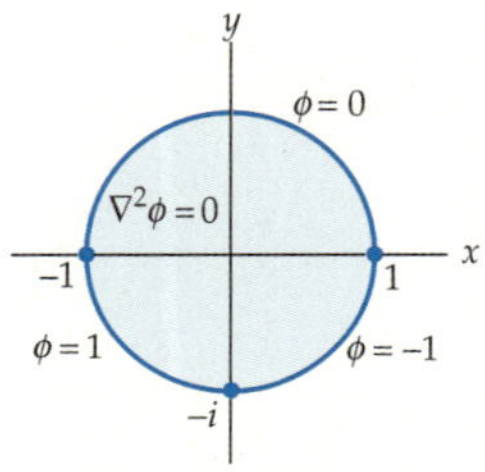

그림 7.4.11 문제 14를 위한 그림

컴퓨터 실습 과제

문제 15와 16에서는 (a) 푸아송 적분 공식 (12)를 이용해서 단위 원판에서 주어진 디리클레 문제의 해를 적분으로 나타내고, (b) CAS를 이용해서 점 (0, 0), $(\frac{1}{2}, \frac{1}{2})$, $(0, \frac{1}{3})$에서의 해에 대한 근삿값을 찾아라.

15.

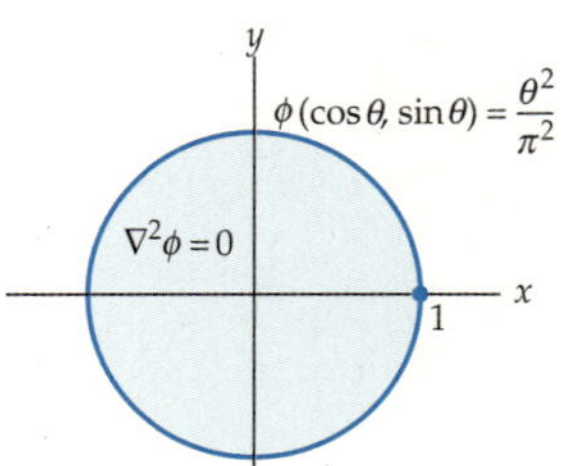

그림 7.4.12 문제 15를 위한 그림

16.

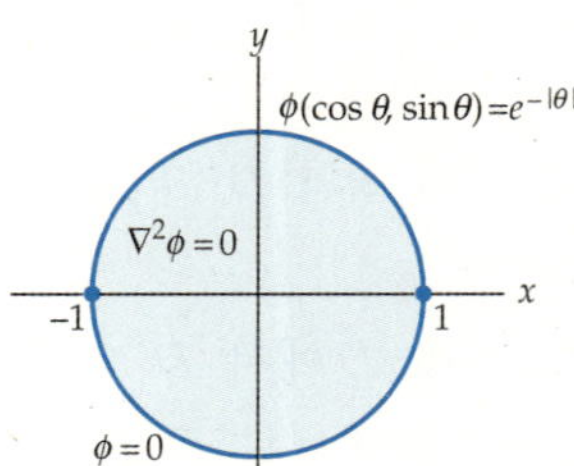

그림 7.4.13 문제 16을 위한 그림

7.5 활용

이번 절에서는 4.5절에서 소개한 디리클레 문제를 푸는 방법을 다시 알아본다. 여기서는 이번 장과 부록 3에서 정의한 새로운 사상들을 추가로 이용한다. 또 새로운 형태의 경계값 문제를 풀기 위한 비슷한 과정도 설명하는데, 이는 두 영역 사이의 한꼴 사상을 찾는 것에 의존한다. 이는 정전기와 열의 흐름의 이차원 모형에서 나타나는 더욱 복잡한 경계값 문제를 탐구할 수 있게 한다. 이번 절의 마지막에서는 평면 구역에서 비압축적 유체의 비회전적 흐름, 곧 이상 유체의 흐름을 찾는 문제에 한꼴 사상을 활용한다.

7.5.1 경계값 문제

디리클레 문제 다시 보기 D는 z평면의 영역이고 g는 D의 경계 C에서 정의된 함수라고 하자. 다음과 같은 라플라스 방정식 $\nabla^2\phi=0$과 경계 조건을 만족시키는 함수 $\phi(x,\ y)$를 찾는 문제를 디리클레 문제라고 한다.

$$\begin{aligned}&\frac{\partial^2\phi}{\partial x^2}+\frac{\partial^2\phi}{\partial y^2}=0\ \ [(x,\ y)\in D]\\&\phi(x,\ y)=g(x,\ y)\ \ [(x,\ y)\in C]\end{aligned}\tag{1}$$

4.5절에서 알아본 대로, 해석 함수를 이용해서 특정한 디리클레 문제를 풀 수 있다. 영역 D에서 디리클레 문제의 해를 D에서 영역 D' 위로의 해석 사상을 찾아서 얻었는데, 이때 D'에서 연관된 또는 변환된 디리클레 문제를 풀 수 있어야 한다. 곧, D에서 D' 위로의 사상 $w=f(z)$를 찾았는데, 여기서 $f(x,\ y)=u(x,\ y)+iv(x,\ y)$는 D에서 해석적이다. 4.5절의 정리 4.5.1에 의해, $\Phi(u,\ v)$가 D'에서 변환된 디리클레 문제의 해이면, $\phi(x,\ y)=\Phi(u(x,\ y),\ v(x,\ y))$는 D에서 원래 디리클레 문제의 해이다. 따라서 4.5절에서 제시한 디리클레 문제를 푸는 방법은 다음 네 단계로 이루어진다.

- 영역 D에서 영역 D' 위로의 해석 사상 $w=f(z)=u(x,\ y)+iv(x,\ y)$를 찾는다.
- 경계 조건을 D에서 D'으로 변환한다.
- D'에서 변환된 디리클레 문제를 푼다.
- $\phi(x,\ y)=\Phi(u(x,\ y),\ v(x,\ y))$로 놓는다.

이런 각 단계에 대한 더 자세한 논의는 4.5절의 참조하라.

이번 장에서는 이런 네 단계를 완성하는 데 도움을 줄 수 있는 몇 가지 주제를 고찰했다. 7.1절에서 논의한 한꼴 사상표와 7.2절에서 다룬 선형 분수 변환 및 7.3절의 슈바르츠·크리스토펠 변환은 제 1 단계에서 사용할 수 있는

적절한 사상을 풍부하게 제공한다. 게다가, D'을 위쪽 반평면 $y>0$ 또는 열린 단위 원판 $|z|<1$로 택하면, 7.4절의 푸아송 적분 공식은 D'에서 연관된 디리클레 문제의 해를 결정하는 도구를 제공한다.

다음 보기들에서는 이번 장의 앞 절에서 다룬 발상을 활용해서 정전기와 유체 흐름 및 열의 흐름 분야에서 나타나는 디리클레 문제를 풀어보겠다. 3.3절에서 알아본 대로, 함수 $\phi(x, y)$가 한 영역 D에서 라플라스 방정식 (1)을 만족시키면, $\phi(x, y)$는 D에서 조화적이다. 또, $\psi(x, y)$가 D에서 $\phi(x, y)$의 조화 켤레이면, 다음 함수는 D에서 해석적인데, 이를 **복소 퍼텐셜 함수**라고 한다.

$$\Omega(z)=\phi(x, y)+i\psi(x, y)$$

ϕ와 ψ의 등위 곡선은 응용 수학에서 중요한 물리적 해석을 지닌다. 그런 해석은 표 3.4.1에 요약되어 있다.

보기 1 열의 흐름에의 활용

그림 7.5.1(a)에 나타낸 두 원 $|z|=1$과 $\left|z-\frac{5}{2}\right|=\frac{1}{2}$의 외부에 있는 점 전체로 이루어진 영역 D에서 지정된 경계 조건을 만족시키는 정상 상태 온도 ϕ를 결정하라.

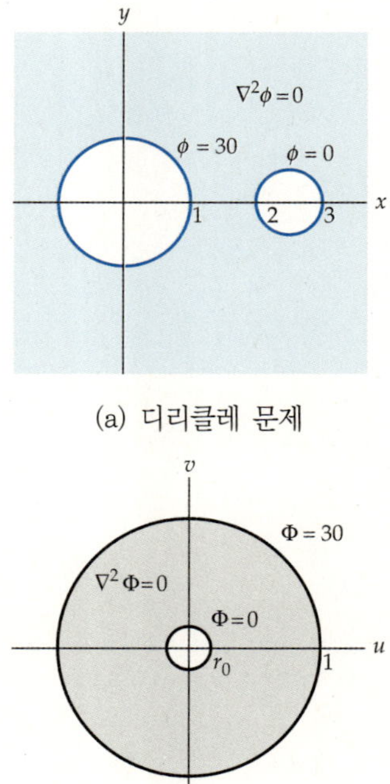

(a) 디리클레 문제

(b) 변환된 디리클레 문제

그림 7.5.1 보기 1을 위한 그림

풀이 정상 상태 온도 ϕ는 다음 경계 조건을 만족시키는 D에서의 라플라스 방정식 (1)의 해이다.

$$x^2+y^2=1\text{일 때 } \phi(x, y)=30,$$

$$\left(x-\frac{5}{2}\right)^2+y^2=\frac{1}{4}\text{일 때 } \phi(x, y)=0$$

이 문제를 434쪽에 있는 네 단계를 이용해서 풀겠다.

단계 1 부록 3의 항 C-1을 이용하면 D를 원환 위로 사상할 수 있다. 항 C-1에 $b=2$와 $c=3$을 대입하면, 다음을 얻는다.

$$a=\frac{bc+1+\sqrt{(b^2-1)(c^2-1)}}{b+c}=\frac{7+2\sqrt{6}}{5},$$

$$r_0=\frac{bc-1-\sqrt{(b^2-1)(c^2-1)}}{c-b}=5-2\sqrt{6}$$

그러므로 영역 D는 아래의 해석 사상 $w=f(z)$에 의해 그림 7.5.1(b)에 나타낸 원환 $5-2\sqrt{6}<w<1$ 위로 사상된다.

$$f(z)=\frac{5z-7-2\sqrt{6}}{(7+2\sqrt{6})z-5} \tag{2}$$

단계 2 부록 3의 항 C-1을 살펴보면, 경계 원 $\left|z-\frac{5}{2}\right|=\frac{1}{2}$이 경계 원 $|w|=r_0=5-2\sqrt{6}$ 위로 사상됨을 알 수 있다. 그러므로 경계 조건 $\phi=0$은 원 $|w|=5-2\sqrt{6}$ 위의 경계 조건 $\Phi=0$으로 변환된다. 마찬가지로, 원 $|z|=1$ 위의 경계 조건 $\phi=30$은 원 $|w|=1$ 위의 경계 조건 $\Phi=30$으로 변환된다. 그림 7.5.1(b)를 보라.

단계 3 그림 7.5.1(b)에서 원환의 모양과 함께 두 경계 조건이 상수라는 사실은, 변환된 디리클레 문제의 해가 $w=u+iv$의 절댓값 $r=\sqrt{u^2+v^2}$의 식으로 정의된 함수 $\Phi(u,\ v)$로 주어질 것임을 암시한다. 익힘 문제 3.4의 문제 14는 해가 다음과 같음을 보이는 것이었다.

$$\Phi(u,\ v)=A\log_e\sqrt{u^2+v^2}+B \tag{3}$$

여기서 A와 B는 다음과 같다.

$$A=\frac{k_0-k_1}{\log_e(a/b)},\quad B=\frac{-k_0\log_e b+k_1\log_e a}{\log_e(a/b)}$$

문제 14에 주어진 k_0, k_1, a, b의 정의에 따라서 $a=5-2\sqrt{6}$, $b=1$, $k_0=0$, $k_1=30$이다. 그러므로 변환된 디리클레 문제의 다음과 같은 해를 얻는다.

$$\Phi(u,\ v)=\frac{-30\log_e\sqrt{u^2+v^2}}{\log_e(5-2\sqrt{6})}+30 \tag{4}$$

단계 4 마지막 단계는 (4)에서 변수 u와 v에 (2)로 주어진 함수 f의 실수 부분과 허수 부분을 대입하는 것이다. 다음이 성립한다.

$$u(x,\ y)+iv(x,\ y)=\frac{5z-7-2\sqrt{6}}{(7+2\sqrt{6})z-5}$$

그러므로 다음을 얻는다.

$$\sqrt{u(x,\ y)^2+v(x,\ y)^2}=\left|\frac{5z-7-2\sqrt{6}}{(7+2\sqrt{6})z-5}\right|$$

따라서 정상 상태 온도는 다음 함수로 주어진다.

$$\phi(x,\ y)=\frac{-30}{\log_2(5-2\sqrt{6})}\log_e\left|\frac{5z-7-2\sqrt{6}}{(7+2\sqrt{6})z-5}\right|+30 \qquad ❑$$

보기 1에서 찾은 조화 함수 $\phi(x,\ y)$에 대한 복소 퍼텐셜 함수 $\Omega(z)=\phi(x,\ y)+i\psi(x,\ y)$는 다음과 같다.

$$\Omega(z)=\frac{-30}{\log_2(5-2\sqrt{6})}\operatorname{Ln}\left(\frac{5z-7-2\sqrt{6}}{(7+2\sqrt{6})z-5}\right)$$

*Mathematica*에서 이 함수를 **Ω[z]**로 정의하면, **Ω[z]**의 실수 부분 $\phi(x, y)$와 허수 부분 $\psi(x, y)$는 각각 **Re[Ω[z]]**와 **Im[Ω[z]]**로 주어진다. 그러므로 *Mathematica*에서 명령어 **ContourPlot**를 사용하면, Ω의 실수 부분과 허수 부분의 등위 곡선을 그림으로 나타낼 수 있다. 예를 들면, 다음 명령으로 평면의 직사각 구역 $a \le x \le b$, $c \le y \le d$에서 등위 곡선 $\phi = c_1$을 그릴 수 있다.

ContourPlot [Re[Ω[x+Iy]], {x, a, b}, {y, c, d}]

표 3.4.1에 따라서 ϕ와 ψ의 등위 곡선들은 각각 등온선과 열의 흐름선을 나타낸다. 두 가지 등위 곡선들을 그림 7.5.2에 나타냈다. 등온선은 파랗게 나타낸 곡선이고 열의 흐름선은 검게 나타낸 곡선이다.

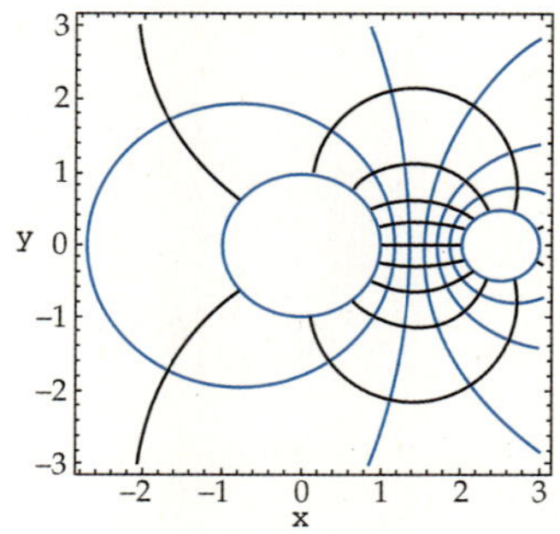

그림 7.5.2 보기 1에서 등온선과 열의 흐름 선

보기 2 정전기에의 활용

그림 7.5.3(a)에 나타낸 두 원 $|z|=1$과 $\left|z-\frac{1}{2}\right|=\frac{1}{2}$ 사이의 영역 D에서 지정된 경계 조건을 만족시키는 정전기 퍼텐셜 ϕ를 결정하라.

풀이 정전기 퍼텐셜 ϕ는 다음 경계 조건을 만족시키는 D에서의 라플라스 방정식 (1)의 해이다.

$$x^2+y^2=1\text{일 때 } \phi(x, y)=-10,$$

$$\left(x-\frac{1}{2}\right)^2+y^2=\frac{1}{4}\text{일 때 } \phi(x, y)=20$$

보기 1과 같이 진행한다.

단계 1 주어진 영역 D를 선형 분수 변환을 이용해서 그림 7.5.3(b)에 나타낸 무한 수평 띠 $0<v<1$ 위로 사상할 수 있다. 이렇게 하기 위한 한 가지 방법은 원 $|z|=1$에 있는 세 점 $1, i, -1$을 차례로 세 점 $\infty, 0, 1$ 위로 사상해야 한다. 정리 7.2.2로 찾는 선형 분수 변환 $w=T(z)$는 다음을 만족시켜야 한다.

$$\frac{z-1}{z+1}\frac{i+1}{i-1}=\lim_{w_1\to\infty}\frac{w-w_1}{w-1}\frac{0-1}{0-w_1},\ \text{곧}\ \frac{z-1}{z+1}(-i)=\frac{-1}{w-1}$$

$w=T(z)$에 대해 풀면 다음을 얻는다.

$$T(z)=(1-i)\frac{z-i}{z-1} \tag{5}$$

구성 원리에 따라 원 $|z|=1$은 $w=T(z)$에 의해 직선 $v=0$ 위로 사상된다. 또, (5)의 극점 $z=1$은 원 $|z-\frac{1}{2}|=\frac{1}{2}$의 점이므로, 이 원은 어떤 직선 위로 사상된다. 상을 이루는 직선은 원 $|z-\frac{1}{2}|=\frac{1}{2}$의 두 점의 상을 찾

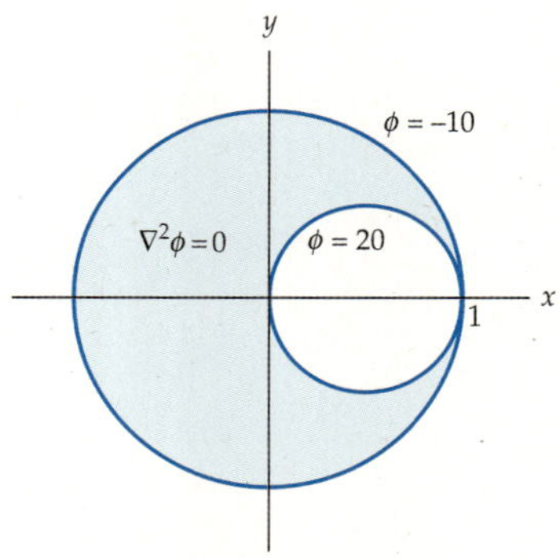

(a) 디리클레 문제

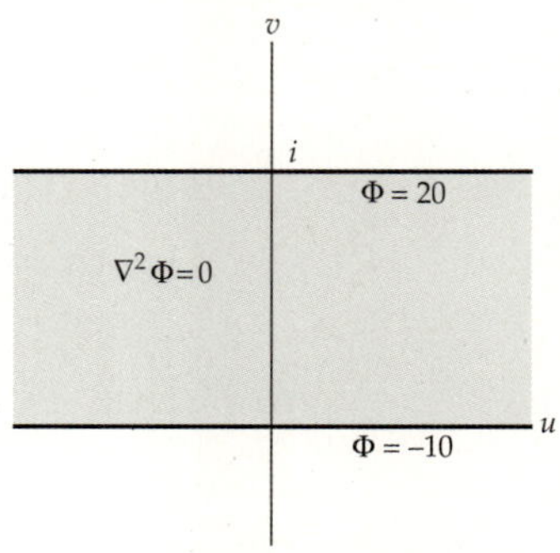

(b) 변환된 디리클레 문제

그림 7.5.3 보기 2를 위한 그림

아 결정할 수 있다. 원 $|z-\frac{1}{2}|=\frac{1}{2}$의 두 점 $z=0$과 $z=\frac{1}{2}+\frac{1}{2}i$의 상은 $T(0)=1+i$와 $T(\frac{1}{2}+\frac{1}{2}i)=-1+i$이다. 그러므로 원 $|z-\frac{1}{2}|=\frac{1}{2}$의 상은 수평선 $v=1$이다. 시험을 위해 점 $z=-\frac{1}{2}$을 이용하면 $T(-\frac{1}{2})=1+\frac{1}{3}i$이므로, 그림 7.5.3(a)에서 두 원 사이의 영역은 $w=T(z)$에 의해 그림 7.5.3(b)에 나타낸 두 수평선 사이의 영역 위로 사상된다.

단계 2 단계 1에서 $w=T(z)$는 원 $|z|=1$을 수평선 $v=0$ 위로 사상한다. 그리고 원 $|z-\frac{1}{2}|=\frac{1}{2}$은 수평선 $v=1$ 위로 사상한다. 그러므로 변환된 경계 조건은 직선 $v=0$에서 $\Phi=-10$이고 직선 $v=1$에서 $\Phi=20$이다. 그림 7.5.3(b)를 보라.

단계 3 3.4절의 보기 2 뒤와 익힘 문제 3.4의 문제 12에서 모형을 만든 대로, 변환된 디리클레 문제의 해는 다음과 같다.

$$\Phi(u,\ v)=30v-10$$

단계 4 이제 원래 디리클레 문제의 해는 (5)에서 정의한 $T(z)$의 실수 부분과 허수 부분을 $\Phi(u,v)$의 변수 u와 v에 대입해서 얻는다. $T(z)$에서 문자 z를 $x+iy$로 바꾸고 간단히 하면 다음을 얻는다.

$$\begin{aligned}T(x+iy)&=(1-i)\frac{x+iy-i}{x+iy-1}=(1-i)\frac{x+i(y-1)}{x-1+iy}\,\frac{x-1-iy}{x-1-iy}\\&=\frac{x^2+y^2-2x-2y+1}{(x-1)^2+y^2}+\frac{1-x^2-y^2}{(x-1)^2+y^2}i\end{aligned}$$

따라서 찾는 정전기 퍼텐셜 함수는 다음과 같다.

$$\phi(x,\ y)=30\frac{1-x^2-y^2}{(x-1)^2+y^2}-10 \tag{6}$$ ❏

보기 2에서 (6)으로 정의된 조화 함수 $\phi(x,\ y)$에 대한 복소 퍼텐셜 함수를 다음과 같이 찾을 수 있다. $\Omega(z)$가 ϕ에 대한 복소 퍼텐셜이면, $\Omega(z)=\phi(x,\ y)+i\psi(x,\ y)$이고 $\Omega(z)$는 D에서 해석적이다. 보기 2의 단계 4에서 (5)로 정의된 복소 함수 $T(z)$의 실수 부분은 $u=\dfrac{x^2+y^2-2x-2y+1}{(x-1)^2+y^2}$이고 허수 부분은 $v=\dfrac{1-x^2-y^2}{(x-1)^2+y^2}$이다. 곧, $T(z)=u+iv$이다. 또 단계 4로부터 $\phi(x,\ y)=30v-10$이다. 실수 부분이 $30v-10$인 함수를 얻기 위해서, $T(z)$에 $-30i$를 곱하고 10을 빼면 다음과 같다.

$$-30i\,T(z)-10=-30i(u+iv)-10=30v-10-30ui$$

$T(z)=(1-i)\dfrac{z-i}{z-1}$는 D에서 해석적이므로, 함수 $-30i\,T(z)-10$도 D에서 해석적이다. 따라서 다음은 $\phi(x,\ y)$에 대한 복소 퍼텐셜 함수이다.

$$\Omega(z) = -30i(1-i)\frac{z-i}{z-1} - 10 \tag{7}$$

ϕ가 정전기 퍼텐셜을 나타내면, Ω의 실수와 허수 부분의 등위 곡선은 각각 등전위 곡선과 힘 선을 나타낸다. *Mathematica*로 생성한 그림 7.5.4에서 등전위 곡선은 파랗게 나타내고 힘 선은 검은 선으로 나타냈다.

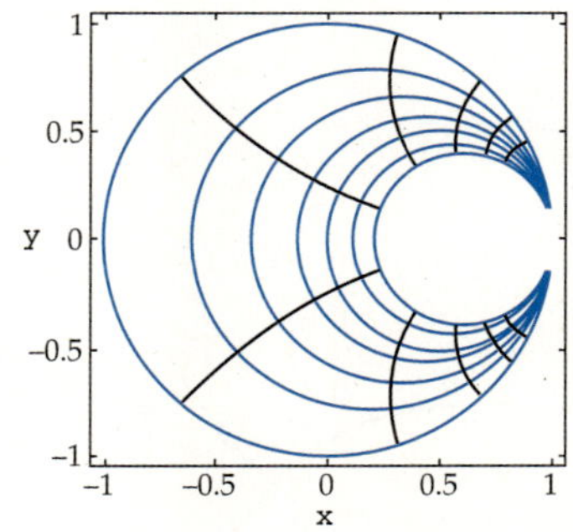

그림 7.5.4 보기 2에서 등전위 곡선과 힘선

용어
노이만 문제 Neumann problem
법선 도함수 normal derivative

노이만 문제 정리 7.1.1에 의해 해석 사상은 도함수가 영이 아닌 점에서 한꼴이다. 이 사실은 디리클레 문제를 푼 지난 보기들에서는 즉각적으로 중요하게 나타나지는 않았다. 그러나 노이만 문제라 부르는 라플라스 방정식과 관련된 또 다른 부류의 경계값 문제에서는 극히 중요하다.

노이만 문제

D가 평면의 영역이고 h는 D의 경계 C에서 정의된 함수라고 하자. D에서 라플라스 방정식을 만족시키는 함수 $\phi(x, y)$로 그 법선 도함수 $d\phi/dn$가 D의 경계 C에서 h와 같은 것을 찾는 문제를 노이만 문제라고 한다.

특정한 형태의 노이만 문제는 정전기, 유체 흐름, 열의 흐름의 연구에서 자연스럽게 나타난다. 예를 들면, 경계가 C인 영역 D에서 정상 상태 온도 ϕ를 결정하는 문제를 생각하자. D의 경계 C에서의 온도가 지정되면, 디리클레 문제가 된다. 그런데 경계의 전부 또는 일부가 단열된 경우가 있을 수 있다. 이는 그런 경계를 통해 열이 흐르지 않음을 뜻하고, 이에 따라 C에 대한 법선 벡터 $\mathbf{n}$ 방향으로의 ϕ의 방향 도함수가 0임을 밝힐 수 있다. 이 도함수를 법선 도함수라 하고 기호 $d\phi/dn$로 나타낸다. 요약하면, 열의 흐름 문제에서 단열된 경계 곡선은 $d\phi/dn = 0$ 꼴의 경계 조건에 해당하며, 이는 노이만 문제의 예이다. 다음 정리가 주장하듯이, 한꼴 사상은 $d\phi/dn = 0$ 꼴의 경계 조건을 보존한다.

정리 7.5.1 경계 조건의 보존

함수 $f(z) = u(x, y) + iv(x, y)$가 매끄러운 곡선 C의 모든 점에서 한꼴이라고 하자. C'은 $w = f(z)$에 의한 C의 상이라 하고, 함수 $\Phi(u, v)$의 법선 도함수 $d\Phi/dN$가 w평면의 C'에 있는 모든 점에서 다음을 만족시킨다고 하자.

$$\frac{d\Phi}{dN} = 0$$

그러면 함수 $\phi(x, y) = \Phi(u(x, y), v(x, y))$의 법선 도함수 $d\phi/dn$는 z평면의 C에 있는 모든 점에서 다음을 만족시킨다.

$$\frac{d\phi}{dn} = 0$$

증명 f와 Φ가 정리의 가정을 만족시킨다고 하자. $z_0 = x_0 + iy_0$은 C에 있는 점이고, $w_0 = u_0 + iv_0 = f(z_0)$은 C'에 있는 그 상이라 하자. 벡터 해석학에서 배운 대로, $\mathbf{N}$이 w_0에서 C'에 대한 법선 벡터이면, w_0에서 법선 도함수는 다음과 같은 내적으로 주어진다.

$$\frac{d\Phi}{dN} = \nabla\Phi \cdot \mathbf{N}$$

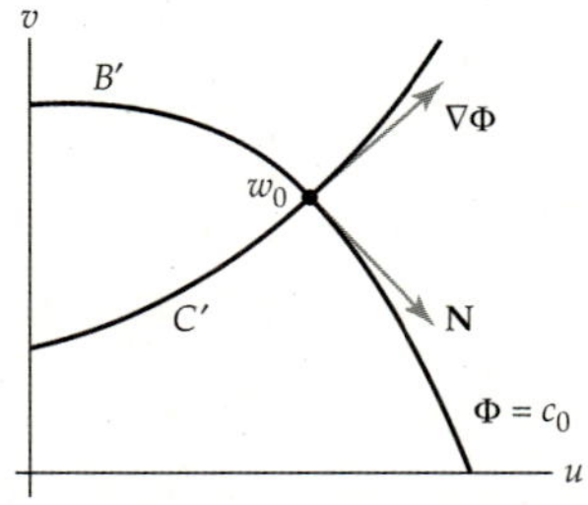

그림 7.5.5 정리 7.5.1의 증명을 위한 그림

여기서 $\nabla\Phi$는 물매 벡터 $\Phi_u(u_0, v_0)\mathbf{i} + \Phi_v(u_0, v_0)\mathbf{j}$이다. 조건 $d\Phi/dN = 0$은 $\nabla\Phi$와 $\mathbf{N}$이 직교함을, 곧 $\nabla\Phi$가 w_0에서 C'에 접선 벡터임을 뜻한다. B'을 (u_0, v_0)을 포함하는 등위 곡선 $\Phi(u, v) = c_0$이라 하자. 벡터 해석학에서 배운 대로, 물매 벡터 $\nabla\Phi$는 등위 곡선 B'에 수직이다. 따라서 물매 벡터가 C'에 접하고 B'에 수직이므로, C'은 w_0에서 B'에 수직이라는 결론을 얻는다. 그림 7.5.5를 보라.

이제 z평면에서 다음과 같이 주어진 등위 곡선 B를 생각하자.

$$\phi(x, y) = \Phi(u(x, y), v(x, y)) = c_0$$

점 (x_0, y_0)은 B에 있고, 물매 벡터 $\nabla\phi$는 이 점에서 B에 수직이다. 게다가, z평면에서 B에 있는 임의의 점 (x, y)에 대해 $(u(x, y), v(x, y))$는 w평면에서 B'에 있는 점이다. 곧, $w = f(z)$에 의한 B의 상은 B'이다. 곡선 C는 z_0에서 B와 교차하고 f는 z_0에서 한꼴이므로, z_0에서 C와 B 사이의 각은 w_0에서 C'과 B' 사이의 각과 서로 같다. 앞의 문단에서 찾은 대로, 이 각의 크기는 $\pi/2$이고, C와 B는 z_0에서 직교한다. $\nabla\phi$와 B에 수직이므로, $\nabla\phi$와 C에 접한다. $\mathbf{n}$은 z_0에서 C에 대한 법선 벡터라고 하면, 앞에서 밝힌 대로 $\nabla\phi$와 $\mathbf{n}$은 수직이다. 그러므로 다음이 성립한다.

$$\frac{d\phi}{dn} = \nabla\phi \cdot \mathbf{n} = 0 \qquad \blacksquare$$

정리 7.5.1에서 $d\phi/dn = 0$ 꼴의 경계 조건과 연관된 노이만 문제를 푸는 과정을 얻는다. 곧, 434쪽에 제시한 디리클레 문제를 푸는 네 단계와 같다. 그렇지만 단계 1에서 D에서 영역 D' 위로의 한꼴 사상을 찾아야 한다. 한꼴 사상이 $d\phi/dn = 0$ 꼴의 경계 조건을 보존하기 때문에, D'에서 연관된 노이만 문제의 풀이는 원래 노이만 문제의 해를 제공한다. 해석 사상은 임계점이 아닌 점에서 한꼴이므로, 이런 접근 방법은 혼합 경계 조건에도 적용된다. 개략적으로, 혼합 경계 조건은 일부 경계 곡선에서는 ϕ의 값이 지정되고, 나머지 경계 곡선에서는 법선 도함수가 $d\phi/dn = 0$을 만족시키는 경우를 말한다.

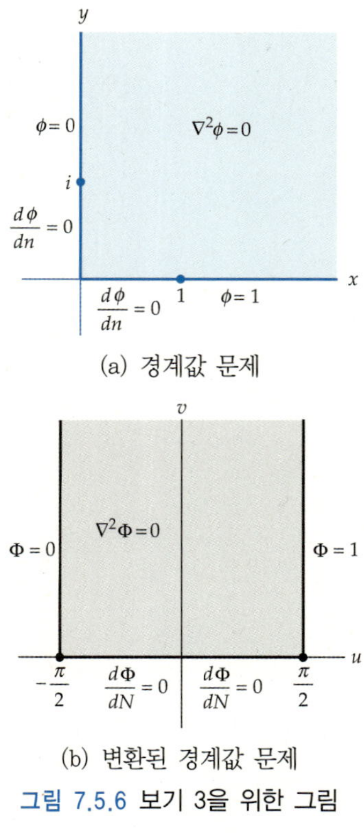

그림 7.5.6 보기 3을 위한 그림

보기 3 열의 흐름에의 활용

그림 7.5.6에 나타낸 바와 같은 지정된 혼합 경계 문제를 만족시키는 제1사분면에서의 정상 상태 온도 ϕ를 찾아라.

풀이 정상 상태 온도 ϕ는 $0 < x < \infty$, $0 < y < \infty$로 정의된 영역 D에서 라플라스 방정식의 해로서, 다음의 경계 조건을 만족시킨다.

$$\phi(0,\ y) = 0\ \ (y > 1),$$
$$\phi(x,\ 0) = 1\ \ (x > 1),$$
$$\frac{d\phi}{dn} = 0\ \ (0 < y < 1,\ x = 0\ \text{또는}\ 0 < x < 1,\ y = 0)$$

434쪽에 주어진 네 단계를 따라 ϕ를 찾겠다.

단계 1 단계 3에서 알아보겠지만, 이 특별한 형태의 경계값 문제는 경계 곡선 $-a < u < a,\ v = 0$에서 단열된 반무한 연직 띠 $-a < u < a,\ v > 0$에서 쉽게 풀린다. 그러므로 이 단계에서는 제1사분면에서 반무한 연직 띠 위로의 한꼴 사상을 찾자. 부록 3의 항 E-4에서 $\alpha = 2$로 놓으면, 사상 $w = z^2$에 의해 제1사분면은 위쪽 반평면 $v > 0$ 위로 사상된다. 다음으로 항 E-6의 사상 $w = \sin^{-1}z$를 적용하자. 이 사상에 의해 위쪽 반평면 $y > 0$은 반무한 연직 띠 $-\frac{1}{2}\pi < u < \frac{1}{2}\pi,\ v > 0$ 위로 사상된다. 따라서 다음 합성 함수는 제1사분면 $x > 0,\ y > 0$에서 $-\frac{1}{2}\pi < u < \frac{1}{2}\pi,\ v > 0$으로 정의된 영역 D' 위로 사상한다.

$$w = \sin^{-1}(z^2) \tag{8}$$

단계 2 부록 3의 두 항 E-4와 E-6에 의해 두 경계 곡선 $1 < x < \infty,\ y = 0$과 $1 < y < \infty,\ x = 0$은 $w = \sin^{-1}(z^2)$에 의해 각각 반직선 $u = \frac{1}{2}\pi,\ v > 0$과 $u = -\frac{1}{2}\pi,\ v > 0$ 위로 사상된다. 또, 두 선분 $0 < x < 1,\ y = 0$과 $0 < y < 1,\ x = 0$은 각각 선분 $0 < u < \frac{1}{2}\pi,\ v = 0$과 $-\frac{1}{2}\pi < u < 0,\ v = 0$ 위로 사상된다. 그러므로 변환된 경계 조건은 다음과 같다.

$$\Phi\left(-\frac{\pi}{2},\ v\right) = 0,\ \Phi\left(\frac{\pi}{2},\ v\right) = 1\ \ (v > 0)$$

$$\frac{d\Phi}{dN} = 0\ \left(-\frac{\pi}{2} < u < \frac{\pi}{2},\ v = 0\right)$$

단계 3 영역 D'과 변환된 경계 조건을 살펴보면, 해 Φ가 변수 u에 관한 선형 함수임을 알 수 있다. 곧, 두 실 상수 A와 B에 의해 다음과 같다.

$$\Phi(u,\ v) = Au + B$$

$\mathbf{N} = 0\mathbf{i} + 1\mathbf{j}$는 경계 곡선 $-\frac{1}{2}\pi < u < \frac{1}{2}\pi,\ v = 0$의 법선 벡터이므로, 다음이 성립한다.

$$\frac{d\Phi}{dN} = \nabla\Phi \cdot \mathbf{N} = A(0) + 0(1) = 0$$

이에 따라 임의의 A와 B에 대해 Φ는 법선 도함수에 대한 경계 조건을 만족시킨다. 다음이 성립해야 한다.

$$\Phi\left(-\frac{\pi}{2},\ v\right) = -A\frac{\pi}{2} + B = 0,\quad \Phi\left(\frac{\pi}{2},\ v\right) = A\frac{\pi}{2} + B = 1$$

상수 A와 B에 대해 풀면, 다음과 같은 해를 얻는다.

$$\Phi(u,\ v) = \frac{1}{\pi}u + \frac{1}{2} \tag{9}$$

단계 4 원래의 경계값 문제의 해를 찾기 위해서, (9)의 변수 u와 v에 (8)의 사상의 실수 부분과 허수 부분을 대입한다. 식 $\sin^{-1}(z^2)$의 실수와 하수 부분에 대한 식은 복잡하므로, 해 ϕ를 다음과 같이 나타내는 것이 가장 간단하다.

$$\phi(x,\ y) = \frac{1}{\pi}\text{Re}\{\sin^{-1}(z^2)\} + \frac{1}{2}$$ ❑

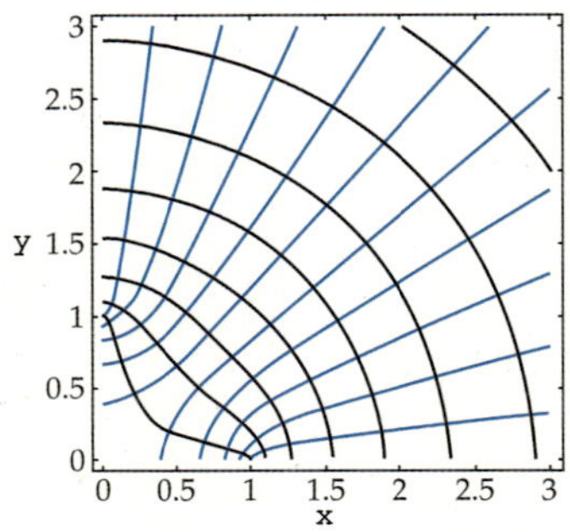

그림 7.5.7 보기 3에서 등온선과 열의 흐름 선

$1/\pi$과 $1/2$가 모두 실수이므로, 보기 3에서 찾은 정상 상태 온도 ϕ에 대한 복소 퍼텐셜 함수 $\Omega(z) = \phi(x,\ y) + i\psi(x,\ y)$는 다음과 같다.

$$\Omega(z) = \frac{1}{\pi}\sin^{-1}(z^2) + \frac{1}{2}$$

Ω의 실수와 허수 부분의 두 등위 곡선은 각각 등온선과 열의 흐름선을 나타낸다. 그림 7.5.7은 *Mathematica*를 이용해서 그린 이런 곡선들이다. 등온선은 파랗게, 열의 흐름선은 검게 나타냈다.

7.5.2 유체 흐름

흐름선화 이제 한꼴 사상을 이용해서 이상 유체의 평면 흐름에 대한 모형을 제작하는 방법을 논의하자. 5.6절에서 알아본 대로, 이상 유체는 비압축적인 비점성 유체로 그 흐름은 비회전적이다. $\Omega(z) = \phi(x,\ y) + i\psi(x,\ y)$가 영역 D에서 이상 유체의 흐름에 대한 복소 속도 퍼텐셜이면, $\Omega(z)$는 D에서 해석적이고 $f(z) = \overline{\Omega'(z)}$는 속도 마당의 복소 표현이다. 또, 이상 유체의 흐름의 흐름선 또는 유선은 등위 곡선 $\psi(x,\ y) = c_2$인데, 이런 이유에서 ψ를 흐름의 흐름선 함수 또는 유선 함수라고 한다.

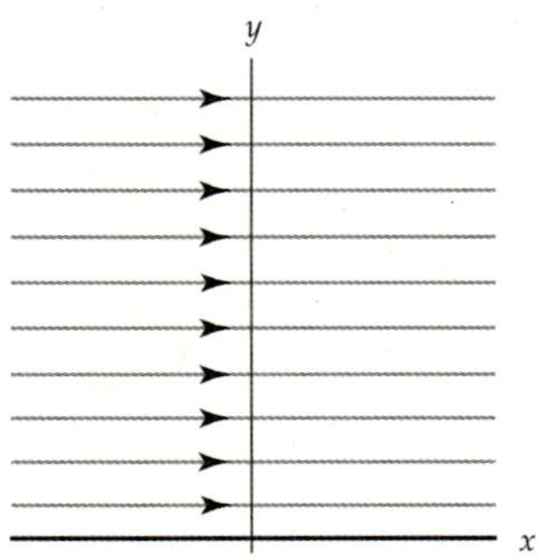

그림 7.5.8 고른 흐름

간단한 예로, 실 상수 $A > 0$에 대한 복소 해석 함수 $\Omega(z) = Az$를 생각하자. 5.6절의 보기 3(b)에서 제시한 대로, 이 함수는 복소 표현이 $f(z) = \overline{\Omega'(z)} = A$인 이상 유체의 흐름에 대한 속도 마당의 복소 속도 퍼텐셜이다. $\Omega(z) = Az = Ax + iAy$이므로, 이 흐름의 흐름선은 곡선 $y = c_2$이다. 그러므로 모든 흐름선은 수평이다. 그림 7.5.8을 보라. 5.6절에서 알아본 대로, 이 특별한 흐름은 고른 흐름이라 한다.

주어진 영역 D의 내부에 머무는 이상 유체의 흐름을 구성하는 과정을 흐름선화 또는 유선화라고 한다. C가 D의 경계 곡선이면, 흐름이 D의 내부에 머문다는 조건은 C를 통과하는 흐름이 없음을, 곧 C에 대한 법선 벡터 $\mathbf{n}$의 방향으로의 ψ의 방향 도함수가 0임을 뜻한다. 물매 벡터 $\nabla\psi$가 언제나 등위 곡선 $\psi(x, y)=c_2$에 수직이므로, 이 조건은 ψ가 C에서 상수라는 사실과 같다. 또다시 다른 말로 하면, D의 경계는 이 흐름의 흐름선이어야 한다. 이상을 요약하면 다음과 같다.

용어
흐름선화, 유선화 streamlining

흐름선화

복소 속도 퍼텐셜 $\Omega(z)=\phi(x, y)+i\psi(x, y)$가 영역 D에서 해석적이고, ψ가 D의 경계에서 상수라고 하자. 그러면 $f(z)=\overline{\Omega'(z)}$는 D에서 이상 유체의 흐름에 대한 속도 마당의 복소 표현이다. 또 D에 위치하는 입자를 그 흐름과 함께 흐르게 하면, 그 경로 $z(t)$는 D에 머문다.

많은 흐름선화 문제는, 디리클레 문제와 노이만 문제를 풀기 위해 제시했던 방법과 비슷하게 한꼴 사상을 이용해서 풀 수 있다. 그렇게 하기 위해서 복소 속도 퍼텐셜을 z평면에서 w평면으로의 한꼴 사상으로 생각하자. $z(t)=x(t)+iy(t)$를 z평면의 흐름선 $\psi(x, y)=c_2$의 매개 변수화라고 하면, 다음이 성립한다.

$$w(t)=\Omega(z(t))=\phi(x(t), y(t))+i\psi(x(t), y(t))=\phi(x(t), y(t))+ic_2$$

그러므로 한꼴 사상 $w=\Omega(z)$에 의한 흐름선의 상은 w평면에서 수평선이다. 경계 C가 흐름선이어야 하므로, $w=\Omega(z)$에 의한 C의 상은 반드시 수평선이어야 한다. 곧, 복소 속도 퍼텐셜을, D의 경계 C를 수평선 위로 사상하는 D에서 w평면의 한 영역 위로의 한꼴 사상을 찾음으로써 결정할 수 있다. 그런데 이를테면 위쪽 반평면 $v>0$으로부터 D 위로의 한꼴 사상 $z=\Omega^{-1}(w)$를 찾는 것이 더 쉬운 경우가 많다. 이 사상을 경계 $v=0$은 D의 경계 C 위로 보낸다. $z=\Omega^{-1}(w)$가 일대일 함수이면, 그 역 $w=\Omega(z)$가 찾으려는 복소 속도 퍼텐셜이다. 요약하면, 흐름선화 문제를 푸는 다음과 같은 방법이 있다.

흐름선화 문제 풀이

$w=\Omega(z)=\phi(x, y)+i\psi(x, y)$가 z평면의 영역 D에서 w평면의 영역 D' 위로의 일대일 한꼴 사상으로 D의 경계 C의 상이 w평면에서 수평선이면, $f(z)=\overline{\Omega'(z)}$는 D에서 이상 유체의 흐름에 대한 복소 표현이다.

보기 4 구석 주변의 흐름

제1사분면에서 이상 유체의 흐름을 구성하라.

풀이 D가 제1사분면 $x>0$, $y>0$을 나타낸다고 하자. 부록 3의 항 E-4에 $\alpha=2$를 대입하면, $w=\Omega(z)=z^2$은 영역 D에서 위쪽 반평면 $v>0$ 위로의 일대일 한꼴 사상이며, 이 상에 의한 D의 경계의 상이 실수축 $v=0$

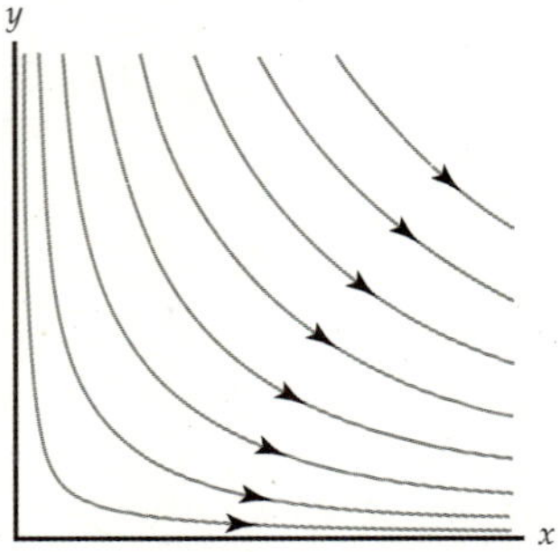

그림 7.5.9 구석 주변의 흐름

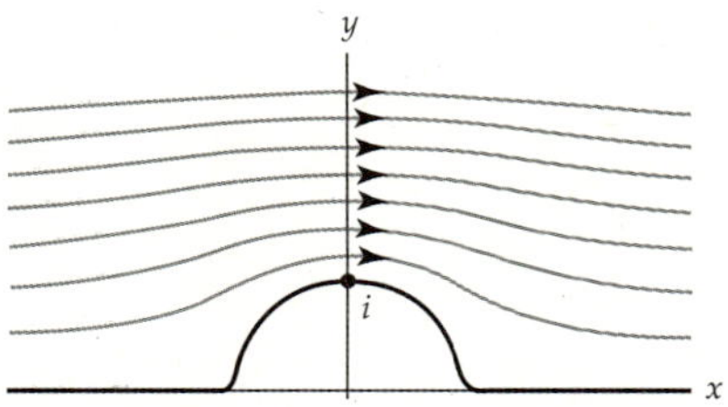

그림 7.5.10 원기둥 주변의 흐름

임을 알 수 있다. 따라서 $f(z)=\overline{\Omega'(z)}=2\bar{z}$는 제 1 사분면에 이상 유체의 흐름에 대한 복소 표현이다. $\Omega(z)=z^2=x^2-y^2+2xyi$이므로, 이 흐름의 흐름선은 곡선 $2xy=c_2$이다. 몇 개의 흐름선을 그림 7.5.9에 나타냈다. 이 그림으로부터 이 흐름을 '구석 주변의 흐름'이라 부르는 이유가 분명할 것이다. ❑

보기 5 원기둥 주변의 흐름

그림 7.5.10에 나타낸 단위 원 $|z|=1$의 외부에 있으면서 위쪽 반평면 $y>0$에 있는 점 전체로 이루어진 영역에서 이상 유체의 흐름을 구성하라.

풀이 D를 그림 7.5.10에 나타낸 영역이라 하자. 부록 3의 항 H-3에 $a=2$를 대입하면, 다음과 같은 D에서 위쪽 반평면 $v>0$ 위로의 일대일 한끌 사상을 얻는다.

$$w=\Omega(z)=z+\frac{1}{z}$$

또, 항 H-3에서 지적한 대로 D의 경계는 실수축 $v=0$ 위로 사상된다. 그러므로 다음은 D에서 이상 기체의 흐름에 대한 복소 표현이다.

$$f(z)=\overline{\Omega'(z)}=\overline{1-\frac{1}{z^2}}=1-\frac{1}{\bar{z}^2}$$

$\Omega(z)$는 다음과 같다.

$$\Omega(z)=z+\frac{1}{z}=x+\frac{x}{x^2+y^2}+i\left(y-\frac{y}{x^2+y^2}\right)$$

그러므로 흐름의 흐름선은 다음 곡선이다.

$$\psi(x,\ y)=c_2, \quad 곧 \quad y-\frac{y}{x^2+y^2}=c_2$$

이 흐름의 몇 개의 흐름선은 그림 7.5.10에 나타냈다. ❑

흐름선을 두 변수 x와 y의 직교 방정식으로 언제나 나타낼 수 있는 것은 아니다. 이런 상황은 w평면의 영역 D'에서 z평면의 영역 D 위로의 적절한 사상 $z=\Omega^{-1}(w)$를 찾을 수 있지만 사상 $w=\Omega(z)$에 대해 풀 수 없을 때 나타난다. 이런 경우에 흐름선을 매개 변수로 나타낼 수 있다.

보기 6 매개 방정식으로 정의된 흐름선

그림 7.5.11에 나타낸 대로, 반직선 $y=\pi$, $-\infty<x\le 0$의 점들을 제외한 위쪽 반평면 $y>0$의 점 전체로 이루어진 영역 D에서의 이상 유체의 흐름을 구성하라.

풀이 7.3절의 보기 4에서 슈바르츠·크리스토펠 공식을 이용해서 위쪽 반평면

$y>0$에서 영역 D 위로의 한꼴 사상을 찾았다. 보기 4의 해에서 문자 z를 문자 w로 바꾸면, 다음과 같은 위쪽 반평면 $v>0$에서 D 위로의 사상을 얻는다.

$$z=\Omega^{-1}(w)=w+\mathrm{Ln}(w)+1 \tag{10}$$

(10)의 사상의 역 Ω는 D에서 이상 유체의 흐름에 대한 복소 속도 퍼텐셜이지만, Ω에 대한 명확한 공식을 얻기 위해 w에 대해 풀 수 없다. 흐름선을 묘사하기 위해서, D에서의 흐름선이 사상 $z=w+\mathrm{Ln}(w)+1$에 의한 위쪽 반평면 $v>0$에 있는 수평선 $v=c_2$의 상임을 확인하자. 수평선을 $w(t)=t+ic_2\ (-\infty<t<\infty)$로 나타낼 수 있으므로, D에서의 흐름선을 매개 변수로 다음과 같이 나타낼 수 있다.

$$z(t)=\Omega^{-1}(w(t))=w(t)+\mathrm{Ln}\{w(t)\}+1=t+ic_2+\mathrm{Ln}(t+ic_2)+1,$$

곧, $x(t)=t+\frac{1}{2}\log_e(t^2+c_2^2)+1$, $y(t)=c_2+\mathrm{Arg}(t+ic_2)+1\ (-\infty<t<\infty)$이다. 이 흐름에 대한 몇 가지 흐름선을 *Mathematica*를 이용해서 그린 것을 그림 7.5.11에 나타냈다. ❑

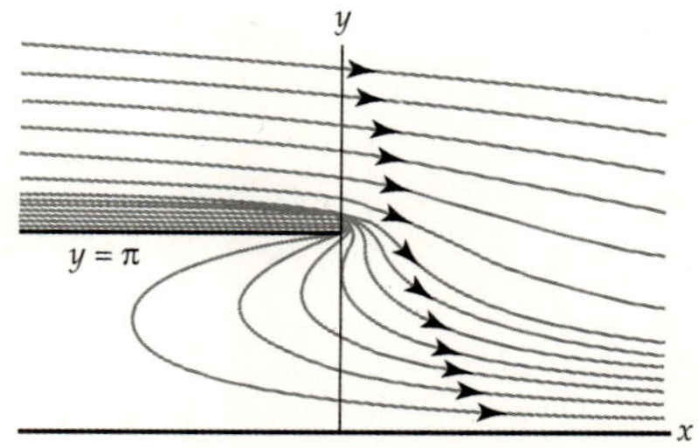

그림 7.5.11 보기 6을 위한 흐름

흐름선 함수 $\psi(x,\ y)$는 조화적이지만, 디리클레 문제의 해와 다르게 $\psi(x,\ y)$는 D에서 갇힐 필요도 없고 고정된 경계 조건을 만족시킬 필요도 없다. 따라서 주어진 영역 D에 대한 서로 다른 흐름선 함수가 많이 존재할 수 있다. 이를 다음 보기에서 예시한다.

보기 7 매개 변수화로 정의된 흐름선

다음 일대일 한꼴 사상도 위쪽 반평면 $v>0$을 그림 7.5.11에 나타낸 영역 D 위로 사상한다.

$$z=\Omega^{-1}(w)=w+e^w+1$$

이 흐름에 대한 흐름선은 매개 변수화로 다음과 같이 나타내어진다.

$$z(t)=t+ic_2+e^{t+ic_2}+1$$

곧, $x(t)=t+e^t\cos c_2+1,\quad y(t)=c_2+e^t\sin c_2\quad(-\infty<t<\infty)$이다. *Mathematica*로 그려서 그림 7.5.12에 나타낸 흐름선으로부터, 이 흐름이 보기 6에서 구성한 것과 다름을 관찰하자. ❑

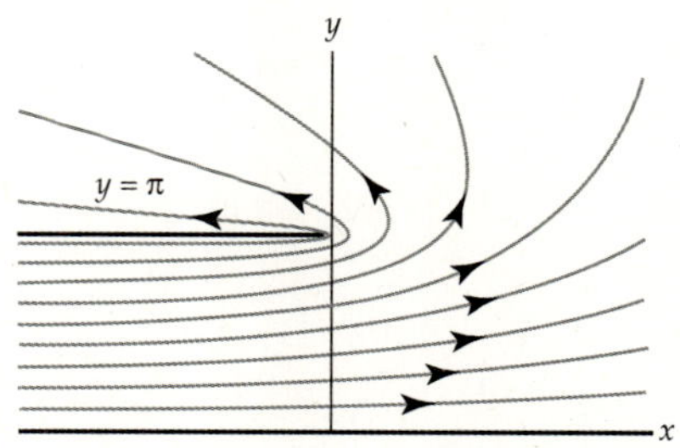

그림 7.5.12 보기 7을 위한 흐름

샘과 수채 5.6절에서 알아본 대로, $\mathbf{F}$가 평면 유체 흐름의 속도 마당이면, 유체가 생산되는 점 z_0이 샘 또는 생성원이고 사라지는 점 z_0이 수채 또는 소멸원이다. C가 단순 닫힌 경로이면, C를 통과하는 알짜 흐름량이 영이 아닌 값, 곧 적분 $\oint_C \mathbf{F}\cdot\mathbf{N}\,ds$의 영이 아닌 값은 C의 내부에서 샘 또는 수채의 존재를 지적한다. 5.6절에서 알아본 대로, **F**가 영역 D에서 비압축적 유체의 흐름에 대한 속도 마당이면, D에는 샘도 없고 수채도 없다. 그렇지만 비압축성은 D의 경계에서 샘 또는 수채의 존재를 배제하지는 않는다. D의 경계에 있는 샘 또는 수채는, 경계에 있는 작은 구멍을 통해 D로 들어가거나 나가는 유체의 평면 흐름에 대한 모형을 제작하는 데 이용된다.

익힘 문제 5.6의 문제 23에서 위쪽 반평면 $y>0$의 경계 $y=0$에 있는 점 $z=x_1$에서의 샘을 다음 복소 속도 퍼텐셜로 나타냈다.

$$\Omega(z)=k\,\mathrm{Ln}(z-x_1) \tag{11}$$

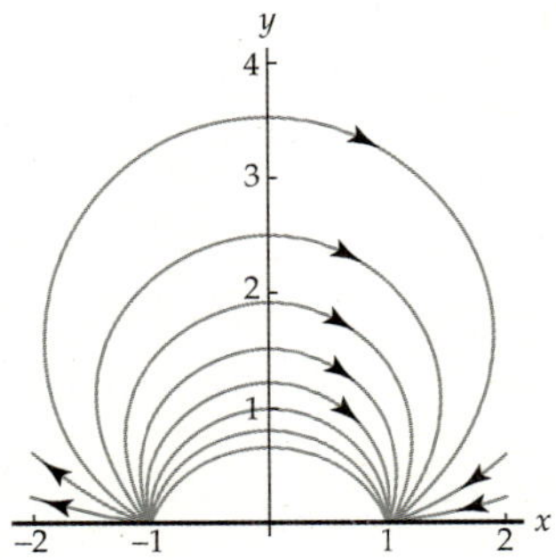

그림 7.5.13 샘과 수채

여기서 k는 양의 상수이다. 마찬가지로, k가 음의 상수일 때 $z=x_1$은 수채이다. 샘 또는 수채의 강도는 $|k|$에 비례한다. 샘과 수채를 모두 포함하는 흐름은 (11) 꼴의 함수들을 서로 더해서 나타낼 수 있다. 예를 들면, 다음은 서로 강도가 같은 $x_1=-1$에 샘과 $x_2=1$에 수채가 있는 위쪽 반평면 $y>0$에서 이상 유체의 흐름에 대한 복소 속도 퍼텐셜이다.

$$\Omega(z)=\mathrm{Ln}(z+1)-\mathrm{Ln}(z-1)=\mathrm{Ln}\frac{z+1}{z-1} \tag{12}$$

그림 7.5.13을 보라. (12)와 익힘 문제 5.6의 문제 24를 비교하자.

경계에 샘과 수채가 있는 영역에서 흐름선 함수를 결정하는 방법은, 샘과 수채가 없을 때 이용한 방법과 비슷하다. $\psi(u, v)$를 경계에 샘과 수채가 있는 w평면의 영역 D'에서 이상 유체의 흐름에 대한 흐름선 함수라고 하자. $f(z)=u(x, y)+iv(x, y)$가 z평면의 영역 D에서 영역 D' 위로의 한꼴 사상이면, $\psi(x, y)=\psi(u(x, y), v(x, y))$는 경계에 샘과 수채가 있는 D에서 이상 유체의 흐름에 대한 흐름선 함수이다. 이 방법을 다음 마지막 보기에서 예시한다.

보기 8 강도가 같은 샘과 수채가 있는 흐름

$0<\arg(z)<\pi/4$로 정의된 영역 D에서 이상 유체의 흐름을 구성하라. 이때 경계점 $x_1=1$에 샘이 있고 경계점 $x_2=3$에 같은 강도의 수채가 있다.

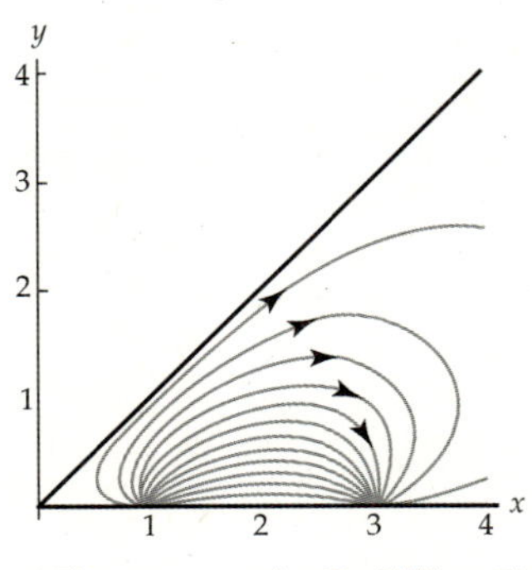

그림 7.5.14 보기 8을 위한 그림

풀이 부록 3의 항 E-4에 $\alpha=4$를 대입하면, $f(z)=z^4$은 D에서 위쪽 반평면 $v>0$ 위로의 일대일 사상이다. 이 사상에 의한 $x_1=1$의 상은 $u_1=1^4=1$이고 $x_2=3$의 상은 $u_2=3^4=81$이다. (12)의 자명하게 수정하면, 다음 복소 속도 퍼텐셜을 얻는다.

$$\mathrm{Ln}(w-1)-\mathrm{Ln}(w-81) \tag{13}$$

이것은 $u_1=1$에 샘이 있고 $u_2=81$에 같은 강도의 수채가 있는 위쪽 반평면 $v>0$에서 이상 유체의 흐름을 묘사한다. 영역 D는 한꼴 사상 $w=z^4$에 의해 영역 $v>0$ 위로 사상되므로, (13)에서 문자 w를 z^4으로 바꾸면 D에서의 흐름에 대한 복소 퍼텐셜 함수를 얻는다. 이에 따라 다음을 얻는다.

$$\Omega(z) = \mathrm{Ln}(z^4 - 1) - \mathrm{Ln}(z^4 - 81) \tag{14}$$

이 흐름의 흐름선은 $\psi(x, y) = c_2$, 곧 다음과 같이 주어진다.

$$\mathrm{Arg}(z^4 - 1) - \mathrm{Arg}(z^4 - 81) = c_2$$

그림 7.5.14를 보라. ❑

참고

복소 사상 $w = J(z) = z + k^2/z$을 주코프스키 변환이라 한다. 이 사상에 의해 점 $z_1 = -1$을 포함하고 점 $z_2 = 1$을 지나는 z평면의 원을 비행기 날개의 단면을 닮은 w평면의 곡선 위로 사상된다. 그림 7.5.15(c)를 보라. 상 곡선을 주코프스키 날개라고 하는데, 이 곡선 주변의 공기 흐름은 이번 절의 기법을 이용해서 결정할 수 있다. 단위 원 $|z| = 1$ 주변에서 $\Omega(z) = z + 1/z$로 주어지는 그림 7.5.15(a)에 나타낸 흐름으로 시작하자. 적절한 선형 사상을 이용하면, 이 흐름을 점 $z_1 = -1$을 포함하고 점 $z_2 = 1$을 지나는 원 주변의 흐름으로 조정할 수 있다. 그림 7.5.15(b)를 보라. 다음에 주코프스키 변환을 이용해서 이 흐름을 그림 7.5.15(c)에 나타낸 날개 주변의 흐름으로 '변환'한다.

용어
주코프스키 변환 Joukowski transformation
주코프스키 날개 Joukowski airfoil

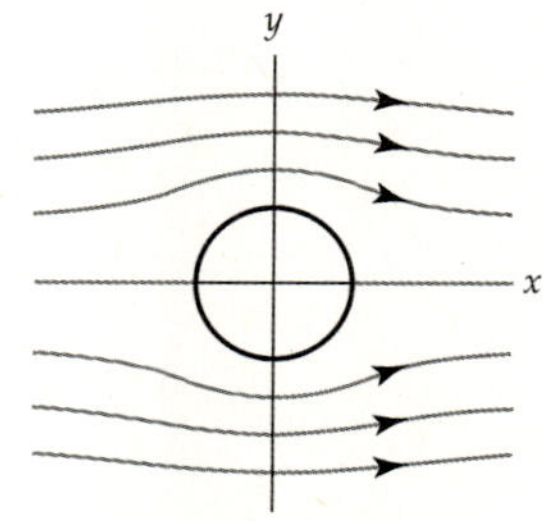

(a) 단위 원 주위의 흐름

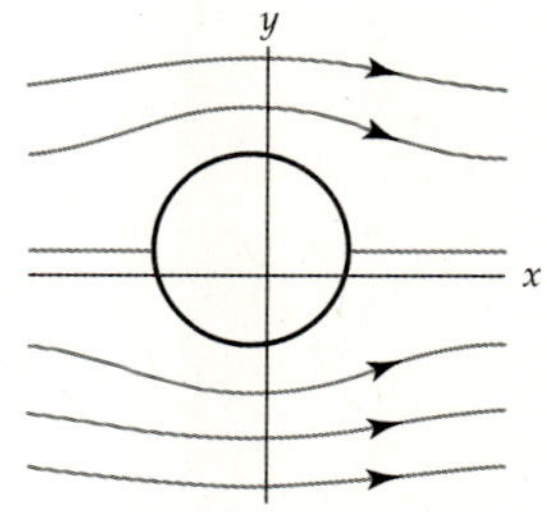

(b) $z_1 = -1$을 포함하고 $z_2 = 1$을 지나는 원 주위의 흐름

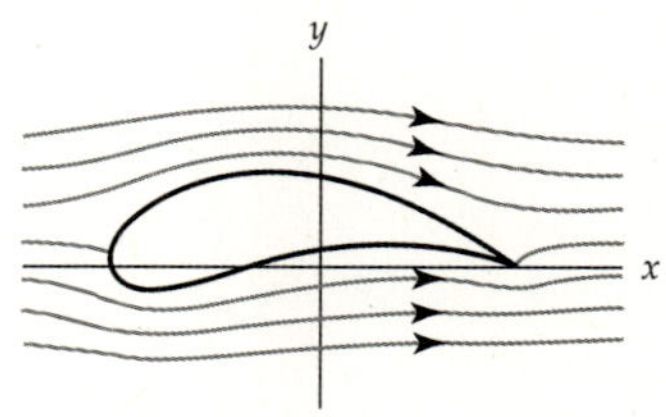

(c) 날개 주위의 흐름

그림 7.5.15 주코프스키 날개 주위의 흐름

7.5 익힘 문제

7.5.1 경계값 문제

문제 1~6에서는 (a) 그림에 나타낸 영역에서 위쪽 반평면 위로의 한꼴 사상을 찾고, (b) (a)의 사상과 7.4절의 해 (7)을 이용해서 주어진 경계 조건을 만족시키는 이 영역에서의 정상 상태 온도 $\phi(x, y)$를 찾아라.

1.

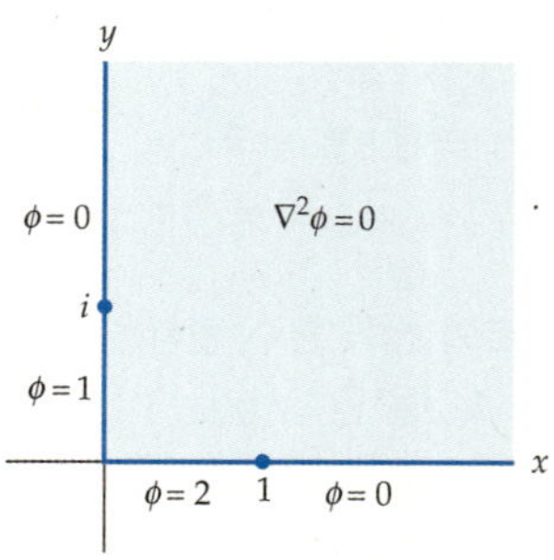

그림 7.5.16 문제 1을 위한 그림

2.

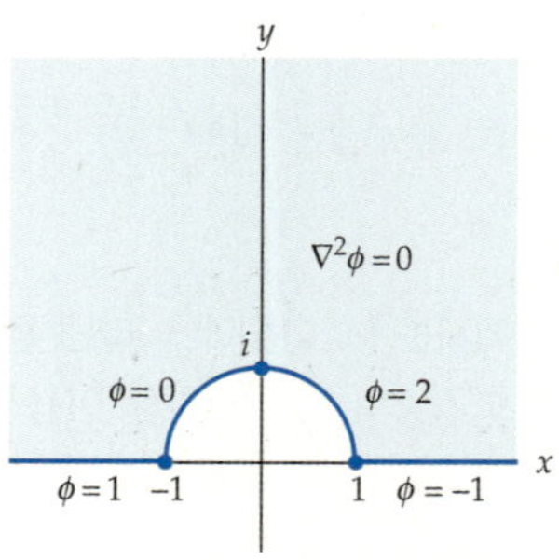

그림 7.5.17 문제 2를 위한 그림

3.

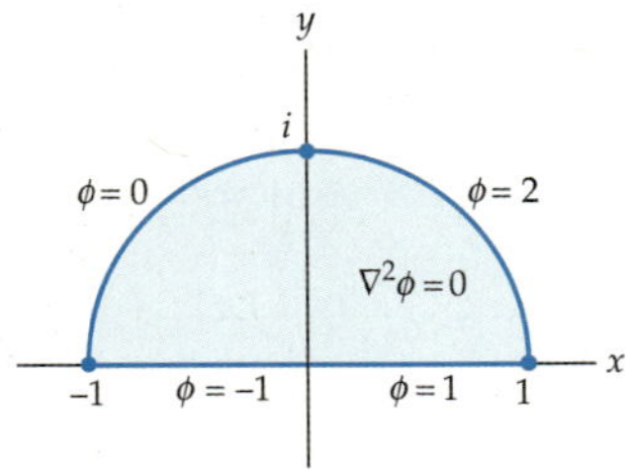

그림 7.5.18 문제 3을 위한 그림

4.

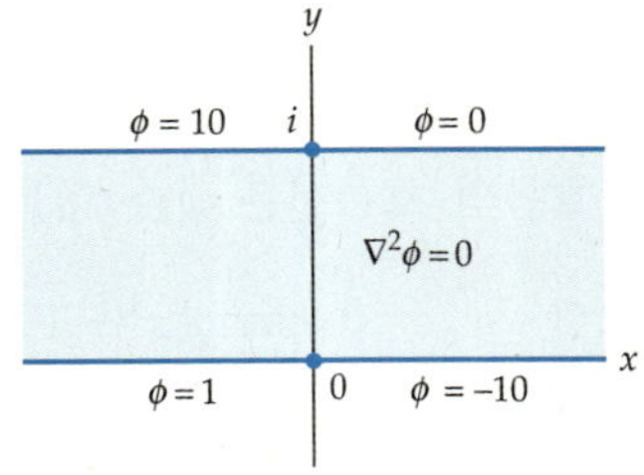

그림 7.5.19 문제 4를 위한 그림

5.

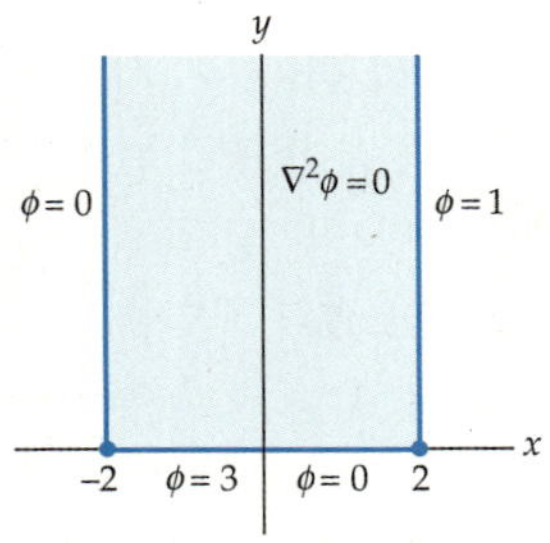

그림 7.5.20 문제 5를 위한 그림

6.

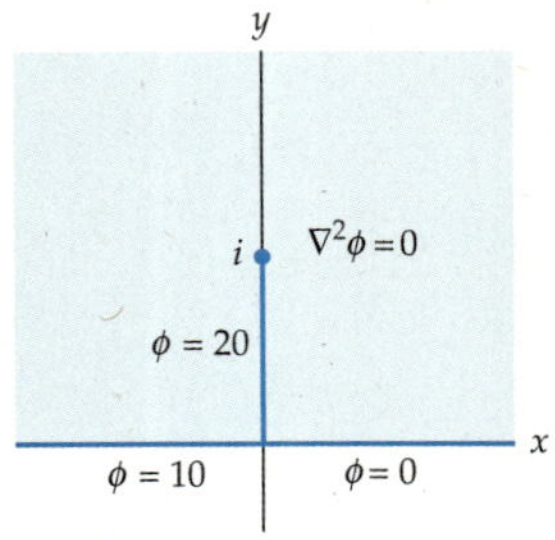

그림 7.5.21 문제 6을 위한 그림

[*귀띔*: 문제 6에서는 부록 3의 항 M−4에 있는 사상의 역을 이용하라.]

문제 7과 8에서는 (a) 그림에 나타낸 영역에서 무한 띠 위로의 선형 분수 변환을 찾고, (b) (a)의 사상과 3.4절의 보기 2의 해를 이용해서 주어진 경계 조건을 만족시키는 이 영역에서의 정전기 퍼텐셜 $\phi(x, y)$를 찾아라.

7.

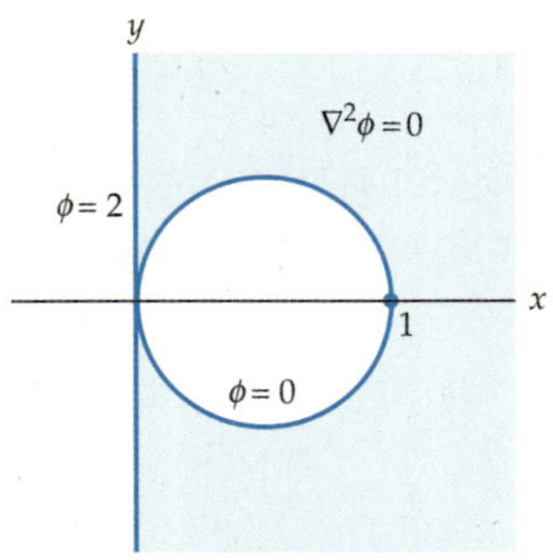

그림 7.5.22 문제 7을 위한 그림

8.

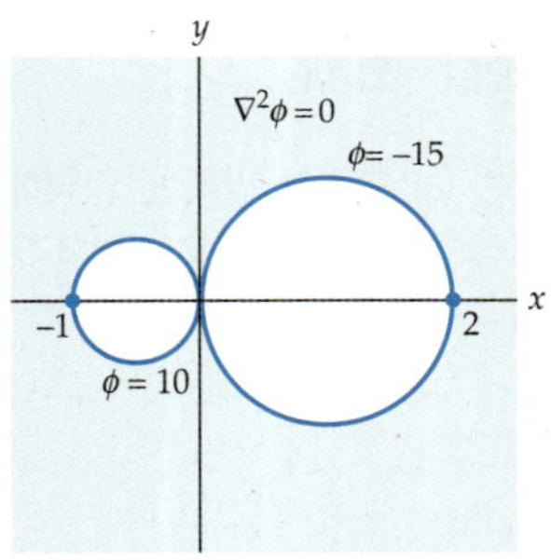

그림 7.5.23 문제 8을 위한 그림

문제 9와 10에서는 (a) 그림에 나타낸 영역에서 원환 위로의 선형 분수 변환을 찾고, (b) (a)의 사상과 보기 1의 비슷한 해를 이용해서 주어진 경계 조건을 만족시키는 이 영역에서의 정전기 퍼텐셜 $\phi(x, y)$를 찾아라.

9.

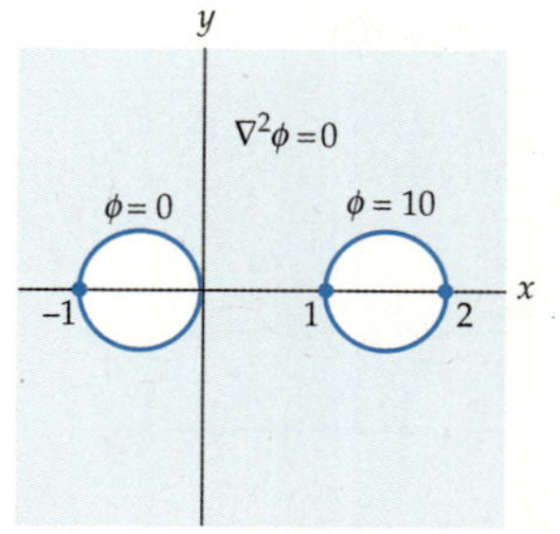

그림 7.5.24 문제 9를 위한 그림

10.

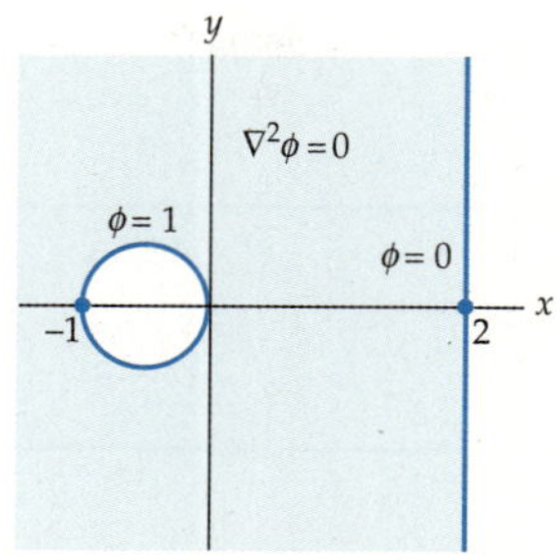

그림 7.5.25 문제 10을 위한 그림

문제 11과 12에서는 (a) 그림에 나타낸 영역에서 보기 3에서 이용한 영역 위로의 한꼴 사상을 찾고, (b) (a)의 사상과 보기 3의 비슷한 해를 이용해서 주어진 경계 조건을 만족시키는 이 영역에서의 정상 상태 온도 $\phi(x, y)$를 찾아라.

11.

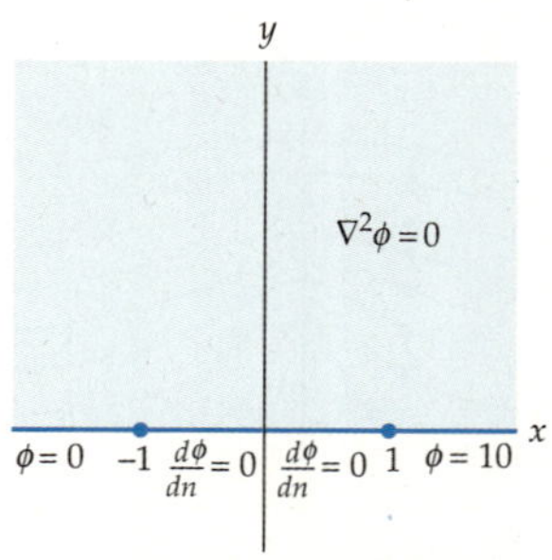

그림 7.5.26 문제 11을 위한 그림

12.

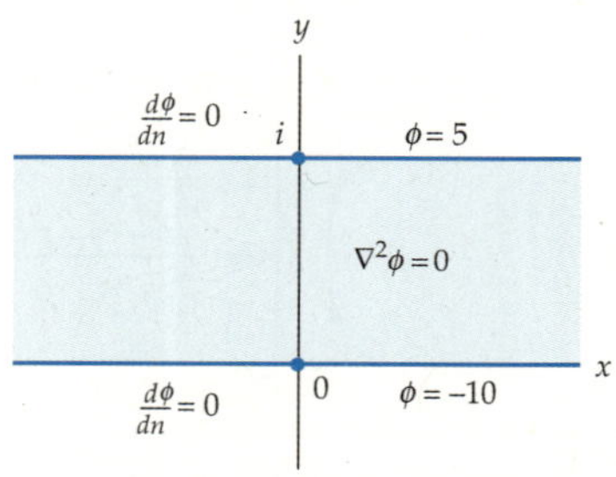

그림 7.5.27 문제 12를 위한 그림

7.5.2 유체 흐름

문제 13~16에서는 주어진 영역에서 이상 유체의 흐름에 대한 복소 속도 퍼텐셜 $\Omega(z)$를 찾아라.

13.

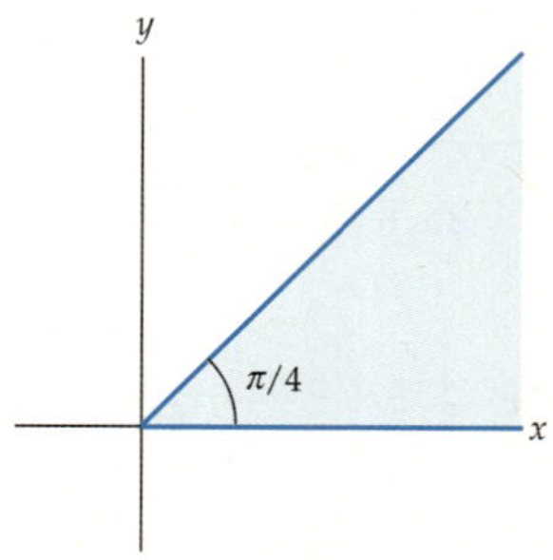

그림 7.5.28 문제 13을 위한 그림

14.

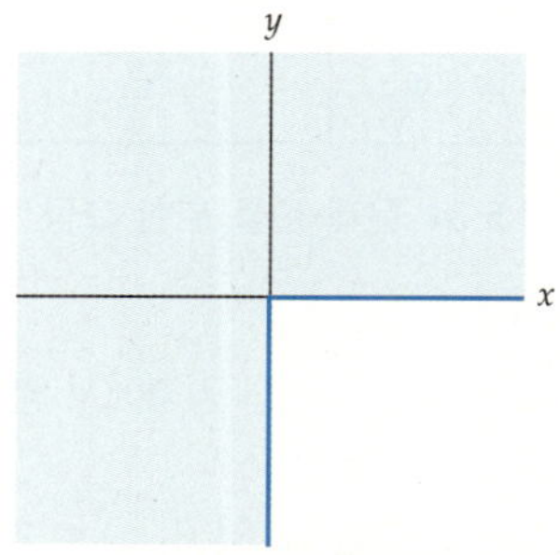

그림 7.5.29 문제 14를 위한 그림

15.

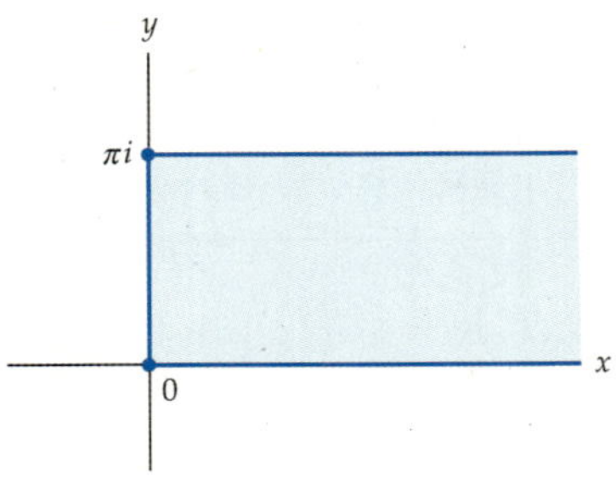

그림 7.5.30 문제 15를 위한 그림

16.

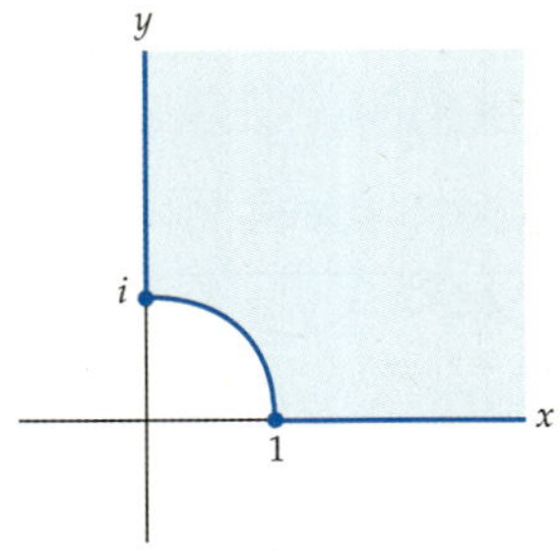

그림 7.5.31 문제 16을 위한 그림

문제 17~20에서는 이상 유체의 흐름을 z평면의 영역에 나타냈다. (a) 위쪽 반평면 $w>0$을 z평면의 그 영역 위로의 한꼴 사상을 찾고, (b) 흐름의 흐름선에 대한 매개 변수 표현을 찾아라.

17.

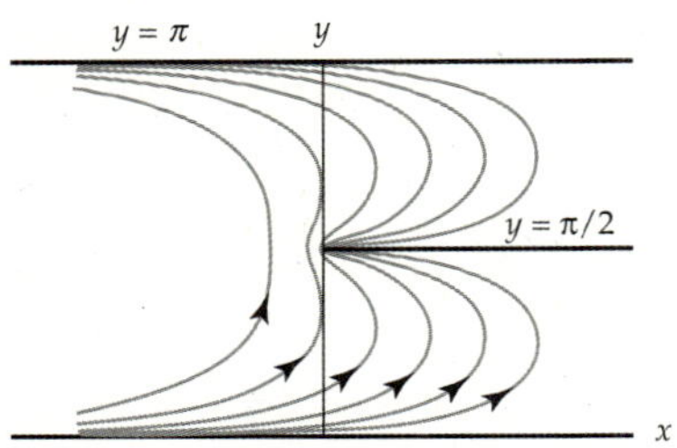

그림 7.5.32 문제 17을 위한 그림

18.

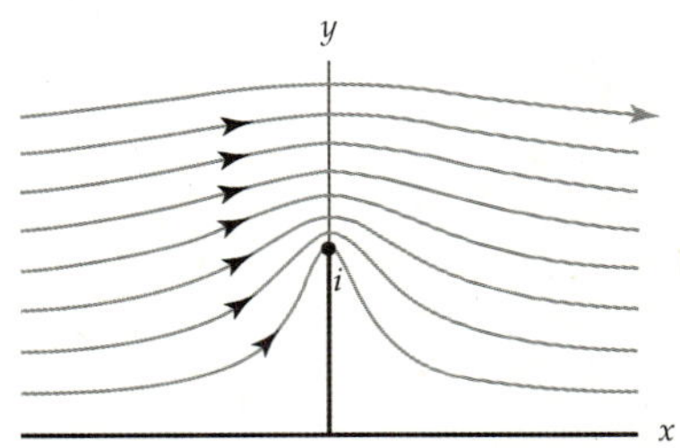

그림 7.5.33 문제 18을 위한 그림

19.

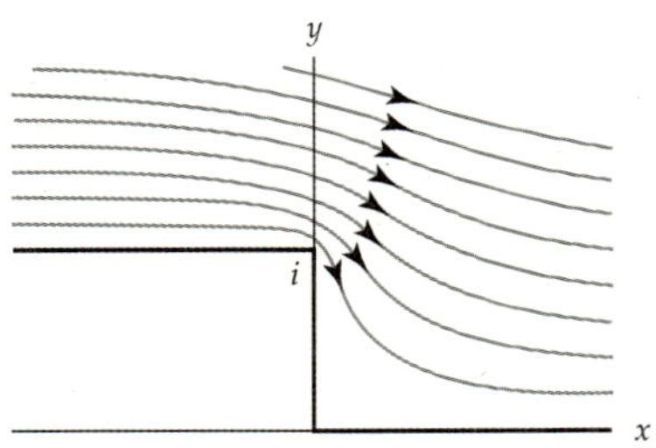

그림 7.5.34 문제 19를 위한 그림

20.

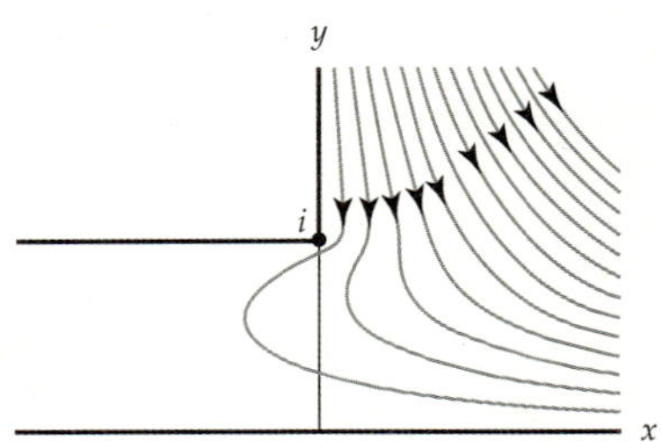

그림 7.5.35 문제 20을 위한 그림

문제 21과 22에서는 주어진 영역에서 영역의 경계에 샘과 수채가 있는 이상 유체의 흐름을 구성하라.

21. $z_1=1+i$에 샘이 있고 $z_2=2$에 수채가 있는 문제 13의 영역

22. $z_1=\frac{1}{2}\sqrt{2}+\frac{1}{2}\sqrt{2}\,i$에 샘이 있고 $z_2=2$와 $z_3=3i$에 수채가 있는 문제 16의 영역

개념과 이해

23. (3)에 주어진 함수에서 두 문자 u와 v를 두 문자 x와 y로 바꾼 것은 그림 7.5.36에 나타낸 영역에서의 경계값 문제의 해임을 보여라.

24. 한꼴 사상과 문제 23을 이용해서 그림 7.5.37에 나타낸 영역에서의 경계값 문제를 풀어라.

25. 한꼴 사상과 문제 23을 이용해서 그림 7.5.38에 나타낸 영역에서의 경계값 문제를 풀어라.

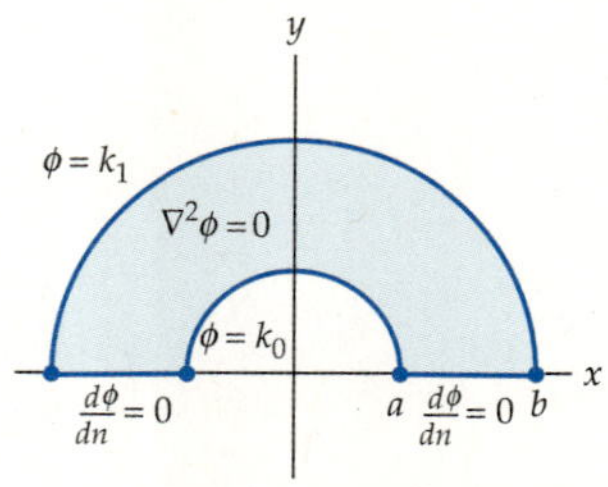

그림 7.5.36 문제 23을 위한 그림

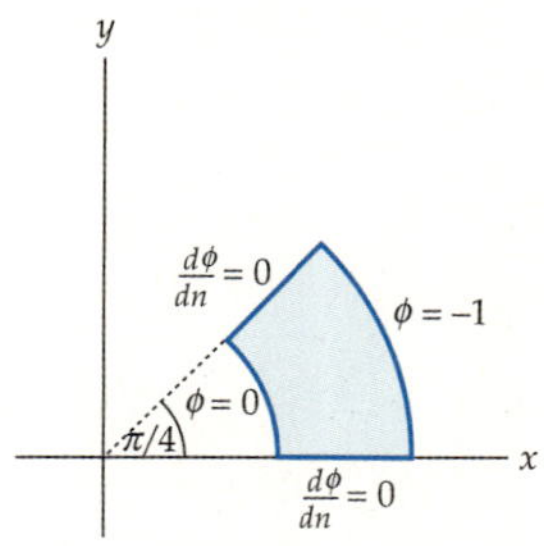

그림 7.5.37 문제 24를 위한 그림

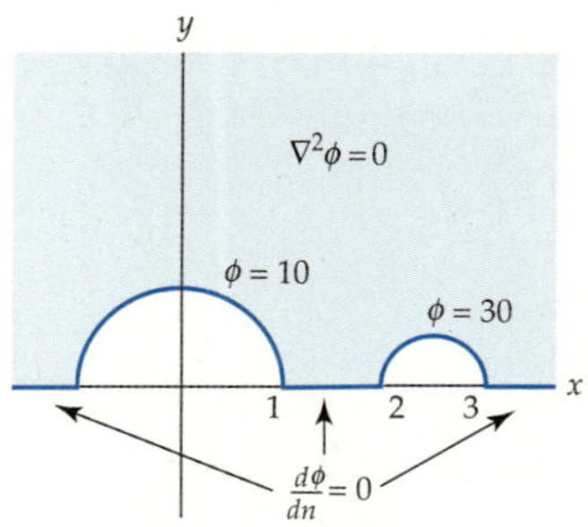

그림 7.5.38 문제 25를 위한 그림

26. 익힘 문제 5.6의 문제 22에서 흐름의 고인 점을 $\mathbf{F}(x,\ y) = \mathbf{0}$인 점으로 정의했다. 다음에 대한 고인 점을 찾아라.

(a) 보기 5의 흐름 (b) 문제 16의 흐름

27. 이 문제에서는 그림 7.5.40에 나타낸 구멍을 통한 이상 유체의 흐름을 구성한다.

(a) 그림 7.5.39에 나타낸 영역 $-\pi/2 < x < \pi/2,\ -\infty < y < \infty$에서 이상 유체의 흐름에 대한 속도 퍼텐셜을 결정하라.

(b) (a)의 퍼텐셜과 한꼴 사상을 이용해서 그림 7.5.40에 나타낸 구역에서 이상 유체의 흐름에 대한 속도 퍼텐셜을 찾아라.

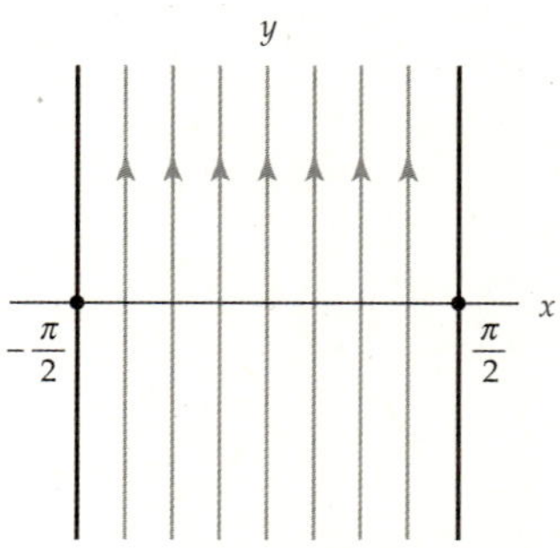

그림 7.5.39 문제 27을 위한 그림

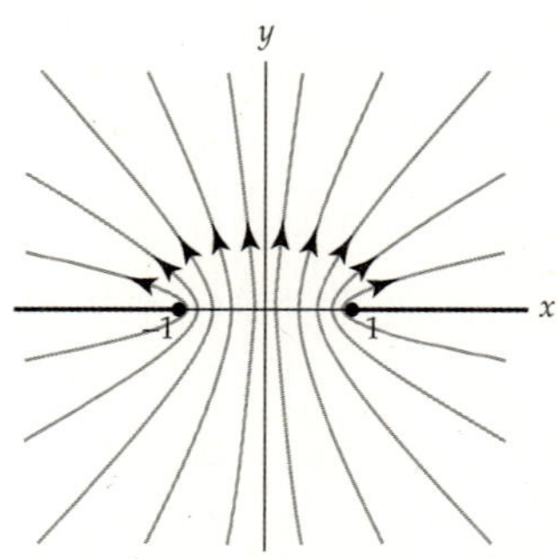

그림 7.5.40 문제 27을 위한 그림

28. 이 문제에서는 그림 7.5.42에 나타낸 판 주변에서 이상 유체의 흐름을 구성한다.

(a) 선형 사상과 보기 5의 속도 퍼텐셜을 이용해서 그림 7.5.41에 나타낸 영역에서 이상 유체의 속도 퍼텐셜이 다음과 같음을 보여라.

$$\Omega(z) = \frac{z}{e^{i\alpha}} + \frac{e^{i\alpha}}{z}$$

(b) 그림 7.5.41에 나타낸 단위 원 외부의 영역은 다음 한꼴 사상에 의해 그림 7. 5.42에 나타낸 선분 $y=0,\ -2 \le x \le 2$를 제외한 복소 평면 위로 사상된다.

$$w = \frac{z + (z^2-4)^{1/2}}{2}$$

(a)의 속도 퍼텐셜과 이 한꼴 사상을 이용해서 그림 7.5.42에 나타낸 구역에서 이상 유체의 흐름에 대한 속도 퍼텐셜을 찾아라.

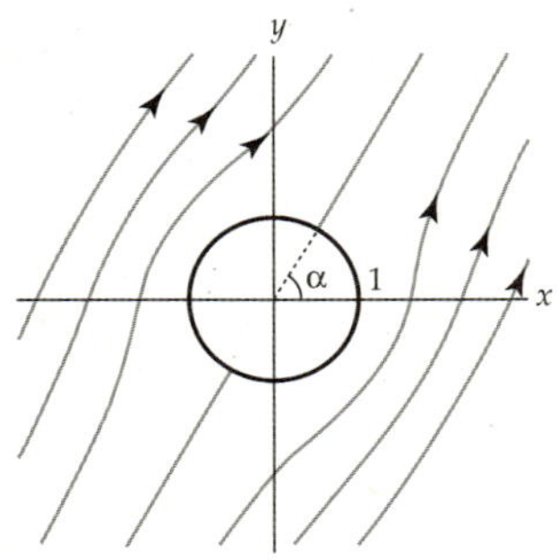

그림 7.5.41 문제 28을 위한 그림

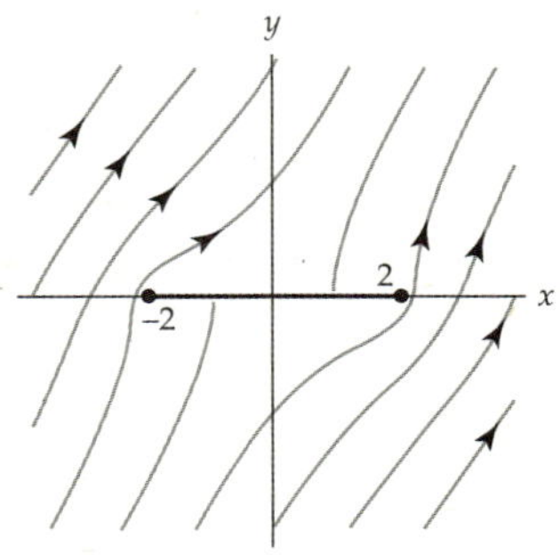

그림 7.5.42 그림 28을 위한 그림

컴퓨터 실습 과제

문제 29~36에서는 CAS를 이용해서 주어진 정상 상태 온도 $\phi(x,\ y)$에 대한 등온선을 그려라.

29. $\phi(x,\ y)$는 문제 1의 정상 상태 온도

30. $\phi(x,\ y)$는 문제 2의 정상 상태 온도

31. $\phi(x,\ y)$는 문제 3의 정상 상태 온도

32. $\phi(x,\ y)$는 문제 4의 정상 상태 온도

33. $\phi(x,\ y)$는 문제 5의 정상 상태 온도

34. $\phi(x,\ y)$는 문제 6의 정상 상태 온도

35. $\phi(x,\ y)$는 문제 11의 정상 상태 온도

36. $\phi(x,\ y)$는 문제 12의 정상 상태 온도

문제 37~40에서는 CAS를 이용해서 주어진 정전기 퍼텐셜 $\phi(x,\ y)$에 대한 등전위 곡선을 그려라.

37. $\phi(x, y)$는 문제 7의 정전기 퍼텐셜
38. $\phi(x, y)$는 문제 8의 정전기 퍼텐셜
39. $\phi(x, y)$는 문제 9의 정전기 퍼텐셜
40. $\phi(x, y)$는 문제 10의 정전기 퍼텐셜

문제 41~44에서는 CAS를 사용해서 주어진 흐름의 흐름선을 그려라.

41. 문제 13의 흐름
42. 문제 14의 흐름
43. 문제 15의 흐름
44. 문제 16의 흐름

제 7 장 복습 문제

문제 1~15에서는 참 또는 거짓으로 답하라. 명제가 거짓이면, 거짓인 이유를 설명하거나 반례를 들어라. 명제가 참이면, 이를 증명하거나 이번 장의 적절한 결과를 인용하라.

1. $f(z)$가 z_0에서 해석적이면, 사상 $w=f(z)$는 z_0에서 한꼴이다.
2. 사상 $w=z^2+iz+1$은 $z=-\frac{1}{2}i$에서 한꼴이 아니다.
3. 사상 $w=z^2+1$은 $z=\pm i$에서 한꼴이 아니다.
4. 사상 $w=\bar{z}$는 복소 평면의 모든 점에서 한꼴이 아니다.
5. 선형 분수 변환은 그 정의역의 모든 점에서 한꼴이다.
6. 선형 분수 변환에 의한 원의 상은 원이다.
7. 선형 분수 변환 $T(z)=\dfrac{z-i}{z+1}$은 세 점 $0, -1, i$를 차례로 세 점 $-i, \infty, 0$ 위로 사상한다.
8. 서로 다른 임의의 세 점 z_1, z_2, z_3을 세 점 $0, 1, \infty$ 위로 사상하는 선형 분수 변환이 존재한다.
9. 선형 분수 변환 $T(z)=(az+b)/(cz+d)$의 역은 $T^{-1}(z)=(cz+d)/(az+b)$이다.
10. $f'(z)=A(z+1)^{-1/2}(z-1)^{-3/4}$이면, $w=f(z)$는 위쪽 반평면을 갇히지 않은 다각 구역 위로 사상한다.
11. $f'(z)=A(z+1)^{-1/2}z^{-1/2}(z-1)^{-1/2}$이면, $w=f(z)$는 위쪽 반평면을 직사각형 위로 사상한다.
12. 위쪽 반평면의 모든 디리클레 문제는 푸아송 적분 공식을 이용해서 풀 수 있다.
13. $w=f(z)=u(x, y)+iv(x, y)$가 영역 D에서 위쪽 반평면 $v>0$ 위로의 한꼴 사상이고 $\Phi(u, v)$가 $v>0$에서 조화 함수이면, $\phi(x, y)=\Phi(u(x, y), v(x, y))$는 D에서 조화적이다.

14. $\psi(x, y)$는 영역 D에서 정의된 함수이고 D의 경계가 $\psi(x, y)$의 등위 곡선이면, $\psi(x, y)$는 D에서 이상 유체의 흐름선 함수이다.
15. 주어진 영역 D에 대해, D의 내부에 머무는 이상 유체의 흐름은 두 가지 이상일 수 있다.

문제 16~30에서는 본문을 인용하지 말고 빈칸을 채워라.

16. 해석 함수 $f(z)=\cosh z$는 $z=$ ________ 을(를) 제외하고 한꼴이다.
17. 한꼴 사상은 각의 크기와 ________ 을(를) 보존한다.
18. 사상 ________ 은 복소 평면의 모든 점에서 한꼴인 사상의 예이다.
19. $f'(z_0)=f''(z_0)=0$이고 $f'''(z_0)\neq 0$이면, 사상 $w=f(z)$는 점 z_0에서의 각의 크기를 ________ 한다.
20. $T(z)=$ ________ 는 세 점 $0,\ 1+i,\ i$를 세 점 $1,\ i,\ \infty$ 위로 사상하는 선형 분수 함수이다.
21. 선형 분수 변환 $T(z)=(2z-i)/(iz+1)$에 의한 원 $|z-1|=2$의 상은 ________ 이다.
22. 선형 분수 변환 $T(z)=(iz-2)/(3z+1-i)$에 의한 직선 L의 상이 원이기 위한 필요 충분 조건은 점 $z=$ ________ 가 L에 속하는 것이다.
23. 네 점 $z,\ z_1,\ z_2,\ z_3$의 교차비는 ________ 과 ________ 이다.
24. 위쪽 반평면에서 세 꼭짓점이 $0,\ 1,\ 1+i$인 삼각형 위로의 슈바르츠·크리스토펠 사상의 도함수는 $f'(z)=$ ________ 이다.
25. $f'(z)=A(z+1)^{-1/2}z^{-1/4}$이면, $w=f(z)$는 위쪽 반평면을 내각이 ________ 인 다각 구역 위로 사상한다.
26. 함수 $f(x)=\phi(x, 0)$이 $-\infty<x<\infty$에서 ________ 이고 ________ 이면, 푸아송 적분 공식은 위쪽 반평면 $y>0$에서 디리클레 문제의 적분 해 $\phi(x, y)$를 제공한다.
27. 복소 속도 퍼텐셜 $\Omega(z)=z^5$은 영역 $0<\arg z<$ ________ 에서 이상 유체의 흐름을 나타낸다.
28. $\Omega(z)=e^z+e^{-z}$이 영역 D에서 이상 유체의 흐름에 대한 복소 속도 퍼텐셜이면, 속도 마당의 복소 표현은 $f(z)=$ ________ 으로 주어진다.
29. $z=\left(\dfrac{1+w}{1-w}\right)^2$이 위쪽 반평면에서 영역 D 위로의 일대일 한꼴 사상이면, D에서 이상 유체의 흐름에 대한 흐름선은 매개 변수화 $z(t)=$ ________ 으로 주어진다.
30. 복소 속도 퍼텐셜 $\Omega(z)=\mathrm{Ln}(z-2)+\mathrm{Ln}(z-3)-\mathrm{Ln}(z-4)$는 $z=2$와 $z=3$에 ________ 이 있고 $z=4$에 ________ 가 있는 위쪽 반평면 $y>0$에서 이상 유체의 흐름을 나타낸다.

Appendixes

부 록

개 요

부록 1 정리 2.6.1의 증명

다음 정리는 2.6절에서 복소 극한을 셈하는 실질적인 방법으로 제시했다. 이 부록에서는 이 정리에 대한 완전한 ϵ-δ 증명을 제시한다.

정리 A.1 극한의 실수 부분과 허수 부분

$f(z)=u(x, y)+iv(x, y)$, $z_0=x_0+iy_0$, $L=u_0+iv_0$이라 하자.

그러면 $\lim\limits_{z\to z_0} f(z)=L$이기 위한 필요 충분 조건은 다음과 같다.

$$\lim_{(x, y)\to(x_0, y_0)} u(x, y)=u_0, \quad \lim_{(x, y)\to(x_0, y_0)} v(x, y)=v_0$$

증명 정리 A.1은

$$\lim_{z\to z_0} f(z)=L \tag{1}$$

이기 위한 필요 충분 조건은 다음 두 극한이 성립하는 것이라 말하고 있다.

$$\lim_{(x, y)\to(x_0, y_0)} u(x, y)=u_0, \quad \lim_{(x, y)\to(x_0, y_0)} v(x, y)=v_0 \tag{2}$$

정리 A.1은 필요 충분 조건을 제시하기 때문에, 다음 두 가지를 증명해야 한다.

(i) (1)은 (2)를 함의하고,

(ii) (2)는 (1)을 함의한다.

(i)부터 증명하자.

(i) $\lim_{z \to z_0} f(z) = L$이라 가정하면, 2.6절의 정의 2.6.1에 의해 다음이 성립한다.

$$\text{임의의 양수 } \epsilon\text{에 대해 적당한 양수 } \delta\text{가 존재해서}$$
$$0 < |z - z_0| < \delta\text{이면 } |f(z) - L| < \epsilon\text{이다.} \tag{3}$$

$f(z) = u(x,\ y) + iv(x,\ y)$이고 $L = u_0 + iv_0$이므로, 다음을 얻는다.

$$|f(z) - L| = \sqrt{\{u(x,\ y) - u_0\}^2 + \{v(x,\ y) - v_0\}^2}$$

게다가, $0 \le \{v(x,\ y) - v_0\}^2$이므로 다음이 성립한다.

$$\begin{aligned} |u(x,\ y) - u_0| &= \sqrt{\{u(x,\ y) - u_0\}^2} \\ &\le \sqrt{\{u(x,\ y) - u_0\}^2 + \{v(x,\ y) - v_0\}^2} \end{aligned}$$

그러므로 모든 $z = x + iy$에 대해 다음을 얻는다.

$$|u(x,\ y) - u_0| \le |f(z) - L| \tag{4}$$

특히 $|f(z) - L| < \epsilon$이면 $|u(x,\ y) - u_0| \le \epsilon$이다. 그런데 $z = x + iy$이고 $z_0 = x_0 + iy_0$이므로 다음도 성립한다.

$$|z - z_0| = \sqrt{(x - x_0)^2 + (y - y_0)^2} \tag{5}$$

그러므로 (3), (4), (5)로부터 임의의 양수 ϵ에 대해 적당한 양수 δ가 존재해서 $0 < \sqrt{(x - x_0)^2 + (y - y_0)^2} < \delta$이면 $|u(x,\ y) - u_0| < \epsilon$이다. 따라서 2.6절 (7)에 의해 $\lim_{(x,\ y) \to (x_0,\ y_0)} u(x,\ y) = u_0$이 성립한다.

$0 \le \{u(x,\ y) - u_0\}^2$이므로, 비슷한 논법을 이용해서 (2)의 둘째 극한 $\lim_{(x,\ y) \to (x_0,\ y_0)} v(x,\ y) = v_0$이 성립함을 증명할 수 있다. 이것으로 (1)이 (2)를 함의한다는 증명을 마친다.

(ii) 이번에는 다음 두 극한이 성립한다는 가정으로 시작하자.

$$\lim_{(x,\ y) \to (x_0,\ y_0)} u(x,\ y) = u_0, \quad \lim_{(x,\ y) \to (x_0,\ y_0)} v(x,\ y) = v_0$$

그리고 $\lim_{z \to z_0} f(z) = L$이 성립함을 밝히자. 임의의 양수 ϵ에 대해 $\epsilon/2$도 양수이다. 그러면 여기의 가정 $\lim_{(x,\ y) \to (x_0,\ y_0)} u(x,\ y) = u_0$과 2.6절의 (7)에 의해 적당한 양수 δ_1이 존재해서 다음이 성립한다.

$$0 < \sqrt{(x - x_0)^2 + (y - y_0)^2} < \delta_1\text{이면 } |u(x,\ y) - u_0| < \epsilon/2\text{이다.}$$

비슷한 방법으로 $\lim_{(x,\ y) \to (x_0,\ y_0)} v(x,\ y) = v_0$이므로 적당한 양수 δ_2가 존재해서 다음이 성립한다.

$$0 < \sqrt{(x-x_0)^2+(y-y_0)^2} < \delta_2 \text{이면 } |v(x,\ y)-v_0| < \epsilon/2 \text{이다.}$$

δ를 δ_1과 δ_2 중에서 작은 것이라 하자. 곧, $\delta \le \delta_1$이고 $\delta \le \delta_2$이라 하자. 그러면 $0 < \sqrt{(x-x_0)^2+(y-y_0)^2} < \delta$이면 $|u(x,\ y)-u_0| < \epsilon/2$이고 $|v(x,\ y)-v_0| < \epsilon/2$이다. 그러므로 (5)에 의해 다음을 얻는다.

$$0 < |z-z_0| < \delta \text{이면 } |u(x,\ y)-u_0|+|v(x,\ y)-v_0| < \epsilon \text{이다.} \quad (6)$$

한편, $f(z)=u(x,\ y)+iv(x,\ y)$이고 $L=u_0+iv_0$이므로 삼각 부등식에 의해 다음이 성립한다.

$$|f(z)-L| \le |u(x,\ y)-u_0|+|v(x,\ y)-v_0|$$

따라서 (6)에 의해 $0<|z-z_0|<\delta$이면 $|f(z)-L|<\epsilon$이다. ϵ은 임의의 양수가 될 수 있으므로, 임의의 양수 ϵ에 대해 적당한 양수 δ가 존재해서 $0<|z-z_0|<\delta$이면 $|f(z)-L|<\epsilon$이 성립한다. 그러므로 정의 2.6.1에 의해 $\lim_{z \to z_0} f(z)=L$이다. □

부록 2 코시 · 구르사 정리의 증명

인명, 용어
구르사 Edouard Goursat
삼각형 경로 triangular contour

5.3절에서는 그린의 정리를 이용해서 코시의 정리를 증명했다. 단순 연결 영역 D 전체에서 f'가 연속이라고 가정하기 때문에, 간단한 증명이 가능하다. 프랑스 수학자 구르사(1858~1936)는 1900년에 이런 연속성의 가정이 없는 코시의 정리에 대한 증명을 발표했다. 그 결과 그 뒤 복소 해석학의 모든 정리 중에서 가장 기본적인 정리의 하나의 제목에 코시의 이름과 함께 그의 이름이 끼게 되었다.

이 부록에서는 코시 · 구르사의 정리에 대한 완전한 정리를 시행하는 방법을 논의한다. 아래 논의에서는 쓸데없는 반복을 피하기 위해서, D는 단순 연결 영역이고 f는 D에서 복소 해석 함수를 나타내기로 한다.

코시 · 구르사의 정리에 대한 증명은 세 단계를 이루어진다. 처음 두 단계는 보조 정리로, 이는 실제로 코시 · 구르사의 정리의 특별한 경우이다. 첫째 보조 정리는 삼각형 경로를 따른 적분을 다루고, 둘째 보조 정리는 닫힌 꺾인 선 경로를 따른 적분을 다룬다. 첫째 정리는 둘째 정리의 증명에 이용되고, 둘째 정리는 코시 · 구르사의 정리를 완전히 일반적으로 증명하는 데 활용된다.

정리 A.2 삼각형 경로

$\triangle$이 D의 내부에 완전히 놓인 삼각형 경로이면, $\int_{\triangle} f(z)\,dz = 0$이다.

증명 $\triangle$을 그림 A2.1에 나타낸 삼각형 경로라고 하자. $\triangle$의 세 꼭짓점을 A, B, C로 나타내자. 그림 A2.2에 나타낸 대로 $\triangle$의 세 변의 중점 D, E, F를 선분으로 연결해서 네 개의 작은 삼각형 C_1, C_2, C_3, C_4를 만든다. 정리 5.2.2(iii)에 의해 다음과 같이 쓸 수 있다.

$$\oint_{\triangle} f(z)\,dz = \int_{EBF} + \int_{FCG} + \int_{GAE}$$
$$= \left(\int_{EBF} + \int_{FE}\right) + \left(\int_{FCG} + \int_{GF}\right) + \left(\int_{GAE} + \int_{EG}\right) + \left(\int_{EF} + \int_{FG} + \int_{GE}\right)$$
$$= \int_{EBFE} + \int_{FCGF} + \int_{GAEG} + \int_{EFGE},$$

$$\oint_{\triangle} f(z)\,dz = \oint_{C_1} f(z)\,dz + \oint_{C_2} f(z)\,dz + \oint_{C_3} f(z)\,dz + \oint_{C_4} f(z)\,dz \tag{1}$$

그러므로 1.2절의 (6) 삼각 부등식에 의해 다음이 성립한다.

$$\left|\oint_{\triangle} f(z)\,dz\right| \le \left|\oint_{C_1} f(z)\,dz\right| + \left|\oint_{C_2} f(z)\,dz\right| + \left|\oint_{C_3} f(z)\,dz\right| + \left|\oint_{C_4} f(z)\,dz\right| \tag{2}$$

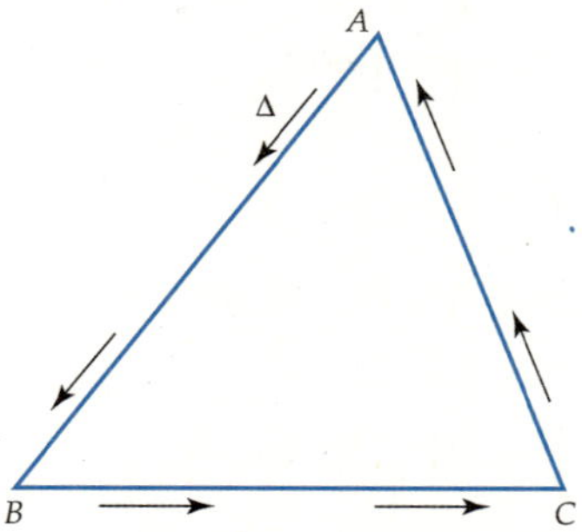

그림 A2.1 삼각형 경로

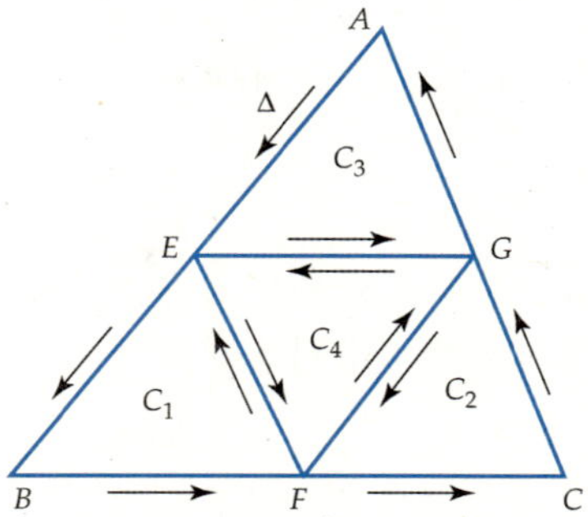

그림 A2.2 삼각형 경로

(2)의 우변에 있는 네 식의 값은 음이 아닌 실수이고, 이에 따라 이 중의 하나는 나머지 세 값보다 크거나 같다. 절댓값이 가장 큰 적분의 삼각형 경로를 기호 $\triangle_1$로 나타내자. 그러면 (2)로부터 다음을 얻는다.

$$\left|\oint_{\triangle} f(z)\,dz\right| \le 4\left|\oint_{\triangle_1} f(z)\,dz\right| \tag{3}$$

삼각형 $\triangle_1$에 대해 위의 과정을 되풀이한다. 곧, 그림 A2.2에 나타낸 방법에 따라 $\triangle_1$의 변의 중점을 선분으로 연결해서 $\triangle_1$ 안에 네 개의 삼각형을 만들고, 등식 (1) 및 부등식 (2)과 같은 식을 얻는다. 부등식에서 좌변은 이제 $\left|\oint_{\triangle_1} f(z)\,dz\right|$이다. 새로운 삼각형 경로 중에서 $\triangle_2$로 나타내는 하나를 따른 f의 적분은 다음을 만족시킨다.

$$\left|\oint_{\triangle_1} f(z)\,dz\right| \le 4\left|\oint_{\triangle_2} f(z)\,dz\right| \tag{4}$$

이 마지막 부등식과 (3)을 결합하면 다음을 얻는다.

$$\left|\oint_{\triangle} f(z)\,dz\right| \le 4\left|\oint_{\triangle_1} f(z)\,dz\right| \le 4^2\left|\oint_{\triangle_2} f(z)\,dz\right|$$

이런 방법으로 계속하면, 품기는 삼각형 경로의 열 $\triangle$, $\triangle_1$, $\triangle_2$, $\cdots$, $\triangle_n$을 얻는다. 곧, 이 열에서 각 삼각형은 바로 앞에 있는 삼각형에 포함된다(품긴다). n단계 뒤에 다음 부등식에 도달한다.

$$\left|\oint_{\triangle} f(z)\,dz\right| \le 4^n\left|\oint_{\triangle_n} f(z)\,dz\right| \tag{5}$$

직관적으로 알 수 있듯이, 영역 D에는 열 $\triangle$, $\triangle_1$, $\triangle_2$, $\cdots$, $\triangle_n$의 모든 삼각형에 공동으로 속하는 점이 존재함을 증명할 수 있다. 이 점을 z_0이라 하자. 함수 f는 $z=z_0$에서 해석적이기 때문에, $f'(z_0)$이 존재한다. 다음과 같이 $\eta(z)$를 정의하자.

$$\eta(z) = \frac{f(z)-f(z_0)}{z-z_0} - f'(z_0) \tag{6}$$

그러면 z가 z_0에 충분히 가까워지면 $|\eta(z)|$를 임의로 작게 만들 수 있다. 곧 이용할 이 사실은 f가 D에서 해석적이므로 $z \to z_0$일 때 차분 $\dfrac{f(z)-f(z_0)}{z-z_0}$의 극한이 존재하고 $f'(z_0)$과 같다는 가정으로부터 유도된다. 정의 2.6.1의 ϵ-δ 표기법에 따라, 임의의 양수 ϵ에 대해 적당한 양수 δ가 존재해서 다음이 성립한다.

$$|z-z_0| < \delta\text{이면 } |\eta(z)| < \epsilon\text{이다.} \tag{7}$$

여기서 (6)을 $f(z)$에 대해 풀고, 이를 (5)에 있는 경로 적분 $\oint_{\triangle_n} f(z)\,dz$의 피적분 함수에 대입해 보자. 두 가지 결과는 다음과 같다.

$$f(z) = f(z_0) + (z-z_0)f'(z_0) + (z-z_0)\eta(z),$$

$$\oint_{\triangle_n} f(z)\,dz = f(z_0)\oint_{\triangle_n} dz + f'(z_0)\oint_{\triangle_n}(z-z_0)\,dz + \oint_{\triangle_n}(z-z_0)\eta(z)\,dz \tag{8}$$

(8)에서 $f(z_0)$과 $f'(z_0)$을 적분 기호의 밖에 쓸 수 있는데, 이 값은 상수이기 때문이다. 또, (8)에서 $\oint_{\triangle_n} dz = 0$이고 $\oint_{\triangle_n}(z-z_0)\,dz = 0$이다.

마지막 두 결과는 ($\triangle_n$과 같은) 임의의 단순 닫힌 경로에 대해 참이고, 정의 5.2.1을 이용해서 직접 증명하거나(익힘 문제 5.2의 문제 29를 보라), 코시의 정리를 이용해서 증명할 수 있다. (마지막 문장이 놀라울 수 있다. 그러나 그렇지 않다. 증명하려는 명제를 이용하지 않고 있다. 상수 함수 1과 다항 함수 $z-z_0$은 D에서 해석적이고 그 도함수도 연속이라는 사실을 확인하자.) 그러므로 (8)의 우변은 다음과 같이 단 한 개의 항으로 축소 된다.

$$\oint_{\triangle_n} f(z)\,dz = \oint_{\triangle_n}(z-z_0)\eta(z)\,dz \tag{9}$$

이제 두 삼각형 경로 $\triangle$와 $\triangle_1$의 길이를 각각 L과 L_1로 나타내자. 그러면 삼각형 $\triangle_1$을 만든 방법을 되새기면, 닮은 삼각형의 성질을 이용해서 L과 L_1 사이에 $L_1 = \frac{1}{2}L$의 관계가 있음을 쉽게 보일 수 있다. 마찬가지로 $\triangle_2$의 길이를 L_2라 하면, $L_2 = \frac{1}{2}L_1 = \frac{1}{2^2}L$이다. 일반적으로 $\triangle_n$의 길이를 L_n이라 하면, $L_n = \frac{1}{2^n}L$이다.

증명이 거의 끝나고 있다. 그런데 $\triangle_n$의 임의의 점 z에 대해 $|z-z_0| < L_n$이 성립한다. 여기서 $L_n = \frac{1}{2^n}L$이다. 충분히 큰 n을 선택하면 $|z-z_0| < \frac{1}{2^n}L < \delta$가 성립하므로, (9)와 (7) 및 ML 부등식에 의해 다음을 얻는다.

$$\left|\oint_{\triangle_n} f(z)\,dz\right| = \left|\oint_{\triangle_n}(z-z_0)\eta(z)\,dz\right| \le \frac{L}{2^n}\cdot\epsilon\cdot\frac{L}{2^n} = \frac{\epsilon}{4^n}L^2 \tag{10}$$

(5)와 (10)을 합치면, 다음과 같이 $\triangle$에서의 적분의 크기에 대한 상계를 얻는다.

$$\left|\oint_{\triangle} f(z)\,dz\right| \le 4^n \frac{\epsilon}{4^n} L^2 = \epsilon L^2 \tag{11}$$

(11)의 결과로 증명이 끝난다. 양수 ϵ을 임의의 작게 할 수 있기 때문에, $\left|\oint_{\triangle} f(z)\,dz\right| = 0$이고 이에 따라 $\oint_{\triangle} f(z)\,dz = 0$이다. ■

정리 A.3 닫힌 꺾인 선 경로

C가 D의 내부에 완전히 놓인 단순 꺾인 선 경로이면, $\int_C f(z)\,dz = 0$이다.

이 정리의 증명은 정리 A.2 및 그림 A2.3에 있는 것과 같은 임의의 닫힌 꺾인 선 경로 C는 '삼각형 분할'할 수 있다는 사실에 의존한다. 개략적으로, 이는 닫힌 다각형 C를 그림 A2.4와 같이 선분을 추가해서 유한 개의 삼각형으로 나눌 수 있음을 뜻한다.

용어
닫힌 꺾인 선 경로 closed polygonal path
삼각형 분할 triangulation

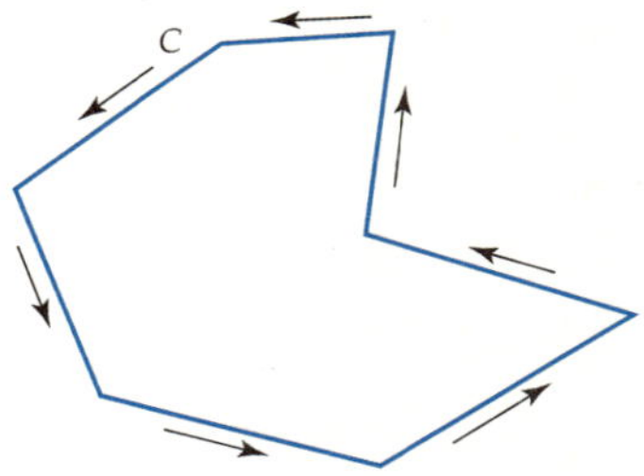

그림 A2.3 닫힌 꺾인 선 경로

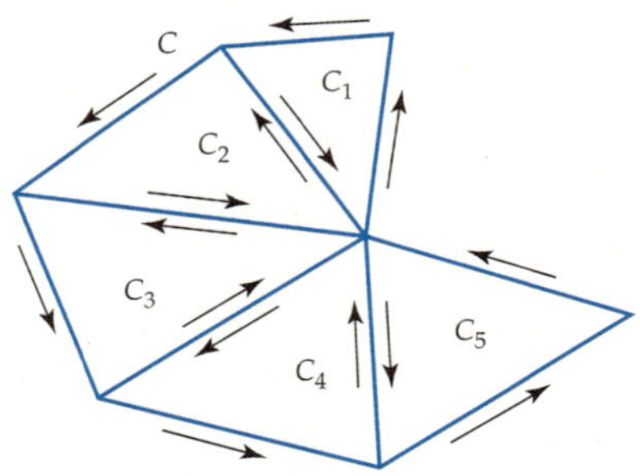

그림 A2.4 꺾인 선 경로의 삼각형 분할

다음에는 정리 A.2의 증명에서와 같이 진행하고, 추가된 선분을 따라 두 번 적분하는 데 방향은 반대이다. 닫힌 꺾인 선 C에 n개의 변이 있으면, n개의 삼각형 C_1, C_2, $\cdots$, C_n으로 나눌 수 있고 결국 (1)과 유사한 다음과 같은 결론에 도달한다.

$$\oint_C f(z)\,dz = \oint_{C_1} f(z)\,dz + \oint_{C_2} f(z)\,dz + \cdots + \oint_{C_n} f(z)\,dz \tag{12}$$

정리 A.2에 의해 (12)의 우변에 있는 각 적분의 값은 영이고, 원하는 결과 $\oint_C f(z)\,dz = 0$을 얻는다.

다음 정리로 넘어가기 전에, 정리 A.3의 닫힌 꺾인 선 경로 C는 그림 A2.3에 나타낸 바와 같이 단순 곡선일 필요가 없다는 점에 유의하자. 바꿔 말하면, C는 스스로 교차할 수 있다.

코시 · 구르사 정리의 마지막 부분에 대한 증명은 임의의 닫힌 경로 C를 원하는 만큼 정확하게 닫힌 꺾인 선 경로로 근접시킬 수 있음을 예시한다.

정리 A.4 임의의 단순 닫힌 경로

C가 D의 내부에 완전히 놓인 단순 닫힌 경로이면, $\oint_C f(z)\,dz = 0$이다.

그림 A2.5에 단순 닫힌 경로 C 및 C에 있는 n개의 점 $z_1, z_2, \cdots, z_n$을 나타냈는데, 이 점들을 지나는 꺾인 선 P를 만들었다. 그리고 $n \to \infty$일 때 C를 따른 적분 $\oint_C f(z)\,dz$와 꺾인 선 경로 P를 따른 적분 $\oint_P f(z)\,dz$ 사이의 차를 원하는 만큼 작게 만들 수 있음을 보일 수 있다. 정리 A.3의 결과에 따라 임의의 n에 대해 $\oint_P f(z)\,dz = 0$이고, 따라서 C를 따른 적분은 영이다.

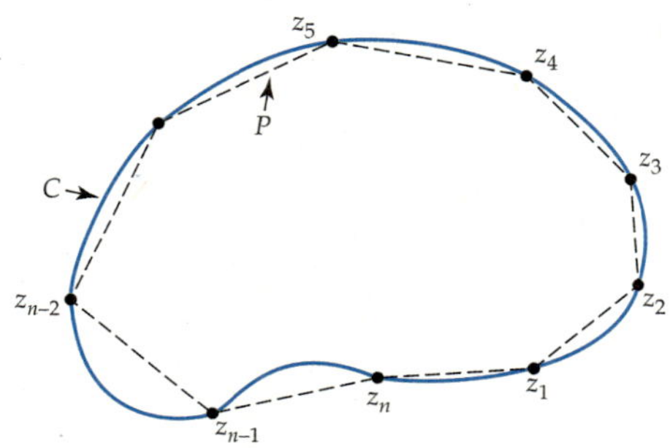

그림 A2.5 닫힌 꺾인 선 경로 P로 근접시킨 단순 닫힌 경로

부록 3 한꼴 사상표

■ 초등 사상

E-1

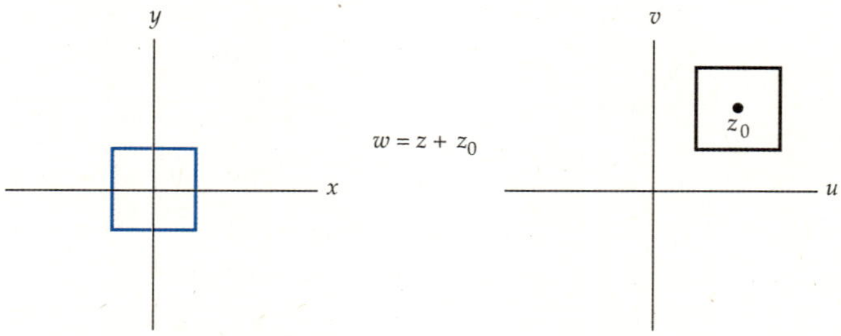

E-2

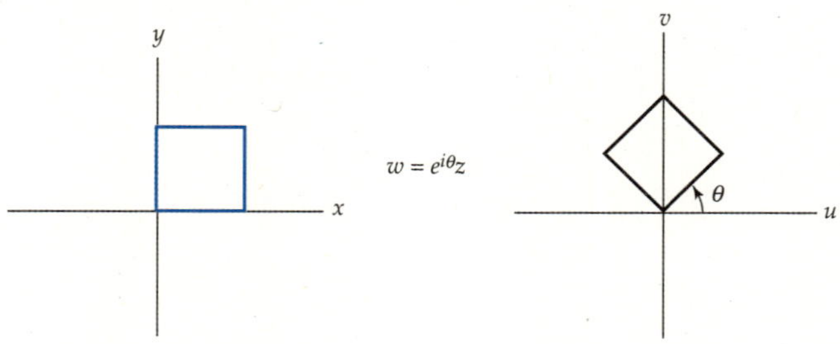

E-3

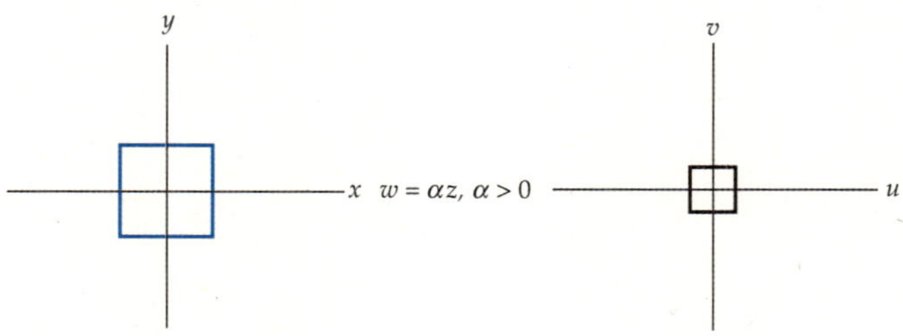

E-4

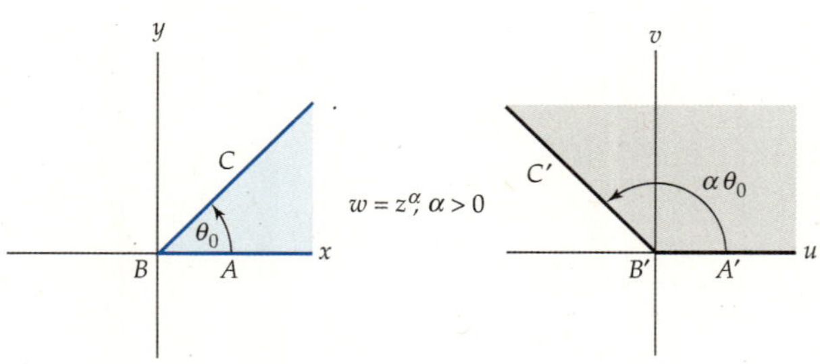

E–5

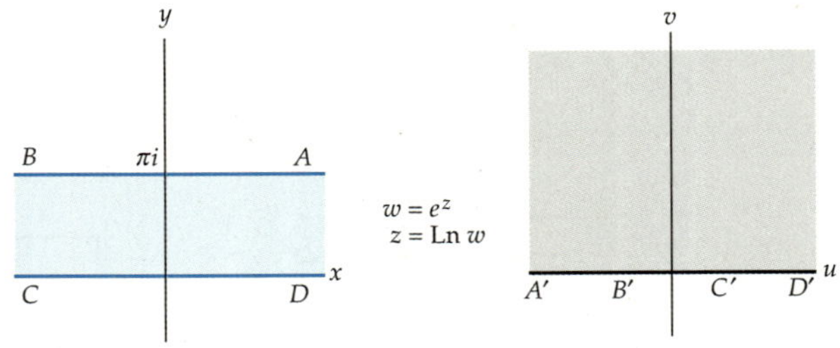
y
B
πi
A
C
D
x
w = e^z
z = Ln w
v
u
A′
B′
C′
D′

E–6

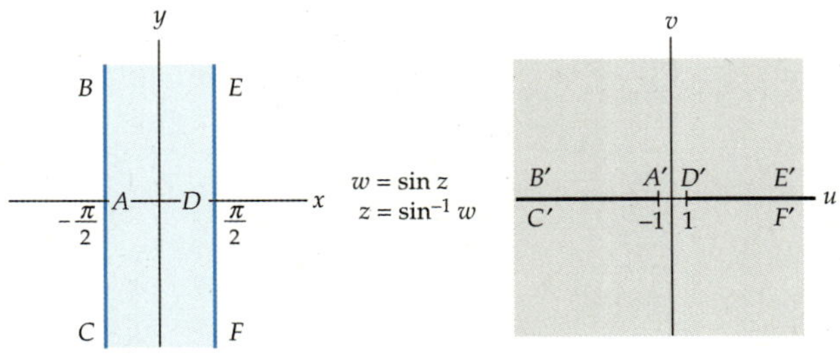
y
B
E
A
D
x
−π/2
π/2
C
F
w = sin z
z = sin^{−1} w
v
B′
A′
D′
E′
C′
−1
1
F′
u

E–7

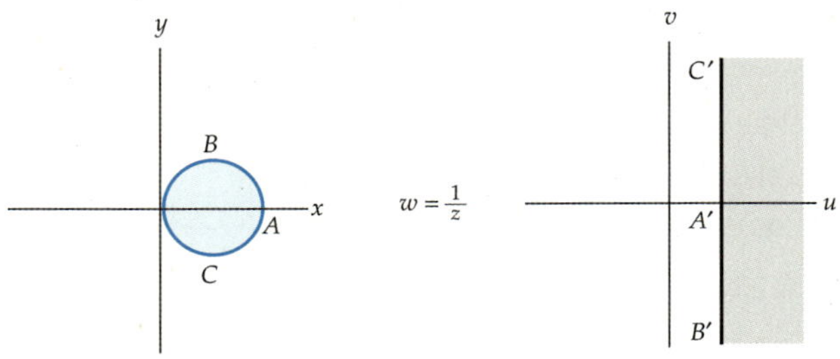
y
B
x
A
C
w = 1/z
v
C′
u
A′
B′

E–8

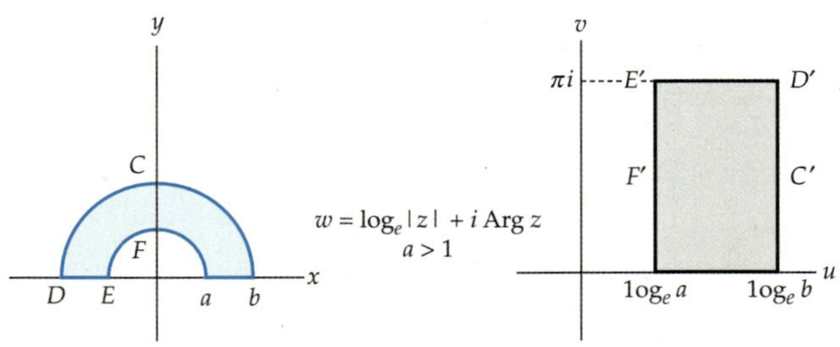
y
C
F
D
E
a
b
x
w = log_e |z| + i Arg z
a > 1
v
πi
E′
D′
F′
C′
log_e a
log_e b
u

E–9

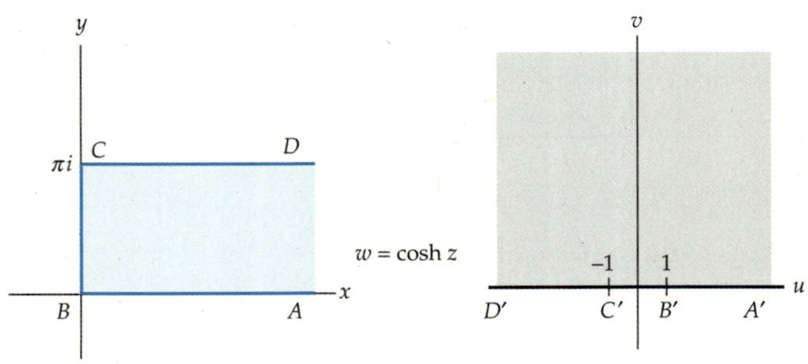
y
πi
C
D
B
A
x
w = cosh z
v
−1
1
u
D′
C′
B′
A′

■ 반평면 위로의 사상

H-1

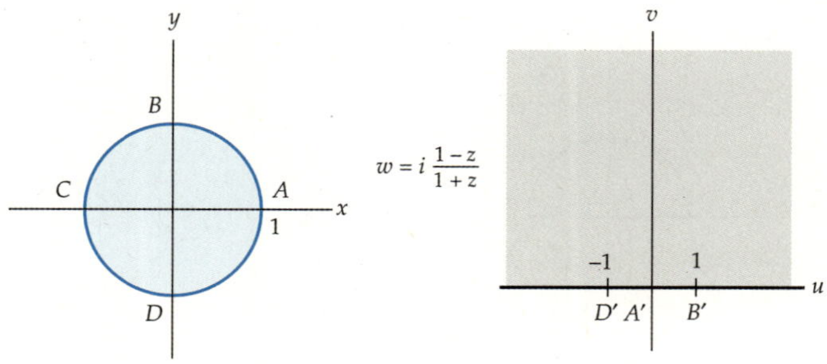

H-2

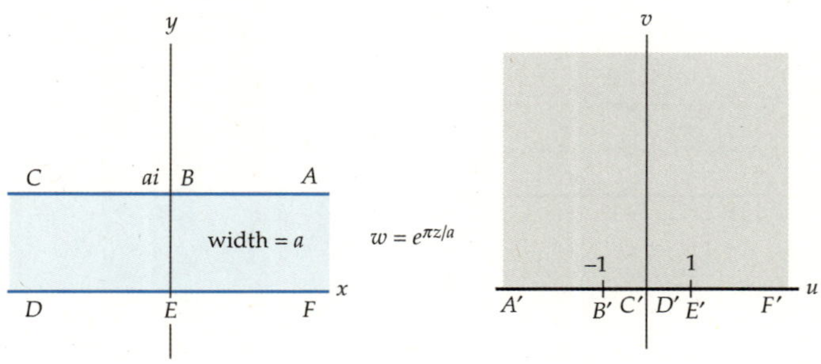

H-3

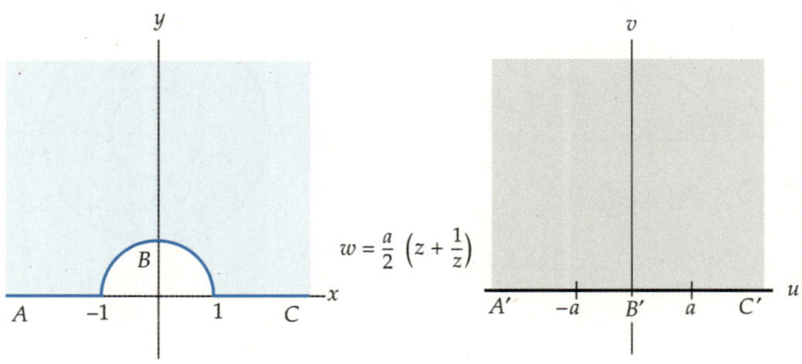

H-4

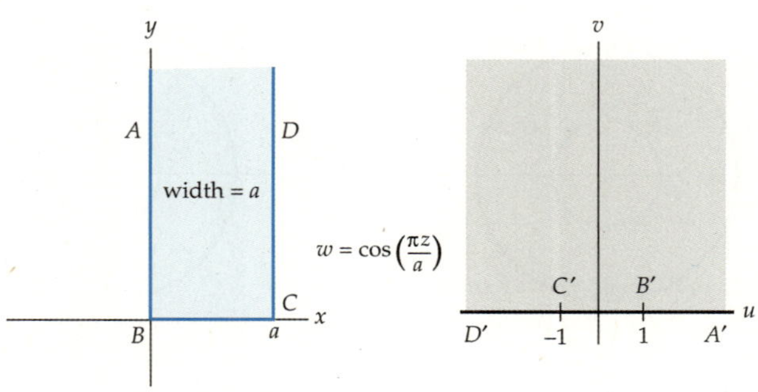

H-5

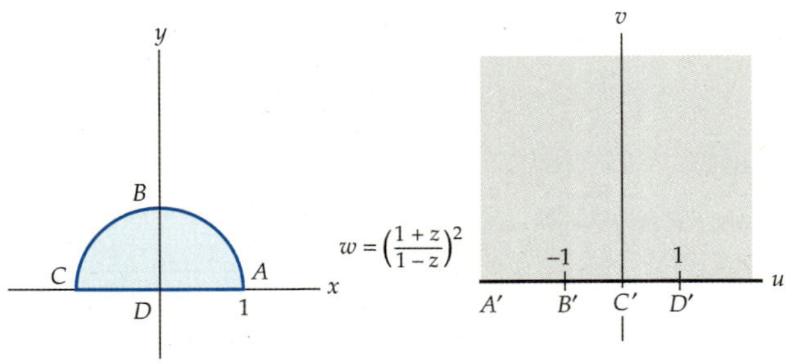

H-6

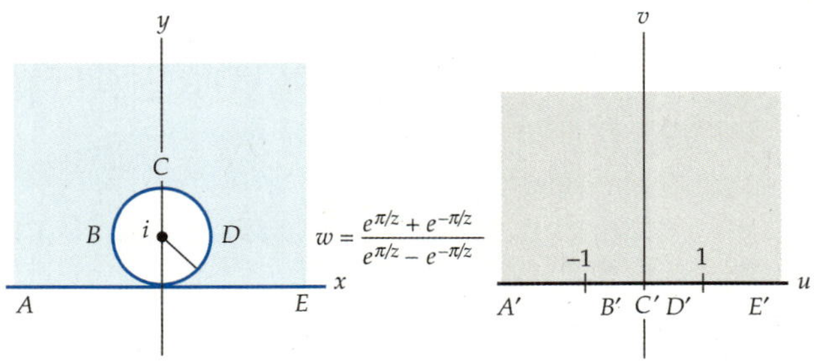

■ 원형 구역 위로의 사상

C-1

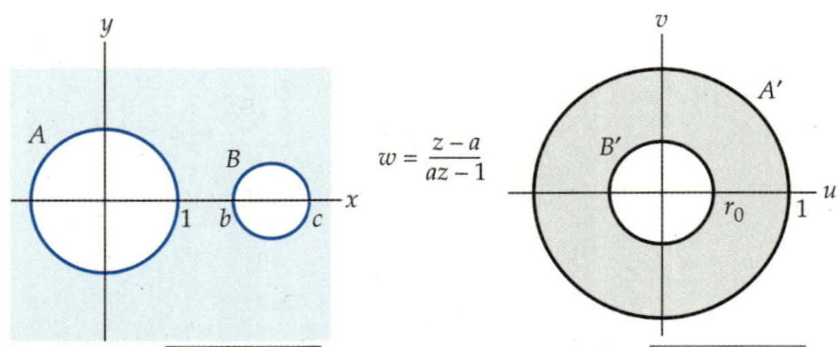

$$a = \frac{bc + 1 + \sqrt{(b^2 - 1)(c^2 - 1)}}{b + c} \qquad r_0 = \frac{bc - 1 - \sqrt{(b^2 - 1)(c^2 - 1)}}{c - b}$$

C-2

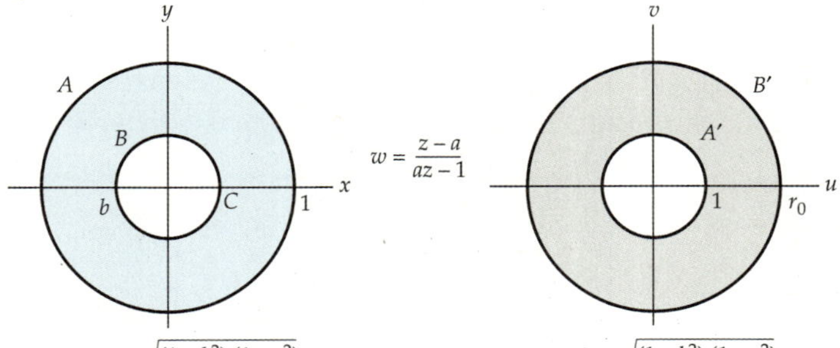

$$a = \frac{1 + bc + \sqrt{(1 - b^2)(1 - c^2)}}{c + b} \qquad r_0 = \frac{1 - bc + \sqrt{(1 - b^2)(1 - c^2)}}{c - b}$$

C–3

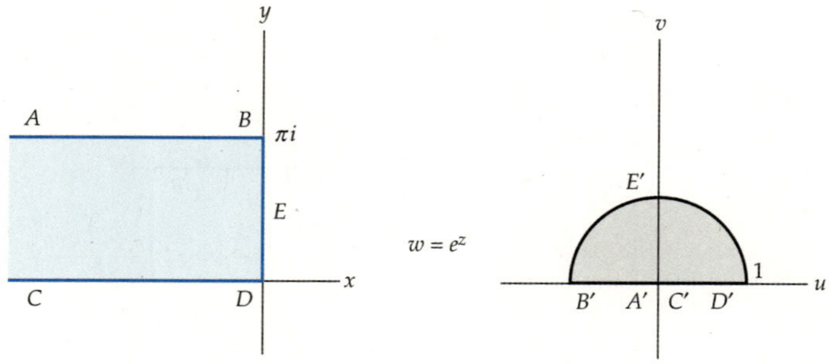

C–4

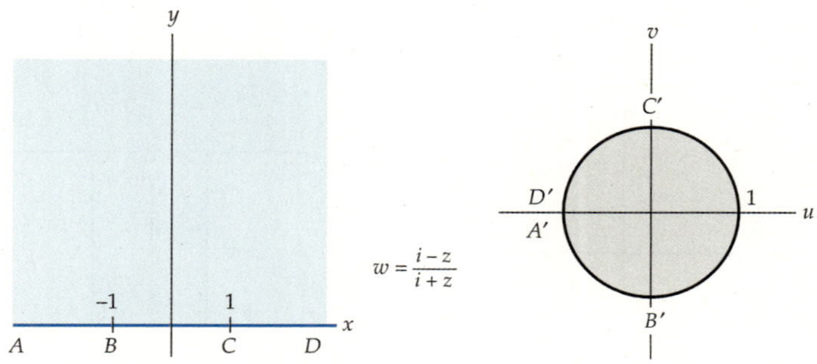

C–5

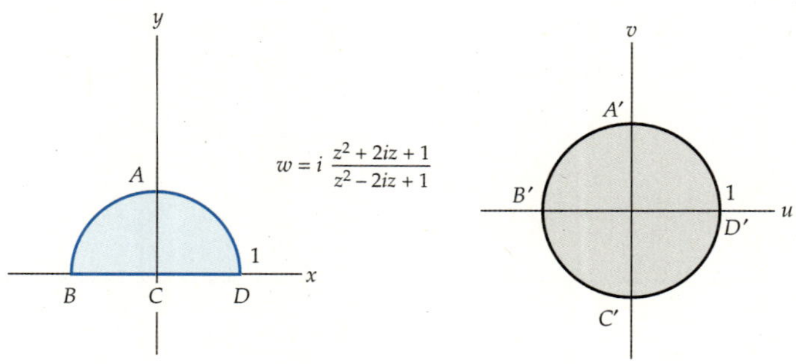

■ 기타 사상

M–1

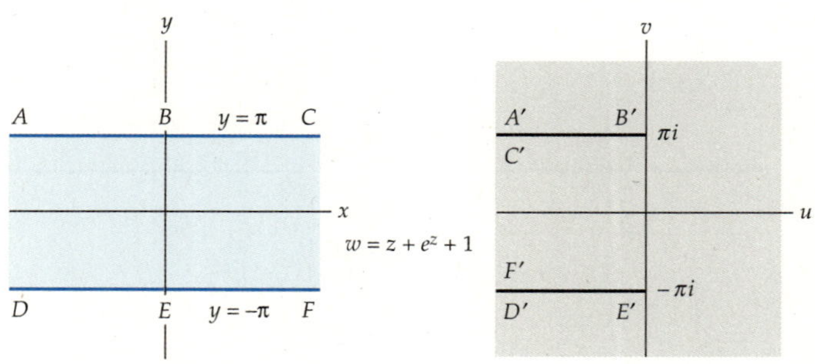

M–2

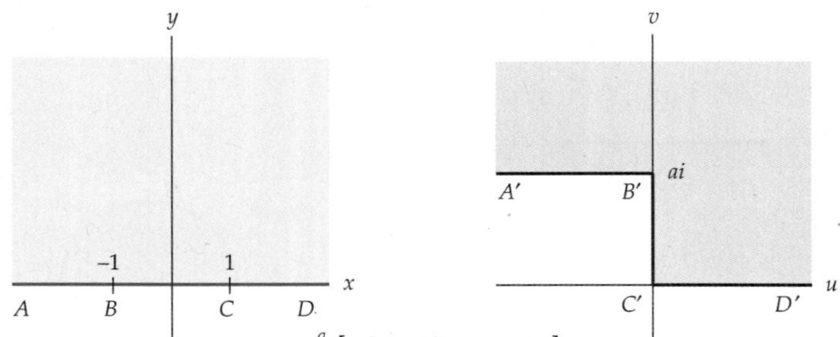

$$w = \frac{a}{\pi}\left[(z^2-1)^{1/2} + \cosh^{-1} z\right]$$

M–3

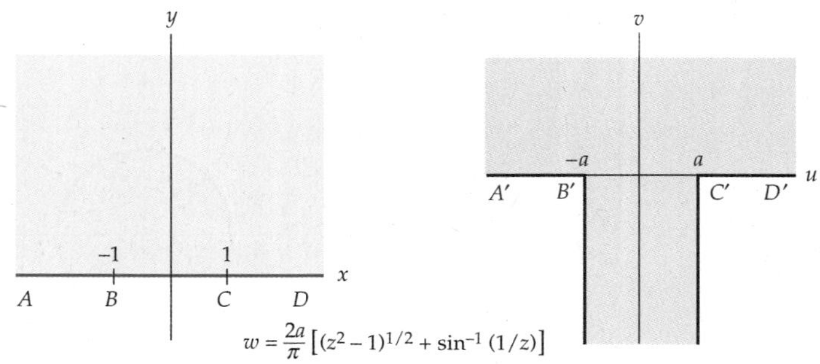

$$w = \frac{2a}{\pi}\left[(z^2-1)^{1/2} + \sin^{-1}(1/z)\right]$$

M–4

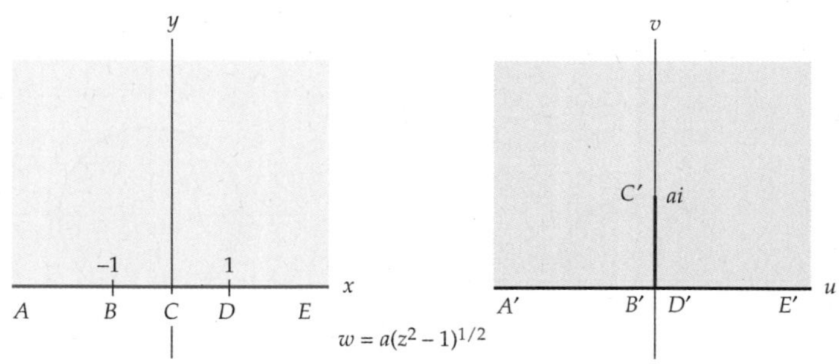

$$w = a(z^2-1)^{1/2}$$

M–5

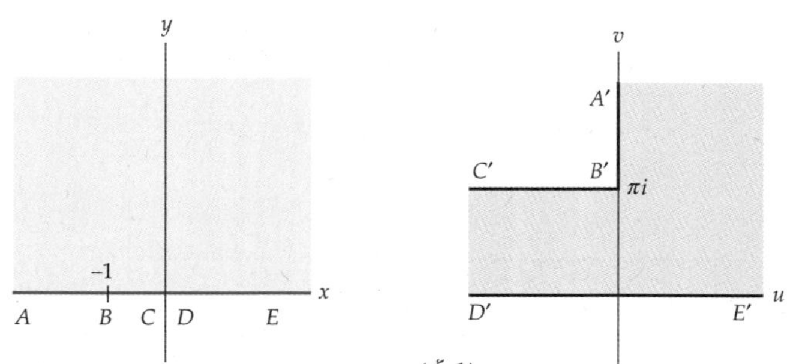

$$w = 2\zeta + \mathrm{Ln}\left(\frac{\zeta-1}{\zeta+1}\right)$$

$$\zeta = (z+1)^{1/2}$$

M-6

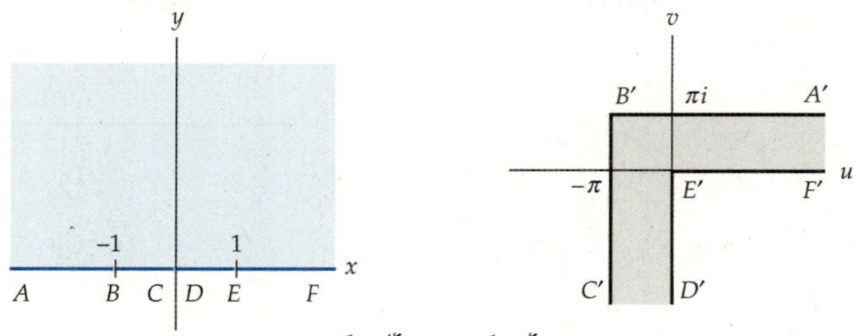

$$w = i\,\mathrm{Ln}\left(\frac{1+i\zeta}{1-i\zeta}\right) + \mathrm{Ln}\left(\frac{1+\zeta}{1-\zeta}\right)$$

$$\zeta = \left(\frac{z-1}{z+1}\right)^{1/2}$$

M-7

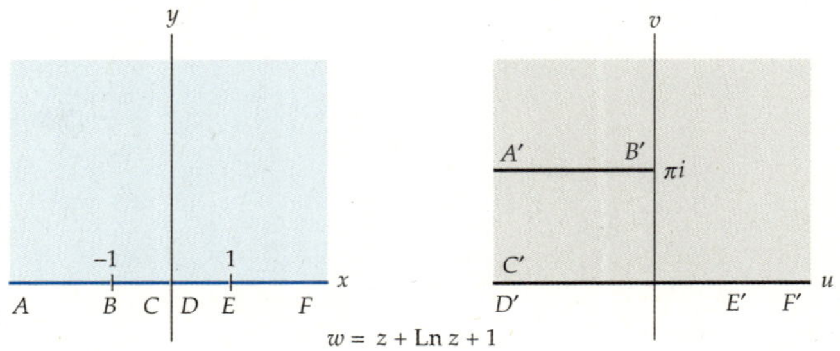

$$w = z + \mathrm{Ln}\,z + 1$$

M-8

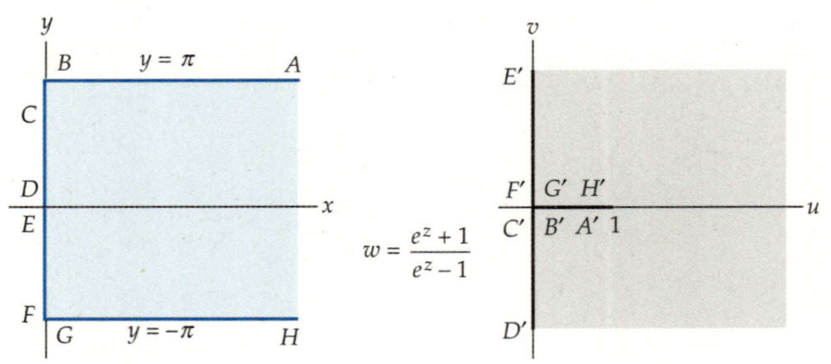

$$w = \frac{e^z + 1}{e^z - 1}$$

M-9

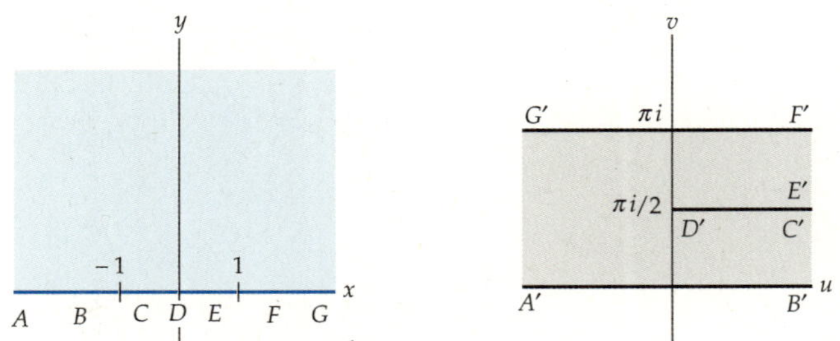

$$w = \pi i - \frac{1}{2}[\mathrm{Ln}(z+1) + \mathrm{Ln}(z-1)]$$

M-10

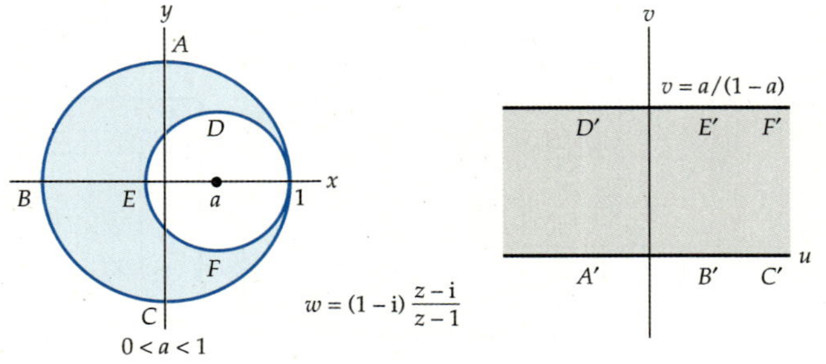

홀수 번 문제의 답

제1장

익힘 문제 1.1

1. (a) 1 (b) $-i$ (c) -1 (d) i **3.** $7-13i$ **5.** $-7+5i$ **7.** $11-10i$ **9.** $\frac{2}{5}+\frac{16}{5}i$

11. $-\frac{7}{17}-\frac{11}{17}i$ **13.** $8-i$ **15.** $\frac{23}{37}-\frac{64}{37}i$ **17.** $20i$ **19.** $\frac{102}{5}+\frac{116}{5}i$ **21.** $-5+12i$

23. $128-128i$ **25.** $\mathrm{Re}(z)=\frac{7}{130}$, $\mathrm{Im}(z)=\frac{9}{130}$ **27.** $\frac{x}{x^2+y^2}$ **29.** $-2y-4$ **31.** $-\mathrm{Im}(z)$

33. $\mathrm{Re}(z)+\mathrm{Im}(z)$ **35.** $z_2=\frac{\sqrt{2}}{2}-\frac{\sqrt{2}}{2}i$ **37.** $z=-\frac{9}{2}+i$ **39.** $z=\frac{\sqrt{2}}{2}+\frac{\sqrt{2}}{2}i$ 또는 $z=-\frac{\sqrt{2}}{2}-\frac{\sqrt{2}}{2}i$

41. $z=-\frac{1}{30}+\frac{7}{10}i$ **43.** $z_1=17+11i$, $z_2=7+13i$

익힘 문제 1.2

5. $16-12i$ **7.** 직각 삼각형 **9.** 2 **11.** $\frac{2}{5}$ **13.** $(x-1)^2+(y-3)^2$ **15.** $11-6i$; $10+8i$

17. 직선 $x-y=1$ **19.** 직선 $y=x$ **21.** 쌍곡선 $xy=1$ **23.** 중심이 $(1,0)$이고 반지름이 1인 원

25. 포물선 $y^2=4(x-1)$ **29.** 6 **31.** $z=-\frac{3}{4}-i$

익힘 문제 1.3

1. $z=2(\cos 2\pi+i\sin 2\pi)$; $z=2(\cos 0+i\sin 0)$ **3.** $z=3\left(\cos\frac{3\pi}{2}+i\sin\frac{3\pi}{2}\right)$; $z=3\left\{\cos\left(-\frac{\pi}{2}\right)+i\sin\left(-\frac{\pi}{2}\right)\right\}$

5. $z=\sqrt{2}\left(\cos\frac{9\pi}{4}+i\sin\frac{9\pi}{4}\right)$; $z=\sqrt{2}\left(\cos\frac{\pi}{4}+i\sin\frac{\pi}{4}\right)$

7. $z=2\left\{\cos\left(-\frac{7\pi}{6}\right)+i\sin\left(-\frac{7\pi}{6}\right)\right\}$; $z=2\left(\cos\frac{5\pi}{6}+i\sin\frac{5\pi}{6}\right)$

9. $z=\frac{3\sqrt{2}}{2}\left(\cos\frac{5\pi}{4}+i\sin\frac{5\pi}{4}\right)$; $z=\frac{3\sqrt{2}}{2}\left\{\cos\left(-\frac{3\pi}{4}\right)+i\sin\left(-\frac{3\pi}{4}\right)\right\}$

11. $z=3(\cos 8.34486+i\sin 8.34486)$; $z=3(\cos 2.06168+i\sin 2.06168)$ **13.** $2+2\sqrt{3}i$ **15.** $-\frac{5\sqrt{3}}{2}-\frac{5}{2}i$

17. $5.5433+2.2961i$ **19.** $8i$; $\frac{\sqrt{2}}{4}-\frac{\sqrt{2}}{4}i$ **21.** $30\sqrt{2}\left(\cos\frac{\pi}{12}+i\sin\frac{\pi}{12}\right)\fallingdotseq 40.9808+10.9808i$

23. $\frac{\sqrt{2}}{2}\left(\cos\frac{5\pi}{4}+i\sin\frac{5\pi}{4}\right)=-\frac{1}{2}-\frac{1}{2}i$ **25.** -512 **27.** $\frac{1}{32}i$ **29.** $-64i$

31. $32\left(\cos\frac{13\pi}{6}+i\sin\frac{13\pi}{6}\right)=16\sqrt{3}+16i$ **33.** $\cos 2\theta=\cos^2\theta-\sin^2\theta$, $\sin 2\theta=2\sin\theta\cos\theta$ **35.** $n=6$

익힘 문제 1.4

답 1~13에서는 으뜸 n제곱근을 먼저 제시한다.

1. $w_0=2$, $w_1=-1+\sqrt{3}i$, $w_2=-1-\sqrt{3}i$ **3.** $w_0=3i$, $w_1=-3i$ **5.** $w_0=\frac{\sqrt{2}}{2}+\frac{\sqrt{2}}{2}i$, $w_1=-\frac{\sqrt{2}}{2}-\frac{\sqrt{2}}{2}i$

7. $w_0=\frac{1}{\sqrt[3]{2}}+\frac{1}{\sqrt[3]{2}}i$, $w_1\fallingdotseq-1.0842+0.2905i$, $w_2\fallingdotseq0.2905-1.0842i$

9. $w_0=\frac{\sqrt{2}}{2}+\frac{\sqrt{6}}{2}i$, $w_1=-\frac{\sqrt{2}}{2}-\frac{\sqrt{6}}{2}i$ **11.** $w_0=2+i$, $w_1=-2-i$

13. $w_0\fallingdotseq1.3477+0.1327i$, $w_1\fallingdotseq0.8591+1.0469i$, $w_2\fallingdotseq-0.1327+1.3477i$, $w_3\fallingdotseq-1.0469+0.8591i$, $w_4\fallingdotseq-1.3477-0.1327i$, $w_5\fallingdotseq-0.8591-1.0469i$, $w_6\fallingdotseq0.1327-1.3477i$, $w_7\fallingdotseq1.0469-0.8591i$

15. (b) $4+3i$, $-4-3i$ **17.** $\pm\frac{\sqrt{2}}{2}(1+i)$, $\pm\frac{\sqrt{2}}{2}(1-i)$

19. (b) $n=3$: 1, $-\frac{1}{2}+\frac{\sqrt{3}}{2}i$, $-\frac{1}{2}-\frac{\sqrt{3}}{2}i$; $n=4$: 1, i, -1, $-i$;

$n=5$: 1, $0.3090+0.9511i$, $-0.8090+0.5878i$, $-0.8090-0.5878i$, $0.3090-0.9511i$

25. (c) $-\frac{\sqrt{2}}{2}+\frac{\sqrt{2}}{2}i$, $\frac{\sqrt{2}}{2}-\frac{\sqrt{2}}{2}i$

익힘 문제 1.5

1.

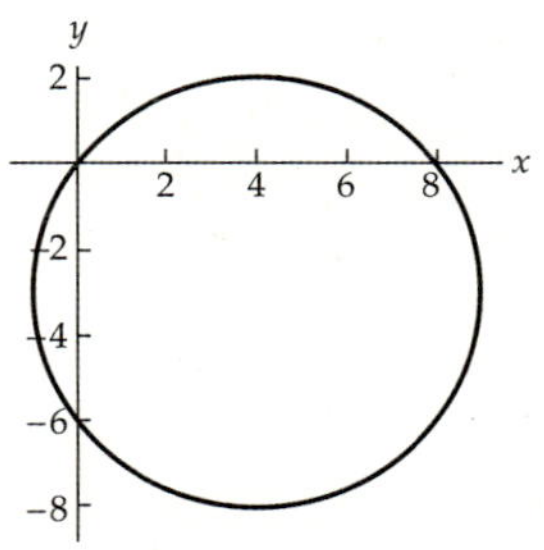

중심이 $4-3i$이고 반지름이 5인 원

3.

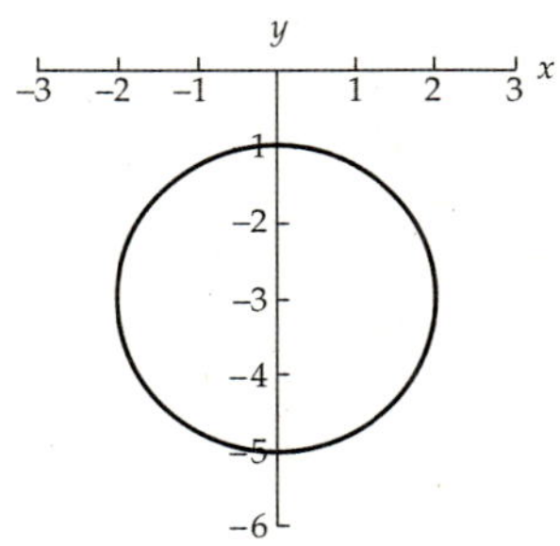

중심이 $-3i$이고 반지름이 2인 원

5.

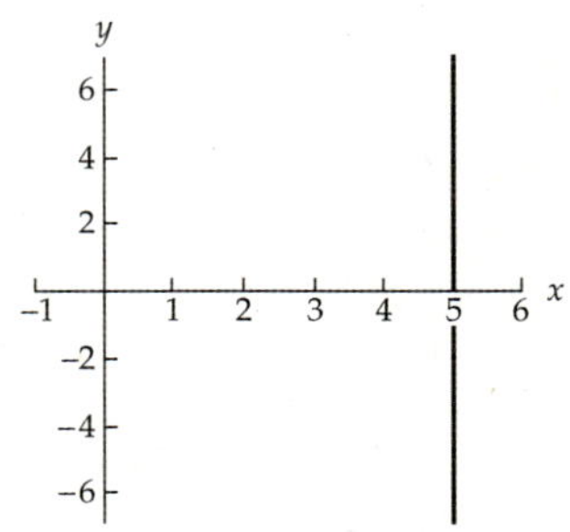

연직선 $x=5$

7.

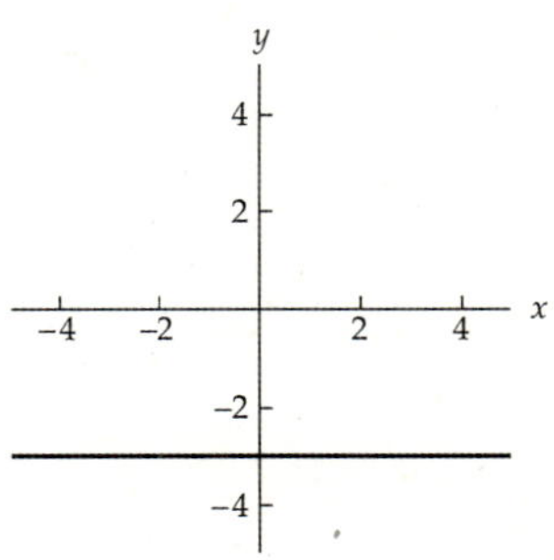

수평선 $y=-3$

9.

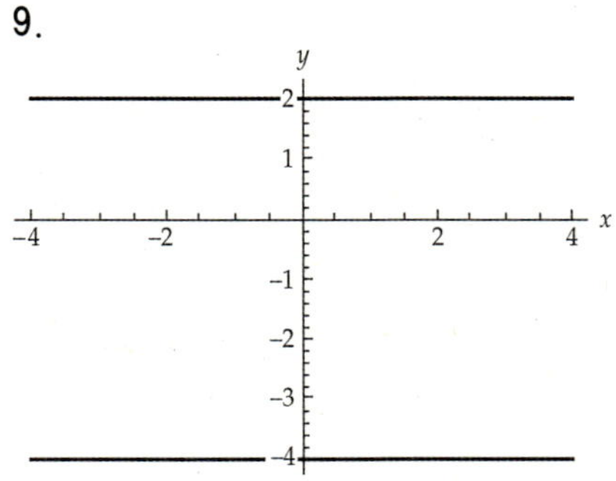

수평선 $y=2$와 $y=-4$

11.

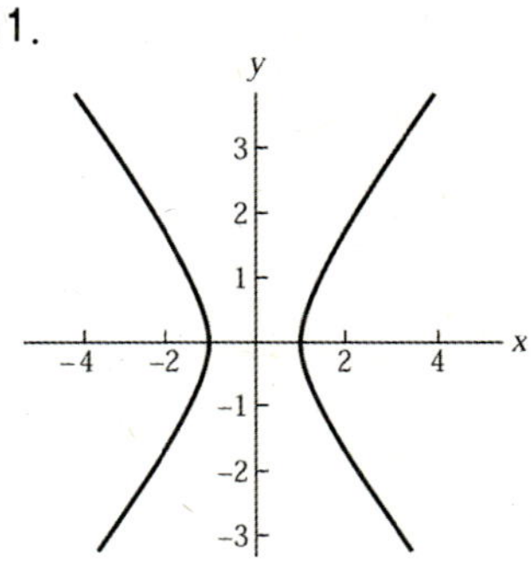

쌍곡선 $x^2-y^2=1$

13.

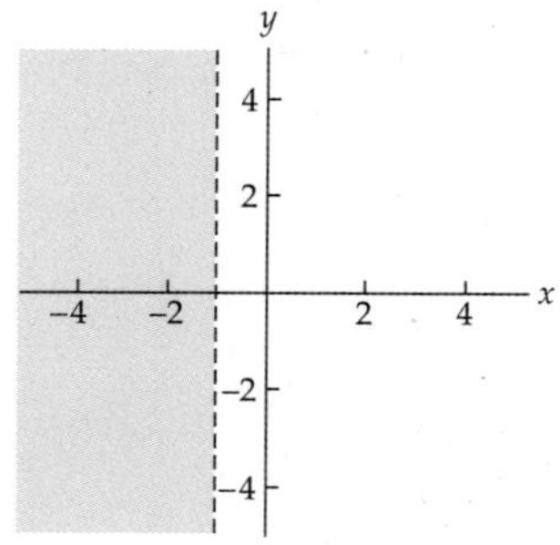

(a) 그렇다 (b) 아니다 (c) 그렇다 (d) 아니다 (e) 그렇다

15.

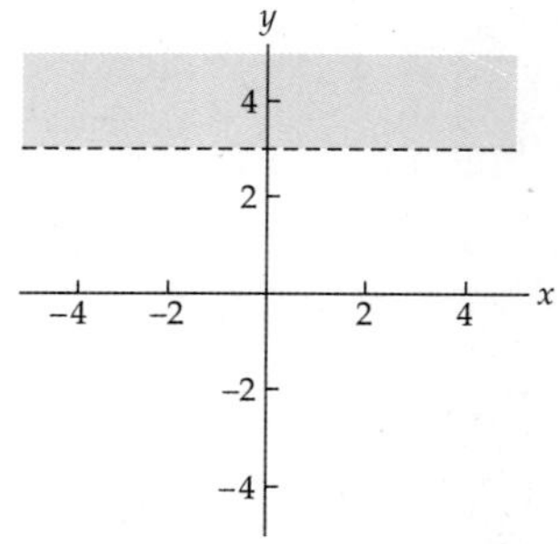

(a) 그렇다 (b) 아니다 (c) 그렇다 (d) 아니다 (e) 그렇다

17.

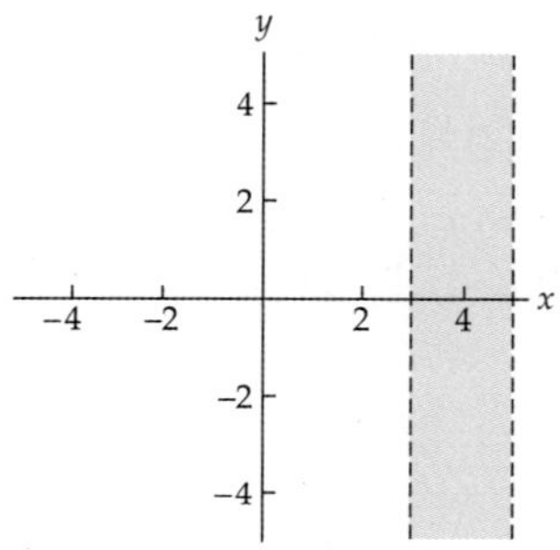

(a) 그렇다 (b) 아니다 (c) 그렇다 (d) 아니다 (e) 그렇다

19.

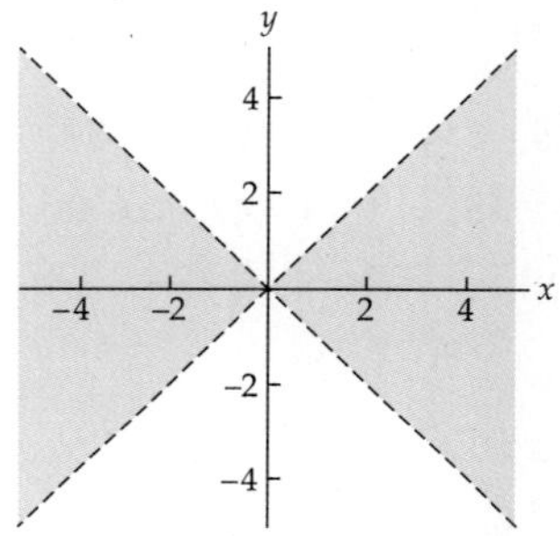

(a) 그렇다 (b) 아니다 (c) 아니다 (d) 아니다 (e) 아니다

21.

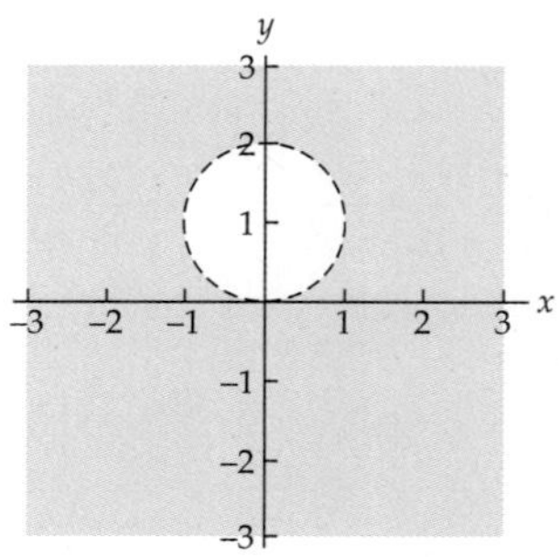

(a) 그렇다 (b) 아니다 (c) 그렇다 (d) 아니다 (e) 그렇다

23.

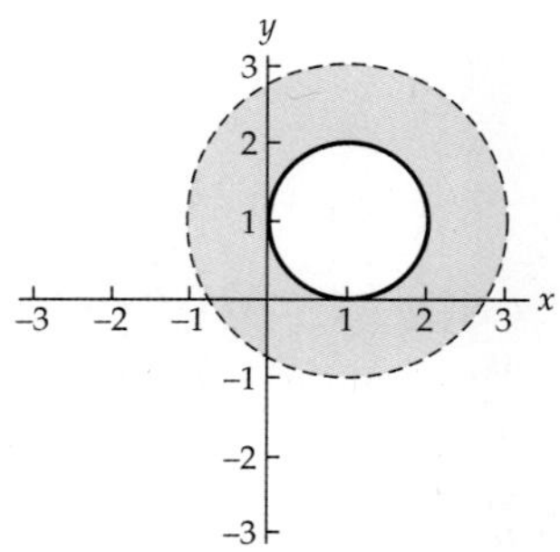

(a) 아니다 (b) 아니다 (c) 아니다 (d) 그렇다 (e) 그렇다

25. 문제 13: 직선 $x=-1$ 문제 15: 직선 $y=3$ 문제 17: 두 직선 $x=3$과 $x=5$
문제 19: 두 직선 $y=x$와 $y=-x$ 문제 21: 원 $|z-i|=1$ 문제 23: 두 원 $|z-1-i|=1$과 $|z-1-i|=2$

27.

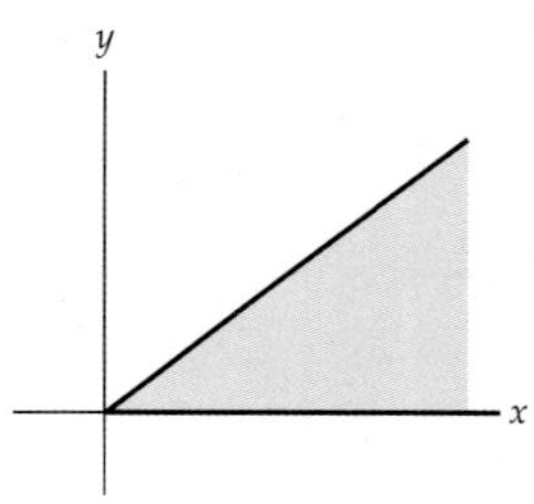

29. $|\arg(z)| \le 2\pi/3$ 31. $z=1+\sqrt{3}i$ 또는 $z=1-\sqrt{3}i$

익힘 문제 1.6

1. $\frac{\sqrt{7}}{2}-\frac{1}{2}i,\ -\frac{\sqrt{7}}{2}-\frac{1}{2}i;\ \left(z-\frac{\sqrt{7}}{2}+\frac{1}{2}i\right)\left(z+\frac{\sqrt{7}}{2}+\frac{1}{2}i\right)$ **3.** $-2-3i,\ 3+4i;\ (z+2+3i)(z-3-4i)$

5. $-1-\frac{\sqrt{6}}{2}-\frac{\sqrt{2}}{2}i,\ -1+\frac{\sqrt{6}}{2}+\frac{\sqrt{2}}{2}i;\ \left(z+1+\frac{\sqrt{6}}{2}+\frac{\sqrt{2}}{2}i\right)\left(z+1-\frac{\sqrt{6}}{2}-\frac{\sqrt{2}}{2}i\right)$

7. $10e^{\pi i}$ **9.** $4\sqrt{2}e^{\frac{5}{4}\pi i}$ **11.** $10e^{i\tan^{-1}\left(-\frac{3}{4}\right)}$ **13.** $y_1=e^{2x}\cos 3x,\ y_2=e^{2x}\sin 3x$

15. $y_1=e^{-\frac{1}{2}x}\cos\frac{\sqrt{3}}{2}x,\ y_2=e^{-\frac{1}{2}x}\sin\frac{\sqrt{3}}{2}x$ **17.** $q_p(t)=\frac{1}{3}\sin 5t,\ i_p(t)=\frac{5}{3}\cos 5t,\ Z_C=6+0j,\ Z=6$

19. $q_p(t)=50(\sin t-\cos t),\ i_p(t)=50(\sin t+\cos t),\ Z_C=1-j,\ Z=\sqrt{2}$

제1장 복습 문제

1. 거짓 **3.** 참 **5.** 거짓 **7.** 참 **9.** 참 **11.** 거짓 **13.** 참 **15.** 거짓 **17.** 참 **19.** 거짓

21. 참 **23.** $\frac{9}{13},\ -\frac{7}{13}$ **25.** 음이 아닌 실수 **27.** $-3\pi/4$ **29.** $\frac{5\pi}{4}$, 8, -8, 16 **31.** 제 4

33. z_2 **35.** $z=-3-i$ **37.** 1 **39.** 제 1 **41.** 직선 $y=x$보다 위에 있는 점 z 전체의 집합

43. 실수축 **45.** $n=24$ **47.** $\cos 4\theta=\cos^4\theta-6\cos^2\theta\sin^2\theta+\sin^4\theta,\ \sin 4\theta=4\cos^3\theta\sin\theta-4\cos\theta\sin^3\theta$

49. 복소수 근은 반드시 켤레와 함께 나타나기 때문에, 이 방정식에 세 개의 복소수 근이 있을 수 없다.

제2장

익힘 문제 2.1

1. (a) $6i$ (b) 2 (c) $39-28i$ **3.** (a) 0 (b) $\log_e 4+\frac{1}{2}\pi i$ (c) $\frac{1}{2}\log_e 2+\frac{1}{4}\pi i$

5. (a) $3i$ (b) $-12+13i$ (c) $-24+4i$ **7.** (a) $3+i$ (b) 2 (c) $\sqrt{5}+\frac{4}{5}i$

9. $u=6x-5,\ v=6y+9$ **11.** $u=x^3-2x-3xy^2+6,\ v=3x^2y-2y-y^3$ **13.** $u=\frac{x^2+x-y^2}{(x+1)^2+y^2},\ v=\frac{2xy+y}{(x+1)^2+y^2}$

15. $u=e^{2x}\cos(2y+1),\ v=e^{2x}\sin(2y+1)$ **17.** $u=r\cos\theta,\ v=-r\sin\theta$ **19.** $u=r^4\cos 4\theta,\ v=r^4\sin 4\theta$

21. $u=e^{r\cos\theta}\cos(r\sin\theta),\ v=e^{r\cos\theta}\sin(r\sin\theta)$ **23.** $\mathbb{C}$ **25.** $z\neq 1$인 모든 z

익힘 문제 2.2

1. 연직선 $u=3$ **3.** 반평면 $\mathrm{Im}(w)>6$ **5.** 직선 $v=4-u$ **7.** 반평면 $\mathrm{Re}(w)\geq 3$ **9.** 포물선 $u=\frac{1}{4}v^2-1$

11. 반직선 $-\infty<u\leq 0,\ v=0$ **13.** 반직선 $u=0,\ 0\leq v<\infty$

15. (a) 2부터 i까지의 선분 (b) $w(t)=6(1-t)+3$ (c) 6부터 $3i$까지의 선분

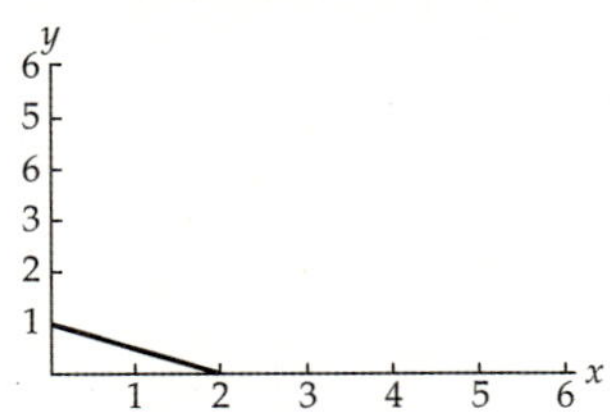

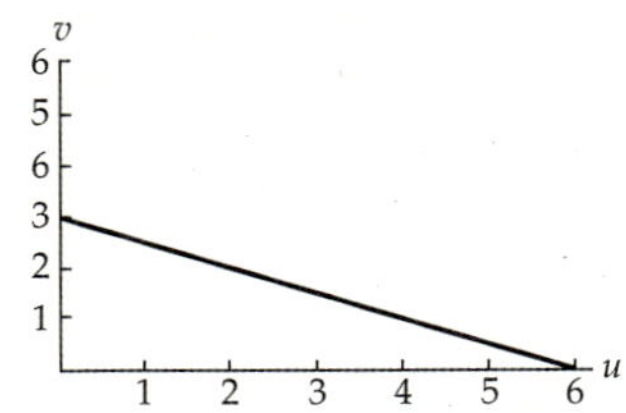

17. (a) 중심이 1이고 반지름이 2인 원 (b) $w(t)=2-i+2e^{it}$ (c) 중심이 $2-i$이고 반지름이 2인 원

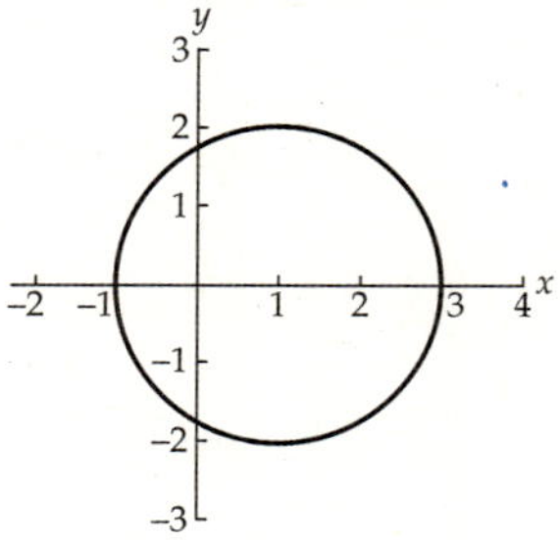

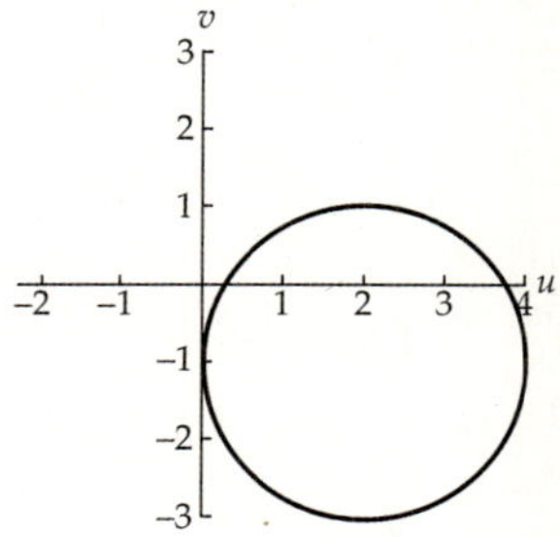

19. (a) 0부터 2까지의 선분 (b) $w(t)=e^{i\pi t}$ (c) 단위 원

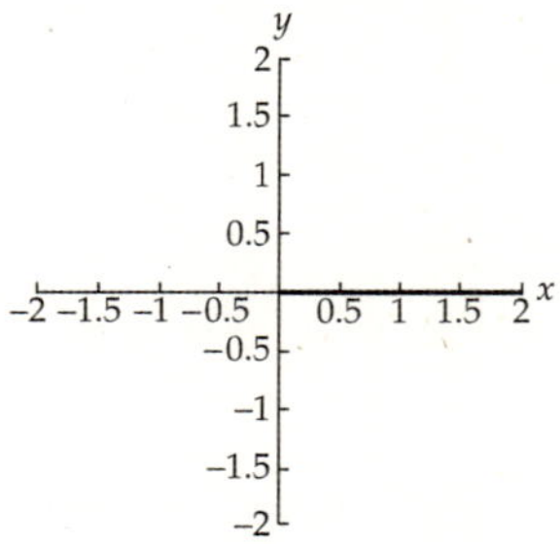

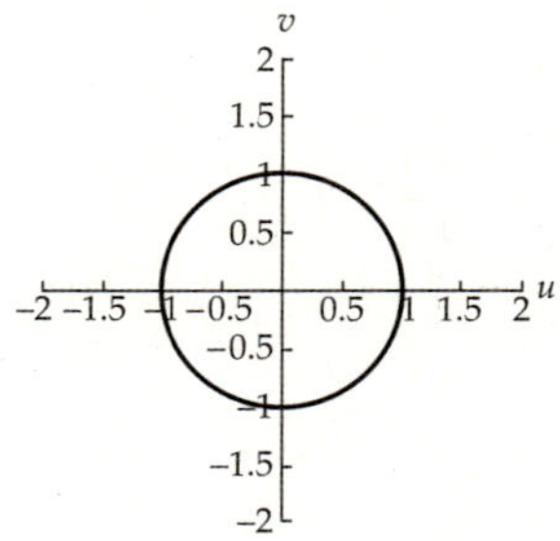

21. 음의 허수축 23. 원 $|w|=\frac{1}{2}$ 25. 실수축에서 -2부터 2까지의 선분

익힘 문제 2.3

1. $|w-3i|\le 1$ 3. $|w|\le 3$ 5. $|w+i|\le 2$ 7. 세 꼭짓점이 $2i,\ 1+2i,\ 3i$인 삼각형

9. 세 꼭짓점이 $0,\ \dfrac{\sqrt{2}}{2}+\dfrac{\sqrt{2}}{2}i,\ -\dfrac{\sqrt{2}}{2}+\dfrac{\sqrt{2}}{2}i$인 삼각형 11. 세 꼭짓점이 $i,\ -3+i,\ -2i$인 삼각형

13. $R(z)=e^{\pi i/2}z$, $M(z)=3z$, $T(z)=z+4$인 $f(z)=(T\circ M\circ R)(z)$

15. $R(z)=e^{\pi i}z$, $M(z)=\frac{1}{2}z$, $T(z)=z+1-\sqrt{3}i$인 $f(z)=(T\circ M\circ R)(z)$

17. $f(z)=iz+2i$ 19. $f(z)=e^{-\pi i/4}z+i$ 21. $f(z)=z-1$, $g(z)=iz$

23. (a) $w(t)=(z_0+b)(1-t)+(z_1+b)t\ (0\le t\le 1)$, z_0+b부터 z_1+b까지의 선분
(b) $w(t)=az_0(1-t)+az_1t\ (0\le t\le 1)$, az_0부터 az_1까지의 선분
(c) $w(t)=az_0(1-t)+az_1t\ (0\le t\le 1)$, az_0부터 az_1까지의 선분

25. (a) $f(z)=2e^{\pi i/4}z+1+i$ (b) $f(z)=2e^{\pi i/4}z+1+i$ (c) $f(z)=2e^{\pi i/4}z+1+i$

익힘 문제 2.4

1. $\arg(w)=\dfrac{2}{3}\pi$ 3. $u=9-\dfrac{1}{36}v^2\ (-\infty<v<\infty)$ 5. $u=4v^2-\dfrac{1}{16}\ (-\infty<v<\infty)$ 7. $v=0,\ -\infty<u<0$

9. $|w|=\dfrac{1}{4}$ 11. 상은 세 호 $v=0,\ 0\le u\le 1$과 $u=0,\ 0\le v\le 2$ 및 $u=1-\dfrac{1}{4}v^2\ (0\le v\le 2)$로 이루어진다.

13. 상은 세 호 $v=0,\ -1\le u\le 1$과 $u=1-\dfrac{1}{4}v^2\ (0\le v\le 2)$ 및 $u=\dfrac{1}{4}v^2-1\ (0\le v\le 2)$로 이루어진다.

15. 상은 시점이 $1-i$이고 $(\sqrt{3}-1)i$를 포함하는 반직선, 단 $1-i$는 제외

17. $v=4-\frac{1}{16}(u+3)^2\ (-\infty<u<\infty)$ 19. $|w|=1,\ \frac{1}{4}\pi\le\arg(w)\le\frac{5}{4}\pi$

21. (a) $\arg(w)=\frac{1}{2}\pi$ (b) $\arg(w)=\frac{2}{3}\pi$ (c) $\arg(w)=\frac{5}{6}\pi$

23. (a) $1\le|w|\le4,\ \frac{1}{2}\pi\le\arg(w)\le\frac{3}{2}\pi$ (b) $1\le|w|\le8,\ \frac{3}{4}\pi\le\arg(w)\le\frac{9}{4}\pi$ (c) $1\le|w|\le16$

25. $\frac{1}{2}\sqrt{2}-\frac{1}{2}\sqrt{2}i$ 27. $\frac{1}{2}+\frac{1}{2}\sqrt{3}i$ 29. $\frac{1}{2}\sqrt[4]{18}+\frac{1}{2}\sqrt[4]{2}i$ 31. $\arg(w)=\frac{1}{8}\pi$ 33. $\arg(w)=\frac{1}{4}\pi$

35. $|w|=3,\ -\frac{1}{4}\pi\le\arg(w)\le\frac{1}{2}\pi$ 37. $u=\frac{3}{2}$

39. 두 직선 $u=2$와 $v=u$로 갇히고 점 $w=3+4i$를 포함하는 구역

익힘 문제 2.5

1. $|w|=\frac{1}{5}$ 3. $|w|=\frac{1}{3},\ -\frac{3}{4}\pi\le\arg(w)\le\frac{1}{4}\pi$ 5. $\frac{1}{2}\le|w|\le3$ 7. $\arg(w)=-\frac{1}{4}\pi$

9. $\left|w+\frac{1}{8}i\right|=\frac{1}{8}$ 11. $v=\frac{1}{2}$ 13. $u=\frac{1}{4}$ 15. 상은 $\left|w+\frac{1}{4}\right|=\frac{1}{4}$과 $\left|w+\frac{1}{2}\right|=\frac{1}{2}$로 갇힌 구역

17. 상은 $v=0,\ v=-u,\ |w|=2$로 갇히고 점 $-3+2i$를 포함하는 구역

19. (a) 단위 원에 대한 반전, 실수축에 대한 반사, 원점을 중심으로 $\pi/2$만큼의 회전, 2만큼의 확대, 1 만큼의 평행 이동
(b) $\left|w-1-\frac{1}{4}i\right|=\frac{1}{4}$ (c) $v=-\frac{1}{2}$

21. (a) $f(z)=1/z$이고 $g(z)=z^2$일 때, $h(z)=g(f(z))$ (b) $u=\frac{1}{4}v^2-1$ (c) $u=\frac{1}{4}-v^2$

익힘 문제 2.6

1. $-4+2i$ 3. $3-i$ 5. -1 7. $2i$ 9. $1-3i$ 11. $\sqrt{2}$ 13. $4i$ 15. a

17. (a) 1 (b) 0 (c) 존재하지 않는다 19. (a) 1 (b) 1 (c) 아니다 (d) -1 (e) 존재하지 않는다

21. $\frac{1}{5}-\frac{2}{5}i$ 23. ∞ 25. ∞ 27. $\lim_{z\to2-i}f(z)=f(2-i)=5-8i$ 29. $\lim_{z\to i}f(z)=f(i)=\frac{1}{3}i$

31. $\lim_{z\to1}f(z)=f(1)=3$ 33. $\lim_{z\to3-2i}f(z)=f(3-2i)=-6+3i$ 35. $f(-i)$가 정의되지 않는다.

37. $\lim_{z\to-1}f(z)$가 존재하지 않는다. 39. $\lim_{z\to i}f(z)\ne f(i)$ 41. 복소 평면 전체 $\mathbb{C}$

43. 원 $|z|=2$를 제외한 복소 평면 전체

익힘 문제 2.7

1. (a)

(b)

3. (a)

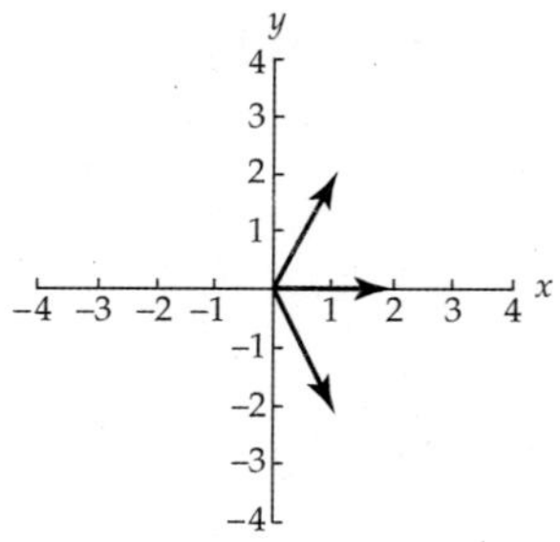

(b)

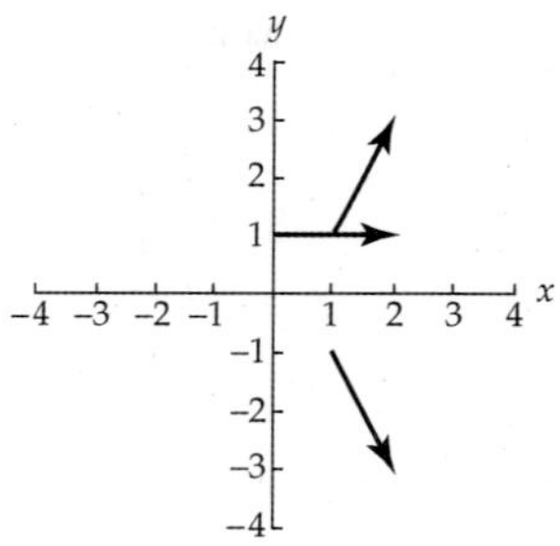

5. (a)

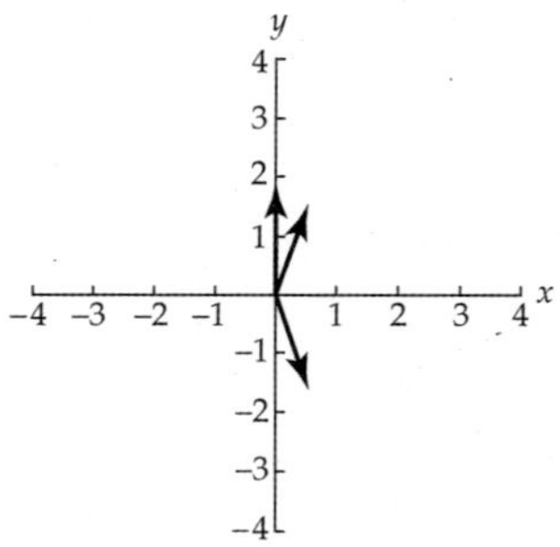

(b)

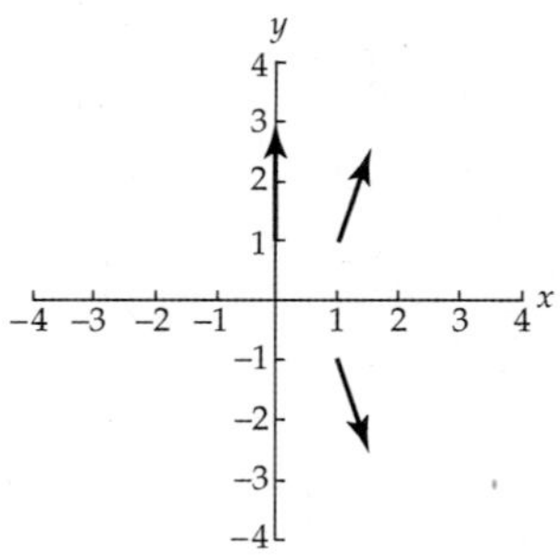

7. (a)

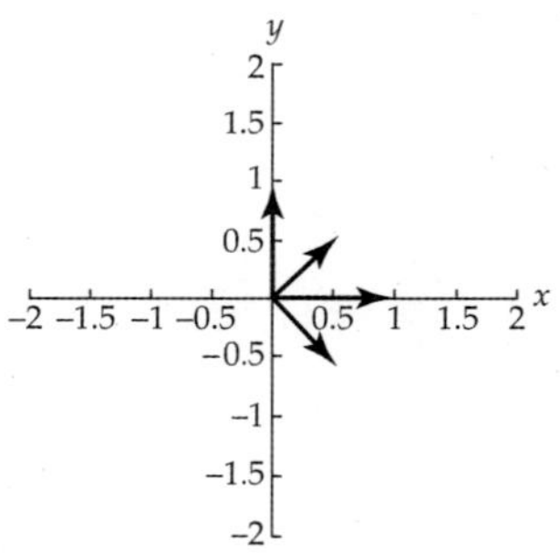

(b)

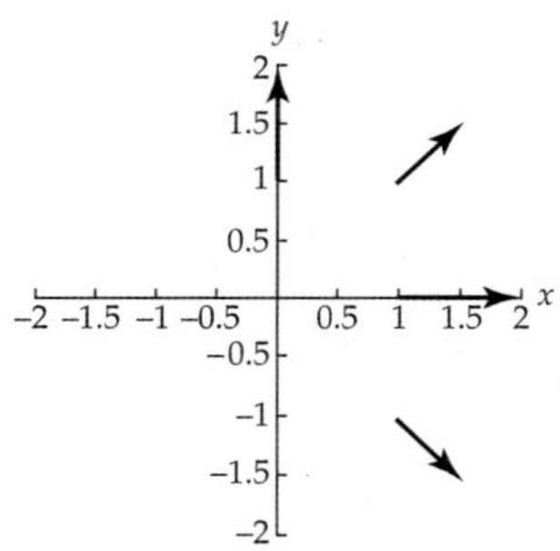

9. (a) $y = -2x + c$

(b)

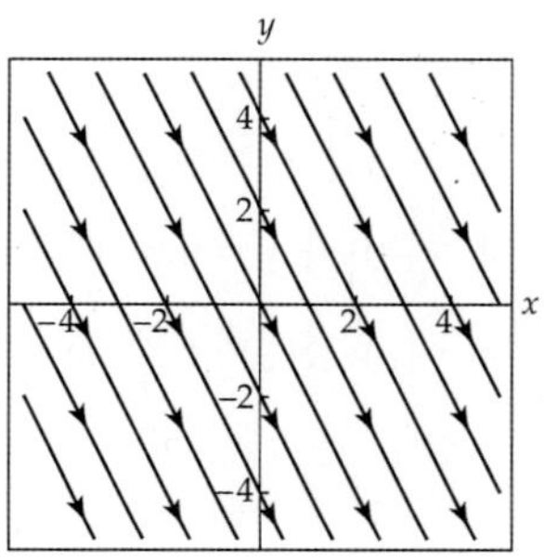

11. (a) $x^2 + y^2 = c$

(b)

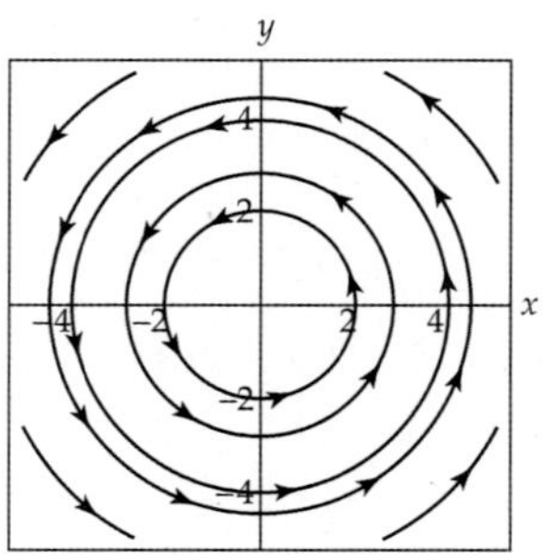

제2장 복습 문제

1. 거짓 3. 거짓 5. 참 7. 거짓 9. 거짓 11. 참 13. 거짓 15. 참 17. 참 19. 참
21. $x^2-y^2+y,\ x+2xy$ 23. 허수 25. $(1+i)(1-t)+2ti\ (0 \le t \le 1)$ 27. 회전, 확대, 평행 이동
29. 두 배 한다. 31. 포물선 33. $\frac{1}{2}\sqrt{3}+\frac{1}{2}i$ 35. $z^2+4,\ -4-i$ 37. $f(z_0)$ 39. $0<x<\infty,\ y\neq 0$

제3장

익힘 문제 3.1

1. $f'(z)=9i$ 3. $f'(z)=3iz^2-14z$ 5. $f'(z)=1+\frac{1}{z^2}$ 7. $f'(z)=10z-10$ 9. $f'(z)=4z^3-2z$
11. $f'(z)=(10-5i)z^4+4iz^3-6z$ 13. $f'(z)=8z^7-7z^6+(6-30i)z^5-2z+1$
15. $f'(z)=\dfrac{3iz^2+(2+2i)z-2+2i}{(3z+1-i)^2}$ 17. $f'(z)=10(z^4-2iz^2+z)^9(4z^3-4iz+1)$ 23. $\frac{1}{2}i$ 25. $8i$
27. f는 $z=-\frac{1}{3}+\frac{1}{3}i$에서 해석적이지 않다. 29. f는 모든 z에서 해석적이다.

익힘 문제 3.2

9. (b) $f'(z)=-e^{-x}\cos x+i-e^{-x}\sin y$
11. (b) $f'(z)=2e^{x^2-y^2}(x\cos 2xy-y\sin 2xy)+i2e^{x^2-y^2}(x\sin 2xy-y\cos 2xy)$
13. (b) $f'(z)=\dfrac{-(x-1)^2+y^2}{\{(x-1)^2+y^2\}^2}+i\dfrac{2(x-1)y}{\{(x-1)^2+y^2\}^2}$ 15. (b) $f'(z)=e^{-i\theta}\left(-\dfrac{\cos\theta}{r^2}+i\dfrac{\sin\theta}{r^2}\right)$
17. $a=1,\ b=3$ 19. (b) x축에서 $f'(z)=2x$
21. (b) x축에서 $f'(z)=3x^2-1$; y축에서 $f'(z)=3y^2-1$

익힘 문제 3.3

1. (c) $f(z)=x+i(y+C)$ 3. (c) $f(z)=x^2-y^2+i(2xy+C)$ 5. (c) $f(z)=\log_e(x^2+y^2)+i\left(2\tan^{-1}\frac{y}{x}+C\right)$
7. (c) $f'(z)=e^x(x\cos y-y\sin y)+i(e^x(x\sin y+y\cos y)+C)$ 9. (c) $f(z)=\dfrac{x}{x^2+y^2}+i\left(\dfrac{-y}{x^2+y^2}+C\right)$
11. $f(z)=xy+x+2y-5+i\left(\frac{1}{2}y^2-\frac{1}{2}x^2+y-2x+1\right)$ 13. (b) $f(z)=\dfrac{y}{x^2+y^2}+i\dfrac{x}{x^2+y^2}$ (c) $f(z)=\dfrac{i}{z}$

익힘 문제 3.4

1. $x=c_1,\ y=c_2$
3. $c_1x=x^2+y^2,\ c_2y=x^2+y^2$; 두 등위 곡선 $u(x,\ y)=0$과 $v(x,\ y)=0$은 각각 $x=0$과 $y=0$에 대응한다.
11. (a) $\phi(x)=-50x+50$ (b) $\Omega(z)=-50x+50-50yi$ 13. (a) $\phi(\theta)=\frac{120}{\pi}\theta$ (b) $\Omega(z)=\frac{120}{\pi}\theta-\frac{120}{\pi}\log_e r$

제3장 복습 문제

1. 거짓 3. 참 5. 참 7. 참 9. 참 11. 참 13. $-\dfrac{2z+5i}{(z^2+5iz-4)^2}$ 15. $2+i$

17. $f'(z)=\dfrac{(y-1)^2-(x-1)^2}{\{(x-1)^2+(y-1)^2\}^2}+i\dfrac{2(x-1)(y-1)}{\{(x-1)^2+(y-1)^2\}^2}$ 19. 상수 함수 21. $v(x,\ y)=e^{-x}(x\cos y+y\sin y)$

제4장

익힘 문제 4.1

1. $z^2e^{z+i}+2ze^{z+i}$ 3. $ie^{iz}+ie^{-iz}$ 5. $e^{x^2-x-y^2}$ 7. $2x+2n\pi\ (n=0,\ \pm1,\ \pm2,\ \cdots)$ 9. $e^y\cos x-ie^y\sin x$

11. $e^{x^2-y^2}\cos(2xy)+ie^{x^2-y^2}\sin(2xy)$ 13. f는 모든 점에서 미분할 수 없다. 15. $\arg(w)=-2$

17. $e<|w|\le e^2$ 19. $1\le|w|\le 2,\ -\pi/4\le\arg(w)\le\pi/2$ 21. $\log_e 5+(2n+1)\pi i$ 23. $\dfrac{3}{2}\log_e 2+\dfrac{1}{4}(8n+3)\pi i$

25. $\dfrac{3}{2}\log_e 2+\dfrac{1}{3}(6n+1)\pi i$ 27. $\dfrac{1}{2}\log_e 72-\dfrac{1}{4}\pi i$ 29. $2.5650+2.7468i$ 31. $5\log_e 2-\dfrac{1}{3}\pi i$ 33. $2\log_e 2+\dfrac{1}{2}(4n+1)\pi i$

35. $4+\dfrac{1}{2}(4n-1)\pi i$ 37. 영역 $|z|>0,\ -\pi<\arg(z)<\pi$에서 미분할 수 있고, $f'(z)=6z-2ie^{2iz}+\dfrac{i}{z}$

39. 시점이 $\frac{1}{2}i$이고 $-1+\frac{1}{2}i$를 포함한 반직선에 있지 않은 z에서 미분할 수 있고, $z\ne-i$이고 $z\ne i$일 때

$$f'(z)=\left\{2\frac{z^2+1}{2z-i}-2z\,\mathrm{Ln}(2z-i)\right\}/(z^2+1)^2$$

41. $v=\dfrac{1}{6}\pi$ 43. $u=2\log_e 2,\ -\pi<v\le\pi$ 45. $\log_e 3\le u\le\log_e 5,\ -\pi<v\le\pi$

익힘 문제 4.2

1. $e^{-3(2n+1)\pi}\ (n=0,\ \pm1,\ \pm2,\ \cdots)$ 3. $\sqrt{2}\,e^{(8n+1)\pi/4+i\{(8n+1)\pi/4-(\log_e 2)/2\}}\ (n=0,\ \pm1,\ \pm2,\ \cdots)$

5. $e^{(-4n+1)\pi/2}\ (n=0,\ \pm1,\ \pm2,\ \cdots)$ 7. $e^{-3\pi}$ 9. $e^{i4\log_e 2}$ 11. $e^{-\pi+i3\log_e 2}$ 15. $\dfrac{3}{2}\sqrt[4]{2}\,e^{\pi i/8}$

17. $\sqrt{2}\,e^{-\pi/3+i\{(\pi/4)+\log_e 2\}}$

익힘 문제 4.3

1. $i\sinh 4\fallingdotseq 27.2899i$ 3. $\cos 2\cosh 4+i\sin 2\sinh 4\fallingdotseq-11.3642+24.8147i$ 5. $i\tanh 2\fallingdotseq 0.9640i$

7. $-i\,\mathrm{csch}\,1\fallingdotseq-0.8509i$ 9. $z=2n\pi-i\log_e(\sqrt{2}-1)$ 또는 $z=(2n+1)\pi-i\log_e(\sqrt{2}+1)\ (n=0,\ \pm1,\ \pm2,\ \cdots)$

11. $z=\dfrac{1}{4}(4n+1)\pi\ (n=0,\ \pm1,\ \pm2,\ \cdots)$ 17. $2z\cos(z^2)$ 19. $\tan\left(\dfrac{1}{z}\right)-\dfrac{1}{z}\sec^2\left(\dfrac{1}{z}\right)$ 21. -1

23. $\dfrac{1}{2}\sqrt{3}\cosh 1+i\dfrac{1}{2}\sinh 1\fallingdotseq 1.3364+0.5876i$

25. $z=\log_e(1+\sqrt{2})+\dfrac{1}{2}(2n+1)\pi i$ 또는 $z=\log_e(-1+\sqrt{2})+\dfrac{1}{2}(2n-1)\pi i\ (n=0,\ \pm1,\ \pm2,\ \cdots)$

27. 해가 존재하지 않는다. 33. $\cos z\sinh z+\sin z\cosh z$ 35. $i\,\mathrm{sech}^2(iz-2)$

익힘 문제 4.4

1. $\dfrac{1}{2}(4n+1)\pi-i\log_e(\sqrt{2}+1)$과 $\dfrac{1}{2}(4n-1)\pi-i\log_e(\sqrt{2}-1)\ (n=0,\ \pm1,\ \pm2,\ \cdots)$

3. $\dfrac{1}{2}(4n+1)\pi-i\log_e(\sqrt{2}\pm1)\ (n=0,\ \pm1,\ \pm2,\ \cdots)$ 5. $-\dfrac{1}{4}(4n-1)\pi\ (n=0,\ \pm1,\ \pm2,\ \cdots)$

7. $\dfrac{1}{2}(4n+1)\pi i\ (n=0,\ \pm1,\ \pm2,\ \cdots)$ 9. $\dfrac{1}{4}\log_e 2+\dfrac{1}{8}(8n+3)\pi i\ (n=0,\ \pm1,\ \pm2,\ \cdots)$

11. (a) $-i\log_e(\frac{1}{2}(\sqrt{5}-1))$ (b) $\frac{2}{5}\sqrt{5}$ **13.** (a) $\frac{1}{2}(\pi-\arctan 2)+i\frac{1}{4}\log_e 5$ (b) $\frac{1}{5}-\frac{2}{5}i$

15. (a) $\log_e(\sqrt{2}+1)-\frac{1}{2}\pi i$ (b) $\frac{1}{2}\sqrt{2}\,i$

익힘 문제 4.5

1. $\phi(x,\ y)=-x+5$ **3.** $\phi(x,\ y)=\frac{5}{4}\sqrt{3}x-\frac{5}{4}y+10$

5. $\phi(x,\ y)=12+\frac{33}{\pi}\mathrm{Arg}(\sin(z-\pi)+1)-\frac{25}{\pi}\mathrm{Arg}(\sin(z-\pi)-1)$

7. $\phi(x,\ y)=15-\frac{9}{\pi}\mathrm{Arg}(\sin(iz)+1)+\frac{17}{\pi}\mathrm{Arg}(\sin(iz)-1)$

제4장 복습 문제

1. 참 **3.** 거짓 **5.** 거짓 **7.** 참 **9.** 거짓 **11.** 거짓 **13.** 거짓 **15.** 참 **17.** 참 **19.** 참

21. $e^x\cos y,\ e^x\sin y$ **23.** $\log_e 2+\frac{1}{6}\pi i$ **25.** $2n\pi-i\log_e 2$ $(n=0,\ \pm1,\ \pm2,\ \cdots)$ **27.** 양이 아닌 실수축

29. $\frac{1}{2}\log_e 2+\frac{1}{4}(8n+1)\pi i$ $(n=0,\ \pm1,\ \pm2,\ \cdots)$ **31.** $z_2=e^{2\pi}$ **35.** $\cosh 4$ **37.** $\sin x\cosh y,\ \cos x\sinh y$

39. ±1

제5장

익힘 문제 5.1

1. $\frac{64}{3}$ **3.** $-\frac{1}{\pi}$ **5.** $\frac{1}{2}\ln 9$ **7.** $8e^{-1}-12e^{-2}$ **9.** $-\frac{1}{2}\ln 3$ **11.** $-\frac{125}{3\sqrt{2}},\ -\frac{250(\sqrt{2}-4)}{12},\ \frac{125}{2}$

13. $3,\ 6,\ 3\sqrt{5}$ **15.** 21 **17.** 30 **19.** 1 **21.** 1 **23.** 460 **25.** $\frac{26}{9}$ **27.** $-\frac{64}{3}$ **29.** $-\frac{8}{3}$ **31.** 0

33. 각 곡선에서 선 적분 값은 $\frac{208}{3}$ **35.** $\rho=kx,\ m=k\pi$

익힘 문제 5.2

1. $-28+84i$ **3.** $-48+\frac{736}{3}i$ **5.** $(2+\pi)i$ **7.** πi **9.** $-\frac{7}{12}+\frac{1}{12}i$ **11.** $-e-1$ **13.** $\frac{3}{2}-\frac{\pi}{4}$ **15.** 0

17. $\frac{1}{2}i$ **19.** 0 **21.** $\frac{4}{3}-\frac{5}{3}i$ **23.** $\frac{4}{3}-\frac{5}{3}i$ **25.** $\frac{5}{12}\pi e^5$ **27.** $6\sqrt{2}$ **31.** (a) $-11+38i$ (b) 0

익힘 문제 5.3

9. $2\pi i$ **11.** $2\pi i$ **13.** 0 **15.** (a) $2\pi i$ (b) $4\pi i$ (c) 0 **17.** (a) $-8\pi i$ (b) $-6\pi i$ **19.** $-\pi(1+i)$

21. 0 **23.** $-4\pi i$ **25.** $-6\pi i$

익힘 문제 5.4

1. $-2i$ **3.** $48+24i$ **5.** $6+\frac{26}{3}i$ **7.** 0 **9.** $-\frac{7}{6}-\frac{22}{3}i$ **11.** $-\frac{1}{\pi}-\frac{1}{\pi}i$ **13.** $2.3504i$ **15.** 0

17. πi **19.** $\frac{1}{2}i$ **21.** $11.4928+0.9667i$ **23.** $-0.9056+1.7699i$ **25.** $\sqrt{2}\,i$

익힘 문제 5.5

1. $8\pi i$ 3. $-2\pi i$ 5. $-\pi(20+8i)$ 7. (a) -2π (b) 2π 9. -8π 11. $-2\pi e^{-1}i$ 13. $\frac{4}{3}\pi i$

15. (a) $-5\pi i$ (b) $-5\pi i$ (c) $9\pi i$ (d) 0 17. (a) $-\pi(3+i)$ (b) $\pi(3+i)$ 19. $\pi\left(\frac{8}{3}+12i\right)$ 21. 0 23. $-\pi i$

25. 6 27. (a) 16; 4 (b) 25; 9 (c) 7; 3

익힘 문제 5.6

5. $f(z)=\cos\theta_0+i\sin\theta_0=e^{i\theta_0}$, $g(z)=\overline{f(z)}=\cos\theta_0-i\sin\theta_0=e^{-i\theta_0}$은 상수 함수이고, 이에 따라 모든 점에서 해석적이다.

7. $f(z)=2\bar{z}+3i$, $g(z)=\overline{f(z)}=2z-3i$는 다항 함수이고, 이에 따라 모든 z에서 해석적이다.

9. $\mathbf{F}(x, y)=(x^2-y^2-2xy)\mathbf{i}+(y^2-x^2-2xy)\mathbf{j}$

11. $\mathbf{F}(x, y)=(e^x\cos y)\mathbf{i}-(e^x\sin y)\mathbf{j}$

13. $\Omega(z)=e^{-i\theta_0}z$; 등퍼텐셜 선은 직선족 $x\cos\theta_0+y\sin\theta_0=c_1$; 흐름선은 직선족 $-x\sin\theta_0+y\cos\theta_0=c_2$

15. $\Omega(z)=z^2-3iz$; 등퍼텐셜 선은 쌍곡선족 $x^2-y^2+3y=c_1$; 흐름선은 쌍곡선족 $2xy-3x=c_2$

17. $\mathbf{F}(x, y)=-2xy\mathbf{i}+(y^2-x^2)\mathbf{j}$

21. (a) 원점에서 멀리 떨어진 점 (x, y)에 대해, 속도 마당은 $\mathbf{F}(x, y)\fallingdotseq A\mathbf{i}$, 곧 흐름은 거의 고르다.

23. (a) 흐름선은 $\text{Arg}(z-x_1)=c_1$, 곧 꼭짓점이 $z=x_1$이 반직선들이다.

25. 순환은 0, 알짜 흐름량은 0 27. 순환은 0, 알짜 흐름량은 2π 29. 순환은 -4π, 알짜 흐름량은 12π

제5장 복습 문제

1. 거짓 3. 참 5. 참 7. 참 9. 참 11. 참 13. 거짓 15. 참 17. 참 19. 참

21. 중심이 원점인 단위 원

23. $z_1(t)$와 $z_2(t)$는 모두 중심이 원점인 단위 원을 나타내지만, 방향은 서로 반대이다.

25. 0 27. $\frac{8}{3}$ 29. $2\cos(2+i)-2\cos 3i$ 31. $2\pi i$ 33. $6\pi^2-\pi i$ 35. $2\pi i/(n-1)!$

37. $n\neq-1$일 때 0, $n=-1$일 때 $2\pi i$ 39. $i-1$

제6장

익힘 문제 6.1

1. $5i, -5, -5i, 5, 5i$ 3. 0, 2, 0, 2, 0 5. 수렴 7. 수렴 9. 발산

11. $\lim_{n\to\infty}\text{Re}(z_n)=2$이고 $\lim_{n\to\infty}\text{Im}(z_n)=\frac{3}{2}$이므로, $L=2+\frac{3}{2}i$이다.

13. 이 급수는 $\frac{1}{5}-\frac{2}{5}i$에 수렴한다. 15. 발산 17. 수렴, $-\frac{1}{5}+\frac{2}{5}i$ 19. 수렴, $\frac{9}{5}-\frac{12}{5}i$

21. $|z-2i|=\sqrt{5}$, $R=\sqrt{5}$ 23. $|z-1-i|=2$, $R=2$ 25. $|z-i|=1/\sqrt{10}$, $R=1/\sqrt{10}$

27. $|z-4-3i|=25$, $R=25$ 29. $|z-i|=\frac{1}{2}$, $R=\frac{1}{2}$ 31. $z=-2+i$ 33. $\sum_{k=1}^{\infty}z_k$는 발산한다.

익힘 문제 6.2

1. $\sum_{k=1}^{\infty}(-1)^{k+1}z^k,\ R=1$ 3. $\sum_{k=1}^{\infty}(-1)^{k+1}k(2z)^{k-1},\ R=\frac{1}{2}$ 5. $\sum_{k=0}^{\infty}\frac{(-1)^k}{k!}(2z)^k,\ R=\infty$

7. $\sum_{k=0}^{\infty}\frac{1}{(2k+1)!}z^{2k+1},\ R=\infty$ 9. $\sum_{k=0}^{\infty}\frac{(-1)^k}{(2k)!}\left(\frac{z}{2}\right)^{2k},\ R=\infty$ 11. $\sum_{k=0}^{\infty}\frac{(-1)^k}{(2k+1)!}z^{4k+2},\ R=\infty$

13. $e^{3i}\sum_{k=0}^{\infty}\frac{1}{k!}(z-3i)^k,\ R=\infty$ 15. $\sum_{k=0}^{\infty}(-1)^k(z-1)^k,\ R=1$ 17. $\sum_{k=0}^{\infty}\frac{1}{(3-2i)^{k+1}}(z-2i)^k,\ R=\sqrt{13}$

19. $\sum_{k=1}^{\infty}\frac{1}{2^k}(z-1)^k,\ R=2$ 21. $\frac{\sqrt{2}}{2}-\frac{\sqrt{2}}{2\cdot 1!}\left(z-\frac{\pi}{4}\right)-\frac{\sqrt{2}}{2\cdot 2!}\left(z-\frac{\pi}{4}\right)^2+\frac{\sqrt{2}}{2\cdot 3!}\left(z-\frac{\pi}{4}\right)^3+\cdots,\ R=\infty$

23. $z+\frac{1}{3}z^3+\frac{2}{15}z^5+\cdots$ 25. $\frac{1}{2i}+\frac{3}{(2i)^2}z+\frac{7}{(2i)^3}z^2+\frac{15}{(2i)^4}z^3+\cdots,\ R=1$ 27. $R=2\sqrt{5}$ 29. $R=\frac{\pi}{2}$

31. $\sum_{k=0}^{\infty}(-1)^k(z+1)^k,\ R=\sqrt{2}$; $\sum_{k=0}^{\infty}\frac{(-1)^k}{(2+i)^{k+1}}(z-i)^k,\ R=\sqrt{5}$

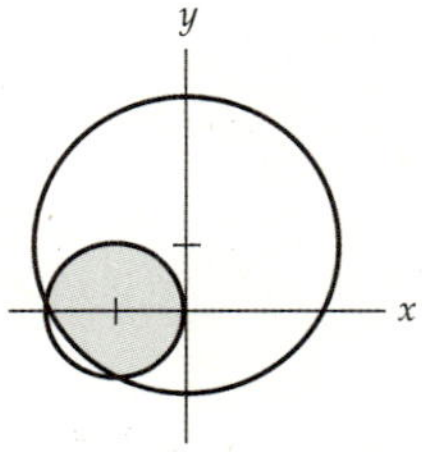

33. $\frac{1}{1-3z}$ 37. $1.1+0.12i$

익힘 문제 6.3

1. $\frac{1}{z}-\frac{z}{2!}+\frac{z^3}{4!}-\frac{z^5}{6!}+\cdots$ 3. $1-\frac{1}{1!\cdot z^2}+\frac{1}{2!\cdot z^4}-\frac{1}{3!\cdot z^6}+\cdots$ 5. $\frac{e}{z-1}+e+\frac{e(z-1)}{2!}+\frac{e(z-1)^2}{3!}+\cdots$

7. $-\frac{1}{3z}-\frac{1}{3^2}-\frac{z}{3^3}-\frac{z^2}{3^4}-\cdots$ 9. $\frac{1}{3(z-3)}-\frac{1}{3^2}+\frac{z-3}{3^3}-\frac{(z-3)^2}{3^4}+\cdots$

11. $\cdots-\frac{1}{3(z-4)^2}+\frac{1}{3(z-4)}-\frac{1}{12}+\frac{z-4}{3\cdot 4^2}-\frac{(z-4)^2}{3\cdot 4^3}+\cdots$ 13. $\cdots-\frac{1}{z^2}-\frac{1}{z}-\frac{1}{2}-\frac{z}{2^2}-\frac{z^2}{2^3}-\cdots$

15. $\frac{-1}{z-1}-1-(z-1)-(z-1)^2-\cdots$ 17. $\frac{1}{3(z+1)}-\frac{2}{3^2}-\frac{2(z+1)}{3^3}-\frac{2(z+1)^2}{3^4}+\cdots$

19. $\cdots-\frac{1}{3z^2}+\frac{1}{3z}-\frac{1}{3}-\frac{z}{3\cdot 2}-\frac{z^2}{3\cdot 2^2}-\cdots$ 21. $\frac{1}{z}+2+3z+4z^2+\cdots$

23. $\frac{1}{z-2}-3+6(z-2)-10(z-2)^2+\cdots$ 25. $\frac{3}{z}-4-4z-4z^2-\cdots$

27. $\cdots+\frac{2}{(z-1)^3}+\frac{2}{(z-1)^2}+\frac{2}{z-1}+1+(z-1)$ 29. $\frac{1}{z}+\frac{z}{6}+\frac{7z^3}{360}+\cdots$

익힘 문제 6.4

1. $f(0)=2$로 정의한다 3. $f(0)=0$으로 정의한다 5. $-2+i$는 2차 영점 7. 0은 2차 영점; i와 $-i$는 단순 영점
9. $2n\pi i\ (n=0, \pm 1, \cdots)$는 단순 영점 11. 5차 13. 1차 15. $-1+2i$와 $-1-2i$는 단순 극점
17. -2는 단순 극점, $-i$는 4차 극점 19. $(2n+1)\pi/2\ (n=0, \pm 1, \cdots)$는 단순 극점 21. 0은 2차 극점
23. $(2n+1)\pi i\ (n=0, \pm 1, \cdots)$는 단순 극점 25. 1은 단순 극점 27. 본질적 특이점

익힘 문제 6.5

1. $\frac{2}{5}$ 3. -3 5. 0 7. $\text{Res}(f(z),\ -4i)=\frac{1}{2}$, $\text{Res}(f(z),\ 4i)=\frac{1}{2}$

9. $\text{Res}(f(z),\ 1)=\frac{1}{3}$, $\text{Res}(f(z),\ -2)=-\frac{1}{12}$, $\text{Res}(f(z),\ 0)=-\frac{1}{4}$

11. $\text{Res}(f(z),\ -1)=6$, $\text{Res}(f(z),\ -2)=-31$, $\text{Res}(f(z),\ -3)=30$

13. $\text{Res}(f(z),\ 0)=-\frac{3}{\pi^4}$, $\text{Res}(f(z),\ \pi)=\frac{\pi^2-6}{2\pi^4}$

15. $\text{Res}(f(z),\ (2n+1)\pi/2)=(-1)^{n+1}$ $(n=0,\ \pm1,\ \pm2,\ \cdots)$ 17. 0; $2\pi i/9$; 0 19. πi; πi; 0

21. $\pi/3$ 23. 0 25. $2\pi i\cosh 1$ 27. $-4i$ 29. $6i$ 31. $\left(\frac{1}{3\pi^2}+\frac{1}{\pi}\right)i$ 33. $2\pi/3$

익힘 문제 6.6

1. $\frac{4\pi}{\sqrt{3}}$ 3. 0 5. $\frac{\pi}{\sqrt{3}}$ 7. $\frac{\pi}{4}$ 9. $\frac{\pi}{6}$ 11. $\pi\left(\frac{90-52\sqrt{3}}{12-7\sqrt{3}}\right)$ 15. π 17. $\frac{\pi}{16}$ 19. $\frac{3\pi}{8}$ 21. $\frac{\pi}{2}$

23. $\frac{\pi}{\sqrt{2}}$ 25. $\frac{\pi}{6}$ 27. πe^{-1} 29. πe^{-1} 31. πe^{-3} 33. $\frac{\pi e^{-\sqrt{2}}}{2\sqrt{2}}(\cos\sqrt{2}+\sin\sqrt{2})$ 35. $-\frac{\pi}{8}\left(\frac{e^{-3}}{3}-e^{-1}\right)$

37. πe^{-1} 57. $\log_e 2$ 59. $12\pi i$ 61. $4\pi i$ 63. $10\pi i$ 69. $\frac{\pi^2}{8}$ 71. $\frac{\sqrt{2}\pi^2}{16}$

익힘 문제 6.7

1. $\frac{1}{s-5}$ $(s>5)$ 3. $\frac{3}{s^2+9}$ $(s>0)$ 5. $s>k$ 7. $\frac{k}{s^2-k^2}$, $\frac{s}{s^2-k^2}$ 9. $\frac{1}{120}t^5$ 11. $\frac{1}{2}\sin 2t$

13. $\frac{1}{\sqrt{3}}\sinh\sqrt{3}t$ 15. $e^{3(t-a)}\mathcal{U}(t-a)-e^{2(t-a)}\mathcal{U}(t-a)$ 17. $\frac{1}{2}\sinh t-\frac{1}{2}\sin t$ 19. $\frac{1}{1-i\alpha}$

제6장 복습 문제

1. 참 3. 참 5. 참 7. 참 9. 거짓 11. 거짓 13. 참 15. 참 17. 참 19. 거짓

21. $-3+6i$ 23. $\frac{125}{26}-\frac{25}{26}i$ 25. $|z-2-i|=\frac{1}{13}$ 27. $\frac{1}{R}$ 29. $\frac{1}{5}(z+1)-\frac{1}{5^2}(z+1)^2+\frac{1}{5^3}(z+1)^3-\cdots$, $R=5$

31. $\frac{7}{(z+1)^2}+\frac{4}{z+1}-2+(z+1)$ 33. 1 35. $\frac{1}{6}$ 37. 1, $\frac{1}{z-\pi}$, π

39. (a) $\pi+\pi i$

(b) $n=0$에 대해 0, $n=1$에 대해 0, $n=2$에 대해 $2\pi i(1/1!)$, $n=3$에 대해 0, $n=4$에 대해 $2\pi i(-1/3!)$, $n=5$에 대해 0, $n=6$에 대해 $2\pi i(1/5!)$, $\cdots$

제7장

익힘 문제 7.1

1. f는 $z=\pm1$에서 한꼴이 아니다. 3. f는 $z=(2n+1)\pi i$ $(n=0,\ \pm1,\ \pm2,\ \cdots)$에서 한꼴이 아니다.

5. f는 $z=\frac{1}{2}(2n+1)\pi$ $(n=0,\ \pm1,\ \pm2,\ \cdots)$에서 한꼴이 아니다. 11. 부록 3의 H−4에 의해 $w=\cos\frac{\pi z}{2}$

13. 부록 3의 H–5와 E–4에 의해 $w=\left(\frac{1+z}{1-z}\right)^{1/2}$ 15. 부록 3의 H–6과 E–4에 의해 $w=\left(\frac{e^{\pi/z}+e^{-\pi/z}}{e^{\pi/z}-e^{-\pi/z}}\right)^{1/2}$

익힘 문제 7.2

1. $T(0)=\infty,\ T(1)=i,\ T(i)=1,\ T(\infty)=0$ 3. $T(0)=-1,\ T(1)=i,\ T(i)=\infty,\ T(\infty)=1$

5. $|w|\ge 1$과 $u\ge\frac{1}{2}$ 7. $u\le 0$과 $|w-1|\ge 2$ 9. $v\ge 0$과 $\left|w-\frac{1}{2}\right|\ge\frac{1}{2}$ 11. $v\ge 0$과 $u\le 1$

13. $\left\{w=u+iv\,\middle|\,\left|w+\frac{1}{3}\right|\ge\frac{2}{3},\ v\le 0\right\}$ 15. $\left\{w=u+iv\,\middle|\,\left|w+\frac{1}{20}\right|\ge\frac{9}{20},\ u\ge-\frac{1}{2}\right\}$

17. (a) $S^{-1}(z)=\frac{z+1}{z-i}$ (b) $S^{-1}(T(z))=\frac{(1+i)z-1}{2z+i}$ 19. (a) $S^{-1}(z)=\frac{z-2}{z-1}$ (b) $S^{-1}(T(z))=\frac{3}{z}$

21. $T(z)=\frac{2z+2}{-z+2}$ 23. $T(z)=\frac{2z}{z+i}$ 25. $T(z)=\frac{3z-3i}{(1+4i)z-(4+i)}$

익힘 문제 7.3

1. 제1사분면 $u\ge 0,\ v\ge 0$
3. 반직선 $u=0,\ 0\le v<\infty$과 선분 $v=0,\ 0\le u\le 1$ 및 반직선 $u=1,\ -\infty<v\le 0$으로 갇히고 점 $1+i$를 포함하는 구역
5. 반직선 $v=1,\ -\infty<u\le 0$, 선분 $u=0,\ 0\le v\le 1$, 선분 $v=0,\ 0\le u\le 1$, 반직선 $\arg(z-1)=\pi/4$로 갇히고 점 $1+i$를 포함하는 구역
7. $f'(z)=A(z+1)^{-1/2}z^{-1/2}(z-1)^{-1/2}$ 9. $f'(z)=A(z+1)^{-1/3}z^{-1/3}$

익힘 문제 7.4

1. $\phi(x,\ y)=\frac{1}{\pi}\{\mathrm{Arg}(z+1)-2\,\mathrm{Arg}(z)+\mathrm{Arg}(z-1)\}$

3. $\phi(x,\ y)=5+\frac{1}{\pi}\{\mathrm{Arg}(z+2)-2\,\mathrm{Arg}(z+1)+\mathrm{Arg}(z)-5\,\mathrm{Arg}(z-1)\}$

5. $\phi(x,\ y)=\frac{2x-1}{\pi}\left\{\tan^{-1}\left(\frac{x}{y}\right)-\tan^{-1}\left(\frac{x-2}{y}\right)\right\}+\frac{y}{\pi}\log_e\left\{\frac{(x-2)^2+y^2}{x^2+y^2}\right\}$

7. $\phi(x,\ y)=\frac{y}{\pi}+\frac{x^2-y^2}{\pi}\left\{\tan^{-1}\left(\frac{x-1}{y}\right)-\tan^{-1}\left(\frac{x}{y}\right)\right\}+\frac{xy}{\pi}\log_e\left\{\frac{(x-1)^2+y^2}{x^2+y^2}\right\}$ 9. (b) $\phi(x,\ y)=e^{-y}\cos x$

익힘 문제 7.5

1. (a) $w=z^2$ (b) $\phi(x,\ y)=\frac{1}{\pi}\{-\mathrm{Arg}(z^2+1)-\mathrm{Arg}(z^2)+2\,\mathrm{Arg}(z^2-1)\}$

3. (a) $w=\left(\frac{1+z}{1-z}\right)^2$ (b) $\phi(x,\ y)=1+\frac{1}{\pi}\left[2\,\mathrm{Arg}\left\{\left(\frac{1+z}{1-z}\right)^2+1\right\}+\mathrm{Arg}\left\{\left(\frac{1+z}{1-z}\right)^2\right\}-2\,\mathrm{Arg}\left\{\left(\frac{1+z}{1-z}\right)^2-1\right\}\right]$

5. (a) $w=\sin\left(\frac{\pi}{4}z\right)$ (b) $\phi(x,\ y)=1+\frac{1}{\pi}\left[-3\,\mathrm{Arg}\left\{\sin\left(\frac{\pi}{4}z\right)+1\right\}+3\,\mathrm{Arg}\left\{\sin\left(\frac{\pi}{4}z\right)\right\}-\mathrm{Arg}\left\{\sin\left(\frac{\pi}{4}z\right)-1\right\}\right]$

7. (a) $w=\frac{1}{z}$ (b) $\phi(x,\ y)=\frac{-2x}{x^2+y^2}+2$

9. (a) $w=\frac{2z-1-\sqrt{3}}{(4+2\sqrt{3})z+1+\sqrt{3}}$ (b) $\phi(x,\ y)=\frac{10}{\log_e(7-4\sqrt{3})}\log_e\left|\frac{2z-1-\sqrt{3}}{(4+2\sqrt{3})z+1+\sqrt{3}}\right\}$

11. (a) $w=\sin^{-1}z$ (b) $\phi(x,\ y)=5+\frac{10}{\pi}\mathrm{Re}(\sin^{-1}z)$ 13. $\Omega(z)=z^4$ 15. $\Omega(z)=\cosh z$

17. (a) $z = \pi i - \frac{1}{2}\{\text{Ln}(w+1) + \text{Ln}(w-1)\}$ (b) $z(t) = \pi i - \frac{1}{2}\{\text{Ln}(t+1+ic_2) + \text{Ln}(t-1+ic_2)\}$

19. (a) $z = \frac{1}{\pi}\{(w^2-1)^{1/2} + \cosh^{-1} w\}$ (b) $z(t) = \frac{1}{\pi}\left[\{(t+ic_2)^2 - 1\}^{1/2} + \cosh^{-1}(t+ic_2)\right]$

21. $\Omega(z) = \text{Ln}(z^4+4) - \text{Ln}(z^4-16)$

제7장 복습 문제

1. 거짓 3. 거짓 5. 참 7. 참 9. 거짓 11. 참 13. 참 15. 참 17. 방향 19. 3배 한다

21. 원 23. $\frac{z-z_1}{z-z_3}\frac{z_2-z_3}{z_2-z_1}$ 25. $\frac{\pi}{2}$, $\frac{3\pi}{4}$ 27. $\frac{\pi}{5}$ 29. $\left(\frac{1+t+ic_2}{1-t-ic_2}\right)^2$

Indexes

찾아 보기

기호 찾아보기

용어 찾아보기

ㄱ

복소 해석학과 활용
A First Course in
COMPLEX ANALYSIS WITH APPLICATIONS

2011년 8월 25일 초판 인쇄
2011년 9월 1일 초판 발행

저 자 / Dennis G. Zill, Patrick D. Shanahan
역 자 / 허 민
발행자 / 오판근
발행처 / 교우사

주 소 / 서울 동대문구 제기2동 148-19
전 화 / 925-2861(代), 편집부 / 925-2825
팩 스 / 925-2860

E-mail / kyowoo@kyowoo.co.kr
http://www.kyowoo.co.kr

등록 / 1994. 3. 24 제6-0256호

ISBN 978-89-8172-896-0 (93410)

값 **32,000** 원